中文版

Rhino 8.0 完全自学一本通

李雷 李娟娟 胡春红 编著

電子工業出版社
Publishing House of Electronics Industry
北京•BEIJING

内 容 简 介

本书基于 Rhino 8.0，全面讲解软件应用技巧与产品造型设计技能知识。

本书从软件的基本应用及行业知识入手，以 Rhino 8.0 的应用为主线，以实例为引导，按照由浅入深、循序渐进的方式，讲解机械图纸及零件模型的设计技巧。

本书中穿插大量的课外链接，以帮助读者快速掌握软件的应用。本书向读者提供了超过 10 小时的设计案例的演示视频、全部案例的素材文件和设计结果文件，以协助读者完成案例的操作。

本书适合从事工业产品设计、珠宝设计、制鞋、建筑及机械工程设计等专业技术人员，以及想要快速提高 Rhino 8.0 造型技能的爱好者阅读。本书也可用作大中专院校和相关培训学校的教材。

图书在版编目（CIP）数据

Rhino 8.0 中文版完全自学一本通 / 李雷，李娟娟，胡春红编著. —北京：电子工业出版社，2022.12

ISBN 978-7-121-44680-1

Ⅰ. ①R… Ⅱ. ①李… ②李… ③胡… Ⅲ. ①计算机辅助设计－应用软件 Ⅳ. ①TP391.72

中国版本图书馆 CIP 数据核字（2022）第 238058 号

责任编辑：田　蕾　　特约编辑：田学清
印　　刷：三河市良远印务有限公司
装　　订：三河市良远印务有限公司
出版发行：电子工业出版社
　　　　　北京市海淀区万寿路 173 信箱　　邮编：100036
开　　本：787×1092　1/16　印张：37　字数：947.2 千字
版　　次：2022 年 12 月第 1 版
印　　次：2025 年 3 月第 7 次印刷
定　　价：99.00 元

凡所购买电子工业出版社图书有缺损问题，请向购买书店调换。若书店售缺，请与本社发行部联系，联系及邮购电话：（010）88254888，88258888。

质量投诉请发邮件至 zlts@phei.com.cn，盗版侵权举报请发邮件至 dbqq@phei.com.cn。

本书咨询联系方式：（010）88254161～88254167 转 1897。

前言
PREFACE

Rhino eros（Rhino）是一套被工业产品设计师及动画场景设计师钟爱的概念设计与造型的强大工具。它可以广泛地应用于三维动画制作、工业制造、科学研究及机械设计等领域。它能够轻易整合 3ds Max 与 Softimage 的模型功能部分，对要求精细、弹性与复杂的 3D NURBS 模型，有“点石成金”的效果。

Rhino 是第一套将 NURBS 造型技术强大且完整的功能引入 Windows 的软件。

本书内容

本书基于 Rhino 8.0 的造型功能与应用，由浅入深、循序渐进地介绍了 Rhino 8.0 与 Rhino 8.0 插件的基本操作及命令的使用，并配合大量的制作实例，使读者能够更好地巩固所学知识。全书共 13 章。

第 1 章：主要介绍 Rhino 8.0 概述、Rhino8.0 坐标系统、工作平面、工作视窗配置、视图操作与设置、可见性。

第 2 章：详细讲解 Rhino 8.0 的变动工具。变动工具是快速建模必不可少的重要作图工具。

第 3～8 章：主要介绍 Rhino 8.0 曲线绘制与编辑、基本曲面造型设计、高级曲面造型设计、曲面操作与编辑，以及实体工具造型设计、实体编辑与操作。

第 9～11 章：主要介绍 Rhino 8.0 基本渲染、KeyShot for Rhino 8.0 渲染技术和 V-Ray for Rhino 8.0 的基本渲染功能等。

第 12 章：主要介绍 Rhino 8.0 的珠宝设计插件 RhinoGold 的设计界面、设计工具的基本用法，让珠宝设计爱好者更轻易地掌握 RhinoGold 珠宝设计的技巧。

第 13 章：进行 3 个产品造型设计的练习，帮助读者熟悉 Rhino 8.0 的功能指令，并掌握 Rhino 8.0 在实战案例中的应用技巧。

本书特色

本书定位于初学者，旨在为产品造型工程师、家具设计师、鞋类设计师、家用电器设计师打下良好的三维工程设计基础，同时让读者学习相关专业的基础知识。

本书从软件的基本应用及行业知识入手，以 Rhino 8.0 的模块和插件程序的应用为主线，以实例为引导，按照由浅入深、循序渐进的方式，讲解软件的新特性和操作方法，使读者快速掌握软件设计技巧。

对于 Rhino 8.0 的基础应用，本书内容讲解得非常详细。

本书的特色包括以下几个方面。

- 功能指令全。
- 穿插海量典型实例。
- 附赠大量的教学视频，结合书中内容介绍，帮助读者更好地融会贯通。
- 附赠大量有价值的学习资料及练习内容，能够使读者充分利用软件功能进行相关设计。

作者信息

本书由空军航空大学的李雷、李娟娟和胡春红编著。感谢您选择了本书，希望我们的努力对您的工作和学习有所帮助，也希望您把对本书的意见和建议告诉我们。

读 者 服 务

读者在阅读本书的过程中如果遇到问题，可以关注 “有艺”公众号，通过公众号中的“读者反馈”功能与我们取得联系。此外，通过关注“有艺”公众号，您还可以获取艺术教程、艺术素材、新书资讯、书单推荐、优惠活动等相关信息。

扫一扫关注“有艺”

投稿、团购合作：请发邮件至 art@phei.com.cn。

目录
CONTENTS

第 1 章　Rhino 8.0 造型基础 ······ 1

1.1　Rhino 8.0 概述 ······ 2

1.1.1　Rhino 8.0 界面 ······ 2

1.1.2　Rhino 8.0 建模的相关术语 ······ 3

1.2　Rhino 8.0 坐标系统 ······ 6

1.2.1　坐标系 ······ 6

1.2.2　坐标输入方式 ······ 7

1.3　工作平面 ······ 11

1.3.1　设置工作平面原点 ······ 12

1.3.2　设置工作平面高度 ······ 13

1.3.3　设定工作平面至物件 ······ 14

1.3.4　旋转工作平面 ······ 16

1.3.5　以其他方式设定工作平面 ······ 17

1.4　工作视窗配置 ······ 21

1.4.1　预设工作视窗 ······ 22

1.4.2　导入背景图片辅助建模 ······ 25

1.4.3　添加一个图像平面 ······ 30

1.5　视图操作与设置 ······ 31

1.5.1　视图操作 ······ 31

1.5.2　设置视图 ······ 32

1.6　可见性 ······ 33

第 2 章　物件的变动 ······ 35

2.1　复制类工具 ······ 36

2.1.1　移动 ······ 36

2.1.2　复制 ······ 38

2.1.3　旋转 ······ 39

2.1.4　缩放 ······ 42

2.1.5　倾斜 ······ 43

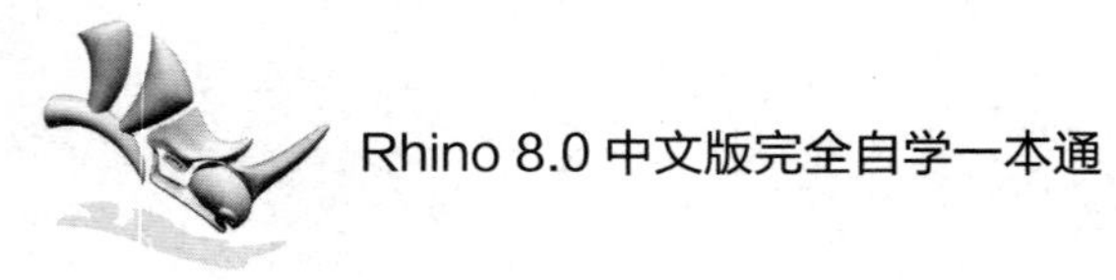

2.1.6 镜像……44
2.1.7 阵列……44
2.2 对齐、扭转和弯曲工具……51
2.2.1 对齐……51
2.2.2 扭转……54
2.2.3 弯曲……55
2.3 合并和打散工具……56
2.3.1 组合……56
2.3.2 群组……57
2.3.3 合并边缘……59
2.3.4 合并曲面……61
2.3.5 打散……61
2.4 实战案例——电动玩具拖车造型……62
第 3 章 曲线绘制与编辑……67
3.1 构建基本曲线……68
3.1.1 绘制直线……68
3.1.2 绘制自由造型曲线……77
3.1.3 绘制圆……79
3.1.4 绘制椭圆……79
3.1.5 绘制多边形……81
3.2 绘制文字……82
3.3 曲线延伸……83
3.3.1 延伸曲线与延伸到边界……84
3.3.2 连接……86
3.3.3 延伸曲线（平滑）……87
3.3.4 以直线延伸……87
3.3.5 以圆弧延伸至指定点……88
3.3.6 以圆弧延伸（保留半径）……89
3.3.7 以圆弧延伸（指定中心点）……90
3.3.8 延伸曲面上的曲线……90
3.4 曲线偏移……91
3.4.1 偏移曲线……91
3.4.2 往曲面法线方向偏移曲线……95
3.4.3 偏移曲面上的曲线……97
3.5 混接曲线……97
3.5.1 可调式混接曲线……97

3.5.2 弧形混接曲线……99
3.5.3 衔接曲线……101
3.6 曲线修剪与布尔运算……103
3.6.1 修剪与切割曲线……103
3.6.2 曲线布尔运算……104
3.7 曲线倒角……104
3.7.1 曲线圆角……105
3.7.2 曲线斜角……105
3.7.3 全部圆角……106
3.8 曲线优化工具……107
3.8.1 调整封闭曲线的接缝……107
3.8.2 从两个视图的曲线……109
3.8.3 从断面轮廓线建立曲线……110
3.8.4 重建曲线……111
3.9 实战案例——绘制零件图形……114

第 4 章 基本曲面造型设计……118

4.1 平面曲面……119
4.1.1 指定三个或四个角建立曲面……119
4.1.2 矩形平面……120
4.2 挤出曲面……126
4.2.1 直线挤出……126
4.2.2 沿着曲线挤出……136
4.2.3 挤出至点……137
4.2.4 挤出曲线成锥状……138
4.2.5 彩带……139
4.2.6 往曲面法线方向挤出曲面……140
4.3 旋转曲面……141
4.3.1 旋转成形曲面……141
4.3.2 沿着路径旋转曲面……143
4.4 实战案例——无线电话建模……144

第 5 章 高级曲面造型设计……152

5.1 放样曲面……153
5.2 边界曲面……157
5.2.1 以平面曲线建立曲面……157
5.2.2 以两条、三条或四条边缘曲线建立曲面……158
5.2.3 嵌面……159

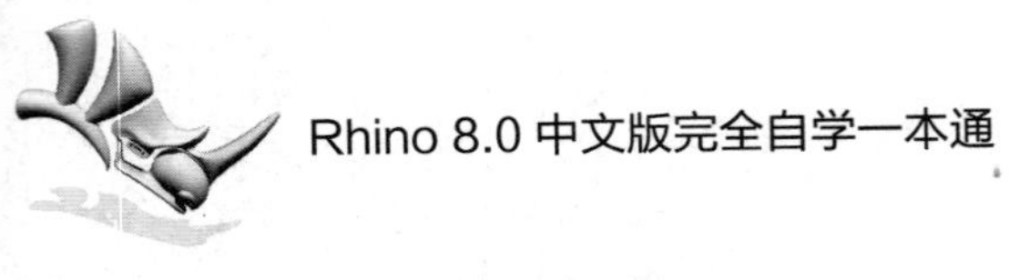

5.2.4 以网线建立曲面……161

5.3 扫掠曲面……164

5.3.1 单轨扫掠……164

5.3.2 双轨扫掠……168

5.4 在物件表面产生布帘曲面……171

5.5 实战案例——刨皮刀曲面造型……172

第 6 章 曲面操作与编辑……184

6.1 延伸曲面……185

6.2 曲面倒角……186

6.2.1 曲面圆角……186

6.2.2 不等距曲面圆角……187

6.2.3 曲面斜角……190

6.2.4 不等距曲面斜角……191

6.3 曲面连接……192

6.3.1 连接曲面……192

6.3.2 混接曲面……193

6.3.3 不等距曲面混接……196

6.3.4 衔接曲面……196

6.3.5 合并曲面……200

6.4 曲面偏移……201

6.4.1 偏移曲面……201

6.4.2 不等距偏移曲面……203

6.5 其他曲面编辑工具……205

6.5.1 设置曲面的正切方向……206

6.5.2 对称……206

6.5.3 在两个曲面之间建立均分曲面……207

6.6 实战案例——太阳能手电筒造型……207

6.6.1 构建灯头部分……208

6.6.2 构建手柄壳体和尾勾部分……214

第 7 章 实体工具造型设计……222

7.1 实体概述……223

7.2 立方体……224

7.2.1 立方体：角对角、高度……224

7.2.2 立方体：对角线……226

7.2.3 立方体：三点、高度……227

7.2.4 立方体：底面中心点、角、高度……228

7.2.5 边框方块……228

7.3 球体……229

7.3.1 球体：中心点、半径……230

7.3.2 球体：直径……230

7.3.3 球体：三点……231

7.3.4 球体：四点……231

7.3.5 球体：环绕曲线……233

7.3.6 球体：从与曲线正切的圆……234

7.3.7 球体：逼近数个点……235

7.4 椭圆体……236

7.4.1 椭圆体：从中心点……236

7.4.2 椭圆体：直径……237

7.4.3 椭圆体：从焦点……238

7.4.4 椭圆体：角……239

7.4.5 椭圆体：环绕曲线……240

7.5 锥形体……241

7.5.1 抛物面锥体……242

7.5.2 圆锥体……243

7.5.3 平顶锥体……244

7.5.4 棱锥体……245

7.5.5 平顶金字塔……246

7.6 柱形体……247

7.6.1 圆柱体……247

7.6.2 圆柱管……248

7.7 环形体……249

7.7.1 环状体……249

7.7.2 圆管（平头盖）……250

7.7.3 圆管（圆头盖）……252

7.8 挤出实体……253

7.8.1 挤出封闭的平面曲线……253

7.8.2 挤出建立实体……255

7.9 实战案例——苹果电脑机箱造型……262

7.9.1 前期准备……263

7.9.2 创建机箱模型……265

7.9.3 创建机箱细节……269

7.9.4 分层管理……274

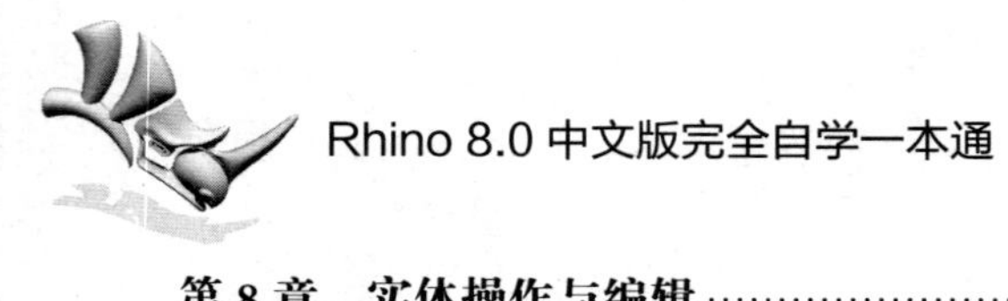

第 8 章　实体操作与编辑······275

8.1　布尔运算······276

8.1.1　布尔运算联集······276

8.1.2　布尔运算差集······277

8.1.3　布尔运算交集······278

8.1.4　布尔运算分割······281

8.1.5　布尔运算两个物件······282

8.2　工程实体······282

8.2.1　不等距边缘圆角······282

8.2.2　不等距边缘斜角······287

8.2.3　封闭的多重曲面薄壳······287

8.2.4　洞······290

8.2.5　文字······298

8.3　成形实体······299

8.3.1　线切割······299

8.3.2　将面移动······300

8.4　曲面与实体转换······301

8.4.1　自动建立实体······301

8.4.2　将平面洞加盖······302

8.4.3　抽离曲面······303

8.4.4　合并两个共平面的面······303

8.4.5　取消边缘的组合状态······304

8.5　操作与编辑实体······304

8.5.1　打开实体物件的控制点······304

8.5.2　移动边缘······310

8.5.3　将面分割······311

8.5.4　将面折叠······311

8.6　实战案例——“哆啦 A 梦”存钱罐造型······313

8.6.1　创建主体曲面······313

8.6.2　添加上部分的细节······322

8.6.3　添加下部分的细节······327

第 9 章　Rhino 8.0 基本渲染······330

9.1　Rhino 8.0 渲染概述······331

9.1.1　渲染类型······331

9.1.2　渲染前的准备······331

9.1.3　渲染工具······332

9.1.4 渲染设置……332
9.2 显示模式……333
9.3 材质与颜色……335
9.3.1 材质赋予方式……335
9.3.2 赋予物件材质……340
9.3.3 编辑材质……343
9.3.4 匹配材质属性……347
9.3.5 设定渲染颜色……347
9.4 赋予渲染物件……348
9.4.1 赋予渲染圆角……348
9.4.2 赋予渲染圆管……350
9.4.3 赋予装饰线……351
9.4.4 赋予置换贴图……353
9.5 贴图与印花……354
9.5.1 切换贴图面板……355
9.5.2 贴图轴……357
9.5.3 印花……364
9.6 环境与地板……367
9.6.1 环境……367
9.6.2 地板……370
9.7 光源……371
9.7.1 灯光类型……371
9.7.2 编辑灯光……375
9.7.3 天光和太阳光……377
9.8 实战案例——可口可乐瓶的渲染……379
第 10 章 KeyShot for Rhino 8.0 渲染技术……385
10.1 KeyShot 渲染器简介……386
10.2 安装 KeyShot 10……387
10.3 认识 KeyShot 10 的工作界面……390
10.3.1 窗口管理……390
10.3.2 视图控制……392
10.4 材质库……393
10.4.1 赋予材质……393
10.4.2 编辑材质……394
10.4.3 自定义材质……397
10.5 颜色库……398

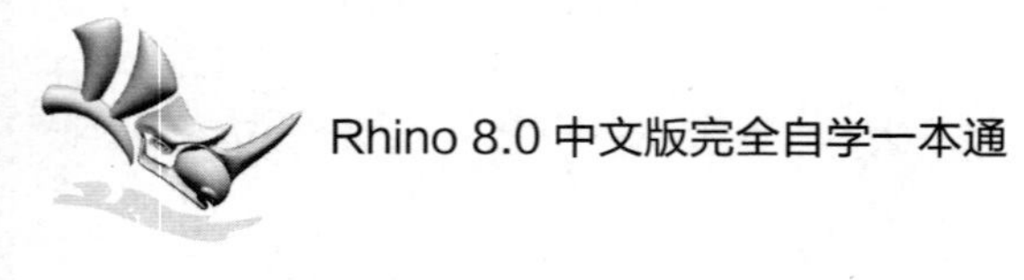

10.6 灯光 ……399
10.6.1 以光材质作为光源 ……399
10.6.2 编辑光源材质 ……401
10.7 环境库 ……401
10.8 背景库和纹理库 ……402
10.9 渲染 ……403
10.9.1 【输出】渲染设置类别 ……403
10.9.2 【选项】渲染设置类别 ……405
10.10 实战案例——成熟西瓜的渲染 ……407

第 11 章 渲染巨匠 V-Ray for Rhino 8.0 ……414

11.1 V-Ray for Rhino 8.0 渲染器简介 ……415
11.1.1 V-Ray for Rhino 8.0 的安装 ……415
11.1.2 【VRay All】选项卡 ……416
11.1.3 V-Ray 资源编辑器 ……417
11.2 布置渲染场景 ……418
11.3 光源、反光板与摄像机 ……419
11.3.1 光源的布置要求 ……419
11.3.2 设置环境光 ……420
11.3.3 布置主要光源 ……422
11.3.4 设置摄像机 ……427
11.4 材质与贴图 ……428
11.4.1 材质的应用 ……429
11.4.2 材质的赋予 ……432
11.4.3 材质编辑器 ……435
11.4.4 【VRayBRDF】卷展栏 ……435
11.4.5 【绑定】卷展栏 ……443
11.5 渲染器设置 ……443
11.5.1 【渲染】卷展栏 ……444
11.5.2 【相机设置】卷展栏 ……444
11.5.3 【渲染参数】卷展栏 ……446
11.5.4 【全局照明】卷展栏 ……449
11.5.5 【空间环境】卷展栏 ……453
11.5.6 【轮廓】卷展栏 ……454
11.5.7 【降噪器】卷展栏 ……455
11.6 实战案例——材质质感表现 ……456
11.6.1 布置光源 ……456

11.6.2 赋予材质 ……458

第 12 章 RhinoGold 珠宝设计 ……464

12.1 RhinoGold 概述 ……465

12.1.1 RhinoGold 6.6 的下载与安装 ……465

12.1.2 RhinoGold 6.6 设计工具 ……467

12.2 使用变动工具设计首饰 ……468

12.3 宝石工具 ……476

12.3.1 宝石 ……476

12.3.2 排石 ……480

12.3.3 珍珠与蛋面宝石 ……483

12.4 使用珠宝工具设计首饰 ……485

12.4.1 戒指的设计 ……486

12.4.2 宝石镶脚的设计 ……493

12.4.3 链子、吊坠和挂钩的设计 ……503

12.5 实战案例 ……511

12.5.1 绿宝石群镶钻戒的设计 ……512

12.5.2 三叶草坠饰的设计 ……517

第 13 章 工业产品设计综合案例 ……522

13.1 兔兔儿童早教机建模 ……523

13.1.1 添加背景图片 ……523

13.1.2 创建兔头模型 ……524

13.1.3 创建身体模型 ……532

13.1.4 创建兔脚模型 ……534

13.2 制作电吉他模型 ……540

13.2.1 创建主体曲面 ……541

13.2.2 创建琴身的细节 ……549

13.2.3 创建琴弦的细节 ……559

13.2.4 创建琴头的细节 ……562

13.3 制作恐龙模型 ……565

13.3.1 创建恐龙主体曲面 ……565

13.3.2 创建恐龙头部曲面 ……567

13.3.3 创建恐龙腿部曲面 ……574

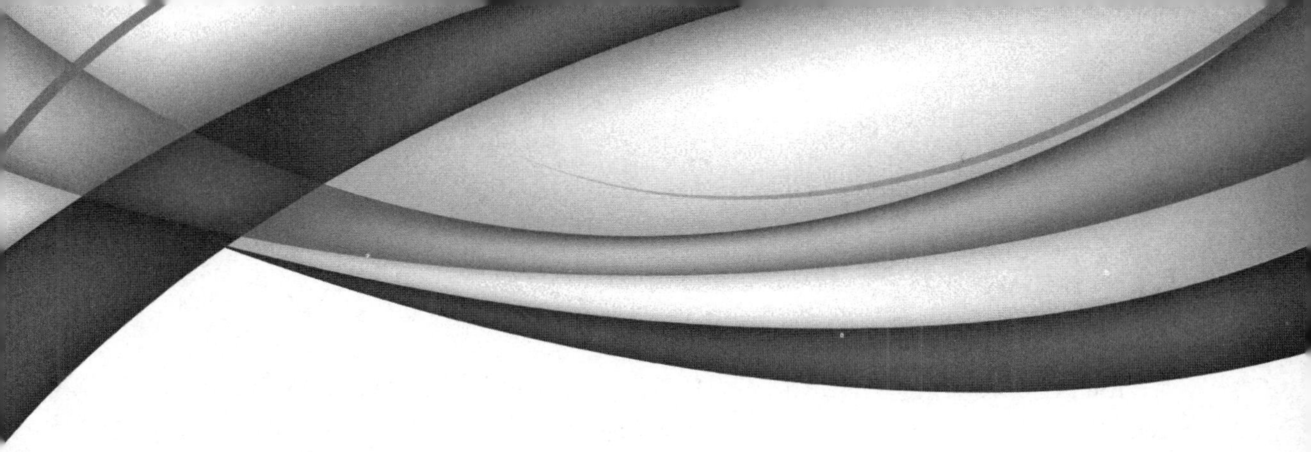

第 1 章
Rhino 8.0 造型基础

本章内容

本章主要结合最新发布的 Rhino 8.0，介绍 Rhino 8.0 的安装操作方法和特点，Rhino 8.0 的新功能，以及 Rhino 8.0 中模型的输入与输出方法和支持格式。希望通过本章的学习，读者能够对 Rhino 8.0 有一个初步的认识。

知识要点

- ☑ Rhino 8.0 概述
- ☑ Rhino 8.0 坐标系统
- ☑ 工作平面
- ☑ 工作视窗配置
- ☑ 视图操作与设置
- ☑ 可见性

1.1 Rhino 8.0 概述

Rhino 8.0 是一款基于 NURBS 开发的功能强大的高级建模软件，新增 Grasshopper 参数化插件、连续性控制调节自动连续实时预览功能，面或体增加渲染实体功能。Rhino 8.0 也是三维设计师们所说的犀牛软件。

1.1.1 Rhino 8.0 界面

打开 Rhino 8.0，将看到它的工作界面大致由文本命令操作窗口、图标命令面板及中心区域的 4 个工作视窗构成（Top 视窗、Perspective 视窗、Front 视窗、Right 视窗）。Rhino 8.0 工作界面的具体结构如图 1-1 所示。

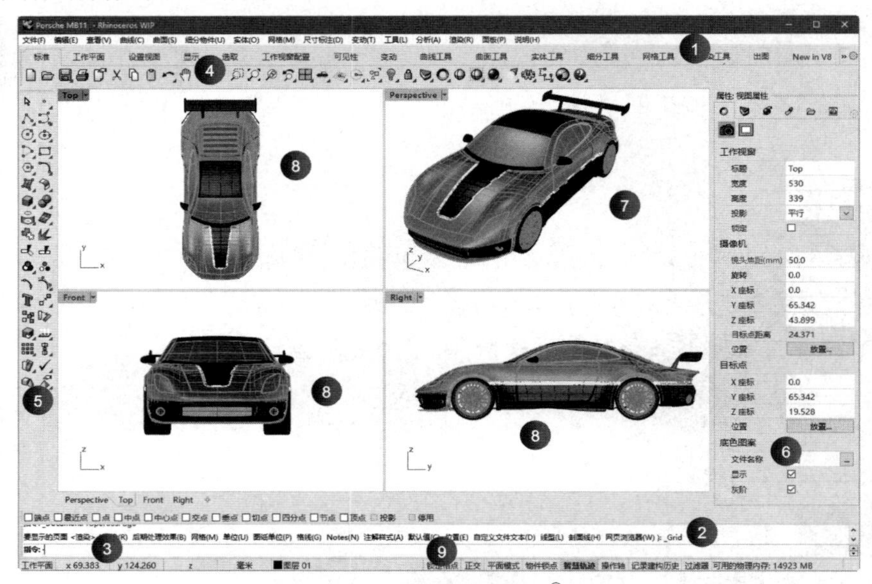

图 1-1 Rhino 8.0 工作界面①

1. 菜单栏

菜单栏是文本命令的一种。与图标命令方式不同，它囊括了各种各样的文本命令与帮助信息，用户在操作中可以直接通过选择命令来执行相应的操作。

2. 命令监视区

命令监视区用于监视各种命令的执行状态，并以文本形式显示出来。

3. 命令输入区

命令输入区用于接收各种文本命令的输入，提供命令参数设置。命令监视区与命令输入

① 图 1-1 中“座标”正确写法应为“坐标”。

区又被并称为命令行，在使用工具或命令的同时，命令行中会进行相应的更新。

4. 工具列群组

工具列群组汇聚了一些常用的选项卡命令。它们以图标的形式提供给用户，可以提高工作效率。可以添加工具列或移除工具列。

5. 边栏工具列

边栏工具列（简称“边栏”）列出了常用的建模指令，包括点、曲线、网格、曲面、布尔运算、实体及其他变动指令。

6. 控制面板

控制面板用于展示各个物件、图层、渲染、材质等的属性设置选项。在选取工作视窗中的物件时，可以查看它们的属性，分配各自的图层。在使用相关命令或工具时，可以查看该命令或工具的帮助信息。

7. Perspective 视窗

Perspective 视窗以立体方式展现正在构建的三维对象，展现方式有线框模式、着色模式等。用户可以在 Perspective 视窗中旋转三维对象，从各个角度观察正在创建的对象。

8. 正交视窗

3 个正交视窗（Top 视窗、Right 视窗、Front 视窗），分别从不同的方位展现正在构建的对象，合理地布置和分配要创建模型的方位。通过正交视窗，可以更好地完成较为精确的建模。需要注意的是，这些工作视窗在工作区域的排列不是固定不变的，还可以添加更多的工作视窗，如后视窗、底视窗、左视窗等。

技术要点：

Perspective 视窗和 3 个正交视窗组合成“工作视窗”。

9. 状态栏

状态栏主要用于显示某些信息或控制某些项目，这些信息或项目包括工作平面坐标信息、工作图层、锁定格点、物件锁点、智慧轨迹、记录构建历史等。

1.1.2　Rhino 8.0 建模的相关术语

在讲解 Rhino 8.0 中的工具命令之前，需要对它的常见术语说明一下，这些理论部分的知识对理解命令有很大的帮助。即使未能完全理解也没有关系，在后面真正遇到时可以返回这里进行巩固，这样可以对学习有很大的帮助。

1. 非统一有理 B 样条

Rhino 8.0 是以 NURBS 为基础的三维造型软件，通过它创建的一切对象均由 NURBS 定义。NURBS 是一种非常出色的建模方式，是 Non-Uniform Rational B-Splines 的缩写，直译过来就是非统一有理 B 样条。在高级三维软件中都支持这种建模方式，与传统的网格建模方式相比，它能够更好地控制物件表面的曲线度，从而创建出更为逼真、生动的造型。使用 NURBS 建模，可以创建出各种复杂的曲面造型，以及特殊的效果，如动物模型、流畅的汽车外形等。图 1-2 中为 NURBS 建模中常见的元素。

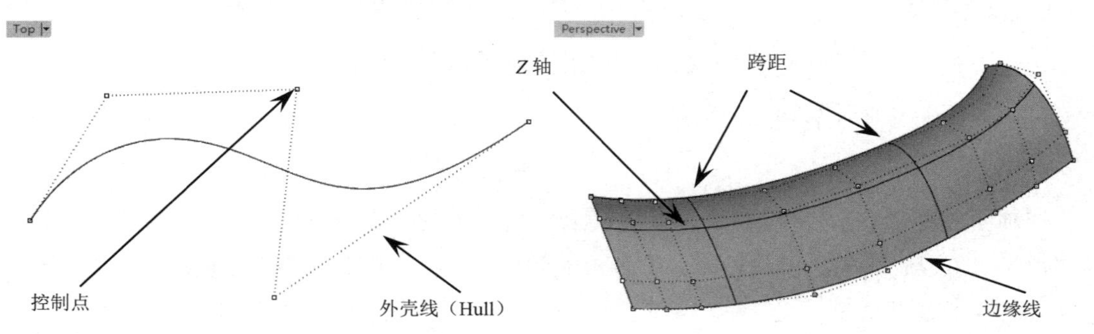

图 1-2　NURBS 建模中常见的元素

2. 阶数

一条 NURBS 曲线有 4 个重要的参数，分别是阶数（Degree）、控制点（Control Point）、节点（Knot）、评定规则（Evaluationrule）。其中，阶数是主要参数，又被称为度数，它的值总是一个整数。这项指数决定了曲线的光滑度，如直线为一阶，抛物线为二阶等。其中的一阶、二阶，分别代表该曲线的阶数为 1、2。

通常情况下，曲线的阶数越高曲面表现得就越光滑，其计算起来所需的时间也就越长。所以曲线的阶数不宜设置得过高，满足要求即可，以免给以后的编辑带来困难。先创建一条直线，将其复制为几份，然后将它们更改为不同的阶数。可以看出，随着阶数的不同，控制点的数目也会随之增加。在移动这些控制点时就会发现，这些控制点管辖的范围也不尽相同，如图 1-3 所示。

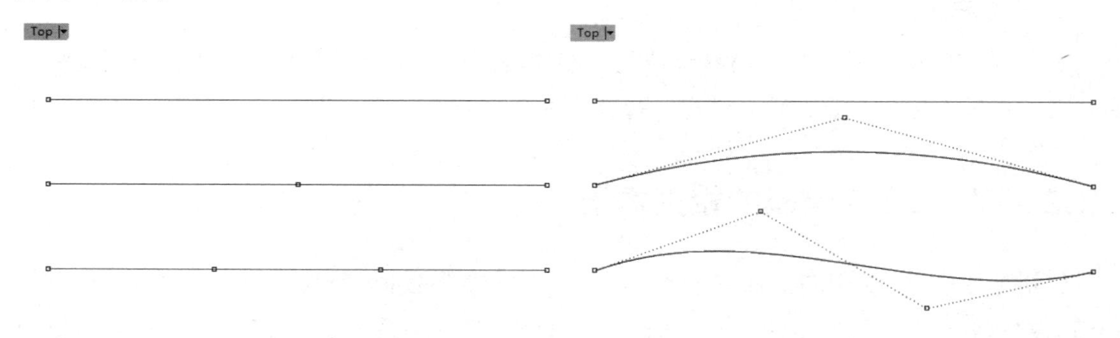

图 1-3　阶数对曲线的影响

技术要点：

若要更改曲线的阶数，可以在【曲线】选项卡中选择【更改阶数】工具，也可以执行【编辑】|【更改阶数】命令对曲线（或曲面）的阶数进行更改。

3. 控制点

这里对控制点与编辑点进行区分。控制点一般在曲线之外，在 Rhino 8.0 中呈虚线显示，被称为外壳线，而编辑点则位于曲线之上，并且在向一个方向移动控制点时，控制点左、右两侧的曲线随着控制点的移动而发生变化，而在拖动编辑点时，编辑点始终会位于曲线之上，无法脱离，如图 1-4 所示。

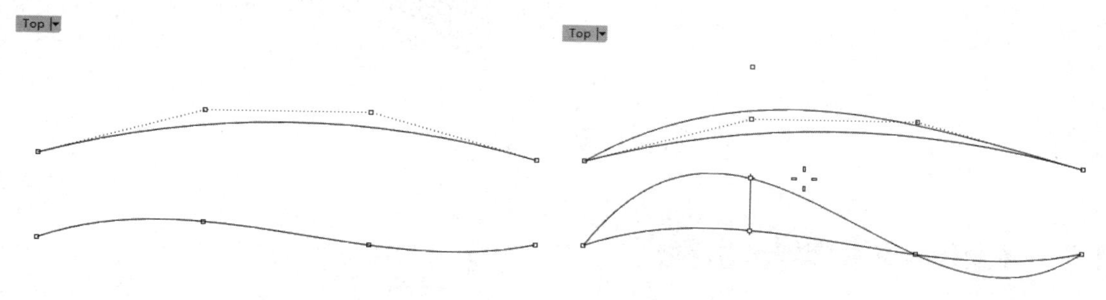

图 1-4　控制点与编辑点的区别

在修改曲线的造型时，一般是通过移动曲线的控制点来完成的。控制点为附着在外壳线虚线上的点群。由于曲线的阶数与跨距的不同，移动控制点对曲线的影响也不同。移动控制点对曲线的影响程度又被称为权重（Weight），如果一条曲线的所有控制点的权重相同，则该曲线被称为非有理线条。反之，则被称为有理线条。

技术要点：

控制点的权重可以在【点的编辑】选项卡（该选项卡需要手动调出来）中选择【编辑控制点权值】工具更改。

4. 节点

关于曲线上节点的数目可以通过控制点的数目减去曲线的阶数，并加 1 计算得到。增加节点，控制点也会增加；删除节点，控制点也会被删除。控制点与节点的关系如图 1-5 所示（图中曲线的阶数为 3）。

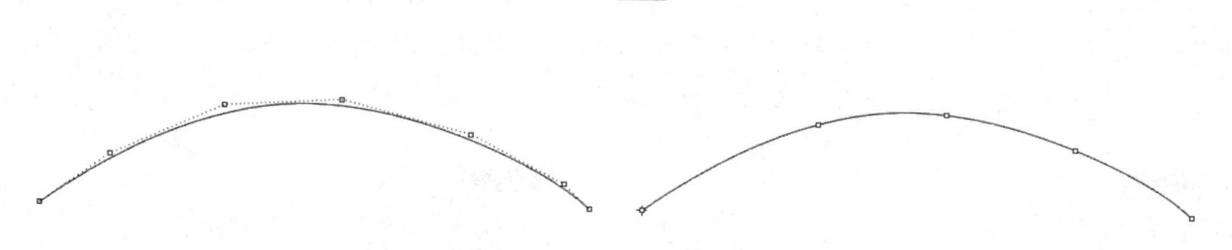

图 1-5　控制点与节点的关系

在曲线的创建中，节点显得不太重要，但是如果以这条曲线为基础创建一个曲面。这时可以看到，曲线节点的位置与曲面结构线的位置一一对应，如图 1-6 所示。

技术要点：

如果两个节点发生重叠，则重叠处的 NURBS 曲面会变得不光滑。当节点的多样性值与阶数一样时，被称为全复节点（Full Multiplicity Knot），这种节点会在 NURBS 曲线上形成锐角点（Kink）。

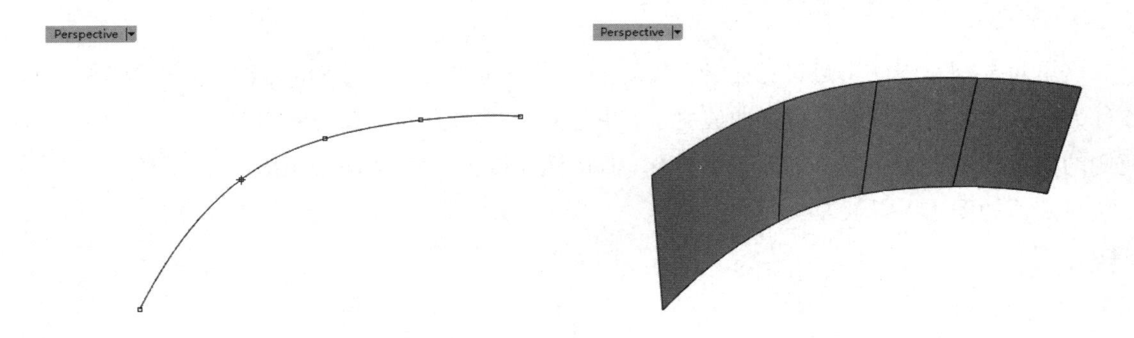

图 1-6　曲线节点与曲面结构线的对应关系

1.2　Rhino 8.0 坐标系统

如果 Rhino 8.0 的用户研究或使用过 AutoCAD 就不难发现，其实 Rhino 8.0 的坐标系与 AutoCAD 的坐标系是相通的。也就是说，如果掌握了 AutoCAD，Rhino 8.0 也就至少掌握了一半。

1.2.1　坐标系

Rhino 8.0 有两种坐标系：世界坐标系（绝对坐标系）和工作平面坐标系（相对坐标系）。世界坐标在空间中固定不变，工作平面坐标可以在不同的工作视窗中分别设定。

技术要点：

在默认情况下，世界坐标系与工作平面坐标系是重合的。

1. 世界坐标系

Rhino 8.0 有一个无法改变的世界坐标系，当 Rhino 8.0 提示输入一点时，可以输入世界坐标。每一个工作视窗的左下角都有一个世界坐标轴图标，用以显示 *X*、*Y*、*Z* 轴的方向。在旋转视图时，世界坐标轴也会跟着旋转，如图 1-7 所示。

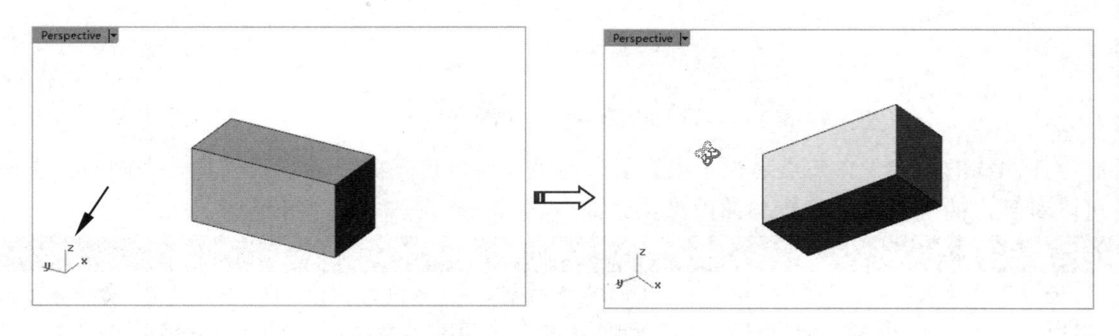

图 1-7　世界坐标系

2. 工作平面坐标系

每一个工作视窗中都有一个工作平面，除非使用坐标输入、垂直模式、物件锁点或其他限制方式，否则工作平面就像是让光标在其上移动的桌面。工作平面上有原点、*X* 轴、*Y* 轴及网格线，如图 1-8 所示。工作平面可以任意改变方向，而且工作视窗的工作平面预设是各自独立的。

网格线位于工作平面上，工作平面中的 *X* 轴和 *Y* 轴的两条轴线交于工作平面的原点。

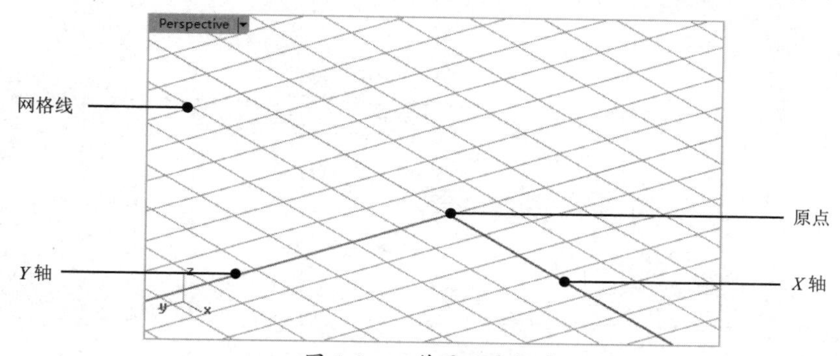

图 1-8　工作平面坐标系

工作平面是工作视窗中的坐标系，与世界坐标系不同，工作平面坐标系可以移动、旋转，以及新建或编辑。

Rhino 8.0 的标准工作视窗有各自预设的工作平面，但 Perspective 视窗及 Top 视窗同样是以世界坐标的 Top 平面为预设的工作平面。

1.2.2　坐标输入方式

Rhino 8.0 中的坐标系与 AutoCAD 中的坐标系相同，坐标输入方式也相同，即如果仅以 *x,y* 格式输入，则表达为二维坐标；如果以 *x,y,z* 格式输入，则表达为三维坐标。

二维坐标输入和三维坐标输入统称为绝对坐标输入。当然，坐标输入方式还包括相对坐标输入。

1. 二维坐标输入

在指令提示输入一点时，以 *x,y* 格式输入数值，*x* 代表 *X* 坐标，*y* 代表 *Y* 坐标。例如，绘制一条从坐标（1,1）至（4,2）的直线，如图 1-9 所示。

2. 三维坐标输入

在指令提示输入一点时，以 *x,y,z* 格式输入数值，*x* 代表 *X* 坐标，*y* 代表 *Y* 坐标，*z* 代表 *Z* 坐标。

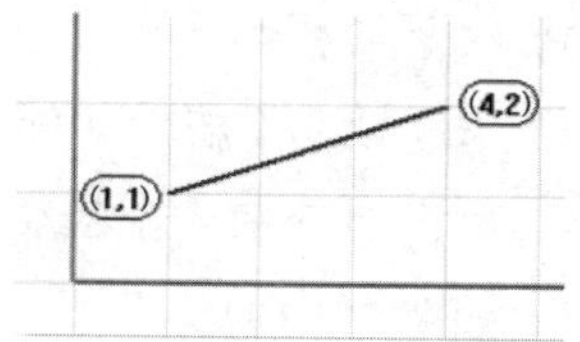

图 1-9　二维坐标输入绘制直线

在每一个坐标值之间并没有空格。例如，需要在距离工作平面原点 *X* 方向 3、*Y* 方向 4 及 *Z* 方向 10 的位置放置一点时，

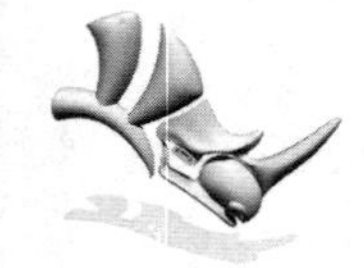

请在指令提示下输入坐标（3,4,10），如图 1-10 所示。

图 1-10　三维坐标输入放置点

3. 相对坐标输入

Rhino 8.0 会记住最后一个指定的点，可以使用相对于该点的方式输入下一点。当只知道一连串的点之间的相对位置时，使用相对坐标输入会比使用绝对坐标输入方便。相对坐标是以下一点与上一点之间的相对坐标关系定位下一点。

在指令提示输入一点时，以 *rx,y* 格式输入数值，*r* 代表输入的是相对于上一点的坐标。

技术要点：

在 AutoCAD 中，相对坐标输入是以@*x,y* 格式进行的。

上机操作——用坐标输入法绘制椅子空间曲线

下面使用三维坐标和相对坐标输入方式绘制如图 1-11 所示的椅子空间曲线。

① 在菜单栏中执行【文件】|【新建】命令，或在【标准】选项卡中单击【新建文件】按钮，打开【打开模板文件】对话框。单击对话框底部的【不使用模板】按钮完成模型文件的创建，如图 1-12 所示。

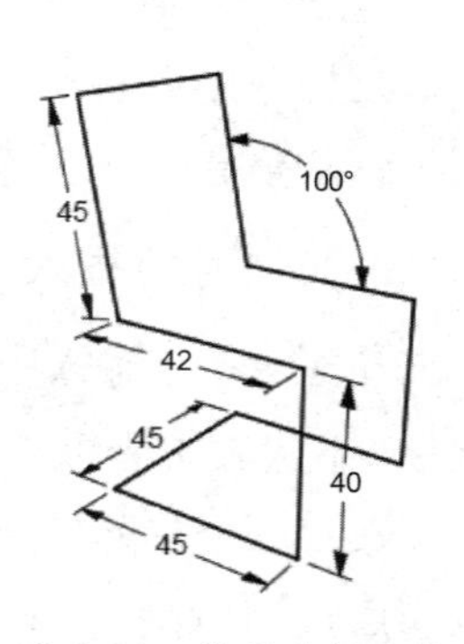

图 1-11　椅子空间曲线

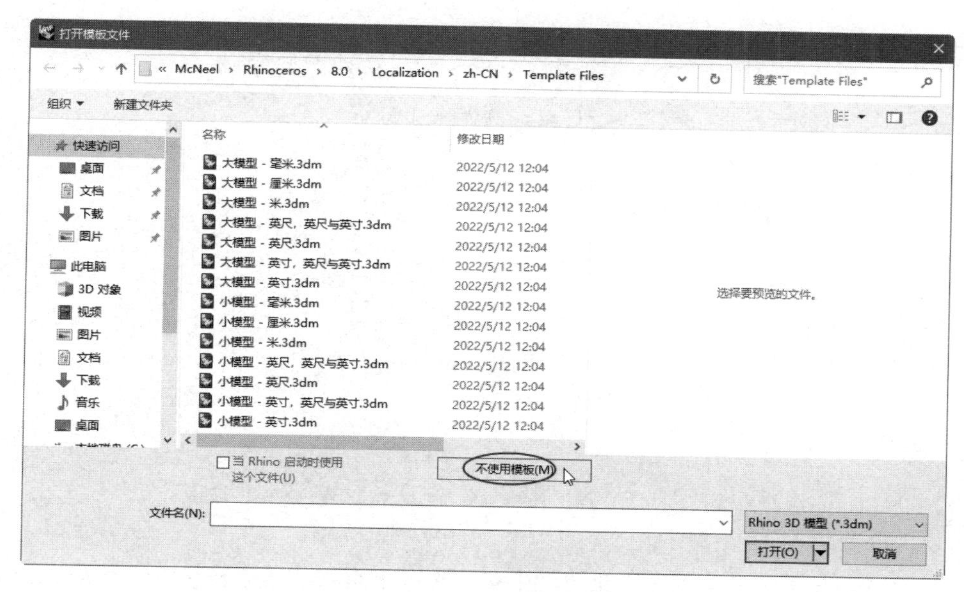

图 1-12　新建模型文件

② 为了更清楚地看到绘制的曲线，可以将工作视窗中的网格线隐藏。在菜单栏中执行【工具】|【选项】命令，打开【Rhino 选项】对话框。选择对话框左侧的【文件属性】|【格线】选项，在右侧取消勾选【显示格线】复选框即可，如图 1-13 所示。

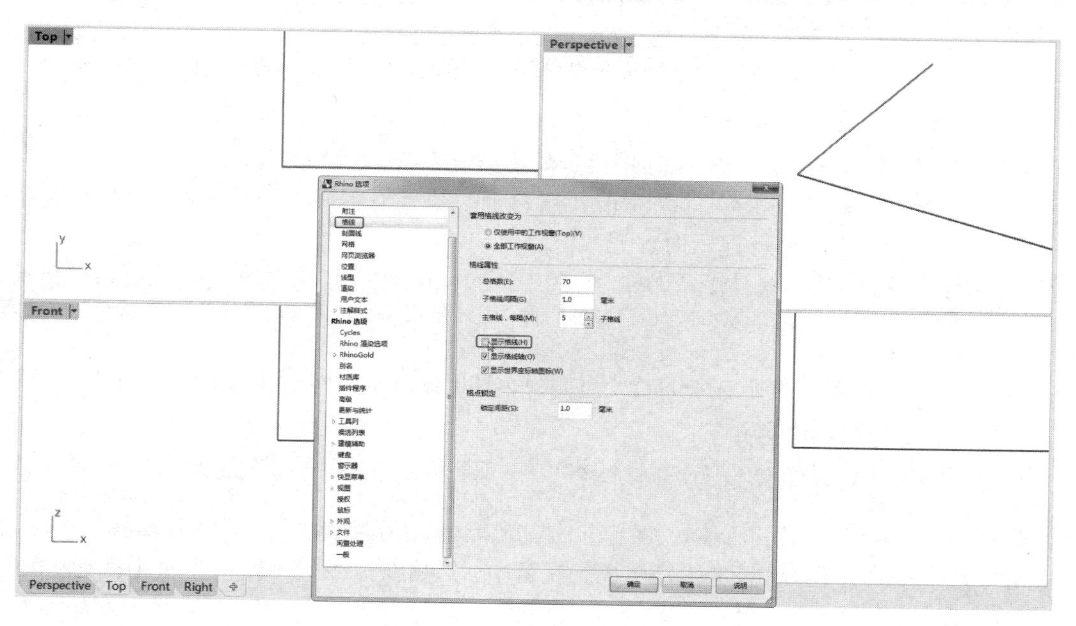

图 1-13　取消格线的操作

技术要点：

在默认情况下，工作平面中仅显示 X 轴和 Y 轴。要显示 Z 轴，应选择【显示】选项卡，在控制面板中勾选【Z 轴】复选框，如图 1-14 所示。

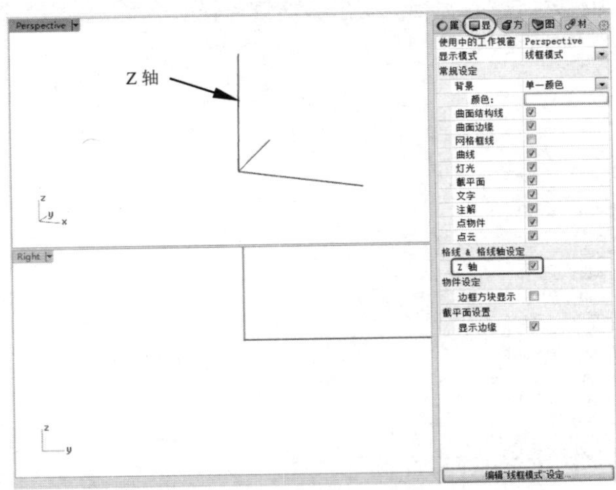

图 1-14　显示 *Z* 轴

③ 在 Perspective 视窗中绘制。先在边栏中单击【多重直线线段】按钮，然后在命令行中输入直线起点的坐标（0,0,0），并按 Enter 键或右击，命令行提示内容如下：

```
指令:_Polyline
多重直线起点(持续封闭(P)=否):0,0,0↙
```

技术要点：

坐标值后的↙符号在本书中表示确认。

④ 先将光标移动到 Top（*XY* 工作平面）视窗中，然后输入基于原点的相对坐标 *r*45,0（点 1）并右击。命令行提示内容如下：

```
多重直线的下一点(持续封闭(P)=否模式(M)=直线导线(H)=否复原(U)):r45,0↙
```

⑤ 先将光标移动到 Front（*ZX* 工作平面）视窗中，然后依次输入相对坐标 *r*0,40（点 2）、*r*-41,0 （点 3）。命令行提示内容如下：

```
多重直线的下一点，按 Enter 完成(持续封闭(P)=否模式(M)=直线导线(H)=否长度(L)复原(U)):r0,40↙
多重直线的下一点，按 Enter 完成(持续封闭(P)=否封闭(C)模式(M)=直线导线(H)=否长度(L)复原(U)):r-41,0↙
```

⑥ 仍然是在 Front 视窗中，先在命令行中输入<100 并确认，然后直接输入点 4 的值 45 并单击。命令行提示内容如下：

```
多重直线的下一点，按 Enter 完成(持续封闭(P)=否封闭(C)模式(M)=直线导线(H)=否长度(L)复原(U)):<100↙
多重直线的下一点，按 Enter 完成(持续封闭(P)=否封闭(C)模式(M)=直线导线(H)=否长度(L)复原(U)):45↙
```

⑦ 先将光标移动到 Right（*ZY* 工作平面）视窗中，然后在命令行中输入相对坐标 *r*45,0（点 5）。命令行提示内容如下：

```
多重直线的下一点，按 Enter 完成(持续封闭(P)=否封闭(C)模式(M)=直线导线(H)=否长度(L)复原(U)):r45,0↙
```

⑧ 将光标移动到 Perspective 视窗中，捕捉到点 3 的水平延伸追踪线的垂点，单击即可获取点 6 的坐标，如图 1-15 所示。

⑨ 同理，先在点 6 的水平延伸追踪线上捕捉，然后在命令行中输入值 41，即可确定点 7

的坐标，如图 1-16 所示。

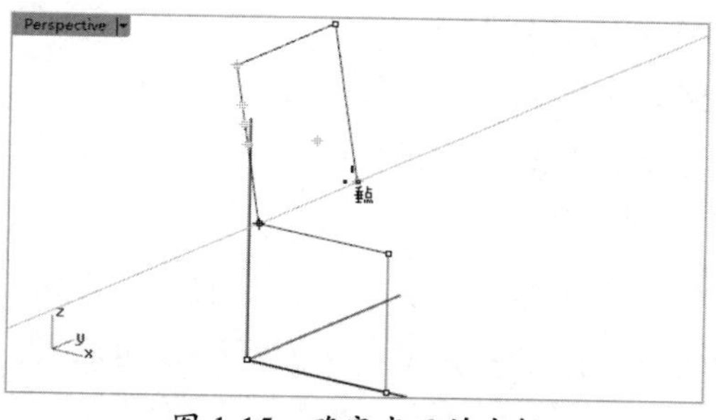

图 1-15　确定点 6 的坐标

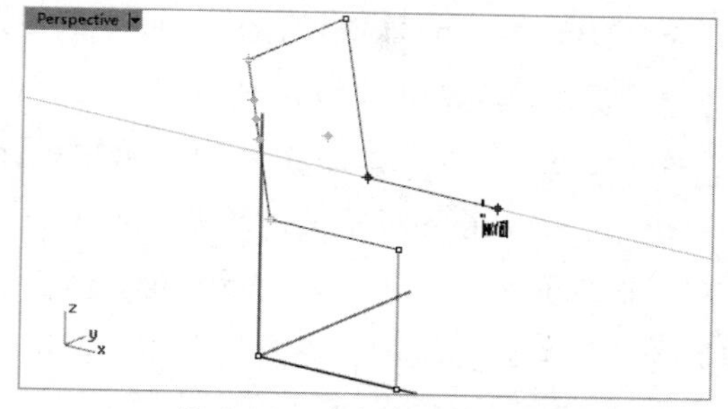

图 1-16　确定点 7 的坐标

⑩ 继续在 Perspective 视窗中向下垂直捕捉，确定点 8 的坐标，如图 1-17 所示。

⑪ 将光标移动到 Front 视窗中，按住 Shift 键向左延伸，并输入值 45，即可确定点 9 的坐标，如图 1-18 所示。

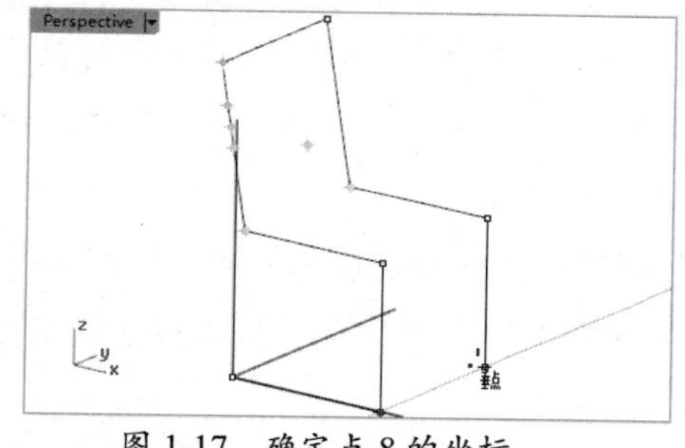

图 1-17　确定点 8 的坐标

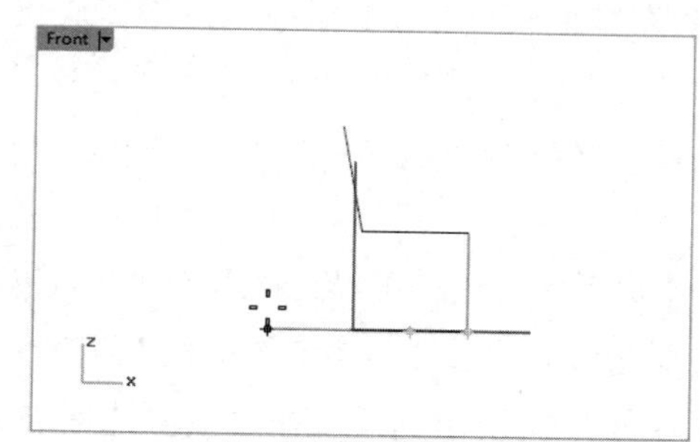

图 1-18　确定点 9 的坐标

⑫ 与原点重合，即可完成椅子曲线的绘制。完成的椅子曲线如图 1-19 所示。

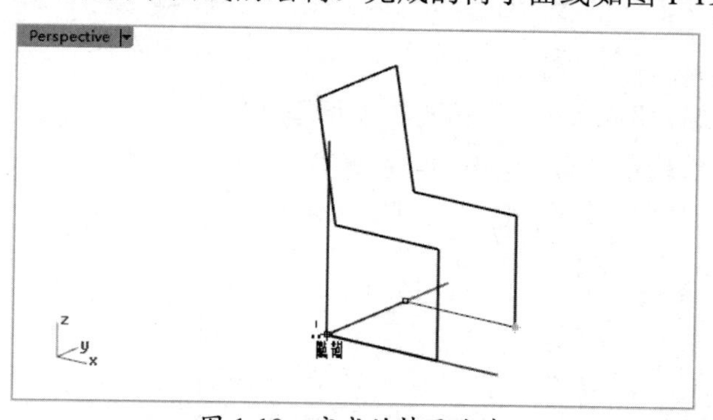

图 1-19　完成的椅子曲线

1.3　工作平面

工作平面是 Rhino 8.0 建立物件的基准平面，除非使用坐标输入、垂直模式、物件锁点，否则指定的点总会落在工作平面上。

每一个工作平面都有独立的轴、网格线与相对于世界坐标系的定位。

预设的工作视窗使用的是预设的工作平面。

- Top 工作平面的 *X* 轴和 *Y* 轴对应世界坐标系的 *X* 轴和 *Y* 轴。
- Right 工作平面的 *X* 轴和 *Y* 轴对应世界坐标系的 *Y* 轴和 *Z* 轴。
- Front 工作平面的 *X* 轴和 *Y* 轴对应世界坐标系的 *X* 轴和 *Z* 轴。
- Perspective 视窗使用的是 Top 工作平面。

工作平面是一个无限延伸的平面，但在工作视窗中工作平面上相互交织的直线阵列（又被称为格线）只会显示在设置的范围内，可以作为建模的参考，工作平面网格线的范围、间隔、颜色都可以自己定义。

1.3.1 设置工作平面原点

【设置工作平面原点】命令通过定义原点的位置建立新的工作平面。在【工作平面】选项卡中单击【设置工作平面原点】按钮，命令行会显示如图 1-20 所示的提示内容。

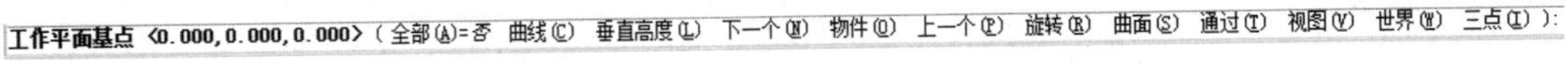

工作平面基点 <0.000,0.000,0.000> (全部(A)=否 曲线(C) 垂直高度(L) 下一个(N) 物件(O) 上一个(P) 旋转(R) 曲面(S) 通过(T) 视图(V) 世界(W) 三点(I)):

图 1-20 命令行的提示内容

操作提示中的选项可以直接单击执行，也可以通过输入选项后面括号中的大写字母执行。

操作提示中的选项与【工作平面】选项卡中的按钮命令是相同的，只不过执行命令的方式不同。图 1-21 所示为【工作平面】选项卡中的按钮命令。

工作平面

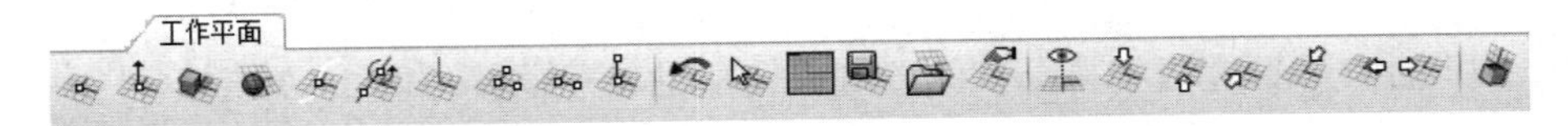

图 1-21 【工作平面】选项卡中的按钮命令

在设置工作平面原点时，命令行中的第一个选项【全部=否】，表示仅在某个工作视窗中将工作平面原点移动到指定位置，如图 1-22 所示。

Top
Perspective
Front
Right

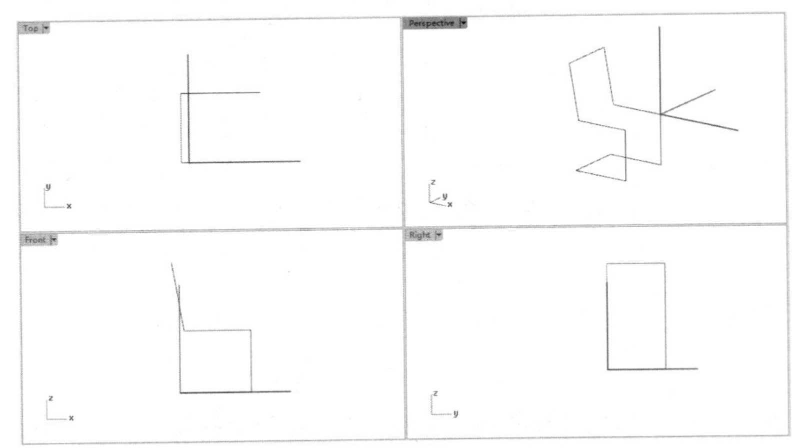

图 1-22 仅在 Perspective 视窗中移动

当选项【全部=否】变为【全部=是】时，执行该选项，可以在所有工作视窗中将原点移动到指定的位置，如图 1-23 所示。

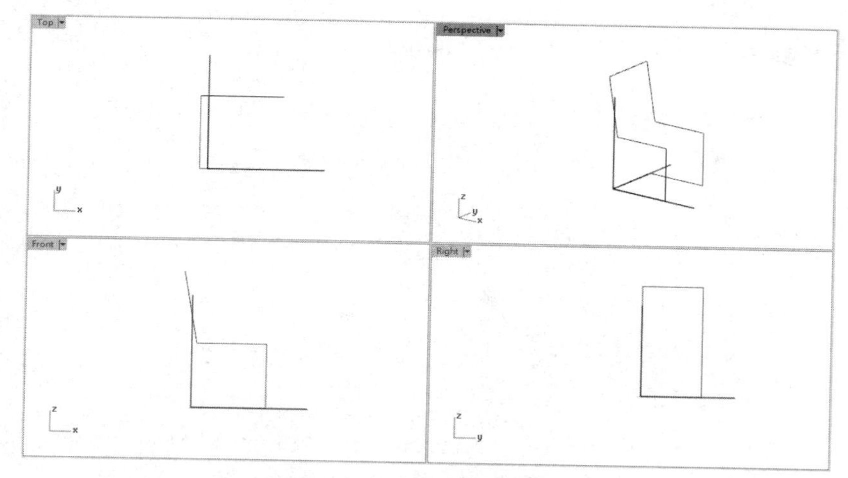

图 1-23　在所有工作视窗中移动

1.3.2　设置工作平面高度

【设置工作平面高度】命令是基于 *X*、*Y*、*Z* 轴平移而得到新的工作平面的。先选择不同的工作视窗再单击【设置工作平面高度】按钮，会得到不同平移方向的工作平面。

1. 创建在 *X* 轴向偏移的工作平面

先选择 Front 视窗或 Right 视窗，再单击【设置工作平面高度】按钮，将会在 *X* 轴向创建偏移一定距离的新的工作平面，如图 1-24 所示。

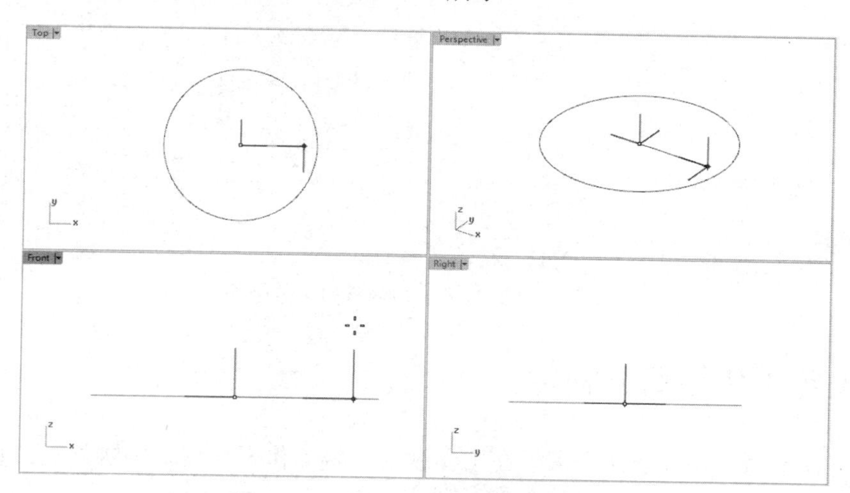

图 1-24　创建在 *X* 轴向偏移的工作平面

2. 创建在 *Y* 轴向偏移的工作平面

先选择 Perspective 视窗，再单击【设置工作平面高度】按钮，将会在 *Y* 轴向创建偏移一定距离的新的工作平面，如图 1-25 所示。

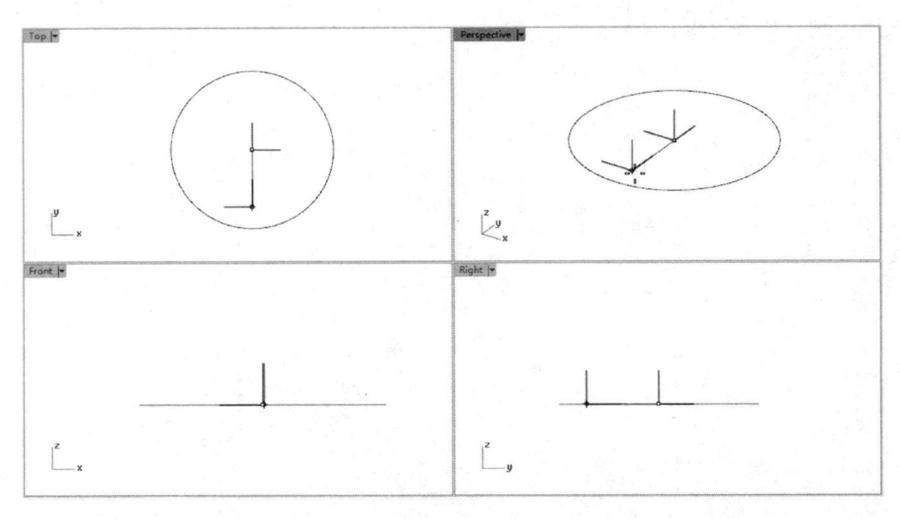

图 1-25　创建在 *Y* 轴向偏移的工作平面

3. 创建在 *Z* 轴向偏移的工作平面

先选择 Top 视窗，再单击【设置工作平面高度】按钮，将会在 *Z* 轴向创建偏移一定距离的新的工作平面，如图 1-26 所示。

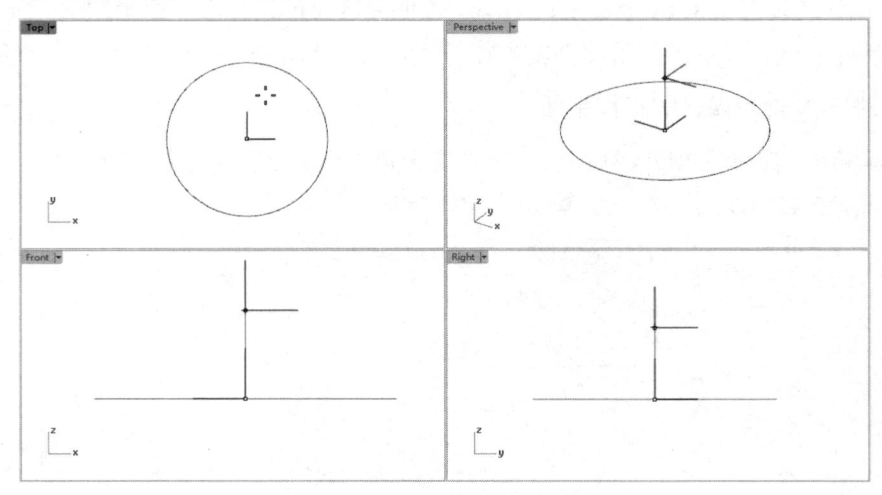

图 1-26　创建在 *Z* 轴向偏移的工作平面

1.3.3　设定工作平面至物件

【设定工作平面至物件】命令可以在工作视窗中将工作平面移动到物件上。物件可以是曲线、平面或曲面。

1. 设定工作平面至曲线

首先在【工作平面】选项卡中单击【设定工作平面至物件】按钮，然后在 Top 视窗中选择要定位工作平面的曲线，将自动建立新的工作平面。该工作平面中的某个轴将与曲线相切，如图 1-27 所示。

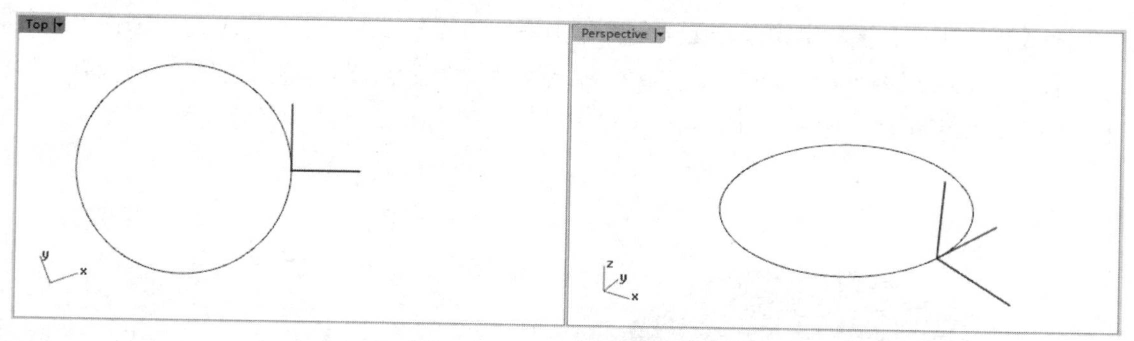

图 1-27　设定工作平面至曲线

2. 设定工作平面至平面

当用于定位的物件是平面时，该平面将成为新的工作平面，且该平面的中心点为工作坐标系的原点，如图 1-28 所示。

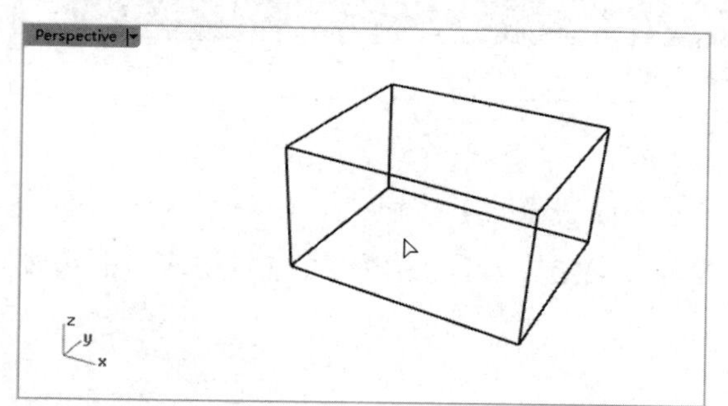

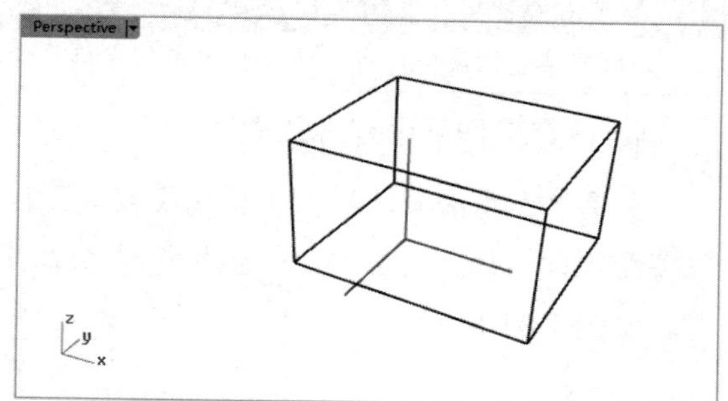

图 1-28　设定工作平面至平面

技术要点：

如果无法选取平面，可以先选择模型的棱线，然后通过弹出的【候选列表】对话框选取要定位的平面，如图 1-29 所示。

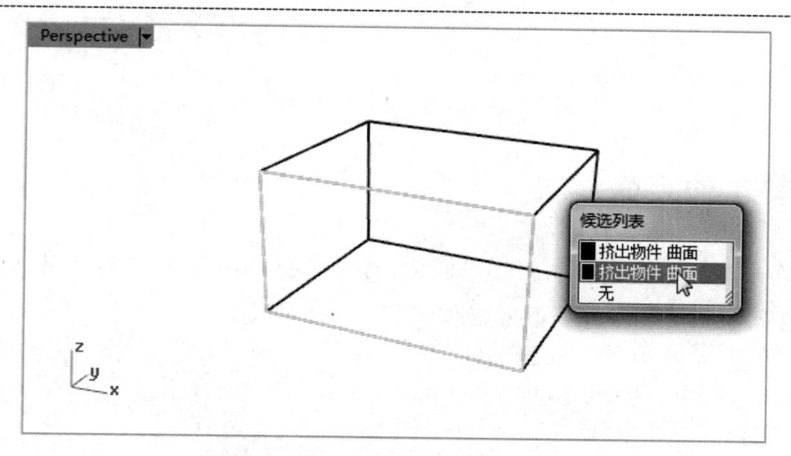

图 1-29　物件平面的选取方法

3. 设定工作平面至曲面

在【工作平面】选项卡中单击【设定工作平面至曲面】按钮，选择要定位工作平面的曲面后，按 Enter 键接受预设值，将工作坐标系移动到曲面的指定位置，应保持至少有一个工作平面与曲面相切，如图 1-30 所示。

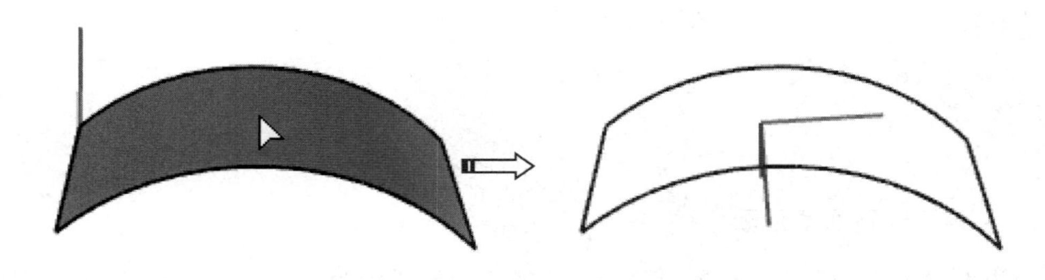

图 1-30　设定工作平面至曲面

技术要点：

如果不接受预设值，可以通过指定工作坐标系的轴向设定工作平面。

4. 设定工作平面与曲线垂直

在【工作平面】选项卡中单击【设定工作平面与曲线垂直】按钮，选择曲线或曲面边并接受预设值后，即可将工作坐标系移动到曲线或曲面边上，且工作平面与曲线或曲面边垂直，如图 1-31 所示。

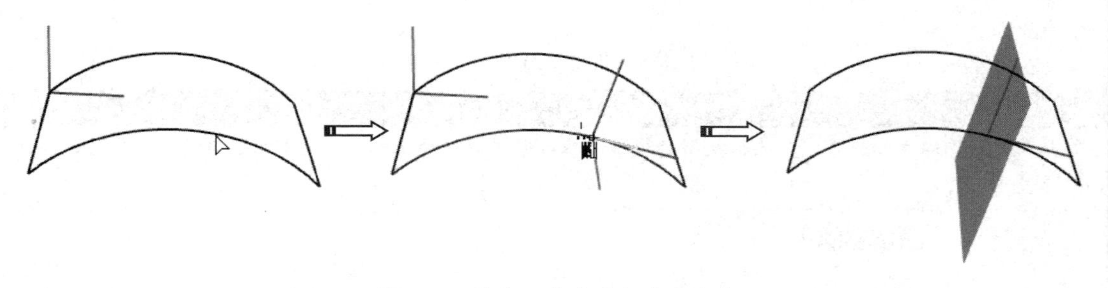

图 1-31　设定工作平面与曲线垂直

1.3.4　旋转工作平面

【旋转工作平面】命令可以将工作平面绕指定的轴和角度进行旋转，从而得到新的工作平面。图 1-32 所示为旋转工作平面的操作步骤。命令行提示内容如下：

```
指令:'_CPlane
工作平面基准点<0.000,0.000,0.000>(全部(A)=否 曲线(C) 垂直高度(L) 下一个(N) 物件(O) 上一个(P)
    旋转(R)曲面(S) 通过(T) 视图(V) 世界(W) 三点(I)):_Rotate/见图❷
旋转轴终点(X(A)Y(B)Z(C)):/见图❸
角度或第一参考点:90↙/见图❹
```

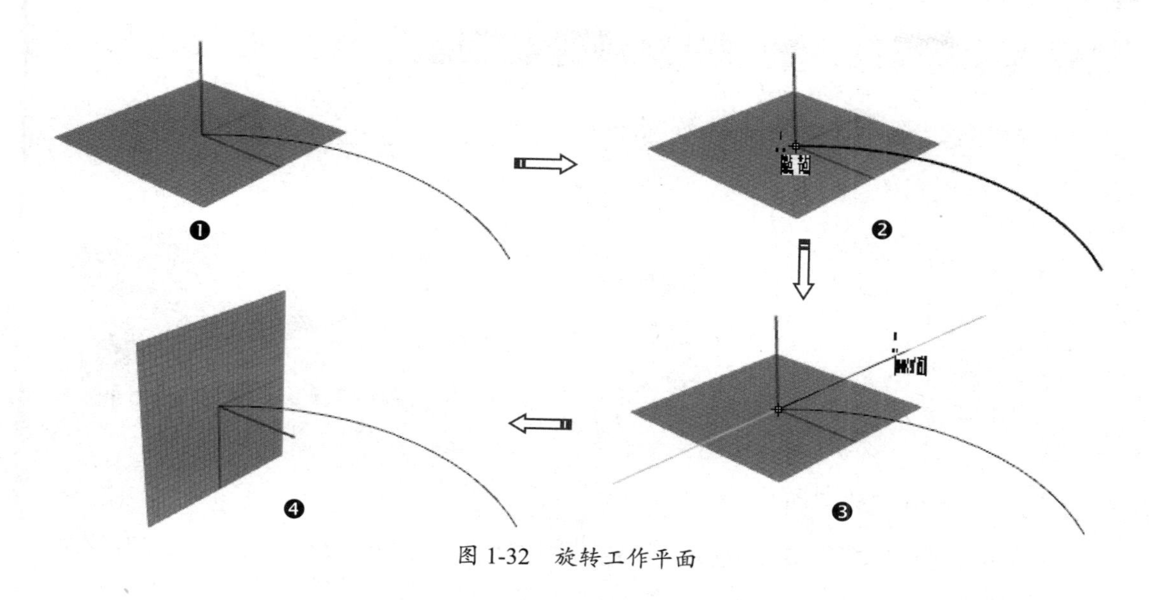

图 1-32　旋转工作平面

1.3.5　以其他方式设定工作平面

设置工作平面除了包括上述应用广泛的方法，还包括以下简便方法。

1. 设定工作平面：垂直

【设定工作平面：垂直】命令可以设置与原始工作平面相互垂直的新的工作平面，如图 1-33 所示。

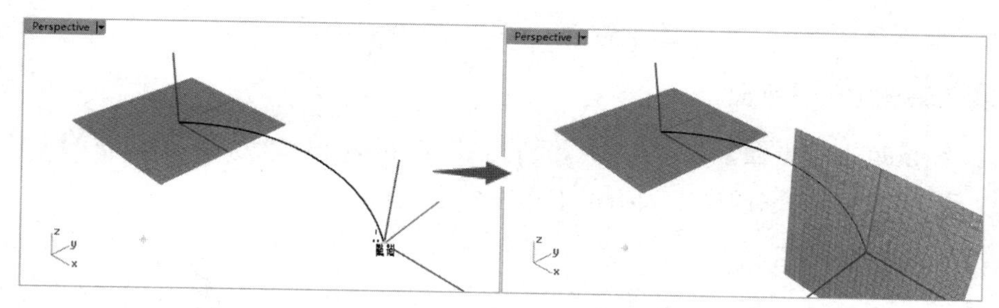

图 1-33　设定工作平面：垂直

2. 以三点设定工作平面

【以三点设定工作平面】命令可以指定基准点（圆心点）、*X* 轴上一点和工作平面定位点（*XY* 平面），如图 1-34 所示。

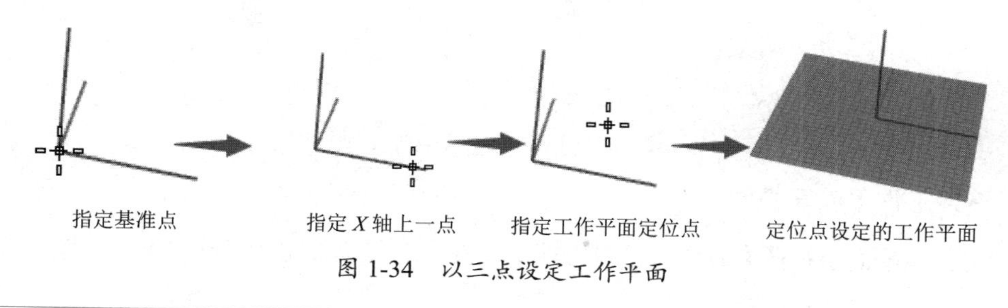

图 1-34　以三点设定工作平面

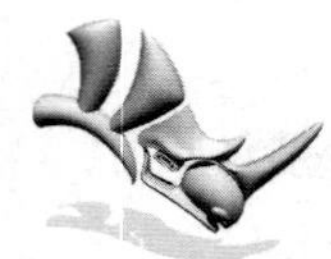

技术要点：

这种方式设定的工作平面仅仅是 XY 平面，但因指定的工作平面定位点不同，可以更改 Y 轴的指向。图 1-35 所示为指定 Y 轴负方向一侧后设定的工作平面。

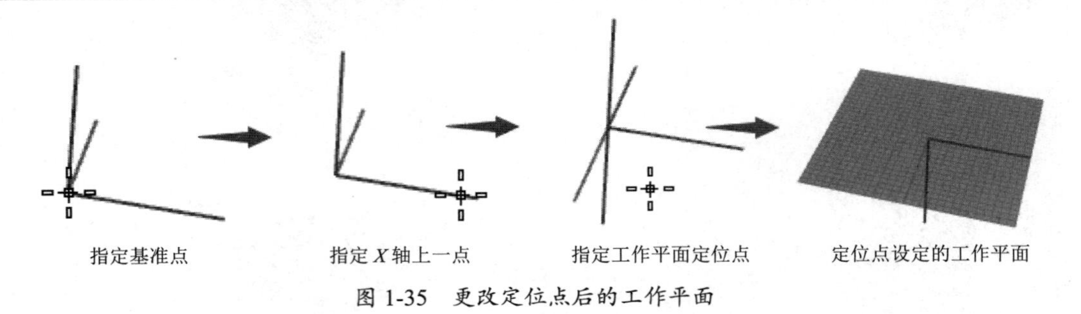

图 1-35　更改定位点后的工作平面

3. 以 X 轴设定工作平面

【以 X 轴设定工作平面】命令可以设定由基准点和 X 轴上一点确定的新的工作平面，如图 1-36 所示。这种方法无须指定工作平面定位点。

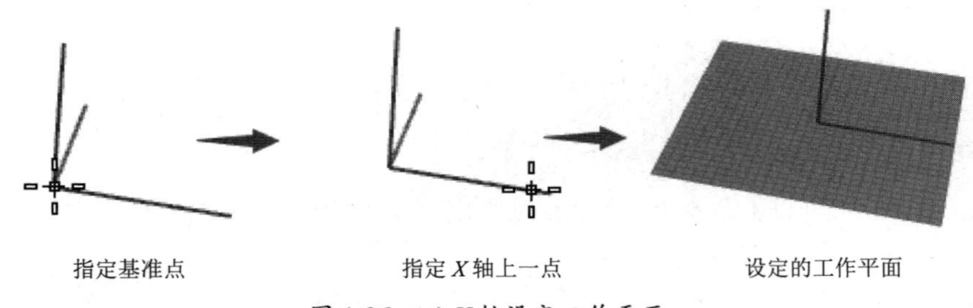

图 1-36　以 X 轴设定工作平面

4. 以 Z 轴设定工作平面

【以 Z 轴设定工作平面】命令可以设定由基准点和 Z 轴上一点确定的新的工作平面，如图 1-37 所示。这种方法同样无须指定工作平面定位点。

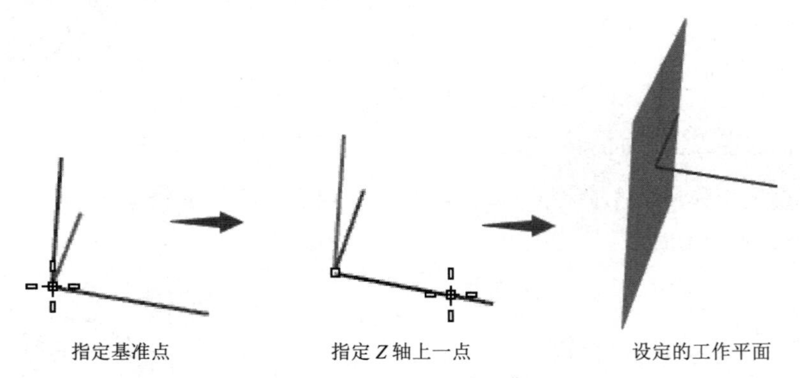

图 1-37　以 Z 轴设定工作平面

5. 设定工作平面至视图

【设定工作平面至视图】命令可以将当前工作视窗的屏幕设定为工作平面，如图 1-38 所示。

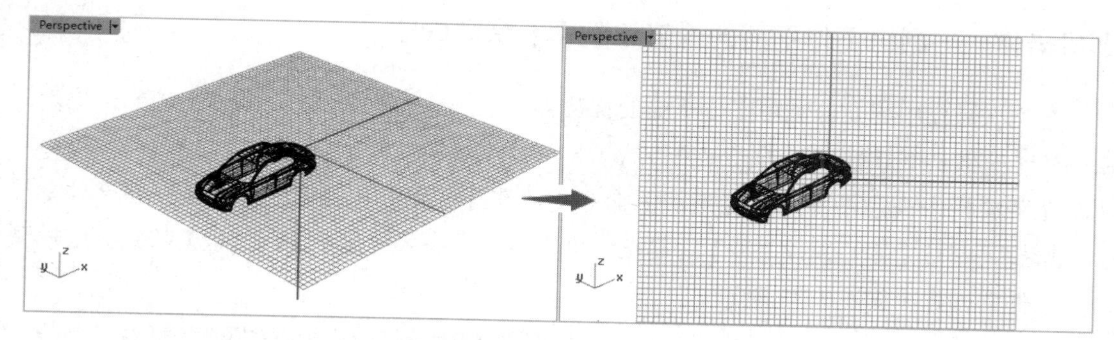

图 1-38　设定工作平面至视图

6. 设定工作平面为世界

【设定工作平面为世界】命令是为世界坐标系中的 6 个平面（Top、Bottom、Left、Right、Front、Back）指定工作平面，如图 1-39 所示。

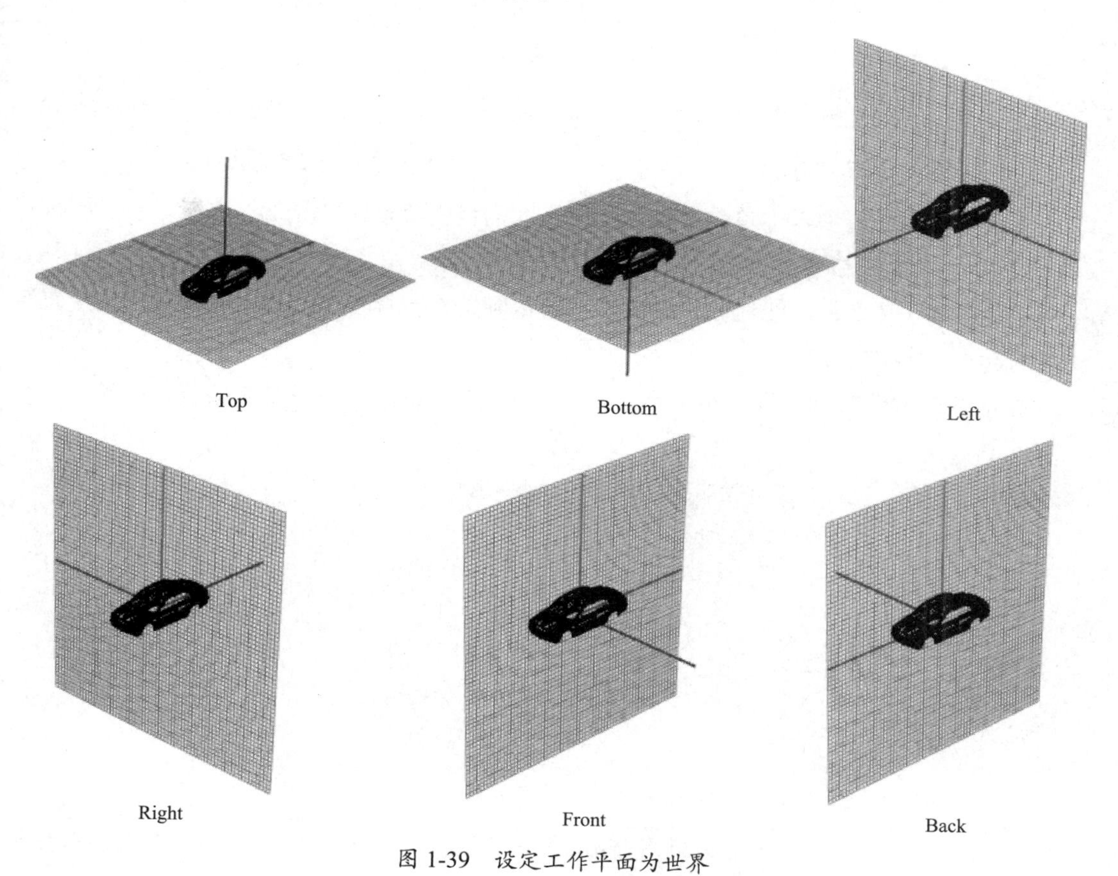

图 1-39　设定工作平面为世界

7. 上一个工作平面

在【工作平面】选项卡中单击【上一个工作平面】按钮，可以返回上一个工作平面状态。如果右击【上一个工作平面】按钮，将复原至下一个使用过的工作平面状态。

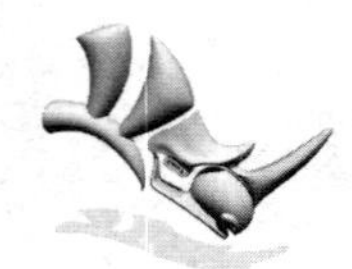

上机操作——利用工作平面的优势绘制椅子空间曲线

在本次操作中将充分利用工作平面的优势再次绘制椅子空间曲线。通过与用坐标输入法绘制椅子空间曲线比较可以看到何种方式更便捷。要绘制的椅子空间曲线如图 1-40 所示。

① 在菜单栏中执行【文件】|【新建】命令，或在【标准】选项卡中单击【新建文件】按钮，打开【打开模板文件】对话框。单击对话框底部的【不使用模板】按钮完成模型文件的创建，如图 1-41 所示。

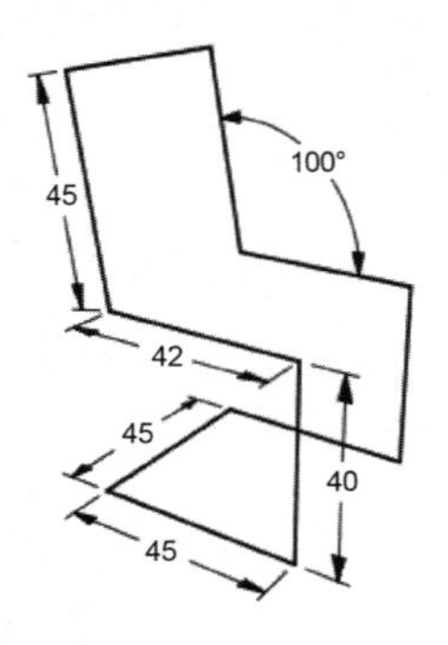

图 1-40　椅子空间曲线

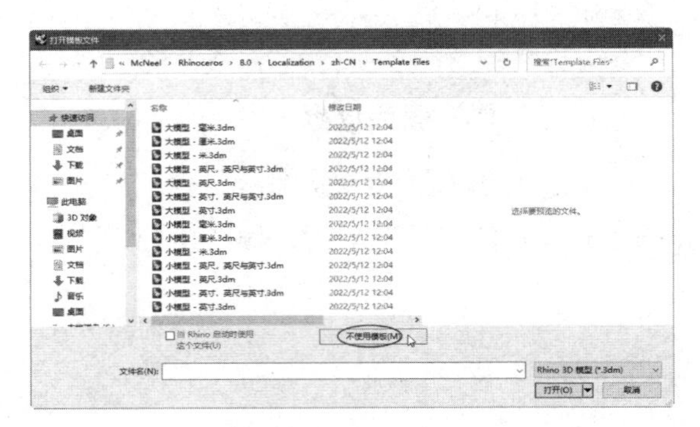

图 1-41　新建模型文件

② 在【工作平面】选项卡中单击【设定工作平面为世界 Top】按钮，并在状态栏中选择【正交】和【锁定格点】选项。

③ 在边栏中单击【多重直线线段】按钮，锁定到工作坐标系原点并单击，以确定多重直线的起点，如图 1-42 所示。

④ 沿着 *X* 轴正方向移动光标，在命令行中输入值 45 并单击，完成第 1 条直线的绘制，如图 1-43 所示。

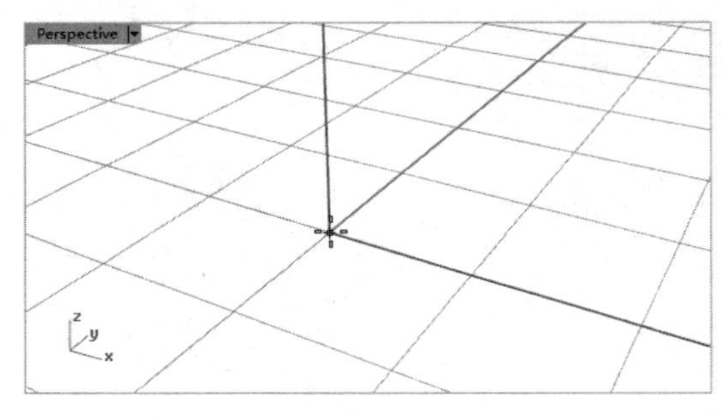

图 1-42　确定多重直线的起点

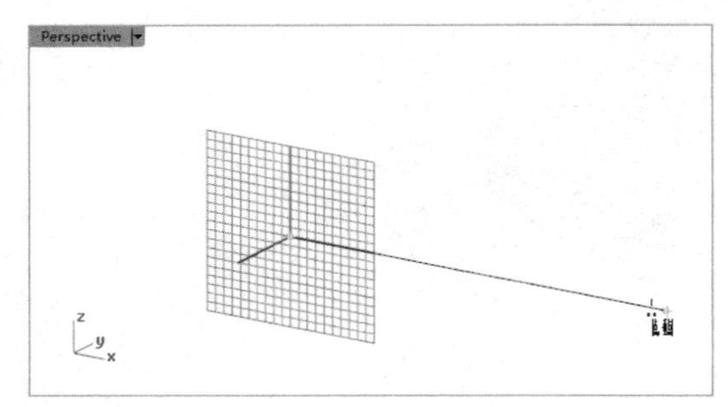

图 1-43　绘制第 1 条直线

⑤ 同理，单击【设定工作平面为世界 Front】按钮，竖直向上移动光标，在命令行中输入值 40 并单击确认，即可绘制第 2 条直线，如图 1-44 所示。

⑥ 保持同一个工作平面，向左移动光标，输入值 42 并单击确认，绘制第 3 条直线，如图 1-45 所示。

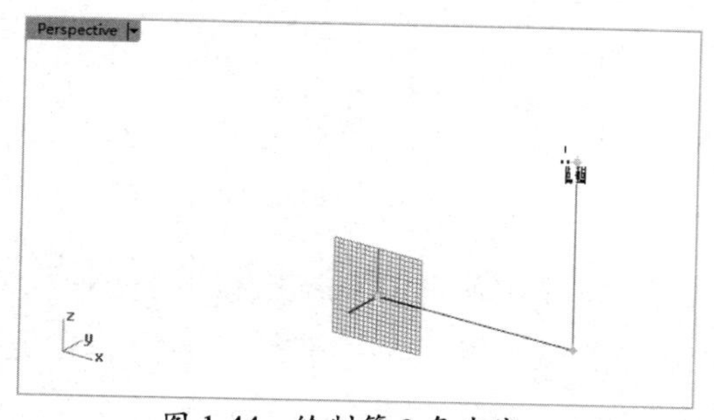

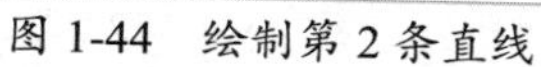
图 1-44　绘制第 2 条直线

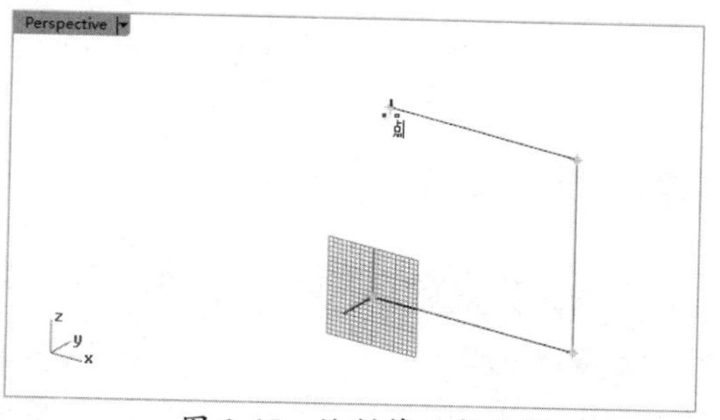

图 1-45　绘制第 3 条直线

⑦　选择状态栏中的【正交】选项，暂时取消正交控制。在命令行中输入<100，按 Enter 键确认后，将光标移动到 100° 延伸线上，并输入长度值 45，单击，完成第 4 条直线的绘制，如图 1-46 所示。

⑧　重新激活【正交】选项，将工作平面设定为世界 Left，在水平延伸线上输入长度值 45，单击确认后完成第 5 条直线的绘制，如图 1-47 所示。

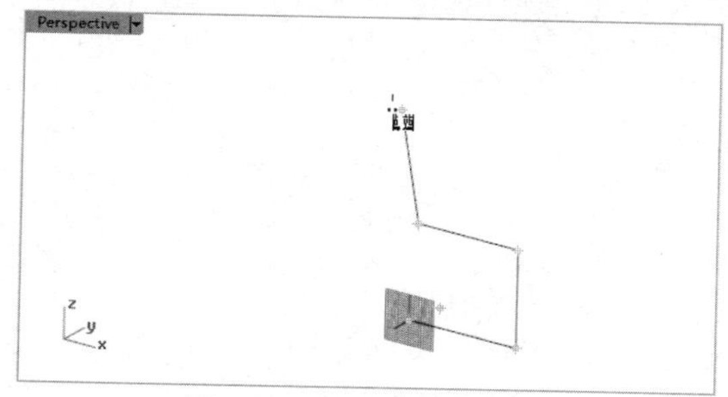

图 1-46　绘制第 4 条直线

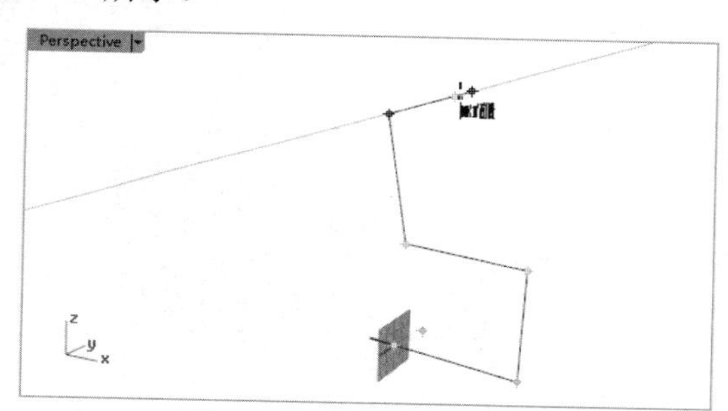

图 1-47　绘制第 5 条直线

⑨　同理，通过切换工作平面，完成其余直线的绘制。绘制完成的椅子空间曲线如图 1-48 所示。

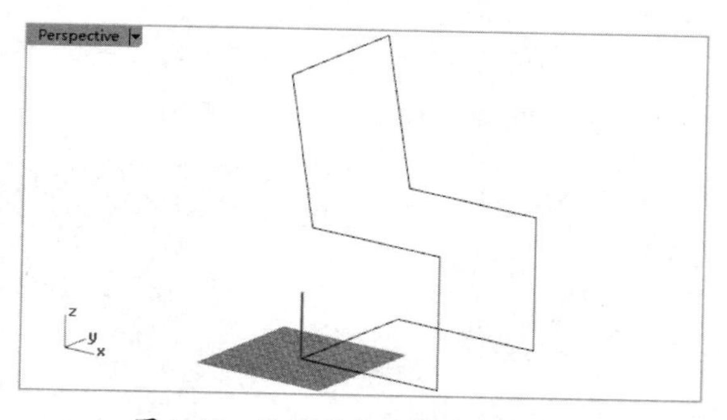

图 1-48　绘制完成的椅子空间曲线

1.4　工作视窗配置

工作视窗指软件中间的 4 个视图窗口区域，各个视图窗口也可称为 Top 工作视窗（简称 Top 视窗）、Front 工作视窗（简称 Front 视窗）、Right 工作视窗（简称 Right 视窗）和 Perspective

工作视窗（简称 Perspective 视窗）。

1.4.1 预设工作视窗

常见的工作视窗有 3 种，分别为 3 个工作视窗、4 个工作视窗和最大化/还原工作视窗。此外，还可以在原有工作视窗的基础上新增工作视窗，新增的工作视窗处于漂浮状态；还可以将工作视窗进行分割，由一变二、由二变四等。

1. 3 个工作视窗

在【工作视窗配置】选项卡中单击【三个工作视窗】按钮，在视图窗口区域会出现 3 个工作视窗，包括 Top 视窗、Perspective 视窗和 Front 视窗，如图 1-49 所示。

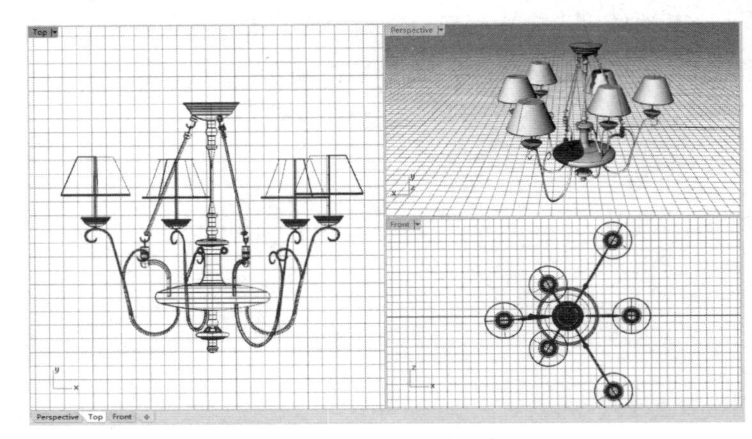

图 1-49　3 个工作视窗

2. 4 个工作视窗

在【工作视窗配置】选项卡中单击【四个工作视窗】按钮，在视图窗口区域会出现 4 个工作视窗。这 4 个工作视窗也是在建立模型文件时的默认工作视窗，如图 1-50 所示。

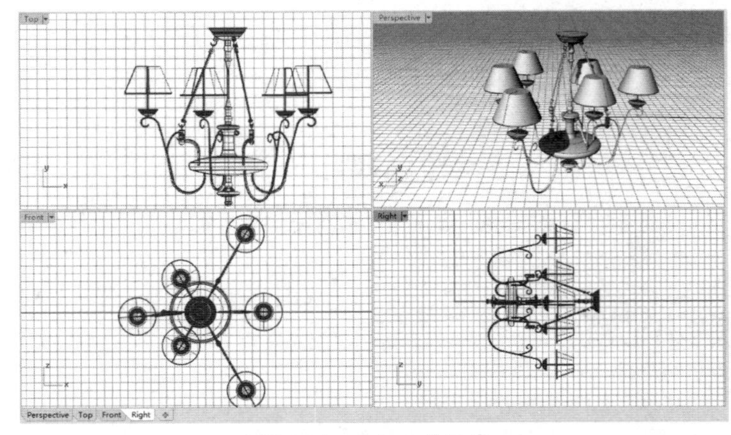

图 1-50　4 个工作视窗

3. 最大化/还原工作视窗

在【工作视窗配置】选项卡中单击【最大化/还原工作视窗】按钮，可以将多个工作视窗变为一个工作视窗，如图 1-51 所示。

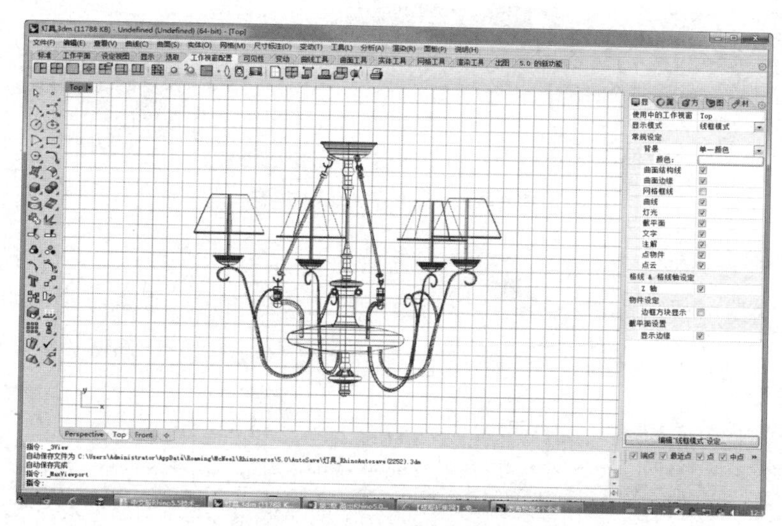

图 1-51　最大化/还原工作视窗

4. 新增工作视窗

在【工作视窗配置】选项卡中单击【新增工作视窗】按钮，可以新增一个 Top 视窗，如图 1-52 所示。

如果要关闭新增的工作视窗，可以右击【新增工作视窗】按钮，或右击视图窗口区域底部要关闭的工作视窗，在弹出的快捷菜单中执行【删除】命令，如图 1-53 所示。

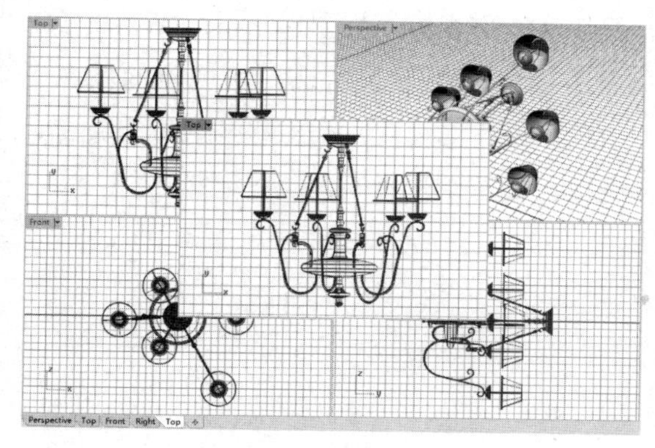

图 1-52　新增工作视窗

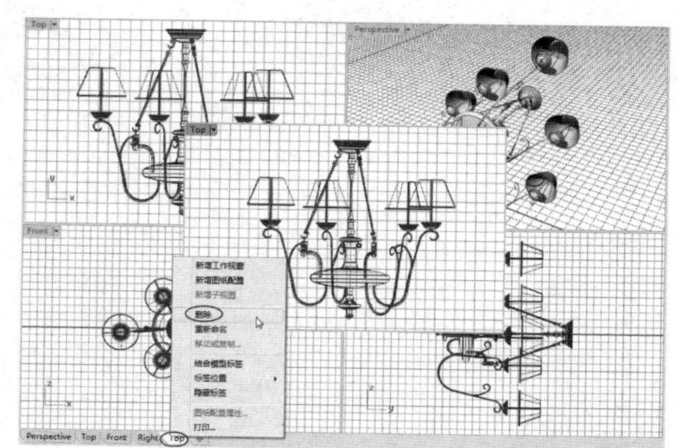

图 1-53　删除工作视窗

5. 水平分割工作视窗

先选择一个工作视窗，再单击【工作视窗配置】选项卡中的【水平分割工作视窗】按钮，可以将选择的工作视窗一分为二，如图 1-54 所示。

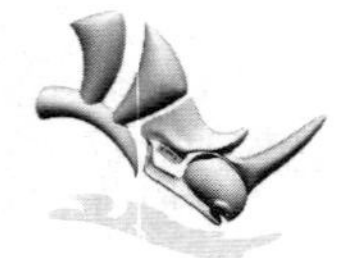

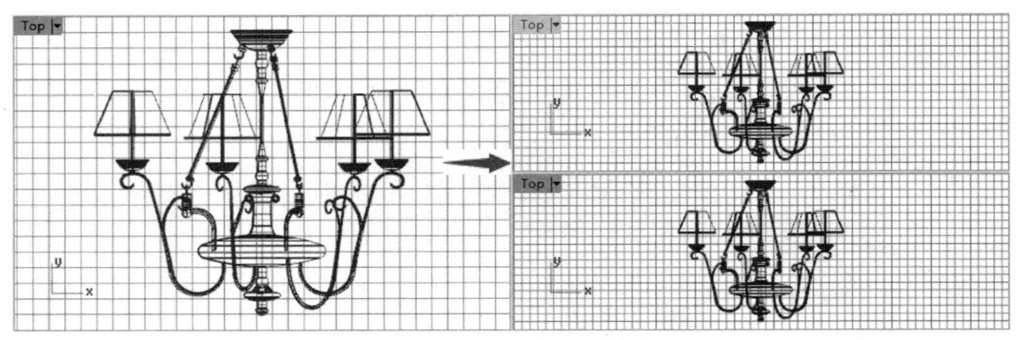

图 1-54　水平分割工作视窗

6. 垂直分割工作视窗

与水平分割工作视窗操作相同，可以将选择的工作视窗进行垂直分割，如图 1-55 所示。

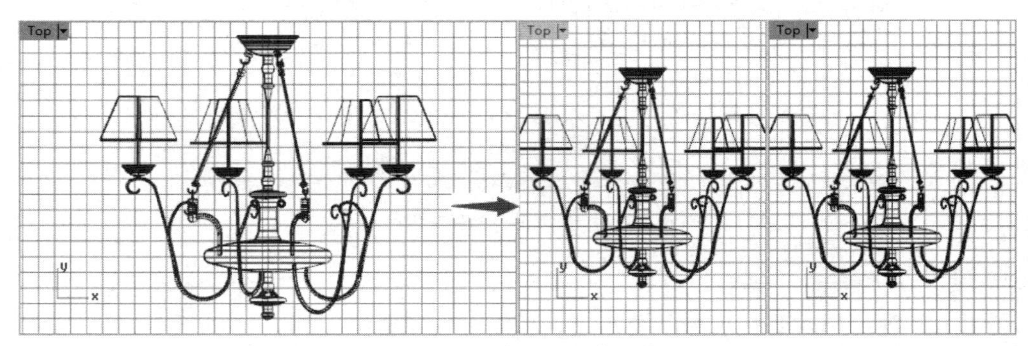

图 1-55　垂直分割工作视窗

7. 工作视窗属性

先选择一个工作视窗，再单击【工作视窗属性】按钮，弹出【工作视窗属性】对话框。可以在【工作视窗属性】对话框中设置所选工作视窗的基本属性，如一般信息、投影模式、摄像机与目标点位置、底色图案选项，如图 1-56 所示。

工作视窗属性
一般信息
标题(L): Top
尺寸: 478 x 308
投影模式
平行(P)
透视(E)
两点透视(W)
35 毫米摄影机镜头
镜头焦距(L): 50.0 毫米
摄影机与目标点位置 (X, Y, Z)
摄影机(C): 3336.29 1400.69 1569.93 放置...
目标(T): 3336.29 1400.69 0.0 放置...
放置摄影机及目标点...
底色图案选项
浏览(B)...
显示底色图案
以灰阶显示底色图案
确定 取消 说明(H)

图 1-56　【工作视窗属性】对话框

1.4.2　导入背景图片辅助建模

在工作视窗中导入背景图片可以更好地确定模型的特征结构线，在不同的工作视窗中导入模型相应视角的透视图，可以辅助完成模型的三维建模。

执行【查看】|【背景图】命令，可以看到在其子菜单中的各项命令。另外，还可以执行【工具】|【工具列配置】命令，在打开的【Rhino 选项】对话框中调出【背景图】工具面板，如图 1-57 所示。

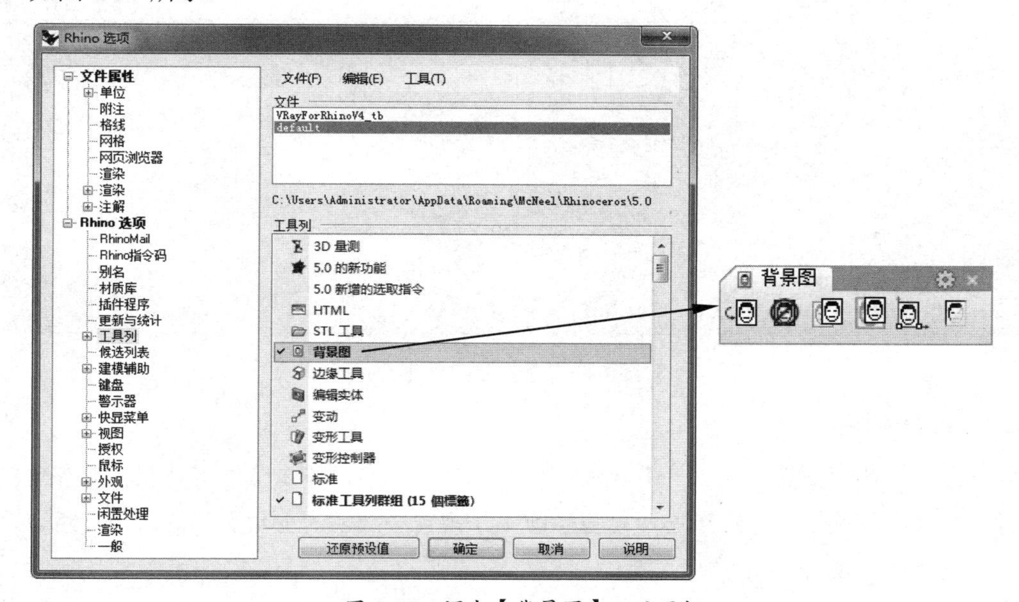

图 1-57　调出【背景图】工具面板

下面对于【背景图】工具面板中的这几项工具，进行简单说明。

- 放置背景图：用于导入背景图片。
- 移除背景图：用于删除背景图片。
- 移动背景图：用于移动背景图片。
- 缩放背景图：用于缩放背景图片。
- 对齐背景图：用于对齐背景图片。
- 显示/隐藏背景图片（左/右键）：用于显示或隐藏背景图片，避免工作视窗紊乱。

1. 导入背景图片

不同视角的背景图片必须被放到相应的工作视窗中。在向 Top 视窗中导入背景图片时，首先 Top 视窗（当前工作视窗）要处于激活状态，在【背景图】工具面板中单击【放置背景图】按钮，在弹出的【打开位置】对话框中，选择需要导入的背景图片。在 Top 视窗中通过确定两个对角点的位置，完成背景图片的放置，如图 1-58 所示。

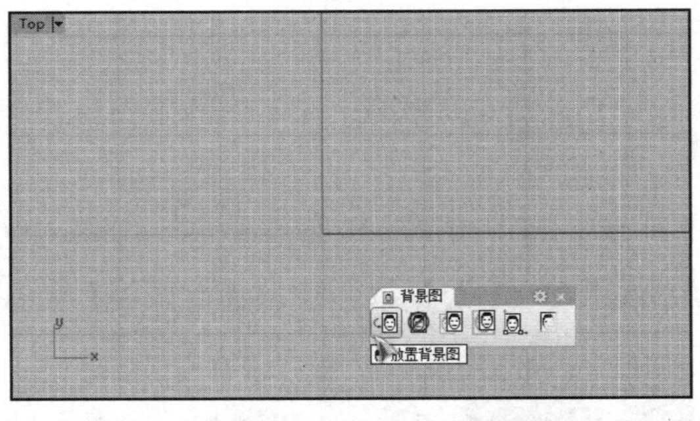

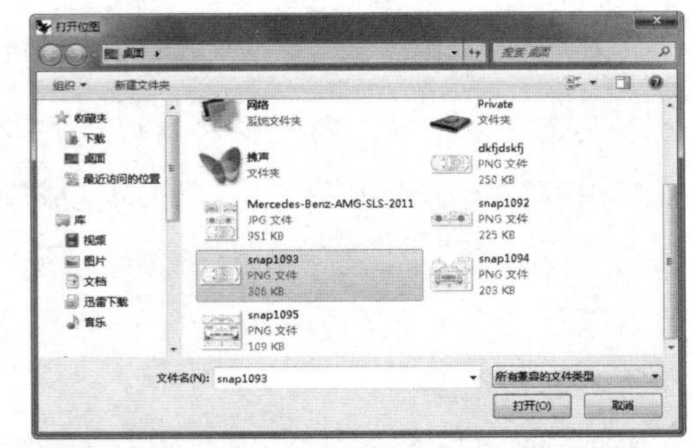

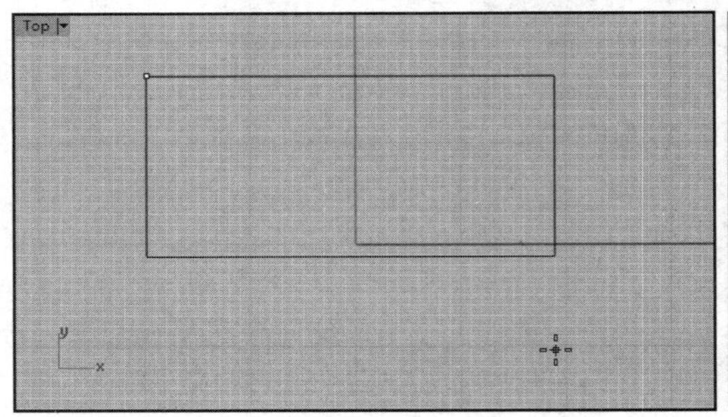

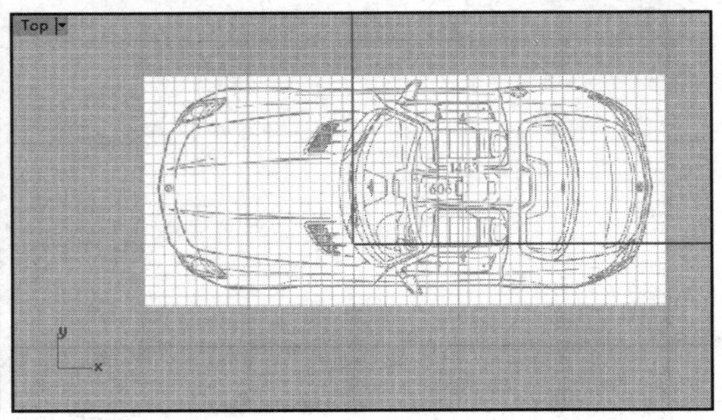

图 1-58 导入背景图片

2. 对齐背景图片

以刚才导入的背景图片为例，Top 视窗仍处于激活状态，单击【对齐背景图】按钮，确定背景图片上的两点，并确定这两点与当前工作视窗中要对齐的位置，背景图片将自动调整大小与其对齐，如图 1-59 所示。

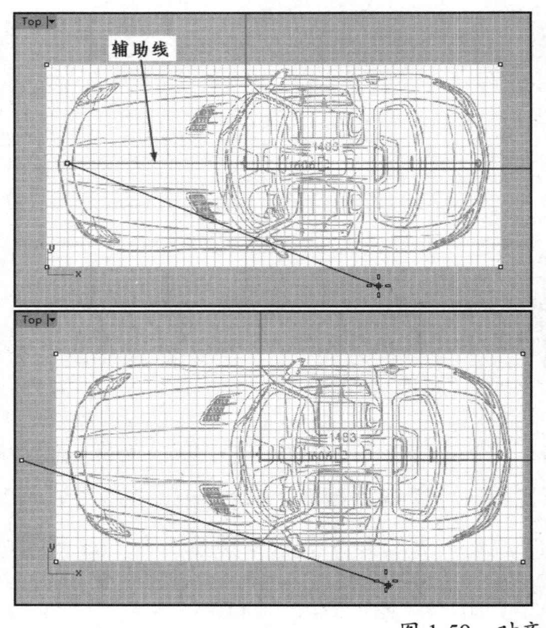

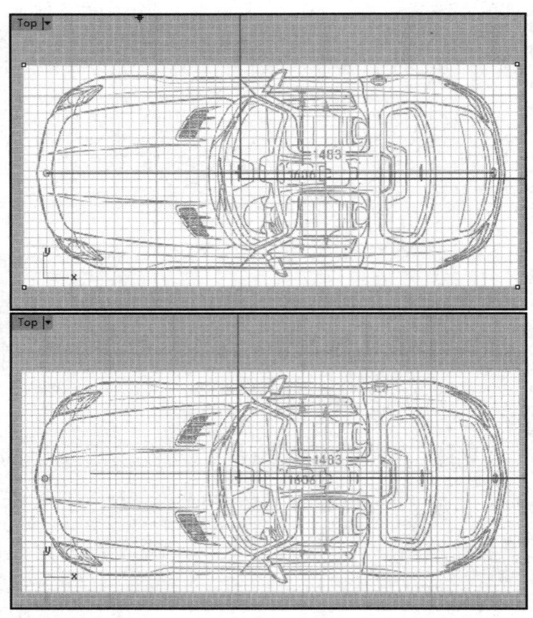

图 1-59 对齐背景图片

技术要点：

在上面的对齐操作中，先在背景图片的特殊位置创建一条辅助线（图 1-59 中的那条辅助线是以汽车 Top 视图的前、后两个 Logo 为端点），然后在对齐过程中通过启用【物件锁点】选项，以辅助线的两个端点对齐 Top 视图的 *Y* 轴轴线。

上机操作——导入背景图片

下面以一个案例讲解怎样对齐一个汽车的三视图。背景图片的源文件可以在本书附送的下载文件中找到。

① 运行 Rhino 8.0。

② 先激活 Top 视窗，然后单击【背景图】工具面板中的【放置背景图】按钮，选择本案例源文件“top.bmp”，在 Top 视窗中移动光标，即可导入一张背景图片。使用此方法，依次在 Front 视窗、Right 视窗中分别放入相应的背景图片，如图 1-60 所示。

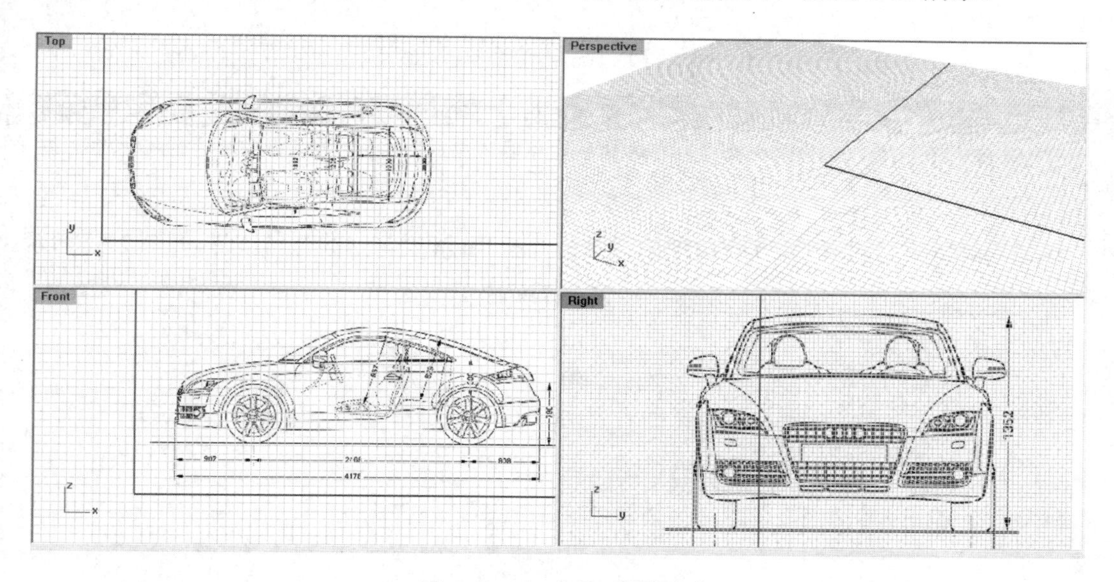

图 1-60　分别放入背景图片

技术要点：

导入的背景图片最好提前在 Photoshop 或其他平面软件中将轮廓线以外的部分裁掉，这样方便设立对齐的参考点和控制缩放的显示框。

③ 从图 1-60 中可以发现，每个工作视窗中的背景图片并没有对齐，这是不符合要求的。下面需要将 3 个工作视窗中的图片分别对齐，以起到辅助建模的作用。首先，打开网格，激活 Top 视窗，单击【对齐背景图】按钮，在背景图片上选择一点作为基准点，另外选择一点作为参考点。其次，在工作平面上先单击基准点到达的位置，再单击参考点到达的位置，即可完成 Top 视窗中背景图片的对齐操作，如图 1-61 所示。当然，如果发现不够准确，可以右击，并多次执行此命令。

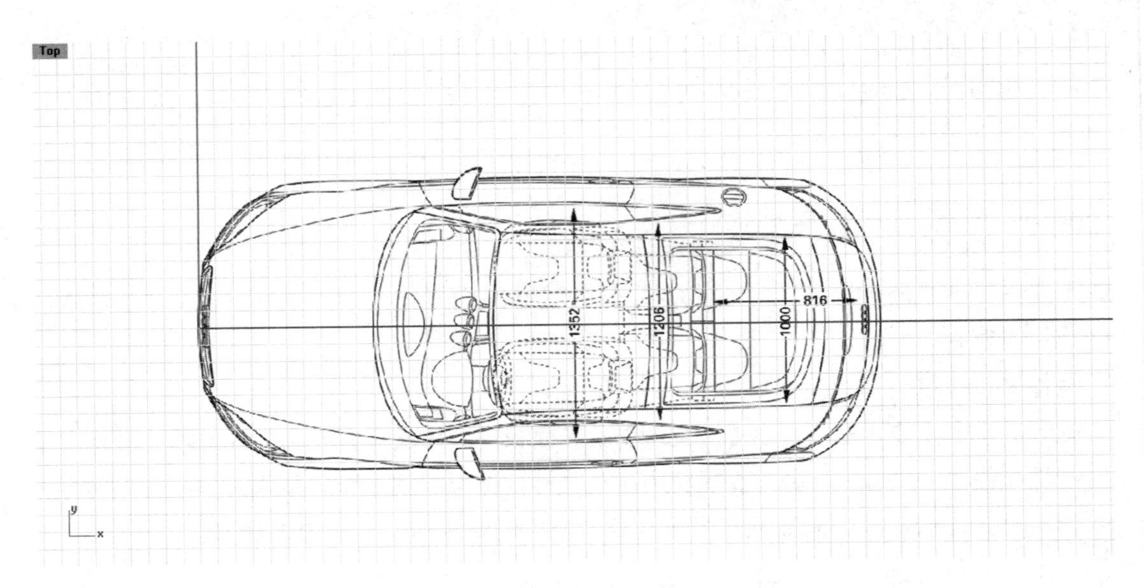

图 1-61　对齐 Top 视窗中的背景图片

技术要点：

在一般情况下，为了更精确地操作，在选择参考点时可以按住 Shift 键，保证参考点与基准点在一条直线上。

④ 按照同样的方法对齐 Front 视窗中的背景图片和 Right 视窗中的背景图片，如图 1-62 所示。

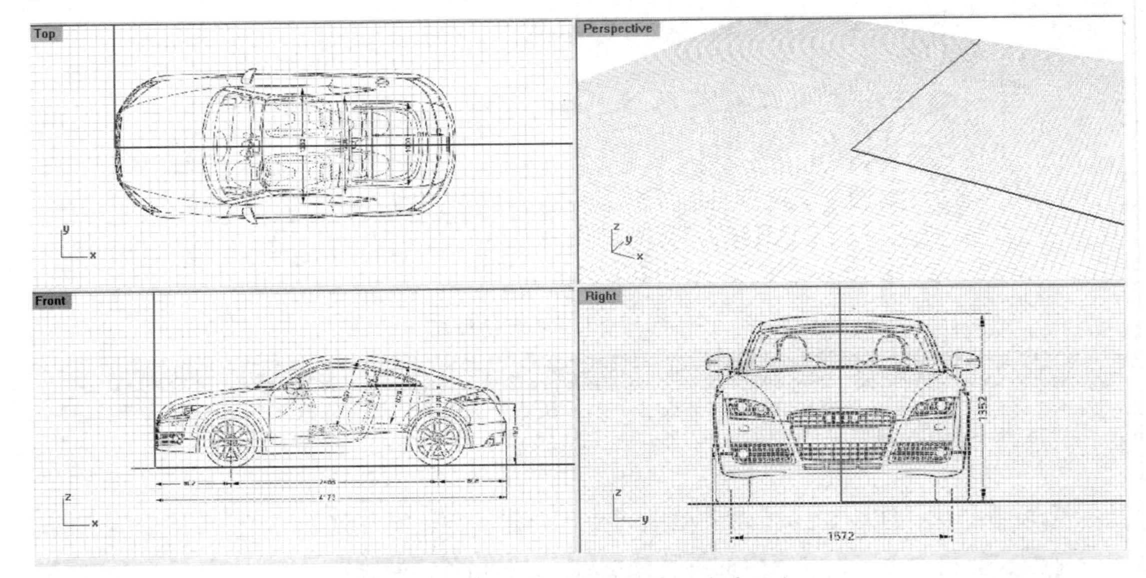

图 1-62　对齐 3 个工作视窗中的背景图片

⑤ 对齐各个背景图片后，新问题又出现了。从图 1-62 中可以明显看出，3 个工作视窗中的车身长度、宽度、高度的数值是不对等的。这时，需要调节背景图片的比例。

⑥ 首先，选定 Top 视窗中的背景图片作为缩放尺寸基准。单击【尺寸标注】按钮量出车

身长度为 39，一半宽度为 9.2（这里由于选择的基准在轴线上，所以可以只测量一半的宽度）。其次，在 Top 视窗中，分别在车头、车尾及车身侧面基准点处单击【点】按钮，绘制三点作为缩放基准点。如图 1-63 所示，圆圈内即为参考点的位置。

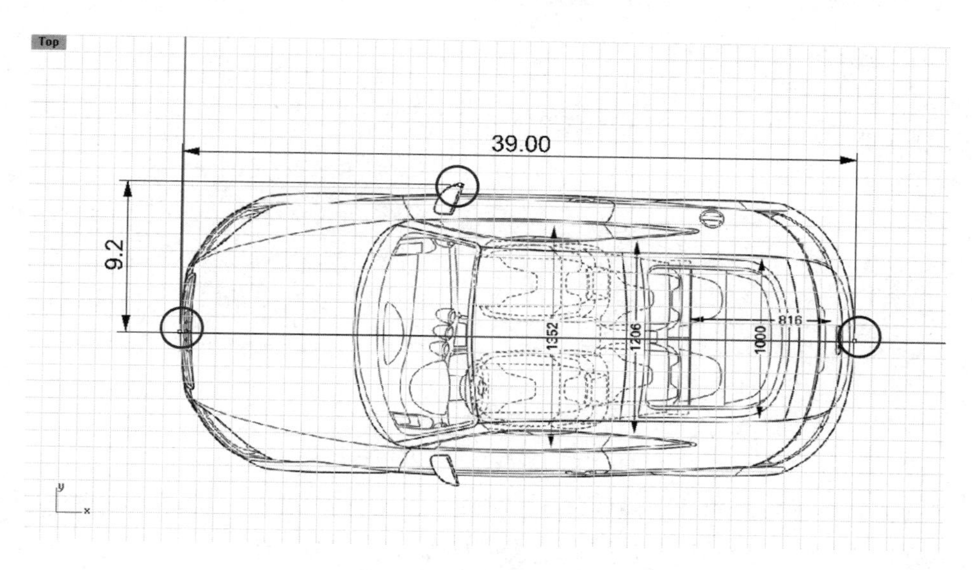

图 1-63　建立缩放基准点

⑦ 选择 Front 视窗，启用【物件锁点】选项组中的【点】选项进行捕捉，单击【缩放背景图】按钮，以坐标原点为基准点，车尾部一点作为第一参考点，第二参考点即上一步中绘制的车尾基准点。核对车身长度是否同为 39，缩放完成，如图 1-64 所示。

⑧ 在 Front 视窗中，单击【尺寸标注】按钮量出车身高度为 11.8，并在最高点设定一个基准点。按照上面的方法，将 Right 视窗中的背景图片缩放到合适的位置，如图 1-65 所示。

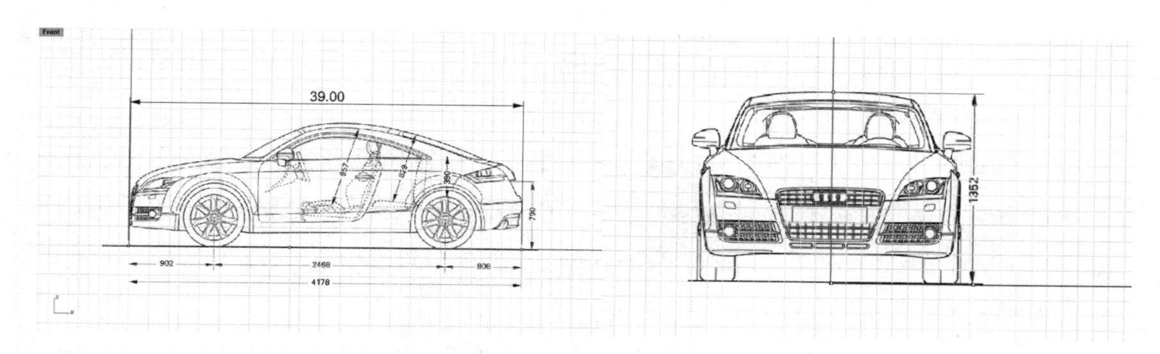

图 1-64　缩放 Front 视窗中的背景图片　　　图 1-65　缩放 Right 视窗中的背景图片

⑨ 如果缩放比例出错，停用【物件锁点】选项，或按住 Shift 键将缩放轴锁定在坐标轴上拖移，让缩放框到达定位基准点的位置，松开鼠标即可。校对车身高度值，完成整个背景图片的放置，如图 1-66 所示。

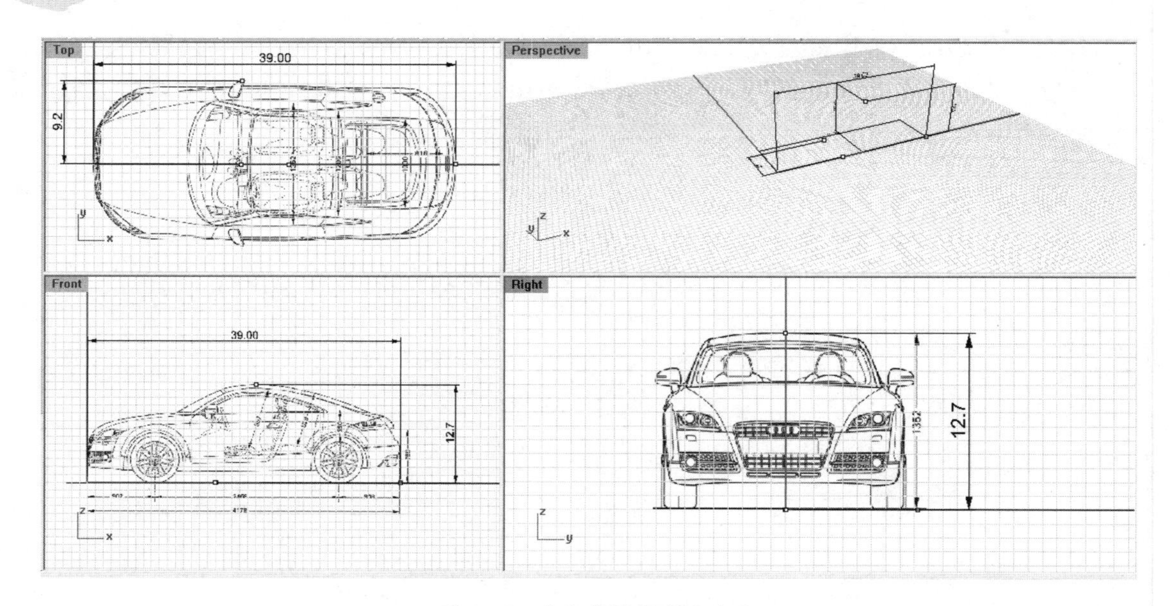

图 1-66　完成背景图片的放置

⑩ 为了检验背景图片放置的准确性，可以在任一工作视窗中的车身线条上绘制一些点，并在其他工作视窗中检验该点是否放置在车身线条正确的位置。

技术要点：

在操作过程中，需要启用【物件锁点】选项捕捉时，可以按住 Alt 键快速调用，松开即可停止捕捉。

此外，在【背景图】工具面板上还有【移除背景图】按钮和【隐藏背景图】按钮，其操作比较简单，在此就不进行解释了。值得关注的一点是，单击按钮可以隐藏背景图片，右击该按钮可以显示背景图片，在练习时要注意区分。

1.4.3　添加一个图像平面

除了以上常规的放置背景图片的方法，Rhino 8.0 中还有一个引入参考图片辅助建模的方法——添加一个图像平面。

单击【添加一个图像平面】按钮，在各个工作视窗中以平面形式导入参考图片，如图 1-67 所示。为了提高图片对齐的准确度，建议在导入前将图片修整好，并且导入的基准点选择在坐标原点。如果发现不符合要求的地方，同样可以使用【平移】按钮或【缩放】按钮对导入的帧平面进行调整。

这种方法的好处在于能够直观、全方位地看到物件各面的细节，便于对模型进行调整。如果导入的是真实产品图片，还可以检查模型渲染的效果。而且由于参考图片是以平面形式出现的，因此其可操作性（如在空间移动等）远远高于导入的背景图片。

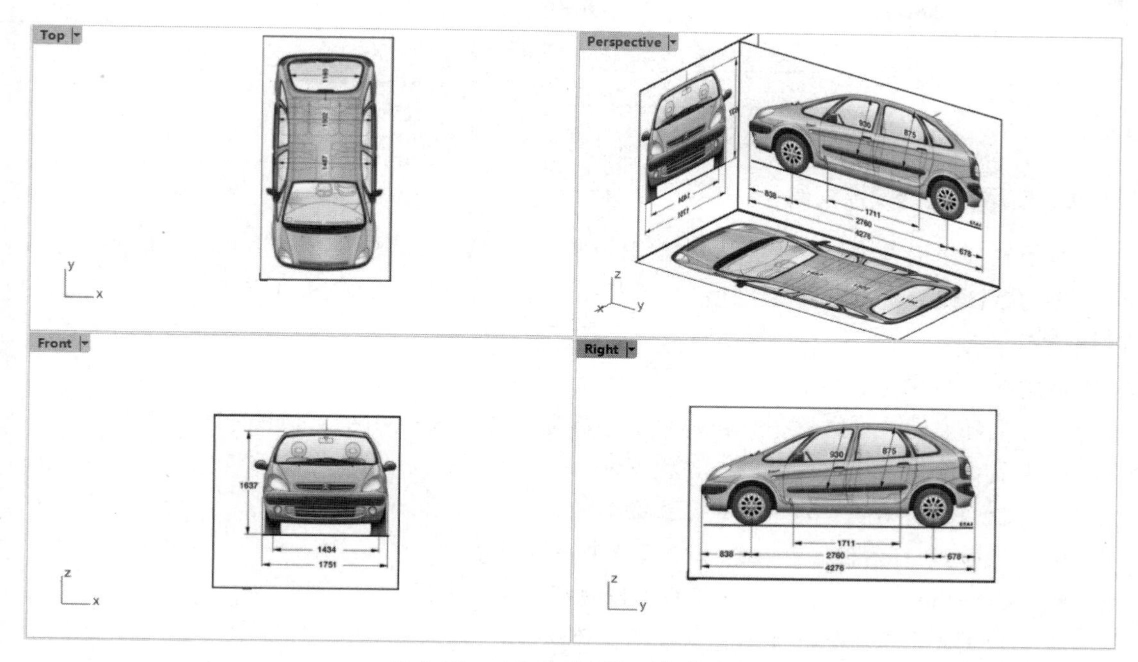

图 1-67　以平面形式导入参考图片

1.5　视图操作与设置

三维建模设计类软件有很多相通的地方，但是各自的操作习惯又有一定的区别，本节将着重讲解在 Rhino 8.0 中的一些模型的基本操作习惯。

1.5.1　视图操作

熟练使用键盘和鼠标的功能键是熟练操作软件的必要保障，也是进入软件学习阶段的基础操作。

1. 平移、缩放和旋转

在【标准】选项卡中包含操控物件（Rhino 8.0 中的物件就是指物体或对象）的平移、缩放和旋转指令，如图 1-68 所示。

图 1-68　操控物件的功能指令

也可以在【设置视图】选项卡中执行视图操控命令来控制视图，如图 1-69 所示。

图 1-69 【设置视图】选项卡中的视图操控命令

2. 使用快捷键操控视图

对于软件使用者来说，快捷键是常用的。在一般情况下，软件使用者都会记忆并使用软件提供的默认快捷键。当有些快捷键使用频率很高时，往往需要设置几个适合自己使用习惯的快捷键。

常用的鼠标快捷键如下。

- 鼠标右键：在二维工作视窗中平移屏幕，在 Perspective 视窗中旋转观察。
- 鼠标滚轮：放大或缩小工作视窗。
- Ctrl+鼠标右键：放大或缩小工作视窗。
- Shift+鼠标右键：在任意工作视窗中平移屏幕。
- Ctrl+Shift+鼠标右键：在任意工作视窗中旋转视图。
- Alt+以鼠标左键拖曳：复制被拖曳的物件。

常用的键盘快捷键如表 1-1 所示。这些快捷键有许多是可以改变的，可以自行加入快捷键或指令别名。

表 1-1 常用的键盘快捷键

功能说明	快捷键
调整透视图摄像机的镜头焦距	Shift+Page Up
调整透视图摄像机的镜头焦距	Shift+Page Down
端点物件锁点	E
切换正交模式	O、F8、Shift
切换平面模式	P
切换格点锁定	F9
暂时启用/停用物件锁点	Alt
重做视图改变	End
切换到下一个工作视窗	Ctrl+Tab
放大视图	Page Up
缩小视图	Page Down

技术要点：

如果视图无法恢复到最初的状态，请试着执行【查看】|【工作视窗配置】|【四个工作视窗】命令，4 个工作视窗会回到默认的状态。

如果突然发现使用鼠标快捷键无法对透视图进行旋转操作，请试着在 Rhino 8.0 工具列中选择【旋转】工具对视图进行旋转，很有可能再次使用快捷键时你会发现它恢复了正常的功能。

1.5.2 设置视图

视图总是与工作平面关联的，每个视图都可以作为工作平面。常见的视图包括 7 种，即

6 个基本视图和 1 个透视图。

设置视图可以从【设置视图】选项卡中单击视图设置按钮进行操作，如图 1-70 所示。

图 1-70　视图设置按钮

也可以在菜单栏中执行【查看】|【设置视图】命令，如图 1-71 所示。

还可以在各个工作视窗中选择下三角箭头，在下拉列表中先选择【设置视图】选项，再选择视图选项即可，如图 1-72 所示。

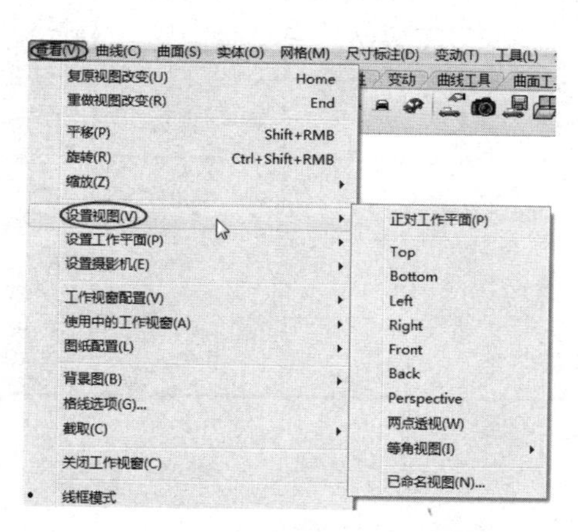

图 1-71　从菜单栏中执行【设置视图】命令

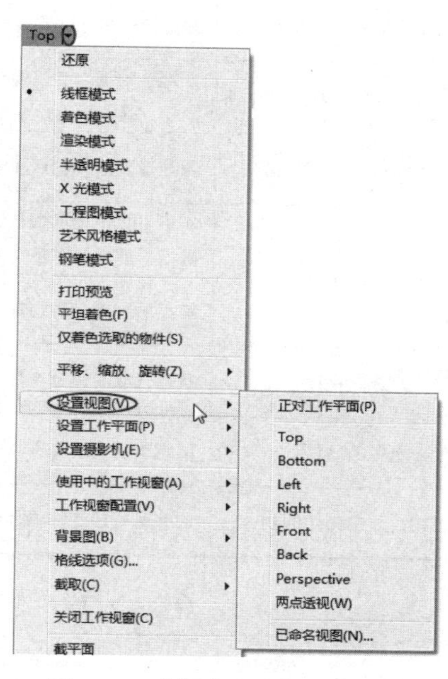

图 1-72　选择【设置视图】选项

1.6　可见性

当用户在复杂场景中需要编辑某个物件时，隐藏命令可以把其他物件先隐藏起来，不会使用户在视觉上造成混乱，同时起到简化场景的作用。

此外，还有一种简化场景的方法就是锁定某些特定物件，物件被锁定后将不能对其实施任何操作，这样也大大降低了用户失误操作的概率。

以上操作命令均集成于【可见性】工具面板中，长按【标准】选项卡中的【隐藏物件】按钮或【锁定物件】按钮，均可弹出【可见性】工具面板，工具面板中各个按钮的具体功能如表 1-2 所示。此类操作的方法比较简单，选择物件后单击命令按钮即可，这里不再一一举例。

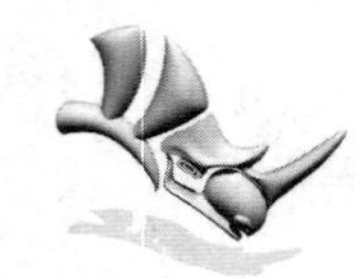

表 1-2　隐藏与锁定各个按钮图标的功能

名称	说明	快捷键	图标
隐藏物件	左键：隐藏选取的物件，可以多次选择物件进行隐藏 右键：显示所有隐藏的物件	Ctrl+H	
显示物件	显示所有隐藏的物件	Ctrl+Alt+H	
显示选取的物件	显示选取的隐藏物件	Ctrl+Shift+H	
隐藏未选取的物件	隐藏未选取的物件，即反选功能		
对调隐藏与显示的物件	隐藏所有可见的物件，并显示所有之前被隐藏的物件		
隐藏未选取的控制点	左键：隐藏未选取的控制点 右键：显示所有隐藏的控制点和编辑点		
隐藏控制点	隐藏选取的控制点和编辑点		
锁定物件	左键：设置选取物件的状态为可见、可锁点，但无法选取或编辑 右键：解锁所有锁定的物件	Ctrl+L	
解锁物件	解锁所有锁定的物件	Ctrl+Alt+L	
解除锁定选取物件	解锁选取的锁定物件	Ctrl+Shift+L	
锁定未选取的物件	锁定未选取的物件，即反选功能		
对调锁定与未锁定的物件	解锁所有锁定的物件，并锁定所有未锁定的物件		

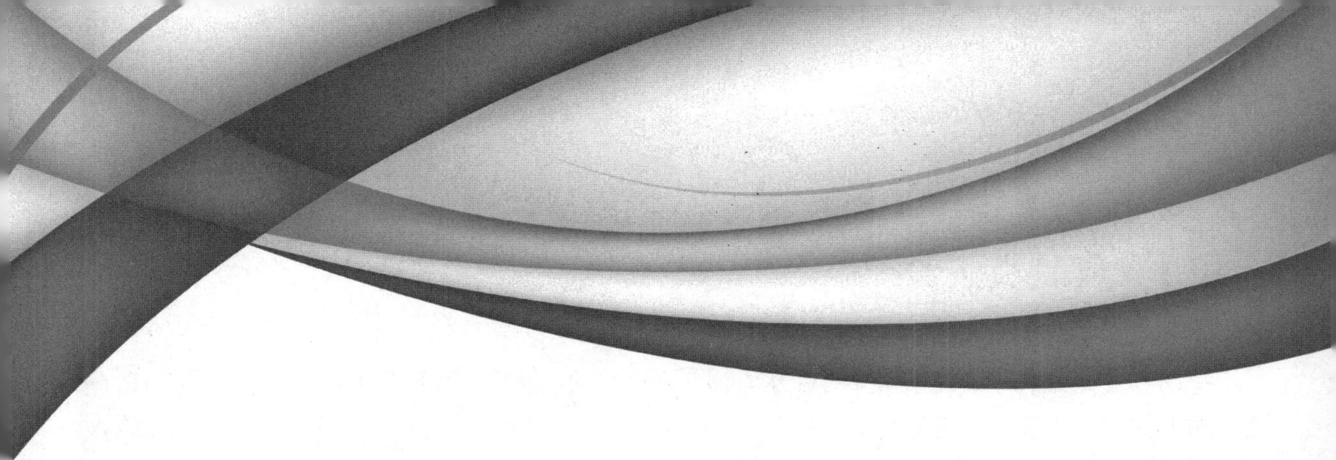

第 2 章

物件的变动

本章内容

本章将详细讲解 Rhino 8.0 的变动工具。变动工具是快速建模必不可少的作图工具。

所有与改变模型的位置及造型有关的操作都被称为物件的变换操作，它包含的主要内容有物件在 Rhino 8.0 坐标系中的移动，物件的旋转、缩放、倾斜、镜像等。本章主要介绍 Rhino 8.0 中物件变换工具的使用方法及相关功能。

知识要点

- ☑ 复制类工具
- ☑ 对齐、扭转和弯曲工具
- ☑ 合并和打散工具

2.1　复制类工具

在建模过程中，经常需要对创建的物件进行移动、缩放、旋转等操作，以使创建的物件满足尺寸、位置等方面的要求。在菜单栏中的【变动】选项卡中，几乎包含了所有变动工具，同样存在一个与之对应的工具列。图 2-1 所示为【变动】选项卡中的变动工具。在边栏中可以找到相同的变动工具。

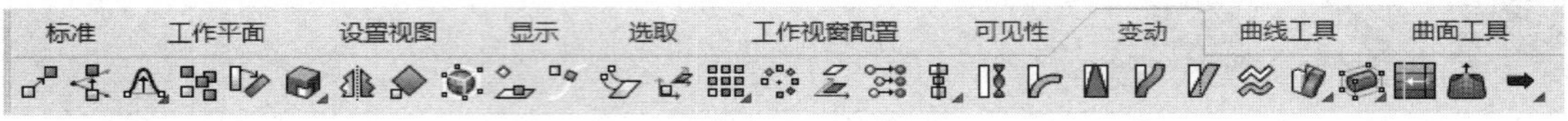

标准　工作平面　设置视图　显示　选取　工作视窗配置　可见性　变动　曲线工具　曲面工具

图 2-1　【变动】选项卡

Rhino 8.0 中的复制类工具包括移动、复制、旋转、缩放、倾斜、镜像、阵列等。

2.1.1　移动

使用【移动】工具可以将物件从一个位置移动到另一个位置。物件也被称为对象，Rhino 8.0 中的物件包括点、线、面、网格和实体。

单击【变动】选项卡中的【移动】按钮，选择物件，右击或按 Enter 键确认操作。

在工作视窗中任选一点作为移动的起点，这时物件会随着光标的移动不断变换位置，当物件移动到需要的位置时，单击鼠标确认移动即可，如图 2-2 所示。

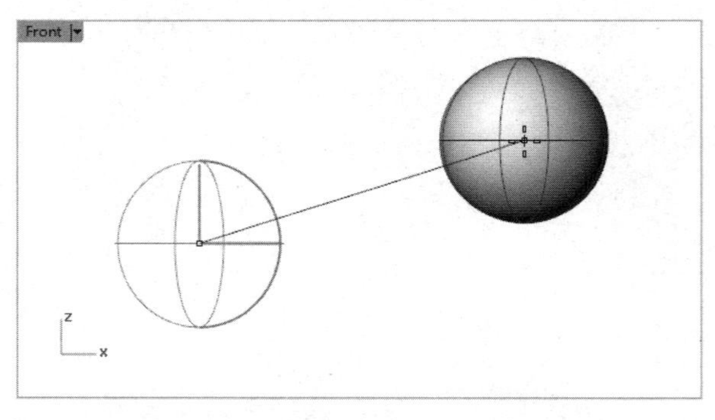

图 2-2　移动物件

技术要点：

如需准确定位，可以在寻找移动起点和终点时，按住 Alt 键，启用【物件锁点】选项，并勾选【物件锁点】选项组中所需捕捉的点。

在 Rhino 8.0 中还有其他两种移动物件的方式，如下所述。

1. 直接移动物件

在工作视窗中选择物件，按住左键同时拖动物件，将物件移动到一个新的位置后再松开鼠标左键，如图 2-3 所示。

如果在拖动过程中快速按 Alt 键，可以创建一个副本，等同于【复制】功能，如图 2-4 所示。

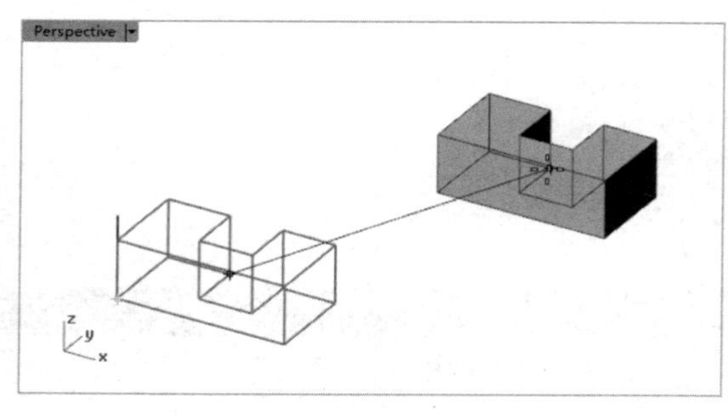

图 2-3　直接拖动物件进行移动

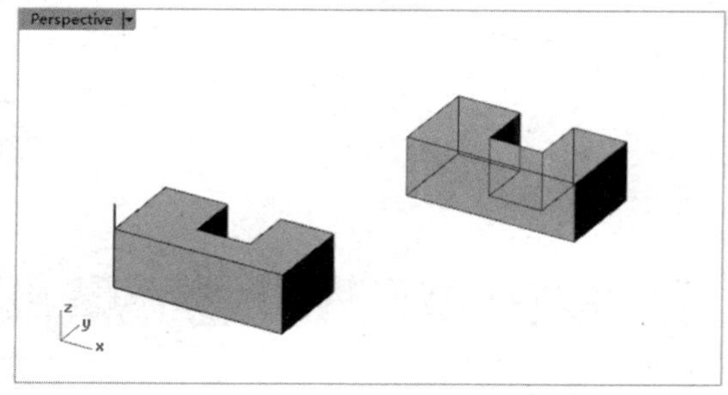

图 2-4　快速按 Alt 键创建副本

技术要点：

直接拖动物件进行移动与执行【移动】命令进行移动不同的是，直接拖动不能精确地移动与定位。

2. 按组合快捷键进行移动

在工作视窗中先选择物件，然后按住 Alt 键，物件会随着按↑、↓、←、→4 个键在工作视窗的 *X*、*Y* 坐标轴上移动，按 Alt +Page Up 或 Page Down 快捷键物件可以在 *Z* 坐标轴上移动。

上机操作——【移动】工具的应用

① 新建 Rhino 8.0 文件。

② 在菜单栏中执行【曲线】|【多边形】|【星形】命令，绘制五角星，如图 2-5 所示。

③ 在菜单栏中执行【实体】|【挤出平面曲线】|【直线】命令，创建挤出实体，如图 2-6 所示。

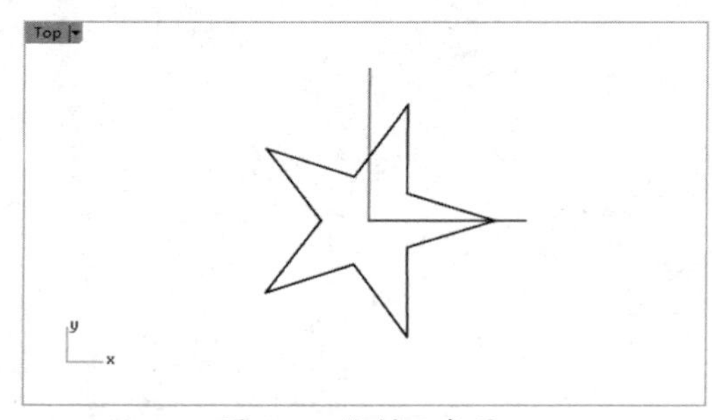

图 2-5　绘制五角星

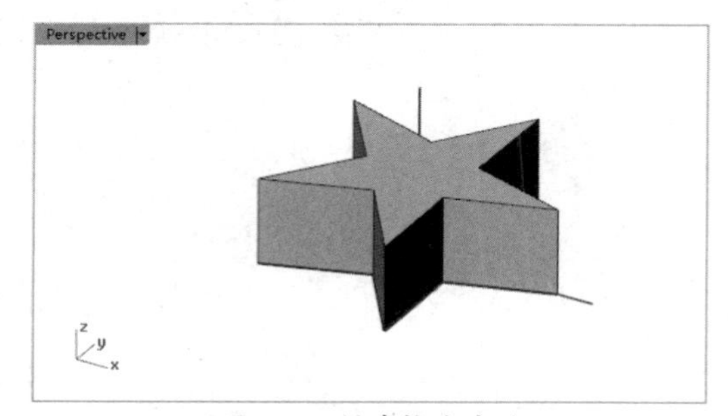

图 2-6　创建挤出实体

④ 在【变动】选项卡中单击【移动】按钮，选取要移动的挤出实体并右击。

⑤ 先在命令行中输入移动起点的坐标（0,0,0）并右击，再输入移动终点的坐标（0,30,0）并右击，完成物件的移动，如图 2-7 所示。

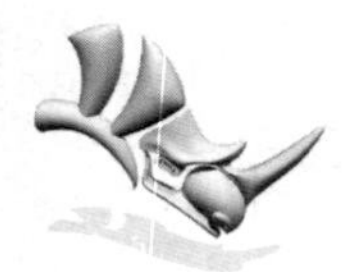

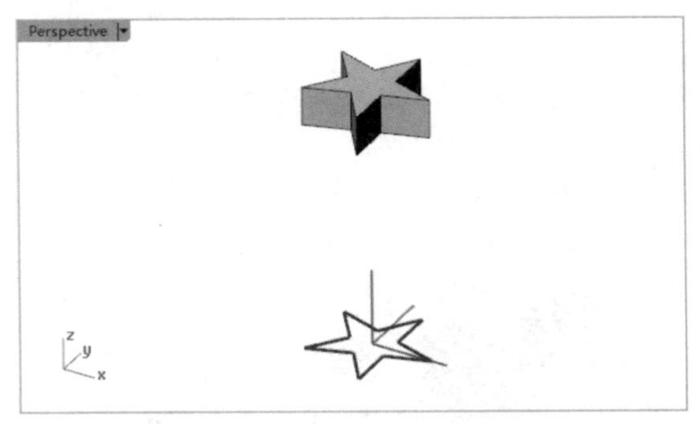

图 2-7　移动物件

技术要点：

要想使用【移动】工具创建复制的物件，就不能通过单击【移动】按钮进行移动，只能是手动拖动物件+Alt 键组合使用。

2.1.2　复制

首先，单击【变动】选项卡中的【复制】按钮，选择要复制的物件，按 Enter 键或右击。其次，选择一个复制起点，此时工作视窗中会出现一个随着光标移动的物件预览操作。将物件移动到所需放置的位置后单击鼠标确认。最后，按 Enter 键或右击结束操作。重复操作可以进行多次复制，如图 2-8 所示。

在执行移动操作时可以配合使用【物件锁点】选项组中的捕捉命令，实现被复制物件的精确定位及复制，如图 2-9 所示。

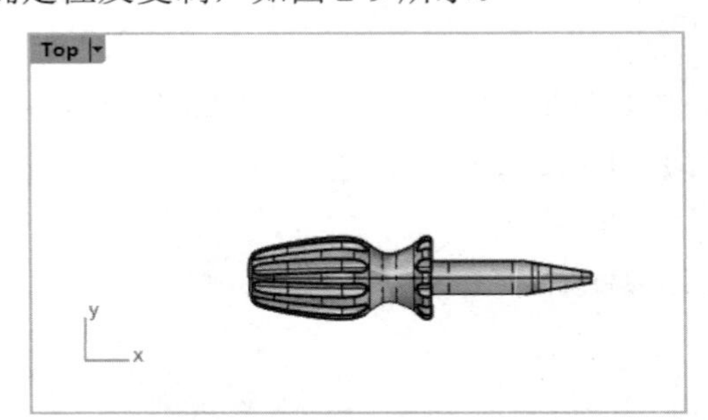

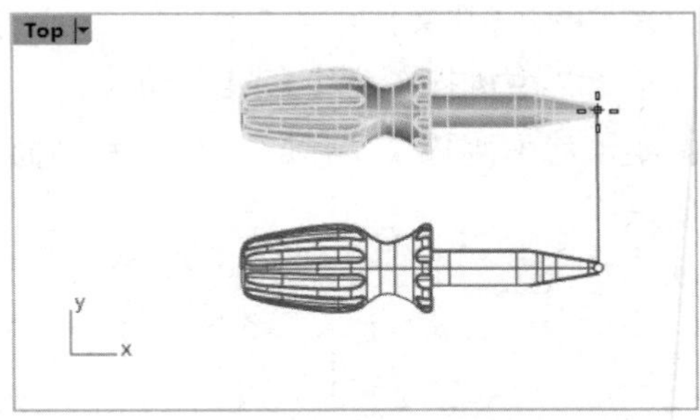

图 2-8　复制物件

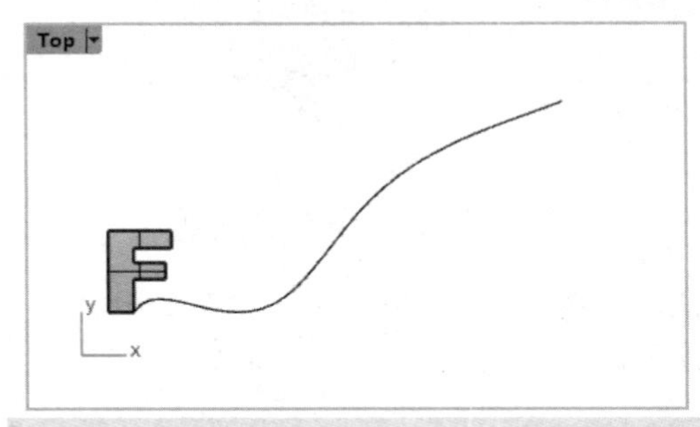

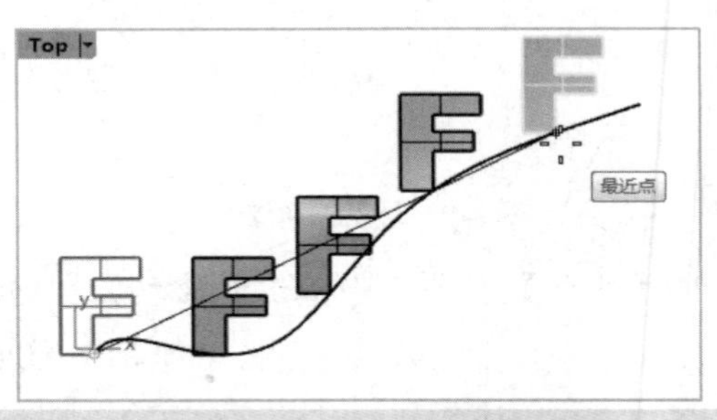

☑端点 ☑最近点 ☑点 ☑中点 ☑中心点 ☑交点 ☑垂点 ☑切点 ☑四分点 ☑节点 ☑顶点 ■投影 □停用

图 2-9　配合使用【物件锁点】选项组中的捕捉命令

技术要点：

在移动和复制物件时都可以通过输入坐标来确定位置，使物件移动和复制的位置更为准确。

2.1.3　旋转

【旋转】工具包含两个工具，单击【旋转】按钮可执行 2D 旋转操作，右击可执行 3D 旋转操作，如图 2-10 所示。

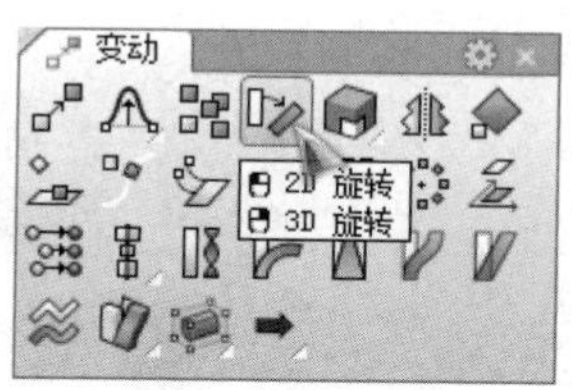

图 2-10　【旋转】工具

注意：在图 2-10 中，将光标在工具按钮上停留一会儿，可以看到该工具的提示信息。

1. 2D 旋转

在当前工作视窗中进行旋转。首先，选择【旋转】工具，在工作视窗中选取需要旋转的物件，右击。其次，依次选择旋转中心点、第一参考点（角度）、第二参考点，完成 2D 旋转，如图 2-11 所示。

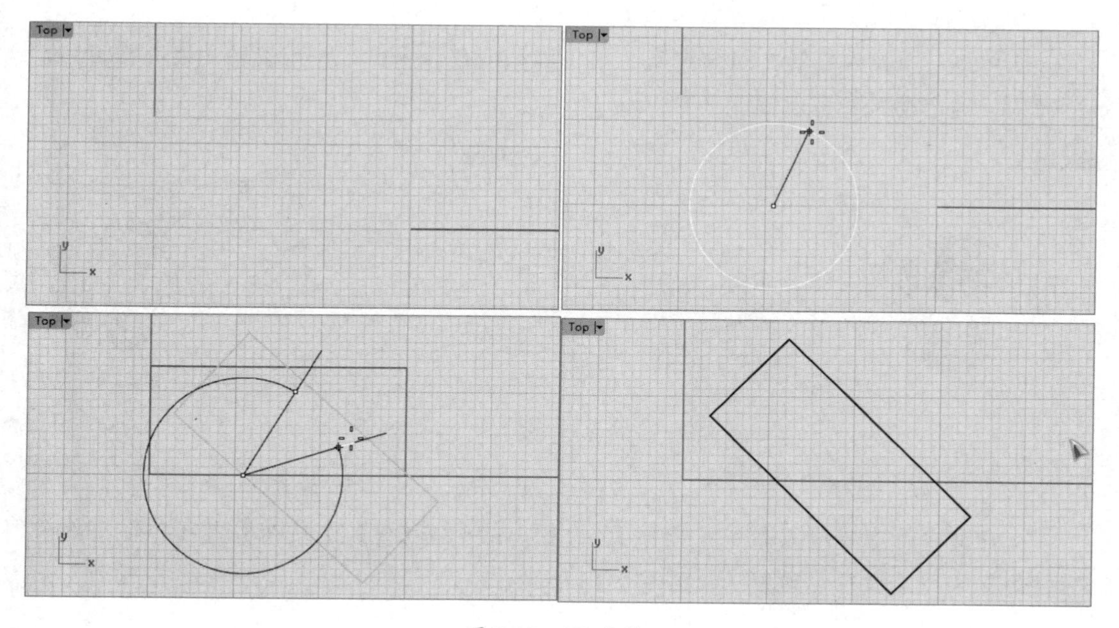

图 2-11　2D 旋转

技术要点：

也可以选定中心点之后，在提示行中输入旋转角度并右击，直接完成旋转。其中，正值代表逆时针旋转，负值代表顺时针旋转。旋转轴为当前工作视窗的垂直向量。

上机操作——【旋转】工具的应用

① 新建 Rhino 8.0 文件。

② 在边栏中长按【立方体】按钮，弹出【立方体】工具面板。使用【立方体】工具面板中的命令按钮在工作视窗中分别创建长方体、球体和圆柱体 3 个实体，如图 2-12 所示。

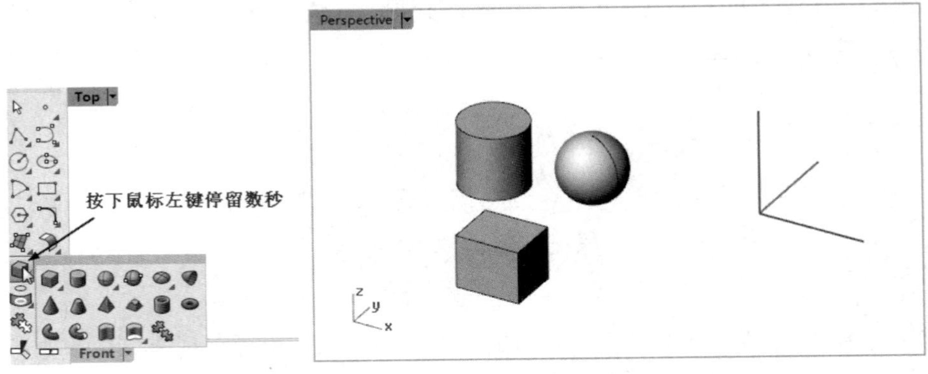

图 2-12 创建 3 个实体

③ 选择 3 个物件，单击【旋转】按钮，在工作视窗中以坐标系原点为旋转中心点，旋转效果将围绕这个点产生。

④ 在工作视窗中选择第一参考点，旋转效果将在第一参考点与旋转中心点组成直线的所在平面内产生。确定第一参考点如图 2-13 所示。

⑤ 根据预览，将物件旋转到所需位置，单击确认或在命令行中输入旋转角度并按 Enter 键确认。确定第二参考点如图 2-14 所示。

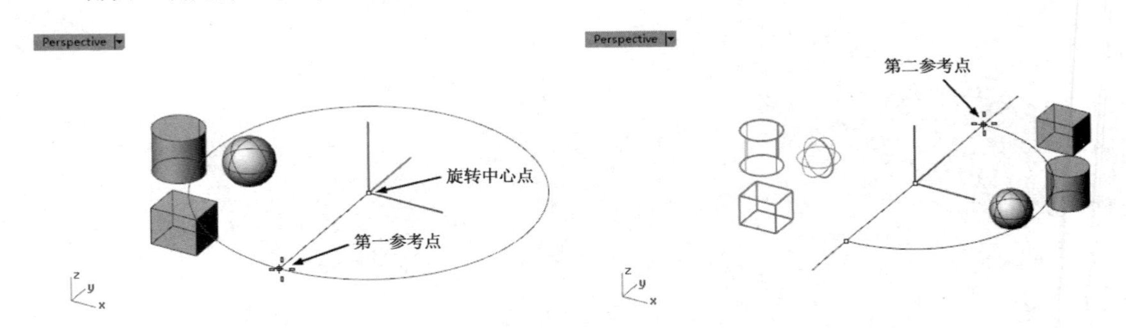

图 2-13 确定第一参考点　　图 2-14 确定第二参考点

⑥ 如果在命令行中先输入命令 C 再按 Enter 键，或单击【复制】按钮就可以在平面内围绕旋转中心点进行多次复制，如图 2-15 所示。

2. 3D 旋转

3D 旋转的方式较为复杂，首先右击【旋转】按钮，在工作视窗中选取需要旋转的物件并右击，然后依次放置旋转轴的起点和终点、第一参考点（角度）和第二参考点，完成旋转，如图 2-16 所示。

```
第二参考点 ( 复制(C) ): C
第二参考点 ( 复制(C) 90
```

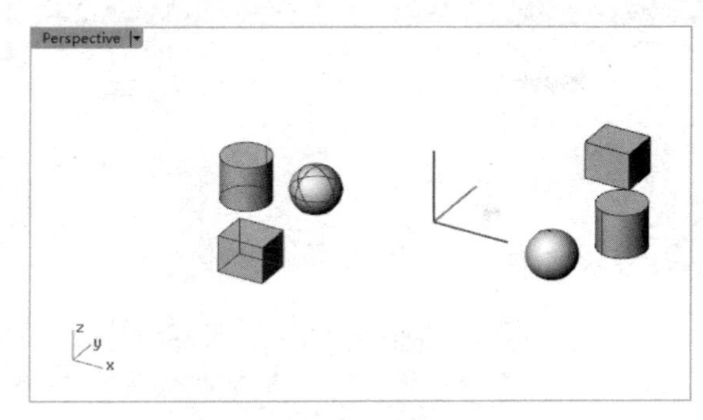

图 2-15　围绕旋转中心点复制

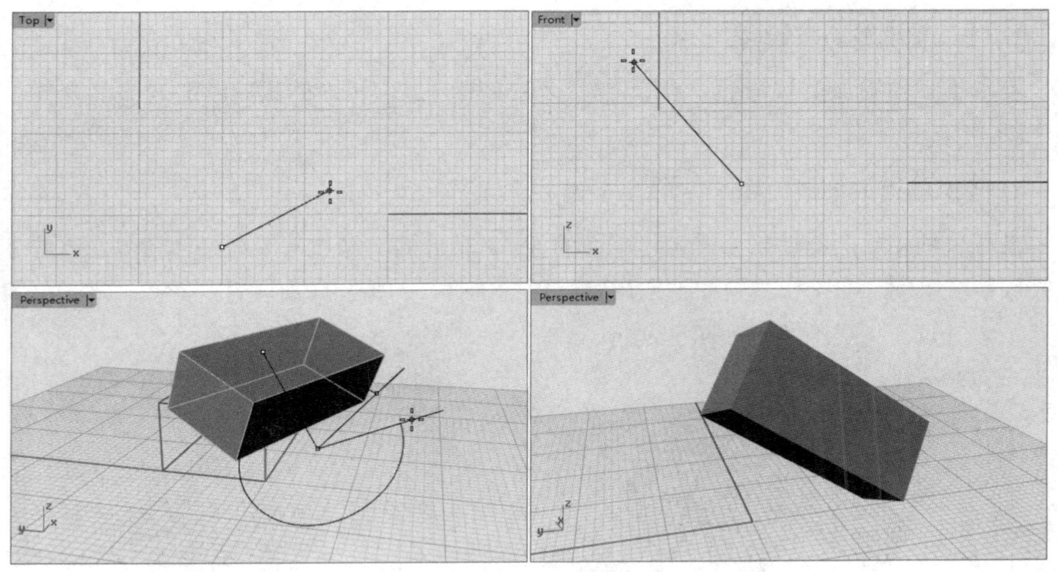

图 2-16　旋转物件

技术要点：

这里需要理解旋转轴的含义，对于一个物件来说，旋转轴与旋转角度是关键参量。确定了这两个参量，物件的旋转结果也就确定下来了。2D 旋转的旋转轴只是确定了特殊的方向。

另外，在旋转过程中同样可以先按 Alt 键（也可以激活复制选项），然后围绕旋转中心点复制多个物件。

在实际的操作过程中，还可以借助【物件锁点】工具或通过手动绘制参考线进行精确的三维旋转操作。捕捉点旋转如图 2-17 所示。

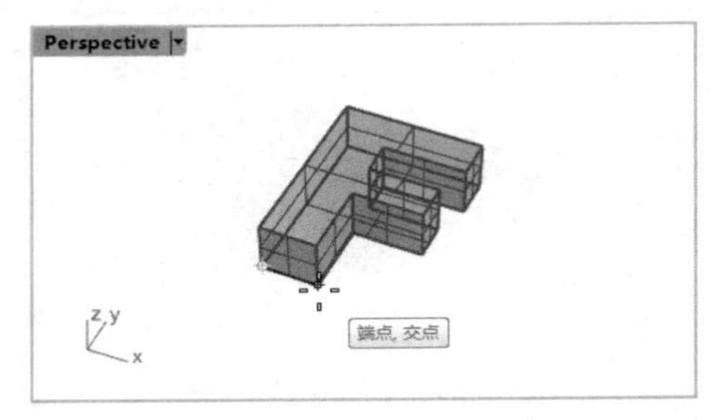

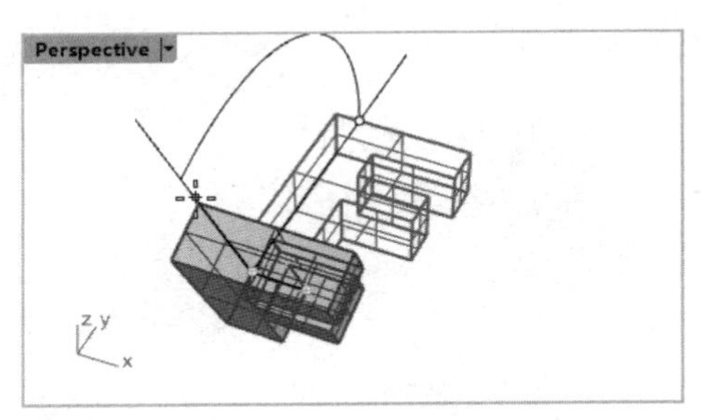

图 2-17　捕捉点旋转

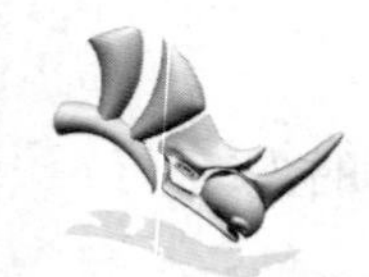

技术要点：

物件的 3D 旋转与 2D 旋转都可以在旋转的同时进行多次复制，操作方式也相同。

2.1.4 缩放

Rhino 8.0 的【缩放】工具有 5 个，如图 2-18 所示。

图 2-18 【缩放】工具

1. 【三轴缩放】按钮

单击【三轴缩放】按钮，在 X、Y、Z 3 个轴向上以相同的比例缩放选取的物件，如图 2-19 所示。

2. 【二轴缩放】按钮

进行二轴缩放的物件只会在工作平面的 X、Y 轴方向上缩放，不会整体缩放。单击【二轴缩放】按钮，在工作视窗中选取进行缩放的物件，右击。依次放置基准点、第一参考点和第二参考点，完成缩放，如图 2-20 所示。

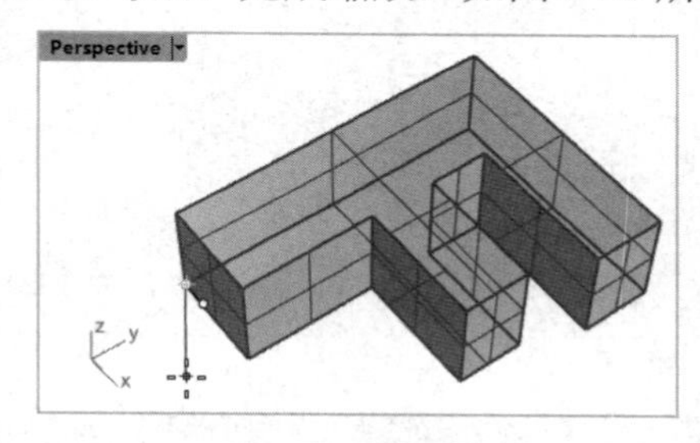

图 2-19 三轴缩放

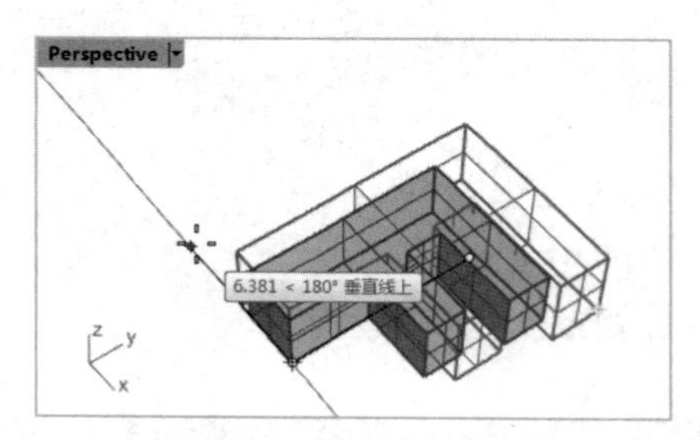

图 2-20 二轴缩放

3. 【单轴缩放】按钮

在进行单轴缩放时，选取的物件仅在指定的轴向缩放。单击【单轴缩放】按钮，在工作视窗中选取进行缩放的物件，右击。依次放置基准点、第一参考点和第二参考点，完成缩放，如图 2-21 所示。

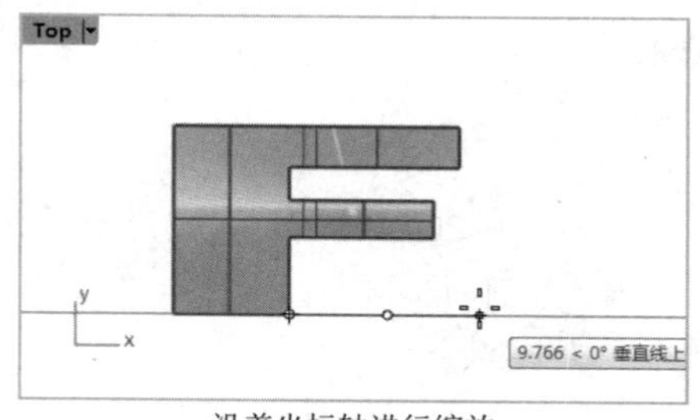

沿着坐标轴进行缩放

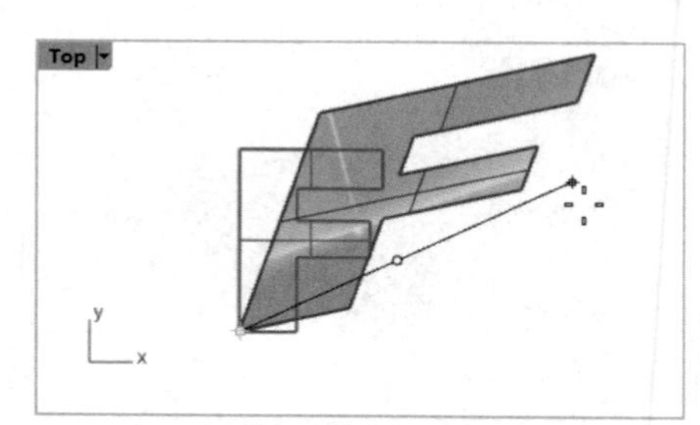

沿着任一轴向进行缩放

图 2-21 单轴缩放

4. 【不等比缩放】按钮

在进行不等比缩放时，只有一个基准点，但是需要分别设置 *X*、*Y*、*Z* 三个轴向的缩放比例，操作方法相当于进行了 3 次单轴缩放。它的缩放仅限于 *X*、*Y*、*Z* 三个轴的方向，如图 2-22 所示。

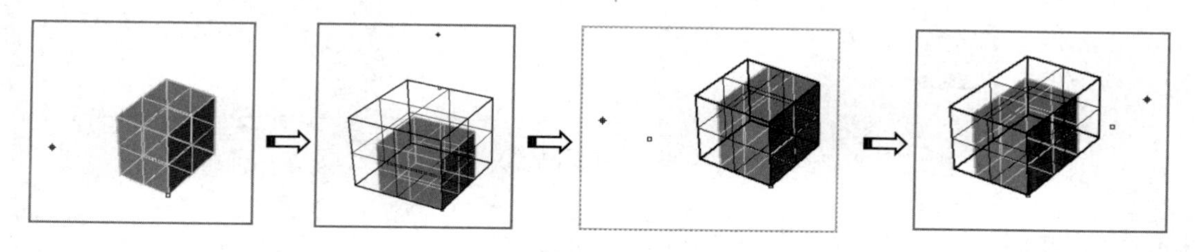

图 2-22　不等比缩放

技术要点：

这个工具的使用要烦琐一些，需要分别确定 *X*、*Y*、*Z* 3 个轴向的缩放比例，但是掌握了前面几个工具的使用，这个工具自然也就很容易理解了。

与缩放相关的两大因素，一个是基准点，一个是缩放比例，在很多时候，基准点的位置决定了缩放结果是否让人满意。

5. 【在定义的平面上缩放】按钮

在定义的平面上缩放时，可以自定义平面，物件在平面上进行 *X* 轴及 *Y* 轴或任意角度的缩放。图 2-23 所示为在指定平面的 *Y* 轴方向上缩放。

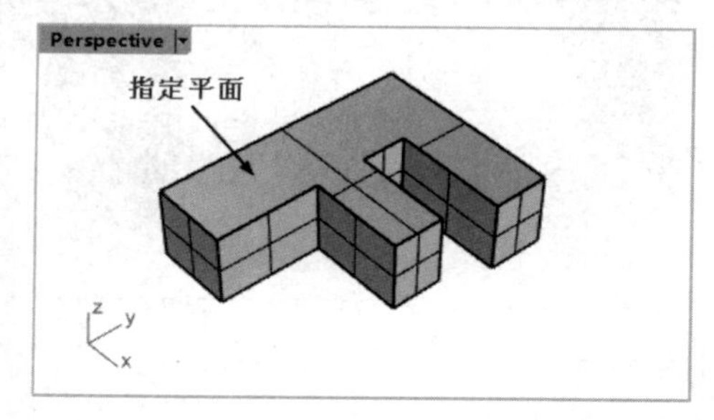

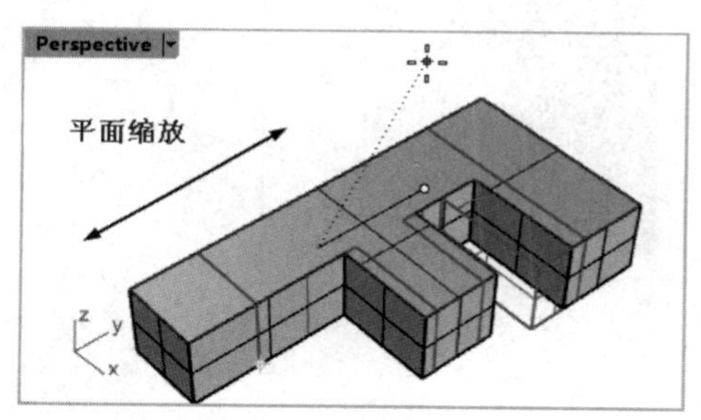

图 2-23　在定义的平面上缩放

2.1.5　倾斜

使用【倾斜】工具可以使物件在原有的基础上产生一定的倾斜变形。

使物件倾斜的操作步骤如下。

① 在工作视窗中创建一个长方体。

② 选择物件，单击【变动】选项卡中的【倾斜】按钮。

③ 在工作视窗中首先选择一个基准点，然后选择第一参考点。此时物件的倾斜角度就会随着光标的移动而发生变化，如图 2-24 所示。

④ 将物件移动到所需位置，单击确认倾斜，或在命令行中输入倾斜角度值并按 Enter 键确认。

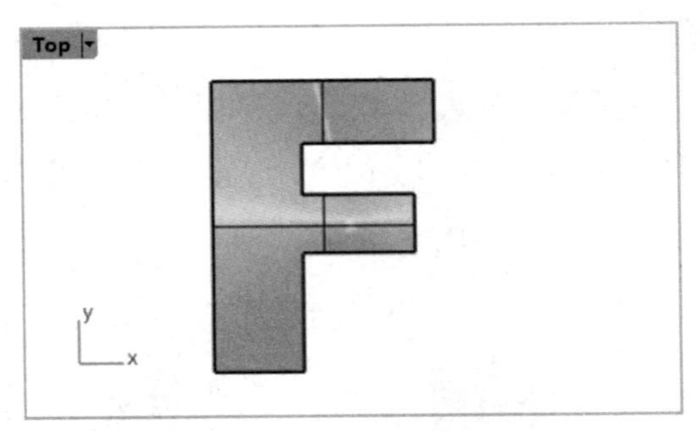

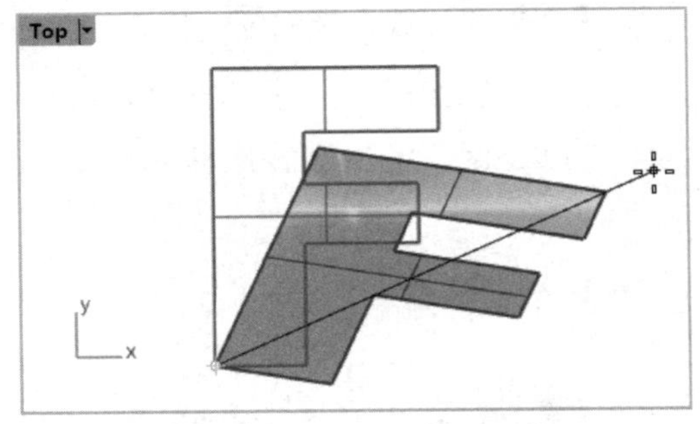

图 2-24 倾斜物件

2.1.6 镜像

使用【镜像】工具可以对物件进行关于参考线的镜像复制操作。

选择要镜像的物件，单击【变动】选项卡中的【镜像】按钮，在工作视窗中首先选择一个镜像平面起点，然后选择镜像平面终点。生成的物件与原物件关于起点与终点所在的直线对称，如图 2-25 所示。

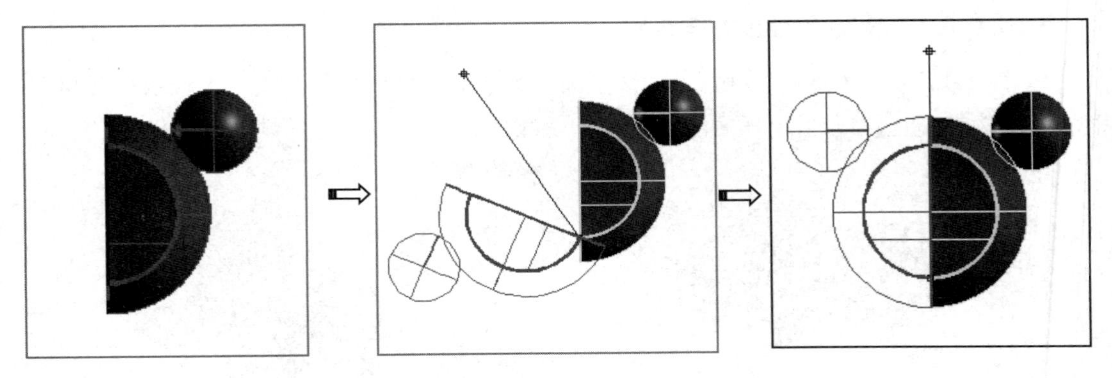

图 2-25 镜像物件

2.1.7 阵列

阵列是 Rhino 8.0 建模中非常重要的工具之一。

长按【变动】选项卡中的【阵列】按钮，弹出【阵列】工具面板，如图 2-26 所示。

图 2-26 【阵列】工具面板

1. 【矩形阵列】按钮

将一个物件进行矩形阵列，即以指定的列数和行数摆放物件副本。

上机操作——矩形阵列

① 新建 Rhino 8.0 文件。

② 执行【实体】|【圆柱体】命令，在坐标系的圆心位置创建半径为 5、高度为 10 的圆柱体，如图 2-27 所示。

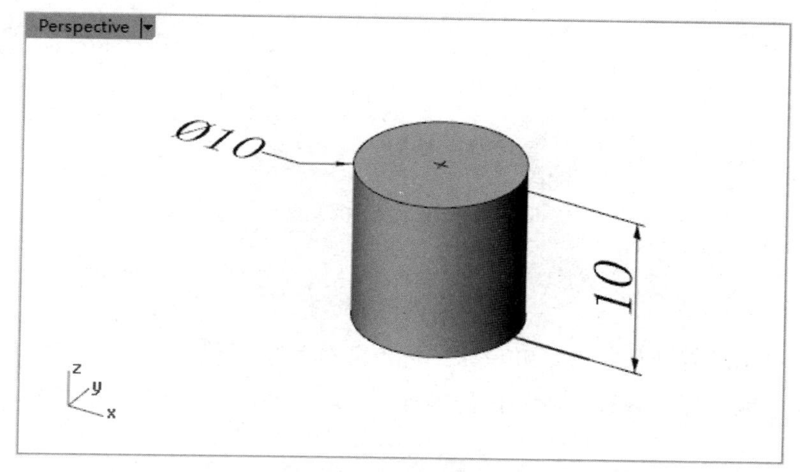

图 2-27　创建圆柱体

③ 单击【矩形阵列】按钮，选取要阵列的圆柱体后，在命令行中输入该物件在 *X*、*Y* 和 *Z* 方向上的副本数分别为 5、5、0。

④ 指定一个矩形的两个对角定义单位方块的大小或在命令行中输入 *X* 间距（30）、*Y* 间距（30）的距离值。

⑤ 按 Enter 键结束操作，如图 2-28 所示。

技术要点：

当我们想要进行二维阵列时只要将其中任意轴上的复本数设置为 1 即可。

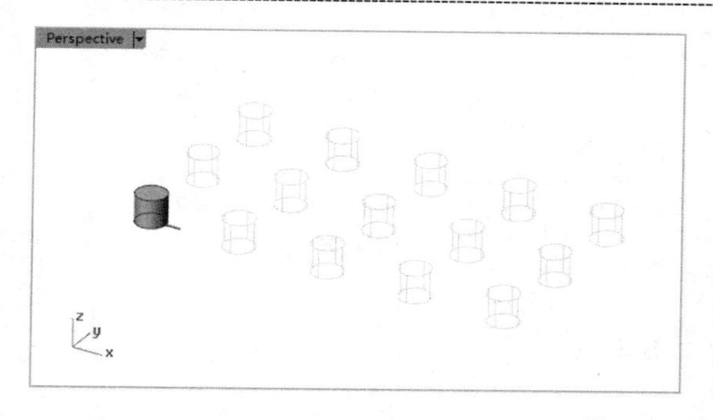

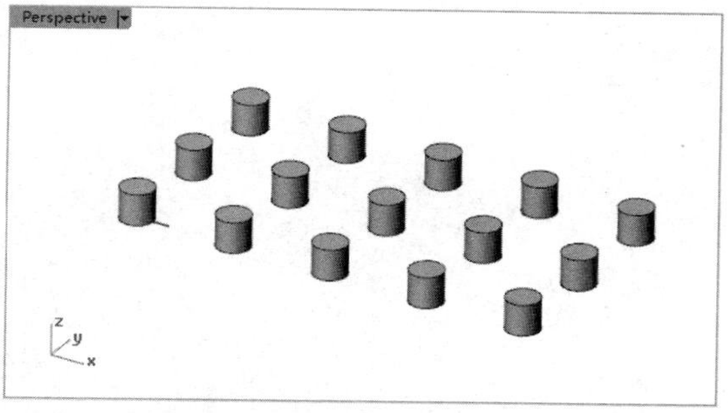

图 2-28　矩形阵列

2.【环形阵列】按钮

对物件进行环形阵列，即以指定数目的物件围绕中心点复制摆放。

上机操作——环形阵列

① 新建一个半径为 5 的球体，如图 2-29 所示。

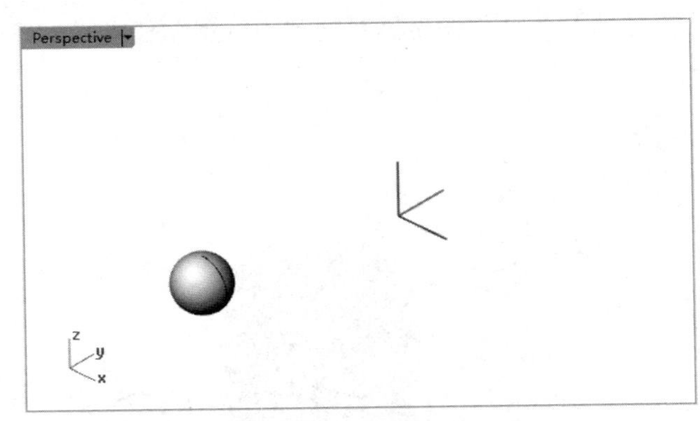

图 2-29　新建球体

② 在 Top 视窗中选择球体物件，并单击【环形阵列】按钮。

③ 在命令行中输入环形阵列的中心点的坐标（0,0,0），并输入副本的个数 6，按 Enter 键确认操作。

④ 这时命令行中会有如图 2-30 所示的提示内容，输入旋转总角度值 360，或直接右击确认操作即可。

旋转角度总合或第一参考点 <360> (预览(P)=是 步进角(S) 旋转(R)=是 Z偏移(Z)=0): 360

图 2-30　命令行提示内容

技术要点：

【步进角】指物件之间的角度。

⑤ 按 Enter 键结束操作。环形阵列如图 2-31 所示。

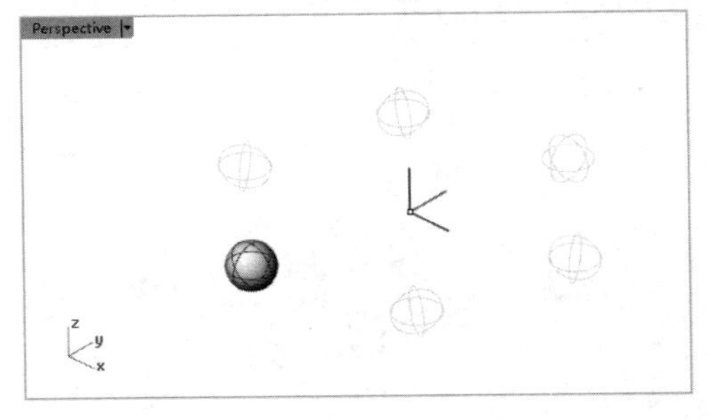

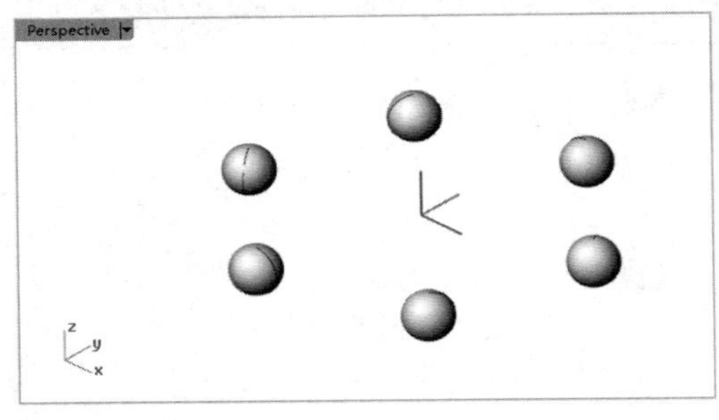

图 2-31　环形阵列

3.【沿着曲线阵列】按钮

沿着曲线阵列是使物件沿着曲线复制排列，同时随着曲线扭转。首先，单击【沿着曲线阵列】按钮，选取要阵列的物件，右击。其次，选取已知曲线作为阵列路径，在弹出的对话框（见图 2-32）中对阵列的方式和定位进行调整，如图 2-33 所示。

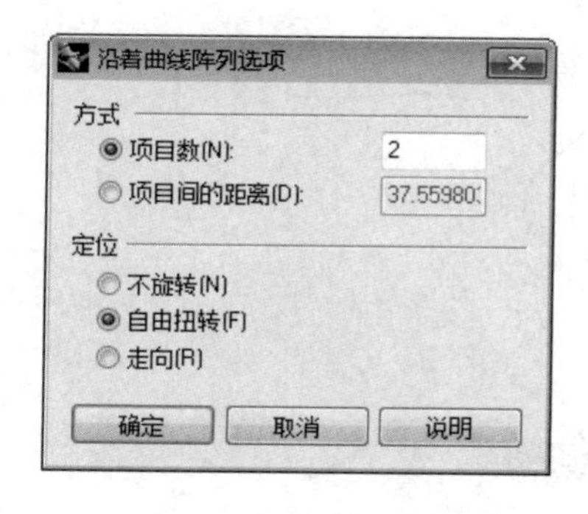

图 2-32　【沿着曲线阵列选项】对话框

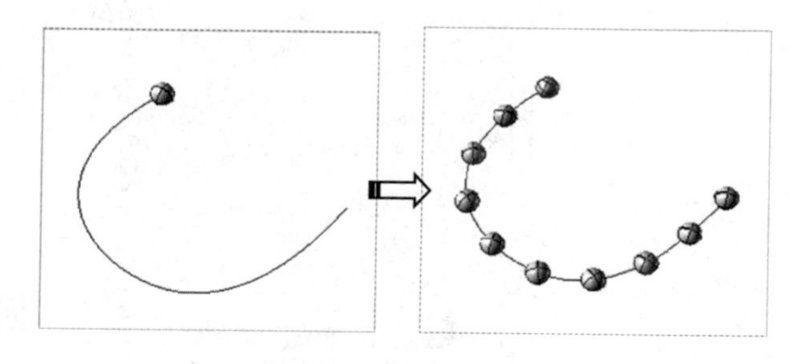

图 2-33　沿着曲线阵列

- 项目数：输入物件沿着曲线阵列的数目。
- 项目间的距离：输入阵列物件之间的距离，阵列物件的数量依曲线长度而定。
- 不旋转：物件在沿着曲线阵列时会维持与原物件一样的定位。
- 自由扭转：物件在沿着曲线阵列时会在三维空间中旋转。
- 走向：物件在沿着曲线阵列时虽然会维持相对于工作平面朝上的方向，但是会进行水平旋转。

上机操作——沿着曲线阵列

① 新建 Rhino 8.0 文件。在 Top 视窗中绘制内插点曲线和长方体，如图 2-34 所示。

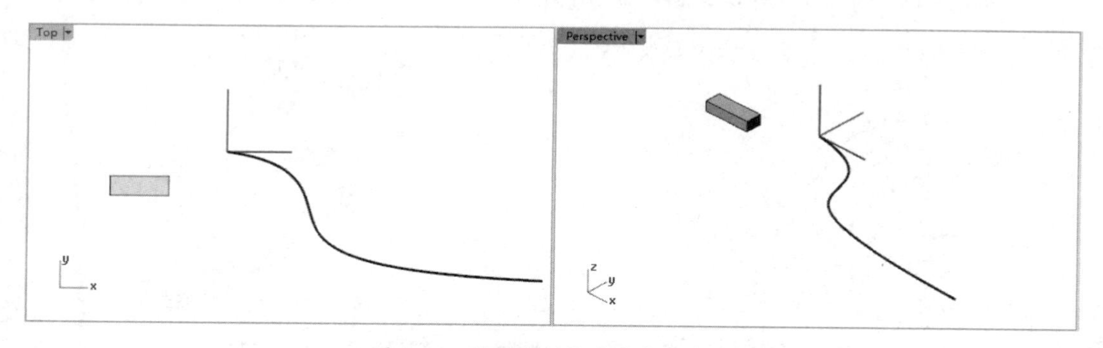

图 2-34　绘制内插点曲线和长方体

② 单击【沿着曲线阵列】按钮，选取长方体作为要阵列的物件并右击。

③ 选取路径曲线为内插点曲线，在弹出的【沿着曲线阵列选项】对话框中设置【项目数】为 6，选中【不旋转】单选按钮，并单击【确定】按钮关闭对话框，如图 2-35 所示。

④ 生成曲线阵列，如图 2-36 所示。

⑤ 如果在【沿着曲线阵列选项】对话框中设置【定位】为【自由扭转】，将产生如图 2-37 所示的阵列结果。

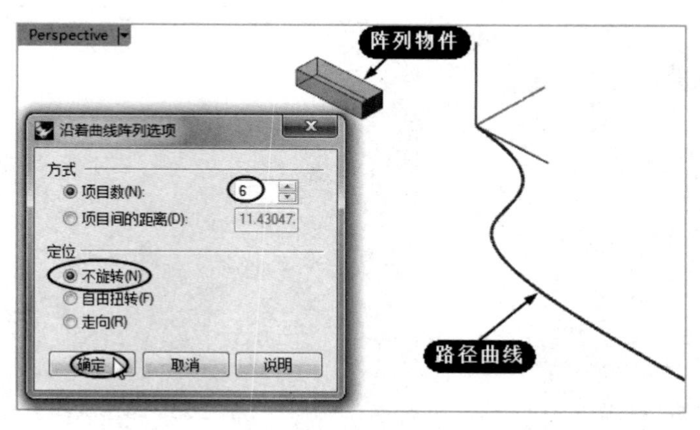

图 2-35　设置阵列选项

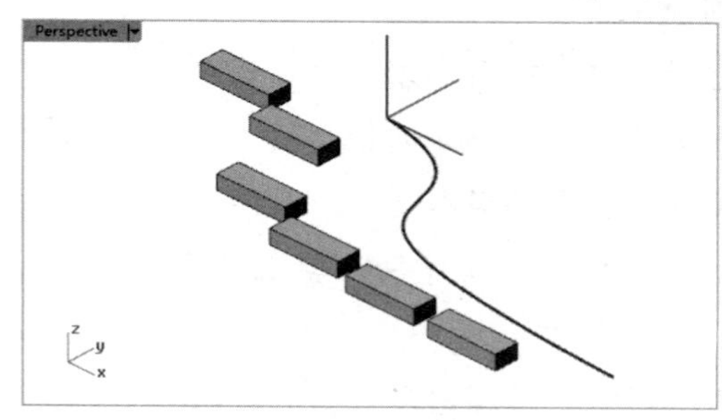

图 2-36　生成曲线阵列

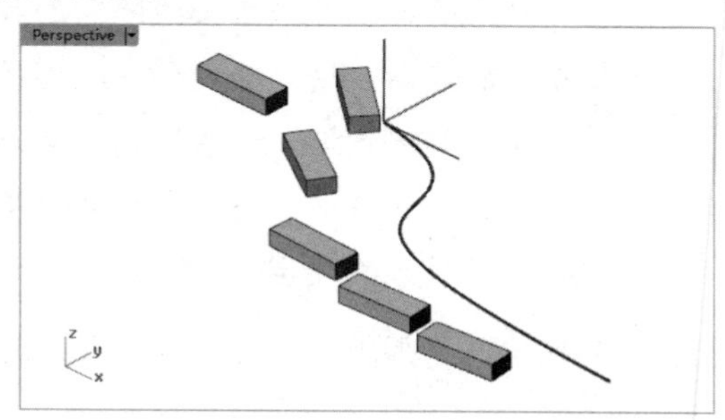

图 2-37　自由扭转阵列

⑥ 如果在【沿着曲线阵列选项】对话框中设置【定位】为【走向】，那么需要选择一个工作视窗，指定不同的工作视窗将产生相同的阵列结果，如图 2-38 所示。

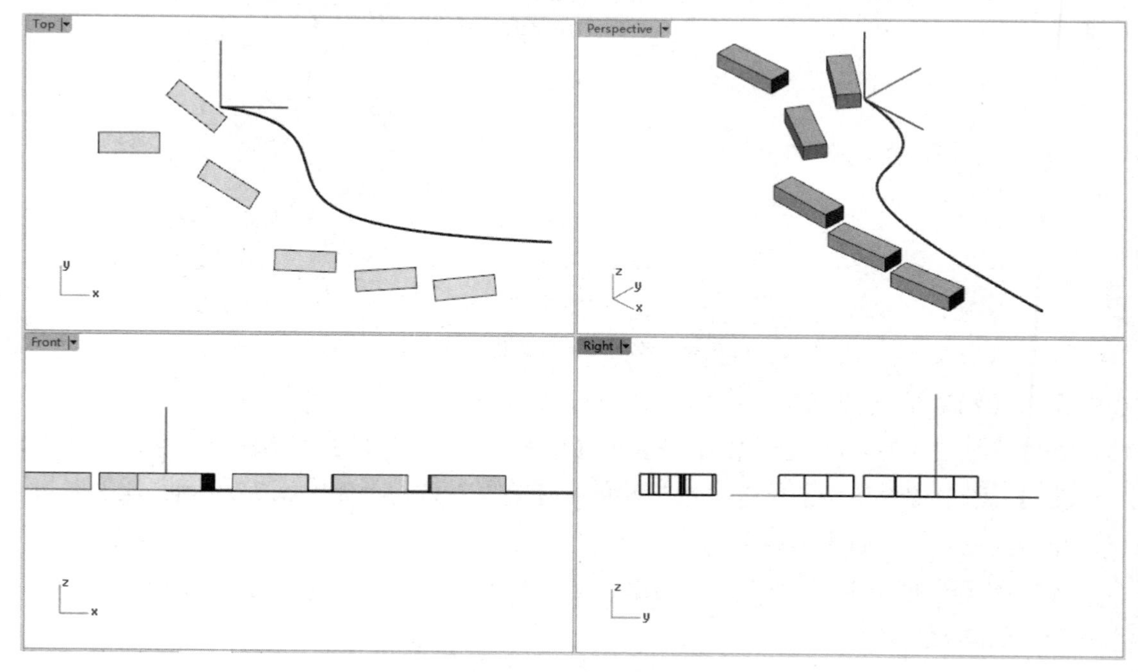

图 2-38　走向阵列

4.【在曲面上阵列】按钮

让物件在曲面上阵列，以指定的列数和栏数摆放物件副本，物件会以曲线的法线方向定位，进行复制操作。

上机操作——在曲面上阵列

① 新建 Rhino 8.0 文件。

② 在 Front 视窗中绘制内插点曲线，如图 2-39 所示。执行【曲面】|【挤出曲线】|【直线】命令，创建一个挤出曲面，如图 2-40 所示。

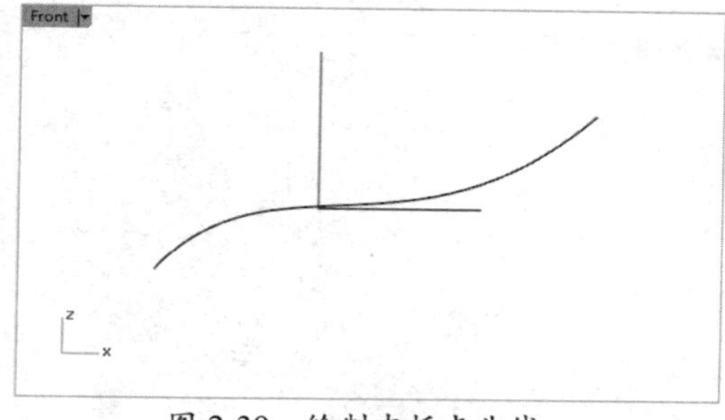

图 2-39　绘制内插点曲线

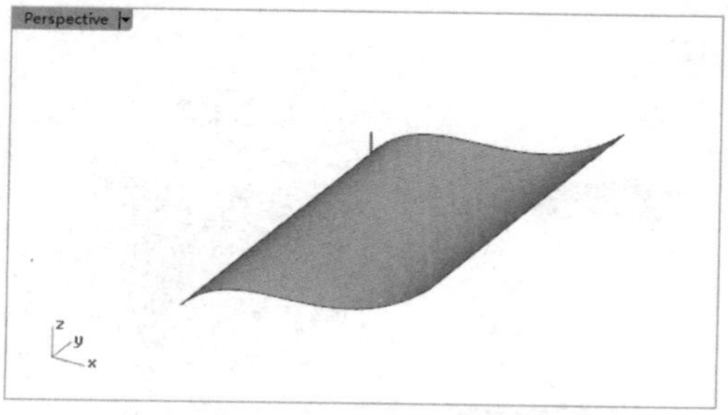

图 2-40　创建挤出曲面

③ 执行【实体】|【圆锥体】命令，创建一个圆锥体，如图 2-41 所示。

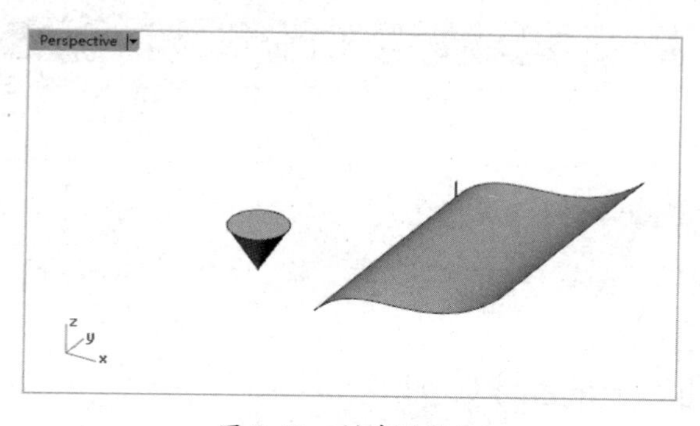

图 2-41　创建圆锥体

④ 单击【在曲面上阵列】按钮，并按命令行中的提示内容进行操作，如图 2-42 所示。选取要阵列的物件——圆锥体。

图 2-42　命令行提示内容

⑤ 选择物件的基准点，即物件上的一点作为参考点，如图 2-43 所示。

⑥ 按命令行中的提示内容要求指定阵列物件的参考法线，本案例中将 Z 轴作为阵列的参考法线，按 Enter 键或右击即可。

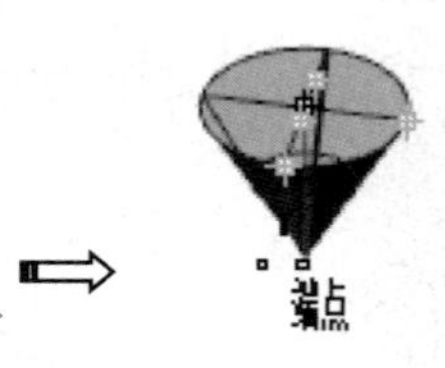

图 2-43　选择物件上的基准点

⑦ 选取目标曲面——挤出曲面。

⑧ 分别输入 U 方向的数目 3 和 V 方向的数目 3。

⑨ 按 Enter 键结束操作，如图 2-44 所示。

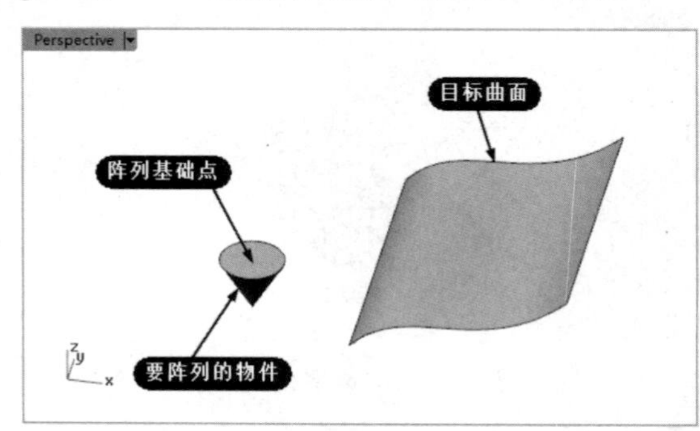

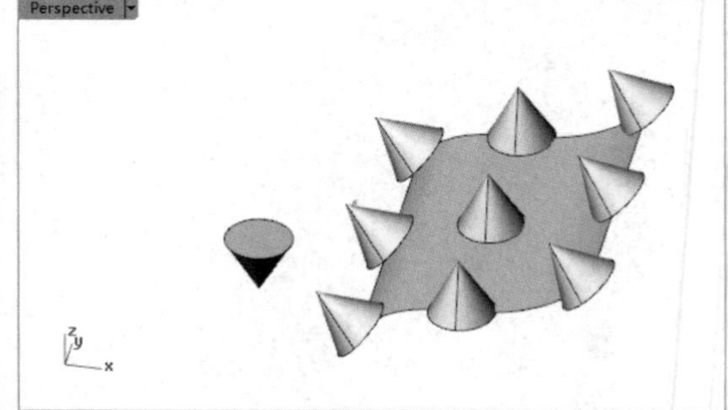

图 2-44　在曲面上阵列

技术要点：

当要进行阵列的物件不在曲线或曲面上时，物件沿着曲线或曲面阵列之前必须先被移动到曲线上，而基准点通常会被放于物件上。

5.【沿着曲面上的曲线阵列】按钮

沿着曲面上的曲线以等距离摆放物件副本，阵列物件会依据曲面的法线方向定位。

上机操作——沿着曲面上的曲线阵列

① 继续使用前面操作中的物件与曲面。

② 执行【控制点曲线】|【自由造型】|【在曲面上描绘】命令，在曲面上绘制一条曲线，如图 2-45 所示。

③ 单击【沿着曲面上的曲线阵列】按钮，选取要阵列的物件，并指定一个基准点（基准点通常会放于物件上），如图 2-46 所示。

④ 按照命令行中的提示内容选取曲面上的一条曲线，选择描绘的曲线即可，如图 2-47 所示。

⑤ 选取曲面，在曲线上放置物件，此处放置 3 个即可，如图 2-48 所示。

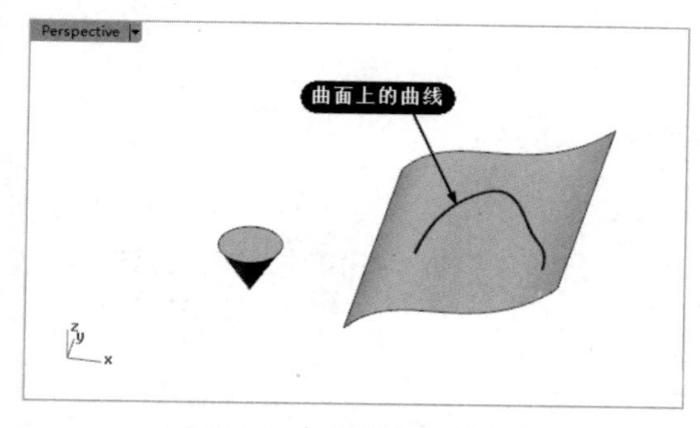

图 2-45　在曲面上绘制曲线

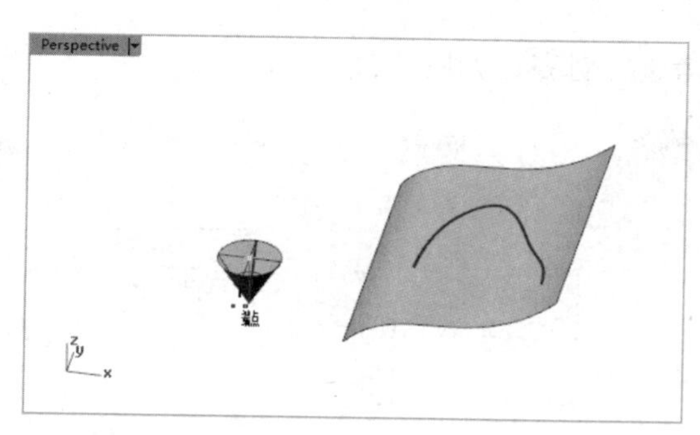

图 2-46　选取物件并指定基准点

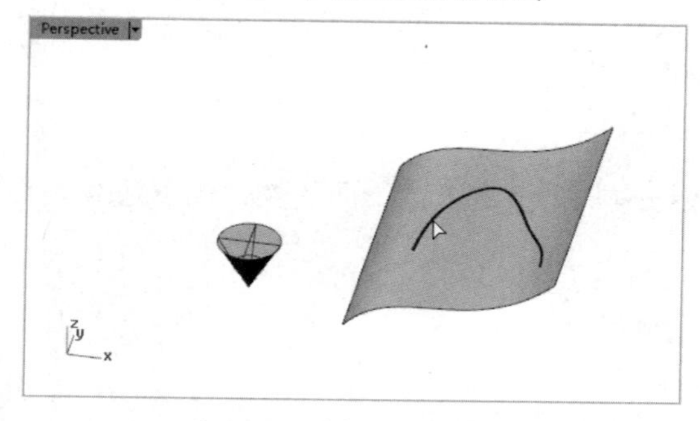

图 2-47　选择描绘的曲线

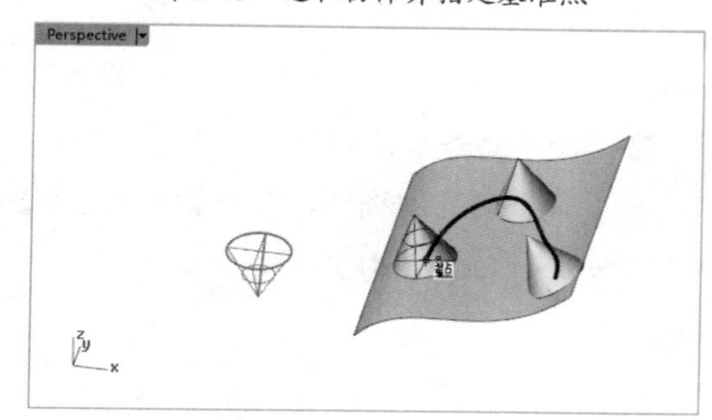

图 2-48　放置物件

⑥　右击或按 Enter 键确认，完成阵列。

6. 【直线阵列】按钮

直线阵列是矩形阵列的一个特例，也就是沿着一个方向进行阵列，而矩形阵列是沿着两个相互垂直的轴向进行行与列的阵列。

2.2　对齐、扭转和弯曲工具

对齐和扭转工具是比较常用的变换工具，能够根据需要对模型进行造型设计变换。

2.2.1　对齐

使用【对齐】工具可以将所选物件对齐。长按【变动】选项卡中的【对齐】按钮，将弹出【对齐】工具面板，如图 2-49 所示。

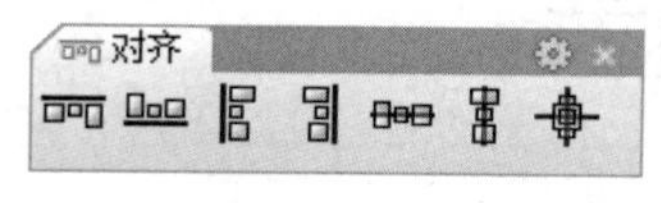

图 2-49　【对齐】工具面板

1. 【向上对齐】按钮

全选需要对齐的物件，单击【向上对齐】按钮，物件将以最上面的物件的上边缘为参考进行对齐，如图 2-50 所示。

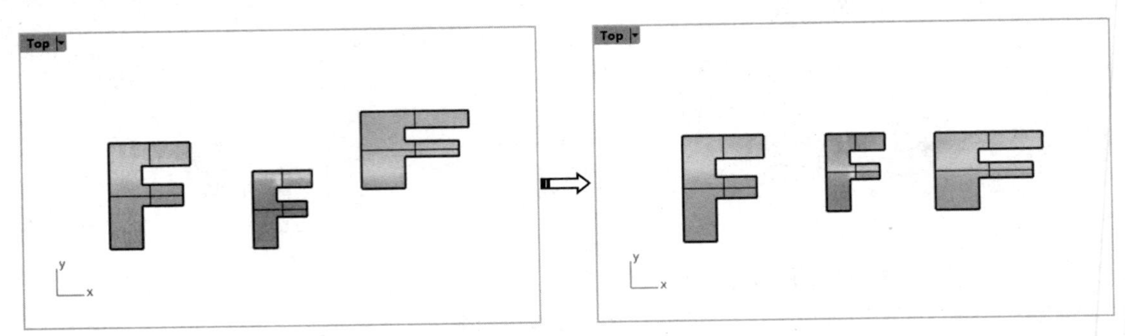

图 2-50 向上对齐

2.【向下对齐】按钮

全选需要对齐的物件，单击【向下对齐】按钮，物件将以最下面的物件的下边缘为参考进行对齐，如图 2-51 所示。

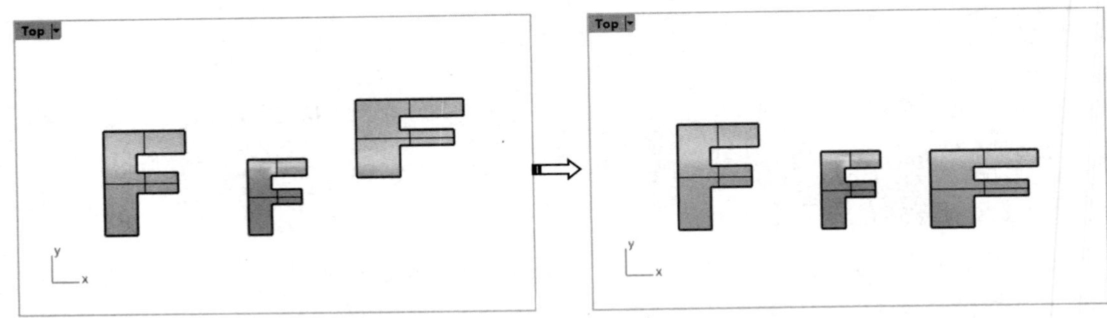

图 2-51 向下对齐

3.【向左对齐】按钮

全选需要对齐的物件，单击【向左对齐】按钮，物件将以最左侧的物件的左边缘为参考进行对齐，如图 2-52 所示。

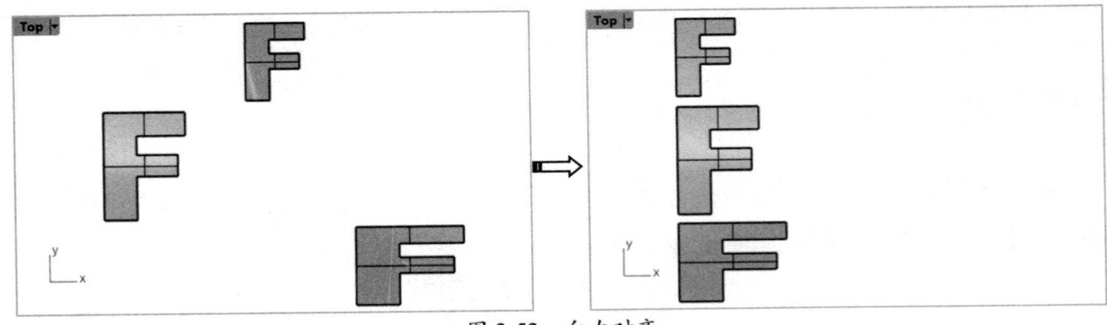

图 2-52 向左对齐

4.【向右对齐】按钮

全选需要对齐的物件，单击【向右对齐】按钮，物件将以最右侧的物件的右边缘为参考进行对齐，如图 2-53 所示。

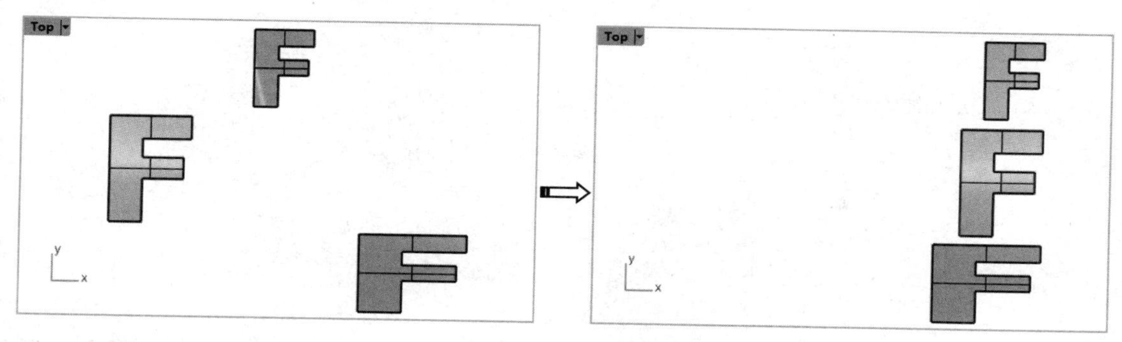

图 2-53　向右对齐

5.【水平置中】按钮

全选需要对齐的物件，单击【水平置中】按钮，物件将以所有物件位置的水平中心线为参考进行对齐，如图 2-54 所示。

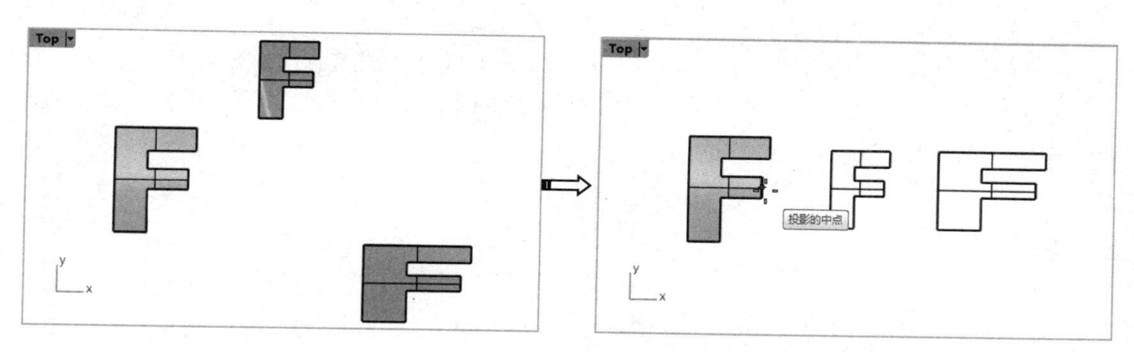

图 2-54　水平置中

6.【垂直置中】按钮

全选需要对齐的物件，单击【垂直置中】按钮，物件将以所有物件位置的垂直中心线为参考进行对齐，如图 2-55 所示。

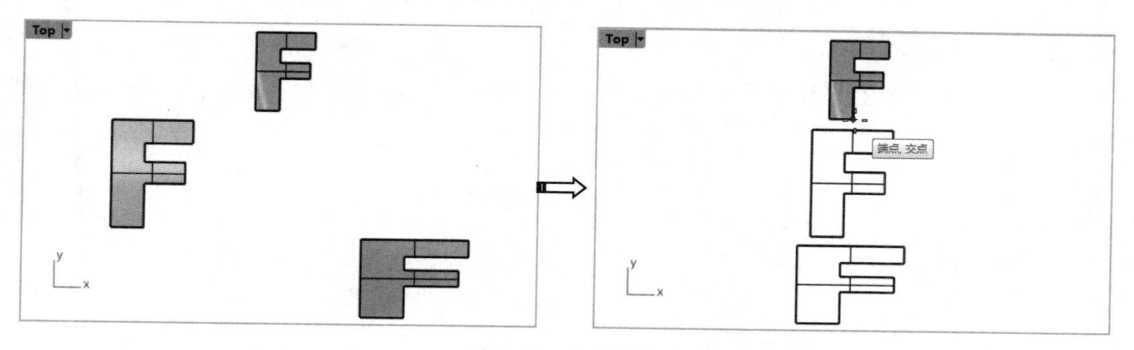

图 2-55　垂直置中

7.【双向置中】按钮

全选需要对齐的物件，单击【双向置中】按钮，物件将以所有物件位置的水平和垂直中心线为参考分别进行对齐，如图 2-56 所示。

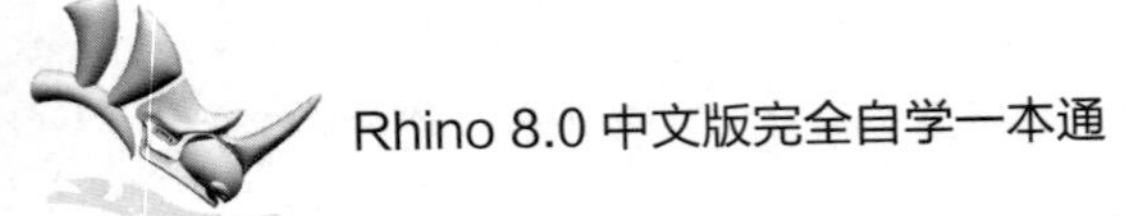

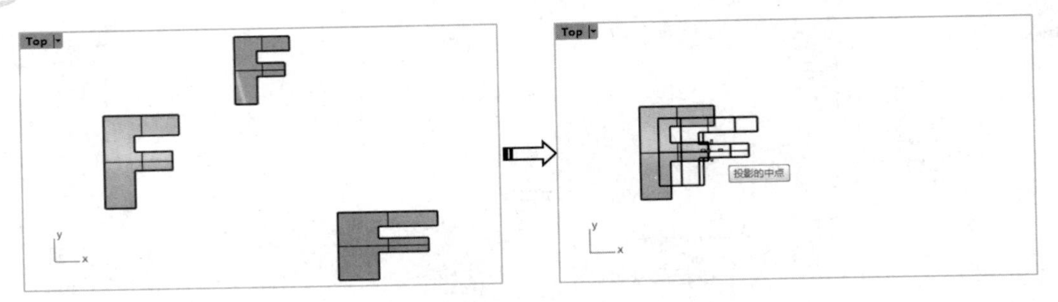

图 2-56 双向置中

技术要点：

双向置中只是水平置中与垂直置中的组合，并不是将所有物件的中心移动到一点。

如果单击的是【对齐】按钮而非其工具面板中的命令按钮，则在选择所需对齐物件后，命令行中会有如下提示内容：

```
选取要对齐的物件。按 Enter 完成：
对齐选项 (向下对齐 (B) 水平置中 (H) 向左对齐 (L) 向右对齐 (R) 向上对齐 (T) 垂直置中 (V)) :
```

其中的各个选项可以通过输入对应字母或鼠标单击的方式进行选择，结果和单击工具面板中相应的命令按钮功能一致。

2.2.2 扭转

使用【扭转】工具可以对物件进行扭曲变形，如麻花绳造型。

上机操作——扭转

① 新建 Rhino 8.0 文件。

② 单击【圆：中心点、半径】按钮，在 Top 视窗中创建 3 个两两相切的圆，如图 2-57 所示。

③ 在 Right 视窗中的坐标系原点处绘制 Z 轴方向的直线，如图 2-58 所示。此直线可作为扭转轴。

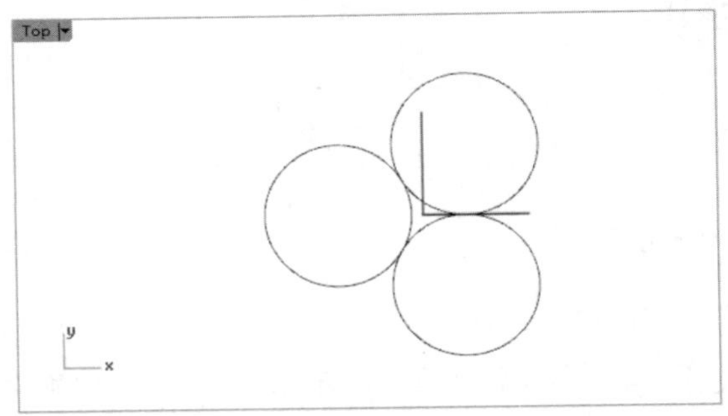

图 2-57 创建 3 个圆

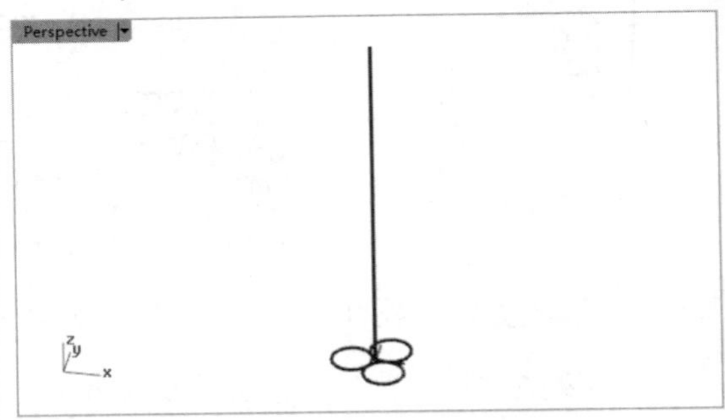

图 2-58 绘制直线

④　执行【实体】|【挤出平面曲线】|【直线】命令，创建挤出实体，如图 2-59 所示。

⑤　单击【变动】选项卡中的【扭转】按钮，选择 3 个挤出曲面物件，按 Enter 键确认。

⑥　选择直线的两个端点分别作为扭转轴的参考起点和终点，如图 2-60 所示。

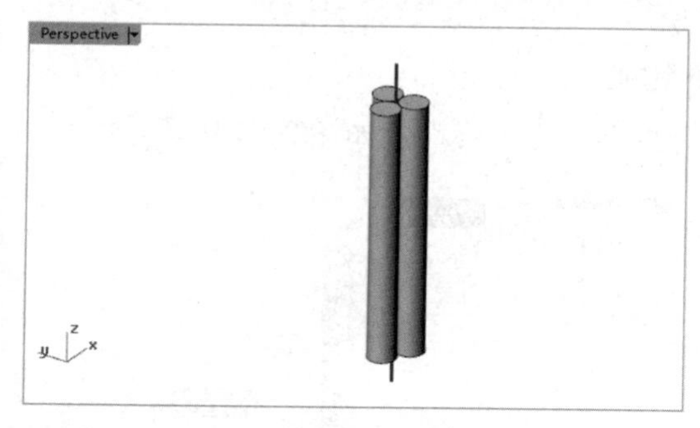

图 2-59　创建挤出实体

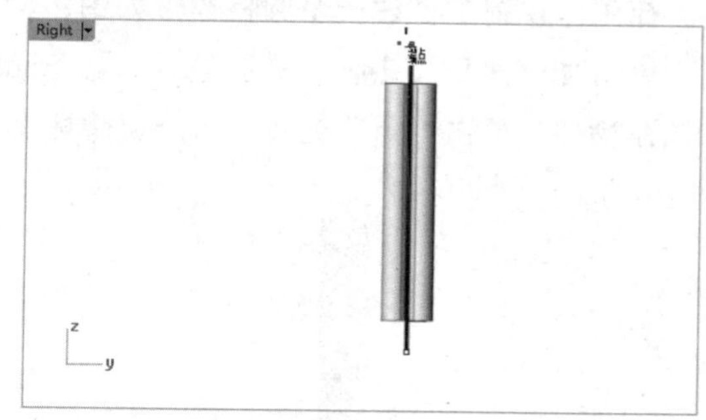

图 2-60　扭转轴的起点和终点

⑦　指定扭转的第一参考点和第二参考点，如图 2-61 所示。

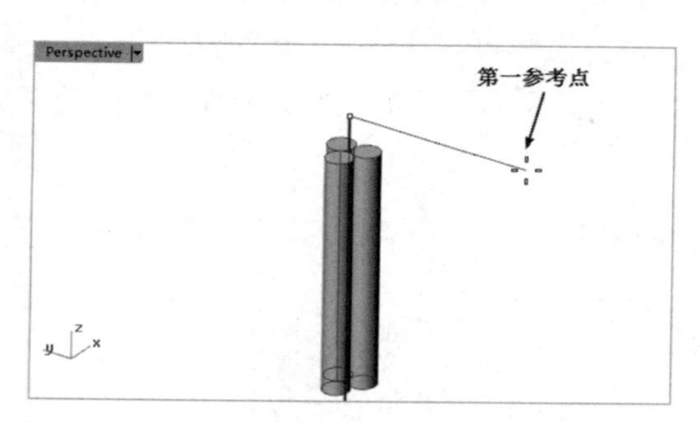

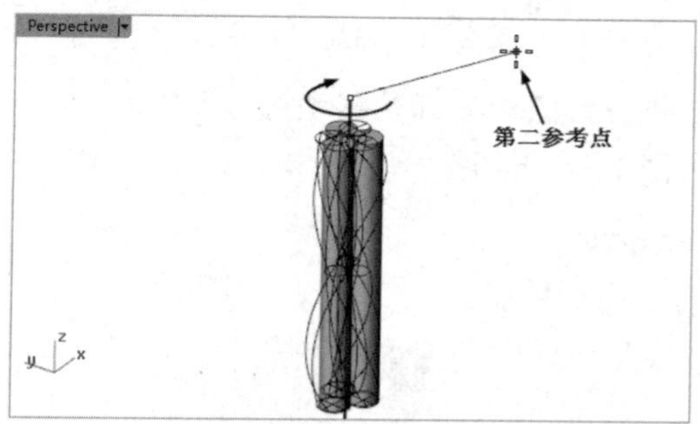

图 2-61　扭转的第一参考点和第二参考点

⑧　旋转结束后，右击结束操作。扭曲效果如图 2-62 所示。

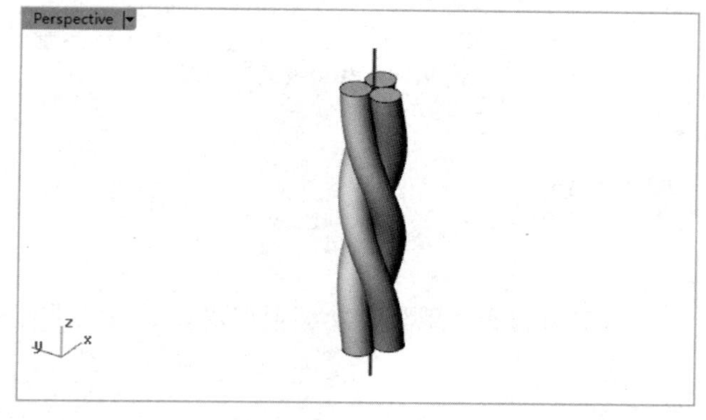

图 2-62　扭曲效果

2.2.3　弯曲

使用【弯曲】工具可以对物件进行弯曲变形。

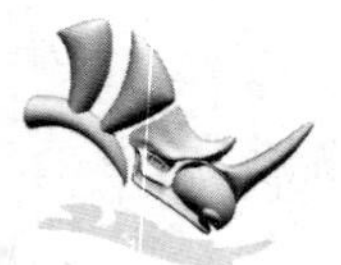

上机操作——弯曲

① 新建 Rhino 8.0 文件。

② 在工作视窗中创建一个圆柱体，如图 2-63 所示。

③ 单击【弯曲】按钮，选择物件，按 Enter 键确认。

④ 在物件上单击一点作为骨干起点，单击另一点作为骨干终点，如图 2-64 所示。

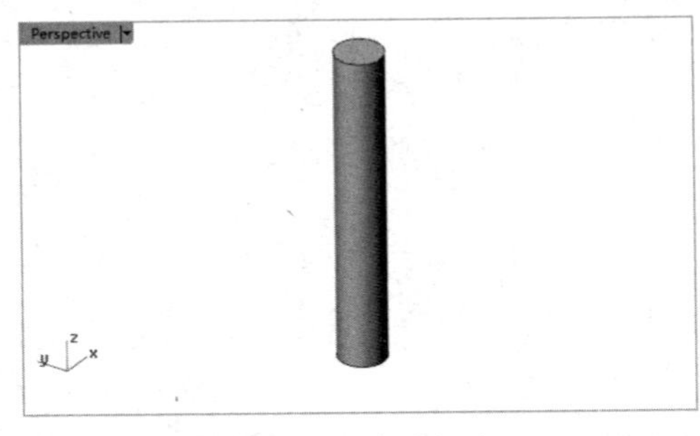

图 2-63 创建圆柱体

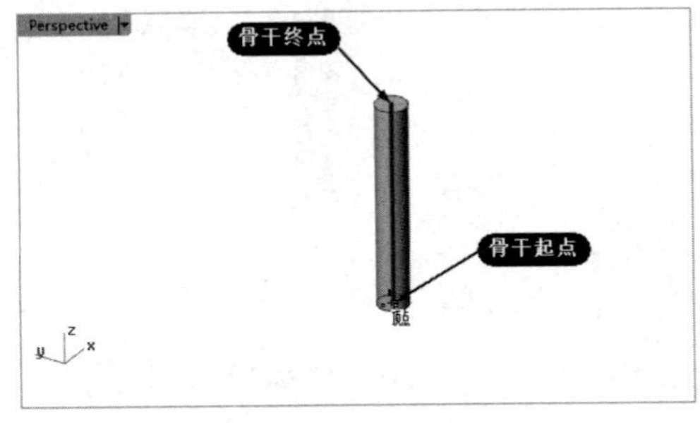

图 2-64 指定骨干起点与终点

⑤ 物件会随着光标的移动进行不同程度的弯曲，在需要的位置单击结束操作。弯曲效果如图 2-65 所示。

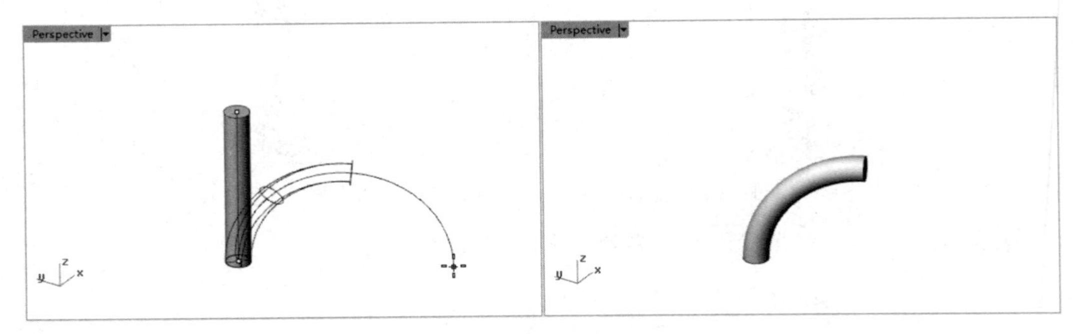

图 2-65 弯曲效果

2.3 合并和打散工具

合并和打散工具是比较常用的变换工具，能够根据需要对模型进行造型设计变换。

2.3.1 组合

在 Rhino 8.0 中有很多合并工具，包括组合、群组、合并边缘、合并曲面等。

使用【组合】工具可以将两个或多个没有封闭的曲线或曲面的端点或边缘结合起来，组合成一个物件。

上机操作——创建曲线合并

① 新建 Rhino 8.0 文件。

② 在工作视窗中创建不封闭的两条线。

③ 在边栏中单击【组合】按钮，依次选取两条线，这时会出现一个对话框，提示衔接两条线的最接近的端点间距，并提示是否将两条线进行组合。

④ 单击【是】按钮，右击结束操作，如图 2-66 所示。

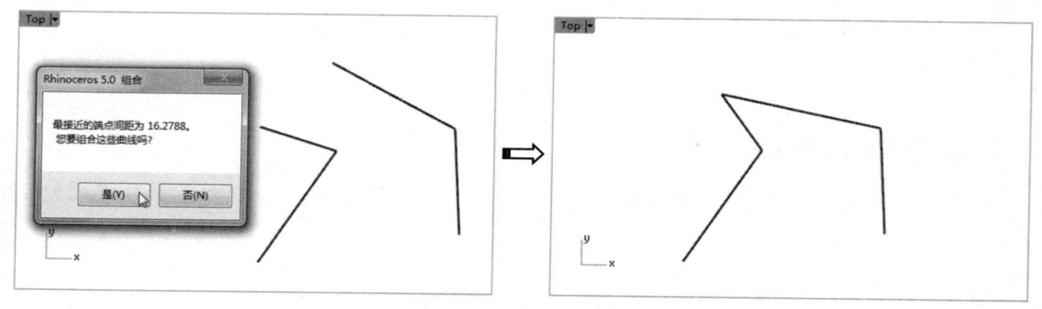

图 2-66　线的组合

⑤ 此操作对面合并同样适用。不同的是在对面进行组合时，两个面的边界必须共线，组合后两个面将成为一个物件，如图 2-67 所示。

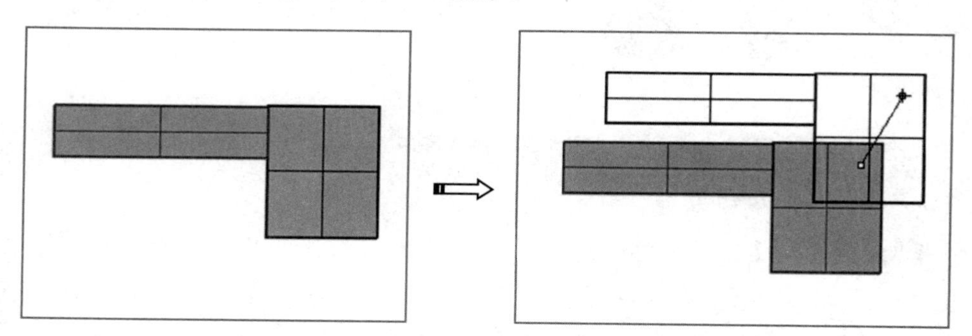

图 2-67　面的组合

2.3.2　群组

使用【群组】工具可以对物件进行各种群组的操作，如群组、解散、移除等。

长按边栏中的【群组】按钮，弹出【群组】工具面板，如图 2-68 所示。

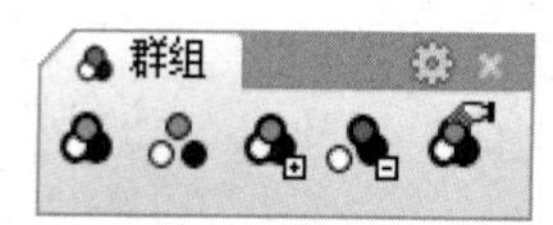

图 2-68　【群组】工具面板

1.【群组】按钮

使用【群组】按钮可以对物件进行群组操作，这里的物件包括点、线、面和体。群组在一起的物件可以被当作一个物件选取或进行 Rhino 8.0 中的指令操作。选择待群组的物件，单击【群组】按钮，右击或按 Enter 键结束操作即可，如图 2-69 所示。

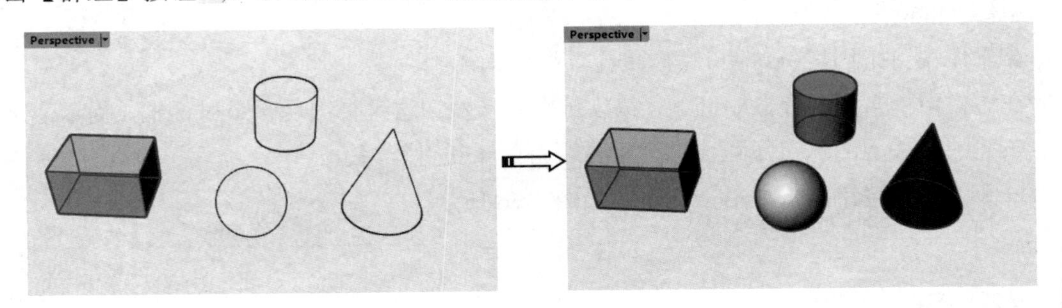

图 2-69　群组

2.【解散群组】按钮

使用【解散群组】按钮可以将群组好的物件打散，还原成单个物件。单击【解散群组】按钮，选择要解散的群组，右击确认操作即可，如图 2-70 所示。

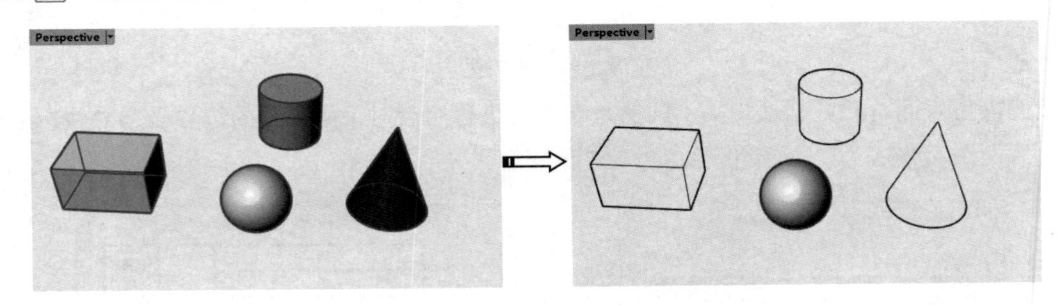

图 2-70　解散群组

3.【加入至群组】按钮

使用【加入至群组】按钮可以将一个物件加入一个群组。当一个物件与一个群组要进行相同操作时，也可以使用这个按钮。单击【加入至群组】按钮后，单击要加入群组的物件，右击确认操作。选择物件要加入的群组并右击确认操作即可，如图 2-71 所示。

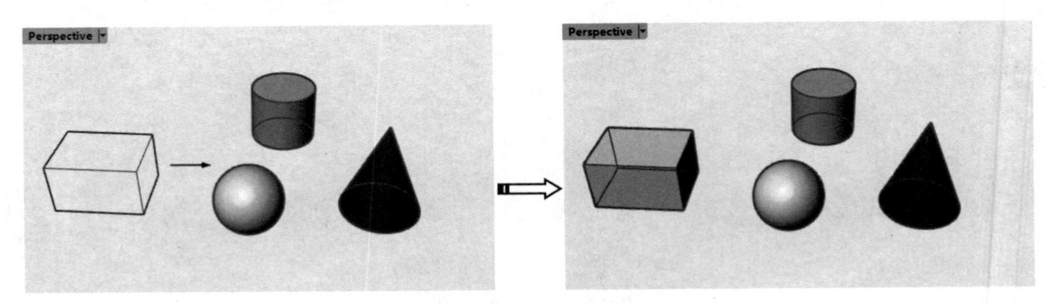

图 2-71　加入至群组

4.【从群组中移除】按钮

使用【从群组中移除】按钮可以将一个物件从一个群组中移除。其操作方法与加入至群组工具的操作方法一致，这里不再重复说明。

5.【设置群组名称】按钮

使用【设置群组名称】按钮可以将群组进行重命名，主要便于模型内部物件的管理。单击【设置群组名称】按钮，选择需要重命名的群组，这时命令行中会有如下提示内容：

```
指令: _SetGroupName
新群组名称:|
```

在命令行中输入要命名的群组名称，按 Enter 键完成操作。这时命令行中会有如下提示内容：

```
指令: _SetGroupName
新群组名称:几何体|
```

2.3.3　合并边缘

本节主要针对物件边缘进行操作，其中包含了合并边缘的部分。

长按边栏中的【分析】按钮，在弹出的工具面板中长按【边缘】按钮，将会弹出【边缘工具】工具面板，如图 2-72 所示。

图 2-72　【边缘工具】工具面板

1.【显示与隐藏边缘】按钮

使用【显示与隐藏边缘】按钮可以显示与隐藏物件的边缘。

2.【分割边缘】按钮

使用【分割边缘】按钮可以分割相邻的曲面边缘。

3.【合并边缘】按钮

使用【合并边缘】按钮可以将同一个曲面的数段相邻的边缘合并为一段。

上机操作——分割边缘

① 新建 Rhino 8.0 文件。

② 在工作视窗中创建一个长方体。

③ 单击【显示与隐藏边缘】按钮，显示物件的边缘，如图 2-73 所示。

④ 单击【分割边缘】按钮，选择物件的一个边缘（选取中点）并将其分割为两段，右击结束操作，如图 2-74 所示。

⑤ 单击【合并边缘】按钮，选取多个要合并的边缘，右击，在弹出的快捷菜单中执行【全部】命令，将这些边缘合并，如图 2-75 所示。

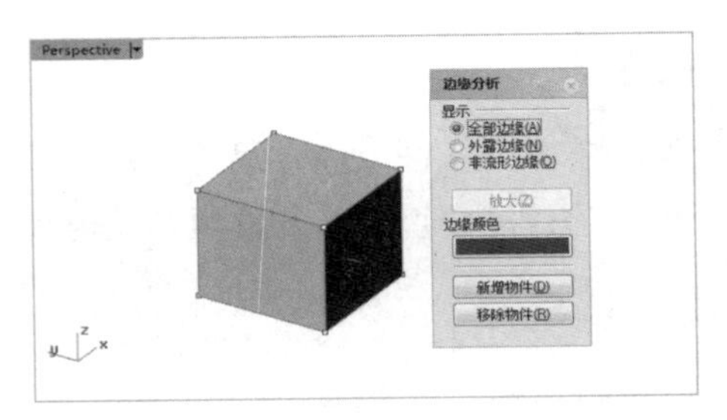

图 2-73　显示物件的边缘

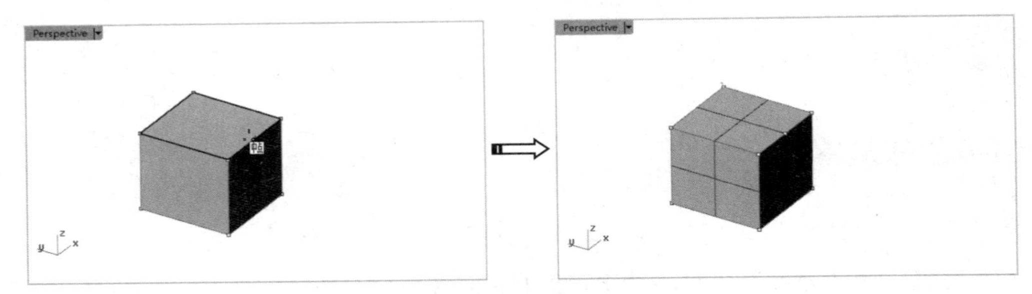

图 2-74　分割边缘

图 2-75　合并边缘

4.【合并两个外露边缘】按钮

使用【合并两个外露边缘】按钮可以强行组合两个距离大于公差的外露边缘。如果两个外露边缘（至少有一部分）看起来是并行的，但未组合在一起，则在【组合边缘】对话框中会提示“组合这些边缘需要 0.497565 的组合公差，您要组合这些边缘吗?”，这时可以选择将两个边缘强行组合，如图 2-76 所示。

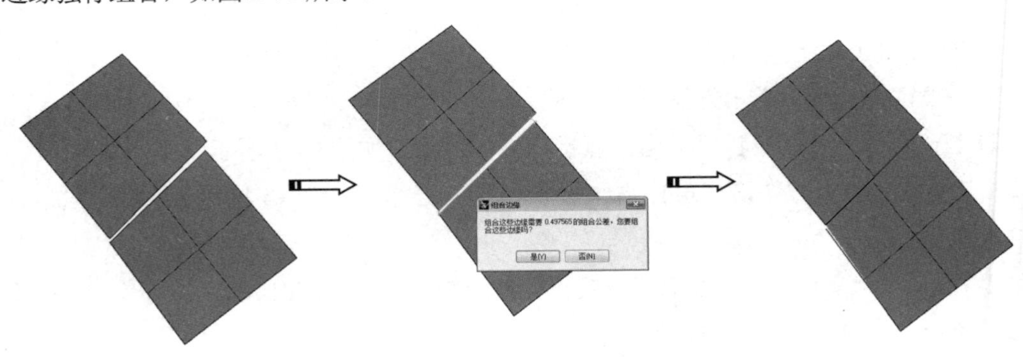

图 2-76　合并两个外露边缘

2.3.4　合并曲面

在 Rhino 8.0 中，使用【合并曲面】工具可以将两个或两个以上的边缘相接的曲面合并成一个完整的曲面。但必须注意的是，要进行合并的曲面相接的边缘必须是未经修剪的边缘。

在平面工作视窗中绘制两个边缘相接的曲面。

单击【合并曲面】按钮，在命令行中会有如下提示内容：

```
介于 0 与 1 之间的圆度<1>: _Undo
选取一对要合并的曲面(平滑(S)=是 公差(T)=0.01 圆度(R)=1):
```

技术要点：

用户可以选择自己所需选项，并输入相应字母进行设置。

各个选项的功能如下。

- 平滑：若选择【是】，则两个曲面在合并时连接之处会以平滑曲面过渡，合并出来的最终曲面效果更加自然。若选择【否】，则两个曲面直接合并。
- 公差：两个要进行合并的曲面边缘的距离必须小于该设置值。
- 圆度：过渡圆角，输入介于 0～1 之间大小的圆度。

技术要点：

【圆度】选项仅在选择【平滑】为【是】后才会发挥作用。

选取要合并的一对曲面，按 Enter 键完成合并曲面的操作，如图 2-77 所示。

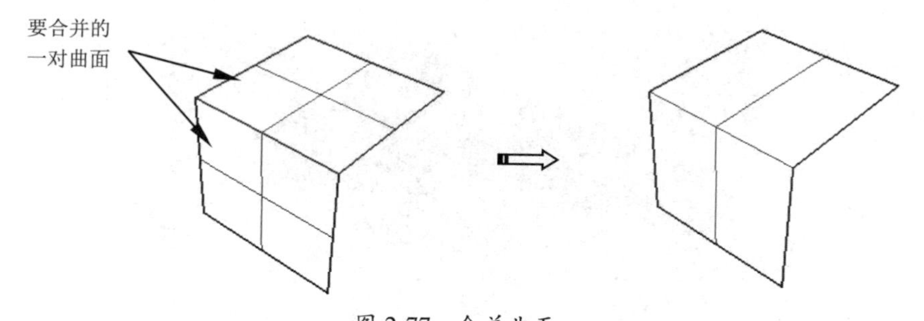

图 2-77　合并曲面

2.3.5　打散

在 Rhino 8.0 中关于打散的工具不是很多，常用的就是【炸开】按钮、【解散群组】按钮和【从群组中移除】按钮。

1.【炸开】按钮

使用【炸开】按钮可以将组合在一起的物件打散，还原成单个的物件。其操作比较简单，操作方法参考之前的组合命令。不同物件炸开之后的结果也是不同的，具体如表 2-1 所示。

表 2-1　不同物件炸开之后的结果

物件	结果
尺寸标注	曲线和文字
群组	群组里的物件会被炸开，但炸开的物件仍属于同一个群组
剖面线	单一直线段或平面
网格	单个的网格或网格面
使用中的变形控制物件	曲线、曲面、变形控制器
多重曲面	单个的曲面
多重曲线	单个的曲线段
多重直线	单个的直线段
文字	曲线

2.【解散群组】按钮

使用【解散群组】按钮可以将群组解散。

3.【从群组中移除】按钮

使用【从群组中移除】按钮可以将群组中的一个物件从群组中移除。

2.4　实战案例——电动玩具拖车造型

本实战案例主要讲解如何创建实体基本物件，以及如何使用简单的变动操作创建模型。图 2-78 所示为电动玩具拖车造型。

图 2-78　电动玩具拖车造型

1. 创建车主体

① 新建 Rhino 8.0 文件，在【打开模板文件】对话框中选择“小模型-厘米.3dm”模板文件。

② 在状态栏中选择【正交】选项。选择【实体工具】选项卡，在边栏中单击【椭圆体：从中心点】按钮，激活 Top 视窗。

③ 首先，在命令行中输入中心点的坐标（0,0,11），按 Enter 键或右击；其次，先输入第一

轴终点值 15，并按 Enter 键，再输入第二轴终点值 8，并按 Enter 键；最后，将光标滑动至 Front 视窗中，输入第三轴终点值 9，并按 Enter 键，完成椭圆体的创建，如图 2-79 所示。

技术要点：

在确定椭圆体的中心点时，不要在 Perspective 视窗中绘制。

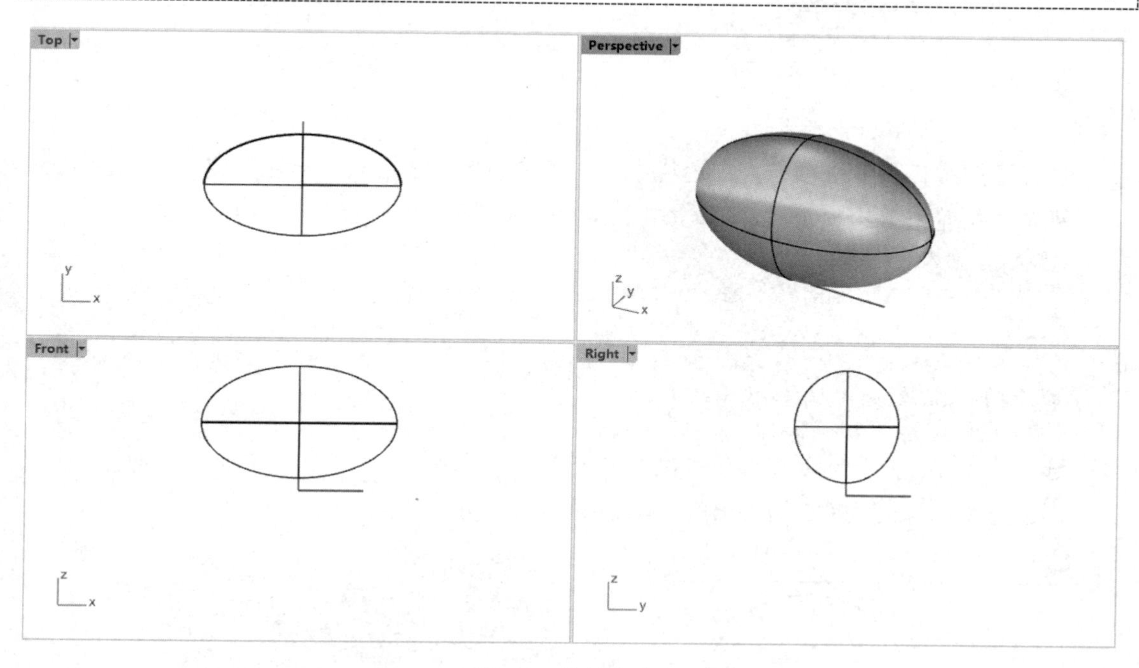

图 2-79　绘制椭圆体

2. 创建车轮

轮轴与轮框是不同尺寸的圆柱体，轮轴较细长，轮框较扁平。先创建一个轮轴及一个完整的轮子，将轮子镜像到另一侧，再将整组的轮轴及两个轮子镜像或复制到车体的前方。

① 在边栏中单击【圆柱】按钮，在 Front 视窗中创建圆柱体作为轮轴，如图 2-80 所示。命令行提示内容如下：

```
指令：_Cylinder
圆柱体底面(方向限制(D)=垂直  实体(S)=是  两点(P)  三点(O)  正切(T)  逼近数个点(F))：9,6.5,10↙
半径 <2.515> (直径(D)  周长(C)  面积(A)  投影物件锁点(P)=是)：0.5↙
圆柱体端点 <4.354> (方向限制(D)=垂直  两侧(B)=否)：-20↙
```

② 继续创建一个圆柱体作为轮框，如图 2-81 所示。命令行提示内容如下：

```
指令：_Cylinder
圆柱体底面 (方向限制(D)=垂直  实体(S)=是  两点(P)  三点(O)  正切(T)  逼近数个点(F))：9,6.5,10↙
半径 <0.500> (直径(D)  周长(C)  面积(A)  投影物件锁点(P)=是)：4↙
圆柱体端点 <-20.000> (方向限制(D)=垂直  两侧(B)=否)：2↙
```

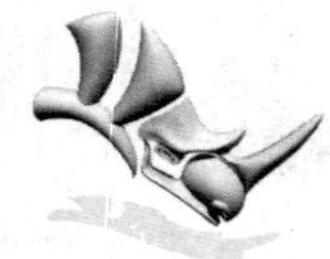

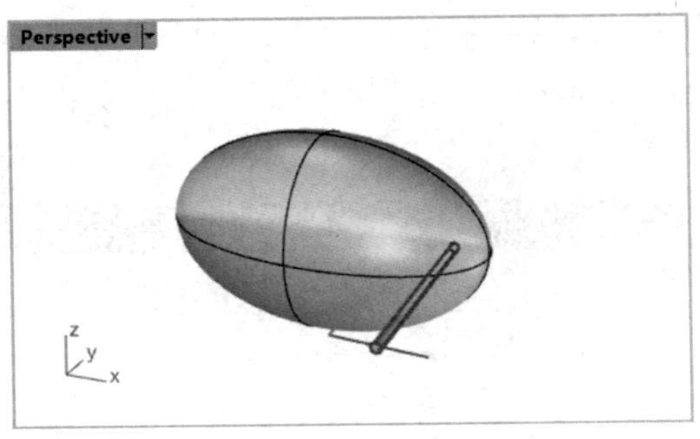

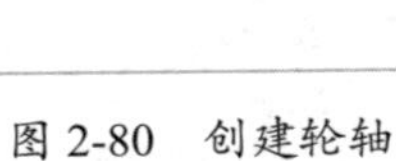

图 2-80　创建轮轴

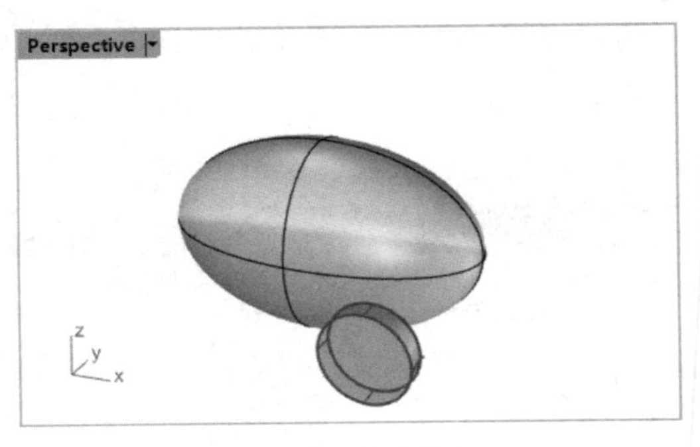

图 2-81　创建轮框

③ 选择【曲线工具】选项卡，在边栏中单击【多边形：中心点、半径】按钮，在 Front 视窗中的轮框上绘制正六边形，如图 2-82 所示。命令行提示内容如下：

```
指令: _Polygon
内接多边形中心点 (边数(N)=5  模式(M)=内切  边(D)  星形(S)  垂直(V)  环绕曲线(A)): N↙
边数 <5>: 6↙
内接多边形中心点 (边数(N)=6  模式(M)=内切  边(D)  星形(S)  垂直(V)  环绕曲线(A)): 9,8,12↙
多边形的角 (边数(N)=6  模式(M)=内切): 0.5↙
多边形的角 (边数(N)=6  模式(M)=内切)
```

④ 选择【实体工具】选项卡，在边栏中单击【挤出封闭的平面曲线】按钮，选择正六边形创建挤出深度为 0.5 的挤出实体，如图 2-83 所示。

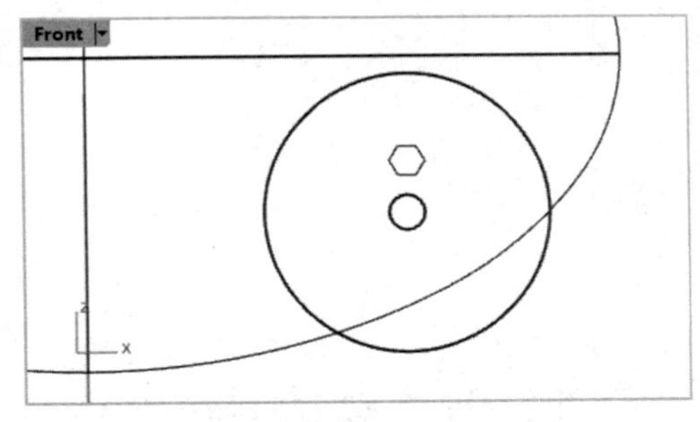

图 2-82　绘制正六边形

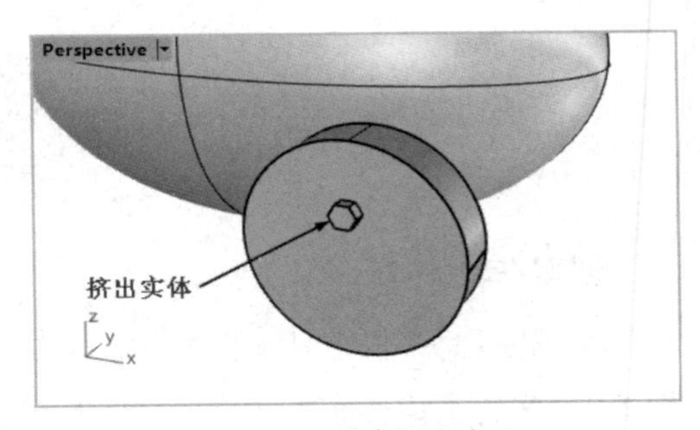

图 2-83　创建挤出实体

⑤ 选择挤出实体，在【变动】选项卡中单击【圆形阵列】按钮，以轮框的中心点为阵列中心，创建阵列项目数为 6 的环形阵列，如图 2-84 所示。

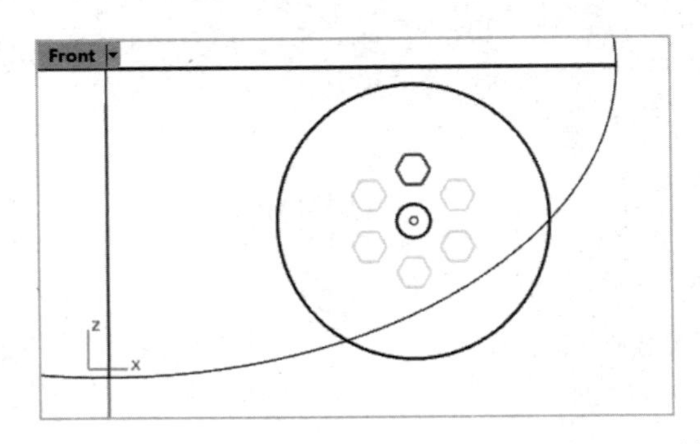

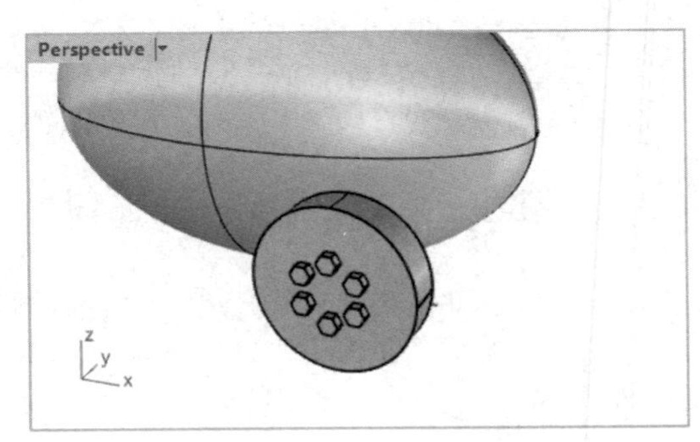

图 2-84　创建环形阵列

⑥ 选择【实体工具】选项卡，在边栏中单击【环状体】按钮，在 Front 视窗中创建环状体，如图 2-85 所示。命令行提示内容如下：

指令：_Torus
环状体中心点（垂直(V)　两点(P)　三点(O)　正切(T)　环绕曲线(A)　逼近数个点(F)）：9,6.5,11↙
半径 <1.000>（直径(D)　定位(O)　周长(C)　面积(A)　投影物件锁点(P)=是）：5↙
第二半径 <1.000>（直径(D)　固定内圈半径(F)=否）：1.5↙
正在建立网格... 按 Esc 取消

⑦ 在 Top 视窗中选择车轮（包括轮框、挤出实体和环状体），在【变动】选项卡中单击【镜像】按钮，镜像平面起点确定为 X 轴，镜像结果如图 2-86 所示。

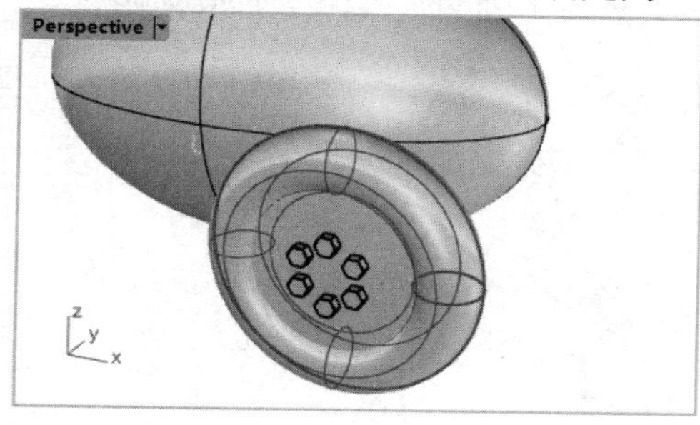

图 2-85　创建环状体

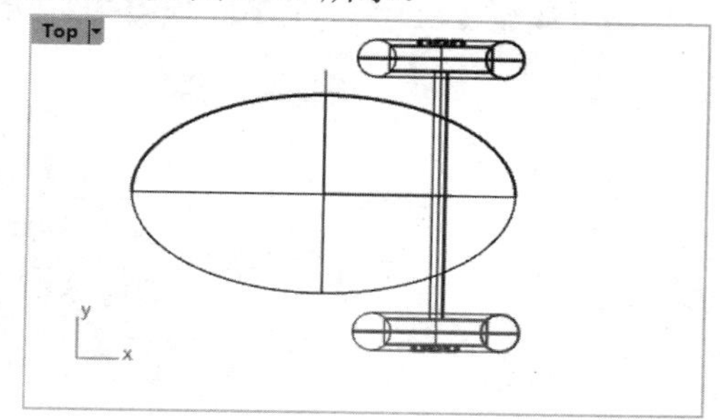

图 2-86　镜像结果

⑧ 同理，在 Top 视窗中按住 Shift 键选择一组车轮，将其镜像至 Y 轴一侧，如图 2-87 所示。

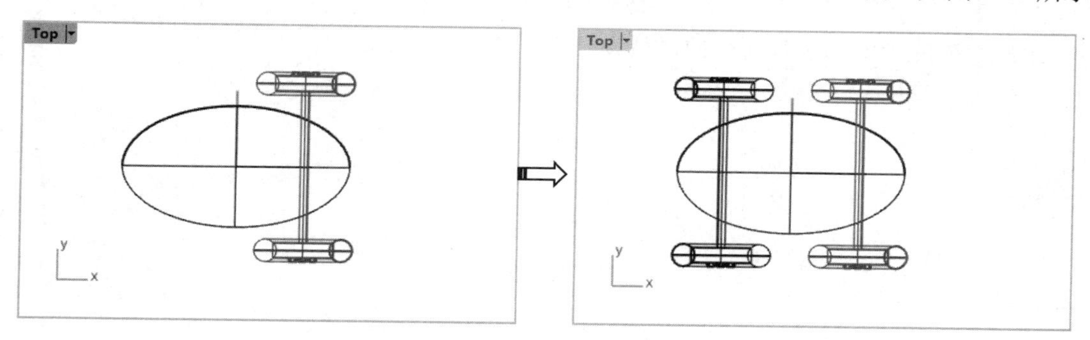

图 2-87　镜像一组车轮

3. 创建眼睛部分

① 选择【实体工具】选项卡，在边栏中单击【球体：中心点、半径】按钮，在 Top 视窗中创建如图 2-88 所示的球体。命令行提示内容如下：

指令：_Sphere
球体中心点（两点(P)　三点(O)　正切(T)　环绕曲线(A)　四点(I)　逼近数个点(F)）：-12,-3,14↙
半径 <2.520>（直径(D)　定位(O)　周长(C)　面积(A)　投影物件锁点(P)=是）：3↙
正在建立网格... 按 Esc 取消

② 再次创建球体，如图 2-89 所示。命令行提示内容如下：

指令：_Sphere
球体中心点（两点(P)　三点(O)　正切(T)　环绕曲线(A)　四点(I)　逼近数个点(F)）：-13,-4,15↙
半径 <2.000>（直径(D)　定位(O)　周长(C)　面积(A)　投影物件锁点(P)=是）：2↙
正在建立网格... 按 Esc 取消

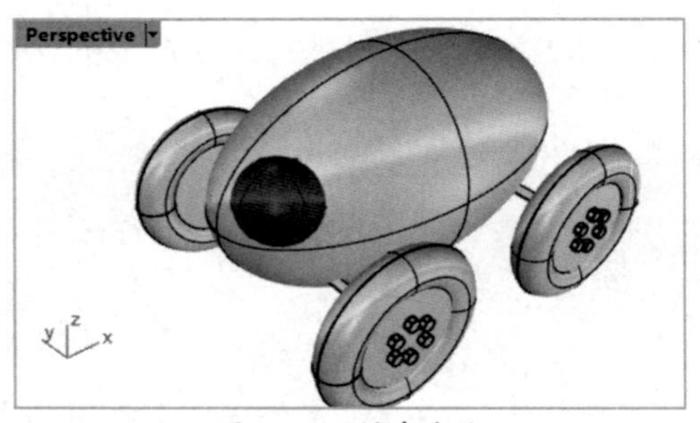

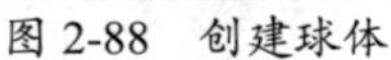
图 2-88　创建球体

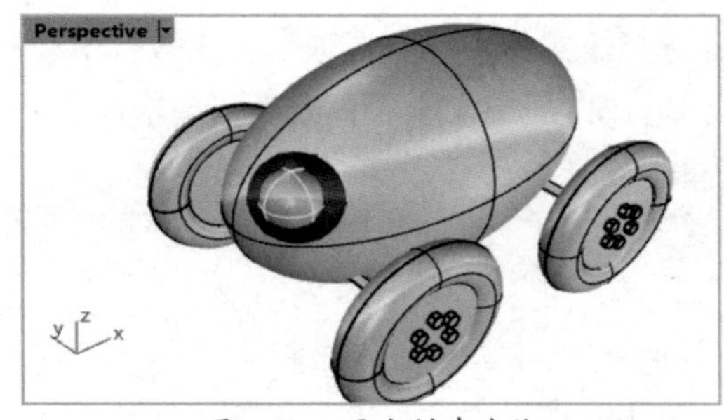

图 2-89　再次创建球体

③　使用【镜像】工具，在 Top 视窗中将两个球体镜像到 X 轴的另一侧，如图 2-90 所示。

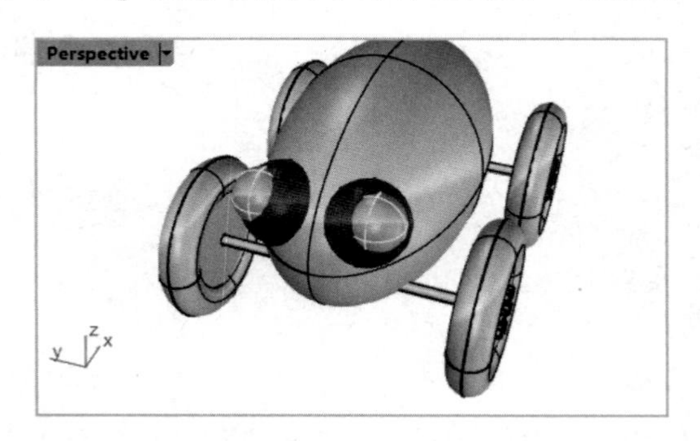

图 2-90　镜像球体

④　至此，完成了电动玩具拖车的造型设计。

第 3 章 曲线绘制与编辑

本章内容

曲线既是构建模型的基础，又是读者学习曲面构建、曲面编辑、实体编辑等知识的入门课程。希望通过本章的学习，读者能够轻松掌握NURBS曲线绘制与编辑功能的基本应用。

知识要点

- ☑ 构建基本曲线
- ☑ 绘制文字
- ☑ 曲线延伸
- ☑ 曲线偏移
- ☑ 混接曲线
- ☑ 曲线修剪与布尔运算
- ☑ 曲线倒角
- ☑ 曲线优化工具

3.1 构建基本曲线

本节主要讲解常见的各种基本曲线，如直线、多重直线、曲线、圆、多边形和文字曲线等的绘制方法。

【绘制曲线】工具主要出现在工作视窗的边栏中，边栏可以独立显示在工作视窗的任意位置，如图 3-1 所示。

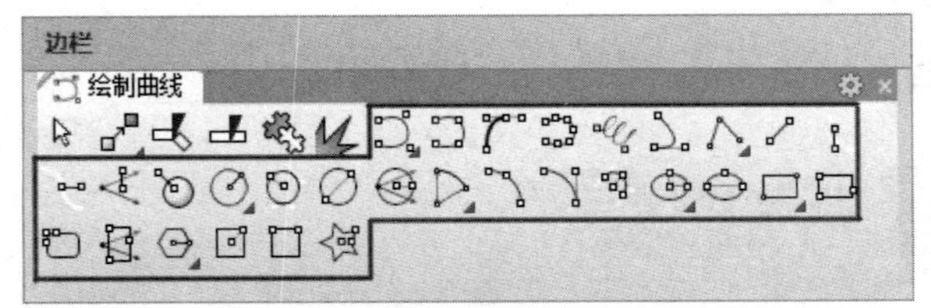

图 3-1　边栏中的【绘制曲线】工具

3.1.1 绘制直线

直线是比较特殊的曲线，可以从其他物件上创建直线，也可以用它们获得其他的曲线、表面、多边形面和网格物件。

在边栏中单击【多重直线线段】按钮，弹出【直线】工具面板，如图 3-2 所示。

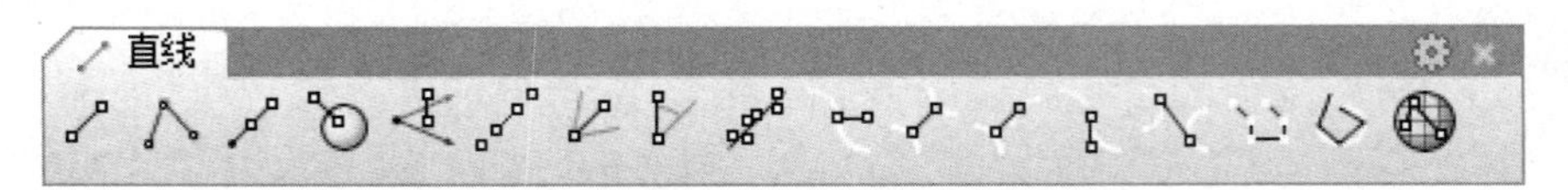

图 3-2　【直线】工具面板

- 单一直线：单击此按钮，在工作视窗中任意位置确定起点，拖曳光标确定终点。当然，若需要精确控制直线的长度，可以在命令行中输入长度值 10，按 Enter 键后在工作视窗中单击，即可得到一条长度为 10 的直线，如图 3-3 所示。

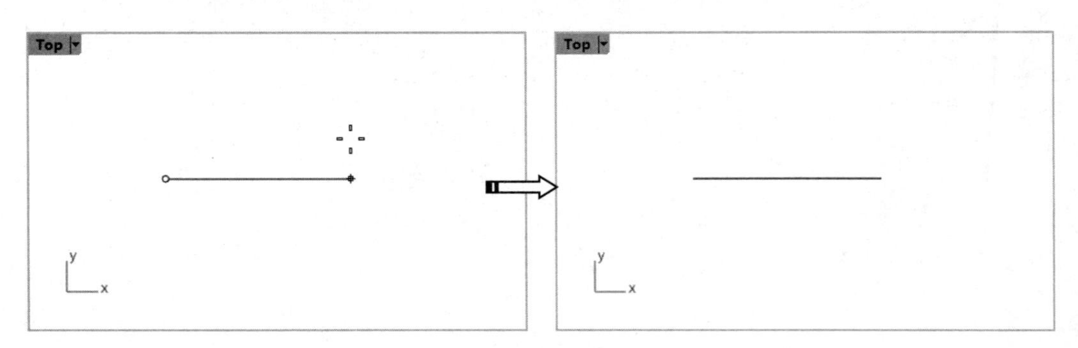

图 3-3　绘制直线

- 多重直线线段：在工作视窗中单击一点作为多重直线的起点，单击下一点，如果需要那么可以继续单击绘制，按 Enter 键或右击结束绘制，如图 3-4 所示。

- 直线：从中点：从中点向两侧等距离绘制直线。在工作视窗中单击一点作为起点，单击此按钮，将会显示一条以起点为中点，同时往两侧等距离拉出的直线，如图 3-5 所示。

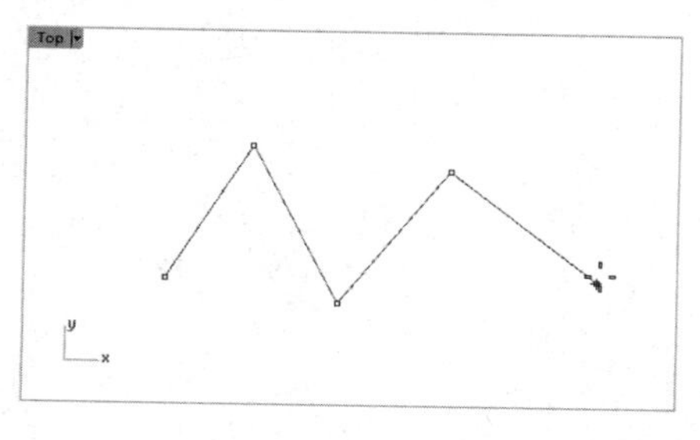

图 3-4　绘制多重直线

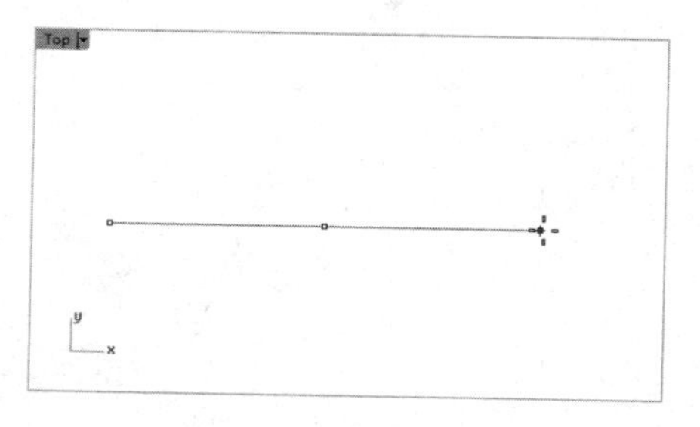

图 3-5　从中点绘制直线

- 直线：曲面法线：沿着曲面表面的法线方向绘制直线。选择一个曲面的表面，在表面单击直线的起点，单击一点作为直线的终点，这条直线为该曲面在起点处的法线，如图 3-6 所示。若单击直线终点前，在命令行中输入 B，则会以起点为中点，沿着表面法线的方向同时往两侧绘制直线，如图 3-7 所示。

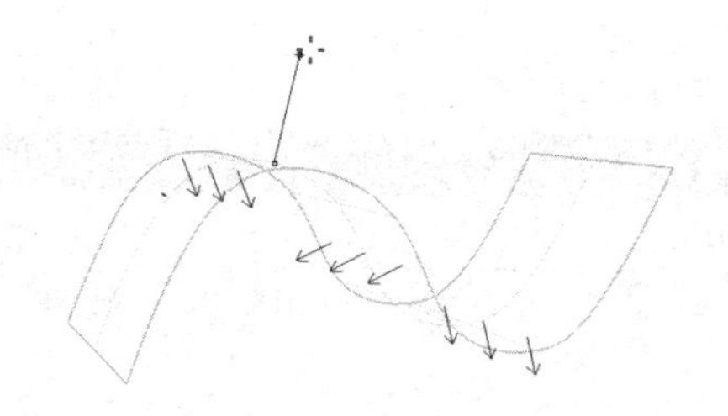

图 3-6　绘制曲面法线 1

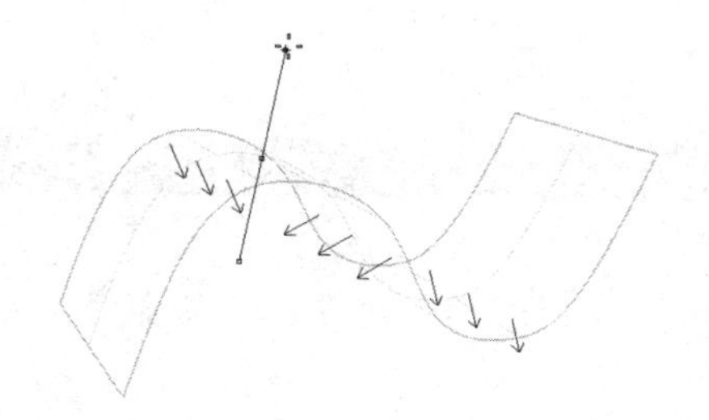

图 3-7　绘制曲面法线 2

- 直线：垂直于工作平面：绘制垂直于工作平面（*XY* 平面）的直线。其操作步骤与绘制单一直线的操作步骤基本上一致，只是绘制出的直线只能垂直于 *XY* 平面。同样，右击该按钮，也可以绘制 BothSide 模式的直线，如图 3-8 所示。

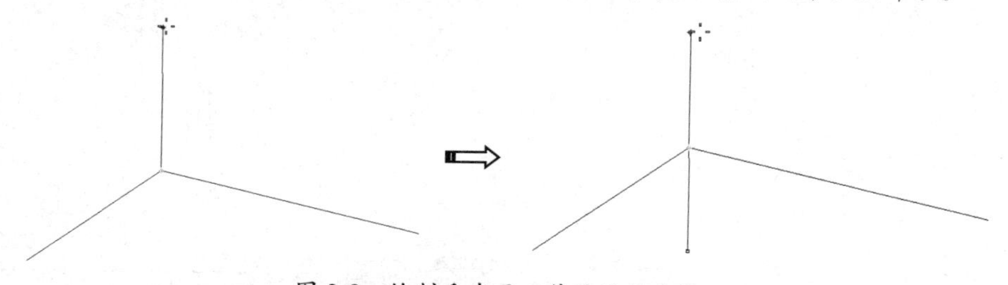

图 3-8　绘制垂直于工作平面的直线

技术要点：

BothSide 模式的直线指以起点为中点的等距向正、反两个方向延伸的直线。BothSide 是双向的意思。

- 直线：四点：经过 4 个点绘制一条直线。在工作视窗中首先绘制两点确定直线的方向，再绘制第三点和第四点，分别作为直线的起点和终点，从而绘制出一条直线，如图 3-9 所示。

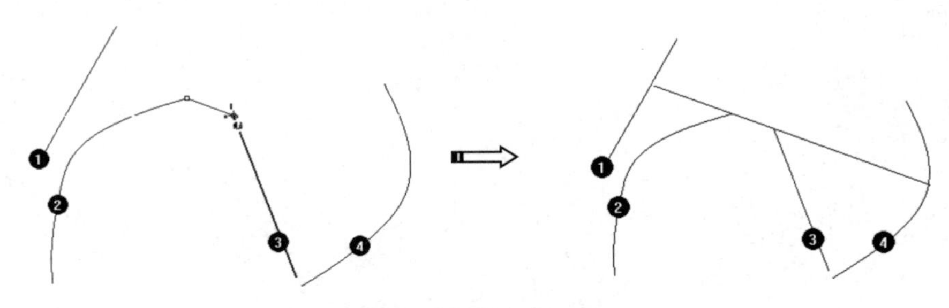

图 3-9　绘制通过 4 个点的直线

- 直线：角度等分线：沿着虚拟角度的平分线方向绘制直线，如图 3-10 所示。

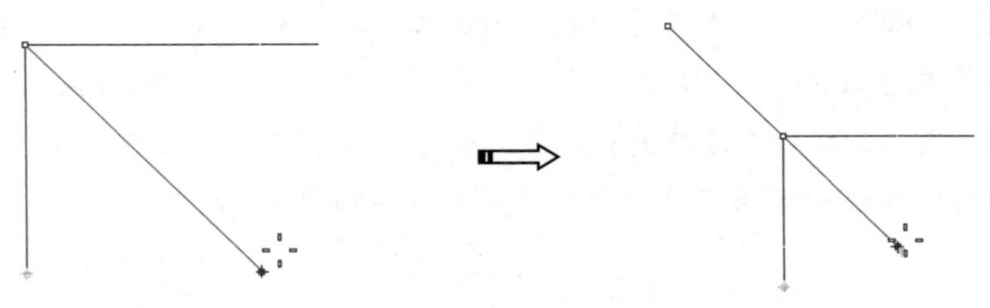

图 3-10　绘制角度等分线

技术要点：

如果需要绘制水平或竖直的线条，只需在移动光标时，按住 Shift 键。

- 直线：指定角度：绘制与已知直线成一定角度的直线，如图 3-11 所示。

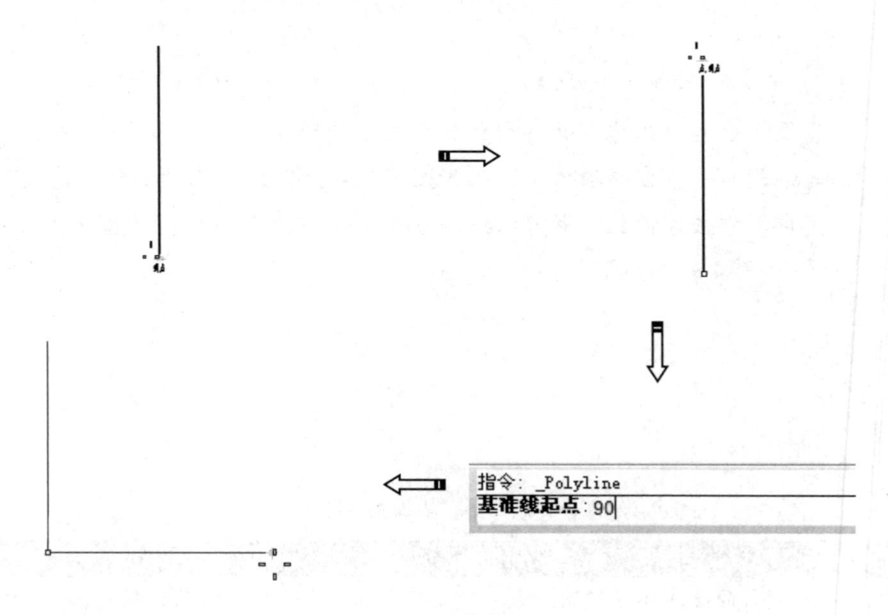

图 3-11　绘制指定角度的直线

- 逼近数个点的直线：绘制一条直线，使其通过一组被选择的点。单击此按钮，选择工作视窗中的一组点，并按 Enter 键，将会在这些被选择的点之间出现一条相对于各点距离均最短的直线，如图 3-12 所示。
- 直线：起点与曲线垂直：绘制垂直于选择曲线的直线，垂足即为直线的起点。同样也可以绘制 BothSide 模式的直线，如图 3-13 所示。

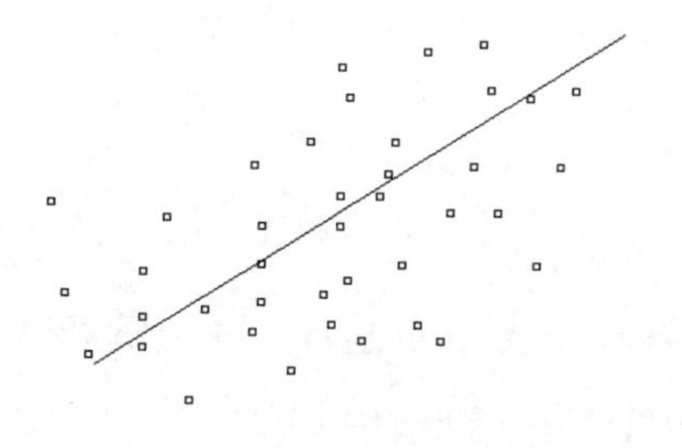

图 3-12　绘制逼近数个点的直线

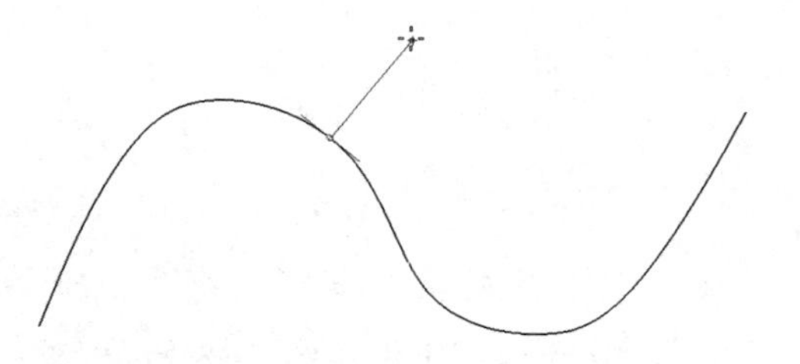

图 3-13　绘制起点与曲线垂直的直线

- 直线：与两条曲线垂直：绘制垂直于两条曲线的直线，如图 3-14 所示。
- 直线：起点正切、终点垂直：在两条曲线之间绘制一条与其中一条曲线正切、与另一条曲线垂直的直线，如图 3-15 所示。

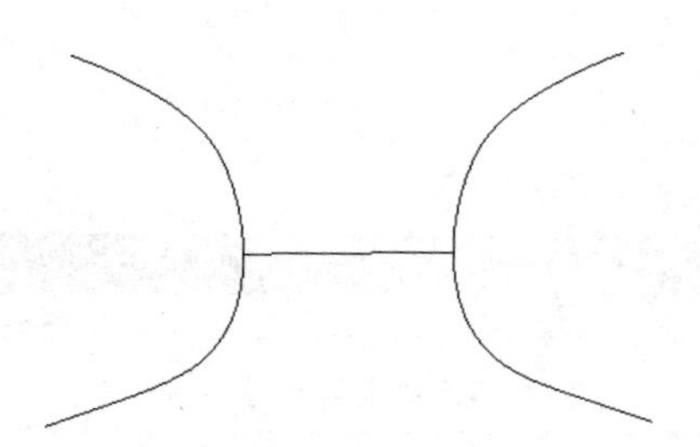

图 3-14　绘制垂直于两条曲线的直线

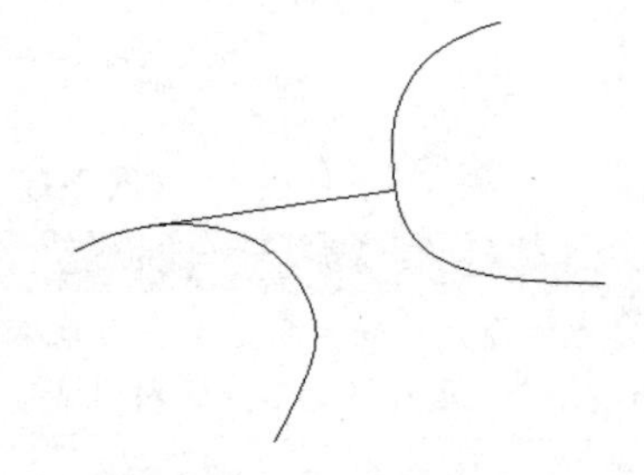

图 3-15　绘制起点正切、终点垂直的直线

- 直线：起点与曲线正切：绘制与被选择曲线的切线方向一致的直线。单击此按钮后，选择曲线，将会出现一条总是沿着曲线切线方向的线，沿着线任选一点作为该直线的终点。同样，该按钮可以绘制 BothSide 模式的直线，如图 3-16 所示。
- 直线：与两条曲线正切：绘制相切于两条曲线的直线。单击此按钮，选择第一条曲线上的希望被靠近的切点作为切线的起点，选择第二条曲线上的希望被靠近的切点作为切线的终点，如图 3-17 所示。

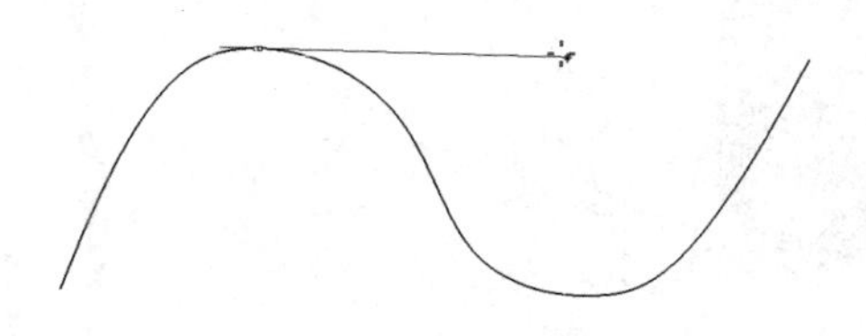

图 3-16　绘制起点与曲线正切的直线

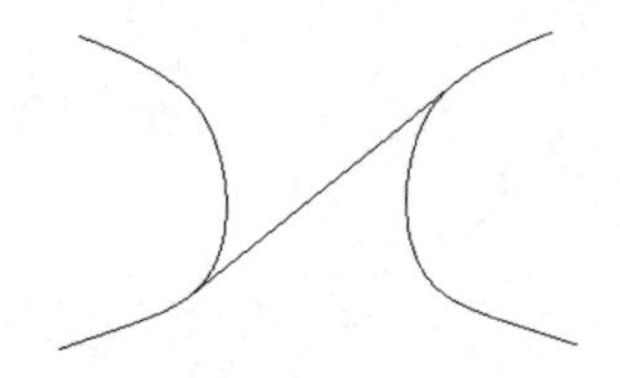

图 3-17　绘制与两条曲线正切的直线

- 多重直线：通过数个点：绘制一条通过一组被选择的点的多重直线。单击此按钮，依次单击数个点（不得少于两个），单击的顺序决定了直线的形状，按 Enter 键或右击，完成绘制，如图 3-18 所示。

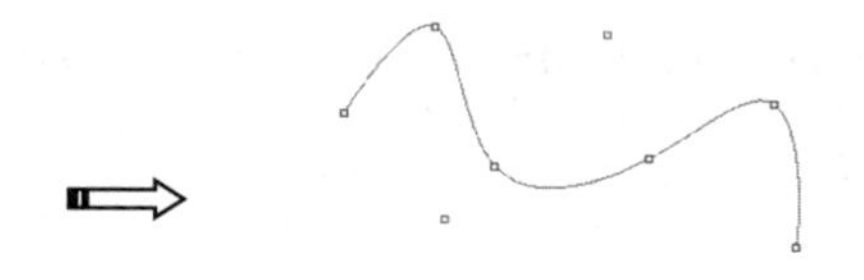

图 3-18　绘制通过数个点的多重直线

- 将曲线转换为多重直线：将 NURBS 曲线转换为多重直线。首先选择需要转换的 NURBS 曲线，按 Enter 键，然后输入角度公差值，按 Enter 键，该 NURBS 曲线即可转换为多重直线，如图 3-19 所示。

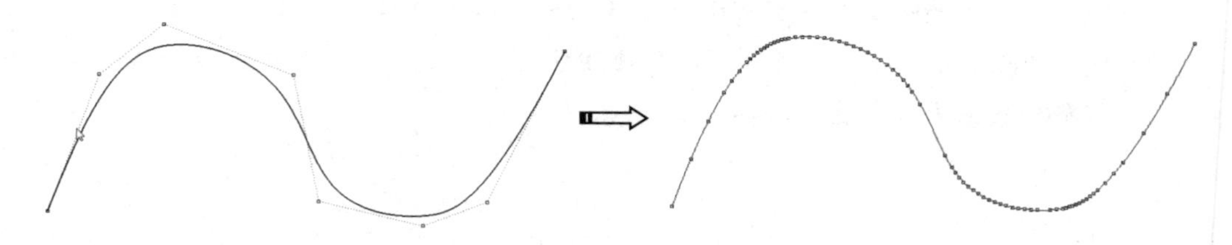

图 3-19　将曲线转换为多重直线

技术要点：

角度公差值越大，转换后的多重直线就越粗糙；角度公差值越小，转换后的多重直线就越接近原始 NURBS 曲线，会产生大量的节点。所以选择合适的公差值，对这个工具来说是非常重要的。

- 多重直线：网格上：直接在网格上绘制多重直线。选择网格，按 Enter 键，开始在网格上移动光标绘制多重直线，松开鼠标则绘制完成一段，当然还可以继续绘制。按 Enter 键或右击结束绘制，如图 3-20 所示。

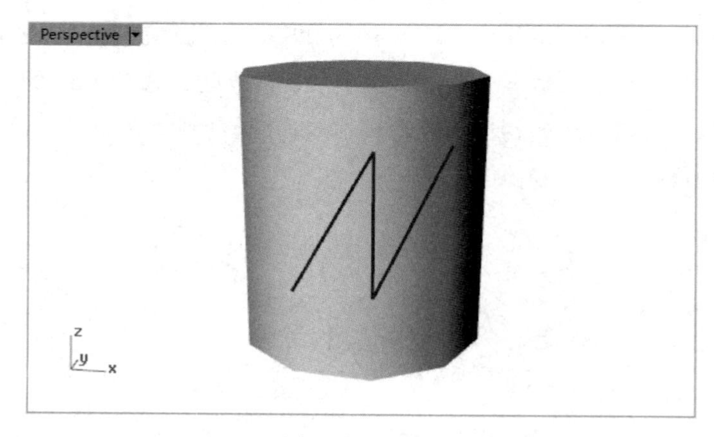

图 3-20　在网格上绘制多重直线

上机操作——绘制创意椅子曲线

① 新建 Rhino 8.0 文件。在空白处右击，在弹出的快捷菜单中选择【显示成隐藏标签】|【背景图】命令。

② 在【背景图】选项卡中单击【放置背景图】按钮，打开椅子的参考位图，如图 3-21 所示。

③ 在 Top 视窗中放置参考位图，如图 3-22 所示。

图 3-21　椅子的参考位图

图 3-22　放置参考位图

④ 暂时隐藏网格线。在工作视窗的边栏中单击【多重直线线段】按钮，绘制如图 3-23 所示的多重直线。

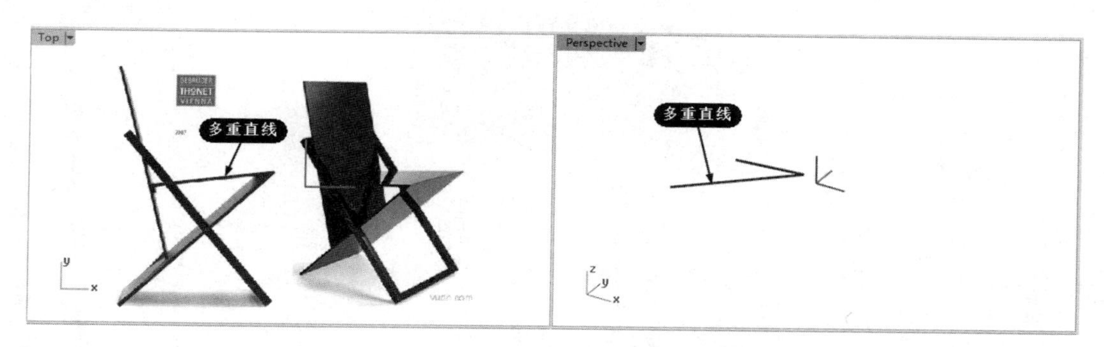

图 3-23　绘制多重直线

⑤ 单击【直线：从中点】按钮，在上一条多重直线的端点处开始绘制，使直线中点与多重直线的另一个端点重合，如图 3-24 所示。

图 3-24　绘制直线

⑥ 在【曲线工具】选项卡中单击【延伸曲线】按钮，在命令行中输入延伸长度值 4，右击完成延伸，如图 3-25 所示。

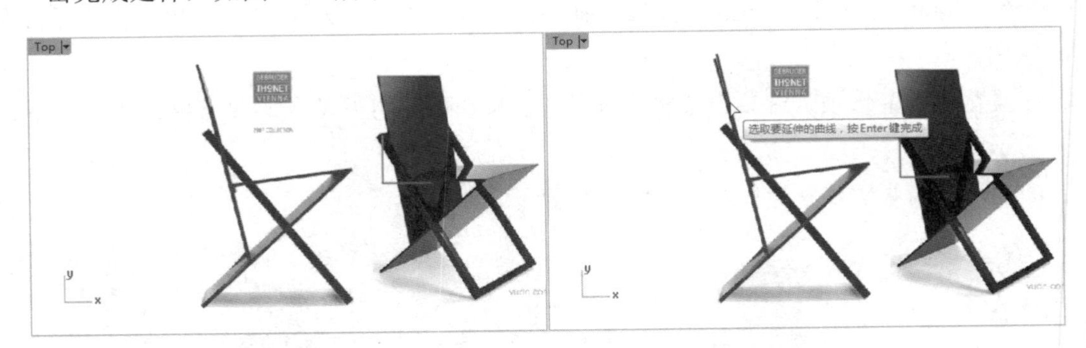

图 3-25 延伸曲线

⑦ 执行【曲面】|【挤出曲线】|【直线】命令，选择前面绘制的直线和多重直线，右击后输入挤出长度值-12，右击完成挤出曲面的创建，如图 3-26 所示。

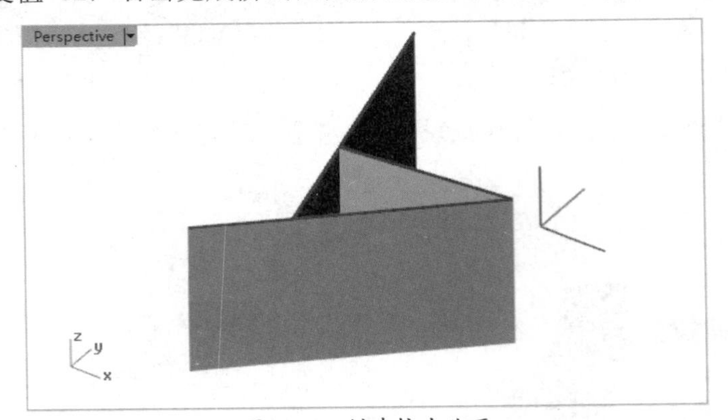

图 3-26 创建挤出曲面

⑧ 使用【直线】工具，在 Top 视窗中绘制如图 3-27 所示的直线。

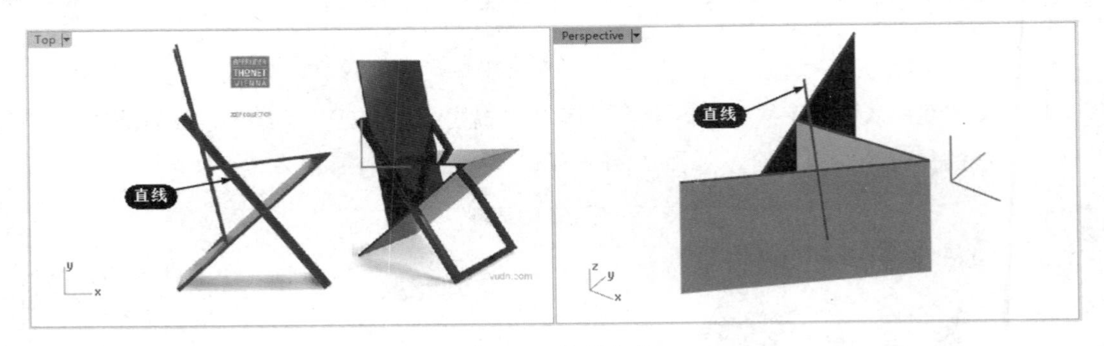

图 3-27 绘制直线

⑨ 在【曲线工具】选项卡中单击【偏移曲线】按钮，选择上一步骤绘制的直线作为偏移参考，在 Right 视窗中指定偏移侧，输入偏移距离值 12，右击完成偏移，如图 3-28 所示。

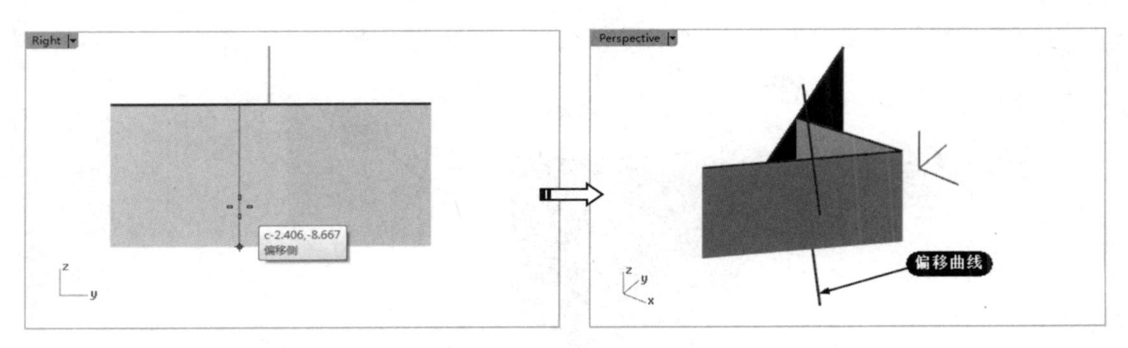

图 3-28　偏移曲线 1

⑩ 使用【偏移曲线】工具，分别偏移上、下两条直线，使其偏移 0.8，如图 3-29 所示。偏移后，将原参考曲线隐藏或删除。

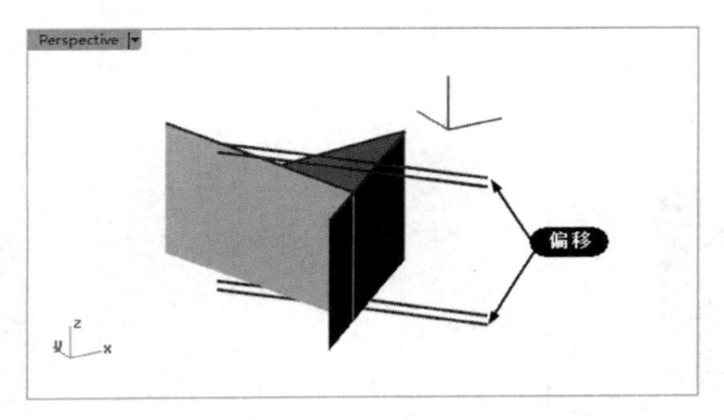

图 3-29　偏移曲线 2

⑪ 在【曲线工具】选项卡中单击【可调式混接曲线】按钮，绘制连接线段，如图 3-30 所示。

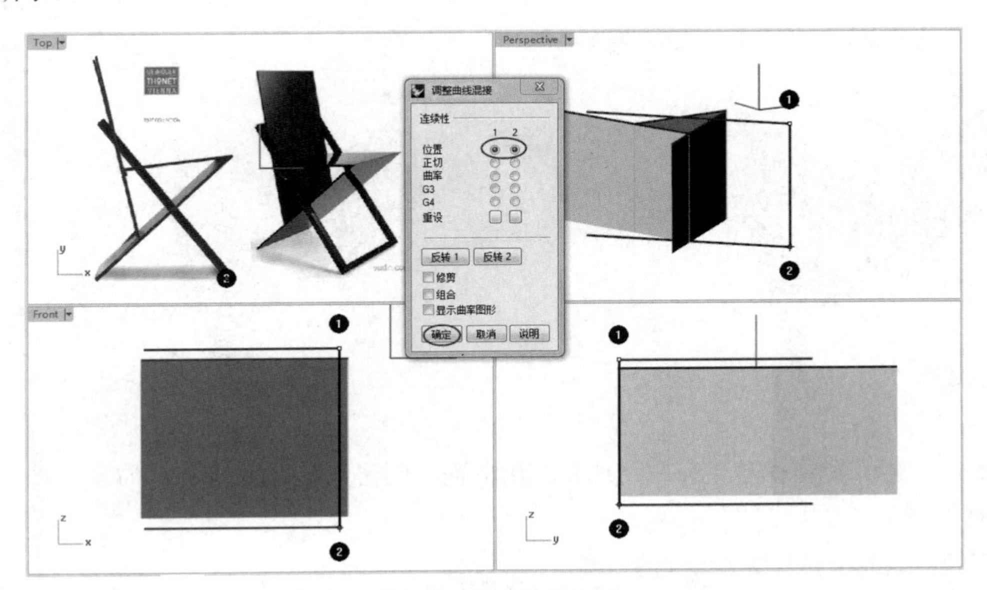

图 3-30　绘制连接线段

⑫ 同理，在另一端绘制另一条混接曲线。

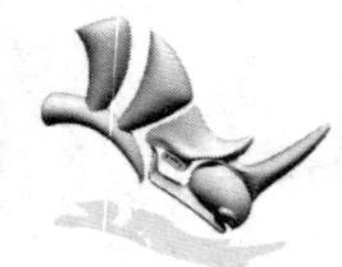

⑬ 执行【编辑】|【组合】命令，组合 4 条直线，如图 3-31 所示。

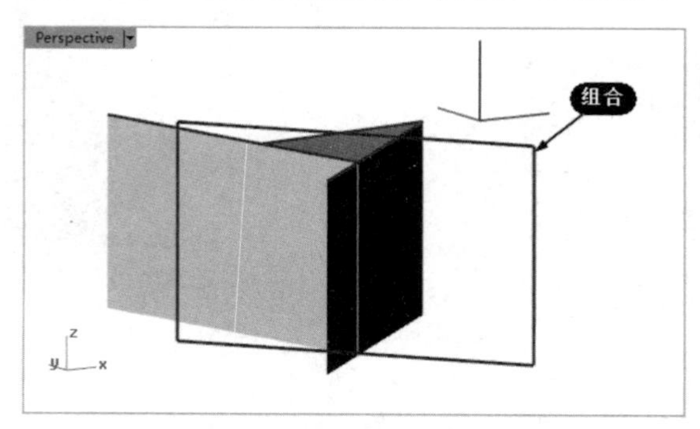

图 3-31 组合直线

⑭ 执行【曲面】|【挤出曲面】|【彩带】命令，选择组合的曲线，创建如图 3-32 所示的彩带曲面。

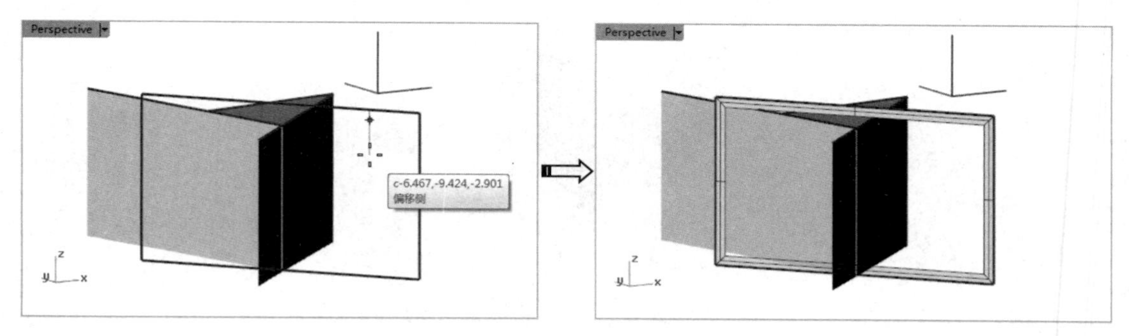

图 3-32 创建彩带曲面

⑮ 执行【实体】|【挤出曲面】|【直线】命令，选择上一步骤创建的彩带曲面，创建挤出长度为 0.8 的挤出实体，如图 3-33 所示。

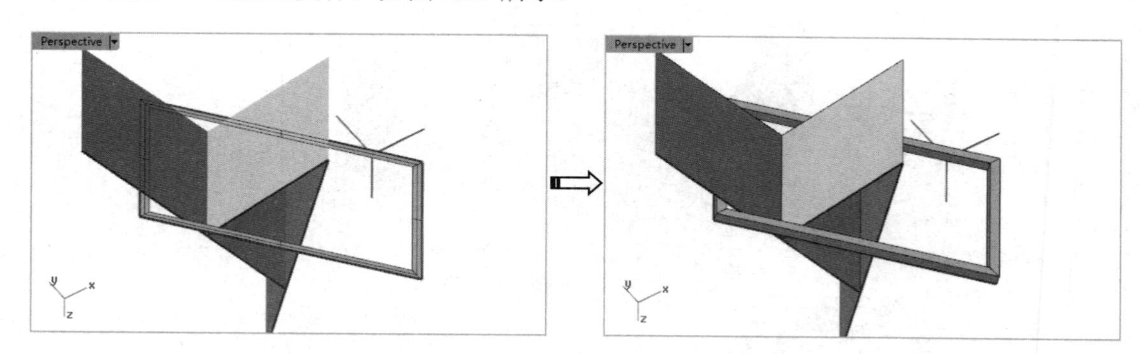

图 3-33 创建挤出实体

⑯ 执行【实体】|【偏移】命令，选择挤出曲面，创建偏移厚度为 0.2 的偏移实体，如图 3-34 所示。

⑰ 至此，完成了创意椅子曲线的绘制。

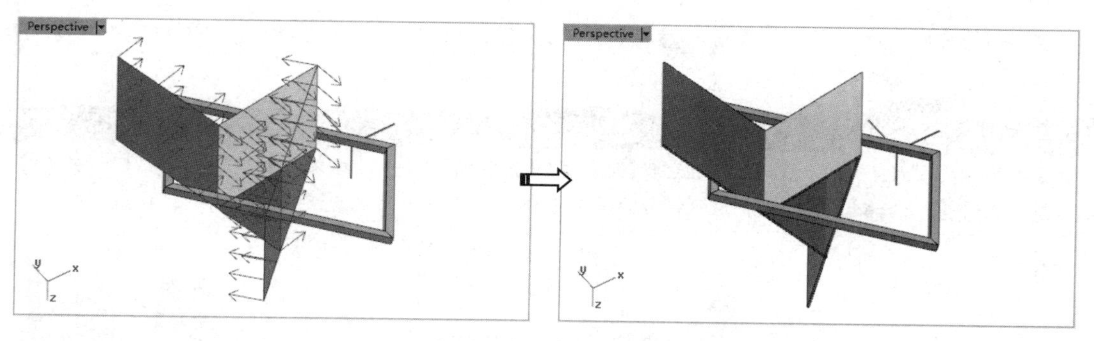

图 3-34　创建偏移实体

3.1.2　绘制自由造型曲线

NURBS 曲线和 NURBS 曲面在传统的制图领域是不存在的，是为使用计算机进行三维建模而专门创建的。

NURBS 曲线也称自由造型曲线，NURBS 曲线的曲率和形状是由 CV 点（控制点）和 EP 点（编辑点）共同控制的。绘制 NURBS 曲线的工具有很多，均在【曲线】工具面板中，如图 3-35 所示。

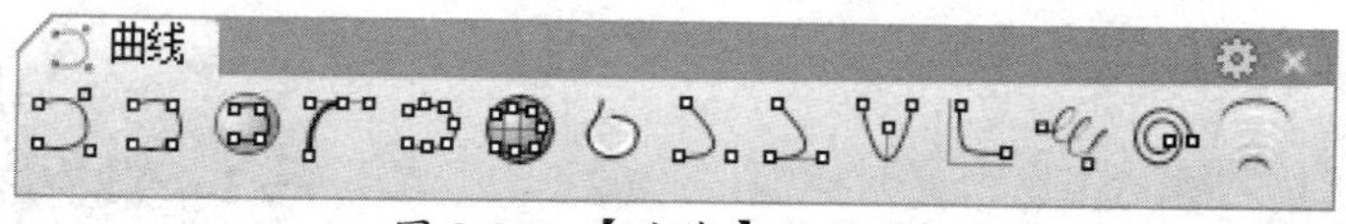

图 3-35　【曲线】工具面板

上机操作——绘制创意沙发曲线

① 新建 Rhino 8.0 文件。

② 在【背景图】选项卡中单击【放置背景图】按钮，打开创意沙发参考位图，如图 3-36 所示。

③ 在 Top 视窗中放置参考位图，如图 3-37 所示。

图 3-36　打开参考位图

图 3-37　放置参考位图

④ 暂时隐藏网格线。执行【曲线】|【自由造型】|【内插点】命令，绘制如图 3-38 所示的曲线。

技术要点：

如果绘制的曲线不光滑，那么可以执行【编辑】|【控制点】|【开启控制点】命令，按住 Ctrl 键的同时拖动控制点编辑曲线，如图 3-39 所示。在后面章节中还将讲解关于曲线的连续性的调整问题。

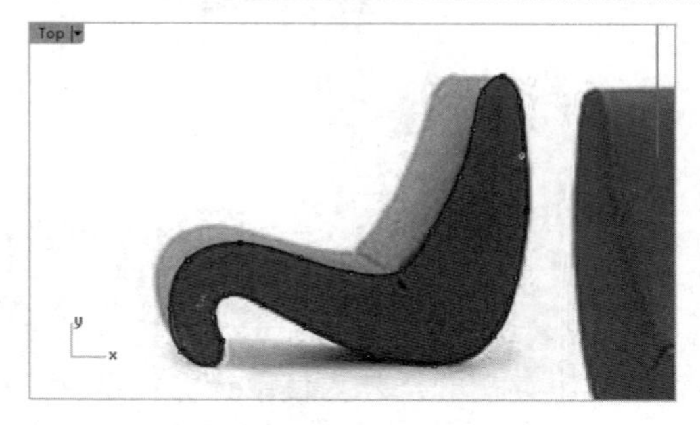

图 3-38　绘制曲线

图 3-39　编辑曲线

⑤ 执行【实体】|【挤出平面曲线】|【直线】命令，选取曲线，创建如图 3-40 所示的挤出实体（挤出长度为 10）。

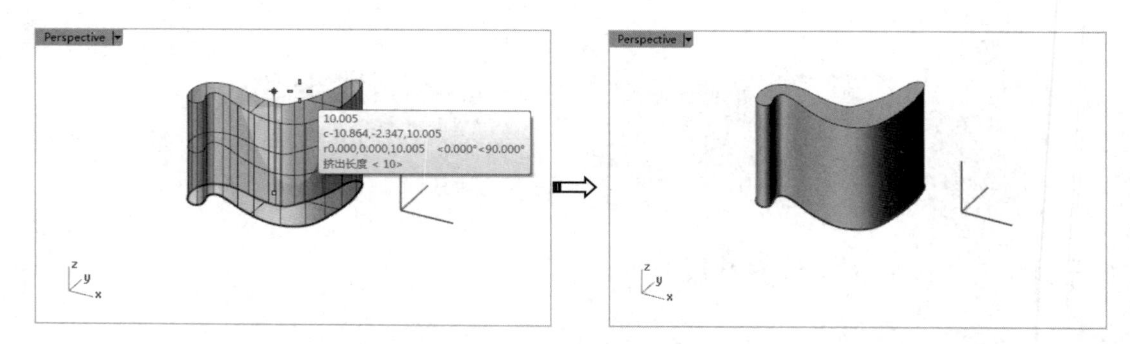

图 3-40　创建挤出实体

⑥ 执行【实体】|【边缘圆角】|【不等距边缘圆角】命令，在挤出实体上创建半径为 0.2 的圆角，如图 3-41 所示。

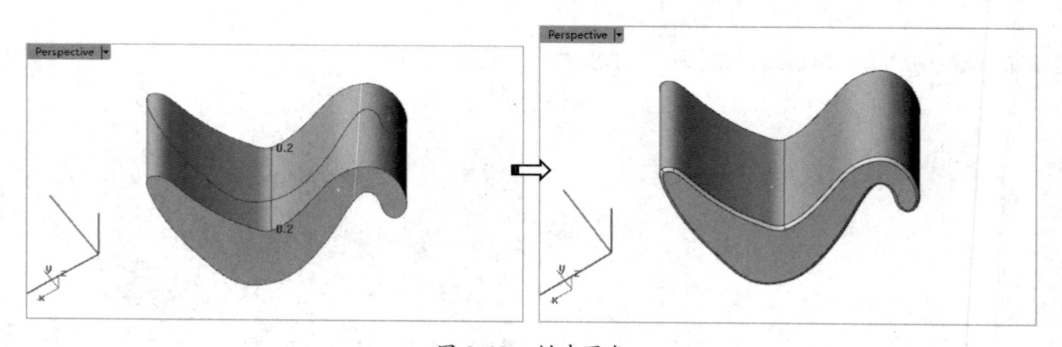

图 3-41　创建圆角

⑦ 至此，完成了创意沙发曲线的绘制。

3.1.3　绘制圆

圆既是基本的几何图形之一，又是特殊的封闭曲线。Rhino 8.0 中有多种绘制圆的工具，下面分别加以介绍。

在边栏中长按【圆】按钮，弹出【圆】工具面板，如图 3-42 所示。

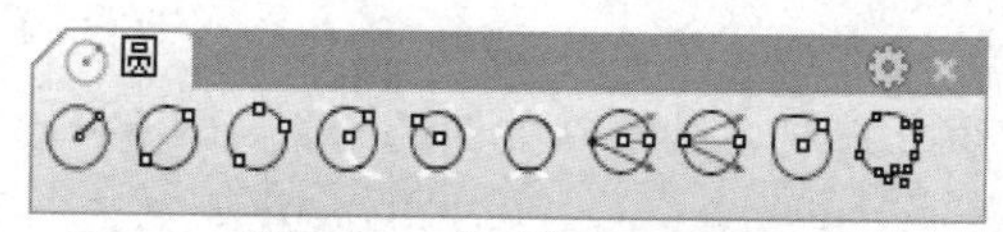

图 3-42　【圆】工具面板

下面介绍常用的几个圆工具。

- 中心点、半径：根据中心点、半径绘制平行于工作平面的圆，如图 3-43 所示。

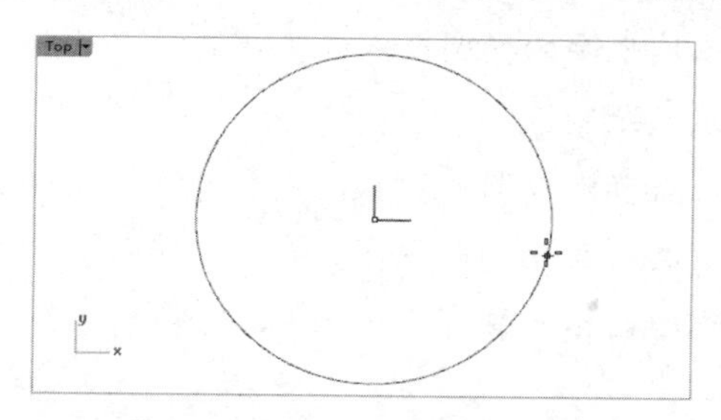

图 3-43　绘制与工作平面平行的圆

- 环绕曲线：绘制垂直于被选择曲线的圆。
- 与工作平面垂直、中心点、半径：根据中心点、半径绘制垂直于工作平面的圆，如图 3-44 所示。

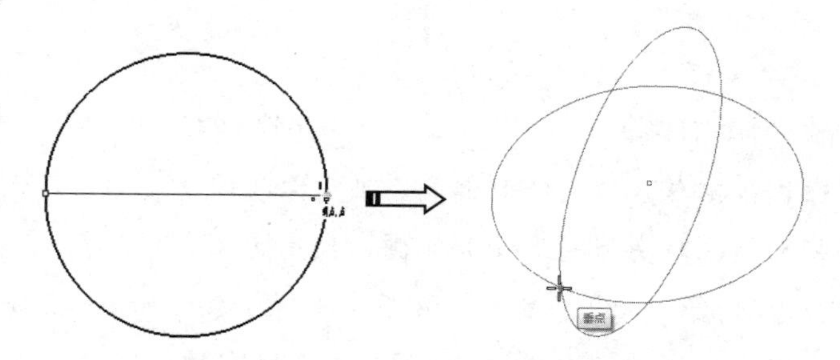

图 3-44　绘制与工作平面垂直的圆

- 与工作平面垂直、中心点、直径：根据中心点、直径绘制垂直于工作平面的圆。其操作方法与绘制与工作平面垂直的圆的操作方法类似，只是在输入半径值时改为输入直径值。

3.1.4　绘制椭圆

椭圆的构成要素为长轴、短轴、中心点及焦点，在 Rhino 8.0 中也是通过约束这几个要素来完成椭圆绘制的。在边栏中长按【椭圆】按钮，弹出【椭圆】工具面板，如图 3-45 所示。

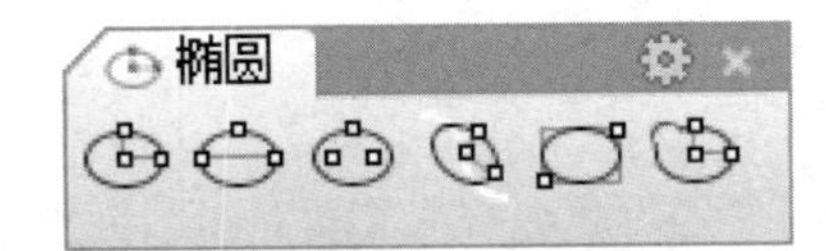

图 3-45 【椭圆】工具面板

- 从中心点：首先确定椭圆的中心点，然后移动光标确定第二点（长轴端点），最后单击第三点确定短半轴端点，按 Enter 键或右击完成绘制，如图 3-46 所示。在绘制过程中命令行中会出现各种绘制椭圆的方式，具体如下：

```
圆心(可塑形的(D) 垂直(V) 两点(P)三点(O) 相切(T) 环绕曲线(A) 配合点(F)): _Deformable
椭圆中心点(可塑形的(D) 垂直(V) 角(C) 直径(I) 从焦点(F)) 环绕
```

各个选项的功能如下。

- 可塑形的：对椭圆进行塑形。
- 垂直：将平行于工作平面的椭圆改成垂直于工作平面的椭圆。
- 两点：以椭圆的焦点绘制。
- 三点：通过指定三点确定椭圆的形状。
- 相切：通过与指定曲线相切绘制椭圆。
- 环绕曲线：绘制环绕曲线的椭圆，如图 3-47 所示。

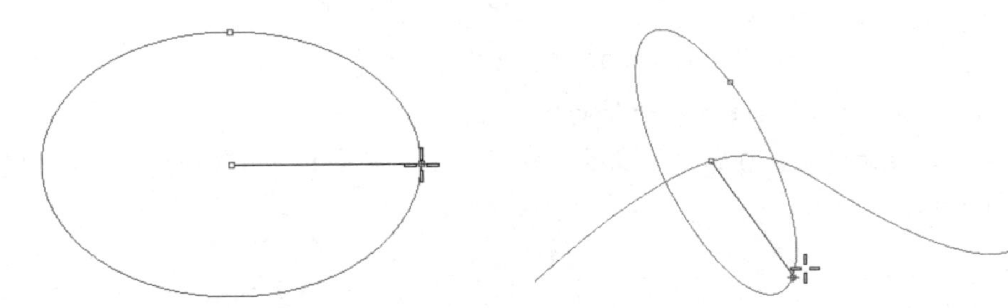

图 3-46 从中心点绘制椭圆　　图 3-47 绘制环绕曲线的椭圆

- 配合点：通过确定焦点位置绘制椭圆，使用方法同。
- 角：根据矩形框的对角线长度绘制椭圆，使用方法同。
- 直径：根据直径绘制椭圆。单击【椭圆：直径】按钮，在工作视窗中单击第一点和第二点确定椭圆的第一轴向，移动光标在所需的位置单击或直接在命令行中输入第二轴向的长度，按 Enter 键完成绘制，如图 3-48 所示。

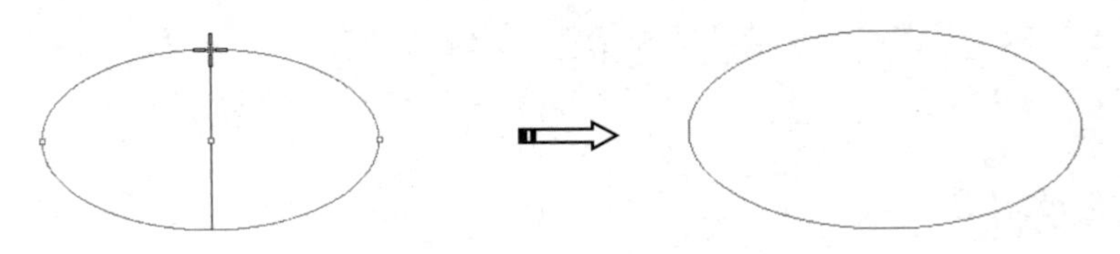

图 3-48 根据直径绘制椭圆

- 从焦点：根据两个焦点及短半轴的长度绘制椭圆，如图 3-49 所示。

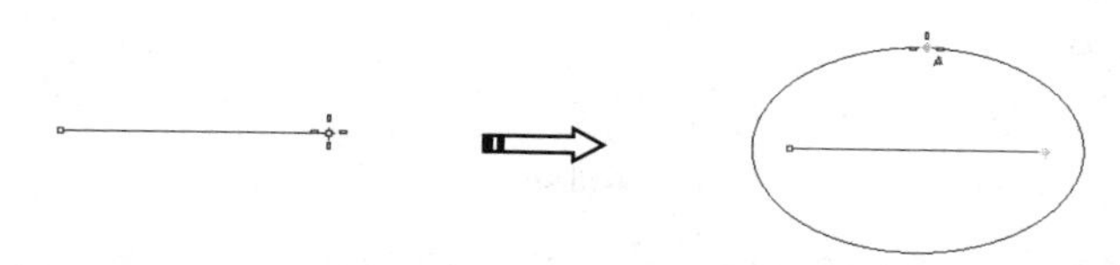

图 3-49　从焦点绘制椭圆

技术要点：

工具面板中的其他按钮命令，包含在命令行中。

3.1.5　绘制多边形

在 Rhino 8.0 中，绘制矩形和多边形的工具是分开的，但它们具有相似的绘制方法。可以把矩形看作一种特殊的多边形在这里进行讲解。

在边栏中长按多边形按钮，弹出【多边形】工具面板，如图 3-50 所示。

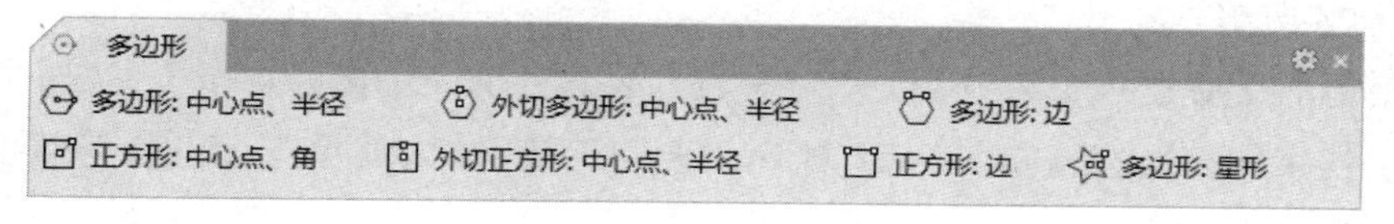

图 3-50　【多边形】工具面板

在图 3-50 中，第一排的 3 个按钮在默认情况下都是用来绘制六边形的。在实际绘制中，可以随意调整角度和边数。

- 多边形：中心点、半径：根据中心点到顶点的距离绘制多边形。
- 外切多边形：中心点、半径：根据中心点到边的距离绘制多边形。
- 多边形：边：以多边形一条边的长度作为基准绘制多边形。

第二排的 3 个按钮与第一排的 3 个按钮的使用方法是相同的，只不过这 3 个按钮在默认情况下绘制的是正方形。如果想要改变多边形的边数，在命令行中输入所需的边数即可。下面仅介绍【多边形：星形】按钮的用法。

- 多边形：星形：通过指定三点确定星形的形状。首先指定第一点确定星形的中心点，然后输入两个半径值指定第二点（凹角顶点）和第三点（尖角顶点）。在输入第一个半径值时将确定星形凹角顶点的位置，在输入第二个半径值时将确定星形尖角顶点的位置，如图 3-51 所示。

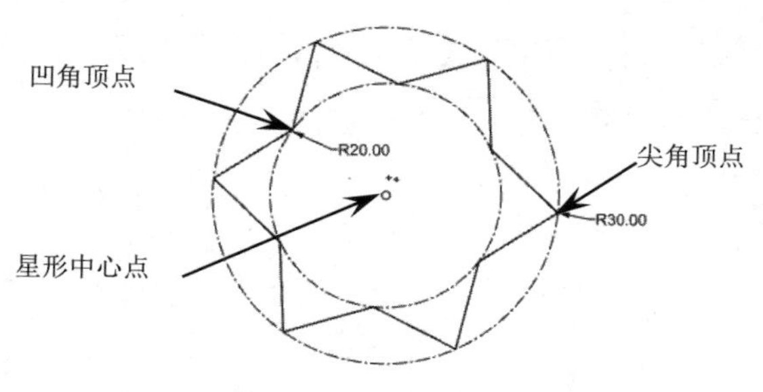

图 3-51　绘制星形

3.2 绘制文字

虽然文字是一种语言符号，但是符号是一种形象。通过远古的象形文字可以证实这一点。在 Rhino 8.0 中，文字也代表了一种形象。文字绘制常用于制作产品 Logo 或建立文字类物件模型。

在 Rhino 8.0 中，文字具有 3 种形态，分别是曲线、曲面、实体。根据不同情况选择不同形态进行文字绘制。在进行文字绘制时，多采用曲线形态进行，这样便于修改。

上机操作——绘制文字

① 选择【变动】选项卡，在边栏中单击【文字物件】按钮，弹出【文字物件】对话框，如图 3-52 所示。

② 在对话框的【要建立的文字】文本框中输入要建立的文字内容，在【字型】选项组中选择文字的字体和形态，如图 3-53 所示。若勾选【群组物件】复选框，则建立的是一个文字模型群组。

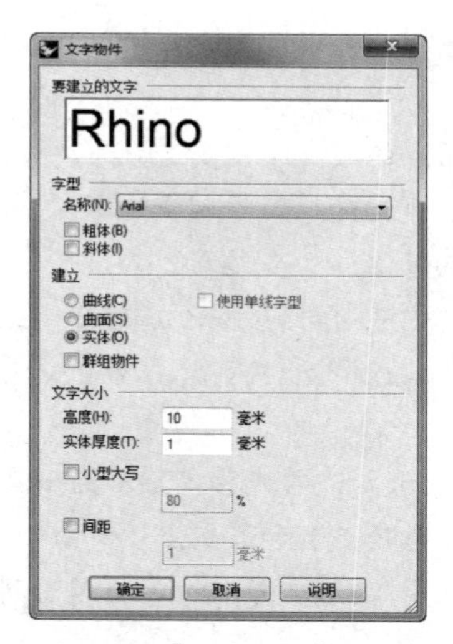

图 3-52 【文字物件】对话框

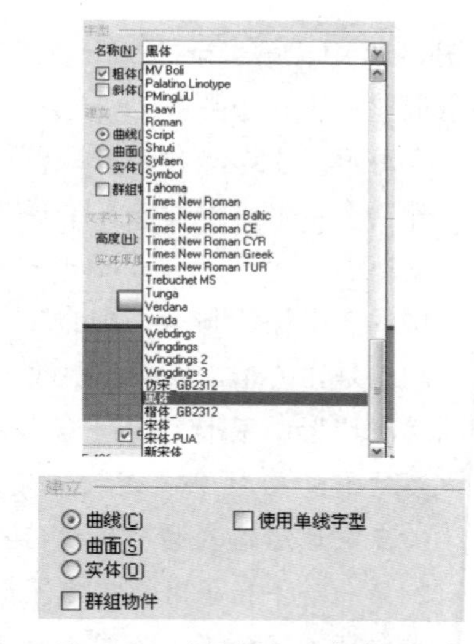

图 3-53 选择文字的字体和形态

③ 若选择文字为曲线的形态，则出现【使用单线字型】复选框。是否勾选【使用单线字型】复选框的对比效果如图 3-54 所示。

（a）勾选

（b）未勾选

图 3-54 是否勾选【使用单线字型】复选框的对比效果

④ 在【文字大小】选项组中输入高度和实体厚度值。若选择文字为曲线或曲面的形态，则只需要输入高度值；若选择文字为实体的形态，则还需要输入实体厚度值，如图 3-55 所示。

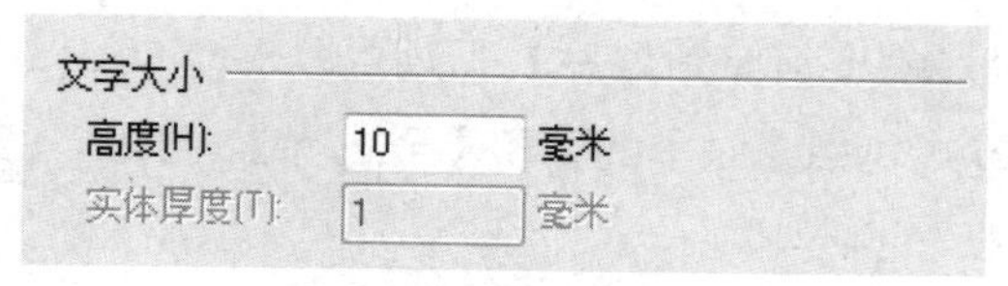

图 3-55　设置文字大小

⑤ 设置完成后，单击【确定】按钮。在一个平面工作视窗中通过移动光标选择文字的位置，按 Enter 键或右击确认操作。创建的曲线、曲面、实体的最终效果如图 3-56 所示。

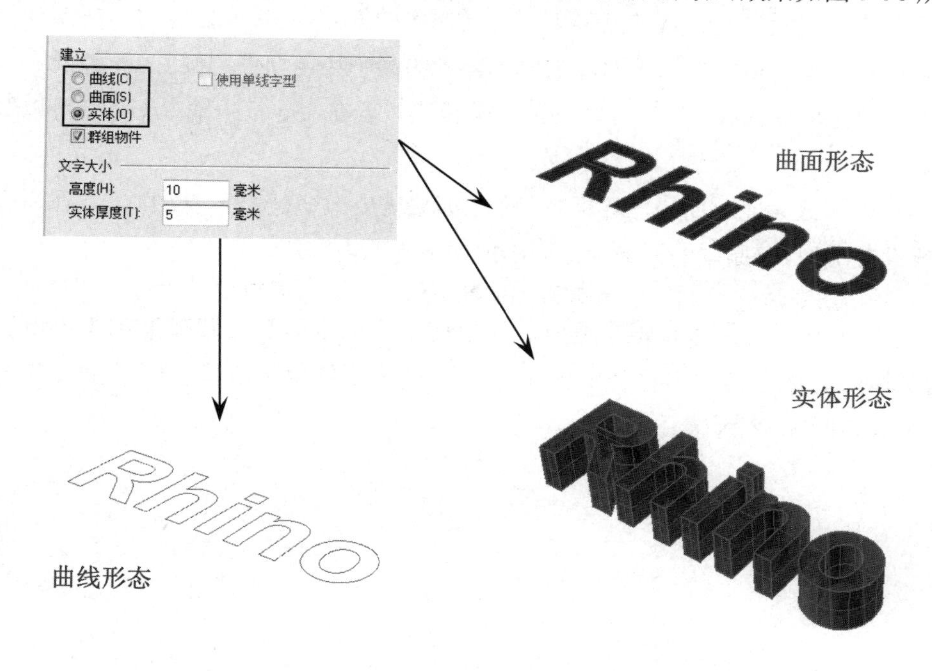

图 3-56　最终效果

3.3　曲线延伸

使用曲线延伸工具，可以根据需要让曲线无限延伸下去，延伸出来的曲线更具多样性，有直线、曲线、圆弧等各种形式。

在【曲线工具】选项卡中长按【延伸】按钮，弹出【延伸】工具面板，如图 3-57 所示。

图 3-57　【延伸】工具面板

3.3.1　延伸曲线与延伸到边界

使用【延伸曲线】工具或【延伸到边界】工具可以对 NURBS 曲线进行长度上的延伸，【延伸曲线】工具的延伸方式包括【原本的】和【至边界】。可见，【延伸到边界】工具是【延伸曲线】工具的一个特例。

在 Top 视窗中可以使用【直线】工具或【控制点曲线】工具绘制一条直线或曲线。单击【延伸曲线】按钮，命令行中会出现如下提示内容：

```
选取要延伸的曲线(型式(T)=原本的 至边界(O))：
```

从命令行中可以看出，默认的延伸型式为【原本的】，这时按照提示内容在命令行中输入长度值，或在工作视窗中单击该曲线需要延伸到的某个特定物件，按 Enter 键或右击确认操作。选取需要延伸的曲线，即可完成曲线延伸操作。若在命令行中输入 U，则可以取消刚刚的操作。

默认的延伸型式只能对曲线进行常规延伸，如果需要改变延伸类型，则需要在命令行中输入 T，或设置【型式=原本的】选项，会出现如下提示内容：

```
类型<原本的> (原本的(N) 直线(L) 圆弧(A) 平滑(S))：
```

在 4 个选项中可以选择需要的类型，其中使用【原本的】、【圆弧】和【平滑】选项的效果几乎相同，这里将不再一一对比展示。这里选择使用【直线】选项进行延伸的前后效果对比，如图 3-58 所示。

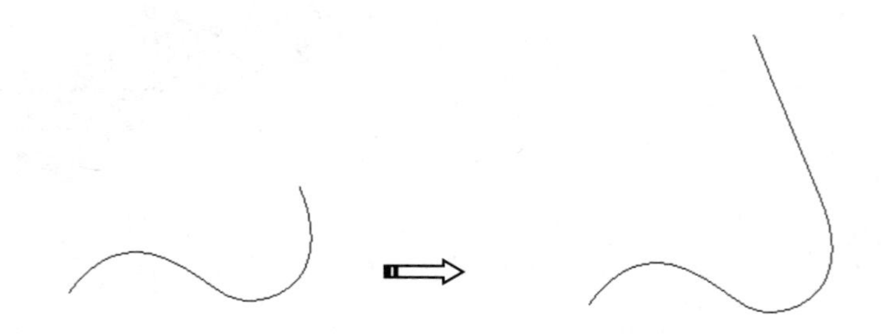

图 3-58　使用【直线】选项进行延伸的前后效果对比

技术要点：

先选择曲线要延伸到的目标，它可以是表面或实体等几何类型，但这几种类型只能让曲线延伸到它们的边。如果没有延伸目标那么可以输入延伸长度，手动选择方向和类型。

上机操作——创建延伸曲线

① 打开本案例源文件“3-1-3.3dm”，如图 3-59 所示。

② 单击【延伸曲线】按钮，选取左侧竖直线为边界物件，按 Enter 键，如图 3-60 所示。

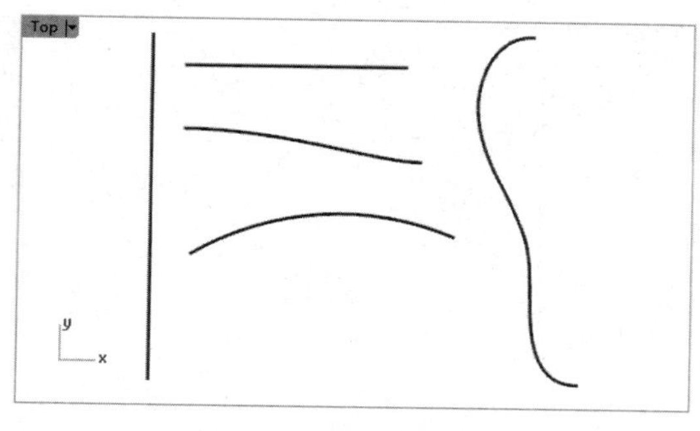

图 3-59 打开的源文件

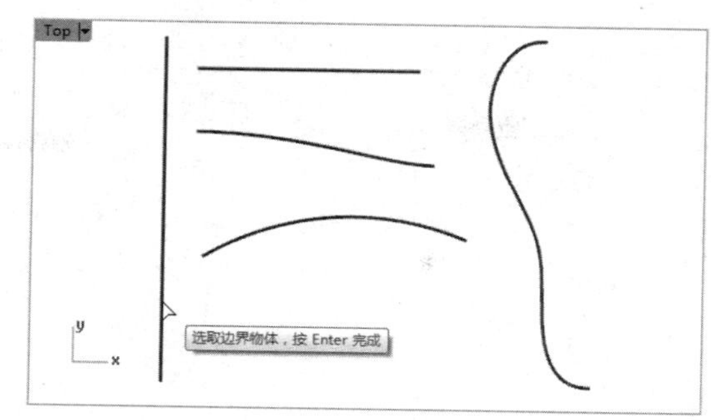

图 3-60 选取边界物件

③ 依次选取中间的 3 条曲线为要延伸的曲线，如图 3-61 所示。

④ 右击完成曲线的延伸，如图 3-62 所示。

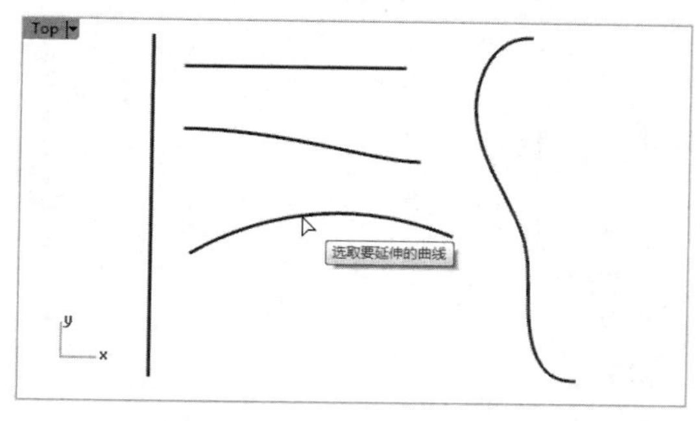

图 3-61 选取要延伸的曲线

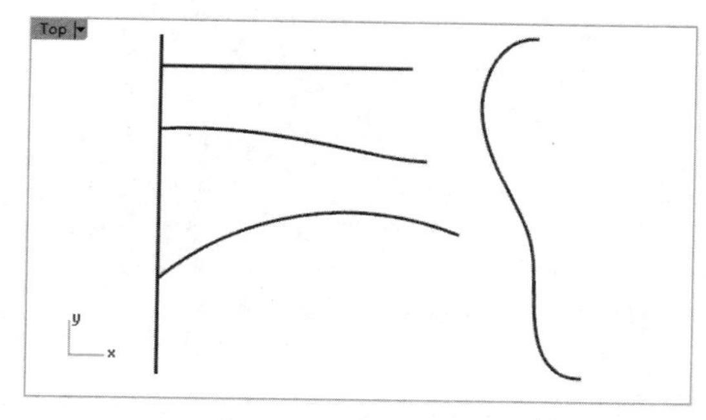

图 3-62 完成曲线的延伸

⑤ 重新执行【延伸曲线】命令，在命令行中设置延伸型式为【直线】，选取右侧的自由曲线为边界物件并按 Enter 键，如图 3-63 所示。

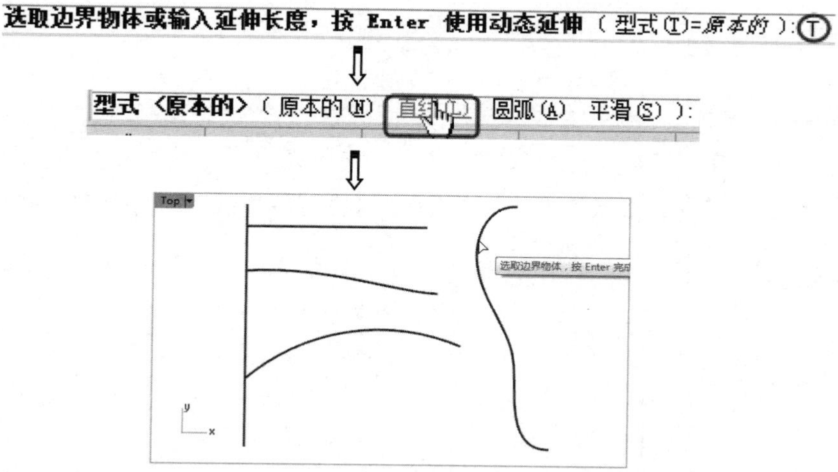

选取边界物体或输入延伸长度，按 Enter 使用动态延伸（型式(T)=原本的）:

型式 <原本的>（原本的(N) 直线(L) 圆弧(A) 平滑(S)）:

图 3-63 选择延伸型式和边界物件

⑥ 选择上面的直线作为要延伸的曲线，自动完成延伸，如图 3-64 所示。

⑦ 剩余两条曲线（样条曲线和圆弧曲线）分别采用【平滑】和【圆弧】延伸型式进行延伸，如图 3-65 和图 3-66 所示。

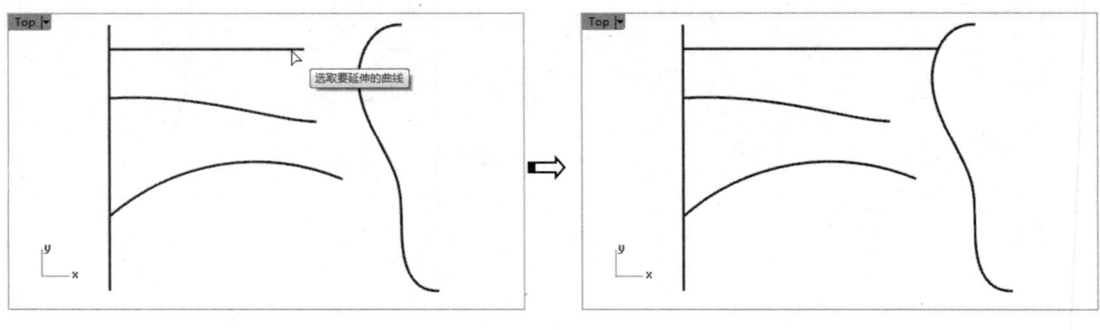

图 3-64　延伸直线

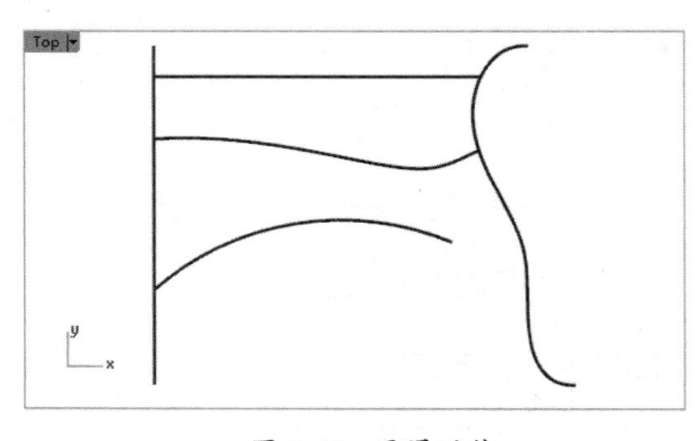

图 3-65　平滑延伸

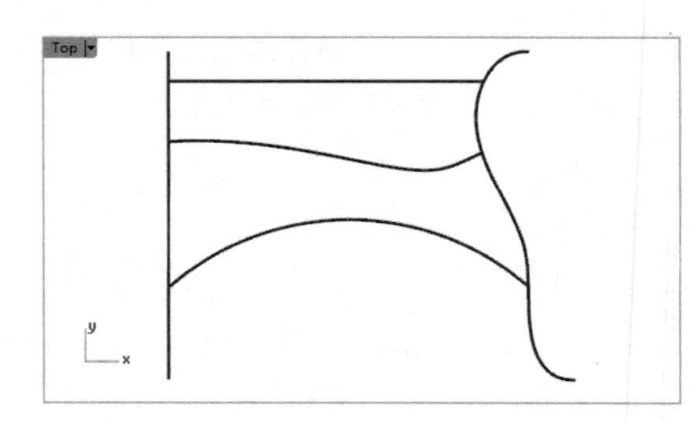

图 3-66　圆弧延伸

3.3.2　连接

使用【连接】工具可以将两条不相交的曲线以直线的方式连接。

上机操作——创建连接

① 新建 Rhino 8.0 文件。

② 在 Top 视窗中使用【直线】工具绘制两条不相交的直线，如图 3-67 所示。

③ 单击【连接】按钮，依次选取上一步骤绘制的两条直线，即可自动连接，如图 3-68 所示。

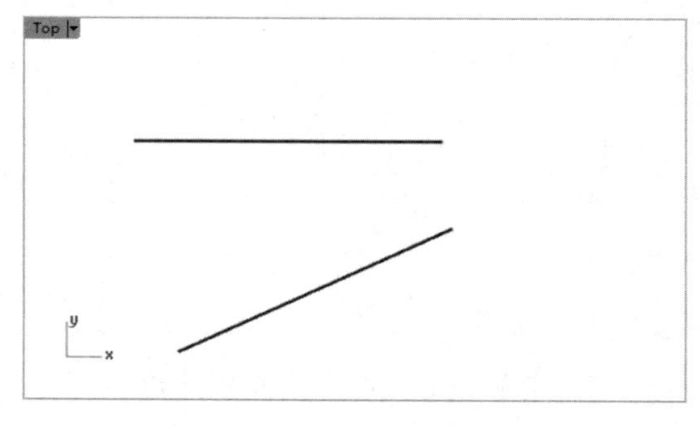

图 3-67　绘制两条直线

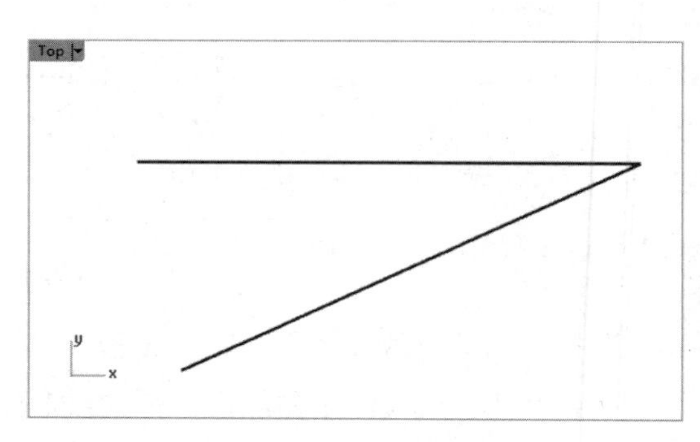

图 3-68　连接两条直线

技术要点：

两条弯曲的曲线能够进行相互连接，但要注意的是两条曲线之间的连接部分是直线，而不是有弧度的曲线。

3.3.3　延伸曲线（平滑）

【延伸曲线（平滑）】工具的操作方法和功能与【延伸曲线】工具的操作方法和功能相似。其延伸类型同样包括【原本的】、【直线】、【圆弧】和【平滑】。不同的是，在进行直线延伸时，使用【延伸曲线（平滑）】工具能够通过移动光标延伸出平滑的曲线，而使用【延伸曲线】工具只能延伸出直线。

上机操作——创建延伸曲线（平滑）

① 新建 Rhino 8.0 文件。

② 在 Top 视窗中使用【直线】工具绘制直线，如图 3-69 所示。

③ 单击【延伸曲线（平滑）】按钮，选取直线并移动光标，单击确认延伸终点或在命令行中输入延伸长度值，按 Enter 键或右击确认操作，如图 3-70 所示。

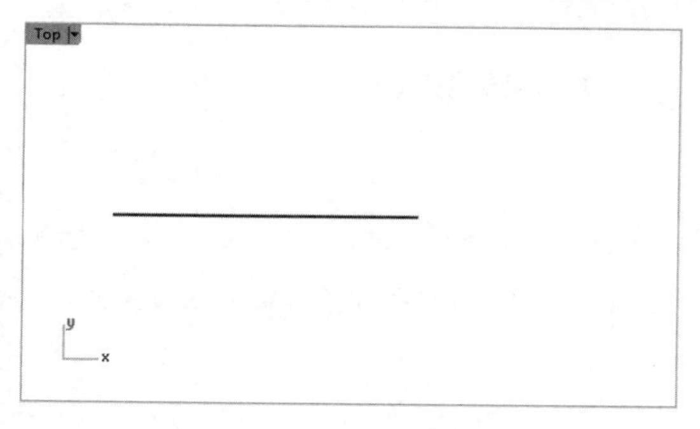

图 3-69　绘制直线

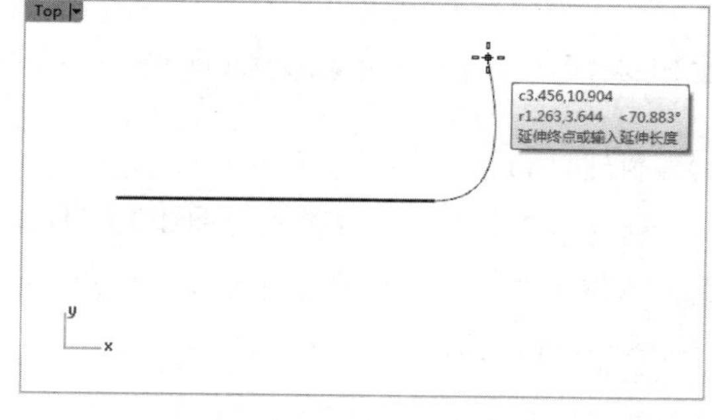

图 3-70　创建延伸曲线（平滑）

技术要点：

在使用【延伸曲线（平滑）】工具时，无法对直线进行圆弧延伸。

3.3.4　以直线延伸

使用【以直线延伸】工具只能延伸出直线，无法延伸出曲线。【以直线延伸】工具的使用方法和功能与【延伸曲线】工具的使用方法和功能相同。其延伸类型同样包括【原本的】、【直线】、【圆弧】和【平滑】。

上机操作——使用【以直线延伸】工具创建曲线

① 新建 Rhino 8.0 文件。

② 在 Top 视窗中使用【圆弧：起点、终点、通过点】工具绘制圆弧，如图 3-71 所示。

③ 单击【以直线延伸】按钮，选取要延伸的曲线，通过移动光标并单击确认延伸终点，按 Enter 键或右击确认操作，如图 3-72 所示。

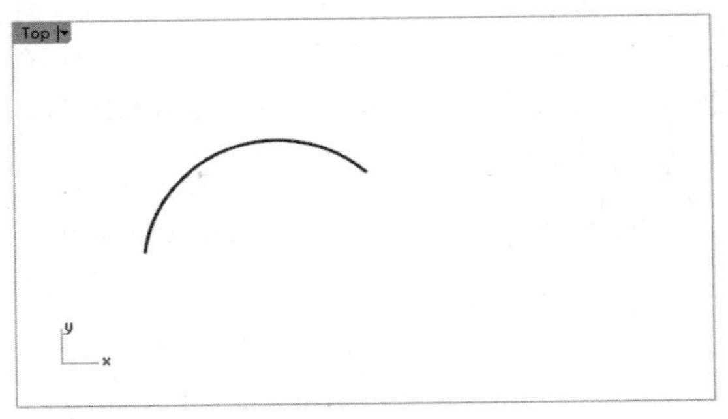

图 3-71　绘制圆弧

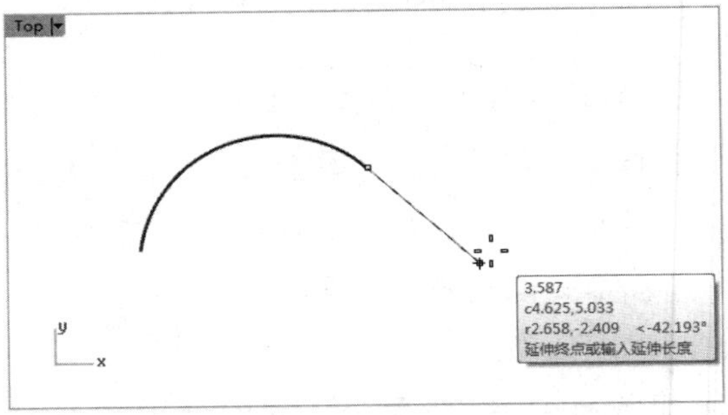

图 3-72　以直线延伸

3.3.5　以圆弧延伸至指定点

使用【以圆弧延伸至指定点】工具能够使曲线延伸到指定点的位置。

上机操作——使用【以圆弧延伸至指定点】工具创建曲线

① 新建 Rhino 8.0 文件。

② 在 Top 视窗中使用【控制点曲线】工具和【点】工具绘制样条曲线和点，如图 3-73 所示。

③ 单击【以圆弧延伸至指定点】按钮，依次选取要延伸的曲线、点，即可完成操作，如图 3-74 所示。

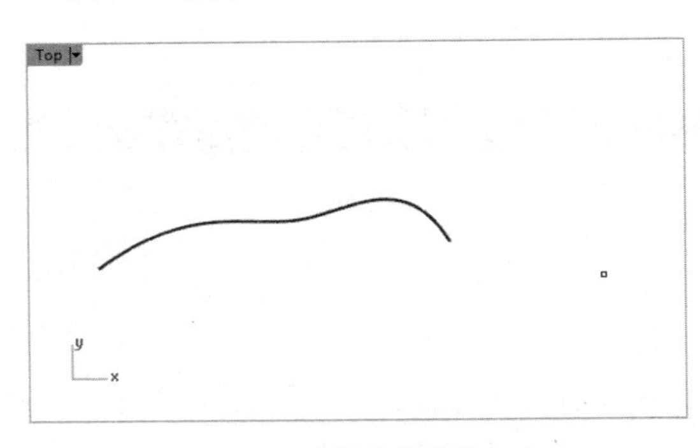

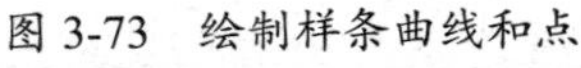
图 3-73　绘制样条曲线和点

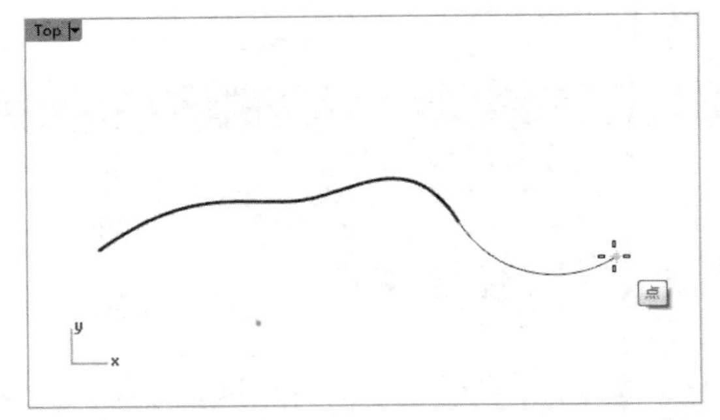

图 3-74　以圆弧延伸至指定点

技术要点：

这里要注意的是，在进行延伸端选取时，应选择更靠近鼠标单击位置的端点。

如果未指定固定点，也可以设置曲率半径，作为曲线延伸的依据。

单击【以圆弧延伸至指定点】按钮，选取要延伸的曲线，移动光标，会在端点处出现不同曲率的圆弧。在所需位置按 Enter 键或右击，命令行中会出现如下提示内容：

```
延伸终点或输入延伸长度<21.601> (中心点(C)  至点(T)):
```

此时，输入长度值或在拉出的直线上单击所需位置即可。右击可以再次调用该命令。反复使用该命令可以在原曲线端点处延伸出不同形状和大小的圆弧，如图 3-75 所示。

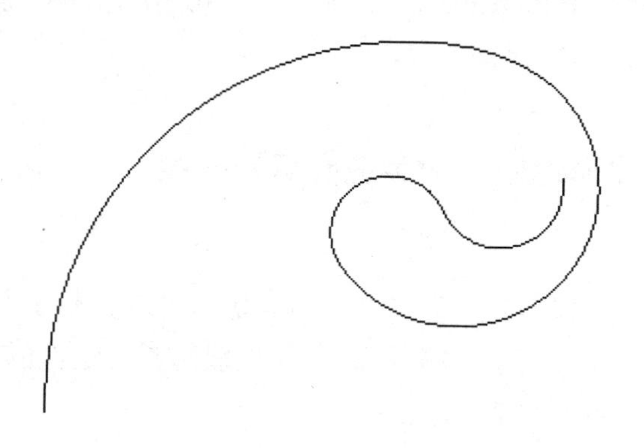

图 3-75　圆弧延伸

3.3.6　以圆弧延伸（保留半径）

使用【以圆弧延伸（保留半径）】工具能够自动依照端点位置的曲线半径进行延伸，也就是说，延伸出来的曲线与延伸端点处的曲线半径相同。只需输入延伸长度或指定延伸终点即可，得到的效果与使用【以圆弧延伸至指定点】工具得到的效果相同。

上机操作——使用【以圆弧延伸（保留半径）】工具创建曲线

① 新建 Rhino 8.0 文件。

② 在 Top 视窗中使用【圆弧：起点、终点、半径】工具绘制圆弧曲线，如图 3-76 所示。

③ 单击【以圆弧延伸（保留半径）】按钮，选取要延伸的曲线，移动光标确定延伸的终点，右击完成圆弧曲线的延伸，如图 3-77 所示。

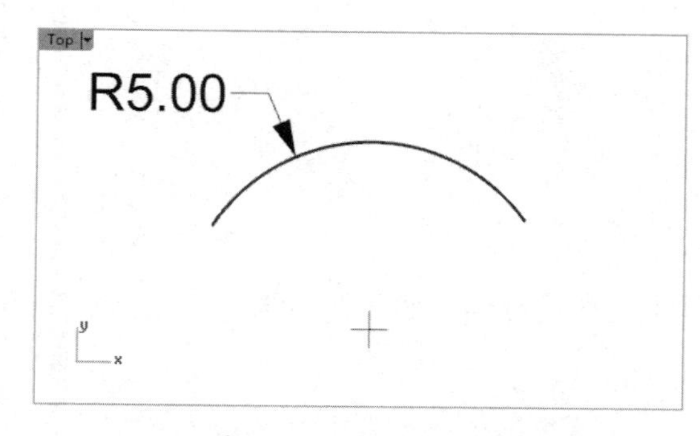

图 3-76　绘制圆弧曲线

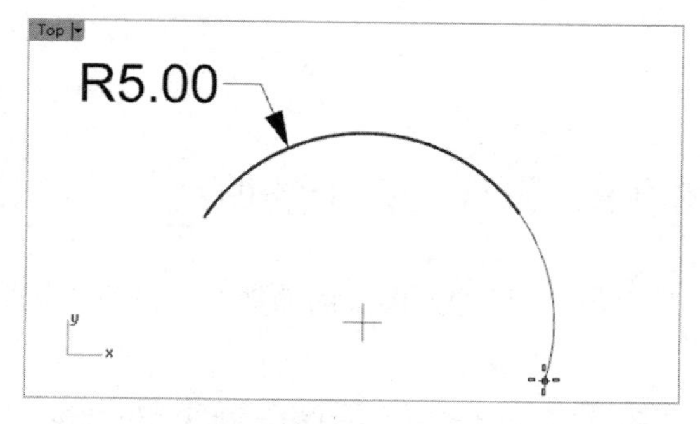

图 3-77　延伸圆弧曲线

3.3.7 以圆弧延伸（指定中心点）

使用【以圆弧延伸（指定中心点）】工具可以通过指定圆弧中心点与终点的方式将曲线以圆弧延伸。其操作方法与上述操作方法类似，只是在选定待延伸曲线后，需要移动光标，在拉出的直线上单击确定圆弧的圆心。

上机操作——创建以圆弧延伸（指定中心点）曲线

① 新建 Rhino 8.0 文件。

② 在 Top 视窗中使用【控制点曲线】工具绘制样条曲线，如图 3-78 所示。

③ 单击【以圆弧延伸（指定中心点）】按钮，选取圆弧要延伸的曲线，移动光标确定延伸圆弧的中心点，如图 3-79 所示。

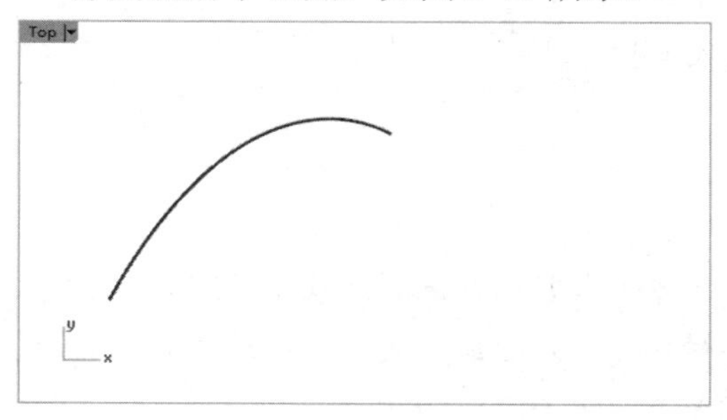

图 3-78 绘制样条曲线

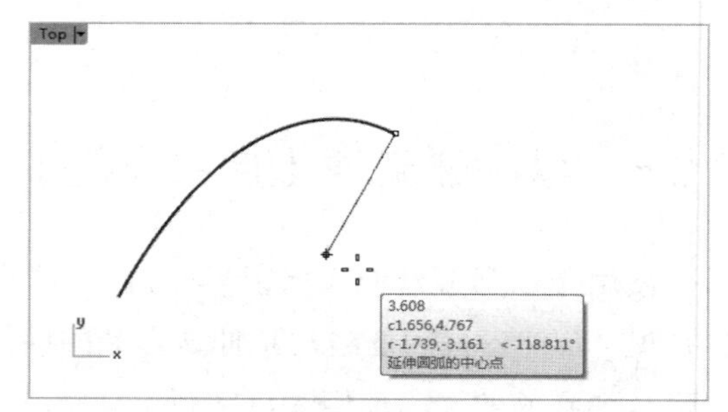

图 3-79 确定延伸圆弧的中心点

④ 移动光标确定圆弧的终点，右击完成圆弧曲线的延伸，如图 3-80 所示。

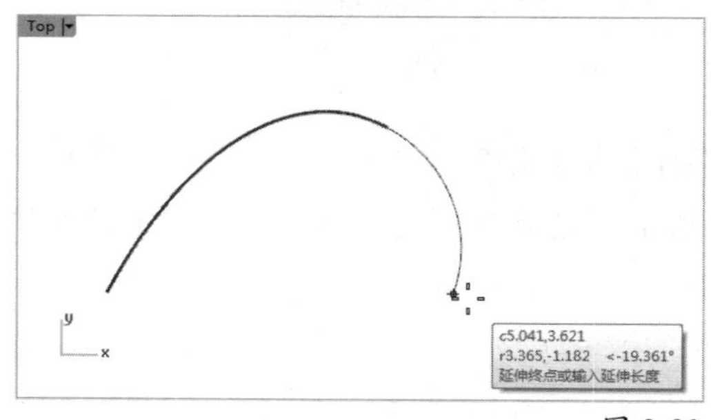

图 3-80 完成延伸

3.3.8 延伸曲面上的曲线

使用【延伸曲面上的曲线】工具可以将曲面上的曲线延伸至曲面的边缘。

上机操作——创建延伸曲面上的曲线

① 打开本案例源文件“3-1-8.3dm”，如图 3-81 所示。

② 单击【延伸曲面上的曲线】按钮，按照命令行中的提示内容，选取要延伸的曲线，如图 3-82 所示。

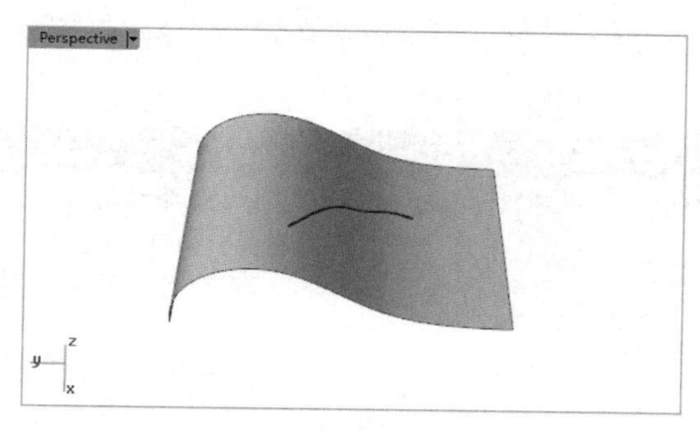

图 3-81　打开的源文件

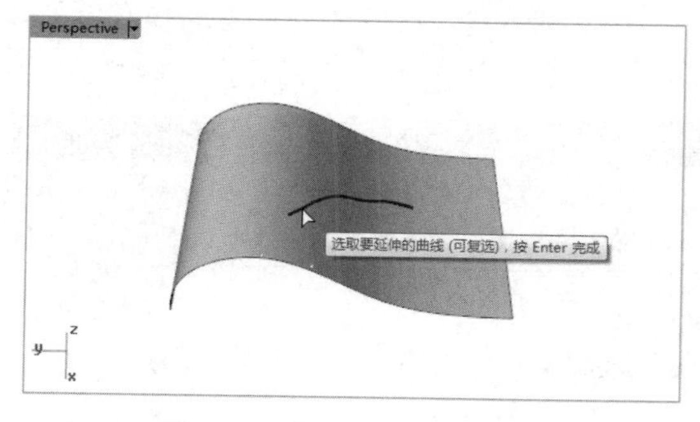

图 3-82　选取要延伸的曲线

③ 选取曲线所在的曲面，按 Enter 键或右击确认操作，曲线将延伸至曲面的边缘，如图 3-83 所示。

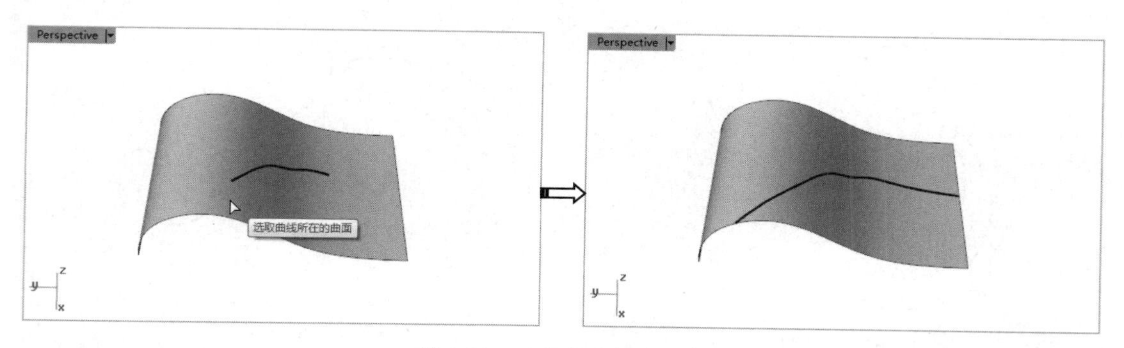

图 3-83　延伸曲面上的曲线

技术要点：

虽然各个曲线的延伸工具类似，但是每个延伸工具都有各自的功能，在使用时要根据具体情况选择合适的工具，避免出错。

3.4　曲线偏移

曲线偏移工具是 Rhino 8.0 中常用的编辑工具，功能是在一条曲线的一侧产生一条新曲线，这条曲线在每个位置都和原曲线保持相同的距离。

3.4.1　偏移曲线

使用【偏移曲线】工具可以将曲线偏移到指定的位置，并保留原曲线。

在 Top 视窗中绘制一条曲线，单击【偏移曲线】按钮，选取要偏移复制的曲线，确认偏移距离和方向后单击即可。

有两种方法可以确定偏移距离，具体如下。

- 在命令行中输入偏移距离值。
- 输入 T，这时能立刻看到偏移后的曲线，移动光标，偏移曲线也会发生变化，在所需位置单击确认偏移距离即可。

技术要点：

偏移复制命令具有记忆功能。在下一次执行该命令时，如果不设置偏移距离，那么系统会自动采用最近一次的偏移操作使用的距离。使用这个方法，可以快速绘制出无数条等距离的偏移曲线，如图 3-84 所示。

上机操作——绘制零件外形轮廓

下面综合使用【圆】、【圆弧】、【偏移曲线】及【修剪】工具绘制如图 3-85 所示的零件图形。

图 3-84　绘制等距离的偏移曲线

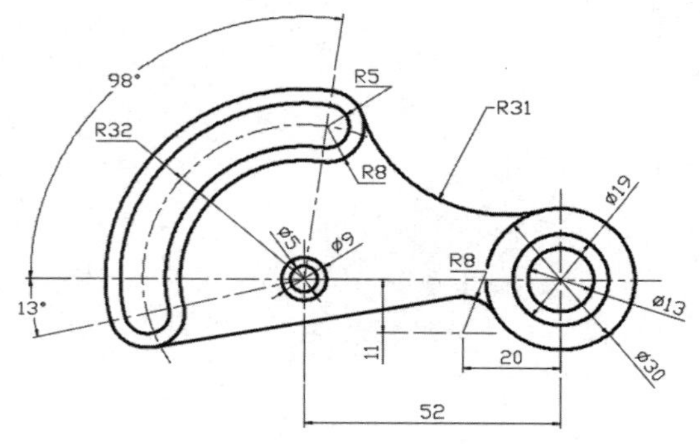

图 3-85　零件图形

① 新建 Rhino 8.0 文件。在【Rhino 选项】对话框中，取消勾选【显示格线】复选框并设置【总格数】为 5，如图 3-86 所示。

② 单击边栏中的【圆：中心点、半径】按钮，在 Top 视窗的坐标轴中心绘制直径为 13 的圆，如图 3-87 所示。

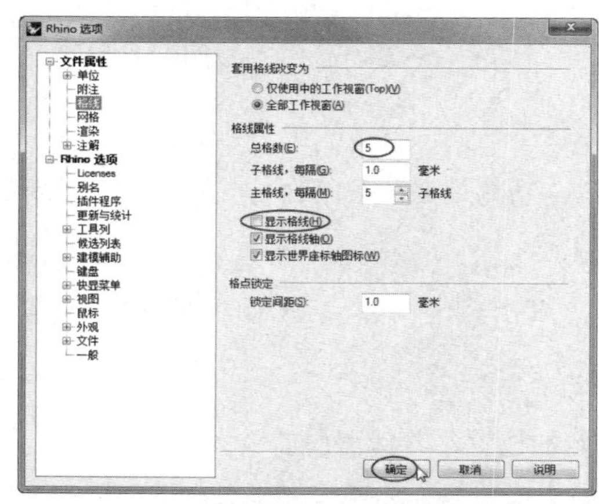

图 3-86　【Rhino 选项】对话框

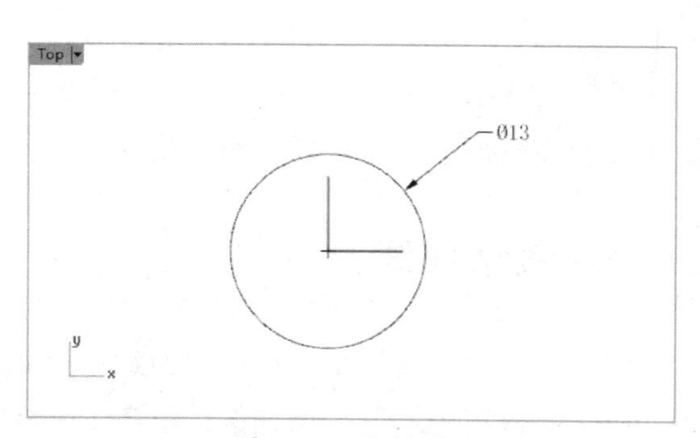

图 3-87　绘制圆

③ 创建两个同心圆，直径分别为 19 和 30，如图 3-88 所示。

④ 使用【直线】工具，在同心圆的位置绘制基准线，如图 3-89 所示。

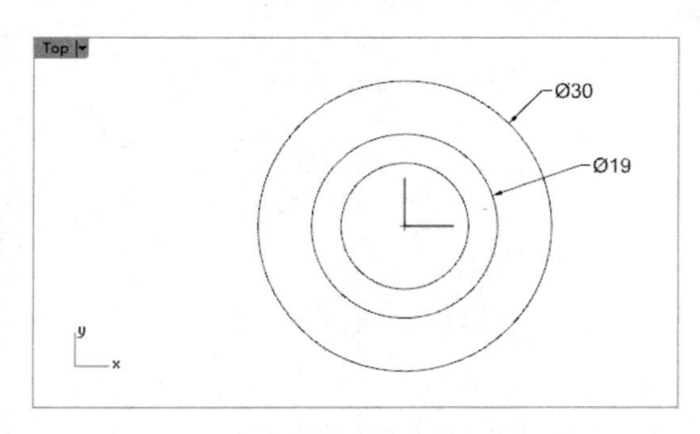

图 3-88　绘制同心圆

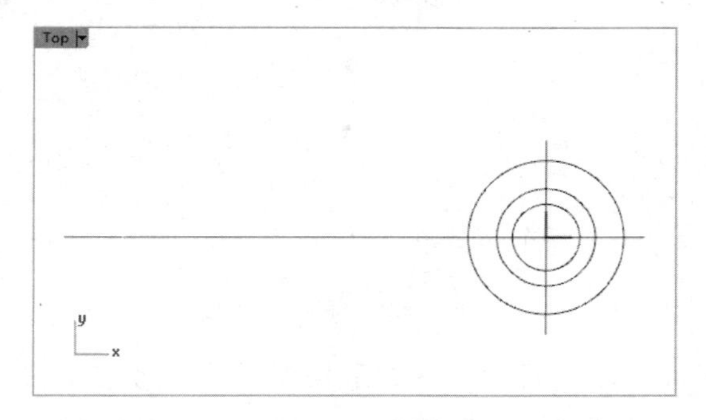

图 3-89　绘制基准线

⑤ 选择基准线，在【出图】选项卡中单击【设置线型】按钮，在弹出的【选择线型】对话框中将【线型】设置为 DashDot，如图 3-90 所示。

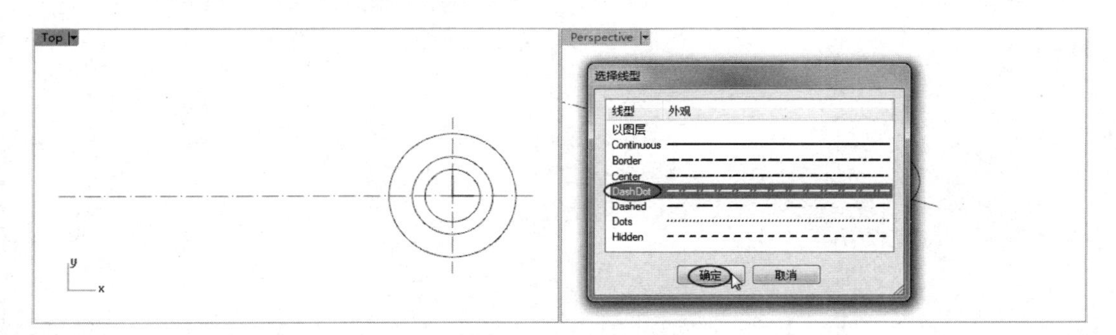

图 3-90　设置基准线线型

⑥ 单击【圆：中心点、半径】按钮，在命令行中输入圆心坐标（-52,0,0），右击后输入直径值 5，右击完成圆的绘制，如图 3-91 所示。

⑦ 使用【圆】工具，绘制同心圆，圆的直径为 9，如图 3-92 所示。

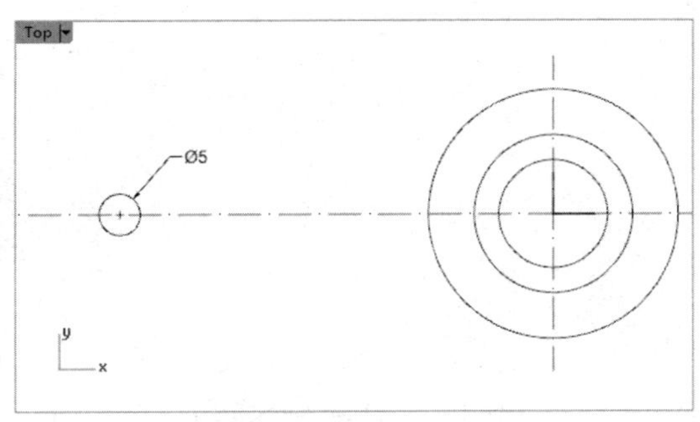

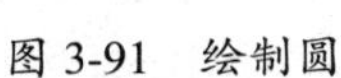

图 3-91　绘制圆

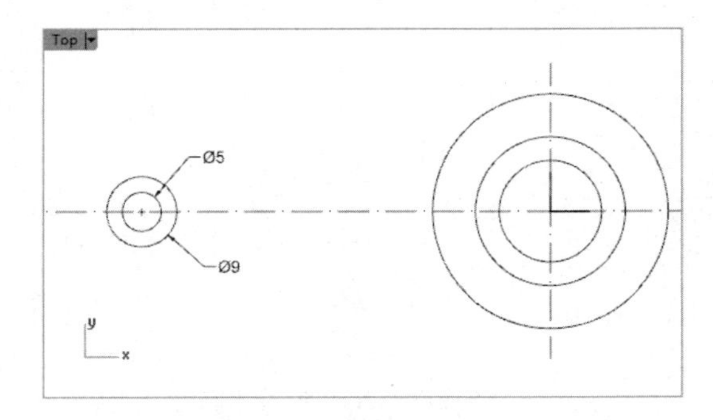

图 3-92　绘制同心圆

⑧ 单击【直线：指定角度】按钮，绘制如图 3-93 所示的两条基准线。

⑨ 单击【圆：中心点、半径】按钮，绘制直径为 64 的圆。使用边栏中的【修剪】工具修剪圆，得到的圆弧如图 3-94 所示。

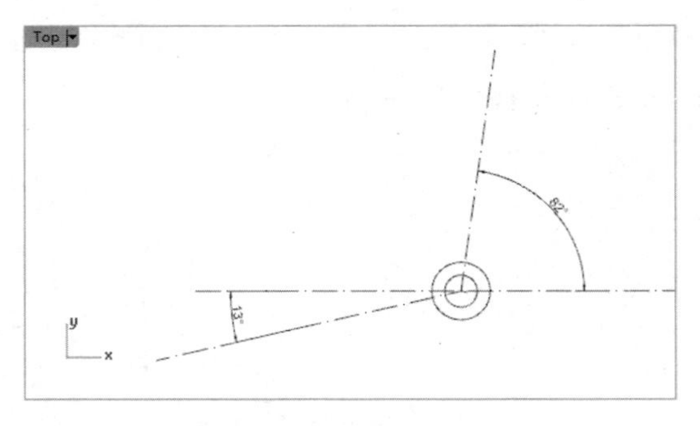

图 3-93　绘制基准线

图 3-94　绘制基准圆弧

⑩ 单击【偏移曲线】按钮，选取要偏移的曲线（圆弧基准线），右击后先在命令行中选择【距离】选项，并输入偏移距离值 5，再在命令行中选择【两侧】选项。在 Top 视窗中绘制如图 3-95 所示的偏移曲线。

选取要偏移的曲线(距离(D)=5 角(C)=锐角 通过点(T) 公差(O)=0.001 两侧(B) 与工作平面平行(I)=是 加盖(A)=无)

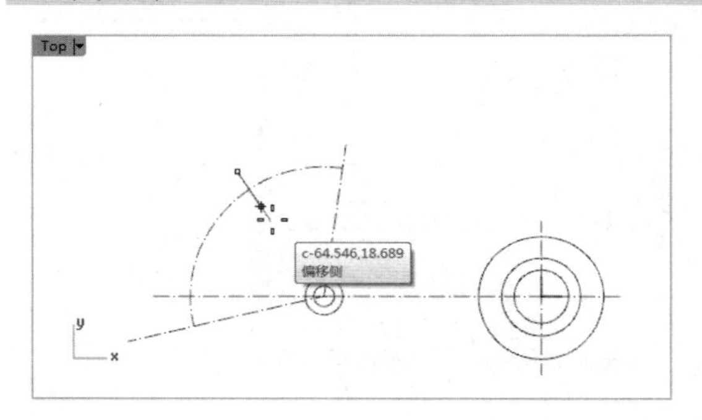

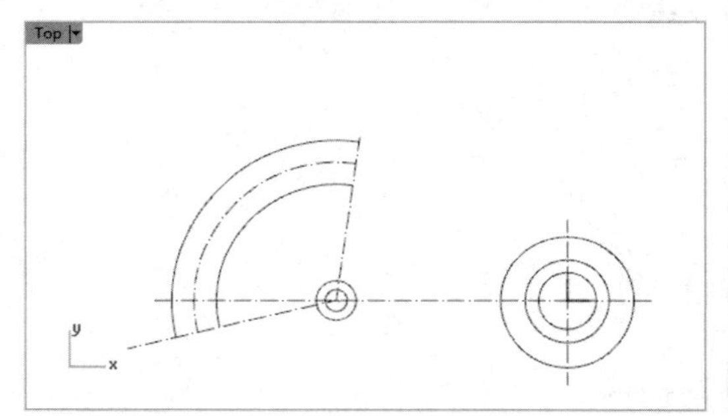

图 3-95　绘制偏移曲线

⑪ 绘制偏移距离为 8 的偏移曲线，如图 3-96 所示。

⑫ 使用【圆：直径、起点】工具，绘制 4 个圆，如图 3-97 所示。

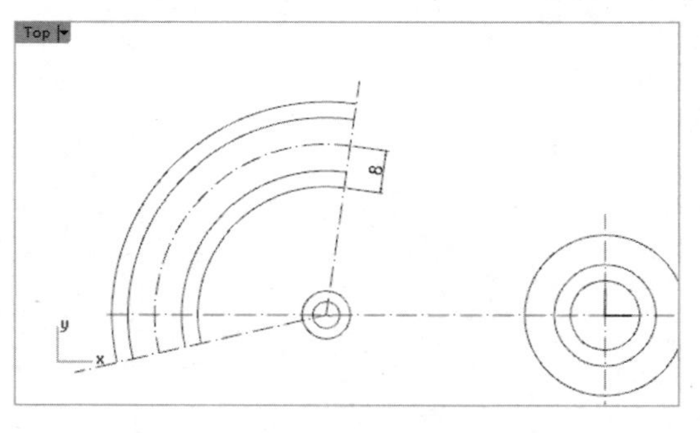

图 3-96　绘制偏移曲线

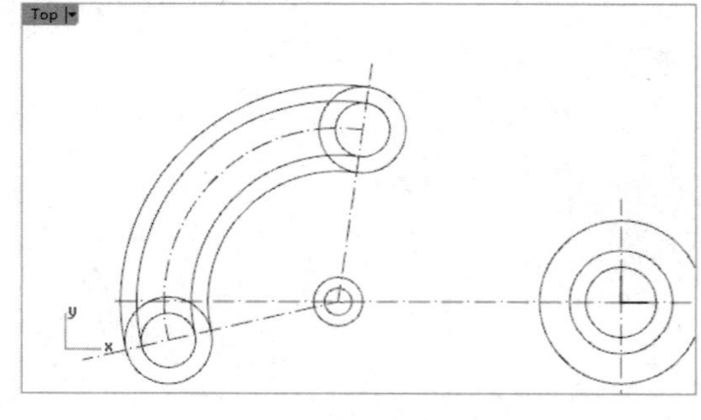

图 3-97　绘制 4 个圆

⑬ 使用【圆弧：正切、正切、半径】工具，绘制如图 3-98 所示的相切圆弧。

⑭ 单击【圆：中心点、半径】按钮，绘制圆心坐标为（-20,-11,0）且圆上一点与大圆相切的圆，如图 3-99 所示。

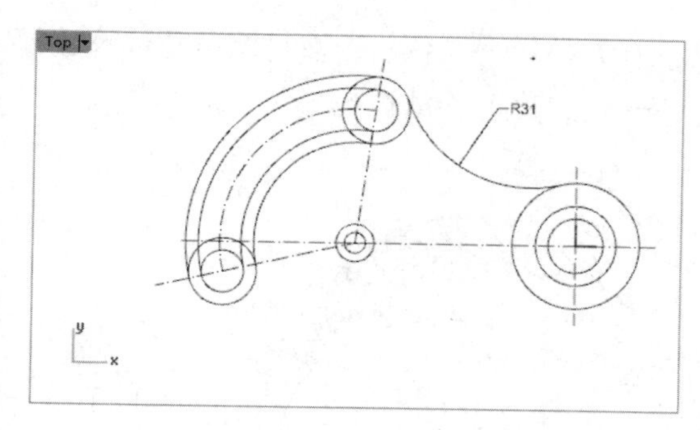

图 3-98　绘制相切圆弧

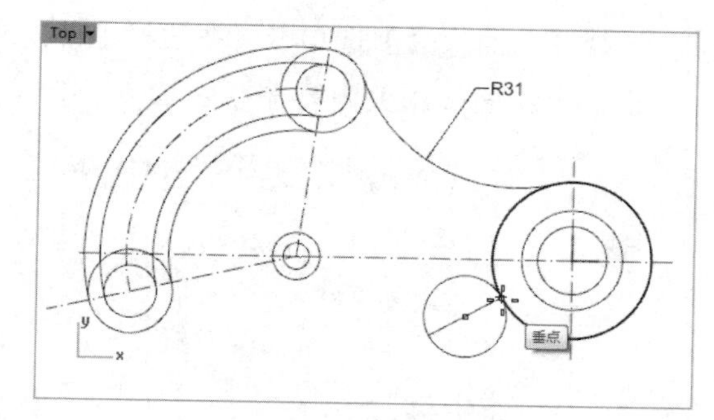

图 3-99　绘制相切圆

⑮　使用【直线：与两条曲线正切】工具，绘制如图 3-100 所示的公切直线。

⑯　使用【修剪】工具，修剪轮廓曲线，得到最终的零件外形轮廓，如图 3-101 所示。

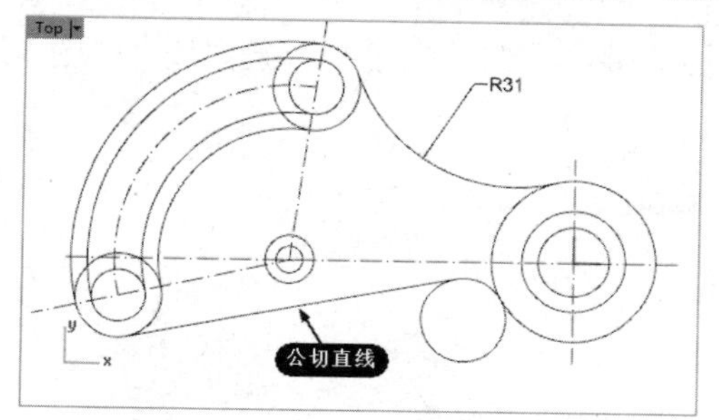

图 3-100　绘制公切直线

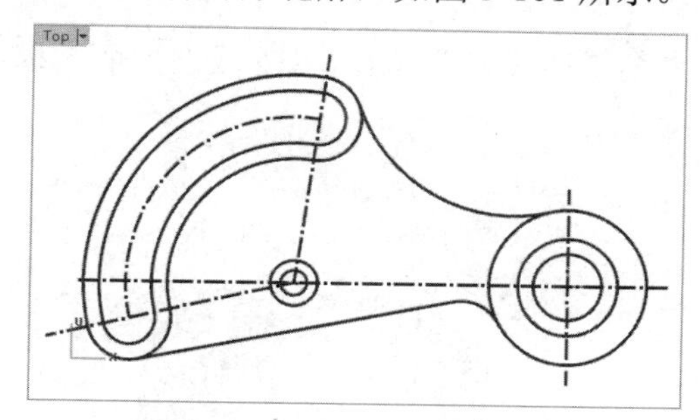

图 3-101　最终的零件外形轮廓

3.4.2　往曲面法线方向偏移曲线

【往曲面法线方向偏移曲线】工具主要用于对曲面上的曲线进行偏移。曲线偏移方向为曲面的法线方向，可以通过多个点控制偏移曲线的形状。

上机操作——往曲面法线方向偏移曲线

①　在 Top 视窗中使用【内插点曲线】工具绘制内插点曲线，如图 3-102 所示。切换到 Perspective 视窗，使用【偏移曲线】工具将这条曲线偏移复制（偏移距离为 15），如图 3-103 所示。

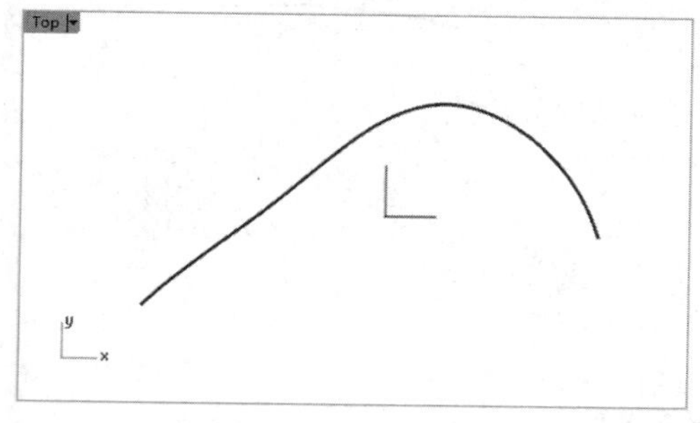

图 3-102　绘制内插点曲线

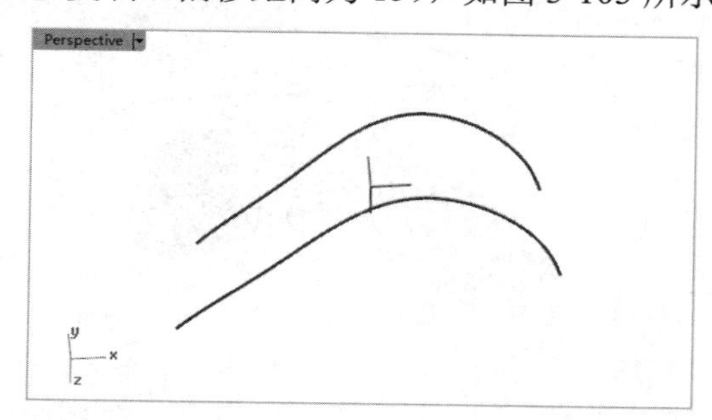

图 3-103　偏移复制曲线

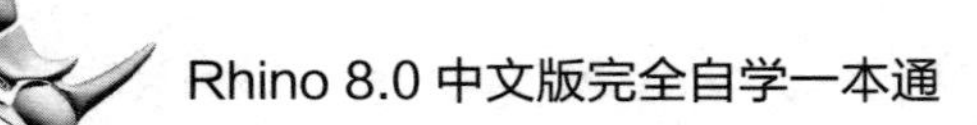

② 选择【曲面工具】选项卡，在边栏中单击【放样】按钮，依次选取这两条曲线，放样出一个曲面（相关内容在后面章节中会详细介绍），如图 3-104 所示。

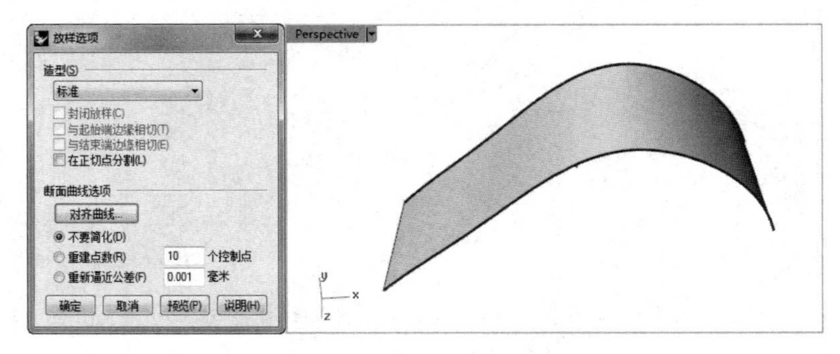

图 3-104　创建放样曲面

③ 执行【曲线】|【自由造型】|【在曲面上描绘】命令，在曲面上绘制一条曲线，如图 3-105 所示。

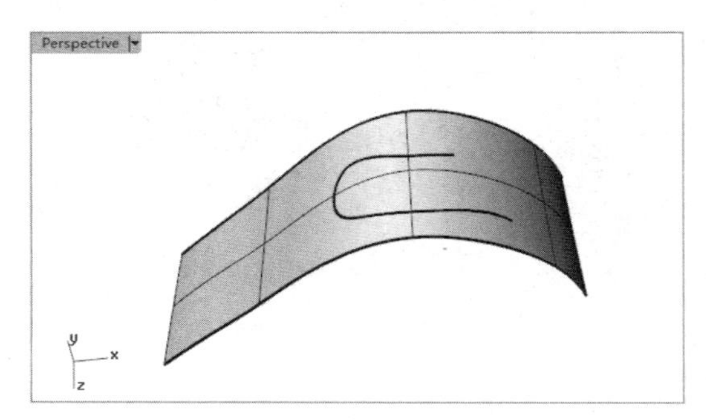

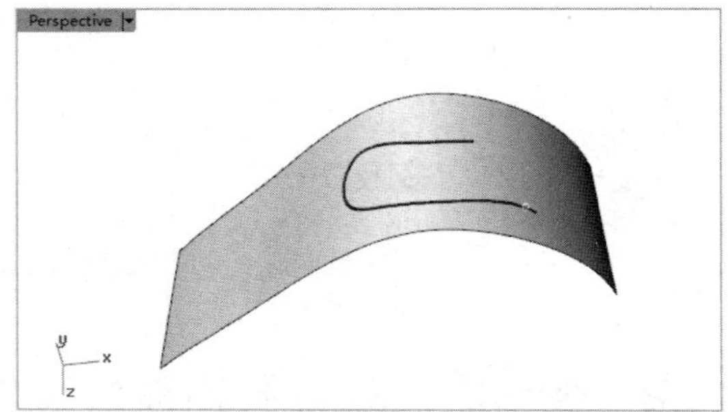

图 3-105　在曲面上绘制曲线

④ 在【曲线工具】选项卡中单击【往曲面法线方向偏移曲线】按钮，依次选取曲面上的曲线和基底曲面，根据命令行中的提示内容，在曲线上选择一个基准点，移动光标，将会拉出一条直线。该直线为曲面在基准点处的法线，此时在所需高度位置单击。

⑤ 如果不希望改变曲线的形状，那么可以按 Enter 键或右击，完成偏移操作。偏移效果如图 3-106 所示。

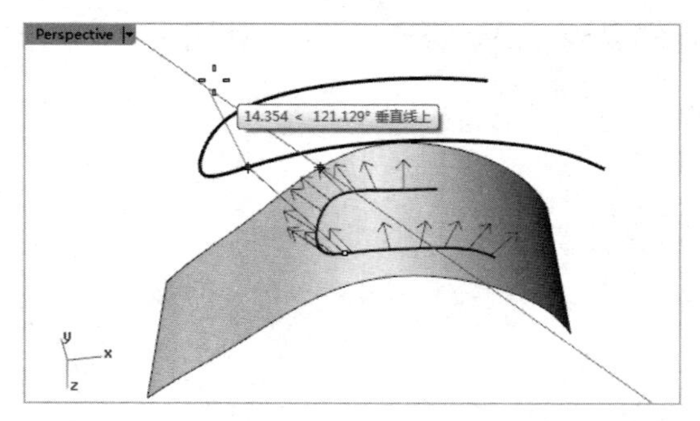

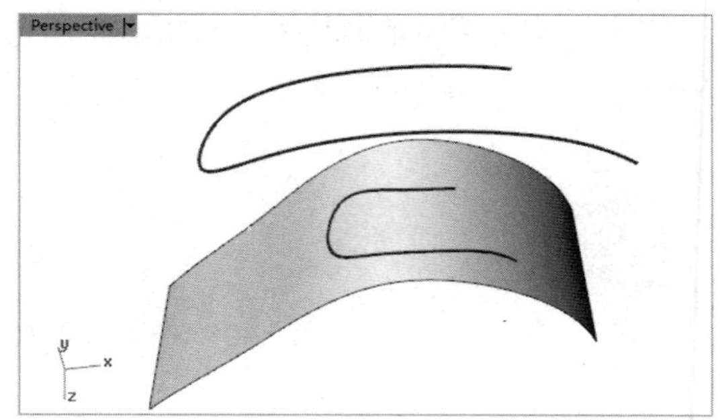

图 3-106　偏移效果 1

技术要点：

如果希望改变曲线的形状，那么可以在原曲线上继续选择点，确定高度，重复多次，按 Enter 键或右击，完成偏移操作。偏移效果如图 3-107 所示。

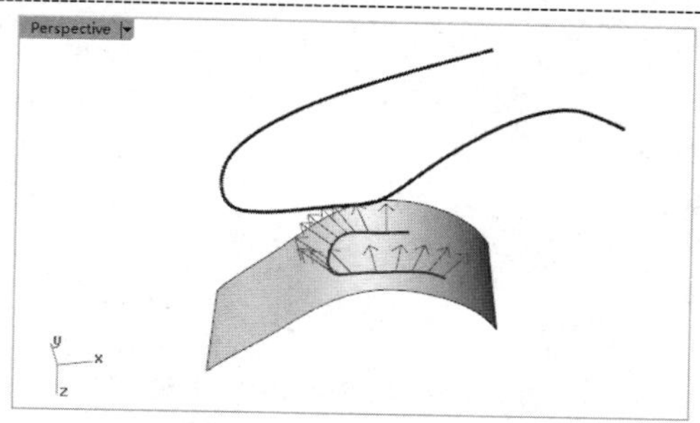

图 3-107　偏移效果 2

3.4.3　偏移曲面上的曲线

使用【偏移曲面上的曲线】工具，可以在曲面上偏移复制出新曲线，偏移的曲线会延伸至曲面的边缘。

单击【偏移曲面上的曲线】按钮，依次选取曲面上的曲线和基底曲面，在命令行中输入偏移距离值并选择偏移方向，按 Enter 键或右击，完成偏移操作，如图 3-108 所示。

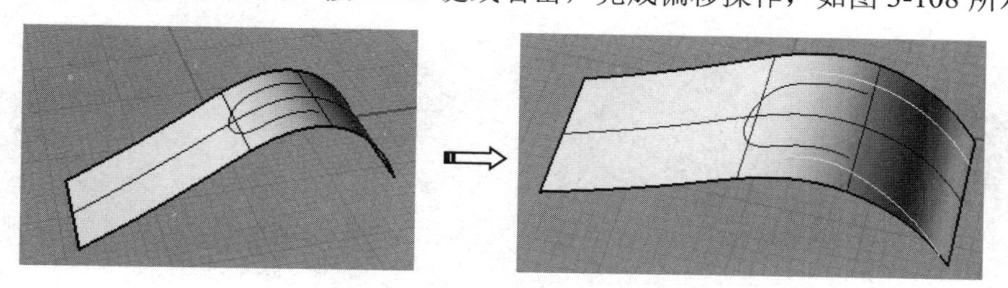

图 3-108　偏移曲面上的曲线

3.5　混接曲线

使用混接曲线工具可以在两条曲线之间创建平滑过渡的曲线。该过渡曲线与混接前的两条曲线分别独立，如需组合成一条曲线，那么可以使用【组合】工具。

3.5.1　可调式混接曲线

在两条曲线或曲面的边缘创建可以动态调整的混接曲线。

在 Top 视窗中绘制两条曲线。在【曲线工具】选项卡中单击【可调式混接曲线】按钮，依次选取要混接曲线的混接端点，弹出【调整曲线混接】对话框，可以预览并调整混接曲线。调整完成后，单击对话框中的【确定】按钮完成操作，如图 3-109 所示。

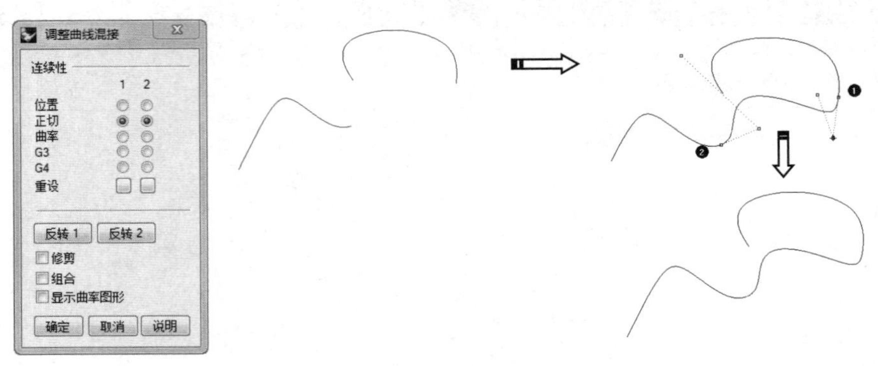

图 3-109　可调式混接曲线

上机操作——创建可调式混接曲线

① 打开本案例源文件“3-3-2.3dm”，如图 3-110 所示。

② 单击【可调式混接曲线】按钮，选择如图 3-111 所示的曲面的边缘作为要混接的边缘，在【调整曲线混接】对话框中设置【连续性】均为【正切】。

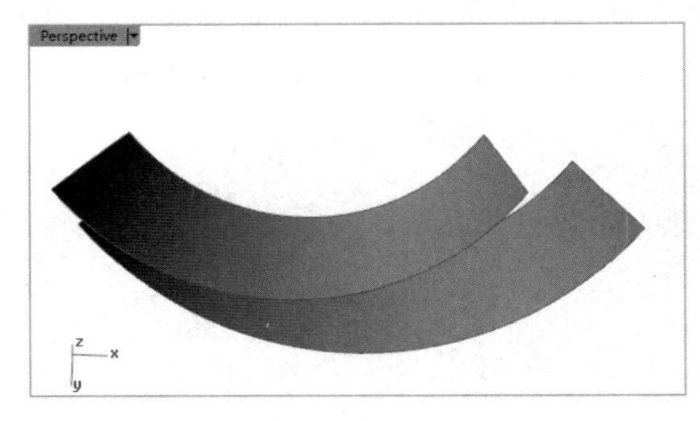

图 3-110　打开的源文件

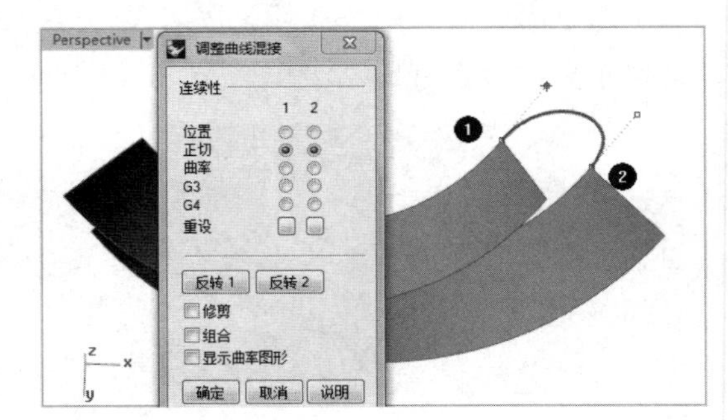

图 3-111　选择要混接的边缘并设置连续性

③ 在 Perspective 视窗中选取控制点并拖动，改变混接曲线的延伸长度，如图 3-112 所示。

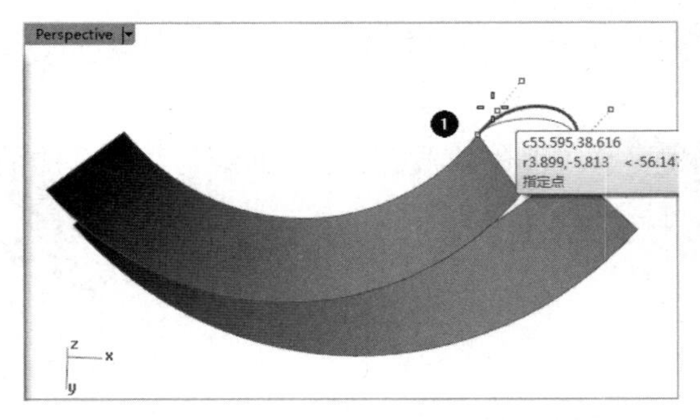

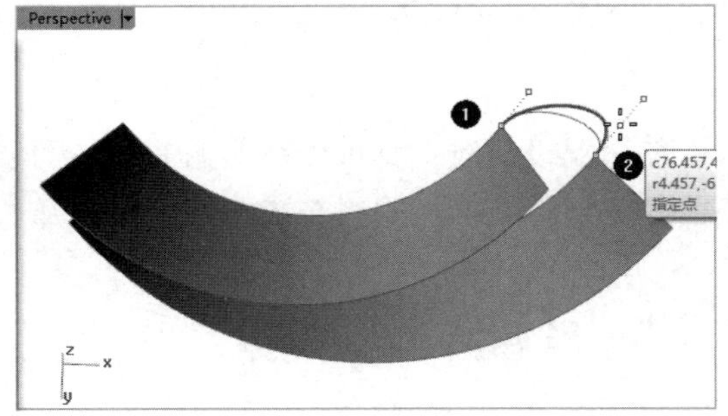

图 3-112　改变混接曲线的延伸长度

④ 单击【调整曲线混接】对话框中的【确定】按钮完成混接曲线的创建。同理，创建另一侧的混接曲线，如图 3-113 所示。

⑤　单击【可调式混接曲线】按钮，在命令行的提示内容中选择【边缘】选项，并在Perspective 视窗中选取要混接的曲面边缘，如图 3-114 所示。

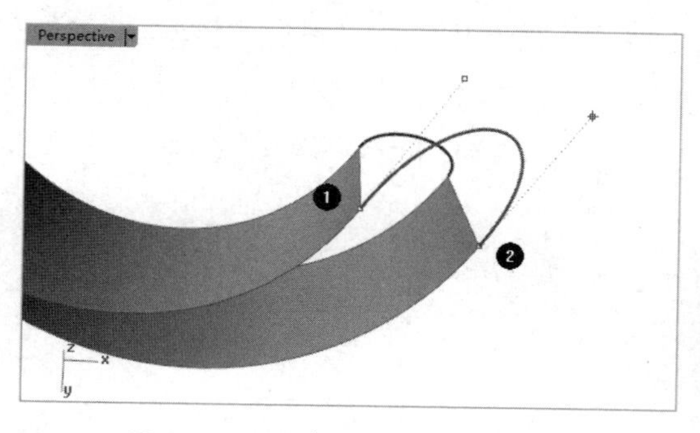

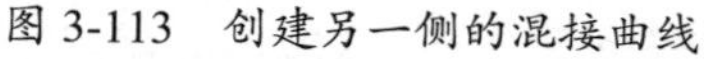
图 3-113　创建另一侧的混接曲线

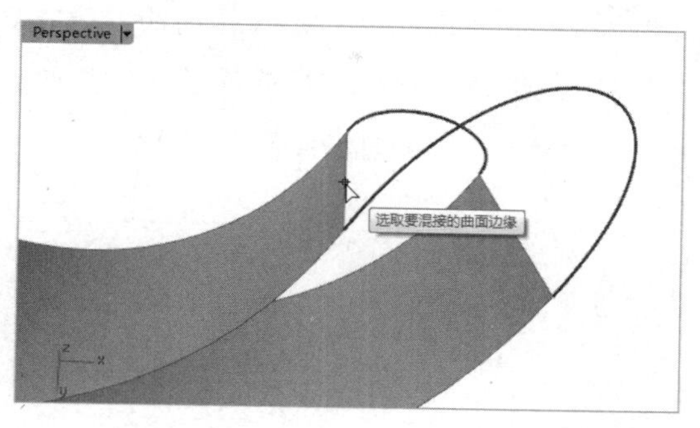

图 3-114　选取要混接的曲面边缘

⑥　在【调整曲线混接】对话框中，设置【连续性】为【曲率】，单击【确定】按钮，完成混接曲线的创建，如图 3-115 所示。

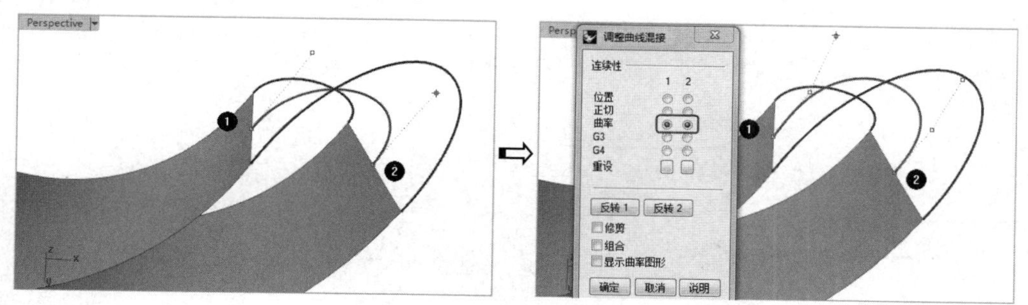

图 3-115　完成混接曲线的创建

3.5.2　弧形混接曲线

使用【弧形混接曲线】工具可以创建由两个相切连续的圆弧组成的混接曲线。

在【曲线工具】选项卡中单击【弧形混接曲线】按钮，在工作视窗中分别选取第一条曲线和第二条曲线的端点。命令行中显示如下提示内容：

```
选取要调整的弧形混接点，按 Enter 完成(半径差异值(R)　修剪(T)=否)：
```

同时，生成弧形混接曲线（两条参考曲线为异向相对），如图 3-116 所示。

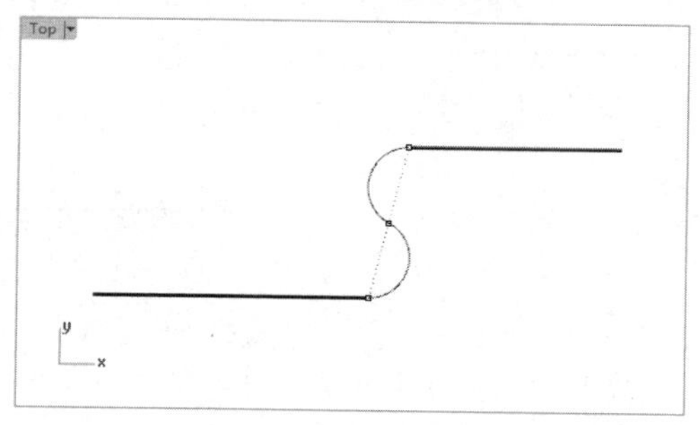

图 3-116　弧形混接曲线

各个选项的功能如下。

- 半径差异值：在创建 S 形混接圆弧时，可以设定两个圆弧半径的差异值。当半径差异值为正数时，先选择的曲线端（❶）的圆弧会大于另一个圆弧（❷）；当半径差异值为负数时，后选择的曲线端的圆弧会较大，如图 3-117 所示。

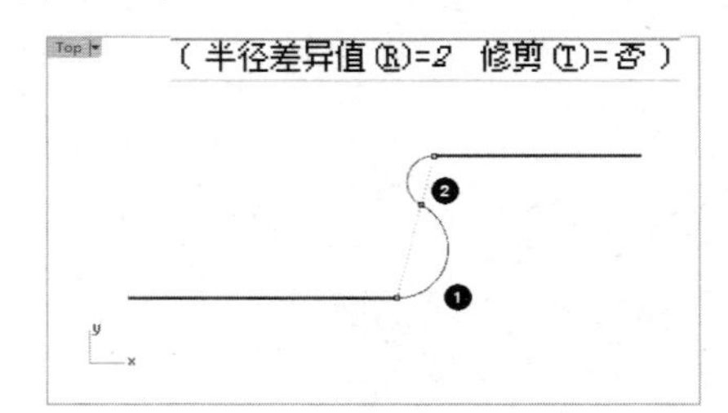

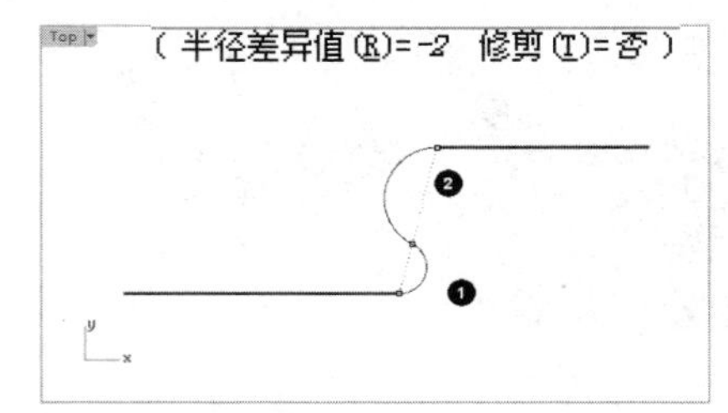

图 3-117 半径差异值输入正、负数后的对比

技术要点：

除了可以输入差异值更改圆弧大小，还可以将光标放置在控制点上通过移动光标进行改变，如图 3-118 所示。

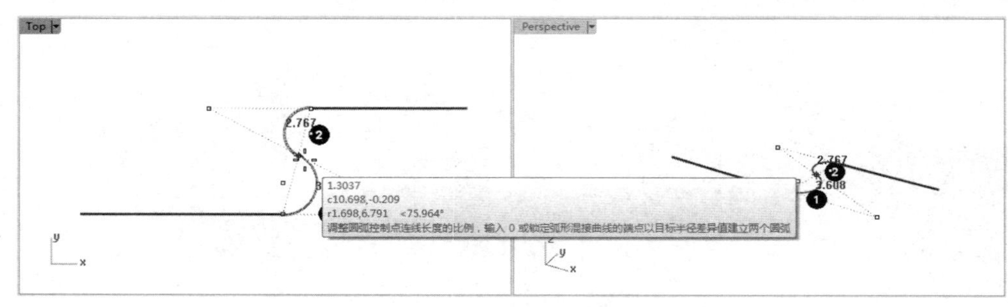

图 3-118 手动更改圆弧大小

- 修剪：当拖动混接曲线端点到参考曲线任意位置上时，会有多余的曲线产生，此时可以设置【修剪】为【是】或【否】，【是】表示要修剪，【否】表示不修剪，如图 3-119 所示。此外，在命令行中增加了【组合=否】选项。同理，若设置为【否】，则混接曲线与参考曲线不组合，反之则组合成整体。

选取要调整的弧形混接点，按 Enter 完成(半径差异值(R) 修剪(T)=是 组合(J)=否)：

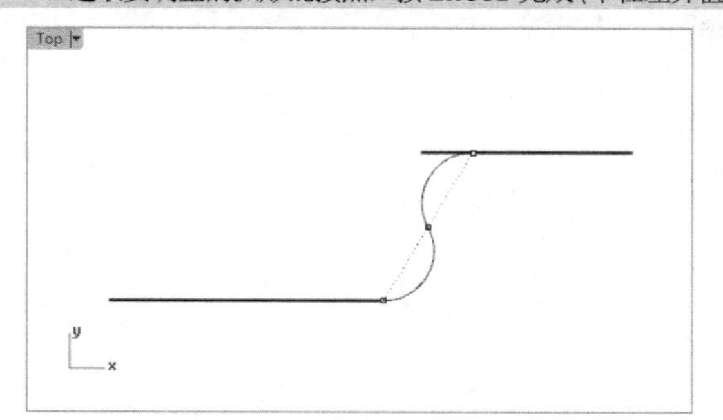
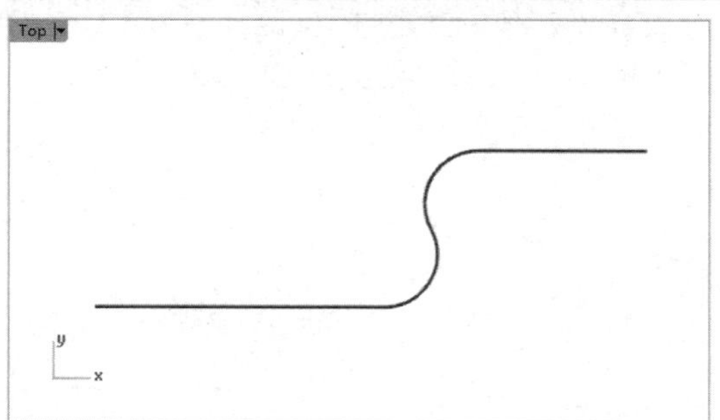

图 3-119 设置【修剪=是】选项的结果

当两条参考曲线的位置状态发生如图 3-120 所示的同向变化时，弧形混接曲线也会发生

变化。此外，在命令行中增加了与先前不同的选项——【其他解法】选项。

选取要调整的弧形混接点，按 Enter 完成(其他解法(A)　半径差异值(R)　修剪(T)=是　组合(J)=否)：

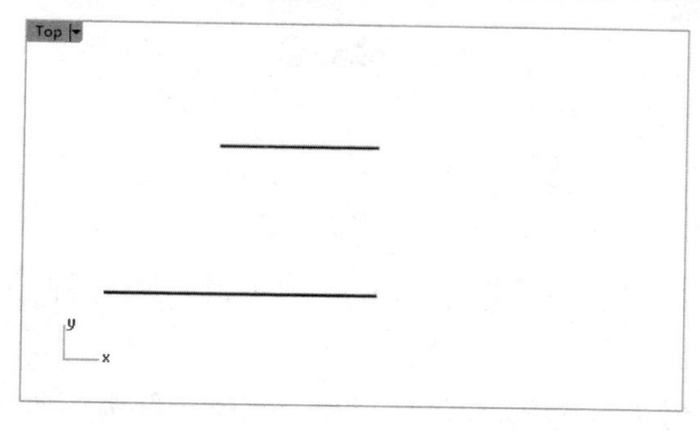
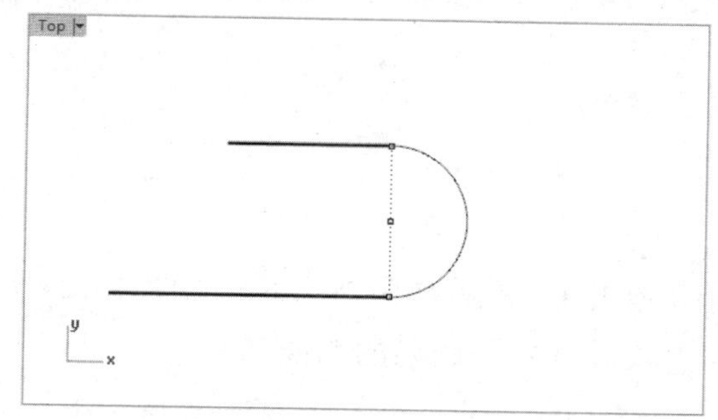

图 3-120　同向曲线间的弧形混接曲线

单击【其他解法】选项，可以反转一个或两个圆弧的方向，创建不同的弧形混接曲线，如图 3-121 所示。

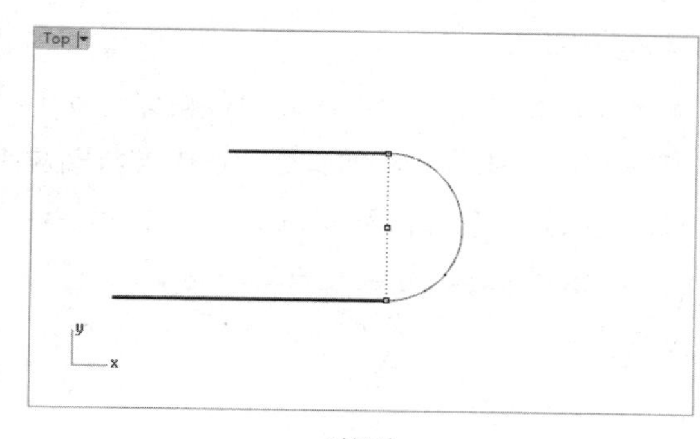

原解法

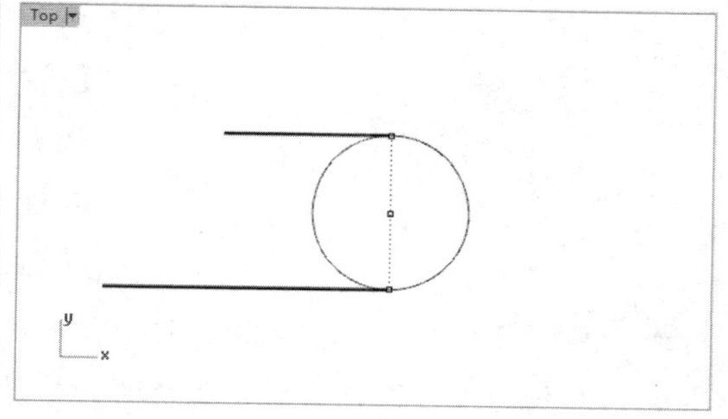

其他解法

图 3-121　其他解法与原解法的对比

3.5.3　衔接曲线

【衔接曲线】工具是非常重要的工具，在 NURBS 建模过程中起着举足轻重的作用。它的作用是改变一条曲线或同时改变两条曲线末端的控制点的位置，以达到让这两条曲线保持 G0、G1、G2 的连续性。

在【曲线工具】选项卡中可以找到【衔接曲线】按钮。

上机操作——曲线匹配

① 新建 Rhino 8.0 文件。

② 在 Top 视窗中绘制两条曲线，如图 3-122 所示。

③ 在【曲线工具】选项卡中单击【衔接曲线】按钮，依次选取要衔接的两条曲线，如图 3-123 所示。

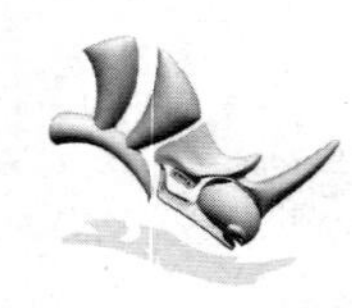

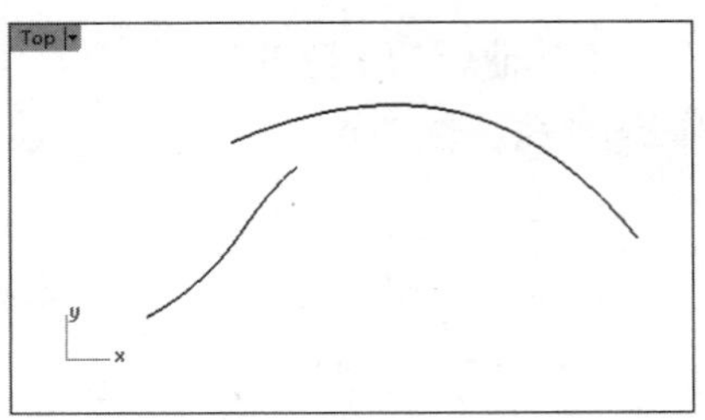

图 3-122　绘制两条曲线

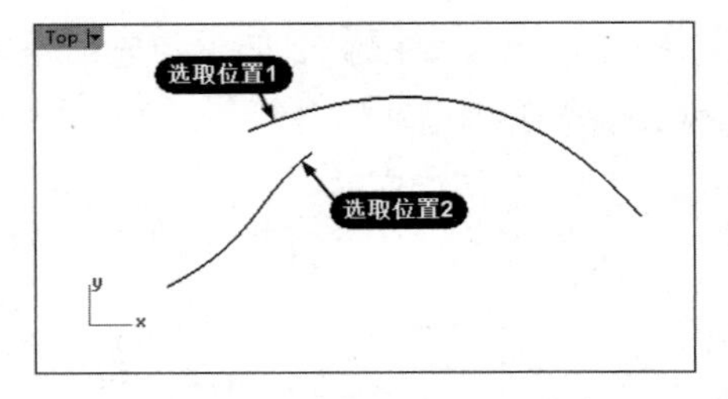

图 3-123　选取要衔接的曲线

④ 弹出【衔接曲线】对话框，如图 3-124 所示。在对话框中选择曲线的连续性和匹配方式。其各个选项的功能如下。

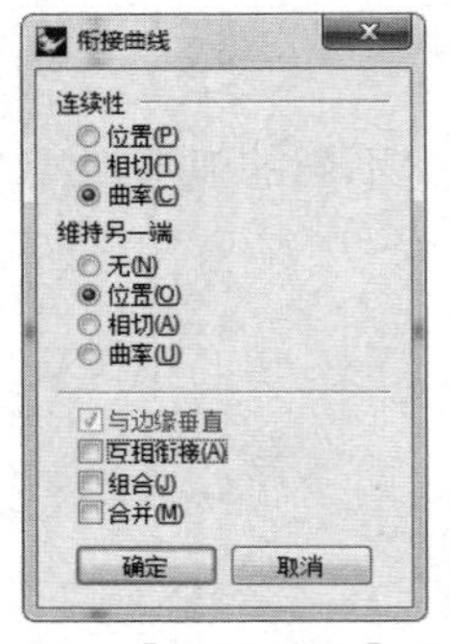

图 3-124　【衔接曲线】对话框

- 【连续性】选项组：位置（G0）连续，即曲线保持原有形状和位置；相切（G1）连续，即两条曲线的连接处呈相切状态，从而产生平滑的过渡；曲率（G2）连续，即让曲线更加平滑地连接起来，对曲线形状的影响最大。
- 【维持另一端】选项组：如果改变的曲线少于 6 个控制点，衔接后的曲线另一端的位置、切线方向或曲率可能会改变。选中【位置】、【相切】或【曲率】单选按钮，可以避免曲线另一端因衔接而被改变。
- 与边缘垂直：使曲线衔接后与曲面的边缘垂直。
- 互相衔接：衔接的两条曲线都会被调整。
- 组合：衔接完成后组合曲线。
- 合并：【合并】复选框仅在选中【连续性】选项组中的【曲率】单选按钮时才可以使用。两条曲线在衔接后会合并成单一的曲线。如果移动合并后的曲线的控制点，原曲线的衔接处可以平滑地变形，这条曲线将无法炸开成为两条曲线。

⑤ 在【连续性】和【维持另一端】选项组中均选中【曲率】单选按钮，单击【确定】按钮，完成曲线衔接，如图 3-125 所示。

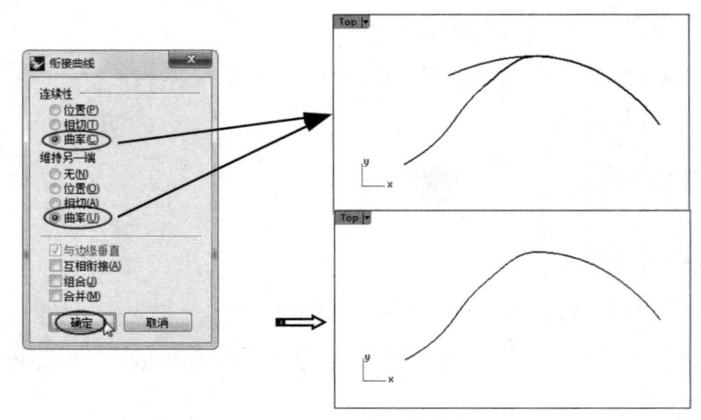

图 3-125　曲线衔接

技术要点：

在选择曲线端点时，注意单击位置分别为两条曲线的起点。由于该命令会被认为是第一条曲线终点连接第二条曲线起点，因此一定要注意单击位置。此外，选择曲线的先后顺序会对匹配曲线产生影响。

【衔接曲线】工具不但可以匹配两条曲线，而且可以把曲线匹配到曲面上，使曲线和曲面保持 G1 或 G2 连续。

单击【衔接曲线】按钮，选择要进行匹配的曲线。命令行中会出现如下提示内容：

```
选取要衔接的开放曲线-点选于靠近端点处(曲面边缘(S))：
```

【曲面边缘】选项就是将曲线匹配到曲面的选项。输入 S 激活该选项，选择曲面边界线，会出现一个可以移动的点，这个点就代表曲线衔接到曲面的边缘。单击确定位置后弹出【衔接曲线】对话框，选中所需单选按钮，曲线即可按照设置的连续性匹配到曲面上。

3.6　曲线修剪与布尔运算

在通常情况下，需要绘制多种曲线组合成一个图形，在形成最终图形之前，往往要使用【修剪】和【布尔运算】工具去除两条相交曲线的多余部分。

3.6.1　修剪与切割曲线

修剪与切割都是对曲线进行剪切的操作。不同的是，修剪是将曲线的多余部分剪切掉，而切割仅仅是将完整的曲线切断但保留所有。

1. 修剪曲线

两条相交曲线，以其中一条曲线为剪切边界，对另一条曲线进行剪切操作。使用边栏中的【结合】工具，可以将修剪后的曲线结合成一条完整的曲线。

在 Top 视窗中绘制一个矩形和一个圆形作为要操作的对象，如图 3-126 所示。

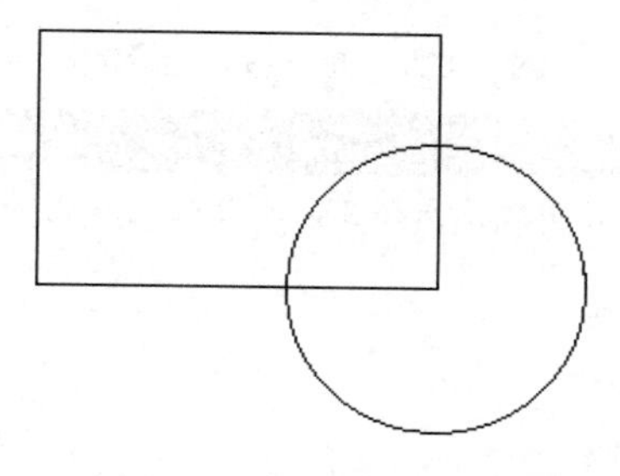

图 3-126　修剪前的原始曲线

单击边栏中的【修剪】按钮，选择用作【修剪】工具的曲线，按 Enter 键确认操作后选择要修剪的曲线，按 Enter 键完成曲线修剪。曲线选择的顺序和单击的位置很重要，请调换曲线选择的顺序，改变单击的位置，会产生不同的修剪效果，如图 3-127 所示。

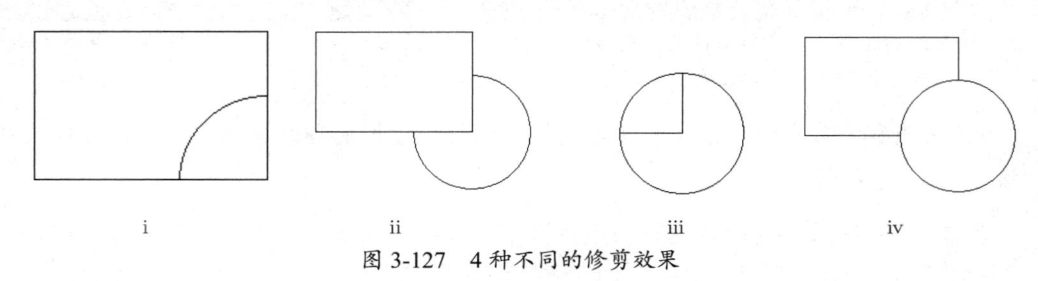

图 3-127　4 种不同的修剪效果

2. 切割曲线

使用【切割】工具同样可以达到修剪曲线的效果。其操作方法与修剪曲线的操作方法相同，区别在于使用【切割】工具只能将曲线分割成若干段，需要手动将多余的部分删除，而使用【修剪】工具修剪曲线是自动完成的。相对而言，切割曲线给予使用者更大的自由度和更多的选择。

3.6.2　曲线布尔运算

使用【曲线布尔运算】工具能够修剪、分割、组合有重叠区域的曲线。

在工作视窗中绘制两条以上的曲线，在【曲线工具】选项卡中单击【曲线布尔运算】按钮，选择要进行布尔运算的曲线，按 Enter 键或右击。选择想要保留的区域（再次选择已选区域可以取消选择），被选择的区域会醒目提示。按 Enter 键或右击确认操作，这时会沿着被选取的区域外围创建一条闭合的多重曲线，如图 3-128 所示。

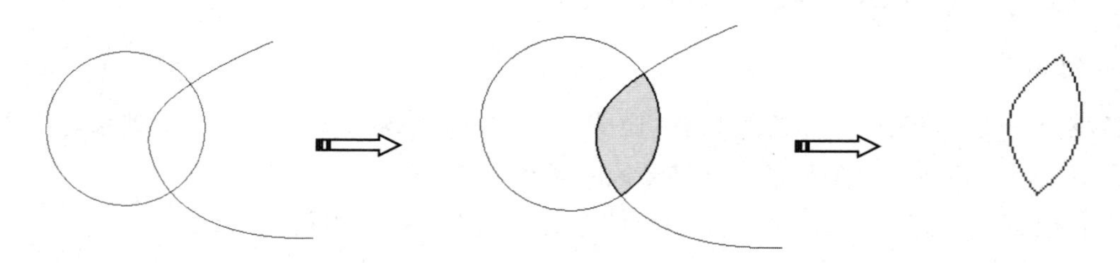

图 3-128　曲线布尔运算

技术要点：

使用【曲线布尔运算】工具形成的曲线独立存在，不会改变或删除原曲线，适用于根据特定环境创建新曲线的情况。

3.7　曲线倒角

使用曲线倒角工具可以使两条端点处相交的曲线在交汇处进行倒角。曲线倒角工具包括【曲线圆角】工具、【曲线斜角】工具和【全部圆角】工具。在使用曲线倒角工具时，只能针对两条曲线进行编辑，不能在一条曲线上进行。

3.7.1　曲线圆角

使用【曲线圆角】工具可以在两条曲线之间生成和两条曲线都相切的一段圆弧。

在 Top 视窗中绘制两条端点处对齐的直线，单击【曲线工具】选项卡中的【曲线圆角】按钮，在命令行中输入需要倒圆角的半径值（若此处未输入，则默认值为 1），依次选择要倒圆角的两条曲线，按 Enter 键或右击完成操作，如图 3-129 所示。

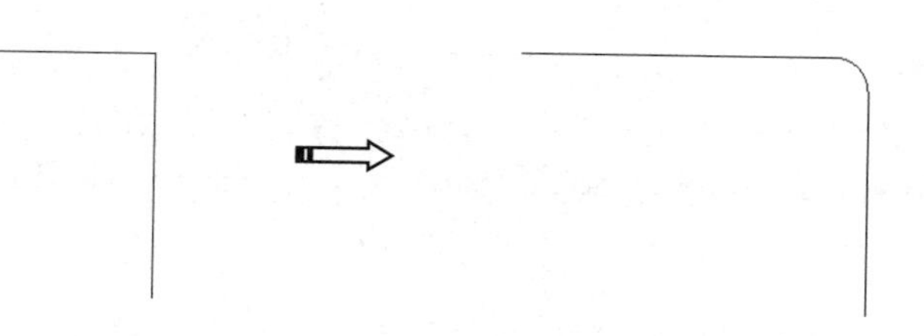

图 3-129　曲线倒圆角

单击【曲线圆角】按钮后，命令行中会有如下提示内容：

```
选取要建立圆角的第一条曲线(半径(R)=10  组合(J)=是  修剪(T)=是  圆弧延伸方式(E)=圆弧)：
```

各个选项的功能如下。

- 半径：控制要倒圆角的圆弧半径。如果需要更改，那么只需输入【R】，根据提示输入即可。
- 组合：倒圆角后，新创建的圆角曲线与原被倒圆角的两条曲线组合成一条曲线。在选择曲线前，先输入【J】，【组合】选项即变为【是】，然后选择曲线即可。当半径值设置为 0 时，其功能等同于边栏中的【组合】工具的功能。
- 修剪：默认选项为【是】，即倒圆角后将自动修剪曲线的多余部分。如果不需要修剪，则输入【T】，【修剪】选项即变为【否】，则倒圆角后保留原曲线部分，如图 3-130 所示。
- 圆弧延伸方式：由于 Rhino 8.0 可以对曲线进行自动延伸以适应倒圆角，因此这里提供了两种延伸方式，分别为圆弧和直线，输入【E】即可切换。

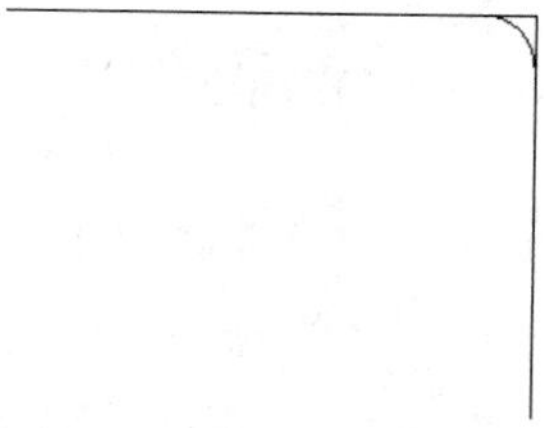

图 3-130　倒圆角后不修剪的效果

技术要点：

因为倒圆角产生的圆弧和两侧的线是相切状态，所以对于不在同一平面上的两条曲线来说无法倒圆角。

3.7.2　曲线斜角

【曲线斜角】工具与【曲线圆角】工具的功能不同的是，使用【曲线圆角】工具倒出的角是圆滑的曲线，而使用【曲线斜角】工具倒出的角是直线。

在 Top 视窗中绘制两条端点处对齐的直线，单击【曲线工具】选项卡中的【曲线斜角】按钮，在命令行中输入斜角距离值（若此处未输入，则默认值为 1），依次选择要倒斜角的两条曲线，按 Enter 键或右击完成操作，如图 3-131 所示。

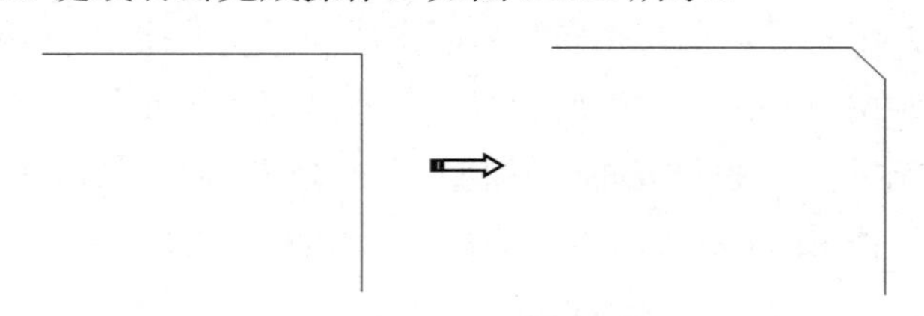

图 3-131　曲线倒斜角

单击【曲线斜角】按钮后，命令行中会有如下提示内容：

```
选取要建立斜角的第一条曲线(距离(D)=5,5 组合(J)=否  修剪(T)=是  圆弧延伸方式(E)=圆弧)：
```

各个选项的功能如下。

- 距离：倒斜角点与曲线端点之间的距离，默认值为 1。如果需要更改，那么只需输入【D】，根据提示输入即可。当输入的两个距离值一样时，倒出的斜角为 45° 。
- 组合：倒斜角后，新创建的圆角曲线与原被倒角的两条曲线组合成一条曲线。在选择曲线前，先输入【J】，【组合】选项即变为【是】，然后选择曲线即可。当半径值设置为 0 时，其功能等同于边栏中的【组合】工具的功能。
- 修剪：默认选项为【是】，即倒斜角后将自动修剪曲线多余部分。如果不需要修剪，则输入【T】，【修剪】选项即变为【否】，则倒斜角后保留原曲线部分。其功能与【修剪】选项的功能相同。
- 圆弧延伸方式：曲线斜角提供了两种延伸方式，分别为圆弧和直线，输入【E】即可切换。

3.7.3　全部圆角

使用【全部圆角】工具可以以单一半径在多重曲线或多重直线的每一个夹角处进行倒圆角。

在 Top 视窗中，用【多重直线线段】工具绘制多重直线。单击【全部圆角】按钮，选择多重直线。在命令行中输入倒圆角的半径值，按 Enter 键或右击完成操作，如图 3-132 所示。

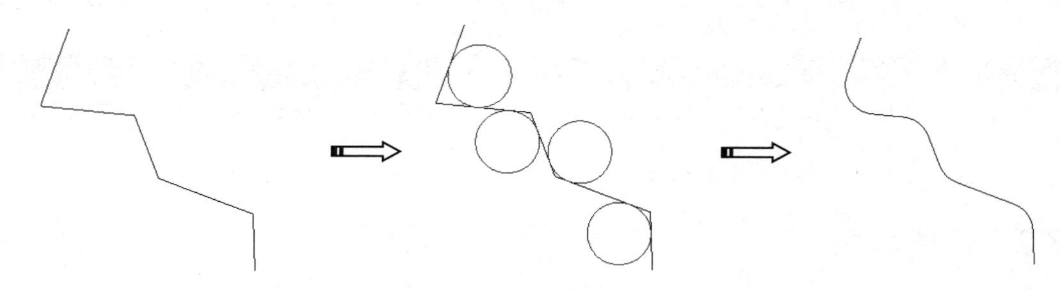

图 3-132　多重直线倒全部圆角

3.8　曲线优化工具

在【曲线工具】选项卡中还包括曲线优化工具和曲线编辑工具，本节将详细介绍各个曲线优化工具的用法。

3.8.1　调整封闭曲线的接缝

简而言之，使用【调整封闭曲线的接缝】工具可以调整多个封闭曲线之间的接缝位置（起点/终点）。在创建放样曲面时此工具特别有用，可以使创建的曲面更加顺滑而不至于扭曲。

上机操作——调整封闭曲线的接缝

① 新建 Rhino 8.0 文件。

② 使用【内插点曲线】工具在 Front 视窗中绘制如图 3-133 所示的内插点曲线。

③ 使用【偏移曲线】工具，绘制一条向外偏移的曲线，如图 3-134 所示。

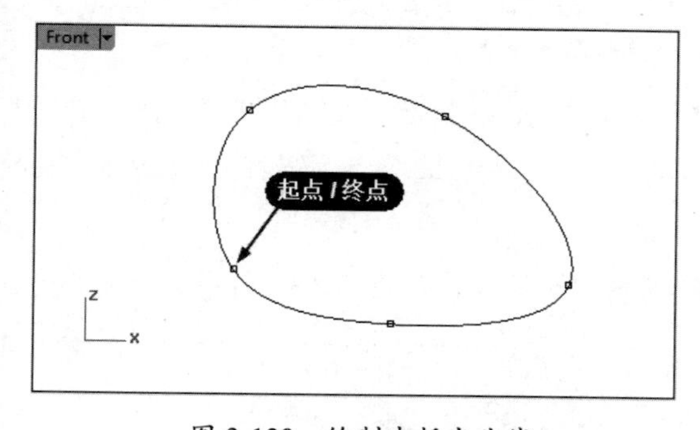

图 3-133　绘制内插点曲线

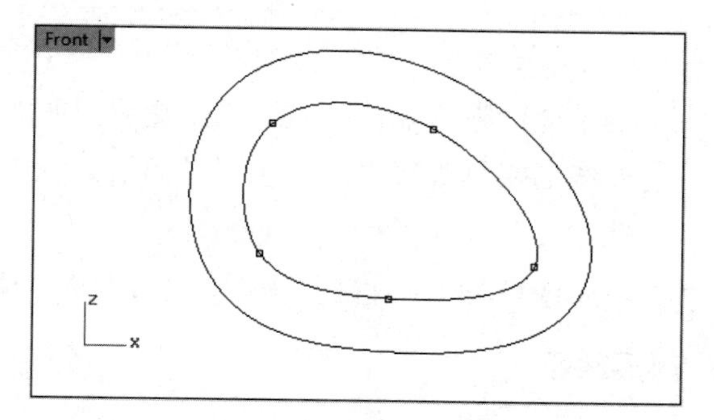

图 3-134　绘制偏移曲线

④ 使用【移动】工具，将偏移曲线进行平行移动（移动距离可以自行确定），如图 3-135 所示。

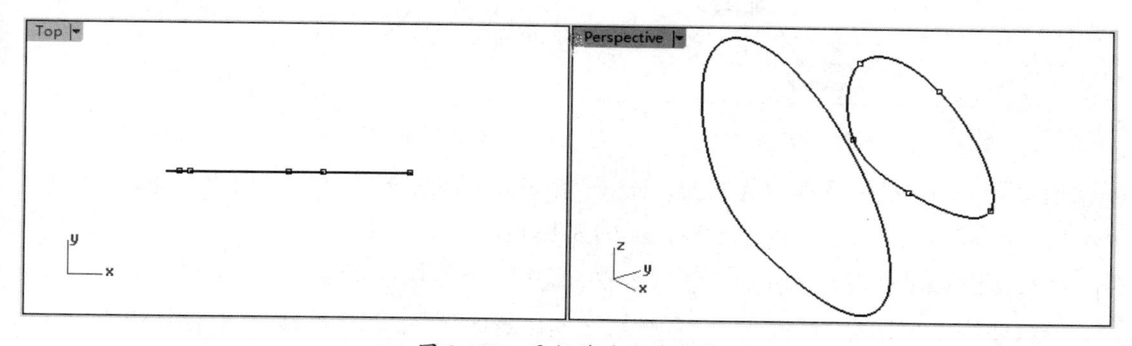

图 3-135　平行移动偏移曲线

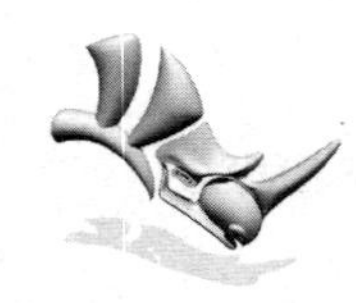

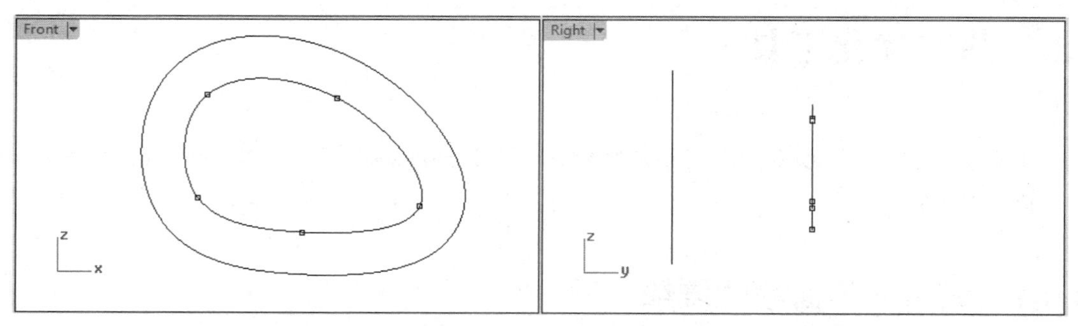

图 3-135　平行移动偏移曲线（续）

⑤　同理，在 Front 视窗中绘制偏移曲线，并平行移动偏移曲线，如图 3-136 所示。

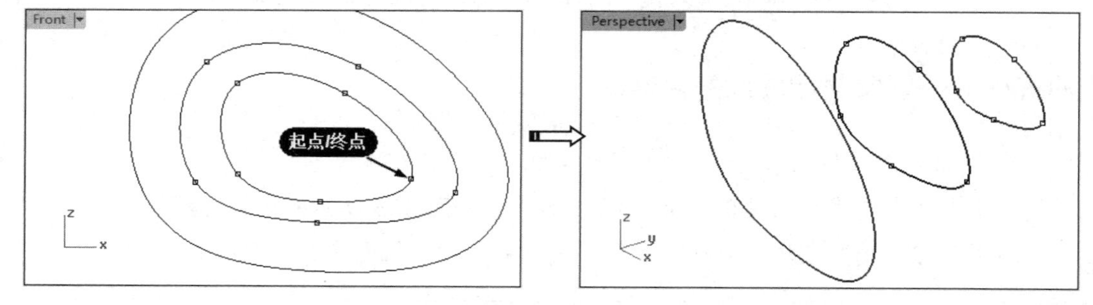

图 3-136　绘制并平行移动偏移曲线

⑥　为了能清晰地表达出接缝在创建放样曲面时的重要性，下面以创建放样曲面为例对封闭曲线的接缝进行调整。执行【曲面】|【放样】命令，依次选取 3 条封闭的要放样的曲线，如图 3-137 所示。

⑦　右击或按 Enter 键确认操作，显示曲线的接缝线和接缝点，如图 3-138 所示。

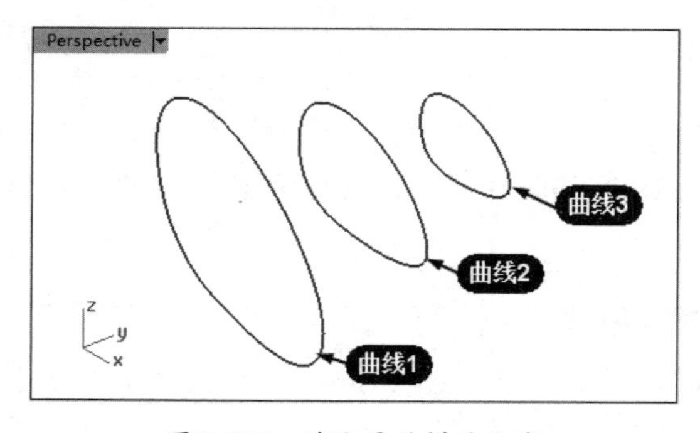

图 3-137　选取要放样的曲线

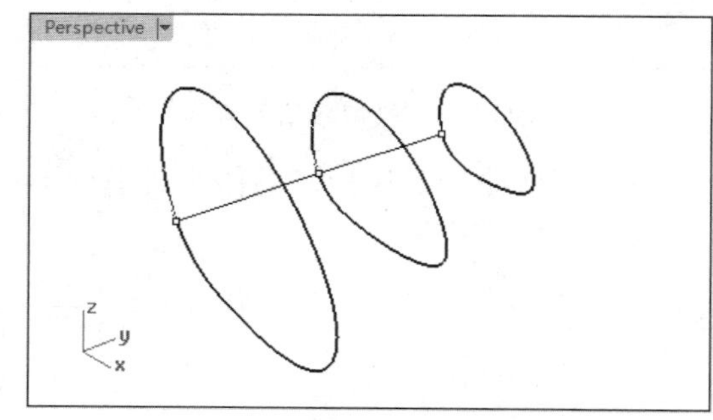

图 3-138　显示曲线的接缝线和接缝点

⑧　使用默认的接缝创建的放样曲面，右击或按 Enter 键打开【放样选项】对话框，单击【确定】按钮，完成放样曲面的创建，如图 3-139 所示。

⑨　按快捷键 Ctrl+Z 返回放样曲面创建之前的状态。重新执行【曲面】|【放样】命令，首先选取要放样的曲线，然后选取封闭曲线 3 的接缝标记点，沿着曲线移动接缝，如图 3-140 所示。

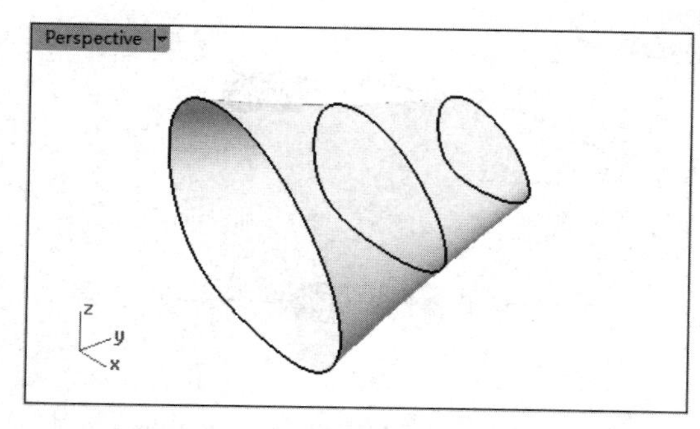

图 3-139　使用默认的接缝创建放样曲面

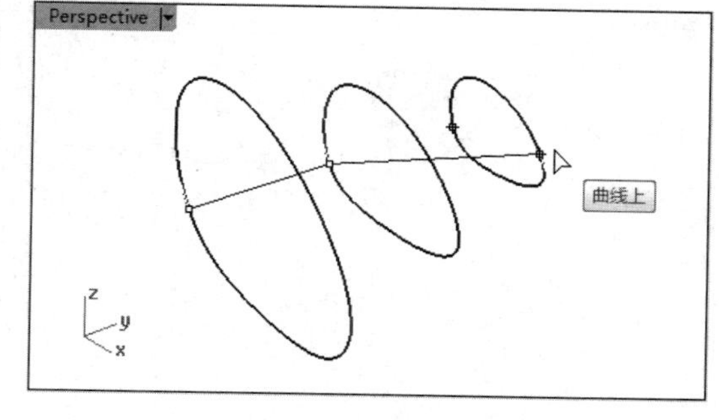

图 3-140　调整封闭曲线 3 的接缝

⑩ 单击，放置接缝。同理，调整封闭曲线 1 的接缝，如图 3-141 所示。

⑪ 右击，弹出【放样选项】对话框的同时预览放样曲面的生成效果，如图 3-142 所示。

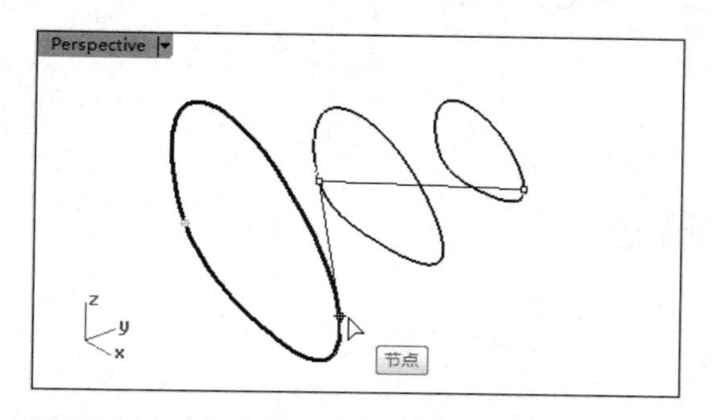

图 3-141　调整封闭曲线 1 的接缝

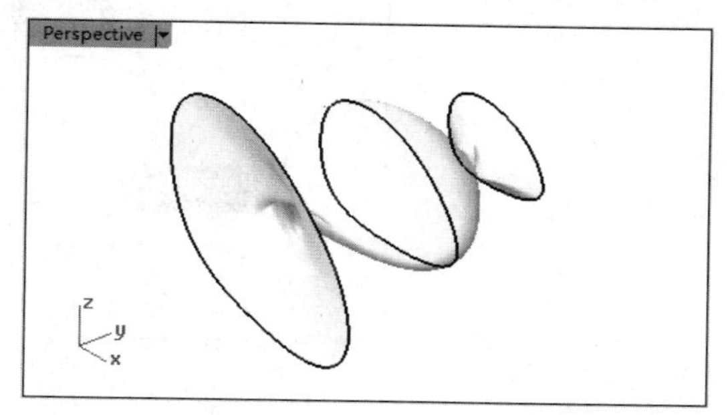

图 3-142　预览放样曲面的生成效果

技术要点：

可以看出，由于调整了封闭曲线 1 和封闭曲线 3 的接缝使曲面产生扭曲，所以当多条封闭曲线的接缝不在同一位置区域时，需要调整接缝使其曲面变得光滑。

⑫ 单击【放样选项】对话框中的【确定】按钮，完成放样曲面的创建。

3.8.2　从两个视图的曲线

使用【从两个视图的曲线】工具可以创建由两个工作视窗中的曲线组成的复杂空间曲线。

上机操作——从两个视图的曲线建立复杂空间曲线

① 新建 Rhino 8.0 文件。

② 使用【内插点曲线】工具在 Top 视窗中绘制如图 3-143 所示的曲线 1。

③ 使用【内插点曲线】工具在 Front 视窗中绘制如图 3-144 所示的曲线 2。

④ 在【曲线工具】选项卡中单击【从两个视图的曲线】按钮，按提示信息先选取第一条曲线，再选取第二条曲线，将自动创建复杂的组合曲线 3，如图 3-145 所示。

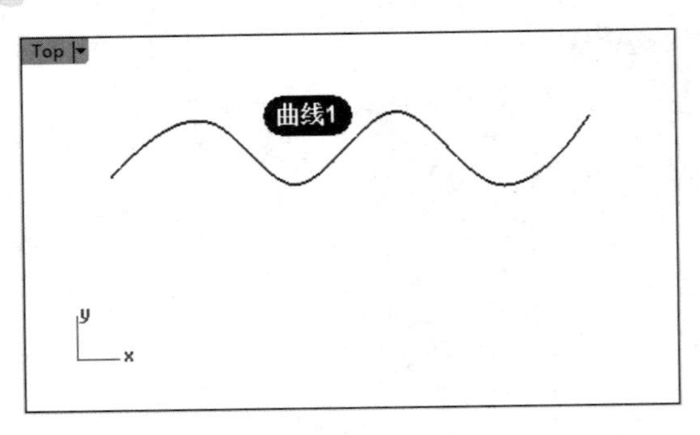

图 3-143　绘制曲线 1

图 3-144　绘制曲线 2

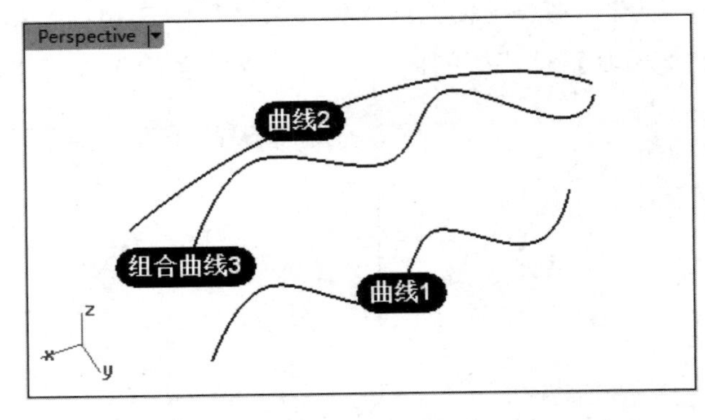

图 3-145　创建复杂的组合曲线

技术要点：

组合曲线应既符合参考曲线 1 的形状，又符合参考曲线 2 的形状。

3.8.3　从断面轮廓线建立曲线

使用【从断面轮廓线建立曲线】工具可以创建通过数条轮廓线的断面线，有利于快速创建空间的曲线网格，以便创建网格曲面。

上机操作——从断面轮廓线建立曲线

① 新建 Rhino 8.0 文件。

② 在 Top 视窗中使用【内插点曲线】工具绘制如图 3-146 所示的曲线。

③ 右击【变动】选项卡中的【旋转】按钮，将曲线沿着 X 轴进行旋转复制，复制数量为 4（第二参考点的位置依次为 90°、180°、270°、360°），如图 3-147 所示。

④ 在【曲线工具】选项卡中单击【从断面轮廓线建立曲线】按钮，依次选取 4 条曲线，按 Enter 键。

⑤ 选取断面线的起点和终点，自动创建断面线，如图 3-148 所示。

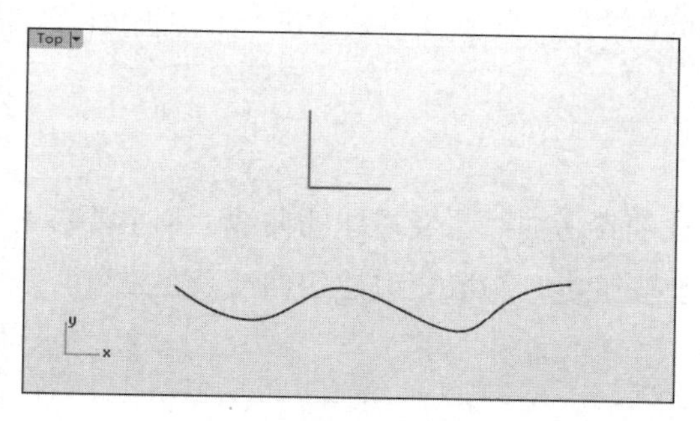

图 3-146　绘制曲线

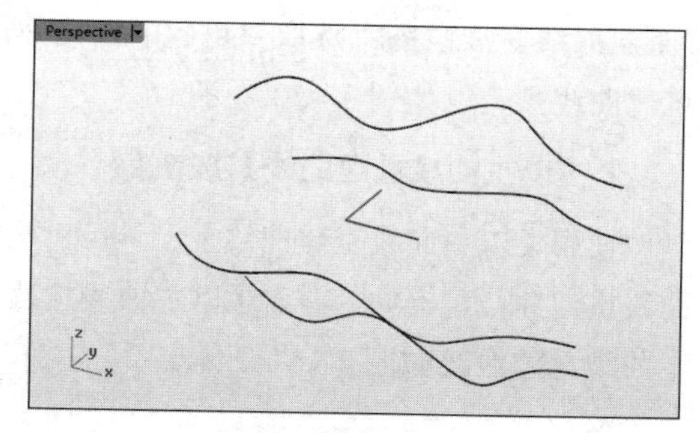

图 3-147　旋转复制曲线

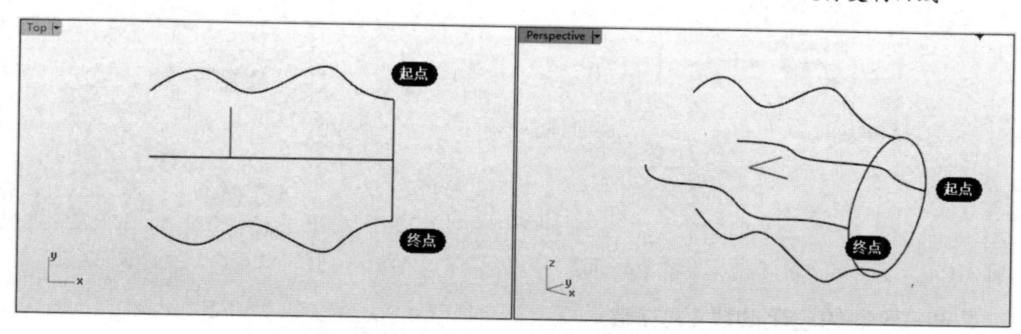

图 3-148　选取起点和终点创建断面线

技术要点：

断面线的起点和终点不一定在轮廓线上，但必须完全通过轮廓线，否则不能创建断面线。

⑥ 同理，在其他位置上创建其余的断面线，如图 3-149 所示。

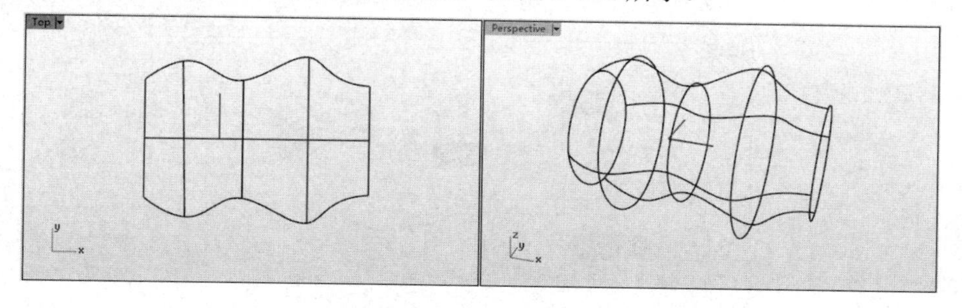

图 3-149　创建其余的断面线

3.8.4　重建曲线

重建曲线可以使创建的曲线更加顺滑，使创建的曲面质量得以提升。

常用的【重建曲线】工具包括【重建曲线】、【以主曲线重建曲线】、【非一致性的重建曲线】、【重新逼近曲线】、【更改阶数】、【整平曲线】、【参数均匀化】和【简化直线与圆弧】工具。

1.【重建曲线】按钮

使用【重建曲线】工具可以用设定的控制点数和阶数重建曲线、挤出物件或曲面。单击

【重建曲线】按钮，选取要重建的曲线并按 Enter 键后，弹出【重建】对话框，同时显示重建曲线预览，如图 3-150 所示。

2.【以主曲线重建曲线】按钮

使用【以主曲线重建曲线】工具可以根据所选的参考曲线（要重建的曲线）和主要参考曲线重建曲线。例如，右击【以主曲线重建曲线】按钮，选取要重建的曲线及主曲线，以主曲线重建曲线如图 3-151 所示。

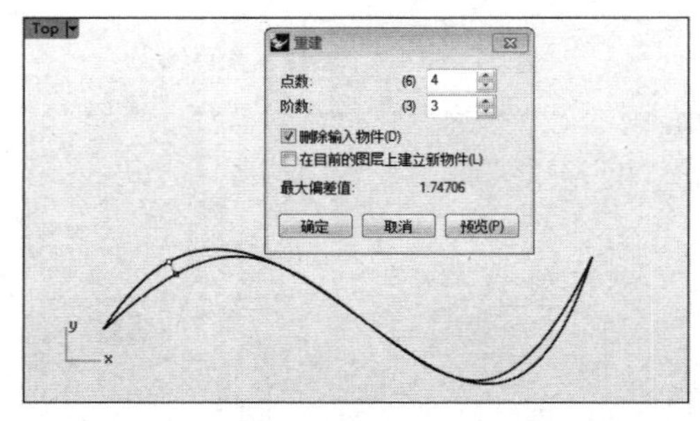

图 3-150 【重建】对话框及重建曲线预览

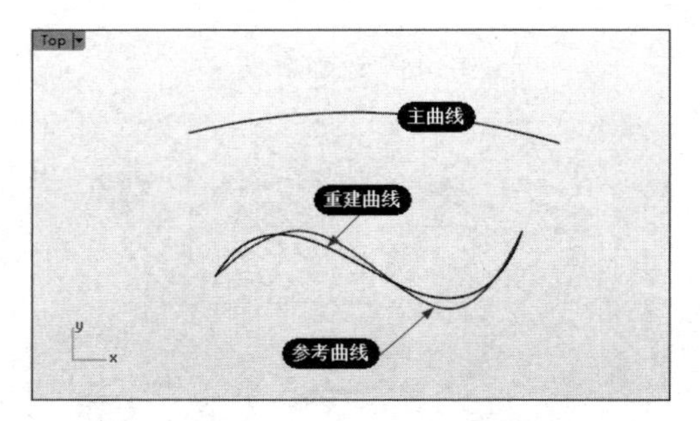

图 3-151 以主曲线重建曲线

3.【非一致性的重建曲线】按钮

使用【非一致性的重建曲线】工具可以用非一致的参数间距及互动性的方式重建曲线。

单击【非一致性的重建曲线】按钮，选取要重建的曲线，会显示 CV 点、EP 点和方向箭头，如图 3-152 所示。可以拖动 EP 点调整位置，也可以通过命令行修改【最大点数】选项（修改 CV 点数）。

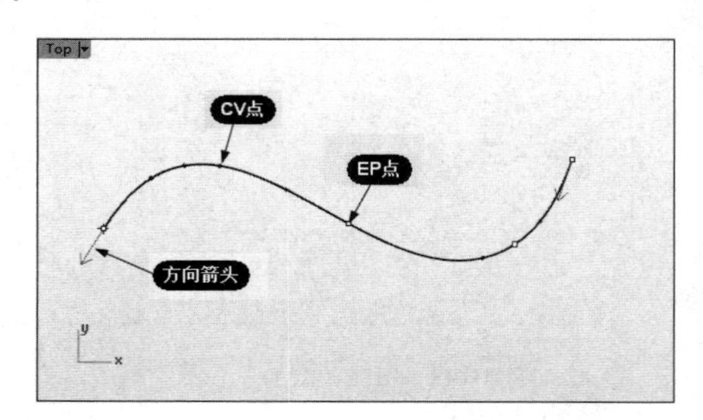

图 3-152 显示 CV 点、EP 点和方向箭头

4.【重新逼近曲线】按钮

【重新逼近曲线】工具可以通过设定公差、阶数或参考曲线重建曲线。

上机操作——重新逼近曲线

① 新建 Rhino 8.0 文件。

② 在 Top 视窗中使用【内插点曲线】工具绘制曲线，如图 3-153 所示。

③ 在【曲线工具】选项卡中单击【重新逼近曲线】按钮，选取要重新逼近的曲线，按 Enter 键后，在命令行中输入逼近公差值，或在 Top 视窗中绘制要逼近的参考曲线，如图 3-154 所示。

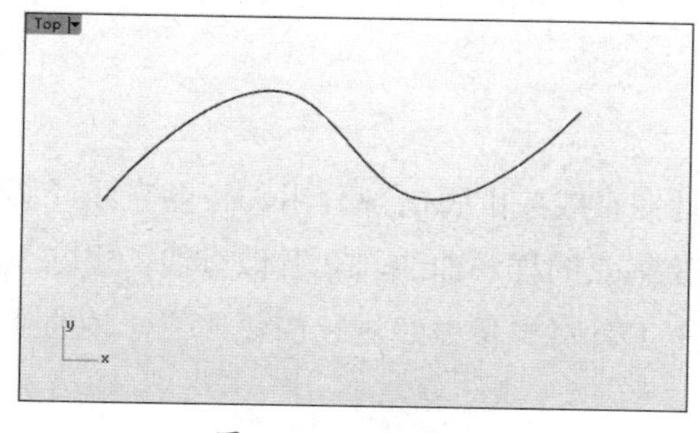

图 3-153　绘制曲线

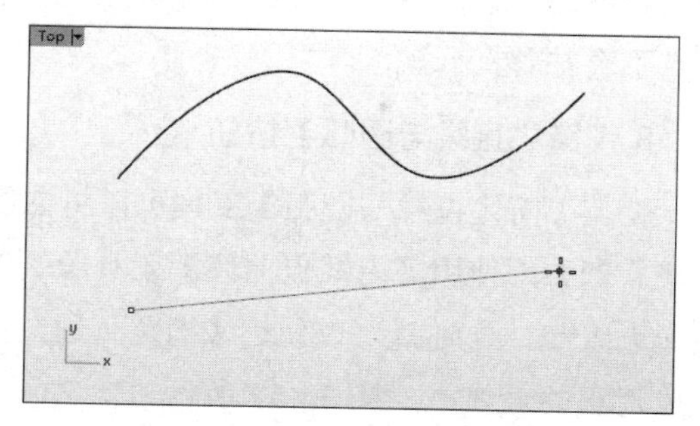

图 3-154　绘制要逼近的参考曲线

④ 重新创建逼近曲线，如图 3-155 所示。

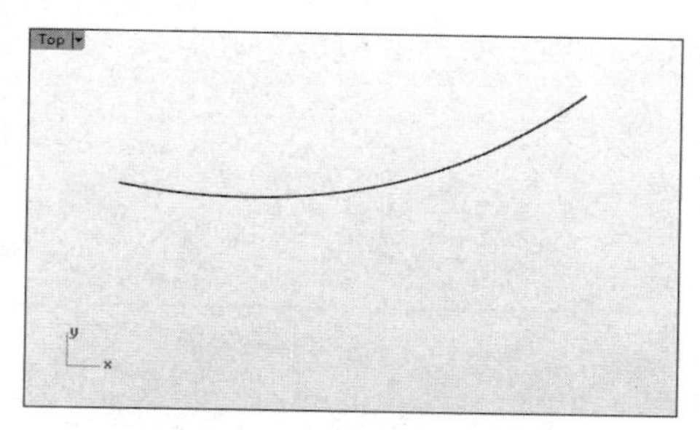

图 3-155　重新创建逼近曲线

技术要点：

逼近公差值越大，越逼近直线。

5.【更改阶数】按钮

使用【更改阶数】工具可以更改曲线的阶数。

单击【更改阶数】按钮，选取要更改阶数的曲线后，在命令行中输入新的阶数值，按 Enter 键或右击，即可完成曲线阶数的更改，如图 3-156 所示。

图 3-156　在命令行中输入阶数值

技术要点：

曲线的阶数指曲线的方程式组的最高指数。阶数越高，EP 点就越多，曲线也就会调整得越光顺，曲面也越平滑。

6.【整平曲线】按钮

使用【整平曲线】工具可以让曲线的曲率变化较大的部分变得较平滑，但曲线形状的改变会限制在公差内。使用【整平曲线】工具重建曲线的效果与使用【重新逼近曲线】工具重建曲线的效果相同，操作步骤也相同。

7.【参数均匀化】按钮

使用【参数均匀化】工具可以修改曲线或曲面的参数，使每个控制点对曲线或曲面有相同的影响力。它可以使曲线或曲面的节点向量一致，曲线或曲面的形状会有一些改变，但控制点不会被移动。

8.【简化直线与圆弧】按钮

使用【简化直线与圆弧】工具可以将曲线上近似直线或圆弧的部分用真正的直线或圆弧取代。例如，使用【内插点曲线】工具绘制两个控制点的样条曲线。其看似直线，实际上无限逼近直线，这时就可以使用【简化直线与圆弧】工具对样条曲线进行简化，使样条曲线转换成真正的直线，如图 3-157 所示。

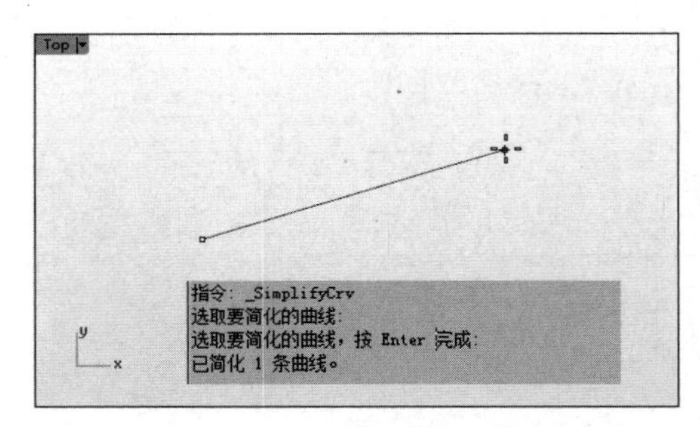

图 3-157　简化样条曲线

3.9　实战案例——绘制零件图形

下面综合使用【多重直线线段】、【偏移曲线】及【曲线斜角】工具绘制一个图形，如图 3-158 所示。

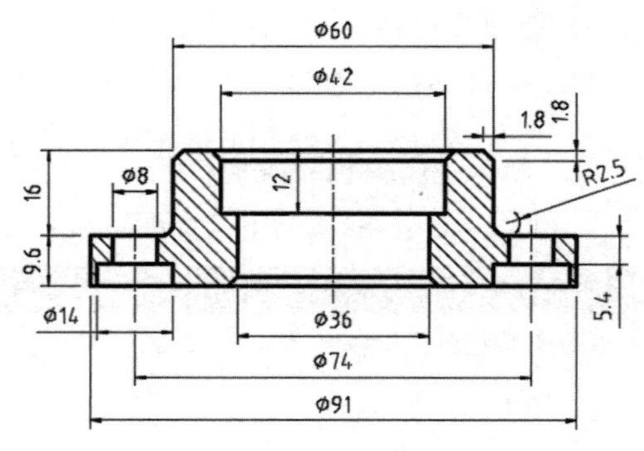

图 3-158　要绘制的图形

① 新建 Rhino 8.0 文件。

② 使用【多重直线线段】工具在 Top 视窗中绘制整个轮廓，如图 3-159 所示。

③ 使用【单一直线】工具，绘制 3 条中心线，如图 3-160 所示。

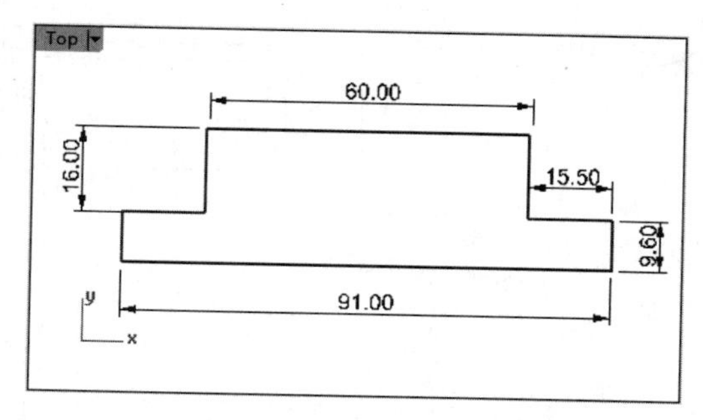

图 3-159　绘制轮廓

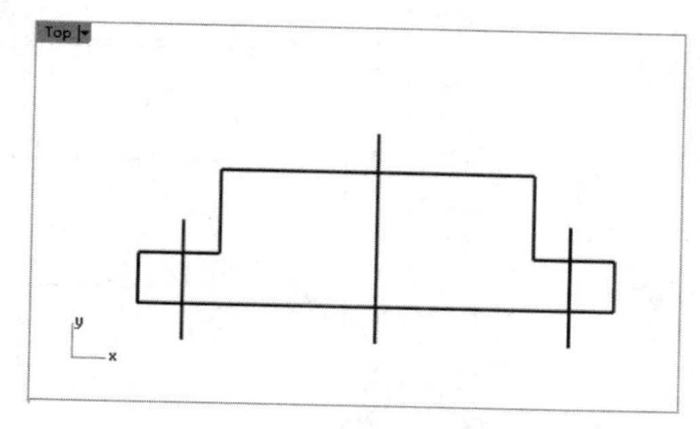

图 3-160　绘制中心线

④　选择【尺寸标注】选项卡，进行如图 3-161 所示的操作。

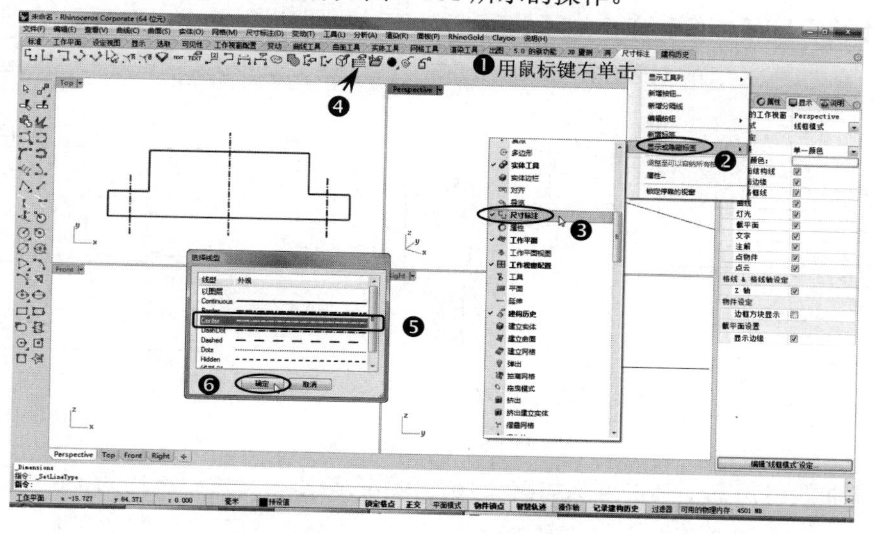

图 3-161　设定中心线线型

⑤　执行【编辑】|【炸开】命令，将多重直线炸开（分解成独立的线段）。使用【偏移曲线】工具，参照图 3-159 中的标注尺寸，偏移轮廓线与中心线，偏移曲线的效果如图 3-162 所示。

⑥　使用边栏中的【修剪】工具，修剪偏移曲线，得到如图 3-163 所示的效果。

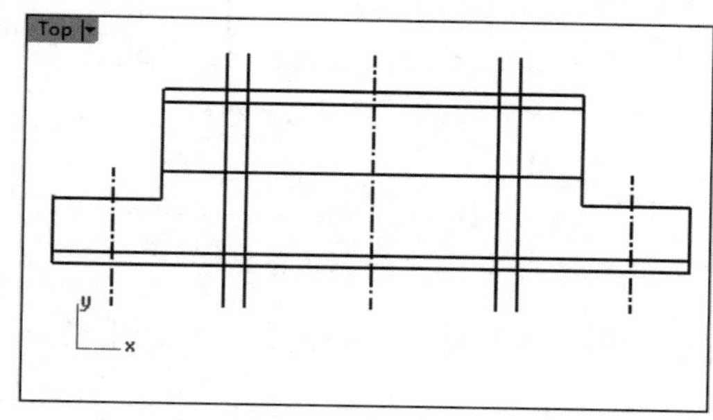

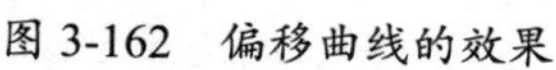

图 3-162　偏移曲线的效果

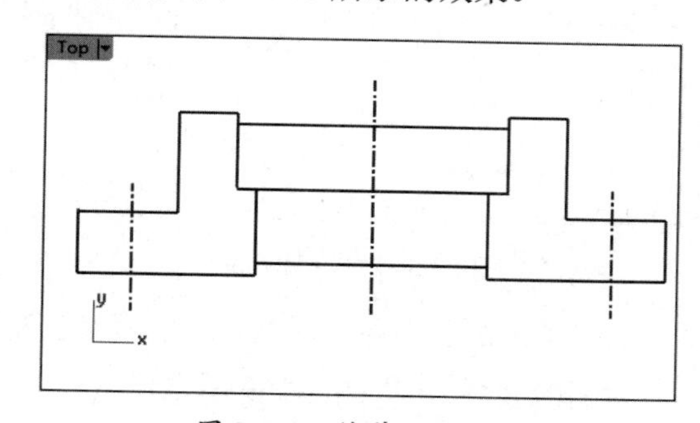

图 3-163　修剪偏移曲线

⑦　使用【偏移曲线】工具，在左侧绘制偏移曲线，如图 3-164 所示。

⑧　将偏移曲线进行修剪，如图 3-165 所示。

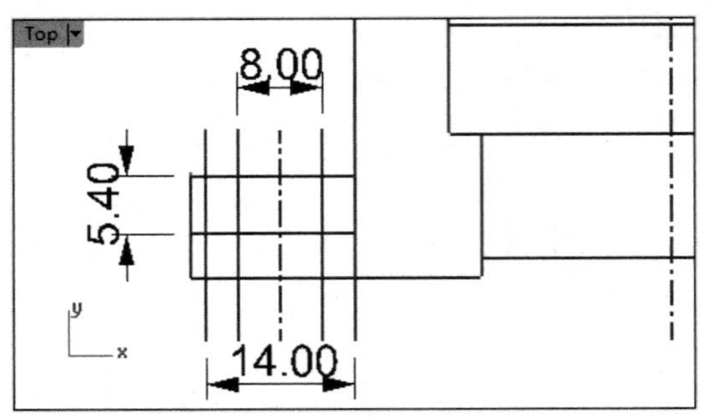

图 3-164 绘制偏移曲线

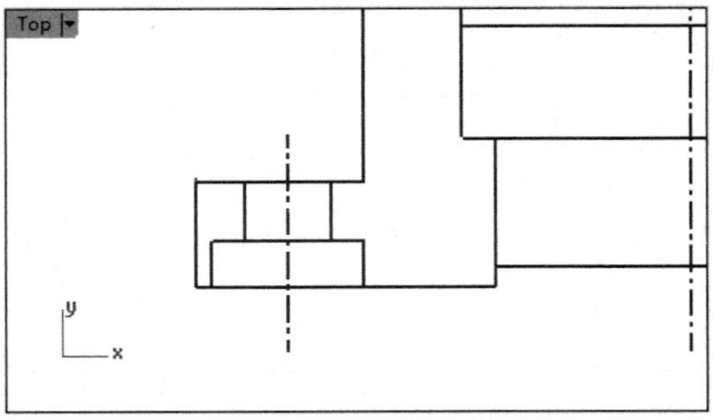

图 3-165 修剪偏移曲线

⑨ 执行【编辑】|【镜像】命令，对上一步骤修剪的曲线进行镜像，如图 3-166 所示。

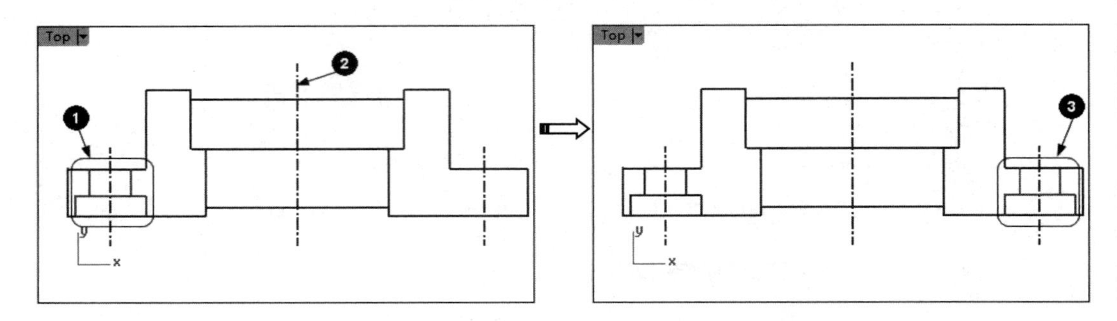

❶要镜像的曲线；❷镜像平面参考线；❸镜像结果

图 3-166 镜像曲线

⑩ 使用【曲线斜角】工具，绘制如图 3-167 所示的斜角，斜角距离均为 1.8。

⑪ 使用【单一直线】工具，重新绘制两条直线，完成整个图形轮廓的绘制，如图 3-168 所示。

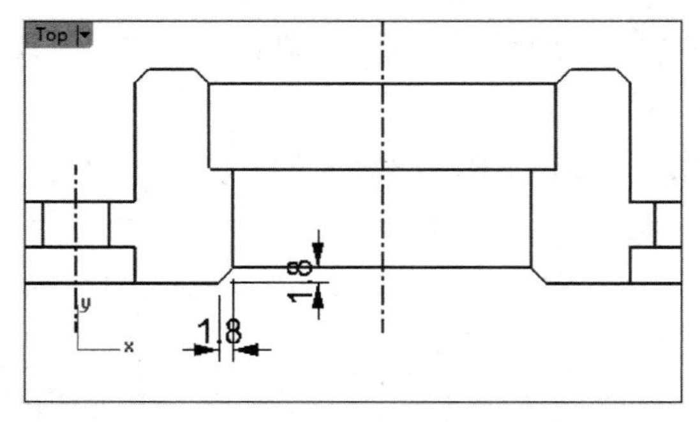

图 3-167 绘制斜角

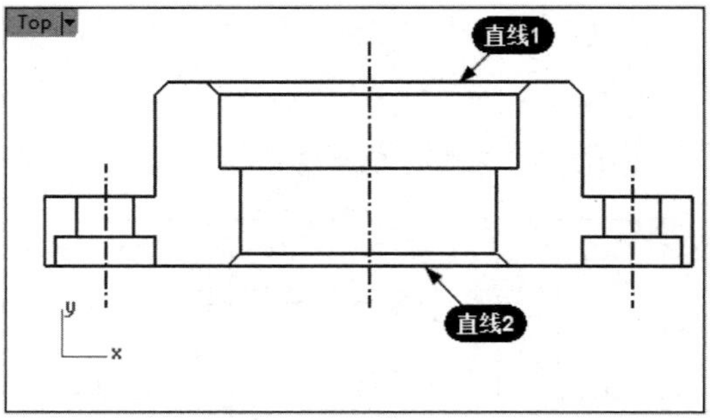

图 3-168 绘制两条直线

⑫ 选择【出图】选项卡，单击【剖面线】按钮，选取填充剖面线的边界（必须形成一个封闭的区域），如图 3-169 所示。

⑬ 右击确认边界后，选择要保留的区域，按 Enter 键后弹出【剖面线】对话框，剖面线设置完成后，单击【确定】按钮完成该区域的剖面线填充，如图 3-170 所示。

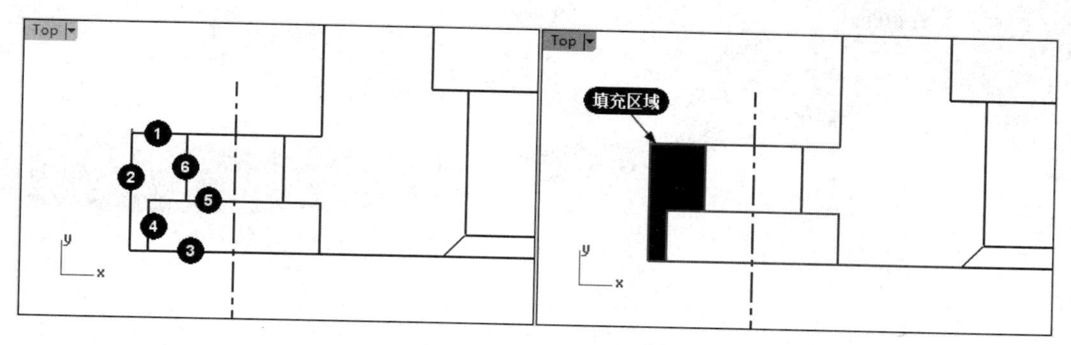

图 3-169　选取填充边界

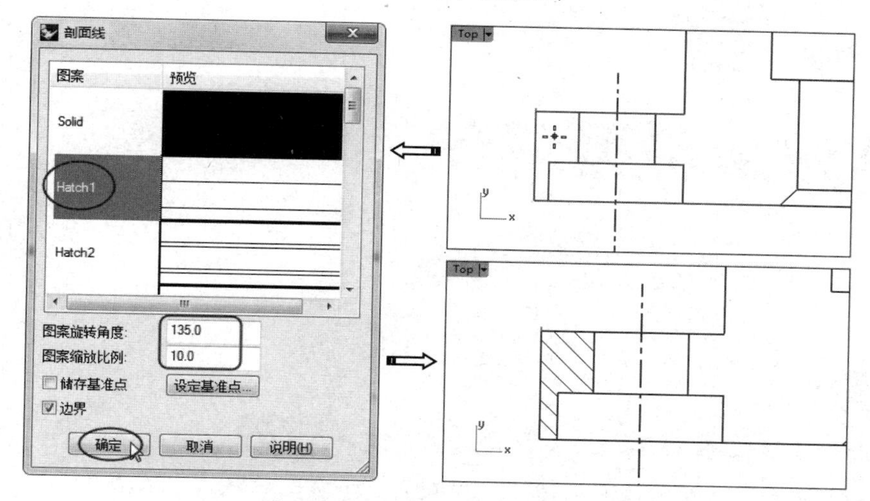

图 3-170　设置剖面线并完成填充

⑭ 同理，完成其他区域的填充。绘制完成的图形如图 3-171 所示。

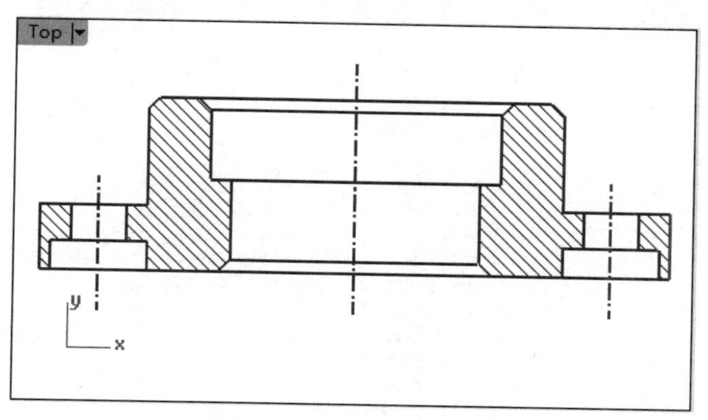

图 3-171　绘制完成的图形

第 4 章
基本曲面造型设计

本章内容

曲面就像是有弹性的矩形薄橡皮，NURBS 曲面既可以呈现简单的造型（如平面及圆柱体），又可以呈现自由造型或雕塑曲面。本章主要介绍 Rhino 8.0 的基础曲面功能指令的基本用法及造型设计的应用。

知识要点

☑ 平面曲面
☑ 挤出曲面
☑ 旋转曲面

Rhino 8.0 中曲面的绘制工具主要集中在【曲面工具】选项卡和边栏的【曲面边栏】工具面板中，如图 4-1 所示。

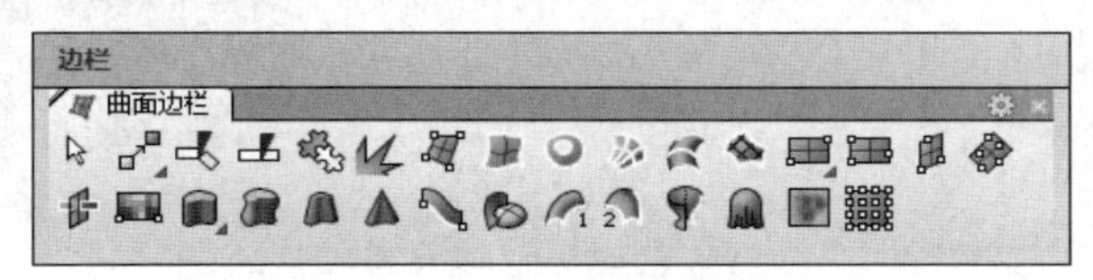

图 4-1　曲面的绘制工具

4.1　平面曲面

在 Rhino 8.0 中绘制平面曲面的工具主要包含【指定三个或四个角建立曲面】工具和【矩形平面】工具。而【矩形平面】工具又包括【矩形平面：角对角】、【矩形平面：三点】、【垂直平面】、【逼近数个点的平面】和【切割用平面】、【帧平面】等工具。

4.1.1　指定三个或四个角建立曲面

形成方式：以空间上的三点或四点之间的连线形成闭合区域，如图 4-2 所示。

图 4-2　由三点或四点建立的曲面

上机操作——指定三个或四个角建立曲面

① 新建 Rhino 8.0 文件。

② 选择【实体工具】选项卡，单击边栏中的【立方体】按钮，在工作视窗中绘制两个立方体，如图 4-3 所示。

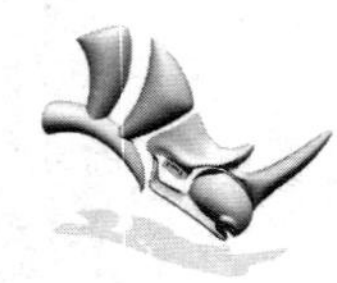

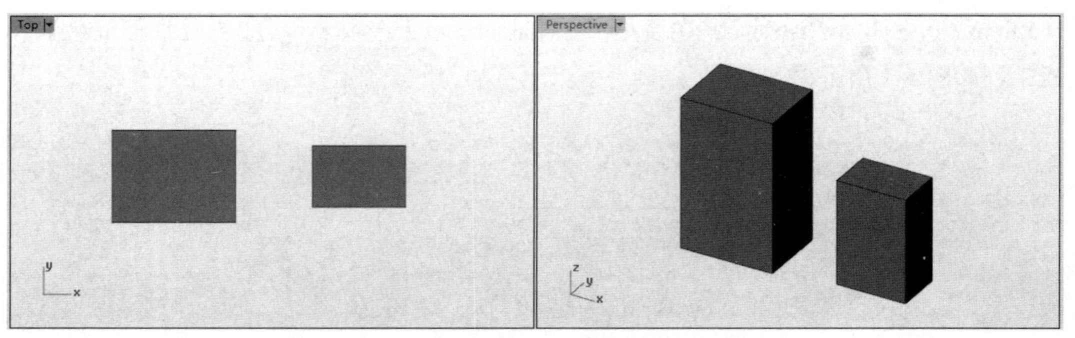

图 4-3　绘制两个立方体

③ 选择【曲面工具】选项卡，单击边栏中的【指定三个或四个角建立曲面】按钮，在状态栏中启用【物件锁点】选项，选择需要连接的 4 个边缘端点，会自动建立平面曲面，如图 4-4 所示。

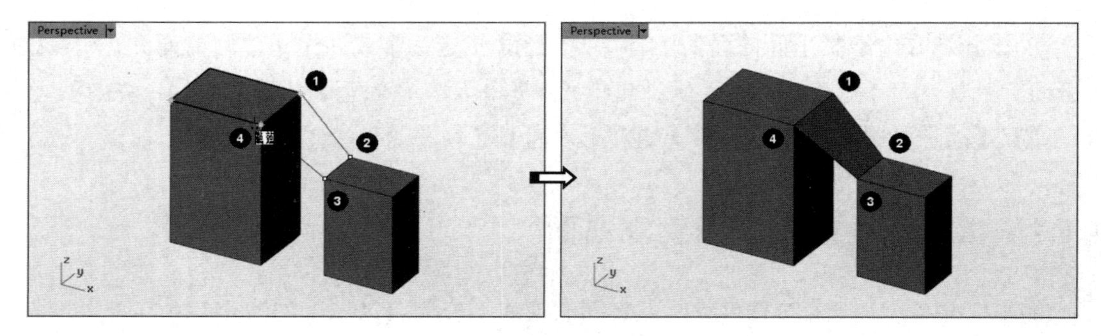

图 4-4　建立平面曲面

4.1.2　矩形平面

使用【矩形平面】工具可以在二维空间中用各种方法绘制平面矩形。选择【曲面工具】选项卡，在边栏中长按【矩形平面：角对角】按钮，弹出【平面】工具面板，如图 4-5 所示。

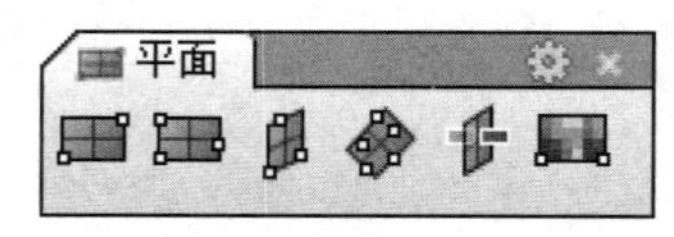

图 4-5　【平面】工具面板

1.【矩形平面：角对角】按钮

形成方式：以空间上的两个点连线形成闭合区域。

激活 Top 视窗，单击【矩形平面：角对角】按钮，确定焦点位置，或在命令行中输入具体数据，如 10 和 18，按 Enter 键或右击，如图 4-6 所示。

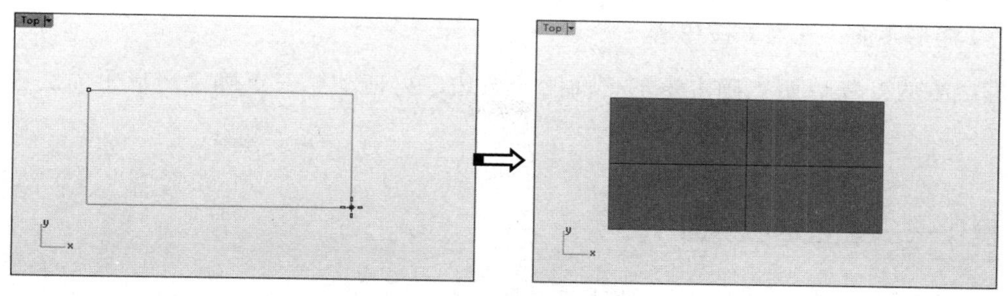

图 4-6　角对角建立平面

该命令在执行过程中，命令行中会有如下提示内容：

平面的第一角(三点(P)　垂直(V)　中心点(C)　可塑形的(D))：

各个选项的功能如下。

- 三点：用两个相邻的角和对边上的一点画出矩形。此选项的主要作用是在建模时可以沿着物件边缘延伸曲面。
- 垂直：画一个与工作平面垂直的矩形。
- 中心点：从中心点画出矩形。
- 可塑形的：建立曲面后，单击【开启控制点】按钮，即可通过控制点重塑曲面，使其达到需要的弧度，如图 4-7 所示。

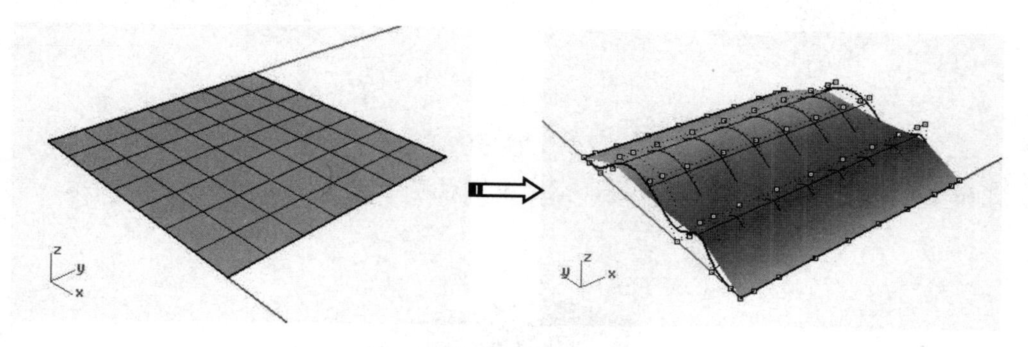

图 4-7　绘制可塑形的曲面

技术要点：

在命令行中输入数据后，会以颜色区分数据段和非数据段。数据段即为指定数据的部分，非数据段即为原有的已知部分，如图 4-8 所示。

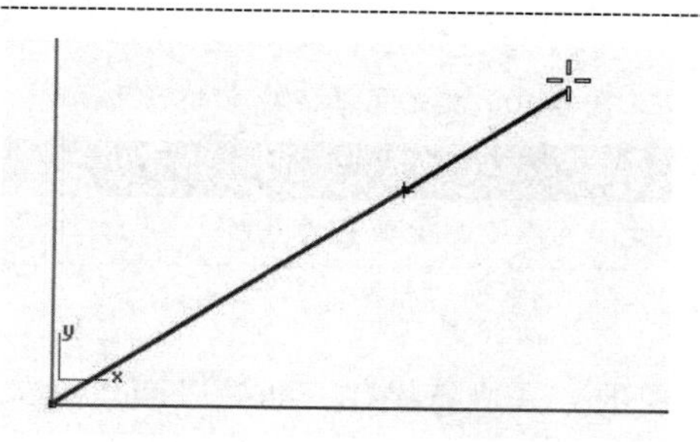

图 4-8　前面部分为非数据段，后面部分为数据段

2.【矩形平面：三点】按钮

形成方式：先以两点确定矩形平面的一条边，再拖动第三点确定矩形平面的其余三条边。

上机操作——建立矩形平面

下面通过一个案例理解该工具的使用。在边长为 10 的正方体的任一边上延伸出一个尺寸为 10×5 的平面。

① 新建 Rhino 8.0 文件。

② 使用【立方体】工具建立一个边长为 10 的正方体。

③ 单击【矩形平面：三点】按钮，首先在正方体的某个端点上选取一点，然后选取其同一条边上相邻的第二点，以此确定第一条长度为 10 的边，如图 4-9 所示。

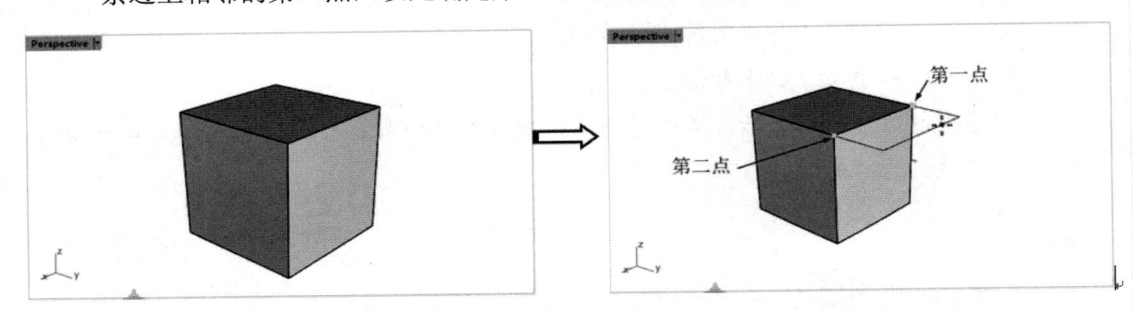

图 4-9　指定平面的第一点和第二点

④ 在命令行中输入值 5，按 Enter 键，指定第三点建立矩形平面，如图 4-10 所示。

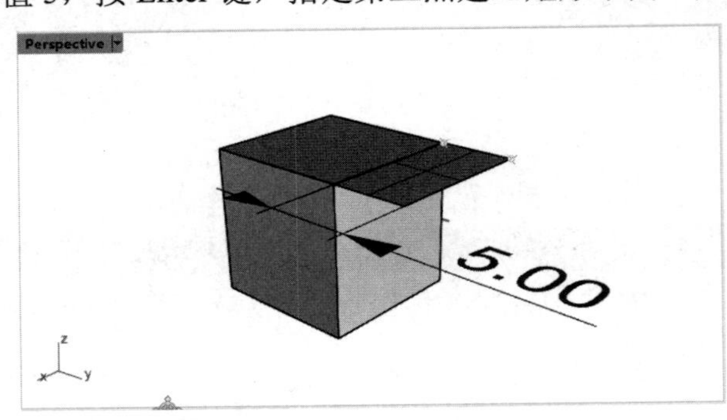

图 4-10　指定第三点建立矩形平面

技术要点：

在拖动鼠标的同时按住 Shift 键，可以绘制出垂直的直线。

3.【垂直平面】按钮

形成方式：使用三点定面的方式进行操作，即先以两点确定一条边，再以一点确定另外三条边，创建的平面与前面两点所在的工作平面垂直。

上机操作——建立垂直平面

① 新建 Rhino 8.0 文件。

② 使用【矩形平面：角对角】工具建立一个尺寸为 50×25 的矩形平面，如图 4-11 所示。

③ 单击【垂直平面】按钮，在矩形平面的某一条边上指定边缘的起点与终点，如图 4-12 所示。

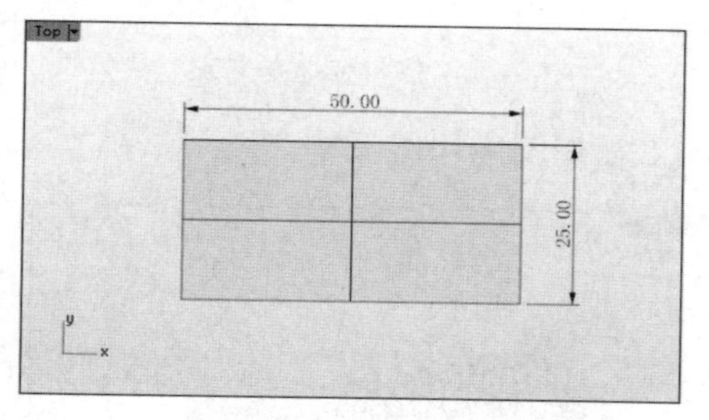

图 4-11　建立矩形平面

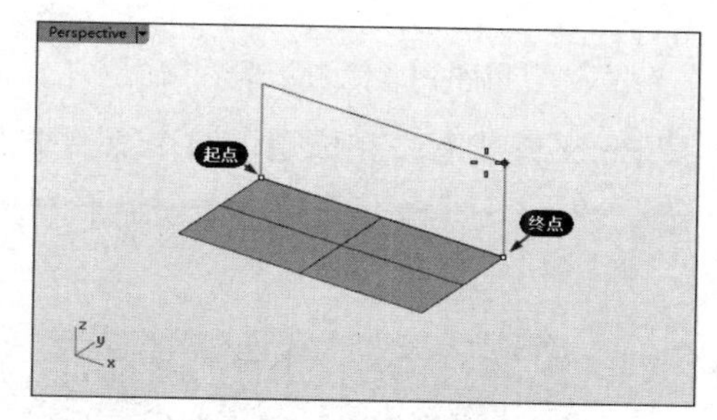

图 4-12　指定边缘的起点与终点

④ 在命令行中输入高度值 20，按 Enter 键完成垂直平面的建立，如图 4-13 所示。

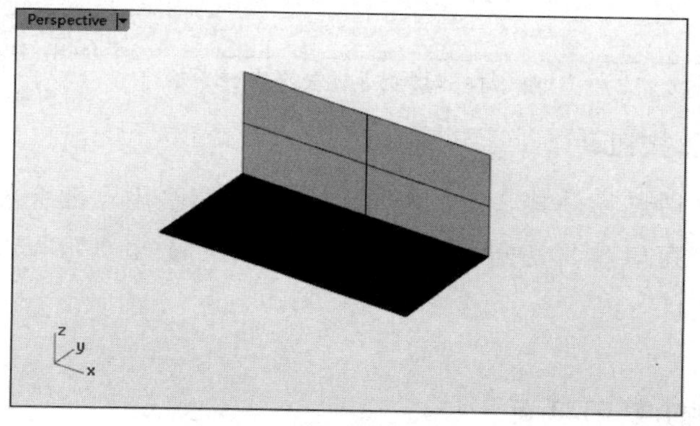

图 4-13　建立垂直平面

技术要点：

输入高度值后可以在工作平面的上方或下方确定第三点，依次确定垂直平面的位置。

4.【逼近数个点的平面】按钮

形成方式：由空间已知的数个点，建立一个逼近一群点或一个点云的平面。在使用【逼近数个点的平面】工具时，至少需要三个及以上的点，才能建立一个平面。

上机操作——建立逼近数个点的平面

① 新建 Rhino 8.0 文件。

② 执行【曲线】|【点物件】|【多点】命令，在 Top 视窗中绘制如图 4-14 所示的多个点。

③ 单击【逼近数个点的平面】按钮，在 Top 视窗中框选全部点，如图 4-15 所示。

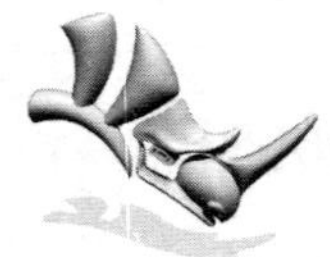

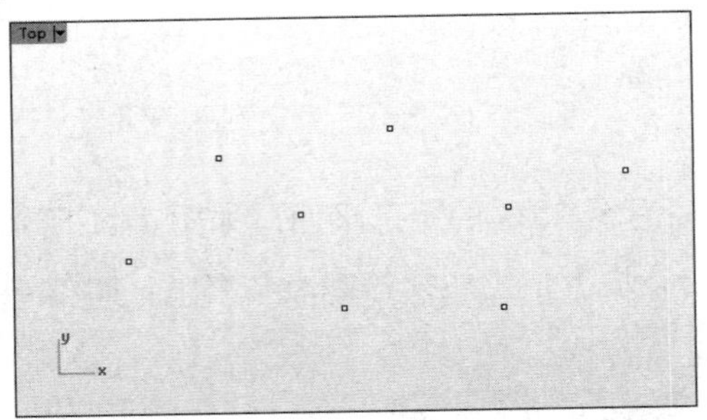

图 4-14　绘制多点

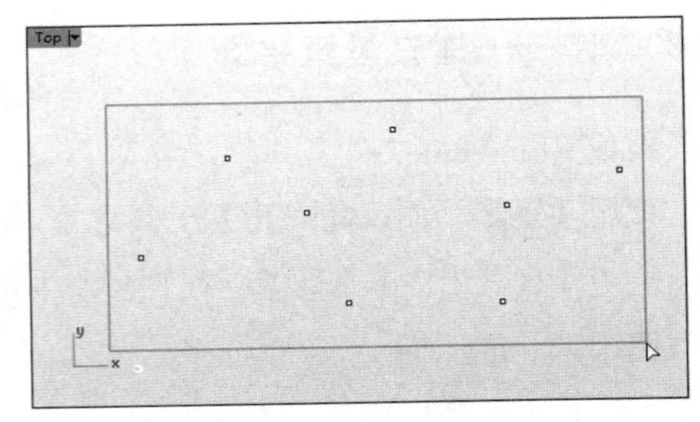

图 4-15　框选全部点

④ 按 Enter 键或右击完成逼近数个点的平面的建立，如图 4-16 所示。

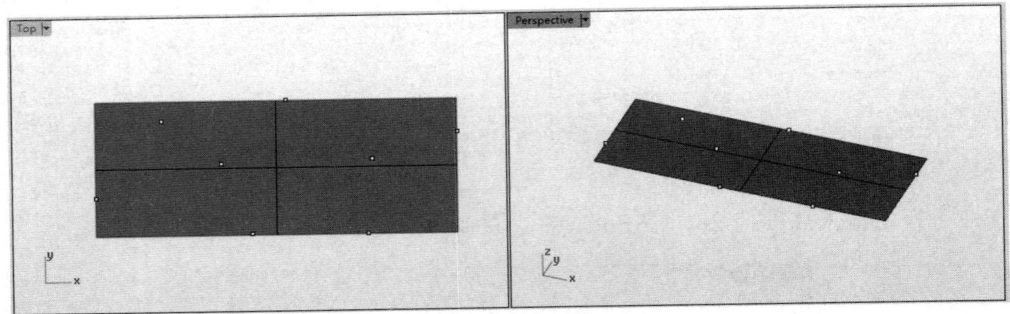

图 4-16　建立逼近数个点的平面

5.【切割用平面】按钮

形成方式：建立通过物件某个点的平面。建立的切割用平面会和已知的平面垂直，且大于选取的物件，可以将其切断。使用【切割用平面】工具可以连续建立多个切割用平面。

上机操作——建立切割用平面

① 新建 Rhino 8.0 文件。

② 使用【立方体】工具，在工作视窗中绘制如图 4-17 所示的长方体。

③ 单击【切割用平面】按钮，选取要进行切割的物件（长方体），按 Enter 键，在 Top 视窗中绘制穿过物件的直线，此直线确定了切割用平面的位置，如图 4-18 所示。

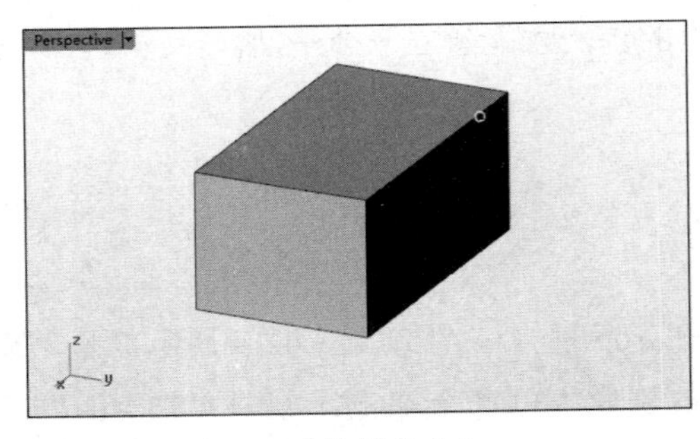

图 4-17　绘制长方体

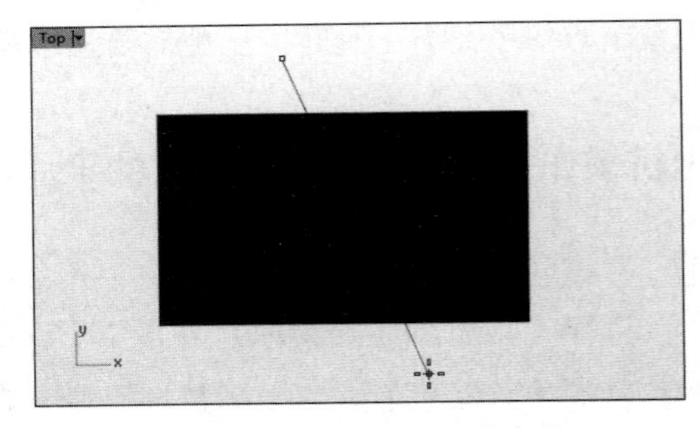

图 4-18　确定切割用平面的位置

④　自动建立切割用平面，如图 4-19 所示。

⑤　继续建立其他切割用平面，如图 4-20 所示。

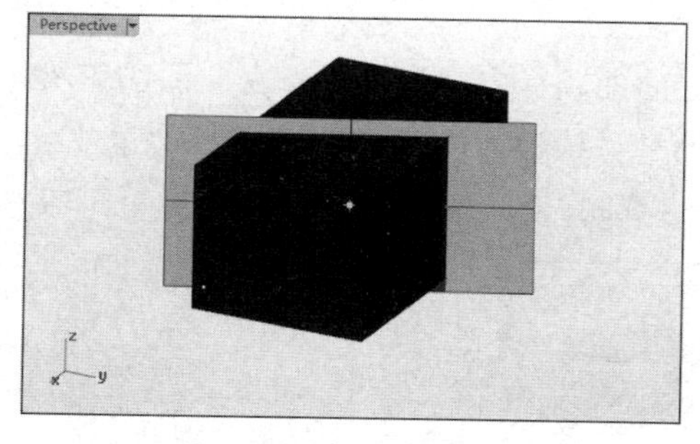

图 4-19　建立切割用平面

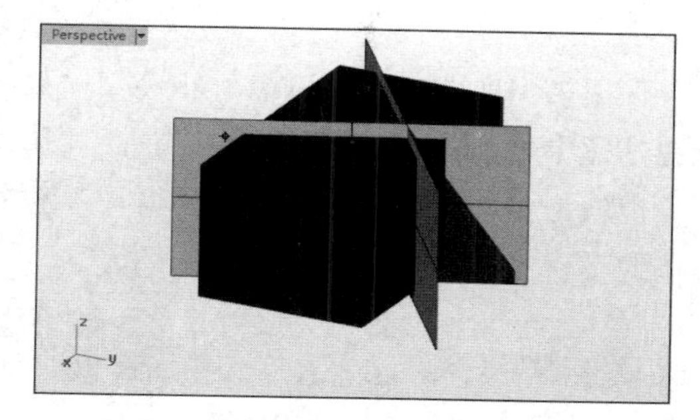

图 4-20　继续建立其他切割用平面

【切割用平面】工具是一个基础工具，主要用于后期提取随机边界线。如图 4-21 所示，当绘制出切割用平面后，可以在【曲线工具】选项卡中单击【物件相交】按钮，在切割用平面和圆台侧面的相交处生成截交线，用于后期模型的制作。

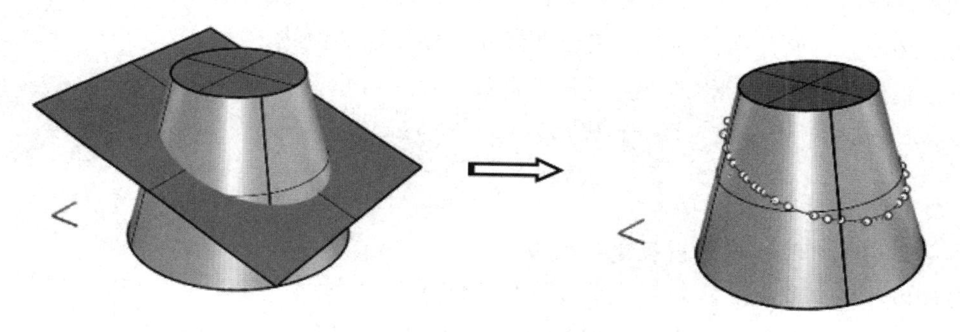

图 4-21　生成截交线

6.【帧平面】按钮

形成方式：建立一个附有该图片文件的矩形平面。单击【帧平面】按钮，首先在浏览器中选择需要插入作为参考的图片路径，找到该图片，然后在工作视窗中根据需要放置图片，如图 4-22 所示。这种放置图片文件的方式灵活性更强，可以根据需要随时改变图片的大小和比例，十分方便。

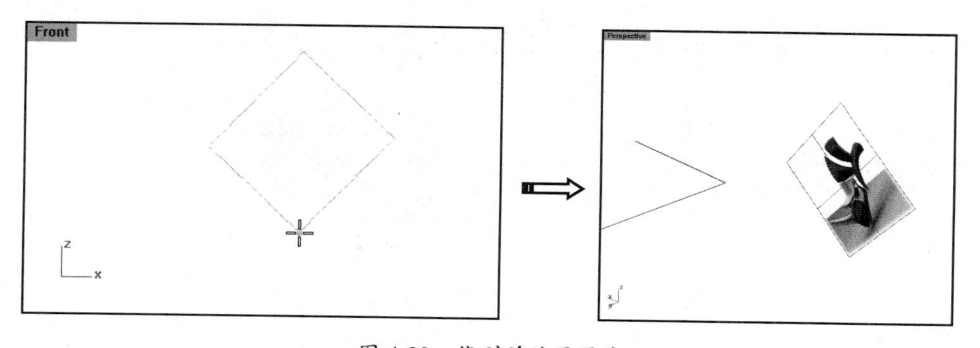

图 4-22　找到并放置图片

4.2 挤出曲面

使用挤出曲面工具可以沿着轨迹扫掠截面建立曲面，是非常简单的建立曲面的工具。可以说本章中除了前面介绍的平面工具，其他工具都是扫掠类型的曲面工具。

也就是说，扫掠类型的曲面至少具备两个条件才能建立，即截面和轨迹。下面介绍 6 个简单的【挤出】工具，如图 4-23 所示。

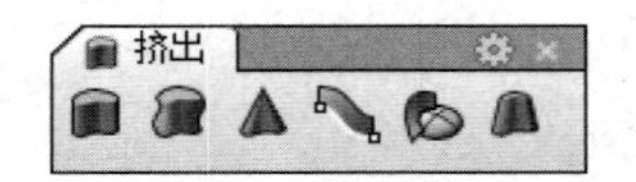

图 4-23 【挤出】工具面板

4.2.1 直线挤出

形成方式：将曲线沿着与工作平面垂直的方向笔直地挤出，建立曲面或实体。要建立直线挤出曲面，必须先绘制截面曲线。此截面曲线就是要挤出的曲线。

单击【直线挤出】按钮，选取要挤出的曲线。命令行中显示如下提示内容：

挤出长度<0> 输出为(O)=曲面(方向(D) 两侧(B)=否 实体(S)=否 删除输入物件(L)=否 至边界(T) 设定基准点(A))：

各个选项的功能如下。

- 挤出长度：直接输入挤出长度创建曲面。
- 输出为：挤出曲线后，若选择【曲面】，则挤出的是曲面；若选择【细分物件】，则挤出的是细分曲面。细分曲面可以通过自由变形得到复杂外形的物件。
- 方向：默认的挤出方向是垂直于工作平面的正、负法向方向，如图 4-24 所示。若需要定义其他方向，则单击【方向】选项后，可以通过方向的起点坐标与终点坐标定义，如图 4-25 所示。此外，还可以通过指定已有的曲线端点、实体边等作为参考来定义方向，如图 4-26 所示。

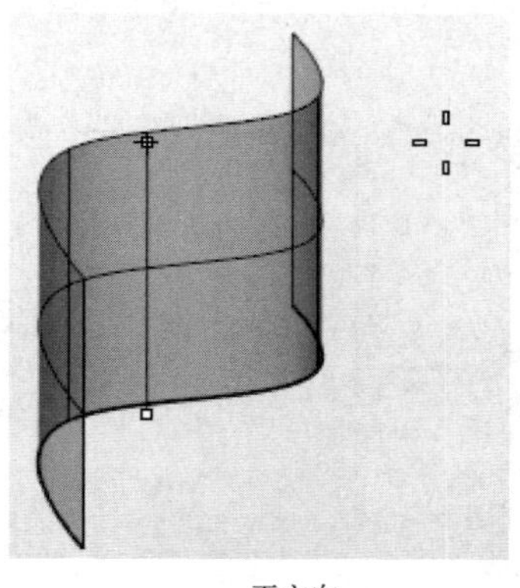

正方向

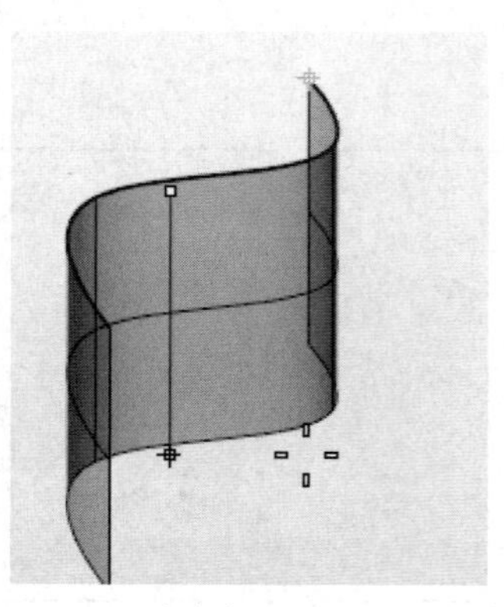

负方向

图 4-24 默认的挤出方向

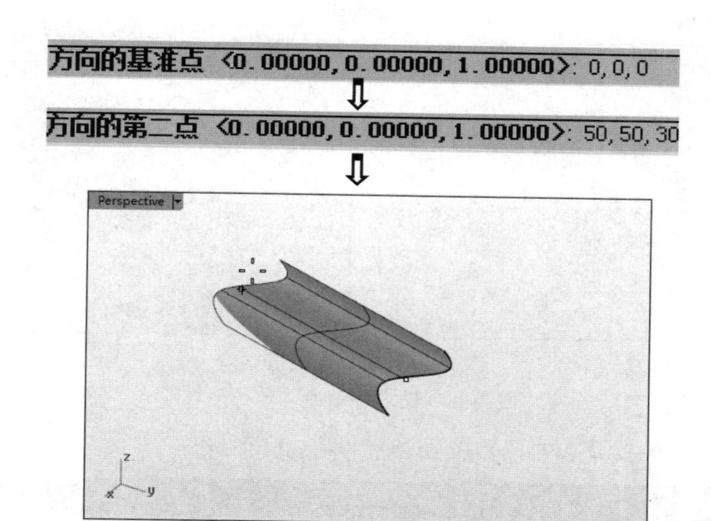

图 4-25　定义方向的起点坐标和终点坐标

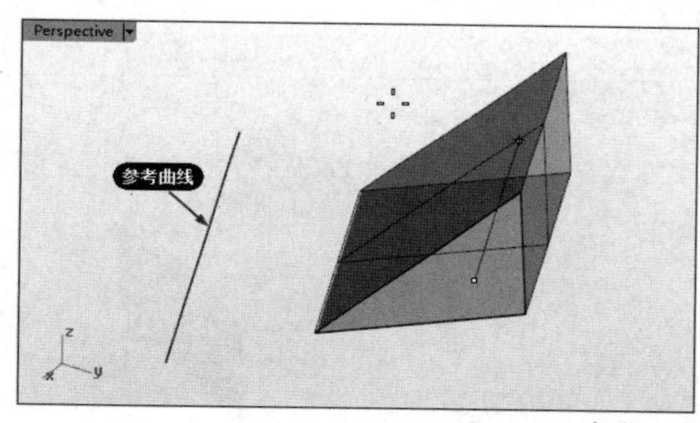

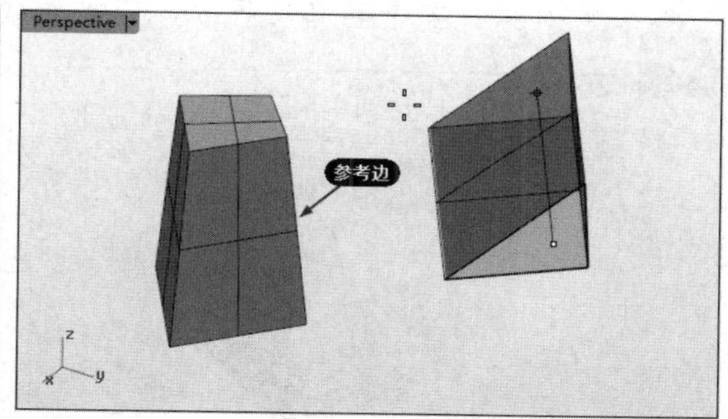

图 4-26　参考曲线或实体边定义方向

- 两侧：在截面曲线的两侧同时挤出。若设置为【是】，则同时挤出；若设置为【否】，则单侧挤出，如图 4-27 所示。

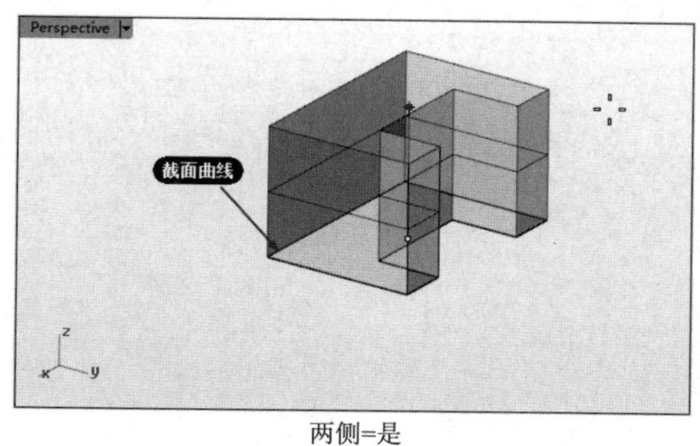

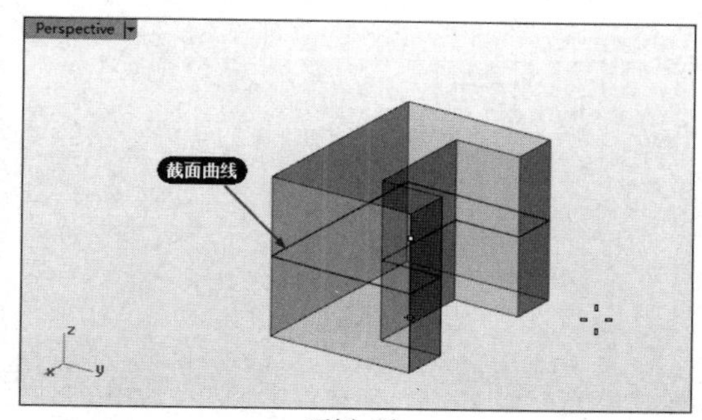

两侧=否

图 4-27　两侧挤出

- 实体：设置挤出的几何类型是否为实体。若设置为【否】，则为曲面；若设置为【是】，则为实体，如图 4-28 所示。

技术要点：

Rhino 8.0 中的实体并非实体模型，而是封闭曲面模型，内部是空心的。

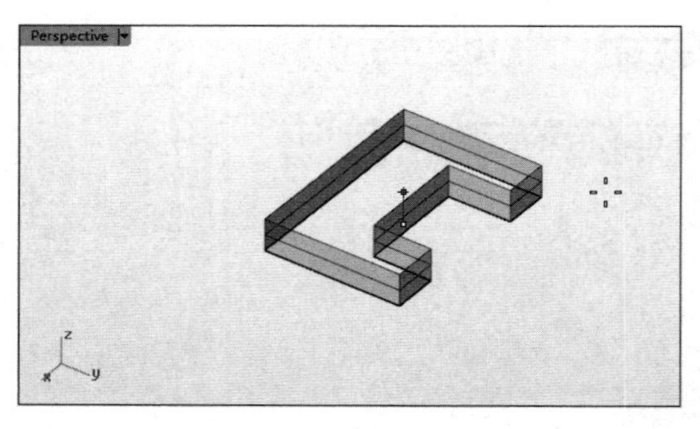

实体=否

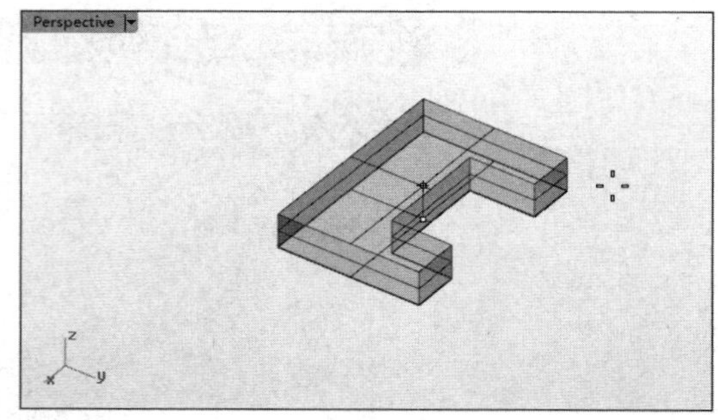

实体=是

图 4-28　设定挤出的几何类型

- 删除输入物件：是否删除截面曲线（要挤出的曲线）。

技术要点：

删除输入物件会导致无法记录建构历史。

- 至边界：挤出至边界曲面，如图 4-29 所示。

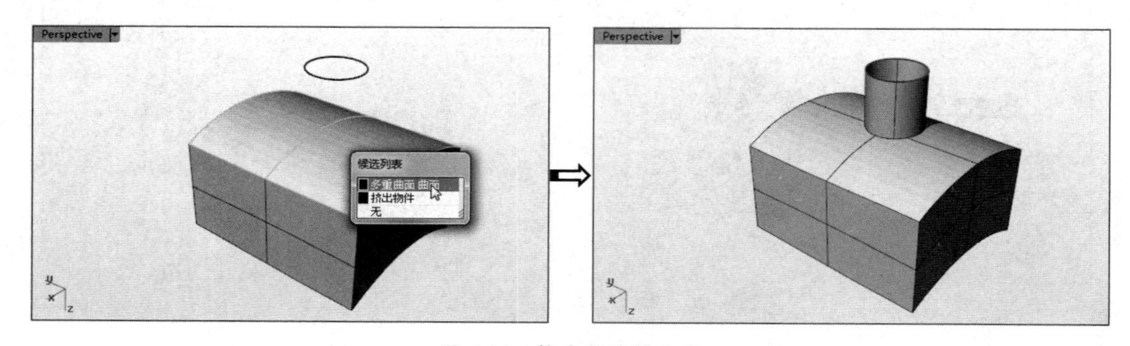

图 4-29　挤出至边界曲面

- 设定基准点：为挤出设定一个起点，这个起点就是基准点，如图 4-30 所示。

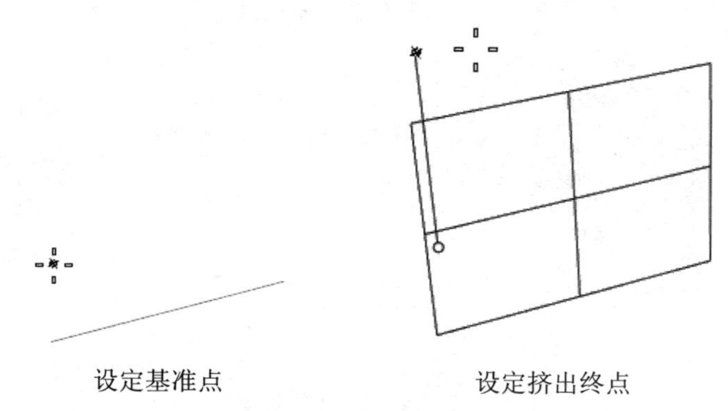

设定基准点　　设定挤出终点

图 4-30　分割正切点

上机操作——用【直线挤出】工具建立零件模型

本案例主要使用【直线挤出】工具建立零件曲面模型。图 4-31 所示为零件模型的尺寸图。

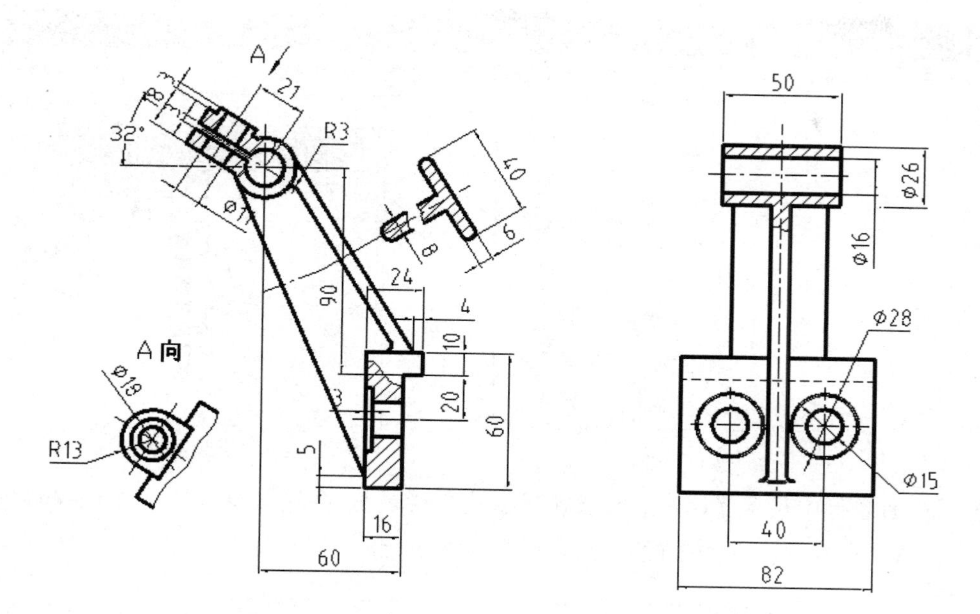

图 4-31　零件模型的尺寸图

① 新建 Rhino 8.0 文件。打开本案例源文件“零件尺寸图.dwg”，如图 4-32 所示。

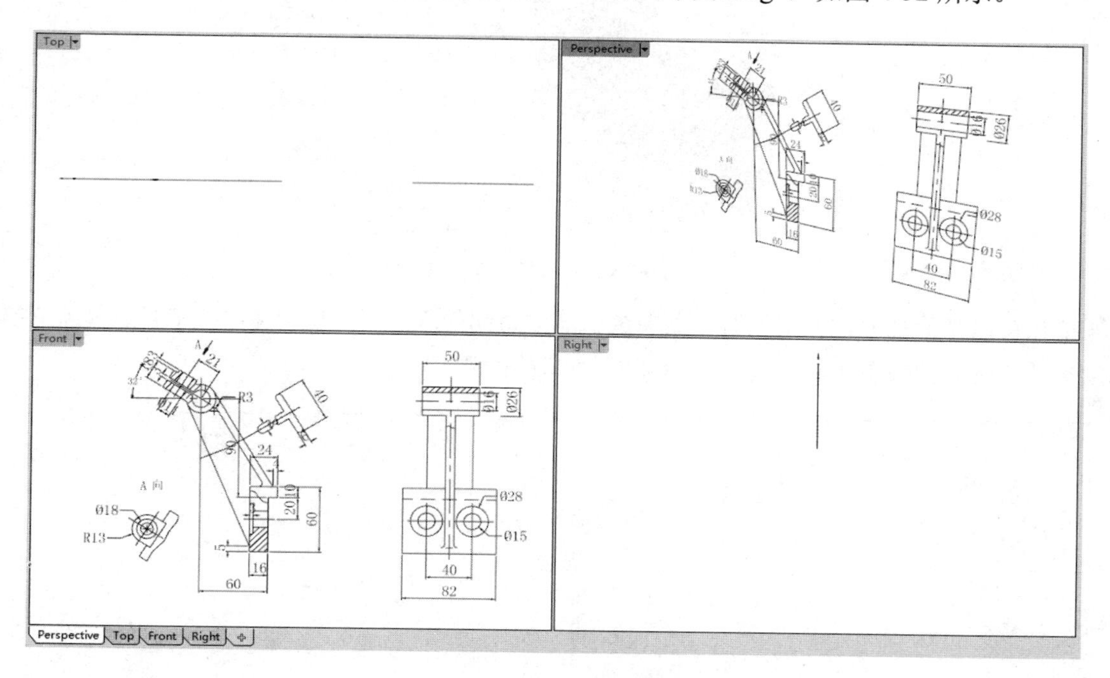

图 4-32　打开的零件尺寸图

技术要点：

在图 4-32 中，先以左图中的轮廓作为截面曲线进行挤出，右图是挤出长度的参考尺寸图。从右图中可以看出，零件是左右对称的，所以在挤出时会设置为两侧同时挤出。

② 单击【直线挤出】按钮，在 Front 视窗中选取要挤出的截面曲线，如图 4-33 所示。

技术要点：

为了方便选取截面曲线，暂时将【0】图层和【dim】图层隐藏，如图 4-34 所示。

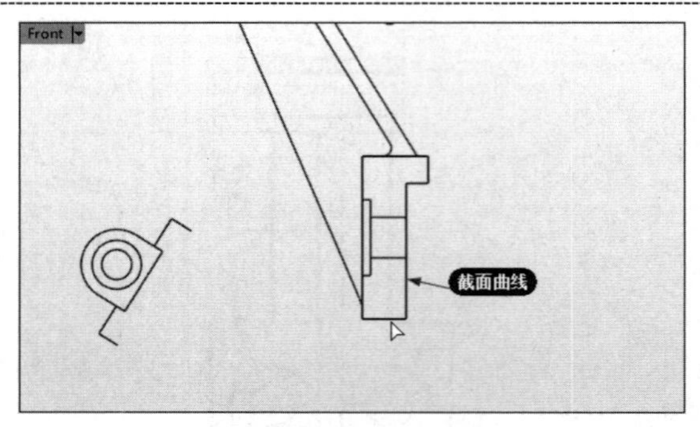

图 4-33　选取截面曲线

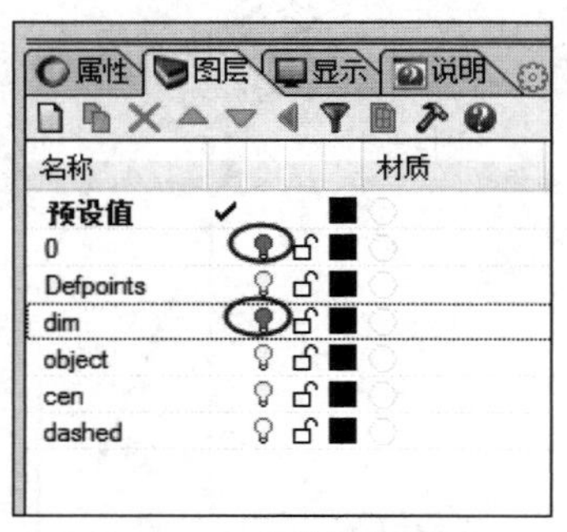

图 4-34　隐藏部分图层

③　右击后在命令行中设置【两侧】和【实体】均为【是】，并输入挤出长度值 41（参考尺寸图），右击完成挤出曲面 1 的建立，如图 4-35 所示。

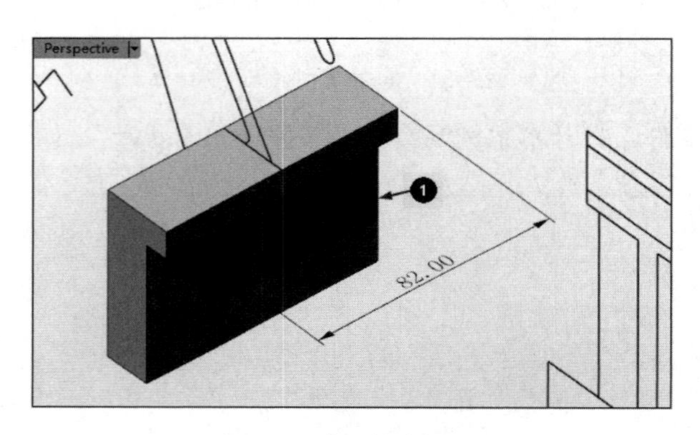

图 4-35　建立挤出曲面 1

④　在挤出其他几处截面曲线时，需要进行曲线封闭处理。可以使用【曲线工具】选项卡中的【延伸曲线】工具，延伸如图 4-36 所示的圆弧。

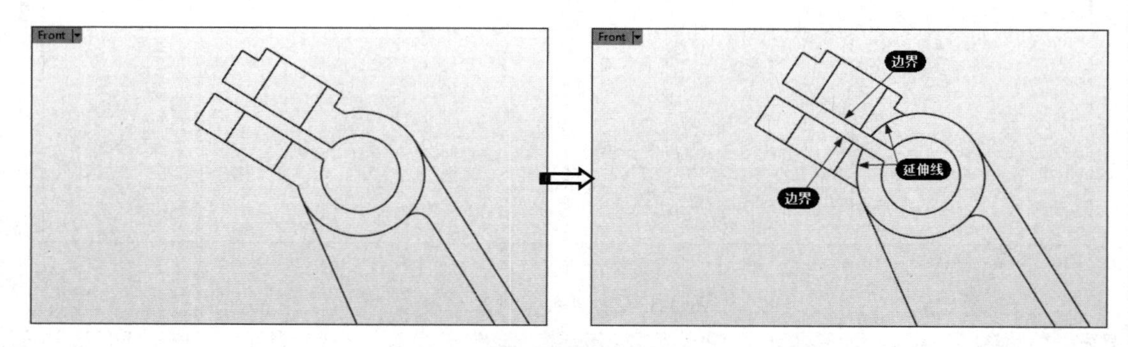

图 4-36　延伸圆弧

⑤　延伸后使用【修剪】工具对圆弧进行修剪，如图 4-37 所示。

⑥　按快捷键 Ctrl+C 和 Ctrl+V 复制并粘贴如图 4-38 所示的曲线。

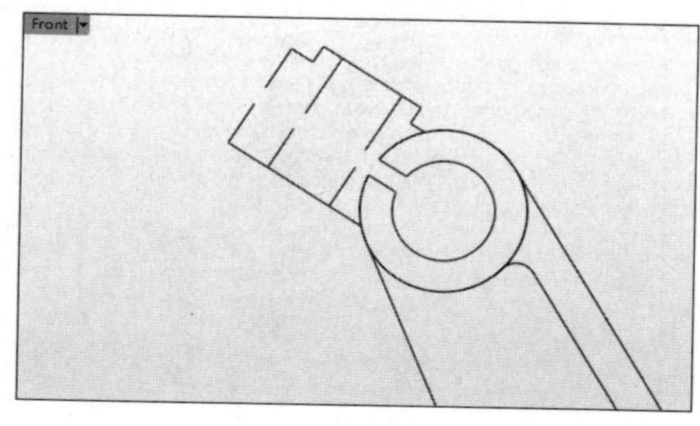

图 4-37　修剪曲线

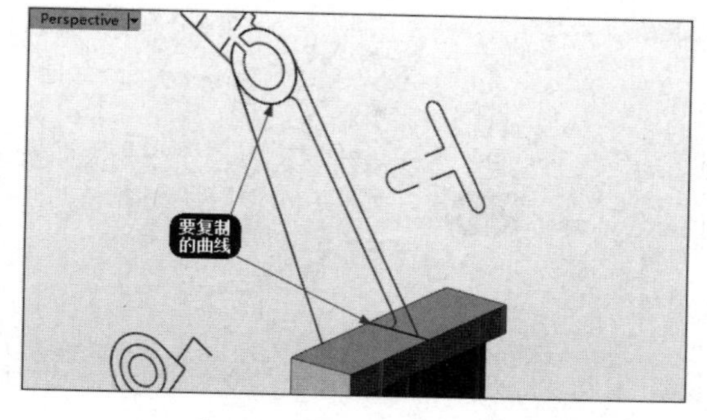

图 4-38　复制并粘贴曲线

⑦　对中间的曲线进行修剪，形成封闭曲线，以便后面进行挤出操作，如图 4-39 所示。

⑧　使用【直线挤出】工具，将封闭曲线挤出，建立长度为 20、两侧挤出的封闭的挤出曲面 2（实体），如图 4-40 所示。

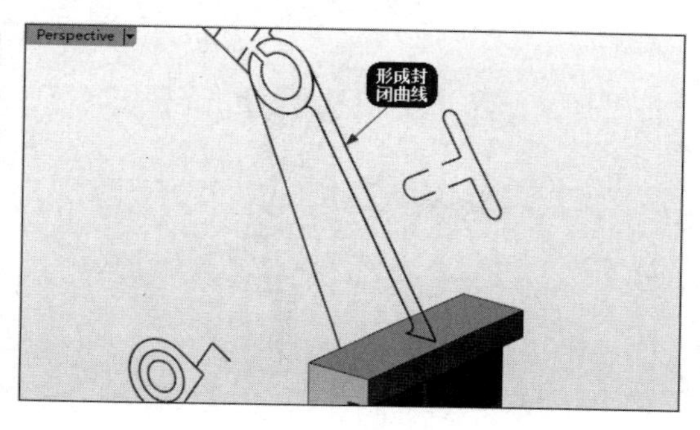

图 4-39　修剪曲线

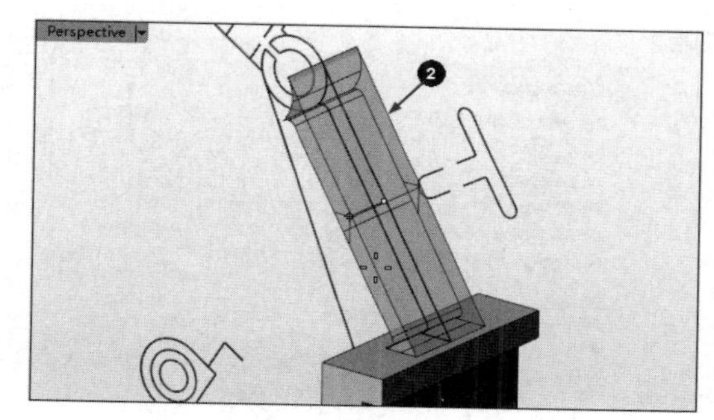

图 4-40　建立挤出曲面 2

⑨　同理，将截面曲线挤出，建立长度为 25 的封闭的挤出曲面 3，如图 4-41 所示。

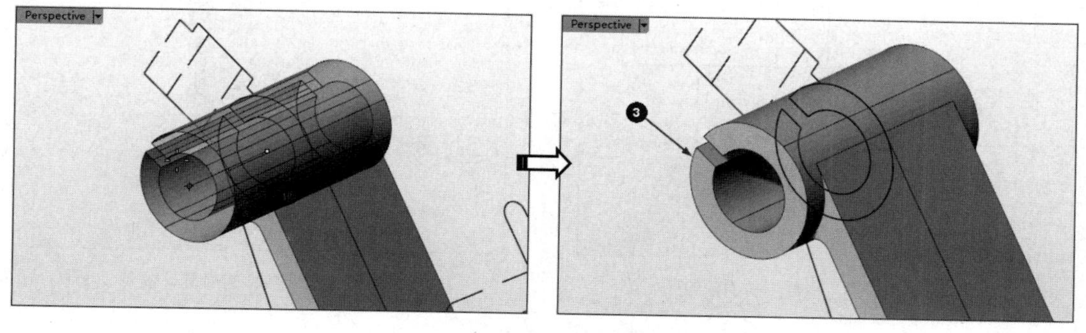

图 4-41　建立挤出曲面 3

⑩　使用【隐藏物件】工具将前面 3 个挤出曲面暂时隐藏。在 Front 视窗中清理剩余的曲线。也就是说，使用【修剪】工具修剪多余的曲线，使用【单一直线】工具修补先前修剪的部分曲线，如图 4-42 所示。

⑪　使用【直线挤出】工具，用上一步骤整理的封闭曲线建立两侧同时挤出、长度为 4 的封闭的挤出曲面 4（实体），如图 4-43 所示。

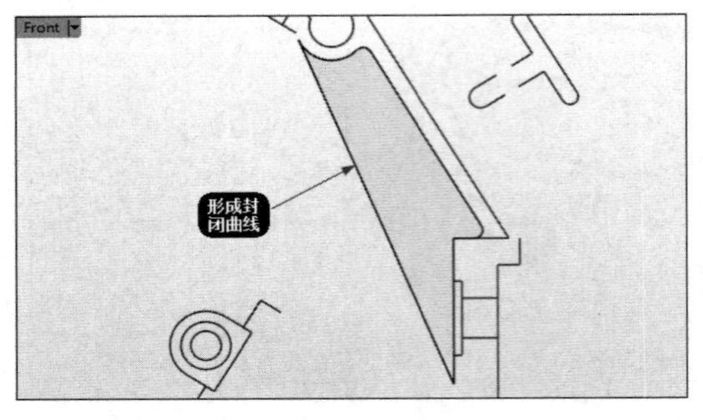

图 4-42　修剪曲线

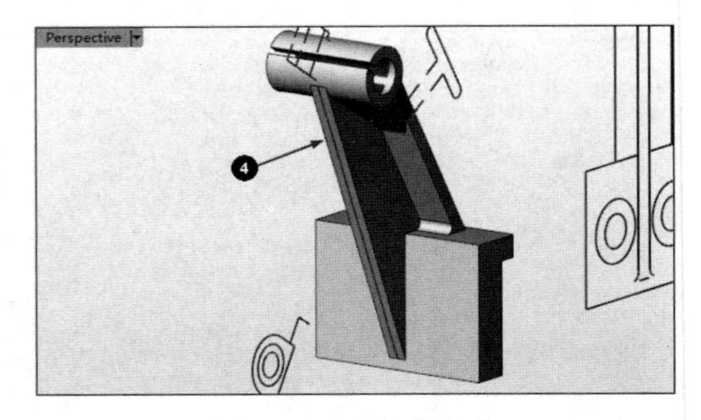

图 4-43　建立挤出曲面 4

⑫ 在 Right 视窗中重新设置视图为 Left，如图 4-44 所示。

⑬ 在 Front 视窗中右击【变动】选项卡中的【旋转】按钮，将如图 4-45 所示的曲线旋转 90°。

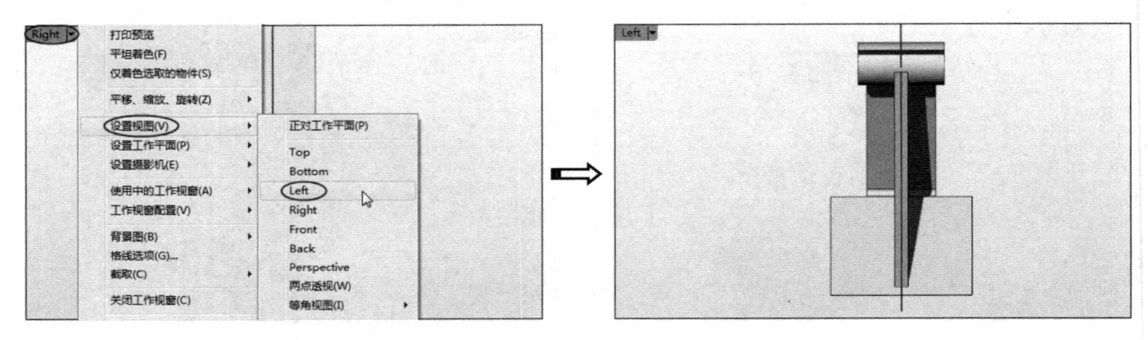

图 4-44　设置视图

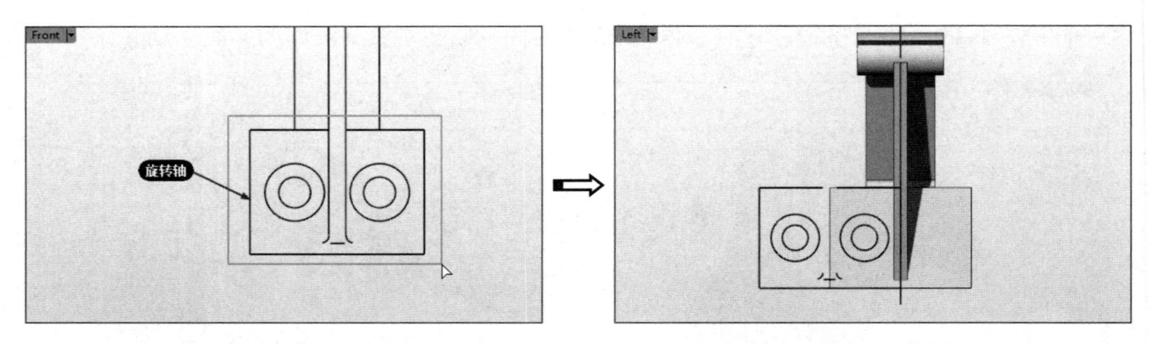

在 Front 视窗中选取要旋转的曲线　　在 Left 视窗中查看旋转效果

图 4-45　旋转曲线

⑭ 在 Left 视窗中使用【移动】工具，将 3D 旋转的曲线移动到挤出曲面 1 上，使其与挤出曲面 1 的边缘重合，如图 4-46 所示。

⑮ 使用【直线挤出】工具，建立如图 4-47 所示的封闭的挤出曲面 5，要求其长度超出挤出曲面 1。

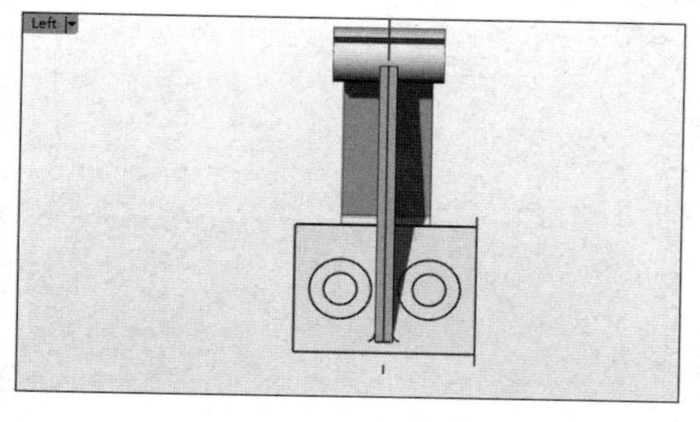

图 4-46　移动曲线

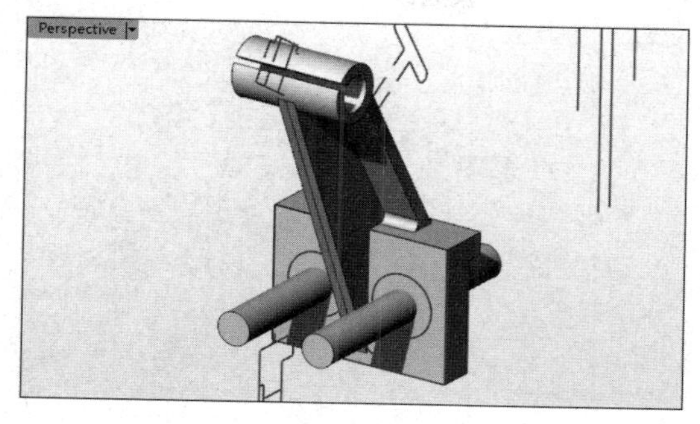

图 4-47　建立挤出曲面 5

⑯ 使用【实体工具】选项卡中的【布尔运算差集】工具，从挤出曲面 1 中减去挤出曲面 5，如图 4-48 所示。

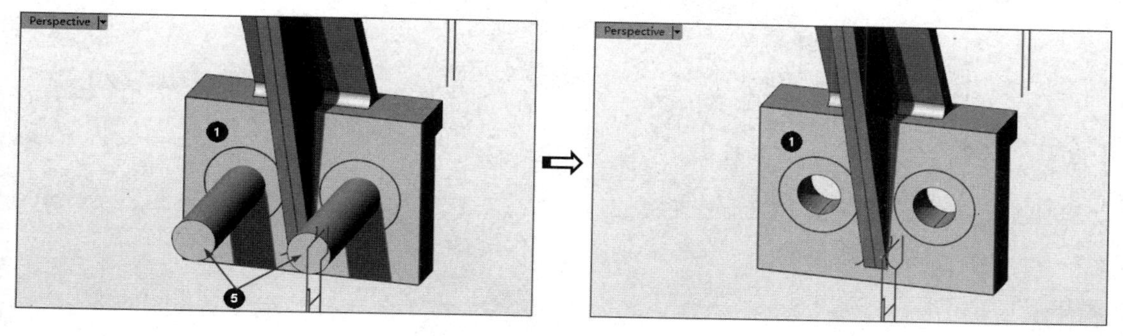

图 4-48　布尔差集运算 1

⑰ 同理，先建立挤出长度为 3、单侧挤出的封闭曲面 6，然后使用【布尔运算差集】工具从封闭的挤出曲面 6 中减去挤出曲面 1，如图 4-49 所示。

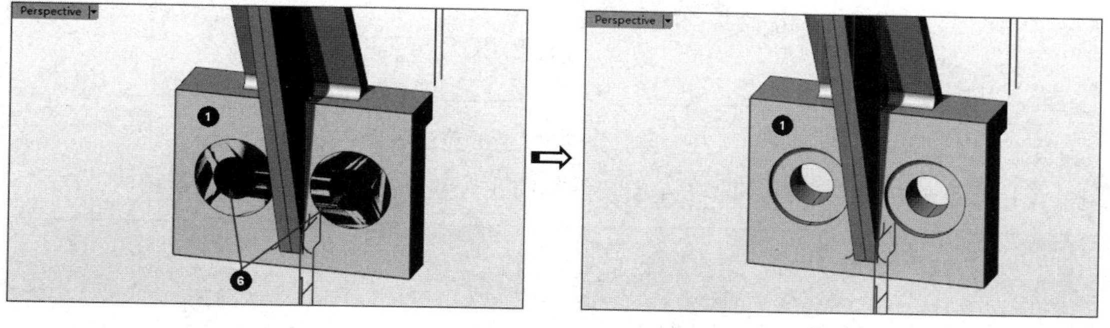

图 4-49　布尔差集运算 2

⑱ 单击【工作平面】选项卡中的【设定工作平面：垂直】按钮，在 Front 视窗中设置工作平面，如图 4-50 所示。

⑲ 在 Perspective 视窗中使用【旋转】工具，将 A 向视图旋转 90°，如图 4-51 所示。

⑳ 旋转后将 A 向视图的所有曲线移动到工作平面上（在 Front 视窗中操作），并且与挤出曲面 2 重合，如图 4-52 所示。

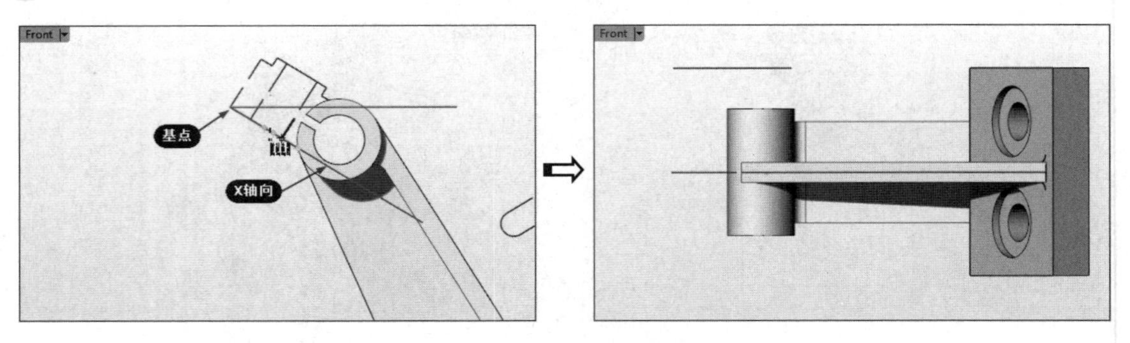

图 4-50　设置工作平面

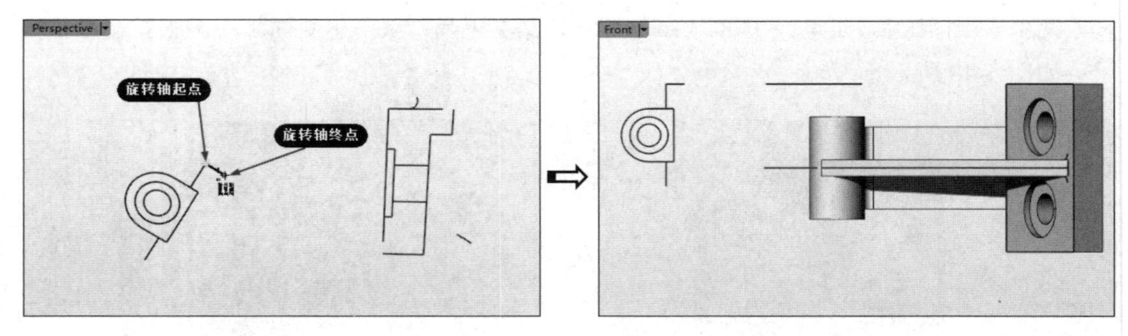

图 4-51　3D 旋转 A 向视图

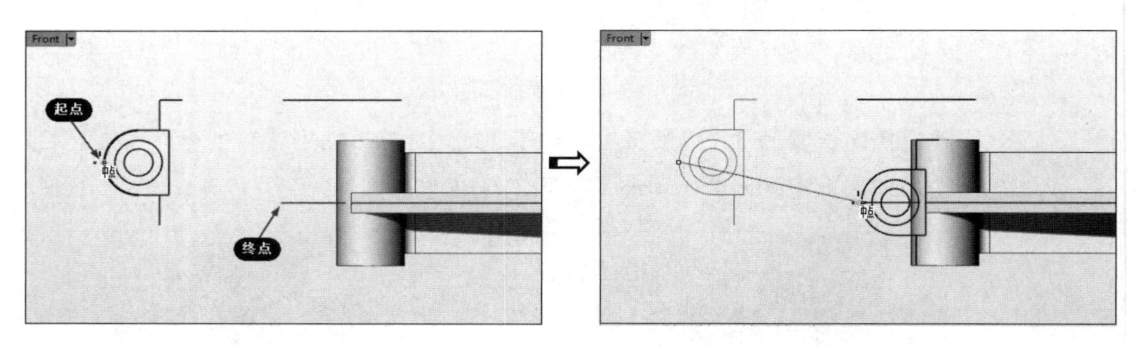

图 4-52　移动 A 向视图的曲线

㉑　使用【直线挤出】工具，选取 A 向视图的曲线，建立如图 4-53 所示的封闭曲面 7。

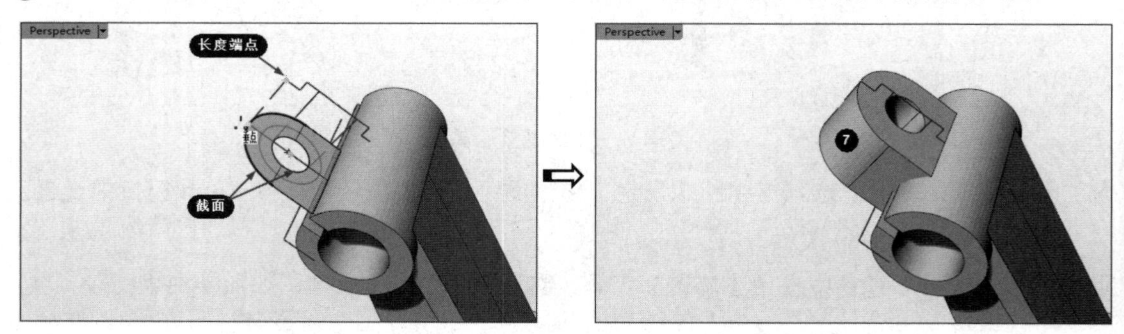

图 4-53　建立封闭曲面 7

㉒　同理，选取 A 向视图的部分曲线建立封闭的挤出曲面 8，如图 4-54 所示。

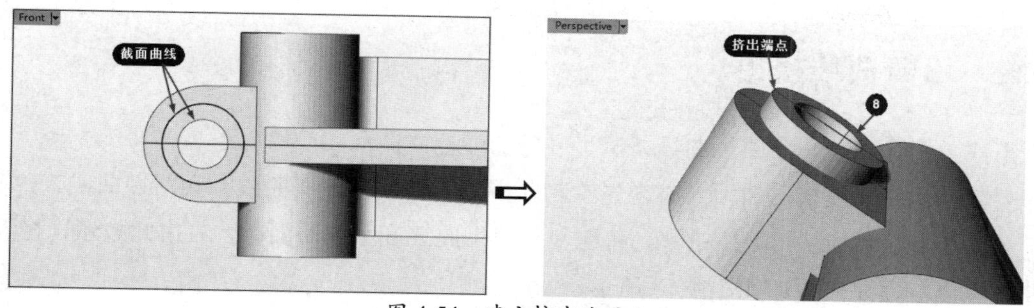

图 4-54　建立挤出曲面 8

㉓　为便于后面操作，需要将【object】图层隐藏。

㉔　使用【直线挤出】工具，选取物件的边缘建立有方向参考的挤出曲面 9，如图 4-55 所示。同理，建立如图 4-56 所示的挤出曲面 10。

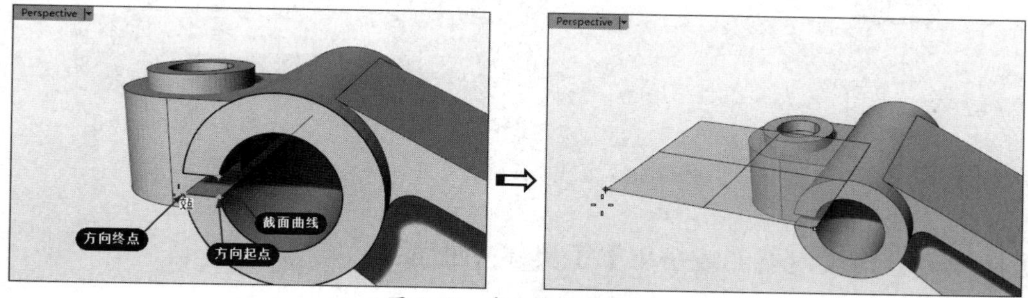

图 4-55　建立挤出曲面 9

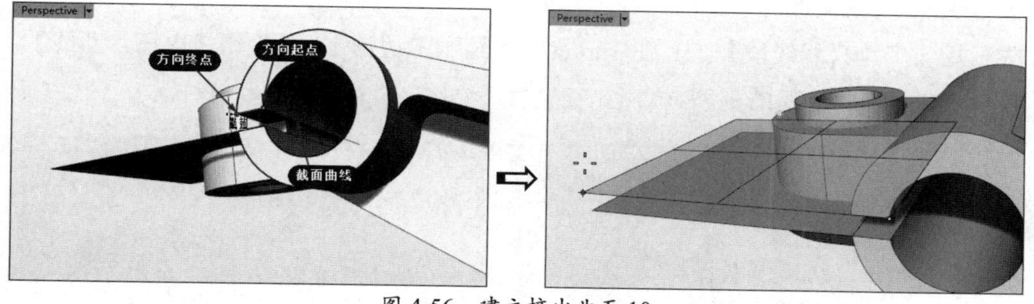

图 4-56　建立挤出曲面 10

㉕　使用【修剪】工具，分别选取挤出曲面 9 和挤出曲面 10 作为切割用物件，切割封闭的挤出曲面 7 和挤出曲面 8，如图 4-57 所示。

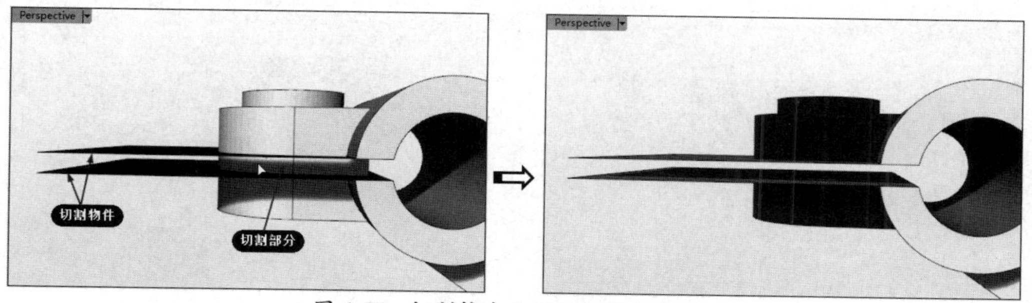

图 4-57　切割挤出曲面 7 和挤出曲面 8

㉖　至此，完成了本案例零件的设计。

4.2.2 沿着曲线挤出

形成方式：沿着一条路径曲线挤出另一条曲线建立曲面。

要建立沿着曲线挤出曲面，必须先绘制要挤出的曲线（截面曲线）和路径曲线。

单击【沿着曲线挤出】按钮，将建立与路径曲线齐平的曲面。若右击此按钮，将沿着副曲线挤出，建立曲面，如图 4-58 所示。

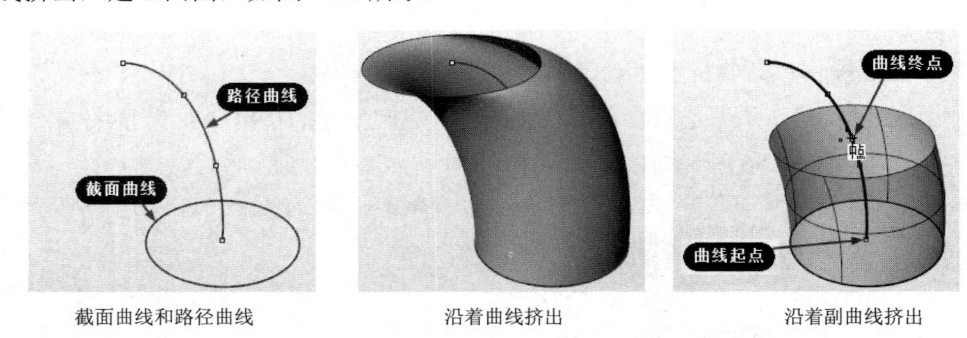

图 4-58 沿着曲线挤出的两种模式

上机操作——用【沿着曲线挤出】工具建立曲面

① 新建 Rhino 8.0 文件。

② 先使用【多重直线线段】工具在 Top 视窗中绘制多边形 1，再使用【内插点曲线】工具绘制一条曲线 2，如图 4-59 所示。

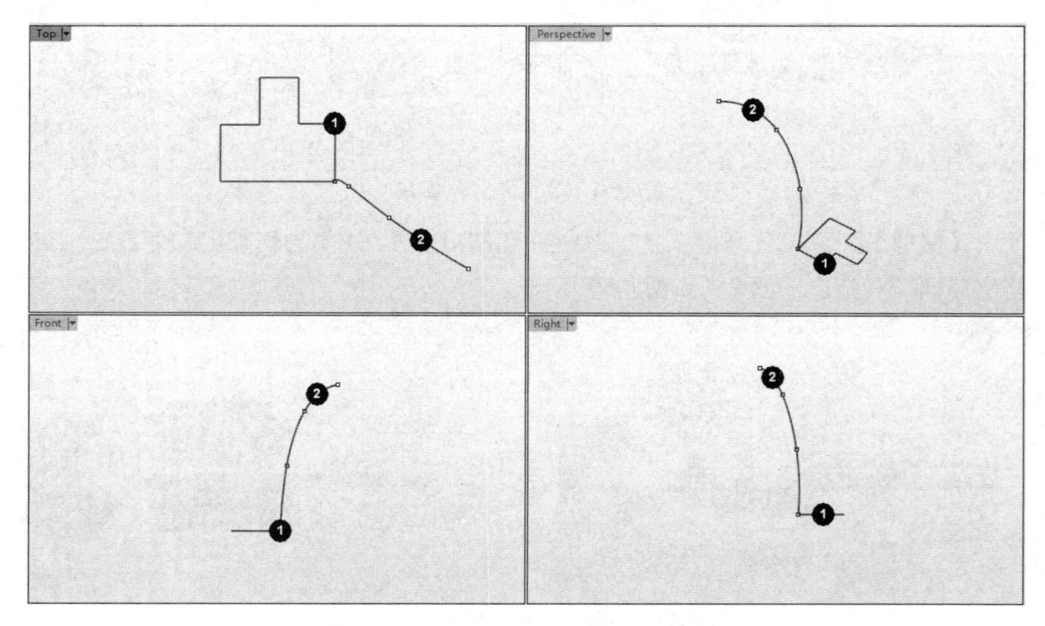

图 4-59 绘制截面曲线和路径曲线

技术要点：

绘制内插点曲线后打开编辑点，分别在几个工作视窗中调整编辑点的位置。

③ 单击【沿着曲线挤出】按钮，选取要挤出的曲线 1 和曲线 2，按 Enter 键后自动建立曲面，如图 4-60 所示。

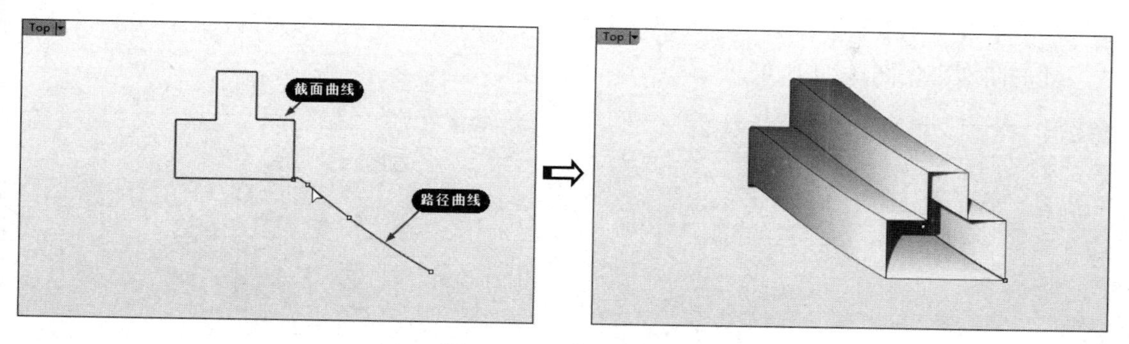

图 4-60　沿着曲线挤出

技术要点：

路径曲线有且只有一条。在选取路径曲线时，要注意选取位置。在路径曲线两端分别选取，会产生两种不同的效果。图 4-60 是在靠近截面曲线的一端选取而产生的结果，图 4-61 是在远离截面曲线的一端选取而产生的结果。

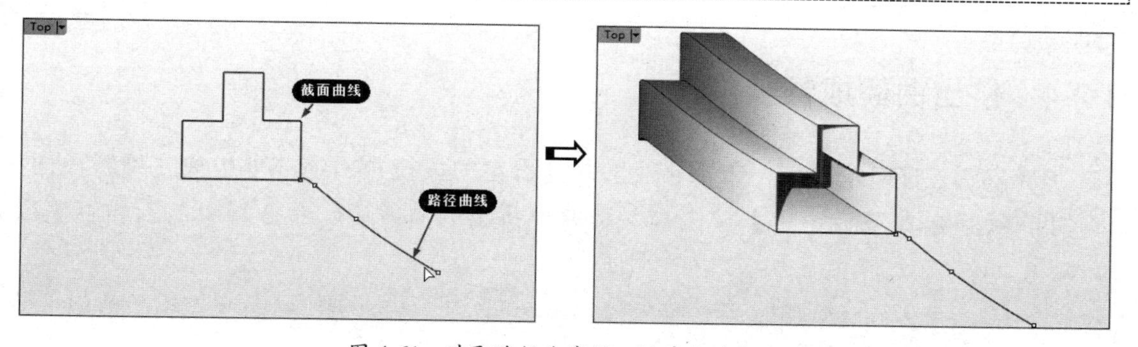

图 4-61　选取路径曲线另一端建立的曲面

4.2.3　挤出至点

形成方式：挤出曲线至一点，建立锥形的曲面、实体、多重曲面，如图 4-62 所示。

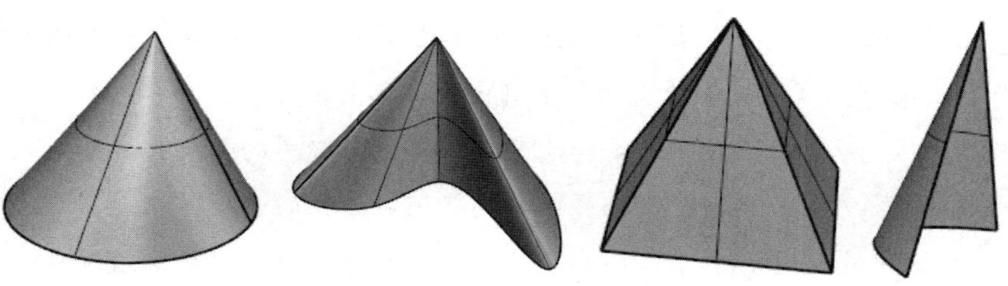

图 4-62　挤出至点

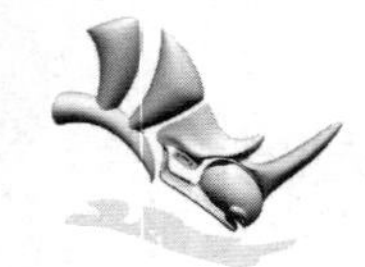

上机操作——用【挤出至点】工具建立锥形曲面

① 新建 Rhino 8.0 文件。

② 使用【矩形】工具绘制一个矩形，如图 4-63 所示。

③ 单击【挤出至点】按钮，选取要挤出的曲线并右击，指定挤出点的位置，会自动建立锥形曲面，如图 4-64 所示。

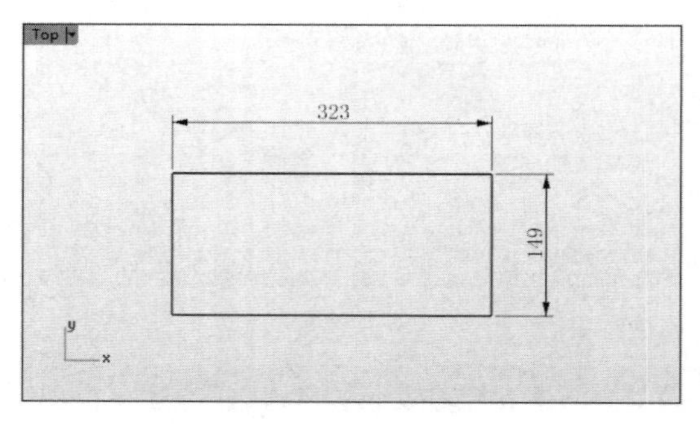

图 4-63　绘制矩形

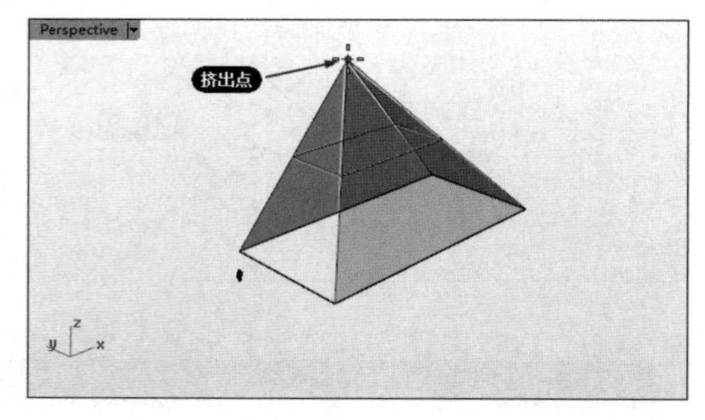

图 4-64　挤出至点

技术要点：

可以指定参考点、曲线/边端点，或输入坐标，确定挤出点。

4.2.4　挤出曲线成锥状

形成方式：将曲线往单一方向挤出，并以设定的拔模角内缩或外扩建立锥状曲面。

单击【挤出曲线成锥状】按钮，选取要挤出的曲线后，命令行中显示如下提示内容：

```
挤出长度<-55.028> (方向(D)  拔模角度(R)=5  实体(S)=是  角(C)=锐角  删除输入物件(L)=否  反转角度(F)  至边界(T)  设定基准点(B)):
```

此命令行提示内容与前面的【直线挤出】命令的命令行提示内容有相似之处也有不同之处，这里仅介绍不同的选项。

- 拔模角度：物件的拔模角度以工作平面为计算依据。当曲面与工作平面垂直时，拔模角度为 0；当曲面与工作平面平行时，拔模角度为 90。
- 角：设置角如何偏移，将矩形的多重直线往外侧偏移即可看出使用不同选项的差别。【角】选项包括【尖锐】、【圆角】和【平滑】3 个子选项。
  - ➢ 尖锐：以位置（G0）连续的曲面填补挤出时造成的裂缝。
  - ➢ 圆角：以正切（G1）连续的圆角曲面填补挤出时造成的裂缝。
  - ➢ 平滑：以曲率（G2）连续的混接曲面填补挤出时造成的裂缝。
- 反转角度：切换拔模角度值的正、负。

上机操作——用【挤出曲线成锥状】工具建立锥状曲面

① 新建 Rhino 8.0 文件。

② 使用【矩形】工具绘制一个矩形，如图 4-65 所示。

③ 单击【挤出曲线成锥状】按钮，选取要挤出的曲线并右击，在命令行中输入拔模角度值 15，其余选项不变，输入挤出长度值 50，右击完成曲面的建立，如图 4-66 所示。

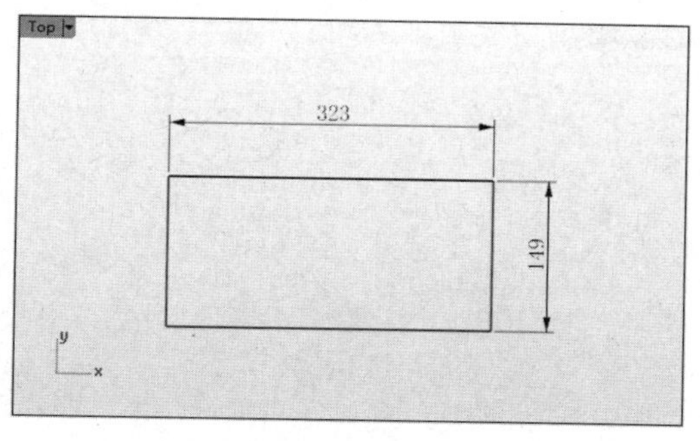

图 4-65　绘制矩形

图 4-66　挤出曲线成锥状

4.2.5　彩带

形成方式：偏移一条曲线，在原曲线和偏移后的曲线之间建立曲面。彩带效果如图 4-67 所示。

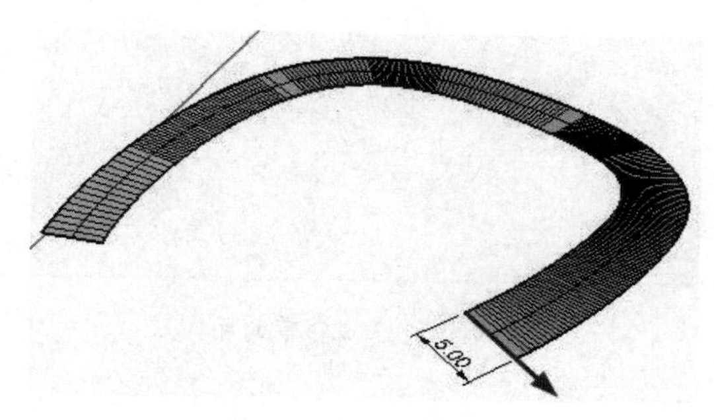

图 4-67　彩带效果

单击【彩带】按钮，选取要建立彩带的曲线后，命令行中显示如下提示内容：

```
选取要建立彩带的曲线(距离(D)=1　角(C)=锐角　通过点(T)　公差(O)=0.001　两侧(B)　与工作平面平行(I)=否):
```

各个选项的功能如下。

- 距离：设置偏移距离。
- 角：与【挤出曲线成锥状】命令的命令行中的【角】选项的含义一致。
- 通过点：指定偏移曲线的通过点，不使用输入数值的方式设置偏移距离。
- 公差：设置偏移曲线的公差。
- 两侧：与【直线挤出】命令的命令行中的【两侧】选项的含义一致。

上机操作——用【彩带】工具建立彩带曲面

① 新建 Rhino 8.0 文件。

② 使用【矩形】工具绘制一个矩形，如图 4-68 所示。

③ 单击【彩带】按钮，选取要建立彩带的曲线后，在命令行中输入距离值 30，其余选项不变，在矩形外侧单击，确定偏移侧，如图 4-69 所示。

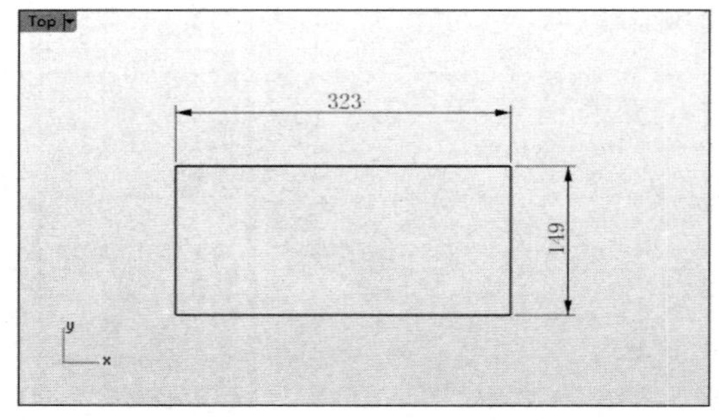

图 4-68 绘制矩形

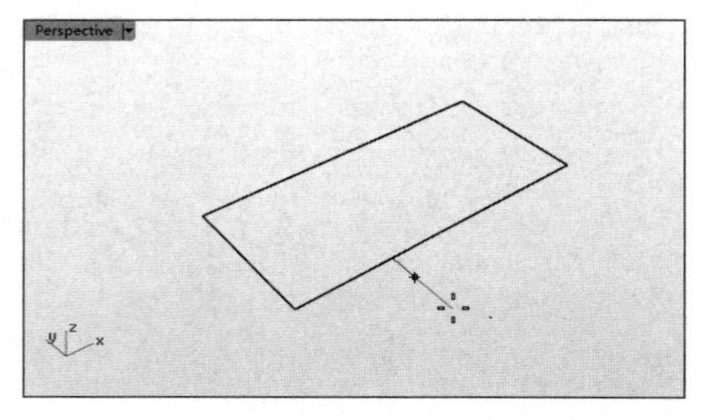

图 4-69 确定偏移侧

④ 自动建立彩带曲面，如图 4-70 所示。

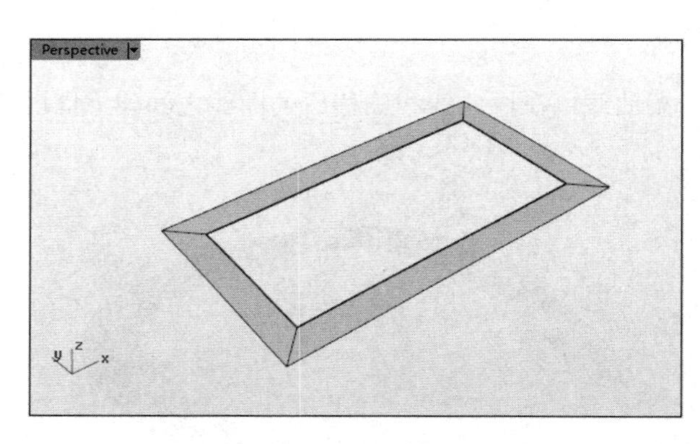

图 4-70 建立彩带曲面

4.2.6 往曲面法线方向挤出曲面

形成方式：挤出一条曲面上的曲线建立曲面，挤出的方向为曲面法线方向。

上机操作——用【往曲面法线方向挤出曲面】工具建立挤出曲面

① 新建 Rhino 8.0 文件。打开如图 4-71 所示的源文件“4-2-6.3dm”。打开的文件是一个旋转曲面和曲面上的样条曲线（内插点曲线）。

② 单击【往曲面法线方向挤出曲面】按钮，选取曲面上的曲线及基底曲面，如图 4-72 所示。

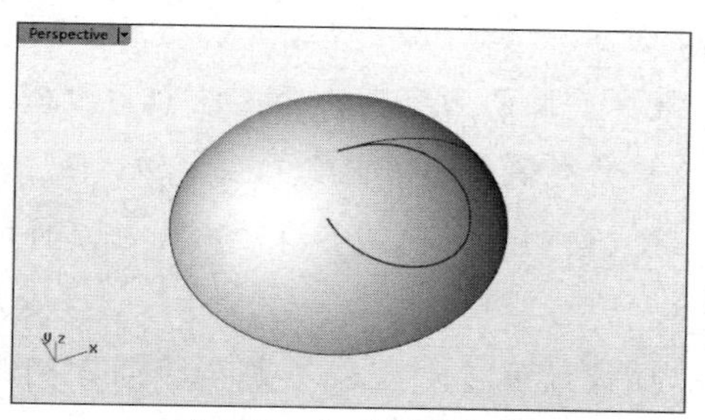

图 4-71　打开的源文件

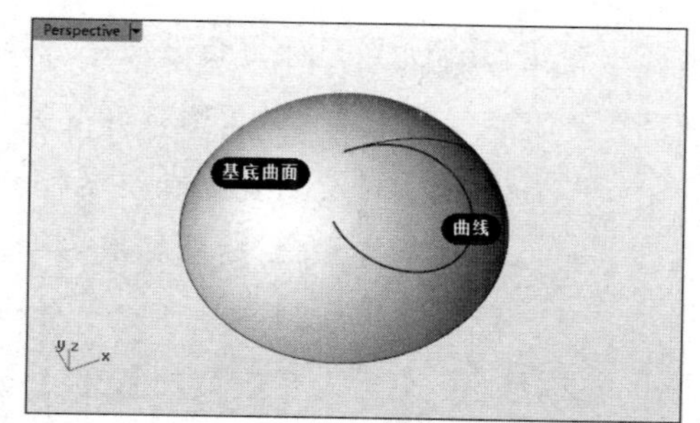

图 4-72　选取曲线与基底曲面

③　在命令行中输入挤出距离值 50，选择【反转】选项，使挤出方向指向曲面外侧，如图 4-73 所示。

④　按 Enter 键或右击完成挤出曲面的建立，如图 4-74 所示。

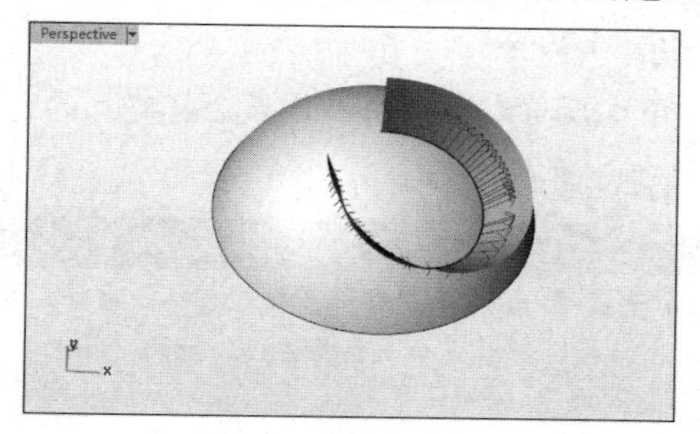

图 4-73　更改挤出方向

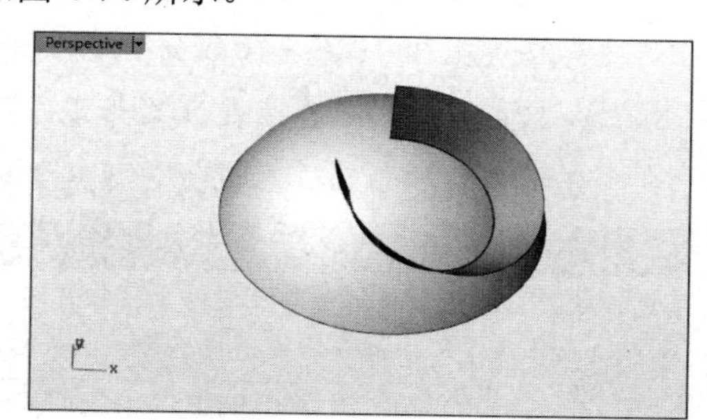

图 4-74　建立挤出曲面

4.3　旋转曲面

旋转曲面是将旋转截面曲线绕轴旋转一定的角度生成的曲面，旋转角度为 0°～360°。旋转曲面可以分为旋转成形曲面和沿着路径旋转曲面。

4.3.1　旋转成形曲面

形成方式：以一条轮廓曲线绕着旋转轴旋转建立曲面。

要建立旋转曲面，必须先绘制旋转截面曲线。旋转轴既可以参考其他曲线、曲面或实体边，又可以指定起点和终点进行定义。截面曲线既可以是封闭的，又可以是开放的。

选择【曲面工具】选项卡，在边栏中单击【旋转成形】按钮，选取要旋转的曲线（截面曲线），根据提示内容指定或确定旋转轴。命令行中显示如下提示内容：

```
起始角度<51.4039> (删除输入物件(D)=否  可塑形的(F)=否  360 度(U)  设置起始角度(A)=是 分割正切点(S)=否):
```

各个选项的功能如下。

- 删除输入物件：是否删除截面曲线。

- 可塑形的：是否对曲面进行平滑处理。
  - 选择【否】：以正圆旋转建立曲面，建立的曲面为有理曲面，这个曲面在四分点的位置是全复节点，这样的曲面在编辑控制点时可能会产生锐边。
  - 选择【是】：创建旋转成形曲面的环绕方向为三阶，为非有理曲面，这样的曲面在编辑控制点时可以平滑地变形。
- 点数：当设置【可塑形的】为【是】时，需要设置【点数】选项。【点数】选项用来设置曲面环绕方向的控制点数。
- 360 度：快速设置旋转角度为 360°，不必输入角度值。使用这个选项以后，在下次执行这个指令时，预设的旋转角度为 360°。
- 设置起始角度：若设置为【是】，则需要指定起始角度的位置；若设置为【否】，则将默认从 0°（输入曲线的位置）开始旋转。
- 分割正切点：此选项在设置为【否】时，在线段与线段正切的顶点会将建立的曲面分割为多重曲面；在设置为【是】时，仅建立单一曲面。

技术要点：

【旋转成形】按钮与【沿着路径旋转】按钮是同一个。由于在 Rhino 8.0 中有许多功能相似的按钮是相同的，这里仅以单击鼠标左键或右键进行区分。如果仅提及单击某按钮，就是单击鼠标左键，反之为右击。

上机操作——建立漏斗曲面

① 新建 Rhino 8.0 文件。

② 使用【多重直线线段】工具，在 Front 视窗中绘制如图 4-75 所示的多重直线（包括实线和点画线）。

③ 单击【旋转成形】按钮，选取要旋转的截面曲线，如图 4-76 所示。

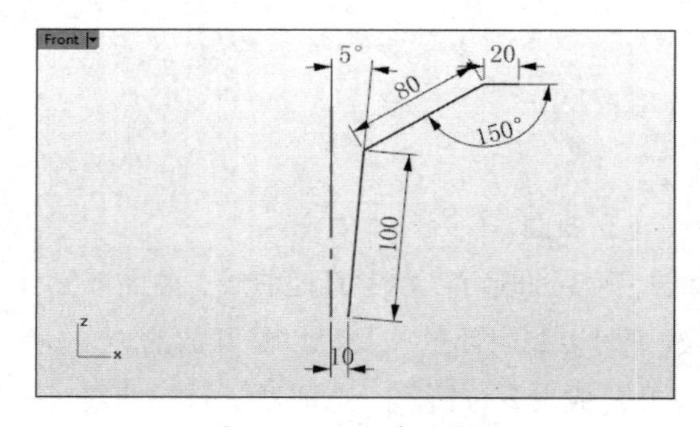

图 4-75　绘制多重直线

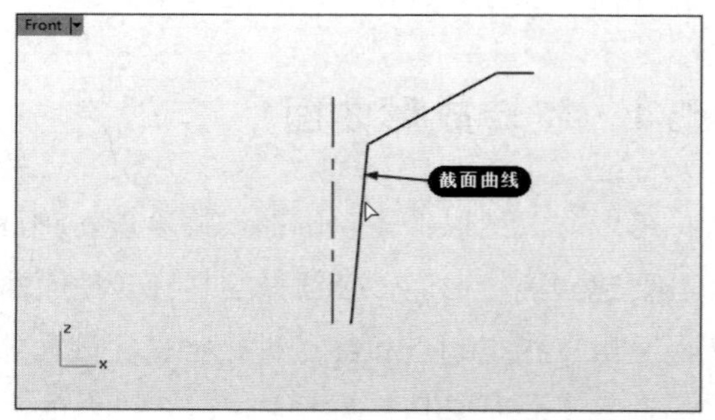

图 4-76　选取截面曲线

④ 按 Enter 键，指定点画线的两个端点分别为旋转轴的起点和终点，如图 4-77 所示。

⑤ 在命令行中先设置【设置起始角度】为【否】，然后设置【旋转角度】为 360°，最后右击，完成旋转曲面的建立，如图 4-78 所示。

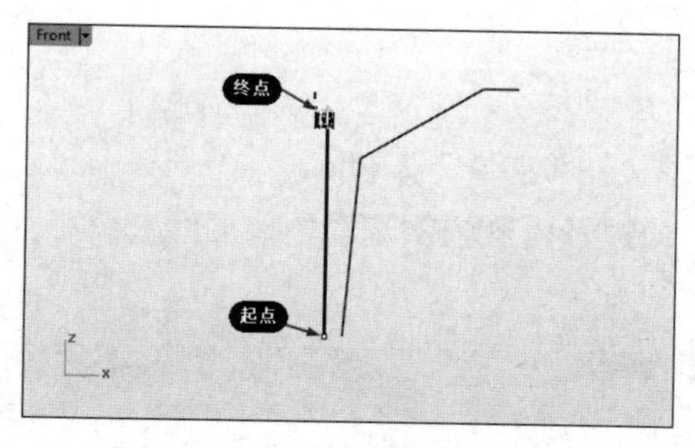

图 4-77　指定旋转轴的起点和终点

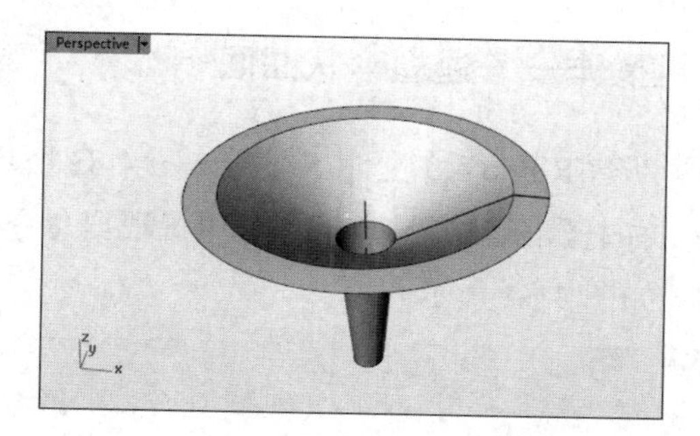

图 4-78　建立旋转曲面

4.3.2　沿着路径旋转曲面

形成方式：以一条轮廓曲线沿着一条路径曲线，同时绕着中心轴旋转建立曲面。

上机操作——建立心形曲面

① 新建 Rhino 8.0 文件。打开如图 4-79 所示的源文件“4-3-2-1.3dm”。

② 右击【沿着路径旋转】按钮，根据命令行中的提示内容依次选取轮廓曲线和路径曲线，如图 4-80 所示。

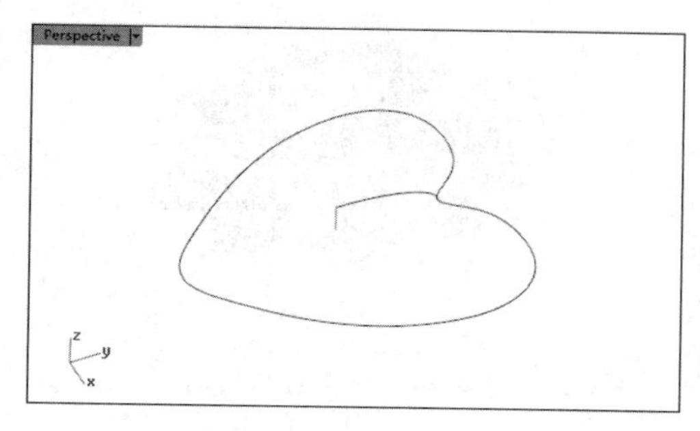

图 4-79　打开的源文件

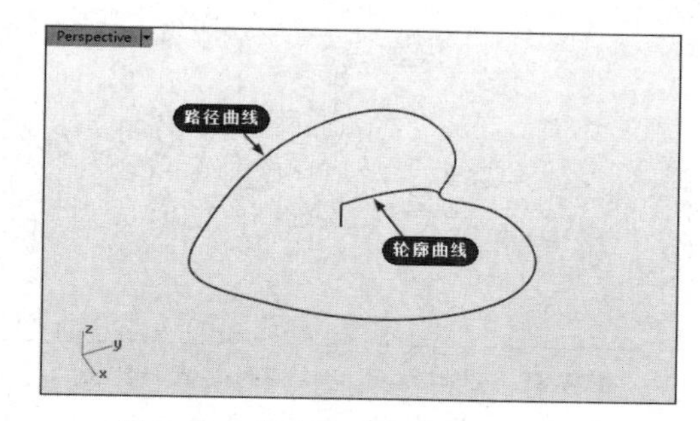

图 4-80　选取轮廓曲线与路径曲线

③ 按照提示内容选取路径旋转轴的起点和终点，如图 4-81 所示。

④ 自动建立旋转曲面，如图 4-82 所示。

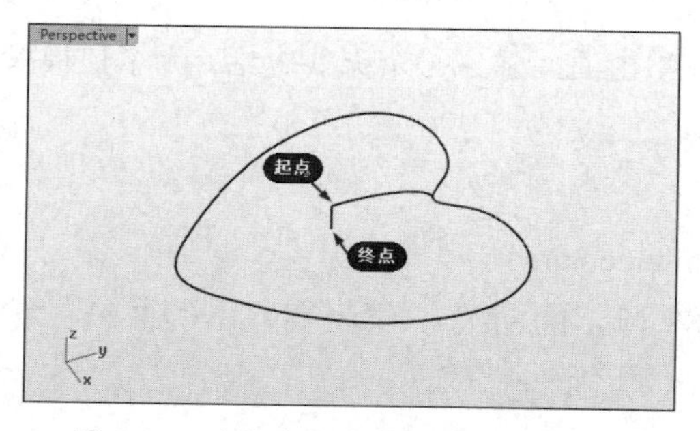

图 4-81　选取路径旋转轴的起点与终点

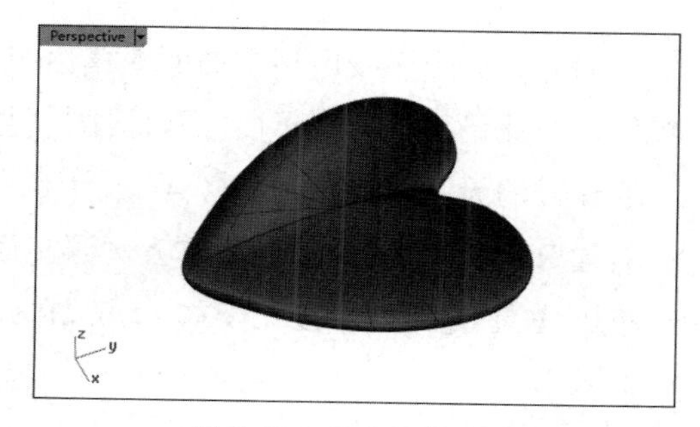

图 4-82　建立旋转曲面

上机操作——建立伞状曲面

① 新建 Rhino 8.0 文件。打开如图 4-83 所示的源文件“4-3-2-2.3dm”。

② 右击【沿着路径旋转】按钮，根据命令行中的提示内容依次选取轮廓曲线和路径曲线，如图 4-84 所示。

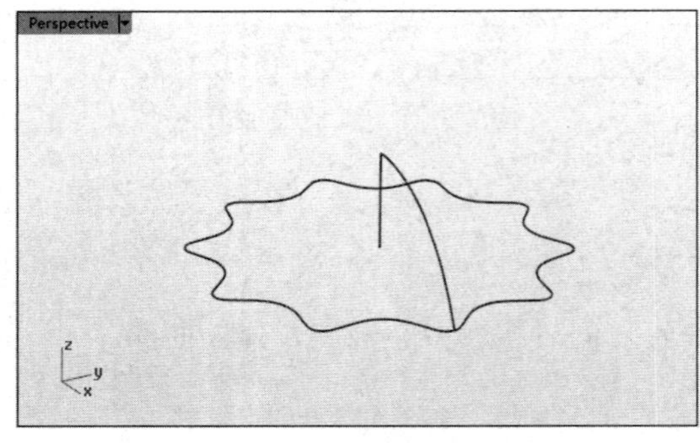

图 4-83　打开的源文件

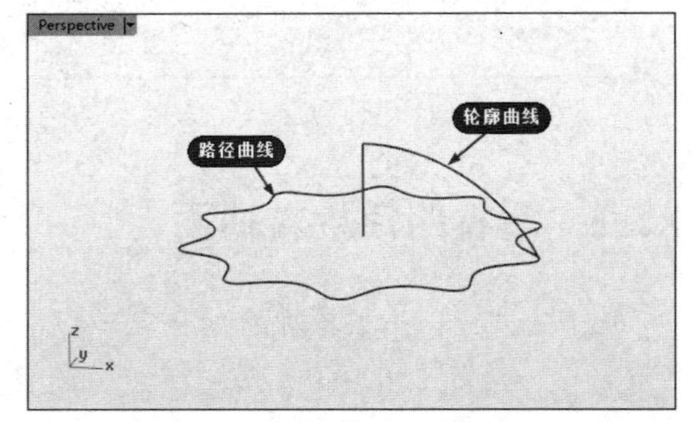

图 4-84　选取轮廓曲线与路径曲线

③ 按照提示内容选取路径旋转轴的起点和终点，如图 4-85 所示。

④ 自动建立旋转曲面，如图 4-86 所示。

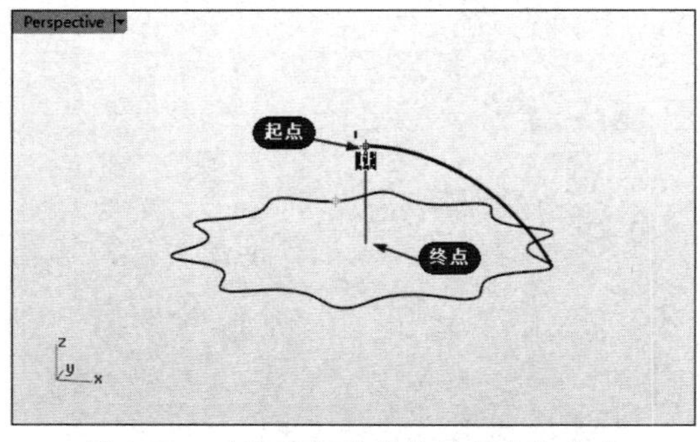

图 4-85　选取路径旋转轴的起点与终点

图 4-86　建立旋转曲面

4.4　实战案例——无线电话建模

下面介绍一个无线电话的曲面建模案例，以挤出曲面建立一个无线电话。为了让模型更有组织，在此已事先建立了曲面和曲线图层。

要建立的无线电话模型如图 4-87 所示。

① 新建 Rhino 8.0 文件。打开本案例源文件“phone.3dm”。

② 单击【直线挤出】按钮，选取如图 4-88 所示的曲线 1 作为要挤出的曲线（截面曲线）。

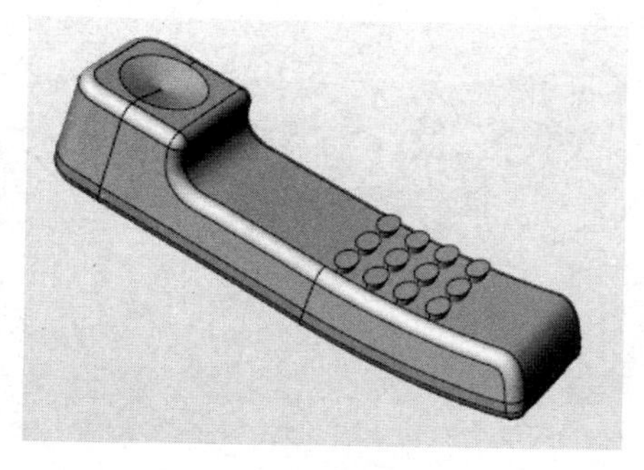

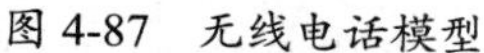

图 4-87　无线电话模型

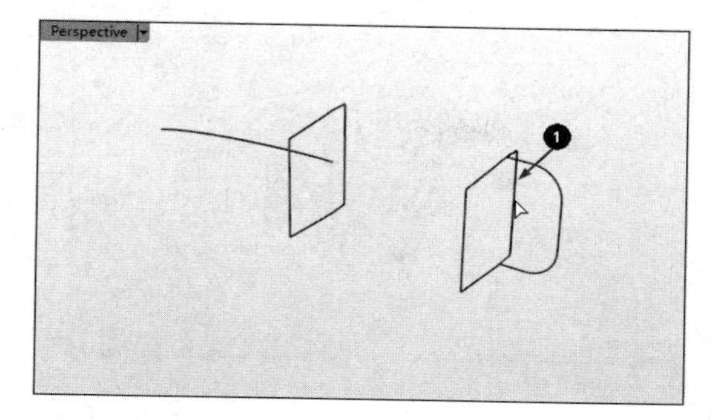

图 4-88　选取要挤出的曲线

③ 在命令行中输入挤出长度的终点值-3.5，按 Enter 键完成挤出曲面的建立，如图 4-89 所示。

技术要点：

如果挤出的是平面曲线，挤出的方向与曲线平面垂直，则按 Esc 键取消选取曲线。

④ 在【图层】面板中勾选【Bottom Surface】图层，并将其设置为当前工作图层，如图 4-90 所示。

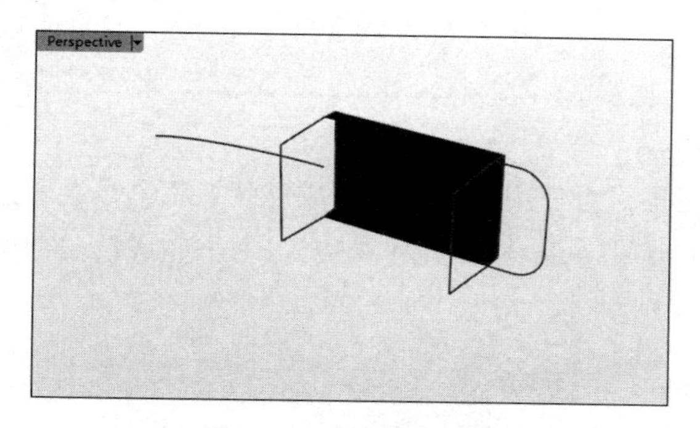

图 4-89　建立挤出曲面

图 4-90　设置为当前工作图层

⑤ 同理，建立如图 4-91 所示的挤出曲面。

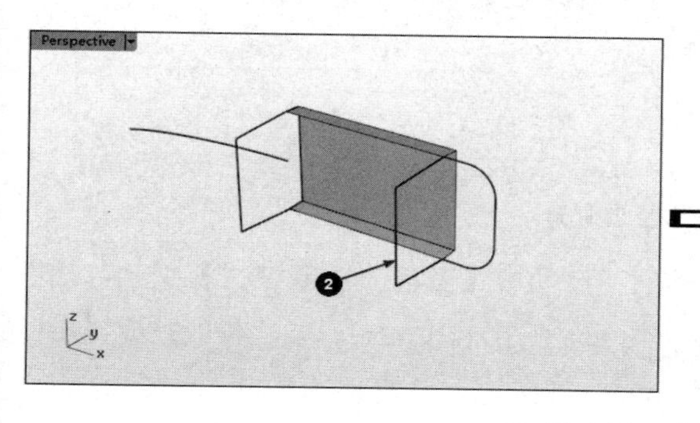

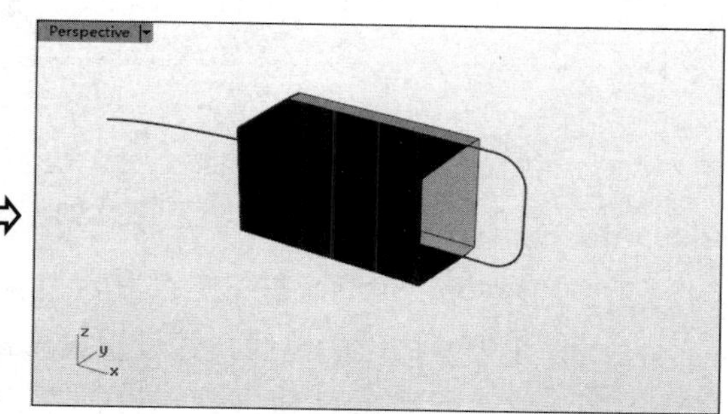

图 4-91　建立挤出曲面

⑥ 将【Top Surface】图层设置为当前图层。使用【沿着曲线挤出】工具选取曲线 3 作为截面，选取曲线 4 作为路径，建立如图 4-92 所示的挤出曲面。

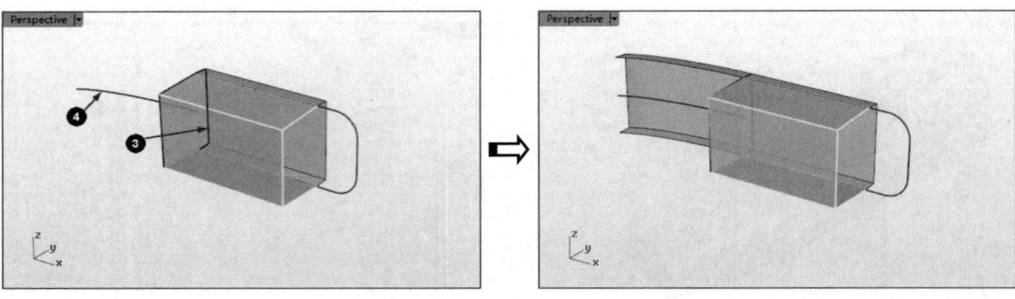

图 4-92　建立挤出曲面

⑦ 先将【Bottom Surface】图层设置为当前图层，再使用【沿着曲线挤出】工具选取曲线 5 作为截面，选取曲线 4 作为路径，建立如图 4-93 所示的挤出曲面。

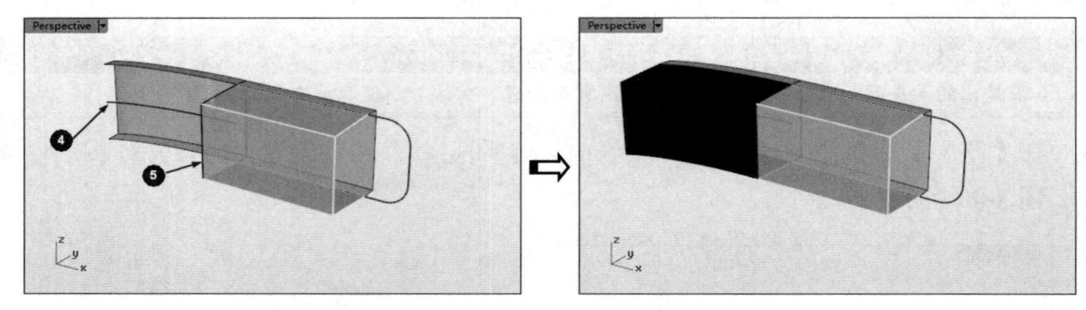

图 4-93　建立挤出曲面

⑧ 先将【Top Surface】图层设置为当前图层，再使用【挤出曲线成锥状】工具，选取曲线 6 作为要挤出的曲线，并设置拔模角度为-3、挤出长度为 0.375，右击完成挤出曲面的建立，如图 4-94 所示。

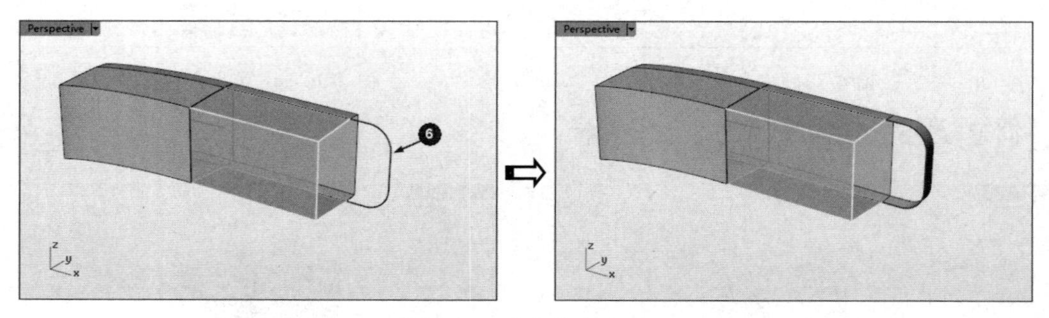

图 4-94　建立挤出曲面

⑨ 先将【Bottom Surface】图层设置为当前图层，再使用【挤出曲线成锥状】工具，选取曲线 6 作为要挤出的曲线，并设置拔模角度为-3、挤出长度为-1.375，右击完成挤出曲面的建立，如图 4-95 所示。

⑩ 使用【以平面曲线建立曲面】工具修补剩余两个缺口，如图 4-96 所示。

技术要点：

【以平面曲线建立曲面】工具将在下一章中进行详细讲解。

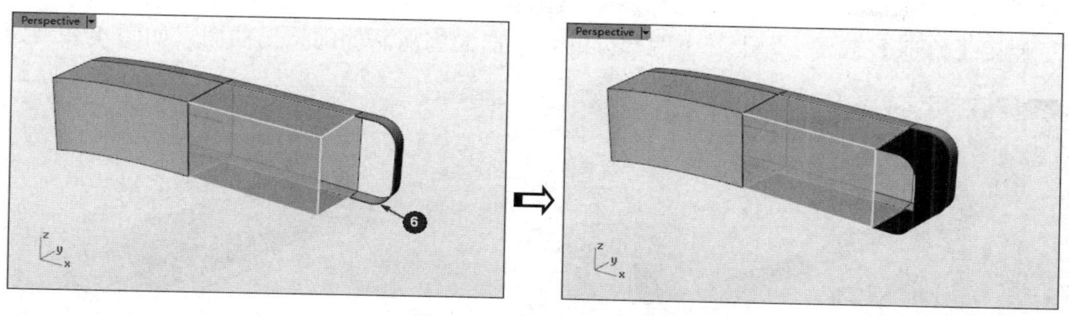

图 4-95　建立挤出曲面

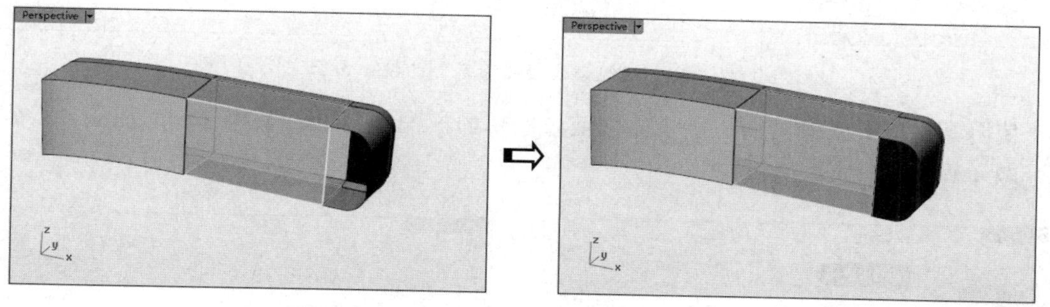

图 4-96　修补剩余缺口

⑪　使用【组合】工具，分别将上、下两部分的曲面进行组合，如图 4-97 所示。

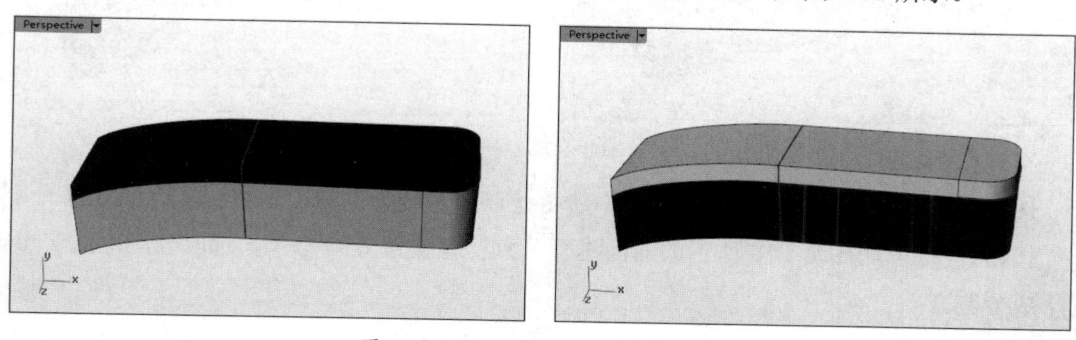

图 4-97　组合上、下两部分的曲面

⑫　显示【Extrude Straight-bothsides】图层，并使用【直线挤出】工具将打开的曲线向两侧挤出，得到如图 4-98 所示的挤出曲面。

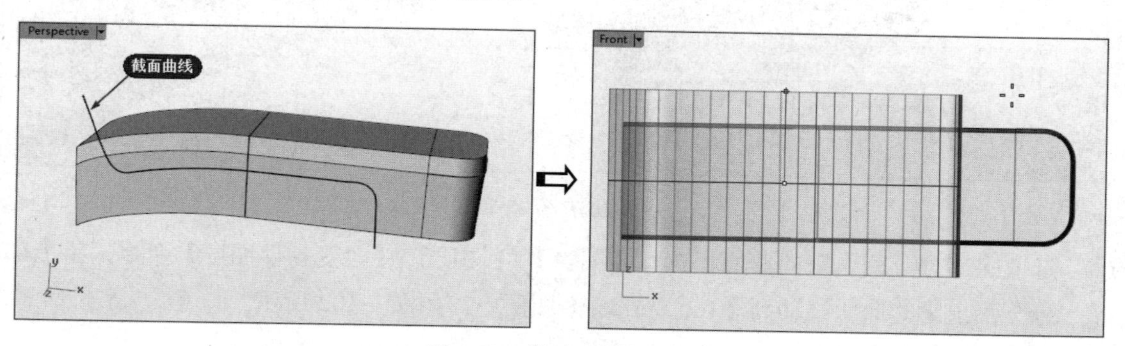

图 4-98　得到的挤出曲面

⑬ 使用【修剪】工具，用上、下两部分的组合曲面修剪两侧的挤出曲面，如图 4-99 所示。

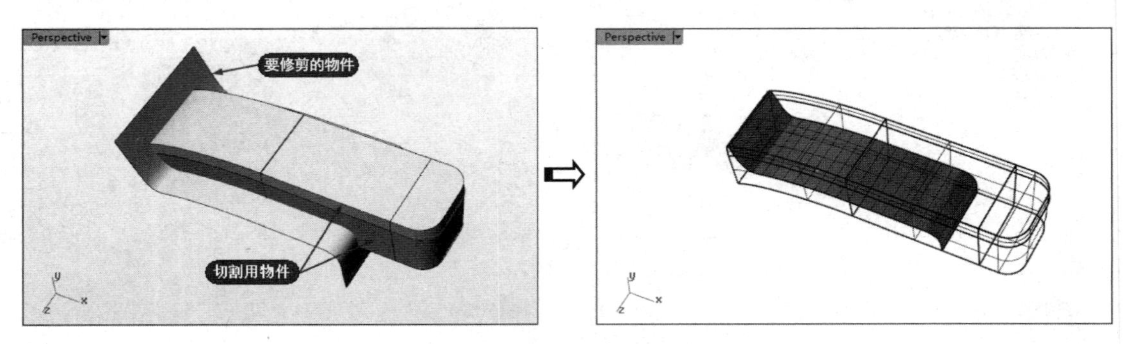

图 4-99　用组合曲面修剪两侧的挤出曲面

⑭ 使用【修剪】工具，用上一步骤修剪过的挤出曲面修剪上、下两部分的曲面，得到如图 4-100 所示的结果。

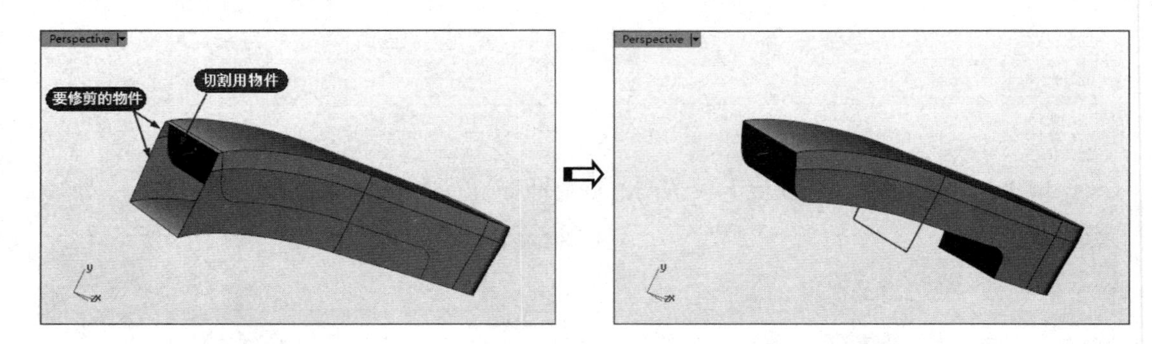

图 4-100　再次修剪曲面

⑮ 选择【曲面工具】选项卡，在边栏中右击【以结构线分割曲面】按钮（也是【分割】按钮），选取如图 4-101 所示的曲面进行分割，并设置方向为 V，选取分割点后右击完成分割。

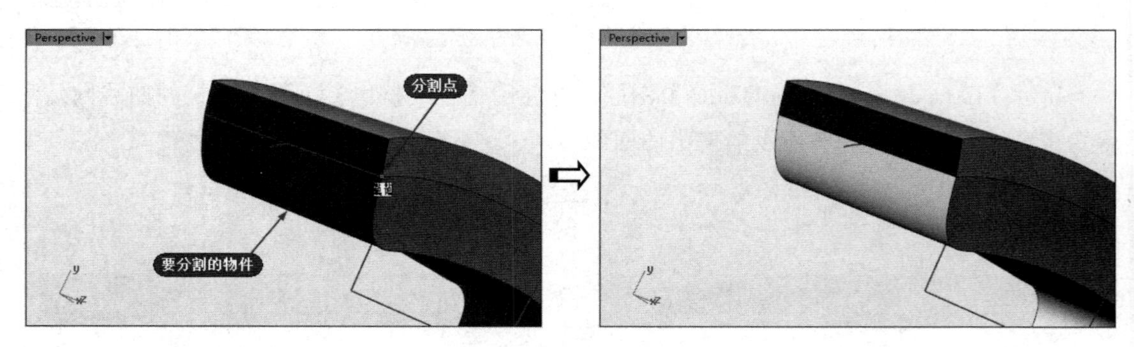

图 4-101　分割曲面

⑯ 选取上部分分割出来的曲面，执行【编辑】|【图层】|【改变物件图层】命令，将上部分分割出来的曲面移动到【Top Surface】图层中，如图 4-102 所示。

⑰ 将分割后的两个曲面分别与各自图层中的曲面组合，如图 4-103 所示。

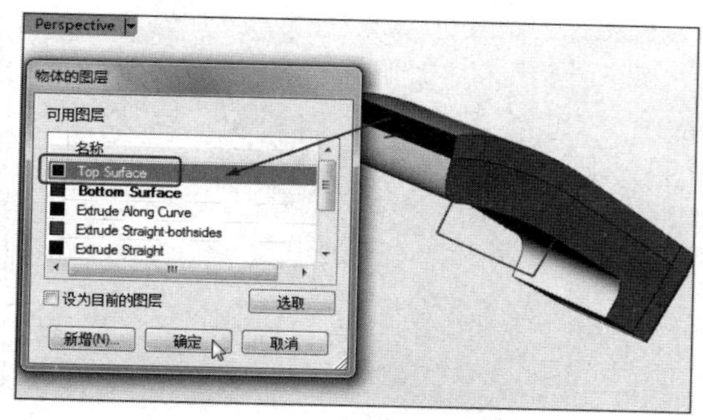

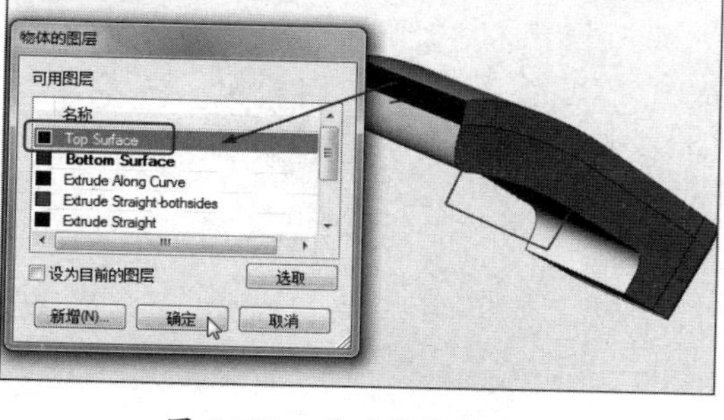

图 4-102　移动物件到图层

图 4-103　组合曲面

⑱　在【实体工具】选项卡中单击【不等距边缘圆角】按钮，选取所有边缘建立半径为 0.2 的圆角，如图 4-104 所示。注意，建立圆角前应先设置各自图层为当前图层。

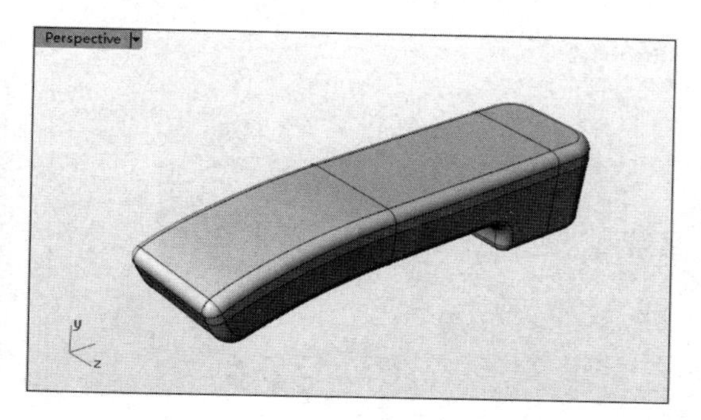

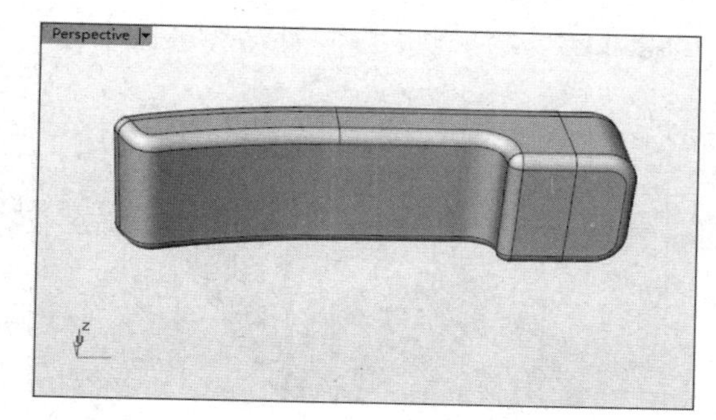

图 4-104　建立圆角

⑲　隐藏下部分的曲面图层，显示【Extrude to a Point】图层。使用【挤出至点】工具，选取要挤出的曲线和挤出目标点，建立如图 4-105 所示的挤出曲面。

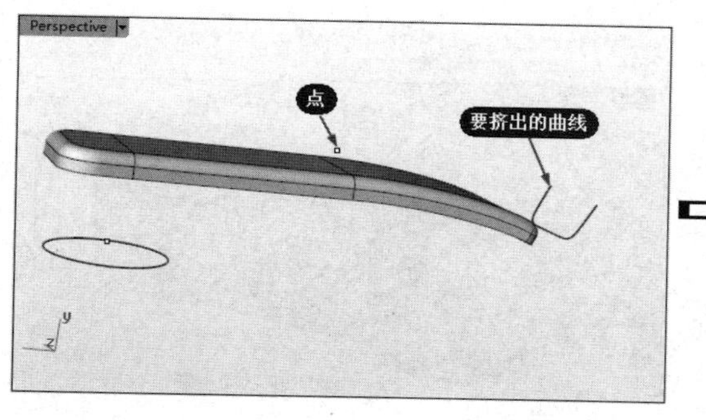

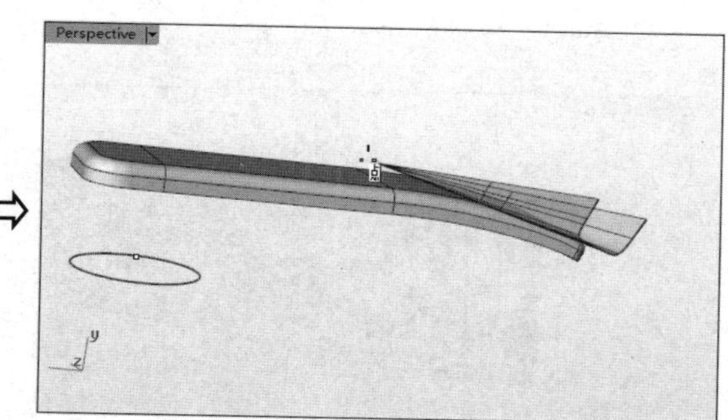

图 4-105　建立挤出曲面

⑳　先使用【修剪】工具，对挤出曲面与上部分的曲面进行修剪，然后使用【组合】工具将修剪后的曲面进行组合，如图 4-106 所示。

㉑　先将上部分的曲面的图层隐藏，设置下部分的曲面为当前图层，并显示图层中的曲面，然后用同样的方法建立挤出至点曲面，如图 4-107 所示。

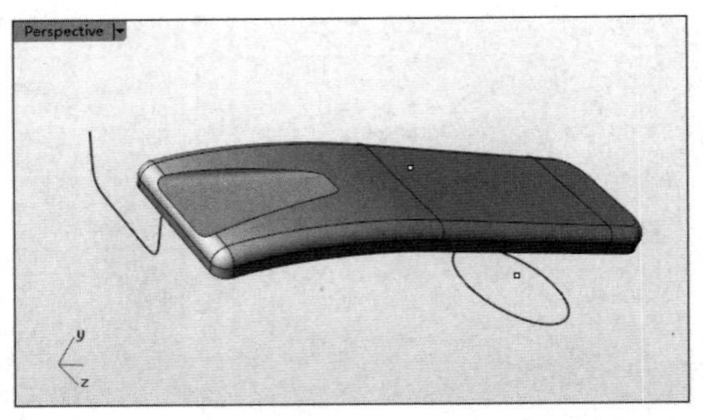

图 4-106 修剪并组合曲面

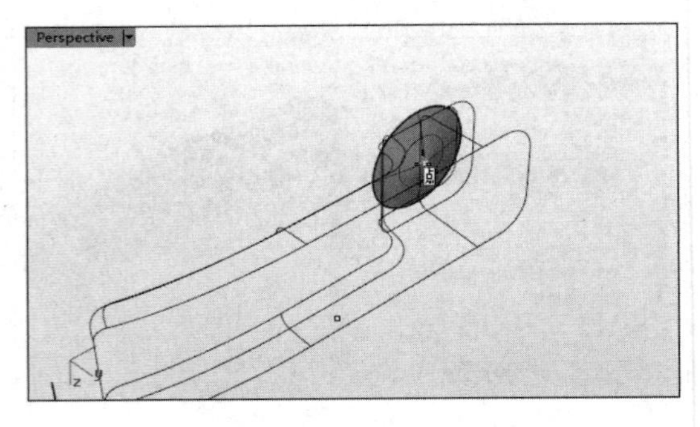

图 4-107 建立挤出至点曲面

㉒ 使用【修剪】工具，对挤出曲面和下部分的曲面进行修剪，并进行组合，得到如图 4-108 所示的效果。

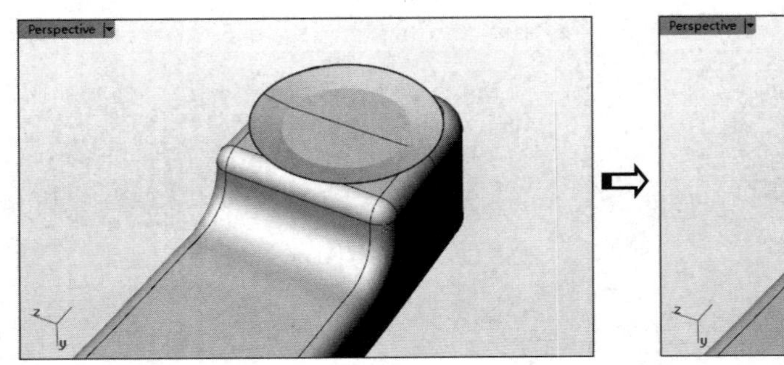

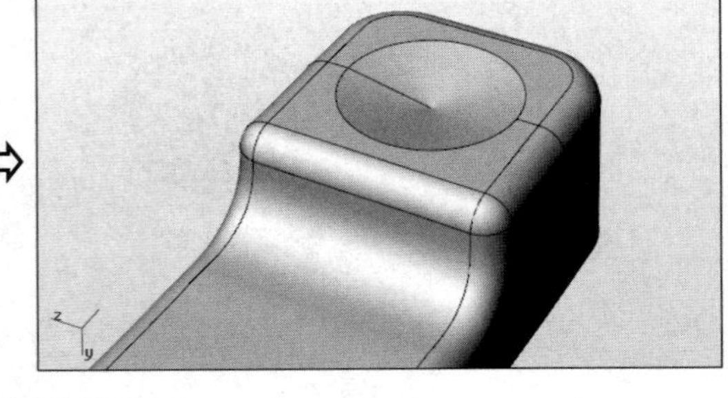

图 4-108 修剪并组合曲面

㉓ 打开【Curves for Buttons】图层中的对象曲线。框选第一竖排的曲线，执行【直线挤出】命令，设置【挤出类型=实体】选项，输入挤出长度值-0.2，右击完成曲面的建立，如图 4-109 所示。

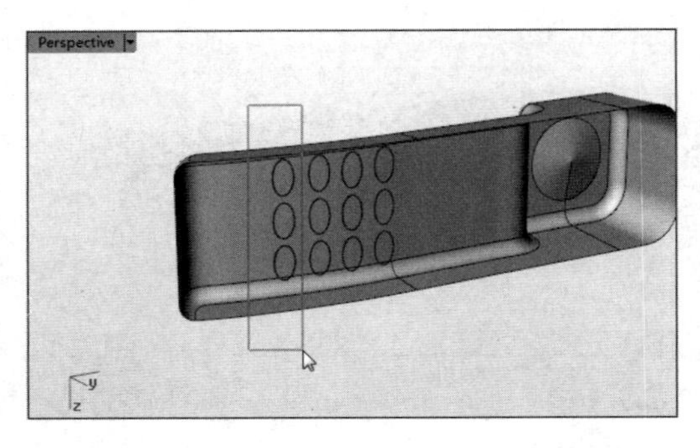

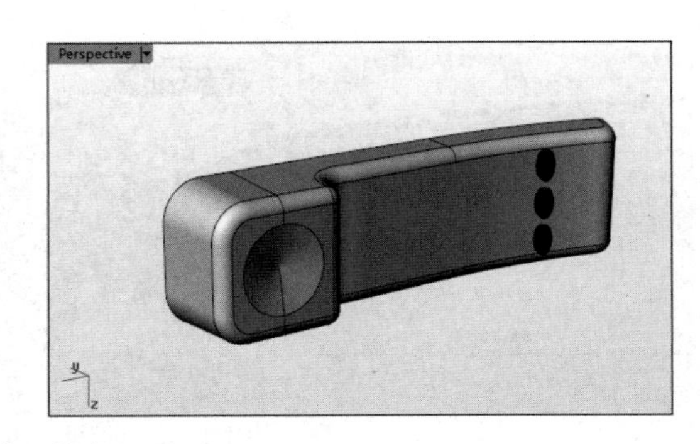

图 4-109 建立挤出曲面

㉔ 同理，完成其他竖排曲线的挤出操作，如图 4-110 所示。至此，完成了无线电话的建模过程。

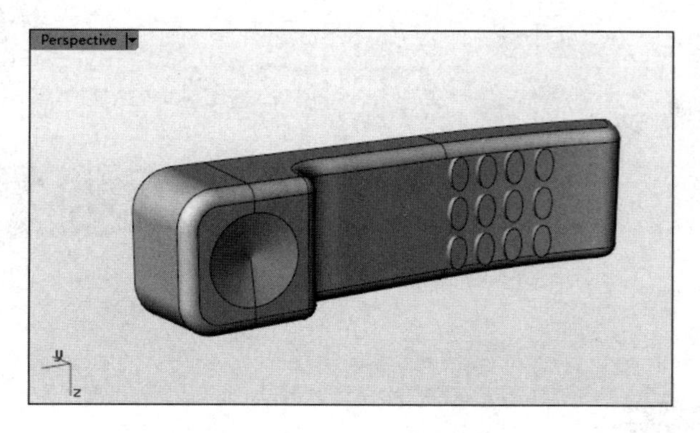

图 4-110　无线电话建模

第 5 章
高级曲面造型设计

本章内容

本章将进一步介绍用于复杂造型的曲面造型指令。曲面功能是 Rhino 8.0 中非常重要的功能，因此需要详细地进行讲解，让读者的学习变得更加容易。

知识要点

☑ 放样曲面
☑ 边界曲面
☑ 扫掠曲面
☑ 在物件表面产生布帘曲面

5.1　放样曲面

使用放样曲面工具可以从空间、同一走向的一系列曲线上建立曲面，如图 5-1 所示。

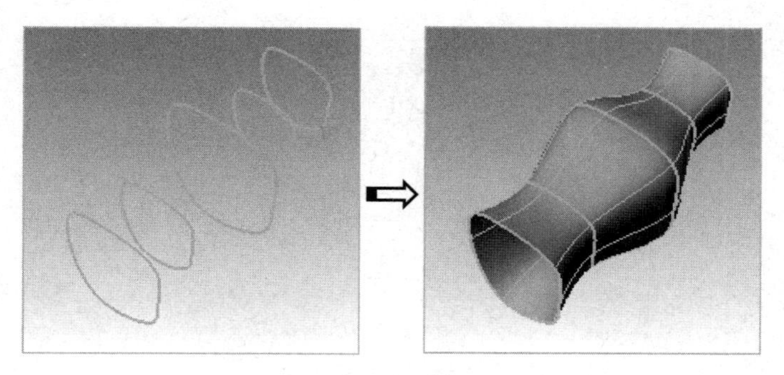

图 5-1　放样曲面

技术要点：

这些曲线必须同为开放曲线或闭合曲线，在位置上最好不要交错。

上机操作——创建放样曲面

① 新建 Rhino 8.0 文件。

② 使用【椭圆：从中心点】工具，在 Front 视窗中绘制如图 5-2 所示的椭圆。

③ 执行【变动】|【缩放】|【二轴缩放】命令，选择椭圆进行缩放，缩放时在命令行中设置【复制】为【是】，如图 5-3 所示。

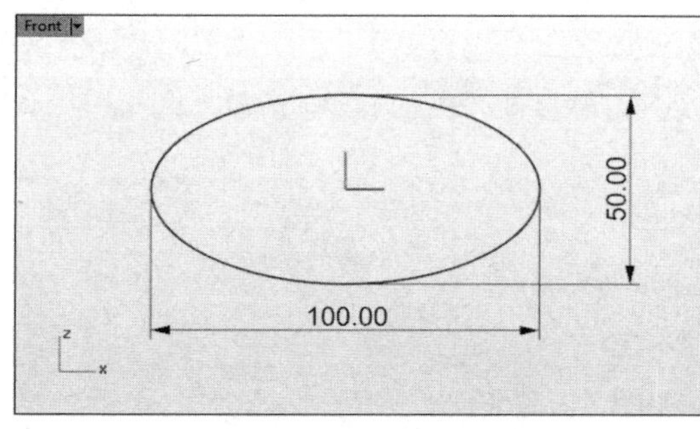

图 5-2　绘制椭圆

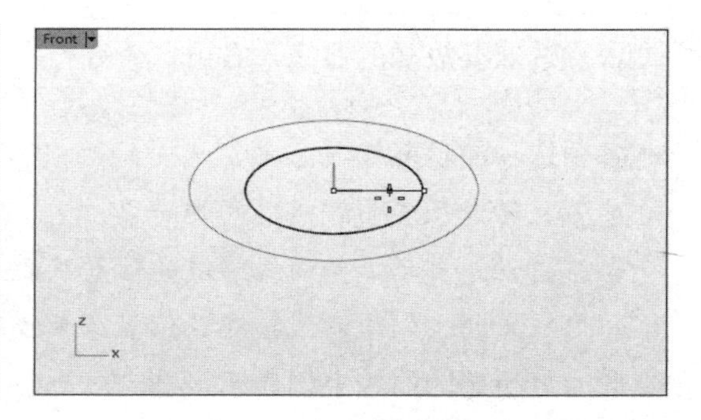

图 5-3　缩放并复制椭圆

④ 使用【复制】工具，在 Top 视窗中对大椭圆进行复制，复制起点为世界坐标系原点，第一次复制距离终点 100，第二次复制距离终点 200，如图 5-4 所示。

⑤ 同理，复制小椭圆，第一次复制距离终点 50，第二次复制距离终点 150，如图 5-5 所示。完成后删除原先作为复制参考的小椭圆，保留大椭圆。

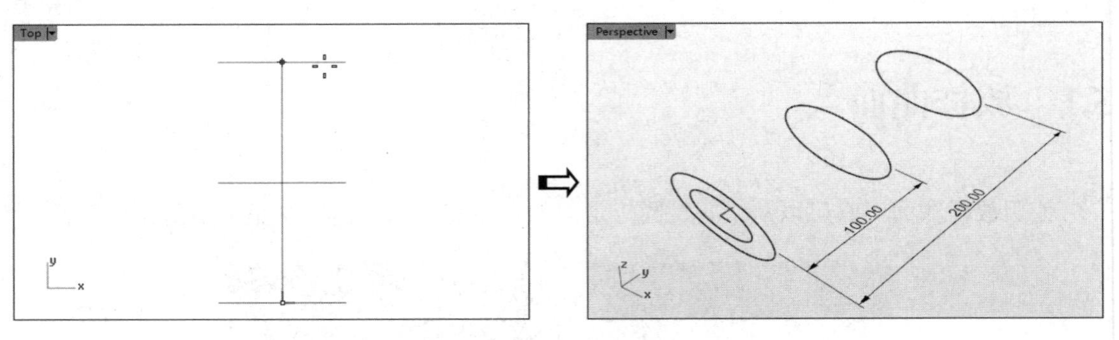

图 5-4　复制椭圆

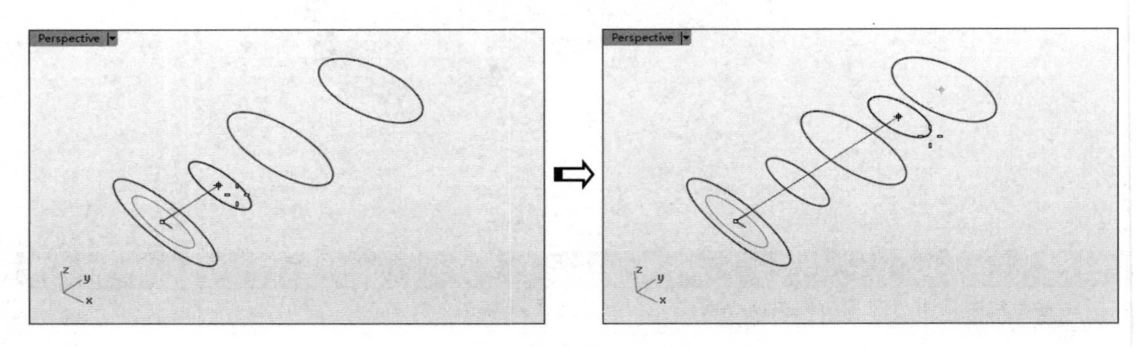

图 5-5　复制小椭圆

⑥ 执行【曲面】|【放样】命令，或选择【曲面工具】选项卡，在边栏中单击【放样】按钮。命令行中显示如下提示内容：

```
指令：_Loft
选取要放样的曲线(点(P))：
```

技术要点：

在选择数条开放的断面曲线时，光标需要在同一侧，数条封闭的断面曲线可以调整曲线接缝。

⑦ 依次选取要放样的曲线，右击，命令行中显示如下提示内容：

```
移动曲线接缝点，按 Enter 完成(反转(F)  自动(A)  原本的(N))：
```

各个选项的功能如下。

- 反转：反转曲线接缝的方向。
- 自动：自动调整曲线接缝的位置及曲线的方向。
- 原本的：以原曲线接缝的位置及曲线的方向运行。

此时，所选的曲线上均显示接缝点与方向，如图 5-6 所示。

⑧ 移动接缝点，使各条曲线的接缝点在椭圆的象限点上，如图 5-7 所示。

⑨ 右击，弹出【放样选项】对话框，工作视窗中会显示放样曲面的预览效果，如图 5-8 所示。

【放样选项】对话框中包含两个设置选项区，分别为【造型】选项组和【断面曲线选项】选项组。

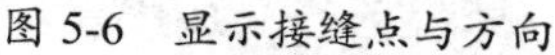

图 5-6　显示接缝点与方向

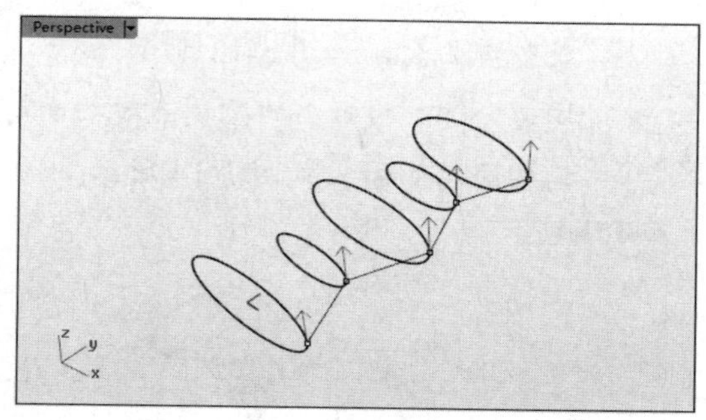

图 5-7　移动接缝点

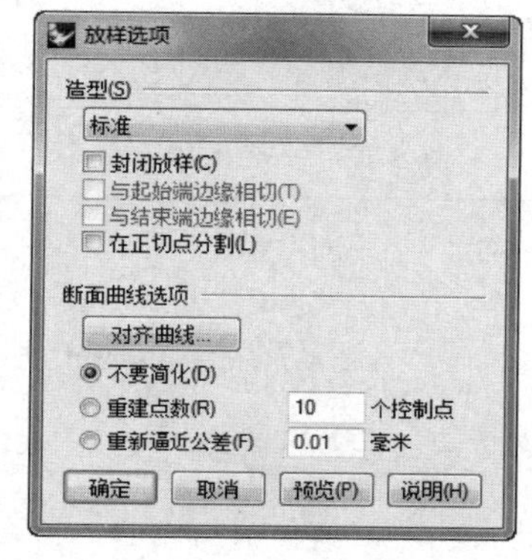

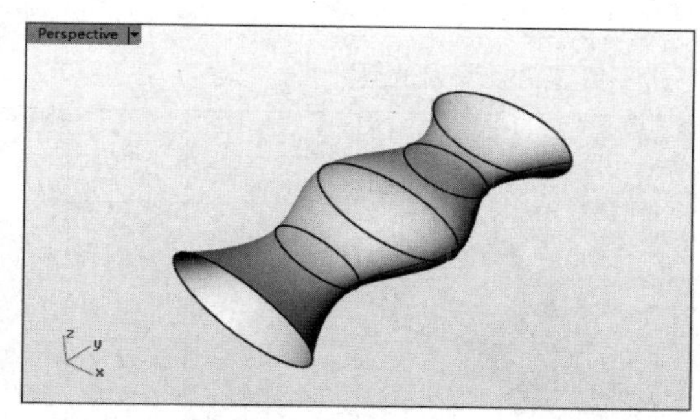

图 5-8　【放样选项】对话框及预览效果

【造型】选项组用来设置放样曲面的节点及控制点的形状与结构，共包含 6 种造型，具体如下。

- 标准：断面曲线之间的曲面以标准量延展。当想建立的曲面是比较平缓或断面曲线之间的距离比较大时，可以使用这个选项，如图 5-9 所示。
- 松弛：放样曲面的控制点会放在断面曲线的控制点上。使用这个选项可以建立比较平滑的放样曲面，但放样曲面并不会通过所有断面曲线，如图 5-10 所示。

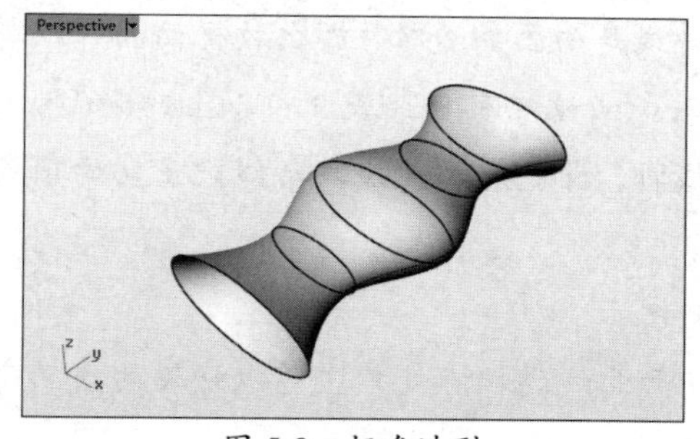

图 5-9　标准造型

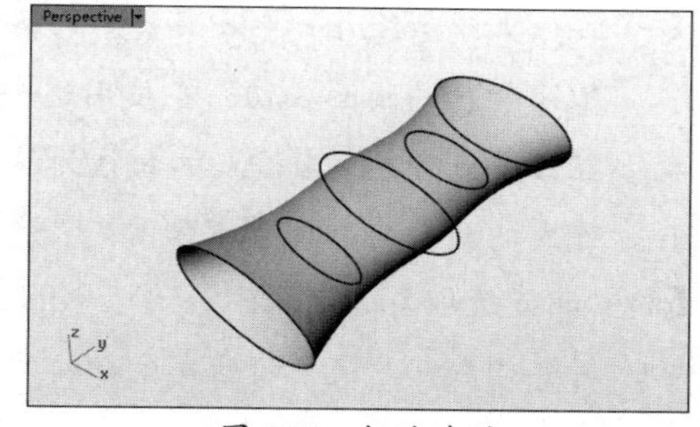

图 5-10　松弛造型

- 紧绷：放样曲面更紧绷地通过断面曲线。使用这个选项可以建立转角处的曲面，如图 5-11 所示。
- 平直区段：放样曲面在断面曲线之间是平直的曲面，如图 5-12 所示。
- 可展开的：当有断面的端点相接时，可以为每一对断面曲线单独建立可展开的曲面或多重曲面，如图 5-13 所示。

- 均匀：建立的曲面的控制点对曲面有相同的影响力。这个选项可以用来建立数个结构相同的曲面，如图 5-14 所示。

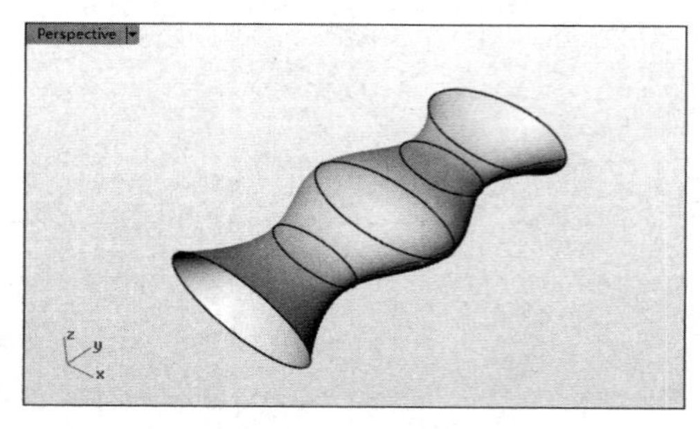

图 5-11　紧绷造型

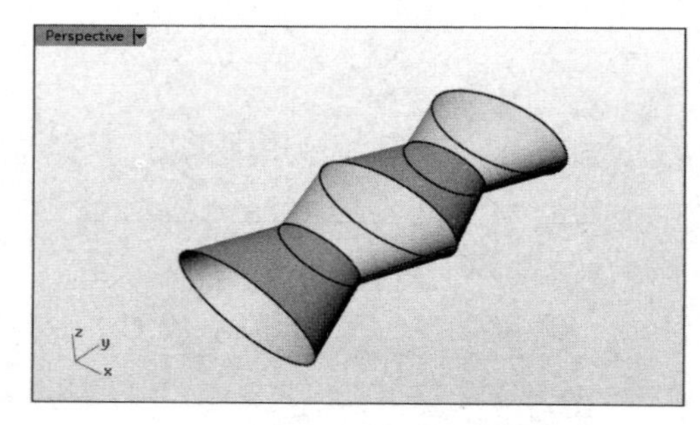

图 5-12　平直区段造型

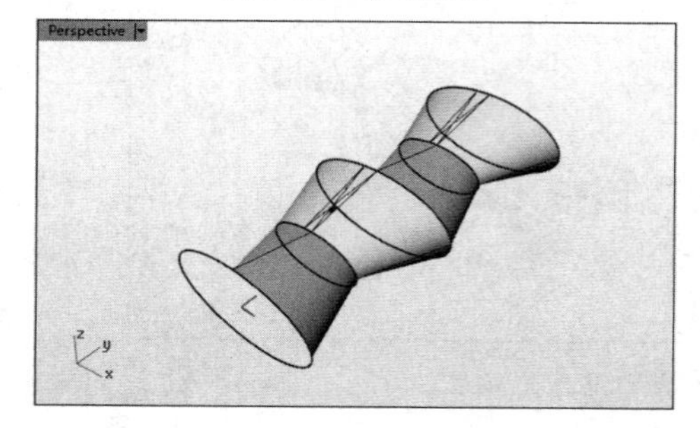

图 5-13　可展开的造型

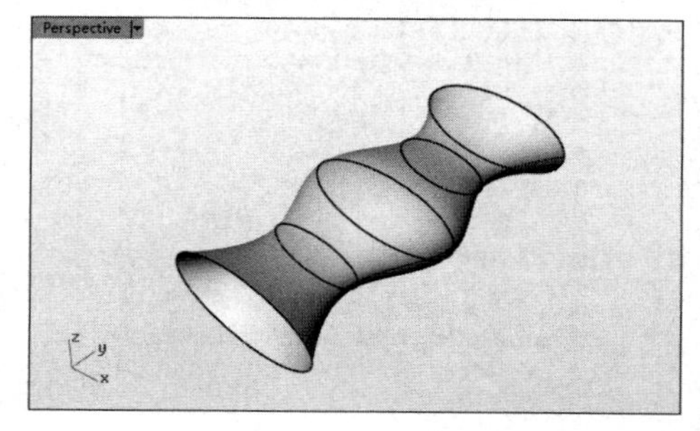

图 5-14　均匀造型

【造型】选项组中其他选项的功能如下。

- 封闭放样：建立封闭曲面，曲面在通过最后一条断面曲线后会回到第一条断面曲线。在使用这个选项时，必须要有 3 条或 3 条以上的断面曲线。
- 与起始端边缘相切：如果第一条断面曲线是曲面的边缘，那么放样曲面可以与该边缘所属的曲面相切。在使用这个选项时，必须要有 3 条或 3 条以上的断面曲线。
- 与结束端边缘相切：如果最后一条断面曲线是曲面的边缘，那么放样曲面可以与该边缘所属的曲面相切。在使用这个选项时，必须要有 3 条或 3 条以上的断面曲线。
- 在正切点分割：当输入的曲线为多重曲线时，设定是否在线段与线段正切的顶点将建立的曲面分割成多重曲面。

【断面曲线选项】选项组中各个选项的功能如下。

- 对齐曲线：当放样曲面发生扭转时，在断面曲线的端点处单击可以反转曲线的对齐方向。
- 不要简化：不重建断面曲线。
- 重建点数：在放样前以指定的控制点数重建断面曲线。
- 重建逼近公差：以设置的公差整修断面曲线。

⑩ 保留对话框中各个选项的默认设置，单击【确定】按钮完成放样曲面的创建，如图 5-15 所示。

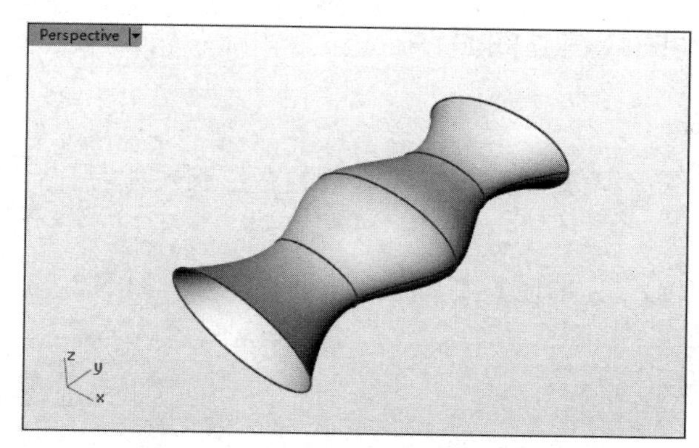

图 5-15　放样曲面

5.2　边界曲面

边界曲面工具的主要作用在于封闭曲面和延伸曲面。在 Rhino 8.0 中通过边界构建曲面的工具包括【以平面曲线建立曲面】、【以两条、三条或四条边缘曲线建立曲面】、【嵌面】和【以网线建立曲面】。下面逐一介绍这些工具的含义及应用。

5.2.1　以平面曲线建立曲面

形成方式：在同一平面上的闭合曲线，形成同一平面上的曲面。此工具的功能等同于填充的功能，也就是在曲线内填充曲面。

如果某条曲线完全包含在另一条曲线中，那么这条曲线将会被视为一个洞的边界，如图 5-16 所示。

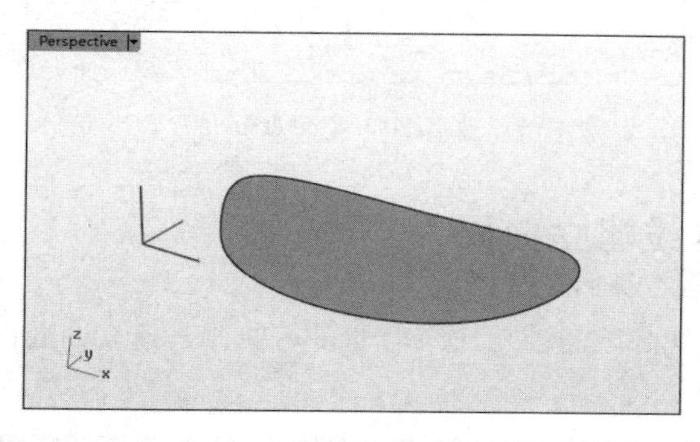

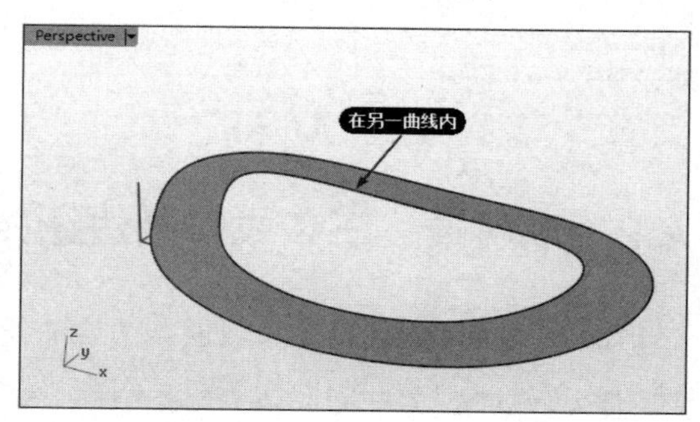

图 5-16　曲线边界

技术要点：

需要注意，执行该命令的前提是曲线必须是闭合的，并且在同一平面内。当选取开放或空间曲线来执行此命令时，命令行中会提示创建曲面出错的原因。

上机操作——以平面曲线建立曲面

① 新建 Rhino 8.0 文件。

② 使用【矩形平面：角对角】工具，在 Top 视窗中绘制尺寸为 20×17 的矩形，如图 5-17 所示。

③ 使用【多边形：中心点、半径】工具绘制一个三角形，如图 5-18 所示。

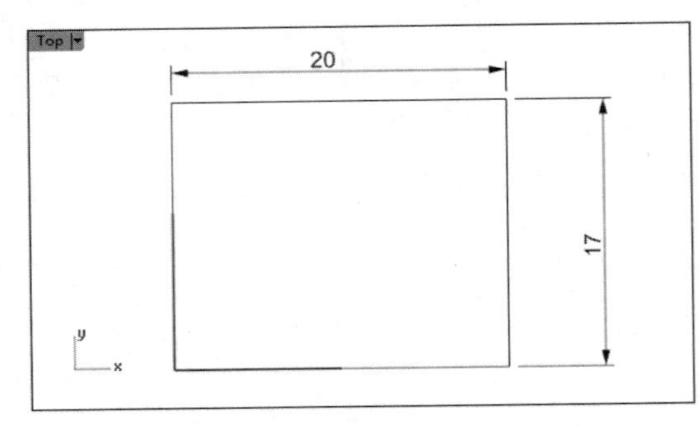

图 5-17 绘制矩形

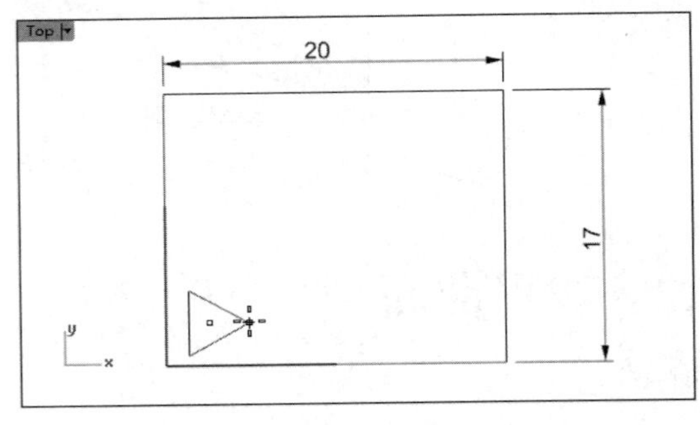

图 5-18 绘制三角形

④ 使用【复制】工具，复制多个三角形，如图 5-19 所示。

⑤ 单击【以平面曲线建立曲面】按钮，依次选择三角形和矩形的边缘，按 Enter 键即可得到如图 5-20 所示的曲面。

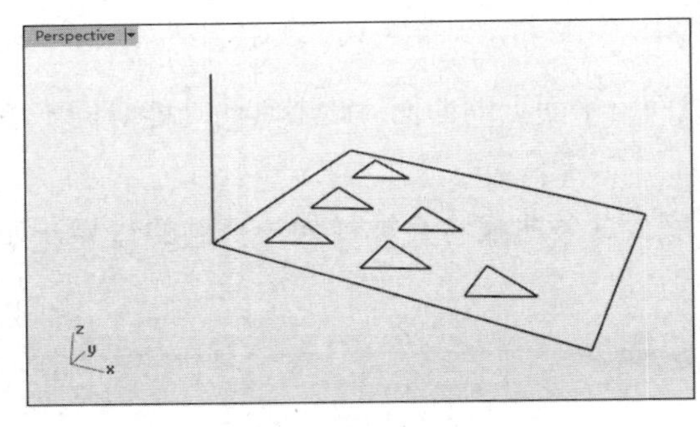

图 5-19 复制三角形

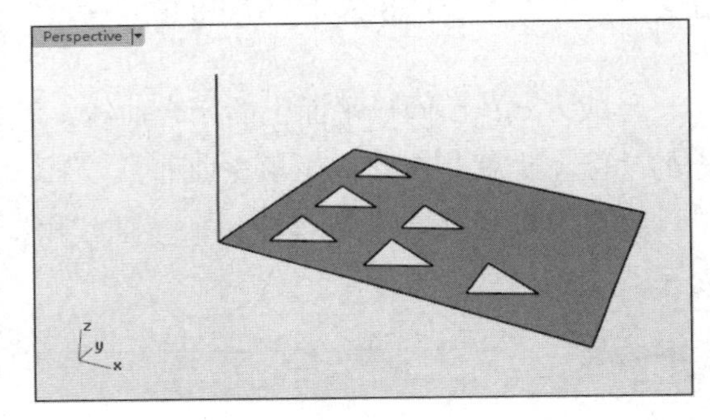

图 5-20 建立曲面

5.2.2 以两条、三条或四条边缘曲线建立曲面

形成方式：以两条、三条或四条边缘曲线（必须是独立曲线而非多重曲线）建立曲面。在使用此工具时，选取的曲线不需要封闭。

技术要点：

该命令常用于大块且简单的曲面创建，也用于补面。即使曲线端点不相接，也可以形成曲面，这时生成的曲面的边缘会与原始曲线有偏差。该命令只能达到 G0 连续，形成的曲面的优点是曲面结构线简洁。

以两条、三条或四条边缘曲线建立曲面如图 5-21 所示。

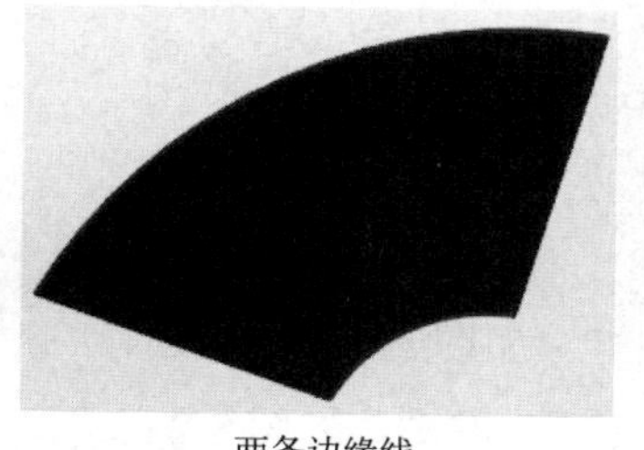

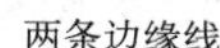

两条边缘线

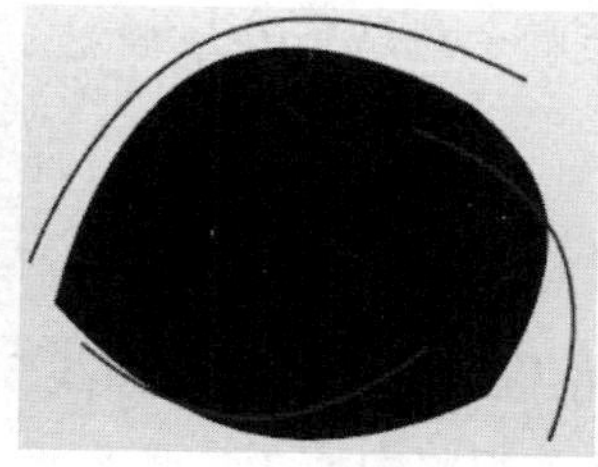

三条边缘线

四条边缘线

图 5-21　以两条、三条或四条边缘曲线建立曲面

5.2.3　嵌面

形成方式：建立逼近选取的曲线和点物件的曲面。使用【嵌面】工具不仅可以修复有破孔的空间曲面，而且可以用来建立逼近曲线、点云或网格的曲面。【嵌面】命令可以修补平面上的孔，也可以修补复杂曲面上的孔，而前面介绍的【以平面曲线建立曲面】命令只能修补平面上的孔。

单击【嵌面】按钮，选取要逼近的曲线、点云或网格，弹出【嵌面曲面选项】对话框，如图 5-22 所示。

图 5-22　【嵌面曲面选项】对话框

对话框中各个选项的功能如下。

- 取样点间距：放置输入曲线间距很小的取样点，最少数量为一条曲线放置 8 个取样点。
- 曲面的 U 方向跨距数：设置建立曲面的 U 方向跨距数。当起始曲面为两个方向都是一阶的平面时，指令也会使用这个选项。
- 曲面的 V 方向跨距数：设置建立的曲面的 V 方向跨距数。当起始曲面为两个方向都是一阶的平面时，指令也会使用这个选项。
- 硬度：Rhino 8.0 在建立嵌面的第一个阶段会先找出与选取的点和曲线的取样点最符合的平面，再将平面变形逼近选取的点和取样点。该选项用来设置平面的变形程度，数值越大，得到的曲面越接近平面。可以使用非常小或非常大（>1000）的数值测试这个选项，并预览效果。
- 调整切线：如果输入的曲线为曲面的边缘，那么建立的曲面会与周围的曲面相切。
- 自动修剪：试着找到封闭的边界曲线，并修剪边界以外的曲面。
- 选取起始曲面：选取一个参考曲面，修补的曲面将与参考曲面保持形状相似，曲率的连续性强。
- 起始曲面拉力：与硬度设定类似，但是作用于起始曲面。设定的值越大，起始曲面的抗拒力越大，得到的曲面形状越接近起始曲面。
- 维持边缘：固定起始曲面的边缘。这个选项用于以现有的曲面逼近选取的点或曲线，但不会移动起始曲面的边缘。

- 删除输入物件：删除作为参考的起始曲面。

上机操作——建立逼近曲面

① 新建 Rhino 8.0 文件。打开本案例源文件“逼近曲线.3dm”，如图 5-23 所示。

② 单击【嵌面】按钮，选取工作视窗中的 3 条要逼近的曲线，右击，如图 5-24 所示。

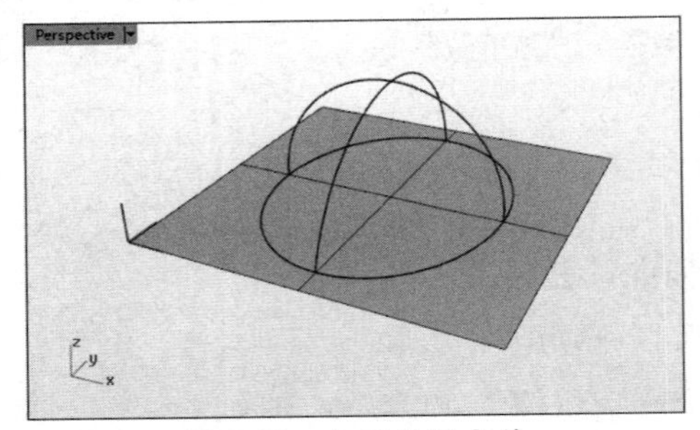

图 5-23　打开的源文件

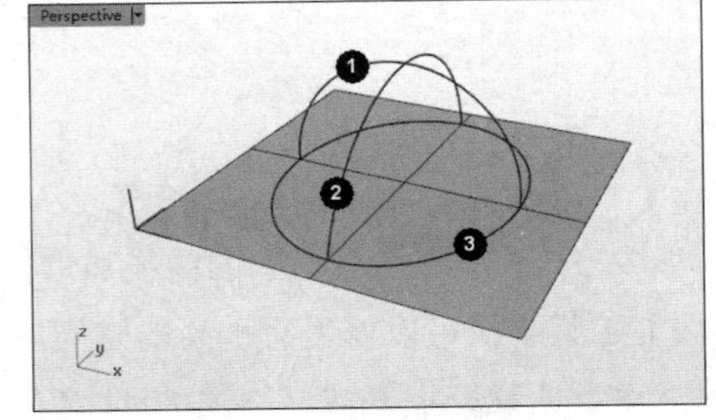

图 5-24　选取要逼近的曲线

③ 弹出【嵌面曲面选项】对话框并显示预览效果，如图 5-25 所示。

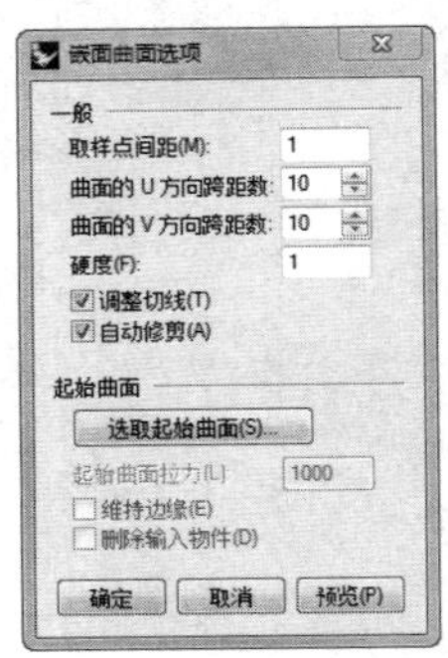

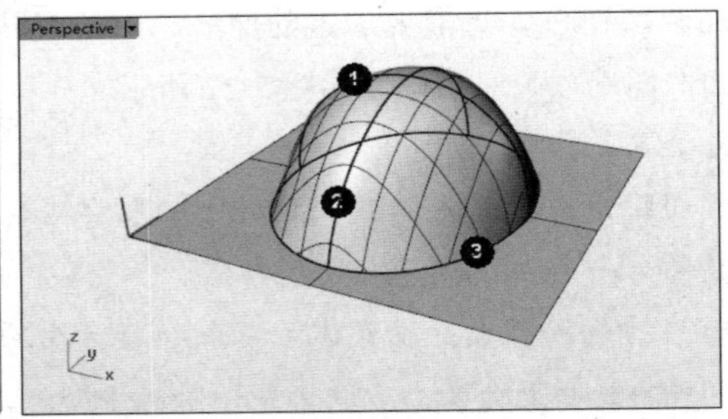

图 5-25　【嵌面曲面选项】对话框及预览效果

④ 单击【选取起始曲面】按钮。在【嵌面曲面选项】对话框中，选择平面作为起始曲面，设置【硬度】为 0.1、【起始曲面拉力】为 1000，取消勾选【维持边缘】复选框，预览效果如图 5-26 所示。

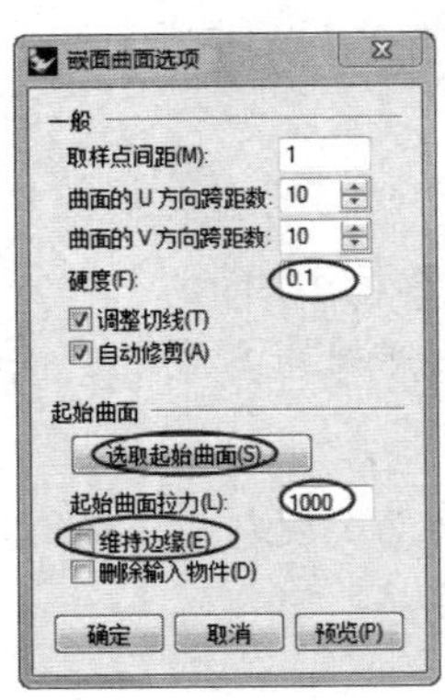

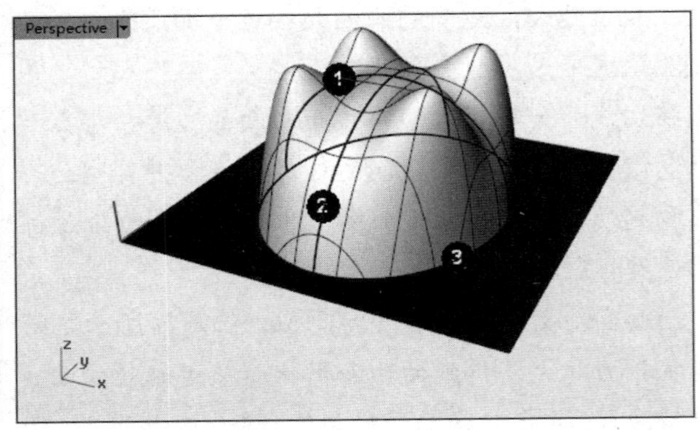

图 5-26　预览效果

⑤　单击【确定】按钮完成逼近曲面的建立。

上机操作——建立修补曲面

①　新建 Rhino 8.0 文件。打开本案例源文件“修补孔.3dm”，如图 5-27 所示。

②　单击【嵌面】按钮，选取曲面中的椭圆破孔的边缘，右击，如图 5-28 所示。

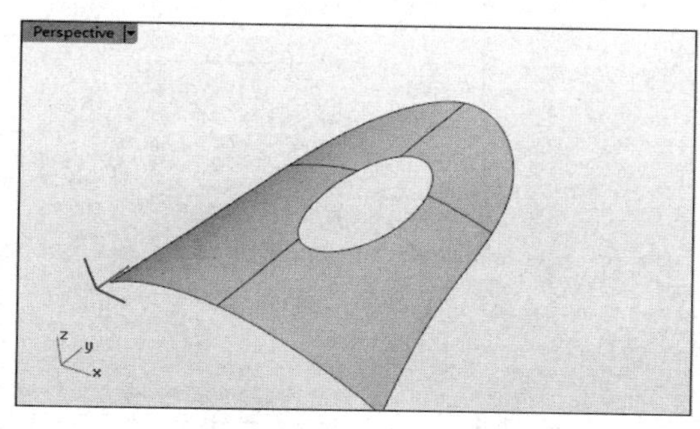

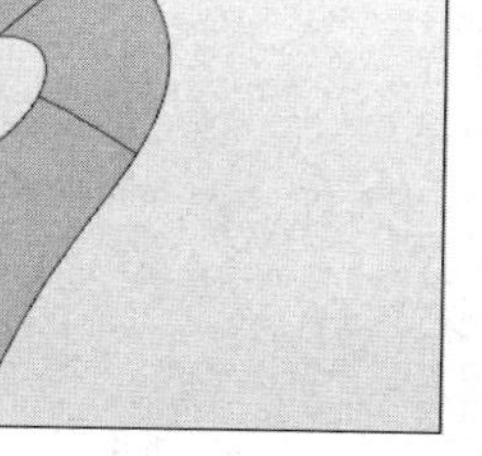

图 5-27　打开的源文件

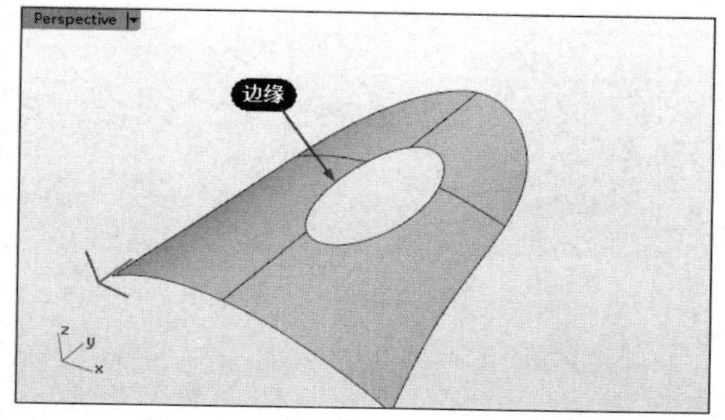

图 5-28　选取椭圆形破孔的边缘

③　弹出【嵌面曲面选项】对话框，首先选取曲面作为起始曲面，然后设置其他嵌面选项。修补孔的预览效果如图 5-29 所示。

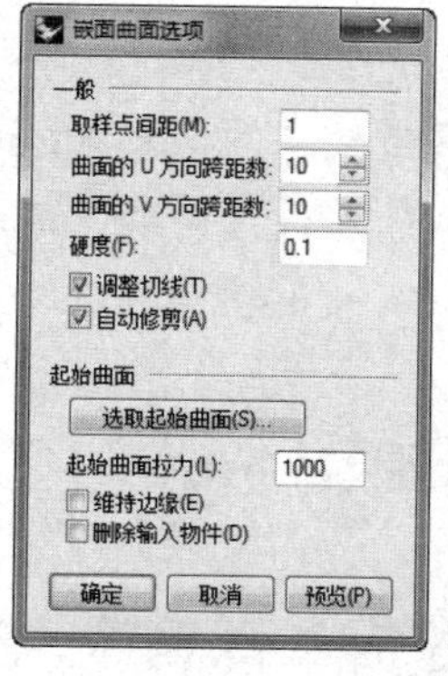

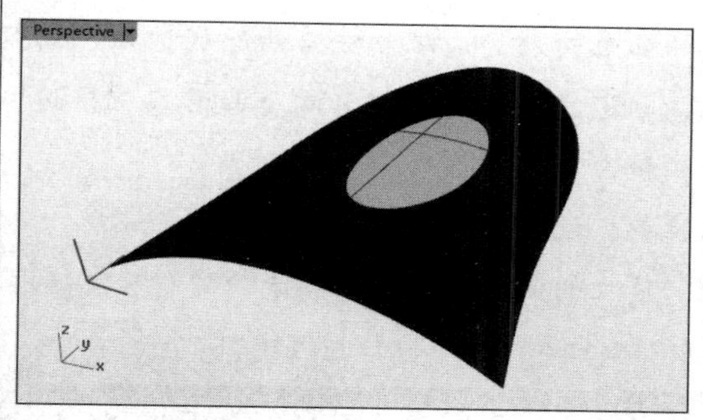

图 5-29　修补孔的预览效果

④　单击【确定】按钮完成修补。

5.2.4　以网线建立曲面

形成方式：以网线建立曲面。所有在同一个方向上的曲线必须和另一个方向上的曲线交错，而不能和同一个方向上的曲线交错，如图 5-30 所示。

单击【以网线建立曲面】按钮，命令行中显示如下提示内容：

```
选取网线中的曲线 (不自动排序 (N) ) :
```

【不自动排序】选项的功能如下。

- 不自动排序：关闭自动排序，选取第一方向和第二方向的曲线。

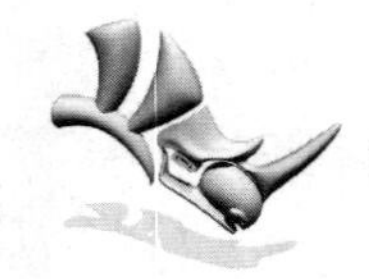

选取网线中的曲线后，右击，弹出【以网线建立曲面】对话框，如图 5-31 所示。

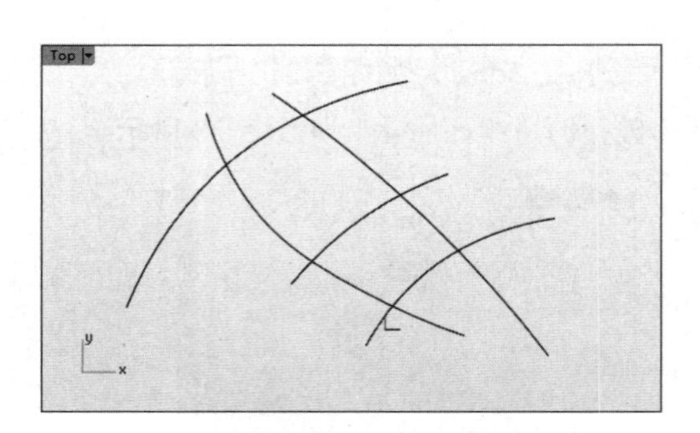

图 5-30　网线示意图

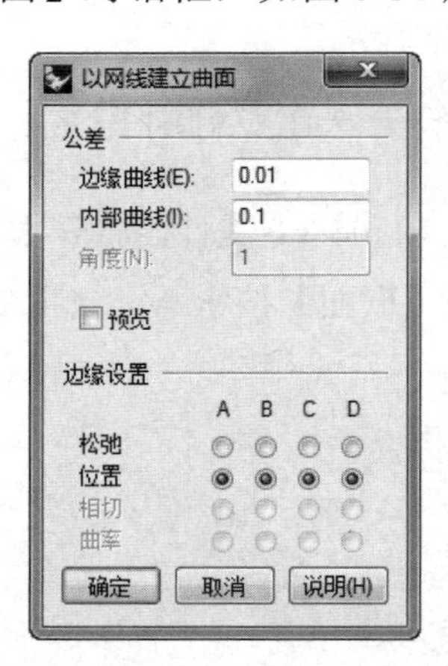

图 5-31　【以网线建立曲面】对话框

对话框中各个选项的功能如下。

- 边缘曲线：设置逼近边缘曲线的公差，建立的曲面的边缘和边缘曲线之间的距离会小于这个设置值，预设值为系统公差。
- 内部曲线：设置逼近内部曲线的公差，建立的曲面和内部曲线之间的距离会小于这个设置值，预设值为系统公差乘以 10。如果输入的曲线之间的距离远大于公差设置值，那么这个指令会建立最适当的曲面。
- 角度：如果输入的边缘曲线是曲面的边缘，而且当建立的曲面和相邻的曲面以相切或曲率连续相接时，那么两个曲面在相接边缘的法线方向的角度误差会小于这个设置值。
- 边缘设置：设置曲面或曲线的连续性。
- 松弛：建立的曲面的边缘以较宽松的精确度逼近输入的边缘曲线。
- 位置/相切/曲率：3 种曲面的连续性。

技术要点：

一个方向的曲线必须跨越另一个方向的曲线，而且同一个方向的曲线不可以相互跨越，如图 5-32 所示。

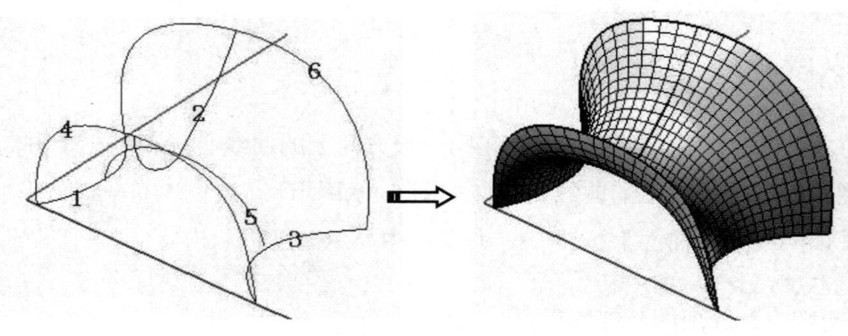

图 5-32　以网线建立曲面

上机操作——以网线建立曲面

① 新建 Rhino 8.0 文件。打开本案例源文件“网线.3dm”，如图 5-33 所示。

② 单击【以网线建立曲面】按钮，框选全部曲线，右击，如图 5-34 所示。

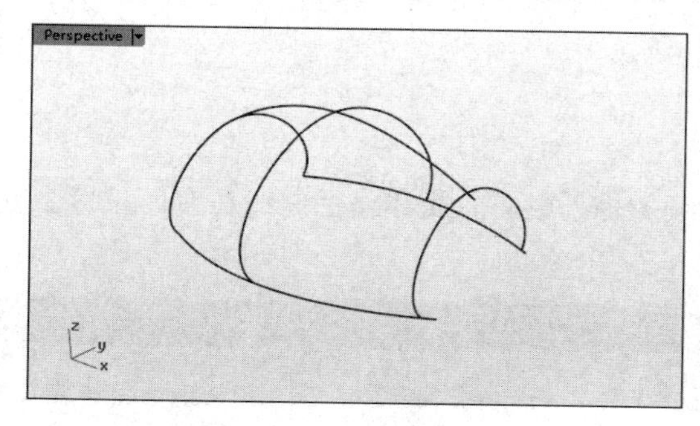

图 5-33　打开的源文件

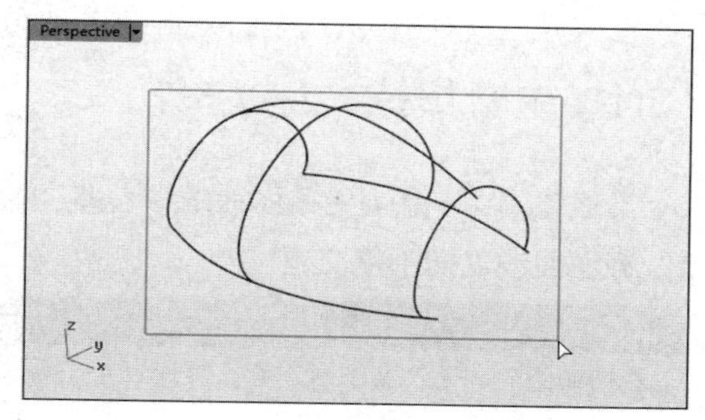

图 5-34　框选全部曲线

③ 自动完成网线的排序并弹出【以网线建立曲面】对话框，如图 5-35 所示。

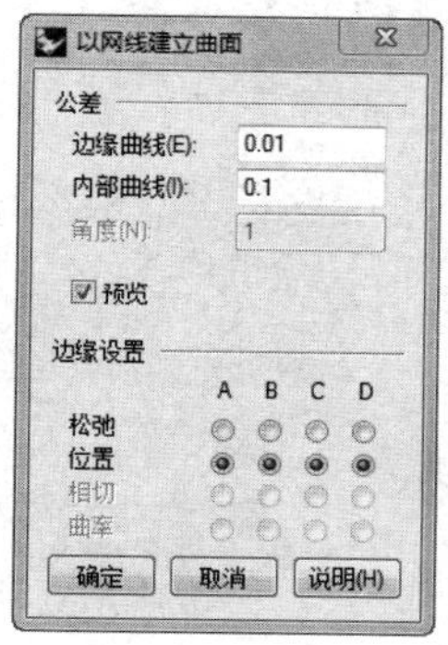

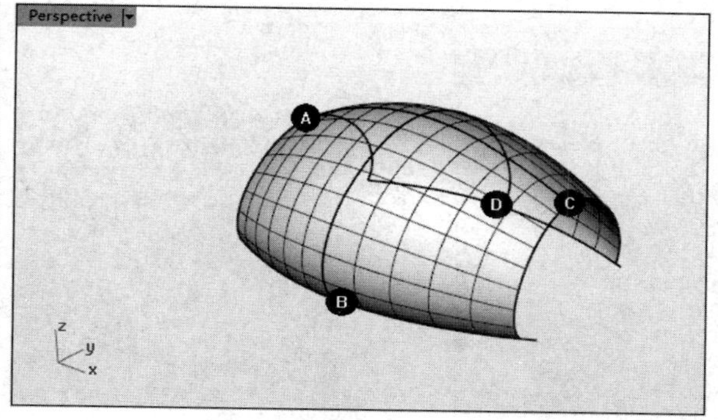

图 5-35　完成排序并弹出【以网线建立曲面】对话框

④ 通过预览确认曲面正确无误后，单击【确定】按钮，完成曲面的建立，如图 5-36 所示。

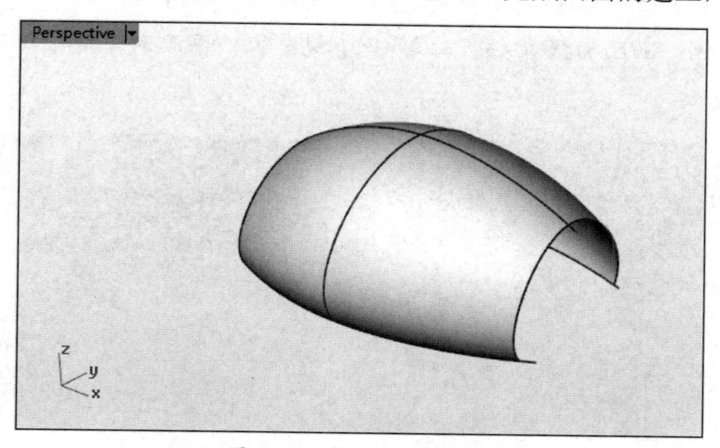

图 5-36　完成曲面的建立

5.3 扫掠曲面

Rhino 8.0 中有两种扫掠曲面工具，分别为【单轨扫掠】工具和【双规扫掠】工具。

5.3.1 单轨扫掠

形成方式：一系列的截面曲线沿着路径曲线扫掠。截面曲线和路径曲线在空间位置上交错，截面曲线之间不能交错。

技术要点：

截面曲线的数量没有限制，路径曲线只有一条。

在边栏中单击【单轨扫掠】按钮，弹出【单轨扫掠选项】对话框，如图 5-37 所示。对话框的【造型】选项组中各个选项的功能如下。

- 自由扭转：扫掠建立的曲面会随着路径曲线扭转，如图 5-38 所示。

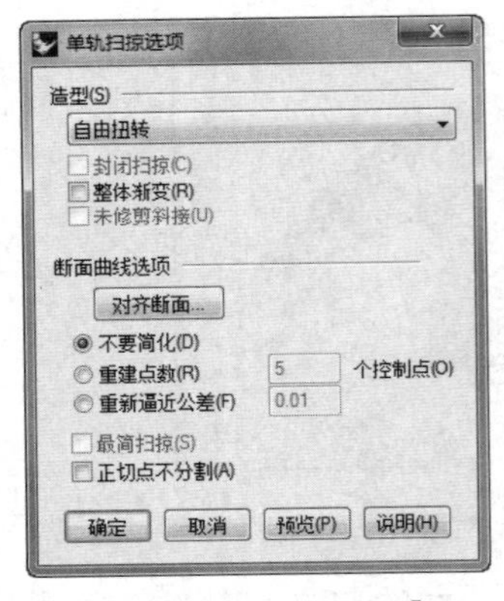

图 5-37 【单轨扫掠选项】对话框

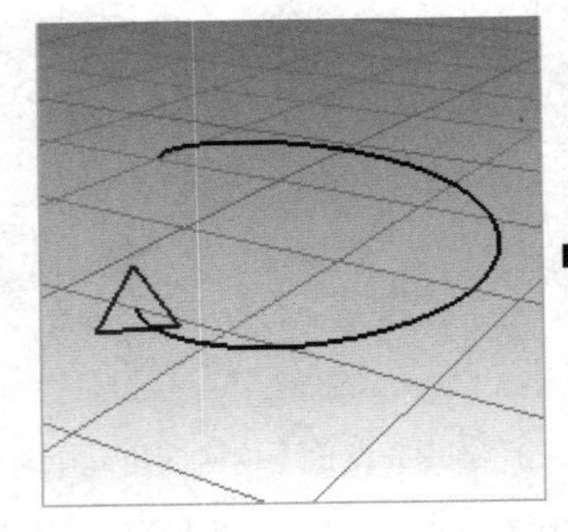

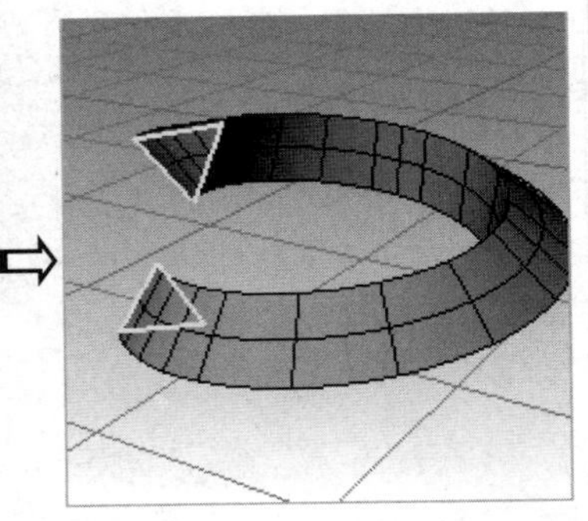

图 5-38 自由扭转

- 走向 Top：断面曲线在扫掠时与 Top 视窗工作平面的角度维持不变，如图 5-39 所示。

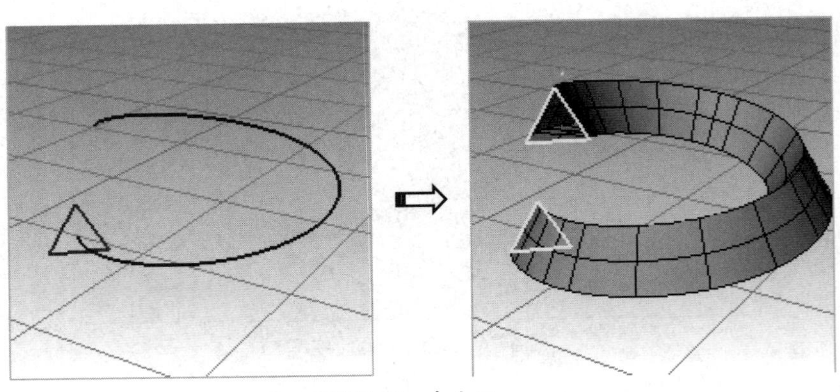

图 5-39 走向 Top

- 走向 Right：断面曲线在扫掠时与 Right 视窗工作平面的角度维持不变。
- 走向 Front：断面曲线在扫掠时与 Front 视窗工作平面的角度维持不变。
- 封闭扫掠：当路径为封闭曲线时，曲面扫掠过最后一条断面曲线后会回到第一条断面曲线的位置。至少需要选取两条断面曲线才能使用这个选项。
- 整体渐变：曲面断面的形状以线性渐变的方式从起点的断面曲线扫掠至终点的断面曲线。在未使用这个选项时，曲面断面的形状在起点和终点处的形状变化较小，在路径中段的变化较大，如图 5-40 所示。

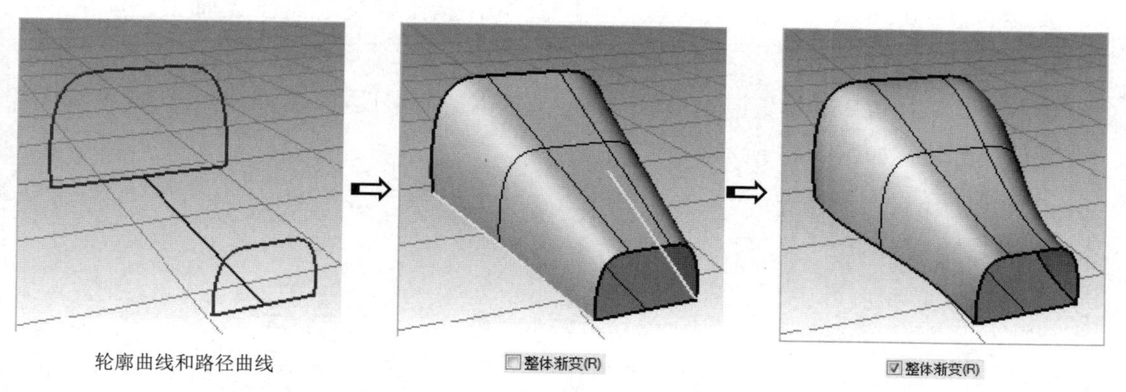

图 5-40　非整体渐变与整体渐变的效果

- 未修剪斜接：如果建立的曲面是多重曲面（路径是多重曲线），那么多重曲面中的个别曲面都是未修剪的曲面，如图 5-41 所示。

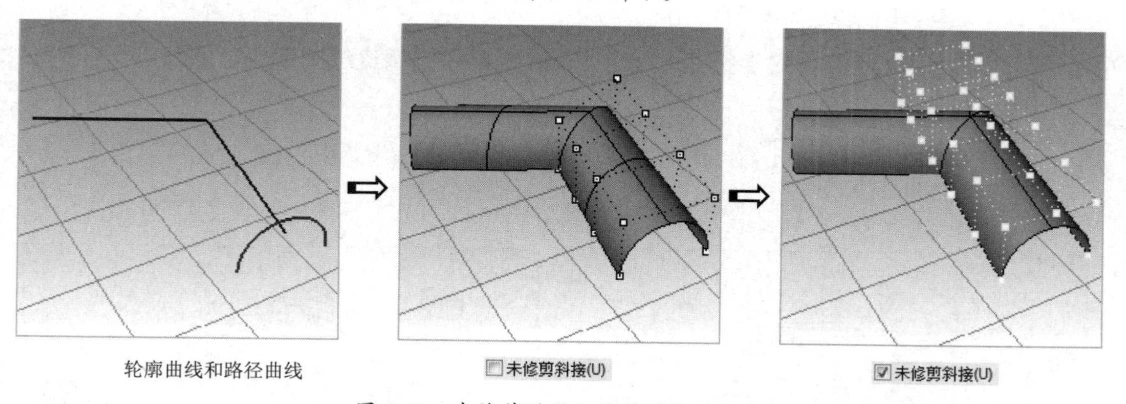

图 5-41　未修剪斜接与修剪斜接的效果

对话框的【断面曲线选项】选项组中各个选项的功能如下。

- 对齐断面：反转曲面扫掠过断面曲线的方向。
- 不要简化：建立曲面之前不对断面曲线进行简化。
- 重建点数：建立曲面之前以指定的控制点数重建所有断面曲线。
- 重新逼近公差：建立曲面之前先重新逼近断面曲线，预设值为【文件属性】|【单位】选项卡中的【绝对公差】选项。
- 最简扫掠：当所有断面曲线都放在路径曲线的编辑点上时，可以使用这个选项建立结构最简单的曲面，曲面在路径方向的结构与路径曲线完全一致。

- 正切点不分割：将路径曲线重新逼近。

上机操作——使用【单轨扫掠】工具创建弹簧

① 新建 Rhino 8.0 文件。

② 执行【曲线】|【螺旋线】命令，在命令行中输入轴的起点坐标（0,0,0）和轴的终点坐标（0,0,50），右击后输入第一半径值 50，指定螺旋起点在 X 轴上，如图 5-42 所示。

③ 输入第二半径值 25，设置圈数为 10，其他选项保持默认设置，右击或按 Enter 键完成螺旋线的创建，如图 5-43 所示。

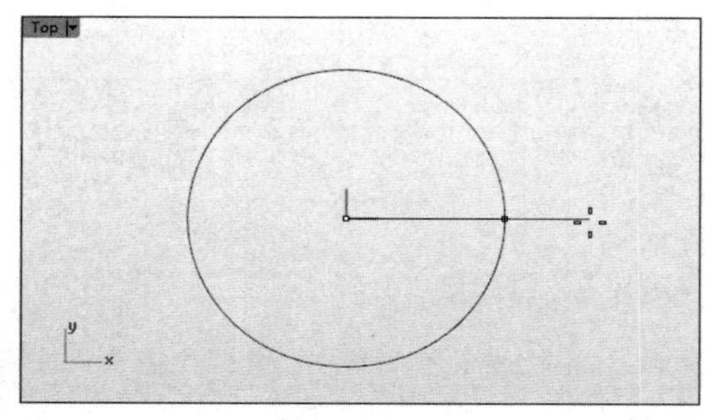

图 5-42　指定螺旋起点

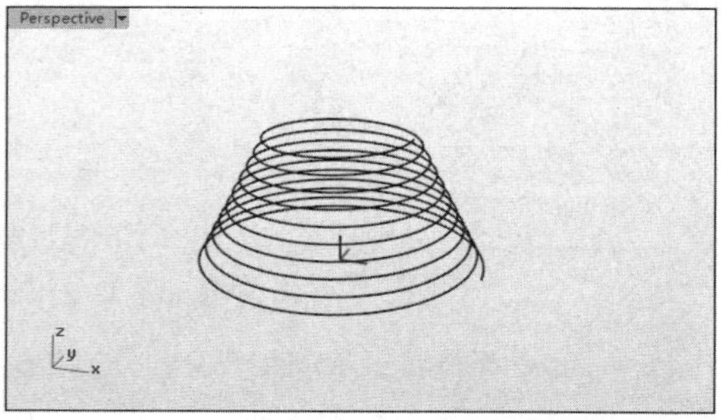

图 5-43　创建锥形螺旋线

④ 单击【圆：中心点、半径】按钮，在 Front 视窗中的螺旋线的起点位置绘制半径为 3.5 的圆，如图 5-44 所示。

⑤ 单击【单轨扫掠】按钮，选取螺旋线作为路径，选取圆作为断面曲线，如图 5-45 所示。

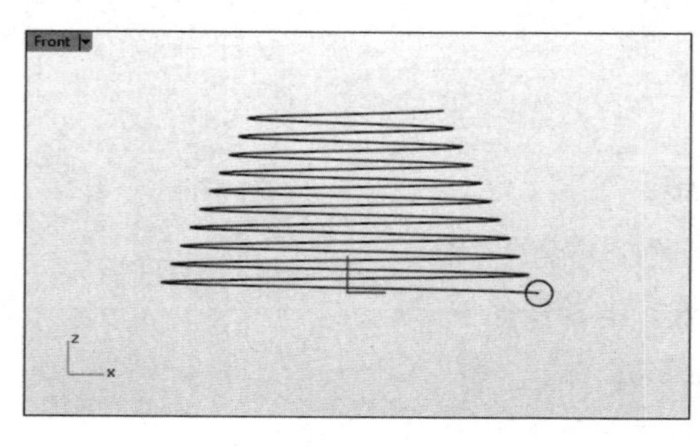

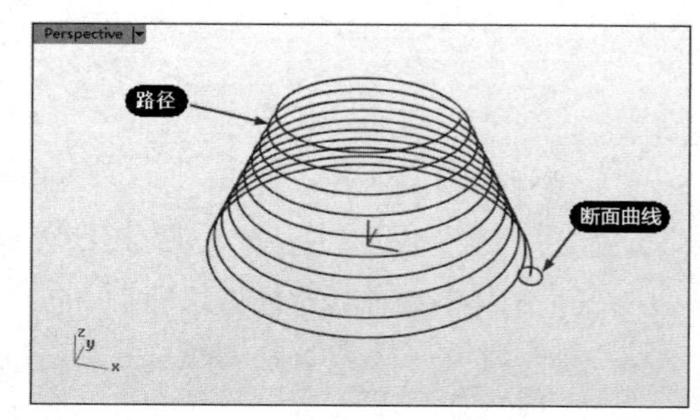

图 5-44　绘制圆

图 5-45　选取路径和断面曲线

⑥ 右击后弹出【单轨扫掠选项】对话框，保留对话框中各个选项的默认设置，单击【确定】按钮完成弹簧的创建，如图 5-46 所示。

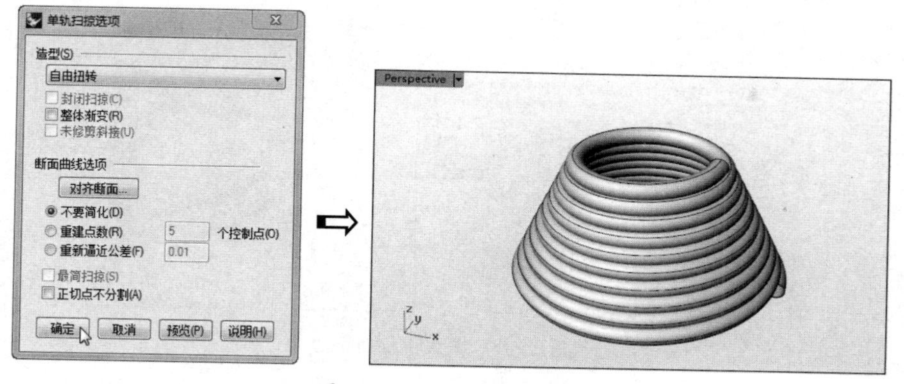

图 5-46　完成弹簧的创建

上机操作——单轨扫掠到一点

① 新建 Rhino 8.0 文件。打开本案例源文件“扫掠到点曲线.3dm”，如图 5-47 所示。

② 单击【单轨扫掠】按钮，选取路径和断面曲线，如图 5-48 所示。

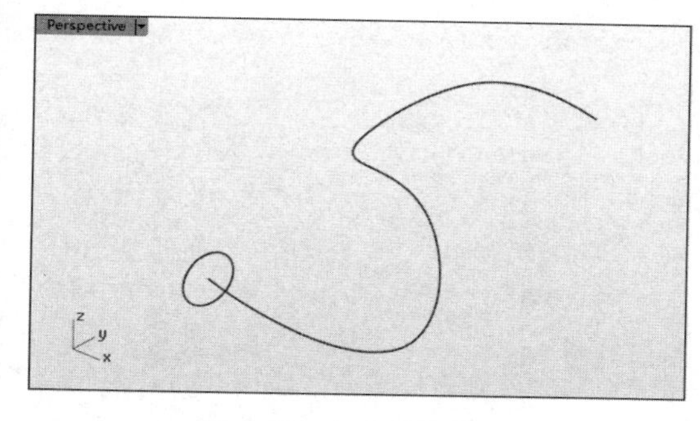

图 5-47　打开的源文件

图 5-48　选取路径和断面曲线

③ 在命令行中选择【点】选项，指定扫掠终点，如图 5-49 所示。

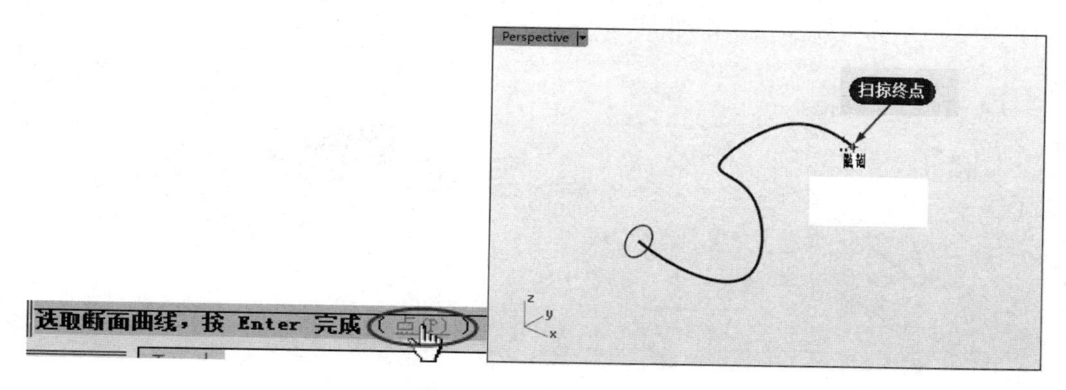

图 5-49　指定扫掠终点

④ 右击后弹出【单轨扫掠选项】对话框，保留对话框中各个选项的默认设置，单击【确定】按钮完成扫掠曲面的建立。建立扫掠曲面如图 5-50 所示。

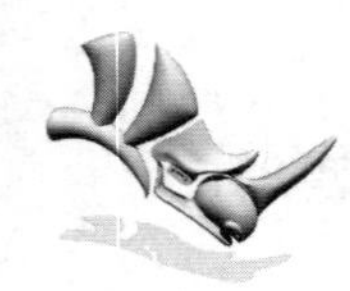

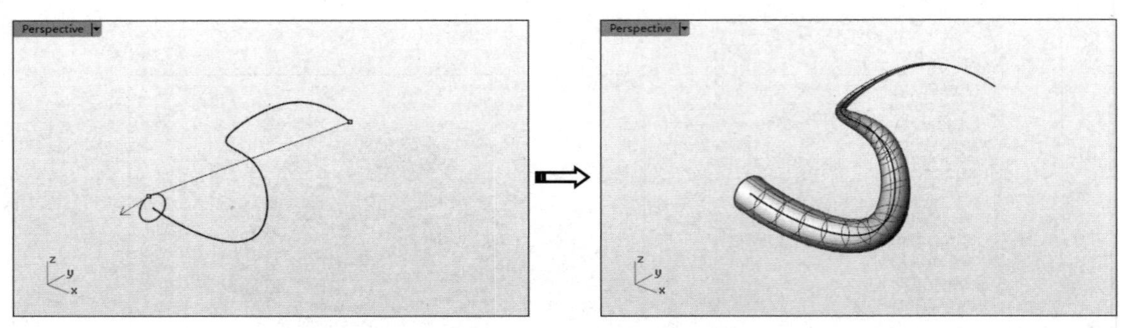

图 5-50　建立扫掠曲面

5.3.2　双轨扫掠

形成方式：沿着两条路径扫掠，通过数条定义曲面形状的断面曲线建立曲面。

单击【双轨扫掠】按钮，选取第一路径、第二路径及断面曲线后弹出【双轨扫掠选项】对话框，如图 5-51 所示。

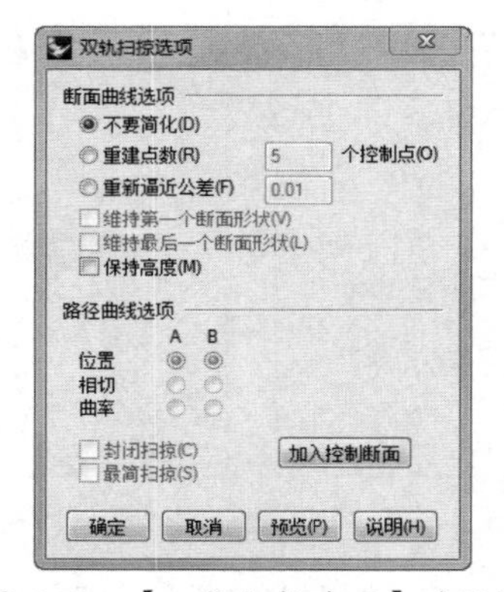

图 5-51　【双轨扫掠选项】对话框

图 5-52 所示为双轨扫掠示意图。

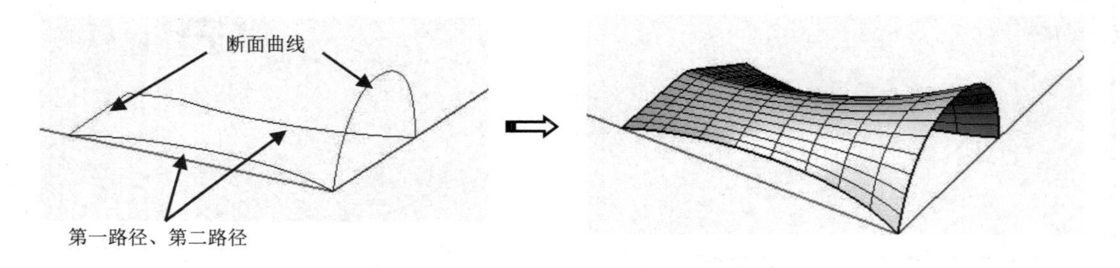

图 5-52　双轨扫掠示意图

【断面曲线选项】选项组中各个选项的功能如下。

- 不要简化：建立曲面之前不对断面曲线进行简化。
- 重建点数：建立曲面之前以指定的控制点数重建所有断面曲线。如果断面曲线是有理曲线，那么重建后断面曲线会成为非有理曲线，使【连续性】选项可以使用。

- 重新逼近公差：建立曲面之前先重新逼近断面曲线，预设值为【文件属性】|【单位】选项卡中的【绝对公差】选项。如果断面曲线是有理曲线，那么重新逼近后断面曲线会成为非有理曲线，使【连续性】选项可以使用。
- 维持第一个断面形状：在使用相切或曲率连续计算扫掠曲面的边缘的连续性时，建立的曲面可能会脱离输入的断面曲线。使用这个选项可以强迫扫掠曲面的开始边缘符合第一条断面曲线的形状。
- 维持最后一个断面形状：在使用相切或曲率连续计算扫掠曲面的边缘的连续性时，建立的曲面可能会脱离输入的断面曲线。使用这个选项可以强迫扫掠曲面的开始边缘符合最后一条断面曲线的形状，如图 5-53 所示。

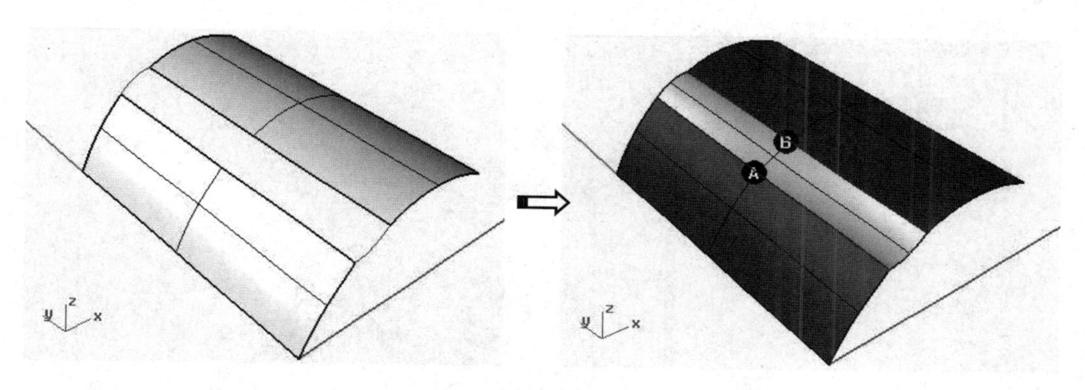

图 5-53　符合断面形状

- 保持高度：在预设的情形下，扫掠曲面的断面会随着两条路径曲线的间距缩放宽度和高度。使用这个选项可以固定扫掠曲面的断面高度，不随着两条路径曲线的间距缩放，如图 5-54 所示。

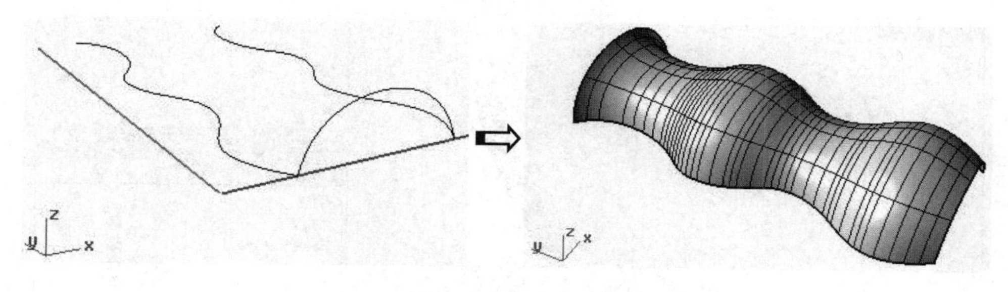

图 5-54　固定高度

上机操作——使用【双轨扫掠】工具建立曲面

① 新建 Rhino 8.0 文件。打开本案例源文件“双轨扫掠曲线.3dm”。

② 单击【双轨扫掠】按钮，选取第一路径、第二路径和断面曲线，如图 5-55 所示。

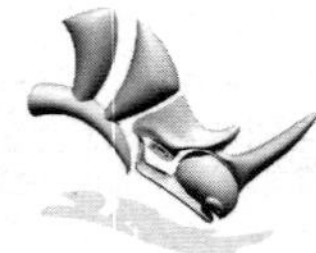

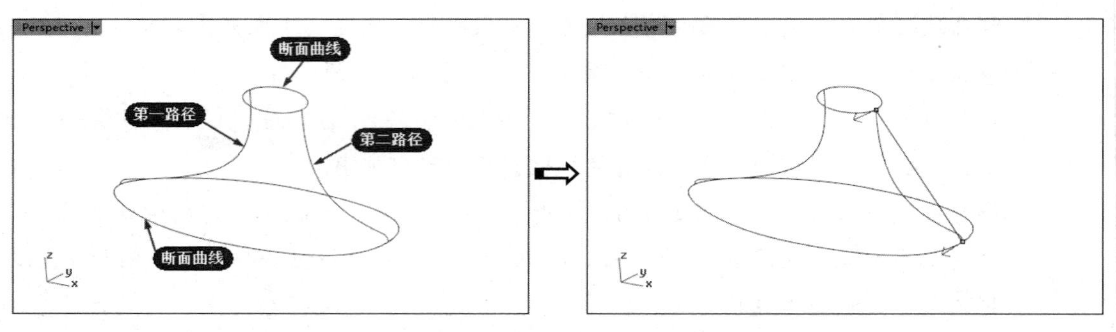

图 5-55 选取路径和断面曲线

③ 右击后弹出【双轨扫掠选项】对话框，保留对话框中各个选项的默认设置，单击【确定】按钮完成扫掠曲面的创建，如图 5-56 所示。

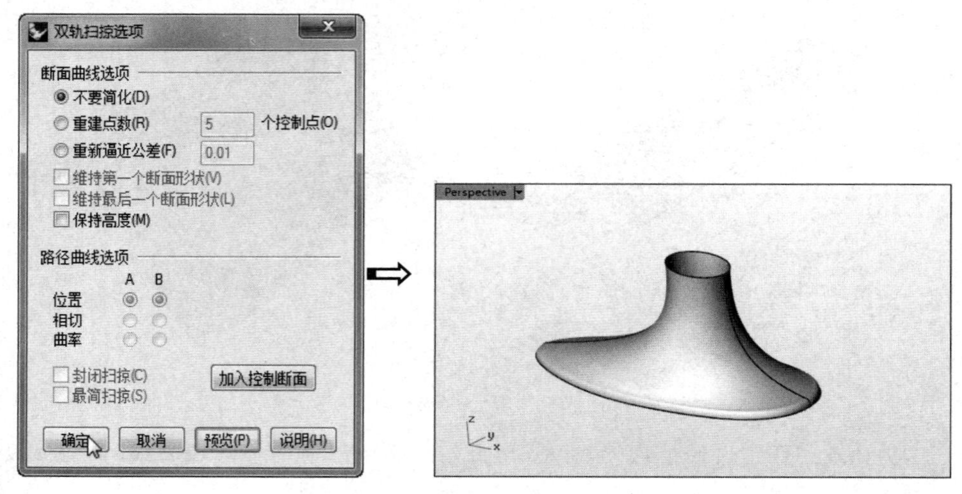

图 5-56 完成扫掠曲面的创建

④ 显示【Housing Surface】、【Housing Curves】与【Mirror】图层，如图 5-57 所示。

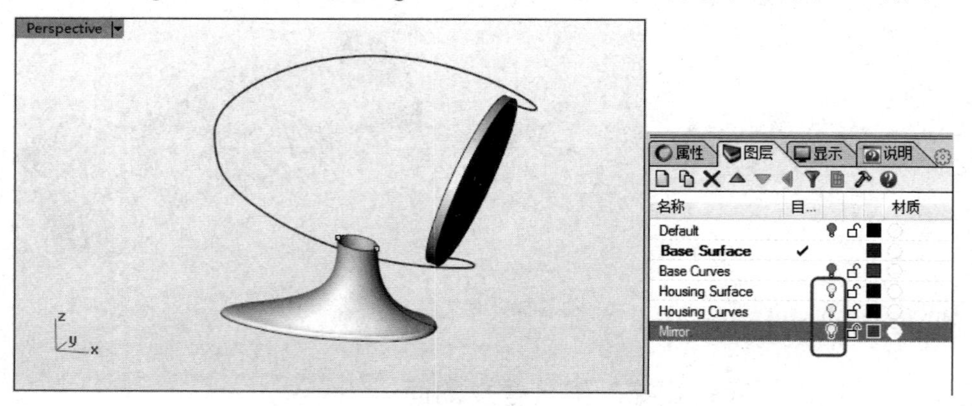

图 5-57 显示图层

⑤ 将【Housing Surface】图层设置为当前图层，单击【双轨扫掠】按钮，选取第一路径、第二路径和断面曲线，右击后弹出【双轨扫掠选项】对话框，如图 5-58 所示。

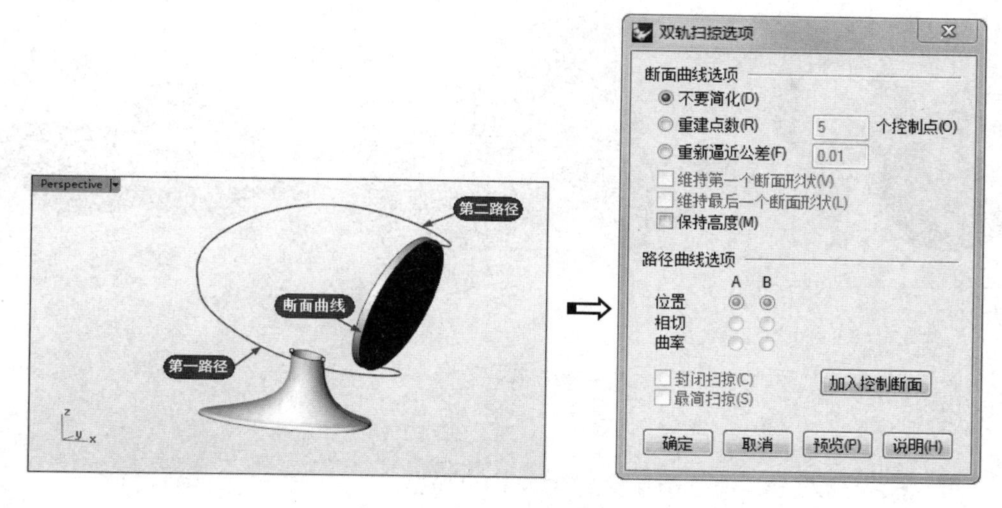

图 5-58　选取路径和断面曲线

⑥ 保留对话框中各个选项的默认设置，单击【确定】按钮完成扫掠曲面的建立。建立扫掠曲面如图 5-59 所示。

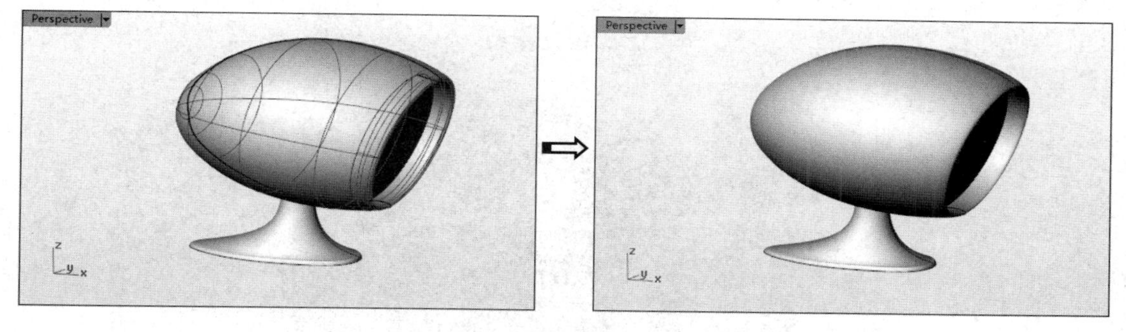

图 5-59　建立扫掠曲面

⑦ 保存结果文件。

5.4　在物件表面产生布帘曲面

在物件表面产生布帘曲面就是将矩形的点阵列沿着工作平面的法线方向往物件上投影，以投影到物件上的点作为曲面的控制点建立曲面。

打个比方，好比自己出行了，家里没有人，就用布把家具遮盖起来，遮盖起来后布就会形成一个形状，这个形状就是本节将要介绍的“布帘”，如图 5-60 所示。

技术要点：

布帘曲面的范围与框选的边框大小直接相关。

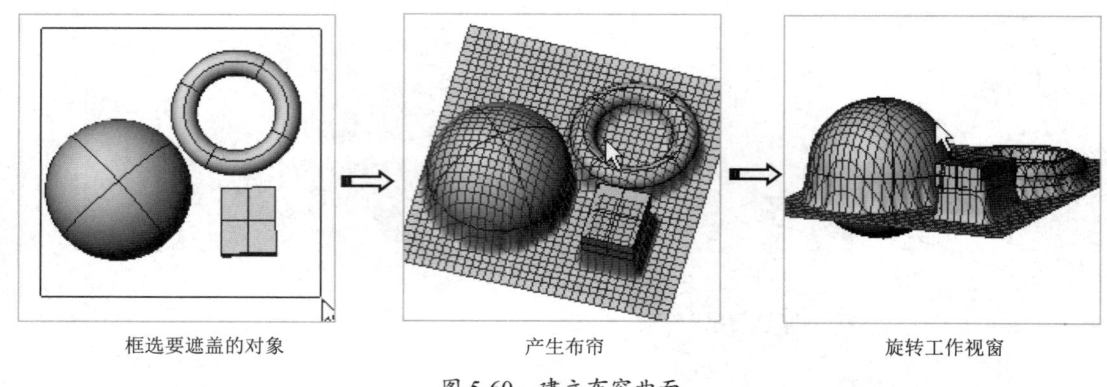

图 5-60　建立布帘曲面

5.5　实战案例——刨皮刀曲面造型

刨皮刀模型曲面的变化比较丰富，需要分析面片的划分方式，以及曲面的建模流程。对于圆角的处理，也需要分步完成。刨皮刀模型如图 5-61 所示。

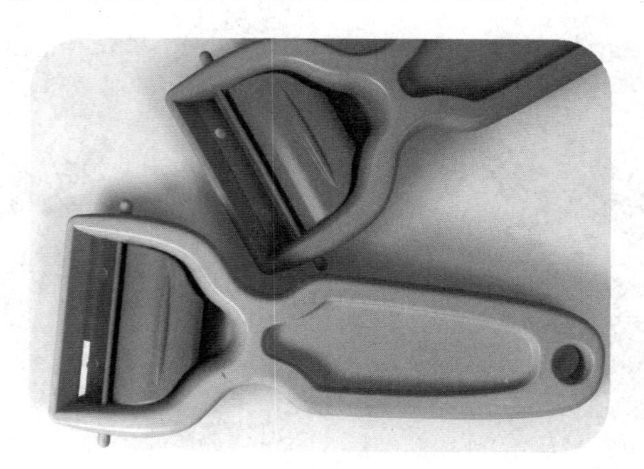

图 5-61　刨皮刀模型

刨皮刀的建模过程如下。

- 创建刨皮刀的主体部件。
- 创建刨皮刀的刀头部分。
- 圆角处理。
- 构建其他部件。

1. 创建刨皮刀的主体部件

① 新建一个名为【曲线】的图层，并将其设置为当前图层，该图层用来放置曲线对象。在 Front 视窗中，执行【曲线】|【自由造型】|【控制点】命令，建立一条描述刨皮刀侧面的控制点曲线，如图 5-62 所示。

② 复制创建的曲线，并将其垂直向上移动，启用曲线的控制点，调整复制后的曲线的控制点。在调整时应保证控制点垂直移动，这样可以使后面以它创建的曲面的 ISO 线较为整齐，如图 5-63 所示。

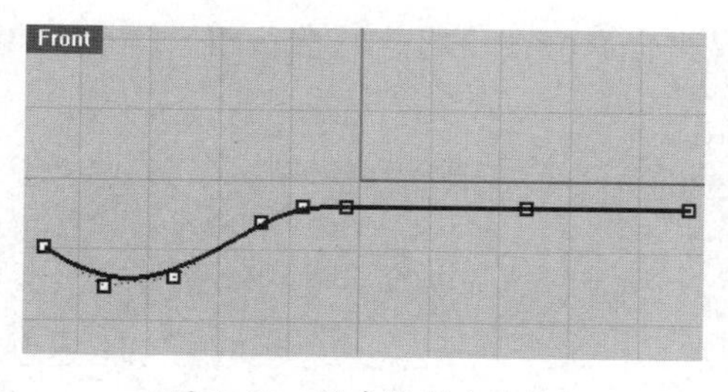

图 5-62　创建控制点曲线

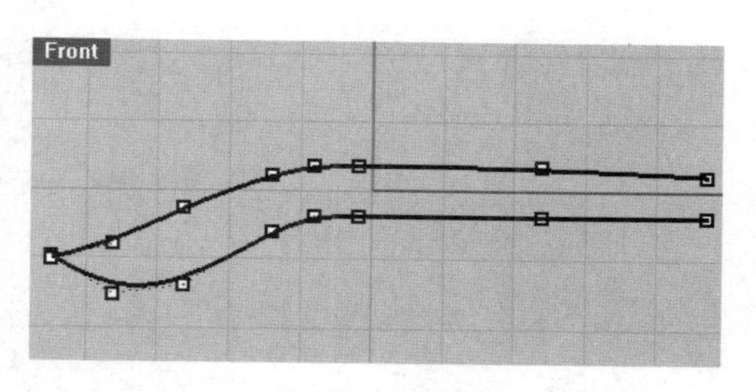

图 5-63　调整复制后的曲线的控制点

③ 在 Top 视窗中，绘制刨皮刀顶面的曲线，应确保端点处的控制点水平对齐或垂直对齐，如图 5-64 所示。

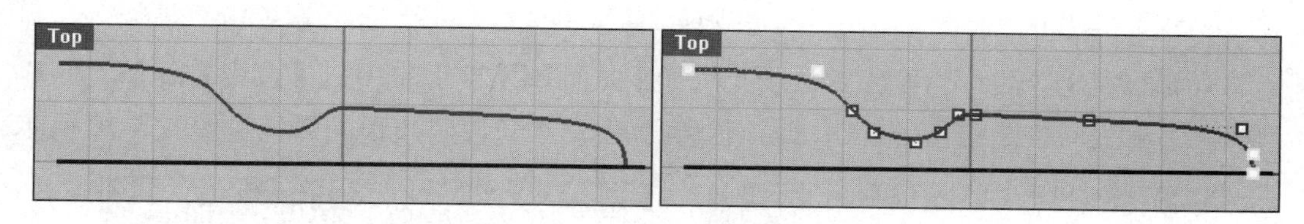

图 5-64　绘制刨皮刀顶面的曲线

④ 复制上一步骤绘制好的曲线，并垂直向上调整图 5-65 中显示的 3 个白色的控制点，其他的控制点保持不变。

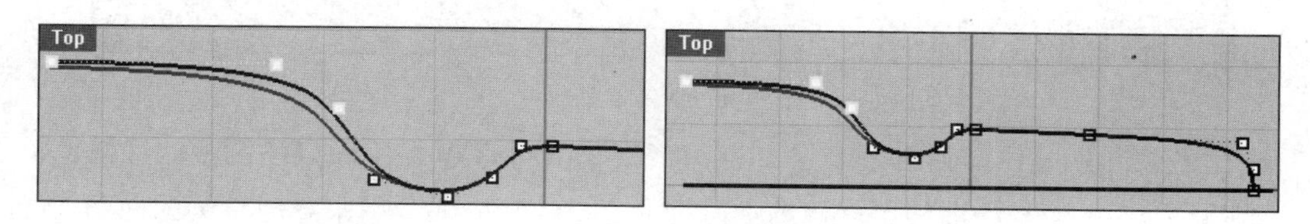

图 5-65　调整控制点

⑤ 执行【变动】|【镜像】命令，选取刚才创建的两条曲线，在 Top 视窗中以水平坐标轴为镜像轴，镜像复制这两条曲线，创建镜像副本，如图 5-66 所示。

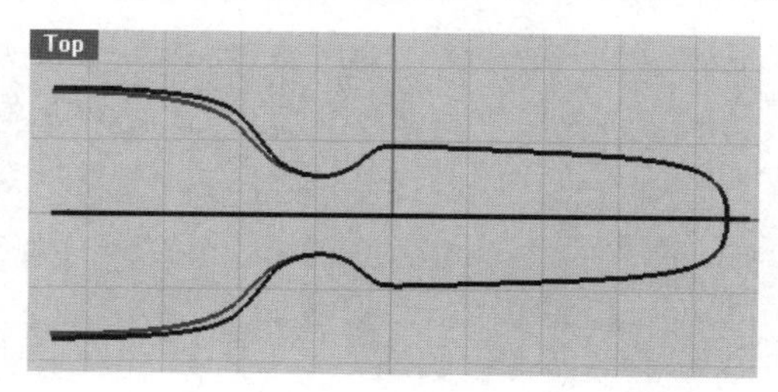

图 5-66　创建镜像副本

⑥ 执行【曲线】|【直线】|【单一直线】命令，在 Top 视窗中创建两条直线，如图 5-67 所示。

⑦ 执行【编辑】|【修剪】命令，对曲线进行修剪，将其修剪为闭合的轮廓，如图 5-68 所示。

⑧ 首先，执行【曲线】|【曲线圆角】命令，在命令行中输入圆角半径值 0.8，在曲线之间的锐角处创建圆角。然后，执行【编辑】|【组合】命令，将这些曲线组合为两条闭合曲线，如图 5-69 所示。

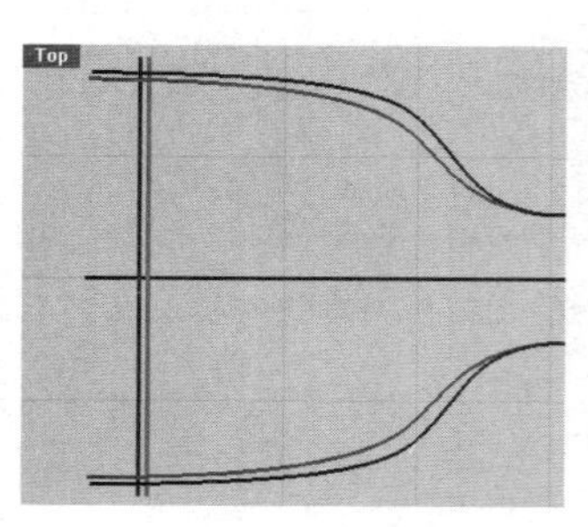

图 5-67 创建两条直线

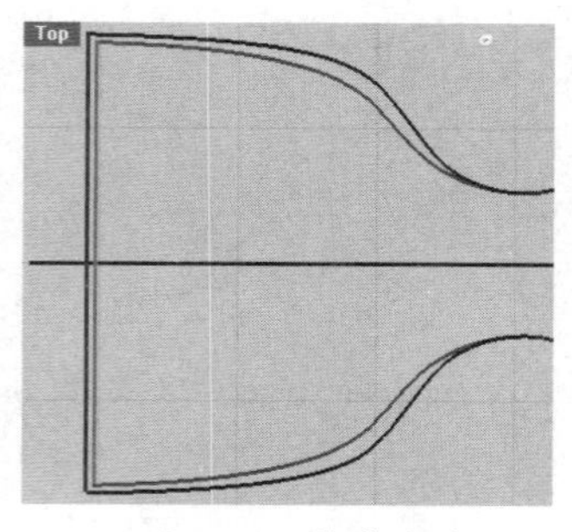

图 5-68 修剪曲线

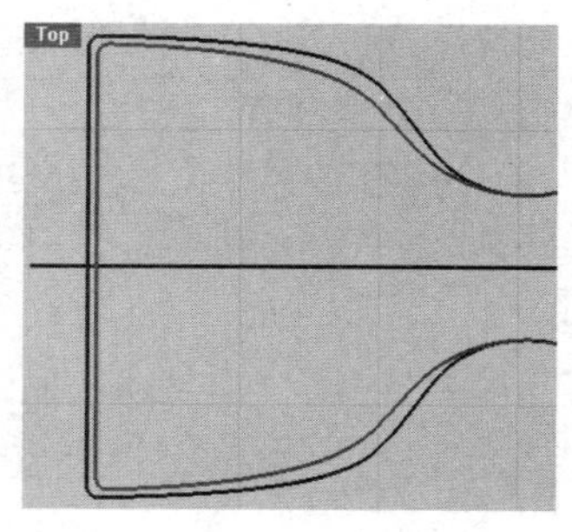

图 5-69 组合曲线

⑨ 选取前面创建的两条侧面轮廓曲线，执行【曲面】|【挤出曲线】|【直线】命令，在 Top 视窗中将这两条曲线挤出，创建曲面，确保挤出的长度超出顶面曲线，如图 5-70 所示。

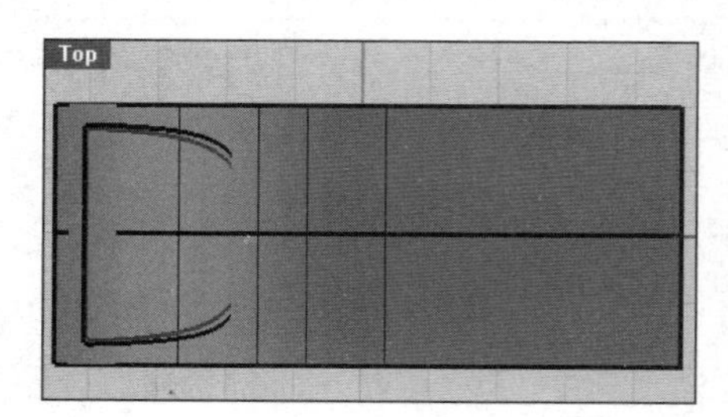

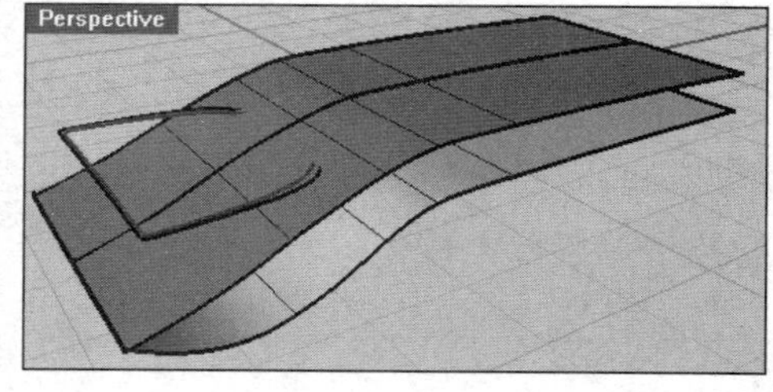

图 5-70 创建挤出曲面

⑩ 执行【编辑】|【修剪】命令，在 Top 视窗中使用步骤⑧中编辑好的两条曲线修剪拉伸曲面。其中，较长的曲线用来修剪上侧的曲面，较短的曲线用来修剪下侧的曲面，如图 5-71 所示。

⑪ 新建一个名为【曲面】的图层，并将其设置为当前图层，该图层用来放置曲面对象。将修剪后的曲面移动到【曲面】图层，并隐藏【曲线】图层，如图 5-72 所示。

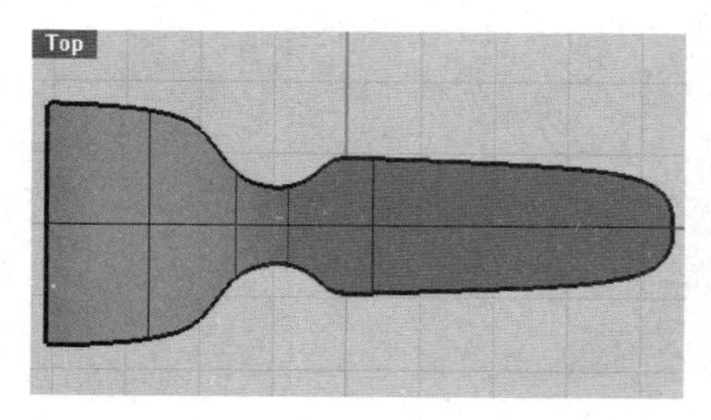

图 5-71 修剪曲面

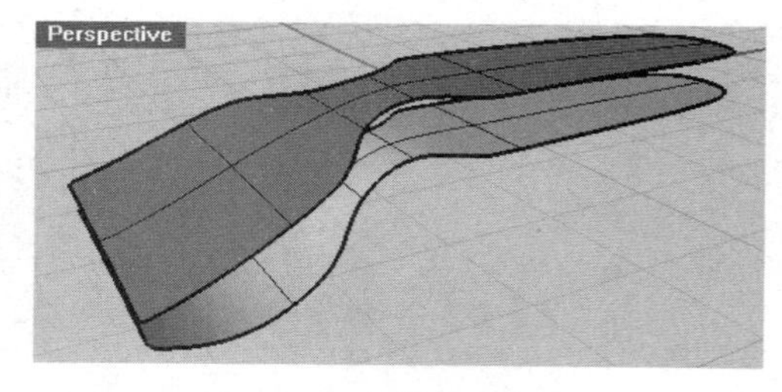

图 5-72 移动并隐藏图层

⑫ 执行【曲面】|【混接曲面】命令，分别选取两个修剪后的曲面的边缘。调整混接曲面的接缝，创建混接曲面，如图 5-73 所示。

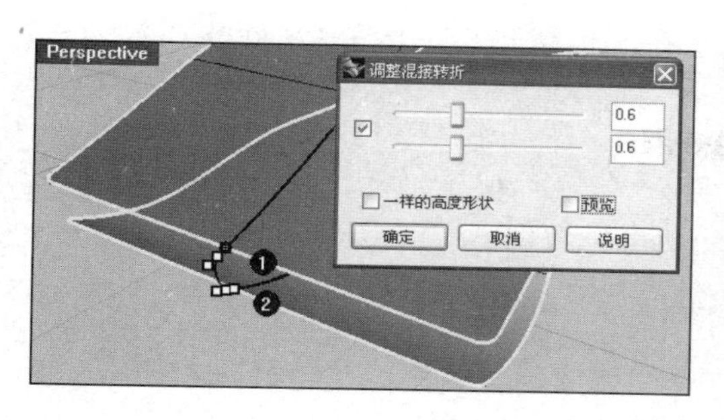

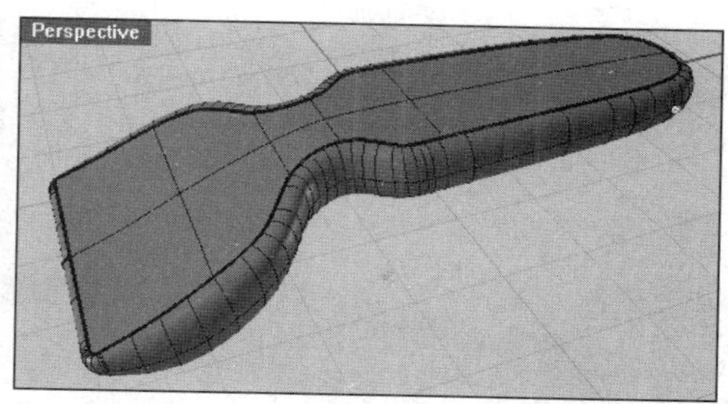

图 5-73　创建混接曲面

技术要点：

当混接曲面的接缝不在对象的中点处时，应将其手动调整到中点处。若找不到中点，则可以先在对称中心线处画一条直线再将直线投影到曲面上，并使用捕捉工具调整混接的接缝位置。这是因为只有混接起点在中点时生成的混接曲面的 ISO 才不会产生扭曲。

⑬　执行【曲线】|【从物件建立曲线】|【抽离结构线】命令，捕捉边缘线的终点。分别抽离两条结构线（见图 5-74），并将抽离的结构线调整到【曲线】图层。

⑭　执行【曲线】|【自由造型】|【控制点】命令，在 Top 视窗中创建一条新的曲线，如图 5-75 所示。

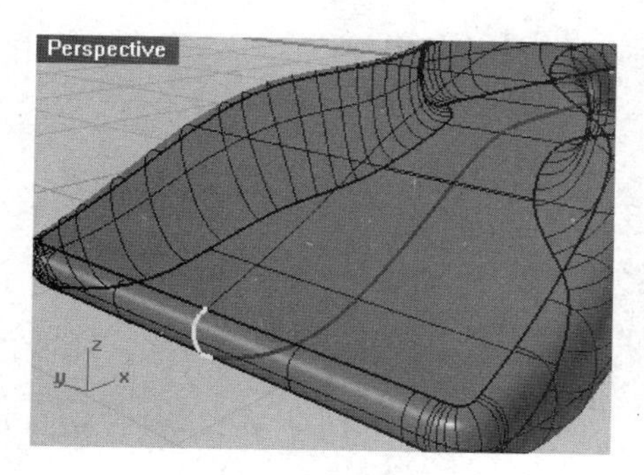

图 5-74　抽离结构线

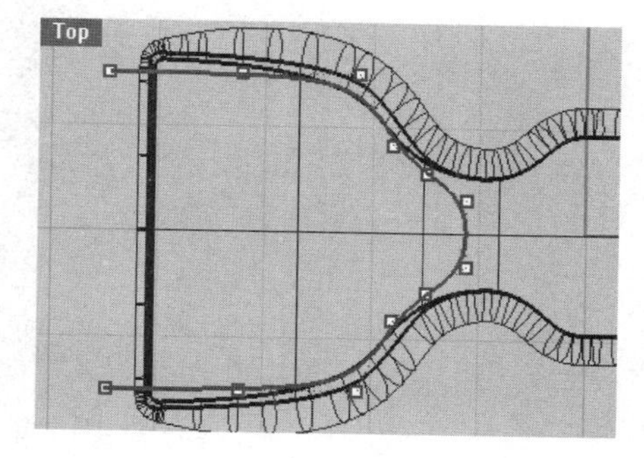

图 5-75　创建曲线

⑮　复制新创建的曲线，在 Front 视窗中调整原始曲线与复制后的曲线的位置，如图 5-76 所示。

⑯　切换到 Top 视窗，显示复制后的曲线的控制点。启用状态栏中的【正交】选项，将图 5-77 中显示的白色控制点水平向左移动一段距离。

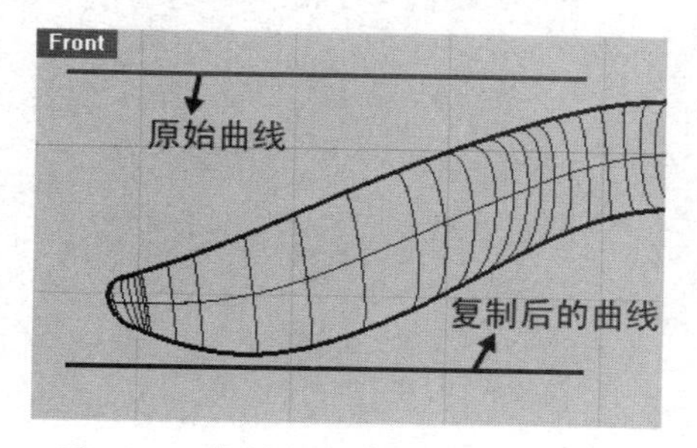

图 5-76　复制曲线并调整曲线的位置

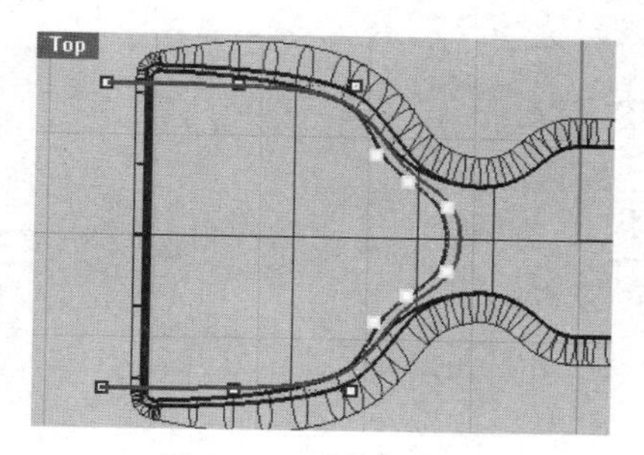

图 5-77　调整控制点

⑰ 执行【曲面】|【放样】命令，使用上一步骤创建的两条曲线（原始曲线和复制后的曲线）创建放样曲面，如图 5-78 所示。

⑱ 在 Front 视窗中，执行【曲线】|【直线】|【线段】命令，创建多重直线，如图 5-79 所示。

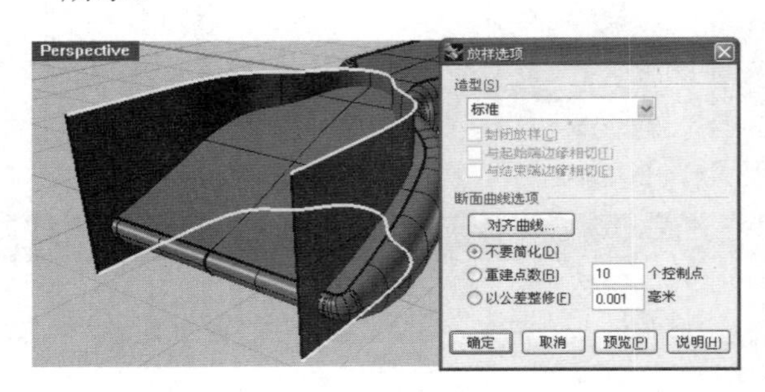

图 5-78 创建放样曲面

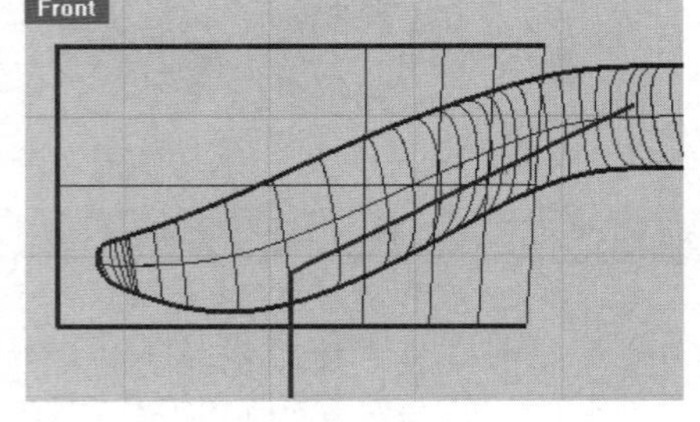

图 5-79 创建多重曲线

⑲ 执行【曲面】|【挤出曲线】|【直线】命令，将上一步骤创建的多重直线沿着直线挤出，创建挤出曲面，如图 5-80 所示。

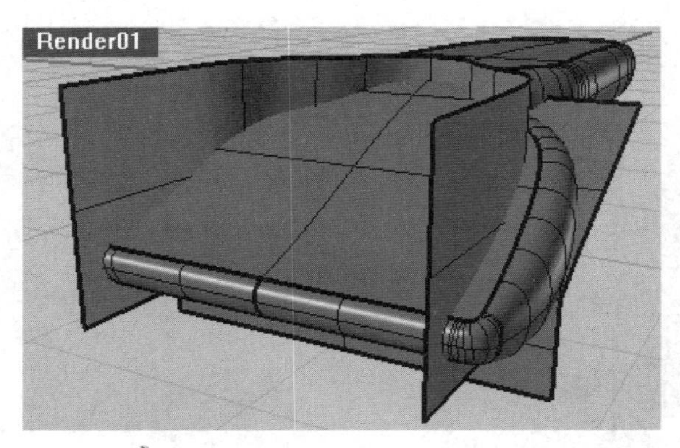

图 5-80 创建挤出曲面

⑳ 先执行【编辑】|【修剪】命令，选取图 5-81 左侧所示的曲面对象并右击，再选择刨皮刀主体对象进行修剪处理。

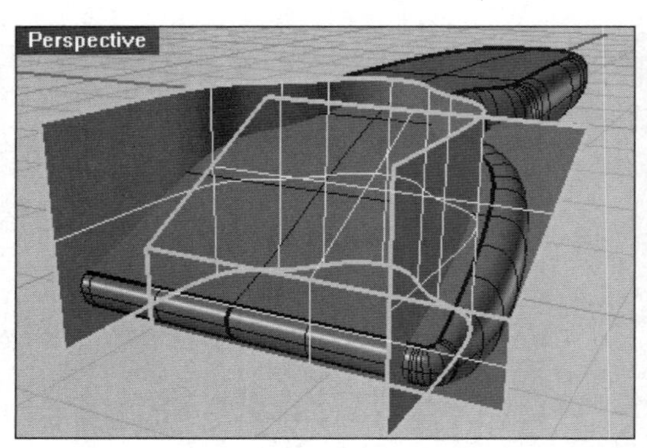

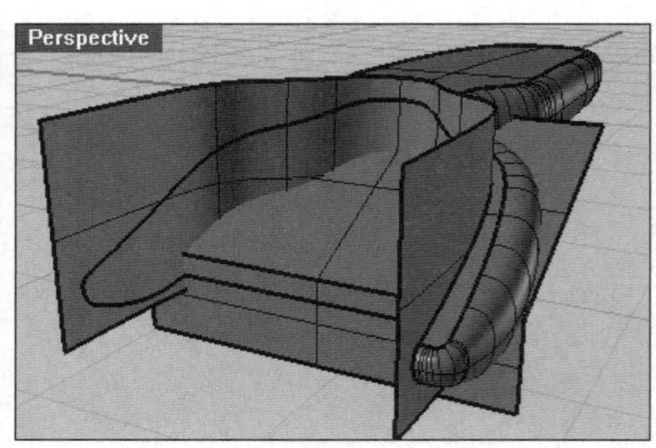

图 5-81 修剪曲面

㉑ 先执行【编辑】|【修剪】命令，选取图 5-82 左侧所示的另一个曲面并右击，对多余的曲面进行剪切，再执行【编辑】|【组合】命令，将全部曲面组合到一起，如图 5-82 所示。

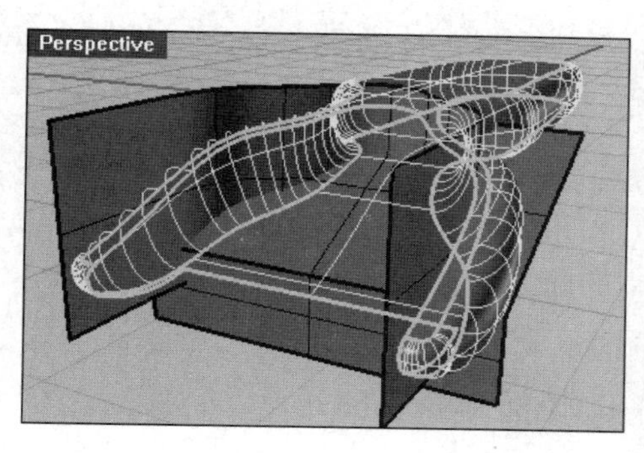

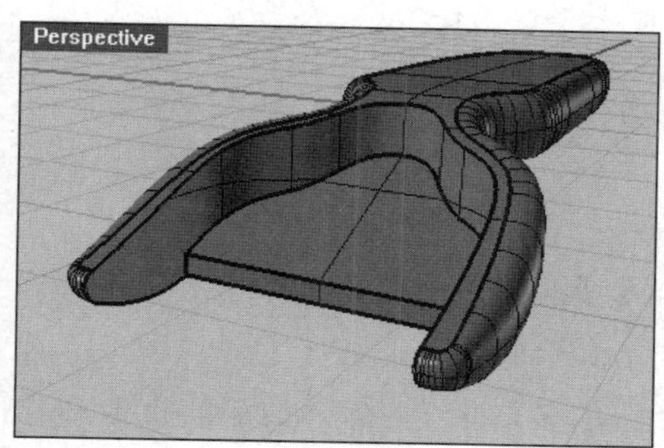

图 5-82　组合曲面

2. 创建刨皮刀的刀头部分

① 首先单独显示前面步骤⑬中抽离的两条结构线，然后在 Front 视窗中，复制 4 条曲线，如图 5-83 所示。

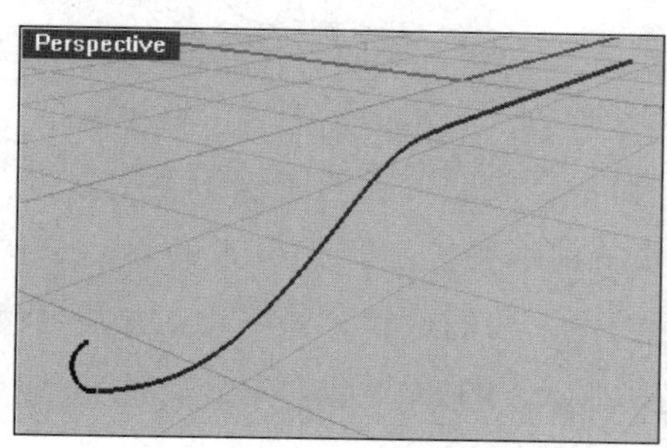

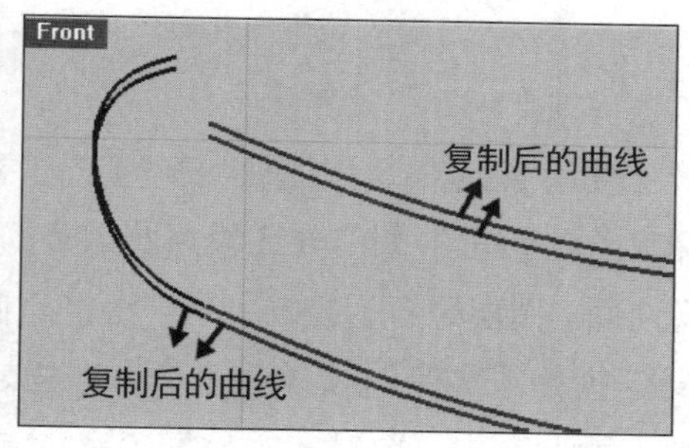

图 5-83　复制曲线

② 先选择复制后的曲线，调整以白色显示的 3 个控制点，再绘制两条直线，并使用捕捉工具在曲线上创建两个点物件，如图 5-84 所示。

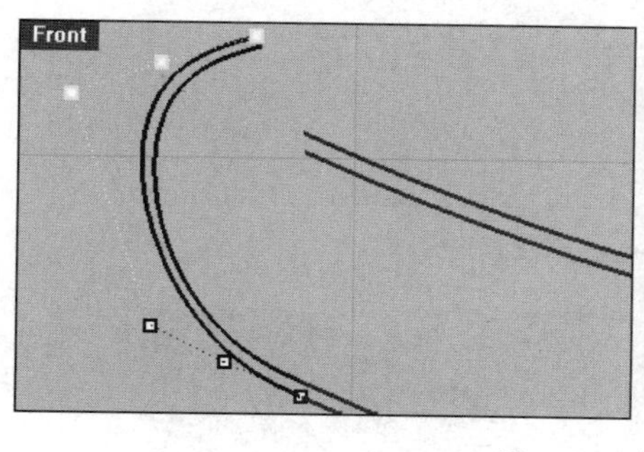

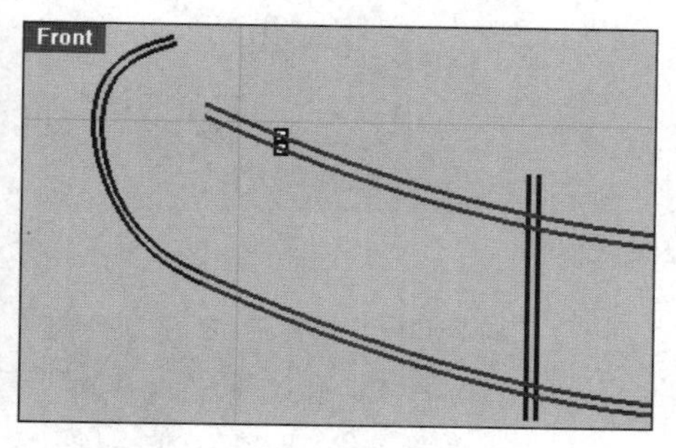

图 5-84　创建点物件

③ 执行【编辑】|【修剪】命令，使用点物件及创建的两条直线修剪曲线，如图 5-85 所示。

④ 删除点物件，执行【曲线】|【混接曲线】命令，创建一条如图 5-86 所示的混接曲线。

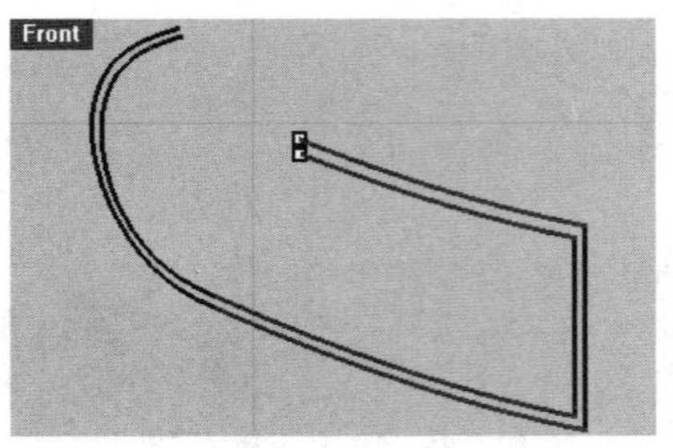

图 5-85　修剪曲线

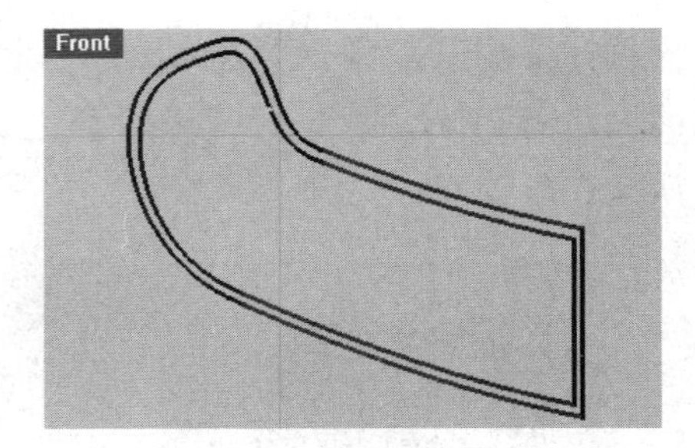

图 5-86　创建混接曲线

⑤ 执行【编辑】|【组合】命令，将图 5-87 中的曲线组合为两条闭合的多重曲线。

⑥ 显示其余的曲面。执行【实体】|【挤出平面曲线】|【直线】命令，在 Top 视窗中使用闭合的多重曲线中较短的那条曲线创建挤出曲面，如图 5-88 所示。

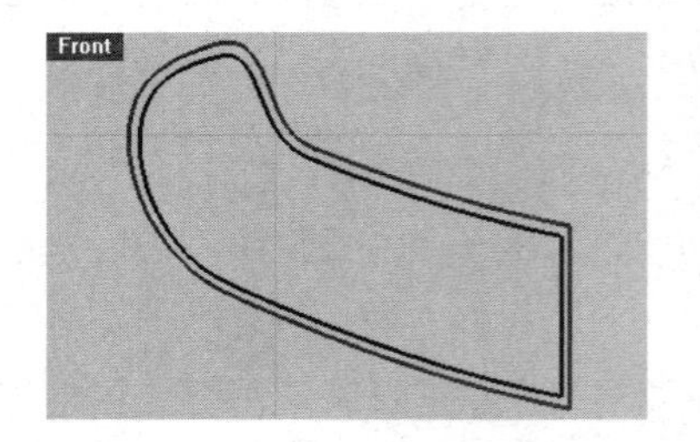

图 5-87　组合曲线

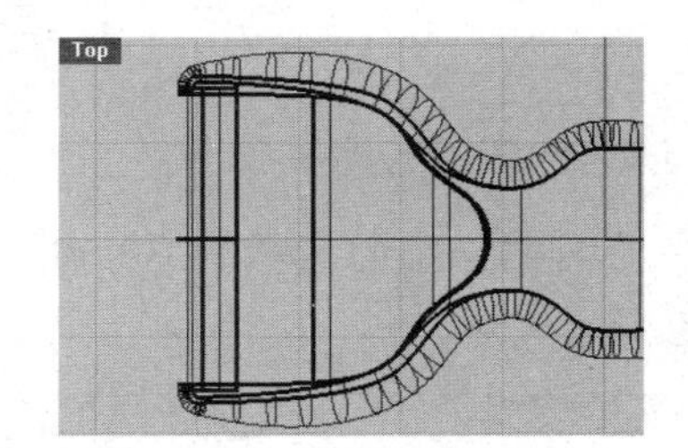

图 5-88　创建挤出曲面

⑦ 执行【实体】|【挤出平面曲线】|【直线】命令，选取较长的闭合的多重曲线创建新的挤出曲面，挤出的长度要比较短的闭合的多重曲线稍长，如图 5-89 所示。

⑧ 将【曲面】图层设置为当前图层，将挤出后的两个曲面调整到该图层中，并隐藏【曲线】图层。执行【实体】|【差集】命令，先选取刨皮刀主体对象并右击，再选取新创建的挤出曲面并右击，此时布尔差集运算完成，如图 5-90 所示。

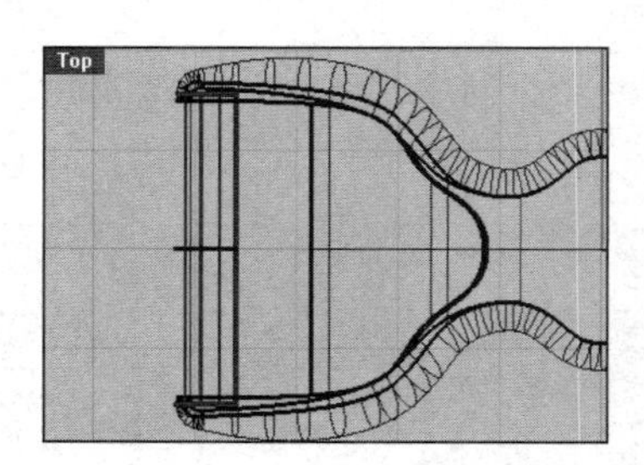

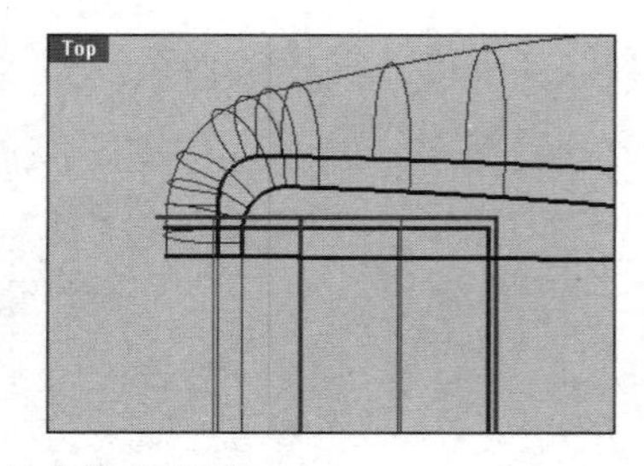

图 5-89　再次创建挤出曲面

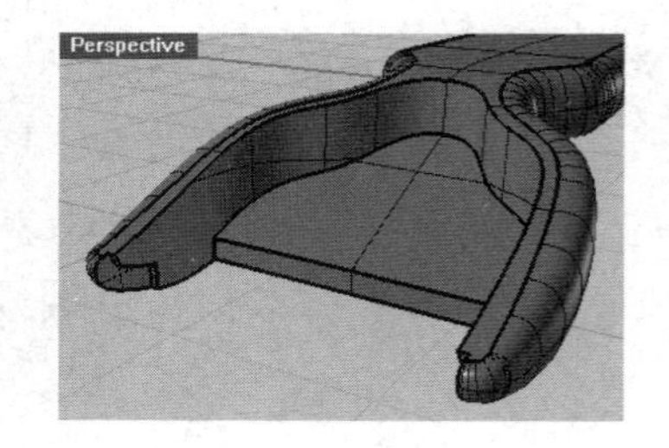

图 5-90　完成布尔差集运算

3. 圆角处理

① 执行【曲线】|【点物件】|【单点】命令，在图 5-91 中的曲面的边缘曲线上创建两个关于 X 轴对称的点物件。

② 执行【实体】|【边缘圆角】|【不等距边缘圆角】命令，首先在命令行中输入值 0.5 并右击，然后选取边缘曲线并右击，如图 5-92 所示。

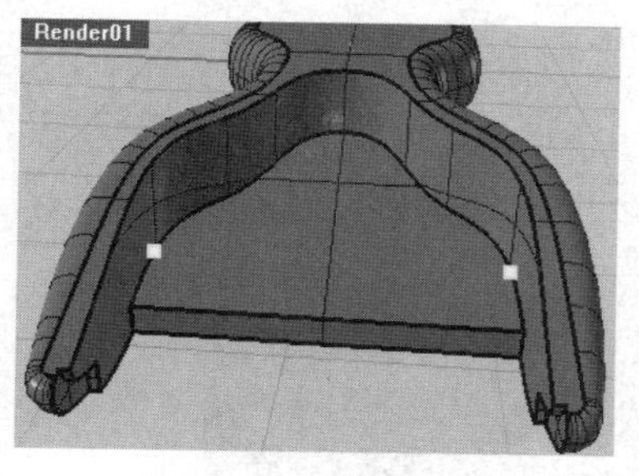

图 5-91　创建点物件

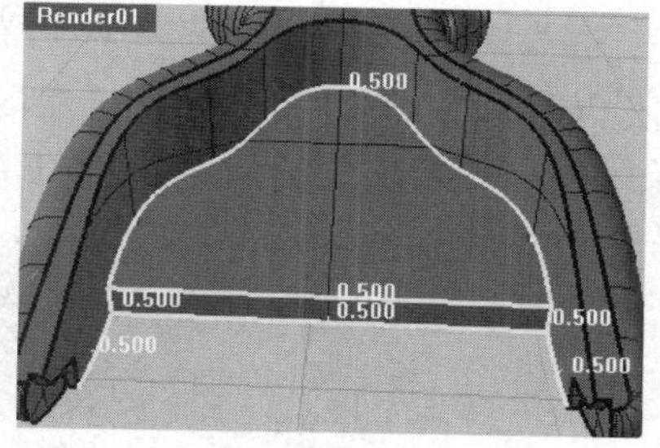

图 5-92　选取边缘曲线

③ 在命令行中选择【新增控制杆】选项，使用捕捉工具在图 5-93 中的位置新增 3 个控制杆，右击。

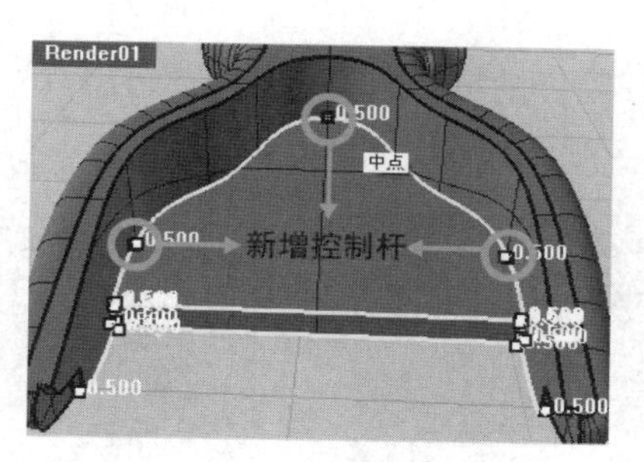

图 5-93　新增控制杆

④ 首先选择中点处的控制杆，然后在命令行中将圆角半径修改为 3，最后右击，创建圆角曲面，如图 5-94 所示。

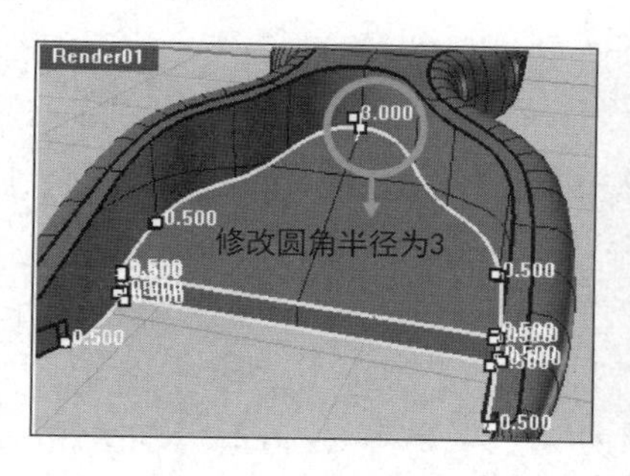

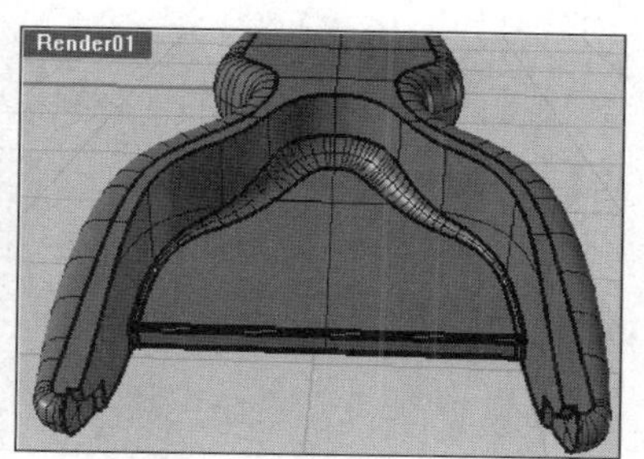

图 5-94　创建圆角曲面 1

⑤ 首先采用类似的方法在需要控制圆角半径大小的边缘处创建特殊的点物件，然后执行【实体】|【边缘圆角】|【不等距边缘圆角】命令，添加控制杆，并调整中心处的圆角大小为 2，最后右击，完成圆角曲面的创建，如图 5-95 所示。

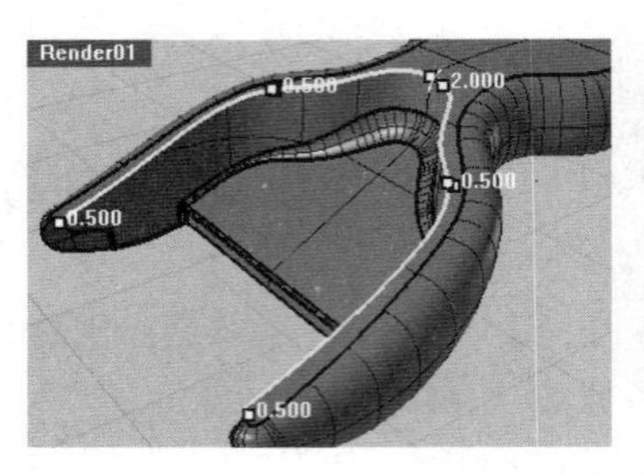

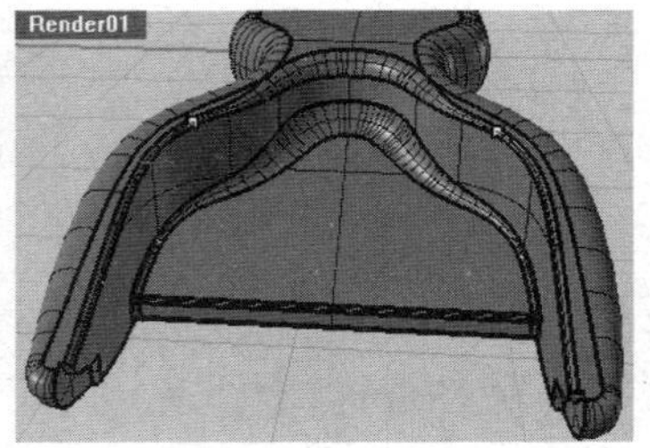

图 5-95　创建圆角曲面 2

⑥ 执行【实体】|【边缘圆角】|【不等距边缘圆角】命令，将圆角大小设置为 0.2，选取边缘曲线，连续右击，完成圆角曲面的创建，如图 5-96 所示。

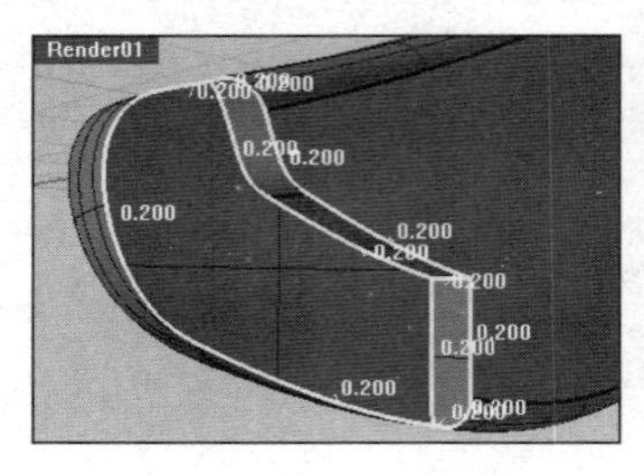

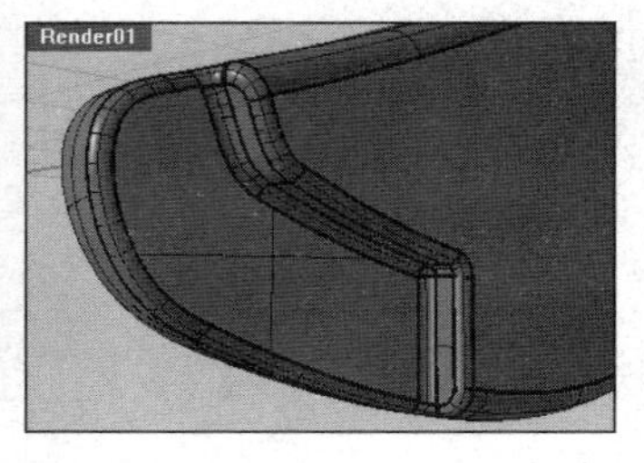

图 5-96　创建圆角曲面 3

⑦ 对另一侧的棱边曲面执行同样的操作，保持圆角大小不变，显示所有曲面，观察圆角处理后的刨皮刀的刀头部分的效果，如图 5-97 所示。

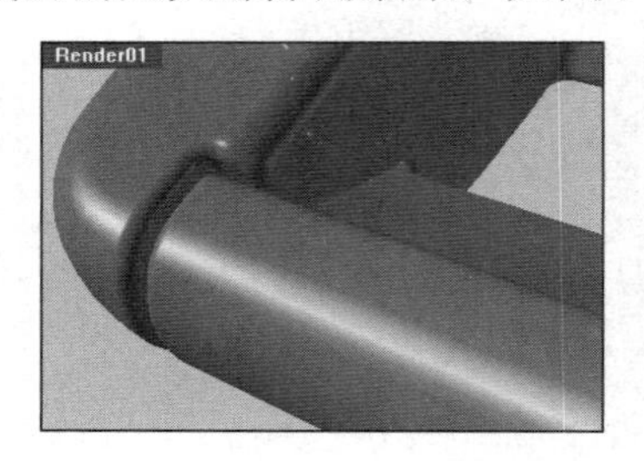

图 5-97　刨皮刀的刀头部分的效果

4. 构建其他部件

① 新建一个名为【曲线 02】的图层，并将其设置为当前图层。在 Front 视窗中执行【曲线】|【自由造型】|【控制点】命令，创建一条控制点曲线，如图 5-98 所示。通过移动控制点的位置调整曲线的形状。

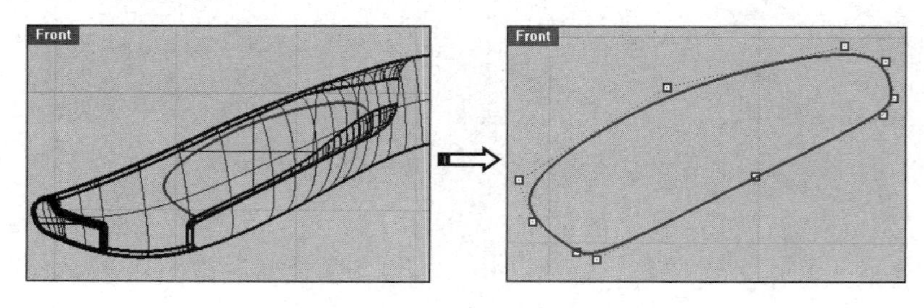

图 5-98　创建控制点曲线

② 执行【曲线】|【自由造型】|【控制点】命令，在 Top 视窗中创建一条控制点曲线（见图 5-99），并调整它的控制点（该曲线可以通过复制上一步骤中创建的曲线得到）。

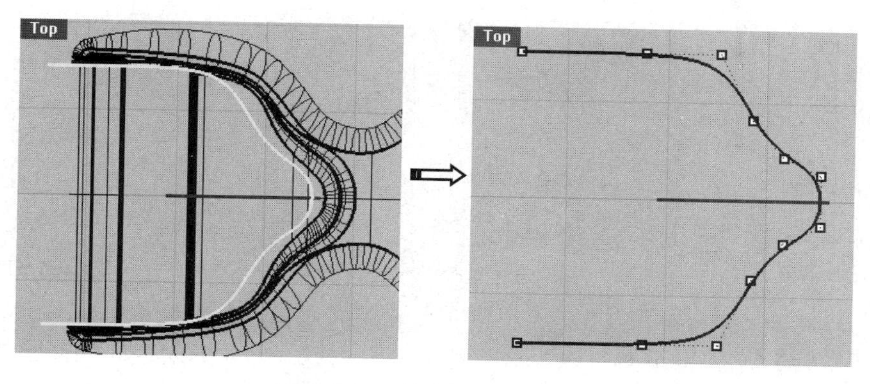

图 5-99　创建控制点曲线

③ 首先执行【曲面】|【挤出曲线】|【直线】命令，将两条曲线分别挤出，创建曲面，应确保创建的两个曲面完全相交。然后执行【编辑】|【修剪】命令，对两个曲面进行修剪，如图 5-100 所示。

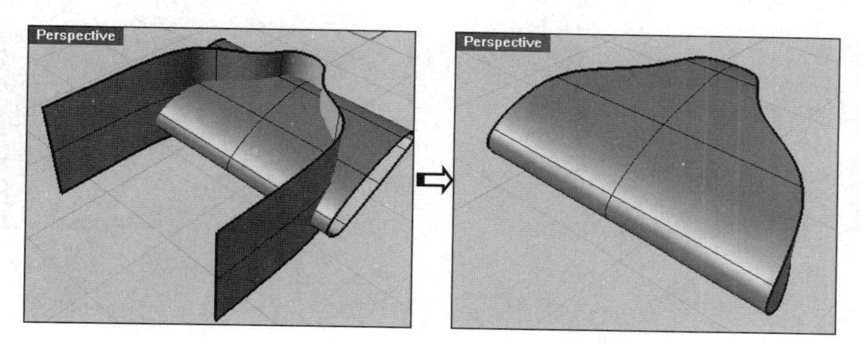

图 5-100　创建并修剪曲面

④ 首先执行【编辑】|【组合】命令，将修剪后的两个曲面组合到一起，然后执行【实体】|【边缘圆角】|【不等距边缘圆角】命令，设置圆角大小为 0.3，选取边缘曲线，新增控制杆，并修改中点处控制杆的圆角半径为 1，连续右击，完成圆角曲面的创建，如图 5-101 所示。

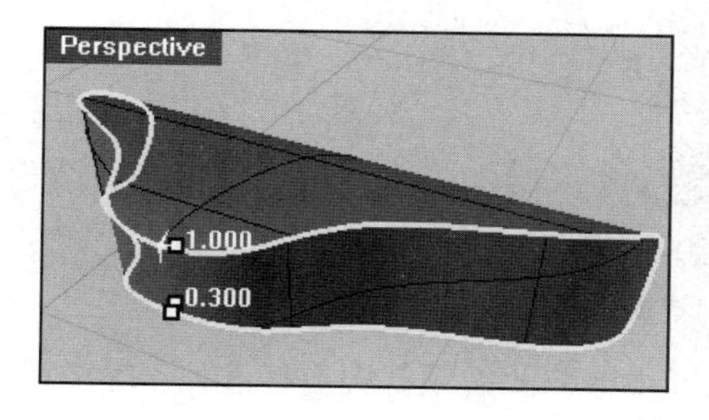

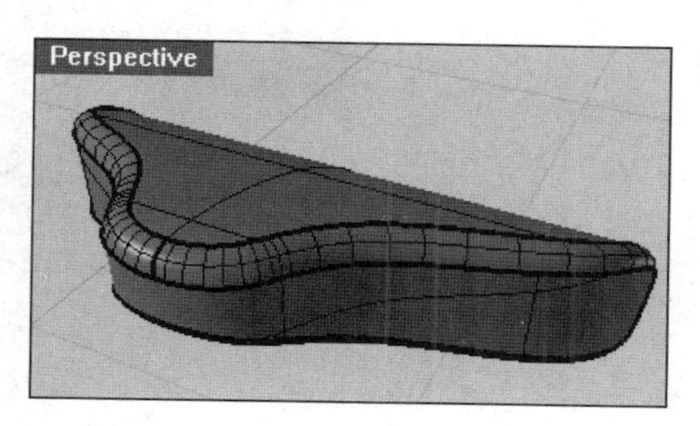

图 5-101　创建圆角曲面

⑤ 执行【曲线】|【自由造型】|【控制点】命令，在 Front 视窗中创建一条新的闭合曲线，如图 5-102 所示。

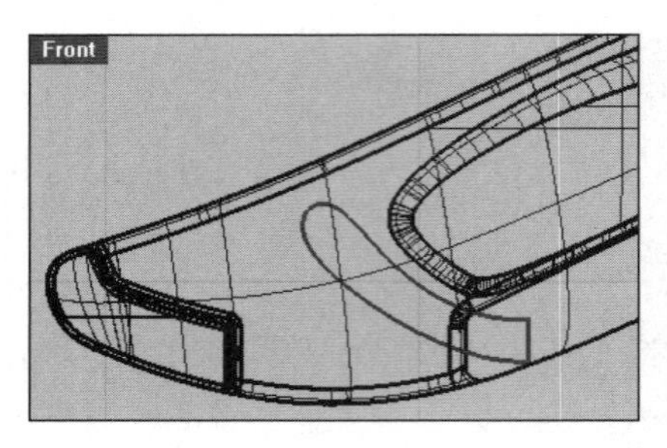

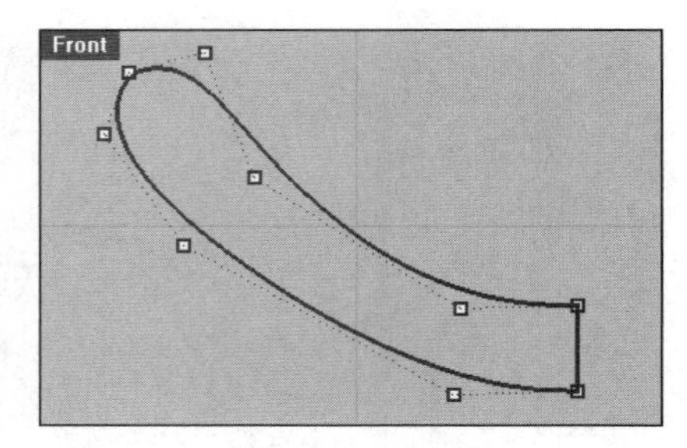

图 5-102 创建曲线

⑥ 执行【实体】|【挤出平面曲线】|【直线】命令，以新创建的闭合曲线创建挤出曲面，如图 5-103 所示。

⑦ 执行【实体】|【椭圆体】|【从中心点】命令，创建一个椭圆体，如图 5-104 所示。

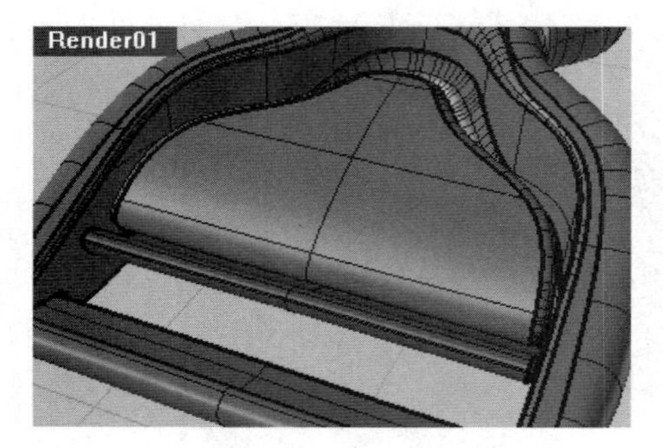

图 5-103 创建挤出曲面

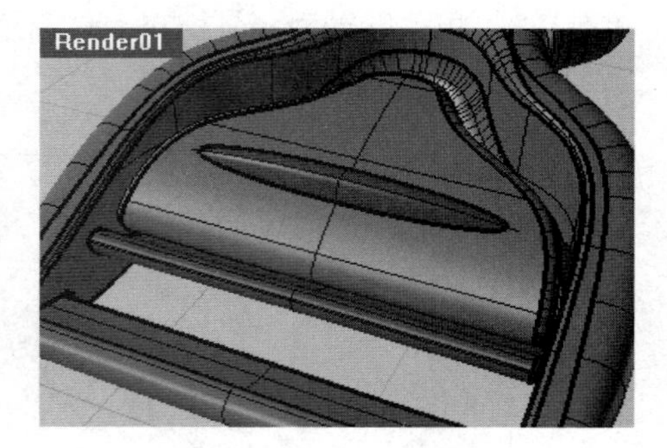

图 5-104 创建椭圆体

⑧ 首先执行【编辑】|【修剪】命令，对椭圆体及与其相交的曲面进行修剪，然后执行【曲面】|【曲面圆角】命令，为相交处创建圆角曲面，如图 5-105 所示。

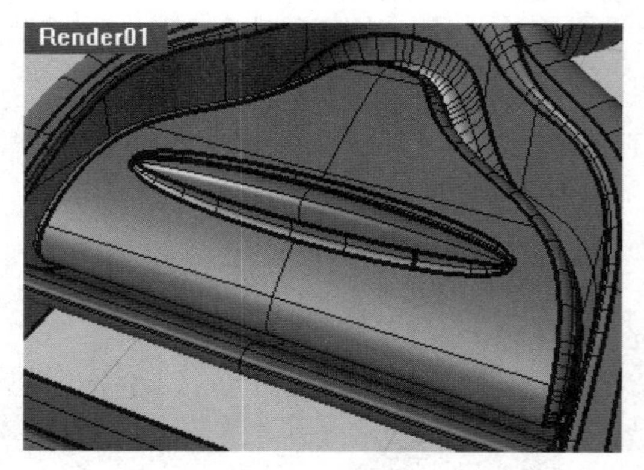

图 5-105 创建圆角曲面

⑨ 其他部件的创建都较为简单，可以参考本书中附赠的视频教程自行添加。创建完成的刨皮刀模型如图 5-106 所示。

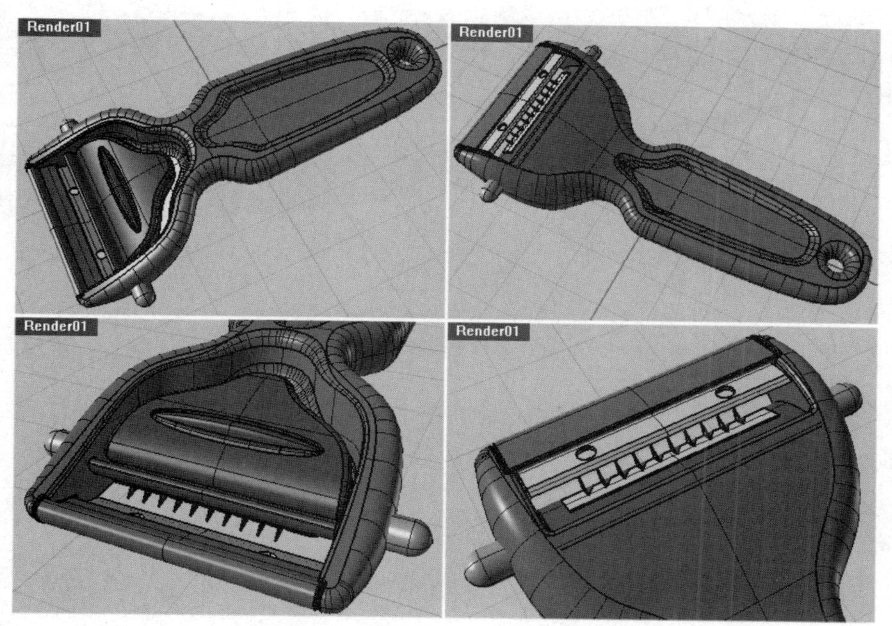

图 5-106　创建完成的刨皮刀模型

⑩ 保存文件。

第 6 章

曲面操作与编辑

本章内容

曲面操作也是构建模型过程的重要组成部分，在 Rhino 8.0 中有多种曲面操作与编辑工具，可以根据需要进行调整，建立更加精确的高质量曲面。

本章主要介绍如何在 Rhino 8.0 中进行曲面的各种操作与编辑。这部分内容比较重要，直接关系到构建模型的质量，希望读者认真学习、实践。

知识要点

☑ 延伸曲面

☑ 曲面倒角

☑ 曲面连接

☑ 曲面偏移

☑ 其他曲面编辑工具

6.1　延伸曲面

在 Rhino 8.0 中，曲面并不是固定不变的，它也可以像曲线一样进行延伸。在 Rhino 8.0 中，可以根据输入的延伸参数，延伸未修剪的曲面。

上机操作——延伸曲面

① 新建 Rhino 8.0 文件。打开本案例源文件“曲面延伸.3dm”。

② 在【曲面工具】选项卡中单击【延伸曲面】按钮，命令行中显示如下提示内容：

```
指令: _ExtendSrf
选取要延伸的曲面边缘(类型(T)=平滑　合并(M)=是):
```

有两种延伸类型，即【直线】和【平滑】，如图 6-1 所示。

- 直线：在延伸时呈直线延伸，与原曲面之间呈位置连续。
- 平滑：延伸后与原曲面之间呈曲率连续。

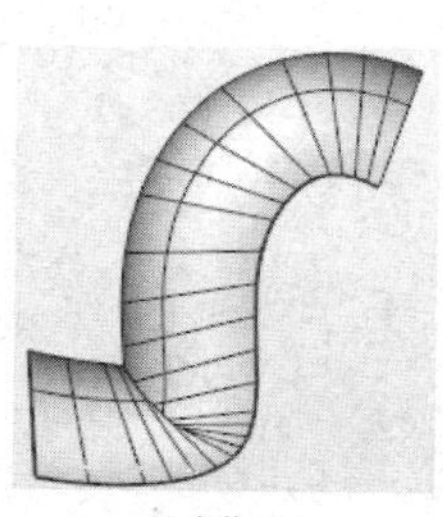
原曲面

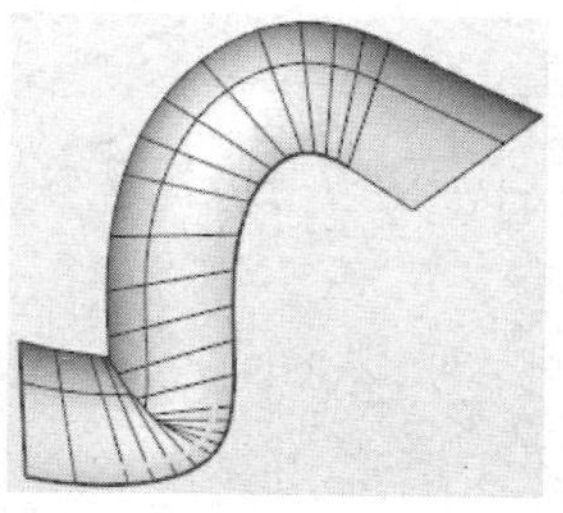
直线延伸

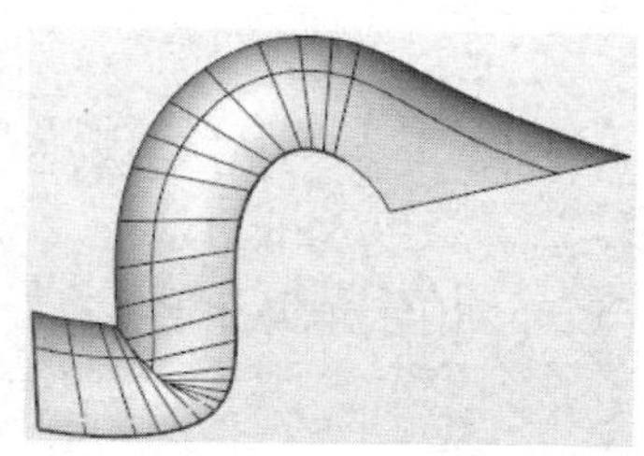
平滑延伸

图 6-1　延伸类型

③ 设置【类型】为【直线】，选取要延伸的曲面的边缘，如图 6-2 所示。

④ 指定延伸的起点和终点，如图 6-3 所示。

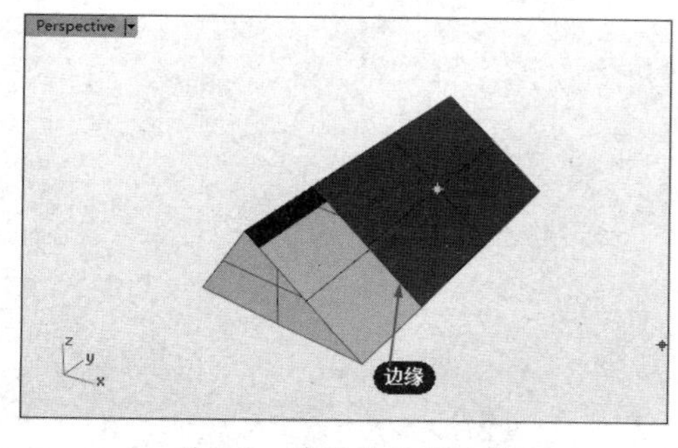

图 6-2　选取曲面的边缘

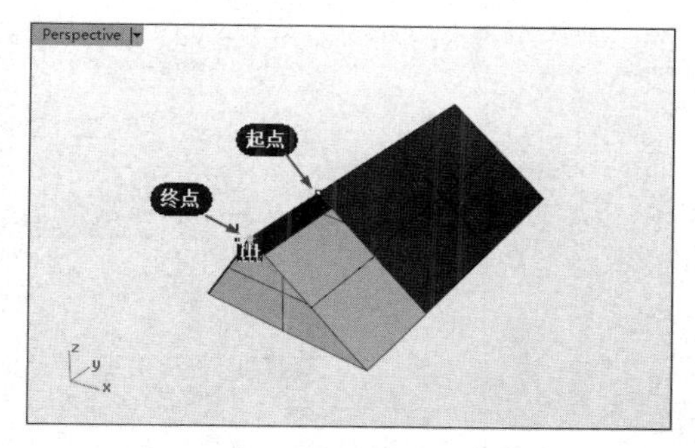

图 6-3　指定延伸的起点与终点

⑤ 自动完成延伸操作。建立的延伸曲面如图 6-4 所示。

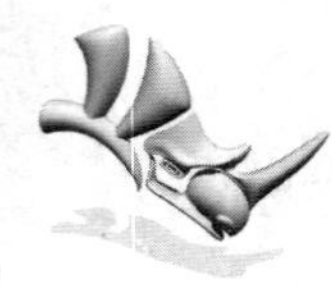

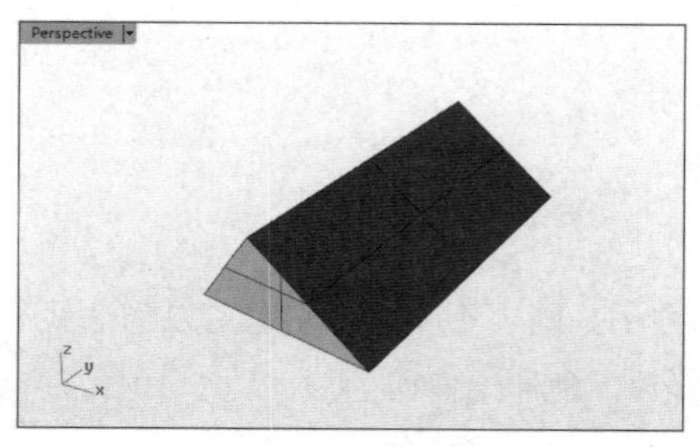

图 6-4　延伸曲面

6.2　曲面倒角

在工程中，为了便于加工制造，零件或产品中的尖锐边需要进行倒角处理，包括倒圆角和倒斜角。在 Rhino 8.0 中，曲面倒角作用在两个曲面之间，并非作用在实体边缘的倒角上。

6.2.1　曲面圆角

使用【曲面圆角】工具可以将两个曲面的边缘的相接之处或相交之处倒成一个圆角。

上机操作——曲面圆角

① 新建 Rhino 8.0 文件。

② 使用【矩形平面：角对角】工具，分别在 Top 视窗和 Front 视窗中绘制矩形平面，如图 6-5 所示。

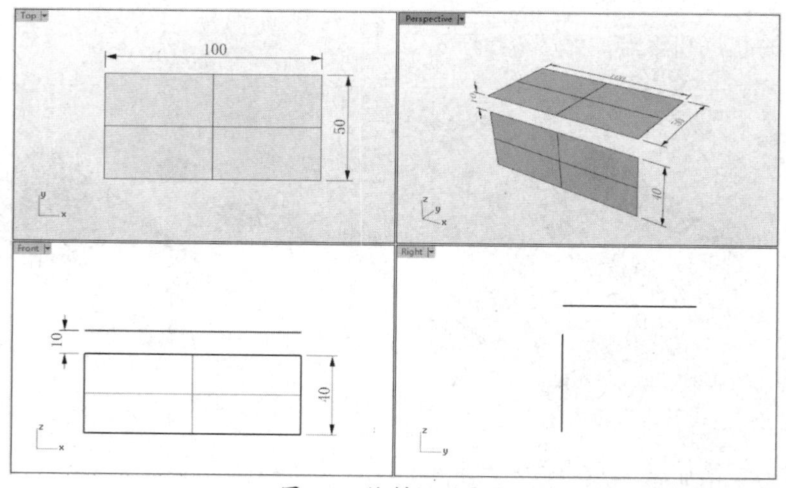

图 6-5　绘制矩形平面

③ 单击【曲面圆角】按钮，在命令行中输入圆角半径值 15。

④ 选取要倒圆角的第一个曲面和第二个曲面，如图 6-6 所示。

⑤ 自动完成曲面圆角的倒角操作，如图 6-7 所示。

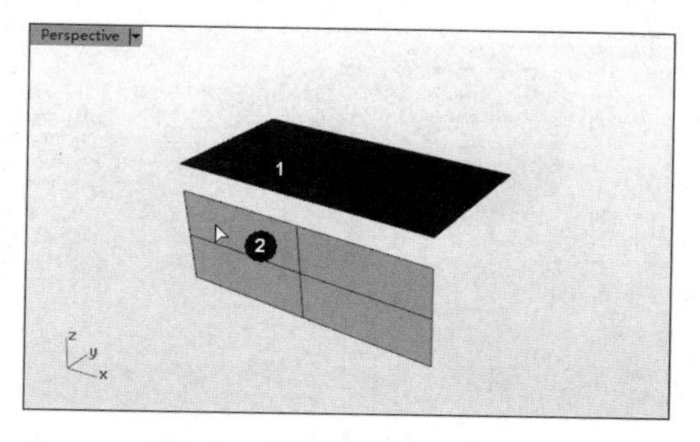

图 6-6 选取要倒圆角的曲面

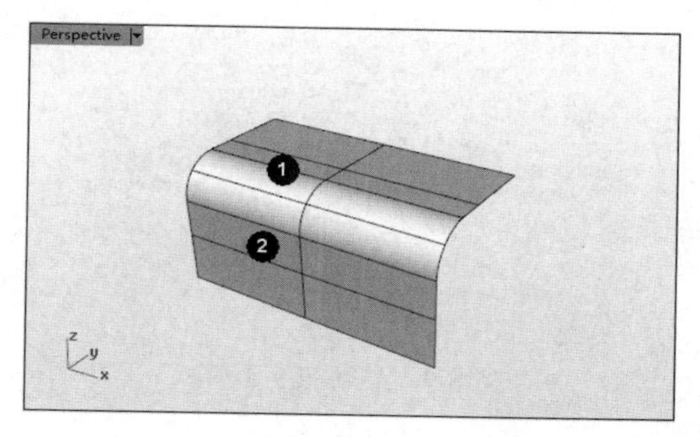

图 6-7 完成曲面圆角的倒角操作

技术要点：

若两个曲面呈相交状态，则要在命令行中设置【修剪】为【是】，选取需要保留的部分，曲面倒角会将不需要保留的部分删除。选择分割，最终所有曲面都会被分割成小曲面，如图 6-8 所示。

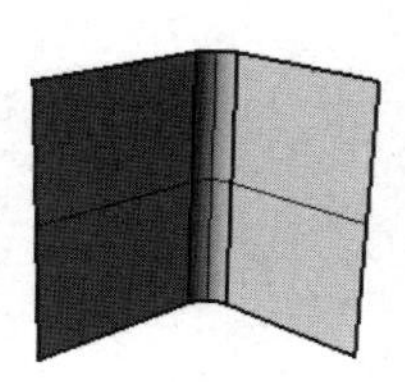
选择修剪的效果

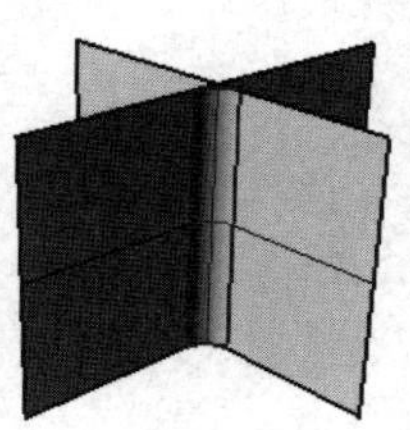
选择不修剪的效果

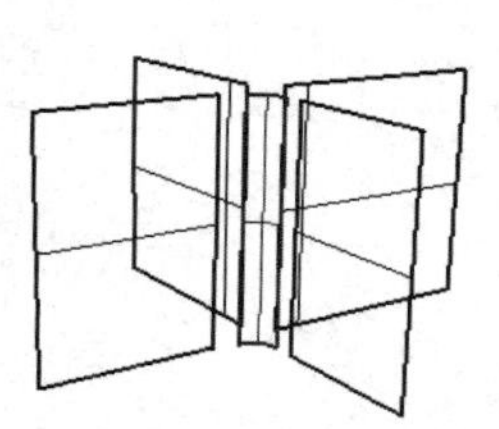
选择分割的效果

图 6-8 是否修剪或分割的效果

6.2.2 不等距曲面圆角

使用【不等距曲面圆角】工具与【曲面圆角】工具都是对曲面之间的圆角进行倒角。通过调节控制点，改变圆角的大小，倒出不等距曲面圆角。

上机操作——不等距曲面圆角

① 新建 Rhino 8.0 文件。使用【矩形平面：角对角】工具，分别在 Top 视窗和 Front 视窗中绘制两个边缘相接或内部相交的曲面，如图 6-9 所示。

技术要点：

两个曲面必须要有交集。

② 单击【不等距曲面圆角】按钮，在命令行中输入圆角半径值 10，按 Enter 键或右击。

③ 选取要倒不等距曲面圆角的第一个曲面和第二个曲面。

④ 显示圆角半径及控制点，如图 6-10 所示。命令行中显示如下提示内容：

选取要编辑的圆角控制杆，按 Enter 完成(新增控制杆(A) 复制控制杆(C) 设置全部(S) 连结控制杆(L)=否 路径造型(R)=滚球 修剪并组合(T)=否 预览(P)=否)：

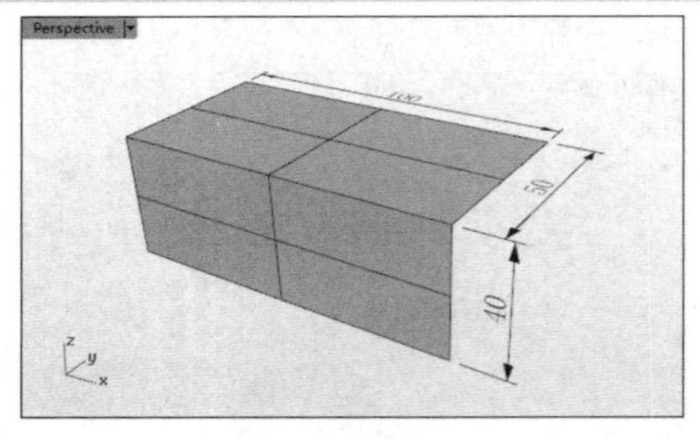

图 6-9 绘制两个曲面

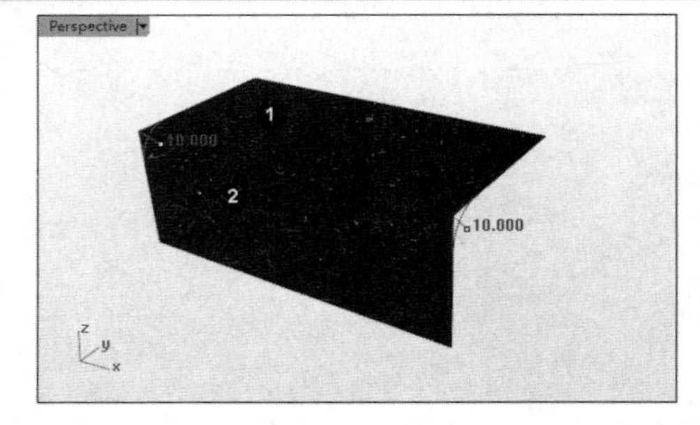

图 6-10 选取曲面后显示圆角半径及控制点

通过选择所需选项，输入相应字母进行设置。各个选项的功能如下。

- 新增控制杆：沿着边缘新增控制杆，如图 6-11 所示。

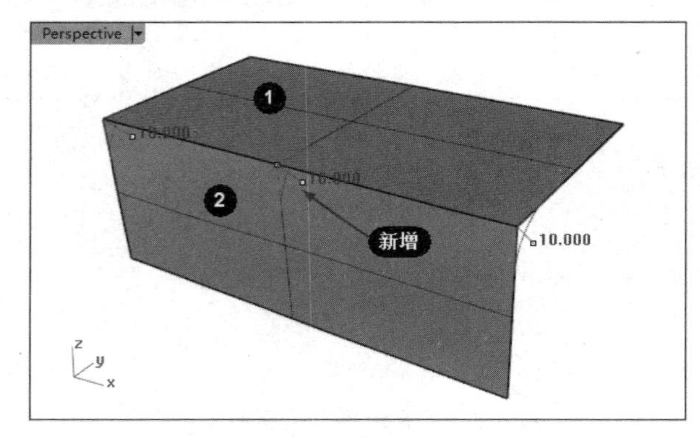

图 6-11 新增控制杆

- 复制控制杆：根据选取的控制杆的半径建立另一个控制杆。
- 设置全部：设置全部控制杆的半径。
- 连结控制杆：在调整控制杆时，其他控制杆会以相同的比例调整。
- 路径造型：有 3 种不同的路径造型可以选择，如图 6-12 所示。
  - 与边缘距离：根据建立圆角的边缘至圆角曲面的边缘的距离决定曲面修剪路径。
  - 滚球：根据滚球的半径决定曲面修剪路径。
  - 路径间距：根据圆角曲面两侧边缘的间距决定曲面修剪路径。

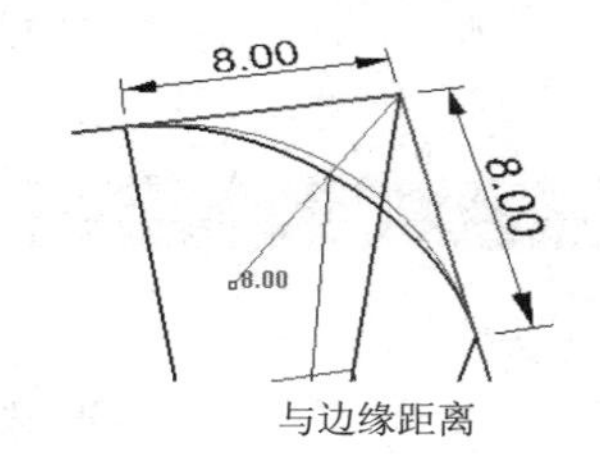

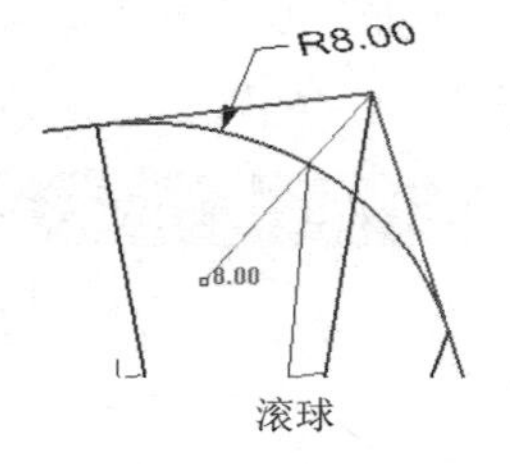

路径间距

图 6-12 3 种不同的路径造型

- 修剪并组合：选择是否修剪倒角后的多余部分，如图 6-13 所示。

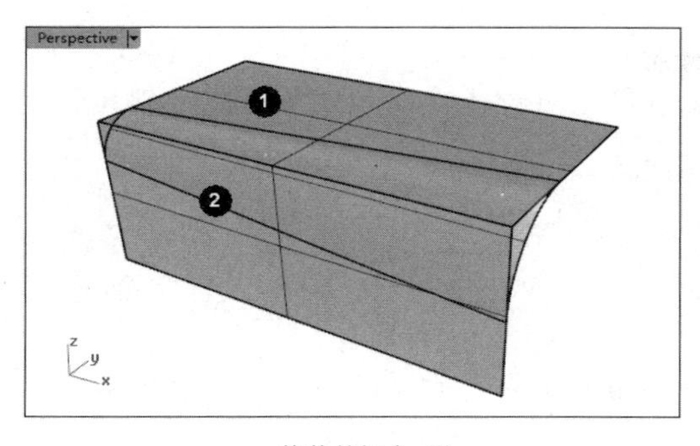

修剪并组合=否

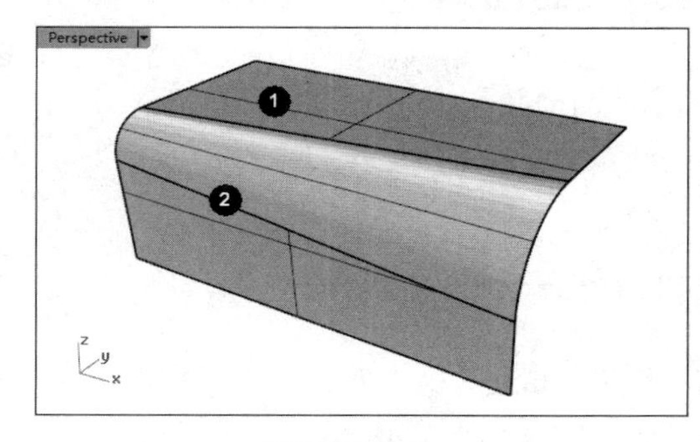

修剪并组合=是

图 6-13　是否修剪与组合

- 预览：可以预览最终的倒角效果是否满意。

⑤ 选择右侧控制杆的控制点，拖动控制杆或在命令行中输入新的半径值 20，按 Enter 键或右击，如图 6-14 所示。

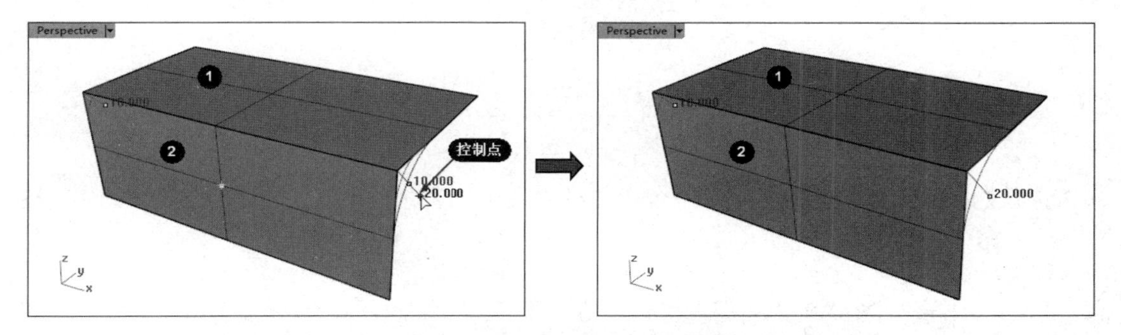

图 6-14　拖动控制杆改变半径

⑥ 在命令行中设置【修剪并组合】为【是】，右击完成不等距曲面圆角的倒角操作，如图 6-15 所示。

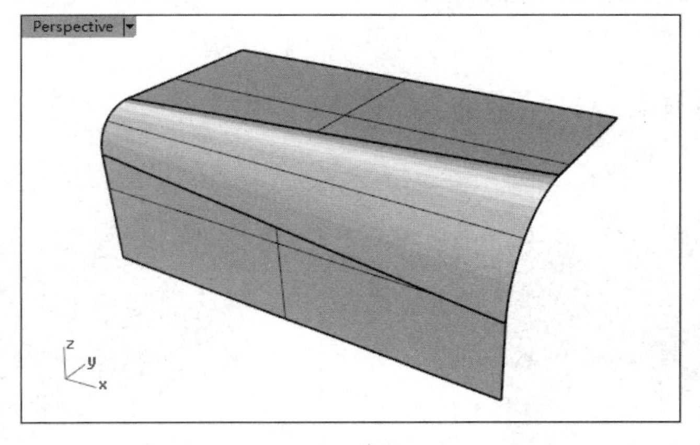

图 6-15　完成不等距曲面圆角的倒角操作

6.2.3 曲面斜角

【曲面斜角】工具与【曲面圆角】工具的作用和性质一样，只是使用【曲面斜角】工具倒出的角是平面切角，而非圆角。

上机操作——曲面斜角

① 新建 Rhino 8.0 文件。使用【矩形平面：角对角】工具，绘制两个边缘相接或内部相交的曲面，如图 6-16 所示。

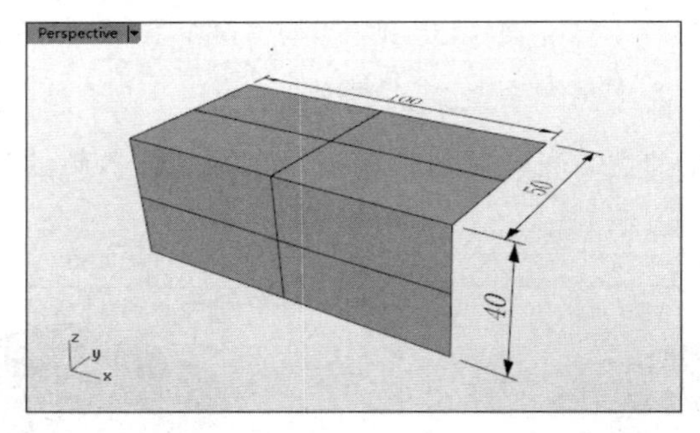

图 6-16 绘制曲面

② 单击【曲面斜角】按钮，在命令行中设置两个倒斜角的距离均为 10，按 Enter 键或右击，如图 6-17 所示。

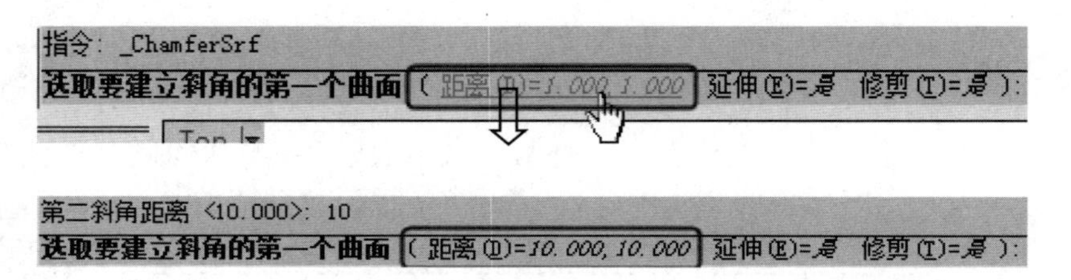

图 6-17 设置倒斜角的距离

③ 选取要倒斜角的第一个曲面和第二个曲面，自动完成倒斜角的操作。曲面倒斜角如图 6-18 所示。

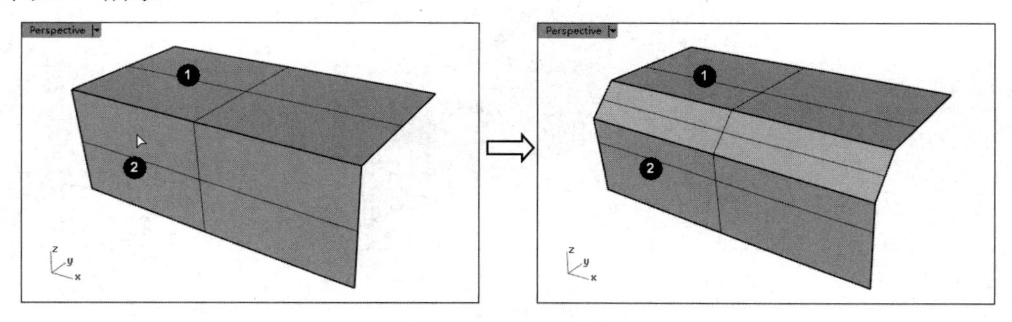

图 6-18 曲面倒斜角

技术要点：

与使用【曲面圆角】工具的操作一样，需要在命令行中设置【修剪】为【是】，选取需要保留的部分，曲面倒角就会将不需要的部分删除。选择分割，最终所有曲面将被分割成小曲面，如图 6-19 所示。

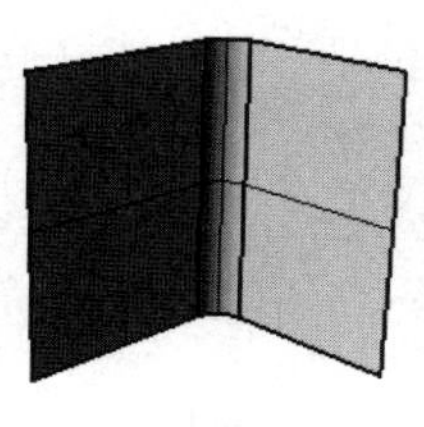

选择修剪的效果

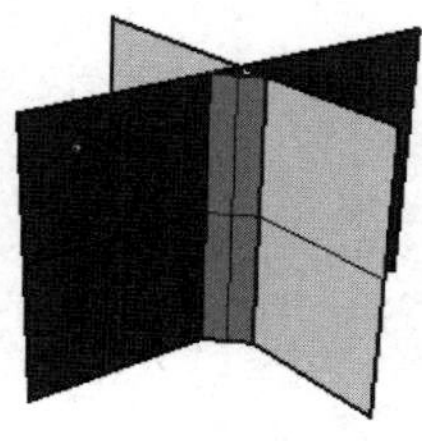

选择不修剪的效果

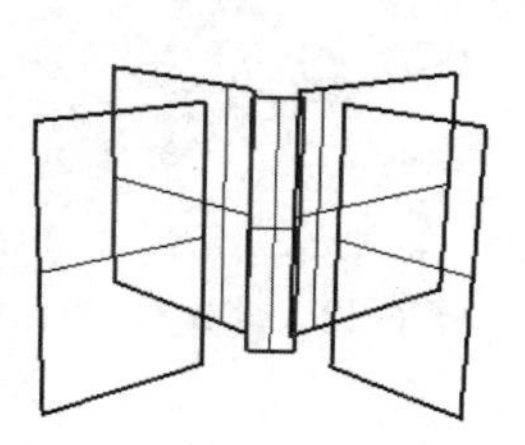

选择分割的效果

图 6-19　是否修剪或分割的效果

6.2.4　不等距曲面斜角

在 Rhino 8.0 中，使用【不等距曲面斜角】工具与【曲面斜角】工具都是对曲面之间的斜角进行倒角。通过调节控制点，改变斜角的大小，倒出不等距的斜角。

上机操作——不等距曲面斜角

① 新建 Rhino 8.0 文件。使用【矩形平面：角对角】工具，绘制两个边缘相接或内部相交的曲面，如图 6-20 所示。

② 单击【不等距曲面斜角】按钮，在命令行中输入斜角距离值 10，按 Enter 键或右击。

③ 选取要倒斜角的第一个曲面与第二个曲面，并在两个曲面之间显示控制杆，如图 6-21 所示。

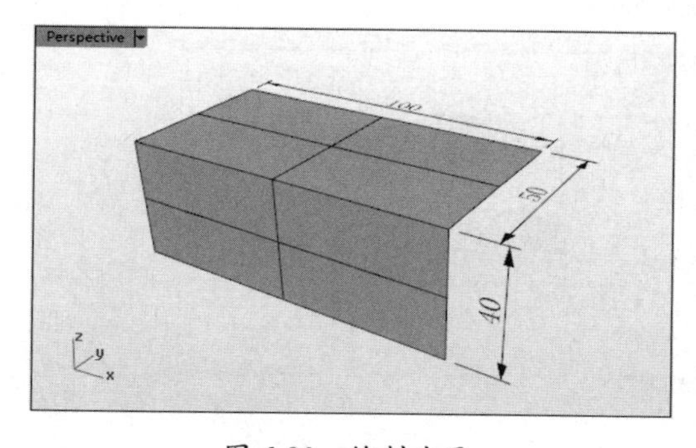

图 6-20　绘制曲面

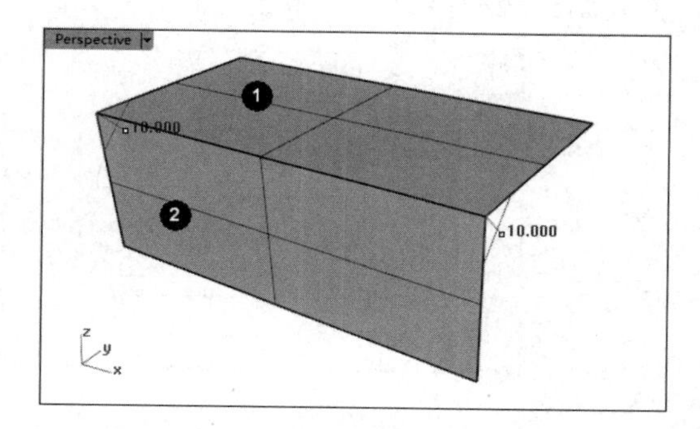

图 6-21　选取要倒斜角的曲面

④ 选择控制杆上的控制点，设置斜角距离为 20，如图 6-22 所示。

⑤ 在命令行中设置【修剪并组合】为【是】，右击或按 Enter 键完成不等距曲面倒斜角的操作，如图 6-23 所示。

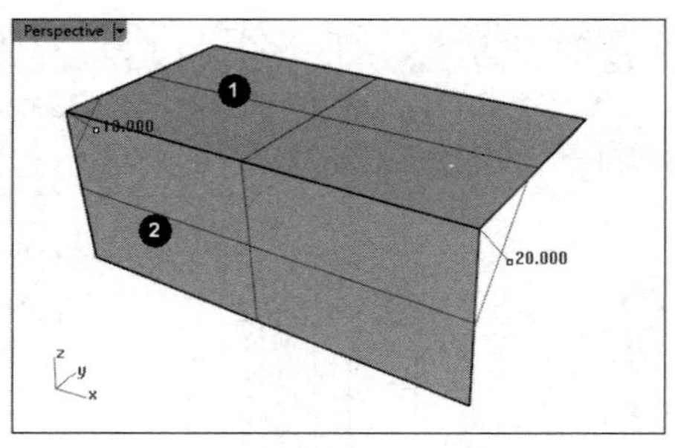

图 6-22　设置斜角距离

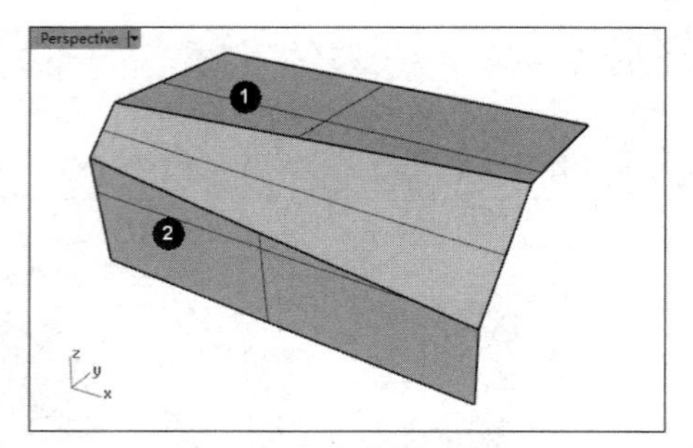

图 6-23　完成不等距曲面倒斜角的操作

6.3　曲面连接

简单来说，任意两个独立的曲面都可以通过一系列的操作连接起来，生成新的曲面。前面介绍的曲面倒角工具其实也是曲面连接工具。下面介绍其他类型的曲面连接工具。

6.3.1　连接曲面

在 Rhino 8.0 中，连接曲面是曲面之间连接方式的一种。值得注意的是，【连接曲面】工具连接两个曲面之间的部分是以直线延伸的，而不是有弧度的曲面。

上机操作——连接曲面

① 新建 Rhino 8.0 文件。使用【矩形平面：角对角】工具，分别在 Top 视窗和 Front 视窗中绘制边缘相接或内部相交的曲面，如图 6-24 所示。

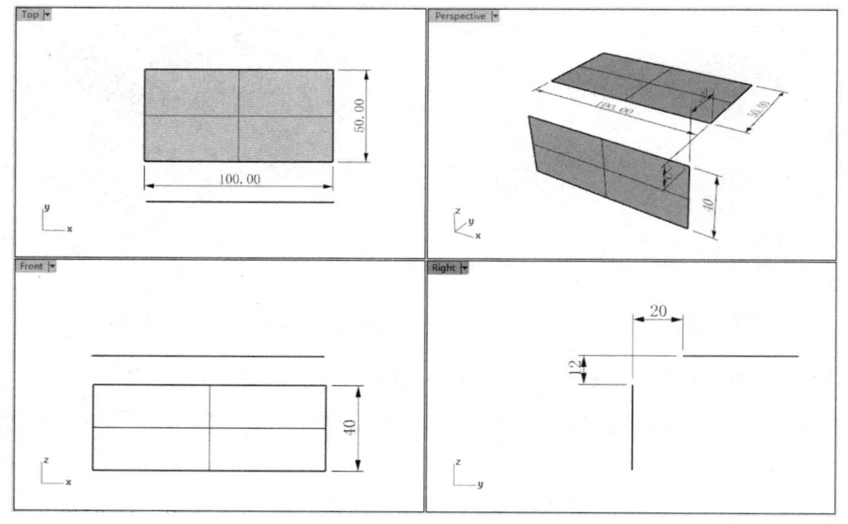

图 6-24　绘制曲面

② 单击【连接曲面】按钮，选取要连接的第一个曲面和第二个曲面，如图 6-25 所示。

③ 自动完成两个曲面之间的连接，结果如图 6-26 所示。

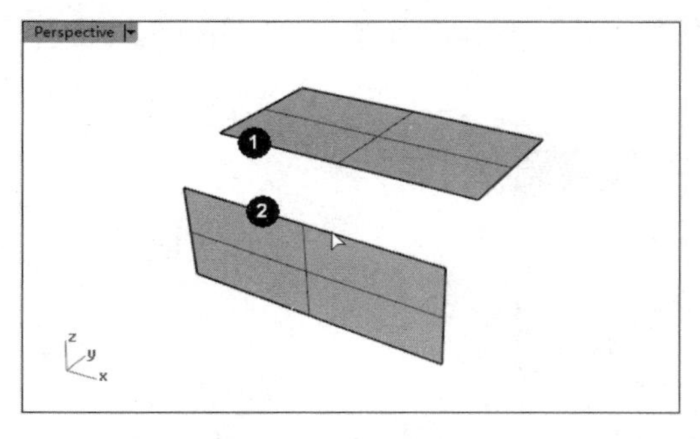

图 6-25　选取要连接的曲面

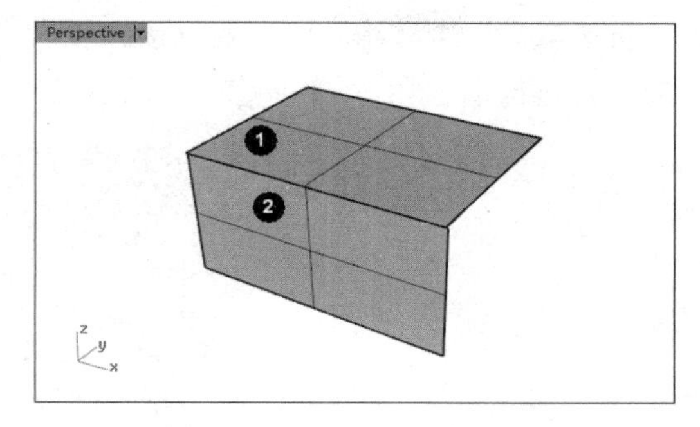

图 6-26　完成曲面的连接

技术要点：

如果某个曲面的边缘超出了另一个曲面的延伸范围，那么将自动修剪超出延伸范围的那部分曲面，如图 6-27 所示。

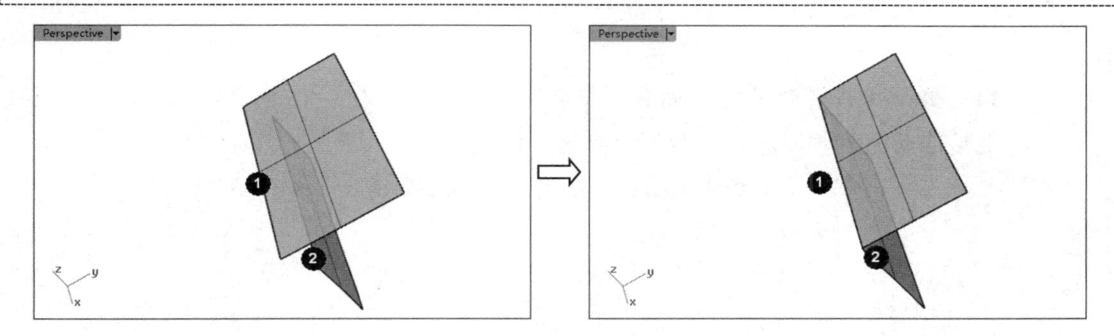

图 6-27　修剪超出延伸范围的曲面

6.3.2　混接曲面

在 Rhino 8.0 中，如果想使两个曲面之间的连接更符合自己的要求，可以使用【混接曲面】工具进行两个曲面之间的混接，使两个曲面之间建立平滑的混接曲面。

单击【混接曲面】按钮，命令行中显示如下提示内容：

```
选取第一个边缘(连锁边缘(C)　编辑(E)):连锁边缘
选取第一个边缘的第一段(自动连锁(A)=否　连锁连续性(C)=相切　方向(D)=两方向　接缝公差(G)=0.01　角度公差(N)=3):
```

各个选项的功能如下。

- 自动连锁：选取一条曲线或曲面的边缘可以自动选取所有与它以【连锁连续性】选项设置的连续性相接的线段。
- 连锁连续性：设置【自动连锁】选项使用的连续性。
- 方向：延伸的正负方向。
- 接缝公差：曲面相接时的接缝公差。

- 角度公差：曲面相接时的角度公差。

如果第一个边缘由多段边组合而成，那么请继续选取，如果仅有一段边，则先按 Enter 键，再选取第二个边缘。两个要混接的边缘选取完成后，会弹出如图 6-28 所示的【调整曲面混接】对话框。

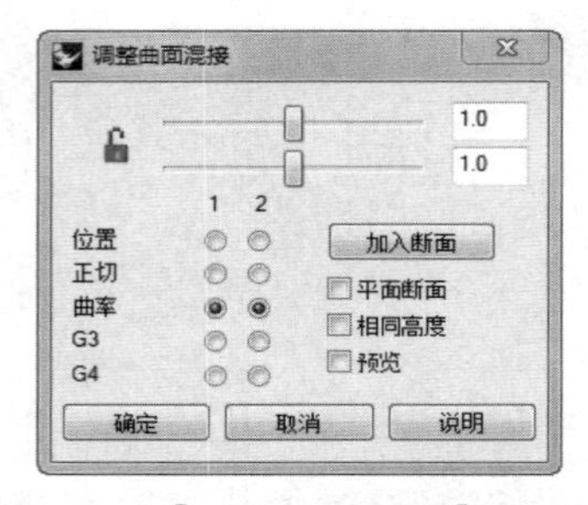

图 6-28 【调整曲面混接】对话框

对话框中各个选项的功能如下。

- 解开锁定：解开锁定标志，解开锁定后可以单独拖动滑杆调节单侧曲面的转折大小。
- 锁定：单击解开锁定图标，将其变为锁定图标。此图标为锁定的标志，锁定后拖动滑杆将同时更改两侧曲面的转折大小。
- ：改变曲面转折大小的、可拖动的滑杆，如图 6-29 所示。

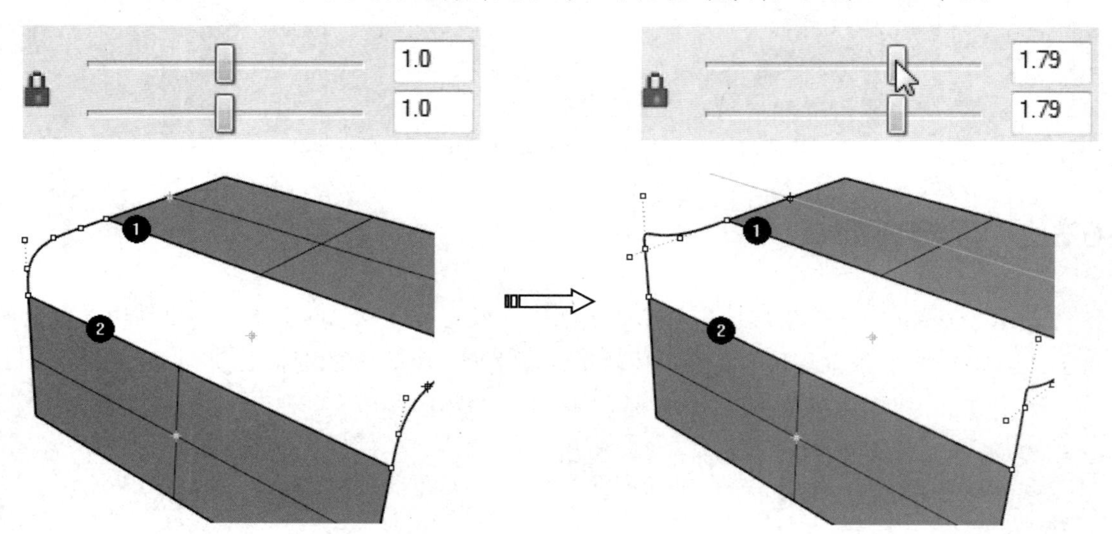

图 6-29 拖动滑杆改变转折大小

- 位置/正切/曲率/G3/G4：既可以只选择单侧的【连锁连续性】选项，又可以同时选择两侧的【连锁连续性】选项。
- 加入断面：加入额外的断面控制混接曲面的形状。当混接曲面过于扭曲时，可以使用这项功能控制混接曲面更多位置的形状。例如，在混接曲面的两侧边缘上各指定一个点加入断面，如图 6-30 所示。

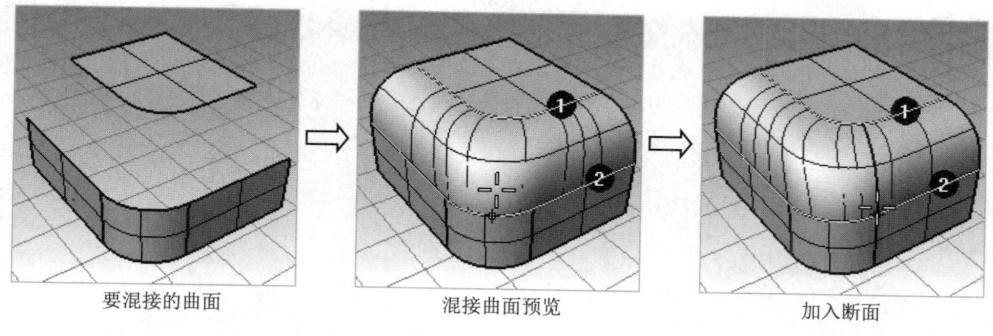

图 6-30　加入断面

- 平面断面：将混接曲面的全部断面设置为平面，并与指定的方向平行，如图 6-31 所示。

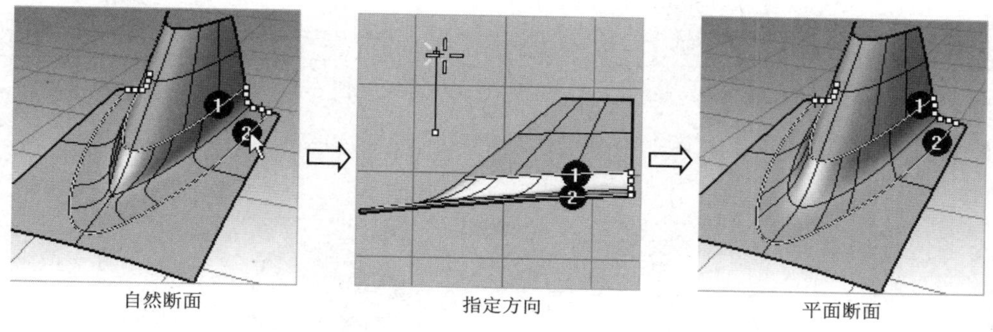

图 6-31　平面断面

- 相同高度：当混接的两个曲面的边缘之间的距离有变化时，这个选项可以让混接曲面的高度维持不变，如图 6-32 所示。

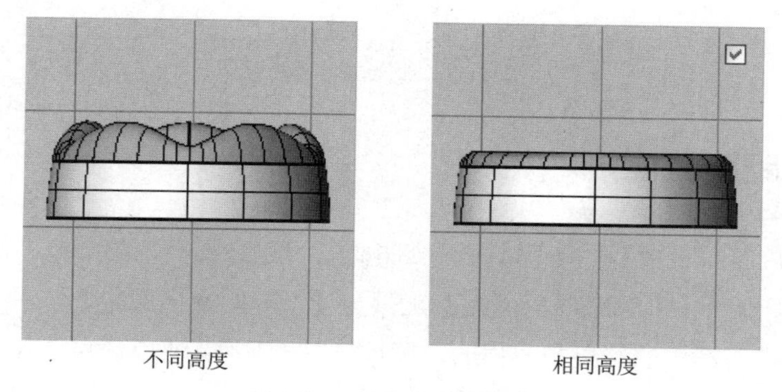

图 6-32　混接曲面的高度

上机操作——混接曲面

① 新建 Rhino 8.0 文件。打开本案例源文件“混接.3dm”。

② 单击【混接曲面】按钮，先选择第一个边缘的第一段边，并选择命令行中的【下一个】或【全部】选项，再选择第一个边缘的第二段边，如图 6-33 所示。

技术要点：

并不是多重曲面左侧的整个边缘都会被选取，而是只有选取的一小段边会被选取。【全部】选项可以选取所有与已选边以相同或高于【连锁连续性】选项设定的连续性相连的边缘，而【下一个】选项只会选取下一个与之相连的边缘。

③ 选取第二个边缘的第一段边，如图 6-34 所示。

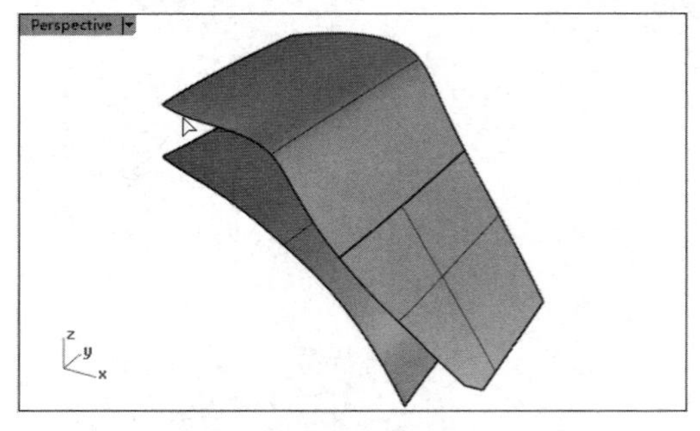

图 6-33 选取第一个边缘

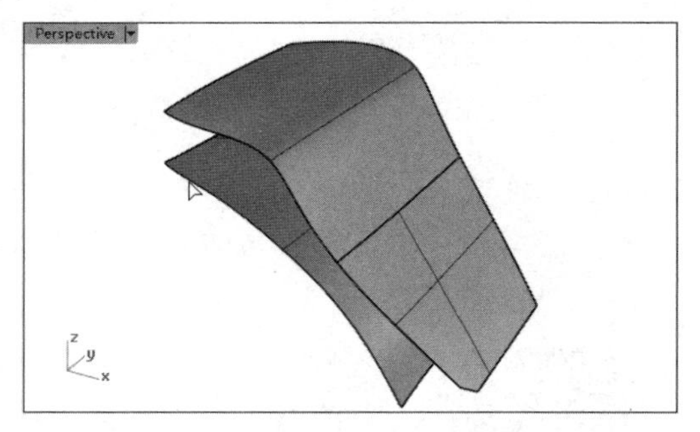

图 6-34 选取第二个边缘

④ 保留【调整曲面混接】对话框中各个选项的默认设置，单击【确定】按钮完成混接曲面的建立，如图 6-35 所示。

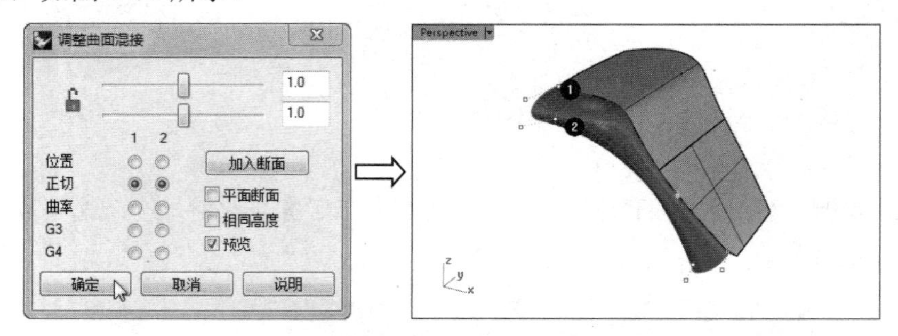

图 6-35 建立混接曲面

6.3.3 不等距曲面混接

使用【不等距曲面混接】工具可以在两个曲面之间建立不等距的混接曲面，修剪原曲面，并将曲面组合在一起。【不等距曲面混接】工具与【不等距曲面圆角】工具是同一个。也就是说，使用两个工具产生的结果是一样的，只是使用【不等距曲面混接】工具可以建立混接曲面并修剪原曲面，而使用【不等距曲面圆角】工具可以建立不等距的圆角曲面。

6.3.4 衔接曲面

使用【衔接曲面】工具可以调整曲面的边缘与其他曲面形成位置、正切或曲率连续。使用【衔接曲面】工具并非在两个曲面之间对接，这也是它与【混接曲面】工具和【连接曲面】工具的不同之处。

单击【衔接曲面】按钮，命令行中显示如下提示内容：

```
指令：_MatchSrf
选取要改变的未修剪曲面边缘(多重衔接(M))：
```

各个选项的功能如下。

- 选取要改变的未修剪曲面边缘：作为衔接参考的曲面，此曲面不被修剪。
- 多重衔接：选择这个选项可以同时衔接一个以上的边缘，也可以通过右击【衔接曲面】按钮执行，如图 6-36 所示。

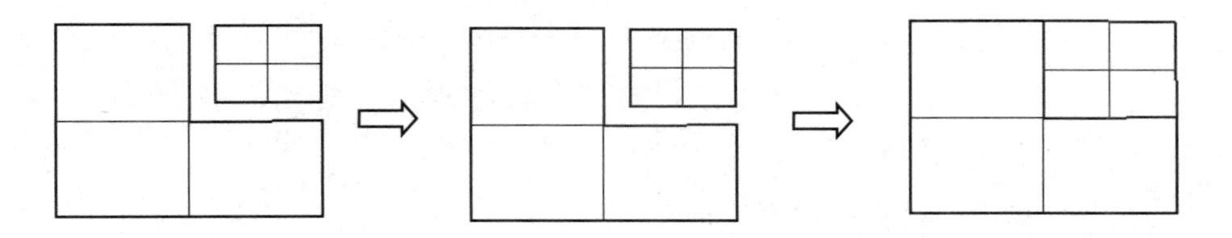

图 6-36　多重衔接

选取要改变的未修剪曲面边缘与要进行衔接的边缘后，命令行中显示如下提示内容：

```
选取要衔接至的边缘段(自动连锁(T)=否　连锁连续性(C)=相切　方向(D)=两方向　接缝公差(G)=0.01 角度公差(N)=3)：
```

各个选项的功能如下。

- 自动连锁：选择一个曲面的边缘可以自动选取所有以【连锁连续性】选项设置的连续性相接的线段。
- 连锁连续性：曲面衔接的方式有【位置】、【相切】和【曲率】3 种，如图 6-37 所示。

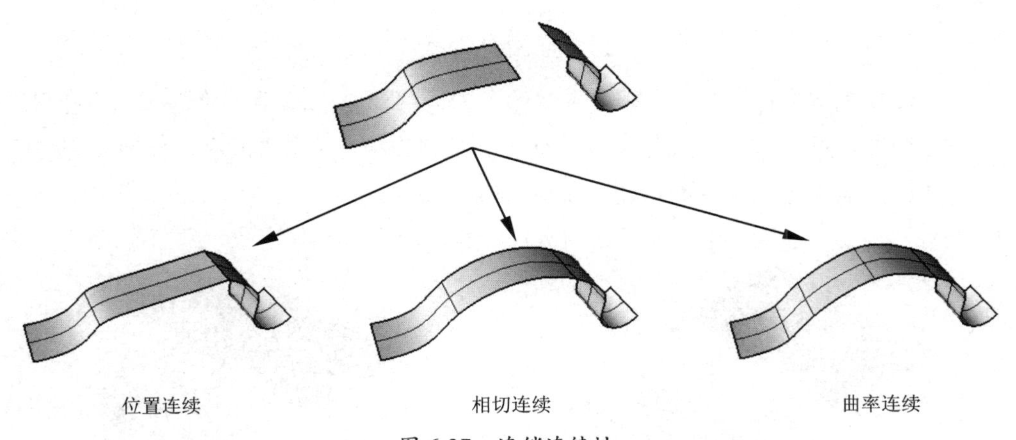

图 6-37　连锁连续性

- 方向：衔接方向包括【向后】和【向前】两个。

按 Enter 键后，弹出【衔接曲面】对话框，如图 6-38 所示。

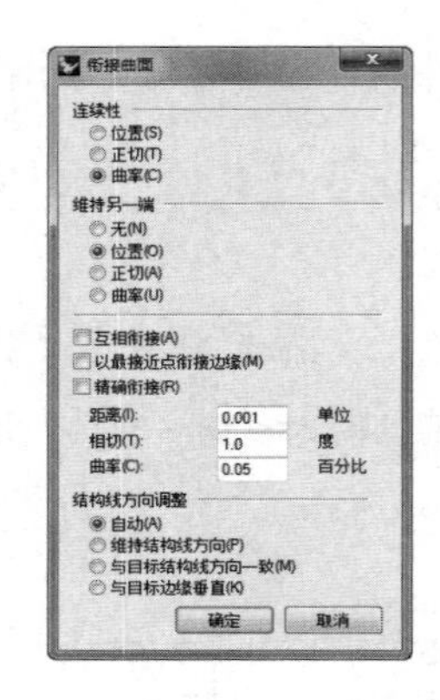

图 6-38 【衔接曲面】对话框

对话框中各个选项的功能如下。

- 连续性：设置衔接曲面的连续性。
- 维持另一端：衔接参考的一端。
- 互相衔接：勾选此复选框，两端同时衔接。图 6-39 所示为一端衔接和两端相互衔接示意图。

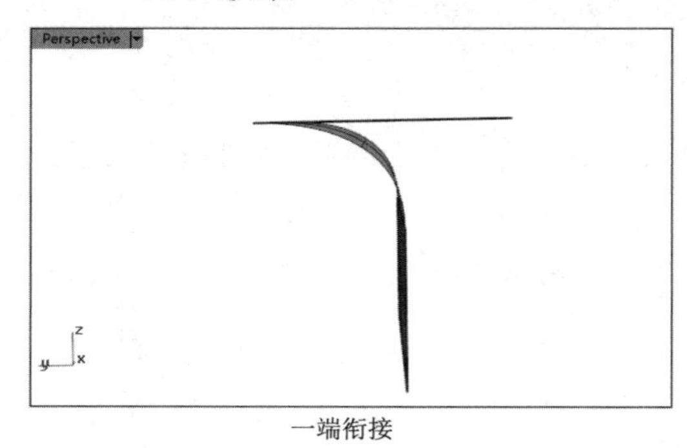

一端衔接

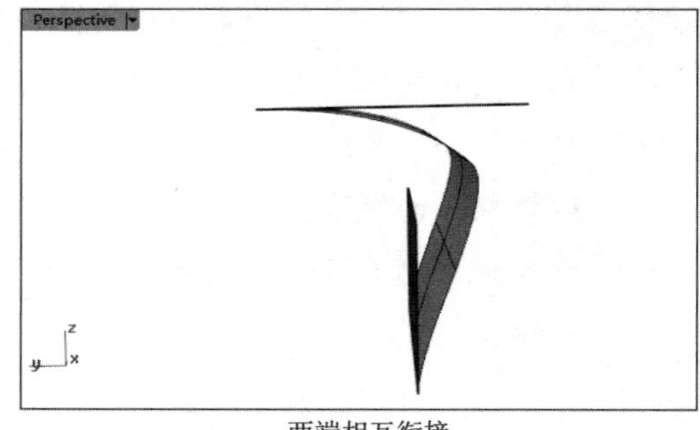

两端相互衔接

图 6-39 衔接示意图

- 以最接近点衔接边缘：这个选项对两个曲面的边缘长短不一的情况较为有用。正常的衔接是短边两个端点与长边两个端点对齐衔接，而勾选此复选框后，会将短边直接拉出至长边进行投影衔接，如图 6-40 所示。

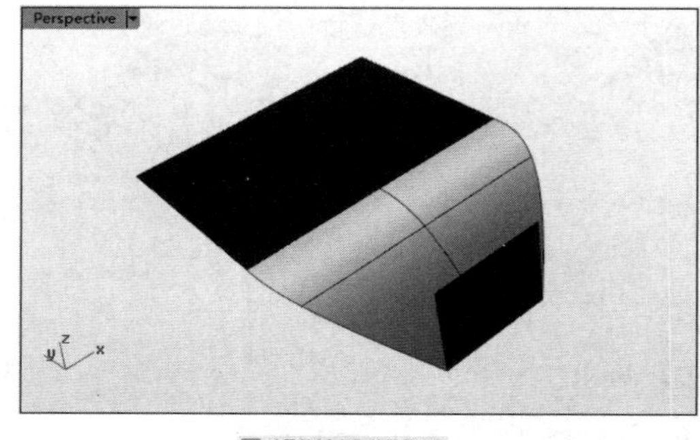

以最接近点衔接边缘(M)

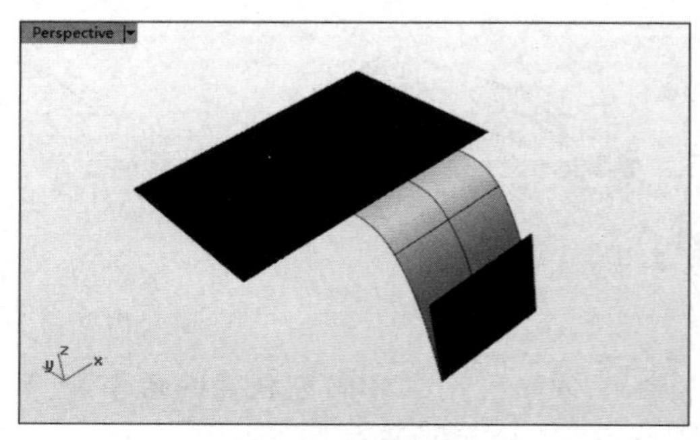

以最接近点衔接边缘(M)

图 6-40 以最接近点衔接边缘

- 精确衔接：检查两个曲面衔接后边缘的误差是否小于设定的公差，必要时会在变更的曲面上加入更多结构线（节点），使两个曲面衔接边缘的误差小于设定的公差。
- 结构线方向调整：在设定衔接时调整曲面结构线的方向。

上机操作——衔接曲面

① 新建 Rhino 8.0 文件。打开本案例源文件“衔接.3dm”，如图 6-41 所示。

② 单击【衔接曲面】按钮，选取未修剪一端的曲面边缘 1 和要衔接的曲面边缘 2，如图 6-42 所示。

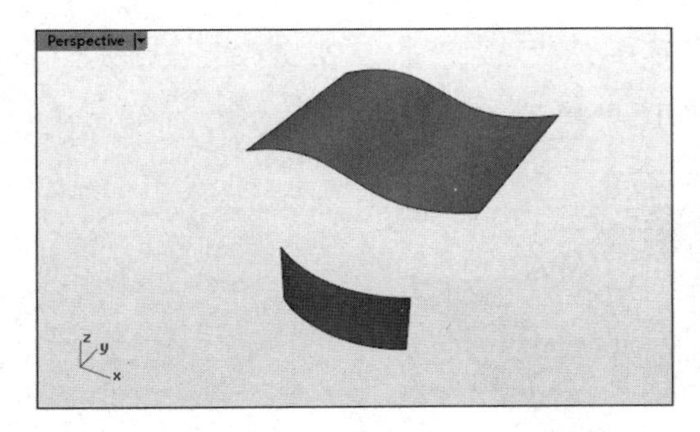

图 6-41　打开的源文件

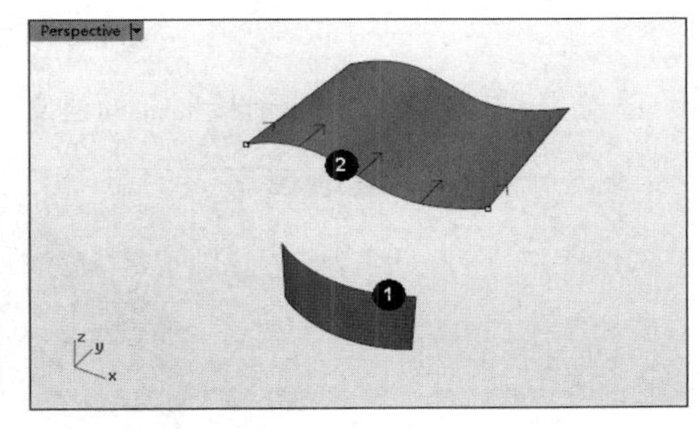

图 6-42　选取曲面边缘

③ 右击后弹出【衔接曲面】对话框，同时显示衔接曲面预览效果，如图 6-43 所示。

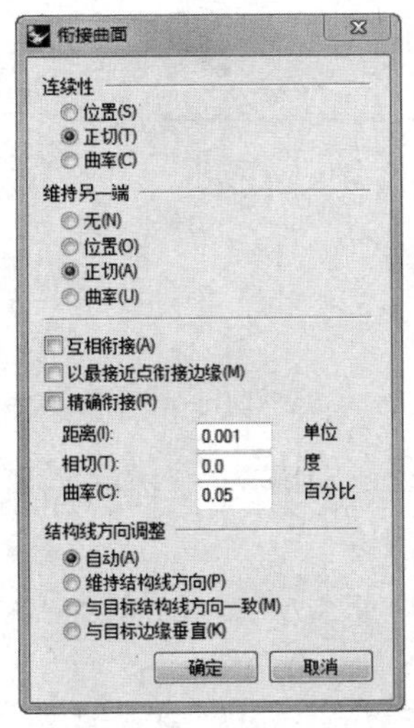

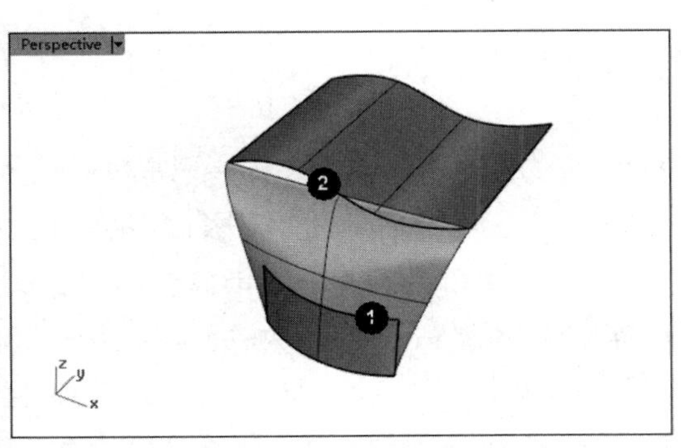

图 6-43　【衔接曲面】对话框及预览效果

④ 从预览效果中可以看出，默认生成的衔接曲面无法同时满足两侧曲面的连接条件，此时需要在对话框中勾选【精确衔接】复选框，并分别设置【距离】、【相切】和【曲率】选项的参数，得到如图 6-44 所示的预览效果。

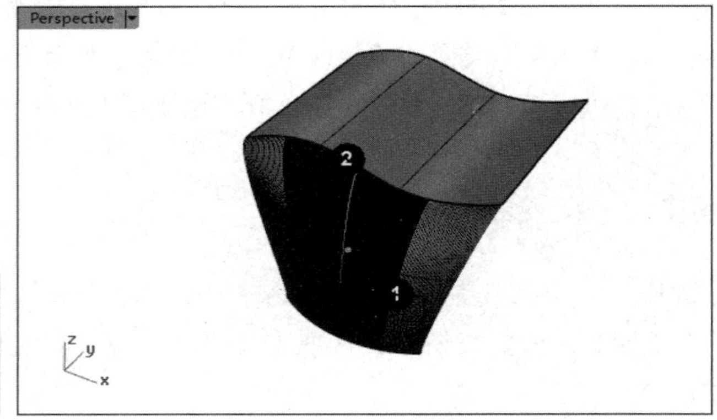

图 6-44　设置精确衔接

⑤ 单击【确定】按钮完成衔接曲面的建立，如图 6-45 所示。

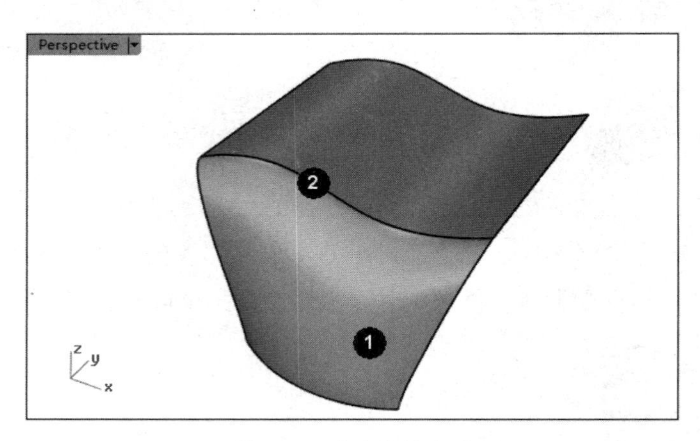

图 6-45　建立衔接曲面

6.3.5　合并曲面

在 Rhino 8.0 中，使用【合并曲面】工具通常可以将两个或两个以上的边缘相接的曲面合并成一个完整的曲面。但必须注意的是，要进行合并的曲面相接的边缘必须是未经修剪的边缘。

单击【合并曲面】按钮，命令行中显示如下提示内容：

```
选取一对要合并的曲面(平滑(s)=是  公差(T)=0.001  圆度(R)=1):
```

各个选项的功能如下。

- 平滑：平滑地合并两个曲面，合并以后的曲面比较适合用控制点调整，但会有较大的变形。
- 公差：合并的公差，适当调整公差可以合并看起来有缝隙的曲面。比如，两个曲面之间有 0.1 的缝隙，如果按照默认的公差进行合并，那么命令行中会提示“边缘距离太远无法合并”，如图 6-46 所示。如果将【公差】设置为 0.1，那么就能够成功合并了，如图 6-47 所示。

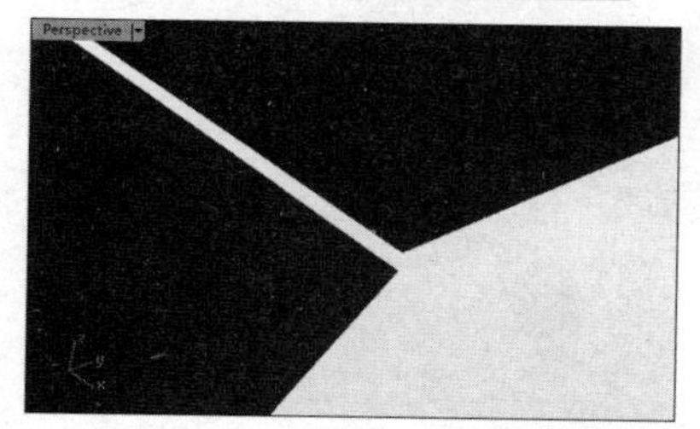

图 6-46　公差小不能合并有缝隙的曲面

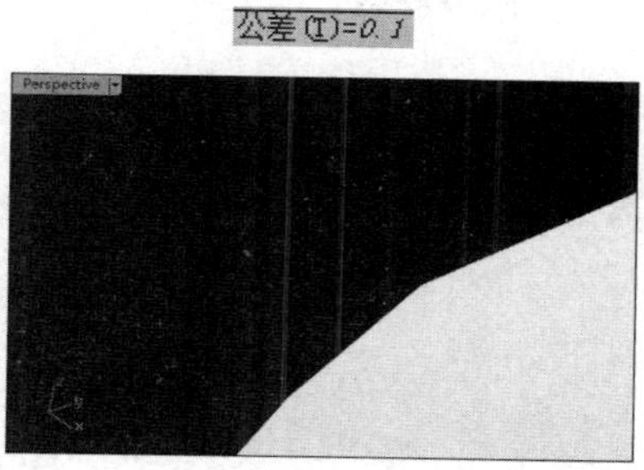

图 6-47　调整公差后能合并有缝隙的曲面

- 圆度：合并后会自动在曲面之间形成圆弧过渡，圆度越大越光顺。圆度值在 0.1~1.0 之间。

技术要点：

进行合并的两个曲面不仅要曲面相接，而且必须边缘对齐。

6.4　曲面偏移

在 Rhino 8.0 中，通过设置偏移距离和偏移方向可以对曲面进行偏移，其中包含【偏移曲面】和【不等距偏移曲面】两种工具。

6.4.1　偏移曲面

使用【偏移曲面】工具可以等距离地偏移、复制曲面。偏移曲面后不仅可以得到曲面，而且可以得到实体。单击【偏移曲面】按钮，选取要偏移的曲面或多重曲面，按 Enter 键或右击。此时命令行中显示如下提示内容：

```
选取要反转方向的物体，按 Enter 完成(距离(D)=1  角(C)=圆角  实体(S)=是  松弛(L)=否  公差(T)=0.001  两侧(B)=否  删除输入物件(I)=否  全部反转(F))：
```

用户可以选择自己所需的选项，输入相应的字母进行设置。

各个选项的功能如下。

- 距离：设置偏移距离。
- 角：在进行角度偏移时，偏移产生的缝隙是以圆角还是锐角显示。
- 实体：以原曲面和偏移后的曲面的边缘放样并组合成封闭的实体，如图 6-48 所示。
- 松弛：偏移后的曲面的结构和原曲面的结构相同。
- 公差：设置偏移曲面的公差，0 为预设公差。
- 两侧：当曲面向两侧同时偏移复制时，工作视窗中将出现 3 个曲面。
- 删除输入物件：选择此选项，将会删除作为偏移参照的原曲面（要偏移的曲面）。

- 全部反转：反转全部选取的曲面的偏移方向，如图 6-49 所示。

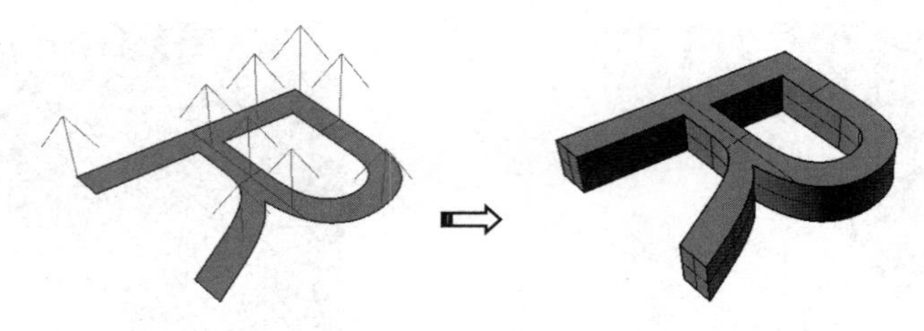

图 6-48　实体偏移曲面

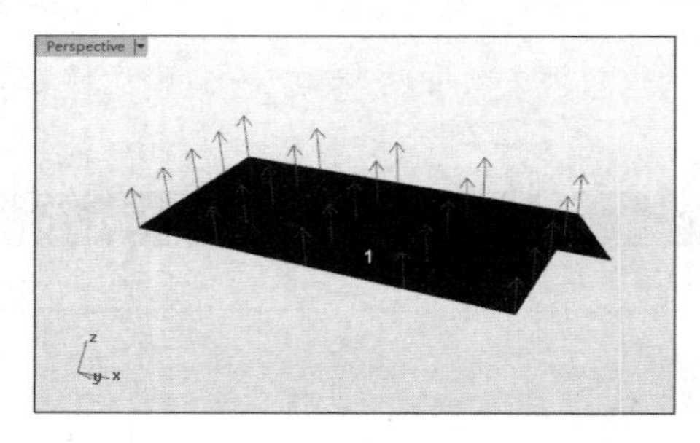

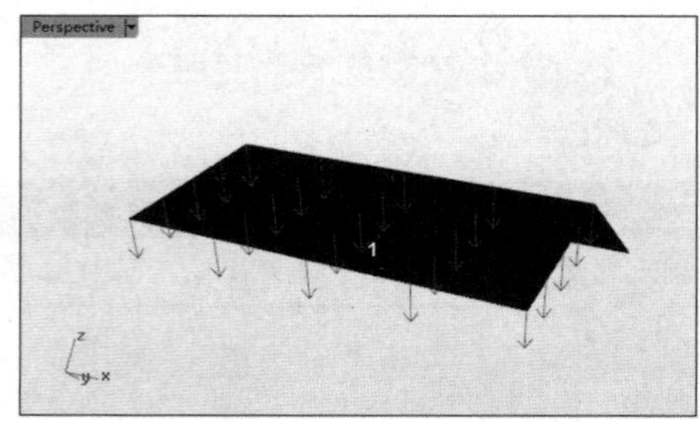

图 6-49　反转全部选取的曲面的偏移方向

上机操作——偏移曲面

① 新建 Rhino 8.0 文件。

② 执行【实体】|【文字】命令，打开【文本物件】对话框。在文本框中输入【Rhino 8.0】字样设置文字样式，选中【曲面】单选按钮，单击【确定】按钮即可在 Front 视窗中放置文字，如图 6-50 所示。

图 6-50　建立文字曲面

技术要点：

在第一次打开【文本物件】对话框时，要将对话框向下拖动使其变长，让文本框完全显示出来。否则，无法输入文字。

③ 单击【偏移曲面】按钮，选择工作视窗中的文字曲面并右击，即可预览偏移效果，如图 6-51 所示。

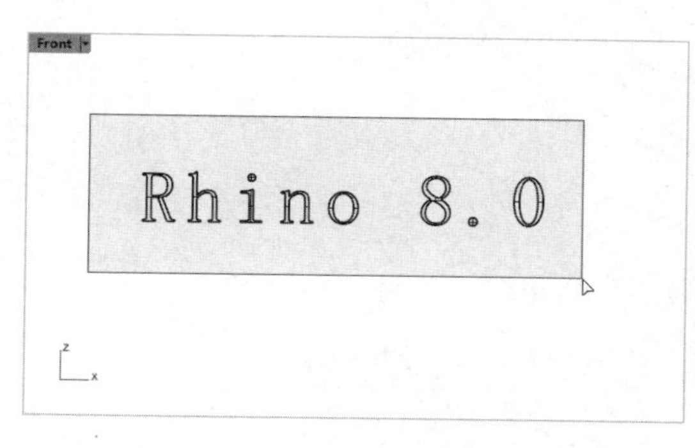

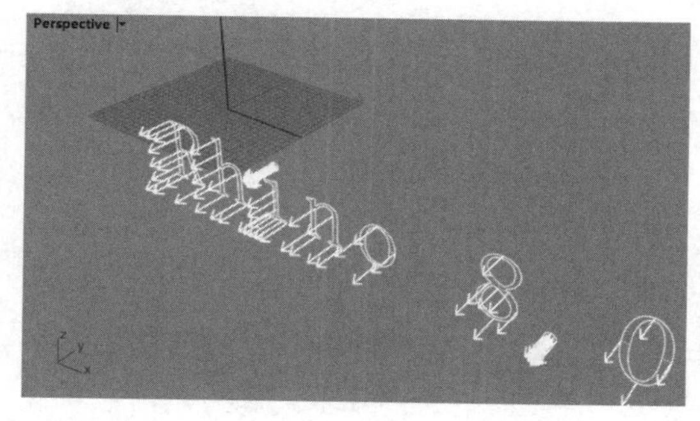

图 6-51　偏移效果

④ 在命令行中输入距离值 10，并设置【实体】为【是】，右击完成偏移曲面的建立，如图 6-52 所示。

图 6-52　建立偏移曲面

6.4.2　不等距偏移曲面

使用【不等距偏移曲面】工具可以以不同的距离偏移复制一个曲面。其与【等距偏移】工具的区别在于能够通过控制杆调节两个曲面之间的距离。

单击【不等距偏移曲面】按钮，选取要偏移的曲面，命令行中会出现如下提示内容：

```
选取要做不等距偏移的曲面(公差(T)=0.01):
选取要移动的点，按 Enter 完成(公差(T)=0.01  反转(F)  设置全部(S)=1  连结控制杆(L)  新增控制杆(A)  边相切(I)):
```

各个选项的功能如下。

- 公差：设置使用的公差。
- 反转：反转曲面的偏移方向，使曲面往反方向偏移。
- 设置全部：将全部控制杆设置为相同的距离，效果等同于等距离偏移曲面的效果，如图 6-53 所示。

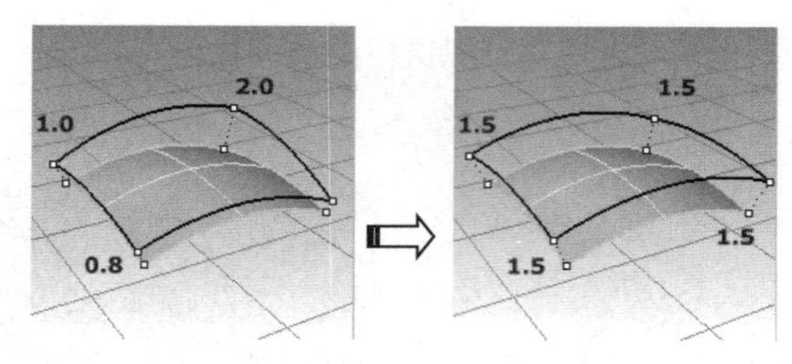

图 6-53　设置全部

- 连结控制杆：以同样的比例调整所有控制杆的距离，如图 6-54 所示。

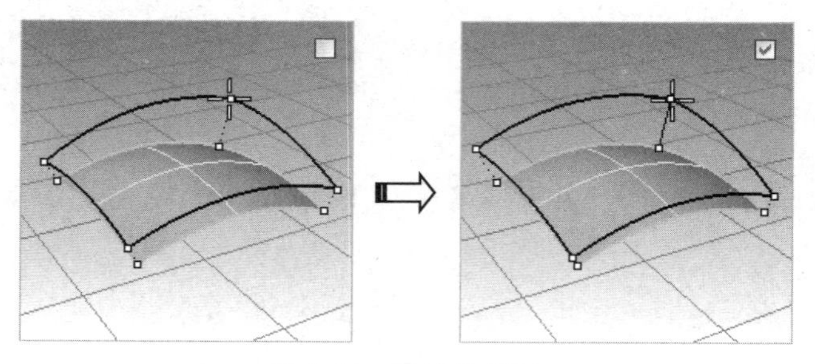

图 6-54　连结控制杆

- 新增控制杆：加入一个调整偏移距离的控制杆，如图 6-55 所示。

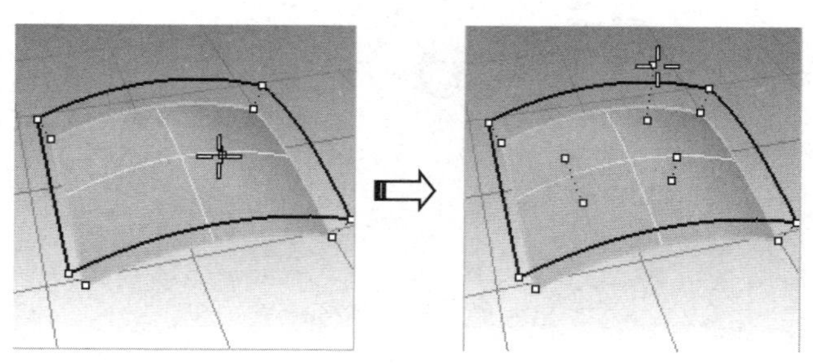

图 6-55　新增控制杆

- 边相切：维持偏移曲面边的相切方向和原曲面一致，如图 6-56 所示。

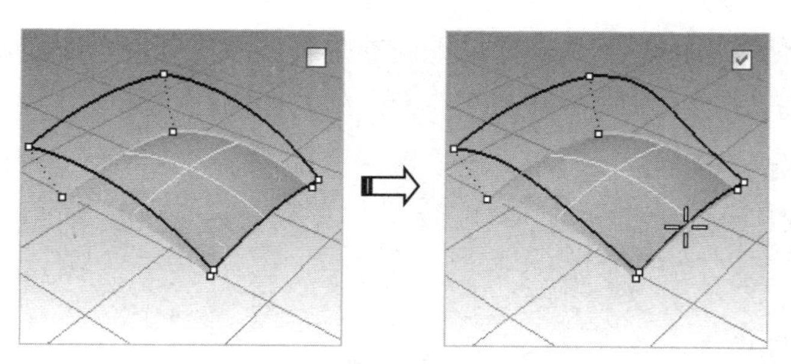

图 6-56　边相切

上机操作——不等距偏移曲面

① 新建 Rhino 8.0 文件。打开本案例源文件“不等距偏移.3dm”，如图 6-57 所示。

② 使用【以两条、三条或四条边缘曲线建立曲面】工具，建立边缘曲面，如图 6-58 所示。

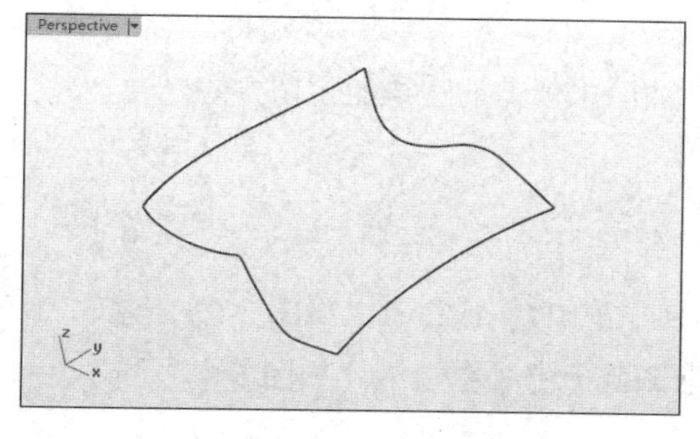

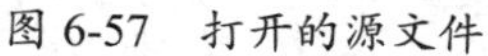
图 6-57　打开的源文件

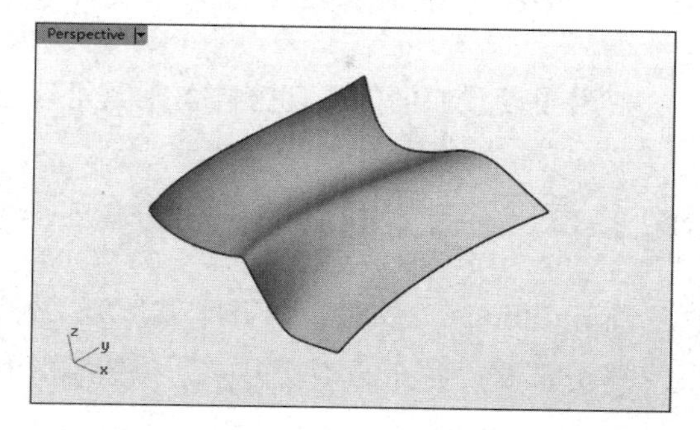

图 6-58　建立边缘曲面

③ 单击【不等距偏移曲面】按钮，选取要不等距偏移的曲面（边缘曲面），工作视窗中会显示预览效果，如图 6-59 所示。

④ 选取要移动的控制点，如图 6-60 所示。

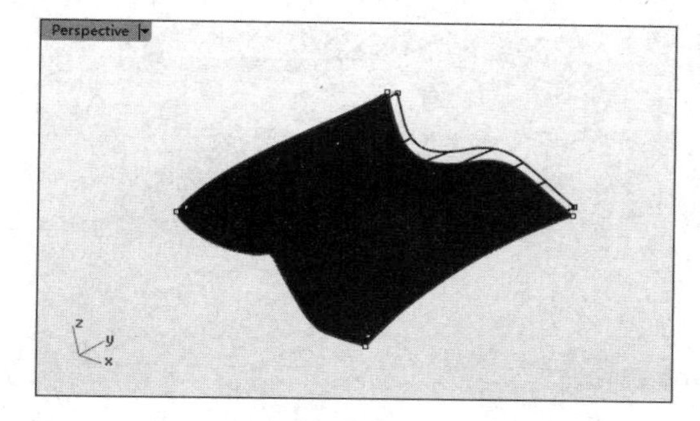

图 6-59　选取要偏移的曲面

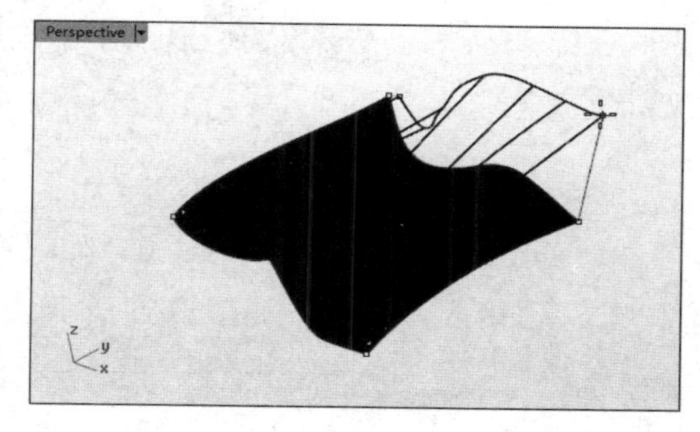

图 6-60　选取要移动的控制点

⑤ 右击完成不等距偏移曲面的建立，如图 6-61 所示。

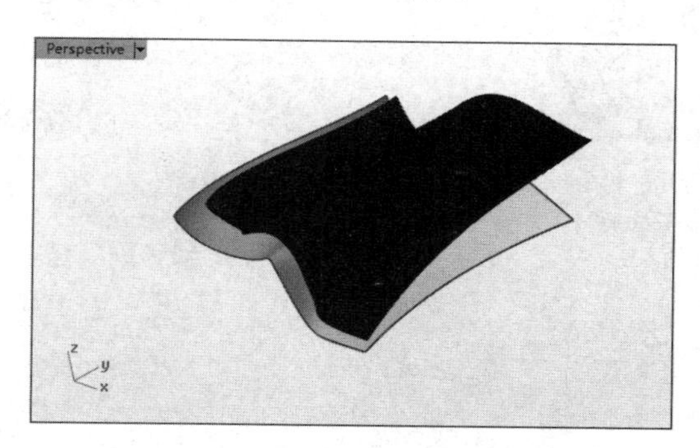

图 6-61　建立不等距偏移曲面

6.5　其他曲面编辑工具

在【曲面工具】选项卡中还有几个曲面编辑工具，可以帮助用户快速建模。

6.5.1 设置曲面的正切方向

使用【设置曲面的正切方向】工具可以修改曲面未修剪的边缘的正切方向。

上机操作——设置曲面的正切方向

① 新建 Rhino 8.0 文件。打开本案例源文件“修改正切方向.3dm”，如图 6-62 所示。

② 单击【设置曲面的正切方向】按钮，选取未修剪的外露边缘，如图 6-63 所示。

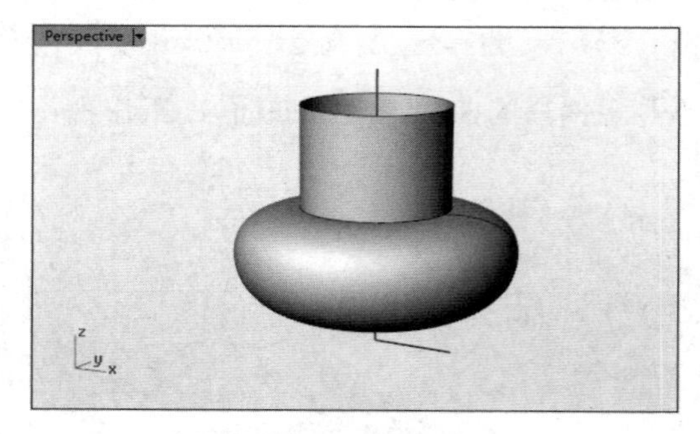

图 6-62 打开的源文件

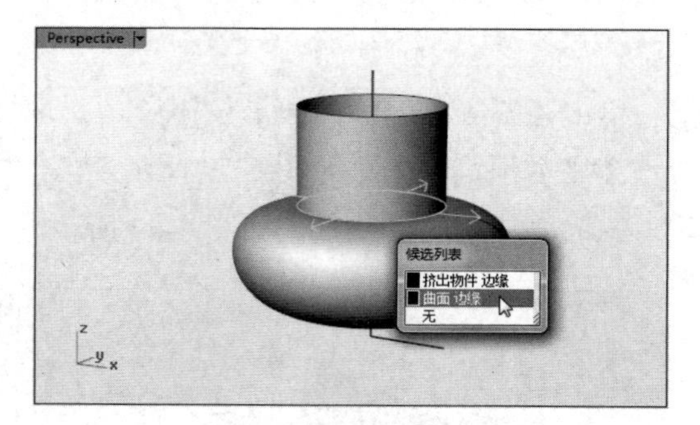

图 6-63 选取未修剪的外露边缘

③ 选取正切方向的基准点和第二点，如图 6-64 所示。

④ 修改曲面的正切方向，如图 6-65 所示。

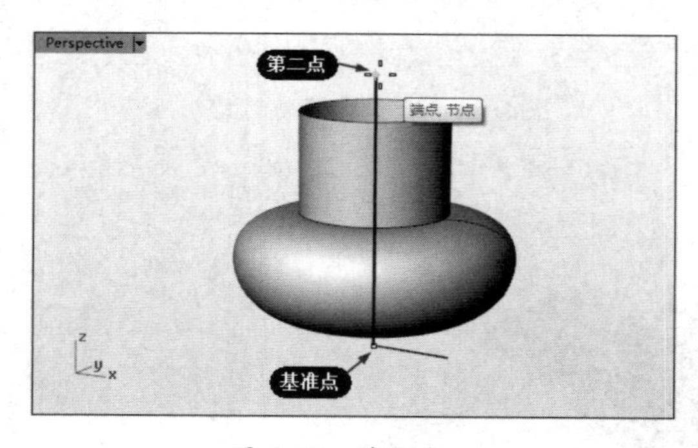

图 6-64 选取点

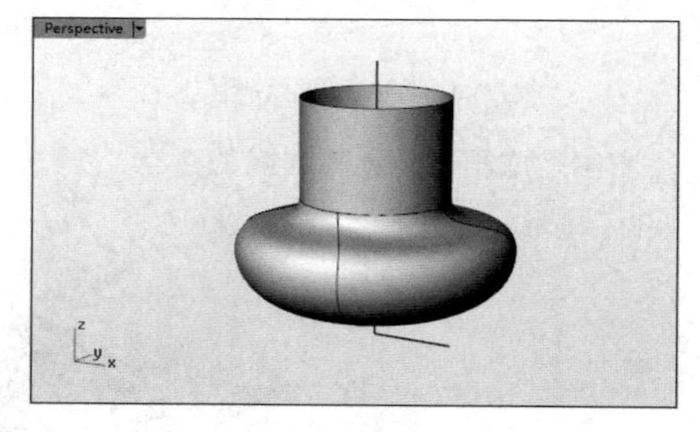

图 6-65 修改曲面的正切方向

6.5.2 对称

【对称】工具与【曲线工具】选项卡中的【对称】工具相同。使用它可以镜像曲线或曲面，使两侧的曲线或曲面正切。当编辑一侧的物件时，另一侧的物件会进行对称性地改变。

在执行此命令时必须在窗口底部的状态栏中启用【建构历史设定】选项。

6.5.3　在两个曲面之间建立均分曲面

【在两个曲面之间建立均分曲面】工具与【曲线工具】选项卡中的【在两条曲线之间建立均分曲线】工具的功能类似，操作方法也相同。

上机操作——在两个曲面之间建立均分曲面

① 新建 Rhino 8.0 文件。

② 使用【矩形平面：角对角】工具建立两个平面曲面，如图 6-66 所示。

③ 单击【在两个曲面之间建立均分曲面】按钮，选取起点曲面和终点曲面，会显示默认的曲面预览效果，如图 6-67 所示。

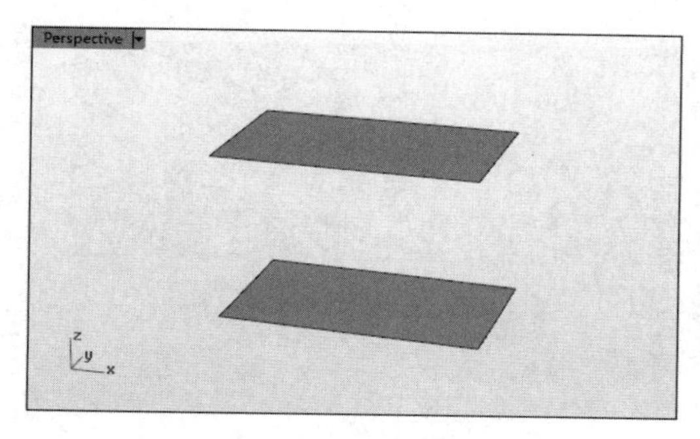

图 6-66　建立平面曲面

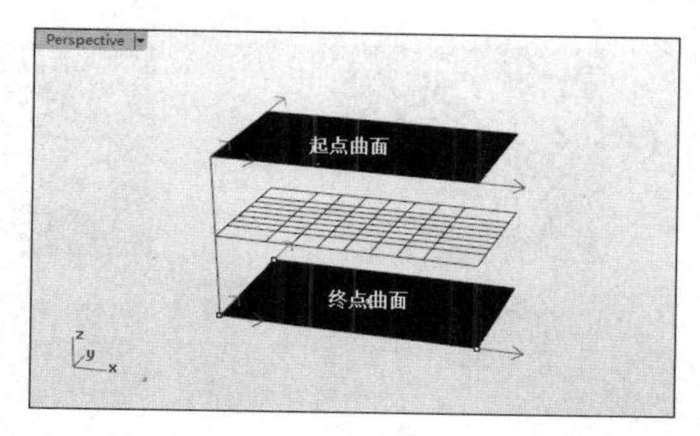

图 6-67　选取起点曲面和终点曲面

④ 在命令行中输入曲面的数目 3，右击完成均分曲面的操作，如图 6-68 所示。

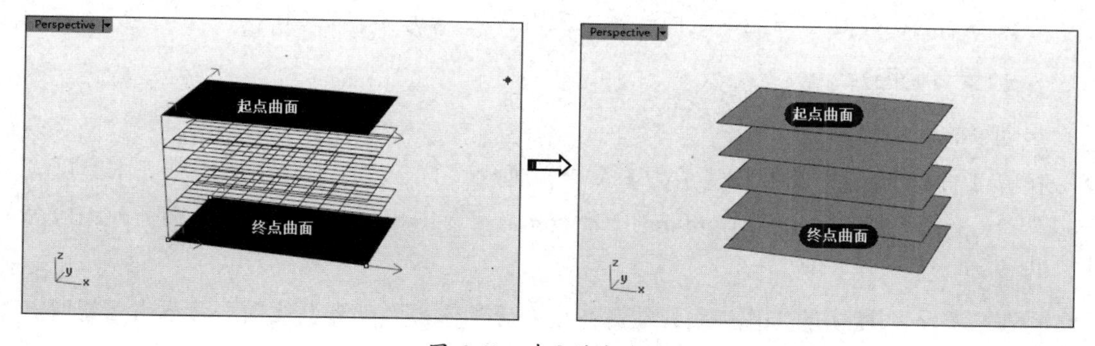

图 6-68　建立均分曲面

6.6　实战案例——太阳能手电筒造型

太阳能手电筒的结构虽然比较简洁，但是涉及许多曲面的细节处理，需要较高的精确度。恰当地选择建模方式，可以达到事半功倍的效果。

太阳能手电筒的最终效果与平面多视图的效果如图 6-69 和图 6-70 所示。

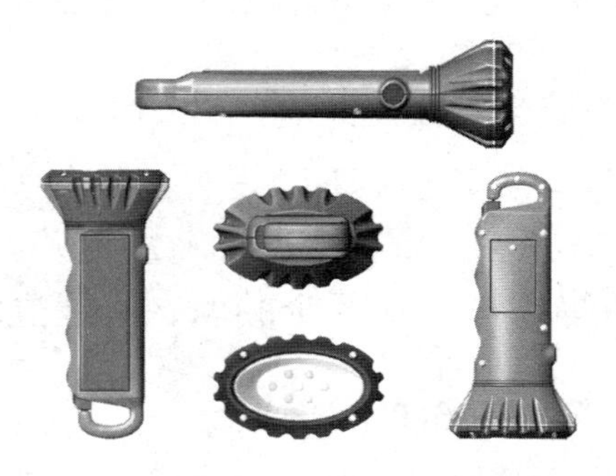

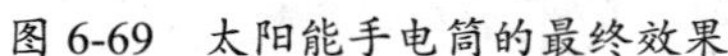

图 6-69　太阳能手电筒的最终效果

图 6-70　平面多视图的效果

为了方便用户理解和操作，将太阳能手电筒的建模流程分为以下 3 个步骤，如图 6-71 所示。

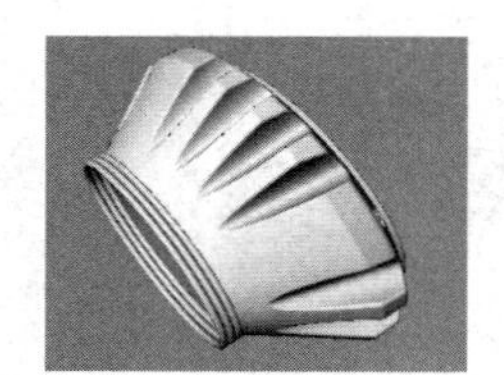

①构建灯头部分

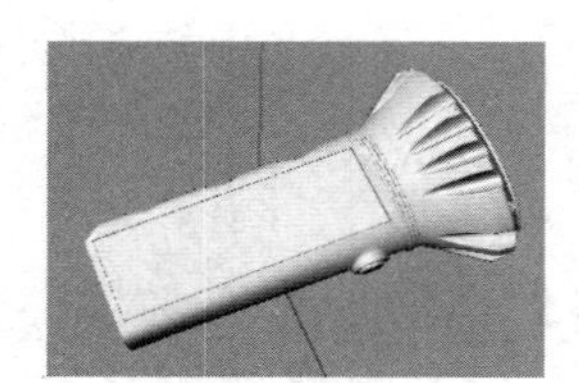

②构建手柄壳体

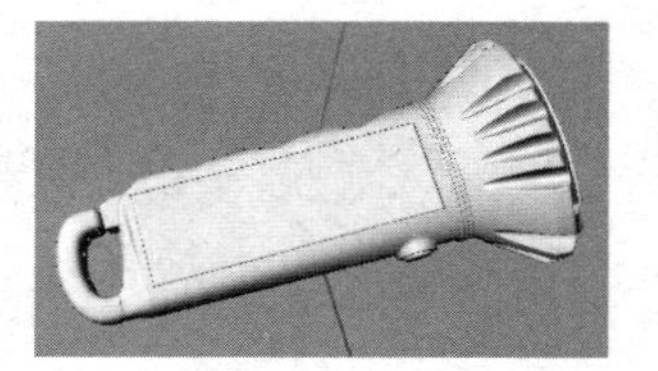

③构建尾勾部分

图 6-71　建模流程

6.6.1　构建灯头部分

灯头部分的构建是太阳能手电筒建模的关键，这部分的曲面变化较多。

1. 放置背景图片

① 启动 Rhino 8.0。

② 执行【查看】|【背景图】|【放置】命令，弹出【打开位图】对话框。打开本案例源文件“top.jpg”“back.jpg”“right.jpg”“bottom.jpg”“front.jpg”，并将其分别导入相应的工作视窗。

③ 由于仅有 4 个默认的工作视窗，在此需要在【工作视图配置】选项卡中单击【新增工作视图】按钮，Front 视窗用于放置“front.jpg”图片文件，如图 6-72 所示。使用【背景图】工具面板中的【移动背景图】、【对齐背景图】和【缩放背景图】等工具将图片调整至合适的大小及位置。

技术要点：

在放置图片时，统一比例为 1:1。为保证各张图片的比例相等，以其中一张图片为基准参考，作为辅助线，观察此辅助线在其他工作视窗中与图片是否相符，若相符则说明比例相等，若不相符则需要使用【缩放背景图】工具来缩放比例不一致的图片。详细步骤请参阅本案例的操作视频。

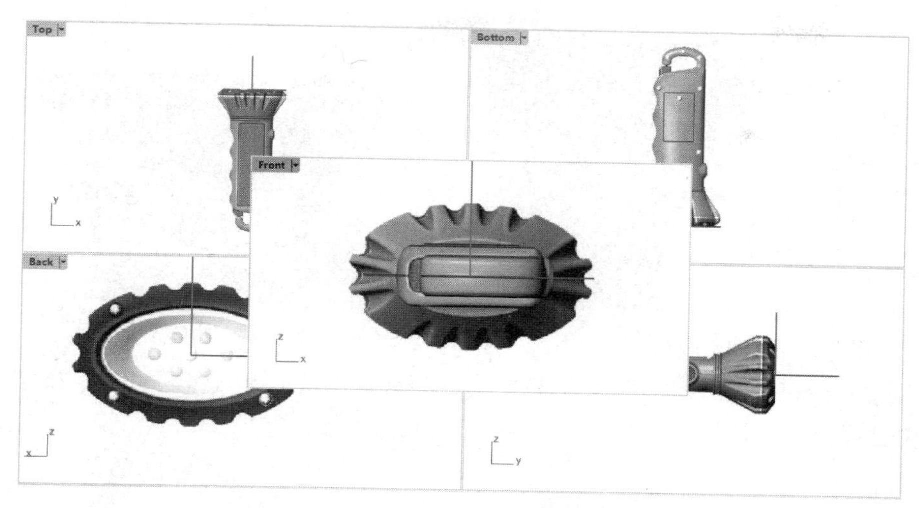

图 6-72　导入图片

④ 在【图层】面板中新建 4 个图层，分别为【line】、【灯头】、【手柄】和【尾勾】图层，以便管理各个部分的建模。

2. 构建头部曲面

① 在 Back 视窗中参考图片绘制两个椭圆，使用边栏中的【椭圆：从中心点】工具进行绘制，如图 6-73 所示。

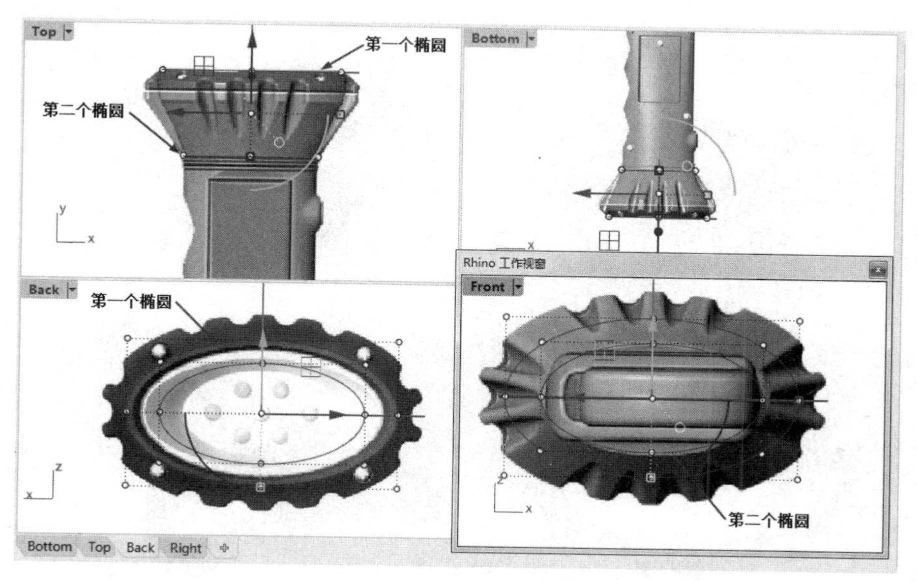

图 6-73　绘制两个椭圆

② 使用边栏中的【多重直线线段】工具，在 Top 视窗中参考产品的外形绘制多条直线，如图 6-74 所示。

③ 单击【变动】选项卡中的【镜像】按钮，将绘制的直线镜像至另一侧，如图 6-75 所示。

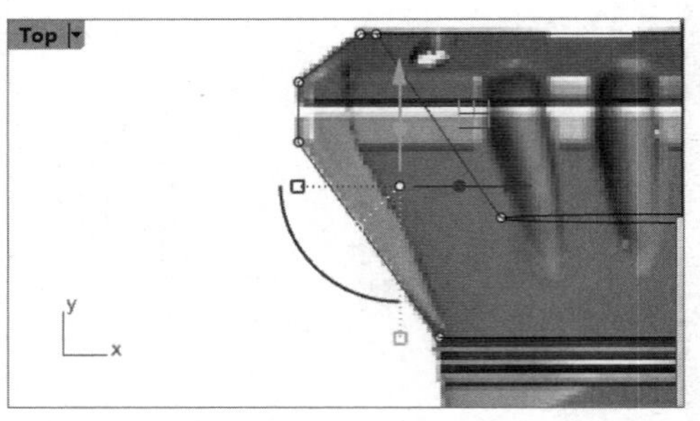

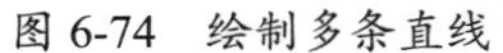
图 6-74　绘制多条直线

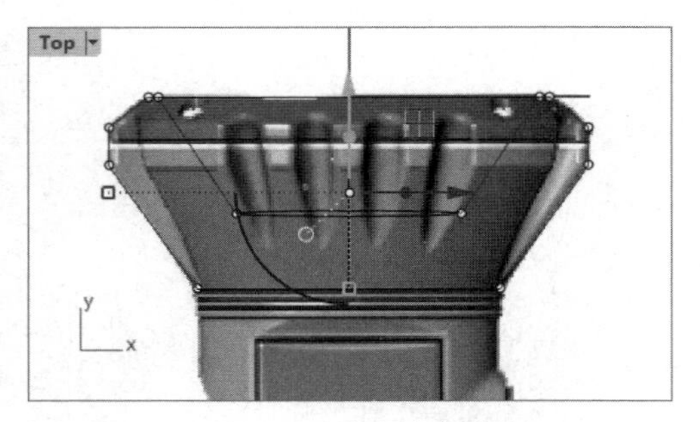

图 6-75　镜像多条直线

④ 同理，在 Right 视窗中也绘制外形轮廓线，并将其镜像至另一侧，如图 6-76 所示。

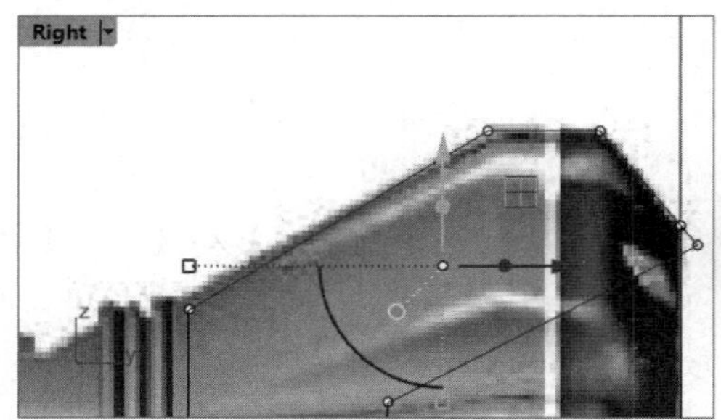

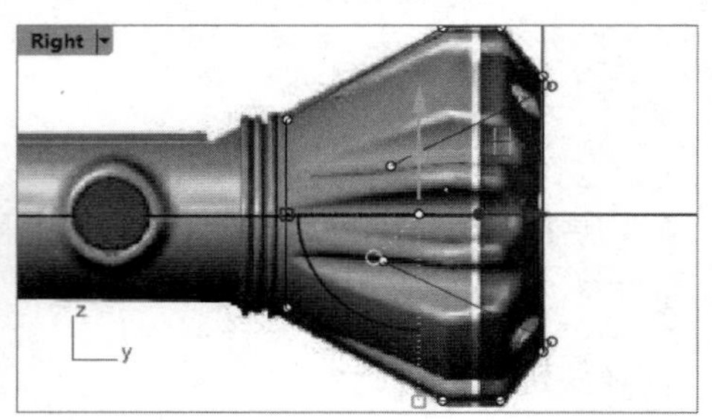

图 6-76　绘制外形轮廓线并镜像

⑤ 在 Back 视窗中单击【椭圆：直径】按钮绘制一个椭圆，此椭圆通过 4 条外形轮廓的内部端点，如图 6-77 所示。

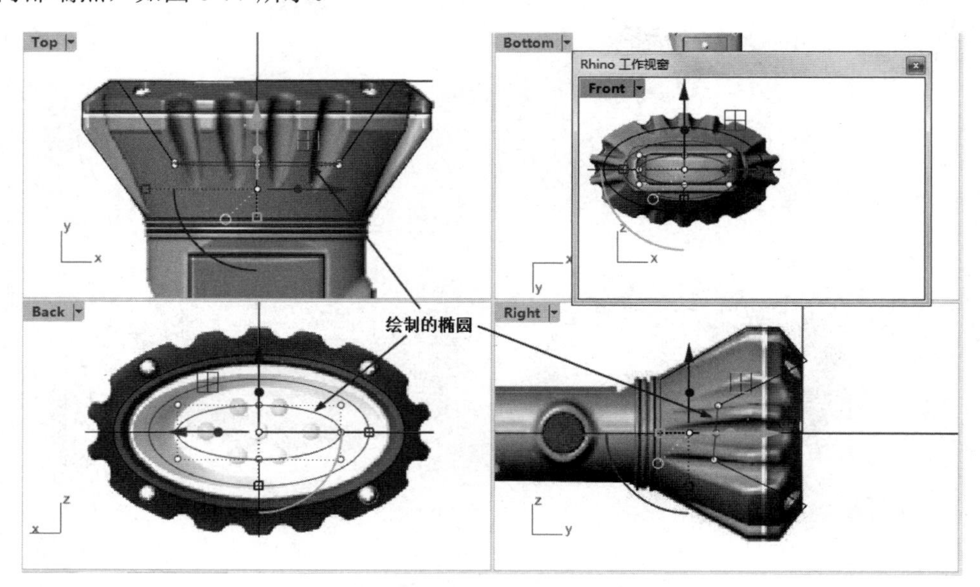

图 6-77　绘制通过外形轮廓内部端点的椭圆

⑥ 选择【曲面工具】选项卡，单击边栏中的【从网线建立曲面】按钮，在某一个工作视窗中框选所有曲线，系统将自动建立曲面并弹出【以网线建立曲面】对话框，保留对话框中的默认设置，单击【确定】按钮完成网格曲面的创建，如图 6-78 所示。

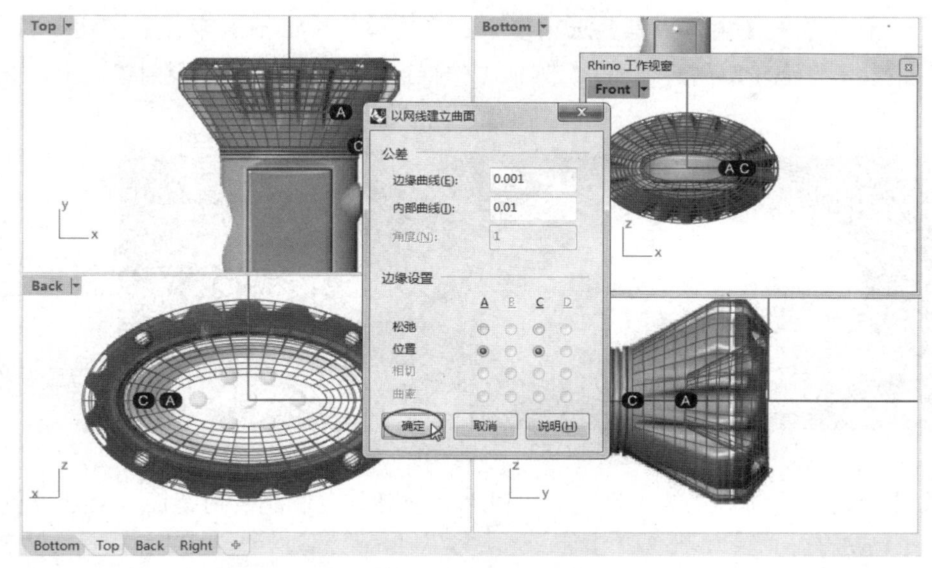

图 6-78　创建网格曲面

⑦ 在 Back 视窗中绘制一大一小两个椭圆，并将椭圆 2 向下移动一定的距离，如图 6-79 所示。

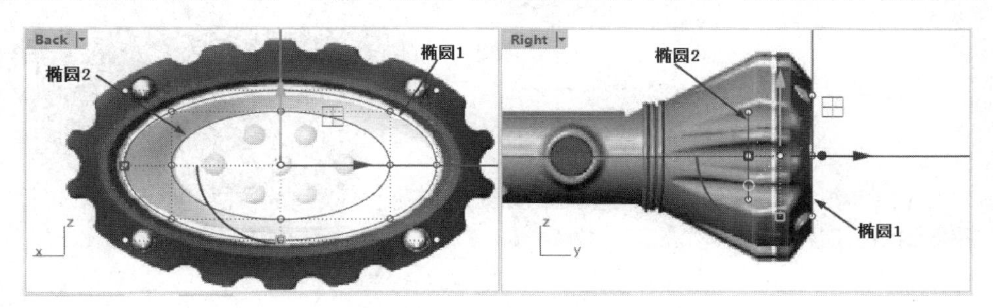

图 6-79　绘制两个椭圆

⑧ 单击【曲线工具】选项卡中的【偏移曲线】按钮，将上一步骤绘制的椭圆 1 向外偏移 0.1 的距离，得到反射镜面的外轮廓线，如图 6-80 所示。

⑨ 选择【曲面工具】选项卡，单击边栏中的【放样】按钮，选取 3 个椭圆后按 Enter 键弹出【放样选项】对话框。在对话框中，设置平直区段的样式，其余参数保持默认设置，单击【确定】按钮完成放样曲面的创建，如图 6-81 所示。

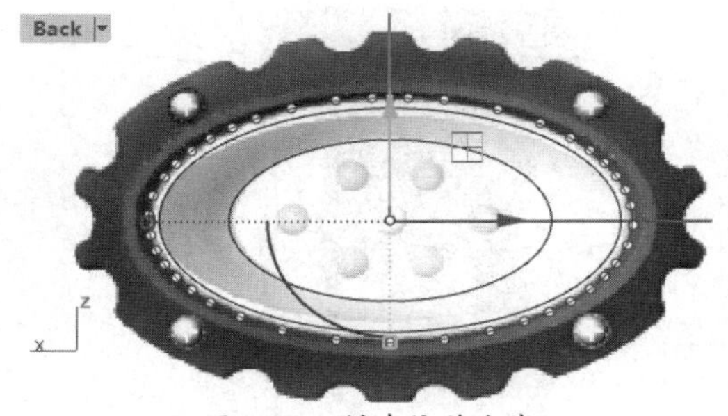

图 6-80　创建偏移曲线

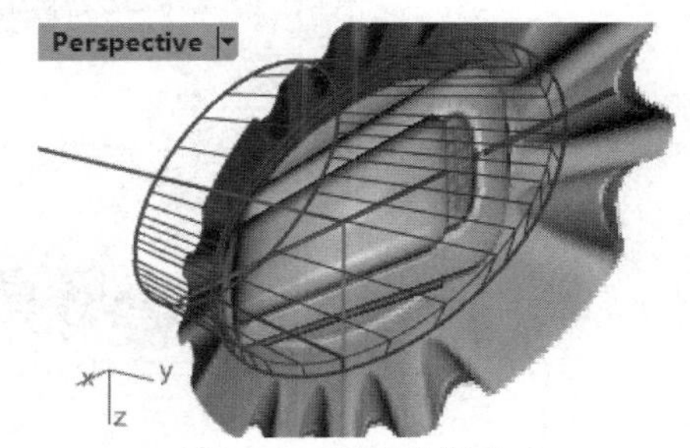

图 6-81　创建放样曲面

⑩ 创建灯泡。单击【实体工具】选项卡中的【球体：中心点、半径】按钮，在 Back 视窗中参考灯泡轮廓创建球体，在其他工作视窗中将球体移动到反射镜面上，如图 6-82 所示。

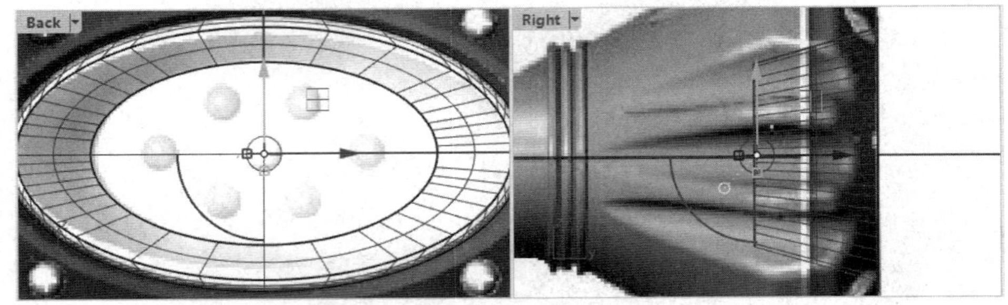

图 6-82 创建球体并移动

⑪ 单击【变动】选项卡中的【复制】按钮，将球体复制到反射镜面的其他位置上，如图 6-83 所示。

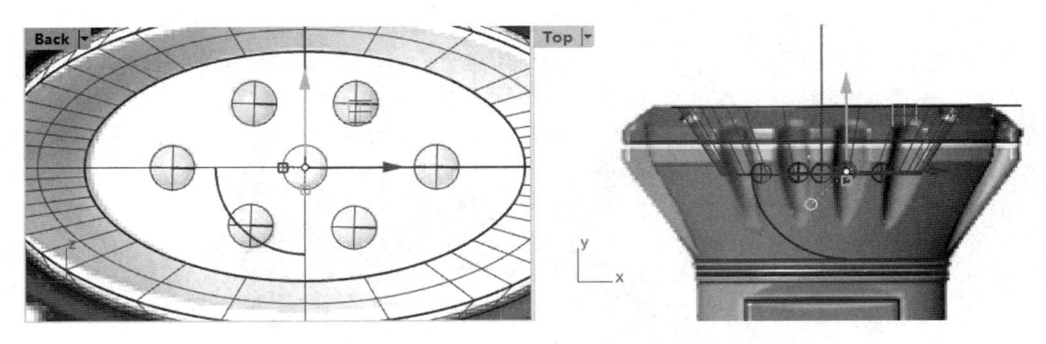

图 6-83 复制球体

3. 细节设计

① 单击【椭圆：从中心点】按钮，在 Back 视窗中参考图片绘制一个椭圆，如图 6-84 所示。

② 选择【曲面工具】选项卡，单击边栏中的【挤出曲线成锥状】按钮，将椭圆挤出成曲面，设置拔模角度为 2，如图 6-85 所示。

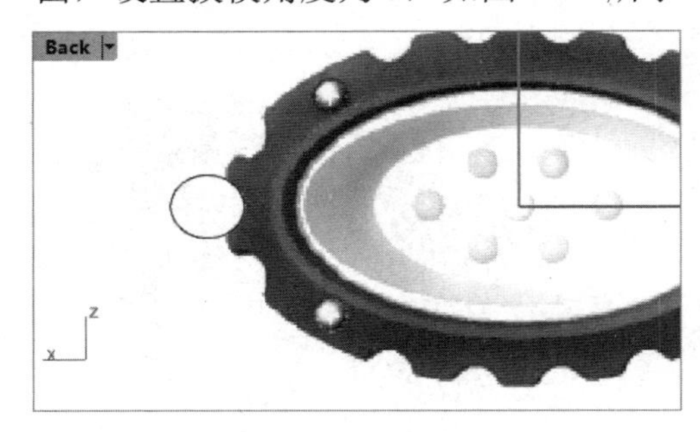

图 6-84 绘制椭圆

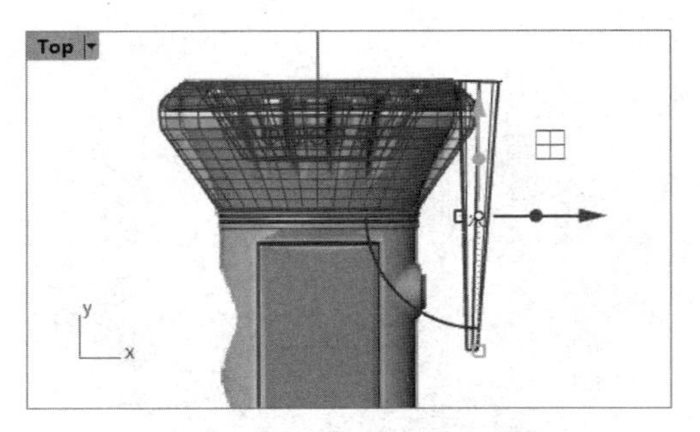

图 6-85 挤出曲面成锥状

③ 分别在 Top 视窗、Back 视窗中调整挤出曲面的位置与角度，如图 6-86 所示。

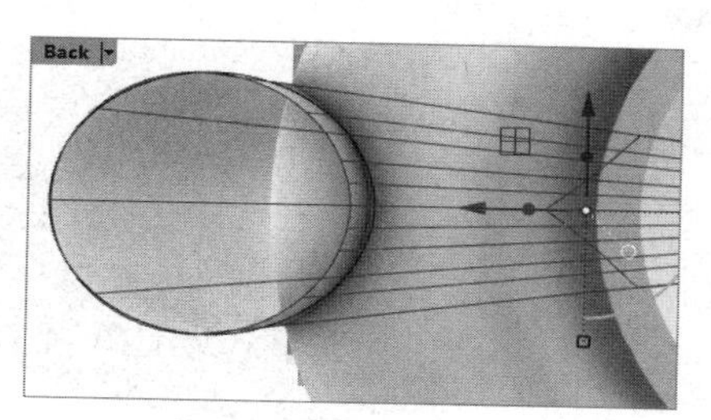

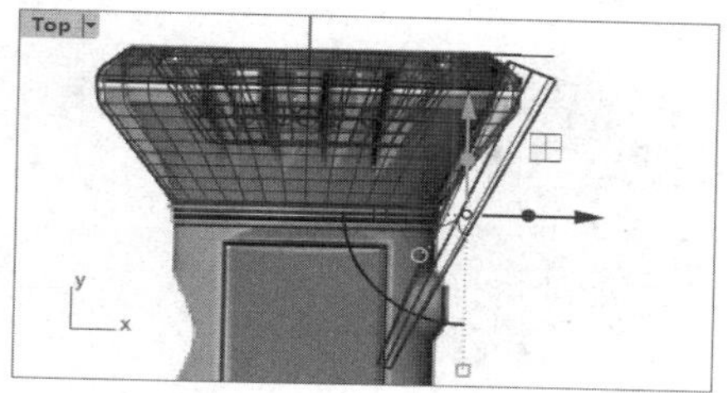

图 6-86　调整挤出曲面的位置与角度

④　单击【变动】选项卡中的【旋转】按钮，将挤出曲面以坐标系原点进行旋转复制（旋转角度为 15°），如图 6-87 所示。将旋转复制的挤出曲面进行镜像，镜像至 X 轴的另一侧，如图 6-88 所示。

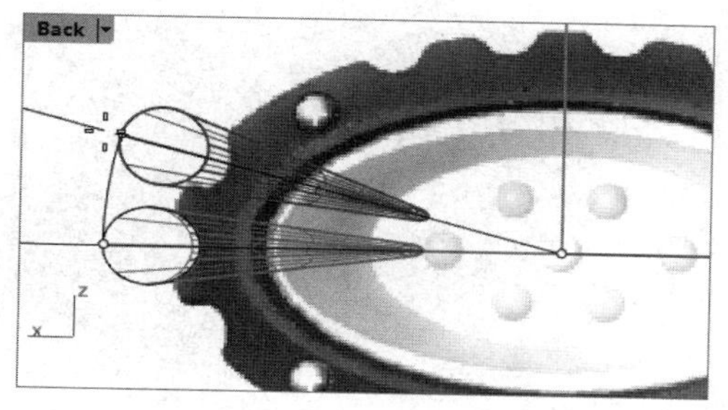

图 6-87　旋转复制挤出曲面

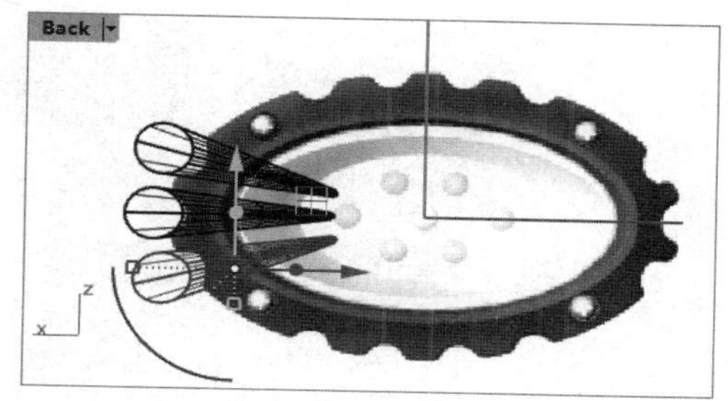

图 6-88　镜像挤出曲面

⑤　将左侧的 3 个挤出曲面镜像至右侧，如图 6-89 所示。

⑥　以同样的方法创建其余的锥状挤出曲面，并执行旋转复制、镜像等操作，如图 6-90 所示。

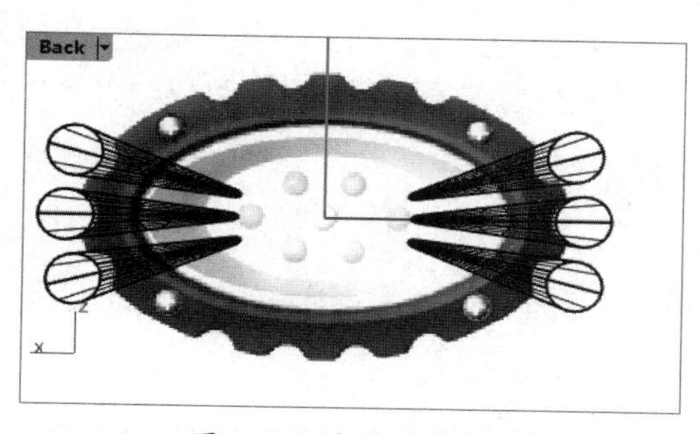

图 6-89　镜像挤出曲面

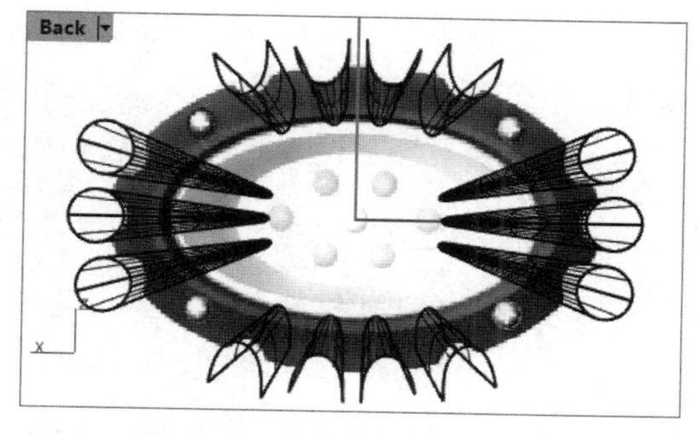

图 6-90　创建其余的挤出曲面

⑦　单击边栏中的【分割】按钮，以头部外壳曲面作为分割对象，以所有锥状挤出曲面作为分割工具，完成第一次分割。反过来，先以全部锥状曲面作为分割对象，再以外壳曲面作为分割对象，完成分割，如图 6-91 所示。分割后将多余的曲面删除，就得到了手电筒的头部形状。

⑧　单击边栏中的【组合】按钮，将工作视窗中的所有曲面进行组合，形成一个整体曲面，便于进行倒圆角的处理。组合曲面后使用【实体工具】选项卡中的【边缘圆角】工具，选取边缘创建半径为 0.05 的圆角，如图 6-92 所示。

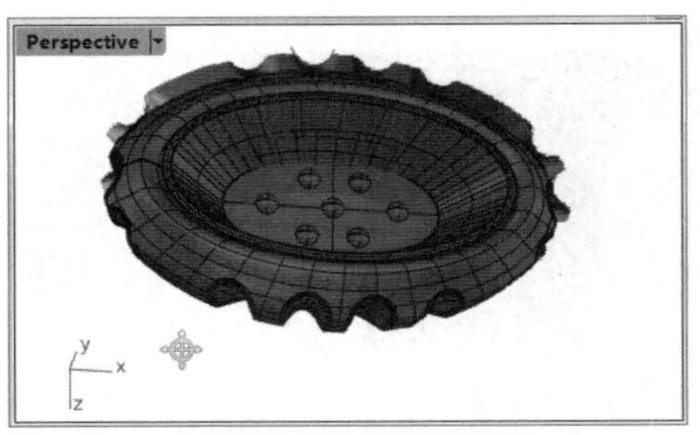

图 6-91　分割曲面

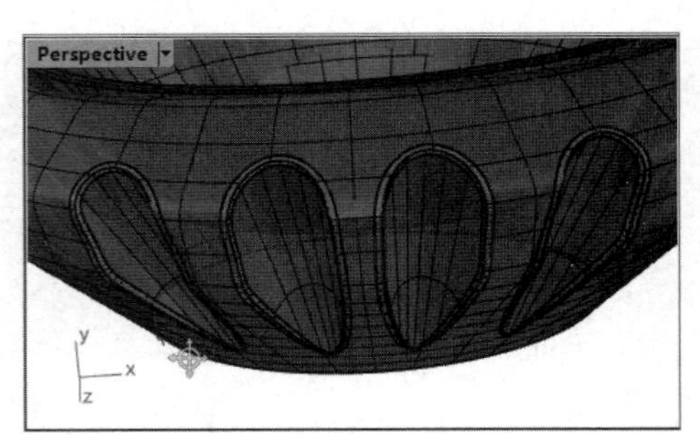

图 6-92　创建圆角

⑨ 在 Top 视窗中绘制多段直线，以头部底部的椭圆作为扫描路径，创建单轨扫掠曲面，如图 6-93 所示。此扫掠曲面为头部与手柄之间的连接部分。

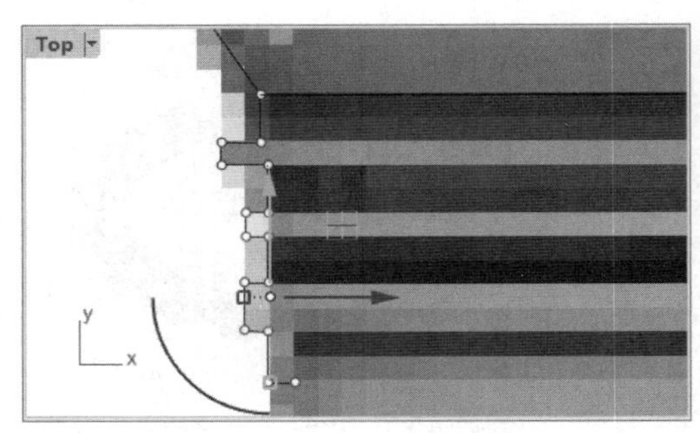

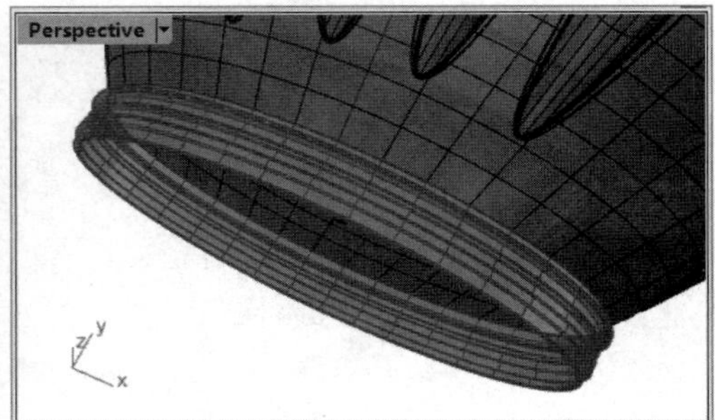

图 6-93　创建单轨扫掠曲面

6.6.2　构建手柄壳体和尾勾部分

中间手柄部分是一个具有渐变效果的实体，接近灯头部分的一端为椭圆，灯尾一端则类似矩形。使用【布尔运算差集】工具对手电筒一侧的起伏状曲面进行构建，可以较好地体现这一命令的优势。

1. 创建手柄主体

① 单击【挤出曲线成锥状】按钮，选择连接部分曲面的边缘，创建拔模角度为 35 的锥状曲面，如图 6-94 所示。此曲面暂时作为参考使用，可以删除。

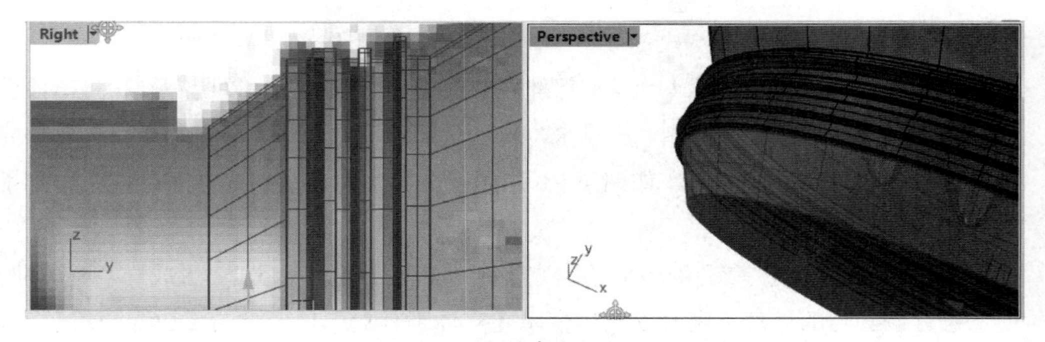

图 6-94　创建锥状曲面

② 首先在 Front 视窗中绘制直线和控制点曲线，并将其组合成一个整体，然后在 Top 视窗中将此曲线移动到新的位置，如图 6-95 所示。

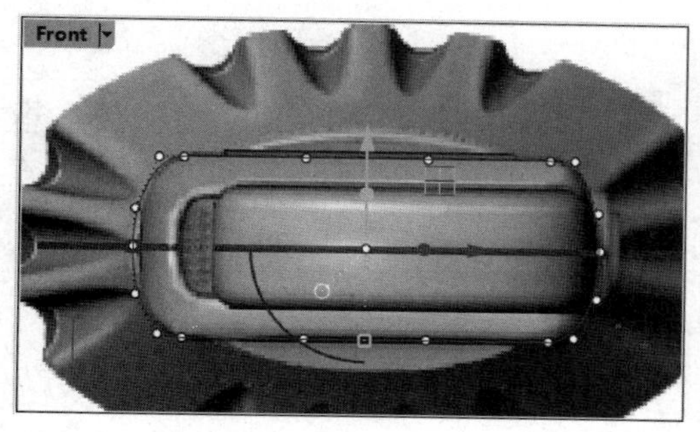

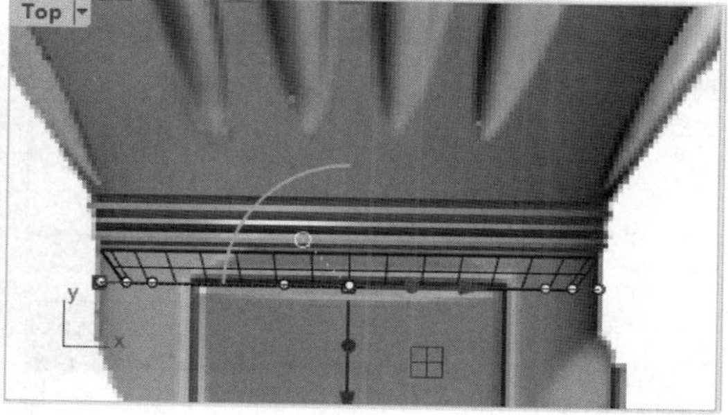

图 6-95　绘制并移动曲线

③ 将前面作为参考的锥状曲面删除。单击【放样】按钮，选取连接部分的曲面的边缘和上一步骤绘制的曲线创建如图 6-96 所示的放样曲面。

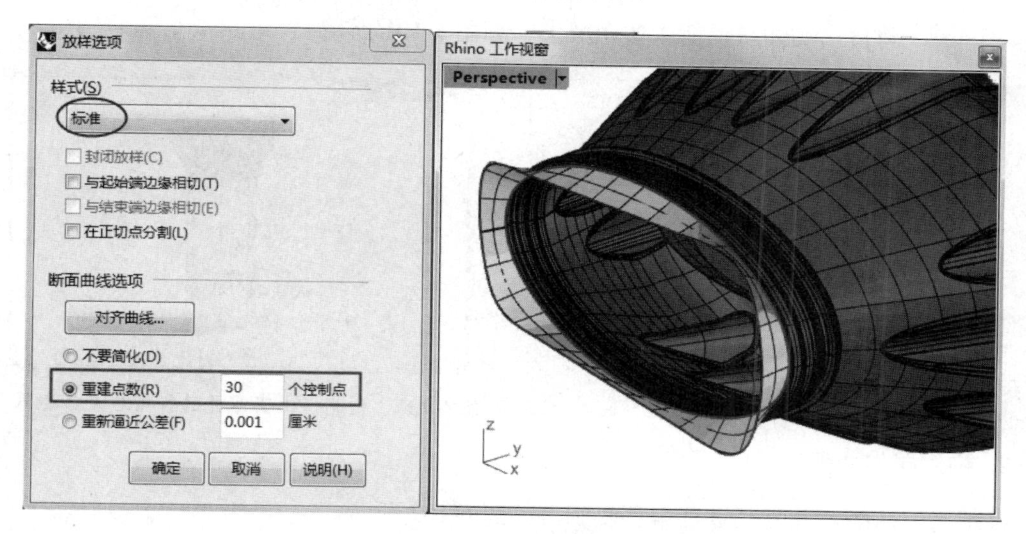

图 6-96　创建放样曲面

④ 单击边栏中的【直线挤出】按钮，以放样曲面的边缘作为要挤出的曲线，以 Top 视窗中的图片作为长度参考创建如图 6-97 所示的挤出实体。

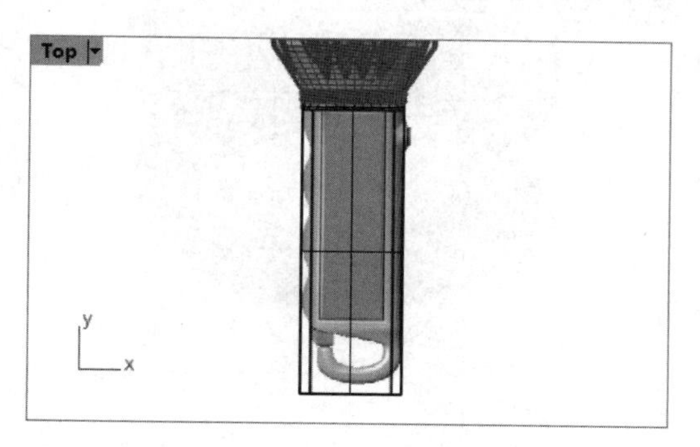

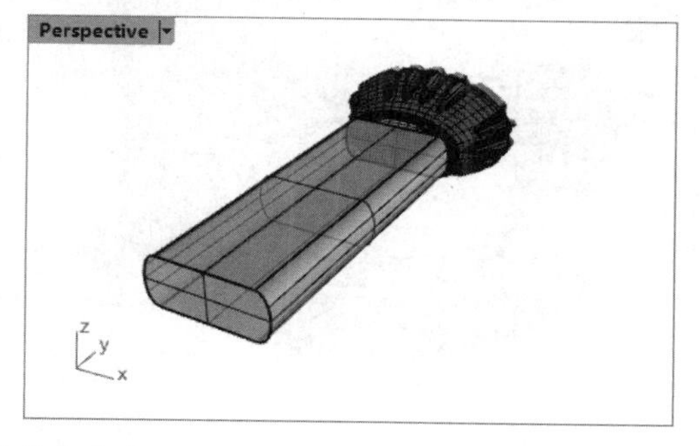

图 6-97　创建挤出实体

⑤ 在 Right 视窗中绘制曲线，创建挤出实体，如图 6-98 所示。单击【实体工具】选项卡中的【布尔运算差集】按钮，将挤出实体从上一步骤创建的手柄主体中减去，如图 6-99 所示。

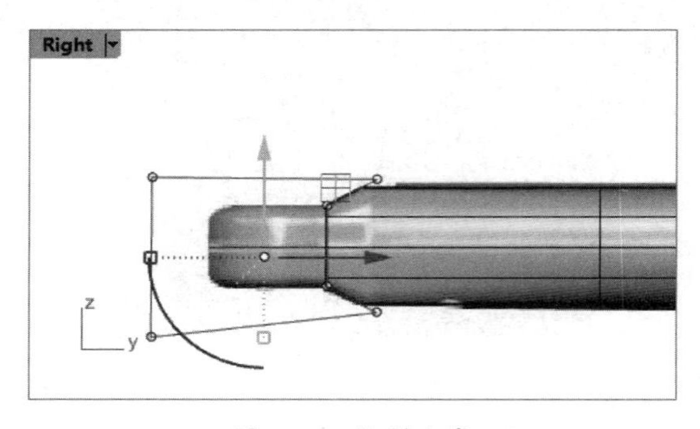

图 6-98　绘制曲线

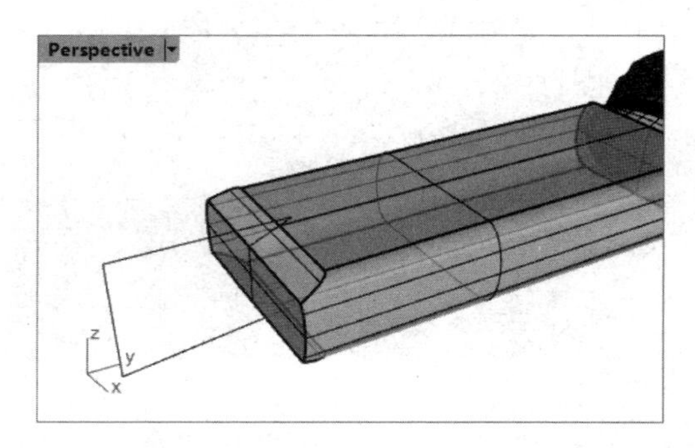

图 6-99　创建挤出实体并进行布尔差集运算 1

⑥ 在 Top 视窗中绘制封闭曲线，创建挤出实体，如图 6-100 所示。单击【布尔运算差集】按钮，将挤出实体从手柄主体中减去，如图 6-101 所示。

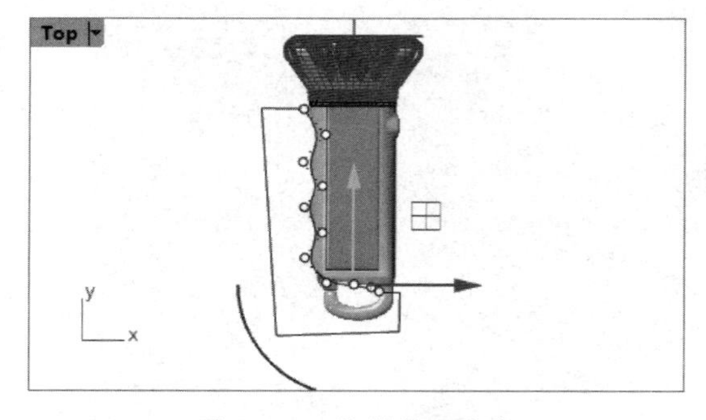

图 6-100　绘制封闭曲线

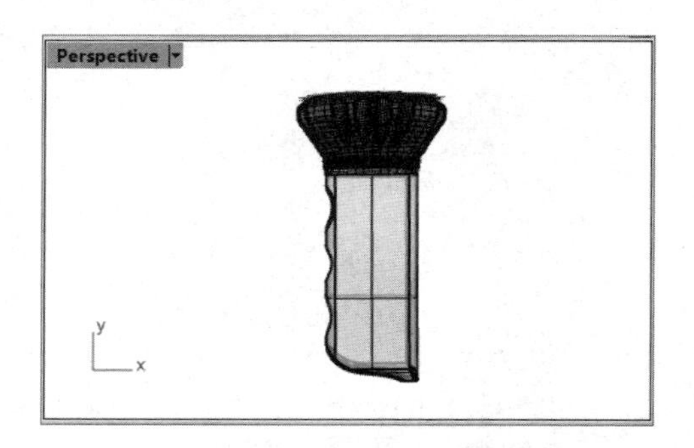

图 6-101　创建挤出实体并进行布尔差集运算 2

2. 构件尾勾曲面

① 绘制尾勾曲线，并为其进行偏移复制，如图 6-102 所示。

② 先使用【双轨扫掠】工具创建扫掠曲面，然后创建封闭曲面完成尾勾形状的绘制，如图 6-103 所示。

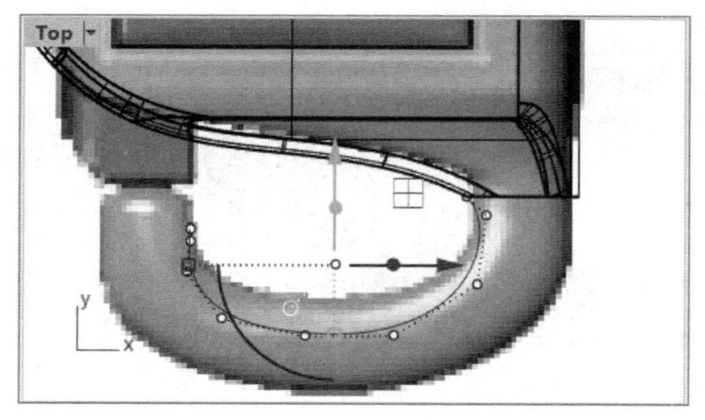

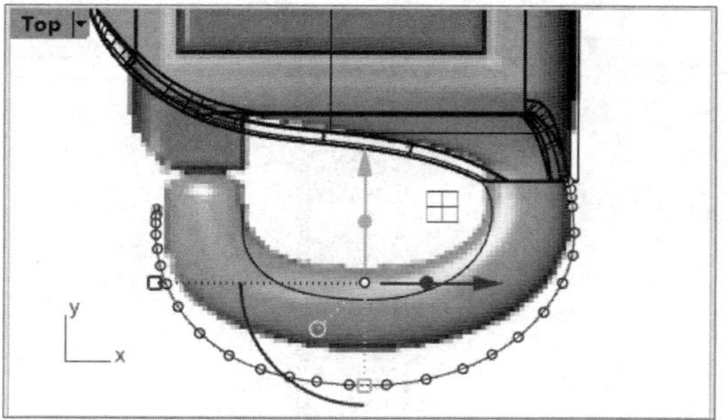

图 6-102　绘制尾勾曲线

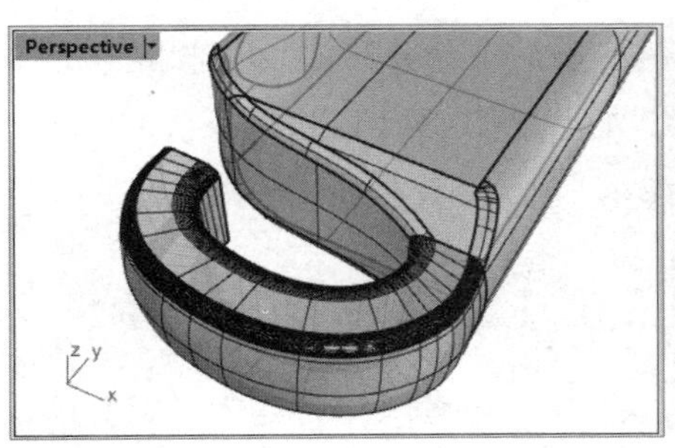

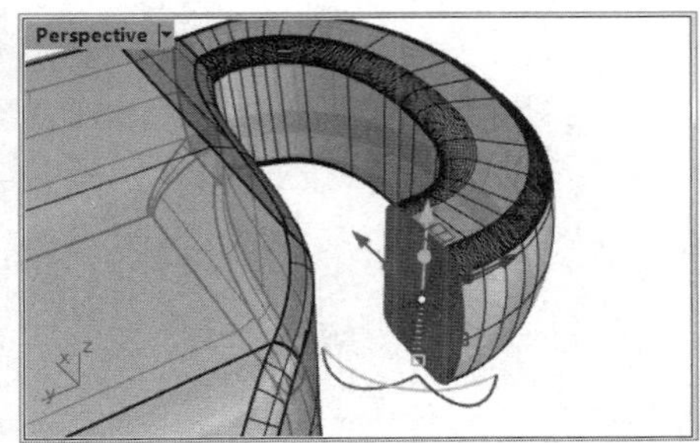

图 6-103　绘制尾勾形状

3. 完成尾勾部分细节

① 在 Front 视窗中绘制曲线，如图 6-104 所示。将曲线调整到适当的位置，选择曲线，并选择【实体工具】选项卡，单击边栏中的【挤出封闭的平面曲线】按钮，参照 Top 视窗中的操作步骤，将挤出实体挤压出一定的距离，如图 6-105 所示。

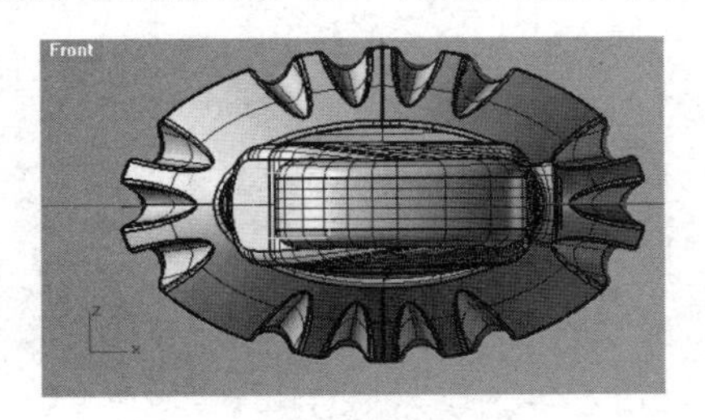

图 6-104　绘制曲线

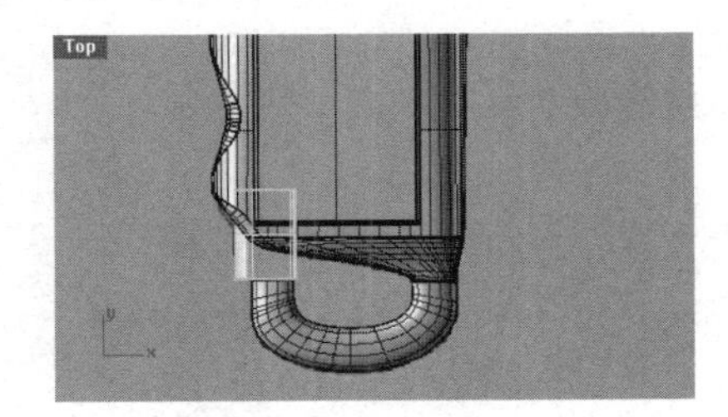

图 6-105　挤出实体

② 选择刚才挤压的实体，对其进行原地复制，并将其隐藏。单击【布尔运算差集】按钮，先选取手电筒壳体的多重曲面并右击，再选取刚才挤压的实体并右击，进行布尔差集运算，如图 6-106 所示。对两个实体的边缘进行圆角处理，如图 6-107 所示。

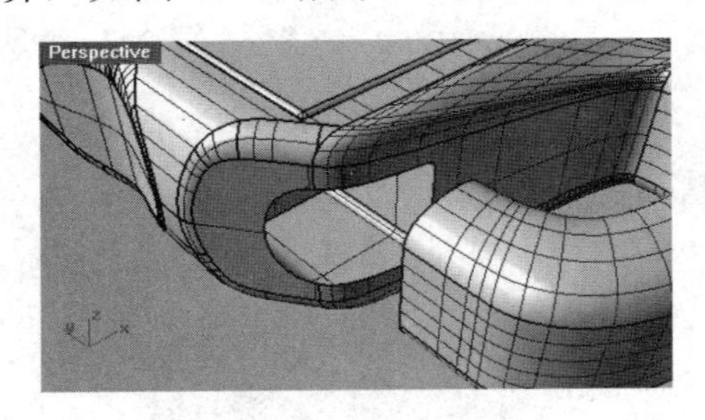

图 6-106　布尔差集运算

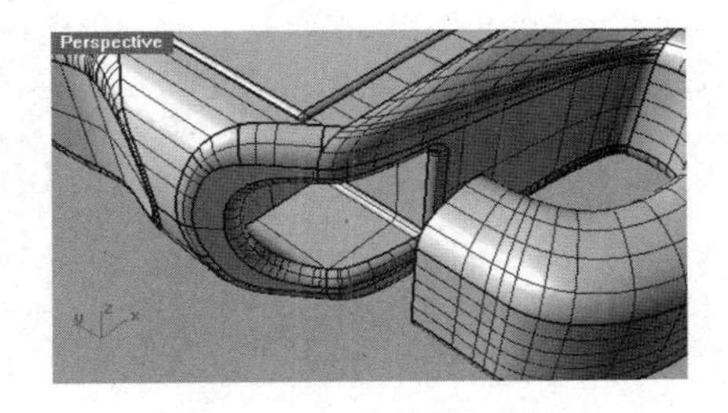

图 6-107　圆角处理边缘

③ 在 Top 视窗中绘制曲线，如图 6-108 所示。选择曲线，挤出实体，如图 6-109 所示。

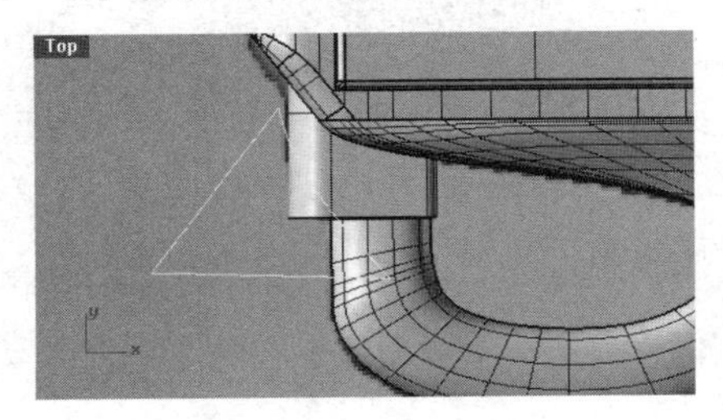

图 6-108　绘制曲线

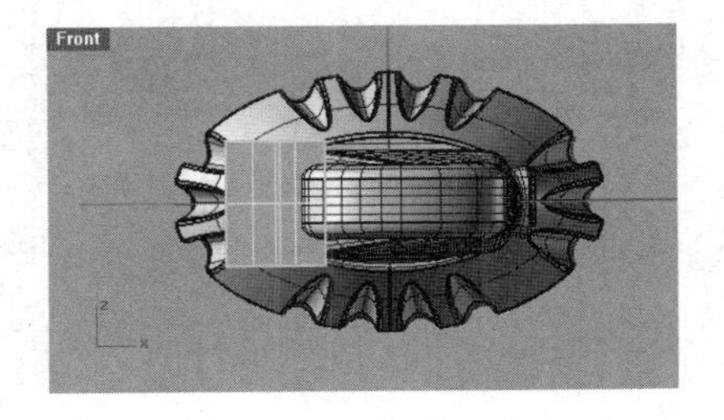

图 6-109　挤出实体

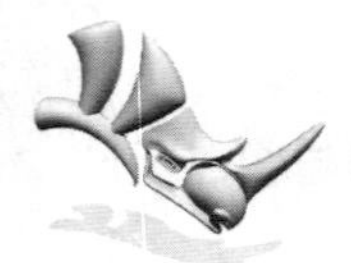

④ 单击【布尔运算差集】按钮，先选取挂钩的实体部分并右击，再选取挤压的实体并右击，完成布尔差集运算。对挤压的实体的边缘进行圆角处理，如图 6-110 所示。

⑤ 创建球体，并对球体分别进行复制及移动等操作，如图 6-111 所示。

⑥ 绘制直线，并对多重曲面进行修剪，如图 6-112 所示。

⑦ 在【曲线工具】选项卡中单击【混接曲线】按钮，分别单击两条边线，生成混接曲线，如图 6-113 所示。

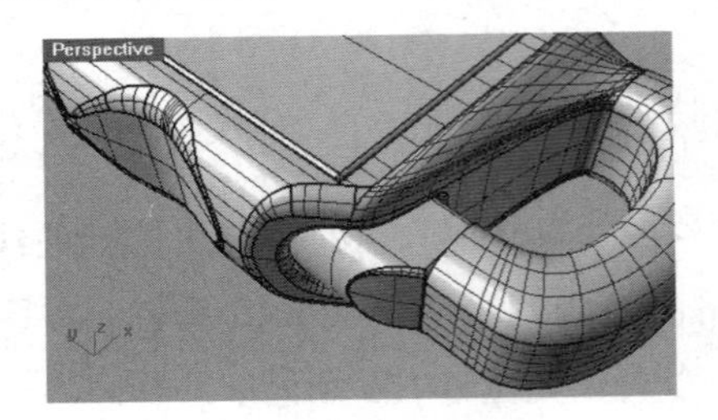

图 6-110　处理边缘圆角

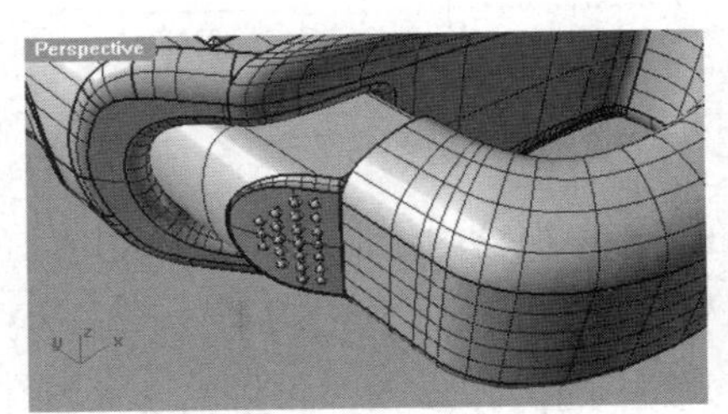

图 6-111　复制、移动球体

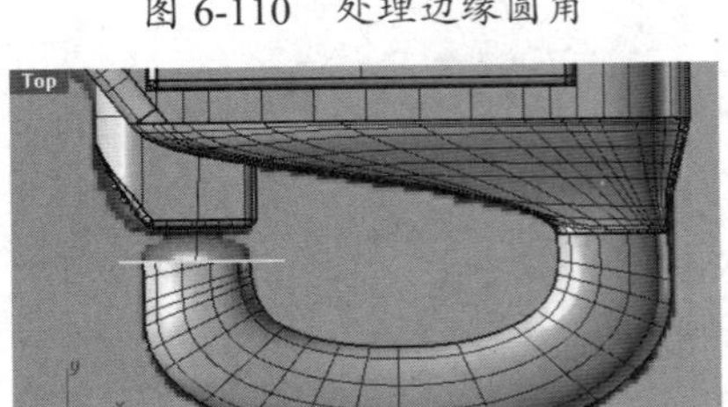

图 6-112　修剪曲面

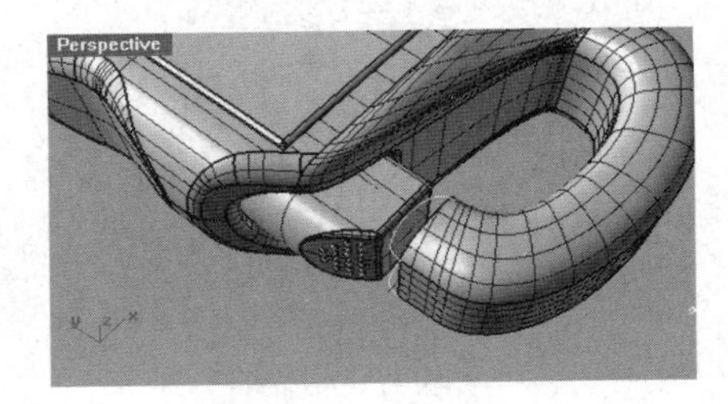

图 6-113　生成混接曲线

⑧ 勾选【物件锁点】|【中点】复选框，选择【曲线工具】选项卡，单击边栏中的【控制点曲线】按钮，捕捉混接曲线及尾勾上边缘线的中点，绘制曲线。按 F10 键显示刚才绘制曲线的 CV 点，调整曲线，如图 6-114 所示。勾选【物件锁点】|【端点】复选框，在边栏中单击【点】按钮，在混接曲线的两个端点处创建点。

⑨ 选择【曲面工具】选项卡，单击边栏中的【双轨扫掠】按钮，选取混接曲线和尾勾上的边缘线作为路径，依次选取上一步骤绘制的曲线和点，完成双轨扫掠，如图 6-115 所示。

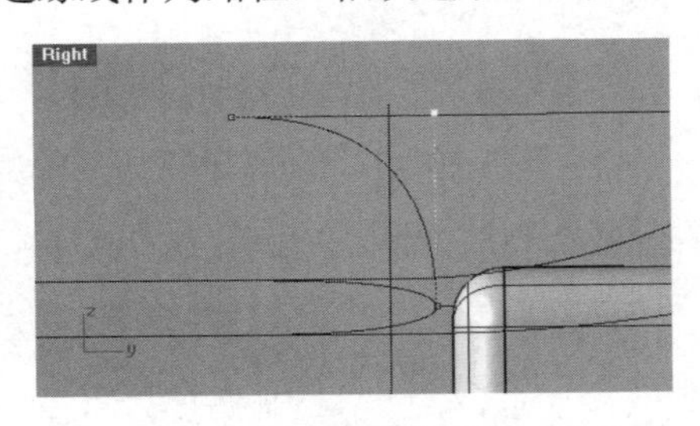

图 6-114　调整曲线

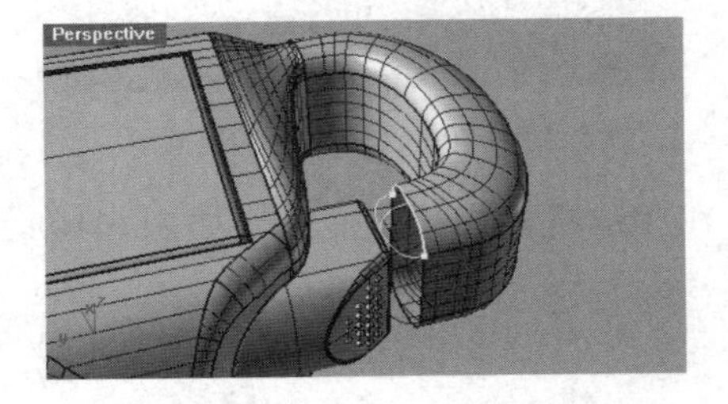

图 6-115　完成双轨扫掠

⑩ 同理，在下方绘制相同的曲线。选择【曲面工具】选项卡，单击边栏中的【以两条、三条或四条边缘曲线建立曲面】按钮，生成曲面，完成尾勾的制作，如图 6-116 所示（显示生成的面）。

图 6-116　以两条、三条或四条边缘曲线建立曲面

4. 构件手柄上的按钮

① 将经过边缘圆角处理后的实体隐藏。参考 Right 视窗的底图绘制两个圆按钮，如图 6-117 所示。参照 Top 视窗中的操作步骤，将圆按钮调整到适当的位置。

② 先选择【曲面工具】选项卡，单击边栏中的【放样】按钮，分别选择上一步骤绘制的两个圆按钮并右击，再在边栏中单击【直线挤出】按钮，选择内侧小圆曲线，将其向手电筒内侧挤压生成曲面，如图 6-118 所示。

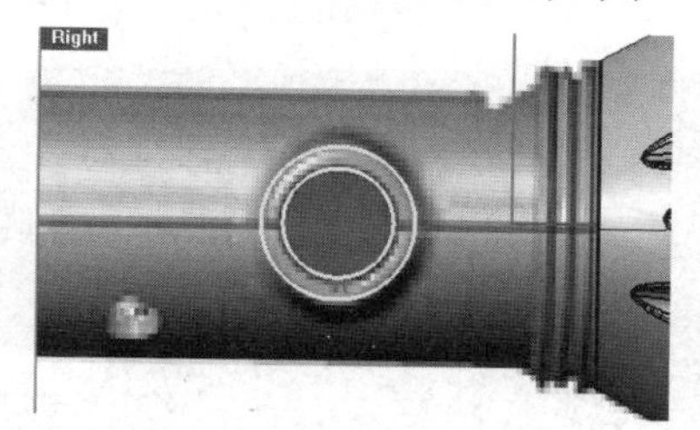

图 6-117　绘制圆按钮

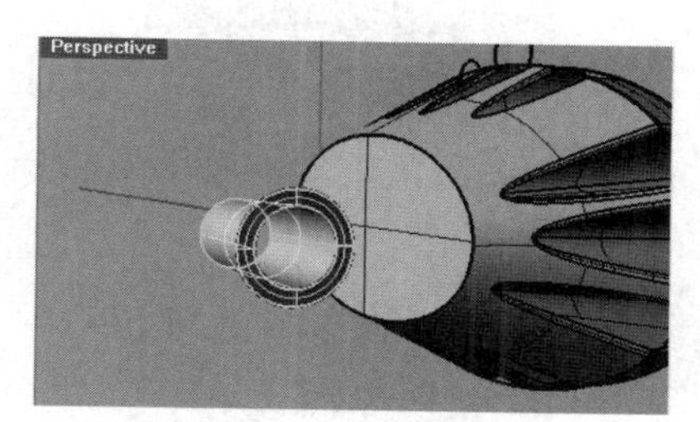

图 6-118　挤压生成曲面

③ 在【曲面工具】选项卡中单击【曲面圆角】按钮，在命令行中输入半径值 1，分别选择圆环面及圆柱面，将自动完成曲面圆角的建立。

④ 选择内侧小圆，将内侧小圆向里偏移 1。按住 Shift 键，将小圆向外垂直移动一段距离，如图 6-119 所示。

⑤ 选择圆，并选择【实体工具】选项卡，单击边栏中的【挤出封闭的平面曲线】按钮，将圆向左拖动一段距离，挤出圆柱实体，并对其边缘进行圆角处理，如图 6-120 所示。

⑥ 右击【隐藏物件】按钮，将壳体显示出来。选择外侧大圆，将外侧大圆向外偏移 2。选择曲线，将修剪面删除，如图 6-121 所示。

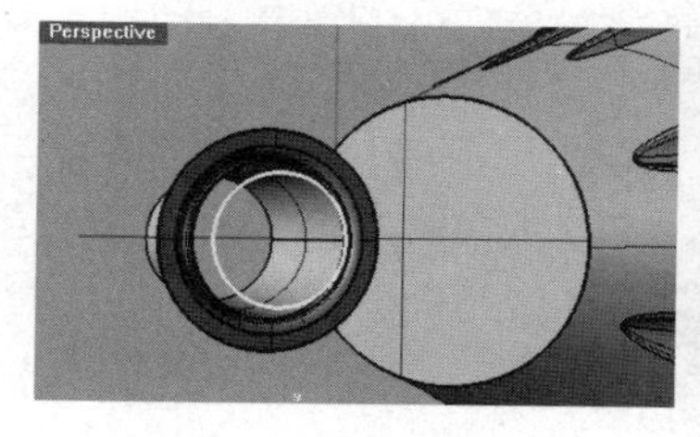

图 6-119　垂直移动小圆

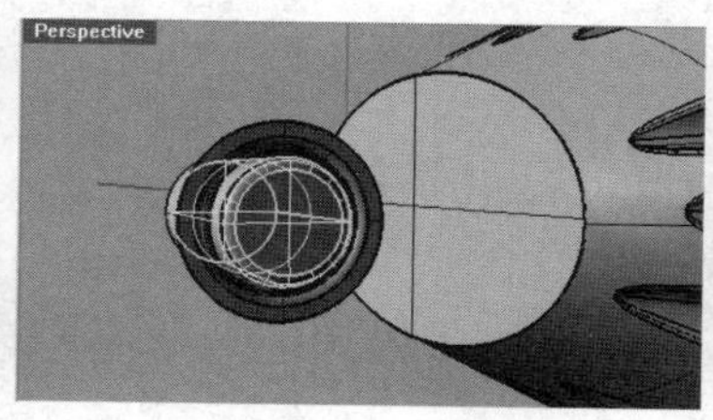

图 6-120　挤出实体

图 6-121　删除修剪面

⑦ 在【曲线工具】选项卡中单击【投影曲线】按钮和【抽离结构线】按钮，启用【四分点】选项，在两个曲面上抽取两条与 *Y* 轴平行且在一条直线上的结构线，如图 6-122 所示。

⑧ 在【确定工具】选项卡中单击【可调式混接曲线】按钮，分别选择提取的两条结构线，进行适当调整，生成如图 6-123 所示的混接曲线。

⑨ 选择【曲面工具】选项卡，单击边栏中的【双轨扫掠】按钮，依次选择两边界线及混接曲线。右击，在弹出的【双轨扫掠选项】对话框中设置参数，如图 6-124 所示。单击【确定】按钮，双轨扫掠效果如图 6-125 所示。

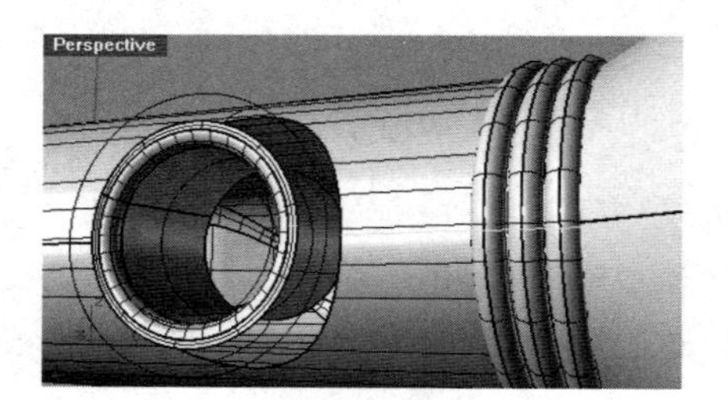

图 6-122　抽取结构线

图 6-123　生成混接曲线

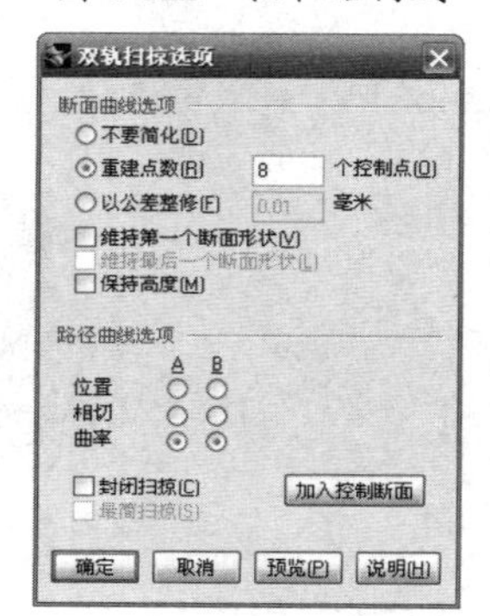

图 6-124　【双轨扫掠选项】对话框

图 6-125　双轨扫掠效果

5. 创建太阳能电池及电池盖

① 将 Right 视窗切换为 Bottom 视窗。在 Bottom 视窗中导入“bottom.jpg”图片文件并将其调整到合适的位置，如图 6-126 所示。

② 选择曲线，并选择【实体工具】选项卡，单击边栏中的【挤出封闭的平面曲线】按钮，将其向下挤出一定的距离。挤压生成实体如图 6-127 所示。

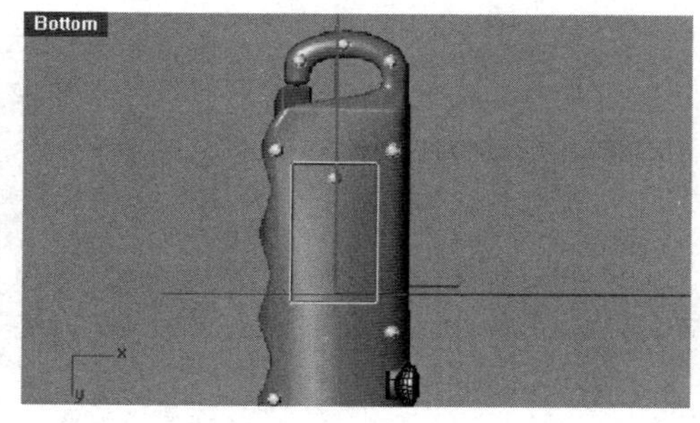

图 6-126　导入图片文件

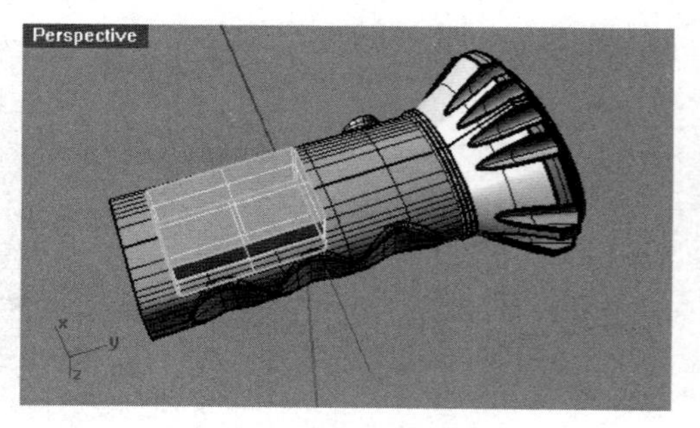

图 6-127　挤压生成实体

③ 将壳体与挤压的实体原地复制。在【实体工具】选项卡中单击【布尔运算差集】按钮，先选取挤压的实体并右击，再选取壳体并右击，完成布尔差集运算。

④ 在【实体工具】选项卡中单击【布尔运算联集】按钮，先选取壳体并右击，再选取挤压的实体并右击，完成布尔联集运算，如图 6-128 所示。

⑤ 在【实体工具】选项卡中单击【不等距边缘圆角】按钮，对实体边缘进行圆角处理，如图 6-129 所示。

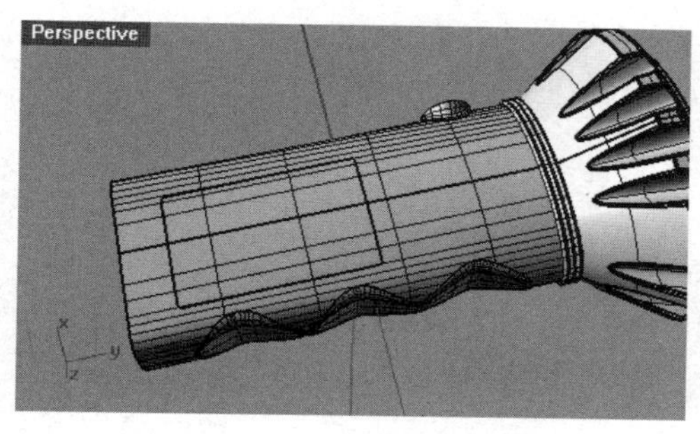

图 6-128　布尔联集运算

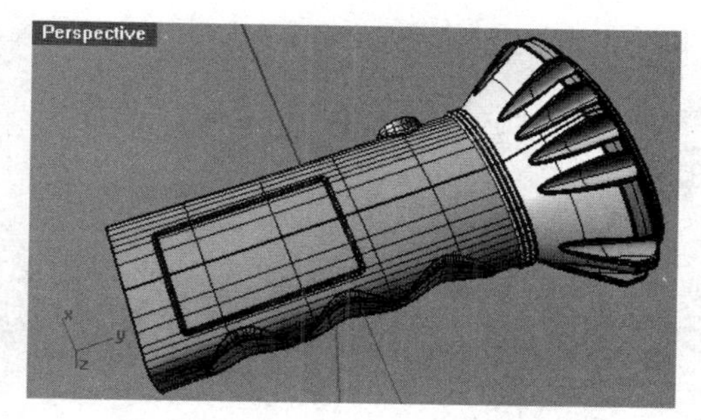

图 6-129　对实体边缘进行圆角处理

⑥ 先在 Bottom 视窗中绘制矩形（见图 6-130），然后创建挤出实体并进行布尔差集运算，太阳能电池槽的效果如图 6-131 所示。

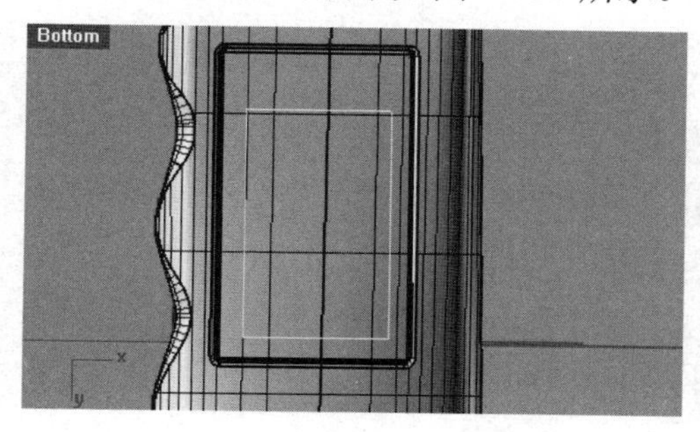

图 6-130　绘制矩形

图 6-131　太阳能电池槽的效果

⑦ 至此，完成了太阳能手电筒的造型设计，保存结果文件。

第 7 章

实体工具造型设计

本章内容

Rhino 8.0 中的 3D 实体与 CAD 和 3ds Max 中的三维实体不同。在 CAD 和 3ds Max 中，实体是由封闭的多边形表面构成的集合体；而在 Rhino 8.0 中，实体是由封闭的 NURBS 曲面构成的。本章主要介绍在 Rhino 8.0 中绘制由 NURBS 曲面构成的基本实体的建模操作方法。

知识要点

☑ 实体概述
☑ 立方体
☑ 球体
☑ 椭圆体
☑ 锥形体
☑ 柱形体
☑ 环形体
☑ 挤出实体

7.1　实体概述

Rhino 8.0 中的实体其实是由封闭的 NURBS 曲面构成而没有质量的几何体，创建实体的工具命令在【实体工具】选项卡左侧的【实体边栏】工具面板中，如图 7-1 所示。

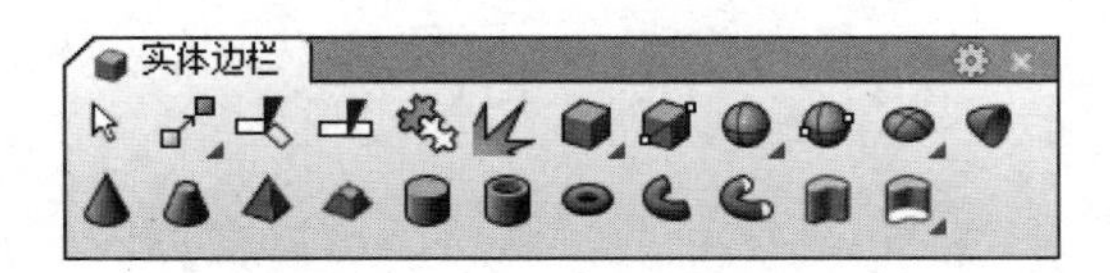

图 7-1　【实体边栏】工具面板

上机操作——创建并编辑实体

① 在 Rhino 8.0 中，新建一个文档。

② 单击【球体：中心点、半径】按钮，在工作视窗中的坐标系中心点创建一个半径为 50 的球体，如图 7-2 所示。

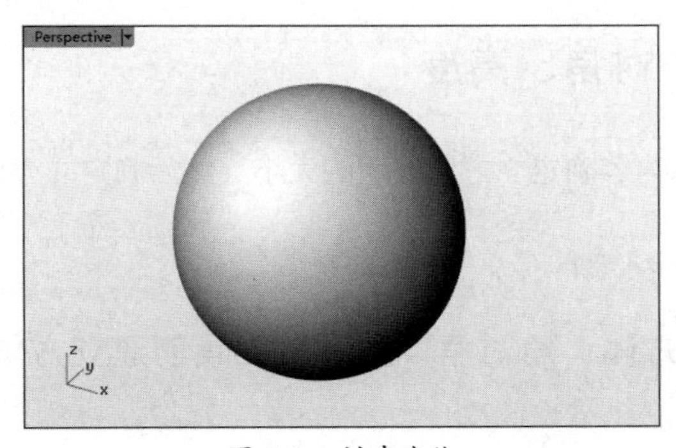

图 7-2　创建球体

③ 选择球体，单击【曲线工具】选项卡中的【打开点】按钮，通过编辑物件的 CV 点改变球体的形状，如图 7-3 所示。

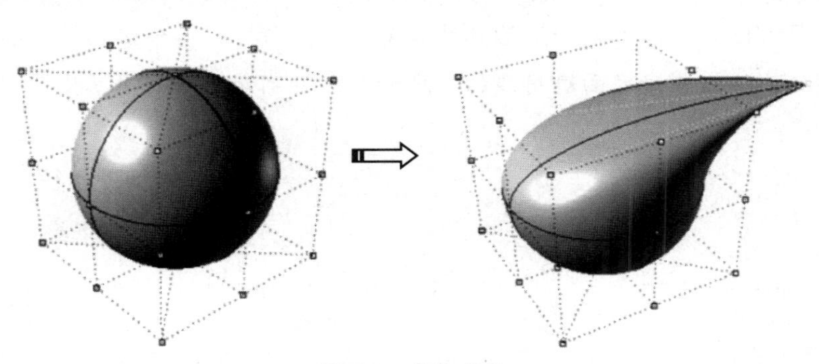

图 7-3　实体变化

④ 如果操作提示不能打开该实体的 CV 点，那么可以通过先单击【爆炸】按钮，将实体爆炸，然后选择爆炸后的曲面，重复上一步骤，这时曲面上的 CV 点就可以显示出来了。

⑤ 查看爆炸开的实体的信息也可以发现爆炸开的实体是由 NURBS 曲面组成的。

技术要点：

并不是所有实体都可以通过编辑物件的 CV 点改变物件的形状。

7.2 立方体

基本几何体包括立方体、球体、圆柱体等，是物理世界中的基础形体。

本节介绍立方体的建模方法。长按【立方体】按钮，会弹出【立方体】工具面板，如图 7-4 所示。下面分别介绍该工具面板中各个按钮的功能。

图 7-4 【立方体】工具面板

7.2.1 立方体：角对角、高度

首先根据命令行提示内容确定立方体底面的大小，然后确定立方体的高度，以此来绘制立方体。

上机操作——用【立方体：角对角、高度】工具创建立方体

① 新建 Rhino 8.0 文件。

② 单击【立方体：角对角、高度】按钮，命令行中显示如下提示内容：

```
指令: _Box
底面的第一角(对角线(D)  三点(P)  垂直(V)  中心点(C)):
```

这些选项其实就是后面即将介绍的其他 4 个立方体命令。各个选项的功能如下。

- 对角线：通过指定底面对角线的长度和方向绘制矩形，如图 7-5 所示。

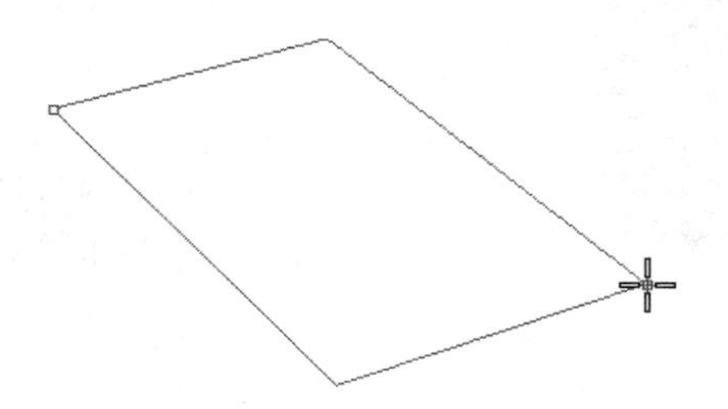

图 7-5 使用【对角线】选项绘制矩形

- 三点：先绘制两点确定一条边的长度，再绘制第三点确定另一条边的长度，如图 7-6 所示。

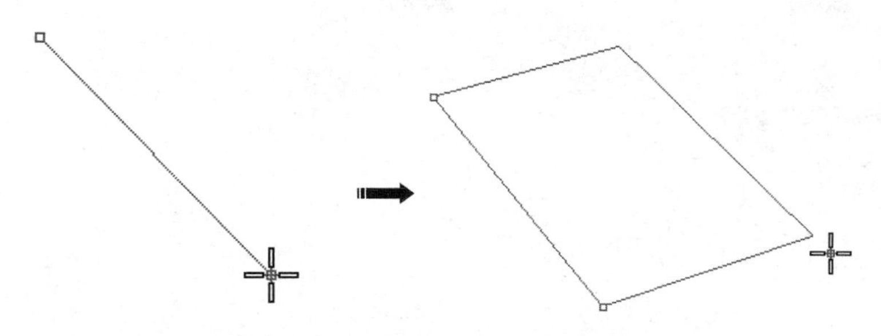

图 7-6　使用【三点】选项绘制矩形

- 垂直：先确定一条边，根据该边绘制一个与底面垂直的面（见图 7-7），再指定高度及宽度绘制立方体，如图 7-8 所示。

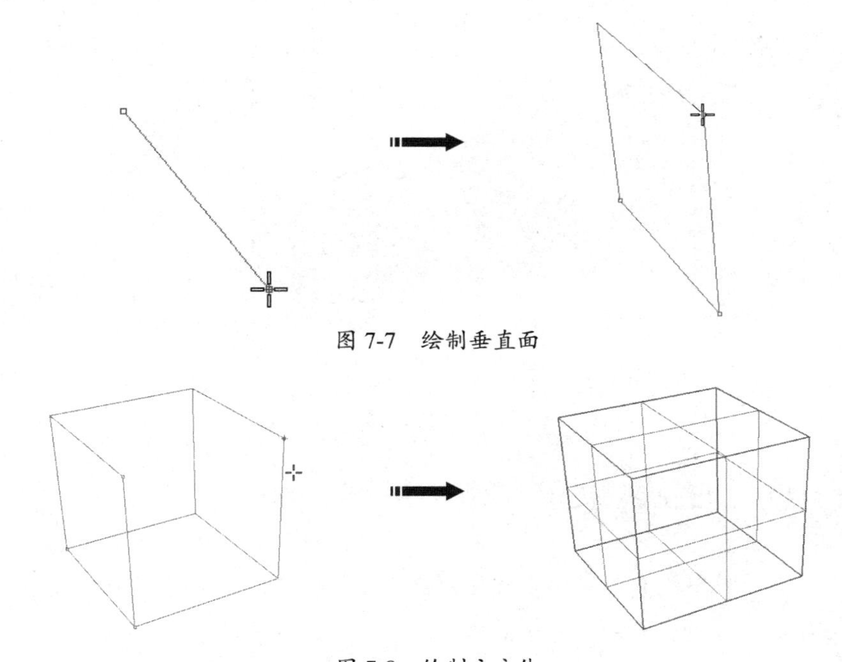

图 7-7　绘制垂直面

图 7-8　绘制立方体

- 中心点：通过指定四边形的中心点拖动确定的边绘制矩形，如图 7-9 所示。

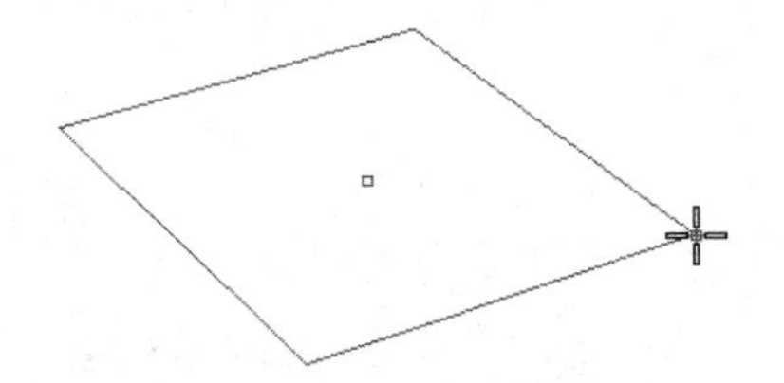

图 7-9　使用【中心点】选项绘制矩形

③ 指定底面的第一角，可以输入坐标，也可以选取其他参考点，这里输入坐标（0,0,0）。

右击后先输入底面的另一角的坐标或长度，这里输入坐标（100,50,0）并右击，再输入高度值 25，最后右击完成立方体的创建，如图 7-10 所示。

```
底面的第一角(对角线(D)  三点(P)  垂直(V)  中心点(C))：0,0,0
底面的另一角或长度(三点(P))：100, 50,0
高度，按 Enter 套用宽度：25
```

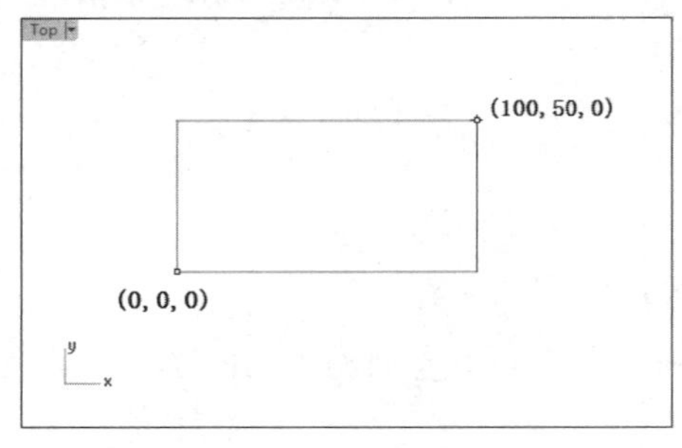

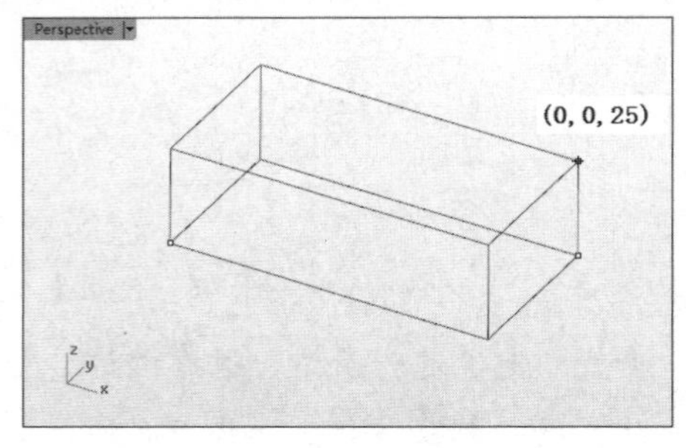

图 7-10　输入坐标

④　创建的立方体如图 7-11 所示。

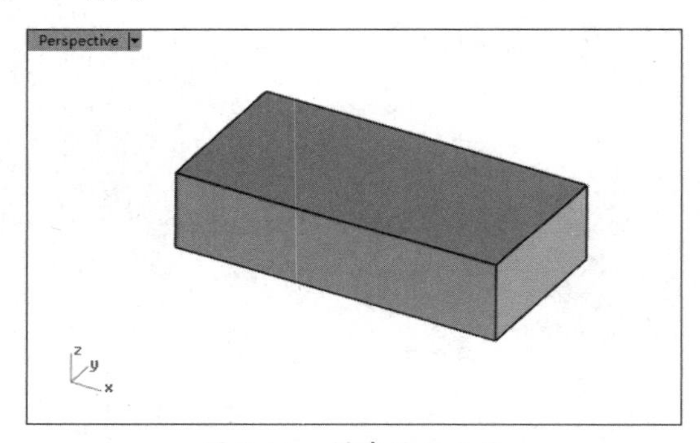

图 7-11　创建的立方体

7.2.2　立方体：对角线

使用【立方体：对角线】工具可以先选择第一点作为第一角，选择第二点作为第二角，再通过确定立方体的对角线确定立方体的大小。

上机操作——用【立方体：对角线】工具创建立方体

①　新建 Rhino 8.0 文件。

②　单击【立方体：对角线】按钮，命令行中显示如下提示内容：

```
第一角(正立方体(C))：
```

③　指定底面的第一角，可以输入坐标，也可以选取其他参考点，这里输入坐标（0,0,0）。右击后输入第二角的坐标（100,50,25），右击即可创建立方体，如图 7-12 所示。

```
第一角(正立方体(C))：0,0,0
```

第二角：100,50,25

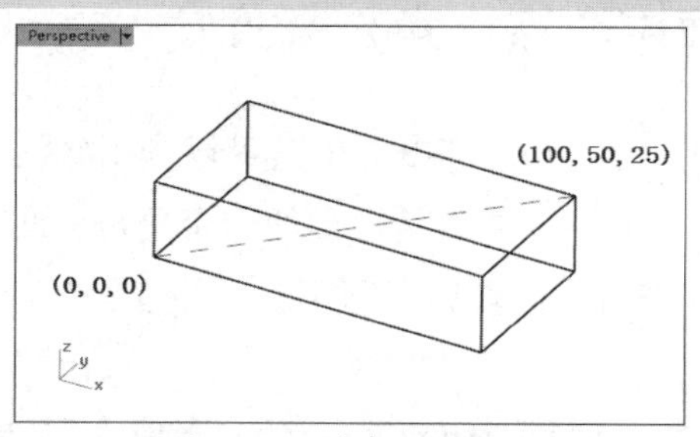

图 7-12　创建的立方体

技术要点：

如果输入第二角的坐标为平面坐标，如（100,50,0），那么就与使用【立方体：角对角、高度】工具创建立方体的方法相同了。

7.2.3　立方体：三点、高度

使用【立方体：三点、高度】工具可以利用三点（确定矩形的三点）、高度绘制立方体。

上机操作——用【立方体：三点、高度】工具创建立方体

① 新建 Rhino 8.0 文件。

② 单击【立方体：三点、高度】按钮，按命令行中的提示内容设置边缘起点，这里输入坐标（0,0,0），右击后先按提示内容输入边缘终点的坐标（100,0,0），再按提示内容输入宽度值 50。

③ 此时命令行中的提示内容为【选择矩形】，意思就是确定矩形的第三点将要放置在哪个工作视窗。这里选择在 Top 视窗中放置矩形，只需要在 Top 视窗中单击即可，如图 7-13 所示。

④ 按提示内容输入高度值 25，右击后会自动创建立方体，如图 7-14 所示。

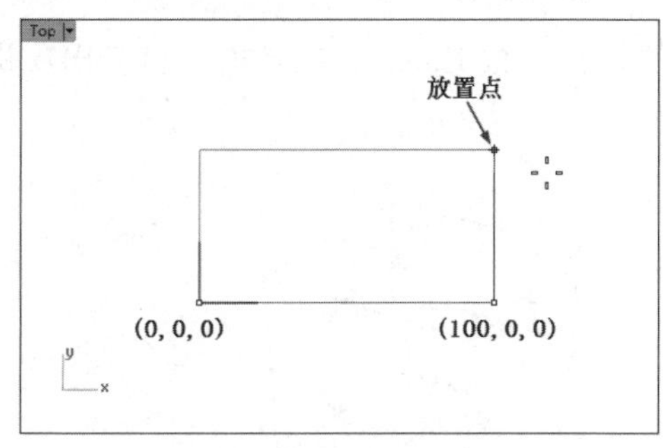

图 7-13　设置三点

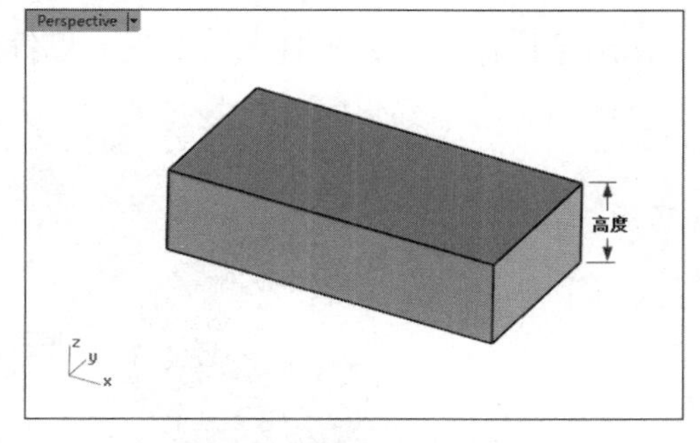

图 7-14　输入高度值并创建立方体

技术要点：

如果对尺寸的精确度没有要求，可以在高度方向上拖动矩形自由运动，任意放置矩形即可。

7.2.4 立方体：底面中心点、角、高度

使用【立方体：底面中心点、角、高度】工具可以利用底面中心点、角、高度绘制立方体。中心点就是整个矩形的中心点，角就是矩形的一个角点。此工具的按钮与【立方体：三点、高度】按钮相同，只需右击此按钮，即可执行命令。

上机操作——用【立方体：底面中心点、角、高度】工具创建立方体

① 新建 Rhino 8.0 文件。

② 右击【立方体：底面中心点、角、高度】按钮，按命令行中的提示内容输入底面中心点的坐标（0,0,0），右击后按提示内容输入底面的另一角的坐标（50,25,0），如图 7-15 所示。

③ 按提示内容输入高度值 25，右击后会自动创建立方体，如图 7-16 所示。

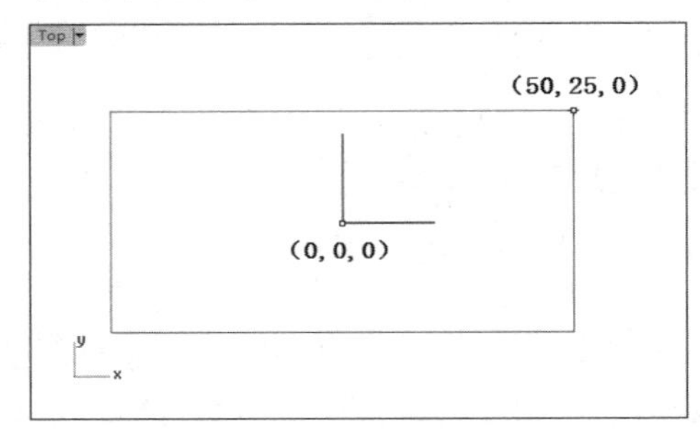

图 7-15 设置中心点和另一角

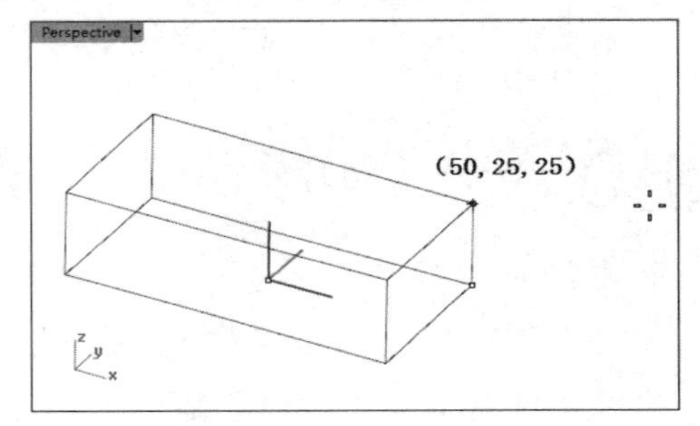

图 7-16 输入高度值并创建立方体

技术要点：

在确定高度时，也可以输入坐标（50,25,25）。

7.2.5 边框方块

使用【边框方块】工具选取要用方框框起来的物件，按 Enter 键或右击，将会出现根据所选物件的大小刚好将物件包裹起来的立方体，如图 7-17 所示。

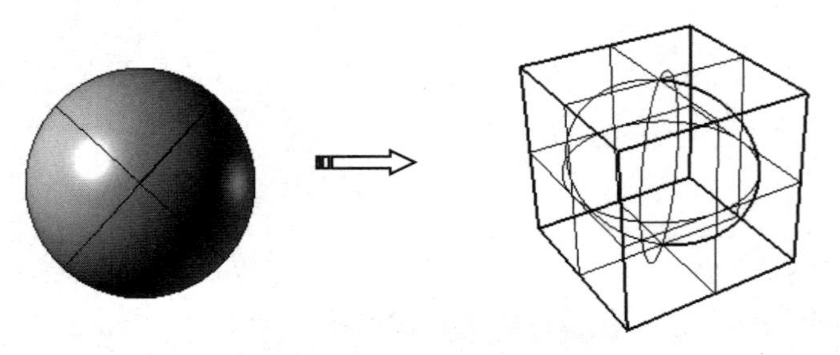

图 7-17 出现立方体

上机操作——用【边框方块】工具创建立方体

① 打开本案例源文件“边框方块.3dm”，如图 7-18 所示。

② 单击【边框方块】按钮，按命令行中的提示内容选取要被边框框住的物件，如图 7-19 所示。

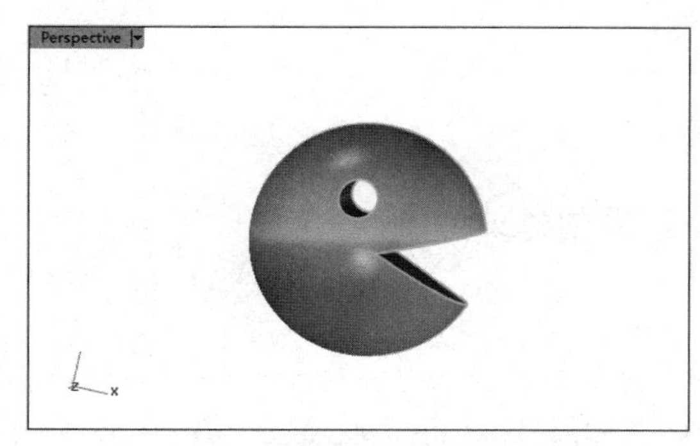

图 7-18　打开的源文件

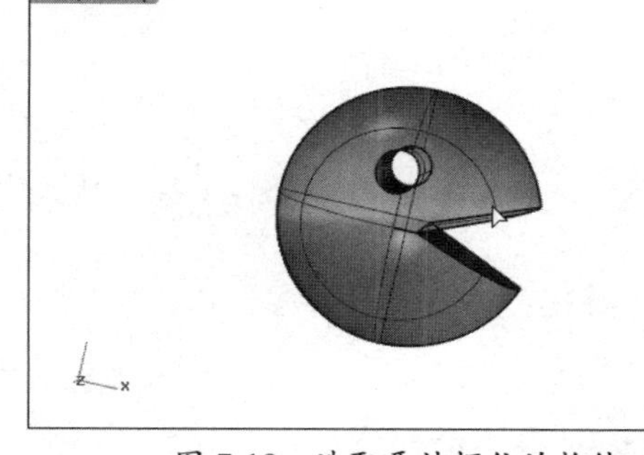

图 7-19　选取要被框住的物件

③ 右击或按 Enter 键完成边框方块的创建，如图 7-20 所示。

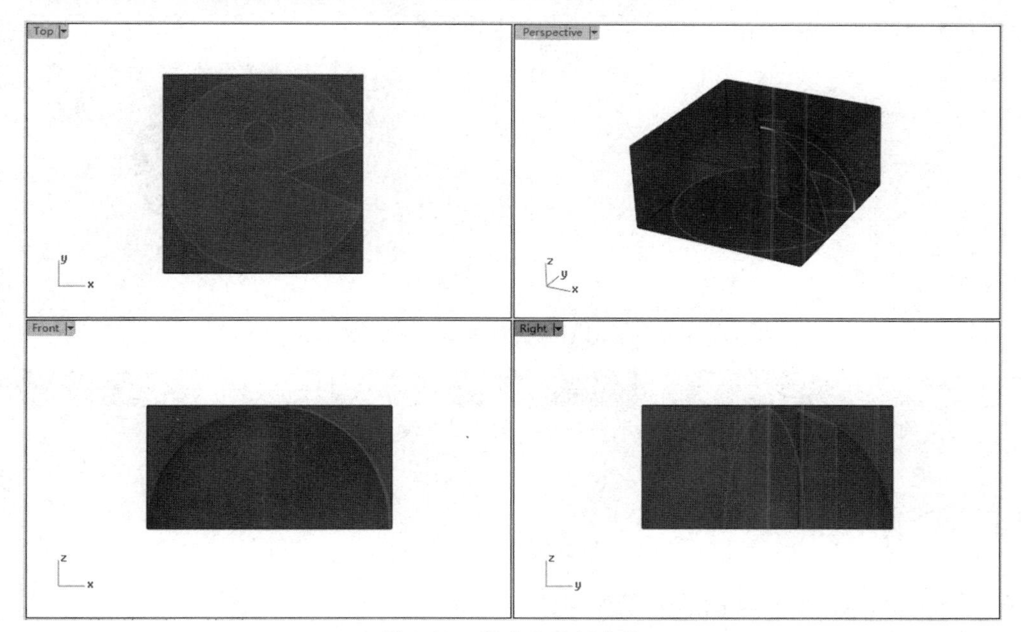

图 7-20　创建的边框方块

7.3　球体

在边栏中长按【球体：中心点、半径】按钮，会弹出【球体】工具面板，如图 7-21 所示。

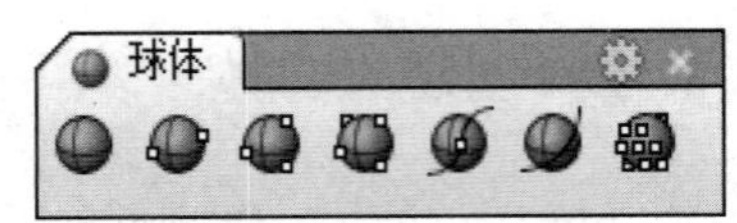

图 7-21 【球体】工具面板

7.3.1 球体：中心点、半径

根据设定球体的半径创建球体。

上机操作——用【球体：中心点、半径】工具创建球体

① 新建 Rhino 8.0 文件。

② 单击【球体：中心点、半径】按钮，按命令行中的提示内容输入球体中心点的坐标（0,0,0），右击后按提示内容输入半径值 25，右击后会自动创建球体，如图 7-22 所示。

```
球体中心点(两点(P) 三点(O) 正切(T) 环绕曲线(A) 四点(I) 逼近数个点(F)): 0,0,0
半径 <1.000> (直径(D) 定位(O) 周长(C) 面积(A) 投影物件锁点(P)=否): 25
```

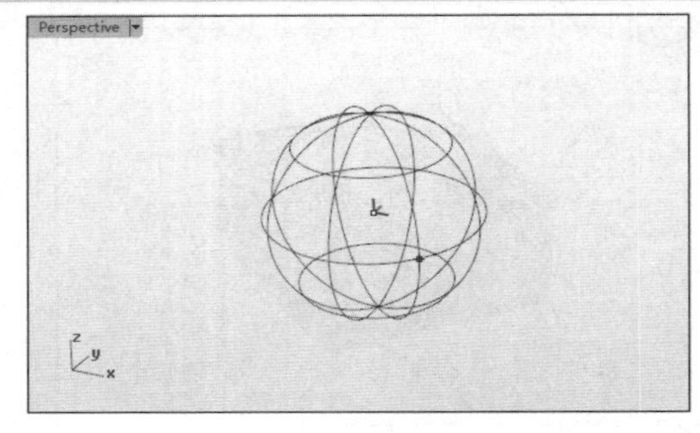

图 7-22 设置中心点和半径创建球体

技术要点：

命令行中的选项也就是后面即将讲解的其他球体的创建命令。

7.3.2 球体：直径

根据设定两点确定球体的直径创建球体。

上机操作——用【球体：直径】工具创建球体

① 新建 Rhino 8.0 文件。

② 单击【球体：直径】按钮，按命令行中的提示内容输入直径起点的坐标（0,0,0），右击后按提示内容输入直径终点的坐标（50,50,0），右击后会自动创建球体，如图 7-23 所示。

```
球体中心点(两点(P)  三点(O) 正切(T) 环绕曲线(A) 四点(I) 逼近数个点(F)): _Diameter
直径起点: 0,0,0
直径终点: 50,50,0
正在建立网格...按Esc 取消
```

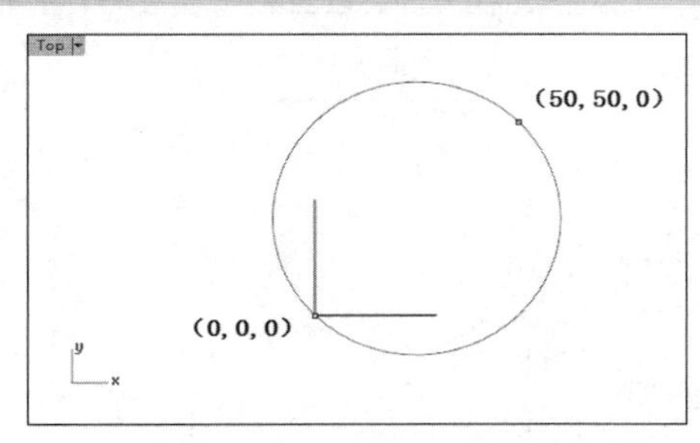

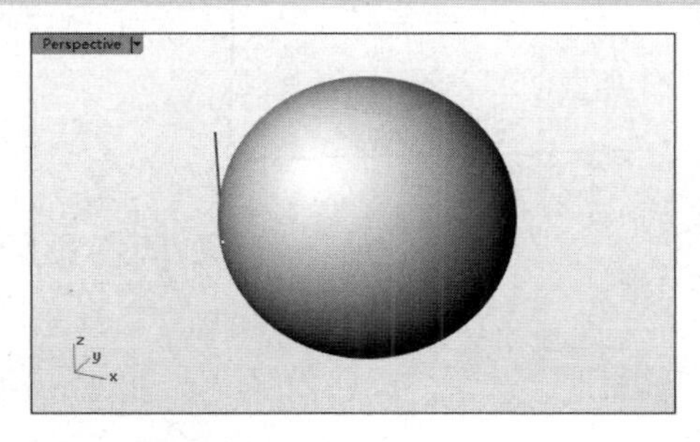

图 7-23　设置直径起点和终点创建球体

7.3.3　球体：三点

依次确定基圆上三点的位置创建球体，基圆形状决定球体的位置及大小。

上机操作——用【球体：三点】工具创建球体

① 新建 Rhino 8.0 文件。

② 单击【球体：三点】按钮，按命令行中的提示内容输入第一点的坐标（0,0,0），右击后输入第二点的坐标（50,0,0），右击后输入第三点的坐标（0,50,0），此时右击后会自动创建球体，如图 7-24 所示。

```
球体中心点(两点(P)  三点(O) 正切(T) 环绕曲线(A) 四点(I) 逼近数个点(F)): _3Point
第一点: 0,0,0
第二点: 50,0,0
第三点(半径(R) ): 0,50,0
正在建立网格...按Esc 取消
```

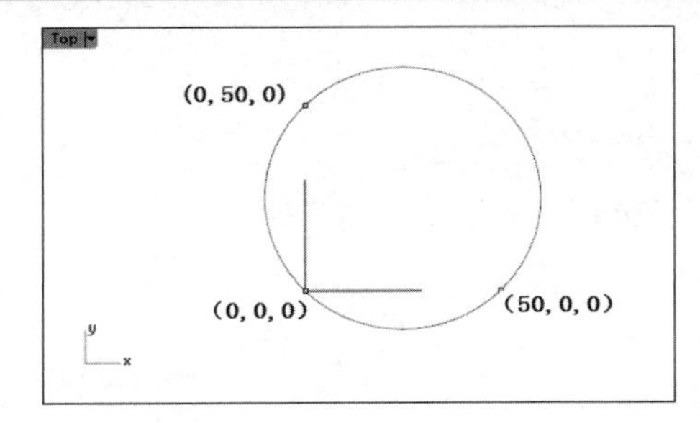

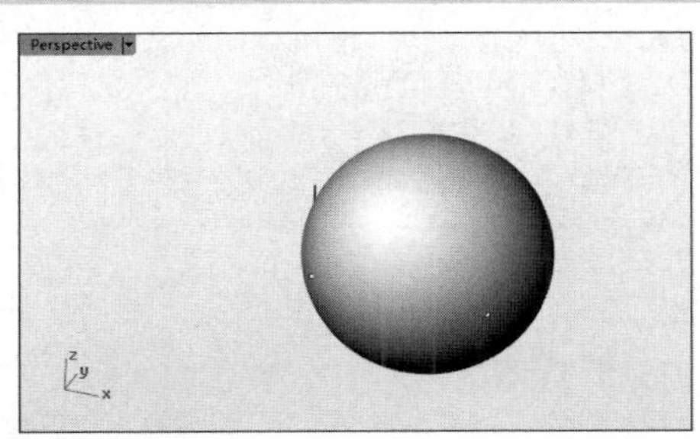

图 7-24　设置三点创建球体

7.3.4　球体：四点

通过前三点确定基圆的形状，以第四点决定球体的大小，如图 7-25、图 7-26 所示。

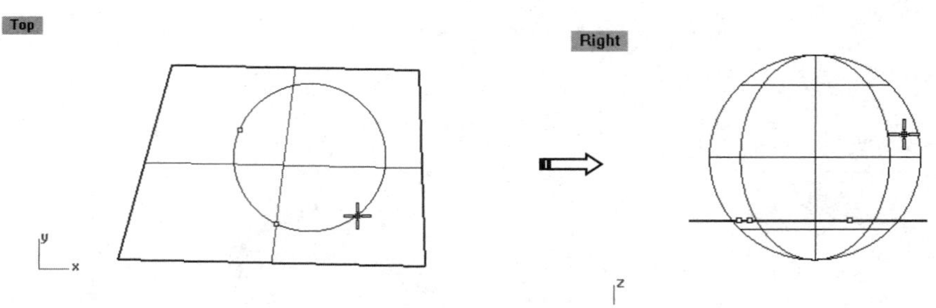

图 7-25 设置四点创建球体

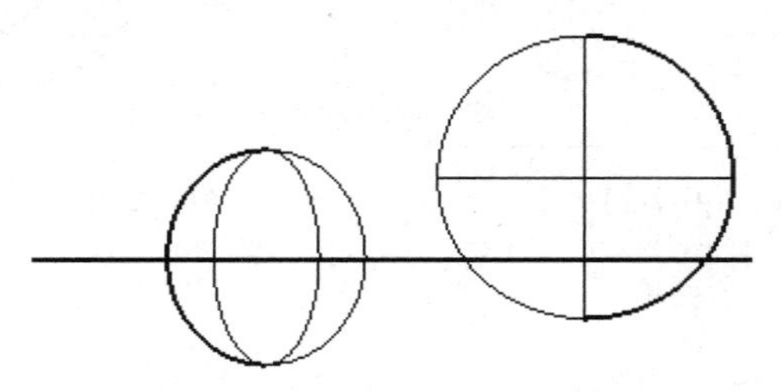

图 7-26 以三点法与四点法创建球体的区别

技术要点：

关于创建球体时使用的四点法与三点法的区别在于，三点法确定的基圆的圆心刚好是球心，而四点法确定的基圆是通过球体的任意横截面的圆。

上机操作——用【球体：四点】工具创建球体

① 新建 Rhino 8.0 文件。

② 单击【球体：四点】按钮，按命令行中的提示内容输入第一点的坐标（0,0,0），右击后输入第二点的坐标（25,0,0），右击后输入第三点的坐标（0,25,0），右击后在球面上任意位置选取一点作为第四点，如图 7-27 所示。

```
球体中心点(两点(P)  三点(O)  正切(T)  环绕曲线(A)  四点(I)  逼近数个点(F)): _4Point
第一点: 0,0,0
第二点: 25,0,0
第三点(半径(R)): 0,25,0
第四点(半径(R)):指定的点
正在建立网格...按 Esc 取消
```

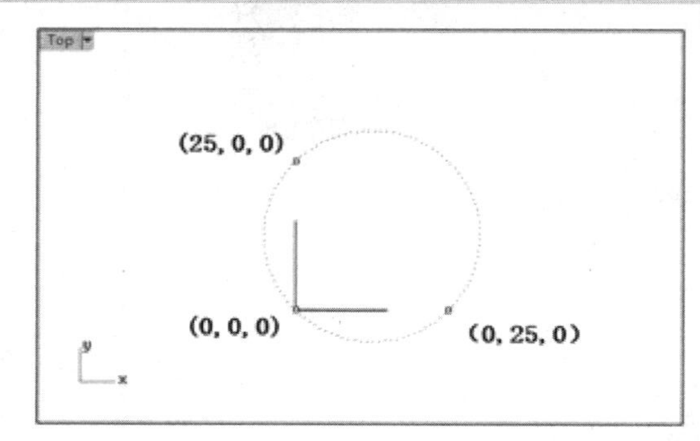

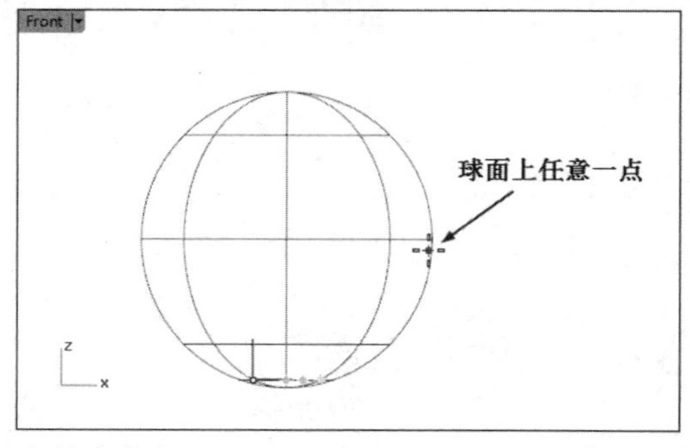

图 7-27 设置四点创建球体

③　右击即可创建球体，如图 7-28 所示。

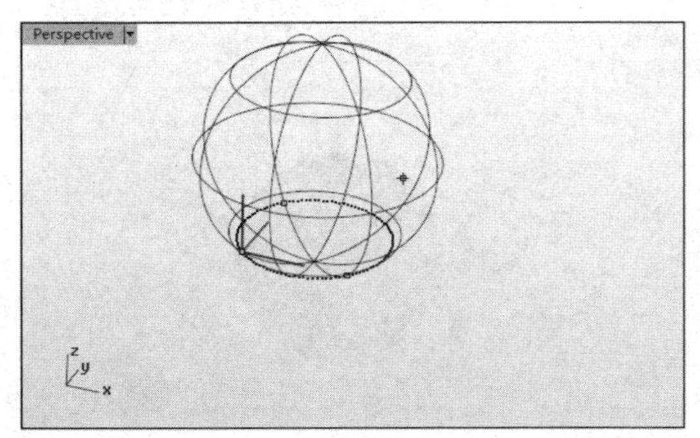

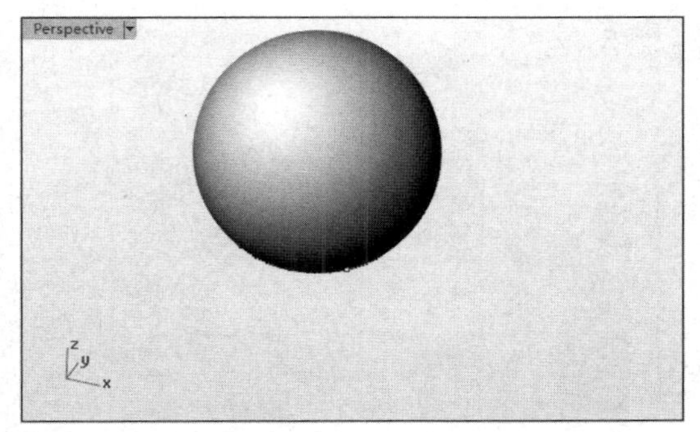

图 7-28　创建的球体

7.3.5　球体：环绕曲线

选取曲线上的点，以这个点为球体中心创建包裹曲线的球体，如图 7-29 所示。

图 7-29　创建球体

上机操作——用【环绕曲线】工具创建球体

①　新建 Rhino 8.0 文件。

②　单击【内插点曲线】按钮，任意绘制一条曲线，如图 7-30 所示。

③　单击【球体：环绕曲线】按钮，选取曲线，在曲线上指定一点作为球体的中心点，如图 7-31 所示。

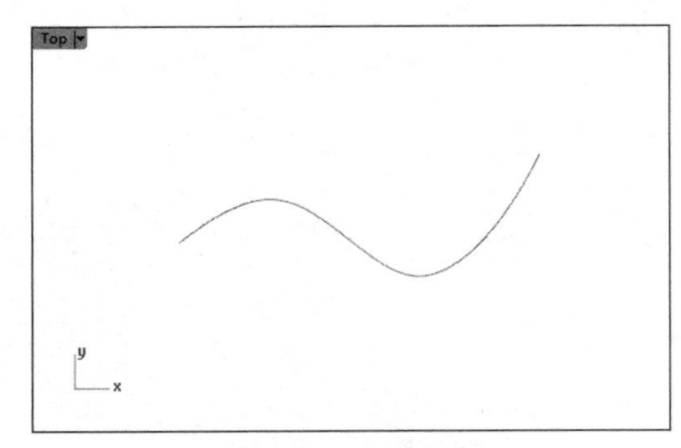

图 7-30　绘制曲线

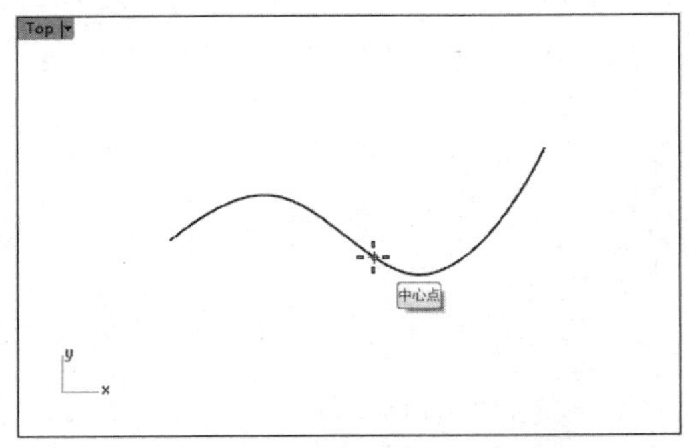

图 7-31　指定球体的中心点

④ 指定一点作为半径终点或输入直径值 50，右击即可创建球体，如图 7-32 所示。

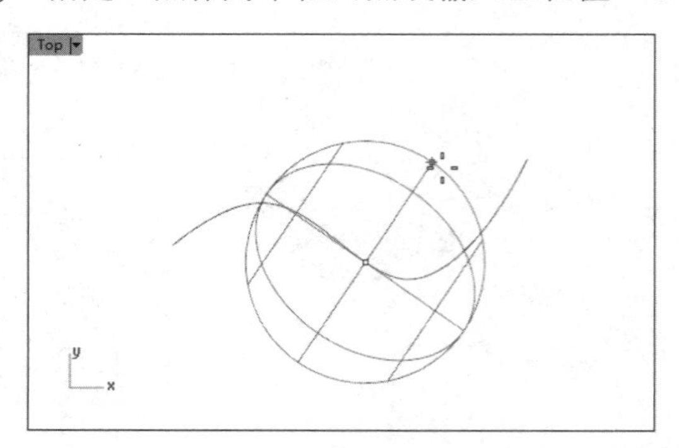

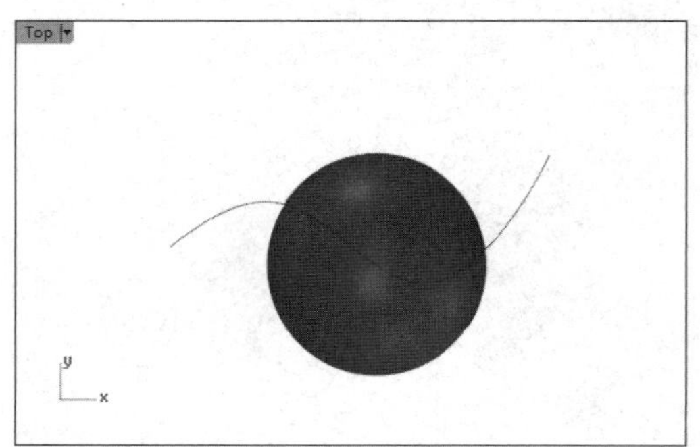

图 7-32 指定半径终点并创建球体

7.3.6 球体：从与曲线正切的圆

根据 3 个与原曲线相切的切点创建球体（见图 7-33），球体表面与曲线部分相切。

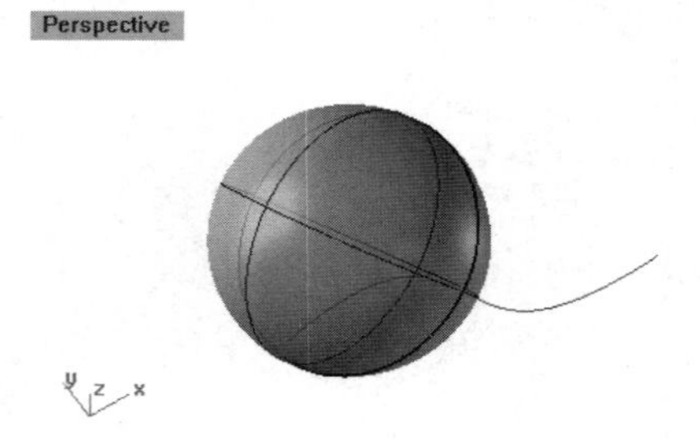

图 7-33 创建球体

上机操作——用【球体：从与曲线正切的圆】工具创建球体

① 新建 Rhino 8.0 文件。

② 单击【内插点曲线】按钮，任意绘制一条曲线，如图 7-34 所示。

③ 单击【球体：从与曲线正切的圆】按钮，选取相切曲线，切点是球体直径的起点，如图 7-35 所示。

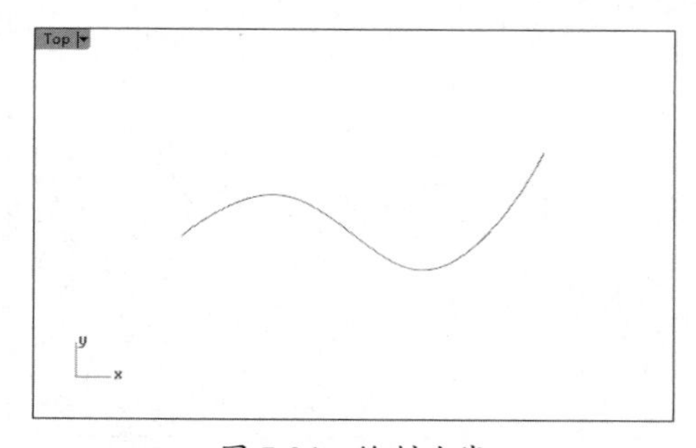

图 7-34 绘制曲线

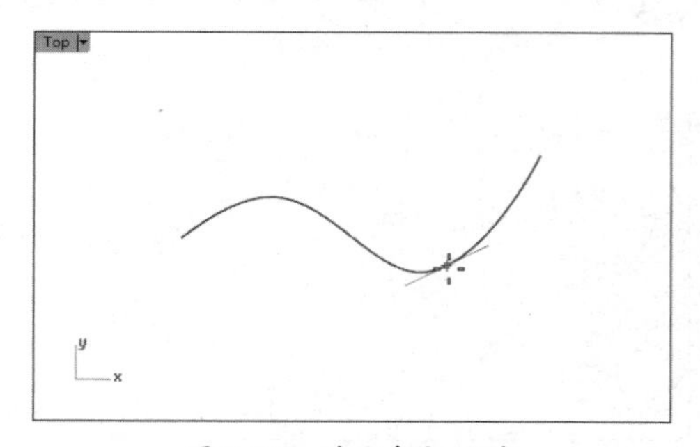

图 7-35 选取相切曲线

④　如果没有第二条相切曲线，那么就输入半径值或指定一个点（直径终点）确定球体的基圆，如图 7-36 所示。

⑤　如果没有第三条相切曲线，右击将以两点画圆的方式完成球体的创建，如图 7-37 所示。

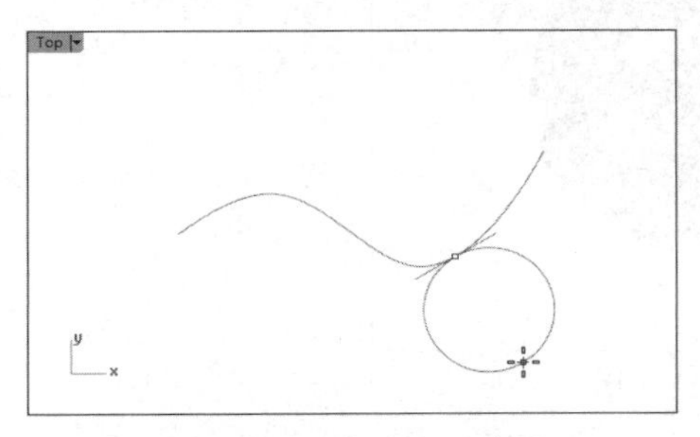

图 7-36　确定球体的基圆

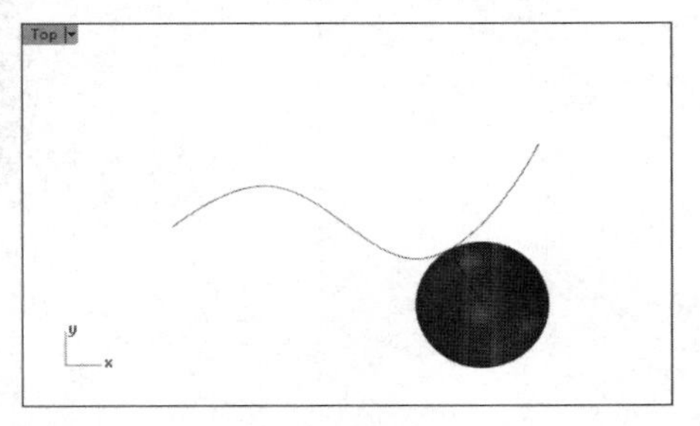

图 7-37　创建的球体

7.3.7　球体：逼近数个点

根据多个点绘制球体，使球体最大限度地配合已知点，如图 7-38 所示。

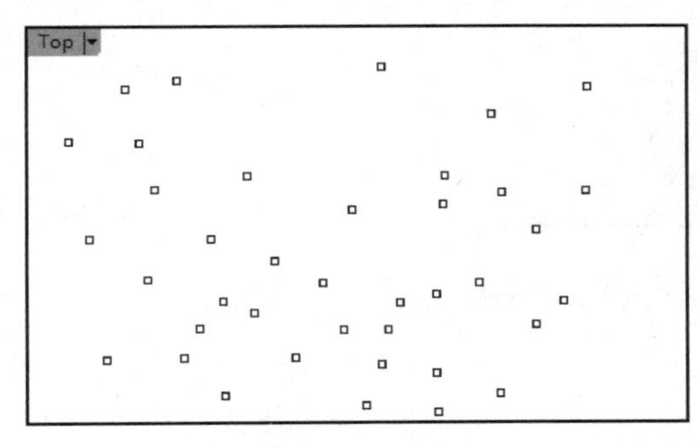

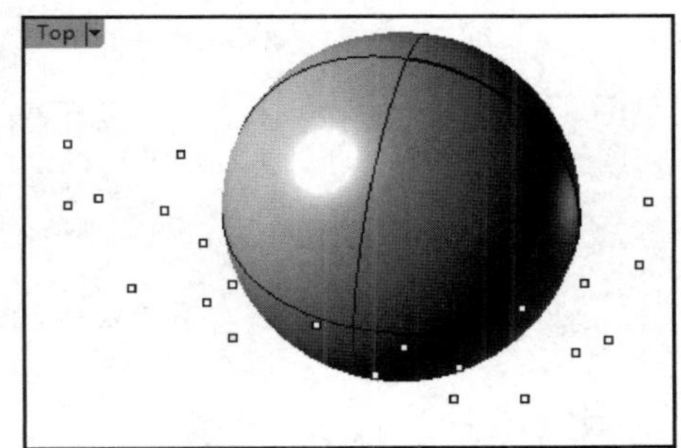

图 7-38　球体配合已知点

上机操作——用【球体：逼近数个点】工具创建球体

①　新建 Rhino 8.0 文件。

②　执行【曲线】|【点物件】|【多点】命令，在工作视窗中绘制如图 7-39 所示的点云。

③　单击【球体：逼近数个点】按钮，框选上一步骤绘制的点云，如图 7-40 所示。

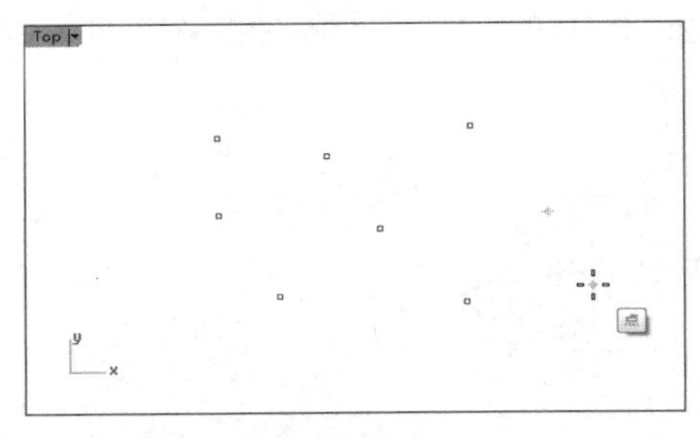

图 7-39　绘制点云

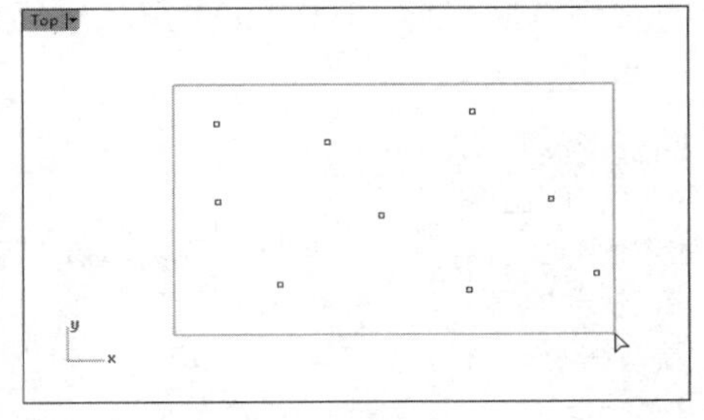

图 7-40　框选点云

④ 右击即可创建如图 7-41 所示的球体。

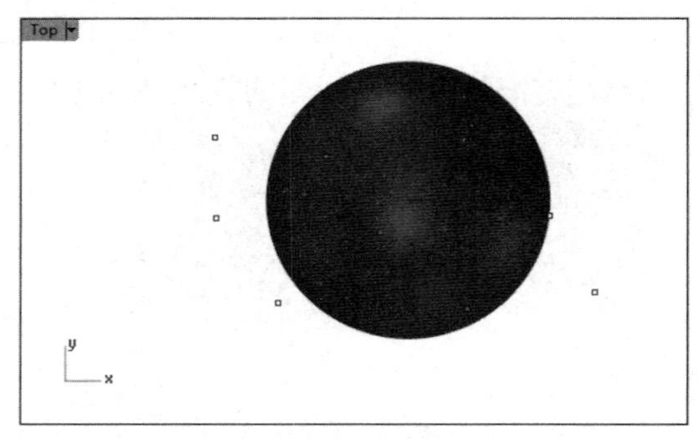

图 7-41 创建的球体

7.4 椭圆体

在边栏中长按【椭圆体：从中心点】按钮，会弹出【椭圆体】工具面板，如图 7-42 所示。

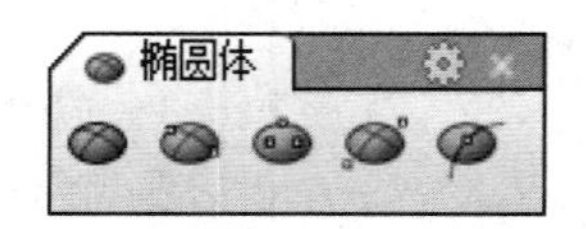

图 7-42 【椭圆体】工具面板

7.4.1 椭圆体：从中心点

从中心点出发，先根据轴半径创建椭圆体的截面，再确定椭圆体的第三轴点。

上机操作——用【椭圆体：从中心点】工具创建椭圆体

① 新建 Rhino 8.0 文件。

② 单击【椭圆体：从中心点】按钮，在命令行中输入椭圆体中心点的坐标（0,0,0）、第一轴终点的坐标（100,0,0）、第二轴终点的坐标（0,50,0）、第三轴终点的坐标（0,0,200），如图 7-43 所示。

```
指令：_Delete
指令：_Ellipsoid
椭圆体中心点(角(C)  直径(D)  从焦点(F)  环绕曲线(A))：0,0,0
第一轴终点(角(C))：100,0,0
第二轴终点：0,50,0
第三轴终点：0,0,200
正在建立网...按 Esc 取消
```

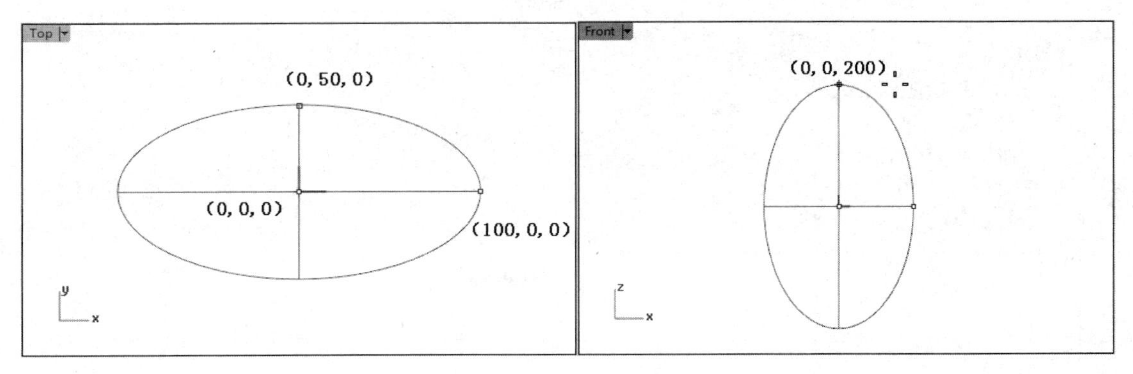

图 7-43　输入坐标

③ 右击即可创建如图 7-44 所示的椭圆体。

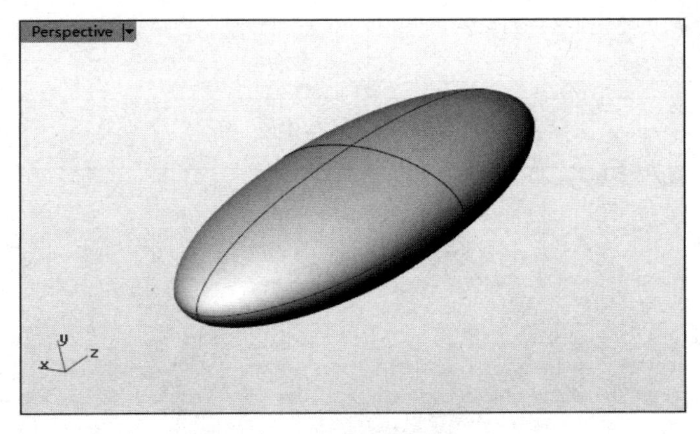

图 7-44　创建的椭圆体

7.4.2　椭圆体：直径

通过确定轴向直径创建椭圆体。

在工作视窗中先依次选择第一点和第二点作为第一轴向直径，再选择第三点确定第二轴向直径的长度，最后选择第四点确立第三轴向半径的长度。

上机操作——用【椭圆体：直径】工具创建椭圆体

① 新建 Rhino 8.0 文件。

② 单击【椭圆体：直径】按钮，在命令行中输入第一轴起点的坐标（0,0,0)、第一轴终点的坐标（100,0,0)、第二轴终点的坐标（100,25,0)、第三轴终点的坐标（100,0,25)，如图 7-45 所示。

③ 右击即可创建如图 7-46 所示的椭圆体。

```
指令: _Ellipsoid
椭圆体中心点(角(C)  直径(D) 从焦点(F)  环绕曲线(A)): _Diameter
第一轴起点(垂直(V)): 0,0,0
第一轴终点: 100,0,0
第二轴终点: 100,25,0
第三轴终点: 100,0,25
正在建立网格...按 Esc 取消
```

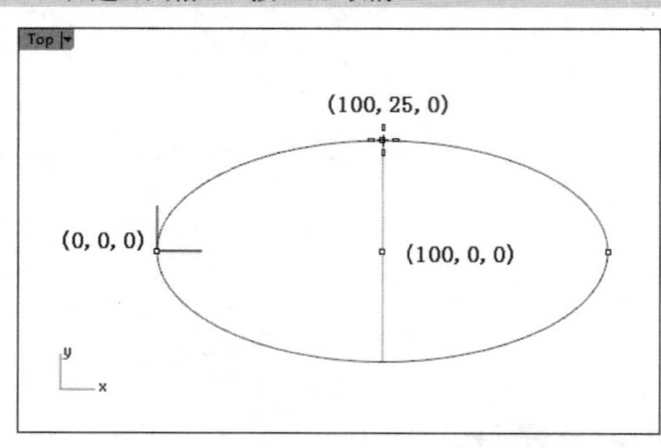

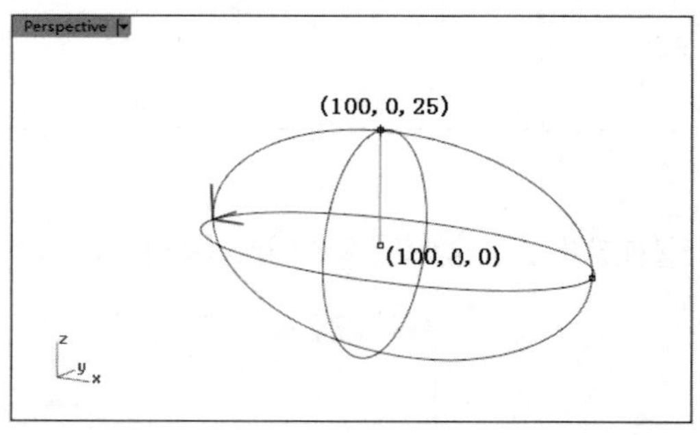

图 7-45　输入坐标

图 7-46　创建的椭圆体

7.4.3　椭圆体：从焦点

根据两个焦点的距离创建椭圆体。

在工作视窗中先依次选择两点确定两个焦点之间的距离，再选择第三点作为椭圆体上的点，进而确定所创建椭圆体的大小。

上机操作——用【椭圆体：从焦点】工具创建椭圆体

① 新建 Rhino 8.0 文件。

② 单击【椭圆体：从焦点】按钮，在命令行中输入第一焦点的坐标（0,0,0）、第二焦点的坐标（100,0,0）、第三轴终点的坐标（50,25,0），如图 7-47 所示。

```
指令: _Ellipsoid
椭圆体中心点(角(C)  直径(D)  从焦点(F)  环绕曲线(A)): _FromFoci
第一焦点(标示焦点(M)=否): 0,0,0
第二焦点(标示焦点(M)=否): 100,0,0
椭圆体上的点( 标示焦点(M)=否): 50,25,0
离心率=0.894427
正在建立网格...按 Esc 取消
```

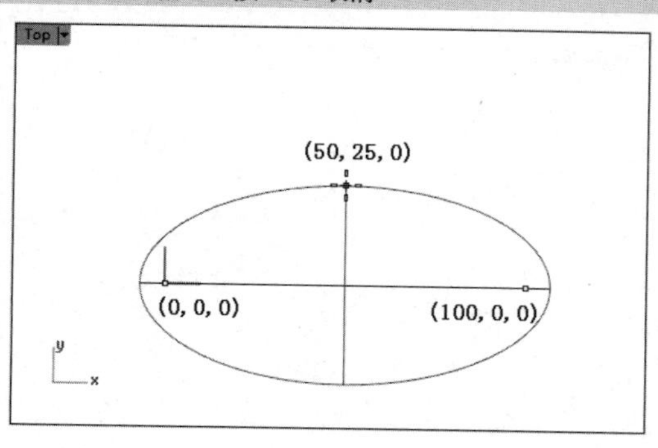

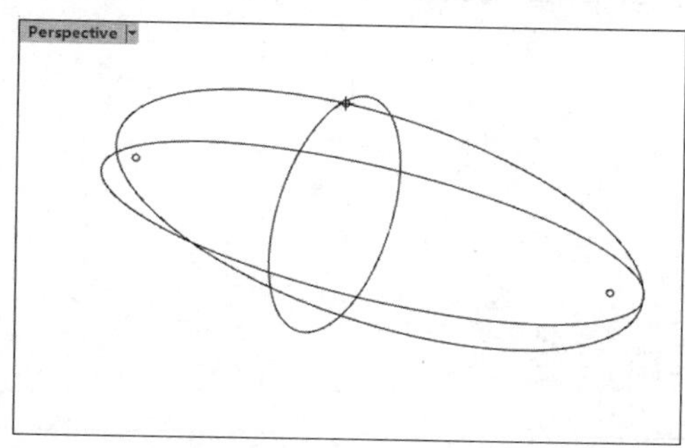

图 7-47　输入坐标

③　右击即可创建如图 7-48 所示的椭圆体。

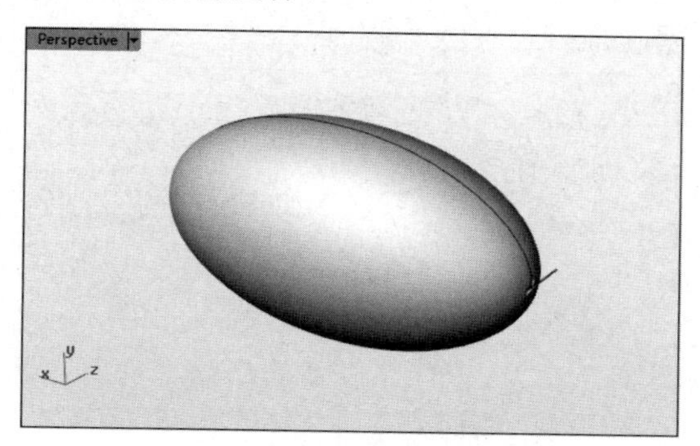

图 7-48　创建的椭圆体

7.4.4　椭圆体：角

根据矩形对角线的长度创建椭圆体。椭圆体的边与矩形的 4 条边相切。

在工作视窗中，先依次选择第一点和第二点互为对角点（或输入点坐标），确定第一轴向的长度和第二轴向的长度，再选择第三点确定第三轴向的长度，创建椭圆体。

技术要点：

第一点也是矩形对角的起点。

上机操作——用【椭圆体：角】工具创建椭圆体

①　新建 Rhino 8.0 文件。

②　单击【椭圆体：角】按钮，在命令行中输入椭圆体的角的坐标（0,0,0）、对角的坐标

（100,50,0）、第三轴终点的坐标（50,25,25），如图 7-49 所示。

```
指令：_Ellipsoid
椭圆体中心点(角(C)  直径(D) 从焦点(F)  环绕曲线(A))：_Corner
椭圆体的角：0,0,0
对角：100,50,0
第三轴终点：50,25,25
正在建立网格...按Esc 取消
```

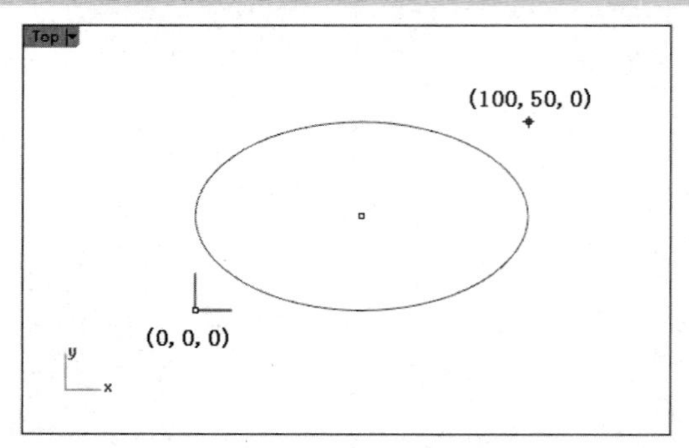

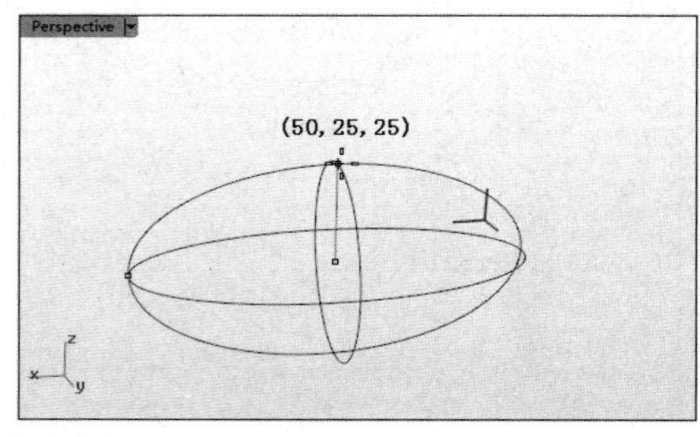

图 7-49　输入坐标

③　右击即可创建如图 7-50 所示的椭圆体。

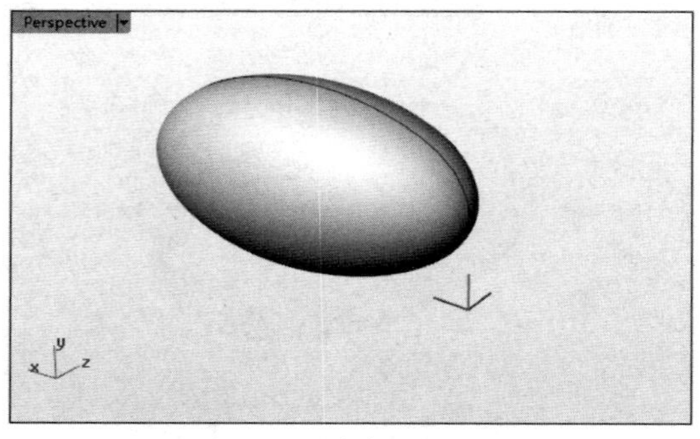

图 7-50　创建的椭圆体

7.4.5　椭圆体：环绕曲线

选取曲线上的点，以该点作为椭圆体的中心创建环绕曲线的椭圆体。

在曲线上任选一点，先依次选择两点确定第一轴向的长度和第二轴向的长度，再确定第三轴向的长度，创建环绕曲线的椭圆体。

上机操作——用【环绕曲线】工具创建椭圆体

①　新建 Rhino 8.0 文件。

②　单击【内插点曲线】按钮，任意绘制一条曲线，如图 7-51 所示。

③　单击【椭圆体：环绕曲线】按钮，选取曲线，在曲线上放置椭圆体的中心点，如图 7-52 所示。

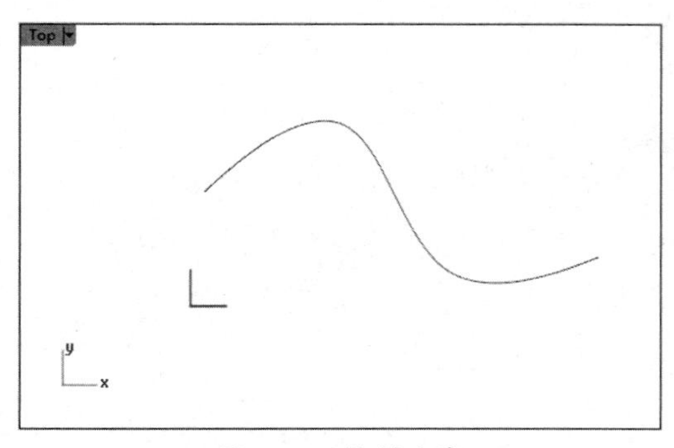

图 7-51　绘制曲线

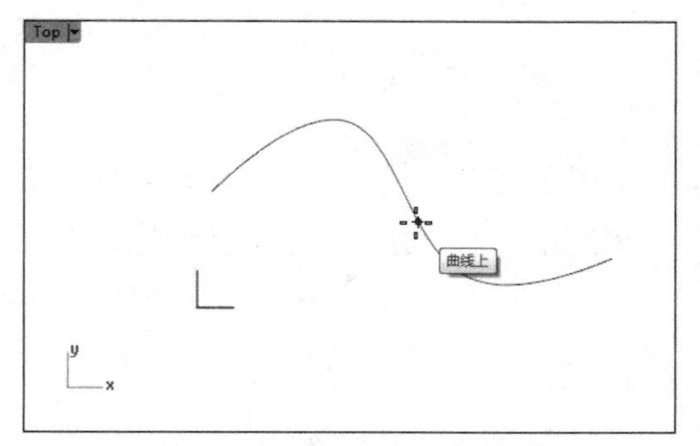

图 7-52　在曲线上放置椭圆体的中心点

④ 在中心点的垂直方向上指定一点作为第一轴的终点，如图 7-53 所示。

⑤ 确定第一轴的终点后，指定第二轴的终点，如图 7-54 所示。

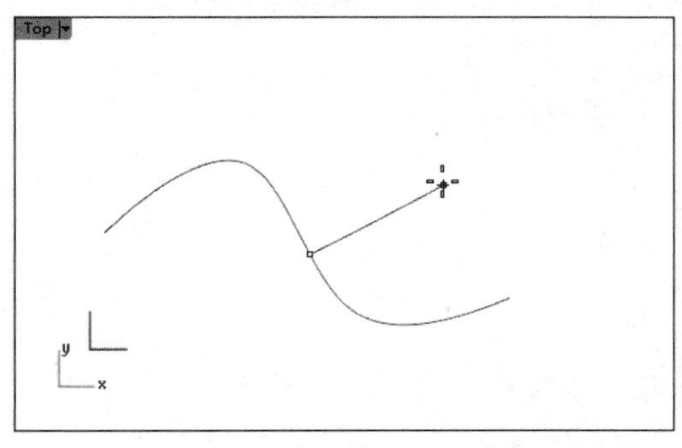

图 7-53　指定第一轴的终点

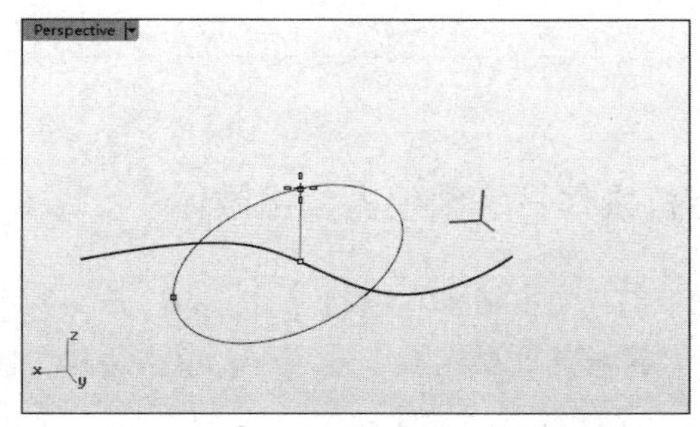

图 7-54　指定第二轴的终点

⑥ 指定第三轴的终点，如图 7-55 所示。

⑦ 右击即可创建如图 7-56 所示的椭圆体。

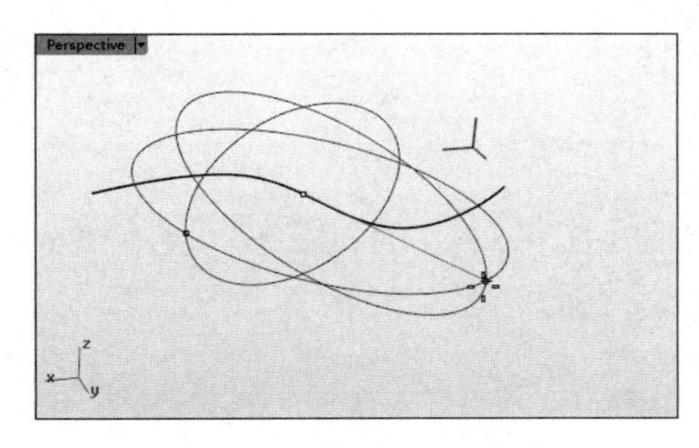

图 7-55　指定第三轴的终点

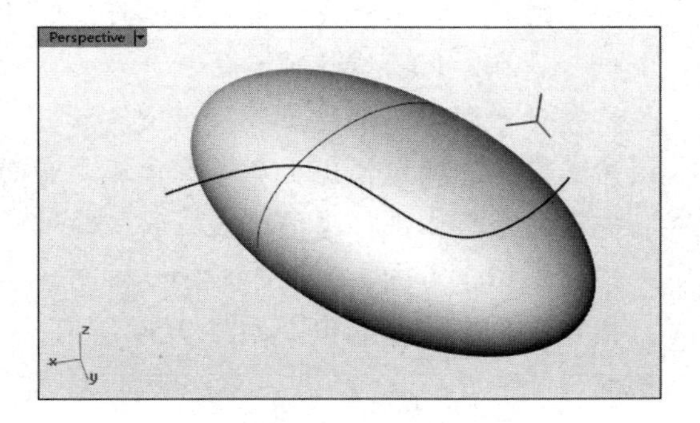

图 7-56　创建的椭圆体

7.5　锥形体

锥形体就是我们常见的抛物面锥体、圆锥体、平顶锥体、棱锥体、平顶金字塔等形状的物件。

7.5.1 抛物面锥体

使用【抛物面锥体】工具可以创建纵切面边界曲线为抛物线的锥体。

在工作视窗中先单击一点作为抛物面锥体焦点，再单击一点确定抛物面锥体的方向，最后单击一点确定抛物面锥体的端点位置，完成抛物面锥体的绘制，如图 7-57 所示。

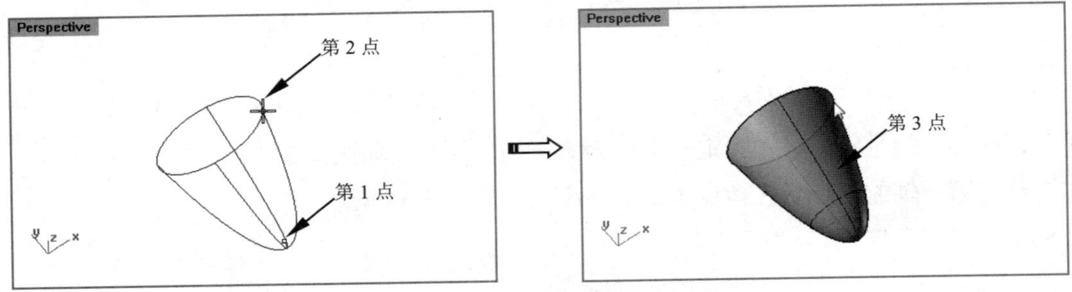

图 7-57 绘制抛物面锥体

上机操作——创建抛物面锥体

① 新建 Rhino 8.0 文件。

② 选择【实体工具】选项卡，单击边栏中的【抛物面锥体】按钮，命令行中显示如下提示内容：

```
指令: _Paraboloid
抛物面锥体焦点(顶点(V) 标示焦点(M)=是 实体(S)=否):
```

各个选项的功能如下。

- 抛物面锥体焦点：也是抛物件截面（抛物线）的角点。
- 顶点：抛物线的顶点。
- 标示焦点：确定是否标示出角点。
- 实体：确定输出类型是实体还是曲面。

③ 先在命令行中选择【顶点】选项，输入顶点的坐标（0,0,0），再在命令行中选择【方向】选项，指定方向，如图 7-58 所示。

④ 指定抛物面锥体端点，如图 7-59 所示。

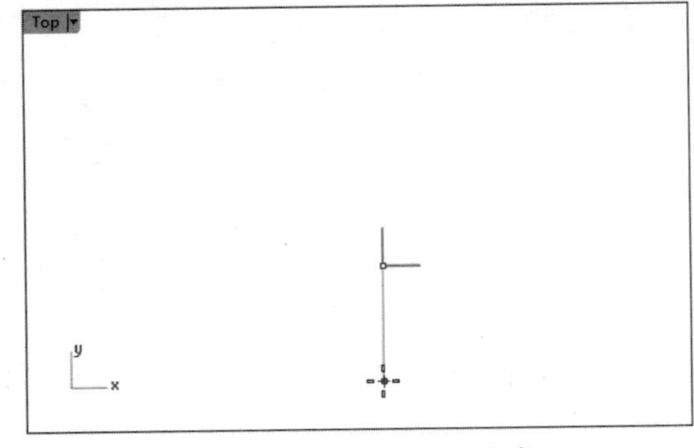

图 7-58 指定顶点和方向

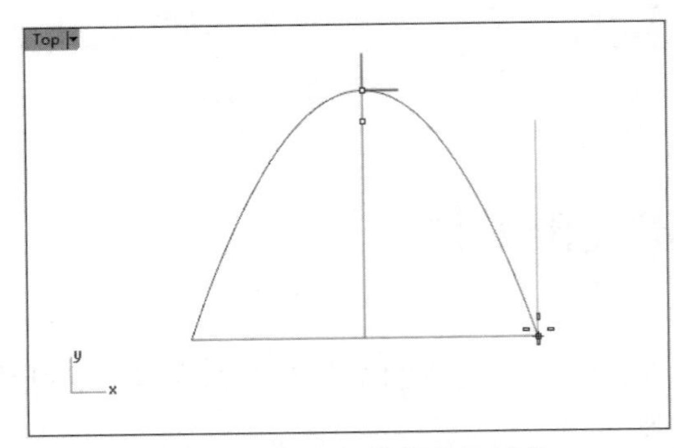

图 7-59 指定抛物面锥体端点

⑤　自动创建如图 7-60 所示的抛物面锥体。

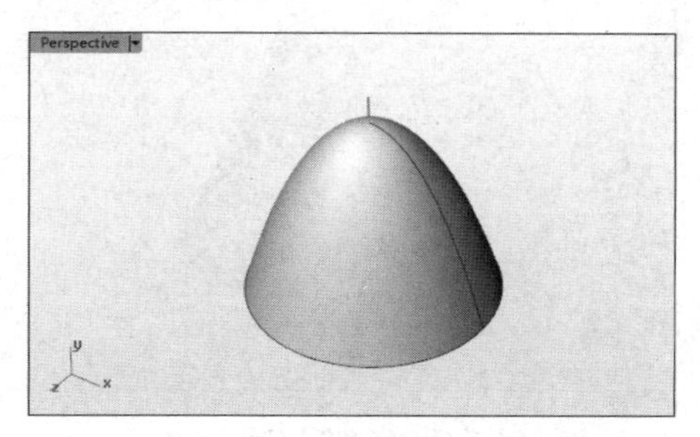

图 7-60　创建的抛物面锥体

7.5.2　圆锥体

单击【圆锥体】按钮，命令行中显示如下提示内容：

```
指令: _Cone
圆锥体底面(方向限制(D)=垂直  实体(S)=是  两点(P)  三点(O)  正切(T)  逼近数个点(F)):
```

因为圆锥体的底面是圆，所以命令行中列出的几个选项与前面创建球体的命令行中的选项的功能基本相同。默认选项是以圆中心点和半径来确定底面。圆锥体的顶点在底面中心点的垂直线上。

上机操作——创建圆锥体

①　新建 Rhino 8.0 文件。

②　选择【实体工具】选项卡，单击边栏中的【圆锥体】按钮，输入底面中心点的坐标（0,0,0），右击后输入半径值 50，如图 7-61 所示。

③　输入顶点的坐标或直接输入圆锥体的高度值，这里输入高度值 100，如图 7-62 所示。

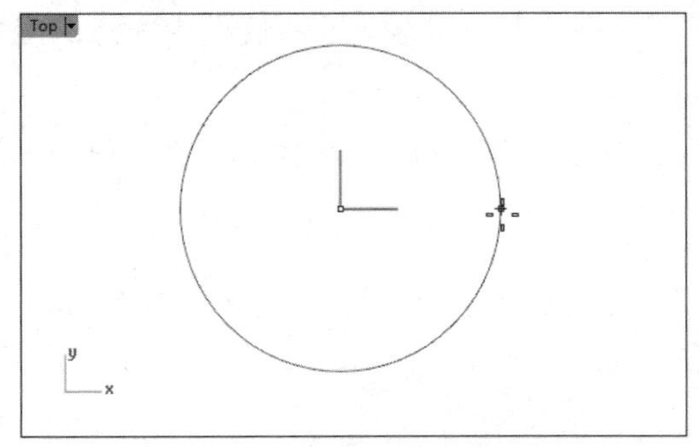

图 7-61　确定底面中心点和半径

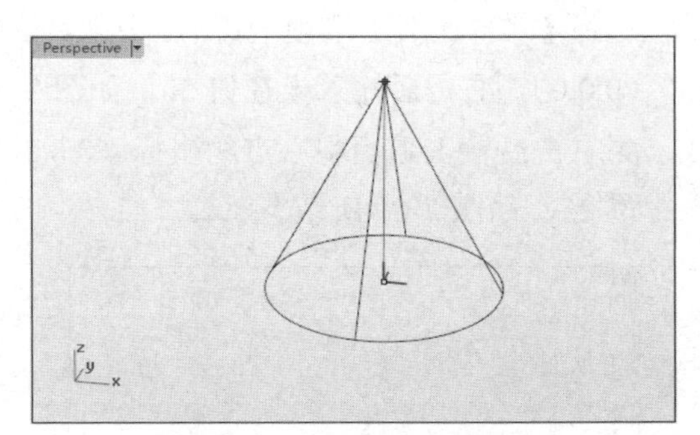

图 7-62　确定圆锥体的高度

技术要点：

在命令行中设置【方向限制】为【无】，就可以创建任意方向的圆锥体了。

④　右击后自动创建如图 7-63 所示的圆锥体。

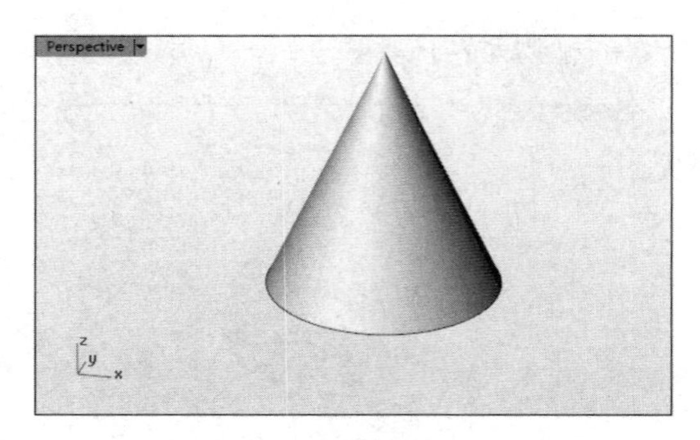

图 7-63　创建的圆锥体

7.5.3　平顶锥体

平顶锥体也就是圆台，就是圆锥体被一个平面横向截断后得到的实体。图 7-64 所示为圆锥体与平顶锥体。

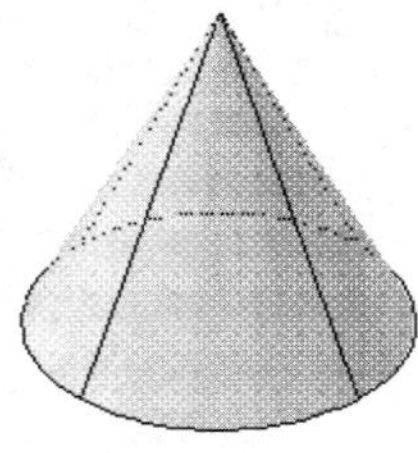

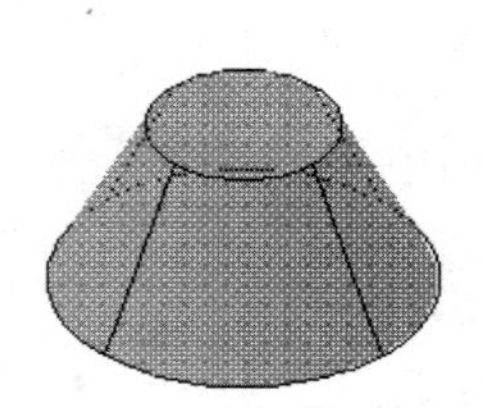

图 7-64　圆锥体与平顶锥体

上机操作——创建平顶锥体

① 新建 Rhino 8.0 文件。

② 选择【实体工具】选项卡，单击边栏中的【平顶锥体】按钮，输入底面中心点的坐标（0,0,0），右击后输入半径值 50，如图 7-65 所示。

③ 先右击后输入顶面中心点的坐标（0,0,50）（也就确定了高度），再右击后输入顶面半径值 25，如图 7-66 所示。

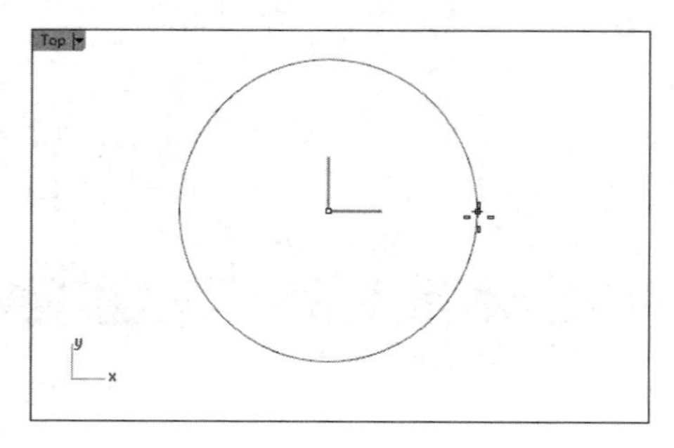

图 7-65　确定底面中心点和半径

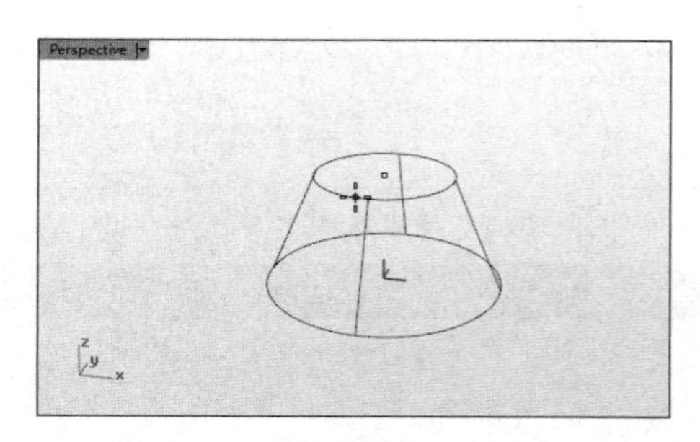

图 7-66　确定顶面中心点和半径

④　右击后自动创建如图 7-67 所示的平顶锥体。

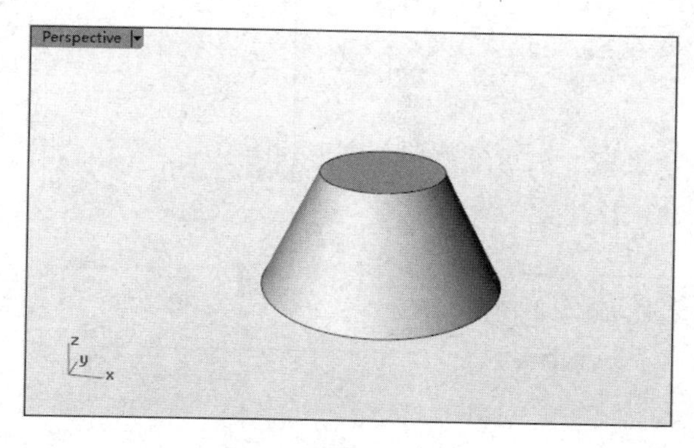

图 7-67　创建的平顶锥体

7.5.4　棱锥体

【棱锥体】工具用于绘制各种边数的棱锥体。

使用【棱锥体】工具，可以创建三维实体棱锥体。在创建棱锥体过程中，可以定义棱锥体的侧面数（介于 3～32），如图 7-68 所示。

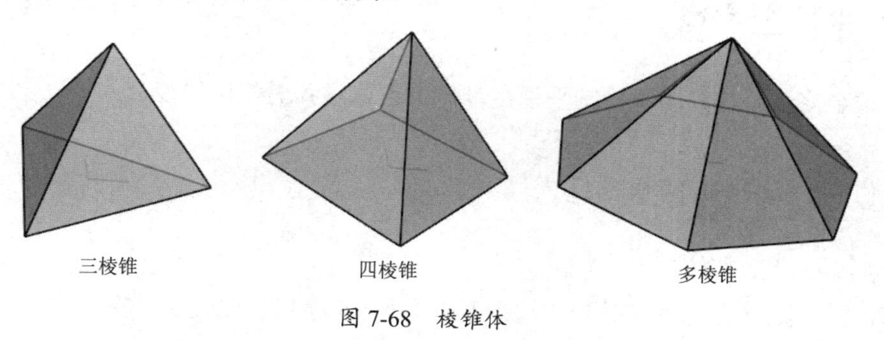

图 7-68　棱锥体

上机操作——创建棱锥体

①　新建 Rhino 8.0 文件。

②　选择【实体工具】选项卡，单击边栏中的【棱锥体】按钮，输入内接棱锥中心点的坐标（0,0,0），设置边数为 5，指定棱锥体的起始角度与角点的坐标（50,0,0），如图 7-69 所示。

技术要点：

确定了角点的坐标也就确定了内接圆的半径。

③　右击后输入顶点的坐标（0,0,50）（也就是高度），如图 7-70 所示。

④　右击后自动创建如图 7-71 所示的棱锥体。

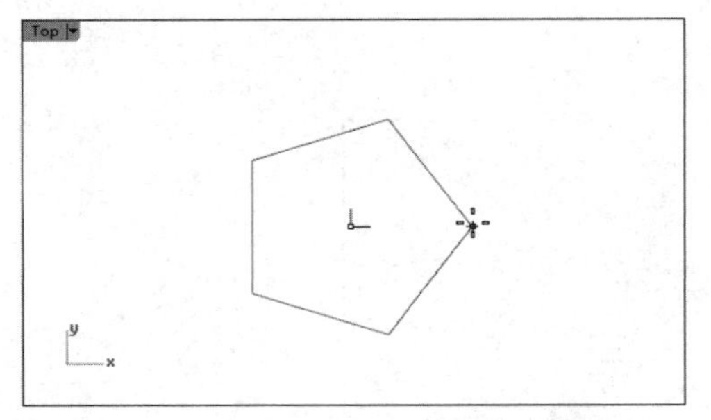

图 7-69　确定中心点和半径

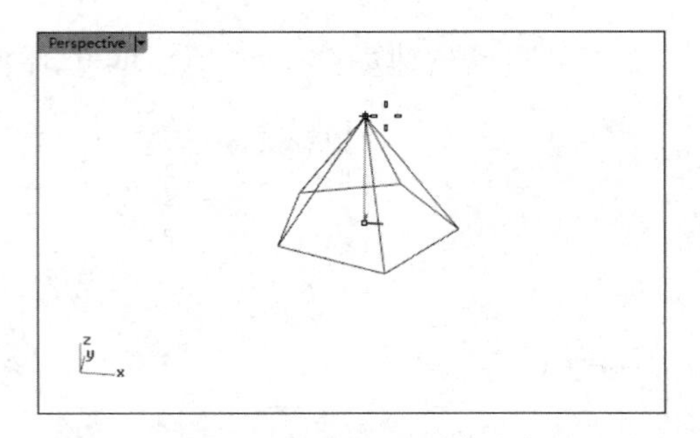

图 7-70　确定顶点（高度）

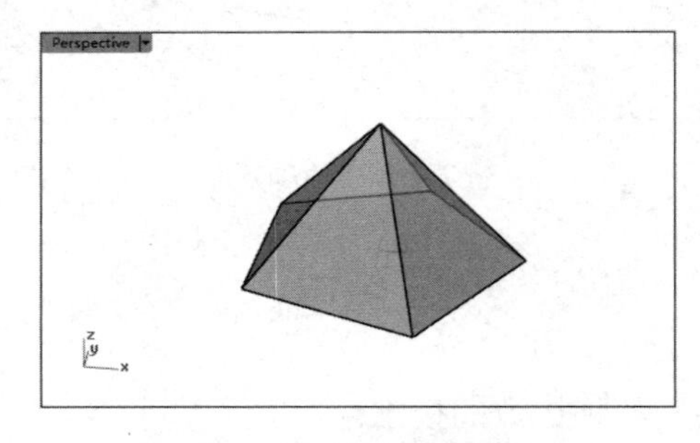

图 7-71　创建的棱锥体

7.5.5　平顶金字塔

【平顶金字塔】工具用于绘制平顶棱锥体，也就是我们常说的棱台。

上机操作——创建平顶金字塔

① 新建 Rhino 8.0 文件。

② 选择【实体工具】选项卡，单击边栏中的【平顶金字塔】按钮，输入内接平顶金字塔中心点的坐标（0,0,0），设置边数为 5，指定起始角度与角点的坐标（50,0,0），如图 7-72 所示。

③ 右击后输入顶面内接平顶金字塔中心点的坐标（0,0,50）（也就是平顶高度），如图 7-73 所示。

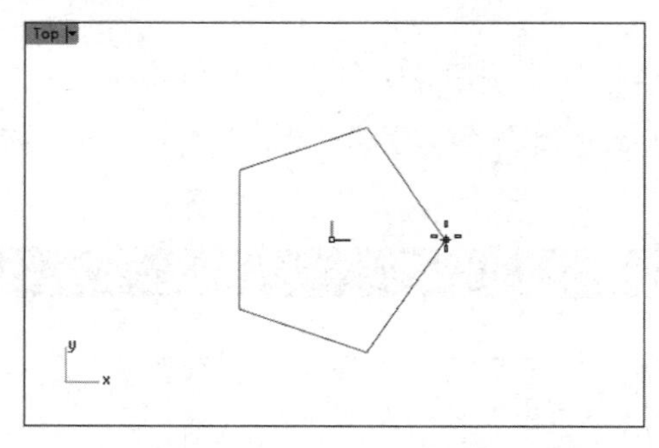

图 7-72　确定中心点和半径

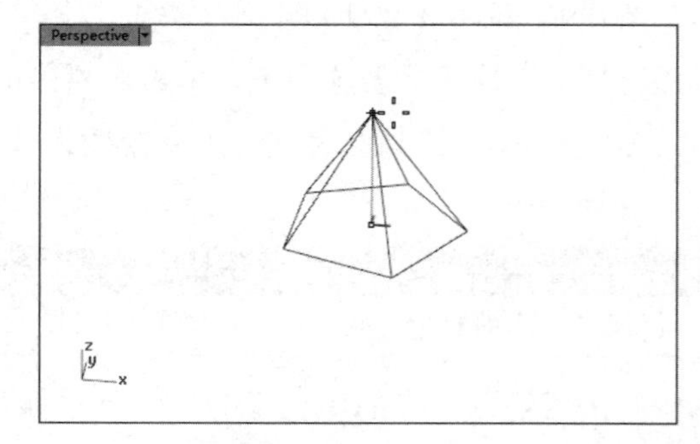

图 7-73　确定中心点（平顶高度）

④ 右击后输入顶面角点的坐标（25,0,50），如图 7-74 所示。

```
指令: _TruncatedPyramid
内接平顶金字塔中心点(边数(N)=5 外切(C) 边(D) 星形(S) 方向限制(I)=垂直 实体(O)=是): 0,0,0
平顶金字塔的角(边数(N)=5): 50,0,0
指定点: 0,0,50
指定点: 25,0,50
正在建立网格...按Esc取消
```

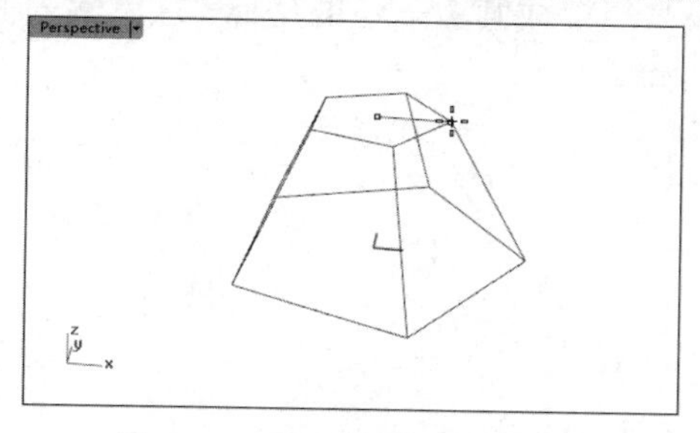

图 7-74　输入顶面角点的坐标

⑤　右击后自动创建如图 7-75 所示的平顶金字塔。

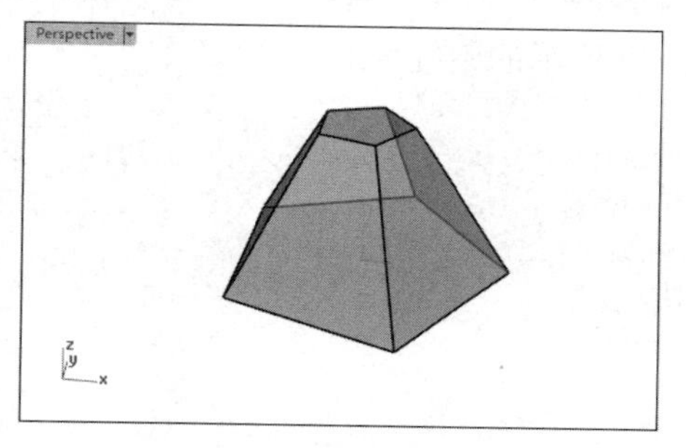

图 7-75　创建的平顶金字塔

7.6　柱形体

柱形体就是我们常见的圆柱体和圆柱管。

7.6.1　圆柱体

【圆柱体】工具用于绘制圆柱体。创建圆柱体的基本方法就是指定圆心、圆柱体的半径和圆柱体的高度，如图 7-76 所示。

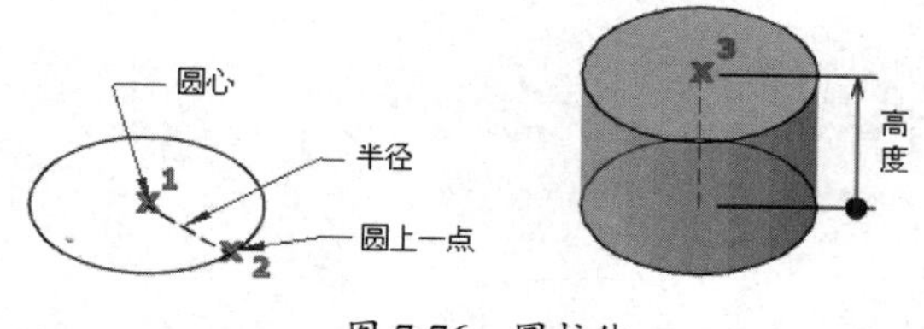

图 7-76　圆柱体

上机操作——创建圆柱体

① 新建 Rhino 8.0 文件。

② 选择【实体工具】选项卡，单击边栏中的【圆柱体】按钮，输入圆柱底面圆心点的坐标（0,0,0），右击后输入半径值或圆上一点的坐标，这里输入半径值 50，如图 7-77 所示。

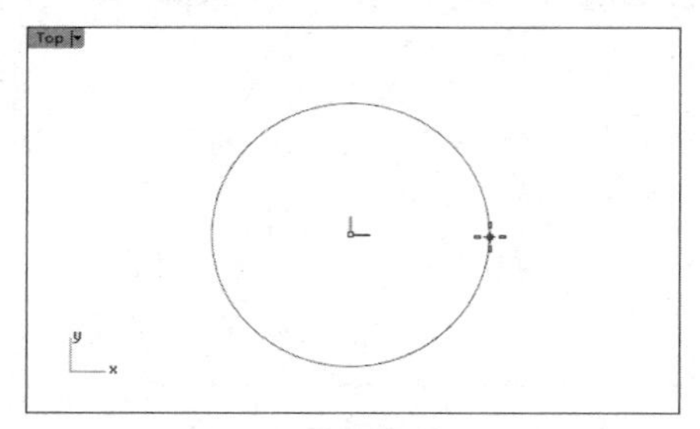

图 7-77　确定中心点和半径

③ 右击后输入圆柱体端点的坐标（0,0,50），或直接输入高度值 50，如图 7-78 所示。

④ 右击后自动创建如图 7-79 所示的圆柱体。

```
指令: _Cylinder
圆柱体底面(方向限制(D)=垂直 实体(S)=是 两点(P) 三点(O) 正切(T) 逼近数个点(F)): 0,0,0
半径<5.000> (直径(D) 周长(C) 面积(A)): 50
圆柱体端点<5.000> (方向限制(D)=垂直 两侧(A)=否): 50
正在建立网格...按Esc取消
```

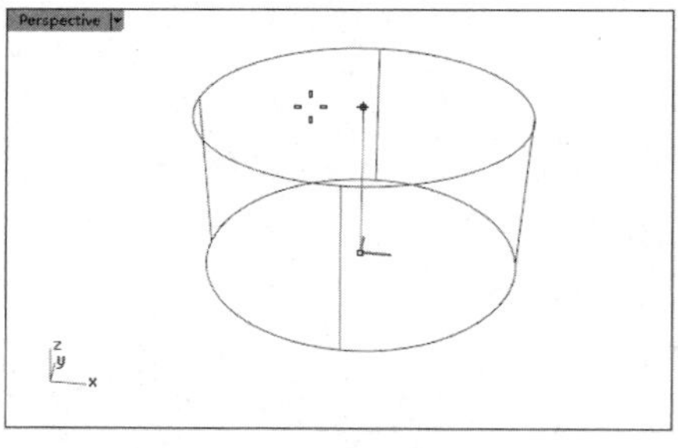

图 7-78　确定顶点（高度）

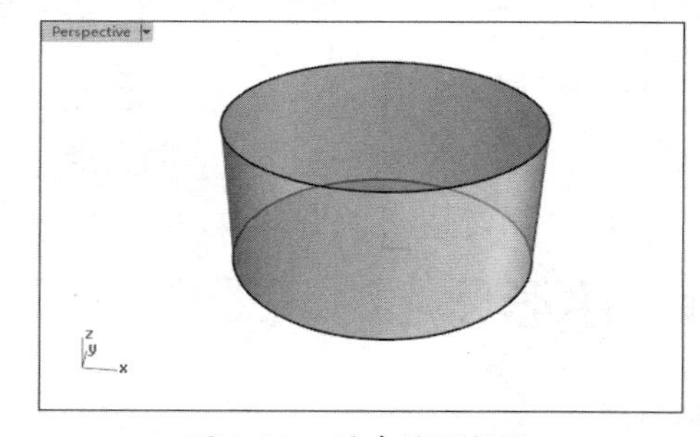

图 7-79　创建的圆柱体

7.6.2　圆柱管

【圆柱管】工具用于绘制圆柱形管状物件。

首先选择一点作为圆柱底面圆圆心，然后根据底面内圆和外圆半径（可以手动输入，也可以通过移动光标获得）确定底面内圆和外圆的大小，最后单击一点确定圆柱管的高度。

上机操作——创建圆柱管

① 新建 Rhino 8.0 文件。

② 选择【实体工具】选项卡，单击边栏中的【圆柱管】按钮，输入圆柱管底面圆心点的坐

标（0,0,0），右击后输入半径值或圆上一点的坐标，这里输入半径值 50，如图 7-80 所示。

③ 右击后输入内圆半径值 40（管壁厚度：50−40=10），如图 7-81 所示。

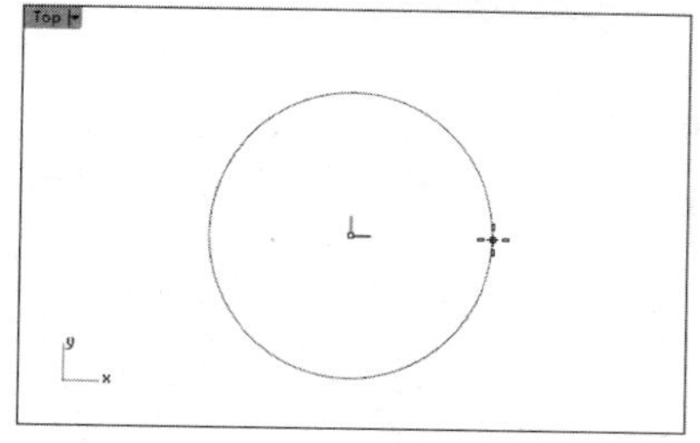

图 7-80　确定中心点和半径

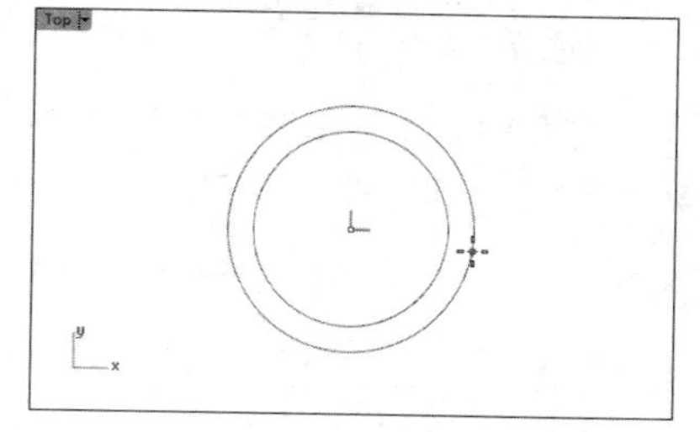

图 7-81　确定内圆半径

④ 右击后输入圆柱管的端点的坐标（0,0,50）或直接输入高度值 50，如图 7-82 所示。

⑤ 右击后自动创建如图 7-83 所示的圆柱管。

```
指令：_Tube
圆柱管底面(方向限制(D)=垂直 实体(S)=是 两点(P) 三点(O) 正切(T) 逼近数个点(F))：0,0,0
半径<50.000> (直径(D) 周长(C) 面积(A))：50
半径<1.000> (管壁厚度(A)=1)：40
圆柱管的端点<0.000> (两侧(B)=否)：50
正在建立网格...按 Esc 取消
```

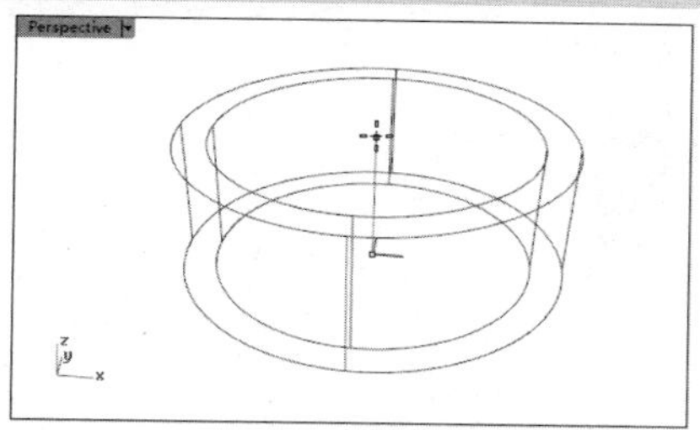

图 7-82　指定圆柱管的高度

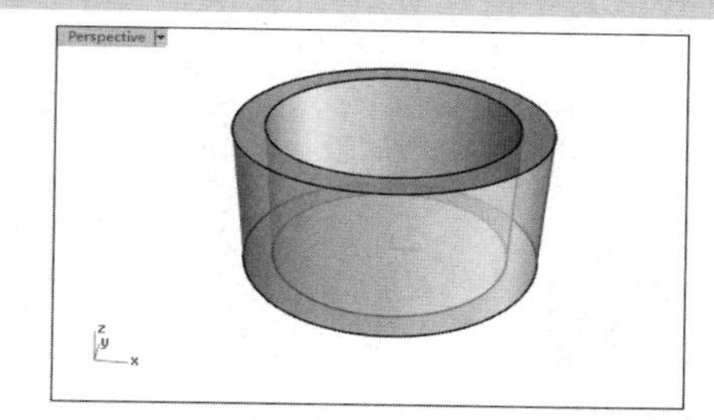

图 7-83　创建的圆柱管

7.7　环形体

环形体就是圆环体，又叫作环状体。Rhino 8.0 中的环形体包括环状体和环状圆管。

7.7.1　环状体

【环状体】工具用于绘制环形的封闭管状体。

首先选择一点作为环状体的中心点，然后确定环状体内径和外径的长度（可以手动输入，也可以通过移动光标获得）。

上机操作——创建环状体

① 新建 Rhino 8.0 文件。

② 选择【实体工具】选项卡，单击边栏中的【环状体】按钮，输入环状体中心点的坐标（0,0,0），右击后输入环状体中心线的半径值或中心线圆上一点的坐标，这里输入半径值50，如图7-84所示。

③ 右击后输入第二半径值（环状体截面圆的半径值）10，如图7-85所示。

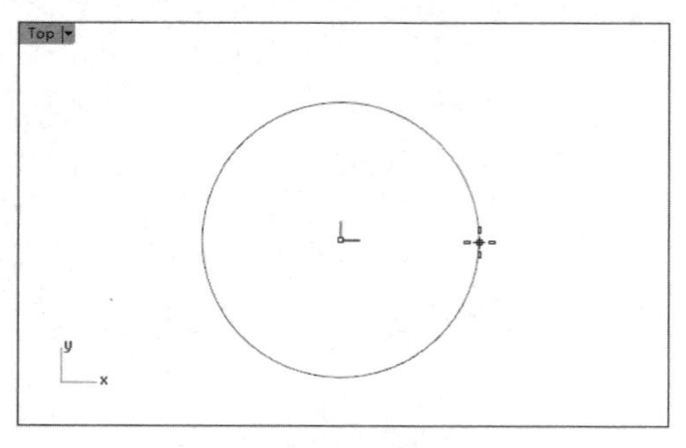

图7-84　确定环状体中心线的半径

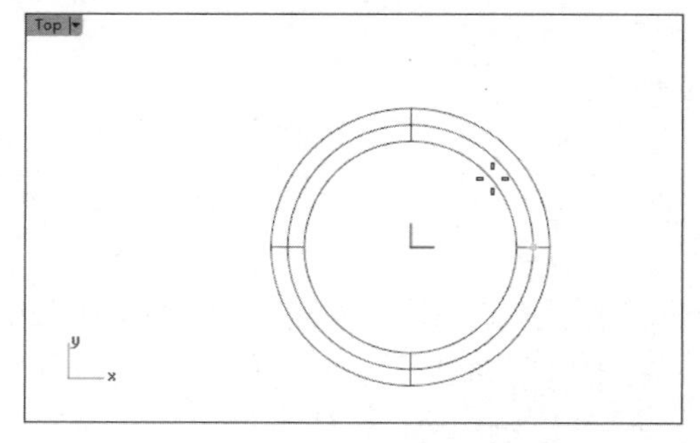

图7-85　确定截面圆的半径

④ 右击后自动创建如图7-86所示的环状体。

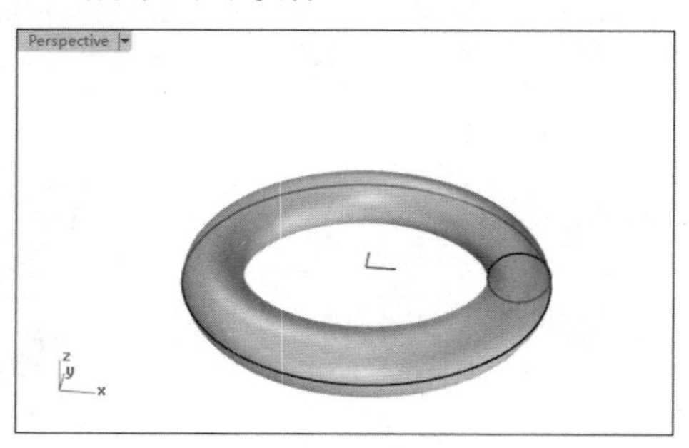

图7-86　创建的环状体

7.7.2　圆管（平头盖）

【圆管（平头盖）】工具用于绘制沿着曲线方向均匀变化的圆管，圆管两端封口为平面。

选择已知曲线，单击【圆管（平头盖）】按钮，命令行中显示如下提示内容：

```
起点直径<2.000> (半径(R) 输出为(O)=曲面 有厚度(T)=否 加盖(C)=平头 渐变形式(S)=局部 正切点不分割(F)=否):
```

各个选项的功能如下。

- 半径：输入圆管起点与终点的半径值。
- 输出为：设置圆管的输出形式，包括曲面和细分物件两种。
- 有厚度：是否让圆管有一定的厚度。如果选择有厚度，在输入半径值时，会要求输入两次，一次内径、一次外径。
- 加盖：是否给圆管封口。有3种加盖类型，包括【平头】、【否】和【圆头】，其中【否】表示不加盖。
- 渐变形式：选择整体渐变还是局部渐变。

技术要点：

当改变默认选项，如设置【有厚度】为【是】、【加盖】为【否】、【渐变形式】为【局部】后，绘制的圆管如图 7-87 所示。

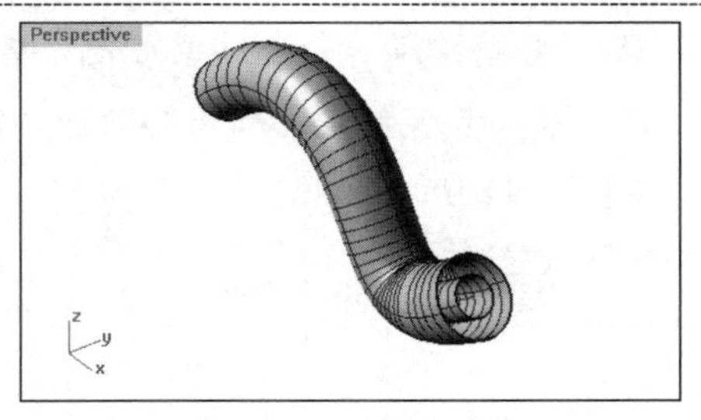

图 7-87　绘制的圆管

- 正切点不分割：若设置为【是】，则当用来建立圆管的曲线是直线与圆弧组成的多重曲线时，逼近建立单一曲面的圆管；若设置为【否】，则圆管会在曲线正切点的位置分割，建立多重曲面的圆管。

当命令行提示用户输入圆管起点的圆半径值时，可以手动输入值 500。同理，曲线的另一端（圆管终点）也可以进行如此操作。右击或按 Enter 键完成绘制，如图 7-88 所示。

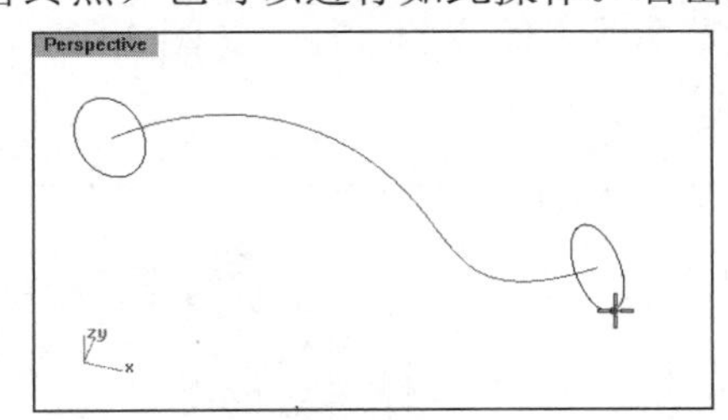

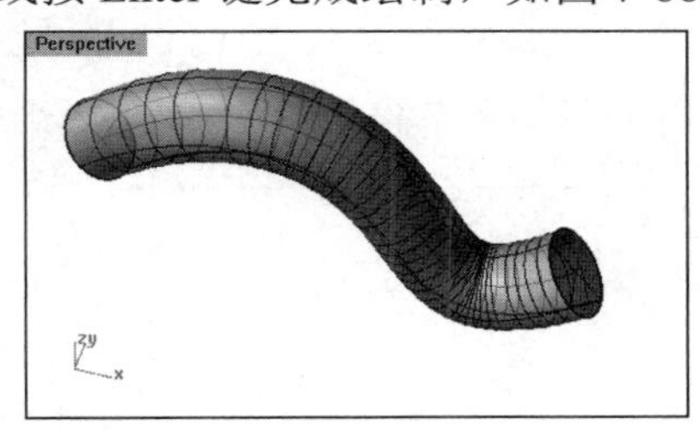

图 7-88　绘制均匀圆管

如果两端的圆管半径相等，则出现的是均匀圆管；如果两端的圆管半径不相等或连续使用【圆管（平头盖）】工具在曲线任意位置设定圆管半径，那么可以绘制出不均匀的圆管，如图 7-89 所示。

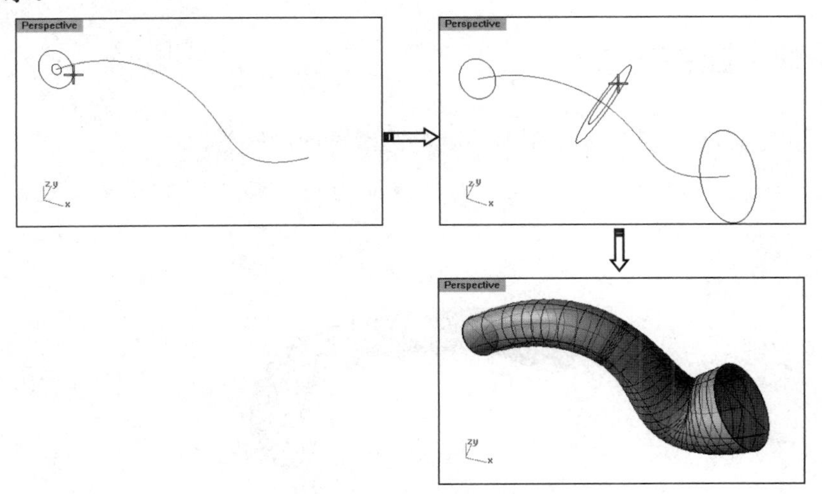

图 7-89　绘制不均匀圆管

上机操作——创建圆管（平头盖）

① 新建 Rhino 8.0 文件。

② 单击【内插点曲线】按钮，任意绘制一条曲线，如图 7-90 所示。

③ 单击【圆管（平头盖）】按钮，选取要创建圆管的曲线，输入起点的半径值 4，右击后输入终点的半径值 6，如图 7-91 所示。

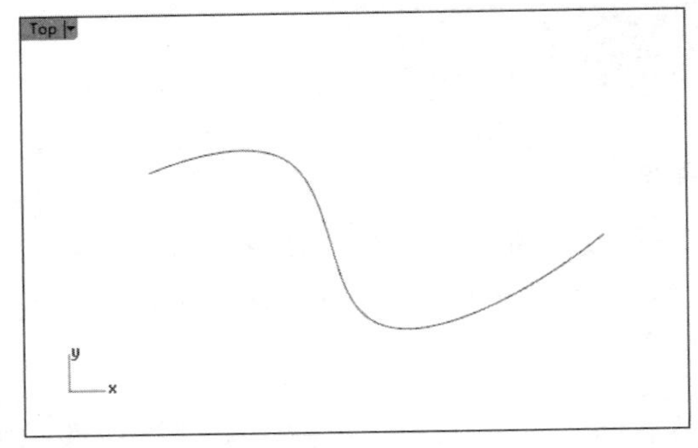

图 7-90 绘制曲线

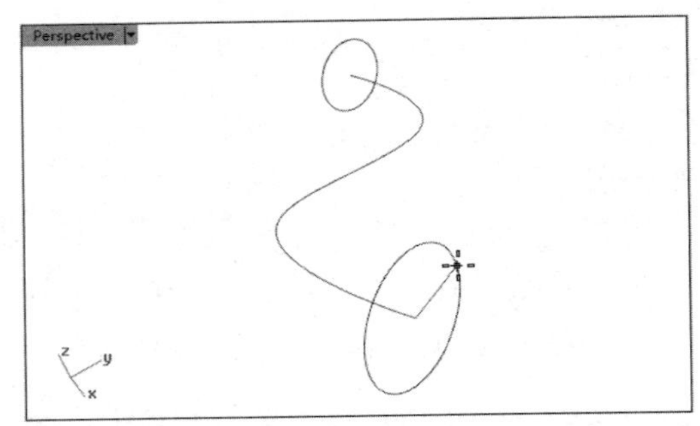

图 7-91 输入起点和终点的半径值

④ 设置曲线的中点半径为 8，右击，不再设置曲线上的点的半径，如图 7-92 所示。

⑤ 右击即可创建如图 7-93 所示的圆管（平头盖）。

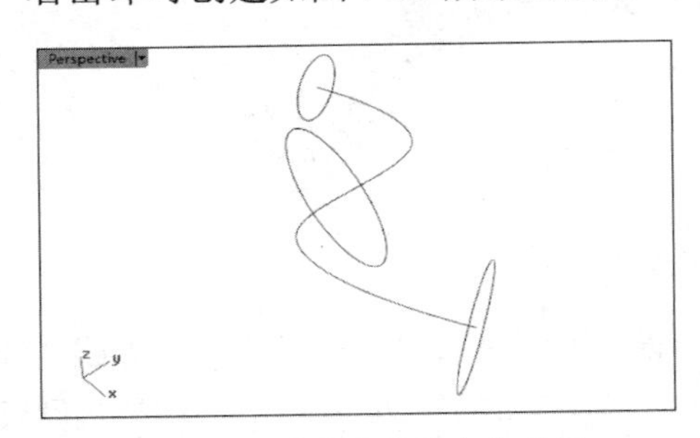

图 7-92 设置曲线的中点半径

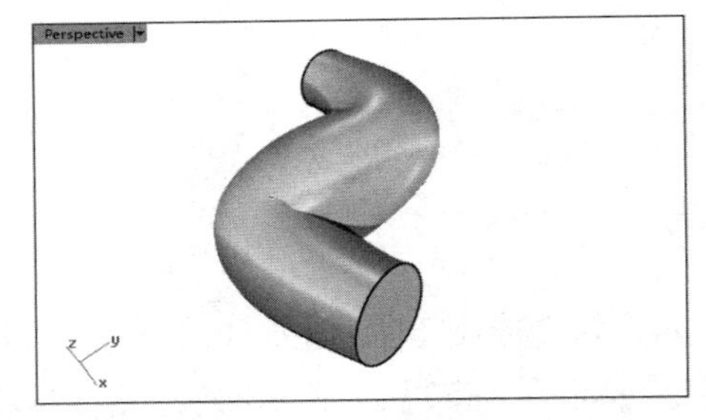

图 7-93 创建的圆管（平头盖）

7.7.3 圆管（圆头盖）

【圆管（圆头盖）】工具用于绘制封口处为圆滑球面的圆管。

其绘制方法和技巧与圆管（平头盖）的绘制方法类似，在此不多叙述。绘制效果如图 7-94 所示。

图 7-94 绘制的圆管（圆头盖）

7.8　挤出实体

在 Rhino 8.0 中有两种挤出实体的方法，一种是通过挤压封闭曲线形成实体，另一种是通过挤出表面形成实体。表面既可以是平坦的，又可以是不平坦的。

7.8.1　挤出封闭的平面曲线

使用【挤出封闭的平面曲线】工具可以通过沿着一条轨迹挤压封闭的曲线创建实体。

技术要点：

此工具其实就是【曲线工具】选项卡中的【直线挤出】工具。若截面曲线是开放的，则挤出为曲面；若截面曲线是封闭的，则挤出为实体。

选择已知曲线，单击【挤出封闭的平面曲线】按钮后，命令行中显示如下提示内容：

挤出长度<0> (方向(D) 两侧(B)=否 实体(S)=否 删除输入物件(L)=是 至边界(T) 设定基准点(A))：

各个选项的功能如下。

- 挤出长度：拉伸曲线的长度。
- 方向：指定挤出实体的挤出方向，如图 7-95 所示。

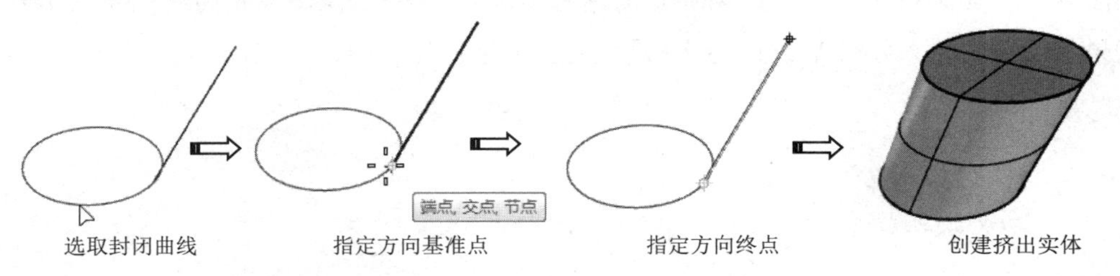

图 7-95　按方向挤出封闭的平面曲线

- 两侧：在绘制实体时，若选择【是】则将会向两个方向同时延展形成实体；若选择【否】则将会单向延展形成实体。
- 实体：在绘制实体时，若选择【是】则将会形成封闭式的实体；若选择【否】则将会形成曲面。
- 删除输入物件：在确定绘制实体时是否保存输入的封闭曲线。
- 至边界：以曲线挤压出的实体延伸至已知曲面边界，形成实体。
- 设定基准点：设定拉伸的起点。

1. 将【两侧】、【实体】设置为【是】

单击【挤出封闭的平面曲线】按钮，选择封闭曲线。右击或按 Enter 键，在命令行中设置【两侧】和【实体】均为【是】，完成实体的绘制，如图 7-96 所示。

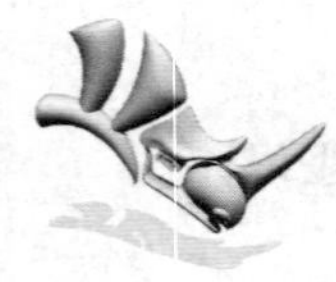

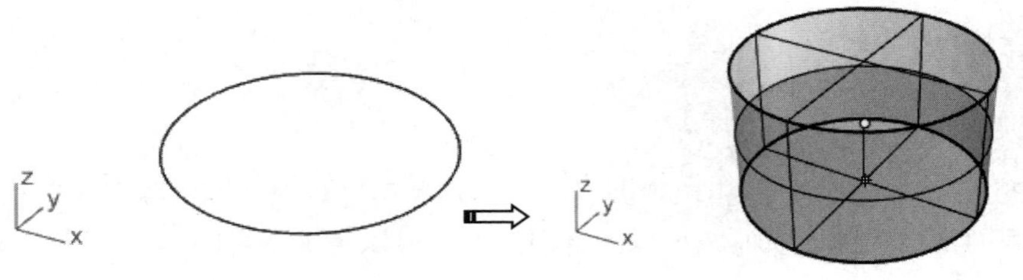

图 7-96　绘制实体

2. 将【两侧】、【实体】设置为【否】

在命令行中可以通过将【两侧】、【实体】均设置为【否】绘制曲面，如图 7-97 所示。

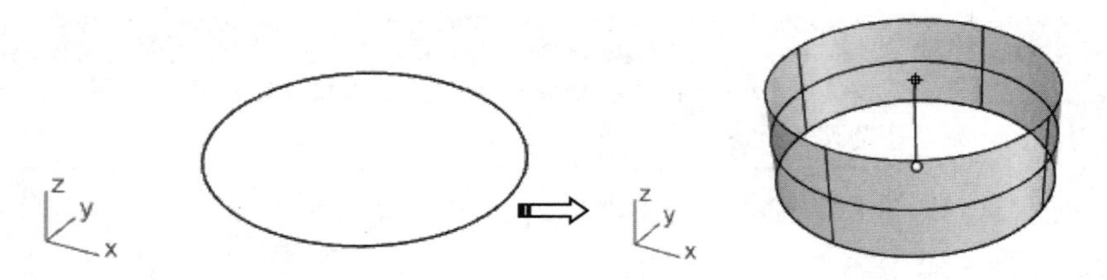

图 7-97　绘制曲面

3. 【删除输入物件】选项

在命令行中如果将【删除输入物件】设置为【否】，则表示保留封闭曲线，如图 7-98 所示。如果将【删除输入物件】设置为【是】，则表示删除封闭曲线，如图 7-99 所示。

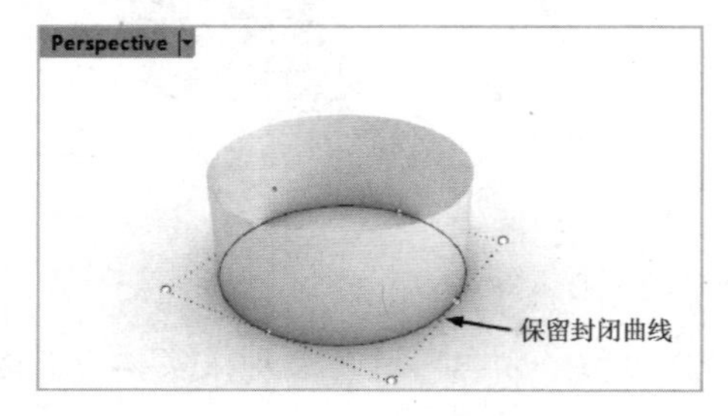

图 7-98　保留封闭曲线

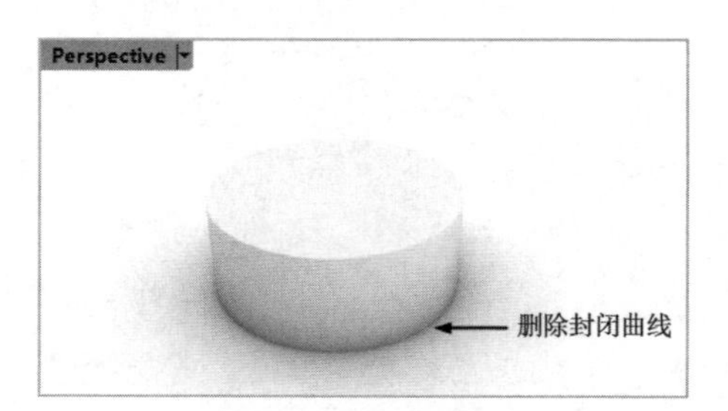

图 7-99　删除封闭曲线

4. 【至边界】选项

选择【至边界】选项，将封闭曲线挤出到所选曲面，曲面形状为自由形状，如图 7-100 所示。

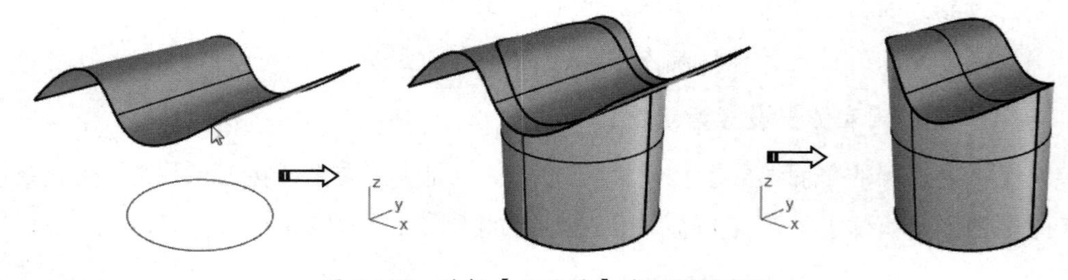

图 7-100　选择【至边界】选项绘制实体

7.8.2　挤出建立实体

使用【挤出建立实体】工具主要通过挤出表面创建实体。在边栏中长按【挤出曲面】按钮，将弹出【挤出建立实体】工具面板，如图 7-101 所示。

图 7-101　【挤出建立实体】工具面板

1. 挤出曲面

【挤出曲面】工具的作用主要是将曲面笔直地挤出实体。单击【挤出曲面】按钮并在工作视窗中选择曲面，命令行中显示如下提示内容：

挤出长度<0>（方向(D) 两侧(B)=否 实体(S)=是 删除输入物件(L)=否 至边界(T) 分割正切点(P)=否 设定基准点(A)）:

单击【挤出曲面】按钮，选取要挤出的曲面并按 Enter 键，创建挤出实体，如图 7-102 所示。

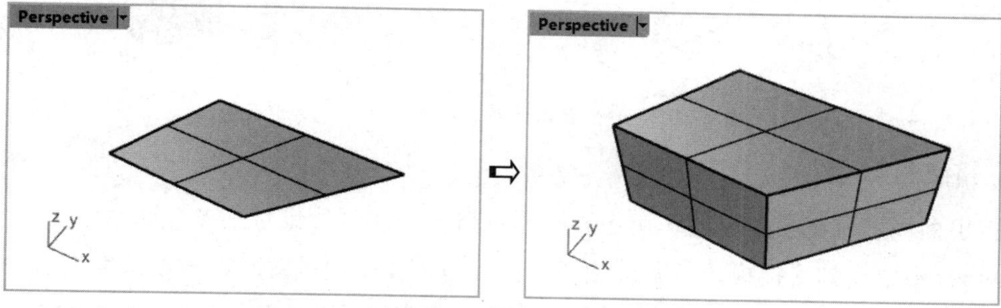

图 7-102　使用【挤出曲面】工具创建的实体

如果表面不平整，同样可以创建挤出曲面，如图 7-103 所示。

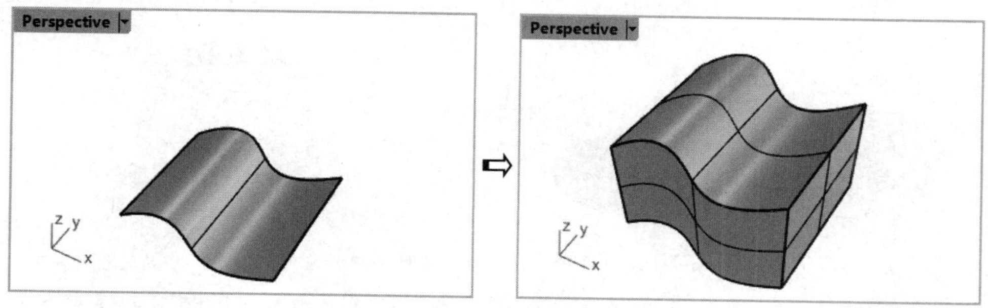

图 7-103　不平整的表面创建的实体

2. 挤出曲面至点

【挤出曲面至点】工具的作用是通过挤出曲面至一点创建锥形实体。

单击【挤出曲面至点】按钮，选取曲面，按 Enter 键，选取一点作为实体的挤出高度，如图 7-104 所示。

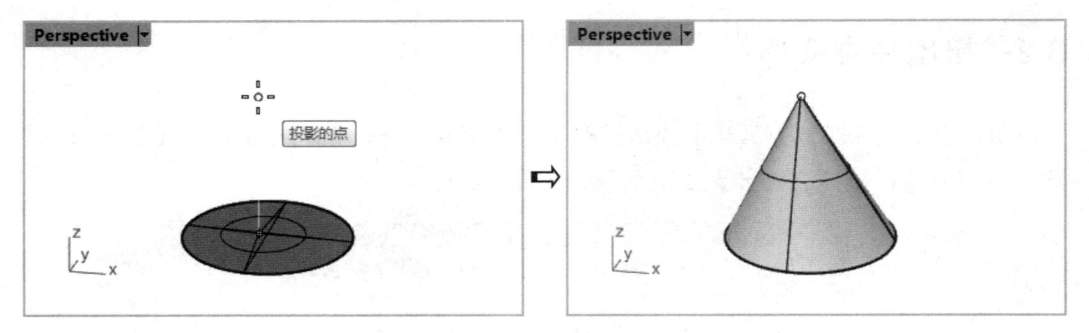

图 7-104　挤出曲面至一点创建的实体

使用此方法形成的实体的输入曲面也可以是不平整的，如图 7-105 所示。

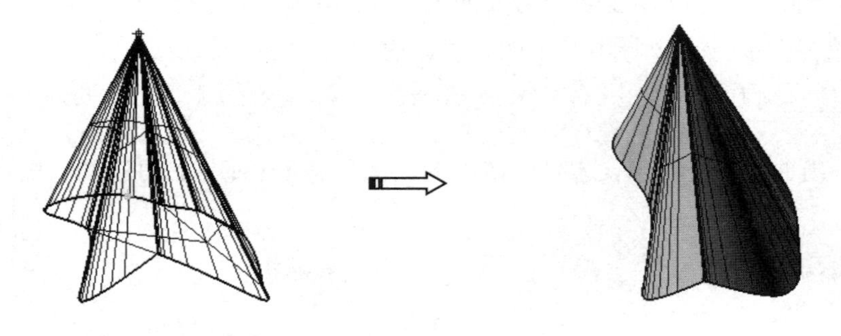

图 7-105　不平整表面挤出至一点创建的实体

3. 挤出曲面呈锥状

【挤出曲面呈锥状】工具的作用主要是通过挤出曲面创建锥状的多重曲面。

命令行中出现的【拔模角度】选项指当曲面与工作平面垂直时，拔模角度为 0；当曲面与工作平面平行时，拔模角度为 90。改变它可以调节锥体的坡度大小。当拔模角度为 10 时创建的锥体如图 7-106 所示。

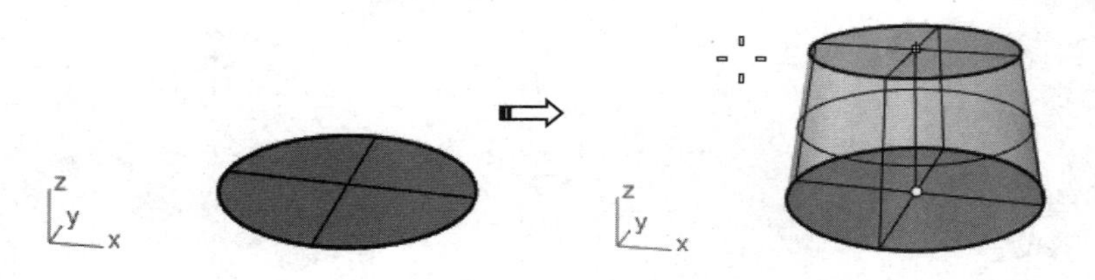

图 7-106　当拔模角度为 10 时创建的锥体

命令行中出现的【角】选项包含 3 个选项，分别是【锐角】、【圆角】和【平滑】。

下面以一条矩形的多重直线往外侧偏移为例进行介绍。在选择【锐角】时，将偏移线段以直线延伸至和其他偏移线段的交集；在选择【圆角】时，在相邻的偏移线段之间创建半径为偏移距离的圆角；在选择【平滑】时，在相邻的偏移线段之间创建连续性为 G1 的混接曲线。这些设置将影响实体表面的平滑度。

4. 沿着曲线挤出曲面形成实体

【沿着曲线挤出曲面形成实体】工具的作用是将曲面按照路径曲线挤出创建实体。

上机操作——沿着曲线挤出曲面形成实体

① 新建 Rhino 8.0 文件。

② 使用【内插点曲线】工具在 Top 视窗中绘制封闭的曲线，如图 7-107 所示。使用【以平面曲线建立曲面】工具创建曲面，如图 7-108 所示。

③ 使用【内插点曲线】工具在曲面的边缘上绘制路径曲线，如图 7-109 所示。

④ 单击【沿着曲线挤出曲面】按钮，选取要挤出的曲面，右击后选取靠近起点处的路径曲线，如图 7-110 所示。

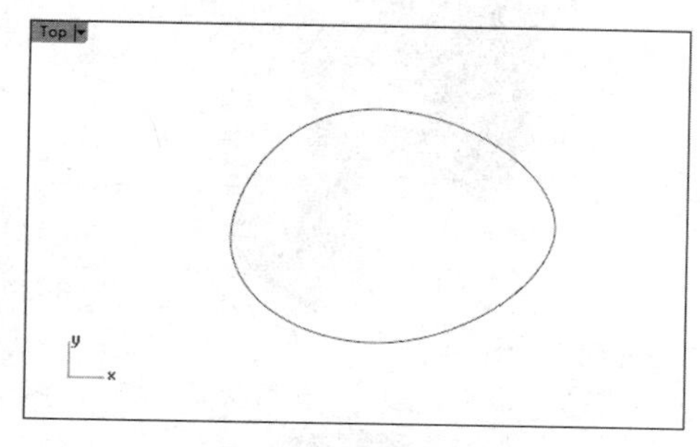

图 7-107　绘制曲线

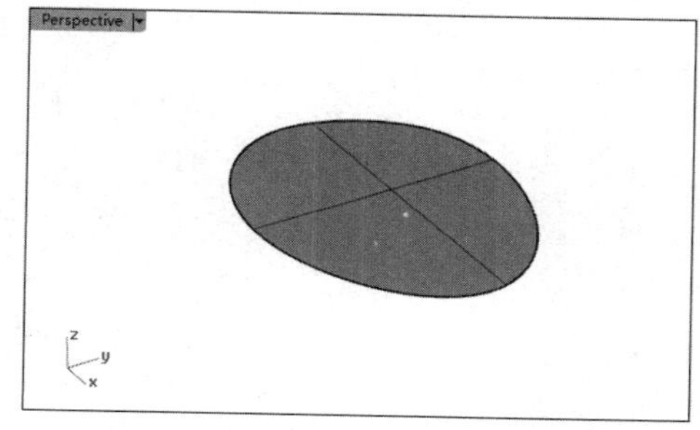

图 7-108　创建曲面

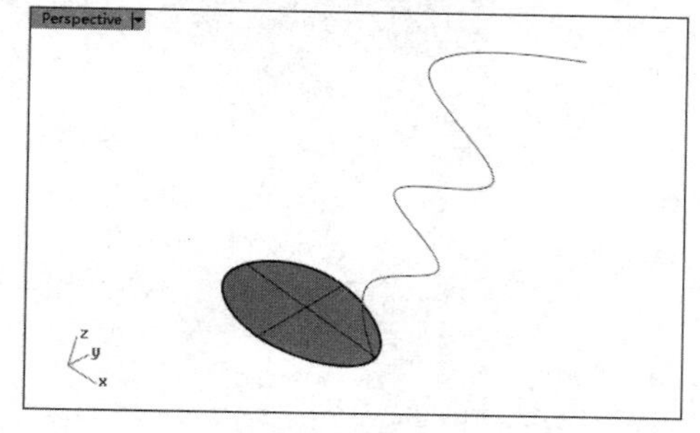

图 7-109　绘制路径曲线

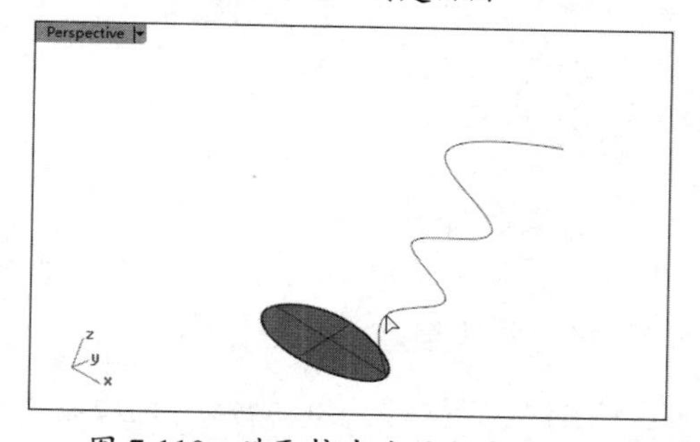

图 7-110　选取挤出曲面和路径曲线

⑤ 自动形成实体，如图 7-111 所示。

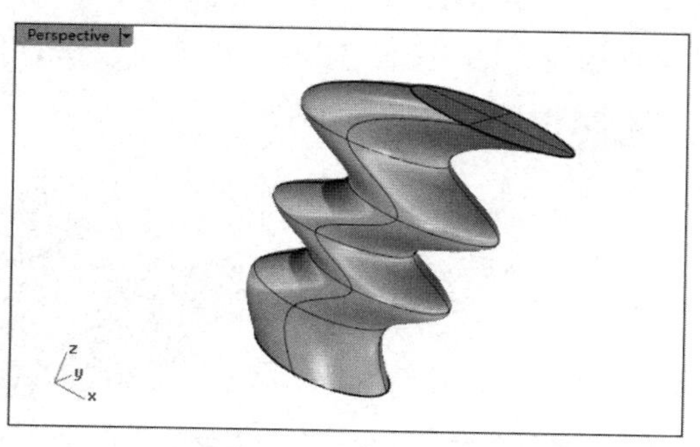

图 7-111　形成的实体

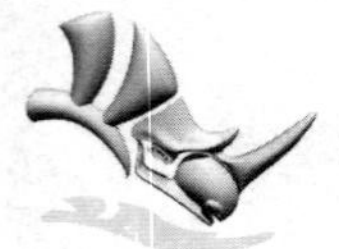

5. 挤出封闭的平面曲线

【挤出封闭的平面曲线】工具的功能与【曲面工具】选项卡中的【直线挤出】工具的功能完全相同。

其操作方式同上面介绍的基本一样，效果如图 7-112～图 7-114 所示。

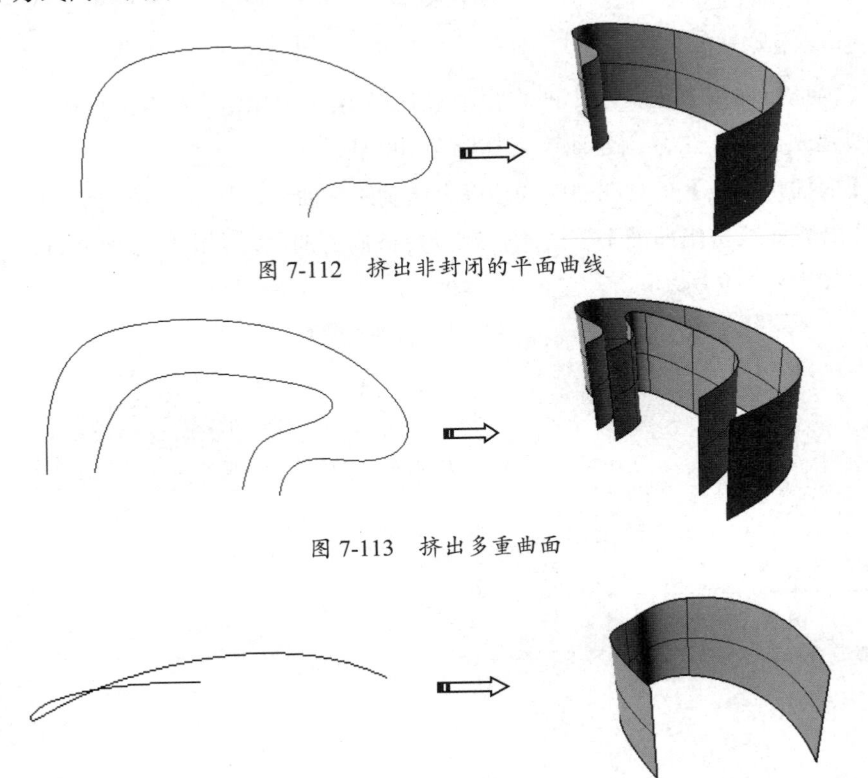

图 7-112 挤出非封闭的平面曲线

图 7-113 挤出多重曲面

图 7-114 挤出非平面曲线

6. 挤出曲线至点

【挤出曲线至点】工具的作用是通过挤出直线至一点形成曲面、实体或多重曲面。

其操作方式与【曲面工具】选项卡中的【挤出至点】工具的操作方式相同。当目标曲线为开放曲线时，命令行中的【加盖】将自动设置为【否】。由于不是封闭的曲线不能形成实体，因此不能进行加盖操作。相反，如果是封闭曲线，就可以进行操作。曲线可以不在同一平面上，效果如图 7-115～图 7-118 所示。

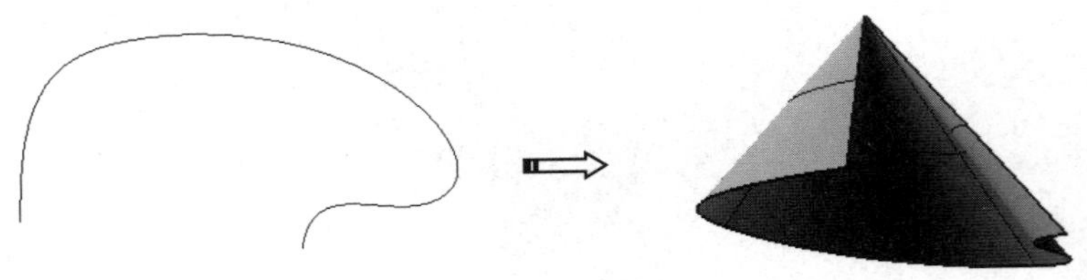

图 7-115 挤出非闭合的曲线至一点形成的面

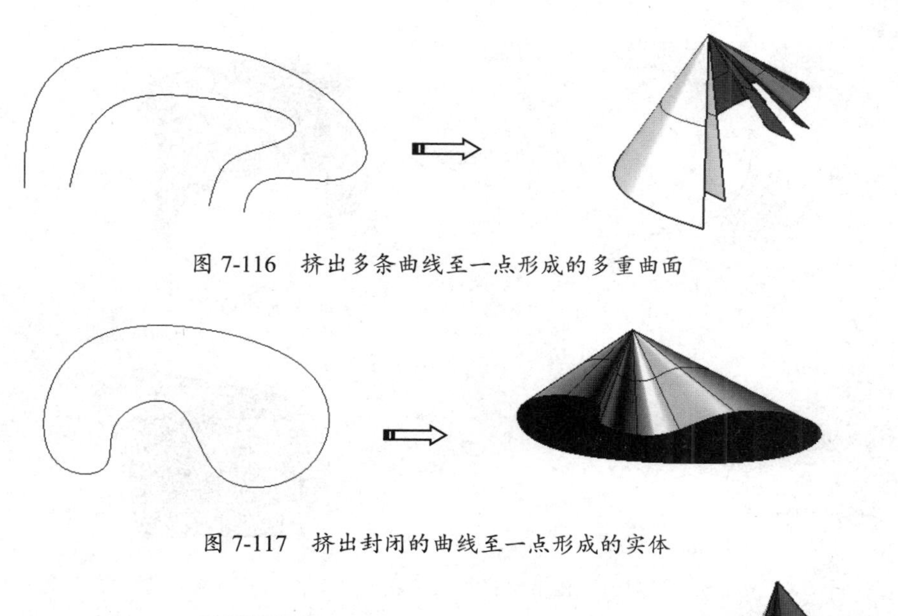

图 7-116　挤出多条曲线至一点形成的多重曲面

图 7-117　挤出封闭的曲线至一点形成的实体

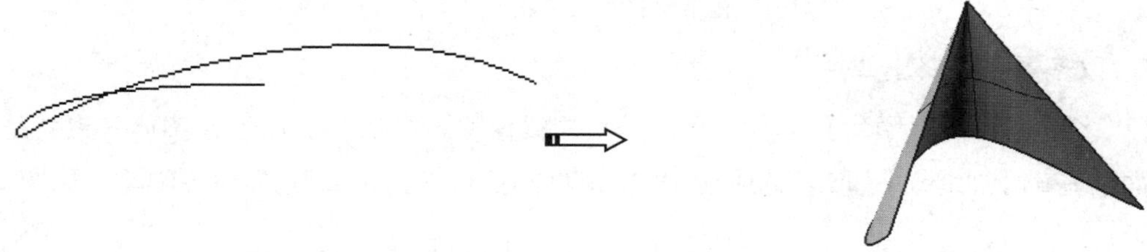

图 7-118　挤出非封闭且不在同一平面上的曲线至一点

7. 挤出曲线成锥状

【挤出曲线成锥状】工具的作用是通过挤出曲线创建锥状的曲面、实体或多重曲面。

其操作方式与【曲线工具】选项卡中的【挤出曲线成锥状】工具的操作方式完全相同。

8. 沿着曲线挤出曲线

【沿着曲线挤出曲线】工具的作用是将曲线沿着路径曲线创建曲面、实体或多重曲面。

其操作方式与【曲线工具】选项卡中的【沿着曲线挤出】工具的操作方式完全相同。输入的曲线可以是封闭的平面曲线，也可以是非封闭的平面曲线，还可以是不在同一平面上的曲线，如图 7-119～图 7-121 所示。

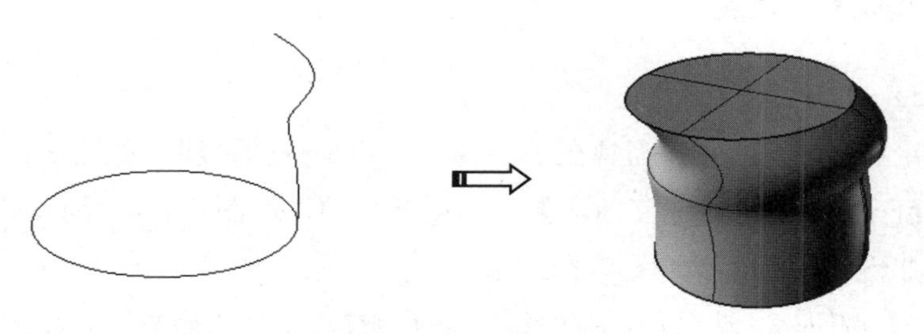

图 7-119　沿着路径挤出封闭的平面曲线

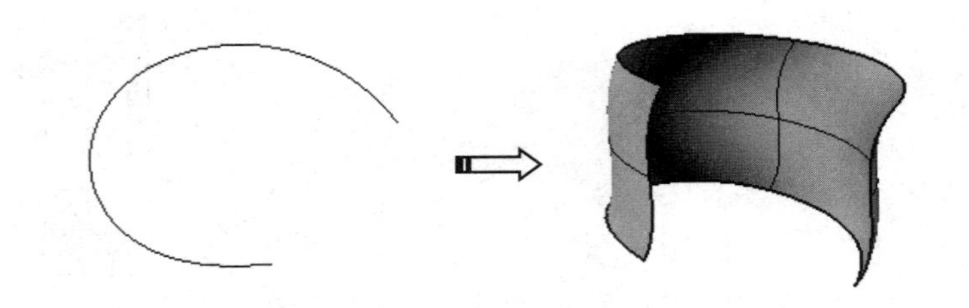

图 7-120　沿着路径挤出非封闭的平面曲线

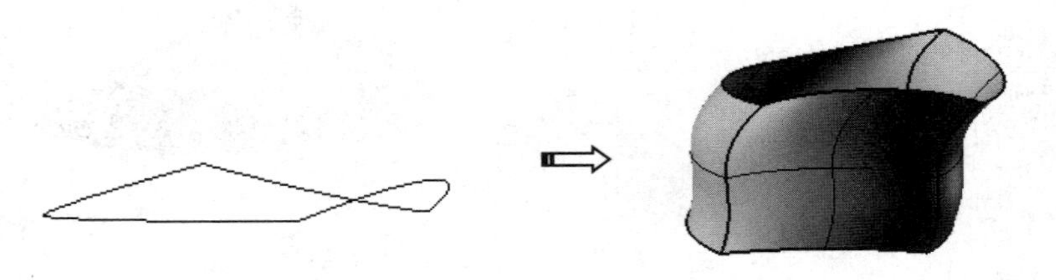

图 7-121　沿着路径挤出不在同一平面上的曲线

9. 以多重直线挤出厚片

【以多重直线挤出厚片】工具的作用是将曲线偏移、挤出并加盖创建实体（也就是在挤出曲面的基础上加厚）。选取多重曲线，指定偏移侧并输入挤出高度值，重建厚片，如图 7-122 所示。

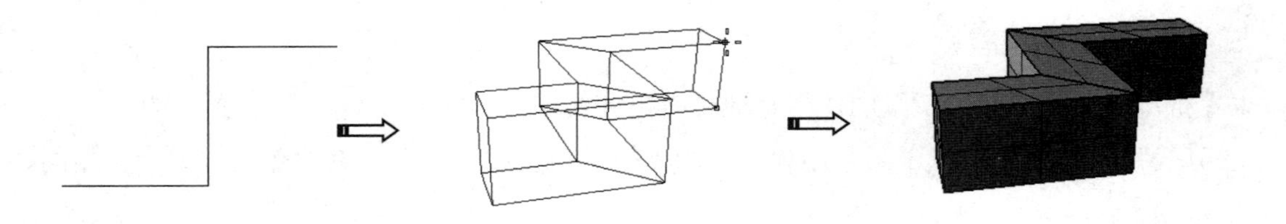

图 7-122　偏移曲线、挤出实体的过程

10. 凸毂

【凸毂】工具的作用是通过挤出平面曲线与曲面的边缘形成一个凸起的实体。

上机操作——创建凸毂实体

① 新建 Rhino 8.0 文件。

② 首先，使用【椭圆：直径】工具在 Top 视窗中绘制椭圆曲线，如图 7-123 所示。其次，使用【指定三个或四个角建立曲面】工具创建曲面，如图 7-124 所示。最后，将曲面沿着 Z 轴移动一定的距离，如图 7-125 所示。

③ 单击【凸毂】按钮，先选取椭圆曲线作为要创建凸毂的平面封闭曲线，并设置模式为锥状、拔模角度为 15，右击，再选取下面的曲面作为边界，如图 7-126 所示。

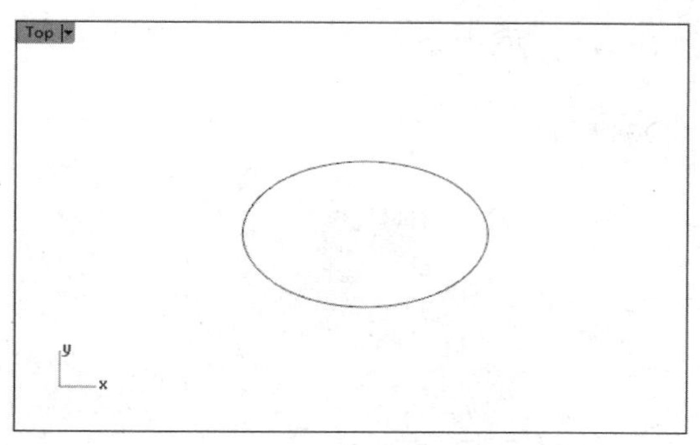

图 7-123　绘制椭圆曲线

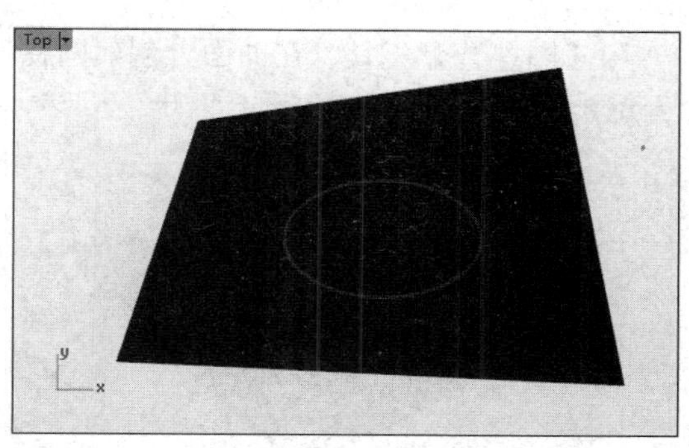

图 7-124　创建曲面

图 7-125　移动曲面

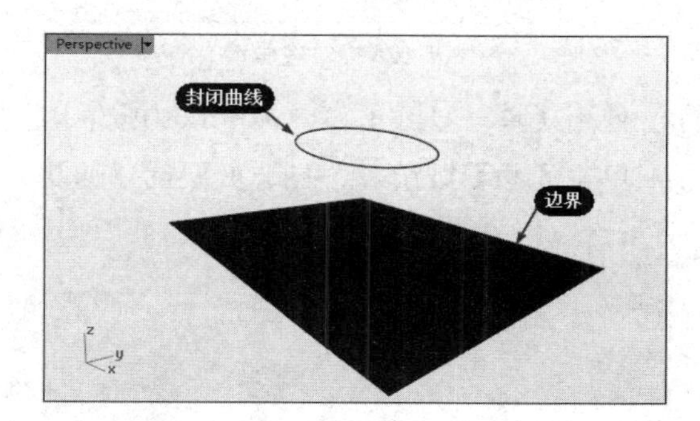

图 7-126　选取封闭曲线和边界

④　自动创建带有拔模角度的凸毂实体，如图 7-127 所示。

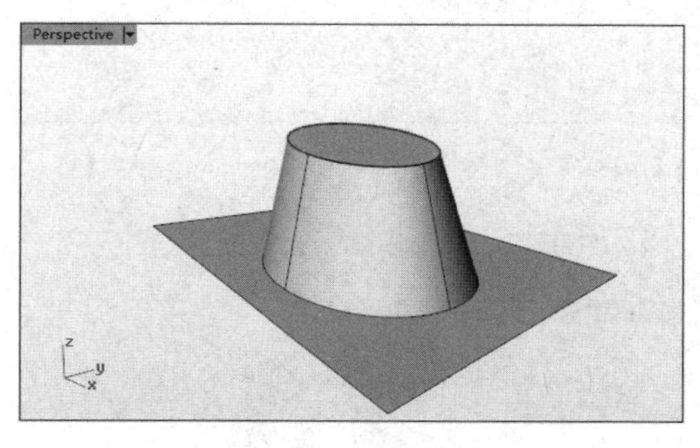

图 7-127　创建凸毂实体

11. 肋

【肋】工具的作用是偏移、挤压平面曲线作为曲面的柱状体，相当于支撑物。在机械设计中，肋又被称为筋，此外还可以被称为加强筋。在薄壳产品中，一般都要设计加强筋以增强强度，延长使用寿命。

上机操作——创建肋

①　新建 Rhino 8.0 文件。

②　使用【指定三个或四个角建立曲面】工具在 Top 视窗中创建曲面，如图 7-128 所示。使

用【圆柱管】工具，在曲面上创建圆柱管，如图 7-129 所示。

图 7-128　创建曲面

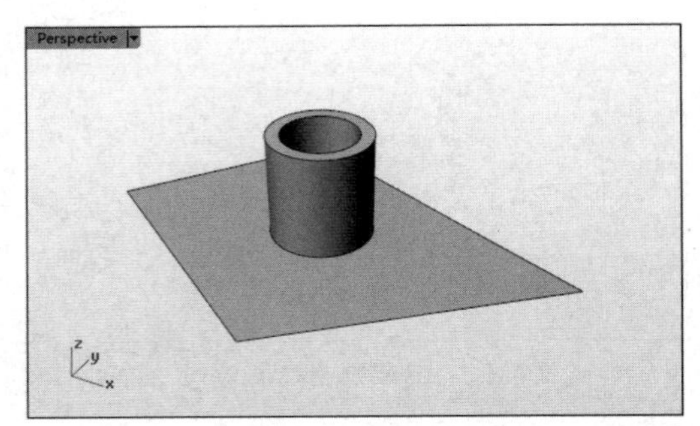

图 7-129　创建圆柱管

③　使用【单一直线】工具在 Front 视窗中绘制如图 7-130 所示的斜线。

④　单击【肋】按钮，先选取要创建的肋的平面曲线，并设置距离值为 2（这个值可以自行估计），右击，再选取下面的曲面作为边界，如图 7-131 所示。

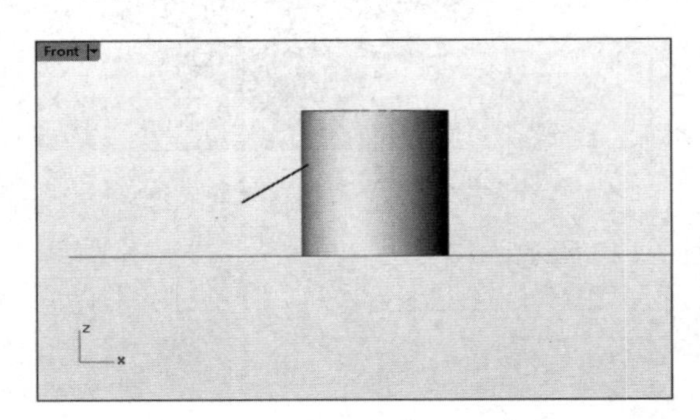

图 7-130　绘制斜线

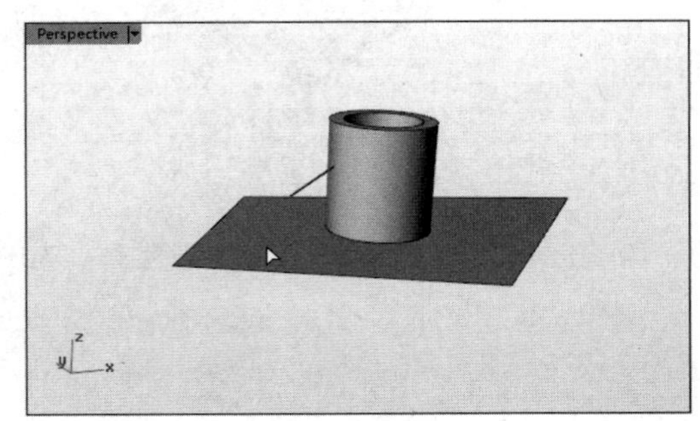

图 7-131　选取曲线和边界

⑤　自动创建肋，如图 7-132 所示。

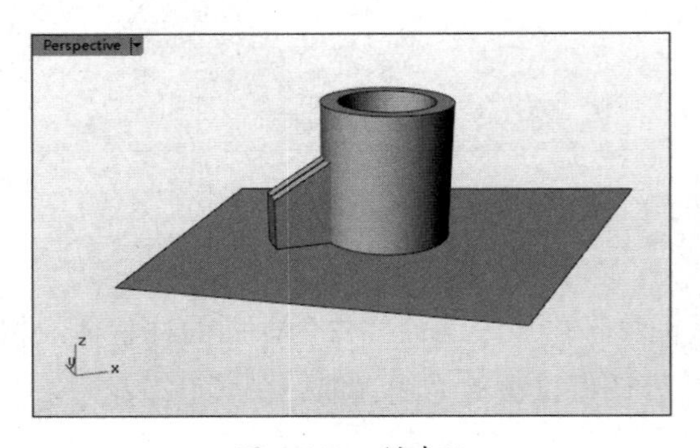

图 7-132　创建肋

7.9　实战案例——苹果电脑机箱造型

这款苹果电脑机箱的整个造型可以由几个不同的立方体按照不同的组合剪切得来。在创建过程中，需要注意整个模型的连贯性和流畅性。

在建模过程中采用了以下几个基本方法和要点。

- 导入背景图片作为创建模型的参考。
- 创建轮廓曲线，并以这些轮廓曲线通过挤出工具创建实体。
- 对创建的各个实体曲面进行布尔运算，保留或删除各个部分的曲面。
- 对整个机箱的前后部分，使用【分割】工具，将一些特殊的位置分割出来，形成单独的曲面。
- 通过图层管理，对不同材质的曲面进行分组。

7.9.1　前期准备

在创建模型之初，需要对 Rhino 8.0 进行一些相关的设置，以满足不同建模对象的不同要求。

① 执行【工具】|【选项】命令，打开【Rhino 选项】对话框，选择【文件属性】|【格线】选项，在右侧进行如图 7-133 所示的设置。

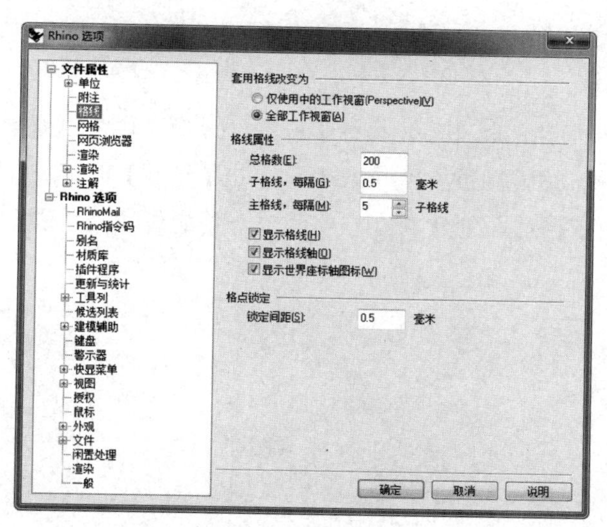

图 7-133　【Rhino 选项】对话框

② 选择【文件属性】|【网格】选项，在右侧将【渲染网格品质】设置为【平滑、较慢】，这样可以使模型在进行着色显示时，表面更为平滑。

③ 执行【实体】|【立方体】|【角对角、高度】命令，在 Front 视窗中任意位置单击。在命令行中出现“底面的另一角或长度”时，输入 R20,50，右击。在命令行中出现“高度、按 Enter 键套用宽度”时，输入值 48，再次右击，完成立方体的创建。

技术要点：

R20,50 中的 R 表示“相对”，即相对第一个角的位置。如果直接输入 20,50，则会在坐标轴绝对位置处创建一个点，作为第二个角的位置。

④ 启用【中心点】选项，在不同的工作视窗中选取立方体，将其拖动到工作视窗的中心位置，使立方体的中心落在各个工作视窗的原点处，如图 7-134 所示。

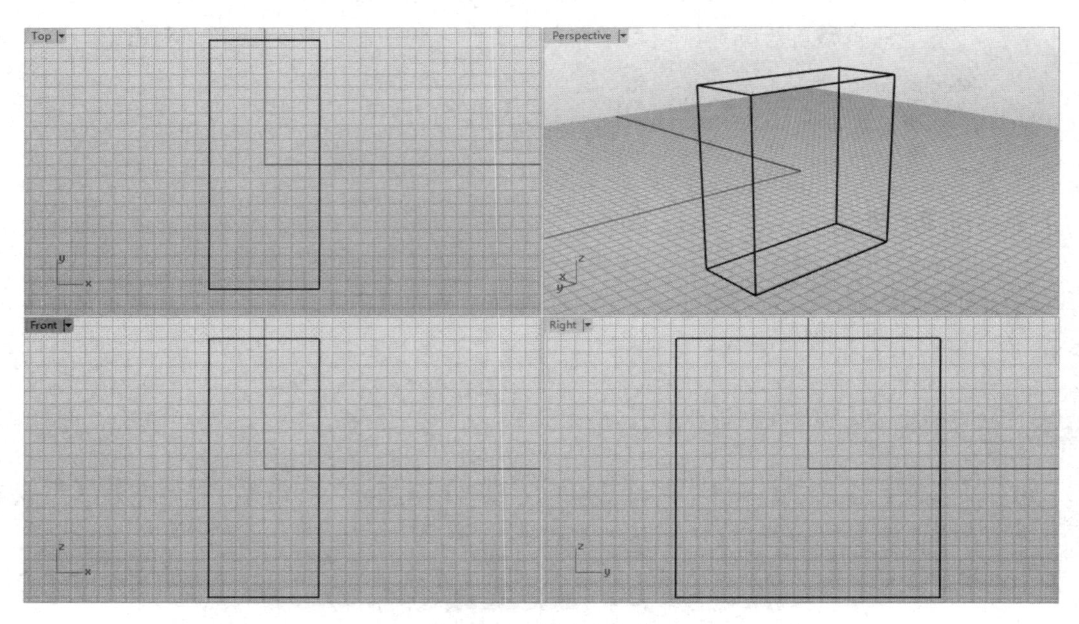

图 7-134　创建立方体

⑤ 在 Front 视窗处于激活的状态下，执行【查看】|【背景图】|【放置】命令。在【打开文件】对话框中，找到机箱正面的背景图片，单击【打开】按钮。启用【锁定格点】选项，在 Front 视窗中依据前面创建的立方体两个对角的位置，放置背景图片，如图 7-135 所示。

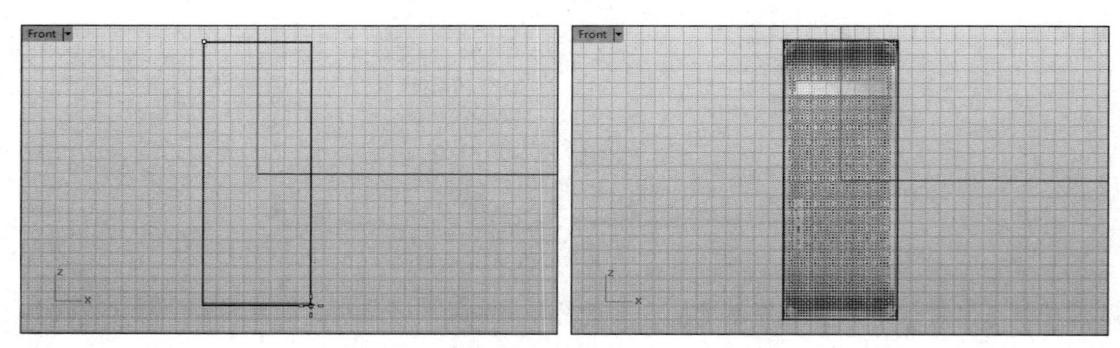

图 7-135　放置背景图片

⑥ 依照上面的方法，在 Right 视窗中放置机箱侧面的背景图片，在背景图片导入完成后，删除前面创建的立方体。按 F7 键，隐藏当前工作视窗中的格线，如图 7-136 所示。

图 7-136　在其他工作视窗中放置背景图片

7.9.2　创建机箱模型

导入背景图片后，使用这两张背景图片创建机箱的主体部分。在创建模型过程中，为了方便用户学习，将采用临时的尺寸比例。

① 首先，执行【曲线】|【矩形】|【角对角】命令，在命令行中选择【圆角】选项。其次，在 Front 视窗中参照背景图片的左下角单击确定第一个角点，在命令行中输入 R20,50，右击。最后，在命令行中输入值 2 作为圆角半径值，右击，圆角矩形创建完成，如图 7-137 所示。

② 在 Front 视窗处于激活的状态下，执行【查看】|【背景图】|【隐藏】命令，背景图片将会被隐藏。选取矩形曲线 1，启用【锁定格点】选项，稍微移动矩形曲线，使它的中心同样位于原点处，如图 7-138 所示。

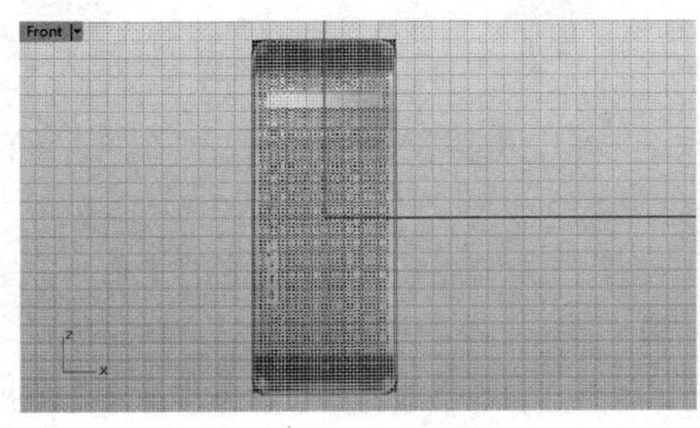

图 7-137　创建圆角矩形

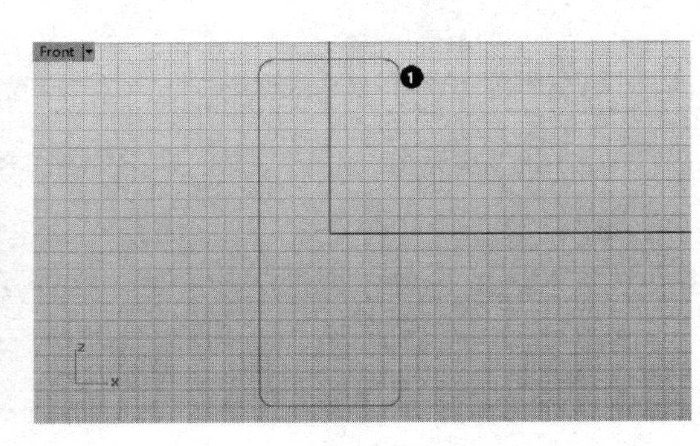

图 7-138　移动矩形曲线

③ 执行【曲线】|【偏移】|【偏移曲线】命令，选取矩形曲线 1，在命令行中输入值 0.3 作为曲线要偏移的距离，在 Front 视窗中确定偏移的方向向内，创建偏移曲线 2，如图 7-139 所示。

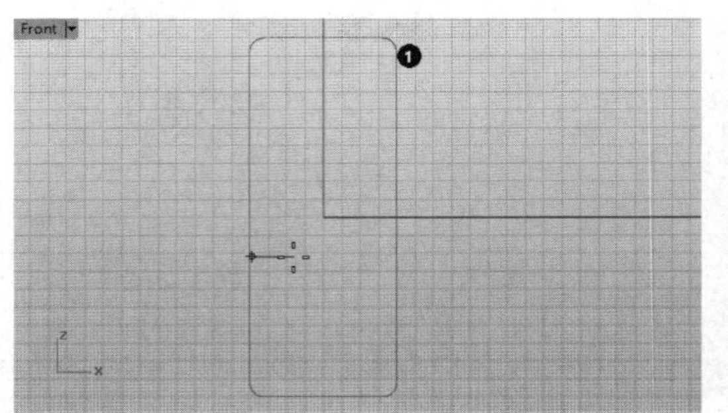
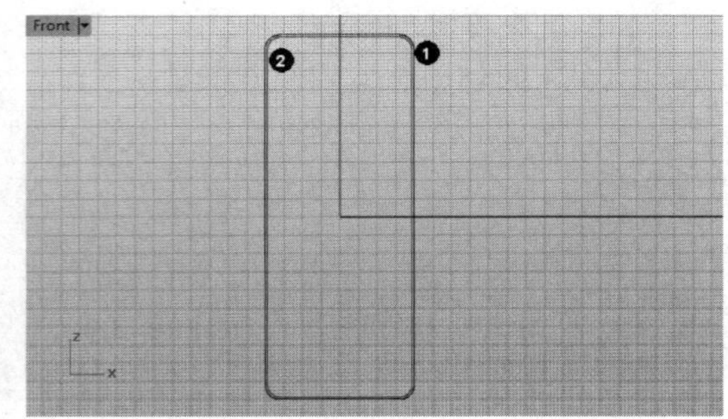

图 7-139　创建偏移曲线

④ 执行【实体】|【挤出平面曲线】|【直线】命令，选取矩形曲线 1 和矩形曲线 2 并右击。在命令行中选择【两侧】选项，以曲线的两侧创建实体，输入值 25，作为挤出长度并右击，创建挤出曲面，如图 7-140 所示。

⑤ 执行【曲线】|【矩形】|【角对角】命令，在命令行中选择【圆角】选项。在 Right 视窗中的任意处单击，确定第一个角点，在命令行中输入 R48,58，右击。在命令行中输入值 2 作为圆角半径值，右击，矩形曲线 3 创建完成，如图 7-141 所示。

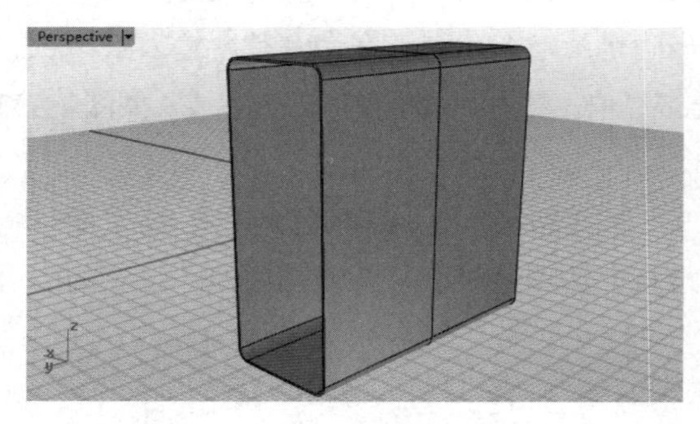

图 7-140　创建挤出曲面

图 7-141　创建矩形曲线 3

⑥ 在 Right 视窗中，选取刚刚创建的矩形曲线 3，将其移动到矩形曲线的中心与原点重合处，如图 7-142 所示。

⑦ 在矩形曲线 3 处于选取的状态下，执行【编辑】|【控制点】|【开启控制点】命令，矩形曲线 3 上将显示控制点。移动这些控制点可以改变曲线的形状，如图 7-143 所示。

⑧ 先执行【编辑】|【控制点】|【关闭控制点】命令，曲线上的控制点将不再显示，再执行【实体】|【挤出平面曲线】|【直线】命令，选取矩形曲线 3，右击，在命令行中输入值 12，右击，创建挤出曲面，如图 7-144 所示。

⑨ 执行【实体】|【交集】命令，选取刚刚创建的挤出曲面，右击。选取前面创建的挤出曲面，右击。执行该命令后，将保留两个曲面相交的部分，删除其余的部分，如图 7-145 所示。

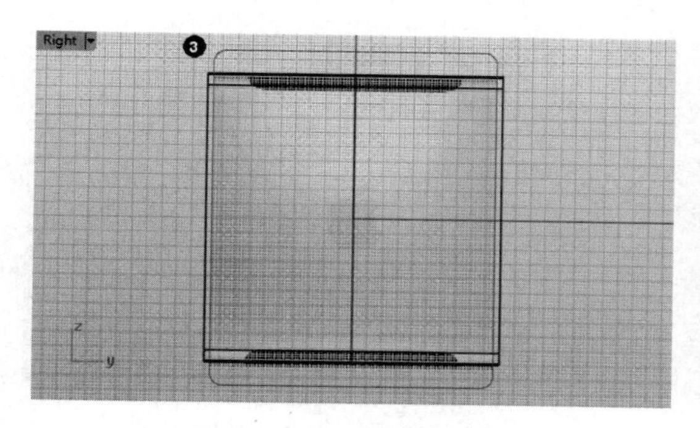

图 7-142　移动矩形曲线 3

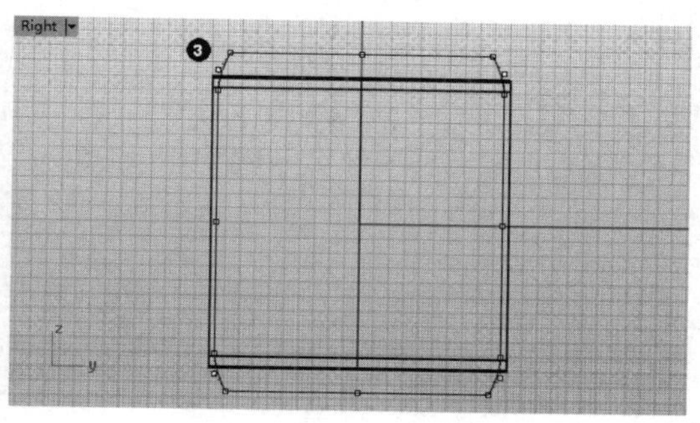

图 7-143　移动控制点

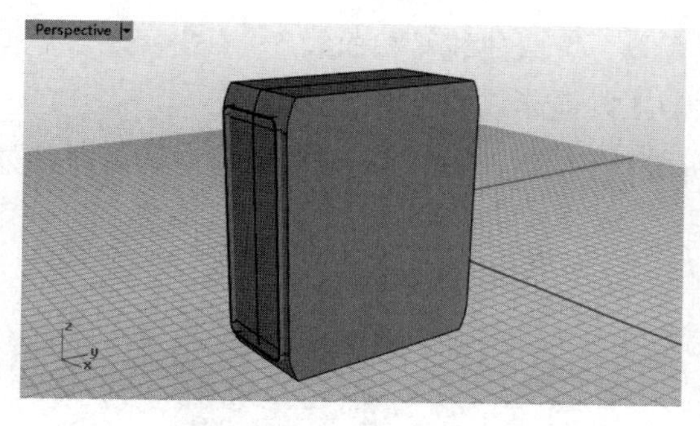

图 7-144　创建挤出曲面

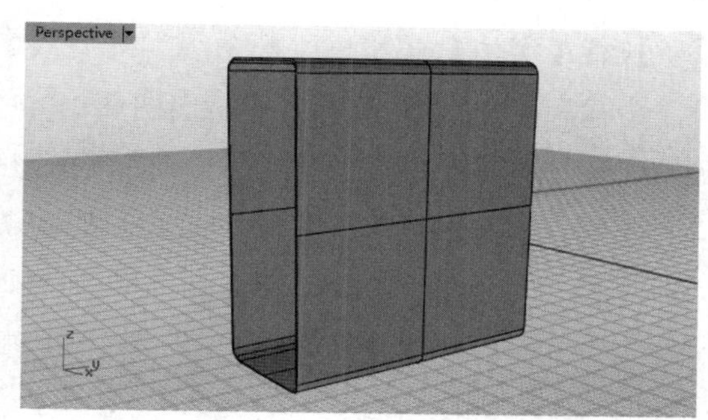

图 7-145　布尔交集运算

⑩ 执行【曲线】|【矩形】|【角对角】命令，继续在 Right 视窗中单击确定第一个角点，在命令行中输入 R37,6，右击。参照背景图片，将矩形曲线 4 移动到机箱的上侧，如图 7-146 所示。

⑪ 执行【曲线】|【曲线圆角】命令，在命令行中输入值 3，右击，在矩形曲线 4 下方的两个角点处创建圆角曲线，如图 7-147 所示。

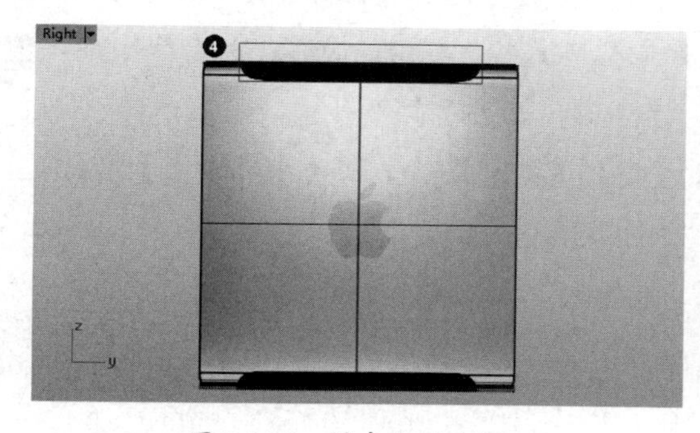

图 7-146　创建矩形曲线 4

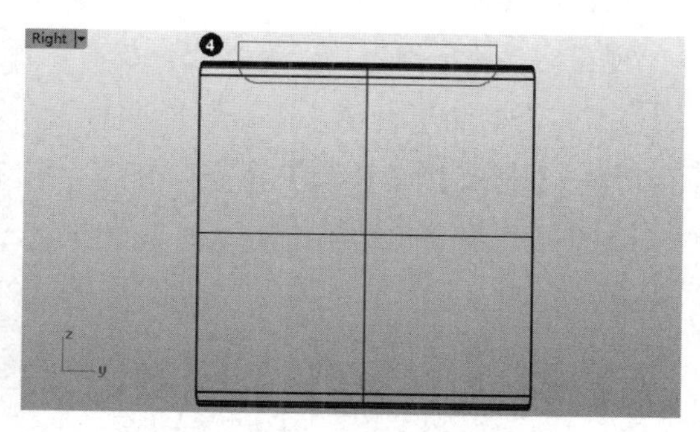

图 7-147　创建圆角曲线

⑫ 执行【变动】|【镜像】命令，选取矩形曲线 4，右击，以水平坐标轴为镜像轴，创建曲线 5，如图 7-148 所示。

⑬ 参照背景图片，稍微移动这两条轮廓曲线，使其与背景图片相吻合（如有必要可以启用曲线的控制点，并通过移动控制点修改曲线），如图 7-149 所示。

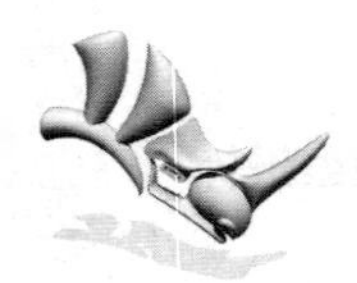

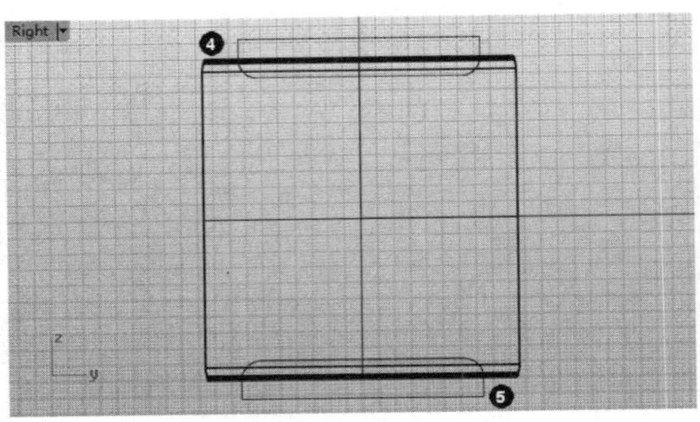

图 7-148　创建曲线 5

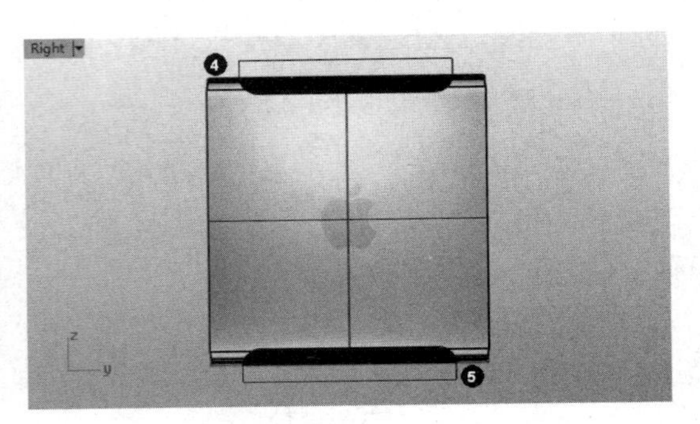

图 7-149　调整曲线的位置

⑭ 执行【实体】|【挤出平面曲线】|【直线】命令，选取曲线 4 和曲线 5，右击。在命令行中输入值 12，右击，创建挤出曲面，如图 7-150 所示。

⑮ 执行【实体】|【差集】命令，选取机箱外壳曲面 A，右击，选取刚刚创建的两个拉伸曲面，右击，进行布尔差集运算，如图 7-151 所示。

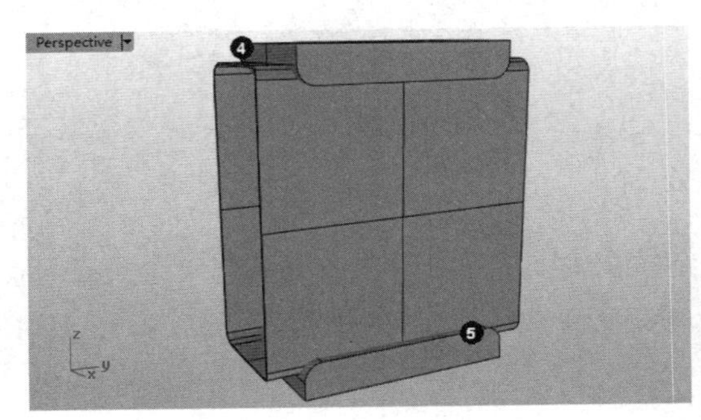

图 7-150　创建挤出曲面

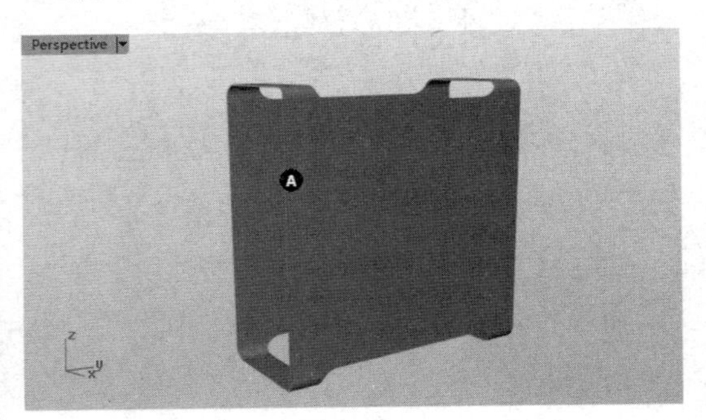

图 7-151　布尔差集运算

⑯ 先执行【曲线】|【矩形】|【角对角】命令，在命令行中选择【圆角】选项，再在 Right 视窗中，单击确定第一个角点，在命令行中输入 R46,42，右击，最后在命令行中输入值 1.5 作为圆角半径值，右击。矩形曲线 6 创建完成，如图 7-152 所示。

⑰ 执行【变动】|【移动】命令，分别启用【正交】、【锁定格点】和【物件锁点】等选项，将矩形曲线 6 移动到中心与原点重合处，如图 7-153 所示。

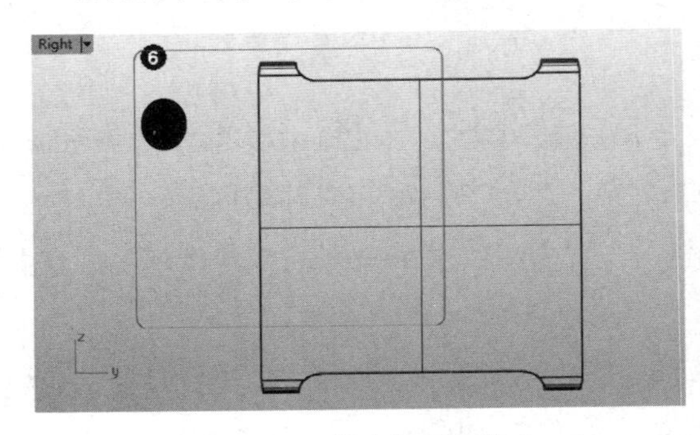

图 7-152　创建矩形曲线 6

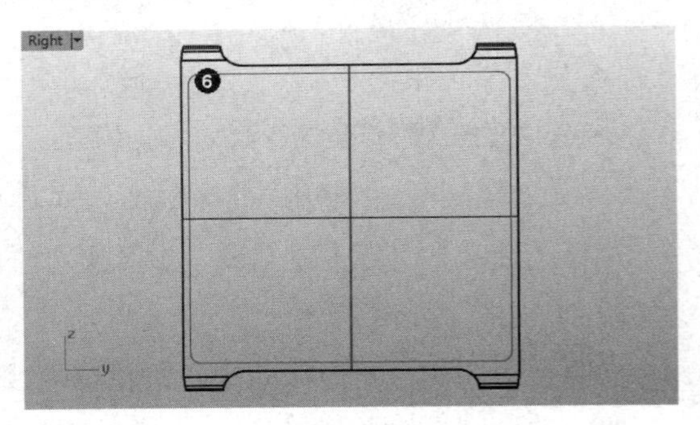

图 7-153　移动圆角矩形曲线 6

⑱ 执行【实体】|【挤出平面曲线】|【直线】命令，选取矩形曲线 6，右击，在命令行中输入值 9.7 并右击，创建挤出曲面（在创建过程中应确保【两侧】为【是】），如图 7-154 所示。

⑲ 至此，机箱的整体模型创建完成，如图 7-155 所示。下面的工作是在整体模型的基础上在机箱的前面和后面分割曲面，在机箱的侧面创建 Logo 等。

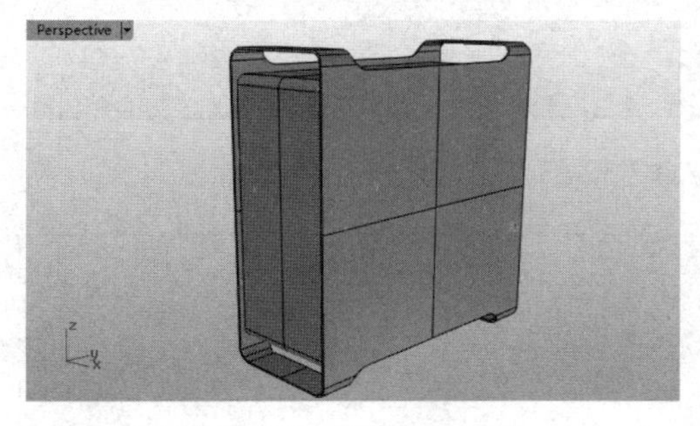

图 7-154　创建挤出平面

图 7-155　完成机箱的整体模型

7.9.3　创建机箱细节

操作步骤

① 执行【查看】|【工作视窗配置】|【新增工作视窗】命令，将出现一个新的工作视窗。在默认情况下，这个工作视窗为新增的 Top 视窗，如图 7-156 所示。

② 在新增的工作视窗处于激活的状态下，执行【查看】|【设置视图】|【Back】命令，当前工作视窗将变为 Back 视窗，如图 7-157 所示。

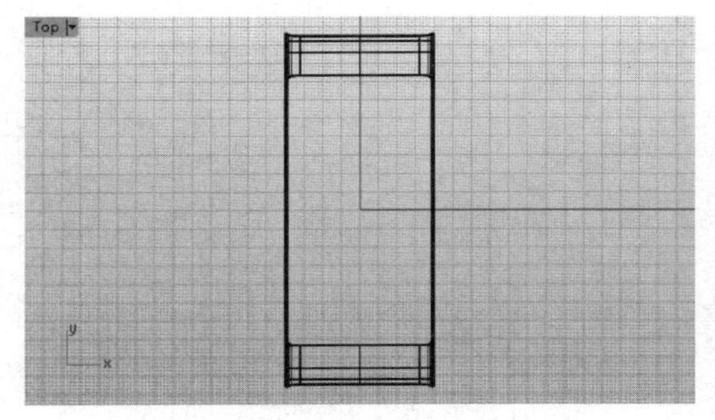

图 7-156　新增的工作视窗

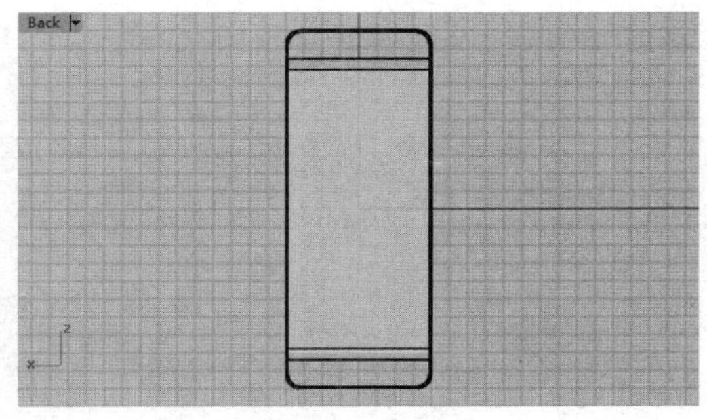

图 7-157　Back 视窗

③ 在 Back 视窗处于激活的状态下，执行【查看】|【背景图】|【放置】命令，将机箱背部的参考图片导入 Back 视窗中，如图 7-158 所示。

④ 参考 Front 视窗、Back 视窗中的背景图片，执行【曲线】|【矩形】|【角对角】命令，创建几条矩形曲线，即曲线 1（圆角矩形）、曲线 2（一般矩形）、曲线 3（圆角矩形），如图 7-159 所示。

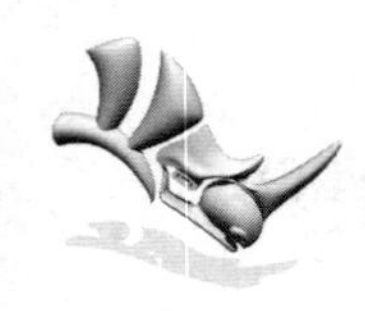

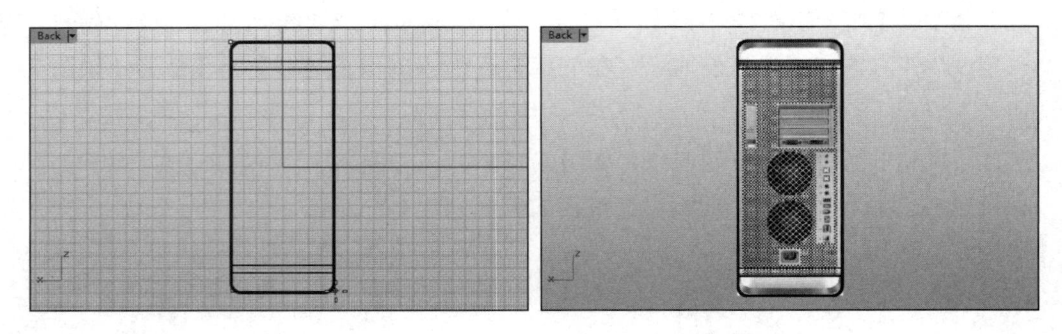

图 7-158　放置背景图片

图 7-159　创建几条矩形曲线

⑤ 在 Top 视窗中将曲线 1 移动到机箱曲面的下方，将曲线 2、曲线 3 移动到机箱曲面的上方，如图 7-160 所示。

⑥ 执行【实体】|【挤出平面曲线】|【直线】命令，选取 3 条曲线，右击。在命令行中输入值 2.5，右击，用这 3 条曲线创建 3 个挤出曲面（在创建过程中应确保【两侧】为【是】），如图 7-161 所示。

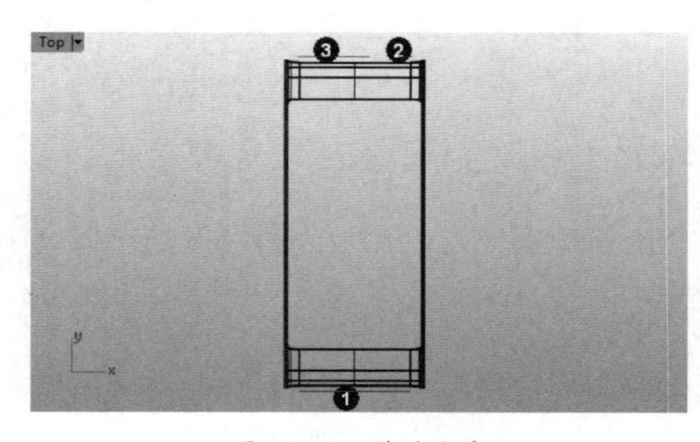

图 7-160　移动曲线

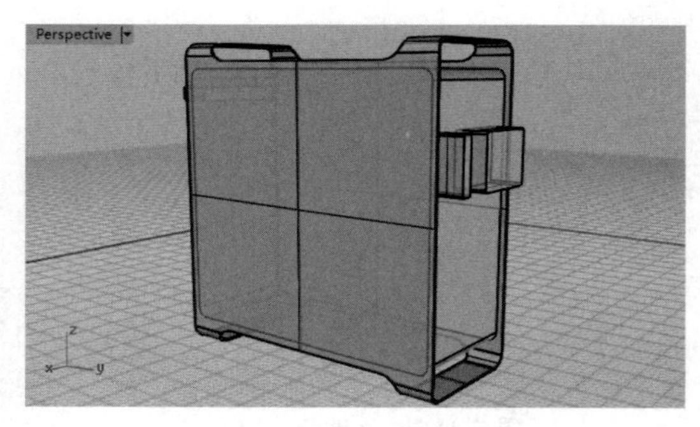

图 7-161　创建挤出曲面

⑦ 选取箱体曲面，执行【实体】|【差集】命令，并选取 3 个刚刚创建的挤出曲面，右击，进行布尔差集运算，如图 7-162 所示。

⑧ 执行【实体】|【边缘圆角】|【不等距边缘圆角】命令，在命令行中输入值 0.6，右击。选取机箱后方边缘，连续右击，不等距边缘圆角曲面创建完成，如图 7-163 所示。

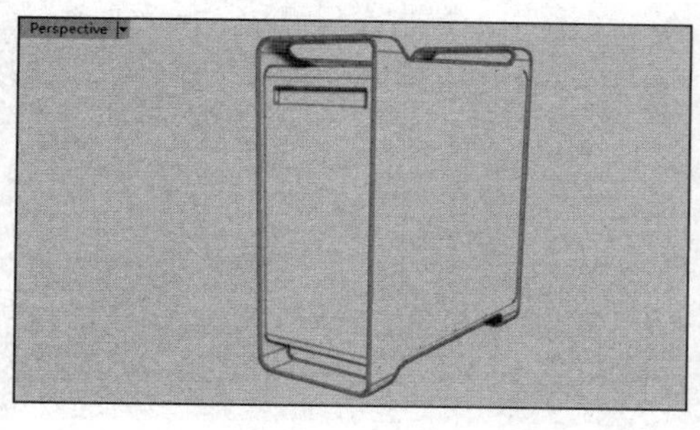

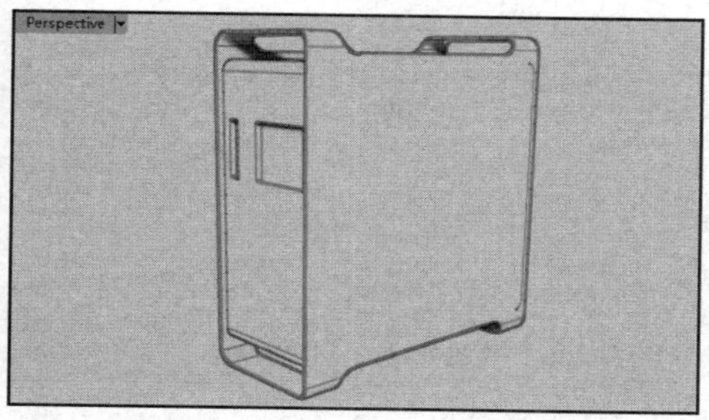

图 7-162　布尔差集运算

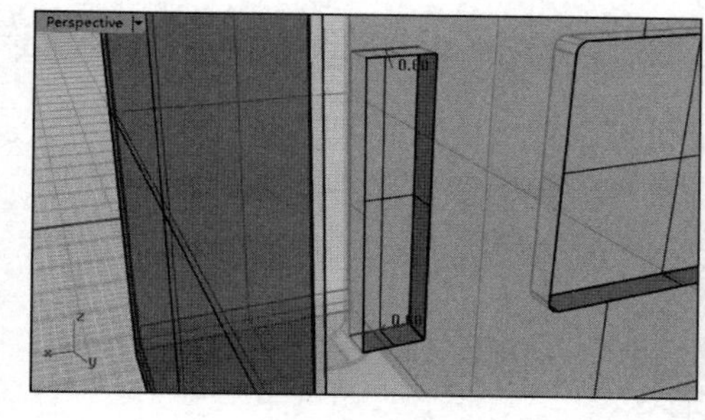

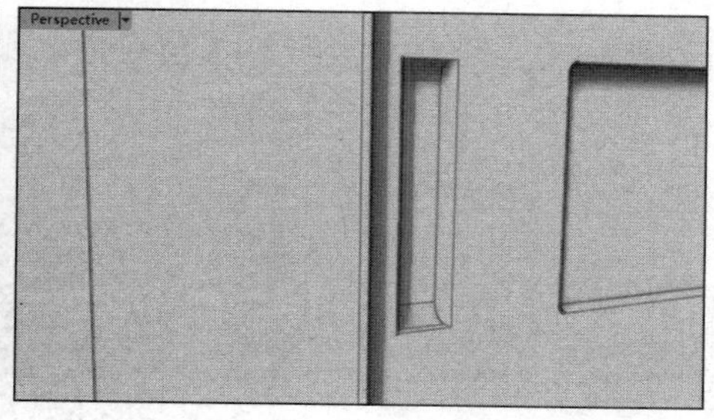

图 7-163　创建不等距边缘圆角曲面

⑨　执行【曲线】|【从物件建立曲线】|【复制边缘】命令，选取 4 条边缘曲线，右击，4 条边缘曲线将被复制出来，如图 7-164 所示。

⑩　执行【编辑】|【组合】命令，依次选取刚刚创建的 4 条边缘曲线，右击，4 条边缘曲线将被组合到一起。执行【编辑】|【控制点】|【开启控制点】命令，将这条组合曲线的控制点显示出来，如图 7-165 所示。

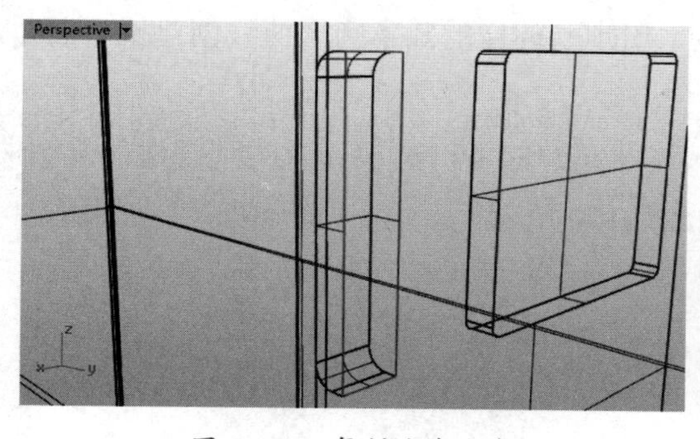

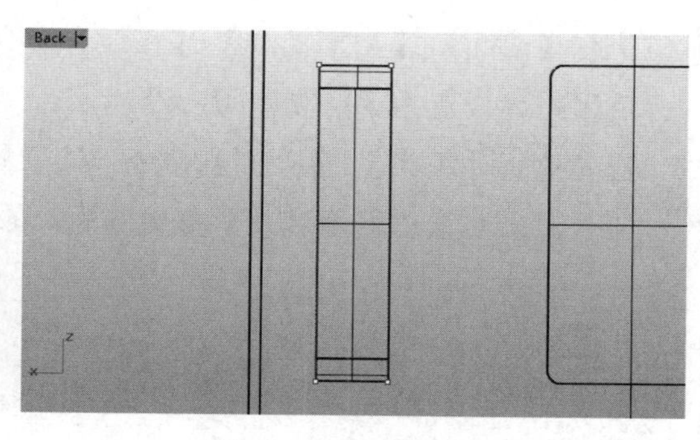

图 7-164　复制边缘曲线　　　　图 7-165　显示控制点

⑪　在 Back 视窗中，将这条组合曲线下方的两个控制点垂直向上平移 1.5，如图 7-166 所示。

⑫　首先执行【编辑】|【控制点】|【关闭控制点】命令，其次选取这条多重曲线，执行【实体】|【挤出平面曲线】|【直线】命令。在命令行中设置【两侧】为【否】，并输入值-0.3，右击，创建挤出曲面，如图 7-167 所示。

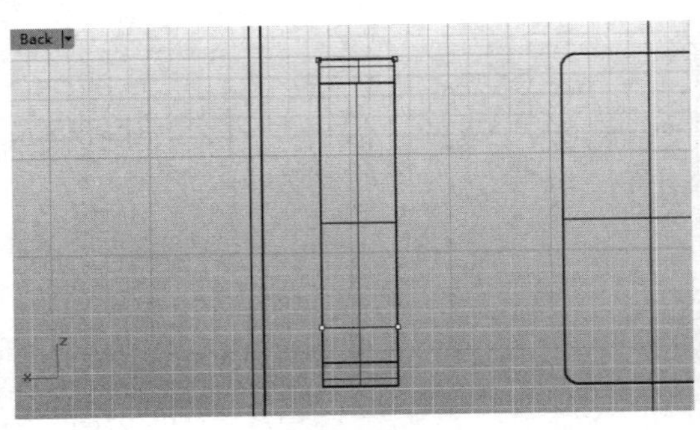

图 7-166　移动控制点

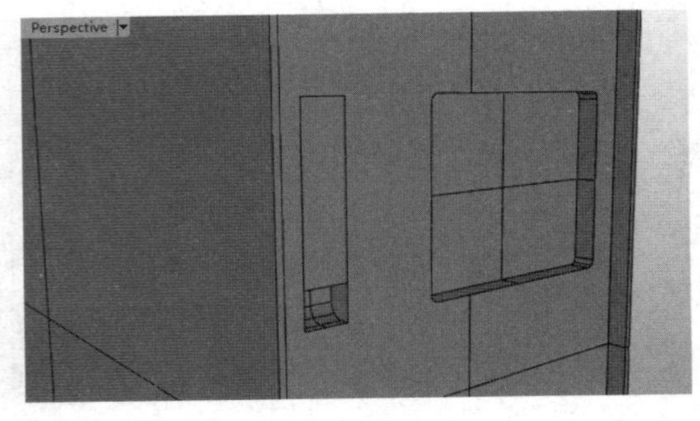

图 7-167　创建挤出曲面

⑬ 分别执行【曲线】|【矩形】|【角对角】和【圆】|【中心点、半径】命令，在 Back 视窗中依据参考图片创建几条圆形曲线，如图 7-168 所示。

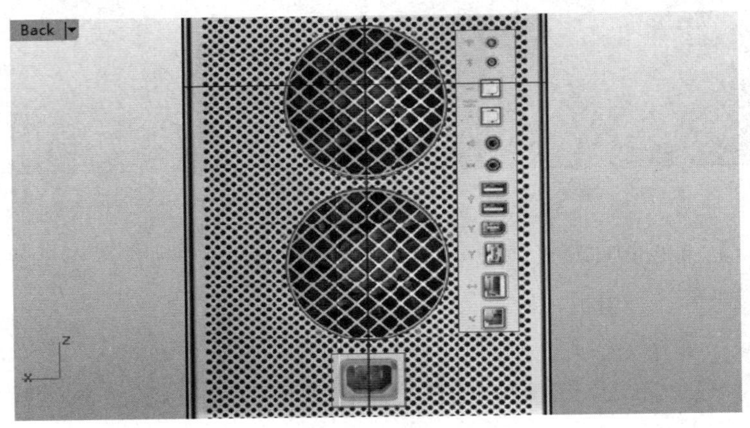

图 7-168　创建圆形曲线

⑭ 执行【曲面】|【挤出曲线】|【直线】命令，用刚刚创建的几条圆形曲线创建挤出曲面，挤出距离设置为 30，如图 7-169 所示。

⑮ 首先执行【编辑】|【分割】命令，选取箱体曲面并右击，其次选取刚刚创建的几个曲面并右击，最后删除这几个挤出曲面，如图 7-170 所示。

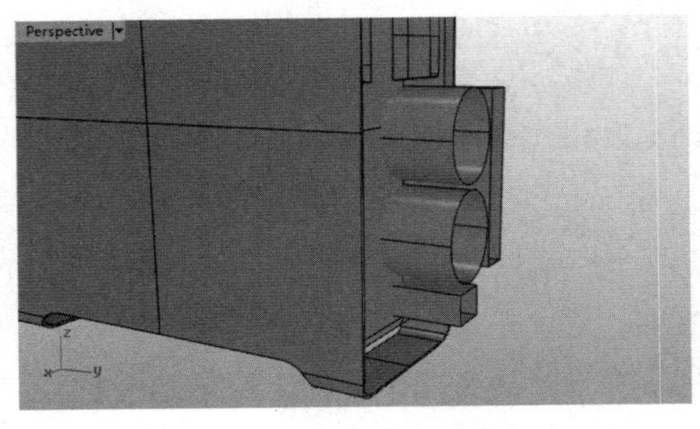

图 7-169　创建挤出曲面

图 7-170　分割曲面

⑯ 以同样的方法，在 Front 视窗中依据参考图片创建一条曲线，并以它创建挤出曲面，对箱体前方的曲面进行分割，如图 7-171 所示。

⑰ 执行【曲线】|【自由造型】|【控制点】命令，在 Right 视窗中依据参考图片上的 Logo 图标，创建几条曲线，并通过启用控制点和移动控制点修改曲线，如图 7-172 所示。

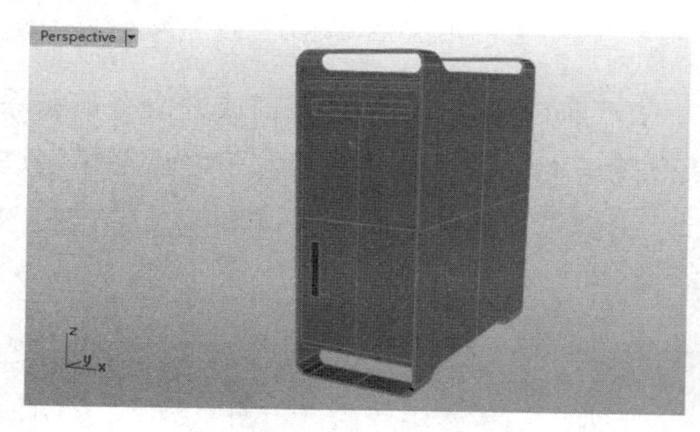

图 7-171　继续分割曲面

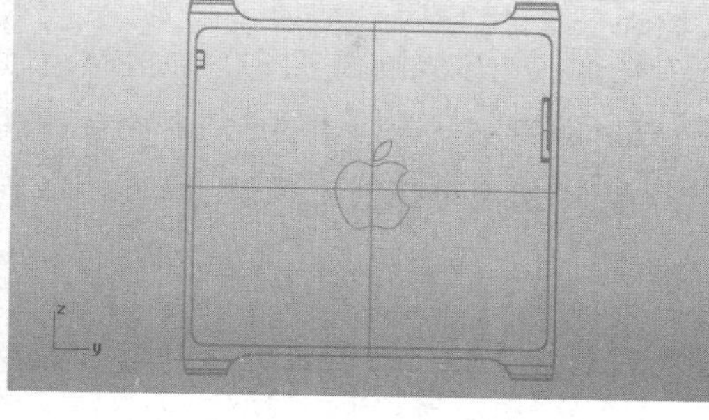

图 7-172　创建并修改曲线

⑱ 执行【变动】|【镜像】命令，在 Right 视窗中选取曲线 1、曲线 2，以垂直坐标轴为镜像轴，创建它们的镜像副本，如图 7-173 所示。

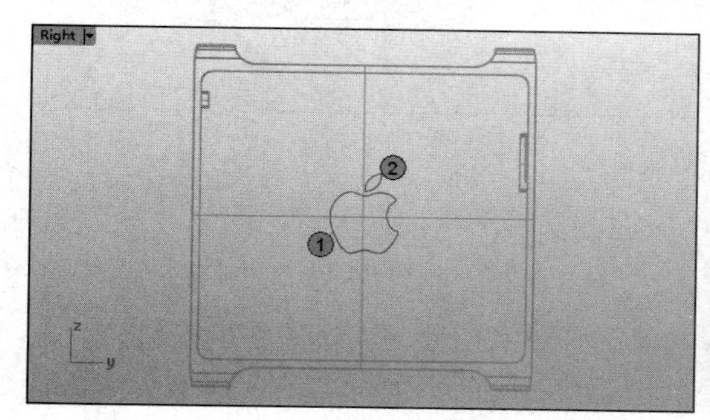

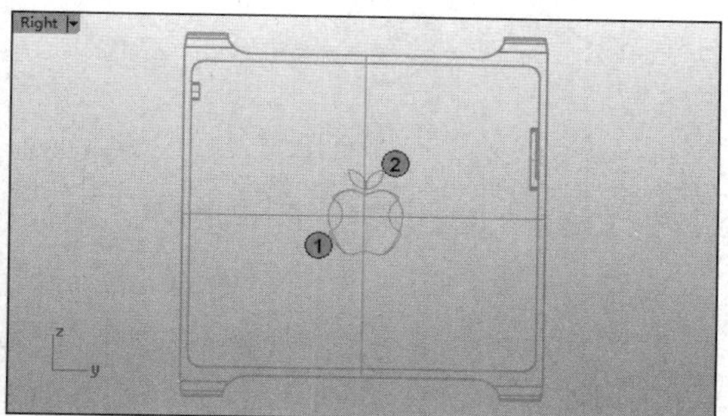

图 7-173　创建镜像副本

⑲ 执行【曲面】|【挤出曲线】|【直线】命令，将这两组 Logo 曲线中的一组向左挤出，另一组向右挤出，创建挤出曲面，如图 7-174 所示。

⑳ 执行【编辑】|【分割】命令，以刚刚创建的挤出曲面对机箱外壳曲面进行分割，分割出两侧的 Logo 曲面，如图 7-175 所示。

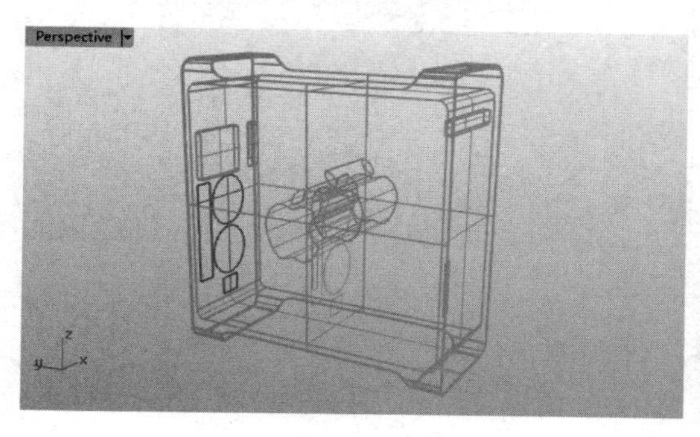

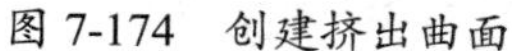

图 7-174　创建挤出曲面

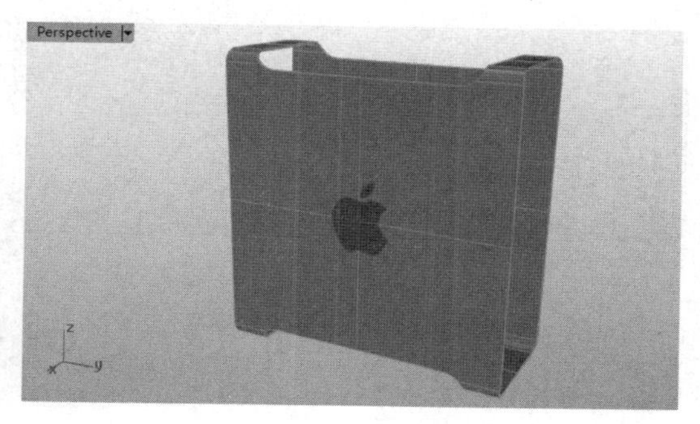

图 7-175　分割曲面

7.9.4 分层管理

操作步骤

① 在前面操作步骤的很多图片中并没有看到一些之前创建的曲线，这些曲线并没有被删除（在一般情况下，构建的曲线并不会被直接删除，而会被隐藏，这有利于之后对模型进行修改），而是在创建模型过程中，将一些不再继续使用的曲线，分配到一个特定的图层中，并将该图层进行隐藏，如图 7-176 所示。

图层
默认图层
图层 01
图层 02
构造线
图层 04
图层 05

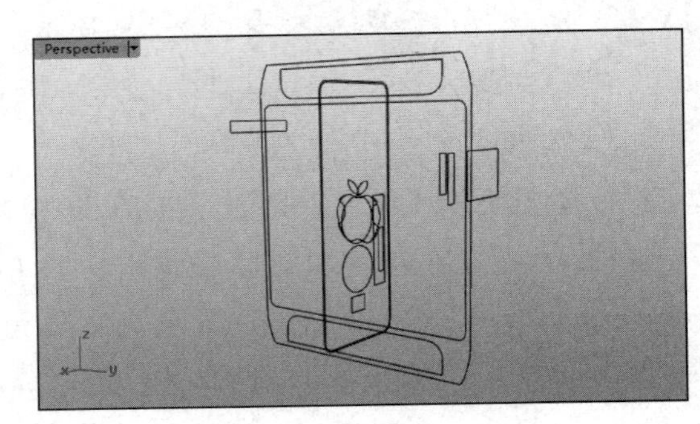

图 7-176　隐藏图层

② 在 Rhino 8.0 工作界面的状态栏上，有一个快捷图层管理模块，使用它可以对模型进行隐藏、分配图层、锁定、更改颜色等操作。在 Rhino 8.0 工作界面的右侧有一栏图层管理区域，在其中可以进行新建图层、重命名图层等一系列较为高级的图层操作。

③ 模型创建完成之后，将不同材质的曲面分配到不同的图层，可以为渲染节省不少时间。对于刚刚创建的机箱模型，需要先执行【编辑】|【炸开】命令，然后选择那些单一的曲面将它们分配到不同的图层中，如图 7-177 所示。

图 7-177　分配图层

④ 对分配完图层的模型执行【文件】|【保存文件】命令，进行保存。

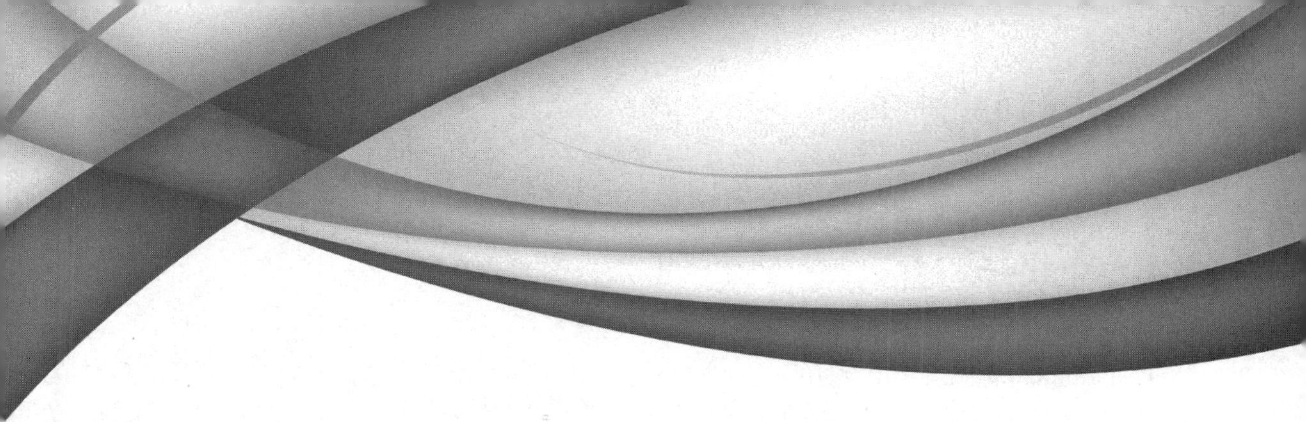

第 8 章

实体操作与编辑

本章内容

实体操作与编辑是在基本实体上进行的。很多产品中的构造特征必须通过操作与编辑指令完成，希望读者牢记并全面掌握本章的知识。

知识要点

- ☑ 布尔运算
- ☑ 工程实体
- ☑ 成形实体
- ☑ 曲面与实体转换
- ☑ 操作与编辑实体

8.1 布尔运算

在 Rhino 8.0 中，使用程序提供的布尔运算工具，可以为两个或两个以上的实体对象创建联集对象、差集对象、交集对象和分割对象，如图 8-1 所示。

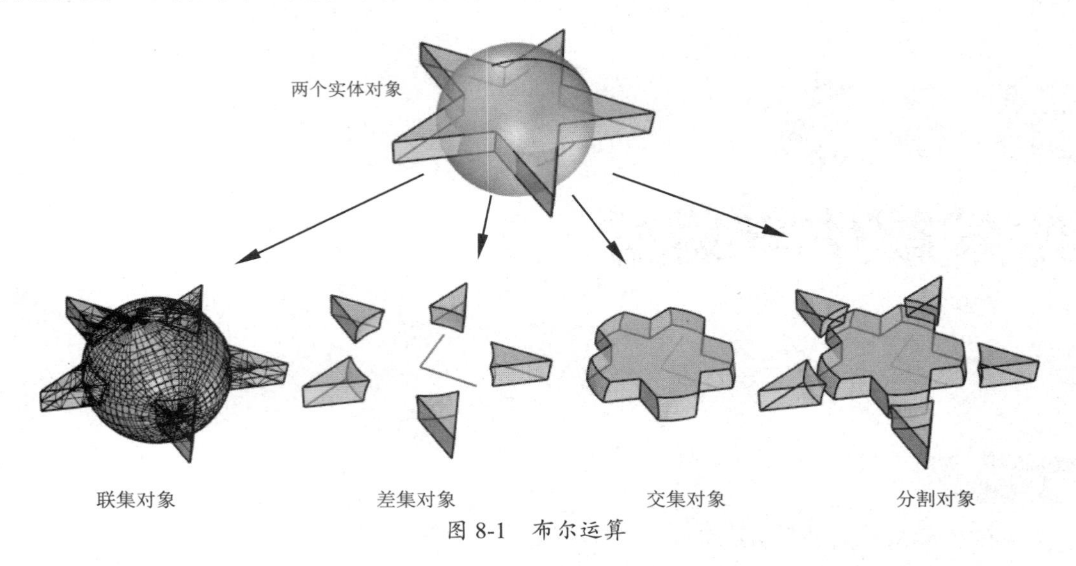

图 8-1　布尔运算

8.1.1　布尔运算联集

联集运算通过加法操作来合并选定的曲面或曲面组合。前面已经说过，Rhino 8.0 中的实体就是一个封闭曲面组合，里面是没有质量的，所以很容易让人误解。在此重申一下，在【实体工具】选项卡中所说的曲面，是完全封闭且经过组合后的曲面组合（实体）。而在【曲面工具】选项卡中所说的曲面，则是单个曲面或多个独立曲面。可以使用【炸开】工具将实体拆解成独立的曲面，也可以使用【组合】工具将封闭曲面（每个曲面是独立的）组合成实体。

联集运算的操作很简单。在【实体工具】选项卡中单击【布尔运算联集】按钮，选取要求和的多个曲面（实体），右击或按 Enter 键后即可自动完成组合，如图 8-2 所示。

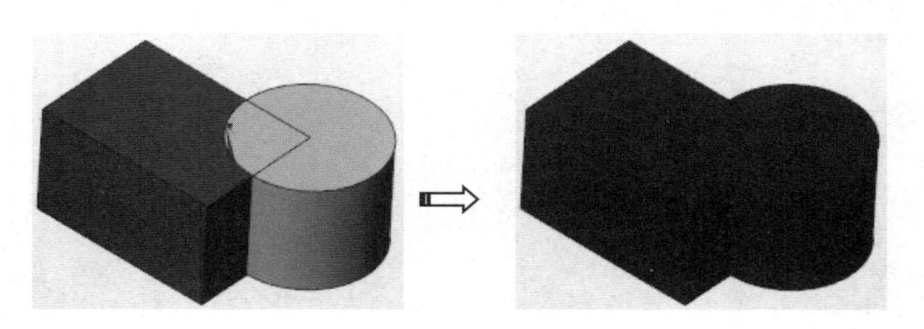

图 8-2　联集运算

技术要点：

注意，边栏中的【组合】工具与【布尔运算联集】工具既有相同之处，又有不同之处。相同的是都可以求和组合曲面。不同的是【组合】工具主要针对曲线组合和曲面组合，但不能组合实体，而【布尔运算联集】工具可以组合实体和单独曲面，但不能组合曲线。

8.1.2　布尔运算差集

差集运算通过减法操作来合并选定的曲面或曲面组合。单击【布尔运算差集】按钮，选取要被减去的对象，右击后选取要减去的其他对象，右击完成差集运算，如图 8-3 所示。

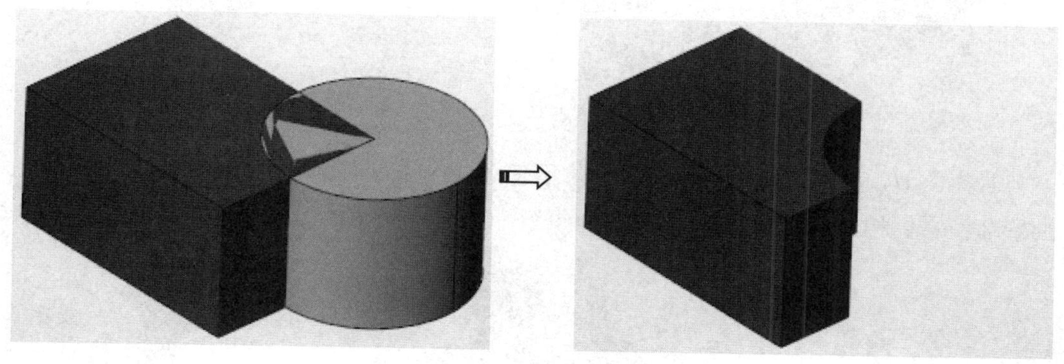

图 8-3　差集运算

技术要点：

在创建差集对象时，必须先选择要保留的对象。

例如，用第一个选择集中的对象减去第二个选择集中的对象，创建一个新的实体或曲面，如图 8-4 所示。

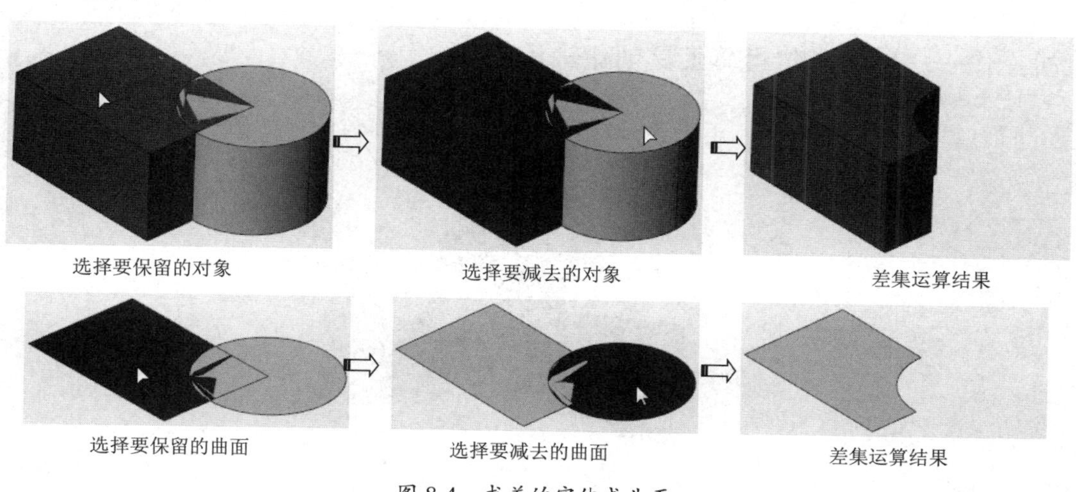

图 8-4　求差的实体或曲面

8.1.3 布尔运算交集

交集运算是通过重叠部分或区域创建实体或曲面。单击【布尔运算交集】按钮，选取第一个对象，右击后选取第二个对象，右击完成交集运算，如图 8-5 所示。

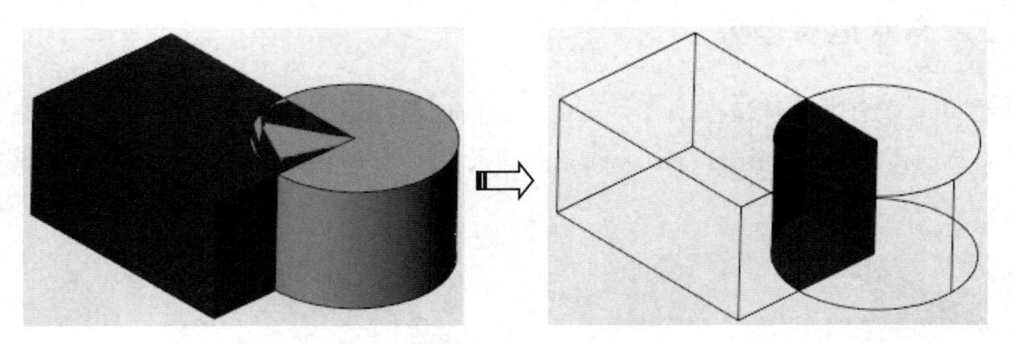

图 8-5 交集运算

与联集类似，交集的选择集可以包含位于任意多个不同平面中的曲面或实体。通过拉伸二维轮廓使它们相交，可以快速创建复杂的模型，如图 8-6 所示。

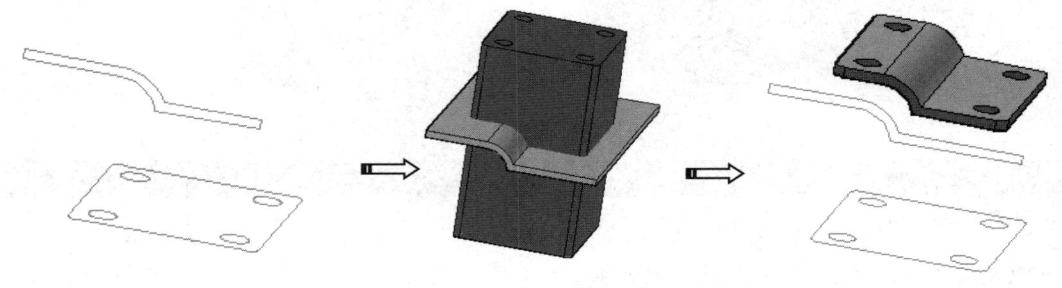

图 8-6 使用交集运算创建复杂的模型

上机操作——使用布尔运算工具创建轴承支架

下面以案例说明使用布尔运算工具创建零件模型的操作过程，如图 8-7 所示。

图 8-7 零件模型

① 新建 Rhino 8.0 文件。

② 使用【长方体：对角线】工具创建长度、宽度、高度分别为 138、270、20 的长方体，

如图 8-8 所示。

③ 使用【长方体：对角线】工具在如图 8-9 所示的相同位置上创建一个小长方体，长度、宽度、高度分别为 28、50、15。

```
指令：_Box
底面的第一角(对角线(D) 三点(P) 垂直(V) 中心点(C))：_Diagonal
第一角(正立方体(C))：0,0,0
第二角：138,270,20
正在建立网格...按Esc取消
```

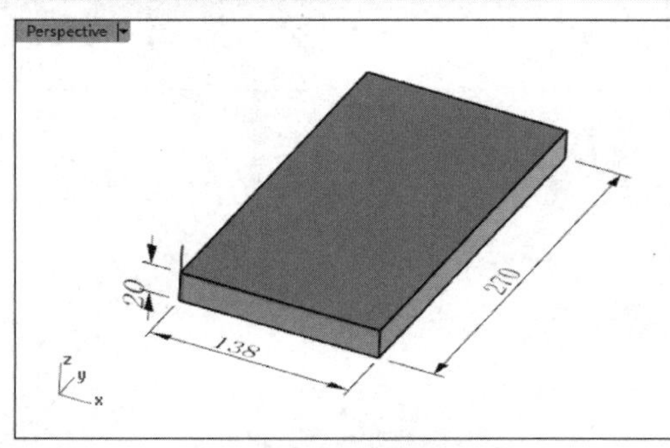

图 8-8　创建长方体

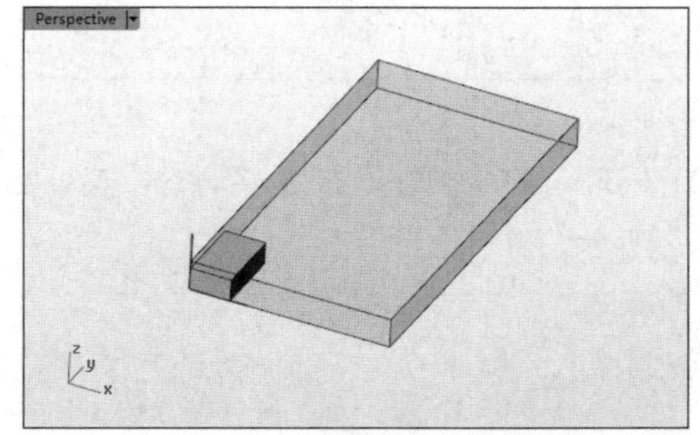

图 8-9　创建小长方体

④ 使用边栏中的【移动】工具，移动小长方体，如图 8-10 所示。

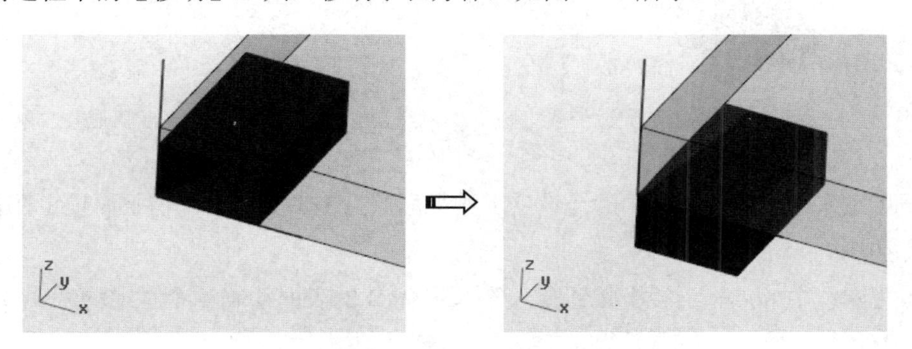

图 8-10　移动小长方体

⑤ 使用【复制】工具，复制小长方体，如图 8-11 所示。

⑥ 使用【长方体：对角线】工具创建长方体 A，其长度、宽度、高度分别为 138、20、120，如图 8-12 所示。

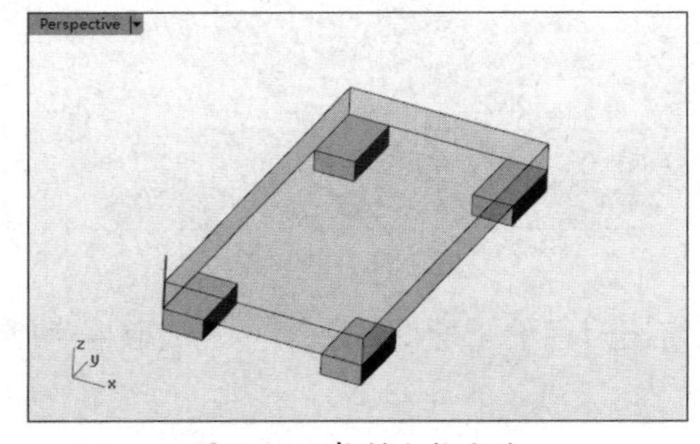

图 8-11　复制小长方体

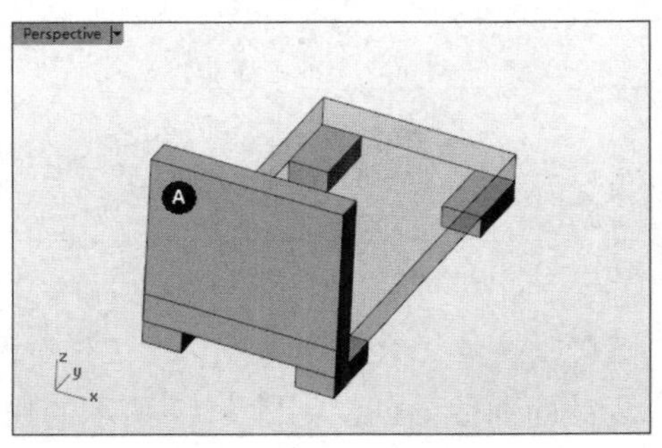

图 8-12　创建长方体 A

⑦ 移动长方体 A，如图 8-13 所示。

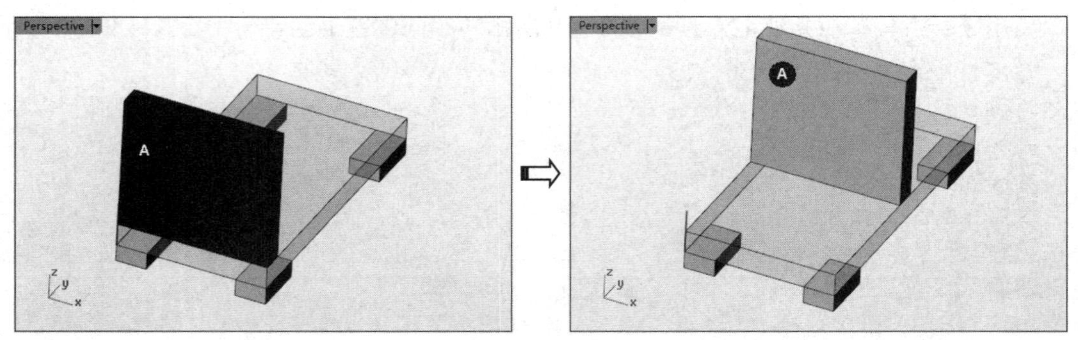

图 8-13　移动长方体 A

⑧ 同理，创建长方体 B 并移动它，其长度、宽度、高度分别为 138、120、20，如图 8-14 所示。

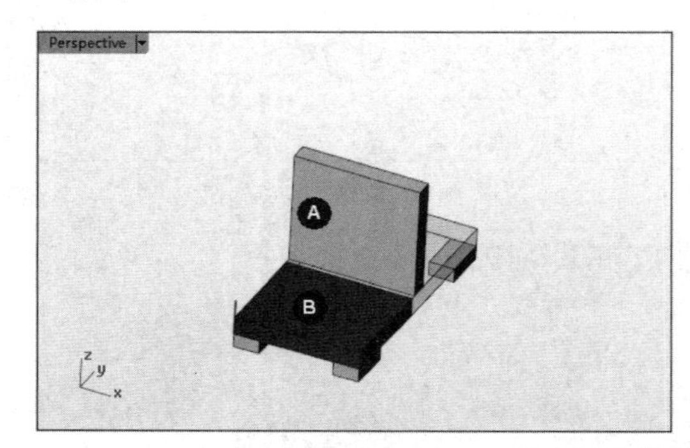

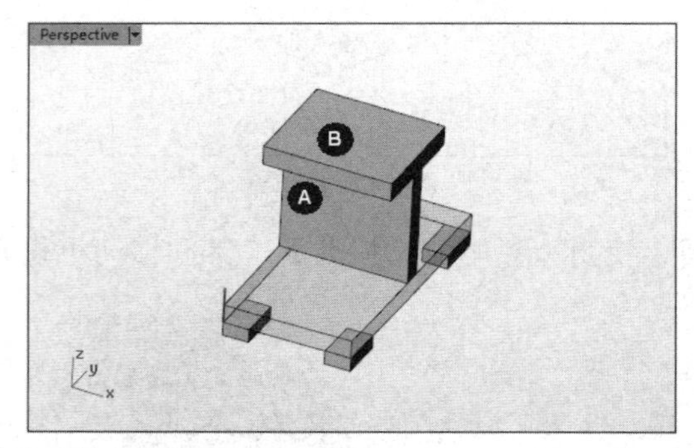

图 8-14　创建并移动长方体 B

⑨ 使用【工作平面】选项卡中的【设定工作平面原点】工具，将工作平面设定在长方体 B 上，如图 8-15 所示。

⑩ 单击【圆：中心点、半径】按钮，在长方体 B 的表面绘制 4 个直径均为 30 的圆，如图 8-16 所示。

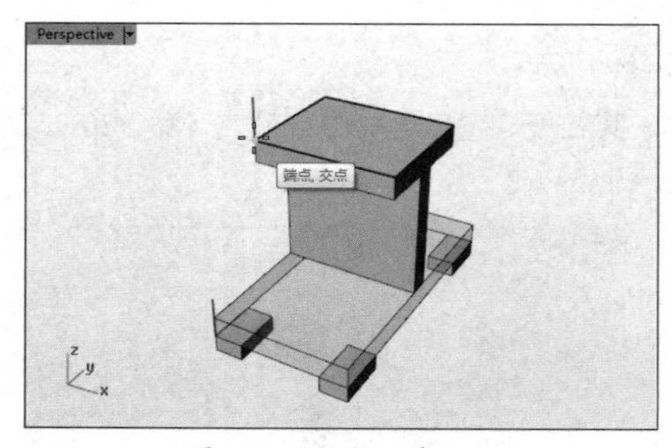

图 8-15　设定工作平面

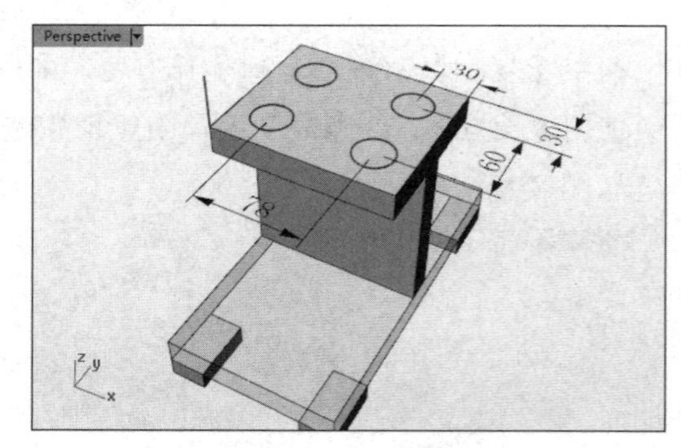

图 8-16　绘制圆

⑪ 选择【实体工具】选项卡，在边栏中选择【挤出封闭的平面曲线】工具，选取 4 个圆作为截面曲线，创建如图 8-17 所示的挤出实体。

⑫ 单击【布尔运算差集】按钮，选取长方体 B 作为要被减去的对象，右击后选取 4 个挤出实体作为要被减去的对象，右击后完成布尔差集运算，如图 8-18 所示。完成布尔差集运算后删除或隐藏 4 个挤出实体。

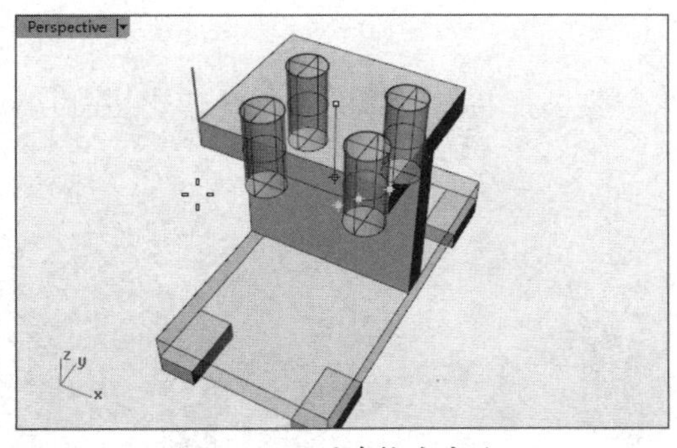

图 8-17　创建挤出实体

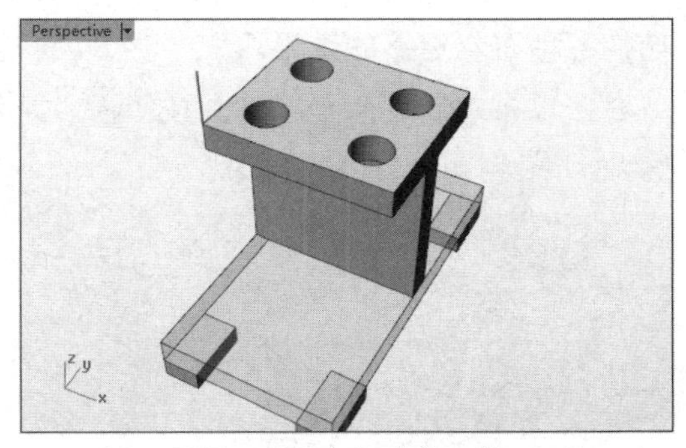

图 8-18　布尔差集运算

⑬ 使用【布尔运算联集】工具对所有实体求和，如图 8-19 所示。

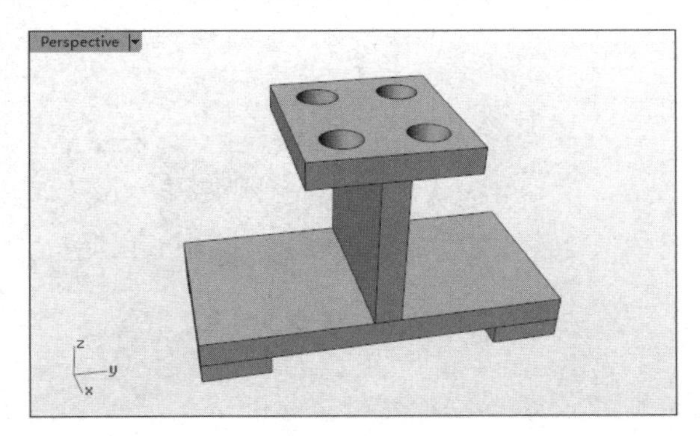

图 8-19　实体求和

8.1.4　布尔运算分割

布尔运算分割是求差运算与求交运算的综合结果，既保存差集结果，又保存交集的部分。

单击【布尔运算分割】按钮，选取要分割的对象，右击后选取切割用的对象，再次右击后完成分割运算，如图 8-20 所示。

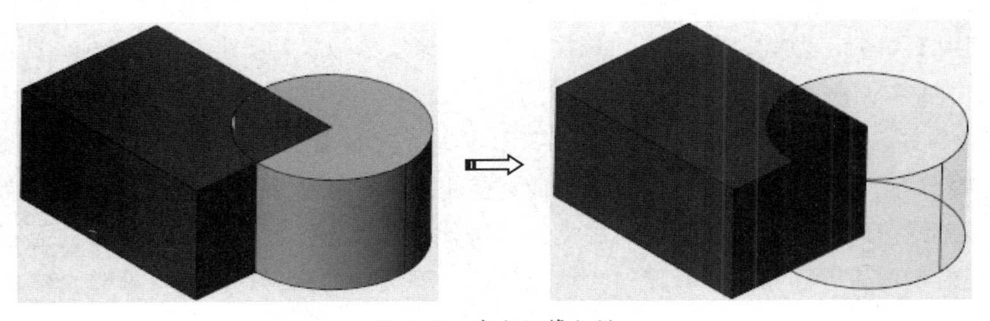

图 8-20　布尔运算分割

8.1.5　布尔运算两个物件

【布尔运算两个物件】工具的功能包含了前面几种布尔运算的可能性，可以通过单击轮流切换各种布尔运算的结果。

右击【布尔运算两个物件】按钮，选取两个要进行布尔运算的物件，单击进行切换。图 8-21 所示为切换的各种结果。

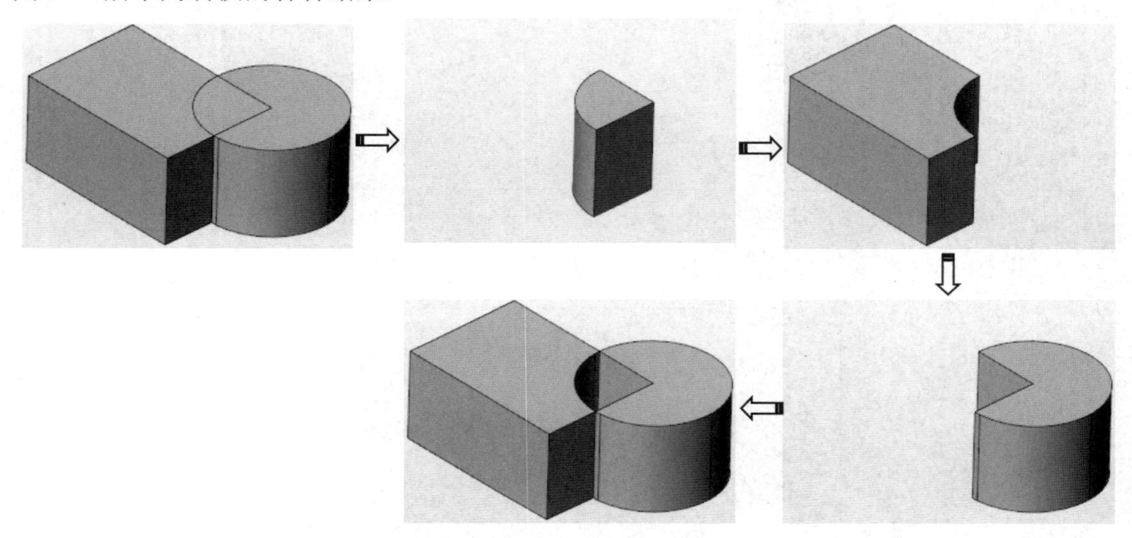

图 8-21　切换的各种结果

8.2　工程实体

工程实体的工程特征是不能单独创建的特征，必须依附基础实体。它只有在基础实体存在时，才可以创建。

8.2.1　不等距边缘圆角

使用【不等距边缘圆角】工具可以在多重曲面或实体边缘上创建不等距的圆角曲面，修剪原曲面并与圆角曲面组合在一起。

【不等距边缘圆角】工具与【曲面工具】选项卡中的【不等距曲面圆角】工具的功能既有共同点又有不同点。共同点就是都能对多重曲面和实体进行圆角处理。不同点是使用【不等距边缘圆角】工具不能对独立曲面进行圆角操作，而使用【不等距曲面圆角】工具在对实体进行圆角操作时仅对实体上的两个面进行圆角操作，而并非整个实体，如图 8-22 所示。

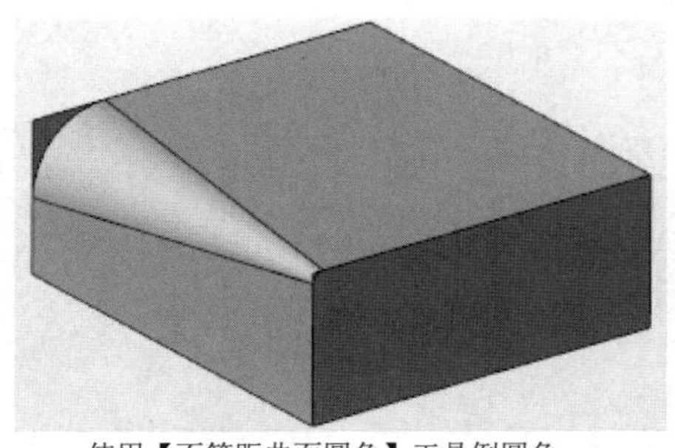

使用【不等距曲面圆角】工具倒圆角

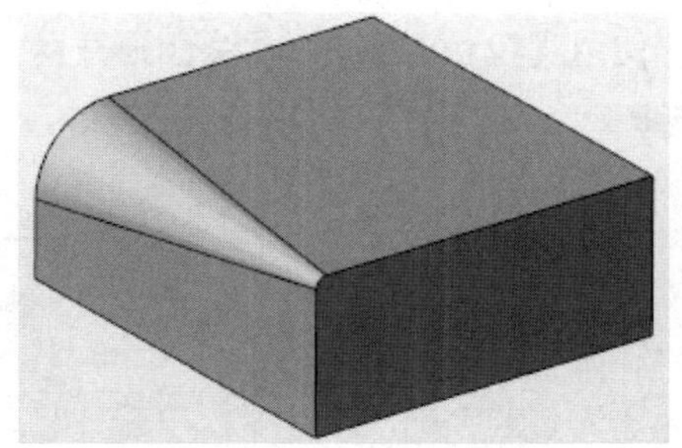

使用【不等距边缘圆角】工具倒圆角

图 8-22　使用两种圆角工具对实体倒圆角进行对比

上机操作——使用【不等距边缘圆角】工具创建轴承支架

轴承支架零件二维图形及实体模型如图 8-23 所示。

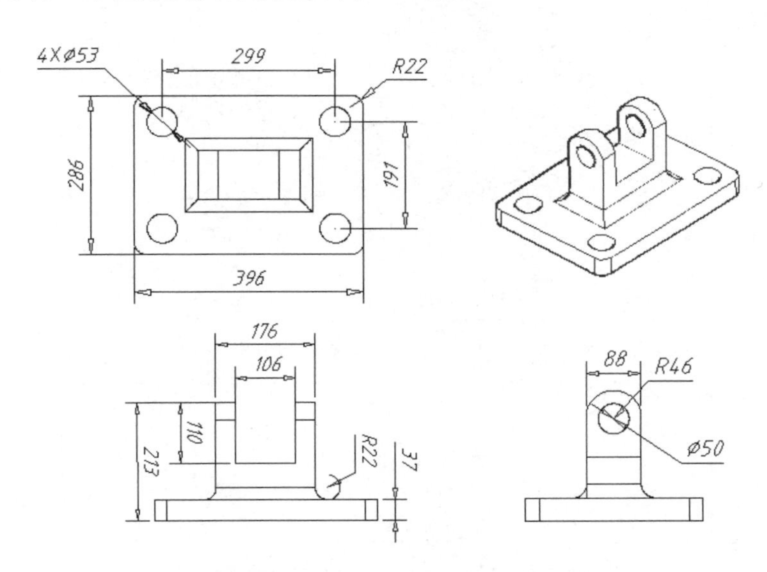

图 8-23　轴承支架零件二维图形及实体模型

① 新建 Rhino 8.0 文件。

② 使用【单一直线】工具，在 Top 视窗中绘制两条相互垂直的直线（见图 8-24），并使用【出图】选项卡中的【设定线型】工具将其转换成虚线。

③ 执行【实体】|【立方体】|【底面中心点、角、高度】命令，创建长度、宽度、高度分别为 396、286、37 的长方体，如图 8-25 所示。

④ 使用【圆柱体】工具，创建直径为 53 的圆柱体，如图 8-26 所示。

```
指令: _Cylinder
圆柱体底面(方向限制(D)=垂直 实体(S)=是 两点(P) 三点(O) 正切(T) 逼近数个点(F)): 149.5, 95.5,0
半径<18.446> (直径(D) 周长(C) 面积(A)):直径
直径<36.891> (半径(R) 周长(C) 面积(A)): 53
圆柱体端点<12.586> (方向限制(D)=垂直 两侧(A)=否): 40
```

⑤ 使用【镜像】工具 ，镜像圆柱体，得到如图 8-27 所示的效果。

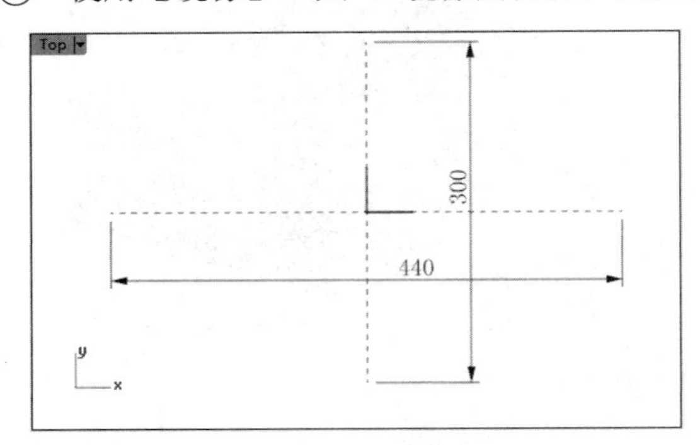

图 8-24 绘制直线

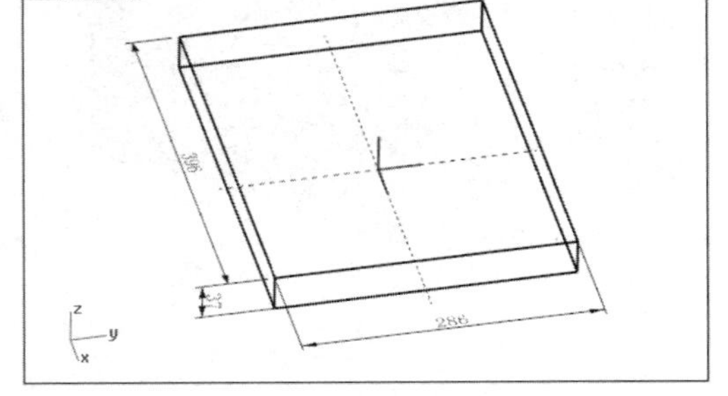

图 8-25 创建长方体

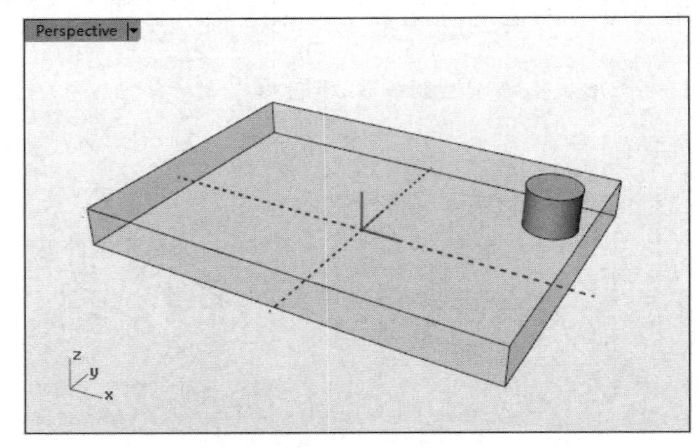

图 8-26 创建圆柱体

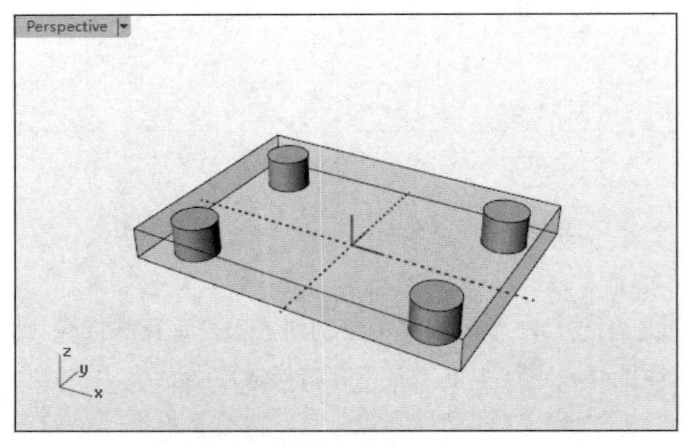

图 8-27 镜像圆柱体

⑥ 使用【布尔运算差集】工具，从长方体中减去 4 个圆柱体，如图 8-28 所示。

⑦ 单击【不等距边缘圆角】按钮，选取长方体的 4 条竖直棱边进行圆角处理，半径为 22。创建边缘圆角如图 8-29 所示。

⑧ 执行【实体】|【立方体】|【底面中心点、角、高度】命令，创建长度、宽度、高度分别为 176、88、213 的长方体，如图 8-30 所示。

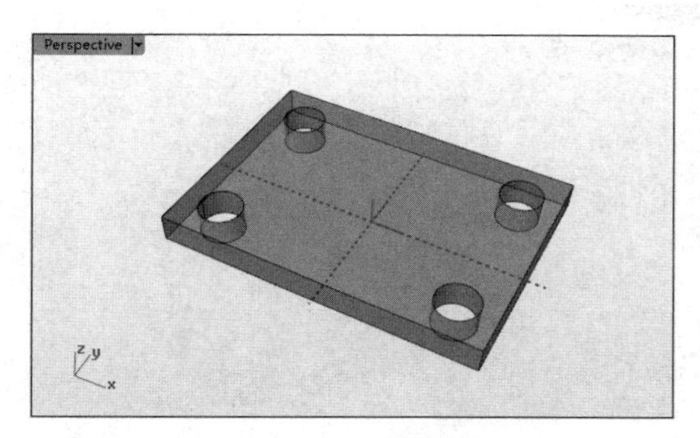

图 8-28　差集运算

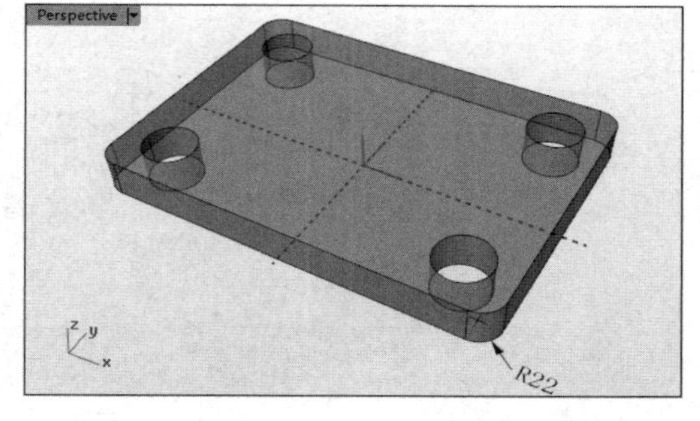

图 8-29　创建边缘圆角

```
指令: _Box
底面的第一角(对角线(D)  三点(P)  垂直(V)  中心点(C)): _Center
底面中心点:
底面的另一角或长度(三点(P)): 176
宽度, 按Enter 套用长度(三点(P)): 88
高度, 按Enter 套用宽度: 213
正在建立网格...按Esc 取消
```

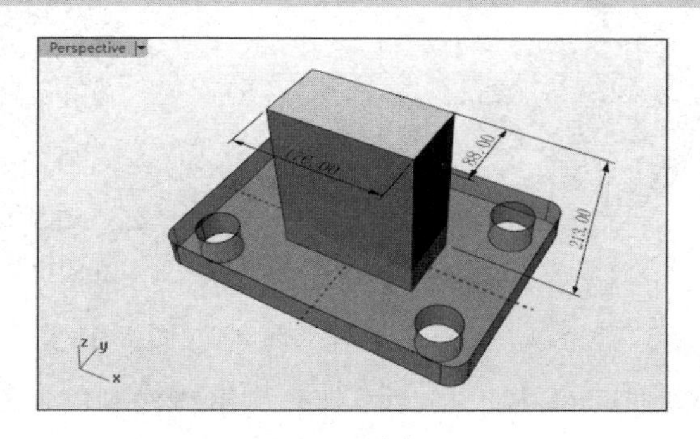

图 8-30　创建长方体

⑨ 使用【圆：中心点、半径】、【多重直线线段】和【修剪】工具，在 Right 视窗中绘制如图 8-31 所示的曲线。

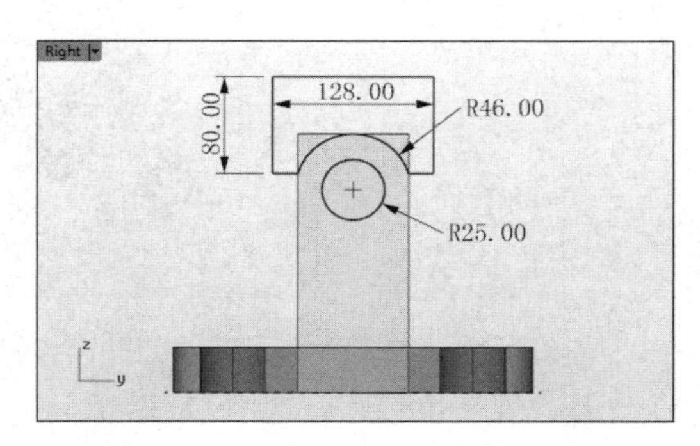

图 8-31　绘制曲线

⑩ 使用【挤出封闭的平面曲线】工具，选取上一步骤绘制的曲线，创建挤出实体，如图 8-32 所示。

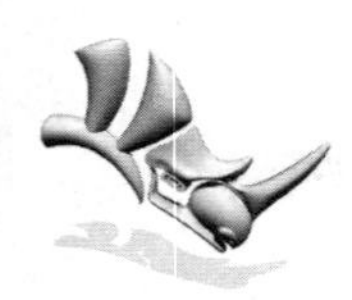

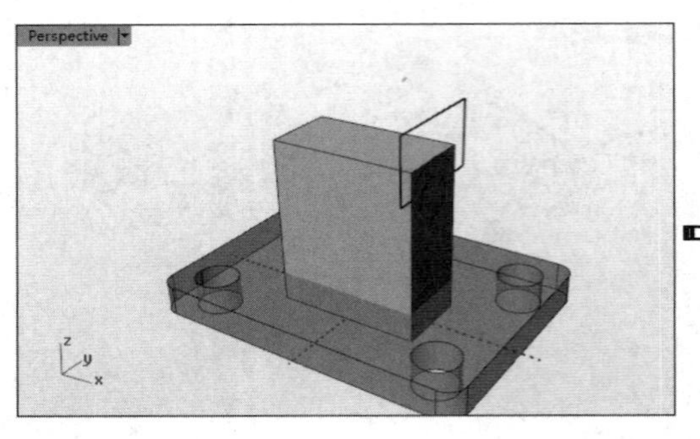

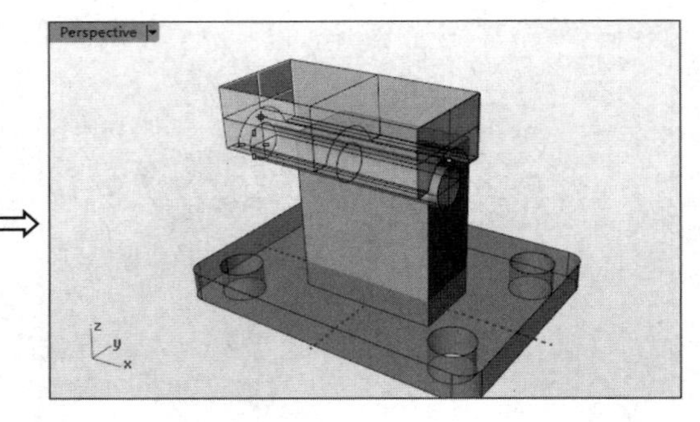

图 8-32 创建挤出实体

⑪ 使用【布尔运算差集】工具，进行差集运算，如图 8-33 所示。

⑫ 使用【布尔运算联集】工具，将两个实体求和，如图 8-34 所示。

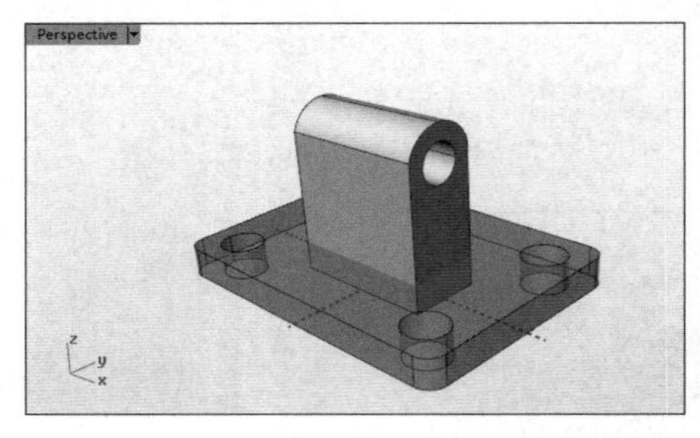

图 8-33 差集运算

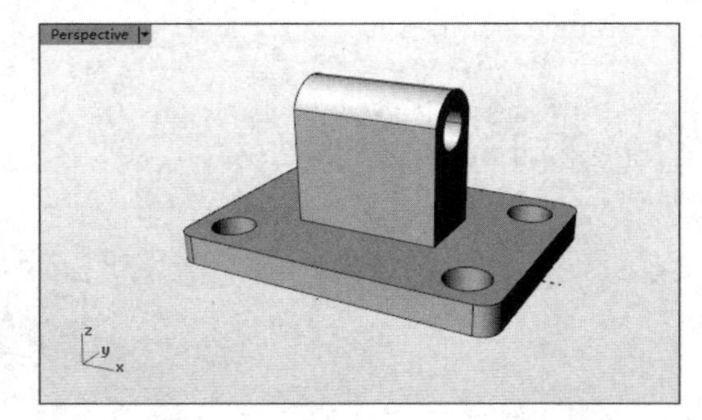

图 8-34 联集运算

⑬ 使用【多重直线线段】工具，在 Front 视窗中绘制如图 8-35 所示的曲线。

⑭ 使用【挤出封闭的平面曲线】工具，选取上一步骤绘制的曲线，创建挤出实体，如图 8-36 所示。

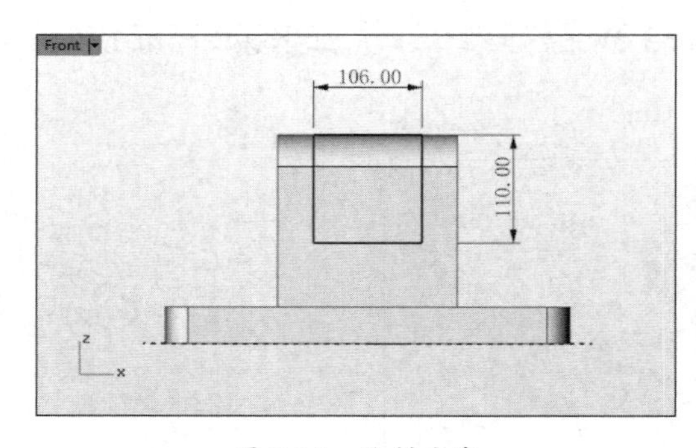

图 8-35 绘制曲线

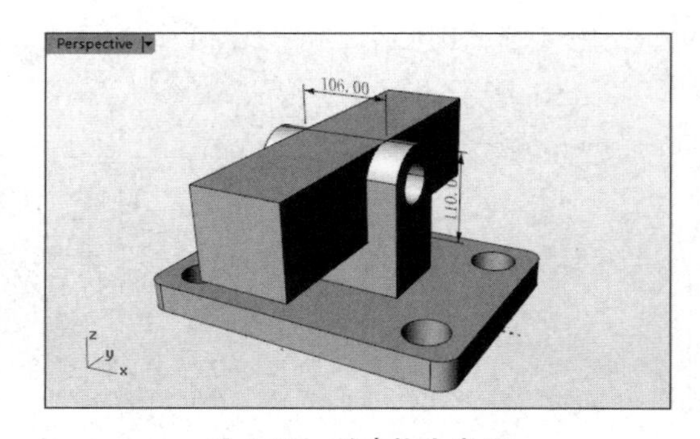

图 8-36 创建挤出实体

⑮ 使用【布尔运算差集】工具，进行差集运算，如图 8-37 所示。

⑯ 使用【不等距边缘圆角】工具，创建如图 8-38 所示的半径为 22 的不等距边缘圆角。

⑰ 保存结果。

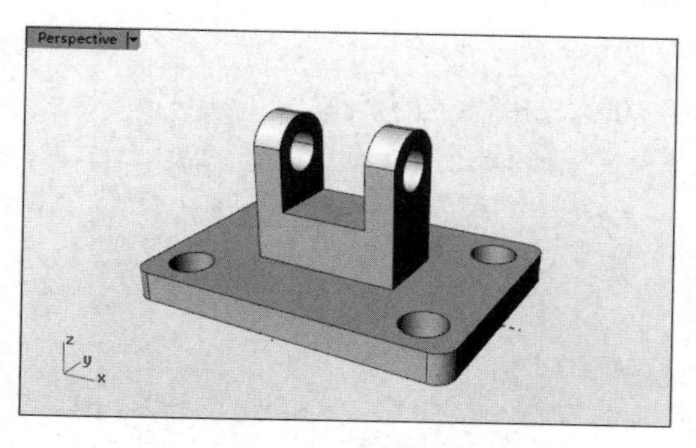

图 8-37　差集运算

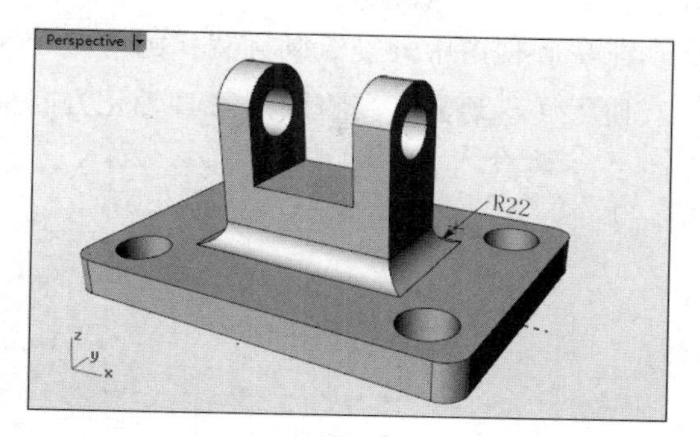

图 8-38　创建不等距边缘圆角

8.2.2　不等距边缘斜角

使用【不等距边缘斜角】工具可以在多重曲面或实体边缘上创建不等距的斜角曲面，修剪原曲面并与斜角曲面组合在一起。

【不等距边缘斜角】工具与【曲面工具】选项卡中的【不等距曲面斜角】工具的功能既有共同点又有不同点。共同点就是都能对多重曲面和实体进行斜角处理。不同点是使用【不等距边缘斜角】工具不能对独立曲面进行斜角操作，而使用【不等距曲面斜角】工具在对实体进行斜角操作时仅对实体上的两个面进行斜角操作，而并非整个实体，如图 8-39 所示。

同理，两个斜角工具的操作方法相同，在此不再重复叙述。

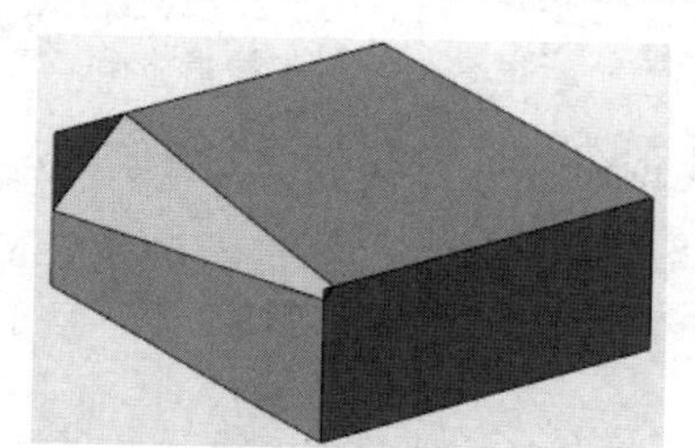

使用【不等距曲面斜角】工具倒斜实体

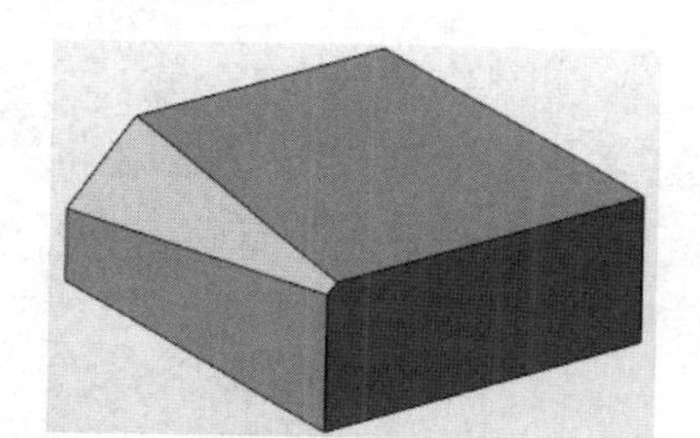

使用【不等距边缘斜角】工具倒斜实体

图 8-39　使用两种斜角工具对实体倒斜角进行对比

8.2.3　封闭的多重曲面薄壳

使用【封闭的多重曲面薄壳】工具可以对实体进行抽壳操作，也就是删除所选的面，剩余的部分则偏移创建有一定厚度的壳体。

上机操作——创建挤压瓶

下面通过一个挤压瓶的设计案例进行说明，意在使用户全面掌握【封闭的多重曲面薄壳】工具的应用。

① 新建 Rhino 8.0 文件。

② 在 Top 视窗中分别绘制椭圆和圆，如图 8-40 所示。

③ 使用【移动】工具将圆沿着 Z 轴正方向移动 200，如图 8-41 所示。

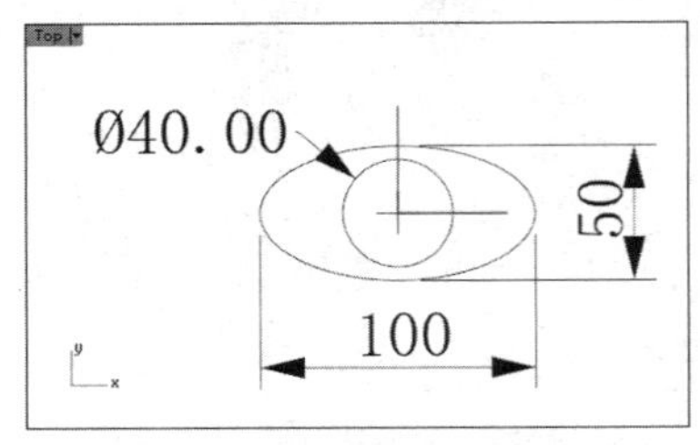

图 8-40　绘制椭圆和圆

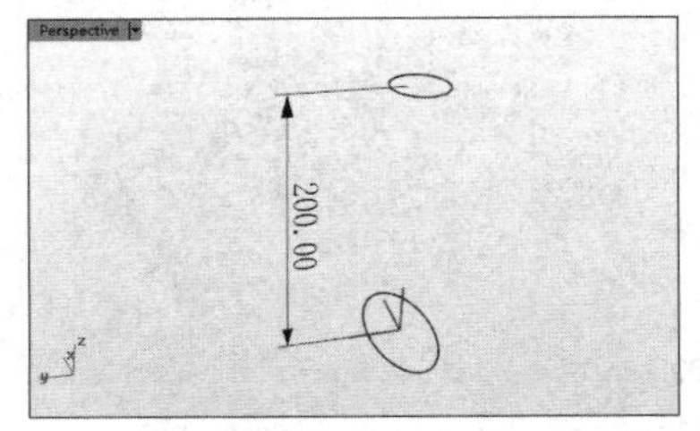

图 8-41　移动圆

④ 使用【内插点曲线】工具在 Front 视窗中绘制样条曲线，如图 8-42 所示。

⑤ 使用【双轨扫掠】工具，选取椭圆和圆作为路径，样条曲线作为截面曲线，创建如图 8-43 所示的扫掠曲面。

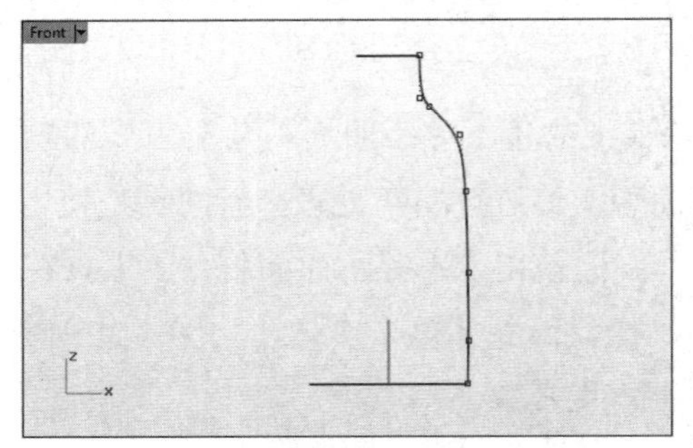

图 8-42　绘制样条曲线

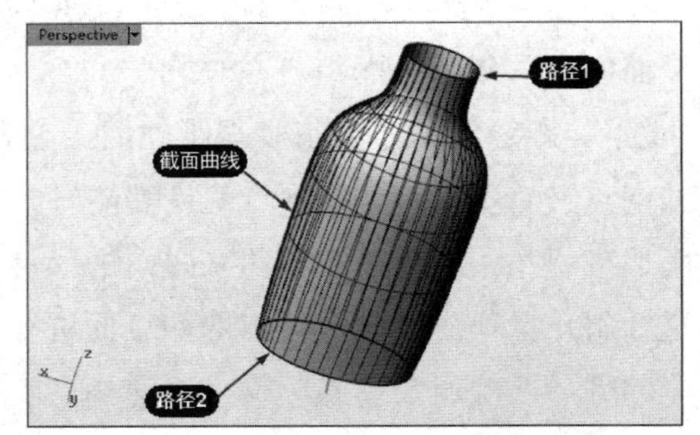

图 8-43　创建扫掠曲面

⑥ 单击【实体工具】选项卡中的【将平面洞加盖】按钮，选取瓶身，创建瓶口和瓶底的曲面。加盖后的封闭曲面自动生成实体，如图 8-44 所示。

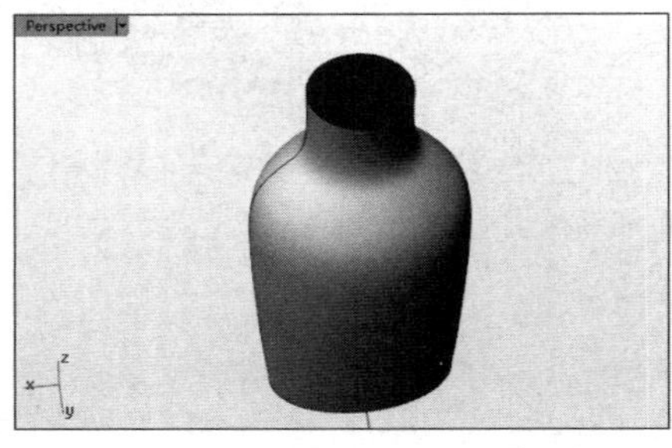

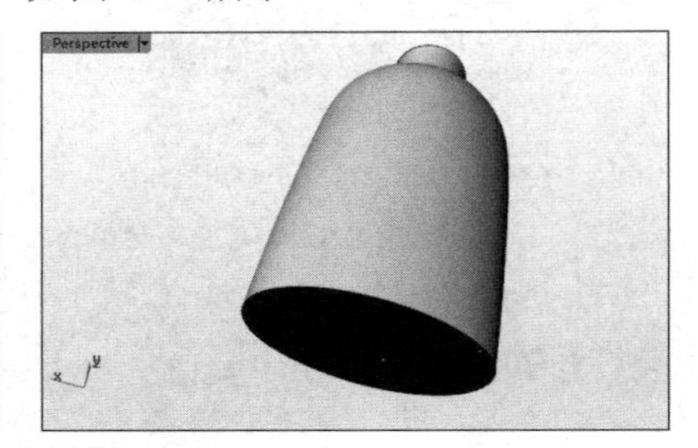

图 8-44　加盖并生成实体

⑦ 在 Right 视窗中使用【圆弧：起点、终点、通过点】工具，绘制圆弧，如图 8-45 所示。

⑧ 将圆弧镜像至对称的另一侧，如图 8-46 所示。

⑨ 使用【直线挤出】工具，创建如图 8-47 所示的与瓶身产生交集的挤出曲面。

⑩ 执行【分析】|【方向】命令，选取两个曲面并检查其方向，如图 8-48 所示。如果方向不正确，那么可以通过选取曲面改变方向。

⑪ 使用【布尔运算差集】工具，选取瓶身作为被减去的对象，选取两个曲面作为减去的对象，如图 8-49 所示。

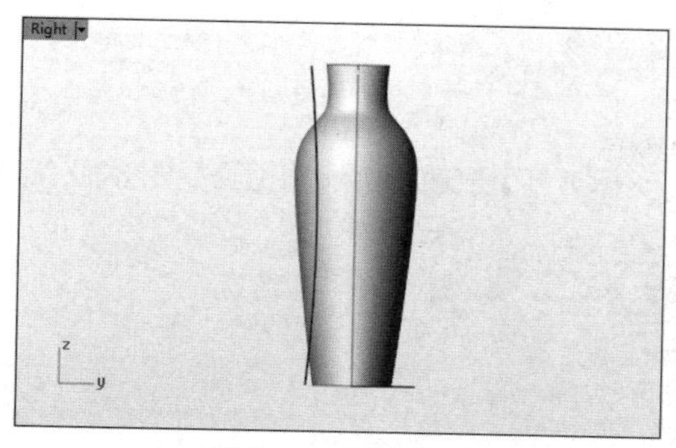

图 8-45　绘制圆弧

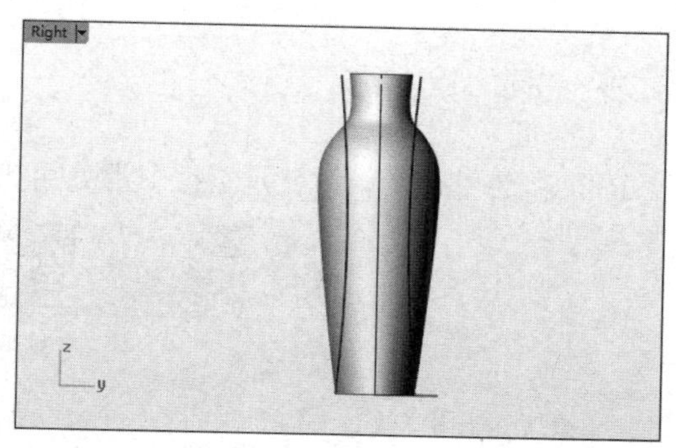

图 8-46　镜像圆弧

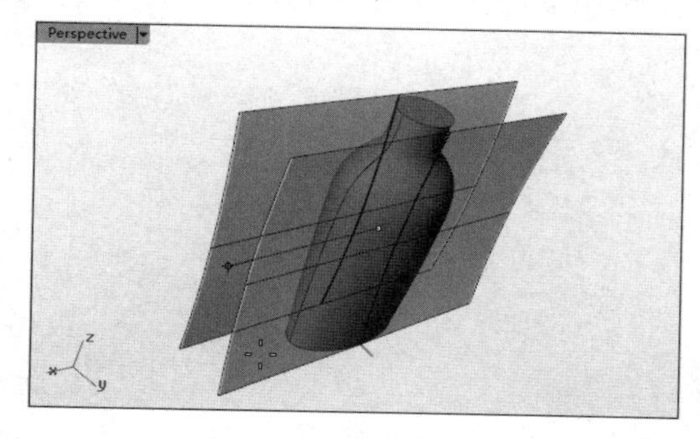

图 8-47　创建挤出曲面

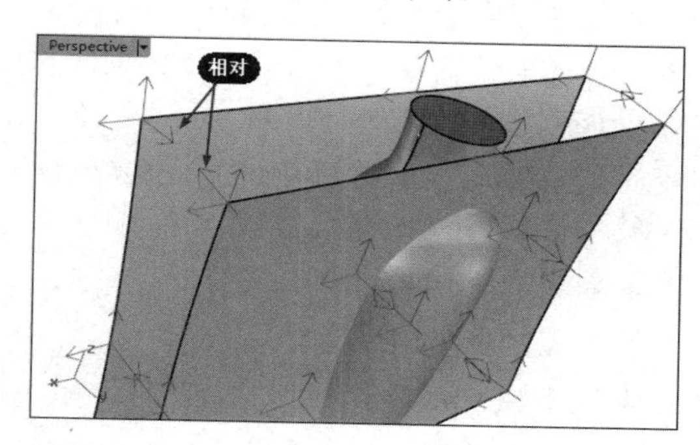

图 8-48　检查方向

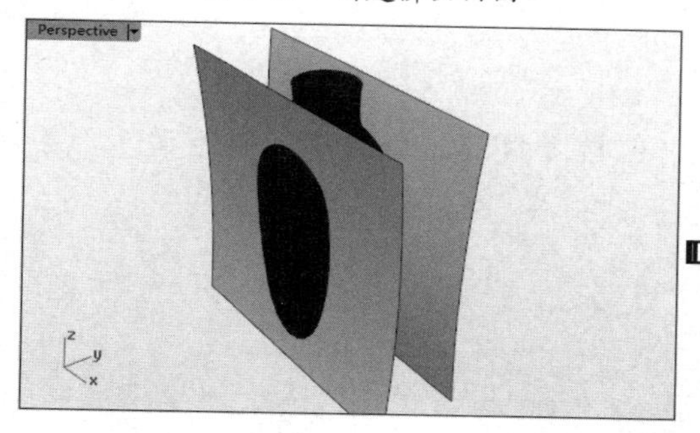

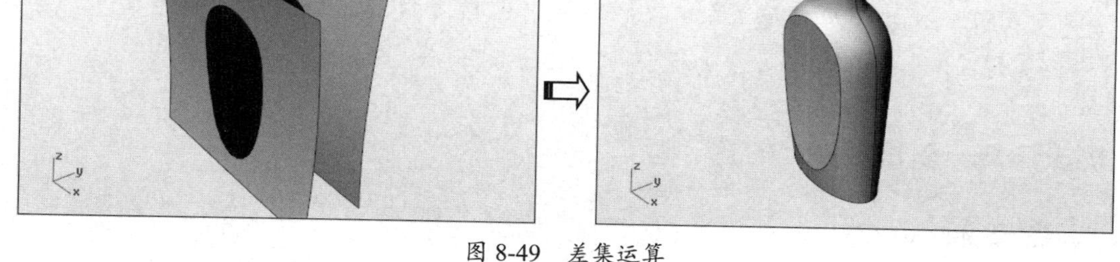

图 8-49　差集运算

⑫　使用【不等距边缘圆角】工具，创建边缘圆角，如图 8-50 所示。

⑬　单击【封闭的多重曲面薄壳】按钮，选取瓶口曲面作为要移除的面，设置厚度为 2.5，右击完成抽壳操作，这样就完成了挤压瓶的建模操作，如图 8-51 所示。

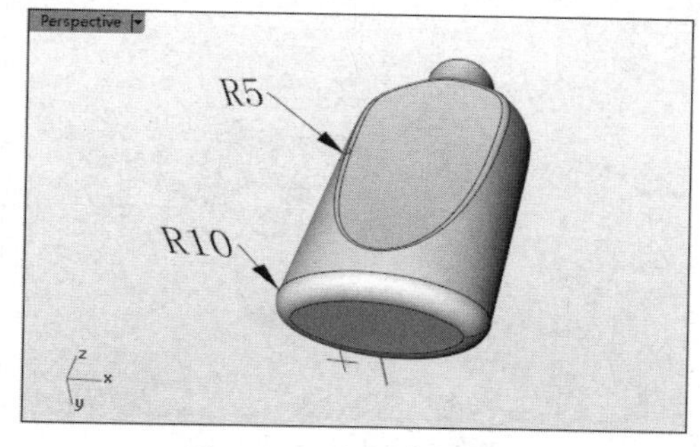

图 8-50　创建边缘圆角

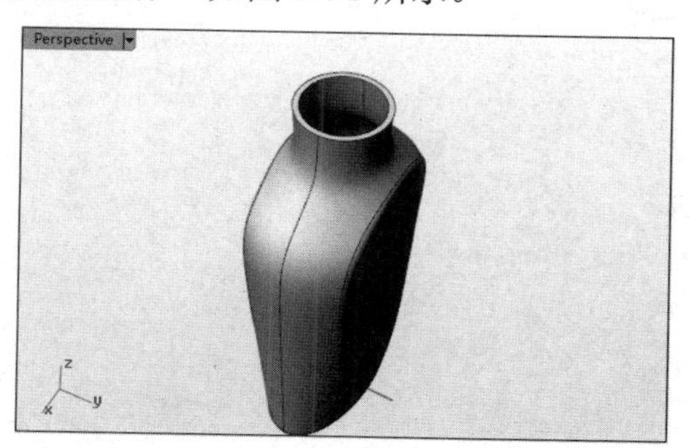

图 8-51　抽壳

8.2.4 洞

Rhino 8.0 中的“洞”就是工程中常见的孔。【实体工具】选项卡中的洞工具如图 8-52 所示。

图 8-52 洞工具

1. 建立圆洞

使用【建立圆洞】工具可以建立自定义的孔。单击【建立圆洞】按钮，选取要放置孔的目标曲面后，命令行中显示如下提示内容：

```
选取目标曲面：
中心点 (深度(D)=1 半径(R)=10 钻头尖端角度(I)=180 贯穿(T)=否 方向(C)=工作平面法线)：
```

各个选项的功能如下。

- 中心点：孔的中心点。
- 深度：孔的深度。
- 半径：孔的半径。
- 钻头尖端角度：设置孔的钻尖角度。如果是钻头孔，则应设置为 118；如果是平底孔，则应设置为 180。
- 贯穿：设置孔是否贯穿整个实体。
- 方向：孔的生成方向。【方向】选项中包括【曲面法线】、【工作平面法线】和【指定】3 个选项。

上机操作——创建零件上的孔

① 新建 Rhino 8.0 文件。

② 使用【直线】、【圆弧】、【修剪】、【圆】和【曲线圆角】等工具，绘制如图 8-53 所示的轮廓。

③ 使用【挤出封闭的平面曲线】工具选取所有实线轮廓，创建厚度为 50 的挤出实体，如图 8-54 所示。

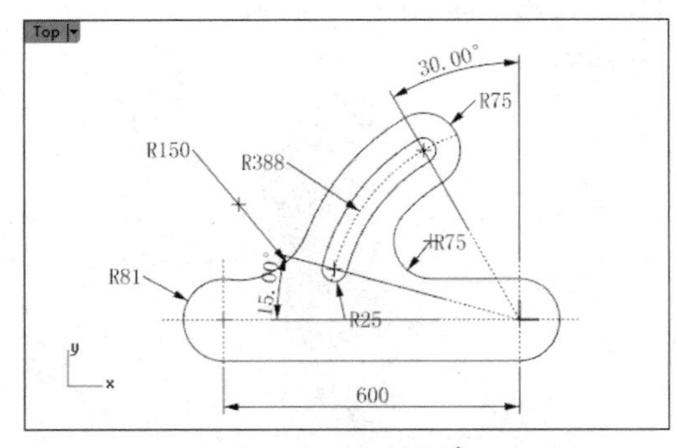

图 8-53 绘制轮廓

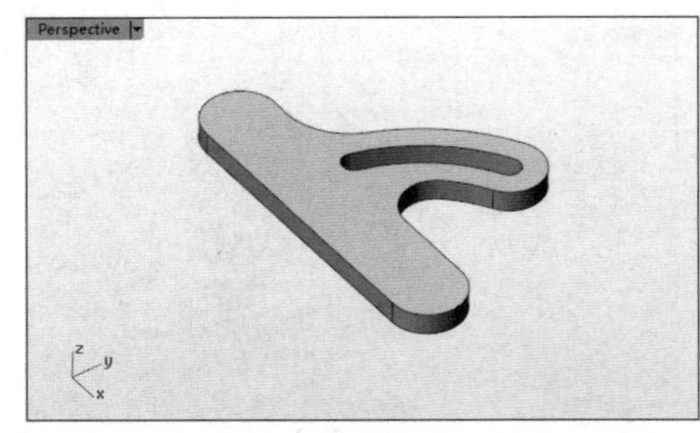

图 8-54 创建挤出实体

④ 单击【建立圆洞】按钮，选取要放置孔的目标曲面（上表面），使用【物件锁点】选项选取圆弧的中心点作为孔的中心点，如图 8-55 所示。

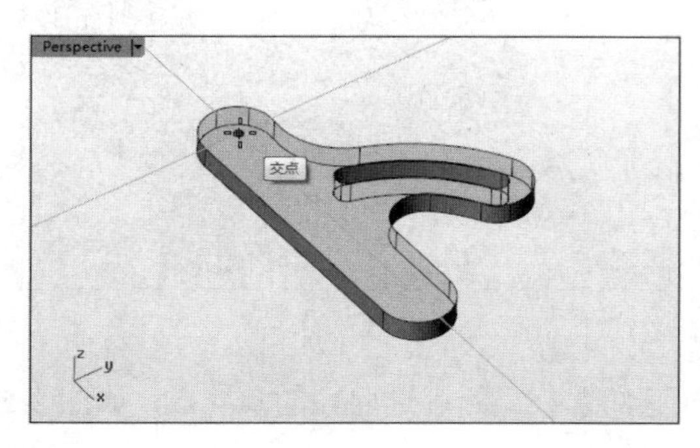

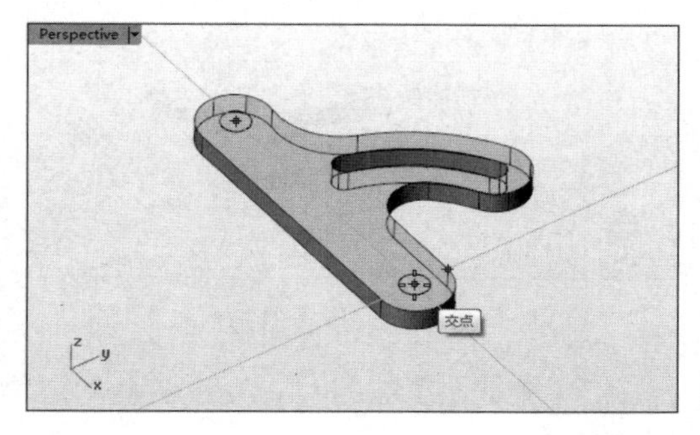

图 8-55　选取圆弧的中心点

⑤ 在命令行中输入半径值 63，并设置【贯穿】为【是】，其余选项保持默认设置，右击完成孔的创建，如图 8-56 所示。

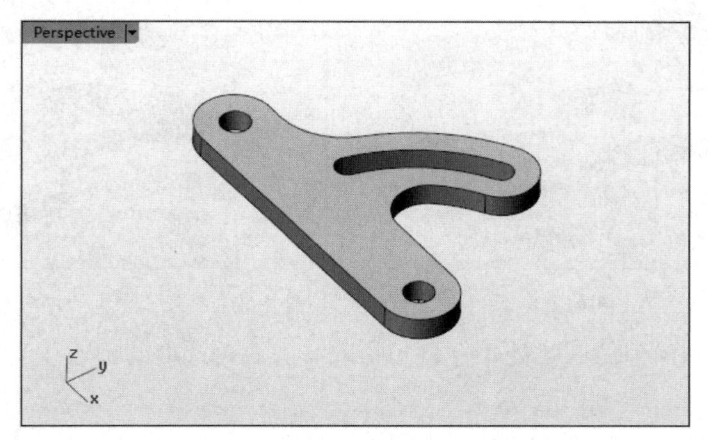

图 8-56　创建孔

2. 建立洞/放置洞

使用【建立洞】工具（单击按钮）可以将封闭曲线以平面曲线挤出，在实体或多重曲面上挖出一个洞（孔）。

使用【放置洞】工具（右击按钮）可以将已有的封闭曲线或孔的边缘放到新的曲面位置上重建孔。

上机操作——建立洞/放置洞

① 打开本案例源文件“建立洞-放置洞.3dm”。

② 使用【圆】、【矩形】和【修剪】等工具，绘制如图 8-57 所示的图形。

③ 单击【建立洞】按钮，选取圆和矩形，右击后选取放置曲面（上表面），右击完成孔的创建，如图 8-58 所示。

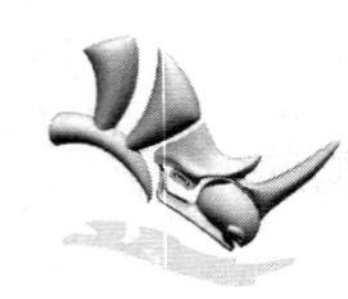

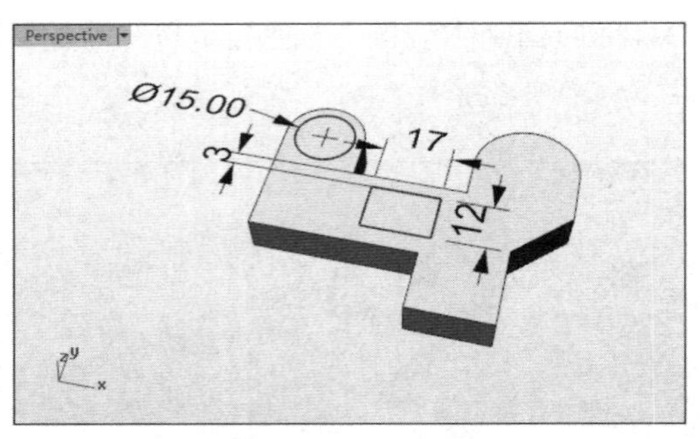

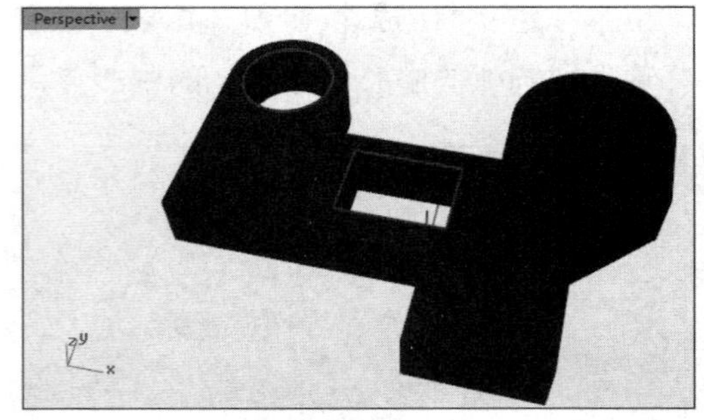

图 8-57　绘制图形　　　　图 8-58　创建孔

④ 右击【放置洞】按钮，先选取孔的边缘或圆的曲线，然后选取孔的基准点，如图 8-59 所示。

⑤ 右击保留默认的孔朝上的方向，选择目标曲面（放置曲面），如图 8-60 所示。

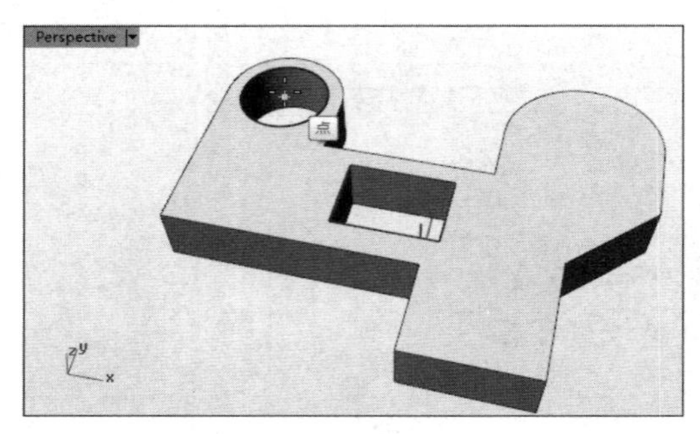

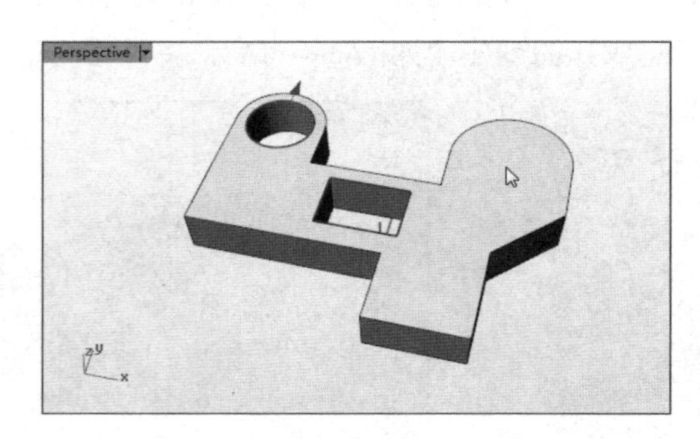

图 8-59　选取孔的基准点　　　　图 8-60　确定孔朝上的方向并选择目标曲面

⑥ 将光标移动到模型的圆弧处，会自动拾取其圆心，选取此圆心作为放置面上的点，如图 8-61 所示。

⑦ 输入深度值或移动光标确定深度，右击后完成孔的放置，如图 8-62 所示。

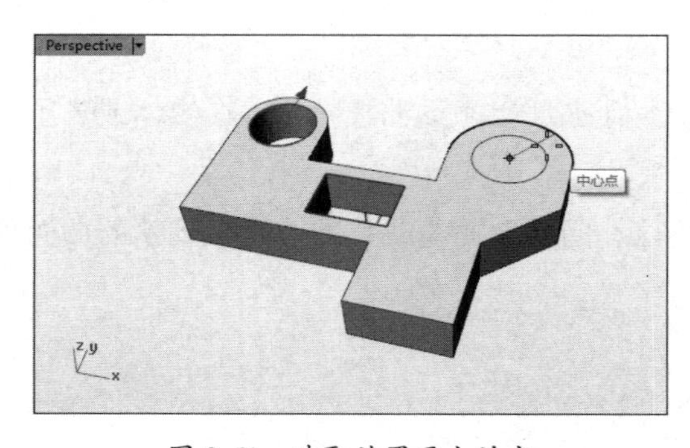

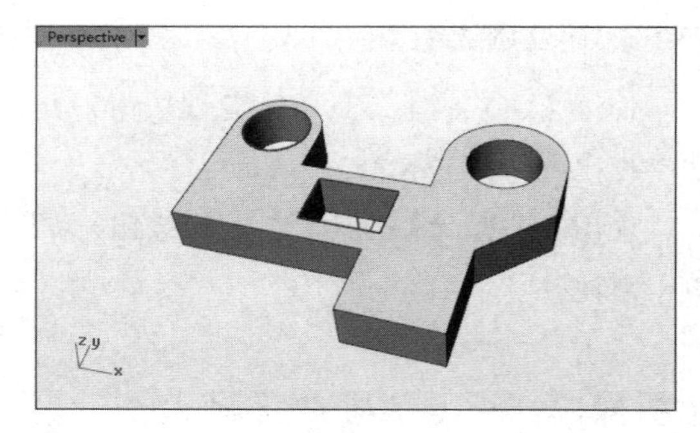

图 8-61　选取放置面上的点　　　　图 8-62　确定深度并放置孔

3. 旋转成洞

使用【旋转成洞】工具可以创建异形孔，也可以对对象进行旋转切除操作，旋转截面曲线为开放的曲线或封闭的曲线。

上机操作——旋转成洞

① 打开本案例源文件“旋转成洞.3dm”。

② 单击【旋转成洞】按钮，选取轮廓 1 作为要旋转成孔的轮廓曲线，如图 8-63 所示。

技术要点：

轮廓曲线必须是多重曲线，也就是单一曲线或将多条曲线进行组合。

③ 选取轮廓曲线的一个端点作为曲线的基准点，如图 8-64 所示。

技术要点：

曲线的基准点确定了孔的形状，不同的基准点会产生不同的效果。

图 8-63　选取轮廓曲线

图 8-64　选取曲线的基准点

④ 按提示内容选取目标面（上表面），并指定孔的中心点，如图 8-65 所示。

⑤ 右击完成孔的创建，如图 8-66 所示。

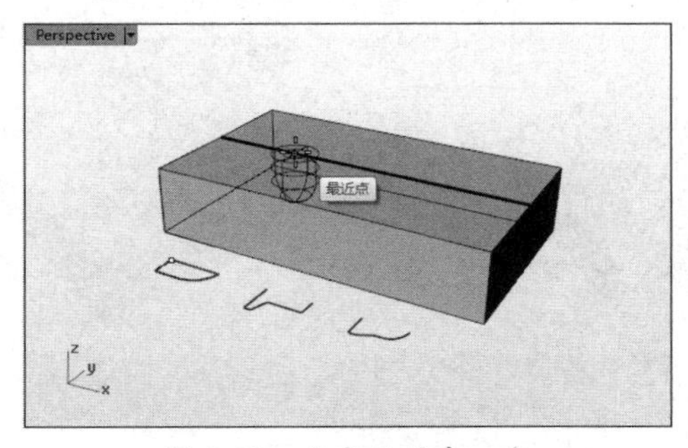

图 8-65　指定孔的中心点

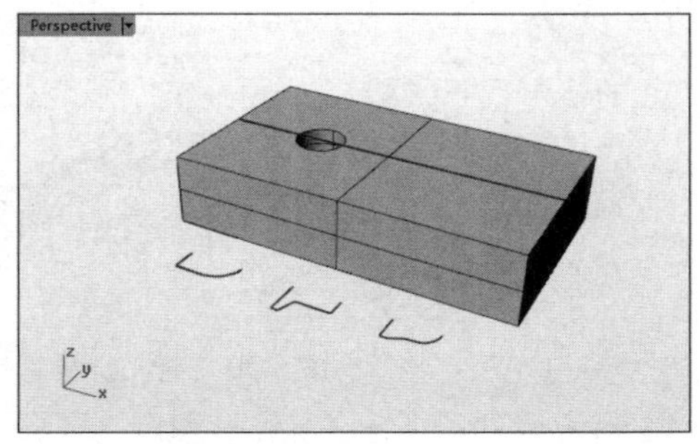

图 8-66　创建孔

⑥ 同理，创建其余两个孔，如图 8-67 所示。剖开的示意图如图 8-68 所示。

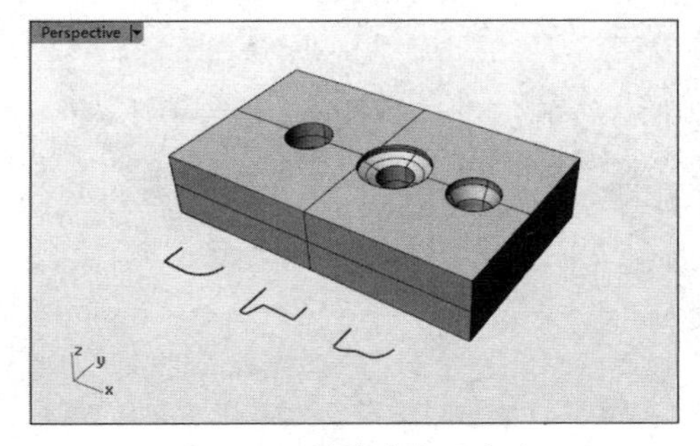

图 8-67　创建其余两个孔

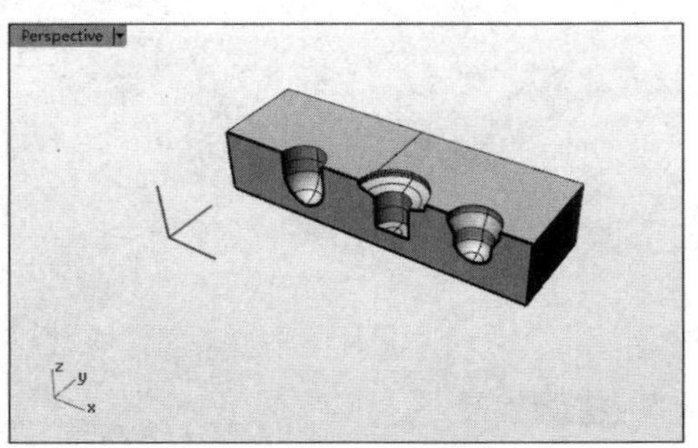

图 8-68　剖开的示意图

4. 将洞移动/将洞复制

使用【将洞移动】工具可以将创建的孔移动到曲面的新位置，如图 8-69 所示。

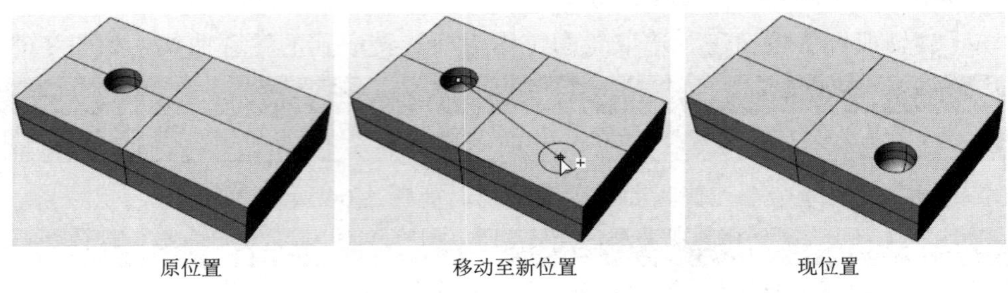

图 8-69　移动孔

技术要点：

此工具适用于使用洞工具创建的孔及经过布尔差集运算后的孔，从图形创建挤出实体中的孔不能使用此工具，如图 8-70 所示。

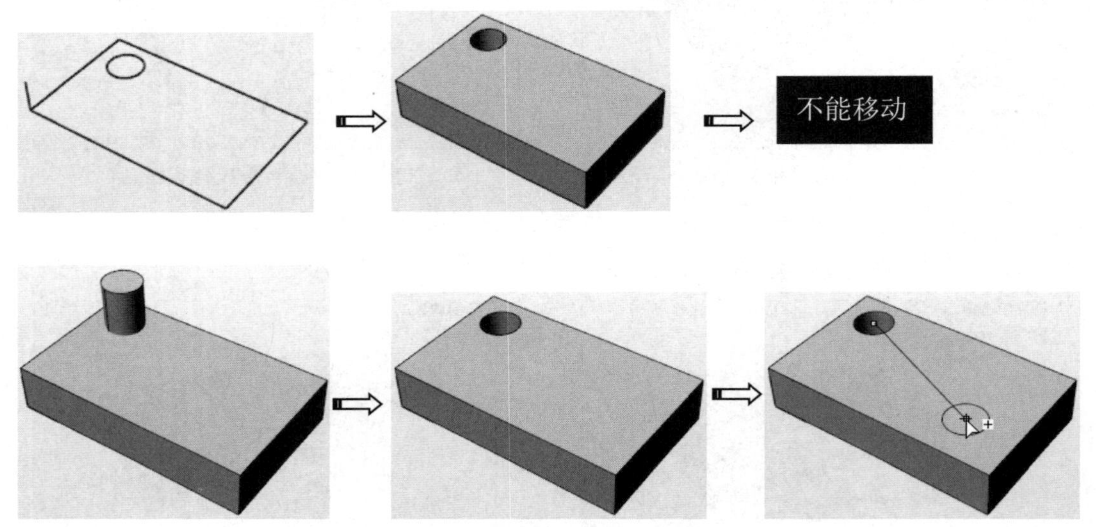

图 8-70　不能移动孔与可以移动孔的两种形式比较

使用【将洞复制】工具可以复制孔，如图 8-71 所示。

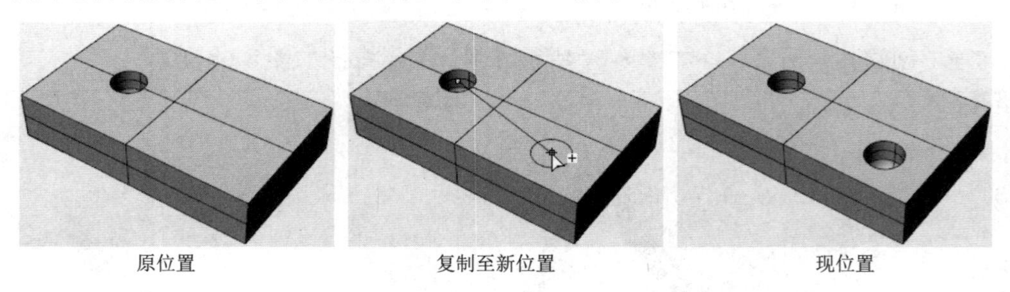

图 8-71　复制孔

5. 将洞旋转

单击【将洞旋转】按钮，可以将平面上的孔绕着指定的中心点旋转。在旋转时可以设置是否复制孔，如图 8-72 所示。

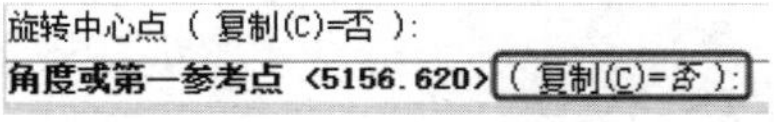

旋转中心点（ 复制(C)=否 ）:
角度或第一参考点 <5156.620>（ 复制(C)=否 ）:

图 8-72　在旋转洞时设置是否复制

上机操作——将洞旋转

① 新建 Rhino 8.0 文件。

② 使用【圆柱体】工具在坐标系原点的位置创建直径为 50、高度为 10 的圆柱体，如图 8-73 所示。

③ 使用【建立圆洞】工具在圆柱体上创建直径为 40、深度为 5 的大圆孔，如图 8-74 所示。

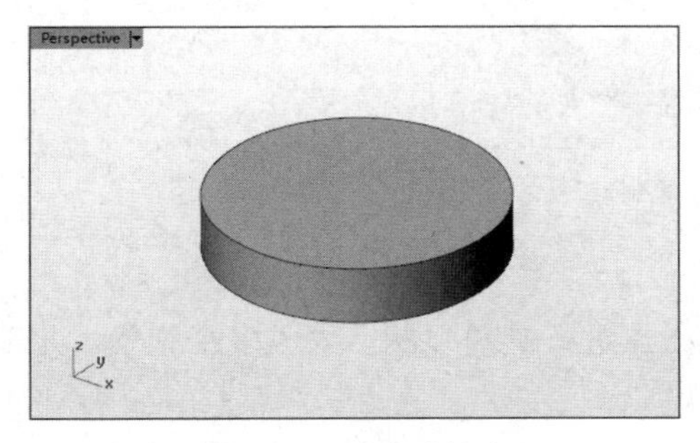

图 8-73　创建圆柱体

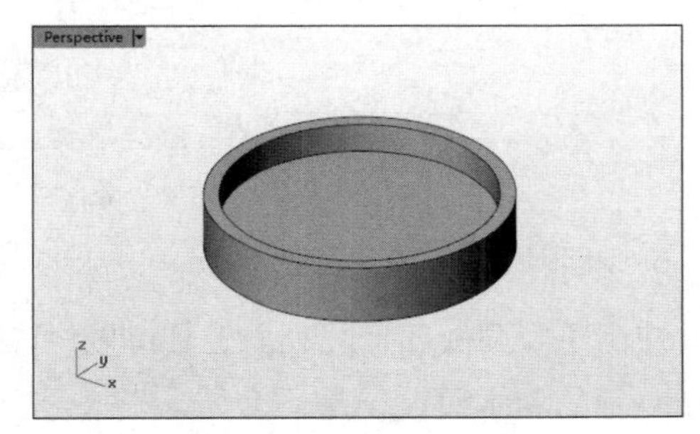

图 8-74　创建大圆孔

④ 使用【圆柱体】工具在坐标系原点的位置创建直径为 20、高度为 7 的小圆柱体，如图 8-75 所示。使用【布尔运算联集】工具组合所有实体。

⑤ 使用【建立圆洞】工具，在小圆柱体上创建直径为 15 的贯穿孔，如图 8-76 所示。

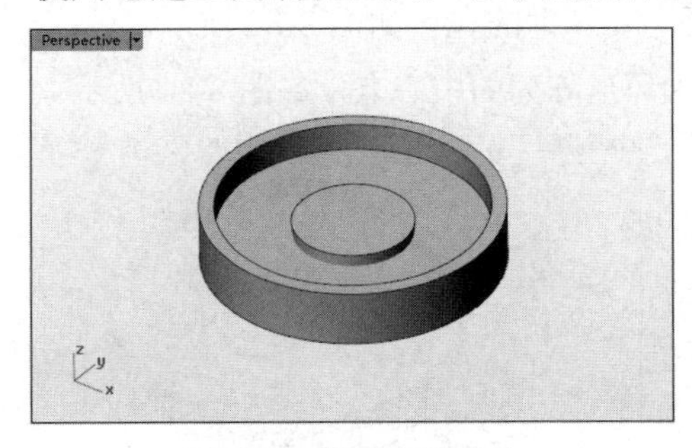

图 8-75　创建小圆柱体

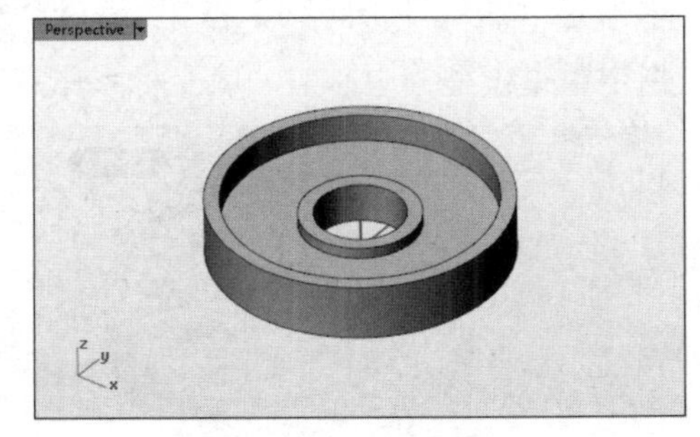

图 8-76　创建贯穿孔

⑥ 使用【建立圆洞】工具，创建直径为 7.5 的贯穿孔，如图 8-77 所示。

⑦ 单击【将洞旋转】按钮，先选取要旋转的孔（直径为 7.5 的贯穿孔），然后选取旋转中心点，如图 8-78 所示。

⑧ 在命令行中输入旋转角度-90°，并设置【复制】为【是】，右击后完成孔的旋转复制，如图 8-79 所示。

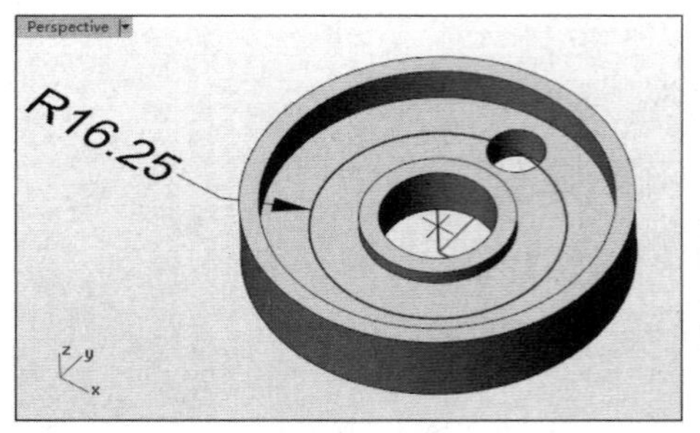

图 8-77 创建贯穿孔

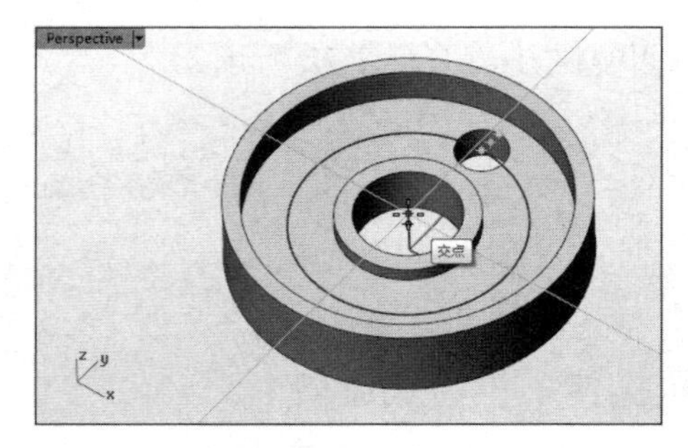

图 8-78 选取旋转中心点

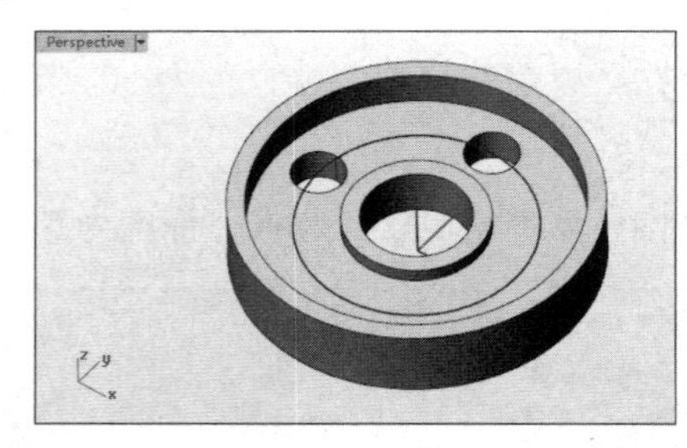

图 8-79 旋转复制孔

6. 以洞做环形阵列

使用【以洞做环形阵列】工具可以绕阵列中心点进行旋转复制，生成多个副本。此工具旋转复制的副本数仅仅是一个。

上机操作——以洞做环形阵列

① 打开本案例源文件“以洞做环形阵列.3dm”。

② 单击【以洞做环形阵列】按钮，选取平面上要阵列的孔，如图 8-80 所示。

③ 指定整个模型的中心点（或坐标系原点）作为环形阵列的中心点，如图 8-81 所示。

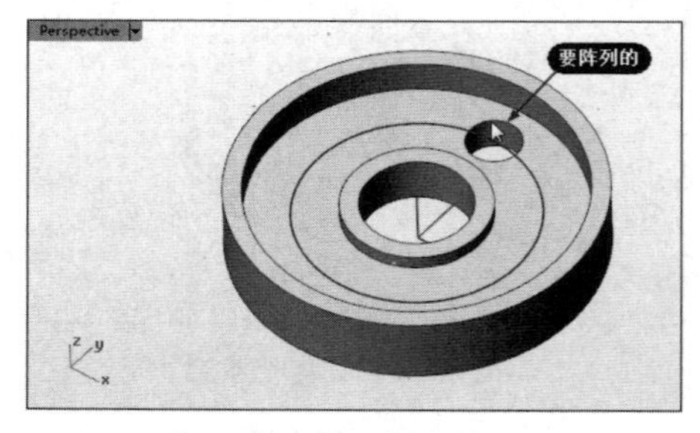

图 8-80 选取要阵列的孔

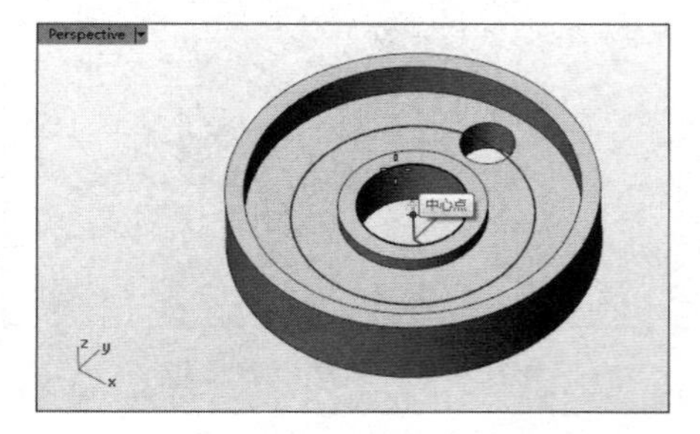

图 8-81 指定环形阵列的中心点

④ 在命令行中输入阵列值 4，先右击后输入旋转角度总和为 360°，再右击完成孔的环形阵列，如图 8-82 所示。

7. 以洞做矩形阵列

【以洞做矩形阵列】工具是将孔做矩形或平行四边形阵列。

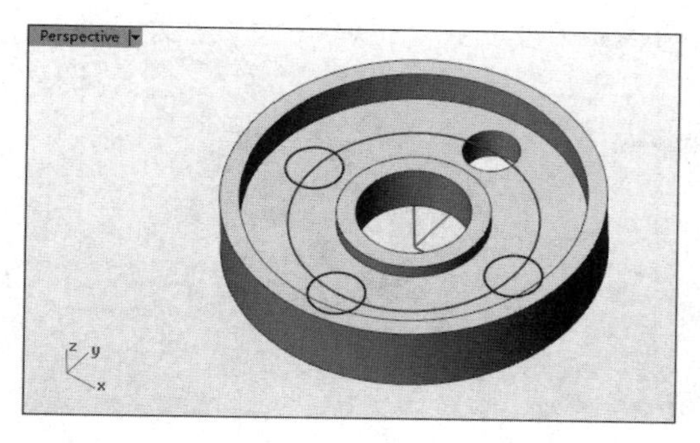

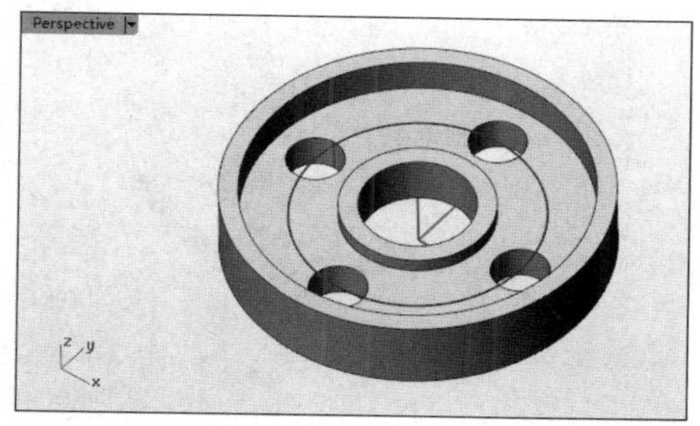

图 8-82　完成孔的环形阵列

上机操作——以洞做矩形阵列

① 打开本案例源文件“以洞做阵列.3dm”。

② 使用【以洞做矩形阵列】工具，选取平面上要阵列的孔，如图 8-83 所示。

③ 在命令行中输入 A 方向的数目 3，右击，输入 B 方向的数目 3，选取阵列基准点，如图 8-84 所示。

图 8-83　选取要阵列的孔

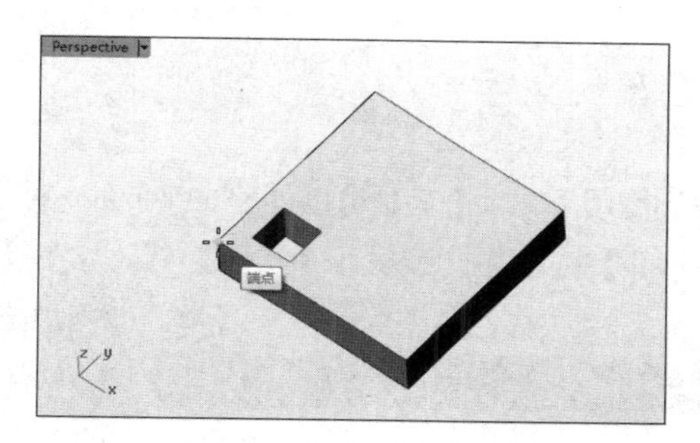

图 8-84　指定阵列基准点

④ 指定 A 方向和 B 方向上的参考点，如图 8-85 所示。

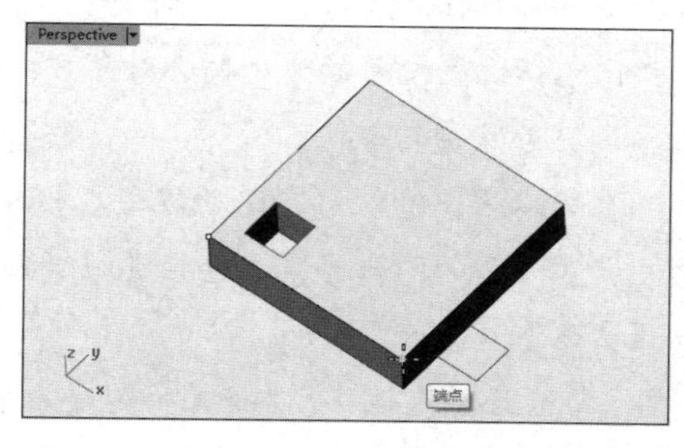

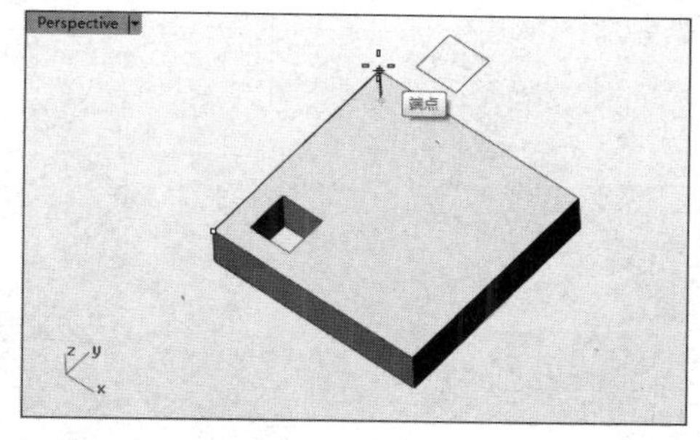

图 8-85　指定 A 方向和 B 方向上的参考点

⑤ 在命令行中输入 A 间距值 15 和 B 间距值 15，右击完成孔的矩形阵列，如图 8-86 所示。

8. 将洞删除

【将洞删除】工具用来删除不需要的孔，如图 8-87 所示。

图 8-86 创建矩形阵列

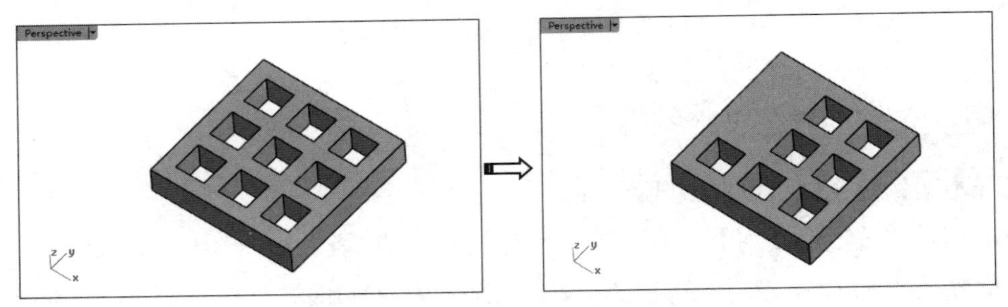

图 8-87 删除孔

8.2.5 文字

使用【文字】工具可以创建文字曲线、曲面或实体。选择【标准】选项卡，单击边栏中的【文字物件】按钮，或执行【实体】|【文字】命令，弹出【文本物件】对话框，如图 8-88 所示。

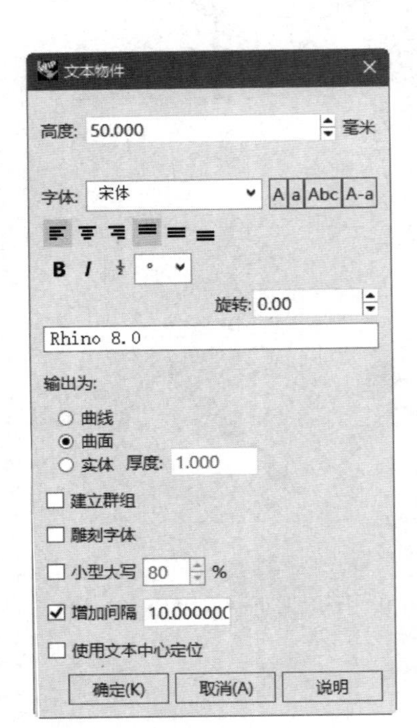

图 8-88 【文本物件】对话框

对话框中各个选项的功能如下。

- 高度：设置文字的高度。
- 字体：可以从【字体】下拉列表中选择 Windows 提供的文字类型，也可以将自定义的文字类型放到 Windows 中，从此对话框中加载即可。
- 字体样式：包括设置文字的大小写、对齐方式、粗体、斜体、符号及旋转等。
- 文本框：在文本框中输入文字以创建文本物件。
- 输出为：设置文字的输出样式，包括【曲线】、【曲面】和【实体】3 种。
- 建立群组：勾选此复选框，可以将文字创建为群组。
- 雕刻字体：勾选此复选框，将创建雕刻文字。
- 小型大写：以小型大写的方式显示英文小写字母。
- 增加间隔：设置文字之间的间距。
- 使用文本中心定位：勾选此复选框，将使用整个文字中心定位放置文字。

在前面章节中已经应用过【文字物件】工具创建文字了，此处不再重新举例叙述。

8.3　成形实体

使用成形实体工具进行的操作是基于原有实体而进行的重建形状特征的操作。

8.3.1　线切割

使用【线切割】工具可以用开放或封闭的曲线切割实体。

上机操作——线切割

① 打开本案例源文件“线切割.3dm”。

② 单击【线切割】按钮，选取切割用的曲线和要切割的实体对象，如图 8-89 所示。

③ 右击后输入切割深度或指定第一切割点，如图 8-90 所示。

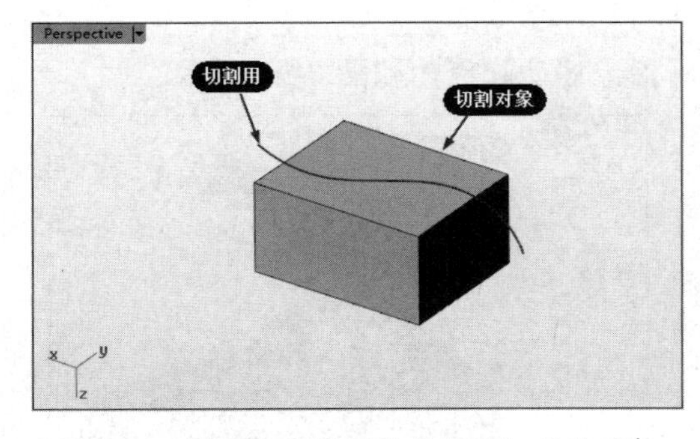

图 8-89　选取切割用的曲线和要切割的对象

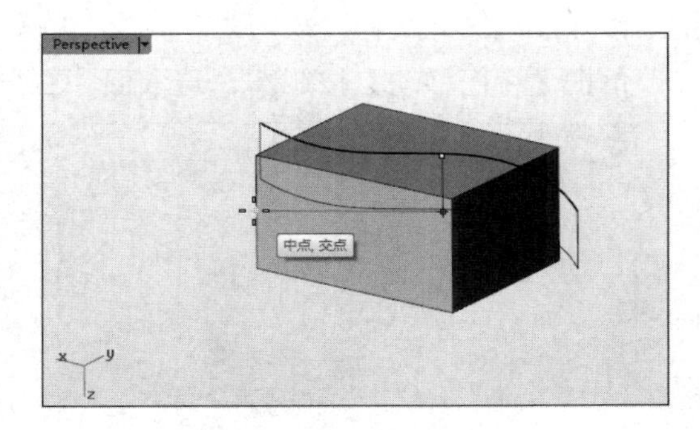

图 8-90　指定第一切割点

④ 将第二切割点拖动到模型外面并单击放置，如图 8-91 所示。

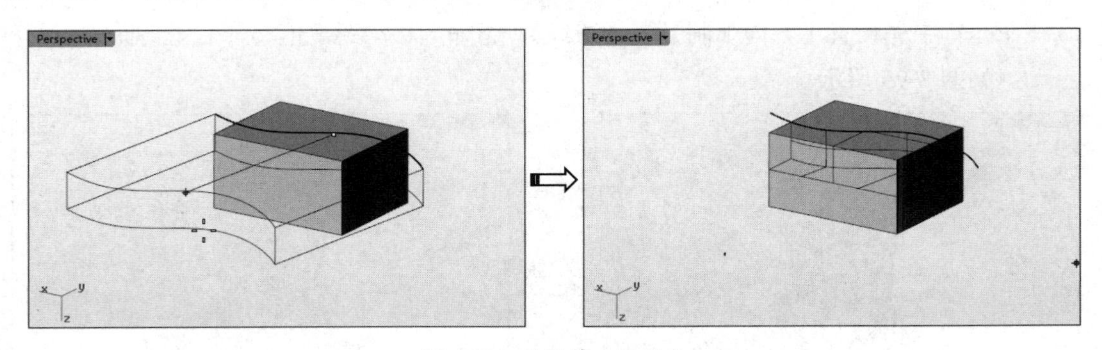

图 8-91　放置第二切割点

⑤ 右击即可完成切割，如图 8-92 所示。

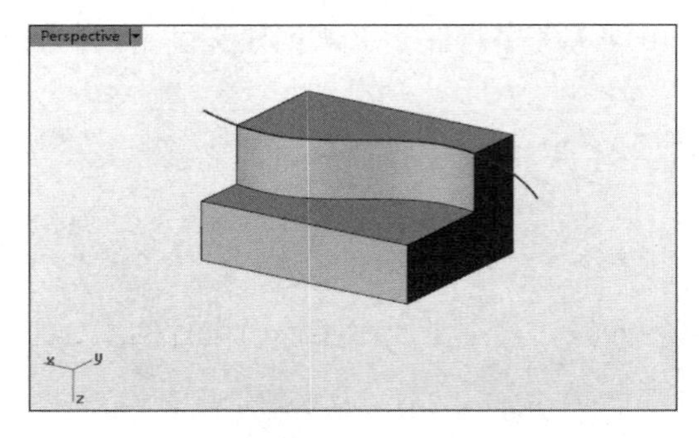

图 8-92　完成线切割

8.3.2　将面移动

使用【将面移动】工具可以通过移动面修改实体或曲面。如果是曲面，只移动曲面，不会生成实体。

上机操作——将面移动

① 打开本案例源文件“线切割.3dm”，如图 8-93 所示。

② 单击【将面移动】按钮，选取面，右击后指定移动起点，如图 8-94 所示。

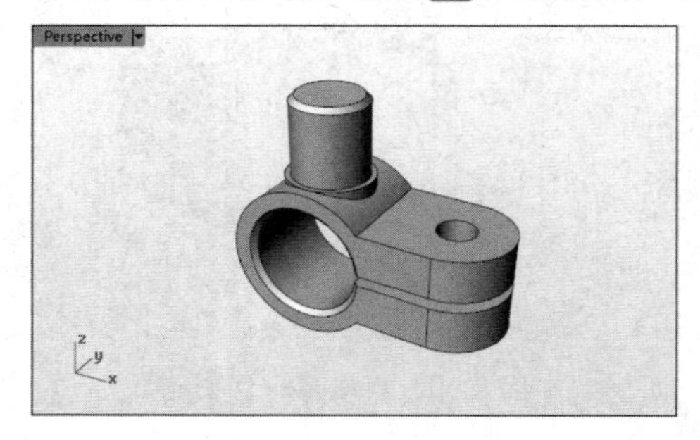

图 8-93　打开的源文件

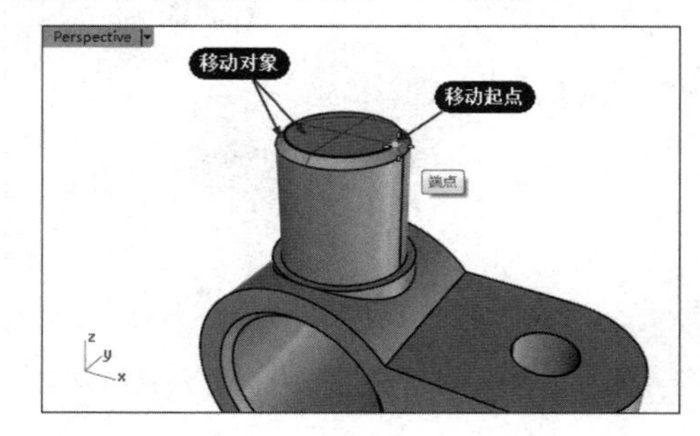

图 8-94　指定移动起点

③ 在命令行中先设置【方向限制】为【法线】，再输入移动距离值 5，右击后完成面的移动，如图 8-95 所示。

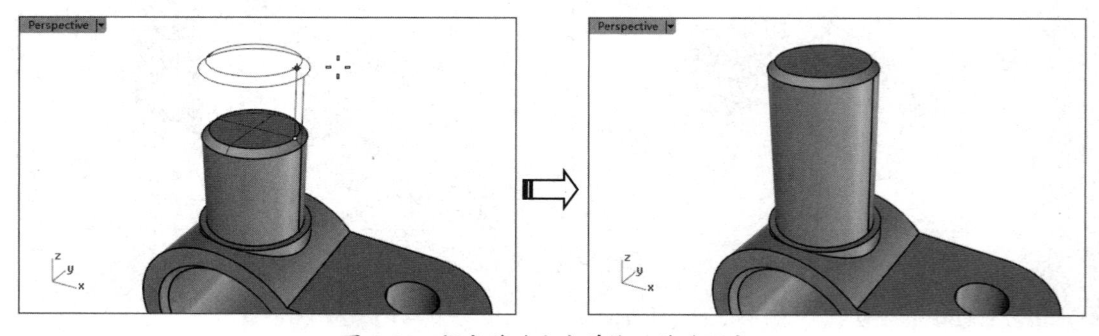

图 8-95　指定移动方向并输入移动距离

④ 再次执行此命令，选取如图 8-96 所示的面进行移动。

⑤ 在命令行中先设置【方向限制】为【法向】，再输入终点距离值 2，右击后完成面的移动，如图 8-97 所示。

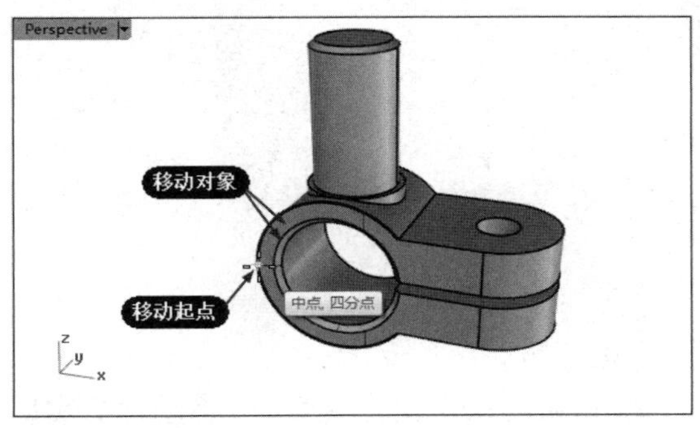

图 8-96　选取面进行移动

图 8-97　设置移动终点并完成面的移动

⑥ 同理，在相反的另一侧也执行相同的移动面的操作。

8.4 曲面与实体转换

Rhino 8.0 的实体工具还提供了由曲面生成实体和由实体分离成曲面的功能。

8.4.1 自动建立实体

使用【自动建立实体】工具可以以选取的曲面或多重曲面所包围的封闭空间建立实体。

上机操作——自动建立实体

① 新建 Rhino 8.0 文件。

② 使用【矩形】、【炸开】、【曲线圆角】和【直线挤出】等工具，建立如图 8-98 所示的挤出曲面。

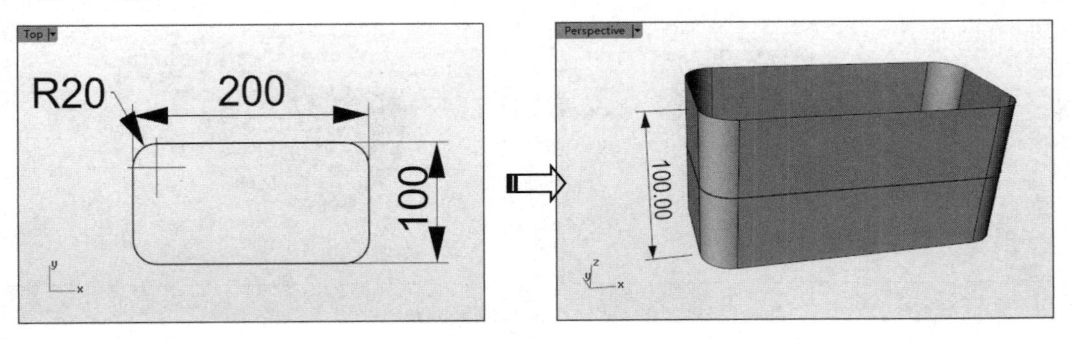

图 8-98　建立挤出曲面

③ 使用【圆弧】工具，分别在 Front 视窗和 Right 视窗中绘制曲线，如图 8-99 所示。

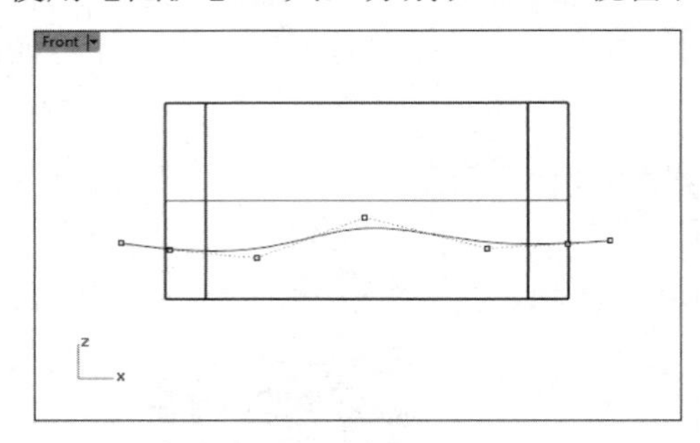

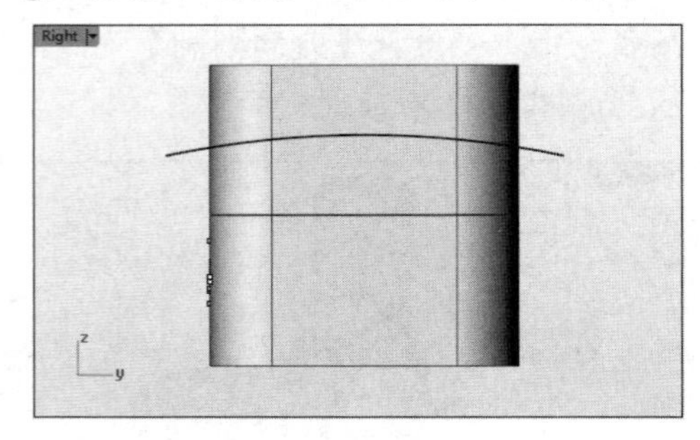

图 8-99 绘制曲线

④ 使用【直线挤出】工具建立挤出曲面，如图 8-100 所示。

⑤ 单击【自动建立实体】按钮，框选所有曲面，右击后自动相互修剪，并自动建立实体，如图 8-101 所示。

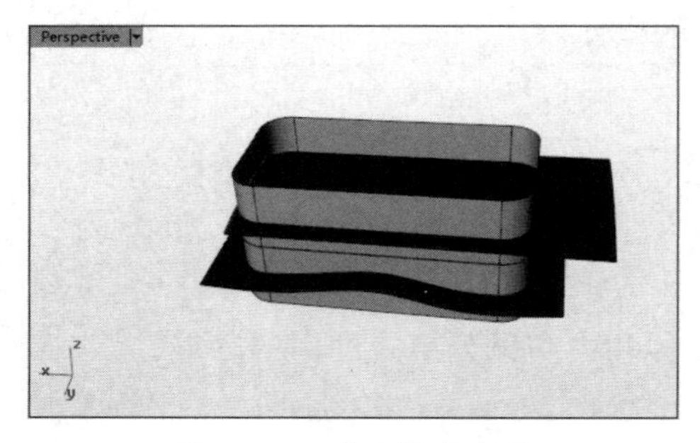

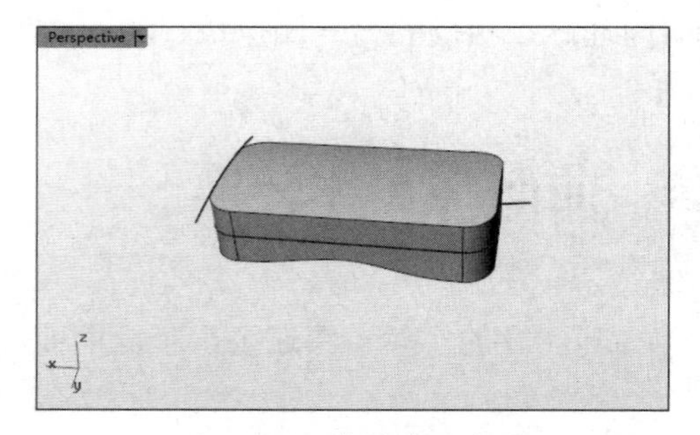

图 8-100 建立挤出曲面

图 8-101 自动建立实体

技术要点：

两两相互修剪的曲面必须完全相交，否则将不能建立实体。

8.4.2 将平面洞加盖

只要曲面上的孔的边缘在平面上，就都可以使用【将平面洞加盖】工具自动修补平面孔，并将其自动组合成实体，如图 8-102 所示。

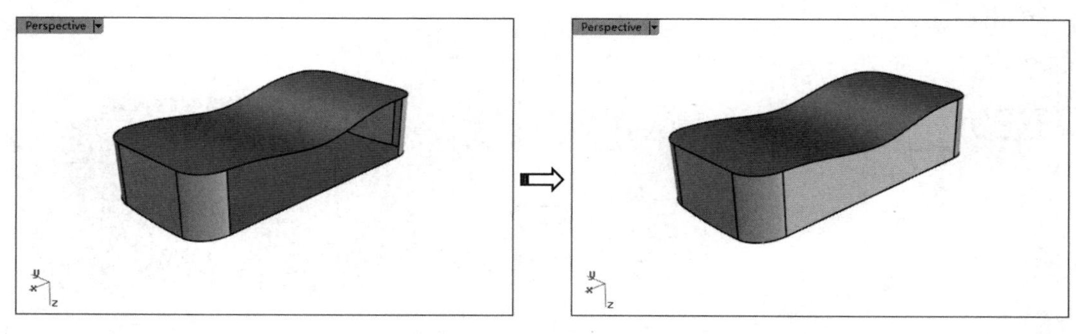

图 8-102 将平面洞加盖

如果不是平面上的洞，则不能加盖，在命令行中会有相关的失败提示，如图 8-103 所示。

无法替 1 个物件加盖，边缘没有封闭或不是平面的缺口无法加盖。

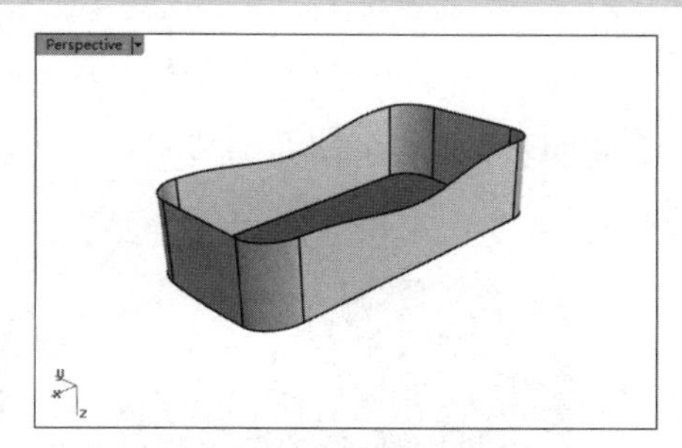

图 8-103　不是平面的洞不能加盖

8.4.3　抽离曲面

使用【抽离曲面】工具可以将实体中选择的面剥离，实体会转变为曲面。抽离的曲面既可以进行删除操作，又可以进行复制操作。

单击【抽离曲面】按钮，选取实体中要抽离的曲面，右击即可完成抽离操作，如图 8-104 所示。

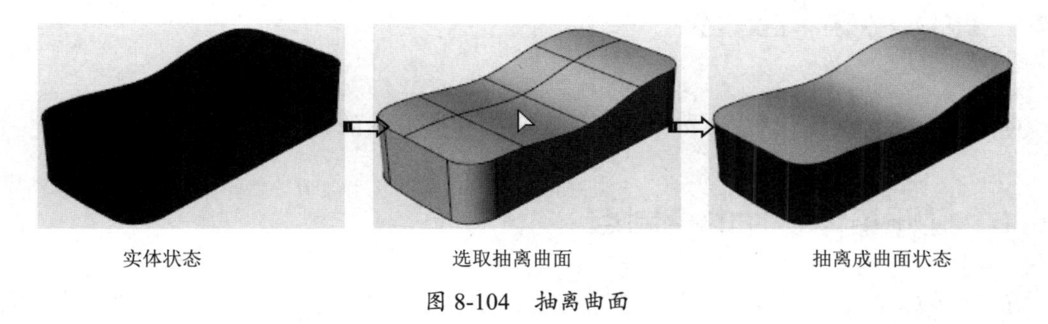

图 8-104　抽离曲面

8.4.4　合并两个共平面的面

使用【合并两个共平面的面】工具可以将相邻的两个共平面的面合并为单一平面，如图 8-105 所示。

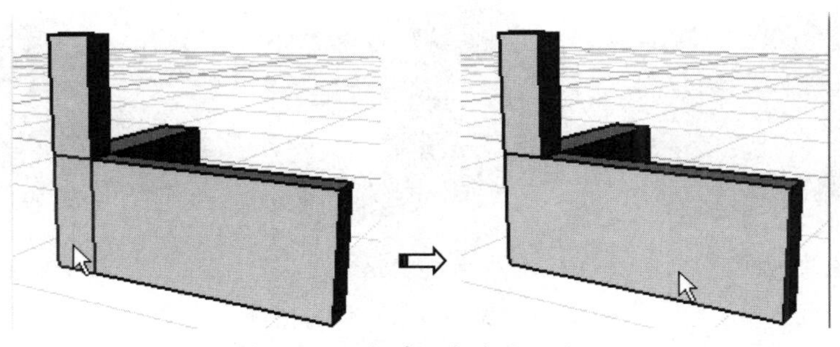

图 8-105　合并两个共平面的面

8.4.5 取消边缘的组合状态

【取消边缘的组合状态】工具的功能近似于【炸开】工具的功能。使用它们都可以将实体拆解成曲面。不同的是，前者可以选取单个曲面的边缘进行拆解，也就是可以拆解出一个或多个曲面，如图 8-106 所示。

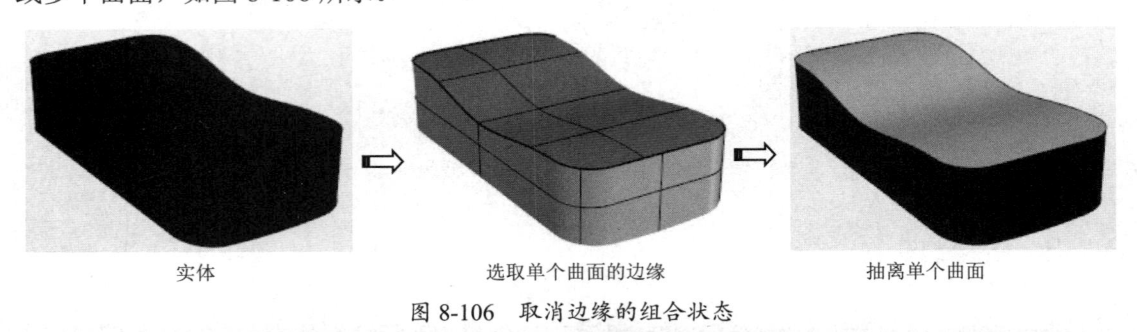

图 8-106 取消边缘的组合状态

> **技术要点：**
> 如果选取的是实体中的所有边缘，那么将拆解所有曲面。

8.5 操作与编辑实体

使用操作与编辑实体工具，可以创建一些造型比较复杂的模型。下面了解一下这些工具。

8.5.1 打开实体物件的控制点

在【曲线工具】或【曲面工具】选项卡中，使用【打开点】工具可以编辑曲线或曲面的形状。同样在【实体工具】选项卡中，使用【打开实体物件的控制点】工具可以编辑实体的形状。

使用【打开实体物件的控制点】工具打开的是实体边缘的端点，每个点都具有 6 个自由度，表示可以往任意方向变动位置，以达到编辑实体形状的目的，如图 8-107 所示。

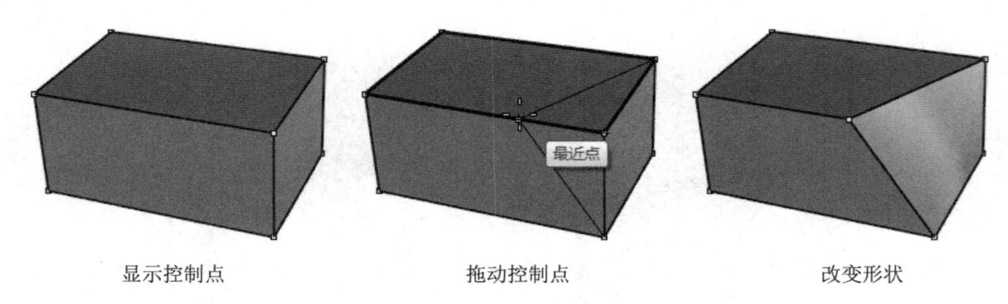

图 8-107 打开实体物件的控制点

在第 7 章介绍的基本实体中，除了球体和椭圆体不能使用【打开实体物件的控制点】工具进行编辑，其他工具都可以使用。

要想编辑球体和椭圆体，可以使用【曲线工具】选项卡中的【打开点】工具，或执行【编辑】|【控制点】|【开启控制点】命令进行编辑，如图 8-108 所示。

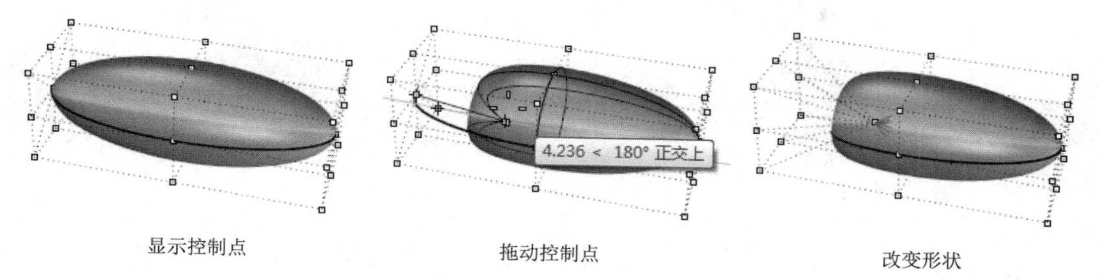

图 8-108　打开实体物件的控制点

上机操作——创建小鸭造型

① 新建 Rhino 8.0 文件。

② 使用【球体：中心点、半径】工具，创建半径分别为 30 和 18 的两个球体，如图 8-109 所示。

③ 为了使球体拥有更多的控制点，需要对球体进行重建。选择两个球体，执行【编辑】|【重建】命令，打开【重建曲面】对话框。在对话框中设置 U、V 的点数均为 8，阶数均为 3，勾选【删除输入物件】和【重新修剪】复选框，单击【确定】按钮完成重建操作，如图 8-110 所示。

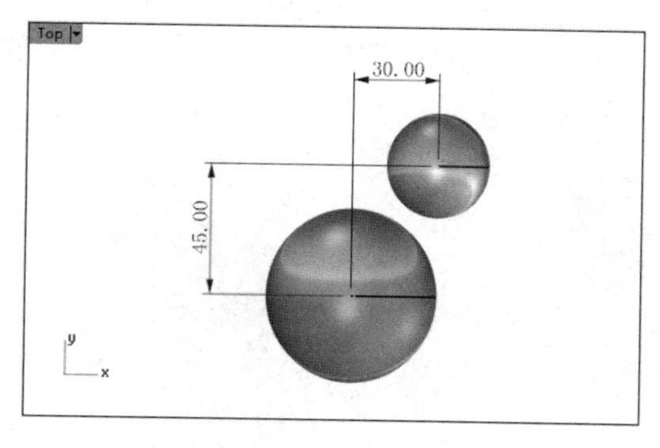

图 8-109　创建两个球体

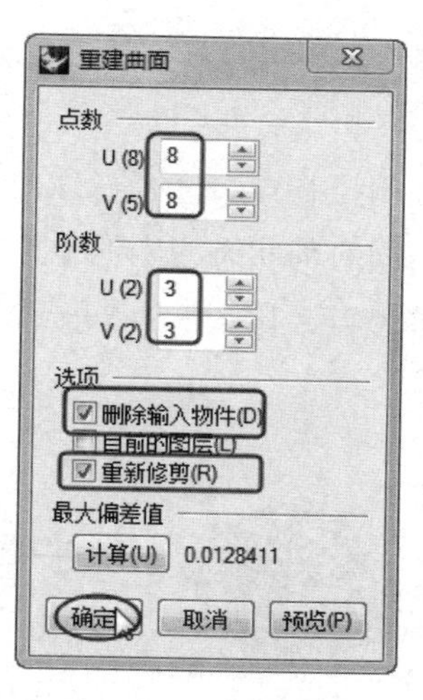

图 8-110　重建球体

技术要点：

两个球体现在已经重建成可塑形的球体了，更多的控制点对球体的形状有更强的控制能力，三阶曲面比原来的球体更能平滑地变形。

④ 选择直径较大的球体，使用【打开点】工具，显示球体的控制点，如图 8-111 所示。

⑤ 框选部分控制点，执行【变动】|【设置 XYZ 坐标】命令，如图 8-112 所示。

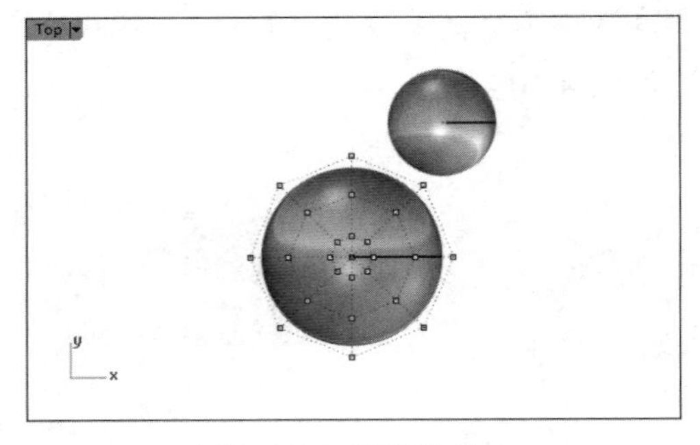

图 8-111 显示控制点

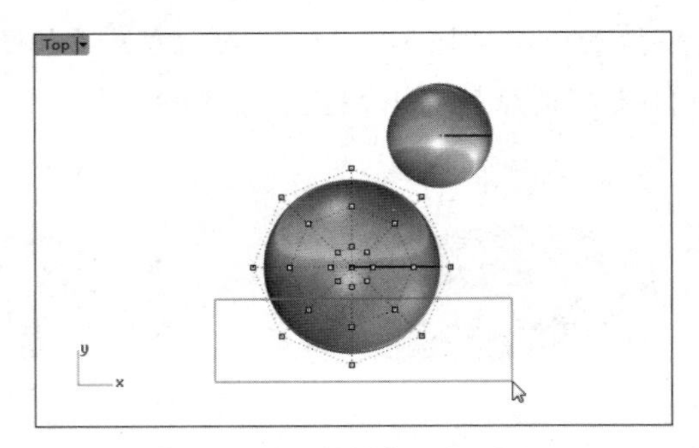

图 8-112 框选部分控制点

⑥ 选择【标准】选项卡，在左边栏中单击【设置 XYZ 坐标】按钮，弹出【设置点】对话框。在【设置点】对话框中，仅勾选【设置 Y】复选框，单击【确定】按钮，完成点的设置，如图 8-113 所示。

⑦ 将选取的控制点向上拖曳，如图 8-114 所示。所有选取的控制点会在世界 Y 坐标上对齐（Top 视窗垂直的方向），使球体底部平面化。

图 8-113 设置点

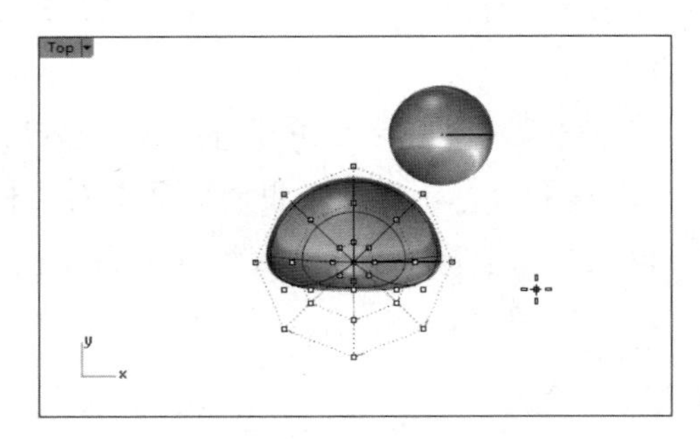

图 8-114 拖曳控制点

⑧ 关闭控制点。选择身体部分的球体，执行【变动】|【缩放】|【单轴缩放】命令，同时启用底部状态栏中的【正交】选项。以原球体中心点为基准点，指定第一参考点和第二参考点，如图 8-115 所示。

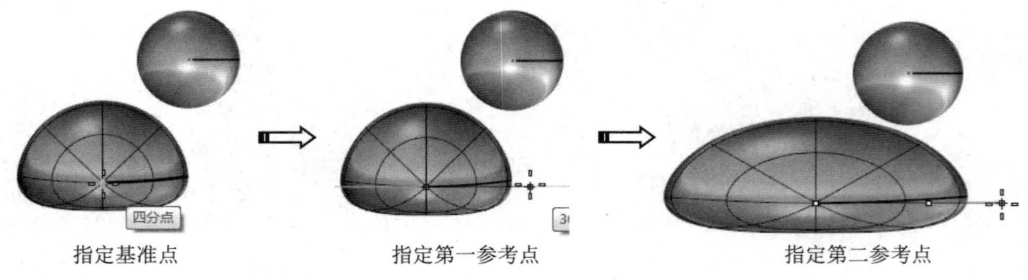

图 8-115 单轴缩放身体

⑨ 确定第二参考点后单击即可完成变动操作。先在身体部分处于激活的状态下（被选中），打开控制点，然后选择右上方的两个控制点，并将其向右拖动，使身体部分隆起，最后

单击完成变形操作，如图 8-116 所示。

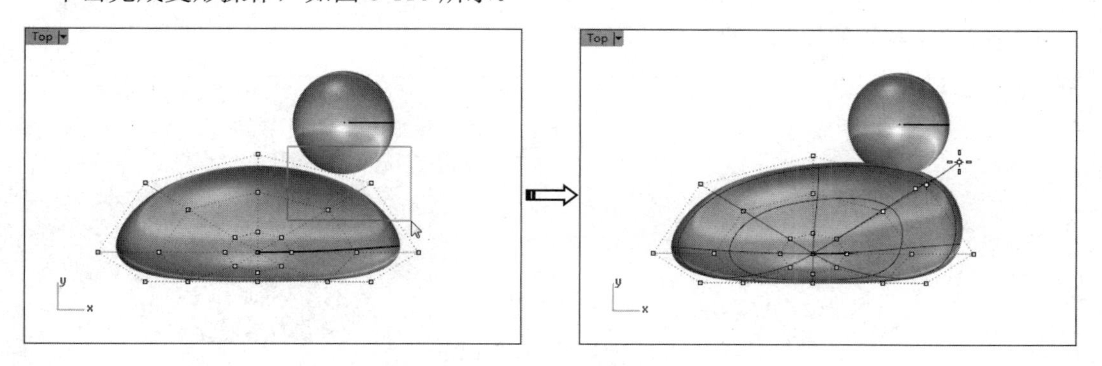

图 8-116　拖动右上方的控制点改变胸部形状

⑩　框选左上方的一个控制点，并将其向上拖动，拉出尾部形状，如图 8-117 所示。

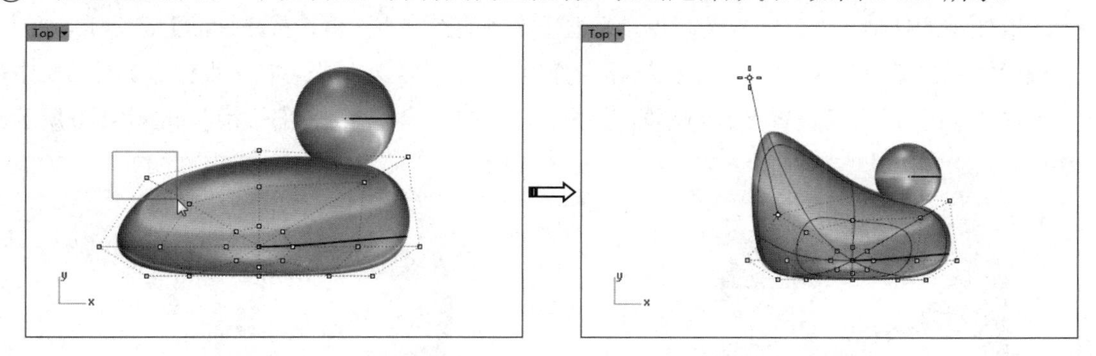

图 8-117　拖动左上方的控制点改变尾部形状

技术要点：

虽然在 Top 视窗中只看到一个控制点被选取，但是在 Front 视窗中可以看到共有两个控制点被选取。这是因为第二个控制点在 Top 视窗中位于所看到的控制点的正后方。

⑪　这时尾部形状看起还不是很逼真，需要继续编辑。需要注意的是，在编辑之前需要插入一排控制点。执行【编辑】|【控制点】|【插入控制点】命令，选取身体部分，在命令行中更改【方向】为 V，选取控制点的放置位置，右击完成插入操作，如图 8-118 所示。

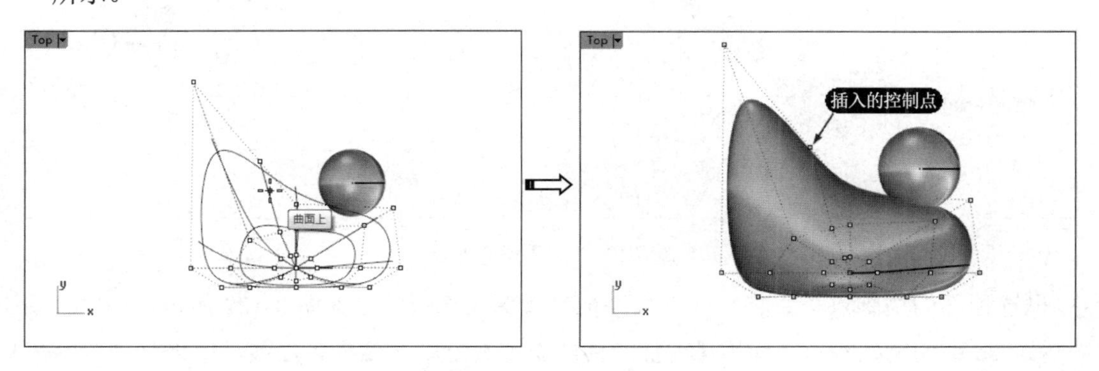

图 8-118　插入控制点

⑫ 框选插入的控制点，并将其向下拖动，使尾部形状看起来更为逼真，如图 8-119 所示。完成后关闭身体的控制点显示。

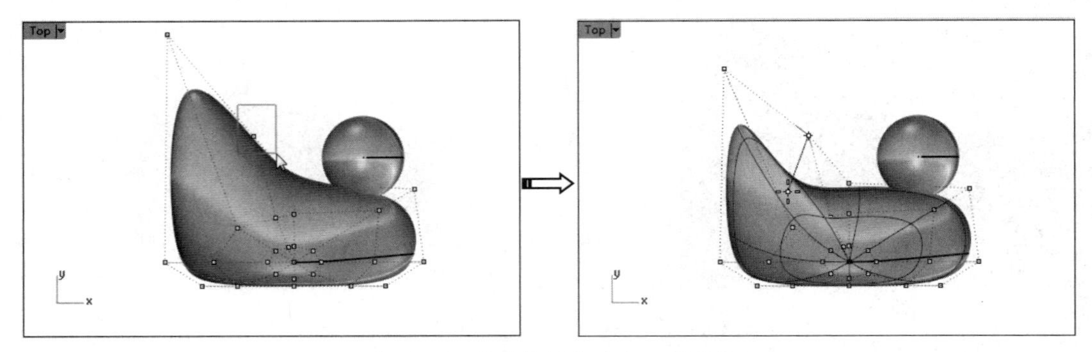

图 8-119　拖动控制点改变身体形状

⑬ 选取较小的球体，并显示其控制点。先框选右侧的控制点，再选择【标准】选项卡，在左边栏中单击【设置 XYZ 坐标】按钮，弹出【设置点】对话框。在【设置点】对话框中，勾选【设置 X】和【设置 Y】复选框，并拖动较小的球体，拉出嘴部形状，如图 8-120 所示。

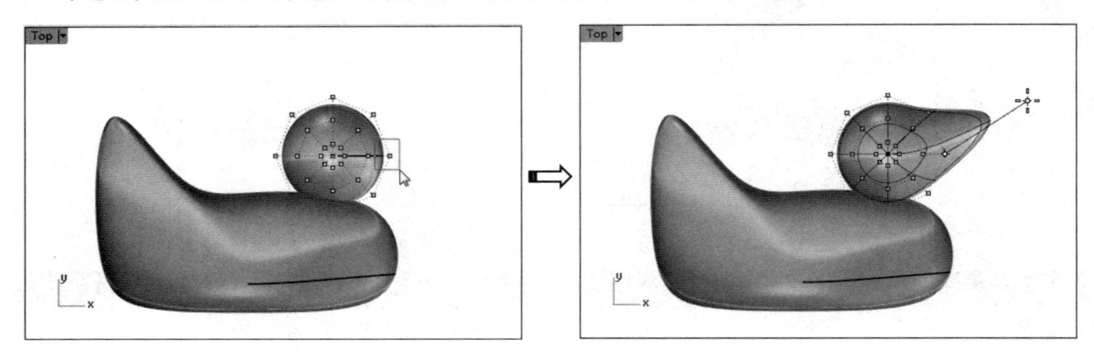

图 8-120　拉出嘴部形状

⑭ 框选如图 8-121 所示的控制点，在 Front 视窗中将其向右拖动，完善嘴部形状。

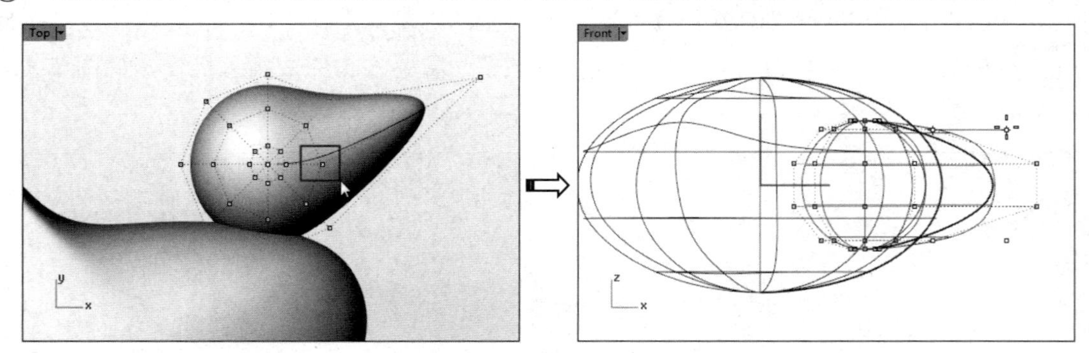

图 8-121　完善嘴部形状

⑮ 框选顶部的控制点，并将其向下少许拖动微调头部形状，如图 8-122 所示。

⑯ 按 Esc 键关闭控制点。使用【内插点曲线】工具绘制一条样条曲线，用来分割出嘴部与头部，分割后可以对嘴部进行颜色渲染以示区别，如图 8-123 所示。

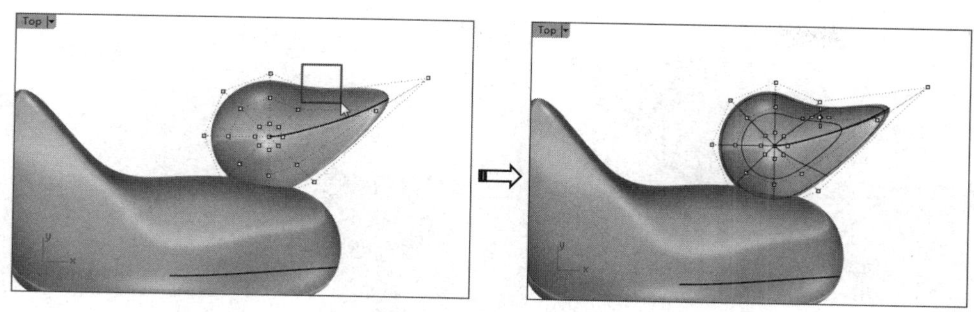

图 8-122　微调头部形状

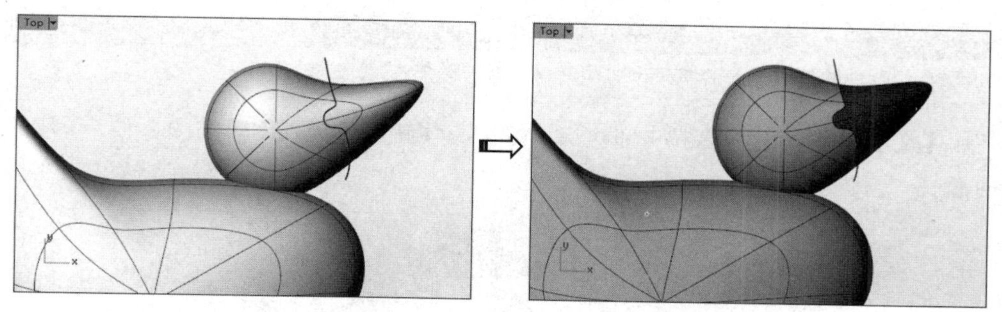

图 8-123　绘制曲线并分割头部和渲染

⑰ 先使用【单一直线】工具绘制直线，然后使用直线修剪头部的底端，如图 8-124 所示。

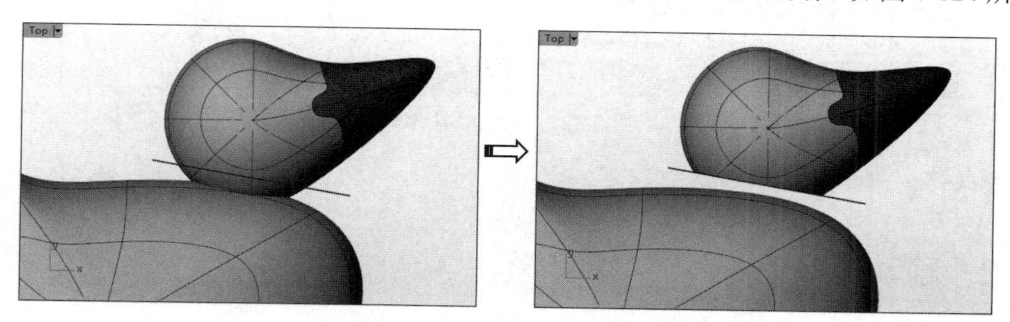

图 8-124　绘制直线并修剪头部的底端

⑱ 在修剪后的缺口边缘上创建挤出曲面，如图 8-125 所示。

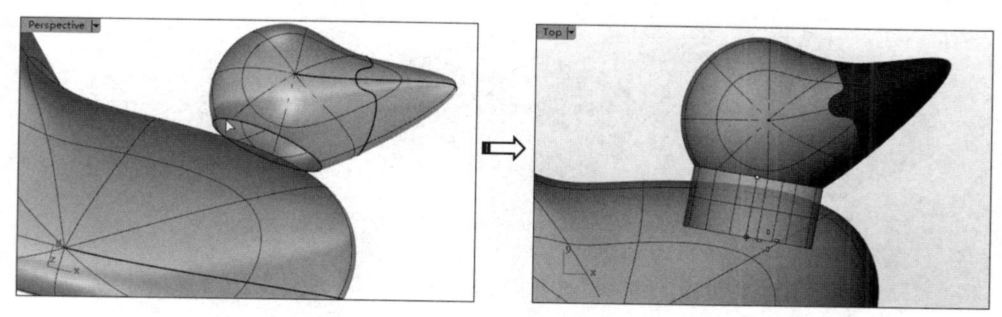

图 8-125　创建挤出曲面

⑲ 使用【修剪】工具，用挤出曲面修剪身体，得到与头部切口对应的身体缺口，如图 8-126 所示。

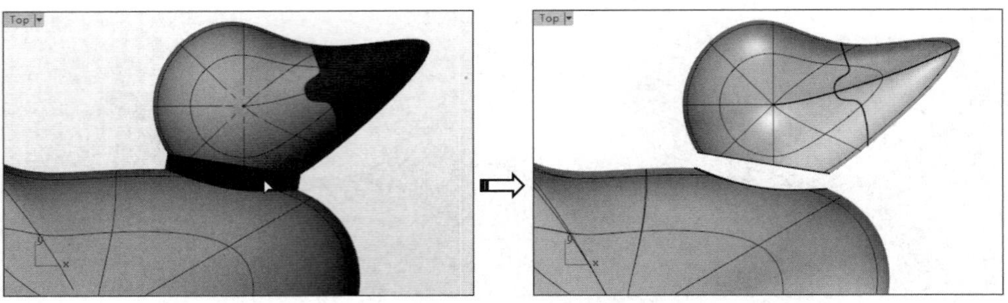

图 8-126　修剪身体

技术要点：

在选取要修剪的物件时，要选取挤出曲面范围以内的身体。

⑳ 使用【混接曲面】工具选取头部缺口边缘和身体缺口边缘，创建如图 8-127 所示的混接曲面。

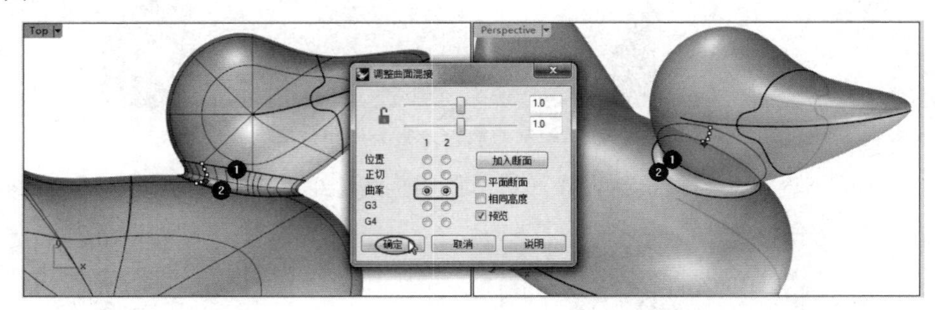

图 8-127　创建混接曲面

㉑ 至此，小鸭造型创建完成。

8.5.2　移动边缘

使用【移动边缘】工具可以通过移动实体边缘编辑形状。选取要移动的实体边缘，边缘所在的曲面将随之改变，如图 8-128 所示。

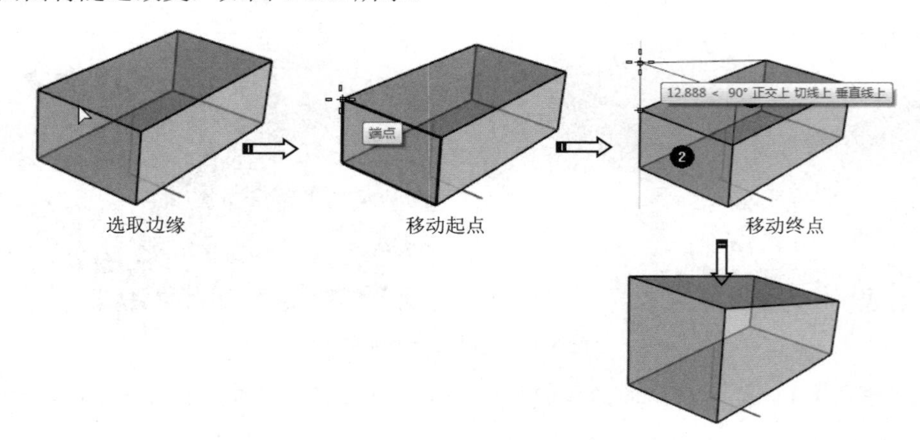

图 8-128　通过移动边缘编辑实体

8.5.3　将面分割

【将面分割】工具用来分割实体上平直的面或平面，如图 8-129 所示。

技术要点：

虽然实体的面被分割了，但是实体的性质没有改变。曲面不能使用【将面分割】工具进行分割，可以使用边栏中的【分割】工具进行分割。

如果需要合并平面上的多个面，使用【合并两个共平面的面】工具操作即可。

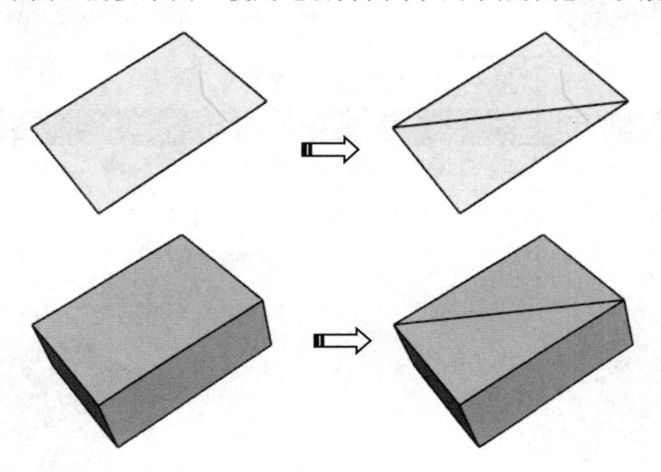

图 8-129　将面分割

8.5.4　将面折叠

使用【将面折叠】工具可以将多重曲面中的面沿着指定的轴切割并旋转。

上机操作——将面折叠

① 新建 Rhino 8.0 文件。

② 使用【立方体：角对角、高度】工具创建一个立方体，如图 8-130 所示。

③ 单击【将面折叠】按钮，选取要折叠的面，如图 8-131 所示。

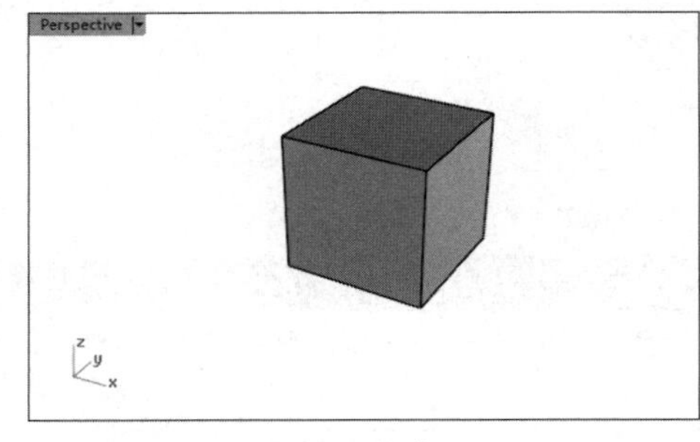

图 8-130　创建立方体

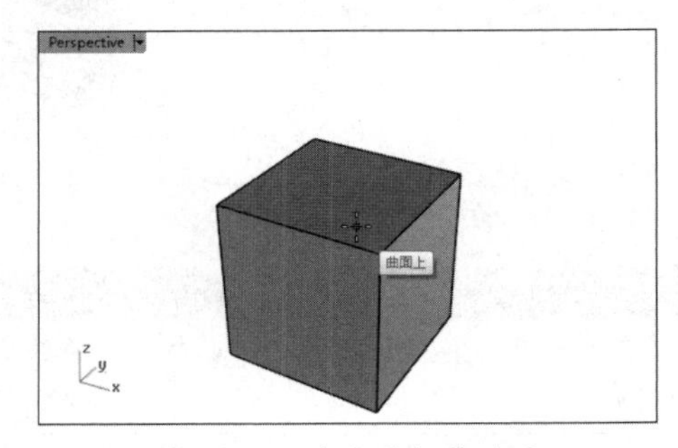

图 8-131　选取要折叠的面

④ 选取折叠轴的起点和终点，如图 8-132 所示。

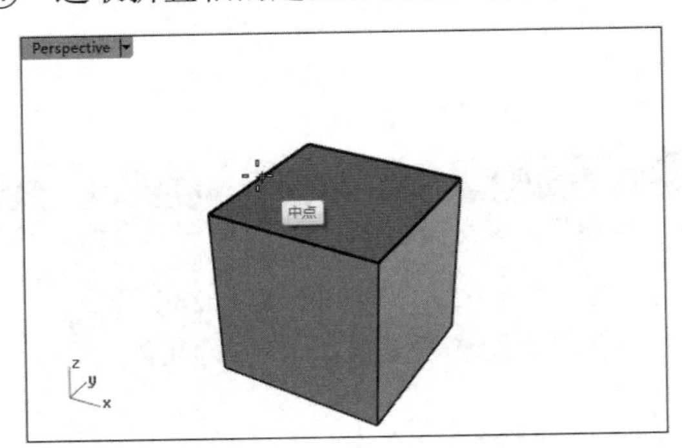

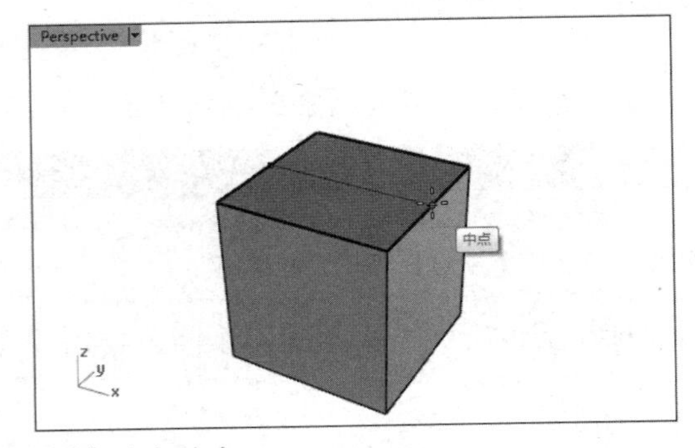

图 8-132 选取折叠轴的起点与终点

技术要点：

确定折叠轴后，整个面被折叠轴一分为二。这时可以既折叠单面，又可以折叠双面。

⑤ 指定折叠的第一参考点和第二参考点，如图 8-133 所示。

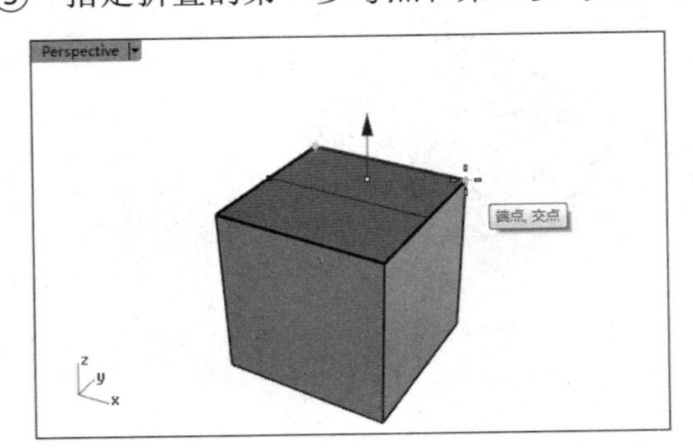

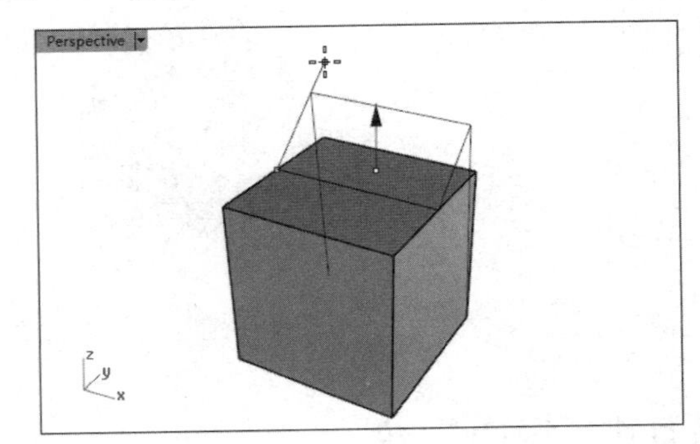

图 8-133 指定折叠的两个参考点

⑥ 右击完成将面折叠操作，如图 8-134 所示。

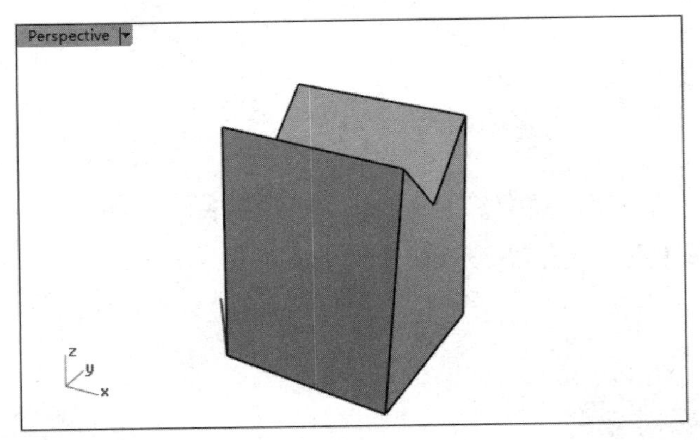

图 8-134 完成将面折叠操作

技术要点：

在默认情况下，只设置单个面的折叠，将生成对称的折叠。如果不需要对称，则可以继续指定另一个面的折叠。

8.6　实战案例——“哆啦 A 梦”存钱罐造型

“哆啦 A 梦”机器猫存钱罐模型的主体是由几块曲面组合而成的。在主体面上，通过添加一些卡通模块，可以丰富整个造型，从而使整体模型更为生动。

在整个模型的创建过程中采用了以下基本方法和要点。

- 创建球体并通过调整曲面的形状，创建机器猫头部曲面。
- 使用【双轨扫掠】工具创建机器猫下部分的主体曲面。
- 添加机器猫的手臂、腿部等细节。
- 在机器猫的头部曲面上添加眼睛、鼻子、嘴部等细节。
- 在机器猫下部分的曲面上创建凸起曲面，并将其作为存钱罐创建存钱口，完成整个模型的创建。

完成的“哆啦 A 梦”存钱罐造型如图 8-135 所示。

图 8-135　“哆啦 A 梦”存钱罐造型

8.6.1　创建主体曲面

操作步骤

① 新建 Rhino 8.0 文件。

② 执行【实体】|【球体】|【中心点、半径】命令，在 Right 视窗中，以坐标轴原点为球心，创建一个球体，如图 8-136 所示。

③ 显示球体的控制点，调整球体的形状，并将它作为机器猫的头部，如图 8-137 所示。

④ 执行【变动】|【缩放】|【三轴缩放】命令，在 Right 视窗中，以坐标原点为基准点，缩放球体。在命令行中设置【复制】为【是】，通过缩放创建另外两个球体。其中，最大的球体为球 1，中间的球体为球 2，原始的球体为球 3，如图 8-138 所示。

⑤ 执行【曲线】|【自由造型】|【控制点】命令，在 Front 视窗中球体的下方创建一条控制

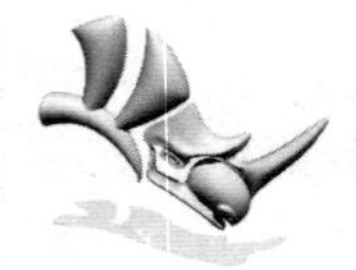

点曲线，如图 8-139 所示。

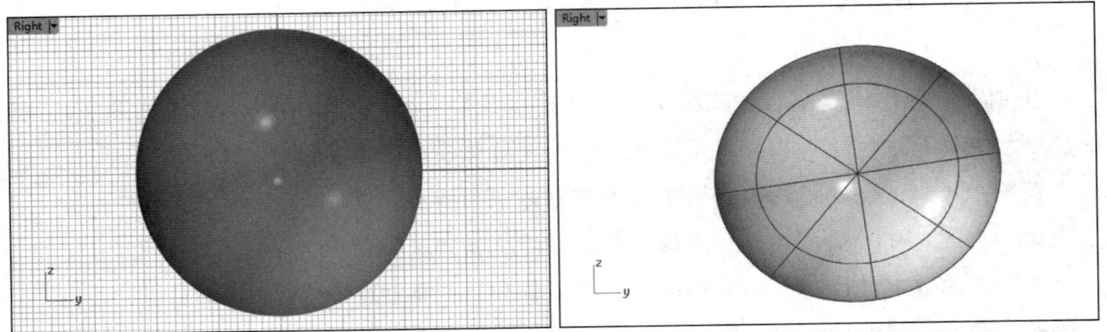

图 8-136　创建球体

图 8-137　调整球体的形状

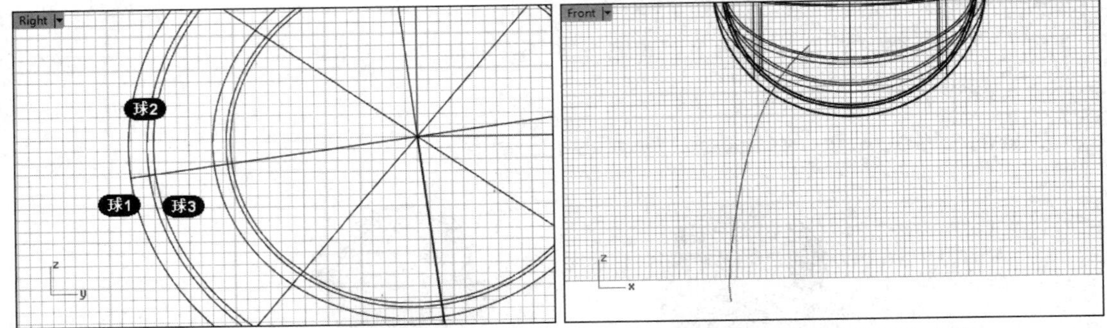

图 8-138　通过缩放创建球体

图 8-139　创建控制点曲线

⑥ 执行【变动】|【镜像】命令，将新创建的曲线在 Front 视窗中以垂直坐标轴为镜像轴，创建镜像副本，如图 8-140 所示。

⑦ 执行【曲线】|【圆】|【中心点、半径】命令，在 Top 视窗中，以坐标原点为圆心，调整半径值，创建一条圆形曲线，如图 8-141 所示。为了方便观察，这里隐藏了球 1 和球 2。

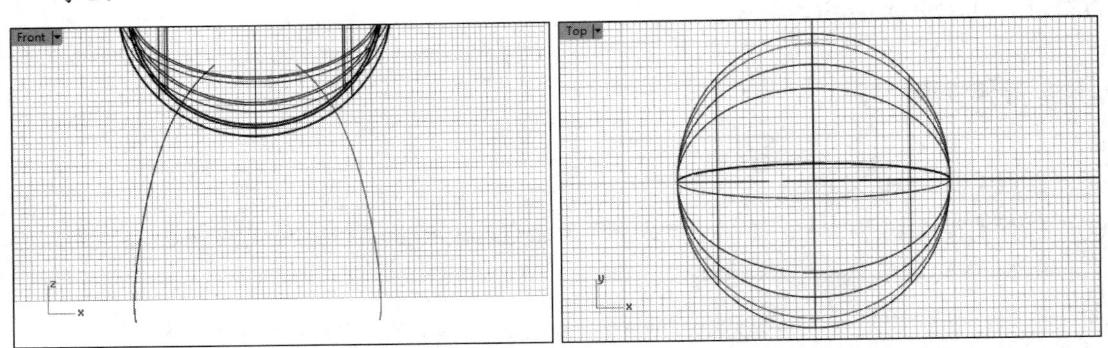

图 8-140　创建镜像副本

图 8-141　创建圆形曲线

⑧ 在 Front 视窗中，将圆形曲线垂直向下移动以便下面的选取，并为几条曲线编号，如图 8-142 所示。

⑨ 执行【曲面】|【双轨扫掠】命令，依次选取曲线 1、曲线 2、曲线 3 并右击，创建扫掠曲面，如图 8-143 所示。

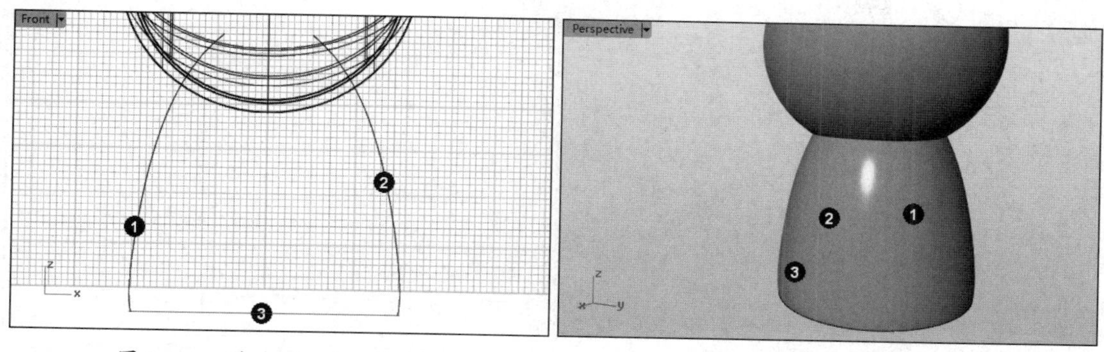

图 8-142　移动圆形曲线并编号　　图 8-143　创建扫掠曲面

⑩ 隐藏曲线，执行【曲线】|【从物件建立曲线】|【交集】命令，选取曲面并右击，会自动在曲面之间的相交处创建 3 条交集曲线，如图 8-144 所示。

图 8-144　创建交集曲线

⑪ 执行【编辑】|【修剪】命令，使用刚刚创建的交集曲线修剪曲面，剪切曲面之间相交的部分，如图 8-145 所示。

⑫ 执行【曲线】|【自由造型】|【控制点】命令，在 Right 视窗中创建一条曲线，如图 8-146 所示。

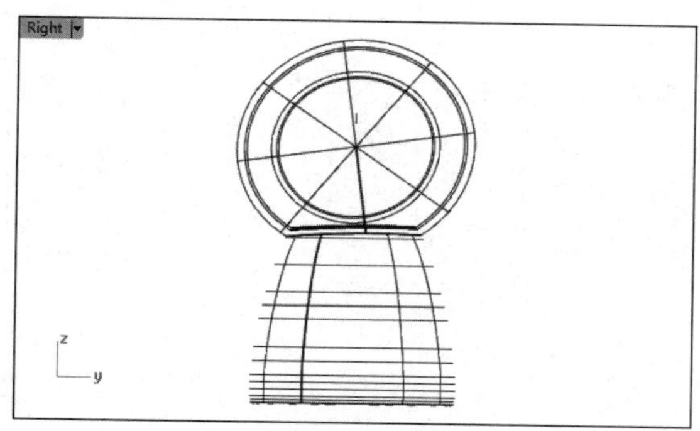

图 8-145　修剪曲面

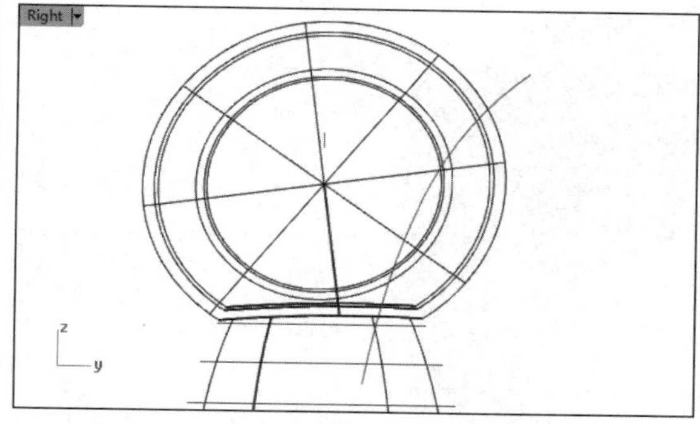

图 8-146　创建曲线

⑬ 执行【编辑】|【分割】命令，在 Right 视窗中使用新创建的曲线对球 1、球 2 和球 3 进行分割，并隐藏曲线，如图 8-147 所示。

⑭ 在 Right 视窗中，删除分割后的球 1 的左侧部分、球 3 的右侧部分，如图 8-148 所示。

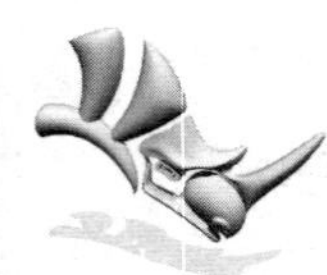

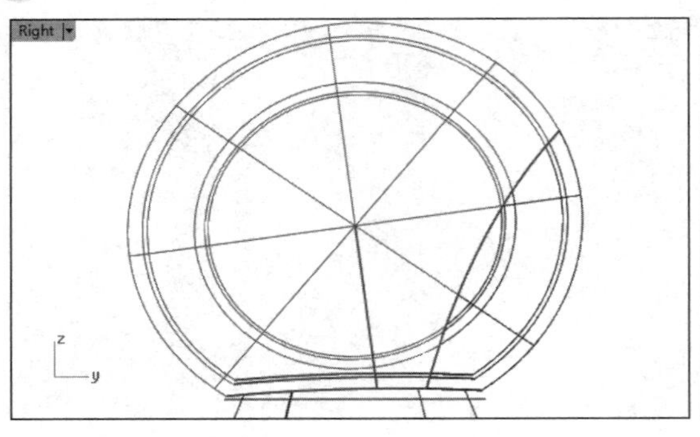

图 8-147　分割曲面并隐藏曲线

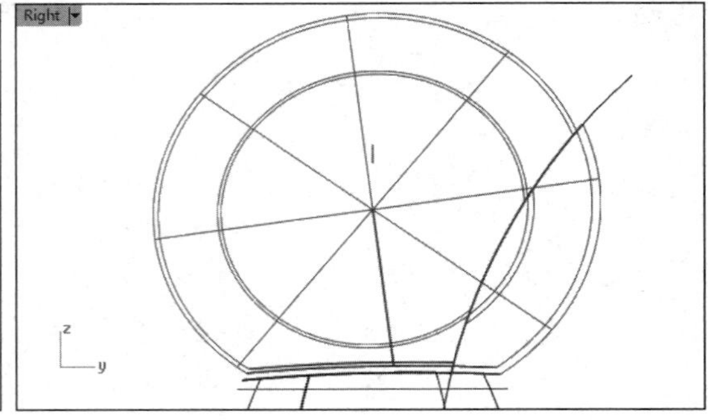

图 8-148　删除分割后的部分曲面

⑮ 先执行【曲面】|【混接曲面】命令，在球 2 与球 3 的右侧部分的缝隙处创建混接曲面，再执行【编辑】|【组合】命令，将它们组合起来，如图 8-149 所示。

⑯ 以同样的方法，在球 2、球 3 的左侧部分的缝隙处执行【曲面】|【混接曲面】命令，创建混接曲面，并将它们组合起来，如图 8-150 所示。

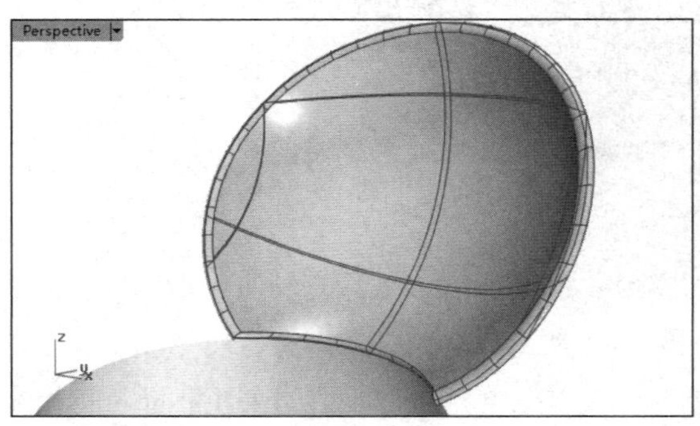

图 8-149　创建并组合混接曲面

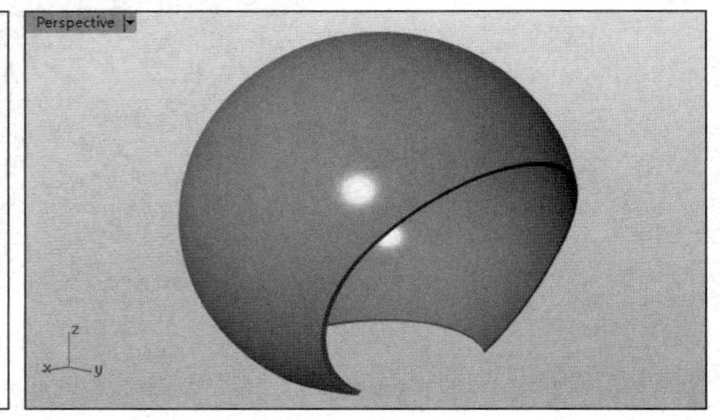

图 8-150　组合球 2、球 3 的左侧部分

⑰ 执行【曲线】|【自由造型】|【控制点】命令，在 Top 视窗的右侧，创建一条曲线。执行【变动】|【旋转】命令，在 Front 视窗中将这条曲线旋转一定的角度，如图 8-151 所示。

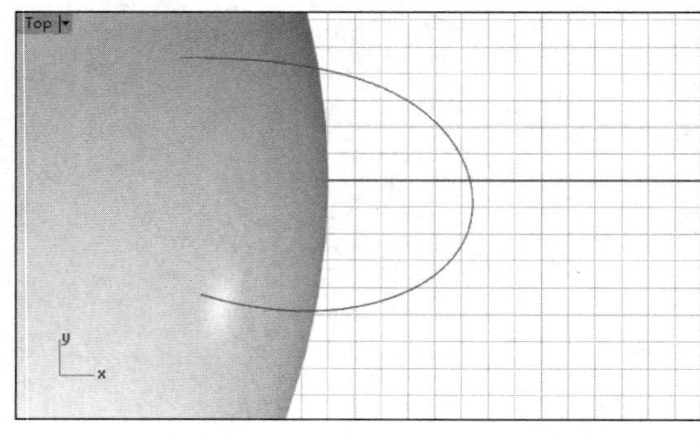

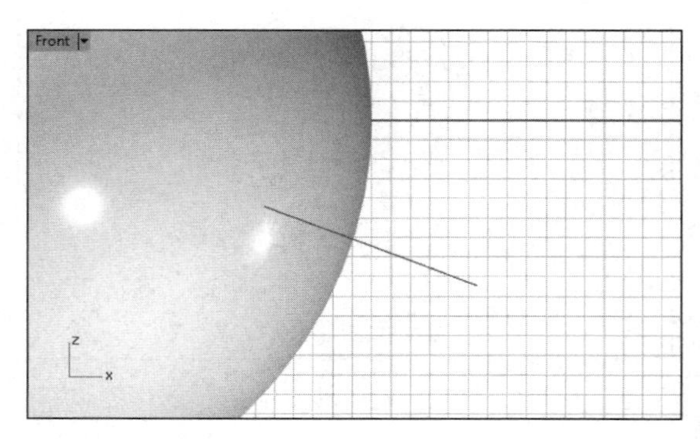

图 8-151　创建并旋转曲线

⑱ 执行【曲线】|【自由造型】|【控制点】命令，在 Front 视窗中创建一条曲线，如图 8-152 所示。

⑲ 执行【曲面】|【单轨扫掠】命令，选取曲线 1 和曲线 2 并右击，创建扫掠曲面，如图 8-153 所示。

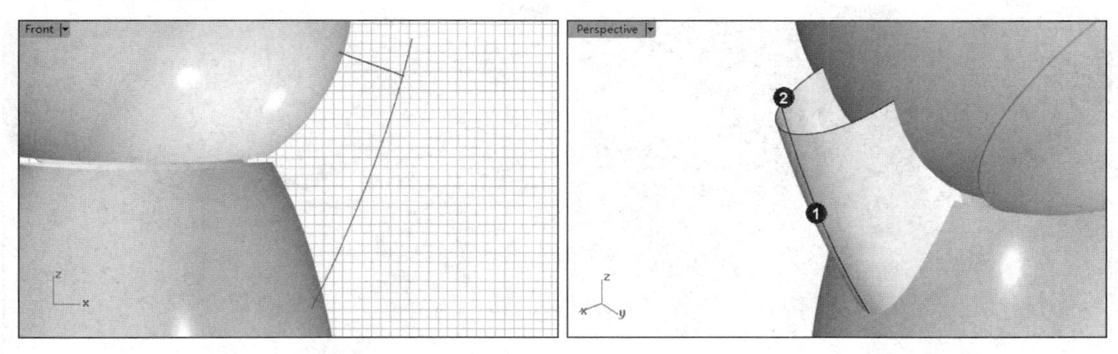

图 8-152　创建曲线　　　　图 8-153　创建扫掠曲面

⑳ 隐藏或删除曲线。执行【实体】|【球体】命令，在 Top 视窗中创建一个球体，如图 8-154 所示。

㉑ 显示球体的控制点并调整球体的形状，使其与扫掠曲面及机器猫头部曲面相交，如图 8-155 所示。

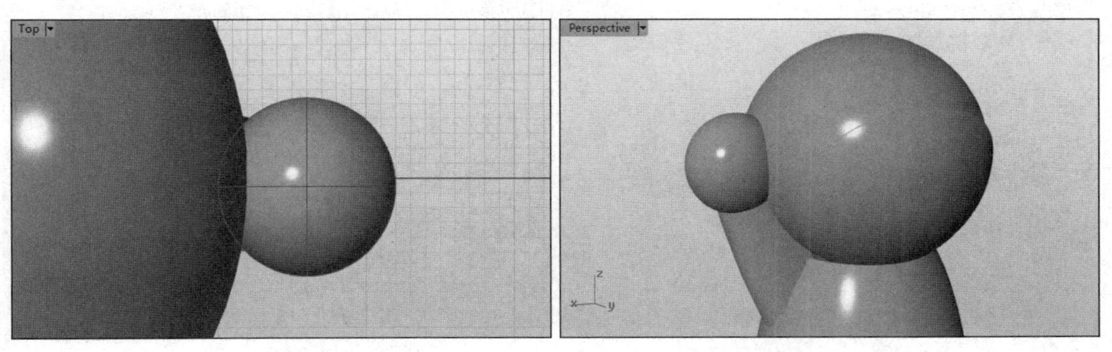

图 8-154　创建球体　　　　图 8-155　调整球体的形状

㉒ 执行【变动】|【镜像】命令，选取小球体及扫掠曲面并右击。在 Front 视窗中，以垂直坐标轴为镜像轴，创建它们的镜像副本，如图 8-156 所示。

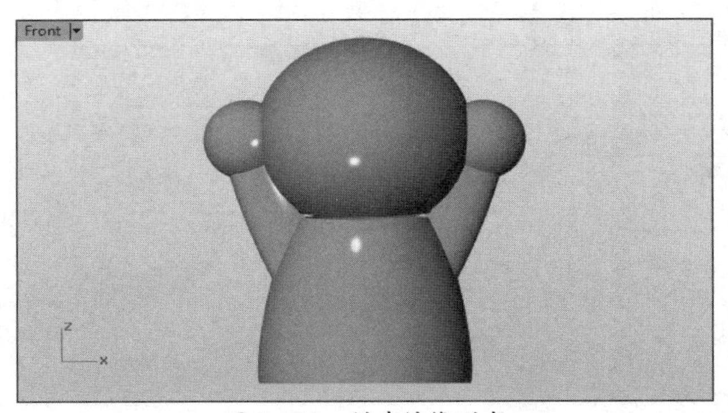

图 8-156　创建镜像副本

㉓ 首先，执行【实体】|【圆管】命令，选取边缘 A，右击。其次，在 Perspective 视窗中

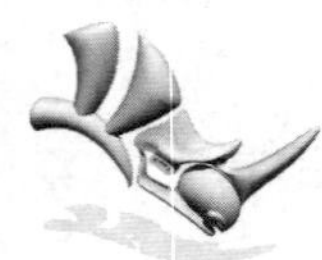

通过移动光标调整圆管半径的大小并单击。最后，按 Enter 键完成圆管曲面的创建，以便封闭上、下两个曲面之间的缝隙，如图 8-157 所示。

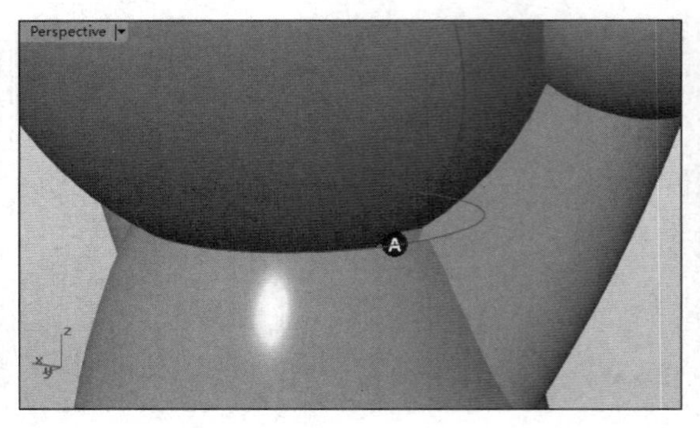

图 8-157　创建圆管曲面

㉔ 执行【曲线】|【自由造型】|【控制点】命令，在 Top 视窗中创建一条路径曲线，如图 8-158 所示。

㉕ 右击重复执行【控制点】命令。在 Front 视窗中创建一条断面曲线，如图 8-159 所示。

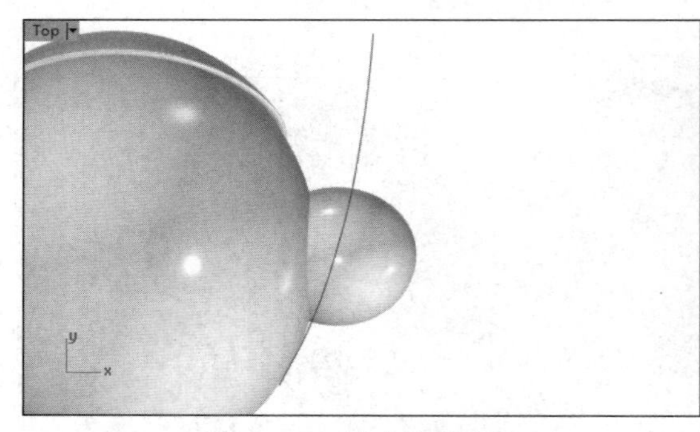

图 8-158　创建路径曲线

图 8-159　创建断面曲线

㉖ 在 Top 视窗中调整（移动和旋转）断面曲线的位置，并将其旋转一定的角度，如图 8-160 所示。

㉗ 执行【曲面】|【单轨扫掠】命令，在 Perspective 视窗中依次选取路径曲线、断面曲线，右击，创建扫掠曲面，如图 8-161 所示。

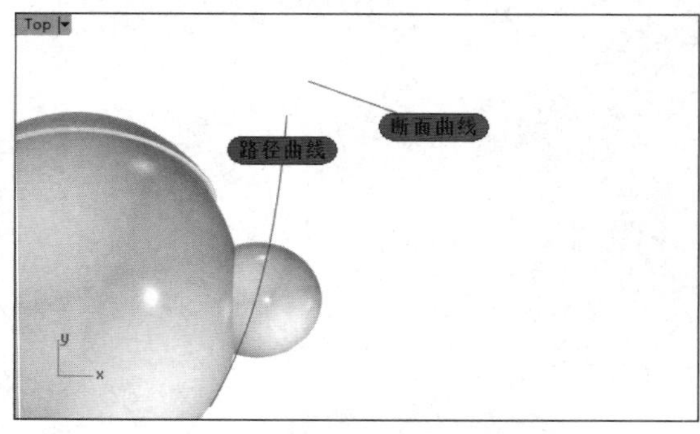

图 8-160　调整断面曲线的位置

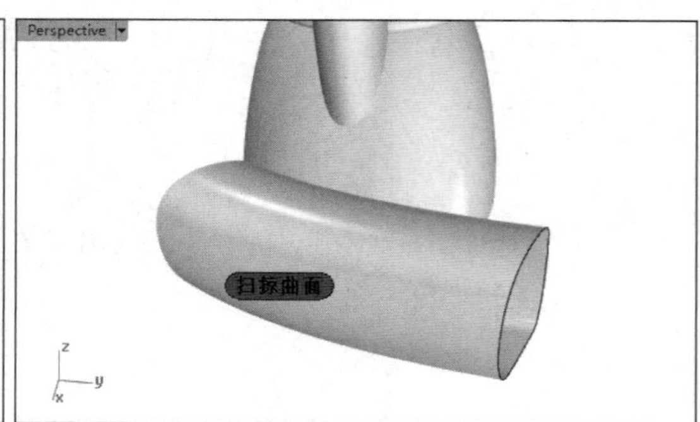

图 8-161　创建扫掠曲面

㉘ 调整扫掠曲面的位置，使其与机器猫的身体相交，如图 8-162 所示。

㉙ 执行【曲线】|【自由造型】|【控制点】命令，在 Right 视窗中创建一条控制点曲线，如图 8-163 所示。

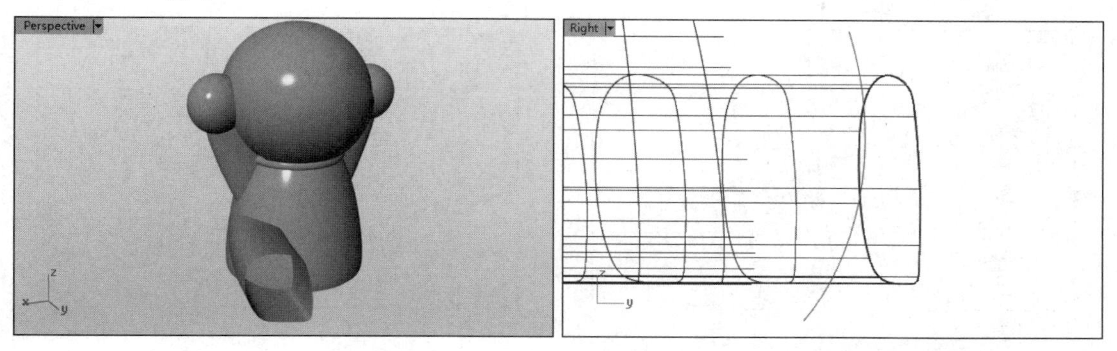

图 8-162 调整扫掠曲面的位置　　图 8-163 创建控制点曲线

㉚ 在 Top 视窗中，将新创建的曲线复制两次并将复制后的曲线移动到不同位置。执行【变动】|【旋转】命令，将新创建的曲线旋转一定的角度，如图 8-164 所示。

㉛ 执行【曲面】|【放样】命令，依次选取创建的 3 条曲线，右击，创建放样曲面，如图 8-165 所示。

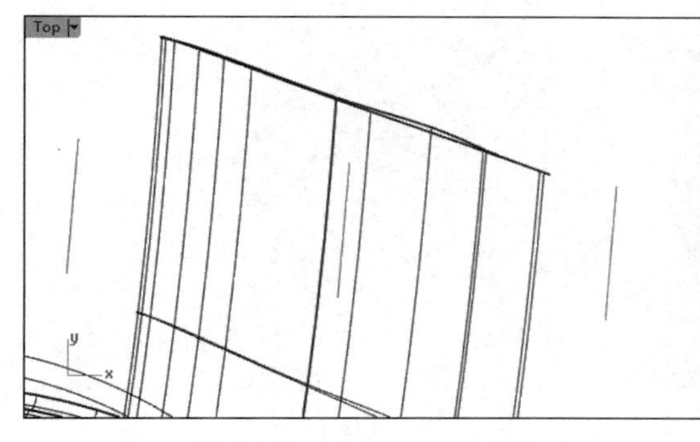

图 8-164 复制并旋转曲线

图 8-165 创建放样曲面

㉜ 执行【编辑】|【修剪】命令，使放样曲面与扫掠曲面互相剪切，如图 8-166 所示。

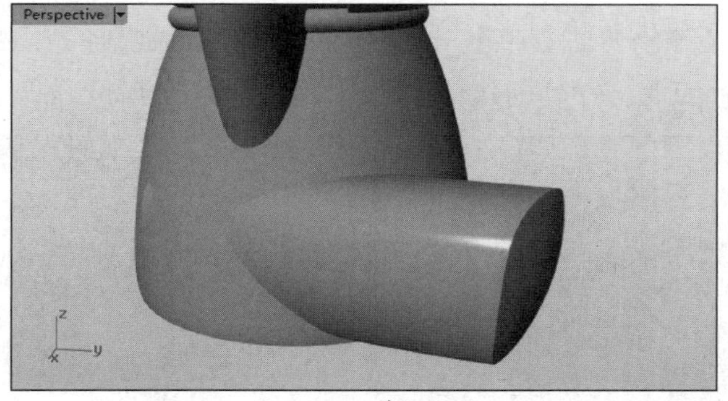

图 8-166 剪切曲面

㉝ 执行【曲线】|【自由造型】|【控制点】命令，在 Top 视窗中创建一条控制点曲线，如图 8-167 所示。

㉞ 执行【曲线】|【从物件建立曲线】|【投影】命令，在 Top 视窗中将新创建的曲线投影到腿部曲面（扫掠曲面）上，如图 8-168 所示。

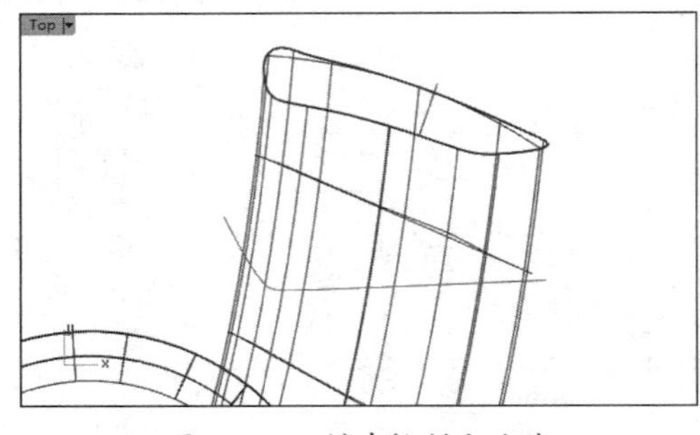

图 8-167　创建控制点曲线

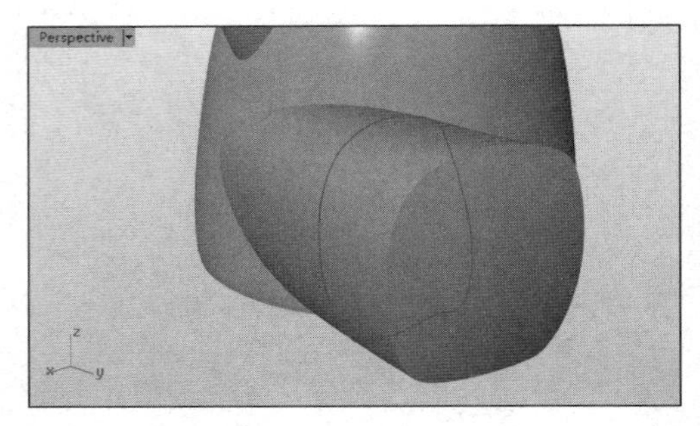

图 8-168　创建投影曲线

㉟ 首先执行【编辑】|【重建】命令，重建投影曲线，从而减少投影曲线上的控制点，然后启用控制点显示，调整投影曲线的形状，如图 8-169 所示。

㊱ 执行【曲线】|【从物件建立曲线】|【拉回】命令，将修改后的投影曲线拉至腿部曲面，如图 8-170 所示。

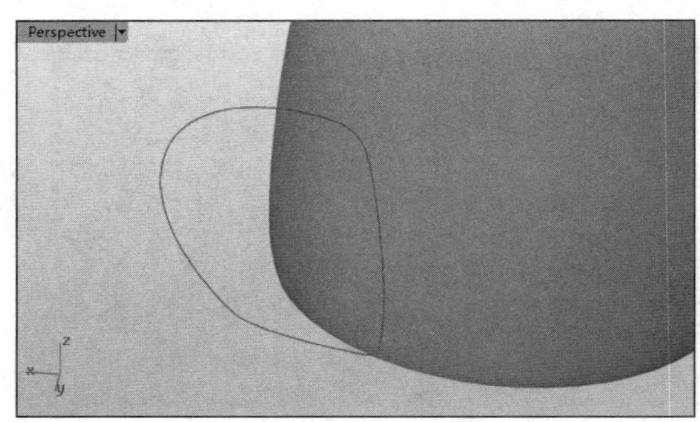

图 8-169　调整投影曲线的形状

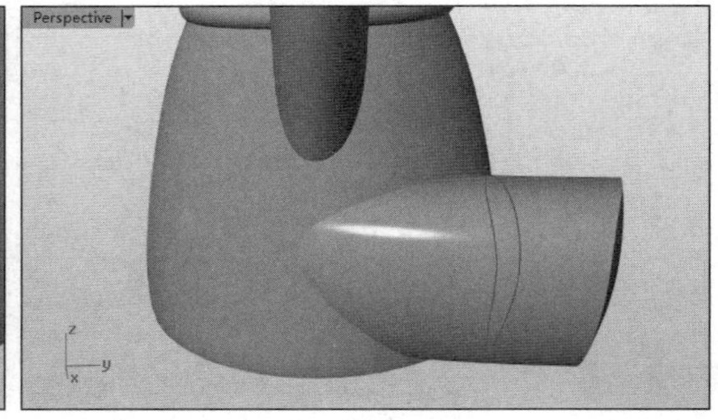

图 8-170　执行【拉回】命令拉回曲线

㊲ 执行【编辑】|【分割】命令，使用拉回曲线将腿部曲面分割为两部分，如图 8-171 所示。

㊳ 执行【曲面】|【偏移曲面】命令，选取分割后的腿部曲面的右侧部分，右击，在命令行中调整偏移距离，向外创建偏移曲面，如图 8-172 所示。

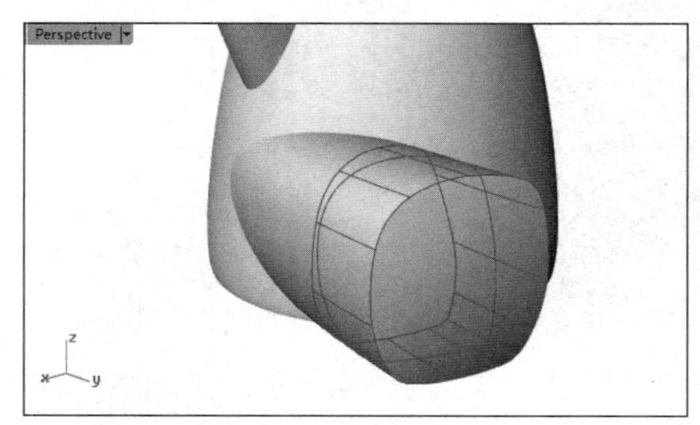

图 8-171　分割腿部曲面

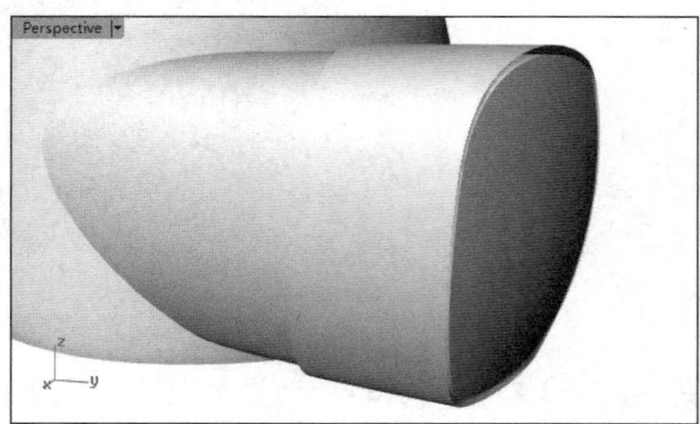

图 8-172　创建偏移曲面

㊴ 由于接下来的操作较为烦琐，为方便叙述，这里先为各个曲面编号，腿部曲面的左侧部分为曲面 A，右侧部分为曲面 B，偏移曲面为曲面 C，最右侧剪切后的放样曲面为曲面 D，如图 8-173 所示。

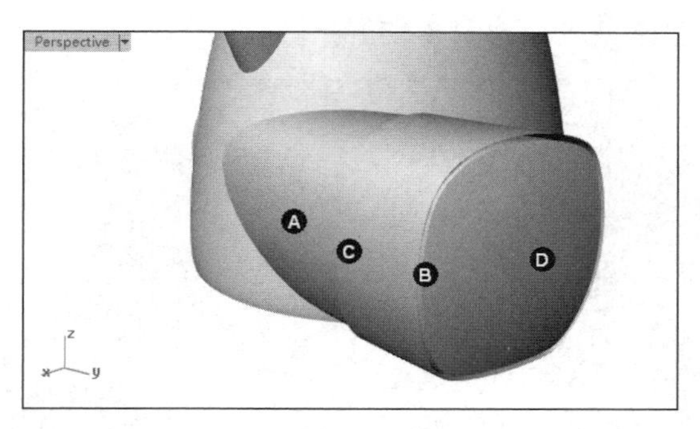

图 8-173　为曲面编号

㊵ 在 Top 视窗中，将曲面 C 沿着曲面的走向向上移动一段距离，并暂时隐藏曲面 D，如图 8-174 所示。执行【曲面】|【混接曲面】命令，选取曲面 C、曲面 B 的右侧边缘，右击。将【连续类型】设置为【相切】，创建混接曲面，如图 8-175 所示。

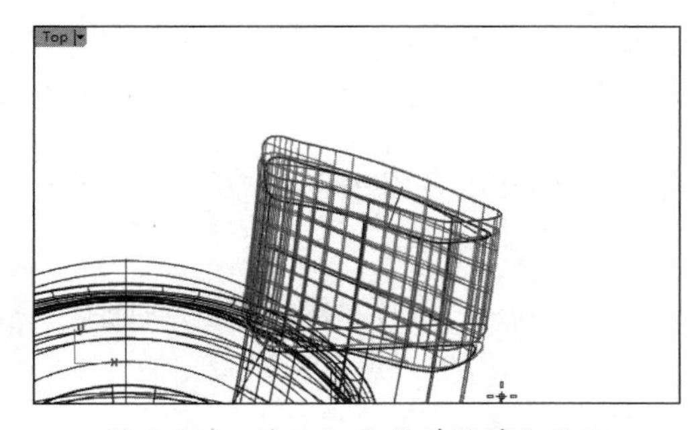

图 8-174　移动曲面 C 并隐藏曲面 D

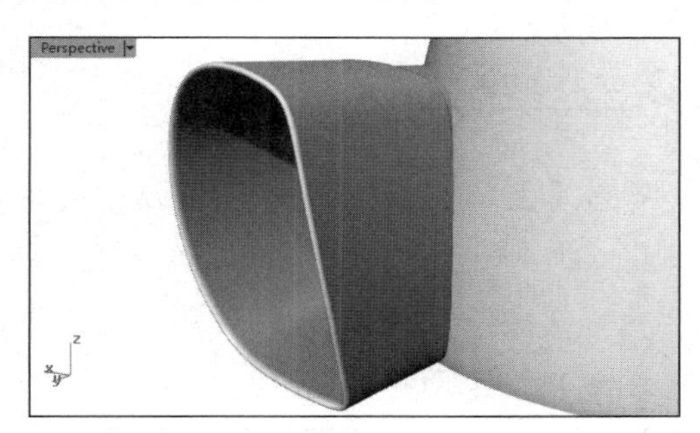

图 8-175　创建混接曲面

㊶ 删除曲面 B，执行【曲面】|【混接曲面】命令，在曲面 A 的右侧边缘、曲面 C 的左侧边缘处创建混接曲面，如图 8-176 所示。

㊷ 显示隐藏的曲面 D，执行【编辑】|【组合】命令，将曲面 A、曲面 C、曲面 D，以及两个混接曲面组合到一起，如图 8-177 所示。

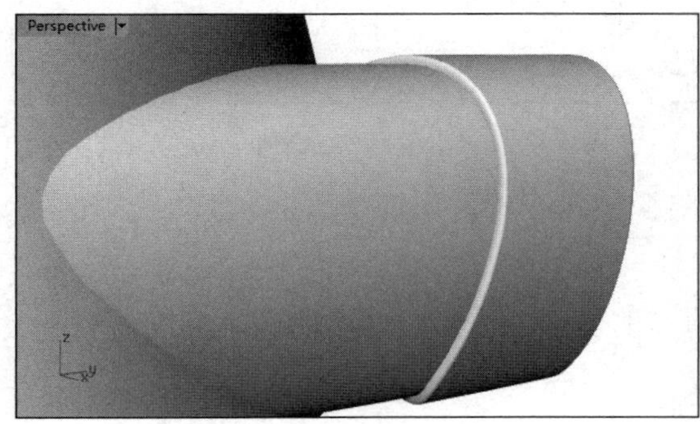

图 8-176　创建混接曲面

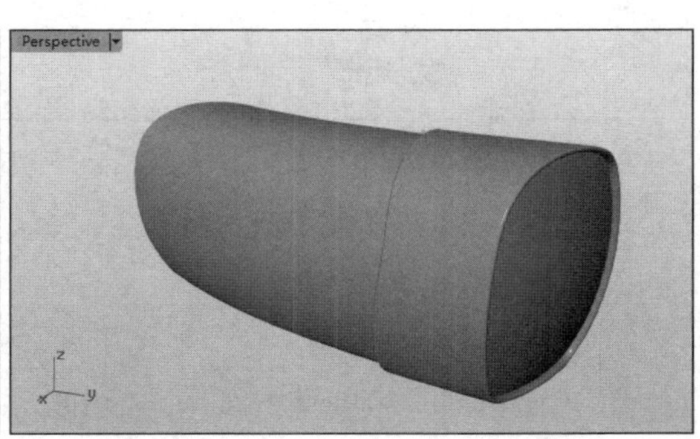

图 8-177　组合曲面

㊸ 执行【变动】|【镜像】命令，在 Top 视窗中将组合后的腿部曲面以垂直坐标轴为镜像轴创建镜像副本，如图 8-178 所示。

㊹ 执行【编辑】|【修剪】命令，修剪腿部曲面与机器猫身体曲面交叉的部分。至此，整个模型的主体曲面创建完成，如图 8-179 所示。

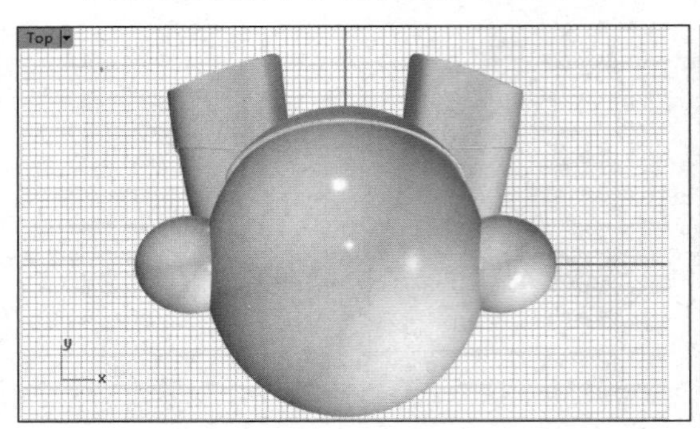

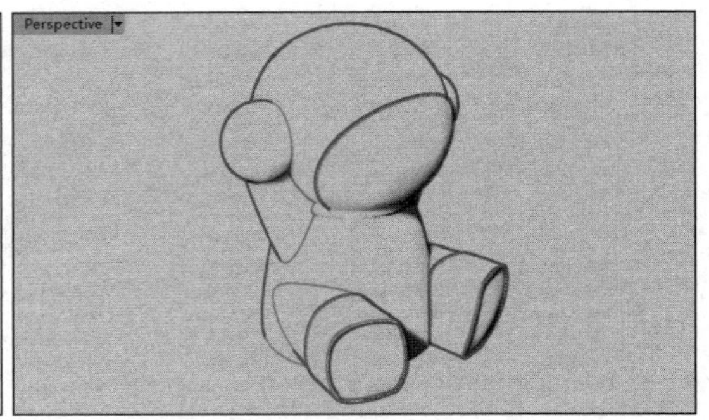

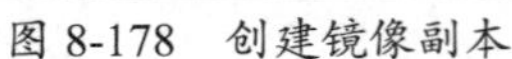
图 8-178　创建镜像副本

图 8-179　主体曲面创建完成

8.6.2　添加上部分的细节

操作步骤

① 执行【实体】|【椭圆体】|【从中心点】命令，在 Right 视窗中创建一个椭圆体，如图 8-180 所示。

② 执行【曲线】|【椭圆】|【从中心点】命令，在 Front 视窗中创建一条椭圆曲线，如图 8-181 所示。

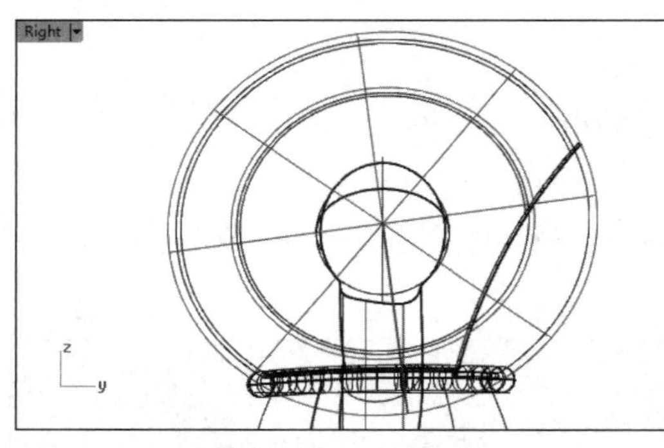

图 8-180　创建椭圆体

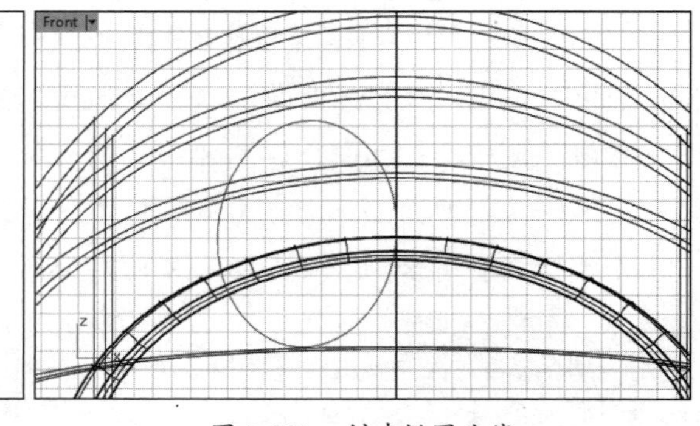

图 8-181　创建椭圆曲线

③ 执行【曲线】|【从物件建立曲线】命令，将椭圆曲线投影到椭圆体上，创建投影曲线，如图 8-182 所示。

④ 执行【编辑】|【修剪】命令，使用投影曲线剪切椭圆体上多余的曲面，只保留一小块作为机器猫眼睛的曲面，如图 8-183 所示。

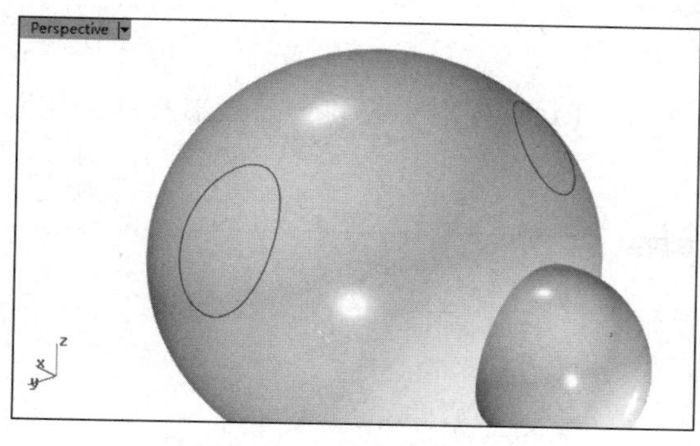

图 8-182　创建投影曲线

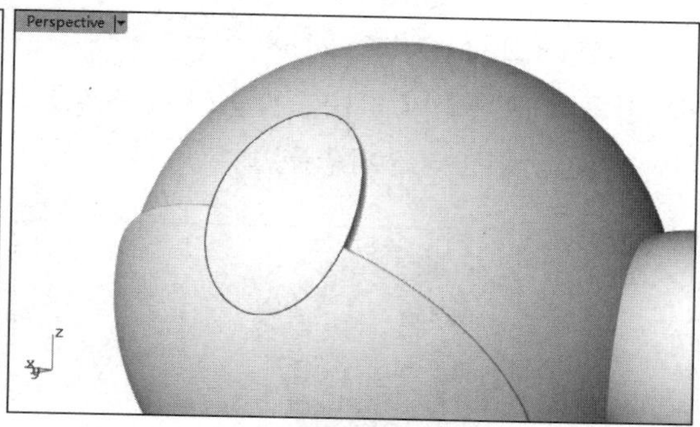

图 8-183　剪切曲面

技术要点：

当然也可以不创建投影曲线，而直接在 Front 视窗中使用椭圆曲线对椭圆体进行剪切，但那样不够直观，而且容易出错。

⑤ 执行【曲面】|【偏移曲面】命令，将图 8-184 中的曲面偏移一段距离，创建偏移曲面。

⑥ 执行【曲面】|【混接曲面】命令，使用原曲面与偏移曲面的边缘创建混接曲面，如图 8-185 所示。

图 8-184　创建偏移曲面

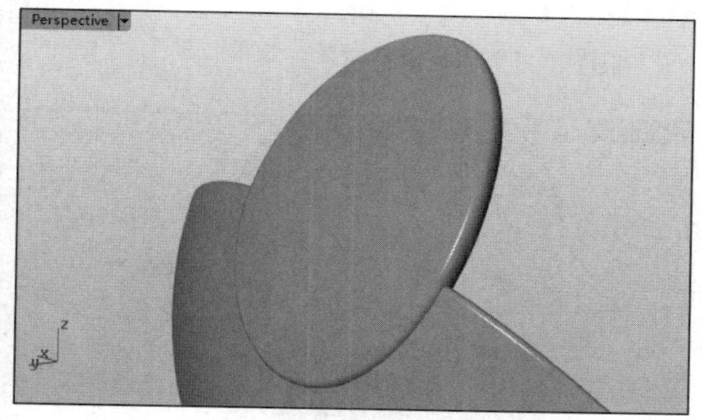

图 8-185　创建混接曲面

⑦ 执行【曲线】|【圆】|【中心点、半径】命令，在 Front 视窗中创建一条圆形曲线，如图 8-186 所示。

⑧ 执行【编辑】|【分割】命令，使用圆形曲线对眼睛部分的曲面进行分割，如图 8-187 所示。

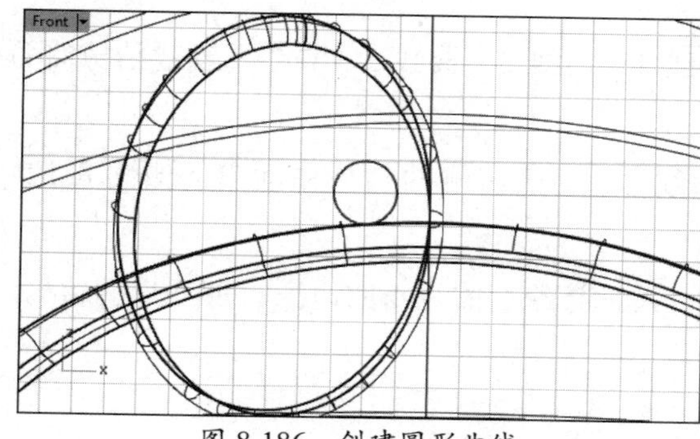

图 8-186　创建圆形曲线

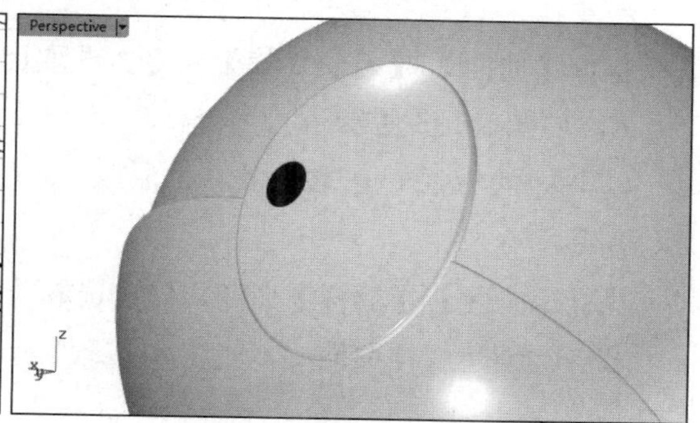

图 8-187　分割眼睛部分的曲面

⑨ 选取整个眼睛部分的曲面，并执行【变动】|【镜像】命令，创建机器猫的另一只眼睛

部分的曲面，如图 8-188 所示。

⑩ 执行【曲线】|【自由造型】|【控制点】命令，在 Right 视窗中创建一条机器猫嘴部轮廓曲线，如图 8-189 所示。

图 8-188 眼睛部分细节创建完成

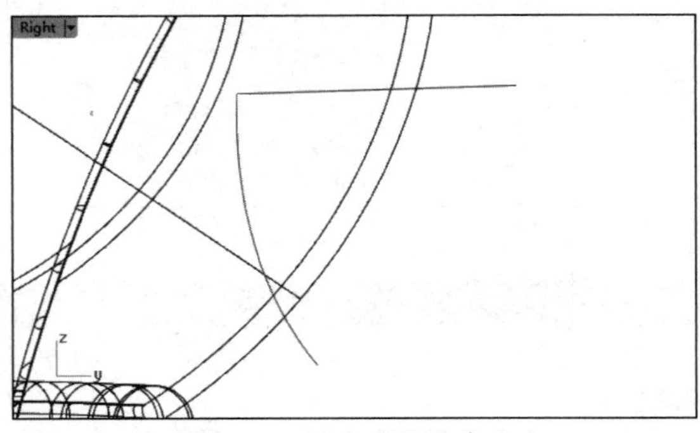

图 8-189 创建嘴部轮廓曲线

⑪ 执行【曲面】|【挤出曲线】|【直线】命令，使用嘴部轮廓曲线创建挤出曲面，如图 8-190 所示。

⑫ 执行【编辑】|【修剪】命令，对机器猫脸部曲面及刚刚创建的挤出曲面进行相互剪切，如图 8-191 所示。

图 8-190 创建挤出曲面

图 8-191 剪切曲面

⑬ 下面创建舌头曲面。隐藏所有曲面，在各个工作视窗中均创建几条曲线，如图 8-192 所示。

⑭ 执行【曲面】|【双轨扫掠】命令，选取曲线 1、曲线 2、曲线 3，右击，创建扫掠曲面 A，如图 8-193 所示。

⑮ 以同样的方法，选取曲线 1、曲线 2、曲线 5，创建右侧的扫掠曲面 B，如图 8-194 所示。

⑯ 执行【曲面】|【放样】命令，依次选取曲面 A 的边缘、曲线 4 的边缘、曲面 B 的边缘，右击，创建放样曲面 C，如图 8-195 所示。

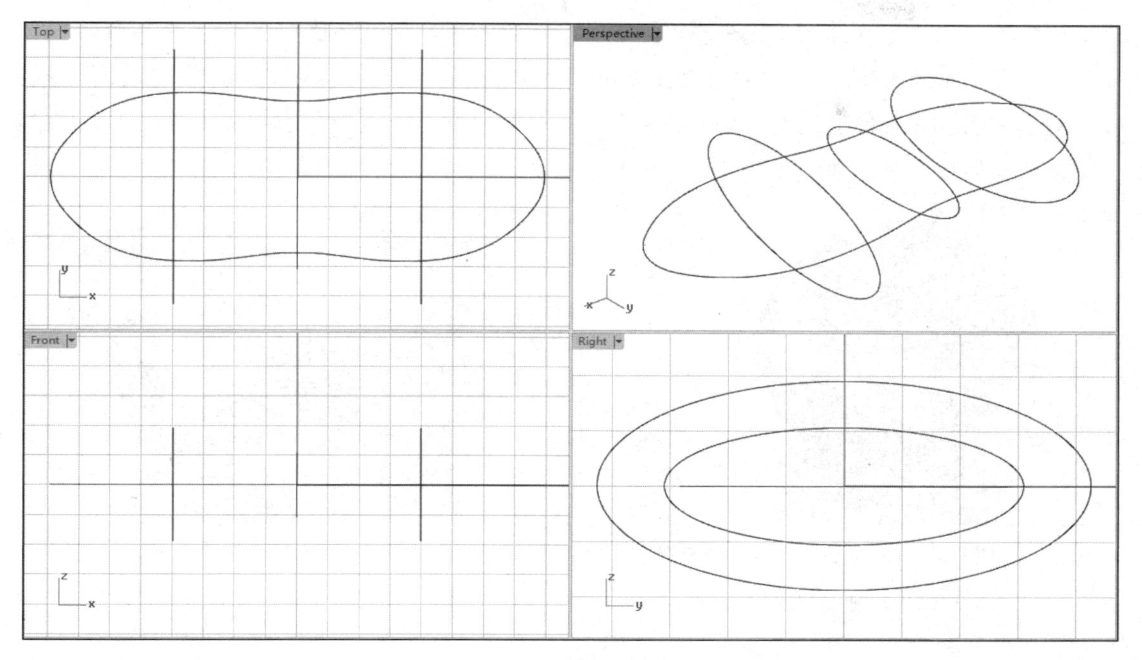

图 8-192　在各个工作视窗中均创建几条曲线

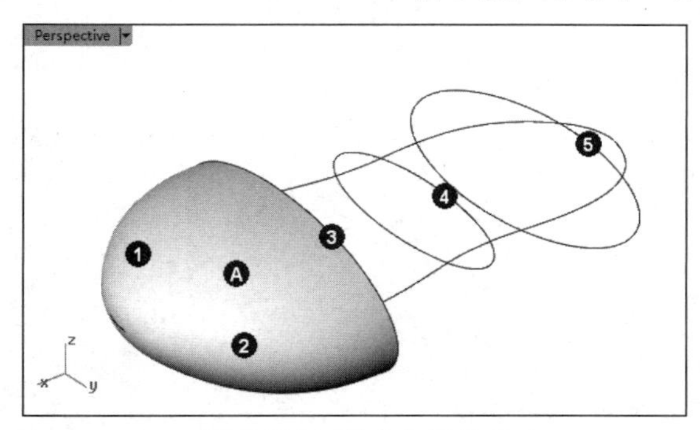

图 8-193　创建扫掠曲面 A

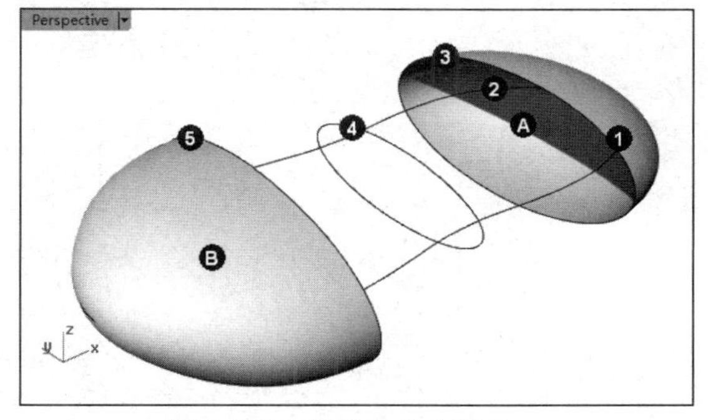

图 8-194　创建扫掠曲面 B

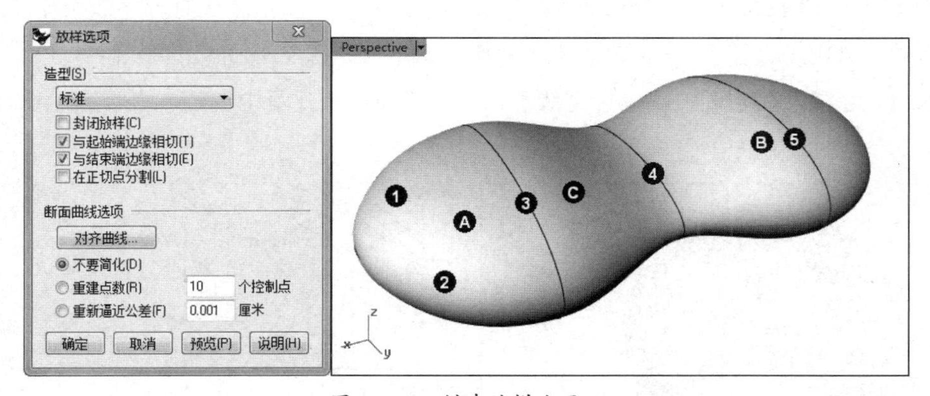

图 8-195　创建放样曲面 C

⑰ 执行【编辑】|【组合】命令，将这几个曲面组合到一起，并将它们移动到远离机器猫主体曲面的位置，隐藏曲线，如图 8-196 所示。

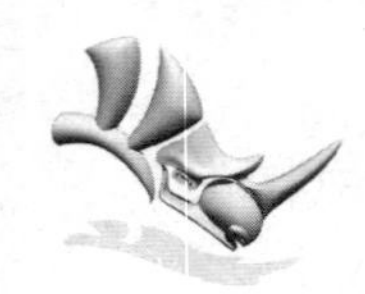

⑱ 执行【变动】|【定位】|【曲面上】命令，选取舌头曲面作为要定位的对象并右击。首先在 Top 视窗中的舌头曲面上指定基准点（确定移动起点），其次选取嘴部曲面作为放置的参考面，在弹出的【定位至曲面】对话框中设置缩放比为合适的大小并单击【确定】按钮，最后在嘴部曲面上放置舌头曲面（确定移动终点），如图 8-197 所示。

图 8-196　组合、移动曲面并隐藏曲线

图 8-197　定位物件到曲面

⑲ 执行【曲线】|【自由造型】|【控制点】命令，在 Right 视窗中创建一条控制点曲线，如图 8-198 所示。

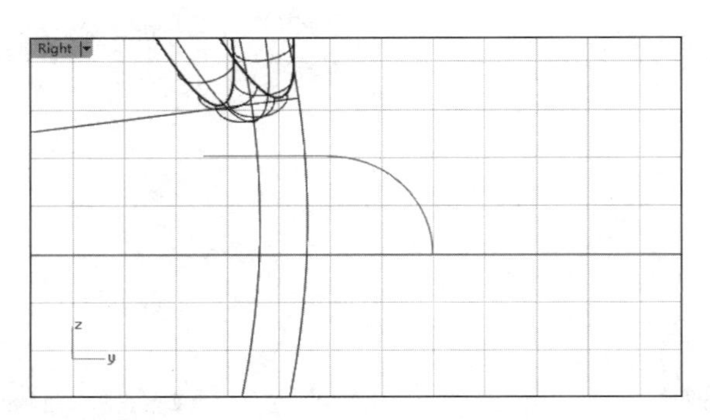

图 8-198　创建控制点曲线

⑳ 选取刚刚创建的曲线，执行【曲面】|【旋转】命令，以水平坐标轴为旋转轴，创建旋转曲面，如图 8-199 所示。这个曲面将作为机器猫的鼻子部件。

㉑ 执行【曲线】|【直线】|【单一直线】命令，在 Front 视窗中创建 6 条直线，如图 8-200 所示。

图 8-199　创建旋转曲面

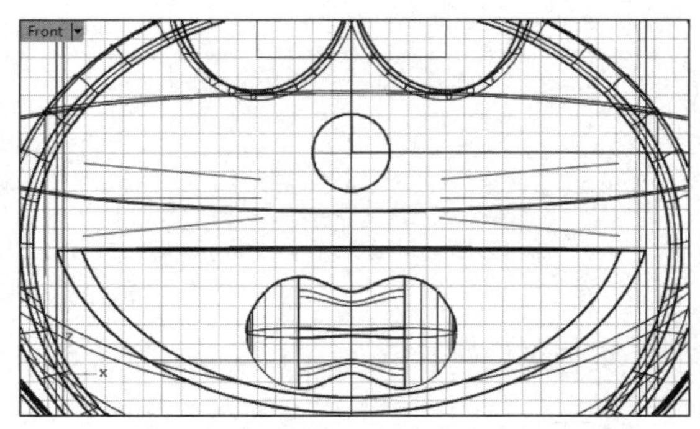

图 8-200　创建直线

㉒ 执行【曲线】|【从物件建立曲线】|【投影】命令，将创建的 6 条直线投影到机器猫脸部曲面上，从而创建出几条投影曲线，如图 8-201 所示。

㉓ 执行【实体】|【圆管】命令，使用脸部曲面上的 6 条投影曲线创建几个圆管曲面（圆管半径不宜过大），作为机器猫的胡须部分，如图 8-202 所示。

图 8-201　创建投影曲线

图 8-202　创建胡须部分

8.6.3　添加下部分的细节

① 先选择【曲线工具】选项卡，分别单击边栏中的【圆：中心点、半径】按钮和【单一直线】按钮，在 Front 视窗中创建圆和直线，再使用【修剪】工具对创建的圆和直线进行互相修剪，如图 8-203 所示。

② 执行【曲线】|【从物件建立曲线】|【投影】命令，将刚刚创建的曲线投影到机器猫身体曲面上，并在 Perspective 视窗中删除位于机器猫身体后面的那条投影曲线，如图 8-204 所示。

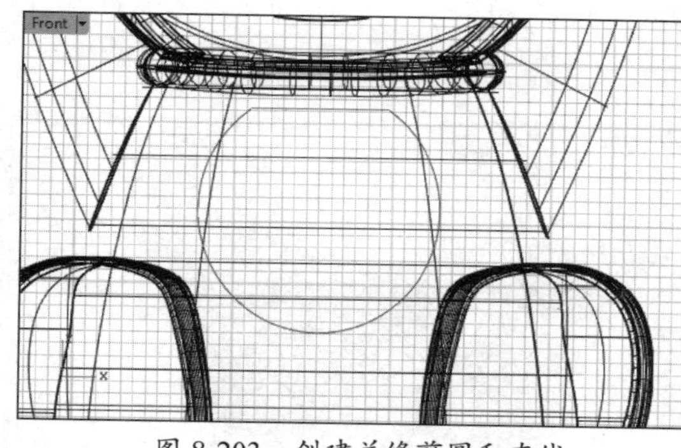

图 8-203　创建并修剪圆和直线

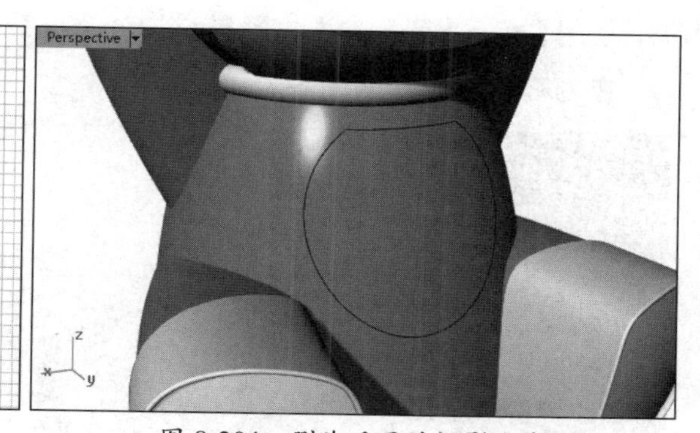

图 8-204　删除后面的投影曲线

③ 复制机器猫下部分的主体曲面，并执行【编辑】|【修剪】命令，使用投影曲线修剪主体曲面的副本，仅保留一小块曲面，如图 8-205 所示。

④ 执行【曲面】|【偏移曲面】命令，将修剪的一小块曲面向外偏移一段距离，并删除原

始曲面，如图 8-206 所示。

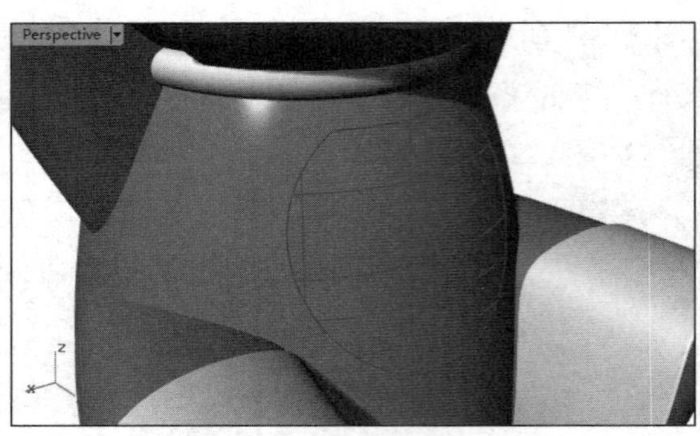

图 8-205　复制并修剪曲面

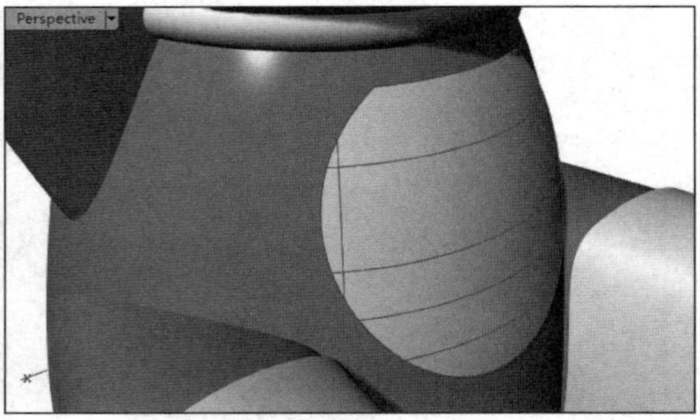

图 8-206　偏移曲面

⑤ 执行【挤出曲线】|【往曲面法线】命令，使用偏移曲面的边缘曲线创建两个挤出曲面，并将它们组合到一起，如图 8-207 所示。

⑥ 执行【实体】|【边缘圆角】|【不等距边缘圆角】命令，为挤出曲面与偏移曲面的边缘创建圆角曲面，如图 8-208 所示。

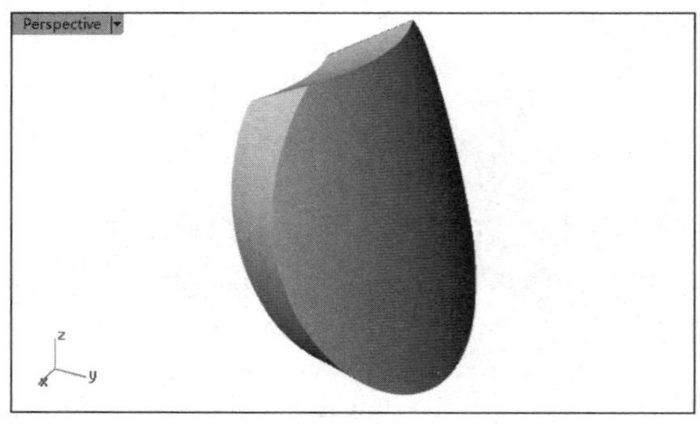

图 8-207　创建并组合挤出曲面

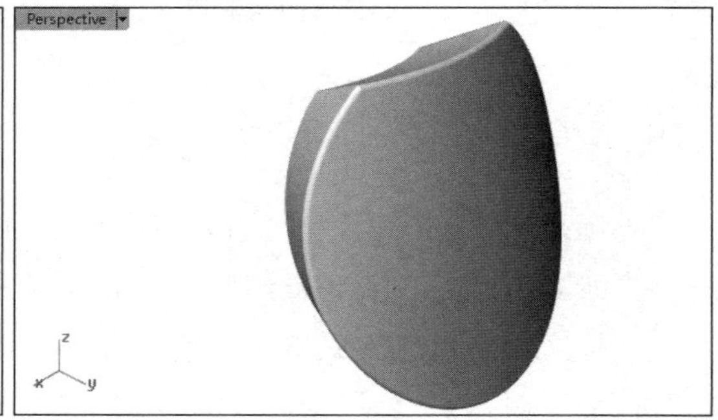

图 8-208　创建圆角曲面

⑦ 采用类似的方法，在偏移曲面上创建一个凸起曲面，如图 8-209 所示。

⑧ 使用【椭圆】等工具为机器猫添加一个铃铛挂坠，并在机器猫的后面创建一个小的球体，作为它的尾巴，如图 8-210 所示。

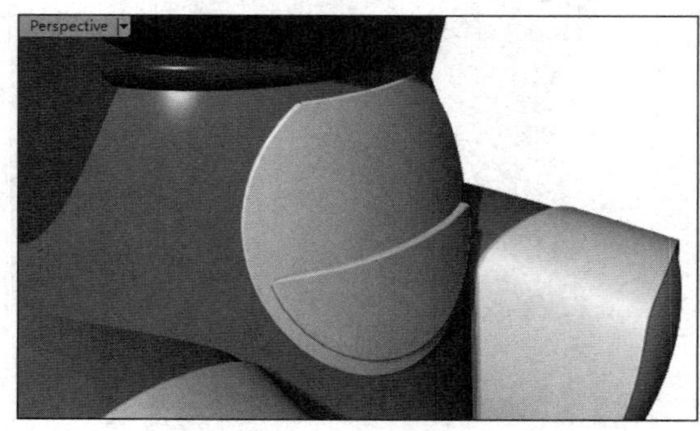

图 8-209　创建凸起曲面

图 8-210　丰富机器猫的细节

⑨ 在 Front 视窗中创建一条矩形曲线，并使用这条矩形曲线对机器猫的后脑壳曲面进行修

剪，创建一个缝隙。至此，整个机器猫模型创建完成，可以在 Perspective 视窗中进行旋转查看，如图 8-211 所示。

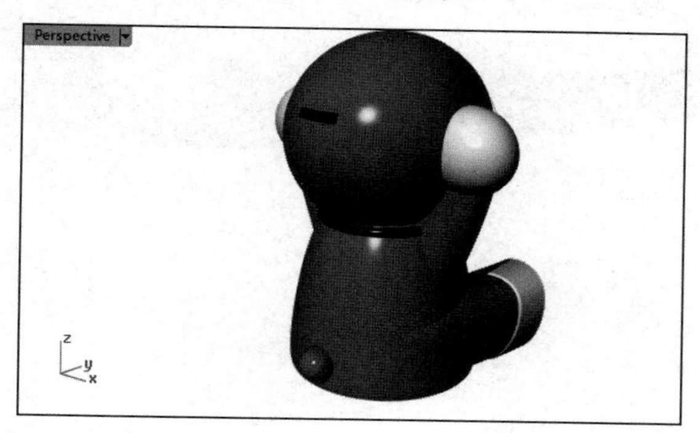

图 8-211　模型创建完成

第 9 章

Rhino 8.0 基本渲染

本章内容

本章主要介绍 Rhino 8.0 渲染器的基本渲染功能。通过学习本章的知识，读者可以掌握初步的渲染设计，并为以后应用其他高级渲染工具打下良好的基础。

知识要点

- ☑ Rhino 8.0 渲染概述
- ☑ 显示模式
- ☑ 材质与颜色
- ☑ 赋予渲染物件
- ☑ 贴图与印花
- ☑ 环境与地板
- ☑ 光源

9.1　Rhino 8.0 渲染概述

渲染是三维制作中的收尾阶段，在建模、设计材质、添加灯光或制作一段动画后，只有进行渲染，才能生成丰富多彩的图像或动画。

9.1.1　渲染类型

渲染的应用领域有视频游戏、电影、产品表现（包含建筑表现）、模拟仿真等。针对各个领域的应用特点，各种不同的渲染工具被开发出来，有的集成到建模和动画工具包中，有的则作为独立的软件。

从外部使用来看，一般把渲染分为预渲染和实时渲染。预渲染用于电影制作、工业表现等，字面意思就是图像被预先渲染好并加以呈现；实时渲染常用于三维视频游戏，通常依靠三维硬件加速器图形卡（显卡）实现每秒几十帧的高效渲染。

实时渲染基于一套预先设置好的着色方案（通常被称为“引擎”）对场景进行纹理、阴影表达和灯光处理。需要注意的是，这一切都是被预先设置好的，目前的硬件速度远远不够支持实时反馈场景中的反射、折射等光线跟踪效果的展现。

9.1.2　渲染前的准备

在渲染前，需要做一些模型的检查准备或将其他格式文件导入 Rhino 8.0 中，检查模型是否有破裂。

在渲染前为了防止模型有缝隙，一定要将相连的曲面连接起来。但很多时候，仅凭视觉无法判断曲面的边界是否相连，需要先检查连接起来的曲面的边缘是否外露，这就要用到曲面分析中的检查边缘工具（ShowEdges）。

例如，使用【在物件上产生布帘曲面】工具与【椭圆体】工具快速创建一个装鸡蛋的蛋托和若干个鸡蛋，如图 9-1 所示。

图 9-1 中蛋托的边缘部分使用了【不等距边缘圆角】和【混接曲面】等多个工具。其曲面的边缘看似已经完美结合，实则不然。执行【分析】|【检测】|【检查】命令，选取蛋托作为检查对象，检查边缘，如图 9-2 所示。

不难发现模型中有些边缘是外露的，也就是说存在多余的边界。在模型内部存在边缘，说明有缝隙，或有曲面重叠、交叉。为何会出现外露边缘？因为在 Rhino 8.0 中使用【衔接】和【倒角】等工具时都会影响到整个面的 CV 点的分布，这就可能使得边界外露。

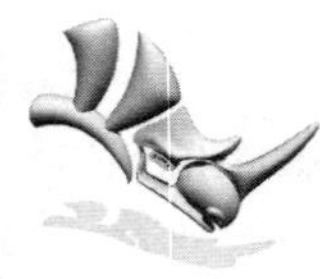

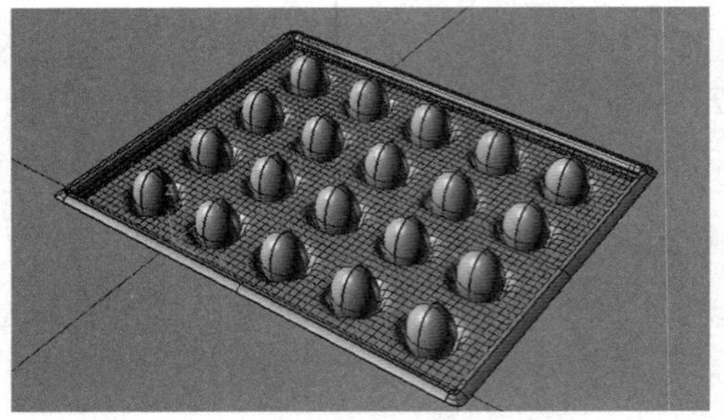

图 9-1　蛋托和鸡蛋

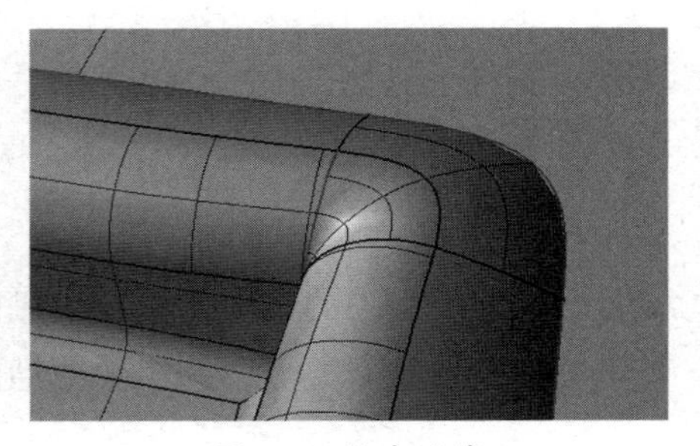

图 9-2　检查边缘

这时可以通过执行【分析】|【边缘工具】|【组合两个外露边缘】命令将两个差距很小的外露边缘组合起来，如图 9-3 所示。

图 9-3　组合外露边缘

技术要点：

【组合两个外露边缘】命令仅在渲染时使用，不会更改模型的原始数据。

9.1.3　渲染工具

渲染工具在【渲染工具】选项卡中，如图 9-4 所示。

图 9-4　【渲染工具】选项卡

9.1.4　渲染设置

执行【工具】|【选项】命令，打开【Rhino 选项】对话框。在左侧选择【文件属性】|【Render】选项，右侧会显示相关渲染设置，如图 9-5 所示。

技术要点：

要想使渲染设置的选项生效，需要执行【渲染】|【目前的渲染器】|【Rhino 渲染】命令，如图 9-6 所示。

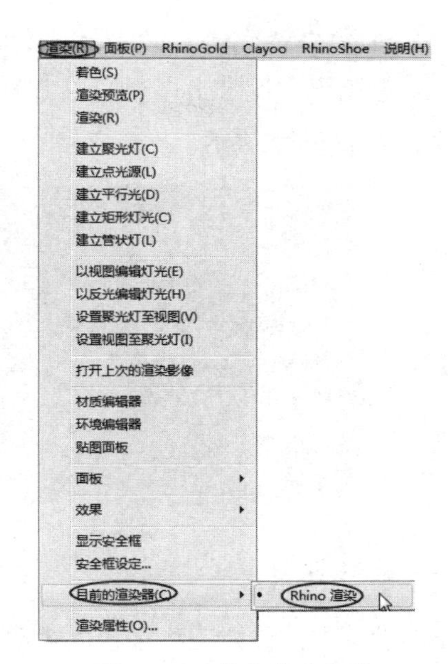

图 9-5　【Rhino 选项】对话框　　　　图 9-6　选择当前渲染器

Rhino 8.0 渲染器包括 Rhino 8.0 渲染器和 Legacy Rhino Render 渲染器。两个渲染器的基本渲染设置大体相同，Rhino 8.0 渲染器可以进行高级设置。Rhino 8.0 渲染器的高级设置如图 9-7 所示。Legacy Rhino Render 渲染器的选项设置如图 9-8 所示。

图 9-7　Rhino 8.0 渲染器的高级设置　　　　图 9-8　Legacy Rhino Render 渲染器的选项设置

9.2　显示模式

Rhino 8.0 的显示模式管理工作视窗显示模式的外观，下面简单介绍一下几种常见的显示模式。

1. 框架模式

框架模式设定工作视窗以没有着色网格的框架的方式显示物件，如图 9-9 所示。

2. 着色模式

着色模式设定工作视窗以着色网格的方式显示曲面与网格，物件预设以图层的颜色着色，如图 9-10 所示。

图 9-9　框架模式

图 9-10　着色模式

3. 渲染模式

渲染模式设定工作视窗以模拟渲染影像的方式显示物件，如图 9-11 所示。

4. 半透明模式

半透明模式设定工作视窗以半透明的方式显示曲面与网格，如图 9-12 所示。

图 9-11　渲染模式

图 9-12　半透明模式

5. 工程图模式

工程图模式设定工作视窗以即时轮廓线与交线的方式显示物件，如图 9-13 所示。

6. 艺术风格模式

艺术风格模式设定工作视窗以铅笔线条与纸张纹理背景的方式显示物件，如图 9-14 所示。

图 9-13　工程图模式

图 9-14　艺术风格模式

7. X 光模式

X 光模式用于着色物件，但位于前方的物件不会阻挡后面的物件，如图 9-15 所示。

8. 钢笔模式

钢笔模式设定工作视窗以黑色线条与纸张纹理背景的方式显示物件，如图 9-16 所示。

图 9-15　X 光模式

图 9-16　钢笔模式

9.3　材质与颜色

在渲染过程中，可以为不同的对象赋予真实的材质，从而获得真实的渲染效果。颜色不是材质，而只用来表达对象的颜色渲染效果。为对象赋予材质后，可以更改其颜色。

赋予材质是渲染中非常重要的一步，下面将介绍材质赋予方式、编辑材质等。

9.3.1　材质赋予方式

先将【显示模式】设置为【渲染模式】，导入要渲染的模型后，再选择要赋予材质的对象（如曲面、实体），在【属性】面板中有 4 个选项按钮，分别为【物件】按钮、【材质】按钮、【贴图轴】按钮和【印花】按钮，如图 9-17 所示。

分别单击 4 个选项按钮会出现各自对应的属性面板。【物件】属性面板中显示了物件（对象）的类型、名称、所在图层、显示颜色、线型、打印颜色、打印线宽，渲染网格设置，渲染，结构线密度等。

本节将介绍材质，这里重点讲解【材质】属性面板。在【属性】面板中单击【材质】按钮，即可显示【材质】属性面板，如图 9-18 所示。

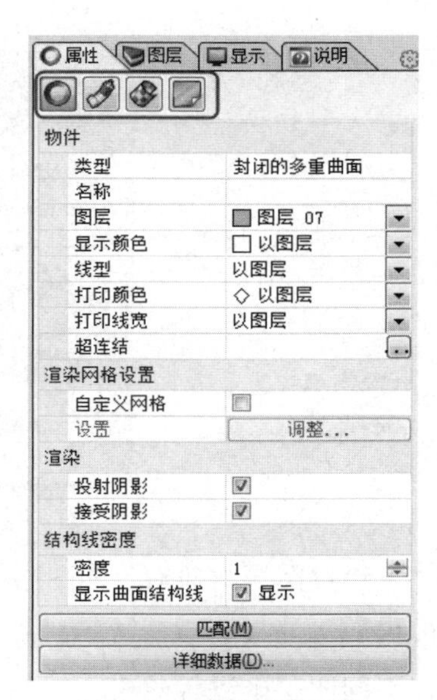

图 9-17　【属性】面板

在【材质】属性面板中提供了 3 种材质赋予方式，如图 9-19 所示。

1.【图层】方式

以【图层】方式来赋予材质，应在【图层】面板的渲染对象所在图层中设置图层材质，如图 9-20 所示。

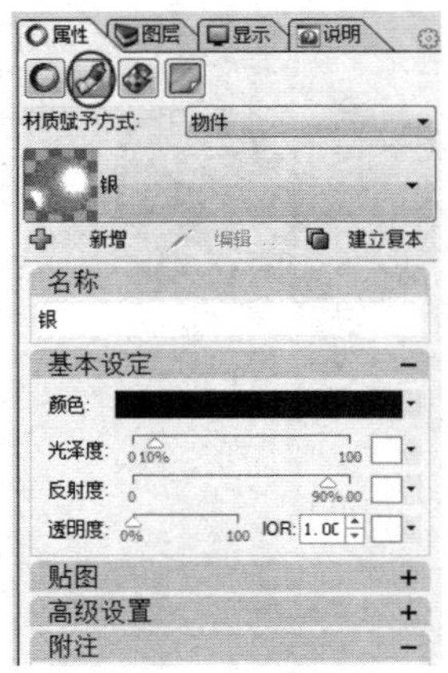

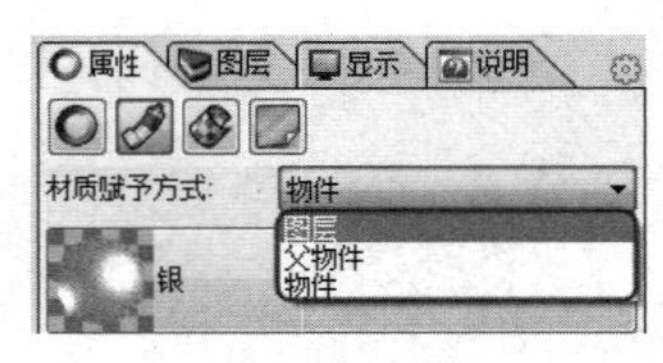

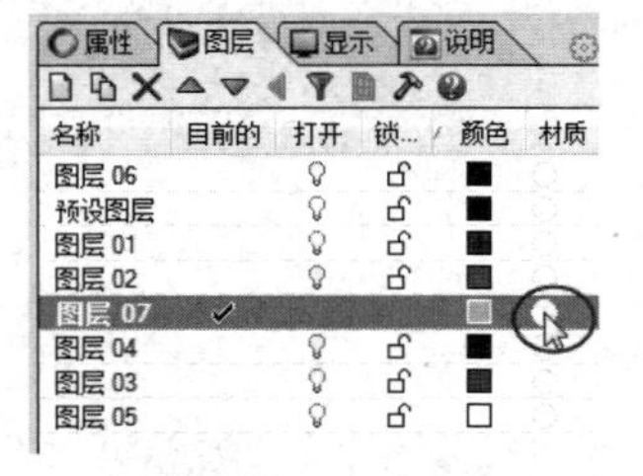

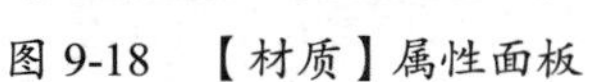

图 9-18 【材质】属性面板　　图 9-19 材质赋予方式　　图 9-20 设置图层材质

弹出【图层材质】对话框，如图 9-21 所示。在【图层材质】对话框中可以实施添加材质、编辑材质等操作。

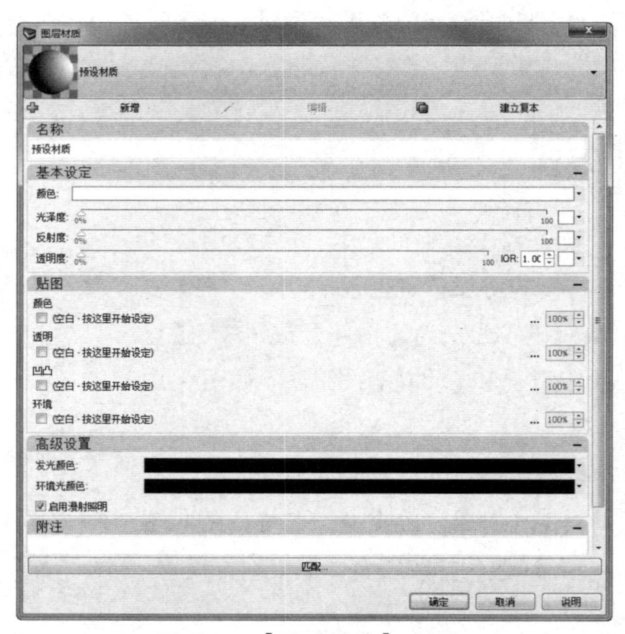

图 9-21 【图层材质】对话框

设置图层材质后，该图层中的所有单个对象都将统一为相同的材质。此种方式可以快速地为数量繁多的模型赋予材质。其前提条件是，在创建产品造型时，必须充分使用图层功能，在不同图层中进行建模。

2.【父物件】方式

当前渲染对象的材质将沿用父物件的材质设置。【父物件】方式就是新材质重新设置之前在图层中设置基本材质的物件。

上机操作——使用【父物件】方式赋予材质

① 打开本案例源文件“灯具.3dm”，如图 9-22 所示。

② 查看【图层】面板，灯罩所属图层的颜色及材质的情况如图 9-23 所示。

图 9-22 打开的源文件

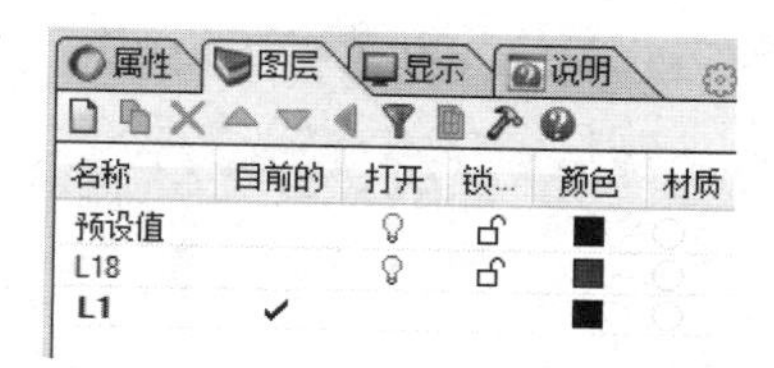

图 9-23 查看【图层】面板

技术要点：

灯罩在【L1】图层中，物件的颜色为默认颜色，材质为默认基本材质。

③ 在【材质】栏中单击图标，打开【图层材质】对话框，设置【发光颜色】为蓝色，如图 9-24 所示。

技术要点：

要想看见设置的材质颜色，需要将【显示模式】设置为【渲染模式】。

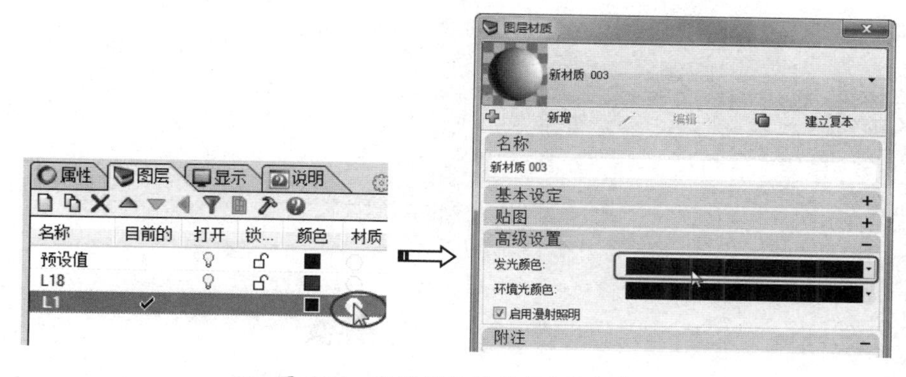

图 9-24 设置图层材质的发光颜色

④ 按快捷键 Ctrl+B 或执行【编辑】|【图块】|【建立图块定义】命令，选取当前图层下的灯罩作为要定义图块的物件，如图 9-25 所示。

⑤ 右击后选取图块的基准点（捕捉灯架顶端的中心点），如图 9-26 所示。

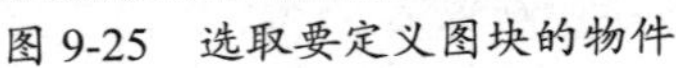
图 9-25　选取要定义图块的物件

图 9-26　选取图块的基准点

⑥ 在弹出的【图块定义属性】对话框中在【名称】下拉列表中选择【灯罩】选项，其他参数保持默认设置，单击【确定】按钮完成属性的定义，如图 9-27 所示。

⑦ 在【图层】面板中单击【新图层】按钮新建一个图层，并将图层命名为【L2】，设置为当前图层，设置材质的【颜色】为绿色，【发光颜色】也为绿色，如图 9-28 所示。

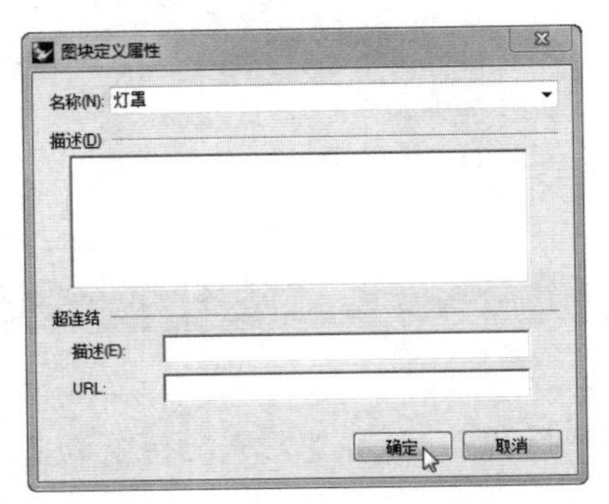

图 9-27　定义属性

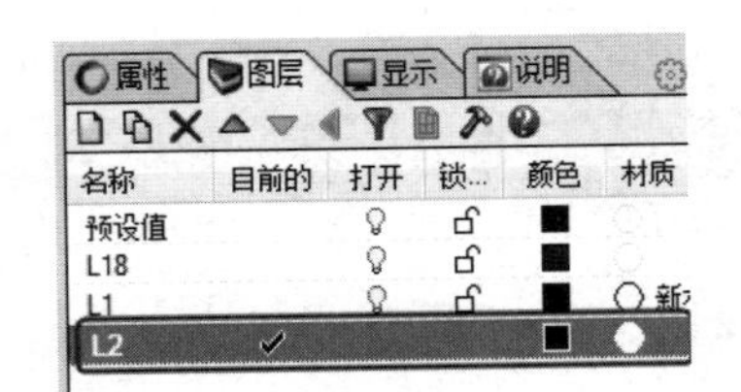

图 9-28　新建图层

⑧ 按快捷键 Ctrl+I 或执行【编辑】|【图块】|【插入图块引例】命令，打开【插入】对话框。在【名称】下拉列表中选择【灯罩】选项，选中【个别物件】单选按钮，单击【确定】按钮，并在 Top 视窗中插入灯罩，如图 9-29 所示。

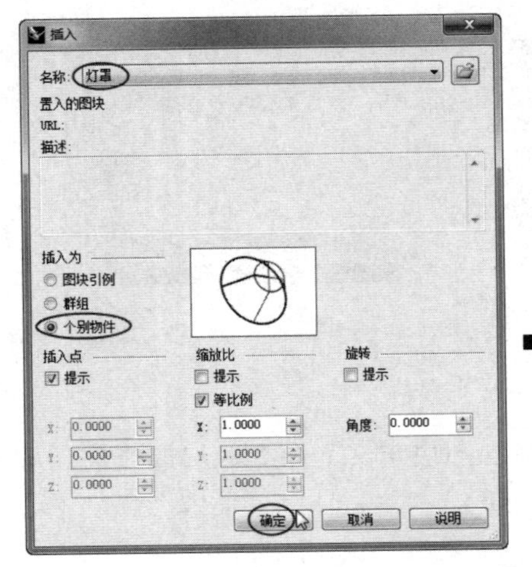

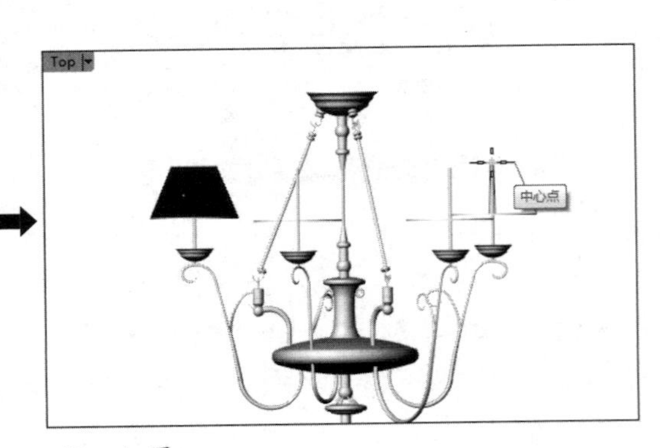

图 9-29　插入灯罩

⑨ 由于插入的图块自动存储在父物件图层中，所以需要将新插入的灯罩移至新建的图层中，将【L2】图层设置为当前图层。选择新插入的灯罩，执行【编辑】|【图层】|【改变物件图层】命令，打开【物体的图层】对话框，选择【L2】图层，单击【确定】按钮，如图 9-30 所示。

⑩ 改变图层后，该灯罩的材质属性为新图层的材质属性。改变图层后的灯罩如图 9-31 所示。

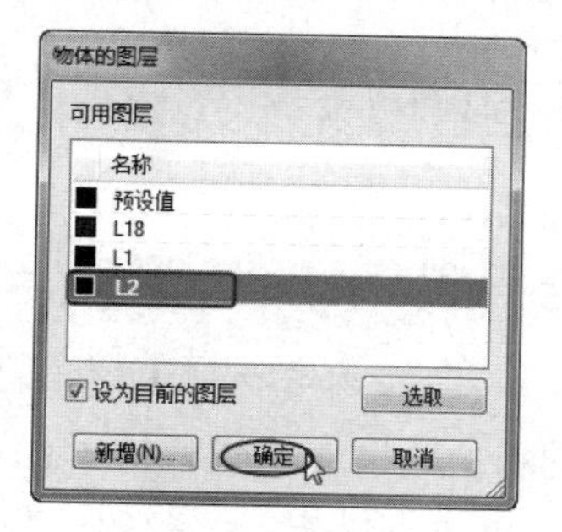

图 9-30　改变图层

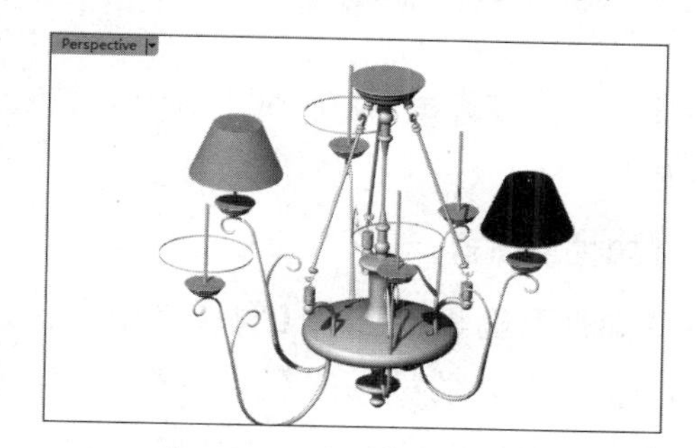

图 9-31　改变图层后的灯罩

⑪ 先选择改变图层后的灯罩，然后查看其【属性】面板，可以发现默认的【材质赋予方式】为【图层】，单击【匹配】按钮，选择要匹配的物件（选取另一个灯罩），如图 9-32 所示。

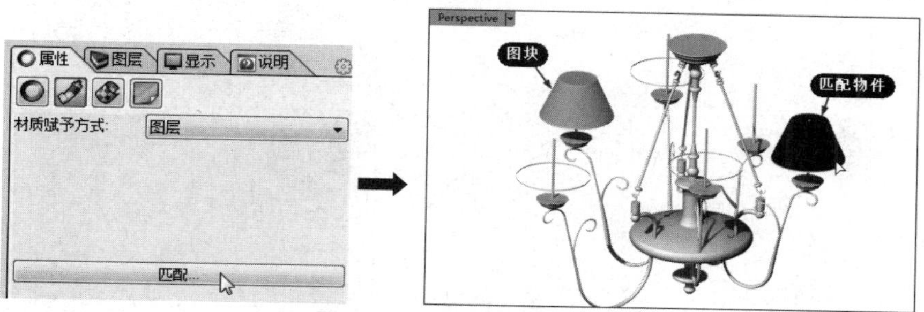

图 9-32　选择要匹配的物件

⑫ 插入的图块材质与匹配物件的材质相同。匹配后的材质如图 9-33 所示。

⑬ 重新选择插入的图块灯罩，此时【属性】面板中的【材质赋予方式】变为【物件】，重新选择【材质赋予方式】为【父物件】，颜色又变回了在【L2】图层中设置的颜色，如图 9-34 所示。

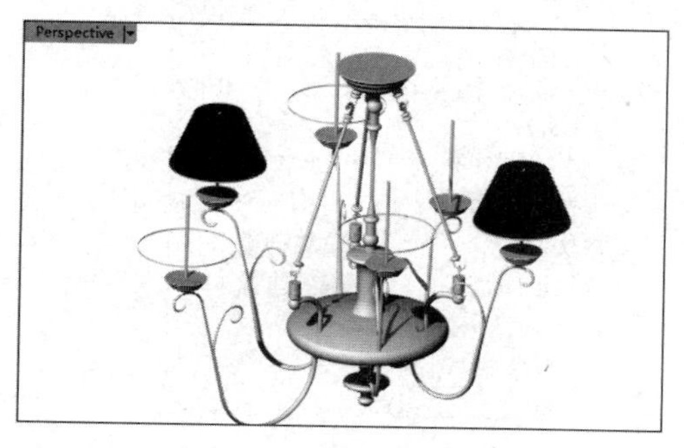

图 9-33　匹配后的材质

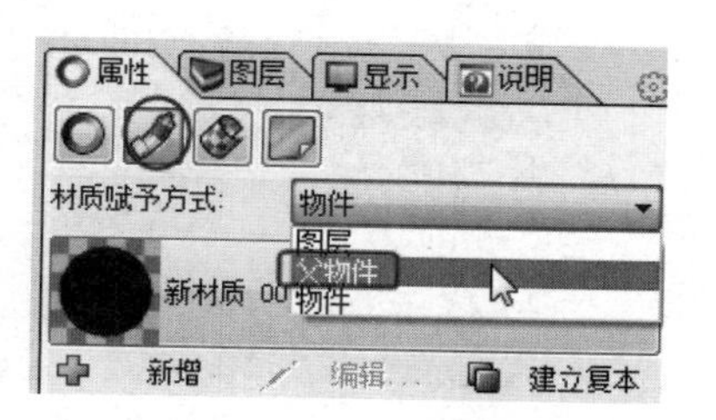

图 9-34　重新设置材质赋予方式

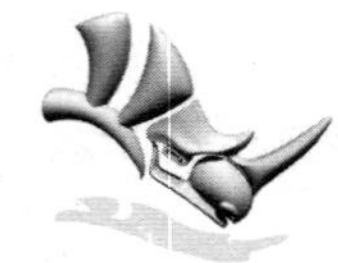

3.【物件】方式

当模型中不同的物件需要不同的材质时，必须使用【物件】方式。【物件】方式也是十分重要的材质赋予方式。

9.3.2　赋予物件材质

以【物件】方式赋予材质是本节的重中之重。下面主要通过 3 种途径以【物件】方式来赋予材质。

1.【属性】面板

在【属性】面板中选择【材质赋予方式】为【物件】，会显示【材质】属性面板，如图 9-35 所示。默认的材质是【预设材质】，它是最基本的材质，也就是模型的本色。在【材质】属性面板中可以设定材质的名称、颜色、光泽度、反射度、透明度、贴图、发光颜色、环境光颜色等参数。

单击面板中的【新增】按钮，打开 Rhino 8.0 自带的材质库，如图 9-36 所示。

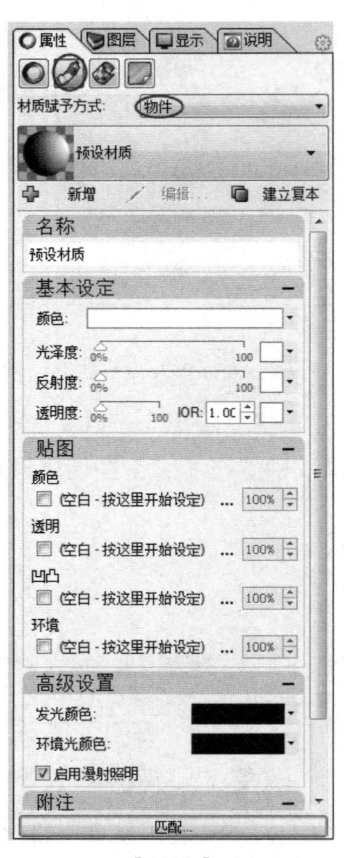

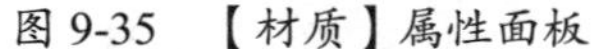
图 9-35　【材质】属性面板

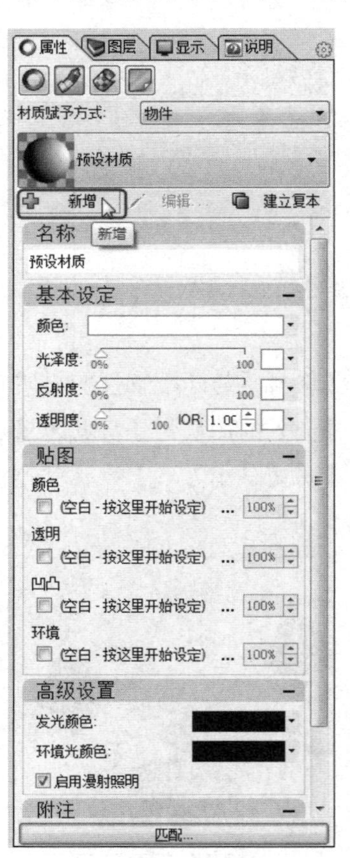

图 9-36　新增材质

材质库中的材质数量不多，用户可以将自己创建的材质放到材质库中，也可以将从网络中下载的相关的材质资源放到材质库中，如图 9-37 所示。

图 9-37　材质库

选定材质后，材质将自动添加到所选的物件上。

2.【切换材质面板】按钮

在【渲染工具】选项卡中单击【切换材质面板】按钮，打开【Rhinoceros】对话框。在对话框的【材质】属性面板中单击⊞图标，可以从材质库中添加材质，如图 9-38 所示。

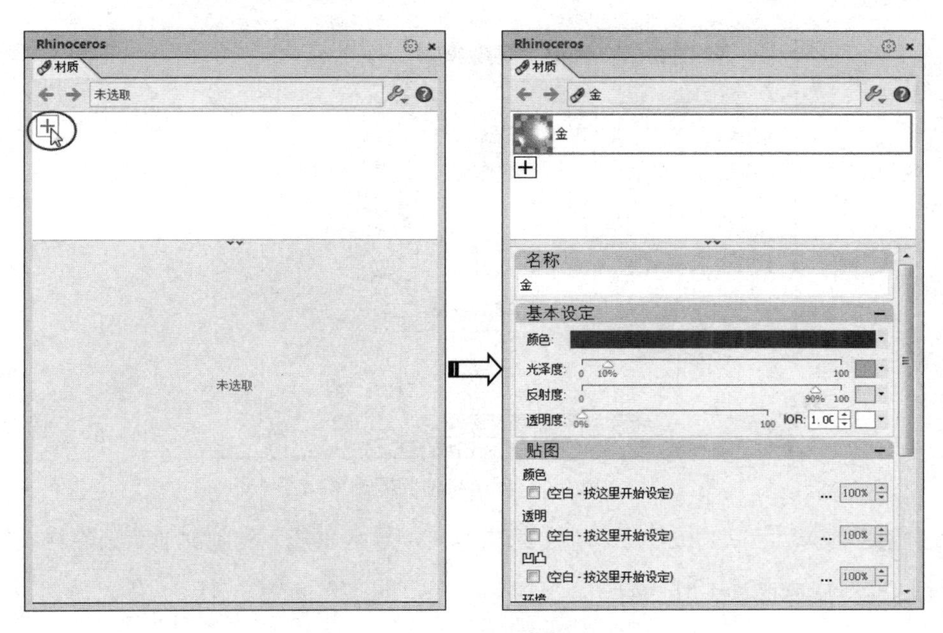

图 9-38　添加材质 1

那么将材质添加到【Rhinoceros】对话框中后，怎样给物件添加材质呢？首先在对话框中选择材质，然后将材质拖动到工作视窗中的物件上进行释放，即可完成添加材质的操作，如图 9-39 所示。

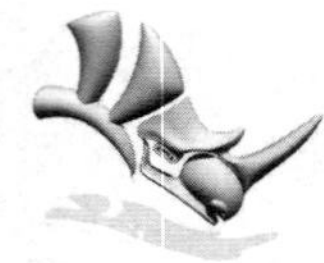

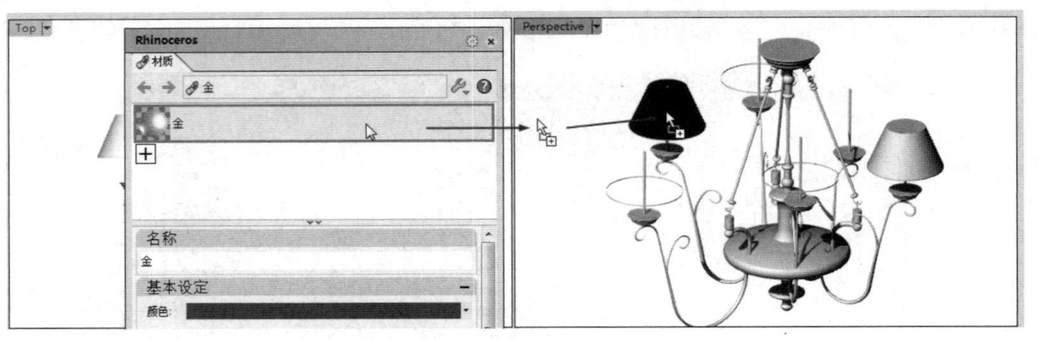

图 9-39　添加材质 2

添加材质后可以在【Rhinoceros】对话框的【材质】属性面板中编辑材质参数。单击【菜单】按钮，将打开编辑快捷菜单，如图 9-40 所示。

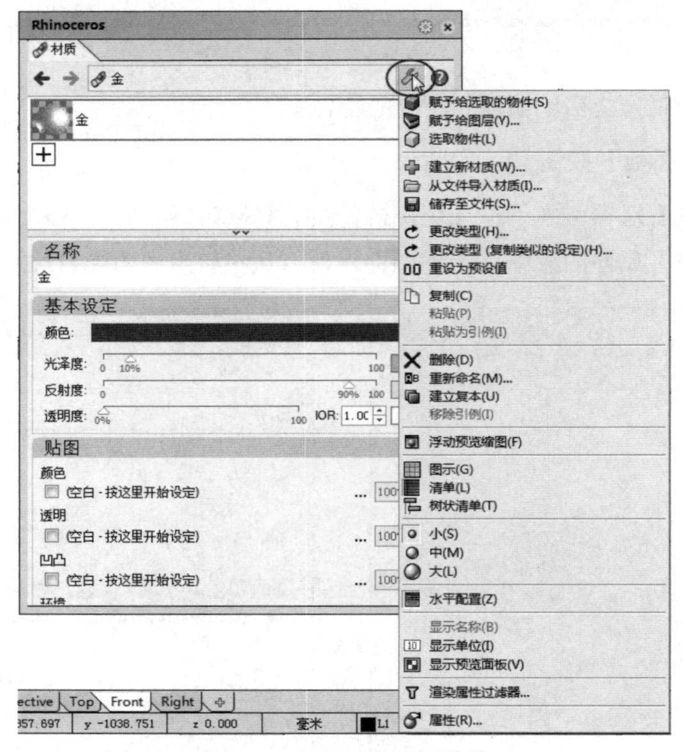

图 9-40　打开编辑快捷菜单

通过快捷菜单，可以完成赋予材质、选取物件、导入材质、复制材质、删除材质等操作。

3.【切换材质库面板】按钮

在【渲染工具】选项卡中单击【切换材质库面板】按钮，打开【Rhinoceros】对话框，如图 9-41 所示。

在材质库的某个文件夹中，选择材质并将其拖动到工作视窗中的物件上进行释放，即可完成为物件赋予材质的操作，如图 9-42 所示。

图 9-41　【Rhinoceros】对话框

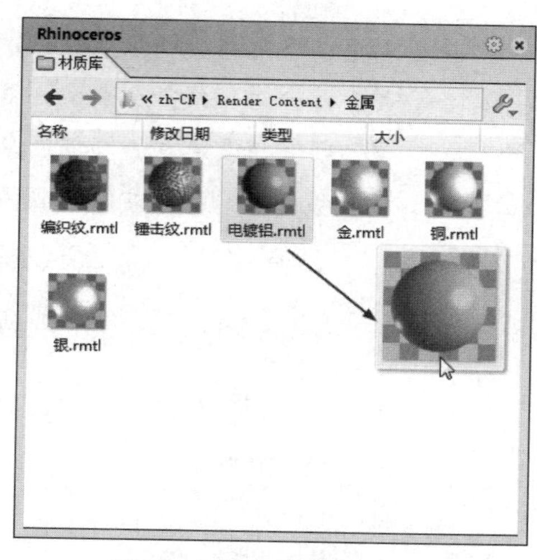

图 9-42　拖动材质赋予物件

9.3.3　编辑材质

添加材质后，可以在【材质】属性面板中编辑材质，也可以通过单击【切换材质面板】按钮，打开【Rhinoceros】对话框来编辑材质。图 9-43 所示为材质的设置选项。

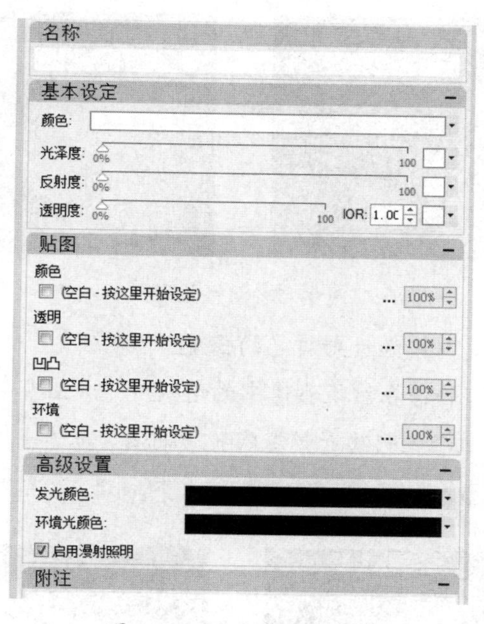

图 9-43　材质的设置选项

各个选项的功能如下。

- 名称：设置材质的名称。
- 基本设定：所有材质都有的基本设定，预设的材质颜色是白色，光泽度、反射度、透明度都为 0。

- 颜色：设定材质的基本颜色，也称漫射颜色。其主要用于渲染曲面、实体和网格，不会对框线产生影响。框线的颜色只能在图层中或【物件】属性面板中设置。颜色的设定方法有调色盘和取色滴管两种，可以通过单击色块右侧的三角按钮展开选项来设定，如图 9-44 所示。

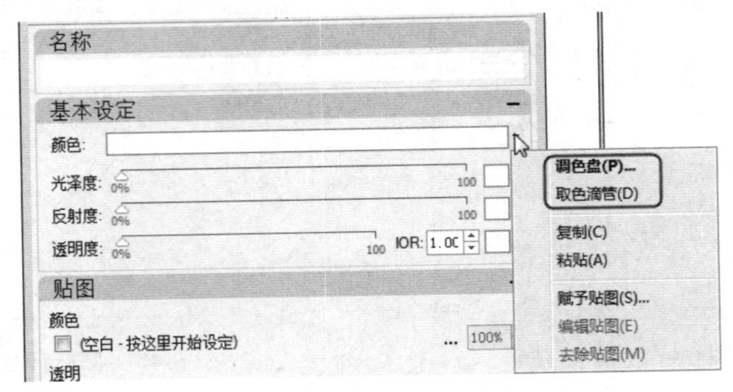

图 9-44　颜色的设置选项

- 光泽度：调整材质反光的锐利度（平光至亮光）。向右移动滑杆可以提高光泽度，如图 9-45 所示。此外，单击右侧的色块，还可以改变光泽度的颜色。

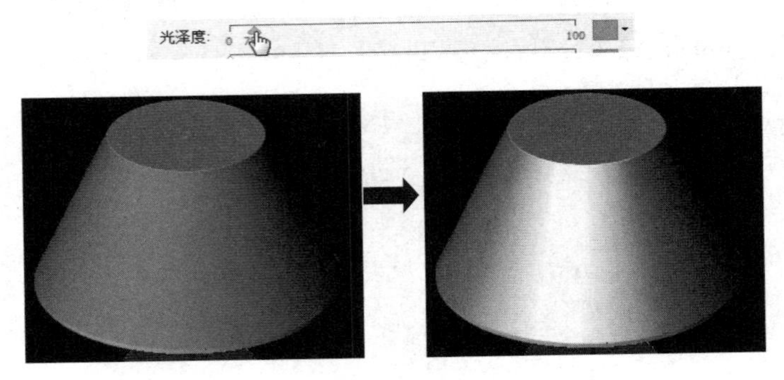

图 9-45　调整光泽度

- 反射度：设定材质的反射灯光的强度。
- 透明度：调整物件在渲染影像中的透明度，如图 9-46 所示。IOR（折射率）是在设定光线通过透明物件时方向转折的量。表 9-1 所示为一些材质的折射率。

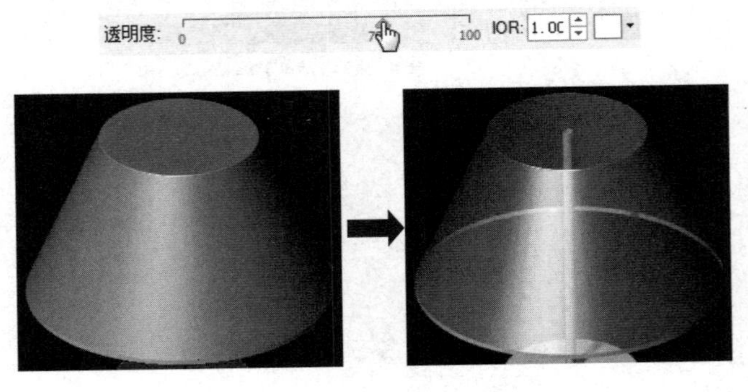

图 9-46　调整透明度

表 9-1　一些材质的折射率

材质	折射率
真空	1.0
一般空气	1.000 29
冰块	1.309
水	1.33
玻璃	1.52～1.8
绿宝石	1.57
红宝石/蓝宝石	1.77
钻石	2.417

- 贴图：材质的颜色、透明、凹凸与环境可以用图片或程序贴图代入。

技术要点：

材质使用的外部图片经过类似 Photoshop 的绘图软件修改后，Rhino 8.0 中物件的材质贴图会自动更新。

- 颜色：以贴图作为材质的颜色。选择【空白-按这里开始设定】选项，或勾选【颜色】复选框，或单击...按钮，将打开的图片作为贴图插入 Rhino 8.0，并且在右侧以百分比数值调整贴图的强度，如图 9-47 所示。

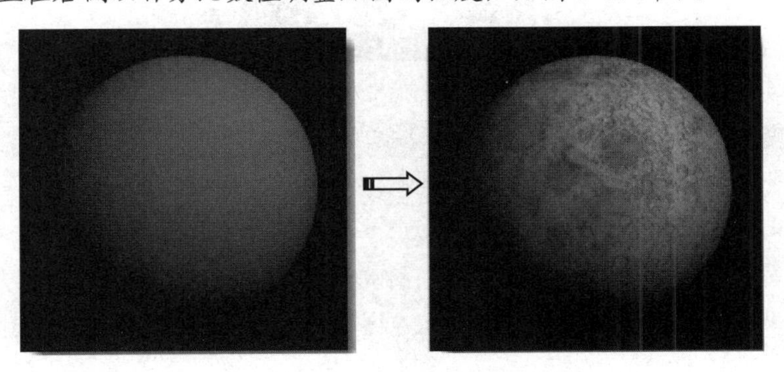

图 9-47　以贴图作为材质的颜色

- 透明：以贴图的灰阶深度设定物件的透明度，如图 9-48 所示。

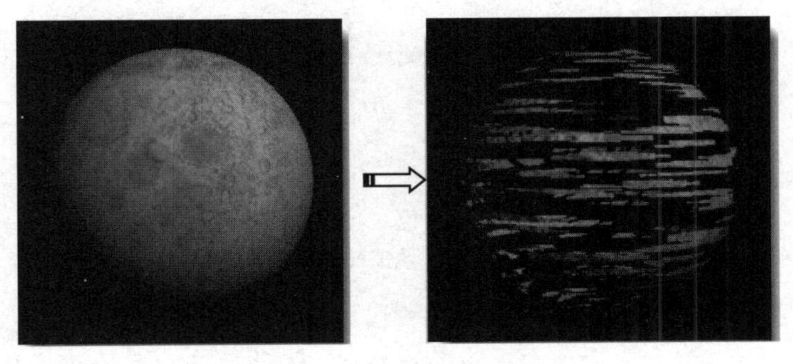

图 9-48　设定物件的透明度

- 凹凸：以贴图的灰阶深度设定物件在渲染时的凹凸效果，如图 9-49 所示。凹凸贴图只是视觉上的效果，物件的形状不会改变。

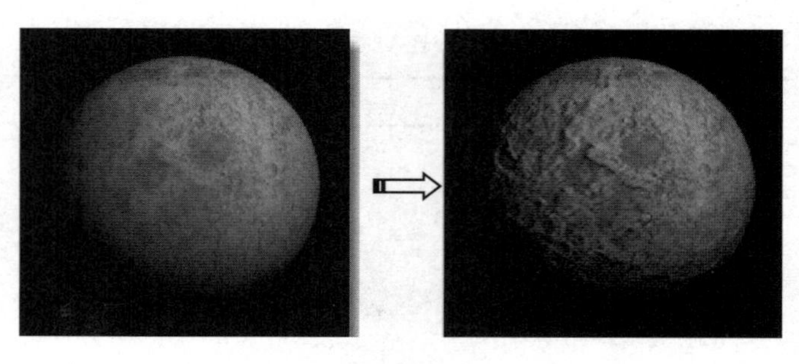

图 9-49　设定物件的凹凸效果

- 环境：设定材质在假反射时使用的环境贴图，非光线追踪的反射计算，如图 9-50 所示。

图 9-50　设定环境贴图

技术要点：

这里使用的贴图必须是全景贴图或金属球反射类型的贴图。

- 高级设置：进一步设置材质，包括设置发光颜色、环境光颜色、漫射照明灯。
  - 发光颜色：以设置的颜色提高材质的亮度，这里的设置对场景没有照明作用，颜色越浅材质越亮，颜色为黑色等于没有发光效果，如图 9-51 所示。

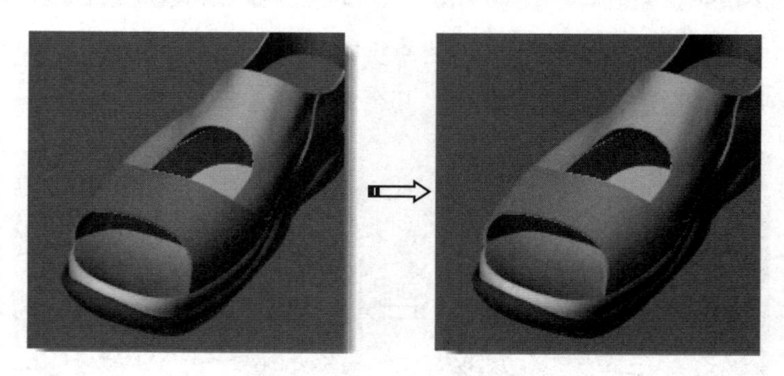

图 9-51　设置发光颜色

  - 环境光颜色：提高物件背光面与阴影的亮度，预设为黑色。
  - 启用漫射照明：取消勾选该复选框时，物件没有着色的明暗效果。在使用【添加一个图像平面】命令创建帧平面使用的材质时，这个设置是关闭的，如图 9-52 所示。

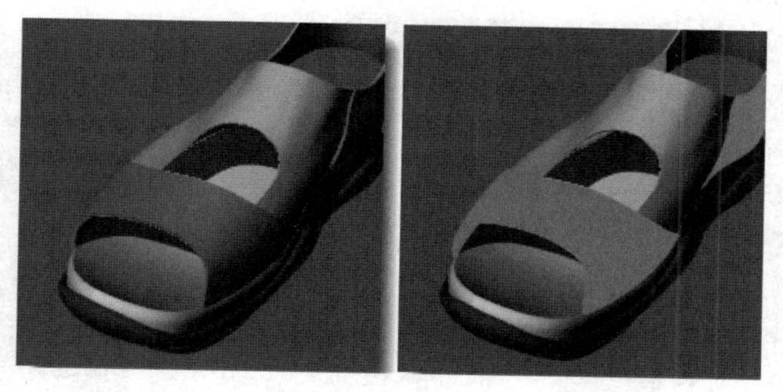

图 9-52　打开（左）与关闭（右）漫射照明

9.3.4　匹配材质属性

使用【匹配材质属性】工具可以快速地给同类型的物件赋予材质。例如，在同一图层中有 20 个物件，其中 10 个物件需要相同的材质，这种情况下不能在图层中统一设置材质，而逐一设置材质又比较慢，此时使用【匹配材质属性】工具再适合不过了。

9.3.5　设定渲染颜色

在渲染模式下，颜色的设定无非两种，一种是设定单个物件的颜色，一种是设定图层中所有物件的颜色。

从渲染性质上来讲，颜色的设定又分为设定模型颜色和设定材质颜色。渲染颜色设定的种类，如图 9-53 所示。

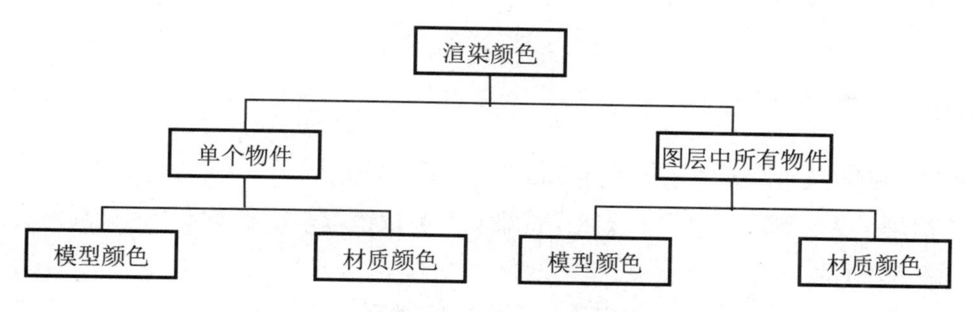

图 9-53　渲染颜色设定的种类

材质颜色的设定可以通过编辑材质完成，或在【图层】面板中通过编辑图层的材质颜色完成。

技术要点：

在图层中设定的颜色只能在显示模式下显示，其他颜色均可以在渲染模式下显示。

这里主要介绍单个物件的模型颜色的设定。在【渲染工具】选项卡中单击【设定渲染颜色】按钮，选择要设定颜色的物件并右击后，弹出【选取颜色】对话框，如图 9-54 所示。

在【选取颜色】对话框中选择所需的颜色即可。

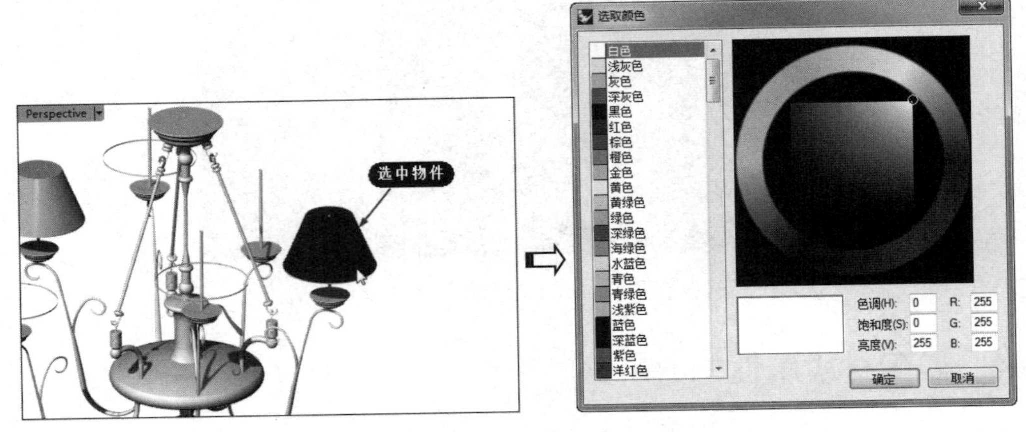

图 9-54　为选取的物件设定模型颜色

9.4　赋予渲染物件

Rhino 8.0 中提供了虚拟的渲染对象，也就是为物件提供了虚拟的渲染效果。

9.4.1　赋予渲染圆角

使用【赋予渲染圆角】工具可以将圆角赋予要渲染的实体、网格。实际上，物件本身并没有倒圆角，仅仅体现的是渲染效果。

上机操作——赋予渲染圆角

① 打开本案例源文件“赋予渲染圆角.3dm”，如图 9-55 所示。

② 在【渲染工具】选项卡中单击【赋予渲染圆角】按钮，选取要赋予渲染圆角的物件，如图 9-56 所示。

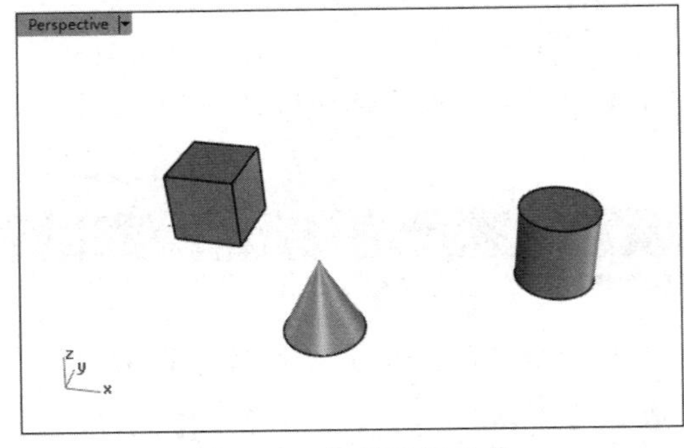

图 9-55　打开的源文件

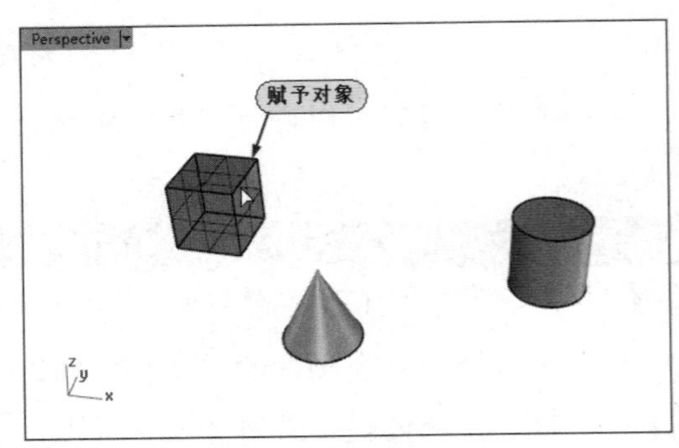

图 9-56　选取物件

图 9-57 所示为在图形区右侧的【属性】面板中的【渲染圆角】属性面板。

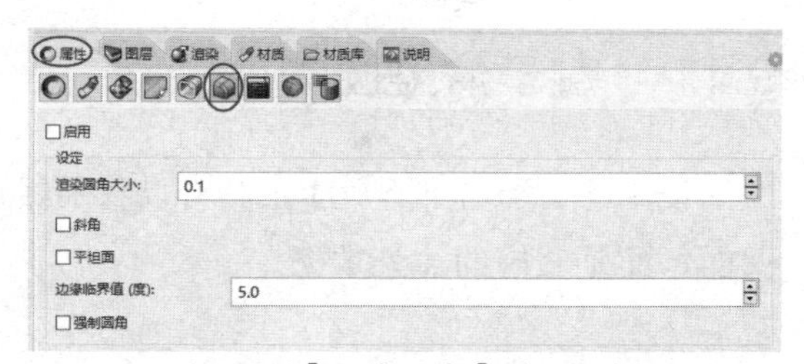

图 9-57 【渲染圆角】属性面板

各个选项的功能如下。

- 启用：设定是否启用圆角。
- 渲染圆角大小：设定渲染圆角的大小，物件的渲染网格的密度会影响渲染圆角的大小。
- 斜角：不对渲染圆角的边缘进行视觉上的平滑处理，以使渲染圆角看起来就像有锐利的边缘的斜角。
- 平坦面：以平坦着色的方式显示物件的渲染网格与渲染圆角。
- 边缘临界值（度）：设定一个临界值，当两个相邻面的法线夹角大于临界值时，会显示渲染圆角，反之则不显示渲染圆角。
- 强制圆角：当圆角半径太大时，可能会无法生成圆角，此时需要勾选此复选框强制生成圆角。

③ 输入渲染圆角大小值 0.5，其他选项保持默认设置，右击完成渲染，如图 9-58 所示。

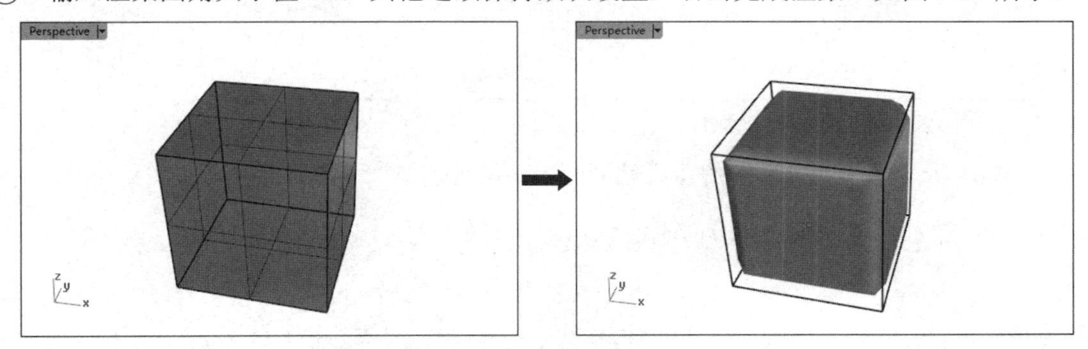

图 9-58　渲染为圆角

④ 重新执行【赋予渲染圆角】命令，选择圆柱体，为其赋予渲染圆角，如图 9-59 所示。

⑤ 在命令行中设置【斜角】为【是】，并输入渲染圆角大小值 0.5，右击完成斜角的渲染，如图 9-60 所示。

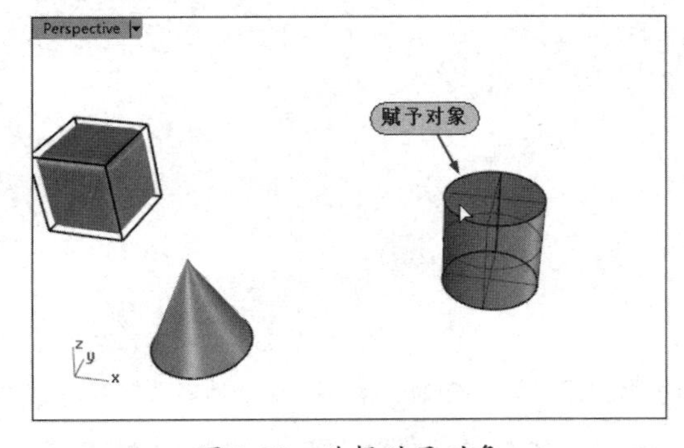

图 9-59　选择赋予对象

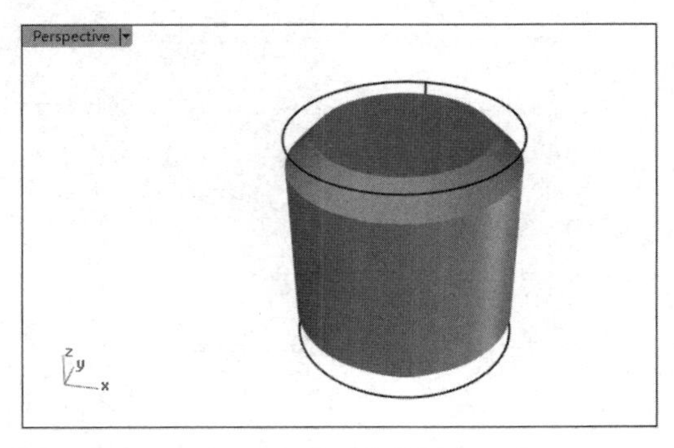

图 9-60　渲染为斜角

9.4.2 赋予渲染圆管

使用【赋予渲染圆管】工具可以将曲线渲染成圆管。赋予的渲染圆管既不是实体又不是曲面，而是假想的渲染效果。

上机操作——赋予渲染圆管

① 打开本案例源文件“赋予渲染圆管.3dm”，如图 9-61 所示。

② 在【渲染工具】选项卡中单击【赋予渲染圆管】按钮，选取要赋予渲染圆管的曲线，如图 9-62 所示。

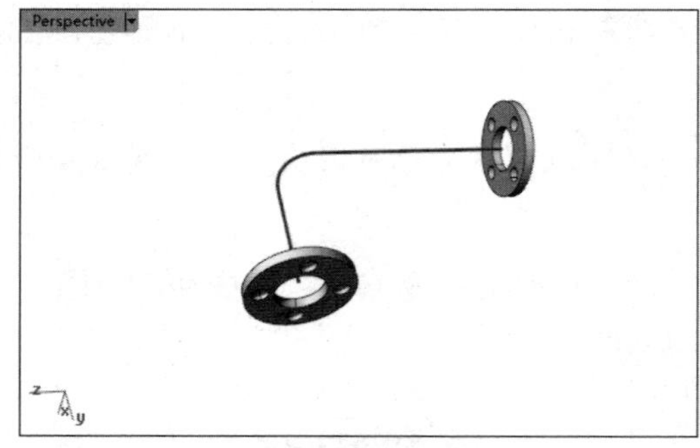

图 9-61 打开的源文件

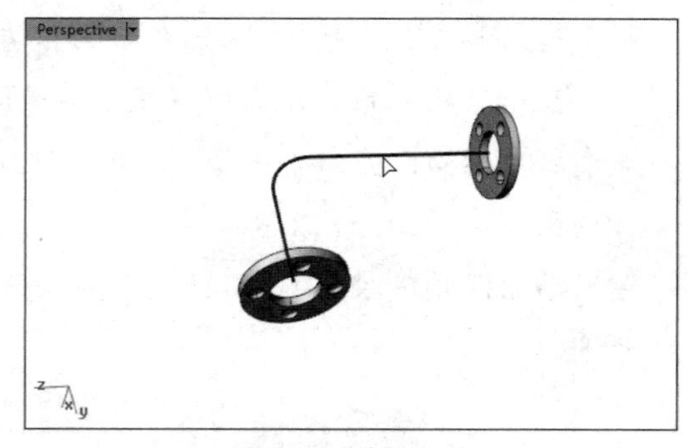

图 9-62 选取曲线

图 9-63 所示为图形区右侧的【属性】面板中的【渲染圆管】属性面板。

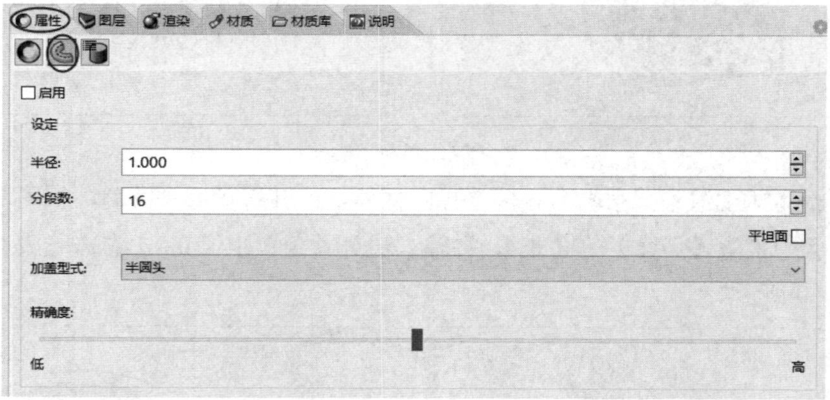

图 9-63 【渲染圆管】属性面板

各个选项的功能如下。

- 启用：设定是否启用圆角。
- 半径：设定圆管的半径。
- 分段数：设定渲染圆管环绕曲线方向的网格面数。例如，在输入分段数值 3 时，创建的是断面为正三角形的圆管。输入的分段数值越大，渲染圆管的断面越接近圆形。

- 平坦面：选择以平滑着色或平坦着色的方式显示渲染圆管。这个选项只会影响网格面的法线方向。
- 加盖型式：设定圆管两端是否加盖，包括 4 种型式，如图 9-64 所示。
- 精确度：设定圆管沿着曲线方向的平滑度。数值越高，网格面数越多。

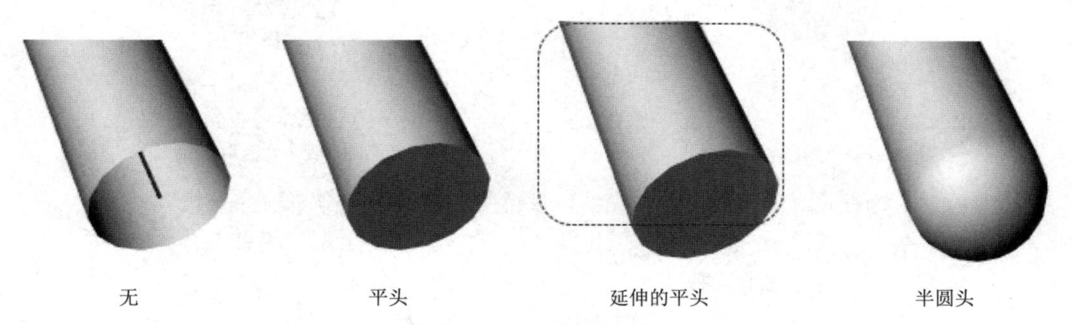

图 9-64　加盖型式

③ 在命令行中设置【加盖型式】为【无】，并输入半径值 2.5，右击完成渲染，如图 9-65 所示。

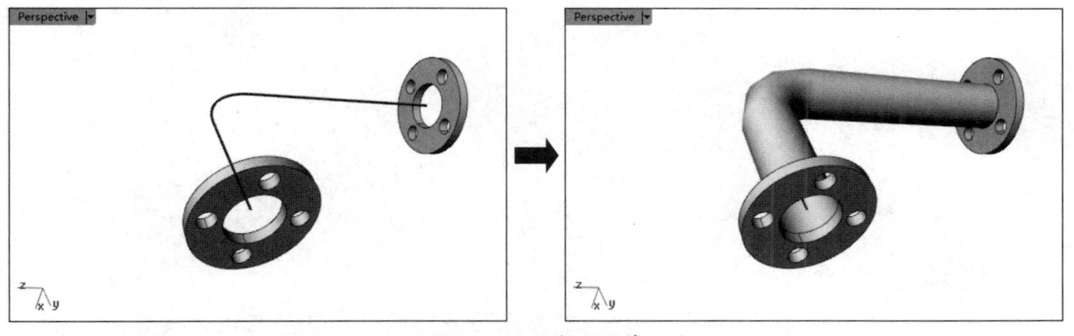

图 9-65　渲染为圆管

技术要点：

赋予的渲染物件同样可以赋予材质。

9.4.3　赋予装饰线

使用【赋予装饰线】工具可以渲染虚拟的装饰线，如汽车的车门缝（凹线），或容器上让盖子不容易脱落的密合线（凸线）。

上机操作——赋予装饰线

① 打开本案例源文件“赋予装饰线.3dm”，如图 9-66 所示。

② 在【渲染工具】选项卡中单击【赋予装饰线】按钮，选取要赋予装饰线的物件，如图 9-67 所示。

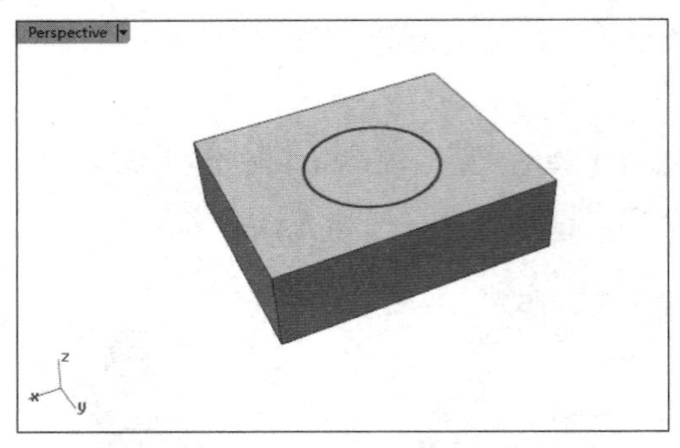

图 9-66 打开的源文件

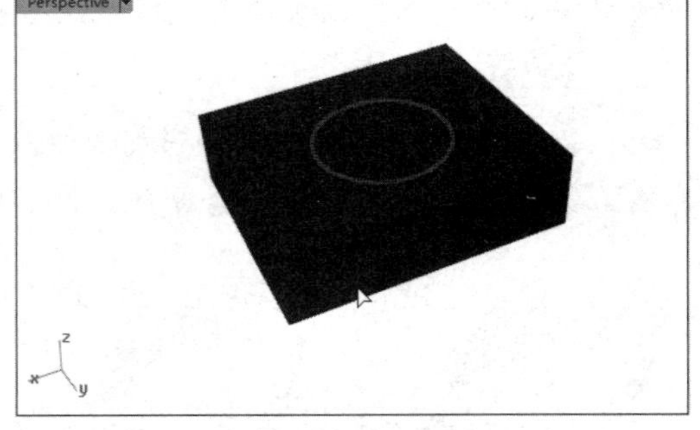

图 9-67 选取物件

图 9-68 所示为在图形区右侧的【属性】面板中的【装饰线】属性面板。

图 9-68 【装饰线】属性面板

各个选项的功能含义如下。

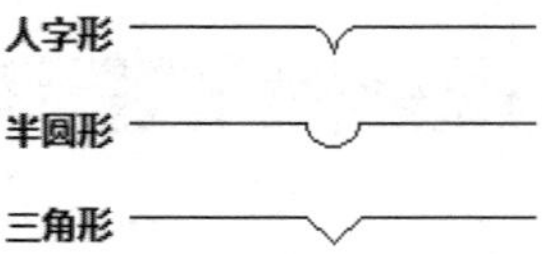

人字形

半圆形

三角形

图 9-69 3 种断面轮廓

- 启用：打开或关闭选取的物件的装饰线效果。
- 半径：改变装饰线的粗细，半径是曲线至装饰线一侧边缘的距离。
- 断面轮廓：有 3 种断面轮廓，如图 9-69 所示。
- 将曲线拉至物件：创建装饰线前先将曲线拉至物件上。例如，当曲线远离物件时就需要设置此选项，如图 9-70 所示。

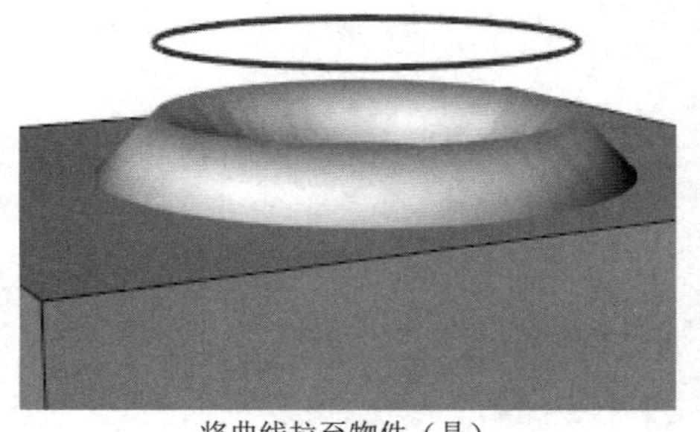

将曲线拉至物件（是）

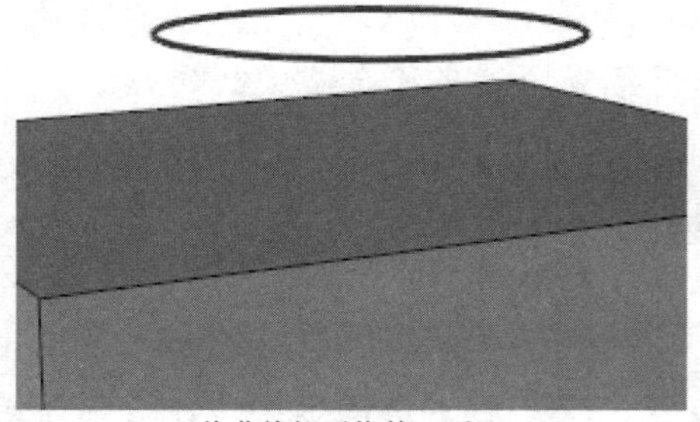

将曲线拉至物件（否）

图 9-70 将曲线拉至物件

- 凸出：定义凸起的装饰线。当设置为【否】时，不需要创建凸起的装饰线；当设置为【是】时，需要创建凸起的装饰线。
- 平坦面：勾选此复选框，以平滑着色或平坦着色的方式显示渲染装饰线。
- 自动更新：装饰线的设定变更会立即反应在物件上。

③ 勾选【启用】复选框。

④ 单击【加入】按钮，选取圆作为要加入的曲线。设置【半径】为 2，【断面轮廓】为 ，分别勾选【将曲线拉至物件】和【凸出】复选框。

⑤ 单击【立即更新】按钮或右击，完成装饰线的渲染，如图 9-71 所示。

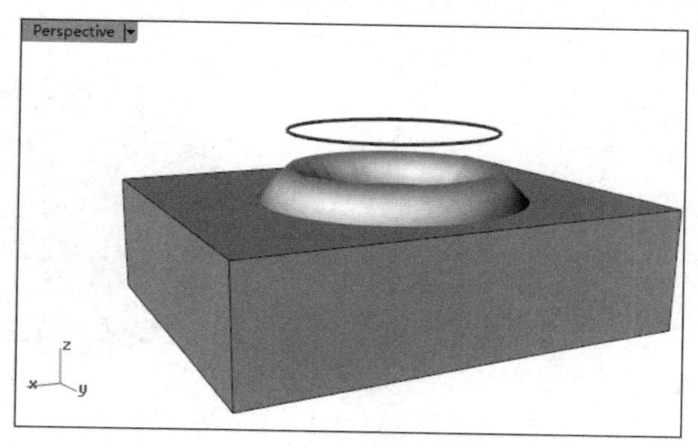

图 9-71　完成装饰线的渲染

9.4.4 赋予置换贴图

使用【赋予置换贴图】工具可以赋予实体面或网格置换贴图，产生凹凸效果。

上机操作——赋予置换贴图

① 新建球体，如图 9-72 所示。

② 选择球体，使用【材质】属性面板中的【物件】方式，为球体添加贴图文件“纹理.jpg”，如图 9-73 所示。

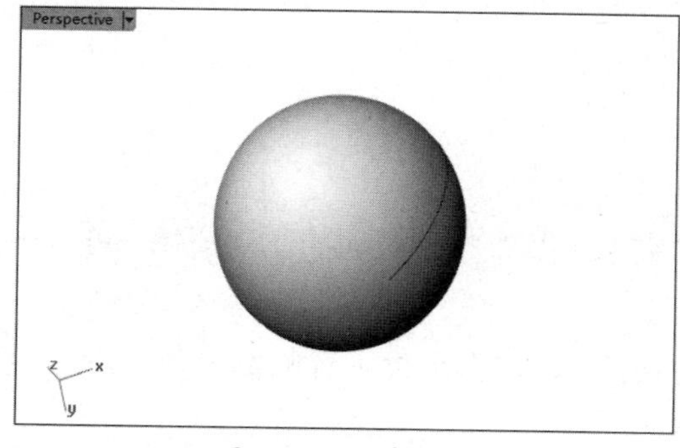

图 9-72　新建球体

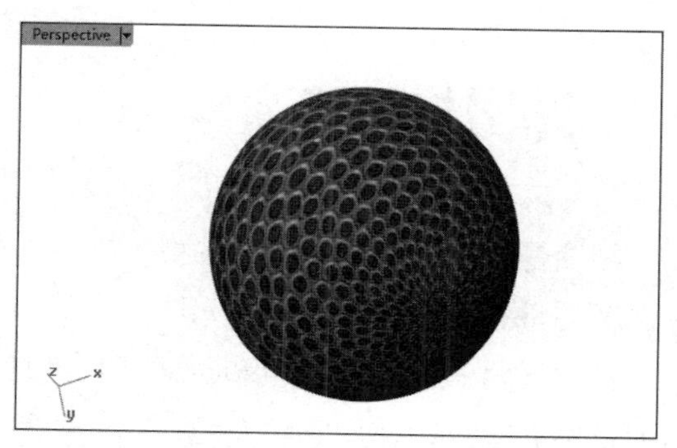

图 9-73　为球体添加贴图文件

③ 先在【渲染工具】选项卡中单击【赋予置换贴图】按钮，再选取要赋予装饰线的物件（球体）并右击。

④ 选择【纹理】下拉列表中的【建立新贴图】选项，并在弹出的列表中选择【从贴图库导入】选项，添加本案例源文件“纹理.jpg”，将自动预览置换效果，如图 9-74 所示。可以看出，凸起的位置过于尖锐，此时需要进行圆滑处理。

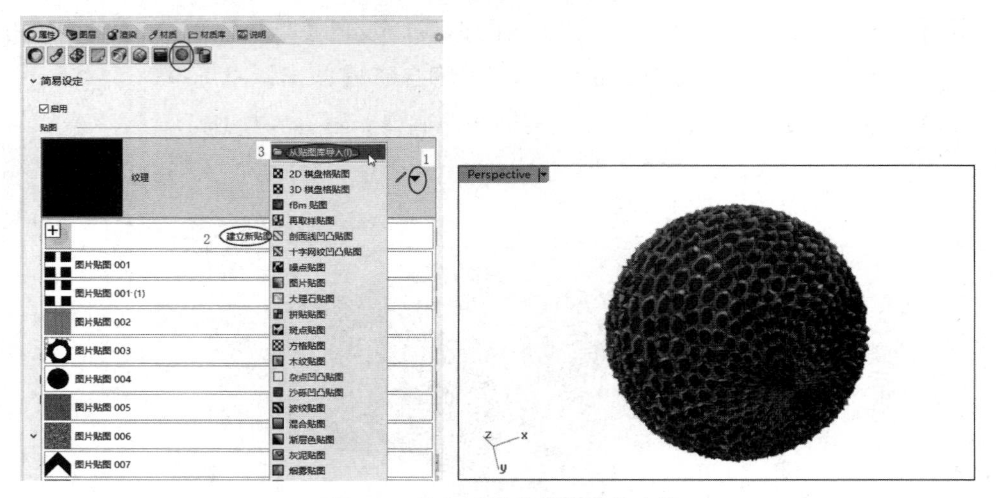

图 9-74　添加贴图并预览置换效果

⑤ 将【白色点】设置为 0.3，再次预览，此时置换效果比较理想，如图 9-75 所示。

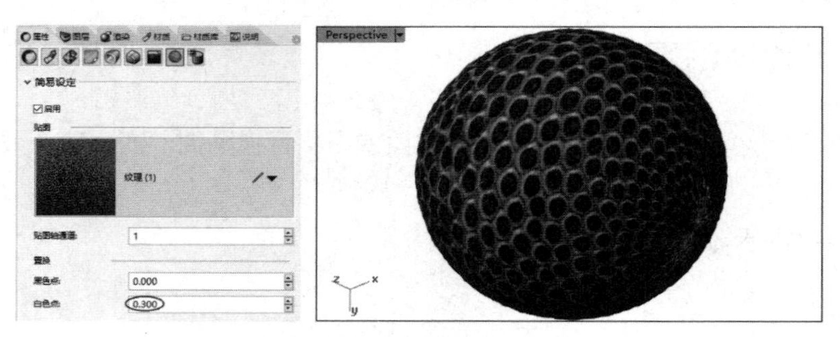

图 9-75　设置参数后的置换效果

⑥ 右击完成操作。

9.5　贴图与印花

贴图是应用于模型表面的图像，在某些方面类似于赋予物件表面的纹理图像，可以按照表面类型进行映射。

设置【材质】属性面板和单击【切换贴图面板】按钮可以进行贴图。前一种方法在前面已经介绍过，在此不再介绍。

9.5.1　切换贴图面板

在【渲染工具】选项卡中单击【切换贴图面板】按钮，打开【Rhinoceros】对话框。在对话框中显示【贴图】属性面板，如图 9-76 所示。

在【贴图】属性面板中单击⊞图标，可以从材质库中添加纹理（又叫作贴图），如图 9-77 所示。

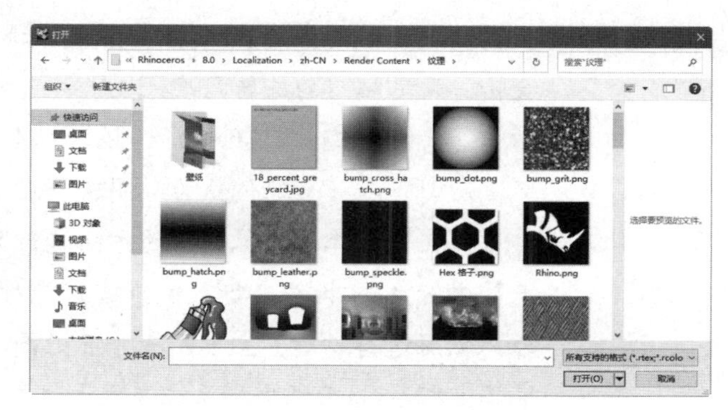

图 9-76　【贴图】属性面板

图 9-77　添加纹理

添加到【贴图】属性面板后，将纹理拖动至物件上即可完成贴图操作，如图 9-78 所示。

技术要点：

如果编辑了贴图的参数或设置了选项，则需要重新赋予贴图才会生效。

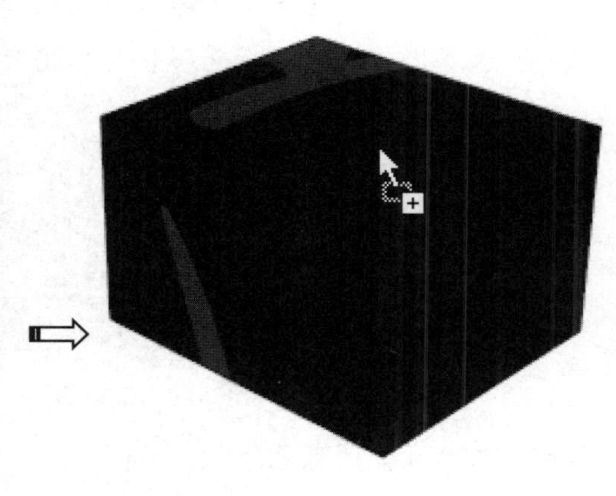

图 9-78　完成贴图操作

技术要点：

直接将贴图或图片文件拖至 Rhino 8.0 中的物件上会自动创建一个新材质。

【贴图】属性面板中各个选项的功能如下。

- 名称与类型：设置贴图的名称和贴图的类型。
- 图片贴图设定：图片贴图是以图片文件作为贴图，可以设置透明度。
- 贴图轴：设定选取物件的贴图轴。
  - ➢ 偏移：将贴图在 U 或 V 方向偏移。单击按钮可以解锁或锁定。
  - ➢ 重复：设定贴图在 U 或 V 方向重复出现的次数。
  - ➢ 旋转：设定贴图的旋转角度。
  - ➢ 不重复：贴图的 UV 空间 0 ~ 1 以外的部分透明显示。
  - ➢ 环境贴图：以一个球体作为贴图轴将贴图投影至物件上。
  - ➢ 屏幕：在与计算机屏幕平行的方向进行贴图。
  - ➢ 世界坐标系统/物件坐标系统：选择绝对坐标系或物件坐标系（工作坐标系）作为参照进行贴图，主要用于平面贴图。
  - ➢ 世界坐标系统/物件坐标系统（立方体类型）：主要用于立方体贴图。
  - ➢ 贴图轴通道：指定贴图使用物件属性中的贴图轴。
  - ➢ 本地贴图轴预览：勾选该复选框，可以预览贴图轴。
- 图形：以图形显示贴图在 U、V、W 空间的颜色值，如图 9-79 所示。

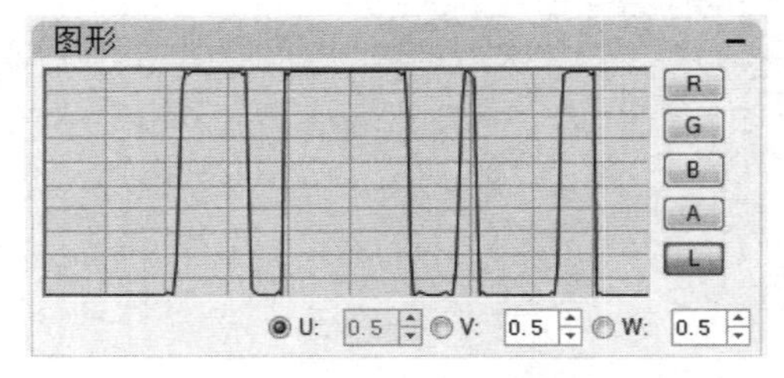

R：显示红色通道的图形
G：显示绿色通道的图形
B：显示蓝色通道的图形
A：显示 Alpha 通道的图形
L：显示亮度通道的图形

图 9-79　以图形显示贴图在 U、V、W 空间的颜色值

- 输出调整：调整贴图的输出颜色，如图 9-80 所示。

输出调整
限制
限制　缩放至限制范围
最小值 0.0　最大值 1.0
颜色调整
反转　灰阶　中间色: 1.0
倍数: 1.0　增益值: 0.5
饱和度: 1.0　色调偏移: 0.0°

图 9-80　输出调整

  - ➢ 限制：打开或关闭颜色限制。
  - ➢ 缩放至限制范围：将限制后的颜色值重新对应至整个色彩范围。
  - ➢ 反转：将贴图以补色的形式显示。

- 灰阶：将贴图以灰阶的形式显示。
- 中间色：调整渲染影像的中间色。当中间色的数值大于 1 时，亮部的范围会扩大；当中间色的数值小于 1 时，暗部的范围会扩大。
- 倍数：将颜色值乘以这个数字。
- 饱和度：改变贴图颜色的鲜艳度，当饱和度的数值设置为 0 时贴图以灰阶形式显示。
- 增益值：加强中间色或极端色（最亮与最暗的颜色），当增益值在 0.5 以下时，中间色的范围逐渐扩大。当增益值在 0.5 以上时，极端色的范围逐渐扩大。
- 色调偏移：改变贴图的色调。

9.5.2 贴图轴

贴图轴可以控制贴图显示在物件上的位置。将平面的贴图显示在立体物件上时变形在所难免，就如同将贴纸贴在球体上时，因为贴纸无法服帖地贴在球体表面所以会产生褶皱。针对物件形状的不同应选择适合的贴图轴类型。

技术要点：

如果一个物件未被赋予贴图轴，则在贴图时会使用曲面贴图轴将贴图对应至物件上。

【属性】面板中的贴图轴工具如图 9-81 所示。在【渲染工具】选项卡中长按【显示贴图轴】按钮，展开【贴图轴】工具面板，如图 9-82 所示。

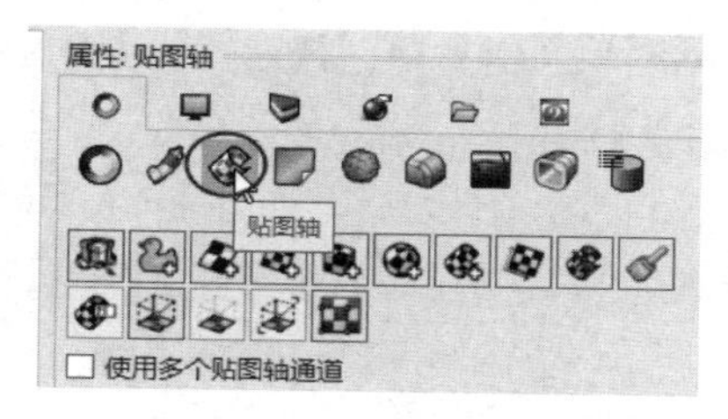

图 9-81　【属性】面板中的贴图轴工具

图 9-82　【贴图轴】工具面板

下面介绍贴图轴通道与贴图轴类型。

1. 贴图轴通道

通道代表图像中的某一组信息，如颜色信息、坐标信息等。一个贴图轴通道就包含了这样的一组信息。

曲面、网格面的贴图坐标就是 UV 坐标，而实体或 3D 网格的坐标是 UVW 坐标。以一个矩形平面为例，U、V 等同于 X、Y。对于立方体来说，W 就是其高度，如图 9-83 所示。

贴图轴通道有如下特性。

- 一个贴图轴通道中含有一组贴图坐标，贴图轴通道以数字区分。一个物件可以拥有许多贴图轴通道，每个贴图轴通道可以使用不同的贴图轴类型。

- 材质中各种类型的贴图可以设定不同的通道，贴图是将与它编号相同的贴图轴通道对应至物件上，贴图预设的贴图轴通道是 1。

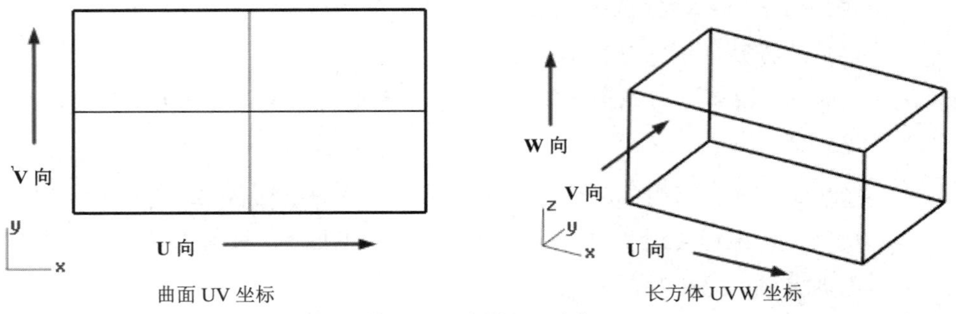

图 9-83　贴图 UV 坐标

图 9-84 所示为有无贴图轴的贴图效果对比。

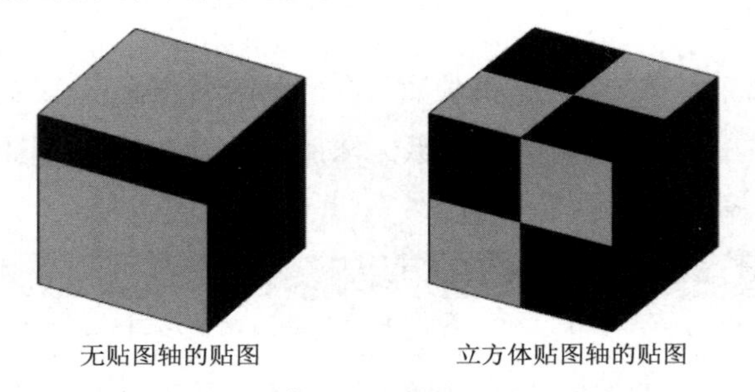

图 9-84　有无贴图轴的贴图效果对比

是否需要使用贴图轴，应根据物件的形状和渲染结果确定。在使用贴图轴进行贴图时，需要在【贴图】属性面板的【贴图轴】选项组中选中【贴图轴通道】单选按钮，如图 9-85 所示。

在【属性】面板中，贴图轴工具比较全面，如图 9-86 所示。

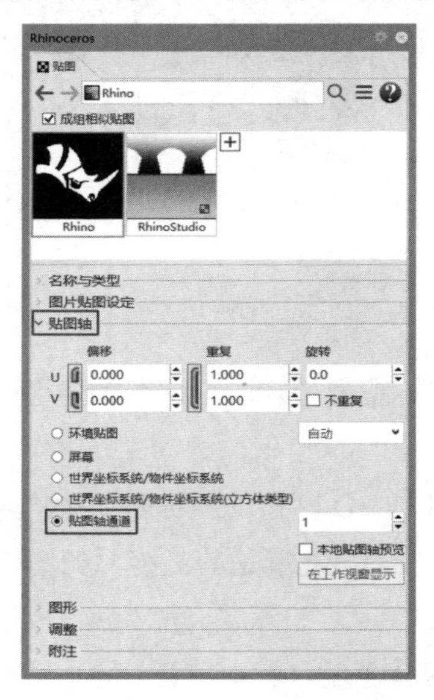

图 9-85　设置贴图轴的贴图

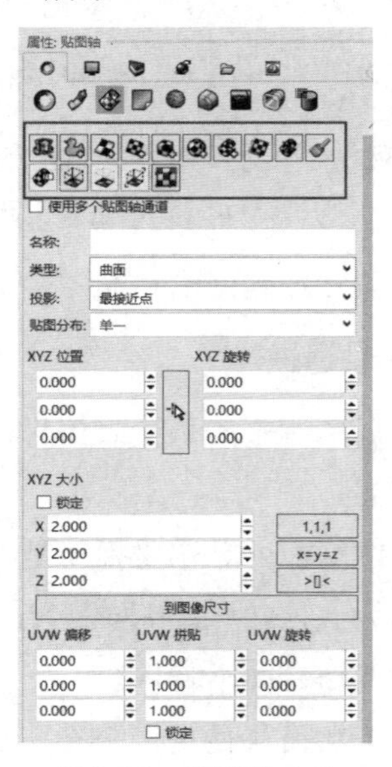

图 9-86　贴图轴工具

2. 贴图轴类型

Rhino 8.0 中提供了多种贴图轴工具，各种工具的用法介绍如下。

（1）【赋予曲面贴图轴】工具

单击【赋予曲面贴图轴】按钮，将赋予曲面一个贴图轴通道。这个贴图轴使用曲面或网格顶点的 UV 坐标将贴图对应至物件上。

例如，以不等距圆角的多重曲面为例，因为每个曲面都有自己的 UV 坐标，所以在使用曲面贴图轴时，3 个曲面上的贴图无法连续，如图 9-87 所示。

（2）【赋予平面贴图轴】工具

单击【赋予平面贴图轴】按钮，将赋予平面一个贴图轴通道。通道编号可以自动生成，也可以自定义。图 9-88 所示为赋予平面贴图轴后的贴图效果。

图 9-87　贴图无法连续的情形

图 9-88　赋予平面贴图轴后的贴图效果

（3）【赋予立方体贴图轴】工具

单击【赋予立方体贴图轴】按钮，将赋予立方体一个贴图轴通道。其与创建立方体的方法相同，贴图效果如图 9-89 所示。

（4）【赋予球体贴图轴】工具

单击【赋予球体贴图轴】按钮，将赋予球体一个贴图轴通道。其与创建球体的方法相同，贴图效果如图 9-90 所示。

图 9-89　赋予立方体贴图轴的贴图效果

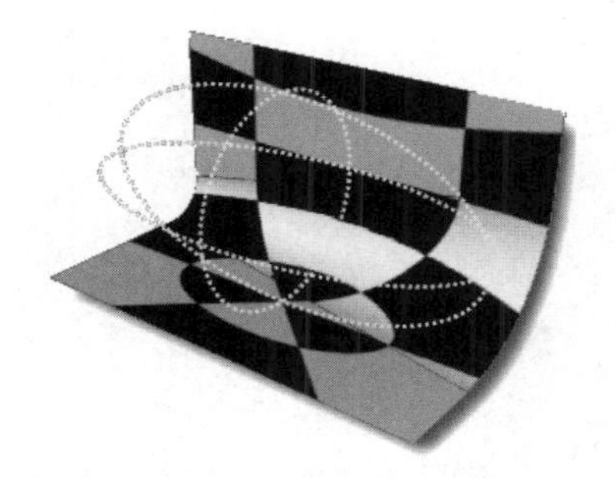

图 9-90　赋予球体贴图轴的贴图效果

（5）【赋予圆柱体贴图轴】

单击【赋予圆柱体贴图轴】按钮，将赋予圆柱体一个贴图轴通道。其与创建圆柱体的方法相同，贴图效果如图 9-91 所示。

图 9-91　赋予圆柱体贴图轴的贴图效果

（6）【自订贴图轴】工具

使用【自订贴图轴】工具可以自定义贴图轴。自定义贴图轴可以将一个物件的贴图坐标投射到另一个物件上。

上机操作——自定义贴图轴

① 新建 Rhino 8.0 文件。使用【多重直线线段】工具绘制如图 9-92 所示的直线。

② 使用【直线挤出】工具创建两个挤出曲面，如图 9-93 所示。

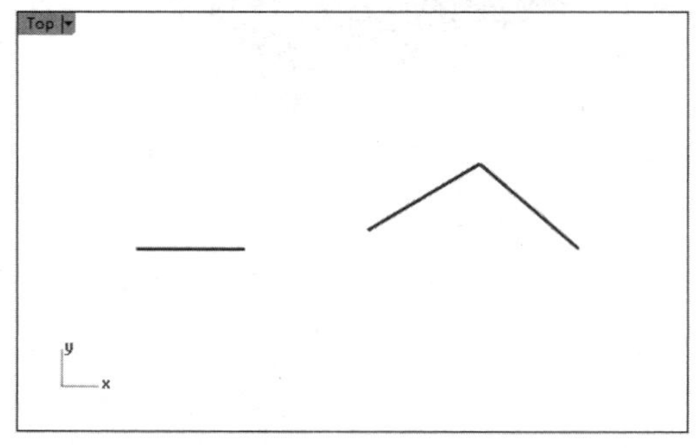

图 9-92　绘制直线

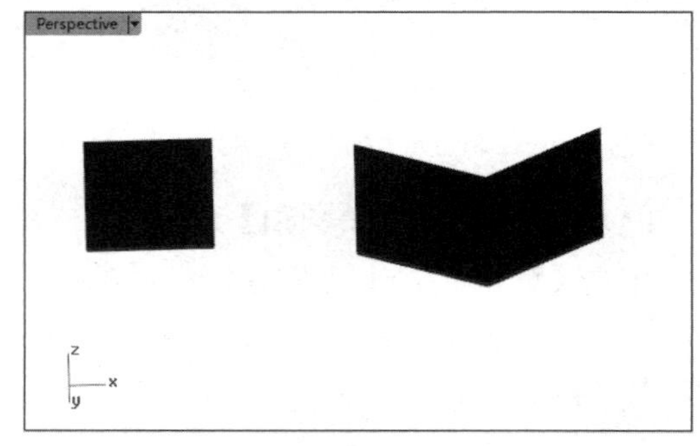

图 9-93　创建挤出曲面

③ 使用【不等距边缘圆角】工具为其中一个挤出曲面创建不等距圆角，如图 9-94 所示。

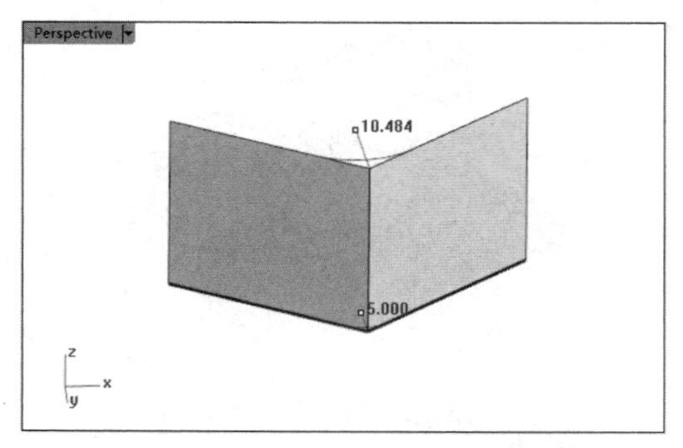

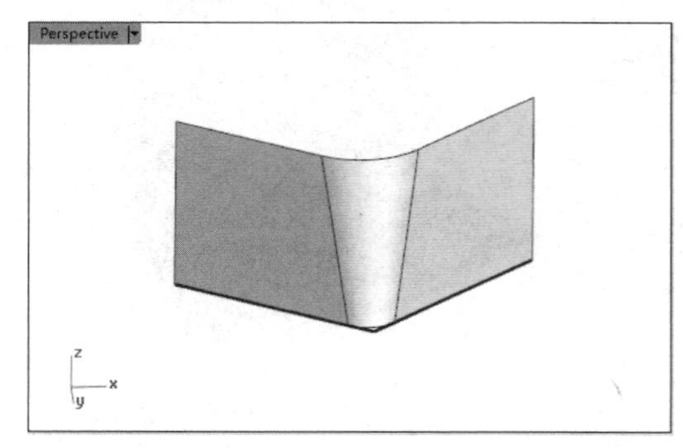

图 9-94　创建不等距圆角

④ 在【渲染工具】选项卡中单击【切换贴图面板】按钮，打开【Rhinoceros】对话框，在【贴图】属性面板中单击⊞图标后选择材质库的【纹理】文件夹中的【核桃木纹】材

质，并将其赋予两个曲面，如图 9-95 所示。

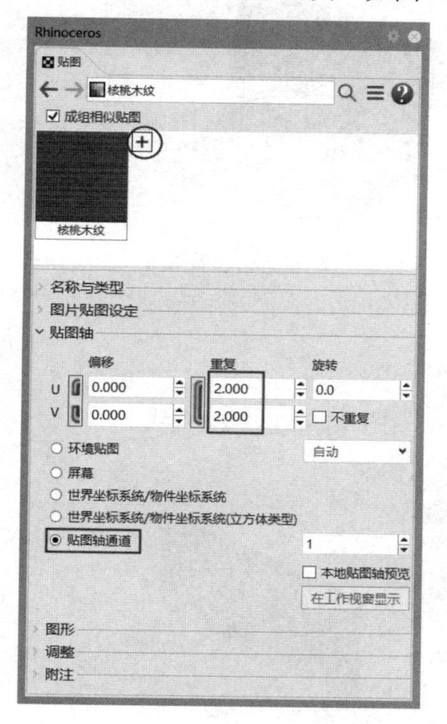

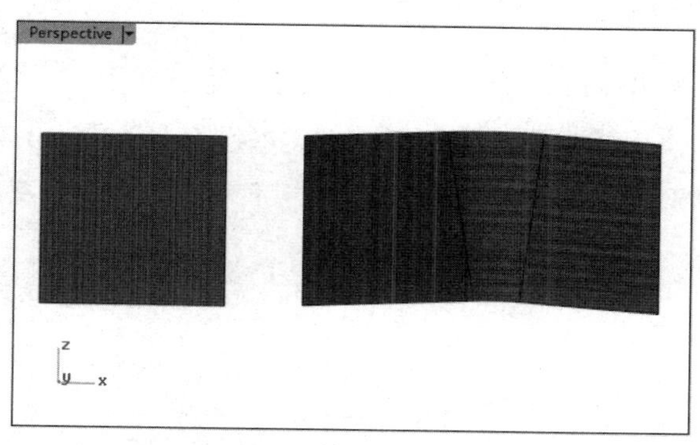

图 9-95　为两个曲面赋予核桃木纹

⑤ 因为较大曲面上有圆角，所以产生了不理想的贴图效果。下面可以先选择较大曲面，然后在【贴图轴】工具面板中单击【自订贴图轴】按钮，按命令行中的提示内容，选取较小曲面作为参考物件，如图 9-96 所示。

⑥ 右击后较大曲面的贴图随之更新，如图 9-97 所示。

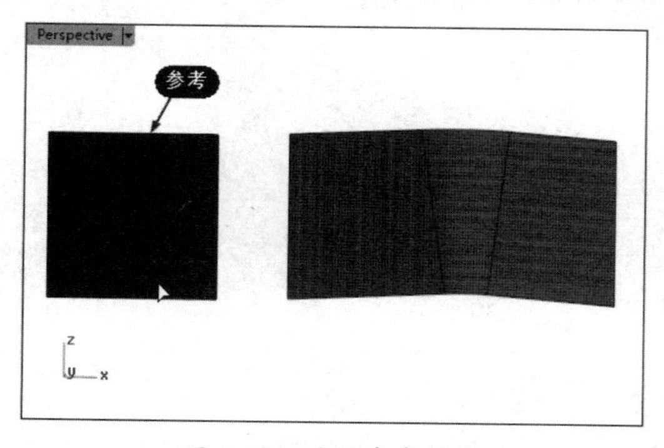

图 9-96　选取参考物件

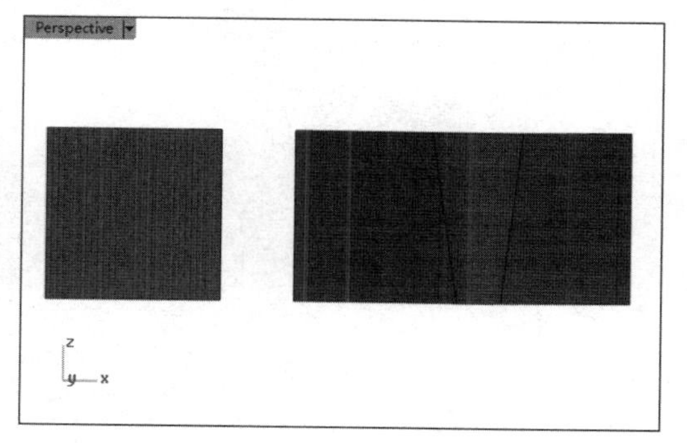

图 9-97　更新贴图

（7）【拆解 UV】工具

使用【拆解 UV】工具可以将物件的渲染网格展开形成平面编辑贴图坐标。图 9-98 所示为拆解 UV 前的贴图效果。因为曲面中有不等距圆角，所以形成了两个接缝，如果使用一个贴图轴通道进行渲染，那么渲染效果将非常不理想，此时就需要拆解 UV。拆解 UV 后的贴图效果如图 9-99 所示。

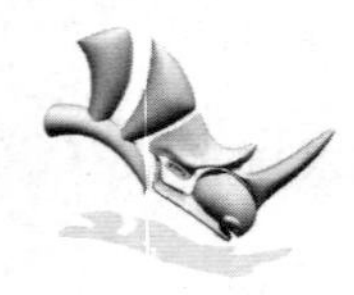

图 9-98　拆解 UV 前的贴图效果

图 9-99　拆解 UV 后的贴图效果

上机操作——拆解 UV

① 新建 Rhino 8.0 文件。使用【多重直线】工具绘制如图 9-100 所示的直线。

② 使用【直线挤出】工具创建如图 9-101 所示的挤出曲面。

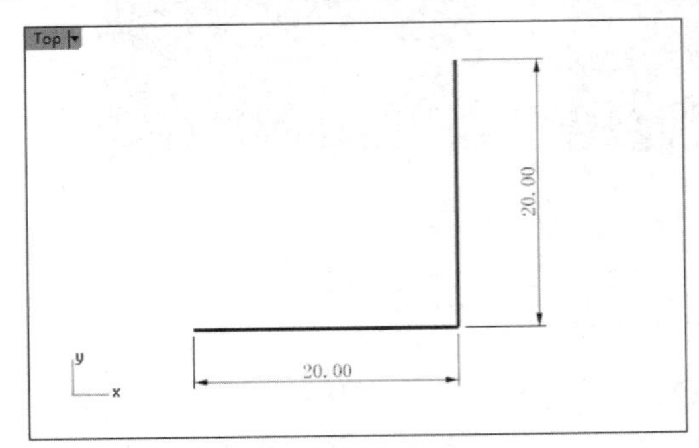

图 9-100　绘制直线

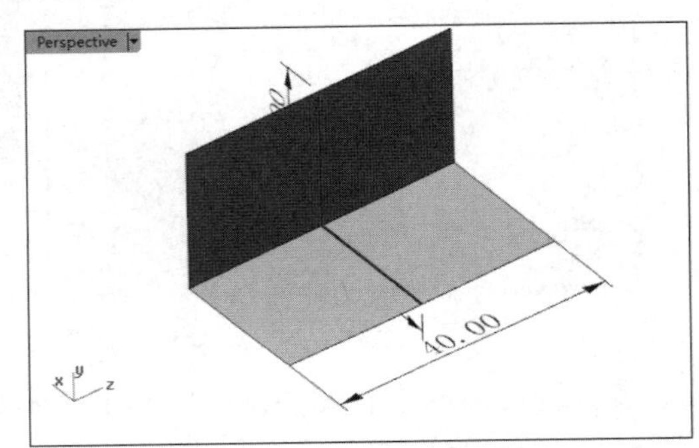

图 9-101　创建挤出曲面

③ 使用【不等距圆角】工具创建如图 9-102 所示的不等距圆角。

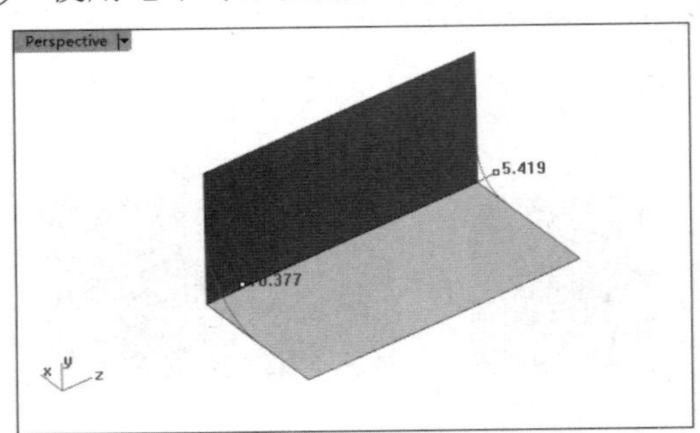

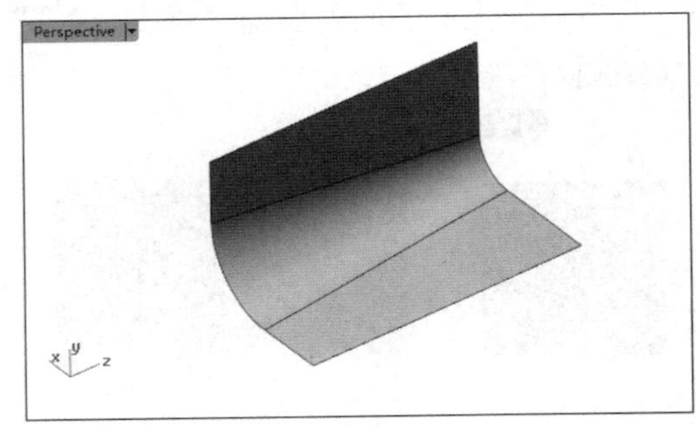

图 9-102　创建不等距圆角

④ 选择曲面，在【贴图轴】工具面板中单击【赋予曲面贴图轴】按钮，保留命令行中默认的通道编号 1，右击完成曲面贴图轴的创建。

⑤ 选择贴图类型如图 9-103 所示。在【渲染工具】选项卡中单击【切换贴图面板】按钮，打开【Rhinoceros】对话框。在【贴图】属性面板中先单击⊞图标，在弹出的菜单中选择【更多类型】选项，然后在弹出的【贴图类型浏览器】对话框中选择【2D 棋盘格贴图】，单击【确定】按钮完成操作。

图 9-103　选择贴图类型

⑥ 在【贴图】属性面板的【贴图轴】选项组中设置【重复】均为 5，并设置【贴图轴通道】为 1，将所选的贴图赋予曲面，如图 9-104 所示。

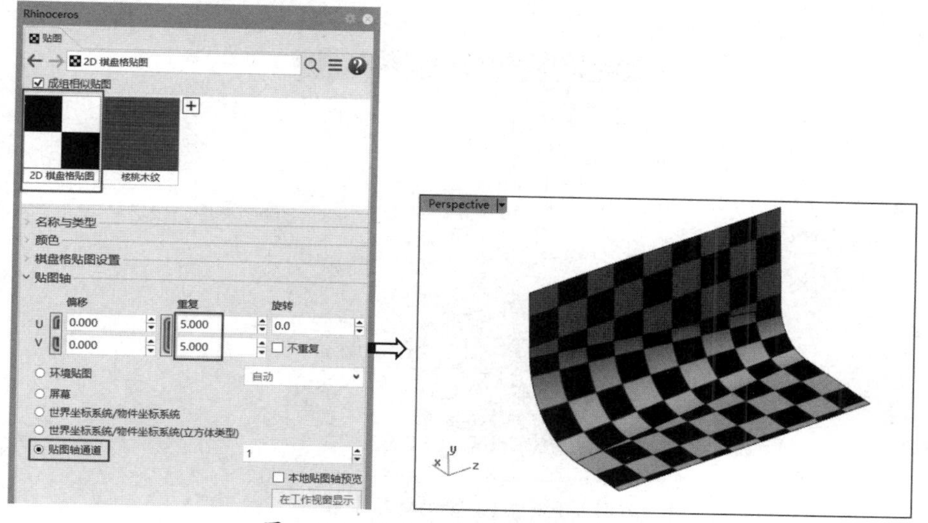

图 9-104　设置贴图并将贴图赋予曲面

⑦ 此时贴图效果很不理想，可以拆解 UV。重新选择曲面，在【贴图轴】工具面板中单击【拆解 UV】按钮，无须在命令行中设置选项，直接右击即可拆解 UV。拆解 UV 后自动更新贴图如图 9-105 所示。

图 9-105　拆解 UV 后自动更新贴图

（8）【匹配贴图轴】工具

使用【匹配贴图轴】工具可以套用其他物件的贴图轴。

（9）【删除贴图轴】工具

使用【删除贴图轴】工具可以删除贴图轴通道。

（10）【编辑通道】工具

使用【编辑通道】工具可以变更贴图轴使用的通道编号，此工具仅在【使用多个贴图轴通道】选项启用时适用。

（11）【显示贴图轴】工具

使用【显示贴图轴】工具可以显示物件被赋予的贴图轴。

（12）【UV 编辑器】工具

使用【UV 编辑器】工具，在绘制 UV 曲面后会打开【UV 编辑器】窗口，如图 9-106 所示。

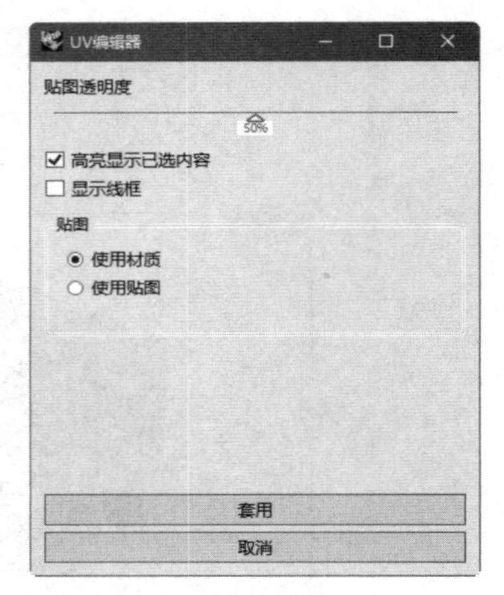

图 9-106 【UV 编辑器】窗口

9.5.3 印花

印花是贴图的一种。使用不同的投影方式可以将贴图投影在物件上。印花可以将单张图片贴在物件的某个位置上，简单、易用，没有拆解 UV 那么复杂。印花在物件上只会出现一次，不像一般材质的贴图那样会重复拼贴。

印花的位置是可以编辑的。下面列举一些常用的印花。

- 墙上的海报。
- 瓶子上的贴纸或商标。
- 模型上的符号。
- 彩绘玻璃。
- 手机屏幕。

上机操作——印花

① 打开本案例源文件“手机.3dm”，如图 9-107 所示。

② 在【属性】面板中单击【印花】按钮，展开【印花】属性面板，在【印花】属性面板中单击【新增】按钮，如图 9-108 所示。

图 9-107　打开的源文件

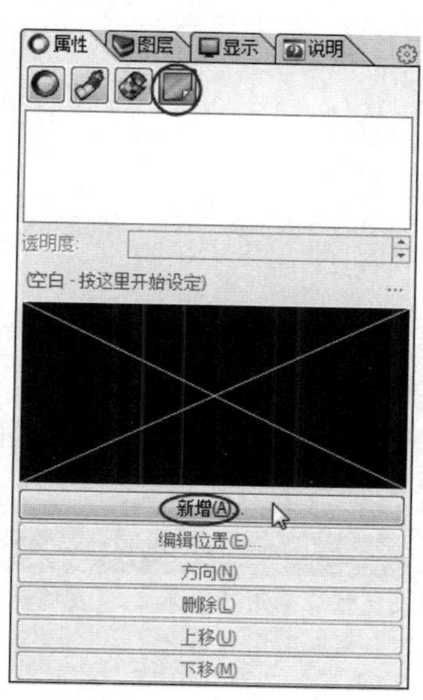

图 9-108　【印花】属性面板

③ 在弹出的【选择贴图】对话框中单击【新增】按钮，弹出【类型】对话框。在【重新开始】选项卡中单击【从文件载入】按钮，如图 9-109 所示。

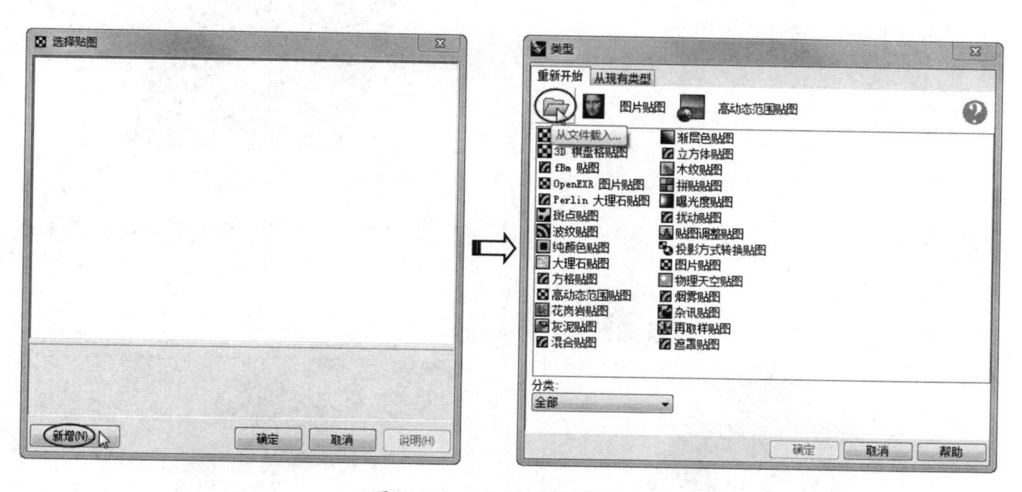

图 9-109　选择贴图的过程

④ 打开本案例源文件“手机.tif”，并在【选择贴图】对话框中单击【确定】按钮完成贴图的添加，如图 9-110 所示。

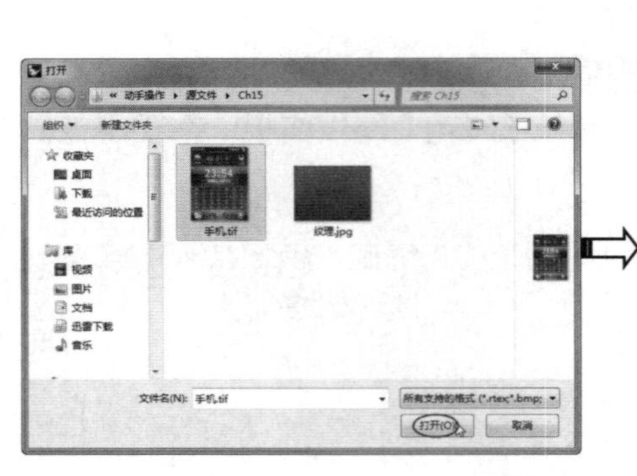

图 9-110 添加贴图

⑤ 在【印花贴图轴类型】对话框中，分别选中【平面】单选按钮和【向前】单选按钮，单击【确定】按钮，如图 9-111 所示。

⑥ 在工作视窗中放置贴图，如图 9-112 所示。其放置方法与使用【矩形：三点】工具绘制矩形曲线的方法相同。

技术要点：

捕捉点时应启用【交点】或【端点】选项，并且选取的点应在要添加印花的对象上，否则即使添加印花后也不会显示贴图效果。

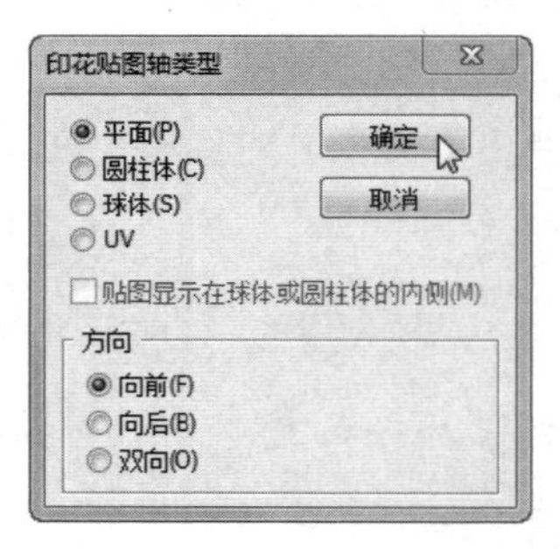

图 9-111 【印花贴图轴类型】对话框

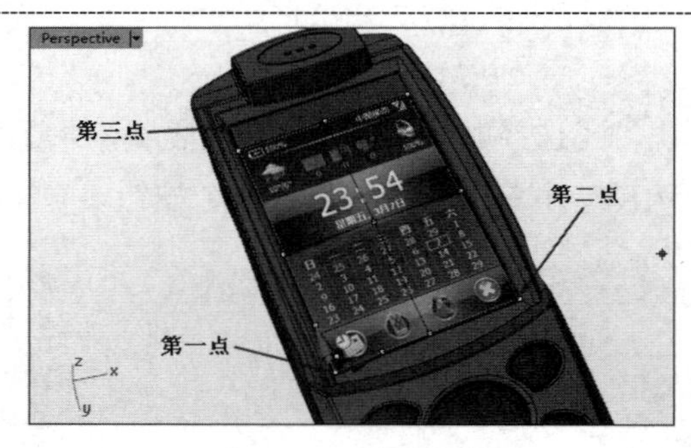

图 9-112 放置贴图

⑦ 很明显贴图没有铺满屏幕，此时可以通过拖动贴图中的控制点使贴图铺满屏幕，如图 9-113 所示。

⑧ 右击完成印花操作，完成效果如图 9-114 所示。

图 9-113 编辑贴图使贴图铺满屏幕

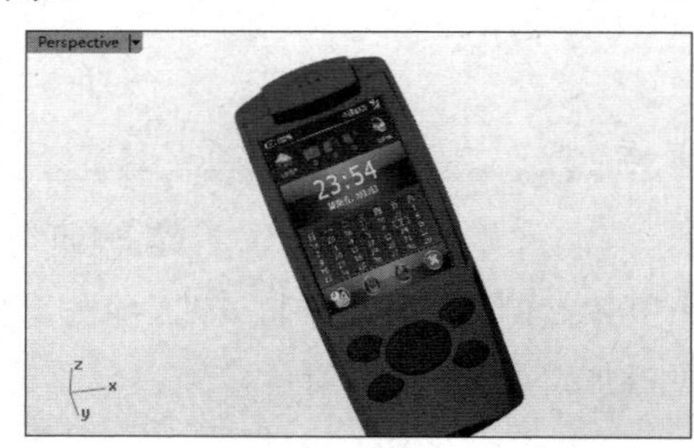

图 9-114 完成效果

9.6　环境与地板

环境与地板组成了渲染的真实场景，环境是真实存在的，每个模型在建成之初都是在环境中进行的。下面介绍环境与地板对渲染的作用。

9.6.1　环境

Rhino 8.0 中的环境是围绕模型进行的一种渲染设置（也称场景）。环境可以是单一的颜色，也可以是贴图，还可以是某个真实的场景。

在【渲染工具】选项卡中单击【切换环境面板】按钮，打开【环境】对话框，如图 9-115 所示。

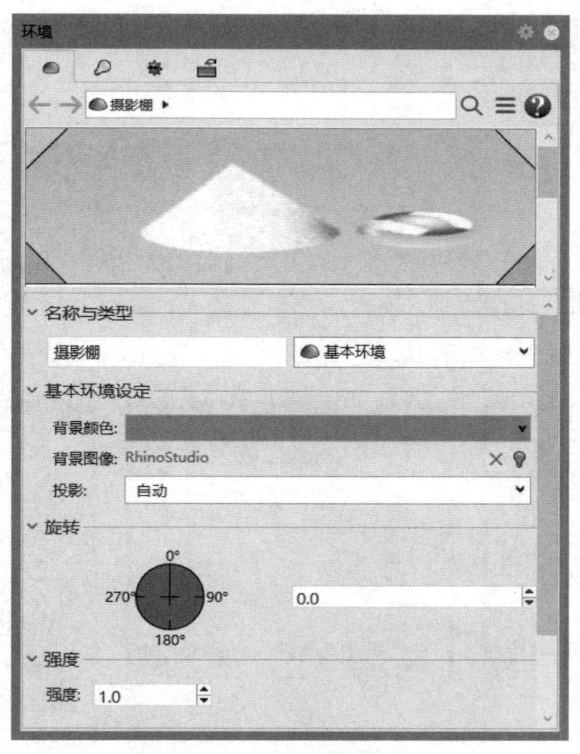

图 9-115　【环境】对话框

在【环境】对话框中提供了多种环境类型。默认的环境类型为基本环境。如果要选择其他环境类型，那么可以在类型列表中选择【更多类型】选项。

1. 基本环境

在用户有更多渲染要求时设置基本环境参数，可以设置背景颜色、背景图像、背景图像的旋转，以及基本环境中的默认光照强度等。

2. 其他环境类型

在类型列表中选择【更多类型】选项，可以通过【打开】对话框浏览到 Rhino 8.0 的环境库，从中选择所需的环境类型，如图 9-116 所示。

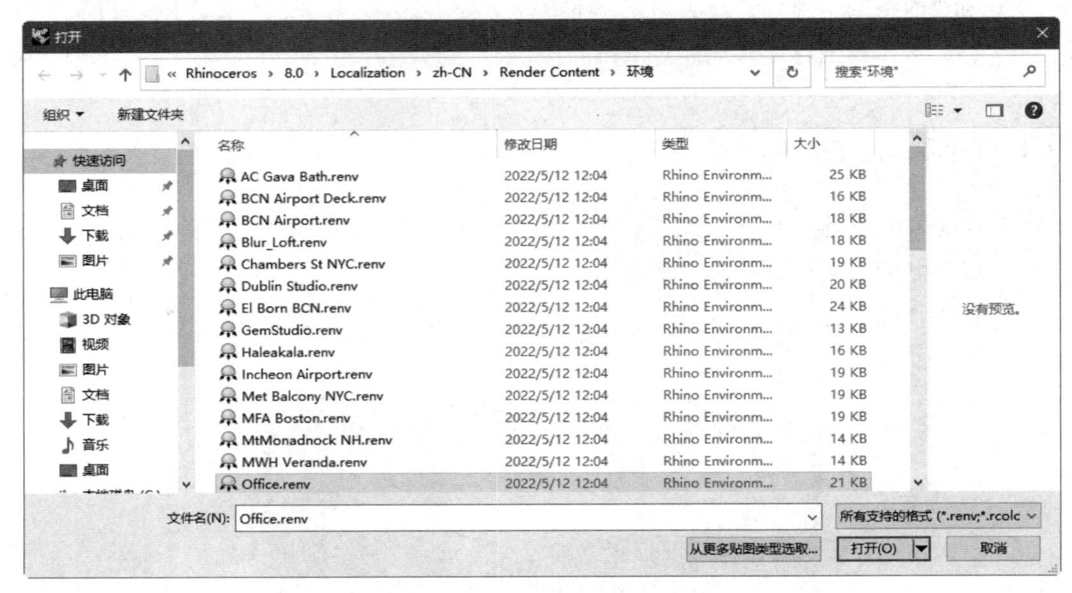

图 9-116　选择其他环境类型

例如，选择“Rhino 天空”环境类型后，单击【打开】按钮，返回到【环境】对话框中。此时并没有自动显示所选环境类型，而需用户重新载入。其操作方法是单击所选环境类型后面的右三角按钮▸，如图 9-117 所示。

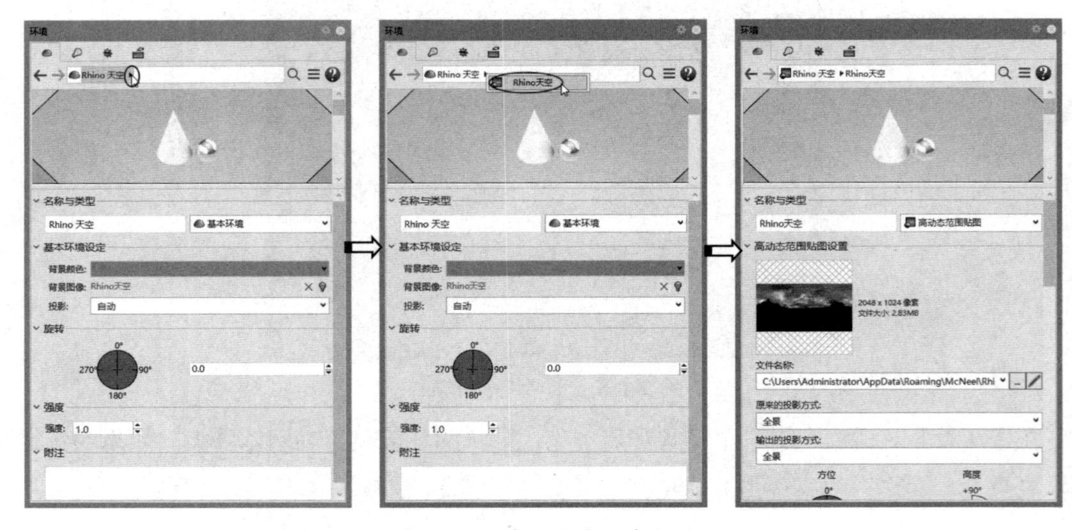

图 9-117　载入所选环境类型

载入新的环境类型后，可以在环境中添加新贴图，如图 9-118 所示。

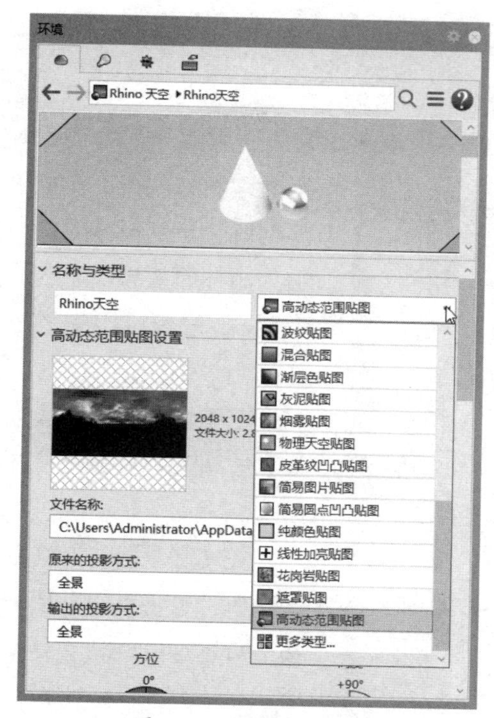

图 9-118　添加新贴图

图 9-119 所示为环境文件被添加到当前渲染环境中。

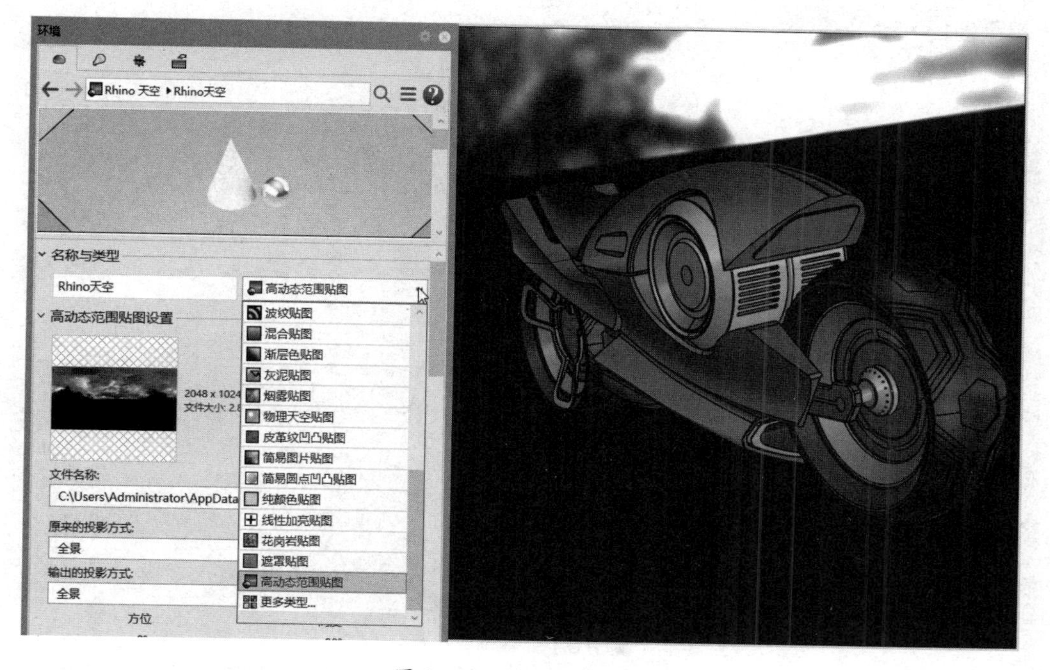

图 9-119　添加环境文件

添加环境文件后，可以在【环境】对话框中设置该环境贴图的选项。

9.6.2 地板

Rhino 8.0 中的底平面被称作地板。它的作用就是在渲染环境中代替桌面、地面及其他平面。例如，在工作视窗中创建了一个酒杯模型，立刻就会想到酒杯应该在桌面上或手中。为了单独渲染酒杯的效果，显然不会去创建桌子模型或人体模型，此时可以用底平面代替桌面进行渲染，同样能达到效果。

在【渲染工具】选项卡中单击【切换底平面面板】按钮，打开【底平面】对话框，如图 9-120 所示。

在【底平面】对话框中，可以设置底平面的基本颜色，也可以用贴图来代替颜色，进行的设置仅在最后进行渲染时才会体现。添加底平面如图 9-121 所示。

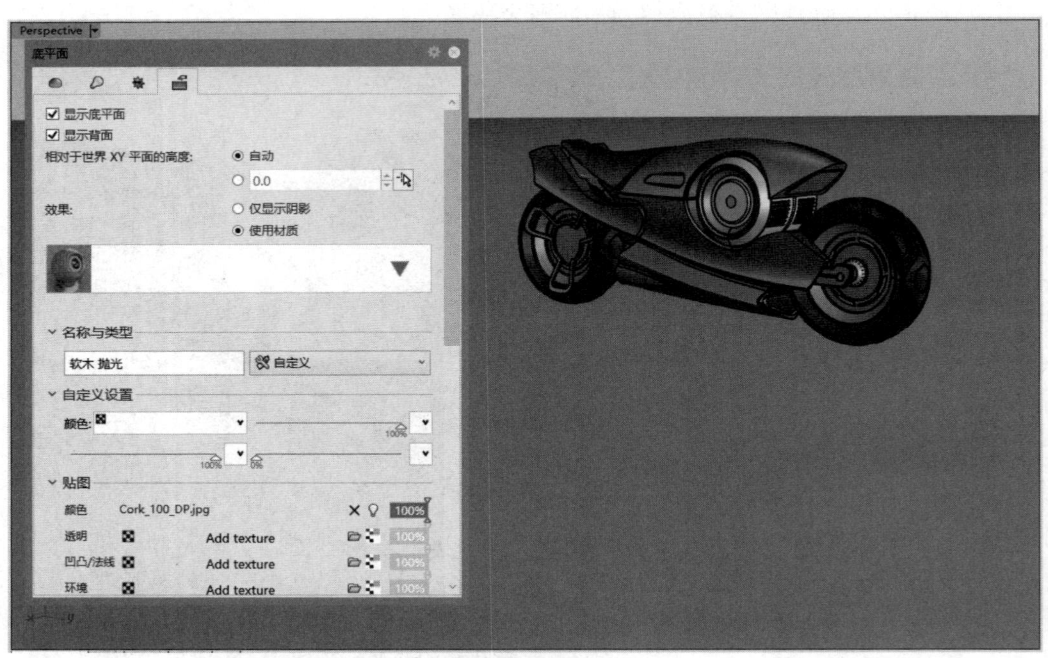

图 9-121　添加底平面

技术要点：

底平面是没有边界的。图 9-121 中显示的边界是底平面与背景的交汇处。

9.7　光源

光源是一种能够真实地模拟环境中光线照明、反射和折射等效果的渲染技术。使用灯光渲染技术，不仅可以真实、精确地模拟场景中的光照效果，而且可以提供现实中灯光的光学单位和光域网文件，从而准确地模拟现实中灯光的各种效果。

Rhino 8.0 中的光源包括灯光、天光和太阳。灯光是模拟室内的灯光，太阳则是模拟室外的真实的太阳光。

9.7.1　灯光类型

常见的灯光类型包括聚光灯、点光源、平行光、矩形灯光和管状灯光，不同的灯光类型可以应用到不同的渲染环境或物件中的不同位置。

1. 聚光灯

聚光灯光源将光束限制在一个锥形体内，其光源就是锥形体的顶点。聚光灯示意图如图 9-122 所示。

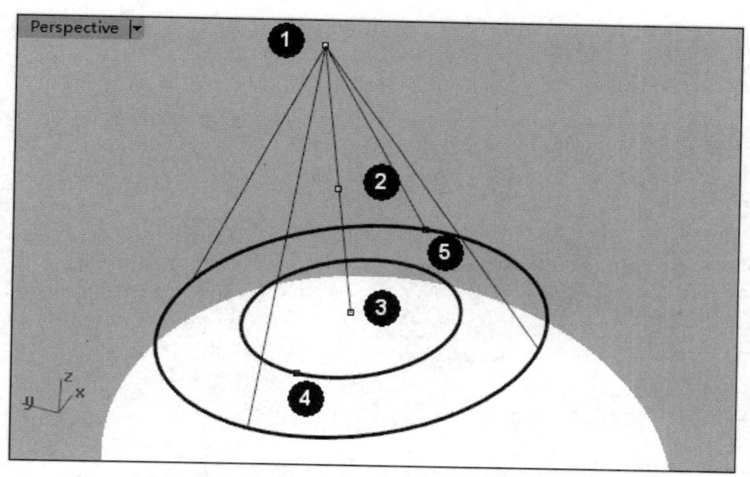

❶—位置点；❷—推移点；❸—目标点；❹—锐利度点；❺—半径点

图 9-122　聚光灯示意图

上机操作——添加聚光灯

① 打开本案例源文件“玩具小汽车.3dm”，如图 9-123 所示。

② 单击【建立聚光灯】按钮，在 Top 视窗中绘制聚光灯的底面圆，如图 9-124 所示。

③ 在 Right 视窗中确定聚光灯的位置点，单击即可添加聚光灯，如图 9-125 所示。

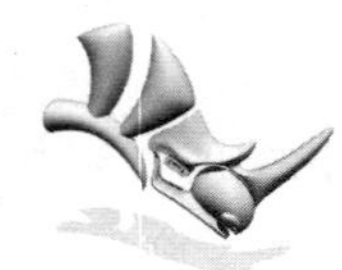

图 9-123　打开的源文件

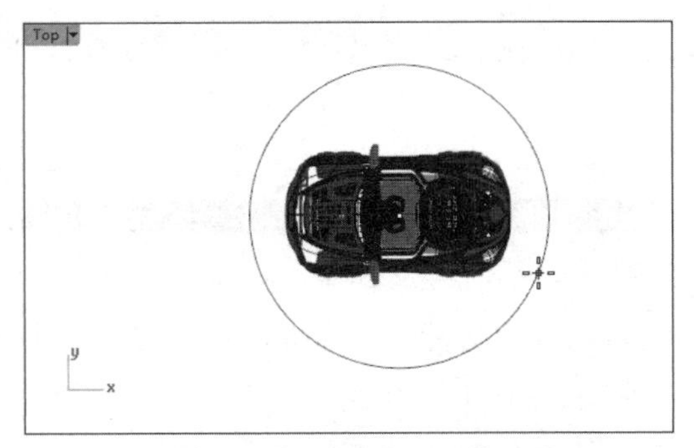

图 9-124　绘制聚光灯的底面圆

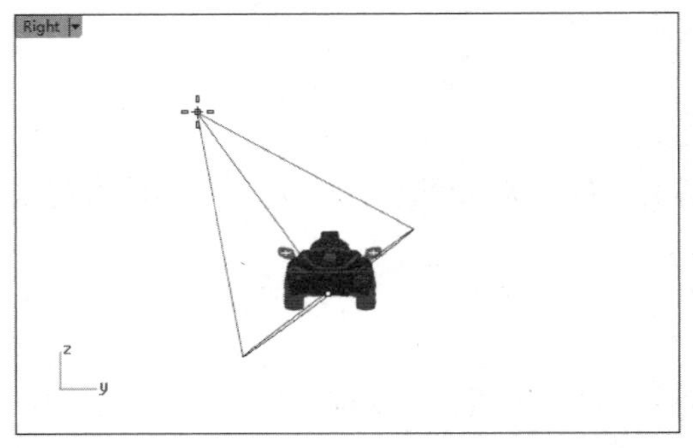

图 9-125　确定聚光灯的位置点并创建聚光灯

④ 选择聚光灯，在工作视窗右侧的【灯光】属性面板中设置强度、阴影厚度及聚光灯锐利度等参数，如图 9-126 所示。

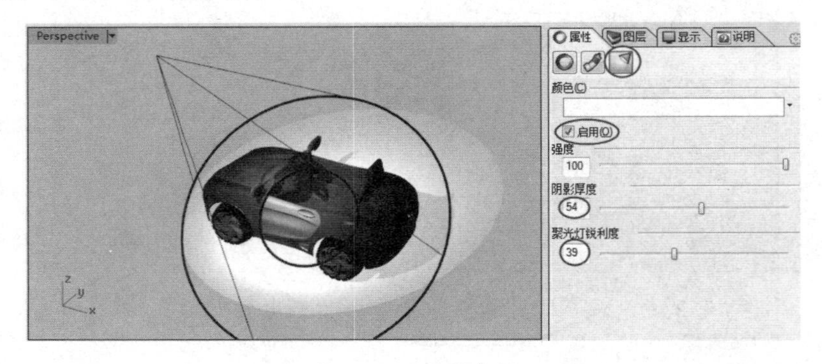

图 9-126　设置参数

【灯光】属性面板中各个选项的功能如下。

- 颜色：设置灯光的颜色，将灯光的颜色设置为较深的颜色可以降低灯光的亮度。
- 启用：打开或关闭灯光。
- 强度：设置灯光的亮度。
- 阴影厚度：设置灯光的阴影浓度。
- 聚光灯锐利度：设置聚光灯照明范围边缘的锐利度。

⑤ 在聚光灯被激活的状态下，在【曲线工具】选项卡中单击【打开点】按钮或执行【编辑】|【控制点】|【开启控制点】命令，将显示聚光灯的控制点，以便编辑聚光灯的形

状与大小，如图 9-127 所示。

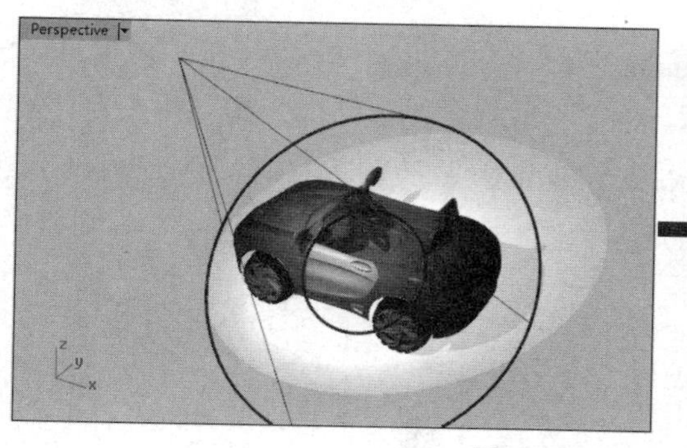

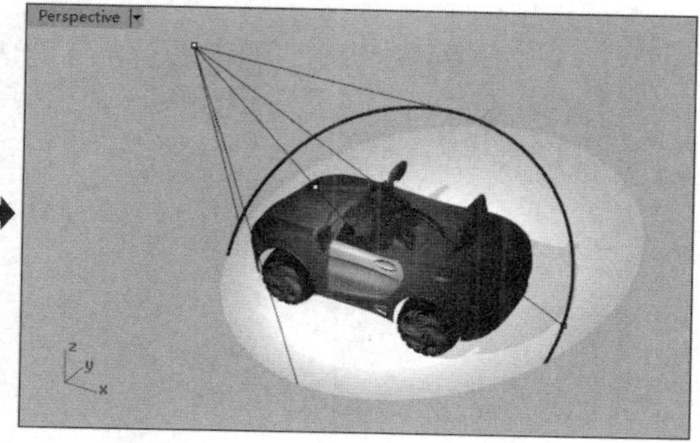

图 9-127　显示聚光灯的控制点

⑥ 拖动显示的几个控制点(在图 9-122 中已进行说明)，改变聚光灯的形状及角度，如图 9-128 所示。

⑦ 按 Esc 键关闭显示的控制点，最终效果如图 9-129 所示。

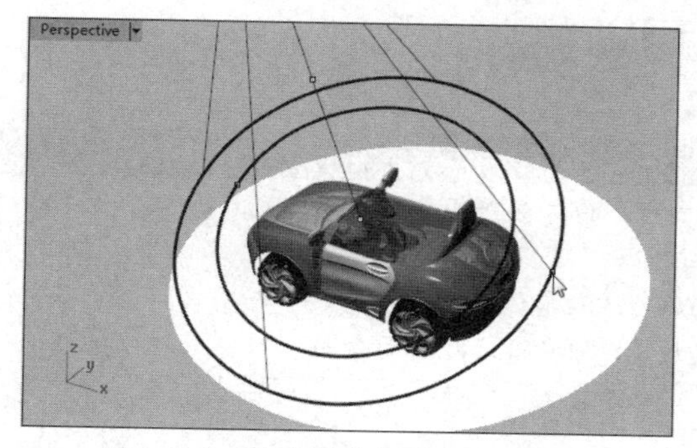

图 9-128　改变聚光灯的形状及角度

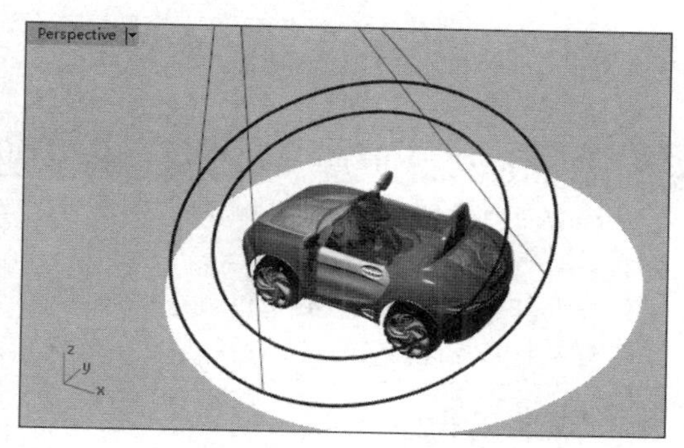

图 9-129　最终效果

技术要点：

添加了聚光灯后，可以删除聚光灯，这并不影响最终的渲染效果。删除聚光灯后，将不能再设置聚光灯的参数及编辑形状。

2. 点光源

点光源既是一个位置光源，在所有方向上发射光，又是一个动态光源，用户可以通过旋转动态点来设置光源的位置，如图 9-130 所示。

图 9-130　设置点光源的位置

选择点光源，可以在其【灯光】属性面板中设置强度、阴影和颜色等参数。

3. 平行光

平行光可以被认为是一个无限遥远的光源，在某一角度发射出来的光线基本上是平行的（如太阳光源）。平行光是一种动态光源，可以在工作视窗中显示光源图标。平行光控制点的打开方法与聚光灯的打开方法相同。平行光示意图如图 9-131 所示。

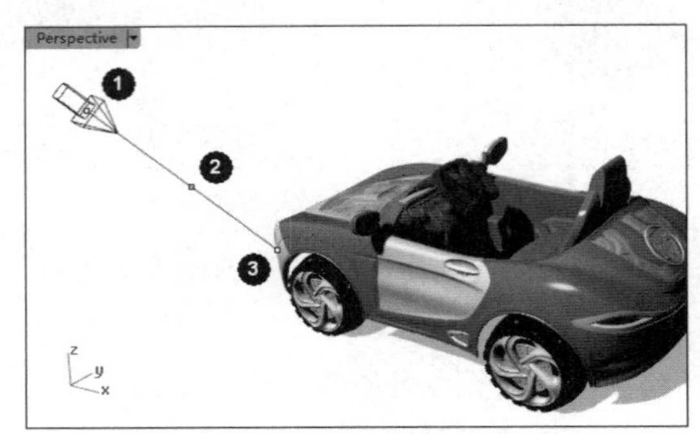

❶—位置点；❷—推移点；❸—目标点

图 9-131　平行光示意图

技术要点：

①因为平行光的光线全部朝着同一个方向，所以平行光的位置并不重要，平行光只用来显示光线的方向。

②打开灯光的控制点，移动控制点可以控制灯光的照射方向与位置。

③移动推移点（位置在中间的控制点）可以在移动灯光时避免改变灯光的方向。

4. 矩形灯光

使用矩形灯光可以创建一个朝着同一个方向的灯光阵列。常见的电视平面、显示器屏幕、灯箱等，都可以用矩形灯光进行渲染。图 9-132 所示为用矩形灯光渲染屏幕。

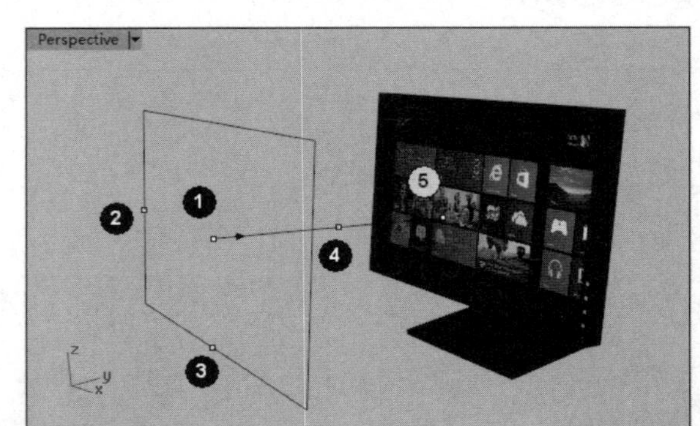

❶—位置点；❷—长度控制点；❸—宽度控制点；❹—推移点；❺—目标点

图 9-132　矩形灯光渲染屏幕

技术要点：

必须将目标点指向要渲染的对象。控制点的打开方法与聚光灯的打开方法相同，二者均可以改变形状及位置。

5. 管状灯

管状灯用来模拟圆柱形灯具的发光效果，如日光灯、节能灯及其他管状灯等，如图 9-133 所示。

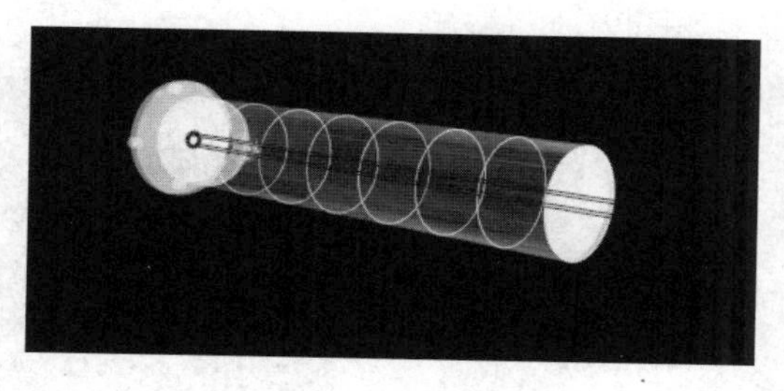

图 9-133　管状灯

9.7.2　编辑灯光

除了添加灯光，还可以通过编辑工具来编辑灯光的位置及属性。

1. 以反光的位置编辑灯光

使用【以反光的位置编辑灯光】工具可以模拟渲染物件上的反光效果。

上机操作——制作反光效果

① 打开本案例源文件“读书灯.3dm”。

② 在【渲染工具】选项卡中单击【建立聚光灯】按钮，添加如图 9-134 所示的聚光灯。

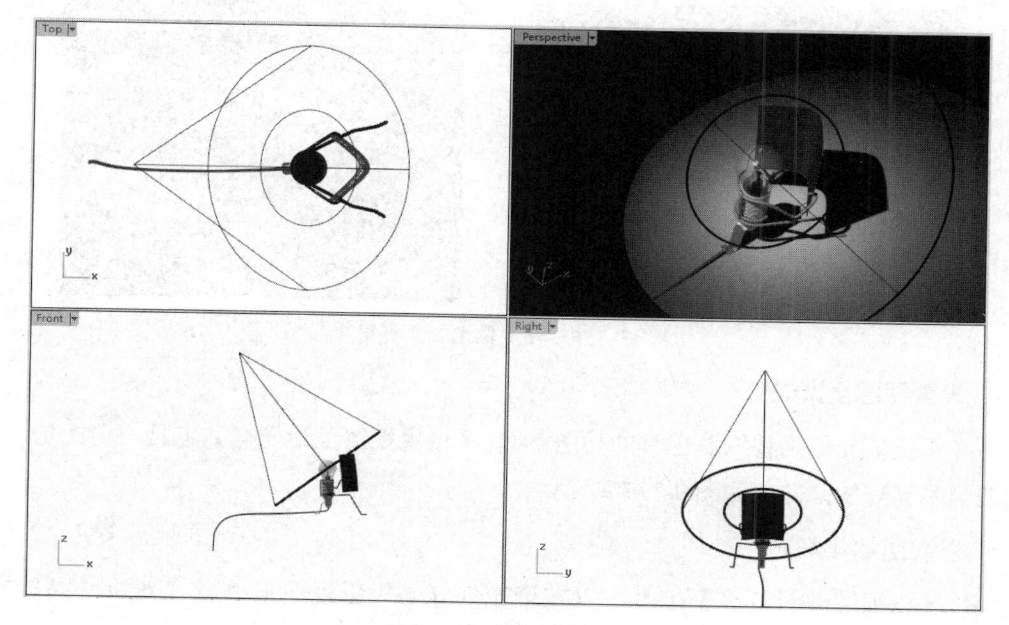

图 9-134　添加聚光灯

技术要点：

灯泡上有一个亮点，这个亮点是基本环境中的天光，无关紧要。待设定反光点后这个亮点将自动消失。

③ 单击【以反光的位置编辑灯光】按钮，先选择要编辑的聚光灯，再选择曲面创建反光，选取的位置为反光点，如图 9-135 所示。

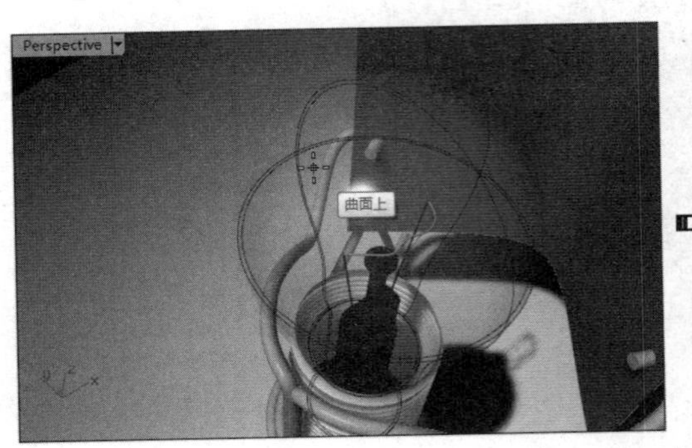

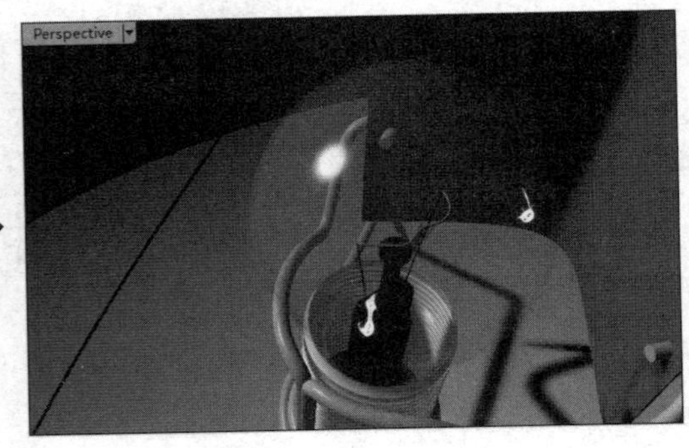

图 9-135 选取曲面及反光点

2. 编辑灯光属性

单击【编辑灯光属性】按钮，选择要编辑的灯光，或直接选择要编辑的灯光，会在属性面板中显示【灯光】面板。由于前面已经介绍过了，所以此处不再赘述。

3. 设定聚光灯至视图

使用【设定聚光灯至视图】工具可以将已有的聚光灯或创建的新聚光灯的底平面与屏幕平行。值得注意的是，此举并非切换工作视图，而是将聚光灯的方向定义为屏幕法向，如图 9-136 所示。

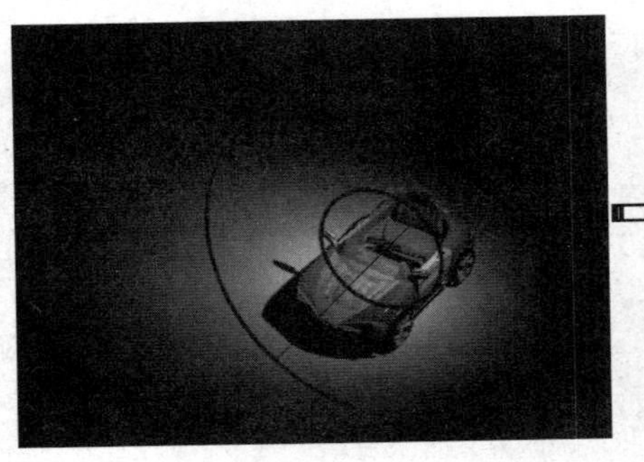

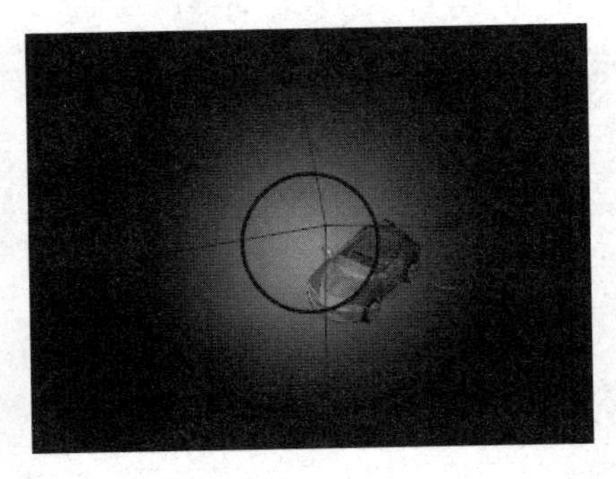

图 9-136 设定聚光灯至视图

4. 设置视图至聚光灯

与【设定聚光灯至视图】工具的功能不同，【设置视图至聚光灯】工具的功能是切换工作视图至聚光灯的方向，如图 9-137 所示。

5. 以视图编辑灯光

使用【以视图编辑灯光】工具可以在聚光灯灯光投影视图上编辑灯光的位置与方向，如图 9-138 所示。

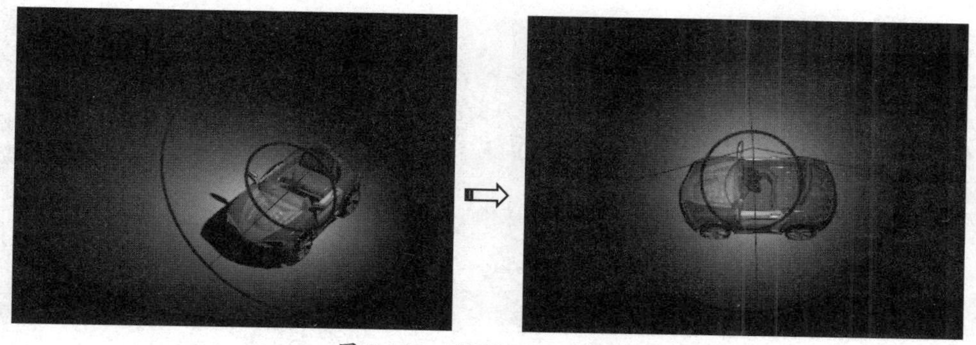

图 9-137　设置视图至聚光灯

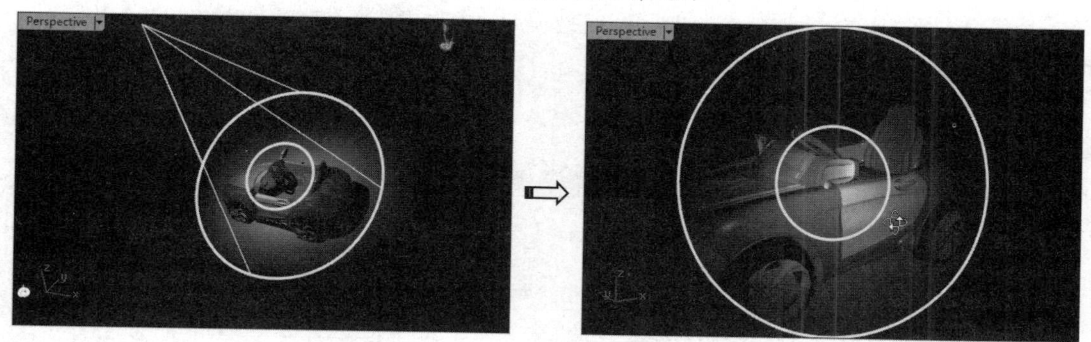

图 9-138　以视图编辑灯光

9.7.3　天光和太阳光

天光就是在场景中加入来自四面八方的天空照明，适用于外景的渲染光源。图 9-139 所示为打开天光前后的对比效果。

打开天光前

打开天光后

图 9-139　打开天光前后的对比效果

太阳光是室外场景中不可或缺的重要光源。图 9-140 所示为打开太阳光前后的对比效果。

在【渲染工具】选项卡中单击【切换太阳面板】按钮，弹出【太阳】对话框，如图 9-141 所示。通过【太阳】对话框可以打开太阳和天光。太阳光的选项设置可以手动控制，如图 9-142 所示。

打开太阳光前

打开太阳光后

图 9-140 打开太阳光前后的对比效果

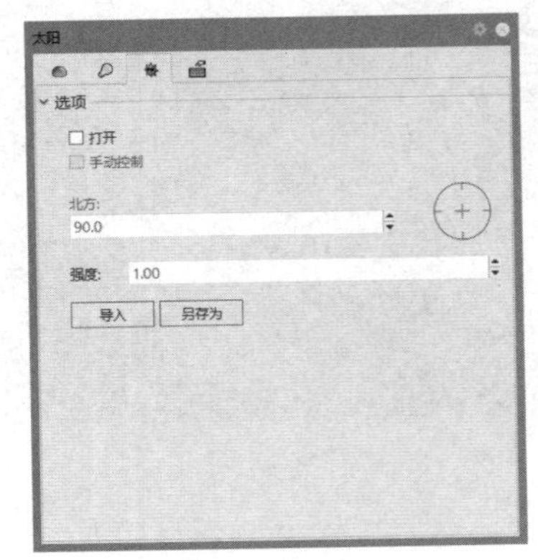

图 9-141 【太阳】对话框

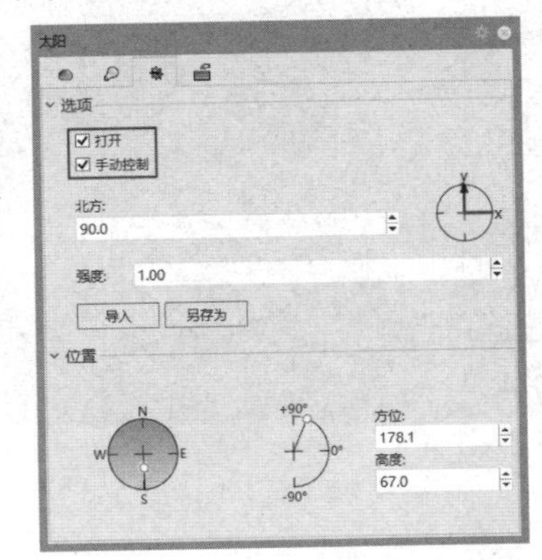

图 9-142 手动控制太阳光的选项

通过太阳在一天中所处的方位和高度，手动调节太阳光及其投影的效果。如果按照时间、日期和景观所在地理位置来控制太阳光，那么可以取消勾选【手动控制】复选框，并分别设置【日期与时间】和【位置】选项组中的参数，如图 9-143 所示。

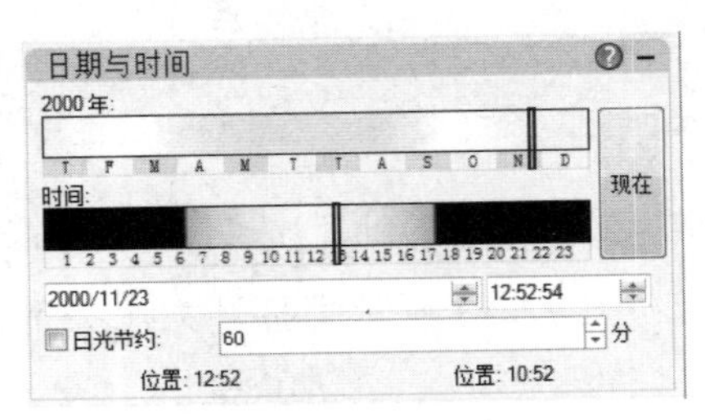

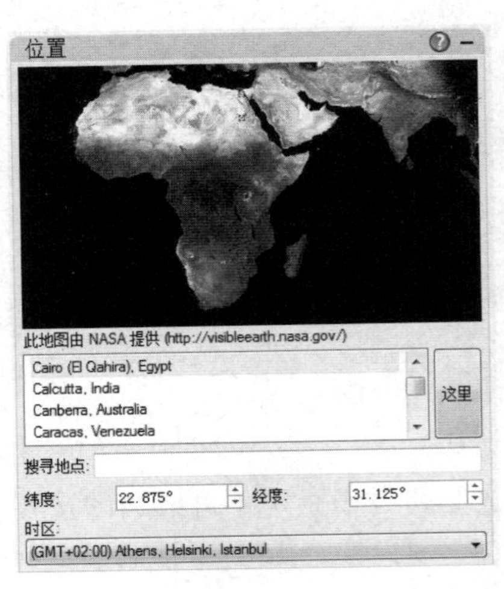

图 9-143 【日期与时间】和【位置】选项组

技术要点：

地理位置就是地球纬度、经度和时区的综合位置，可以直接在地图中使用光标标示出具体位置。

9.8　实战案例——可口可乐瓶的渲染

图 9-144 所示为可口可乐瓶的渲染效果。其中，瓶子的材质是玻璃，饮料的材质是水，标签使用的是贴图。其渲染难点是灯光和背景。

图 9-144　可口可乐瓶的渲染效果

① 打开本案例源文件“可口可乐瓶.3dm”，如图 9-145 所示。

② 在【图层】面板中先将【瓶子】图层设置为当前层，再选择要赋予材质的 3 个瓶子，如图 9-146 所示。

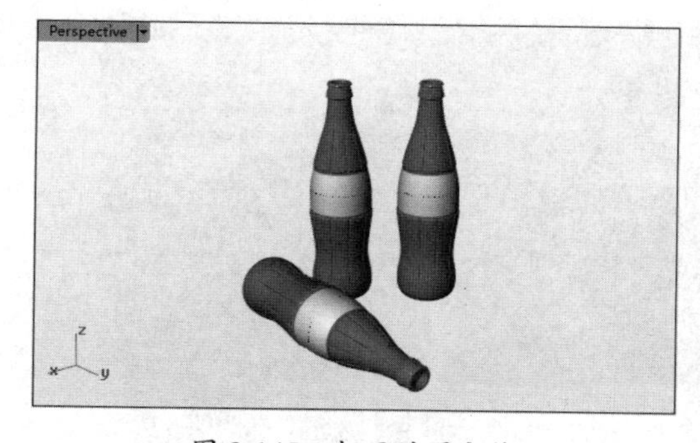

图 9-145　打开的源文件

图 9-146　选择要赋予材质的瓶子

③ 在【材质】属性面板中选择玻璃材质，并将玻璃材质赋予 3 个瓶子，如图 9-147 所示。

④ 在【材质】属性面板中设置玻璃材质的折射率为 1.52，如图 9-148 所示。

⑤ 将【饮料】图层设置为当前层，并隐藏其余图层。选择饮料，在【材质】属性面板中为

其赋予材质库的【混合】文件夹中的水材质，如图 9-149 所示。

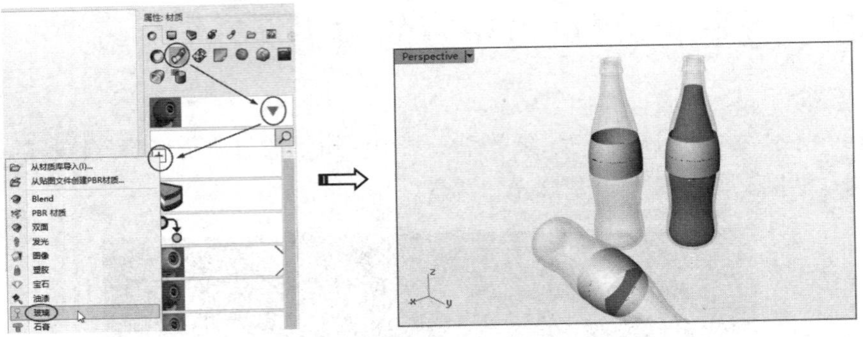

图 9-147　将玻璃材质赋予瓶子

图 9-148　设置玻璃材质的折射率

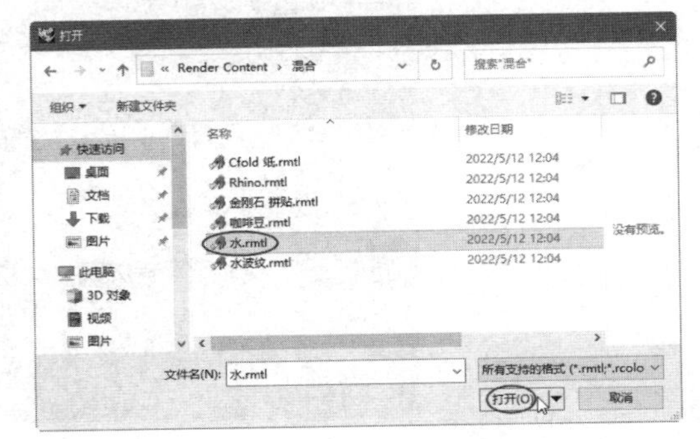

图 9-149　赋予饮料材质

⑥ 为饮料设置颜色。可口可乐饮料的颜色是深咖啡色，首先可以从网页中查找可口可乐饮料的图片，然后按照图 9-150 所示操作步骤，在弹出的【选取颜色】对话框中单击【取色滴管】按钮，到网页中取色。

图 9-150　取色

⑦ 也可以在【选取颜色】对话框中选择深褐色，如图9-151所示。设置饮料的材质参数，如图9-152所示。

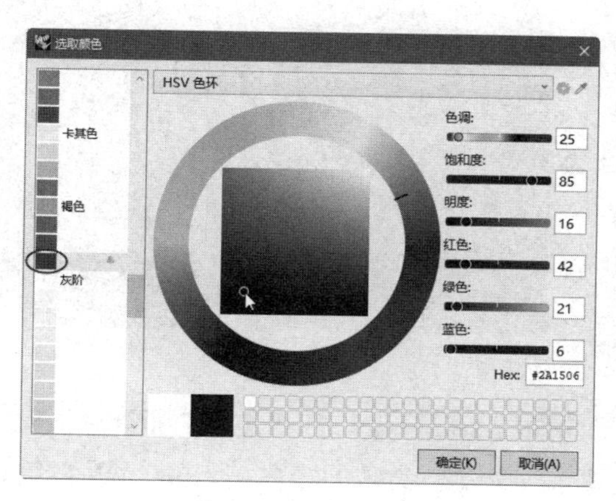

图9-151 选取颜色

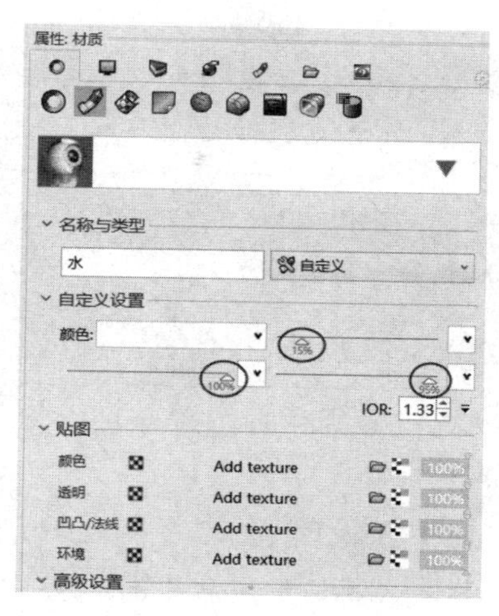

图9-152 设置饮料的材质参数

⑧ 在【渲染工具】选项卡中单击【切换贴图面板】按钮打开【Rhinoceros】对话框，在【贴图】属性面板中单击⊞图标，添加“可口可乐标签.jpg”贴图文件，如图9-153所示。

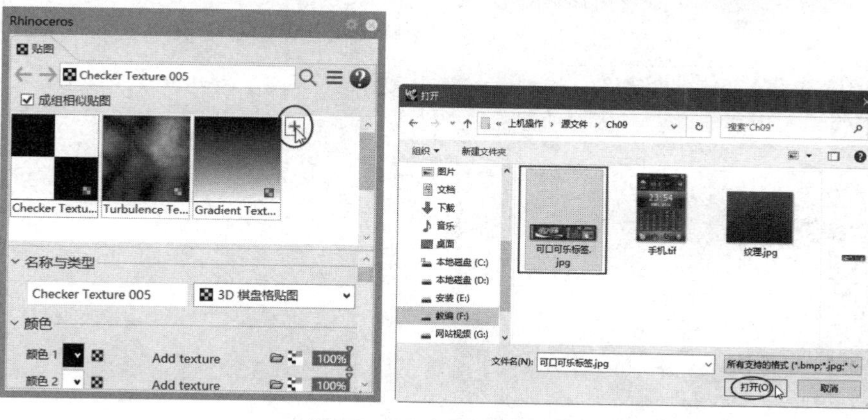

图9-153 添加贴图文件

⑨ 分别将贴图拖动到3个瓶子的标签上完成贴图操作，如图9-154所示。

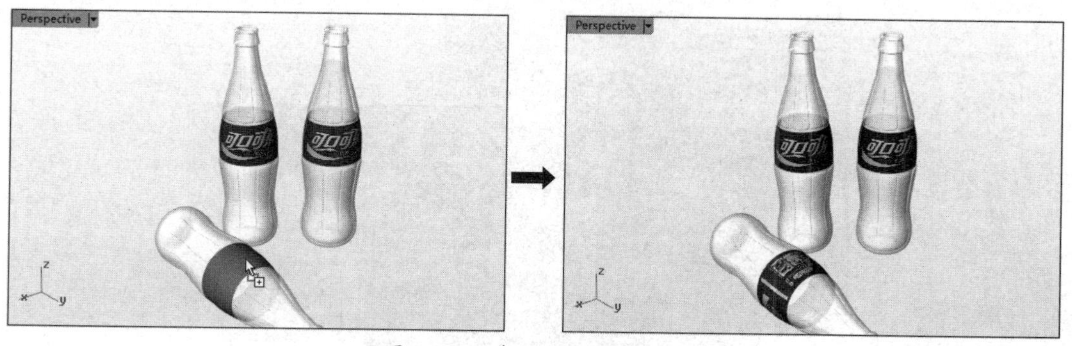

图9-154 在标签上添加贴图

⑩ 在【渲染工具】选项卡中单击【切换环境面板】按钮，在打开的【环境】对话框中，为整个渲染环境添加 Rhino 摄影棚场景，如图 9-155 所示。

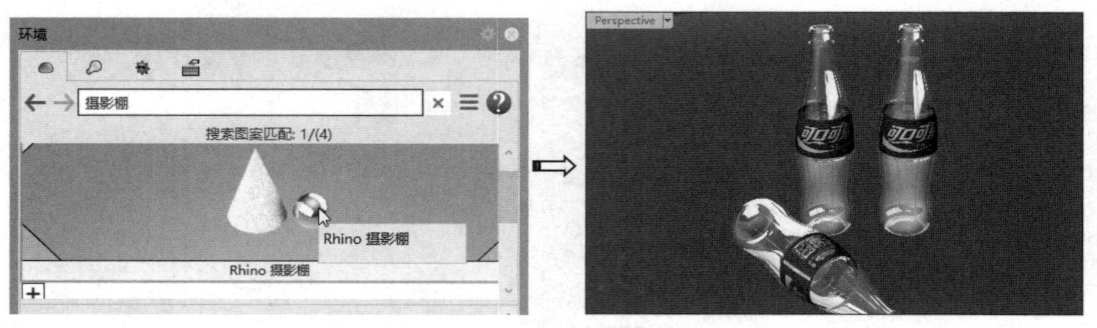

图 9-155　添加场景

⑪ 在【渲染工具】选项卡中单击【切换底平面面板】按钮，打开【底平面】对话框。单击⊞图标，启用底平面，选择材质库的【木纹】文件夹中的【白杨木-抛光】材质。在【底平面】对话框中设置贴图轴的大小，如图 9-156 所示。

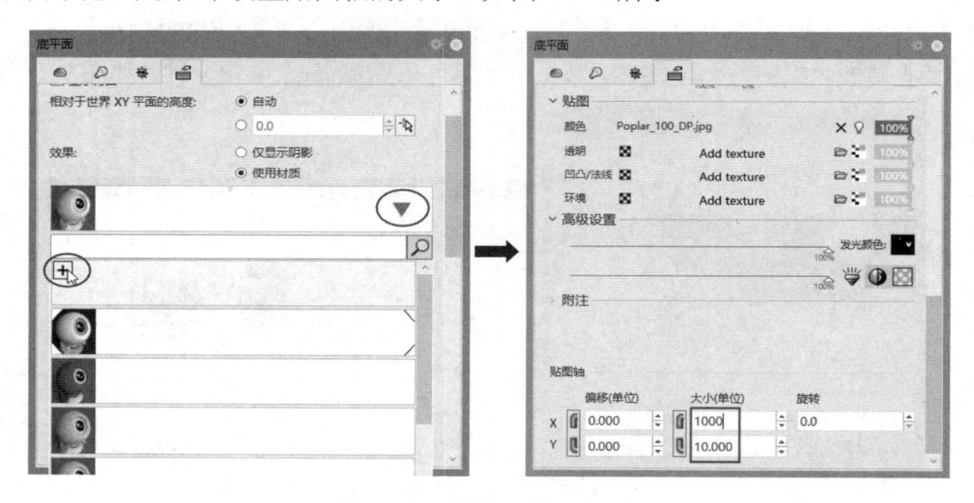

图 9-156　设置贴图轴的大小

⑫ 设置完成后，地板效果如图 9-157 所示。

图 9-157　地板效果

⑬　添加聚光灯。单击【建立聚光灯】按钮，首先在 Top 视窗中绘制圆锥体的底面，然后在 Right 视窗中调整位置点，如图 9-158 所示。

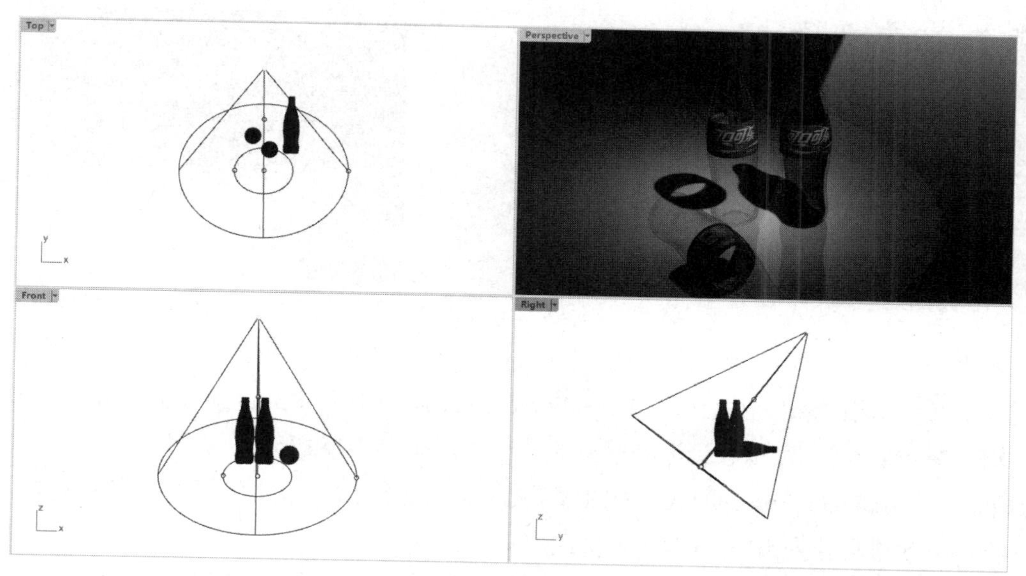

图 9-158　添加聚光灯

⑭　设置聚光灯的阴影厚度和聚光灯锐利度，如图 9-159 所示。

⑮　由于聚光灯的灯光强度还达不到渲染效果，所以需要额外增加强度。其唯一的办法就是增加其他类型光源。这里增加点光源，点光源应与聚光灯的位置完全重合，避免产生多重阴影，如图 9-160 所示。

技术要点：

分别在 Front 视窗和 Right 视窗中调整点光源的位置。

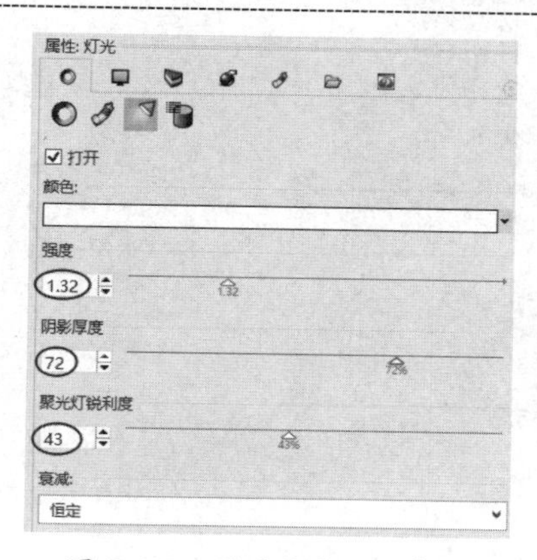

图 9-159　设置聚光灯的参数

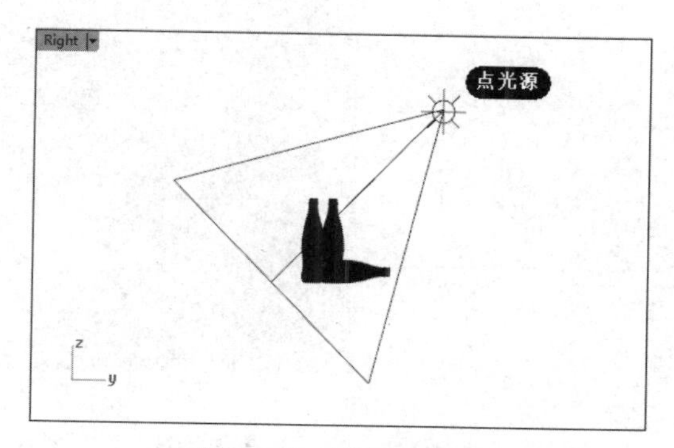

图 9-160　增加点光源

⑯　设置点光源的参数，如图 9-161 所示。

⑰　单击【渲染】按钮，弹出【NVIDIA GeForce GTX 1660 Ti 的 Rhino 渲染】窗口，对模型进行渲染，渲染结果显示在窗口右侧的预览窗口中，如图 9-162 所示。

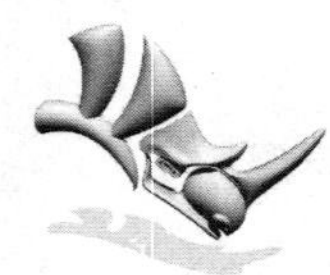

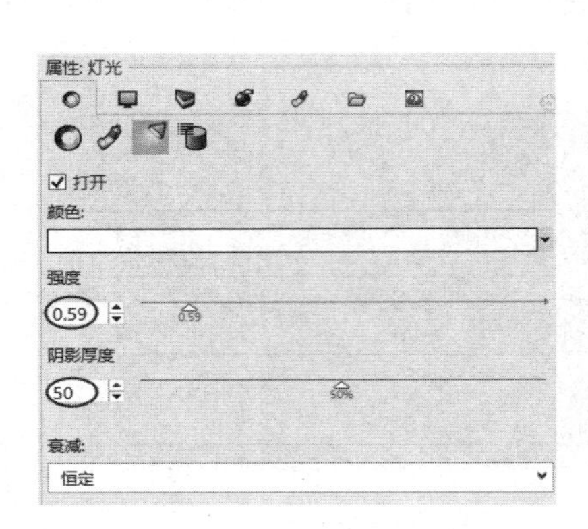

图 9-161 设置点光源的参数

图 9-162 【NVIDIA GeForce GTX 1660 Ti 的 Rhino 渲染】窗口

⑱ 为了增强渲染效果，在【NVIDIA GeForce GTX 1660 Ti 的 Rhino 渲染】窗口的文本框中输入参数值 0.8，可以看到渲染效果非常逼真，如图 9-163 所示。

⑲ 单击【NVIDIA GeForce GTX 1660 Ti 的 Rhino 渲染】窗口中的【将影像另存为】按钮，将渲染效果另存为 JPG、BMP 等格式的图片文件。

图 9-163 设置参数值后的渲染效果

第 10 章
KeyShot for Rhino 8.0 渲染技术

本章内容

本章主要介绍 Rhino 8.0 的渲染辅助软件 KeyShot 10，通过学习 KeyShot 10 的相关操作命令，进一步对 Rhino 8.0 所构建的数字模型进行后期渲染处理，直到输出符合设计要求的渲染图。

知识要点

☑ KeyShot 渲染器简介
☑ 安装 KeyShot 10
☑ 认识 KeyShot 10 的工作界面
☑ 材质库
☑ 颜色库
☑ 灯光
☑ 环境库
☑ 背景库和纹理库
☑ 渲染

10.1 KeyShot 渲染器简介

Luxion 公司的 HyperShot 和 KeyShot 均是基于 LuxRender 开发的渲染器，目前 Luxion 公司与 Bunkspeed 公司因技术问题分道扬镳，Luxion 公司不再授权给 Bunkspeed 公司核心技术，Bunkspeed 公司也不再销售 HyperShot。以后将由 Luxion 公司自己销售产品，并将产品名称更改为 KeyShot，原 HyperShot 用户都可以免费升级为 KeyShot。KeyShot 软件图标如图 10-1 所示。

图 10-1　KeyShot 软件图标

KeyShot™ 意为“The Key to Amazing Shots”。KeyShot 是一个互动性的光线追踪与全域光渲染程序，无须复杂的设定即可产生照片级真实的 3D 渲染影像。KeyShot 无论是渲染效率还是渲染质量均非常优秀，非常适合作为即时方案展示效果渲染，同时 KeyShotf 支持目前绝大多数主流建模软件且使用效果良好，尤其对于犀牛模型文件更是完美支持。KeyShot 所支持的模型文件格式如图 10-2 所示。

所有格式 (*.bip *.obj *.skp *.3ds *.fl
ALIAS (*.wire)
AutoCAD - beta (*.dwg *.dxf)
Catia - beta (*.cgr *.catpart *.catpr
Inventor Part (*.ipt)
Inventor Assembly (*.iam)
KeyShot (*.bip)
Pro/E Part (*.prt *.prt.*)
Pro/E Assembly (*.asm *.asm.*)
Rhino (*.3dm)

Rhino (*.3dm)
SketchUp (*.skp)
SolidEdge Part (*.par *.sldprt)
SolidEdge Assembly (*.asm)
SolidEdge Sheet Metal (.psm)
SolidWorks Part (*.prt *.sldprt)
SolidWorks Assembly (*.asm *.sldasm)
3DS (*.3ds)
3dxml - beta (*.3dxml)
Collada (*.dae)

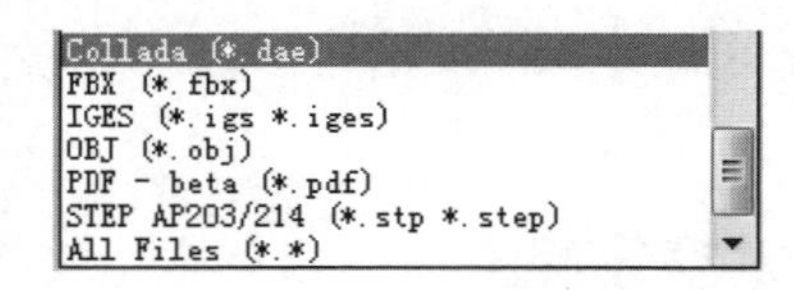

图 10-2　KeyShot 所支持的模型文件格式

KeyShot 十分惊人的地方就是能够在几秒之内渲染出令人惊讶的镜头效果。沟通早期理念、尝试设计决策、创建市场和销售图像，无论你想要做什么，KeyShot 都能打破一切复杂的限制，帮助你创建照片级逼真的图像。图 10-3、图 10-4 所示为 KeyShot 渲染的高质量图片。

图 10-3　KeyShot 渲染的高质量图片（一）

图 10-4　KeyShot 渲染的高质量图片（二）

10.2　安装 KeyShot 10

登录 KeyShot 官网，依据自己计算机的系统对应下载 KeyShot 的试用版本，目前官网提供的最新版本为 KeyShot 10。

上机操作——安装 KeyShot 10

① 双击 keyshot_win64_10.0.198.exe 安装程序，打开 KeyShot 10 欢迎界面，如图 10-5 所示。

② 单击【Next】按钮，弹出授权协议界面，单击【I Agree】按钮，同意授权协议，如图 10-6 所示。

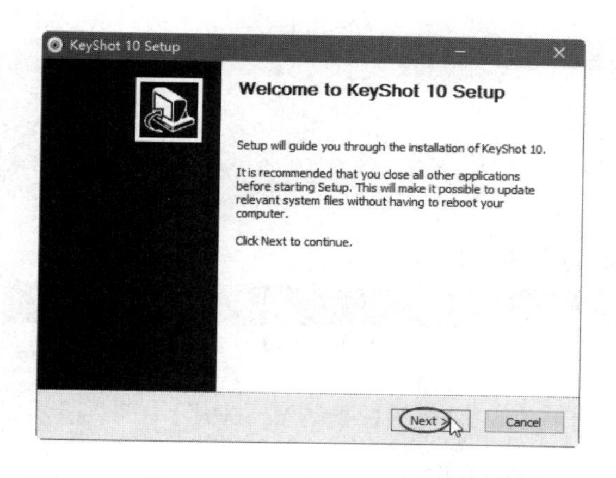

图 10-5　KeyShot 10 欢迎界面

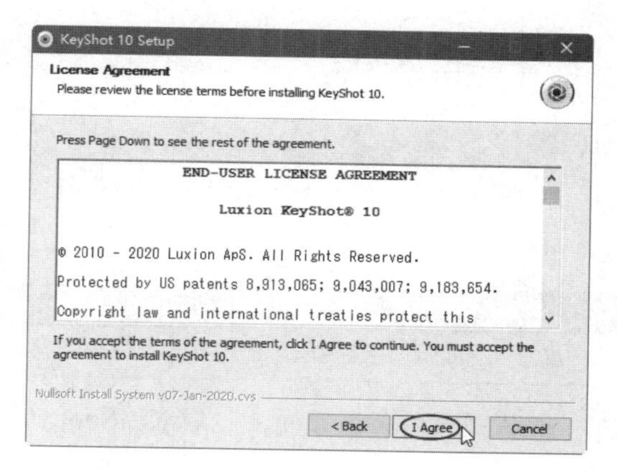

图 10-6　同意授权协议

③ 在弹出的选择用户界面中，既可以选择“Install for anyone using this computer”，又可以选择“Install just for me”，选择后单击【Next】按钮，如图 10-7 所示。

④ 在弹出的选择安装路径界面中，先设置安装 KeyShot 10 的计算机硬盘路径，可以保留默认安装路径，再单击【Next】按钮，如图 10-8 所示。

技术要点：

强烈建议修改路径，最好不要安装在 C 盘中。C 盘是系统盘，被很多系统文件占据。若安装在 C 盘中，则在运行系统时产生的垃圾文件会严重拖累 CPU 运行。

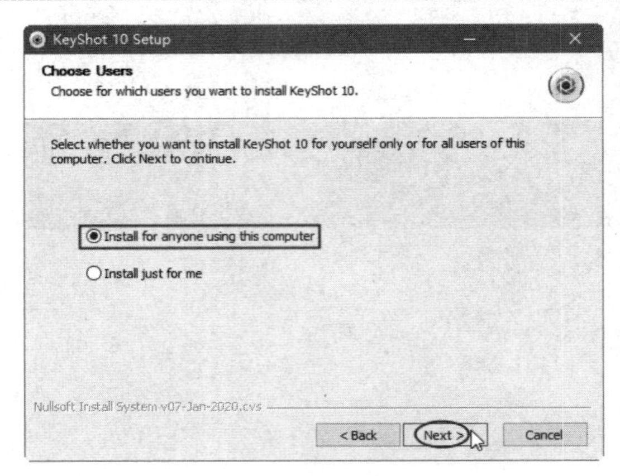

图 10-7　选择用户

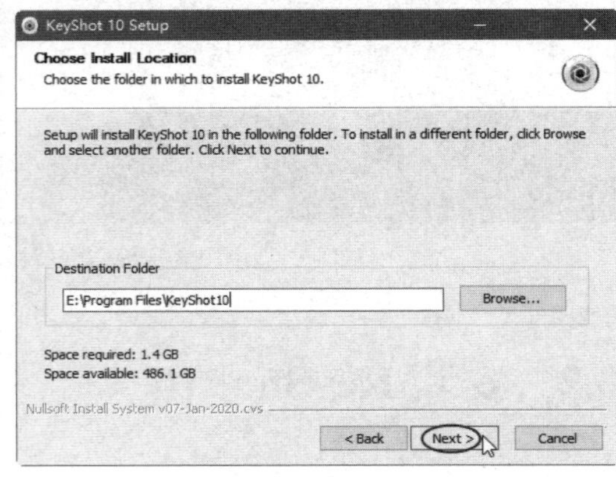

图 10-8　设置安装路径

⑤ 保持 KeyShot 10 的材质库文件存放路径的默认设置，单击【Install】按钮，开始安装 KeyShot 10，如图 10-9 所示。

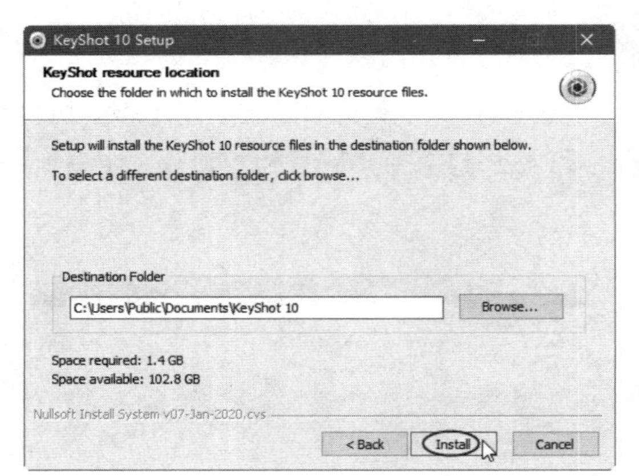

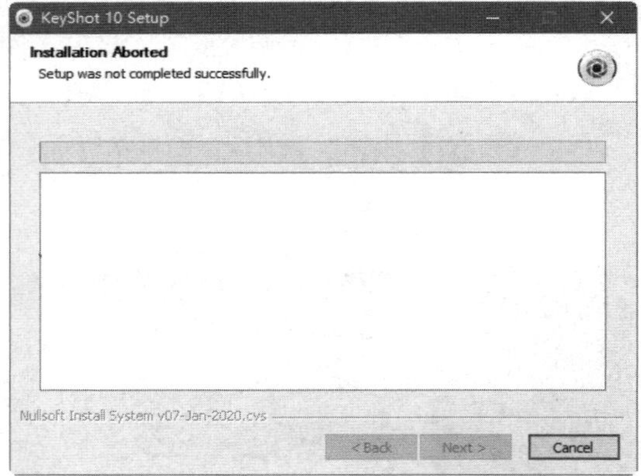

图 10-9　开始安装 KeyShot 10

技术要点：

应当注意的是，KeyShot 10 的所有文件安装路径的名称不能为中文，否则软件无法启动且无法打开。

⑥ 安装完成后会在桌面上生成 KeyShot 10 与材质库文件夹的快捷方式，如图 10-10 所示。

图 10-10　KeyShot 10 与材质库文件夹的快捷方式

⑦ 如果第一次启动 KeyShot 10，那么需要注册许可证，如图 10-11 所示。到官网购买正版软件时，官网会提供一个许可证文件，直接选择许可证文件安装即可。

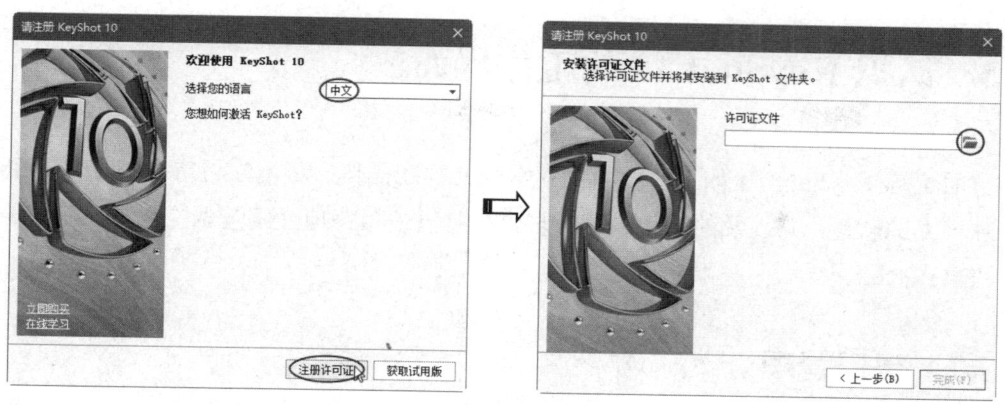

图 10-11 注册许可证

⑧ 双击桌面上的 KeyShot 10 的快捷方式，启动 KeyShot 渲染主程序，如图 10-12 所示。

图 10-12 启动 KeyShot 10 渲染主程序

⑨ KeyShot 10 的渲染工作界面如图 10-13 所示。

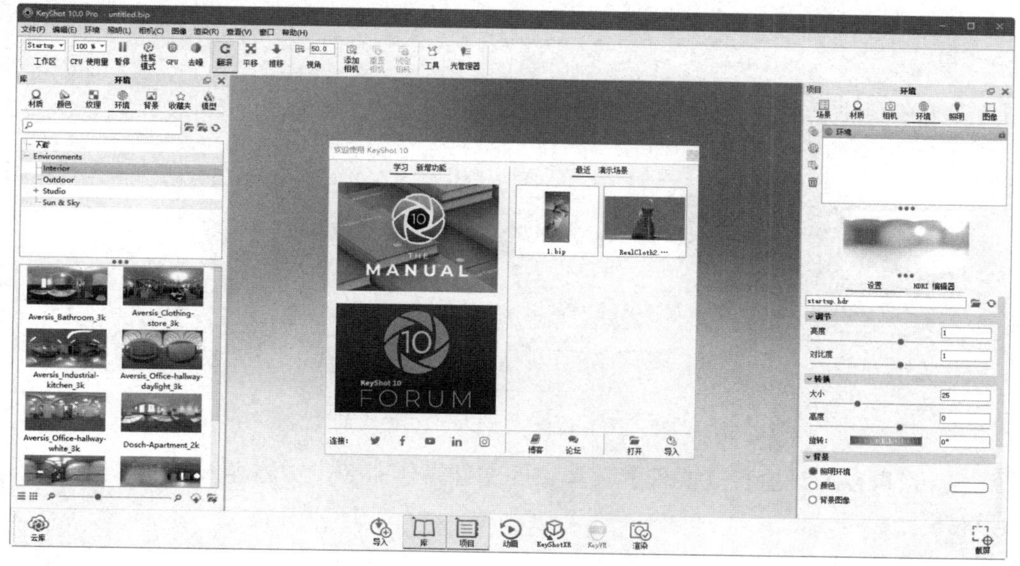

图 10-13 渲染工作界面

10.3 认识 KeyShot 10 的工作界面

下面了解 KeyShot 10 的工作界面及其常见的视图操作、环境配置等。鉴于 KeyShot 10 是一款独立的软件，其涉及的知识内容较多，在此只是粗略地介绍基本操作，在后面的渲染环节将重点介绍。

10.3.1 窗口管理

在 KeyShot 10 的窗口左侧是渲染材质面板；中间是渲染区域；底部是人性化的控制按钮。下面介绍底部的控制按钮，如图 10-14 所示。

图 10-14 控制按钮

1. 导入

单击【导入】按钮，打开【导入文件】对话框，导入适合 KeyShot 10 格式的文件，如图 10-15 所示。

图 10-15 导入适合 KeyShot 10 格式的文件

当然，也可以通过执行【文件】菜单中的文件操作命令，实施导入各项文件的操作。

2. 库

【库】按钮用来控制窗口左侧【库】面板的显示与否，如图 10-16 所示。在【库】面板中可以设置材质、颜色、纹理、环境、背景等。

3. 项目

【项目】按钮用来控制窗口右侧【项目】面板中各个渲染环节的选项，如图 10-16 所示。

4. 动画

【动画】按钮用来控制【动画】面板的显示，【动画】面板在窗口下方，如图 10-17 所示。

图 10-16　【库】面板与【项目】面板

图 10-17　【动画】面板

5. KeyShotXR

KeyShotXR 是 KeyShot 的一个功能。使用这个功能可以生成产品的三维动态展示动画，如图 10-18 所示。

6. KeyVR

KeyVR 是一个 VR 全景动画生成工具。此功能需要购买并获得许可才能使用。

7. 渲染

单击【渲染】按钮，打开【渲染】对话框。设置渲染参数后单击对话框中的【渲染】按钮即可对模型进行渲染，如图 10-19 所示。

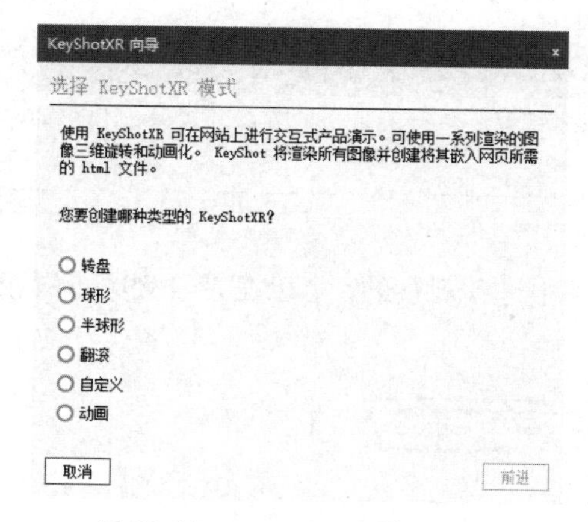

图 10-18　KeyShotXR 展示动画

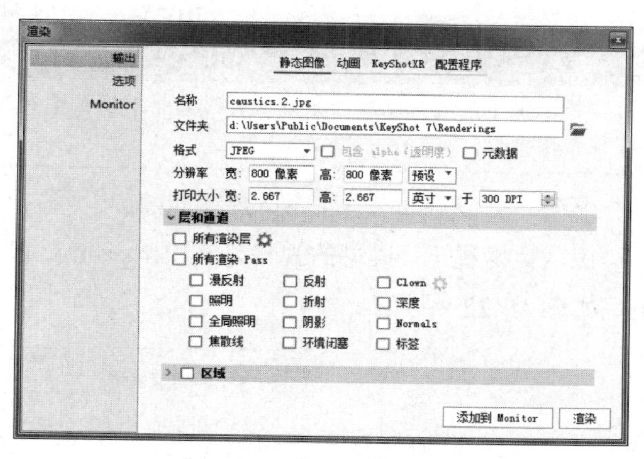

图 10-19　【渲染】对话框

10.3.2 视图控制

在 KeyShot 10 中，视图的控制是通过相机功能来执行的。

图 10-20 打开【相机】菜单

要显示 Rhino 8.0 中的原视图，可以在 KeyShot 10 中执行【相机】|【相机】命令，打开【相机】菜单，如图 10-20 所示。

在渲染区域中按鼠标中键可以平行移动摄像机，旋转摄像机，达到从多个视角查看模型的目的。

技术要点：

这个操作与旋转模型的操作有区别。当然，也可以在工具列中单击【平移相机】按钮及【翻滚】按钮来完成相同的操作。

要旋转模型，应首先将光标移动到模型上，然后右击，在弹出的快捷菜单中选择【移动模型】命令，在渲染区域中将显示三轴控制球，如图 10-21 所示。

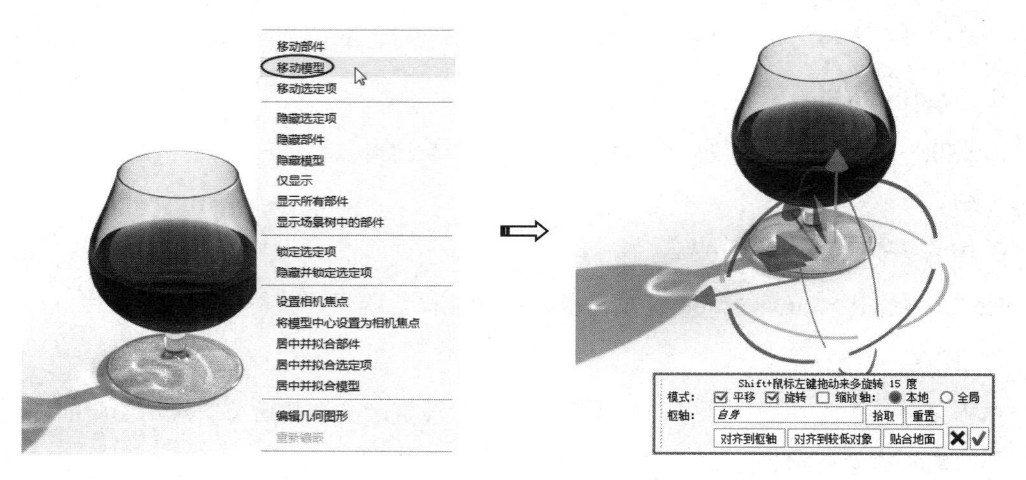

图 10-21 显示三轴控制球

技术要点：

快捷菜单中的【移动部件】命令针对的导入模型是装配体模型。执行此命令，可以移动装配体中的单个或多个零部件。

拖动环可以旋转模型，拖动轴可以定向平移模型。

在默认情况下，模型的视角是在 Perspective 视窗中进行观察的，可以在工具列中设置视角，如图 10-22 所示。

图 10-22 设置视角

可以将视图模式设置为【正交】，正交模式也就是 Rhino 8.0 中的平行视图模式。

10.4　材质库

为模型赋予材质是渲染的第一步，这个步骤将直接影响最终的渲染结果。KeyShot 10 材质库中的材质以英文显示，若需要中文或双语显示材质，则可以安装 KeyShot 10 中文材质汉化程序。

技术要点：

为了便于学习，KeyShot 10 中文材质汉化程序 KS-Mt1 Rename Tool.exe 被放置在本章源文件夹中，其中附带汉化教程。当然，读者也可以下载并安装 KeyShot 10 版本的材质库，将安装后的中文材质库复制并粘贴到桌面上的 KeyShot 10 Resources 材质库文件夹中，使其与【Materials】文件夹合并即可。此时，需要在 KeyShot 10 中执行【编辑】|【首选项】命令，打开【首选项】对话框定制各个文件夹，如图 10-23 所示。重新启动 KeyShot 10，中文材质库将生效。

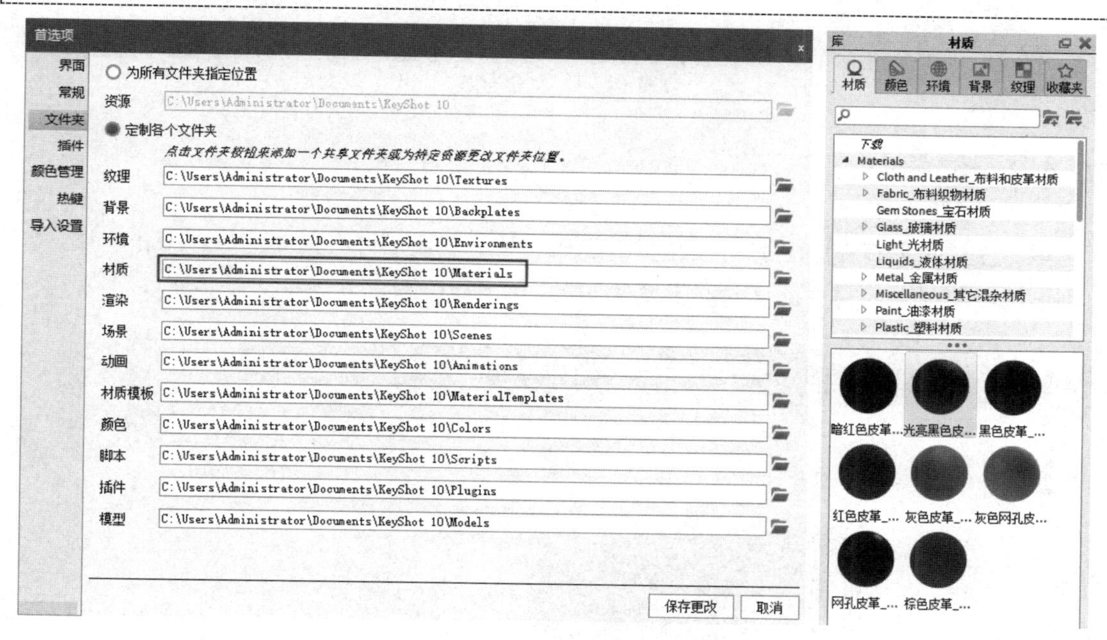

图 10-23　定制文件夹

为便于学习，本章将应用中文材质库进行渲染。

10.4.1　赋予材质

KeyShot 10 的材质赋予方式与 Rhino 8.0 渲染器的材质赋予方式相同。选择好材质后，直接将其拖动到模型中的某个面上释放即可完成赋予材质的操作，如图 10-24 所示。

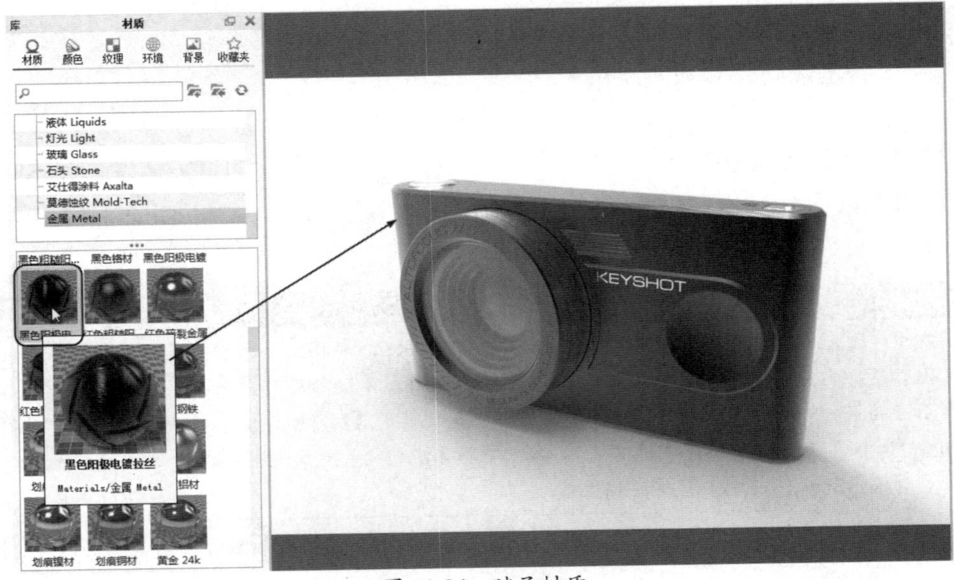

图 10-24　赋予材质

10.4.2　编辑材质

单击【项目】按钮，打开【项目】面板。赋予材质后，在渲染区域中双击材质，【项目】面板中将显示此材质的【材质】属性面板，如图 10-25 所示。

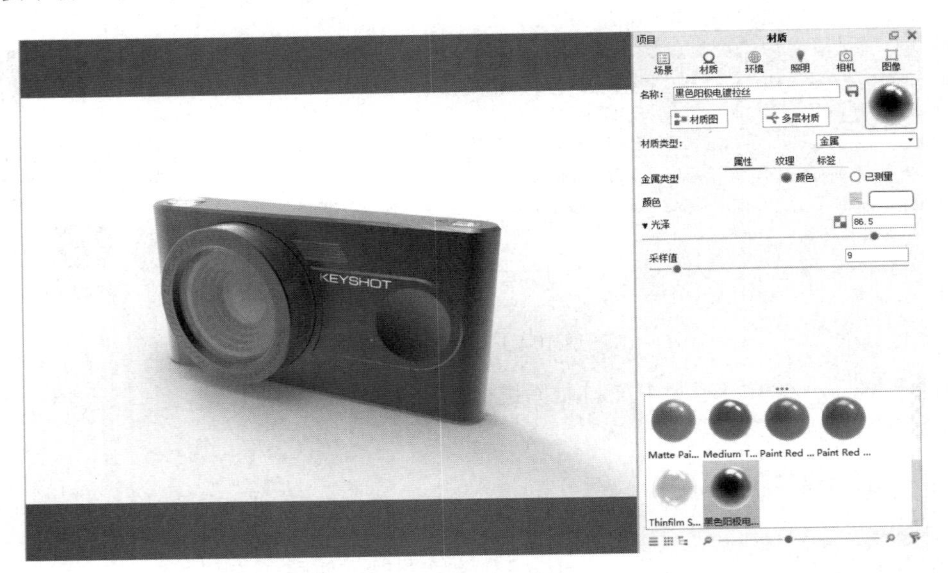

图 10-25　【材质】属性面板

在【材质】属性面板中有 3 个选项卡，分别为【属性】、【纹理】和【标签】。

1.【属性】选项卡

【属性】选项卡用来编辑材质的属性，包括颜色、光泽、采样值等。

2.【纹理】选项卡

【纹理】选项卡用来设置贴图，贴图也是材质的一种，只是贴图附着在物件的表面，而材质附着在整个实体中。【纹理】选项卡如图 10-26 所示。双击【未加载纹理凹凸】，可以从材质库文件夹中打开贴图文件，如图 10-27 所示。

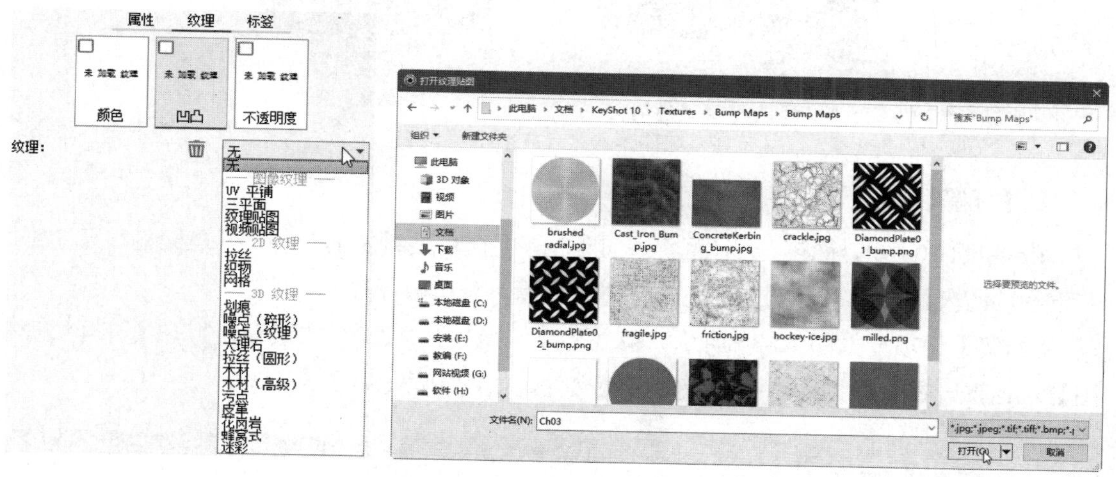

图 10-26 【纹理】选项卡

图 10-27 打开贴图文件

打开贴图文件后，在【纹理】选项卡中会显示该贴图的属性设置选项，如图 10-28 所示。

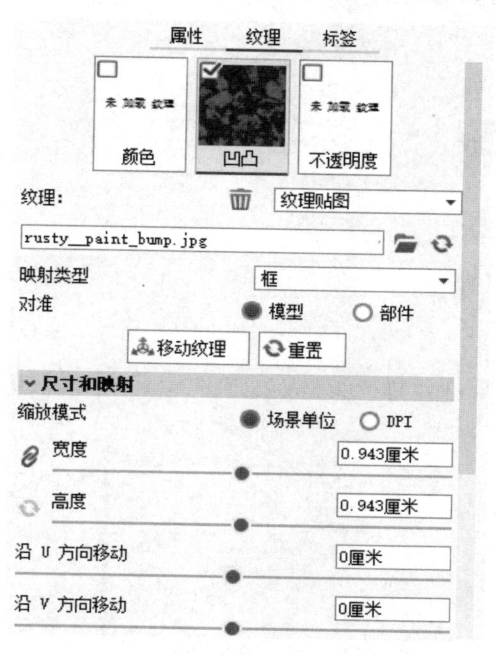

图 10-28 贴图的属性设置选项

【纹理】选项卡中包含多种纹理贴图的类型，如图 10-26 所示。贴图类型主要定义贴图的纹理、纹路。相同的材质，可以有不同的纹路。图 10-29 所示为【纤维编织】类型与【蜂窝式】类型。

【纤维编织】类型

【蜂窝式】类型

图 10-29　纹理贴图类型

3.【标签】选项卡

KeyShot 10 中的标签就是前面所讲的印花，同样也是材质的一种，只是标签与贴图都附着于物件的表面。标签常用于产品的包装、商标、公司徽标等。

【标签】选项卡如图 10-30 所示。单击【添加标签（纹理）】按钮，打开【打开纹理贴图】对话框，在对话框中选择相应的贴图文件，如图 10-31 所示。

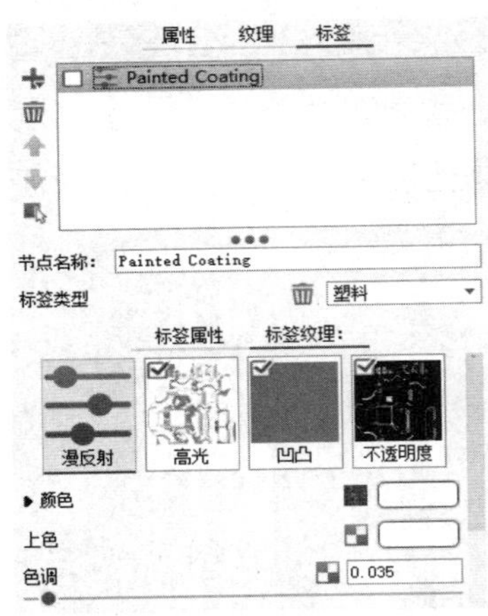

图 10-30　【标签】选项卡

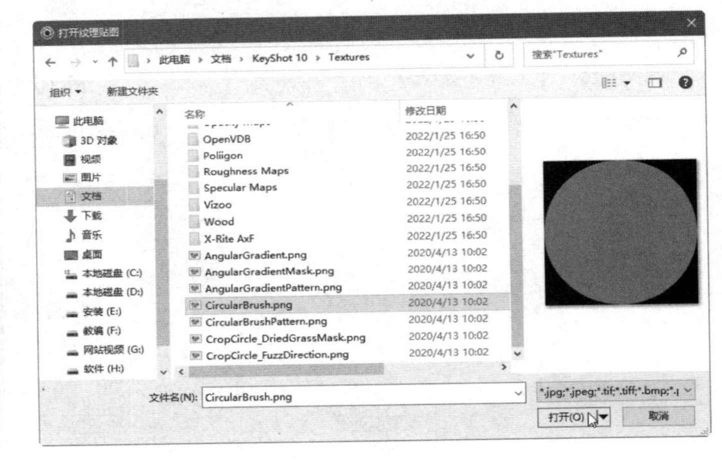

图 10-31　选择贴图文件

可以编辑标签贴图的属性，包括类型、缩放比例等，如图 10-32 所示。

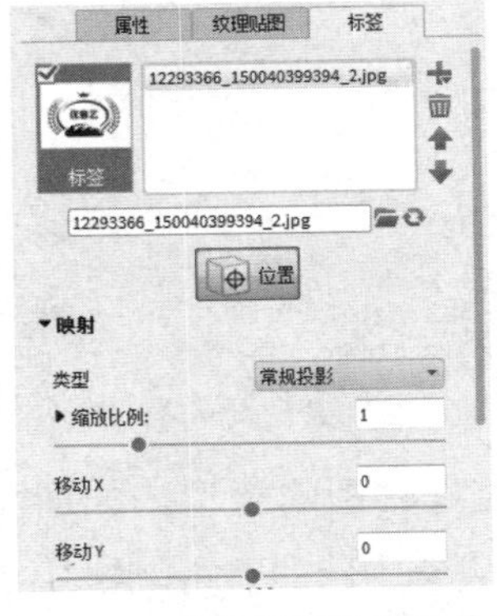

图 10-32　编辑标签贴图的属性

10.4.3　自定义材质

当 KeyShot 10 材质库中的材质无法满足渲染需求时，可以自定义材质。自定义材质的方式有两种，一种是加载网络中其他 KeyShot 用户自定义的材质，并将其放置到 KeyShot 10 材质库文件夹中；另一种就是在【材质】属性面板的下方有基本的材质，选择一种材质，编辑其属性，并将其保存到材质库中。

上机操作——自定义珍珠材质

下面以创建珍珠材质的案例讲述自定义材质的流程。

① 首先在左侧的材质库中右击【Materials】文件夹，然后在弹出的快捷菜单中选择【添加】命令，弹出【添加文件夹】对话框，输入新文件夹的名称后单击【确定】按钮，如图 10-33 所示。

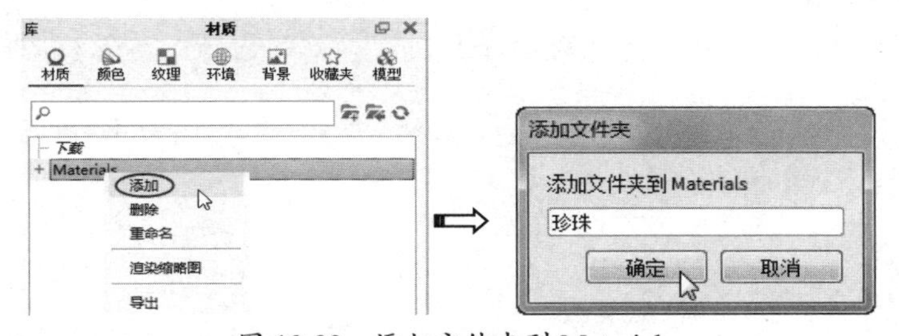

图 10-33　添加文件夹到 Meterial

② 此时，在 Materials 文件夹中增加了一个珍珠文件夹，单击这个文件夹使其处于激活状态。

③ 执行【编辑】|【添加几何图形】|【球形】命令，创建一个球体。此球体为材质特性的表现球体，而非模型球体。在右侧的【材质】属性面板中双击要添加的球形材质，如图 10-34 所示。

④ 将所选基本材质的【名称】设置为【珍珠白】，选择【类型】为【金属漆】，设置【基色】为白色、【金属颜色】为浅蓝色，如图 10-35 所示。

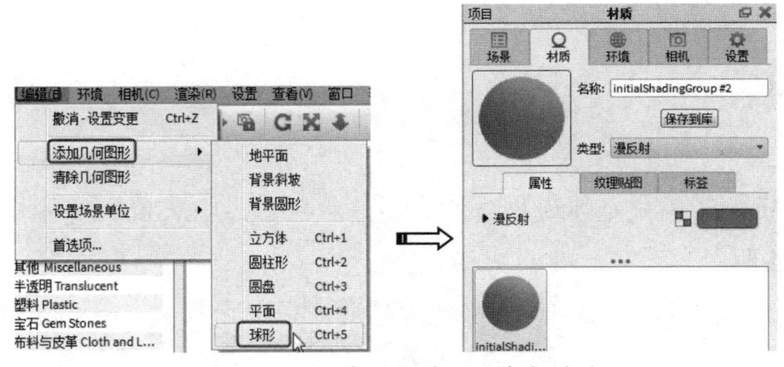

图 10-34　创建球体并添加基本材质

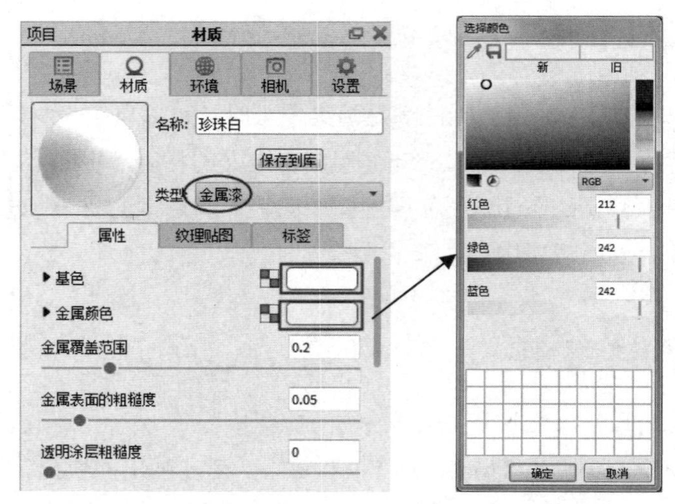

图 10-35　设置材质类型与颜色

⑤　设置其余各项参数，如图 10-36 所示。

⑥　在【材质】属性面板中单击【保存至库】按钮，将设置的珍珠材质保存到材质库中，如图 10-37 所示。

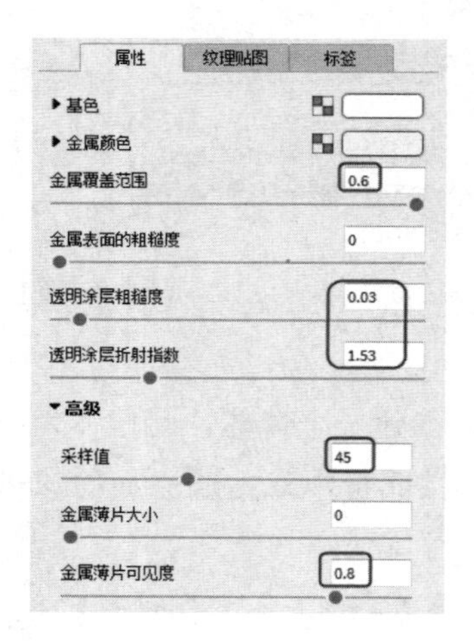

图 10-36　设置其余各项参数

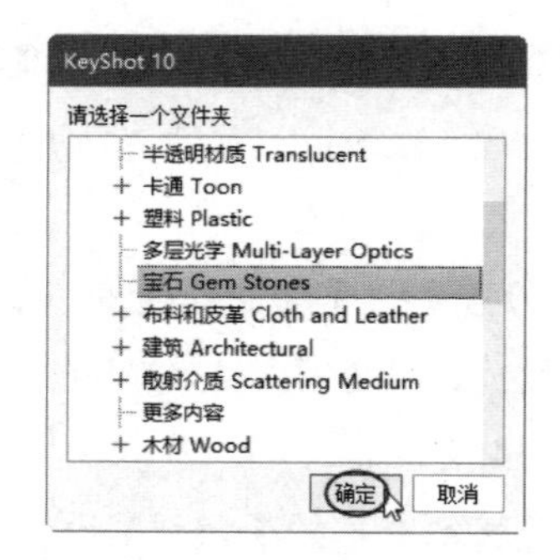

图 10-37　保存材质到材质库中

10.5　颜色库

颜色不是材质，颜色只是体现材质的一种基本色彩。KeyShot 10 的模型的颜色在颜色库中，如图 10-38 所示。

在更改模型的颜色时，除了可以在颜色库中将颜色赋予模型，还可以在编辑模型材质时直接在【材质】属性面板中设置材质的基色。

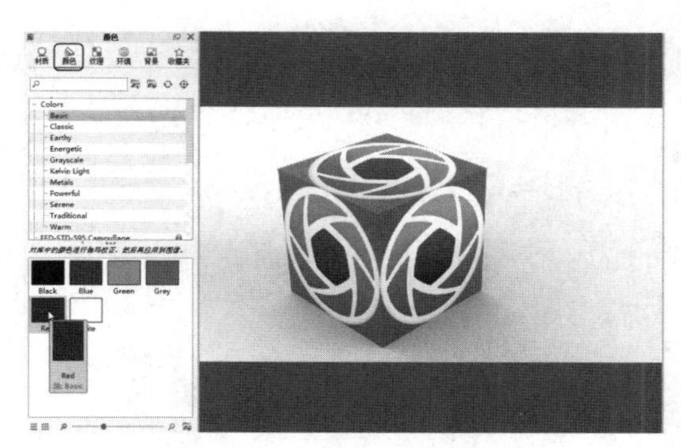

图 10-38　颜色库

10.6　灯光

KeyShot 10 中是没有灯光的，但一款功能强大的渲染软件是不可能不涉及灯光渲染的。那么 KeyShot 10 又是如何操作灯光的呢？

10.6.1　以光材质作为光源

在材质库中，光材质如图 10-39 所示。为了便于学习，这里特地将所有灯光材质进行了汉化处理。

技术要点：

右击材质，在弹出的快捷菜单中选择【重命名】命令，即可以中文命名材质。

可用的光源包括 5 种类型，分别为区域光、自发光、IES 灯光、点光和聚光灯。

1. 区域光

区域光指局部透射、穿透的光源，如窗户外照射进来的自然光源、太阳光源。光源材质列表中有 4 种区域光材质，如图 10-40 所示。

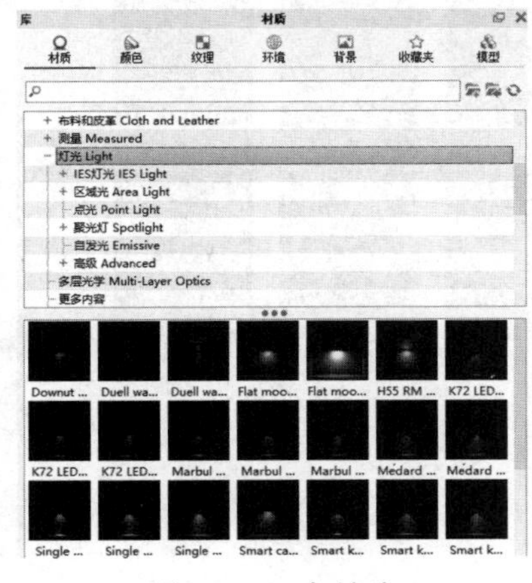

图 10-39　光材质

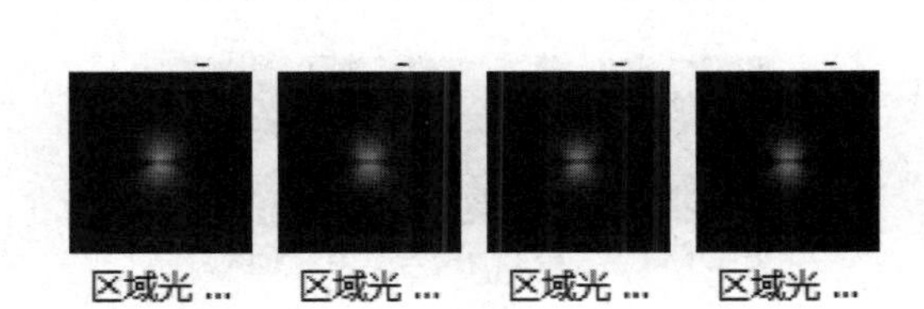

图 10-40　区域光材质

添加区域光，也就是将区域光材质赋予窗户中的玻璃等模型。区域光一般适用于建筑的室内渲染。

2. 自发光

自发光材质主要用作车灯、手电筒、电灯、路灯及室内装饰灯的渲染。光材质列表中的自发光材质如图 10-41 所示。

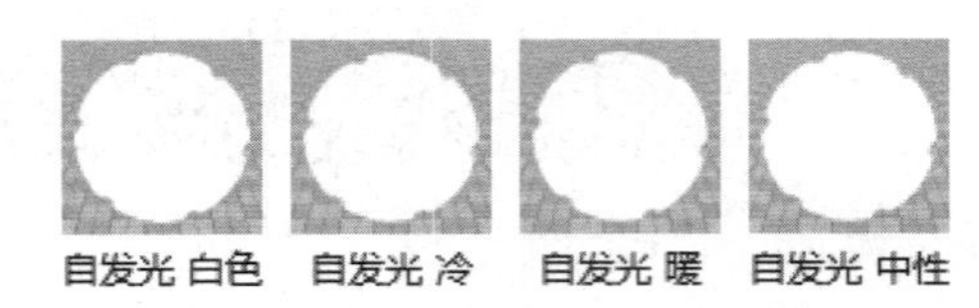

图 10-41　自发光材质

3. IES 灯光

IES 灯光是由美国照明工程学会制订标准的各种照明设备光源。

在制作建筑效果图时，常会使用一些特殊形状的光源，如射灯、壁灯等，为了准确、真实地表现这一类光源，可以通过使用 IES 灯光导入 IES 格式文件实现。

IES 文件是光源（灯具）配光曲线文件的电子格式。因为它的扩展名为“*.ies”，所以可以直接称它为 IES 文件。

IES 文件包含准确的光域网信息。光域网是光源的灯光强度分布在 3D 空间中的表示方式，平行光分布信息以 IES 格式存储在光度学数据文件中。光度学 Web 分布使用光域网定义分布灯光，可以加载各个制造商提供的光度学数据文件，并将其作为 Web 参数。在工作视窗中，灯光对象会被更改为所选光度学 Web 的图形。

KeyShot 10 提供了多种 IES 灯光材质，如图 10-42 所示。

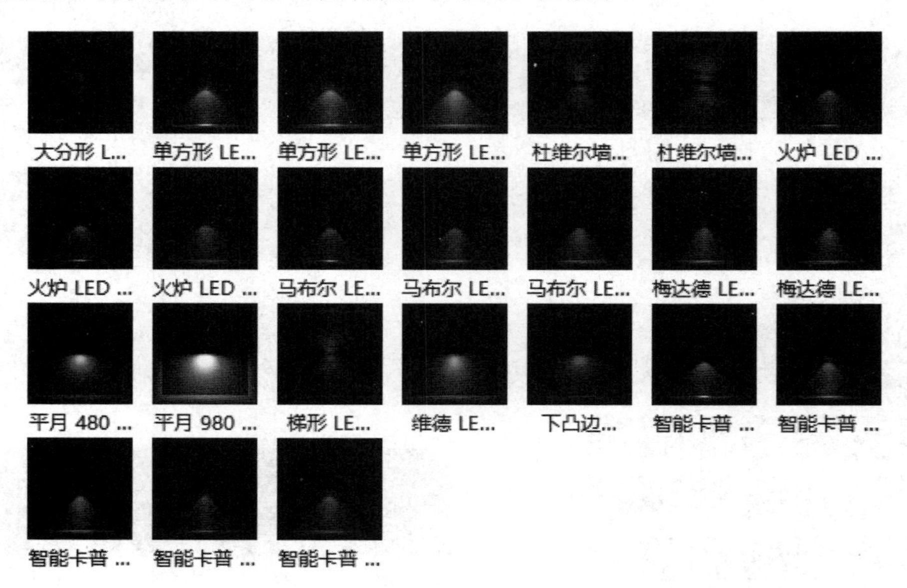

图 10-42　IES 灯光材质

4. 点光

点光从其所在位置向四周发射光线。KeyShot 10 材质库中的点光材质如图 10-43 所示。

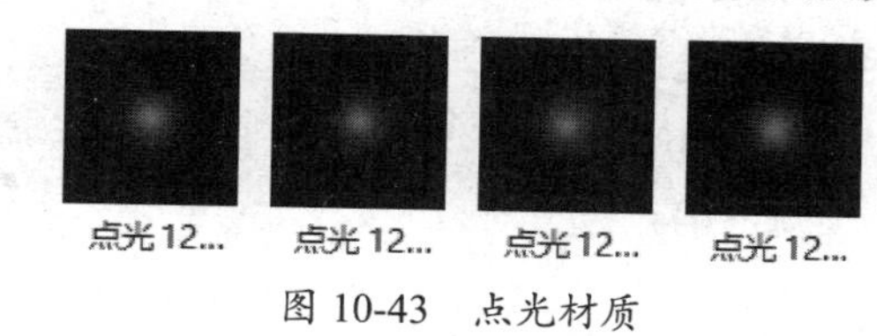

图 10-43　点光材质

5. 聚光灯

聚光灯也叫射灯。聚光灯的特点是光衰很小、亮度高、方向性很强、光性特硬、反差甚高、形成的阴影非常清晰，但是由于缺少变化因此显得比较生硬。KeyShot 10 材质库中的聚光灯材质如图 10-44 所示。

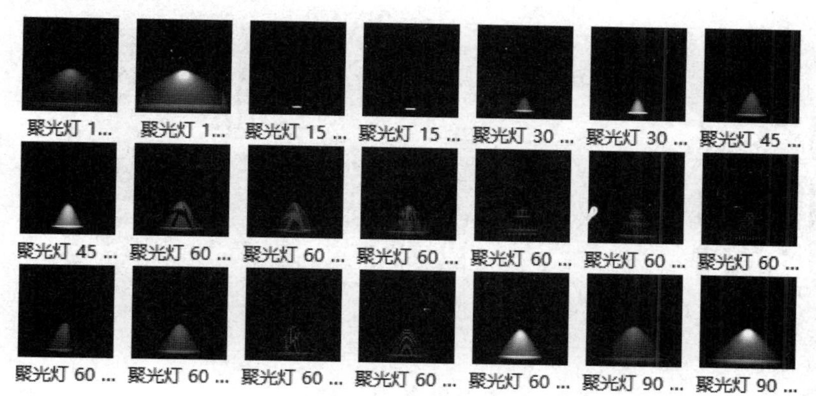

图 10-44　聚光灯材质

10.6.2　编辑光源材质

光源不能凭空被添加到渲染环境中，需要创建实体模型。可以通过执行【编辑】|【添加几何图形】|【立方体】命令，或执行其他图形命令，创建用于赋予光源材质的物件。

如果已经有了光源材质附着体，那么就不需要创建几何图形了。把光源材质赋予物件后，即可在【材质】属性面板中编辑光源属性，如图 10-45 所示。

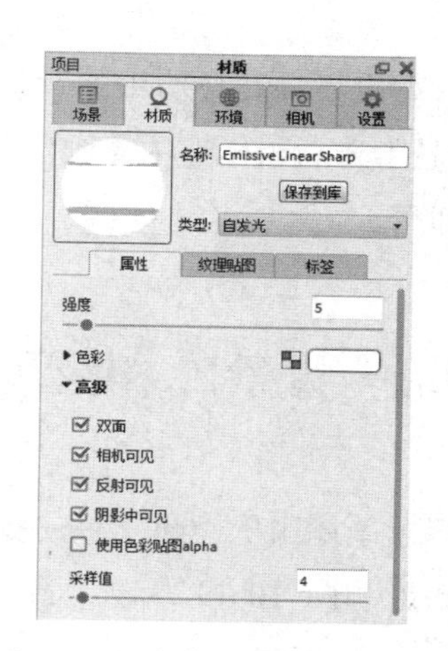

图 10-45　在【材质】属性面板中编辑光源属性

10.7　环境库

渲染离不开环境，尤其是需要在渲染的模型表面表现发光效果时，更需要加入环境。如

图 10-46 所示，在窗口左侧的环境库中列出了 KeyShot 10 的全部环境。

技术要点：

作者花费了一些时间将环境库中的英文环境名称全部进行了汉化处理。

在环境库中选择一种环境，双击环境缩略图，或将环境缩略图拖动到渲染区域释放，即可将环境添加到渲染区域，如图 10-47 所示。

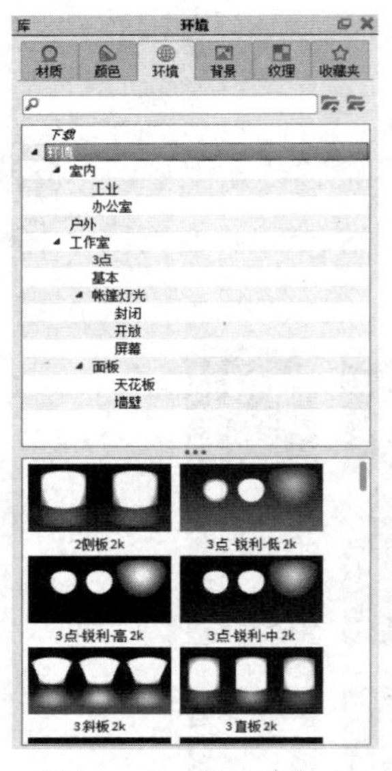

图 10-46 【环境】库

图 10-47 添加环境

添加环境后，可以在窗口右侧的【环境】属性面板中设置当前渲染环境的属性，如图 10-48 所示。

如果不需要环境中的背景，那么在【环境】属性面板的【背景】选项组中选中【颜色】单选按钮，并将颜色设置为白色即可。

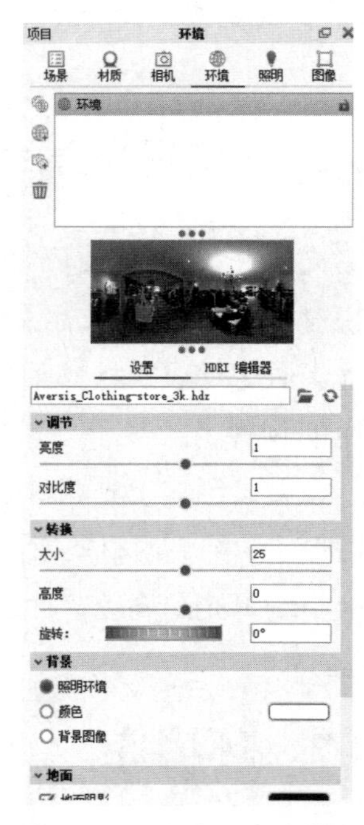

图 10-48 设置环境的属性

10.8 背景库和纹理库

背景库中的背景文件主要用于室外与室内的场景渲染。背景库如图 10-49 所示。背景的添加方法与环境的添加方法相同。

纹理库中的纹理可以作为贴图用的材质。既可以将纹理单独赋予对象，又可以在赋予材质时添加纹理。纹理库如图 10-50 所示。

图 10-49　背景库

图 10-50　纹理库

10.9　渲染

在窗口底部单击【渲染】按钮，弹出【渲染】对话框，如图 10-51 所示。【渲染】对话框中包括【输出】、【选项】和【Monitor】渲染设置类别。下面仅介绍【输出】和【选项】渲染设置类别。

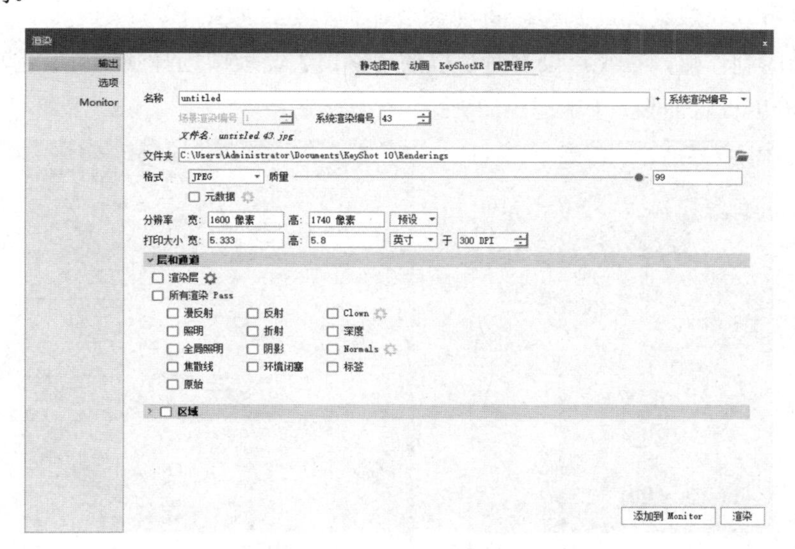

图 10-51　【渲染】对话框

10.9.1　【输出】渲染设置类别

在【输出】面板中，有 3 种输出类型，分别为【静态图像】、【动画】和【KeyShotXR】。

1. 静态图像

在【静态图像】渲染输出设置面板中可以设置输出渲染的位图文件的格式。【静态图像】渲染输出设置面板中各个选项的功能如下。

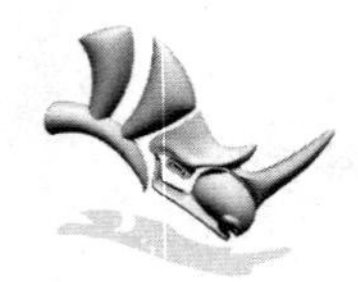

- 名称：输出图像的名称，可以以中文命名。
- 文件夹：渲染后图片的保存位置，在默认情况下为【Renderings】文件夹。如果需要保存到其他文件夹中，则要注意路径全英文的问题，在路径中不能出现中文字符。
- 格式：用于设置文件保存格式。KeyShot 10 支持 3 种格式的输出，分别为 JPEG、TIFF 和 EXR。在通常情况下会选择熟悉的 JPEG 格式；TIFF 格式的文件可以在 Photoshop 中去除背景；EXR 格式是涉及色彩渠道、阶数的格式，简单来说就是 HDR 格式的 32 位文件。
- 分辨率：改变图片的大小。
- 打印大小：设置图像纵横比与图像大小的尺寸单位。一般打印尺寸为 300DPI。
- 层和通道：设置图层与通道的渲染。
- 区域：设置渲染区域。

2. 动画

只有在创建渲染动画后才能显示【动画】渲染输出设置面板。动画的制作非常简单，只需单击【动画向导】按钮 动画向导，在打开的【动画向导】对话框中设置动画类型、相机、动画时间等就可以完成动画的制作。每种类型都有预览，如图 10-52 所示。

完成动画的制作后，在【渲染】对话框的【输出】面板中选择【动画】选项，即可显示【动画】渲染输出设置面板，如图 10-53 所示。

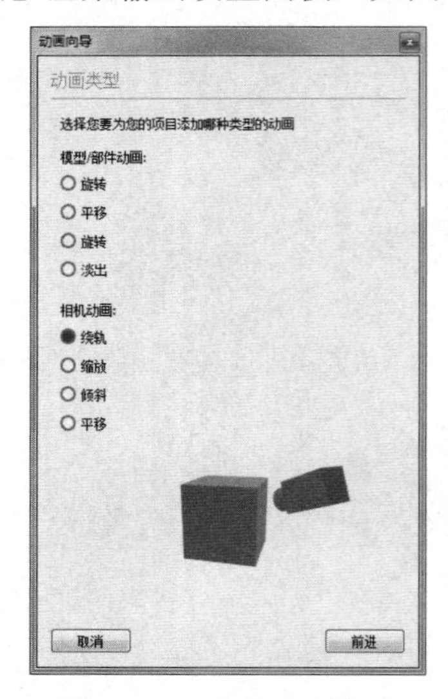

图 10-52　设置动画类型

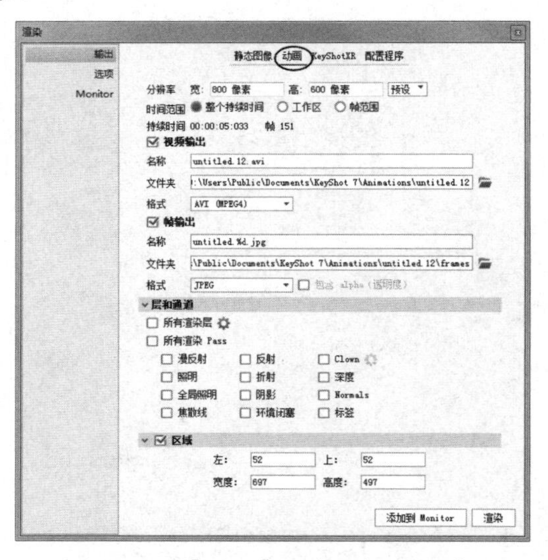

图 10-53　【动画】渲染输出设置面板

在此设置面板中，可以根据需求设置分辨率，视频输出与帧输出的名称、路径、格式，以及渲染模式等。

3. KeyShotXR

KeyShotXR 是一种动态展示。动画也是 KeyShotXR 的一种类型。除了动画，其他动态

展示多是围绕自身的重心进行旋转、翻滚、球形翻转、半球形翻转等定位运动的。执行【窗口】|【KeyShotXR】命令，打开【KeyShotXR 向导】对话框，如图 10-54 所示。

KeyShotXR 动态展示的定制与动画类似，只需按步骤进行即可。定义了 KeyShotXR 动态展示后，在【渲染】对话框的【输出】面板中选择【KeyShotXR】选项，即可显示【KeyShotXR】渲染输出设置面板，如图 10-55 所示。

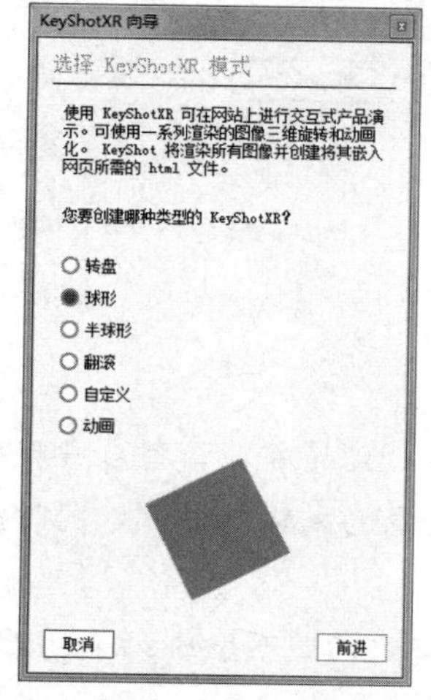

图 10-54　【KeyShotXR 向导】对话框

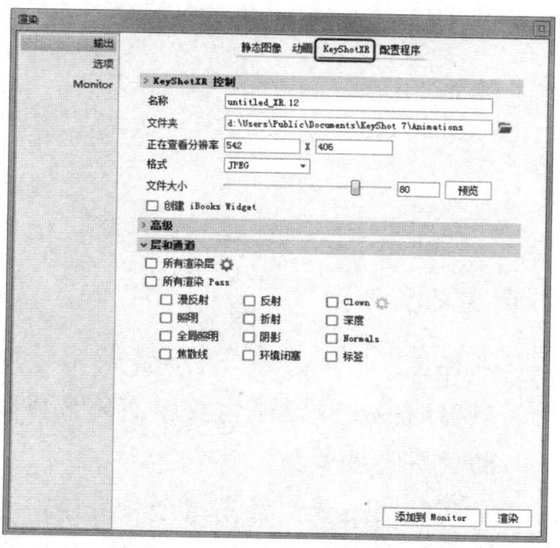

图 10-55　【KeyShotXR】渲染输出设置面板

设置完成后，单击【渲染】按钮，即可进入渲染过程。

10.9.2　【选项】渲染设置类别

【选项】面板用来设置渲染模式和渲染质量，如图 10-56 所示。

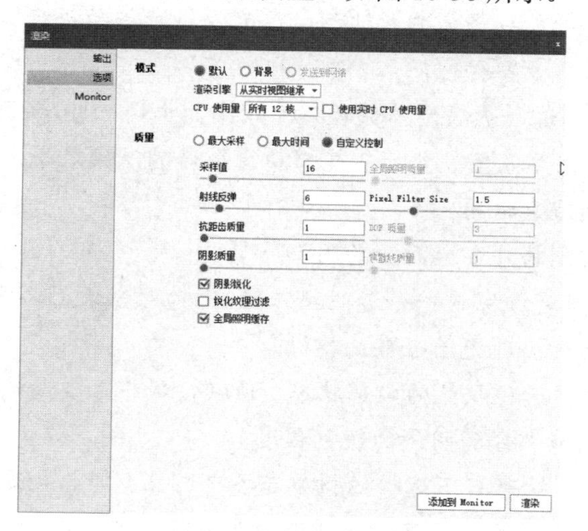

图 10-56　【选项】面板①

① 图 10-56 中的“抗距齿质量”的正确写法应为“抗锯齿质量”。

【质量】选项组包括 3 种设置，分别为【最大采样】、【最大时间】和【自定义控制】。

1. 最大采样

【最大采样】选项定义每一帧采样的数量，如图 10-57 所示。

2. 最大时间

【最大时间】选项定义每一帧和总时长，如图 10-58 所示。

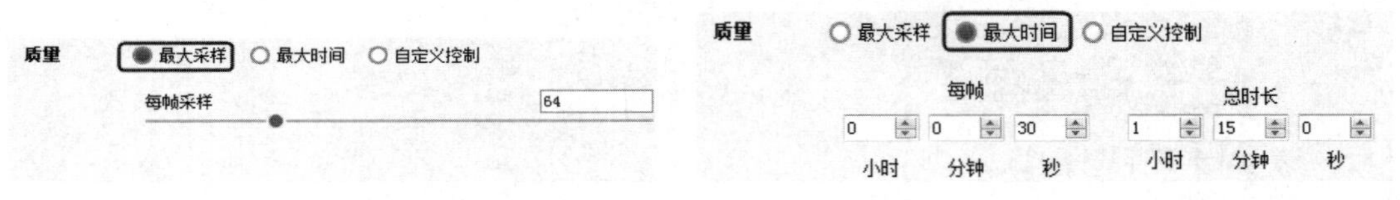

图 10-57 【最大采样】选项

图 10-58 【最大时间】选项

3. 自定义控制

- 采样值：控制图像每个像素的采样数量。在大场景的渲染中，模型自身反射与光线折射的强度或质量需要较高的采样数量。在设置较高的采样值时可以同时设置较高的抗锯齿质量值。
- 全局照明质量：提高这个参数值，可以获得更加细致的照明和小细节的光线处理。一般情况下，这个参数没有太大必要去调整。如果需要在阴影和光线的效果上进行处理，则可以考虑改变这个参数值。
- 射线反弹：控制光线在每个物件上反射的次数。
- Pixel Filter Size：这是一项新的功能。增加一幅模糊的图像，会得到柔和的图像效果。建议使用 1.5 ~ 1.8 的参数值。注意，在渲染珠宝首饰时，多数情况下有必要将参数值降低到 1 ~ 1.2。
- 抗锯齿质量：增加抗锯齿质量的参数值可以将物件的锯齿边缘细化。参数值越大，物件的抗锯齿质量也会越高。
- PDF 质量：增加这个选项的参数值将导致画面出现一些小颗粒状的像素点以体现景深效果。一般将参数值设置为 3 能够获得很好的渲染效果。不过要注意若参数值变大则将会增加渲染时间。
- 阴影质量：控制物件在地面上的阴影质量。
- 焦散线质量：当光线穿过一个透明物件时，因为对象表面不平整所以会出现漫折射，这时投影表面会出现光子分散的情况。
- 阴影锐化：此复选框默认为勾选状态。通常情况下不要改动此复选框，否则将会影响到画面中细节部分的阴影的锐利程度。
- 锐化纹理过滤：检查当下选择的材质与各个贴图。勾选此复选框可以得到更加清晰的纹理效果。在通常情况下，此复选框是没有必要勾选的。
- 全局照明缓存：勾选此复选框，能够得到较好的细节效果，且时间上也可以得到很好的平衡。

10.10　实战案例——成熟西瓜的渲染

模型渲染是产品在设计阶段向客户展示的重要手段。本节将详细介绍使用 Creo 的渲染引擎进行两个产品的渲染。

一幅好的渲染作品，必须满足以 4 点。

- 正确选择材质进行组合。
- 合理、适当的光源。
- 满足现实环境。
- 细节处理到位。

在对西瓜进行渲染时，主要难点是灯光的布置和贴图的制作，其他渲染参数采用默认设置即可。本实战案例中西瓜的渲染效果如图 10-59 所示。

图 10-59　西瓜的渲染效果

1. 在 KeyShot 10 中导入渲染文件

① 执行【文件】|【打开】命令，打开本案例源文件“西瓜.bip”，并将其导入 KeyShot 10 中，如图 10-60 所示。

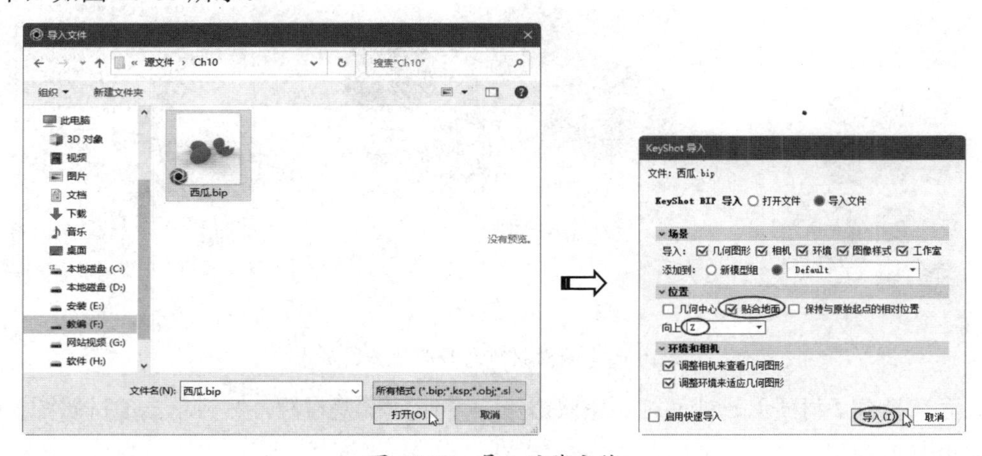

图 10-60　导入渲染文件

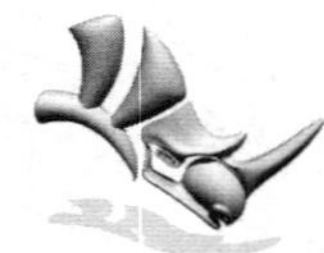

技术要点：

在【KeyShot 导入】对话框的【位置】选项组中勾选【贴合地面】复选框，并选择【向上】为【Z】，保证导入模型后可以自由地旋转模型。

② 导入的西瓜模型如图 10-61 所示。

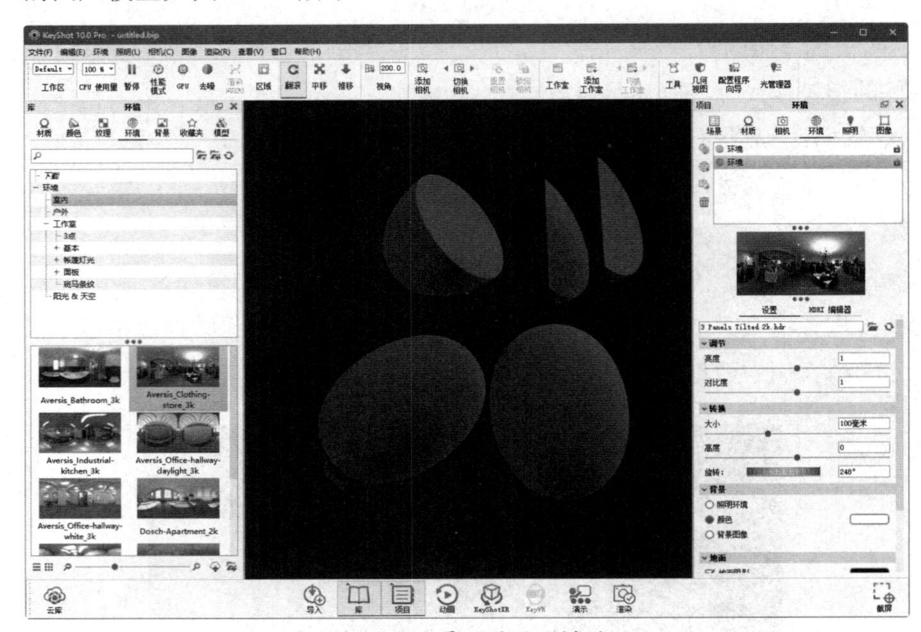

图 10-61　导入的西瓜模型

2. 为西瓜模型赋予材质

① 在窗口左侧的材质库中，首先将【塑料 Plastic】文件夹中的【黑色柔软粗糙塑料】材质分别拖动到窗口右侧【场景】属性面板中的 5 个西瓜模型图层中，如图 10-62 所示。

图 10-62　拖动材质到西瓜模型图层中

② 下面切换到【材质】属性面板，先双击第一个西瓜模型材质，然后单击【材质图】按钮，编辑西瓜模型材质，如图 10-63 所示。

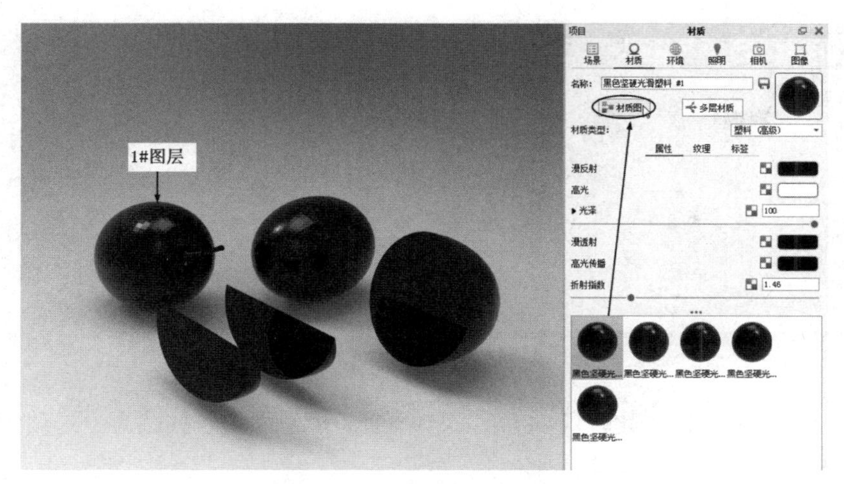

图 10-63　编辑西瓜模型材质

③　在弹出的【材质图】窗口中单击【将纹理贴图节点添加到工作区】按钮，打开“1.png”文件，添加纹理贴图节点，如图 10-64 所示。

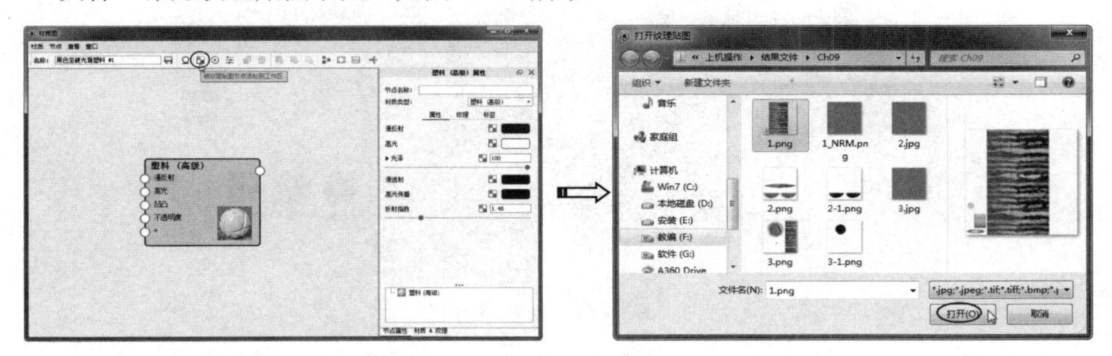

图 10-64　添加纹理贴图节点

④　添加纹理贴图节点后，将其连接到塑料（高级）节点上，如图 10-65 所示。

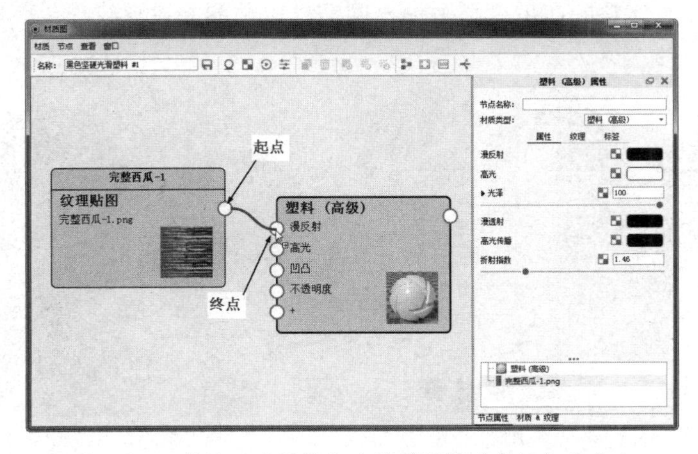

图 10-65　将纹理贴图节点连接到塑料（高级）节点上

⑤　继续为这个西瓜模型添加一个凹凸贴图，如图 10-66 所示。

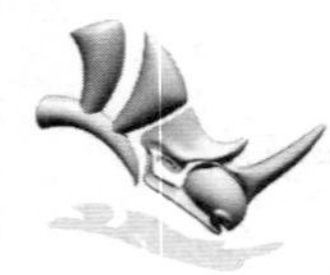

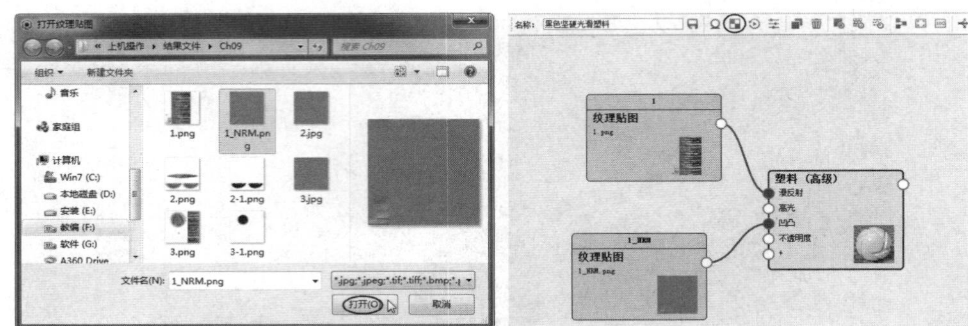

图 10-66　添加凹凸贴图

⑥ 关闭【材质图】窗口。此时可以看到第一个西瓜模型添加了贴图，但是贴图方向不对，需要更改，如图 10-67 所示。

图 10-67　查看贴图

⑦ 在【材质】属性面板中选择【纹理】选项卡中的【映射类型】为【UV】，如图 10-68 所示。可以看到，材质贴图很好地与西瓜模型匹配了。

⑧ 同理，为第二个完整的西瓜模型添加相同的材质贴图并设置纹理。完成效果如图 10-69 所示。

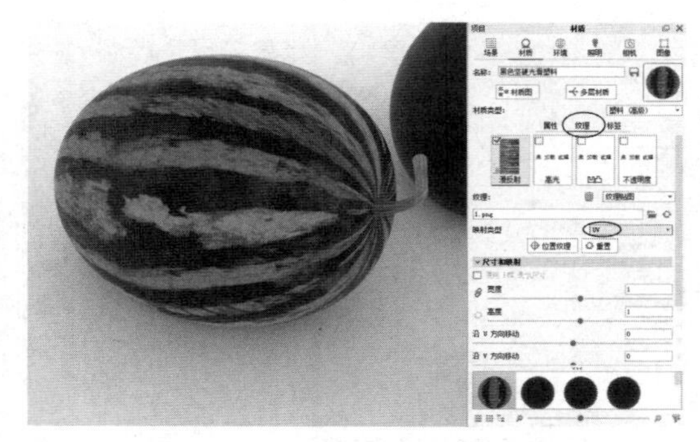

图 10-68　选择纹理的映射类型

图 10-69　完成效果

⑨ 为第三个西瓜（小块西瓜）模型添加材质贴图，并设置【映射类型】为【UV】，如图 10-70 所示。

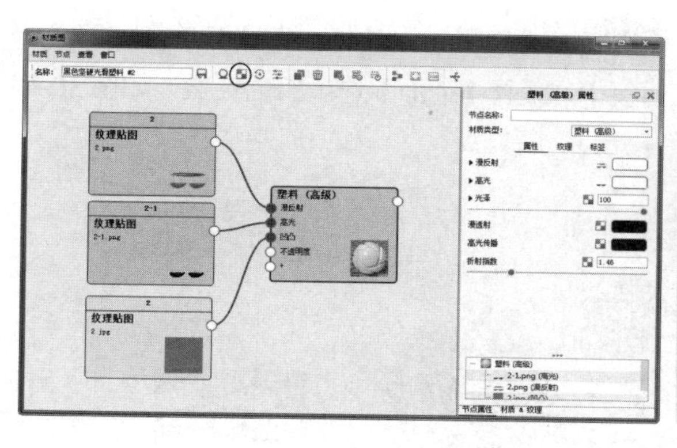

图 10-70　为第三个西瓜模型添加材质贴图并设置纹理

⑩　同理，为切开的一块西瓜模型添加相同的材质贴图，如图 10-71 所示。

图 10-71　为切开的一块西瓜模型添加相同的材质贴图

⑪　为另一块切开的西瓜模型添加材质贴图，如图 10-72 所示。

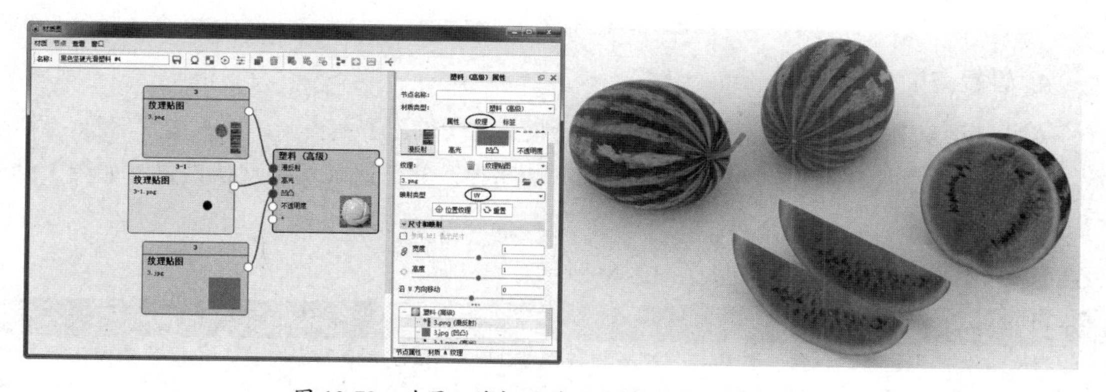

图 10-72　为另一块切开的西瓜模型添加材质贴图

3. 添加场景

添加场景主要是为了让场景中的各种光线在西瓜模型表面反射，进而增加真实效果。

① 在窗口左侧的环境库中双击【Interior】环境中的【Dosch-Apartment_2k】场景并将其添加到窗口中。在窗口右侧的【环境】属性面板中，设置【地面】选项组的参数，如图 10-73 所示。

图 10-73 添加场景并设置地面的参数

② 在窗口右侧的【环境】属性面板中，设置【背景】选项组的参数，如图 10-74 所示。

图 10-74 设置背景的参数

4. 设置渲染

① 单击【渲染】按钮，打开【渲染】对话框。在【输出】面板中，输入图片名称，并设置输出格式为 JPEG，文件保存路径为默认路径，其余选项保持默认设置，如图 10-75 所示。

② 【选项】面板中的参数设置如图 10-76 所示。

技术要点：

测试渲染有两种方式，第一种为工作视窗硬件渲染（也是实时渲染），即将工作视窗最大化后等待 KeyShot 将工作视窗内的文件慢慢渲染出来，并使用【截屏】按钮，将工作视窗内的图像截屏保存。第二种方式为在【渲染】对话框中单击【渲染】按钮，将图像渲染出来。这种方式较第一种方式效果更好，但渲染时间较长。

③ 通过测试渲染，反复调节模型材质、环境等贴图的参数，调整完毕后，便可以进行模型

的最终渲染出图。最终的渲染参数设置与测试的渲染参数设置方法一样，不同的是前者根据效果图的需要可以将【格式】设置为 TIFF 并勾选【包含 alpha（透明度）】复选框，这样能够为后期效果图的修正提供极大的便利，此时将渲染品质设置为良好即可。

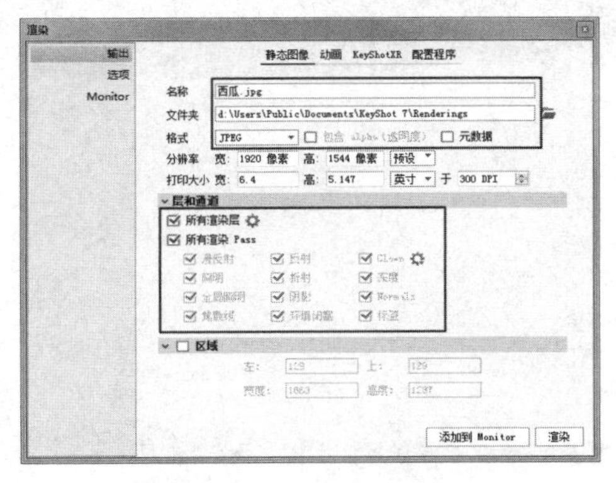

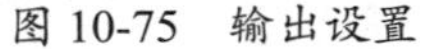
图 10-75　输出设置

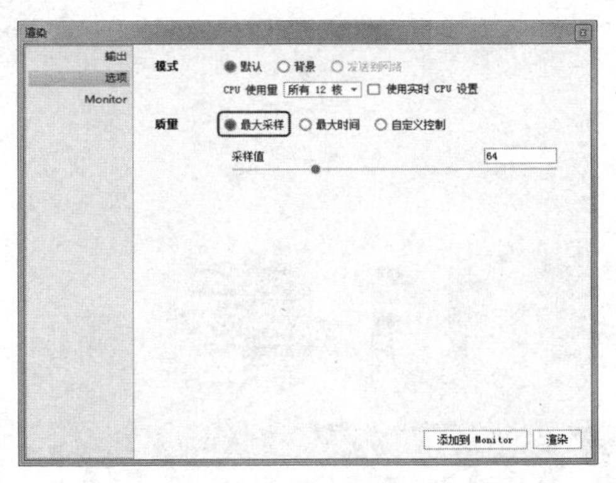

图 10-76　【选项】面板中的参数设置

④ 单击【渲染】按钮即可渲染出最终效果，如图 10-77 所示。在新渲染窗口中单击【关闭】按钮，保存渲染结果。

图 10-77　最终效果

第 11 章
渲染巨匠 V-Ray for Rhino 8.0

本章内容

V-Ray 是目前比较流行的主流渲染引擎之一，是一款外挂渲染器，支持 3ds Max、Maya、Rhino 8.0、Revit、SketchUp 等大型三维建模与动画软件。本章将介绍 V-Ray for Rhino 8.0 渲染器的基础知识和使用方法。

知识要点

☑ V-Ray for Rhino 8.0 渲染器简介
☑ 布置渲染场景
☑ 光源、反光板与摄像机
☑ 材质与贴图
☑ 渲染器设置

11.1　V-Ray for Rhino 8.0 渲染器简介

V-Ray 是世界领先的计算机图形技术公司 Chaos Group 的产品。

过去的很多渲染程序在创建复杂的场景时，必须花费大量的时间调整光源的位置和强度才能得到理想的照明效果，而 V-Ray for Rhino 8.0 渲染器具有全局光照和光线追踪的功能，对于完全不需要放置任何光源的场景，也可以计算出很出色的图片，并且完全支持 HDRI 贴图，具有强大的着色引擎、灵活的材质设定、较快的渲染速度等特点。其中，最为突出的是它的焦散功能。使用焦散功能可以产生逼真的焦散效果，所以 V-Ray 又具有“焦散之王”的称号。

11.1.1　V-Ray for Rhino 8.0 的安装

V-Ray for Rhino 8.0 渲染插件可以在 Chaos Group 的官网中下载并试用。此插件为英文版，目前由国内网友完全汉化后，极大地方便了初学者的使用。

上机操作——安装 V-Ray for Rhino 8.0 的英文版和简体中文包

下面介绍如何安装 V-Ray for Rhino 8.0 的英文版和简体中文包。在安装 V-Ray 之前必须先安装 Rhino 8.0。

① 在 Chaos Group 的官网中下载的软件程序为 vray_52004_rhino_win_x64.exe。

② 双击启动安装界面，单击【I agree】按钮，签署软件协议，如图 11-1 所示。

③ 在图 11-2 中勾选【Rhinoceros 8】复选框，单击【Advanced】按钮。

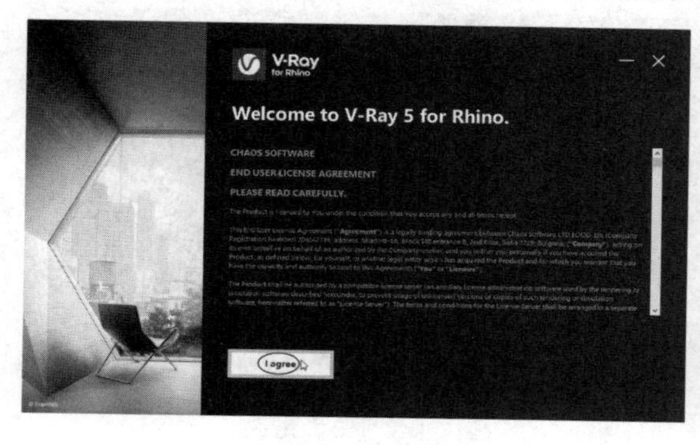

图 11-1　签署软件协议

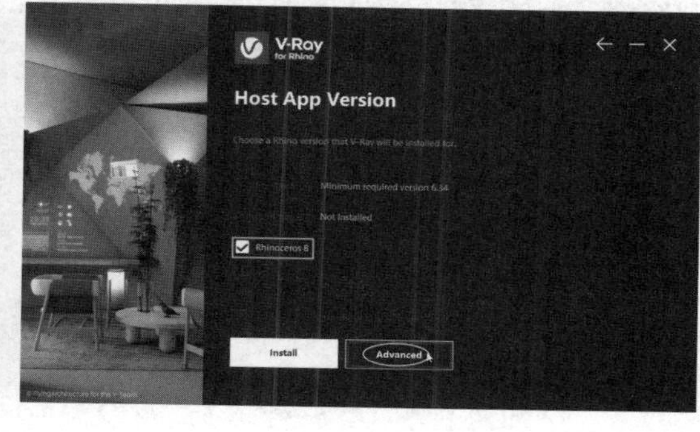

图 11-2　选择对应的主体软件

④ 在图 11-3 中取消勾选【License Sever 5.5.5】复选框，并单击右上角的←图标，返回上一个安装界面。

⑤ 在上一个安装界面中单击【Install】按钮，开始安装 V-Ray，如图 11-4 所示。

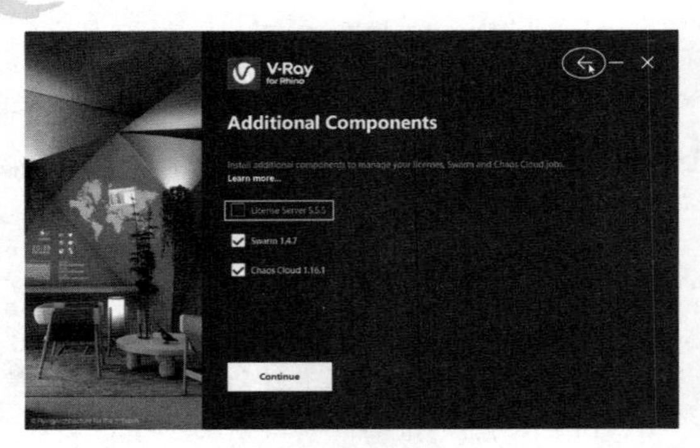

图 11-3　取消安装许可服务器

图 11-4　开始安装 V-Ray

⑥ 自动安装 V-Ray 主程序，如图 11-5 所示。

⑦ V-Ray 主程序安装完成后，继续安装 V-Ray 帮助文档，以便让新用户了解 V-Ray 的基本功能和使用方法，如图 11-6 所示。

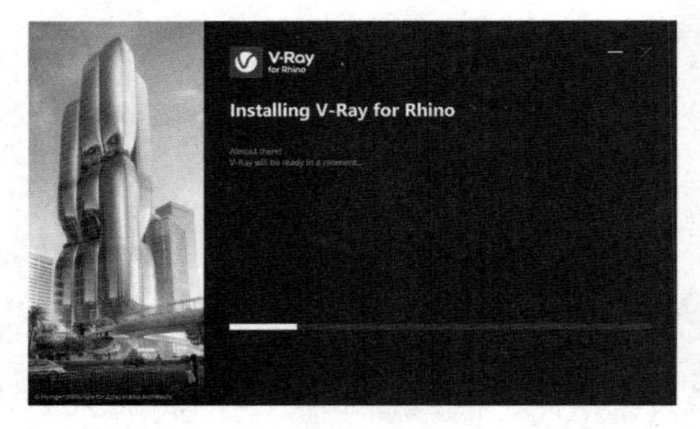

图 11-5　自动安装 V-Ray 主程序

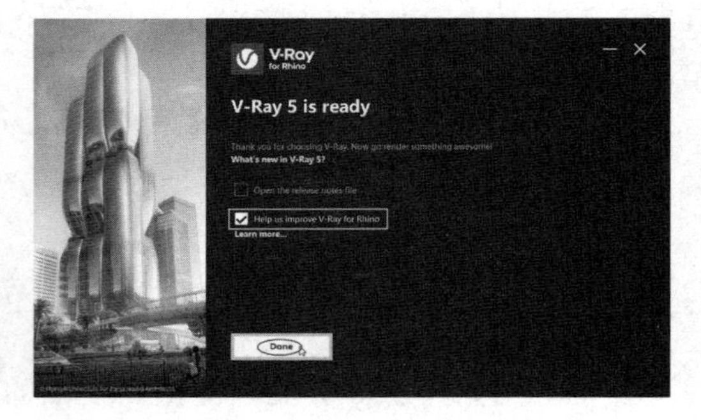

图 11-6　安装 V-Ray 帮助文档

⑧ 双击，启动 VRay 5.2 for Rhino 简体中文包安装程序，在打开的安装界面中，单击【一键安装】按钮，如图 11-7 所示。

⑨ 自动完成安装，如图 11-8 所示。

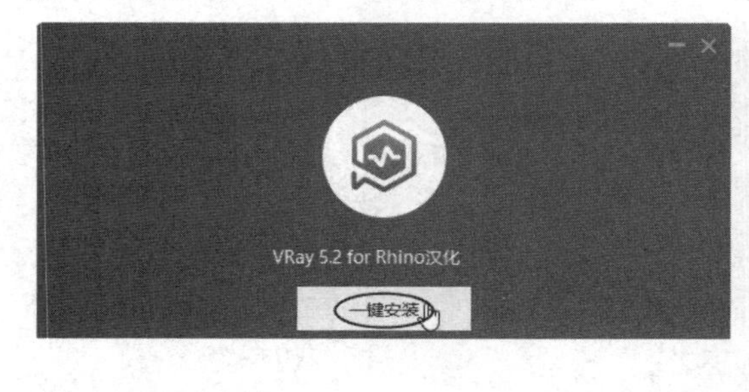

图 11-7　启动安装界面

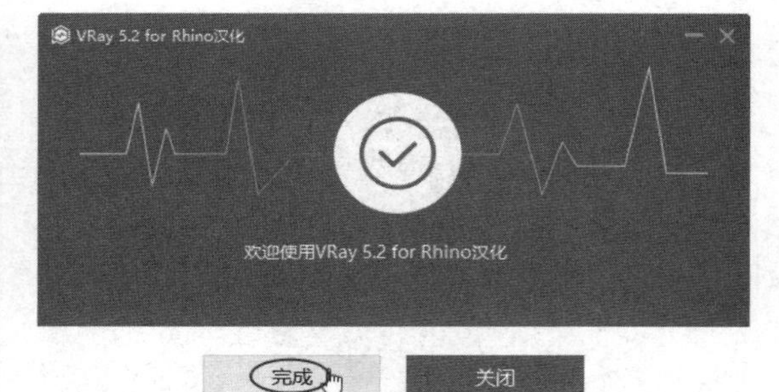

图 11-8　安装完成

11.1.2 【VRay All】选项卡

启动 Rhino 8.0，将【VRay All】选项卡调出来，以便用户使用渲染工具，如图 11-9 所示。

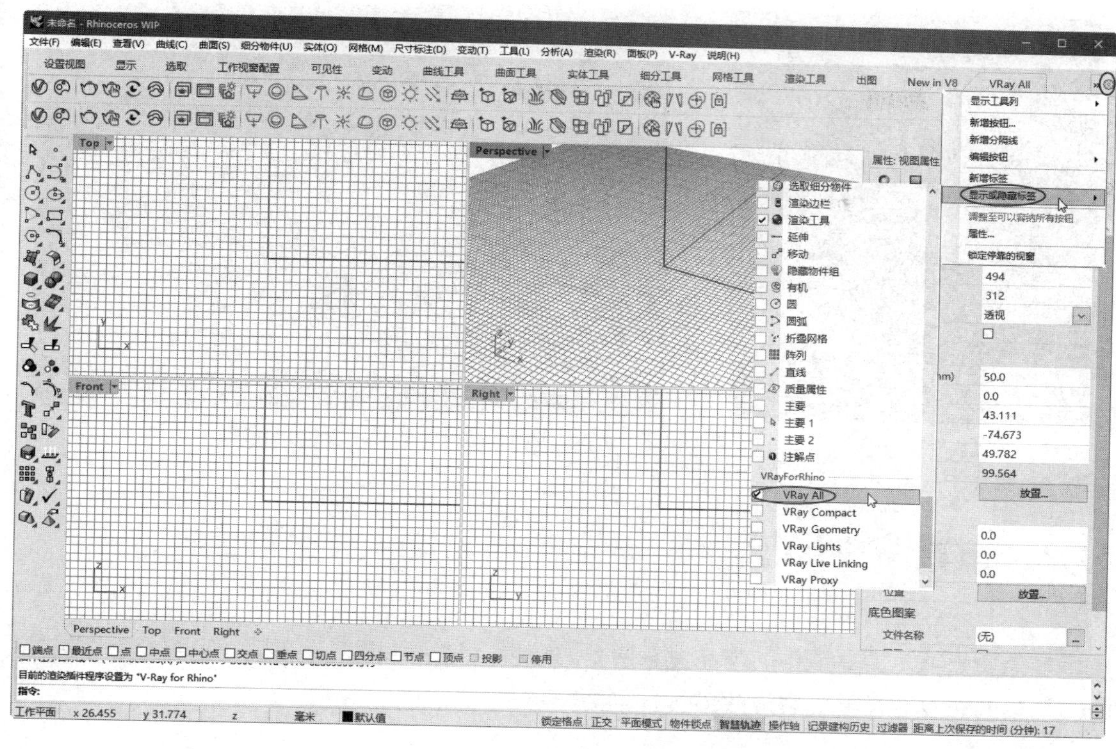

图 11-9　【VRay All】选项卡

11.1.3　V-Ray 资源编辑器

单击【显示资源编辑器】按钮，弹出【V-Ray 资源编辑器】窗口，如图 11-10 所示。

在【V-Ray 资源编辑器】窗口中有几个用于管理 V-Ray 资源和渲染设置的选项卡，分别为【材质】选项卡、【光源】选项卡、【几何】选项卡、【渲染元素】选项卡、【纹理】选项卡和【设置】选项卡。

除了可以使用上述编辑器的选项卡中的功能进行渲染操作，还可以使用渲染工具进行渲染操作，如图 11-11 所示。

单击【V-Ray 帧缓冲器】按钮，弹出【V-Ray Frame Buffer】窗口，如图 11-12 所示。在【V-Ray Frame Buffer】窗口中可以查看渲染过程。

图 11-10　【V-Ray 资源编辑器】窗口

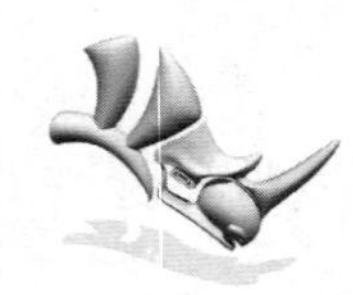

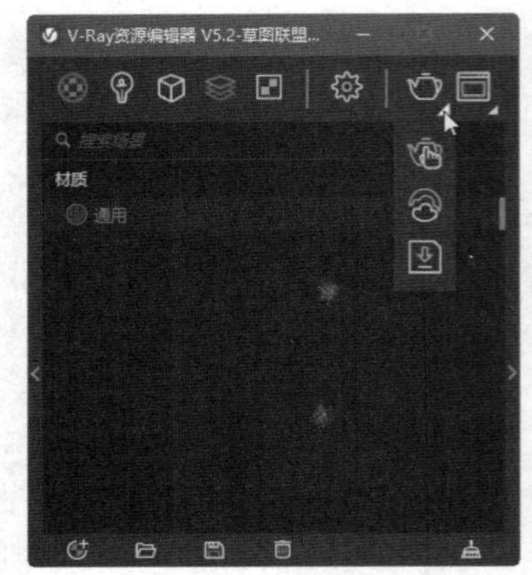

图 11-11　渲染工具

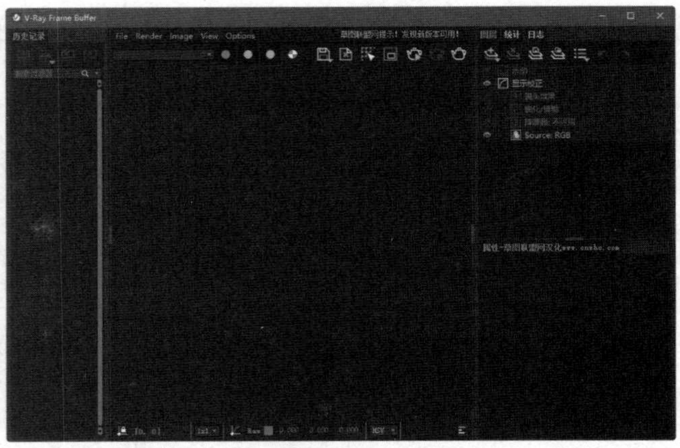

图 11-12　【V-Ray Frame Buffer】窗口

11.2　布置渲染场景

渲染场景就是所要渲染的产品对象所处的环境，包括地面、反光板、光源及摄像机等。渲染场景的布置对最终的表现效果具有直接影响。

1. V-Ray 无限平面

地面就是所要渲染的产品对象的承接面。针对产品可以赋予地面相应的材质（如木质地板、瓷砖、玻璃及大理石等），以起到烘托作用。

V-Ray for Rhino 8.0 中提供了一种无限延伸的平面工具，这种平面工具既可以作为产品的承接面，又可以赋予产品材质。

单击【在场景里添加一个无限平面】按钮，就可以在 Top 视窗中创建矩形平面，矩形平面的大小可以使用【二轴缩放】工具修改，如图 11-13 所示。在渲染时，矩形平面会表现为无限延伸的地面，渲染效果如图 11-14 所示。

因为在场景里添加一个无限平面只是一种无限延伸的二维平面，所以远方的地平线不能出现在摄像机的工作视窗中，否则就会出现背景与地面相交的现象，如图 11-15 所示。

图 11-13　创建矩形平面

图 11-14　渲染效果

图 11-15　背景与地面相交的现象

那么当在工作视窗中不可避免地出现地平线时该怎么办呢？一般情况下可以通过创建一个弧形背景曲面来生成无缝白的背景效果，如图 11-16 所示。通过调整其位置和角度，在摄像机工作视窗中就表现为无限延伸的地面。这样渲染出的背景效果就会比较单一（见图 11-17），能够很好地解决背景与地面相交的问题。

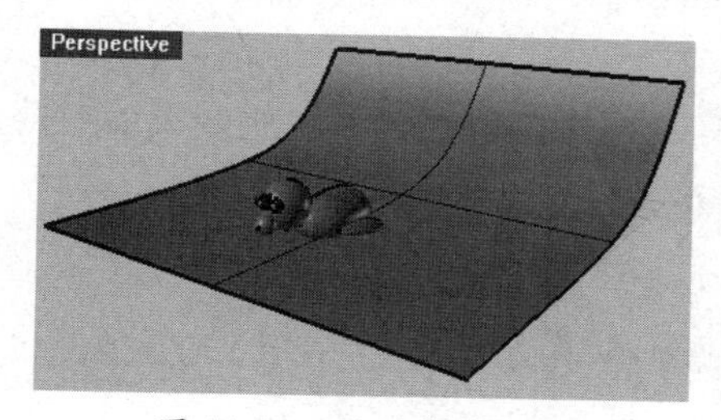

图 11-16　弧形背景曲面

图 11-17　单一的背景效果

2. 导入场景文件

V-Ray 场景（.vrscene）是一种文件格式，允许在运行 V-Ray 的所有平台之间共享资源，如几何体、材质和光源等。此外，它也支持动画。

单击【导入场景文件】按钮，可以从安装路径（C:\Program Files\Chaos Group\V-Ray\V-Ray for Rhinoceros\scenes）下找到场景文件夹，如图 11-18 所示。

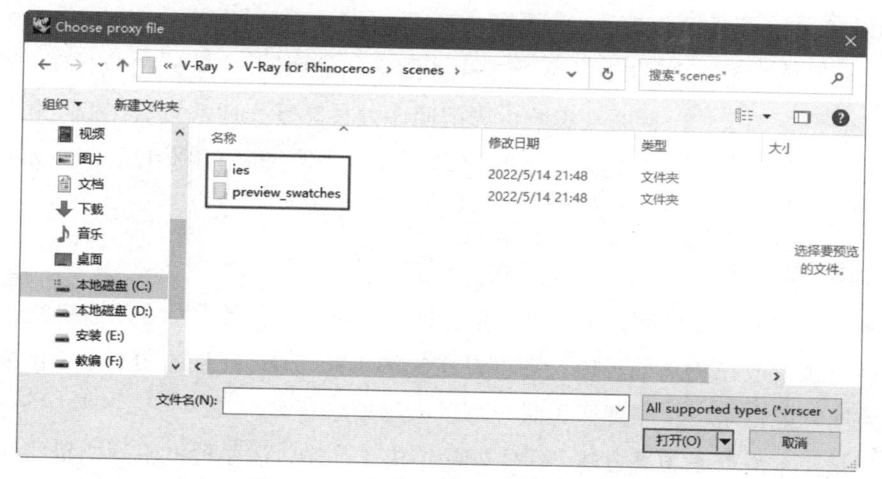

图 11-18　安装路径下的场景文件夹

11.3　光源、反光板与摄像机

本节主要讲述光源的特性与参数，以及反光板与摄像机的调整方式。

11.3.1　光源的布置要求

光源的布置要根据具体的对象来安排。在工业产品渲染中一般都会通过启用全局照明功能来获得较好的光照分布。场景中的光线可以来自全局照明中的环境光（在【Environment】

属性面板中设置），也可以来自光源，一般会两者结合使用。全局照明中的环境光产生的照明是均匀的，若强度太大则会使画面显得比较平淡，而使用光源可以很好地塑造产品的亮部与暗部。它应作为主要光源使用。

光源在产品的渲染中起着至关重要的作用，精确的光线是表现物件材质效果的前提，用户可以参照摄影中的“三点布光法则”布置场景中的光源。

- 最好以全黑的场景开始布置光源，并注意每增加一个光源后产生的效果。
- 要明确每一个光源的作用与产生照明的程度，不要创建用意不明的光源。
- 环境光的强度不宜太大，以免画面过于平淡。

1. 主光源

主光源是场景中的主要照明光源，也是产生阴影的主要光源。一般把它放在与主体成45° 左右的一侧，其水平位置通常要比相机高。主光的光线越强，物件的阴影就越明显，明暗对比及反差就越大。在 V-Ray 中，通常以面光源作为主光源，它可以产生比较真实的阴影效果。

2. 辅光源

辅光源又被称为补光，用来补充主光产生的阴影面的照明，以显示出物件阴影面的细节，使物件阴影变得更加柔和，同时会影响主光的照明效果。辅光通常被放在低于相机的位置，亮度是主光的 1/2～2/3。这个光源产生的阴影很弱，在渲染时一般用泛光灯或低亮度的面光源作为辅光。

3. 背光源

背光源也叫作反光或轮廓光，设置背光的目的是照亮物件的背面，从而将物件从背景中区分开。背光通常放在物件的后侧，亮度是主光的 1/3～1/2，产生的阴影最不清晰。因为使用了全局照明功能，所以在布置光源时也可以不用安排背光。

以上只是基本的光源布置方法。在实际的渲染工作中，需要根据不同的目的和渲染对象确定相应的光源布置方法。

11.3.2 设置环境光

单击【显示资源编辑器】按钮，弹出【V-Ray 资源编辑器】窗口。在【设置】选项卡的【环境】卷展栏中设置环境光源，如图 11-19 所示。

勾选【背景图像】选项右侧的复选框，启用全局照明功能，如图 11-20 所示。全局照明中包含了自然界的天光（太阳光经大气折射）、折射光源和反射光源等。

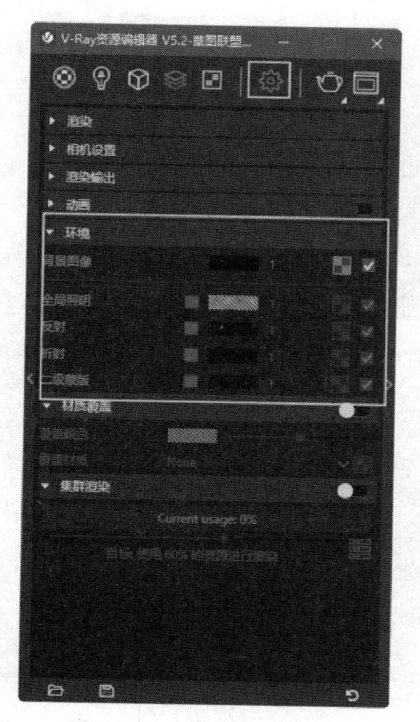

图 11-19　设置环境光源

图 11-20　启用全局照明功能

单击位图编辑按钮▆▆（见图 11-21），可以编辑全局照明功能的位图的参数，如图 11-22 所示。

图 11-21　编辑位图的参数

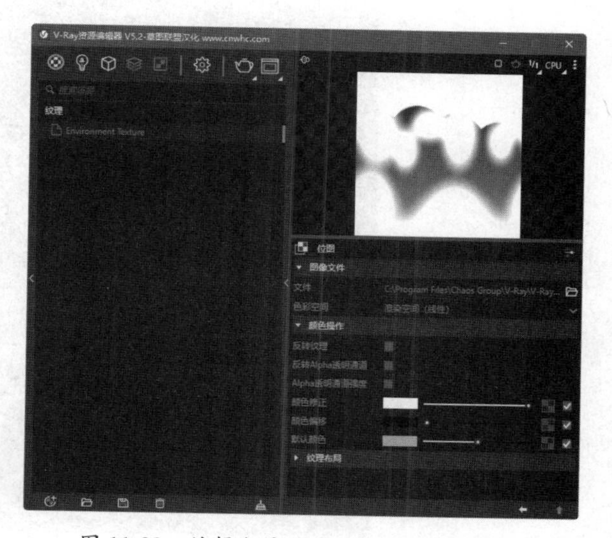

图 11-22　编辑全局照明功能的位图的参数

当关闭全局照明功能后，可以设置场景中背景图像的颜色，默认颜色是黑色。单击颜色图例，弹出【V-Ray Color Picker】对话框，编辑背景颜色，如图 11-23 所示。

要想单独在场景中显示天光、折射光源或反射光源，需要先关闭全局照明功能。图 11-24 所示为启用全局照明功能与仅启用天光功能的渲染效果的对比。

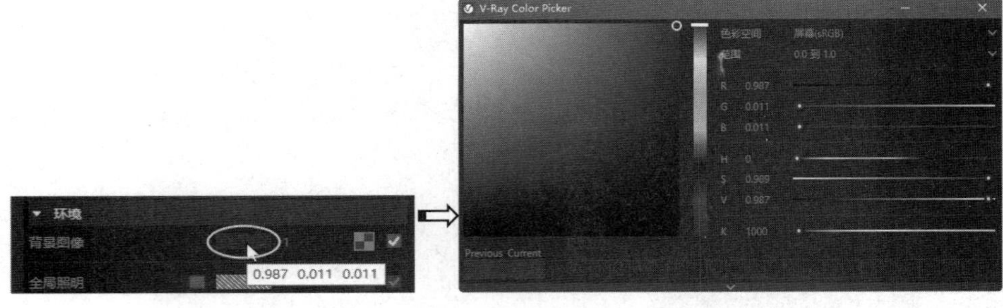

图 11-23　编辑背景颜色

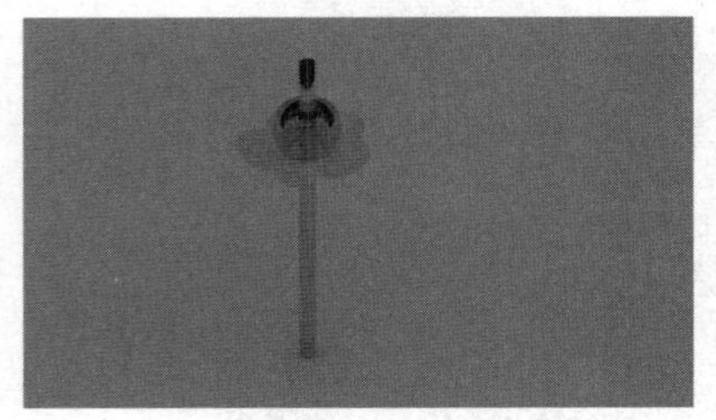
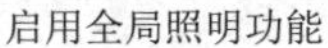

启用全局照明功能　　关闭全局照明功能（仅启用天光功能）

图 11-24　渲染效果的对比

选择【纹理】选项卡，单击右侧的位图编辑按钮打开位图列表，选择【天空】位图进行编辑，如图 11-25 所示。

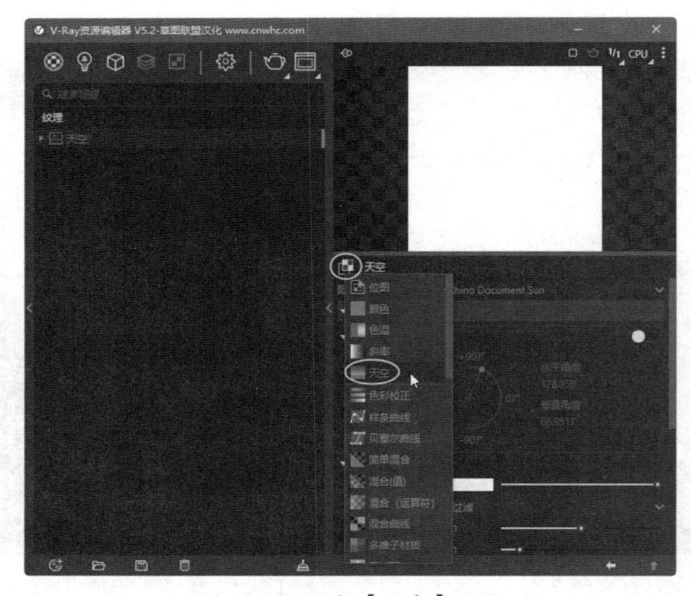

图 11-25　编辑【天空】位图

11.3.3　布置主要光源

光源的布置对于材质的表现至关重要。在渲染时，最好先布置光源再调节材质。场景中光源的照明强度以真实地反映材质的颜色为宜。

V-Ray for Rhino 8.0 的光源布置工具（见图 11-26），包括常见的聚光灯、点光源、平行光、面光源、太阳光源等。下面介绍几种常见光源的创建与参数设置。

图 11-26　V-Ray for Rhino 8.0 的光源布置工具

1. 聚光灯

聚光灯又叫作射灯。聚光灯的特点是光衰很小，亮度高，方向性很强，光质特硬，反差甚高，形成的阴影非常清晰，但是因为缺少变化所以显得比较生硬。单击【创建聚光灯】按钮，可以布置聚光灯，如图 11-27 所示。图 11-28 所示为聚光灯的照明效果。

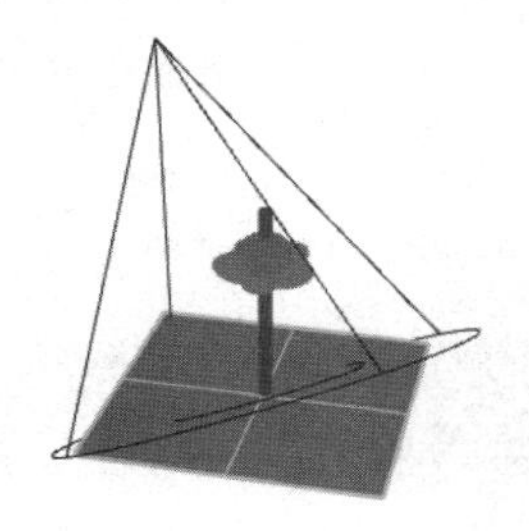

图 11-27　布置聚光灯

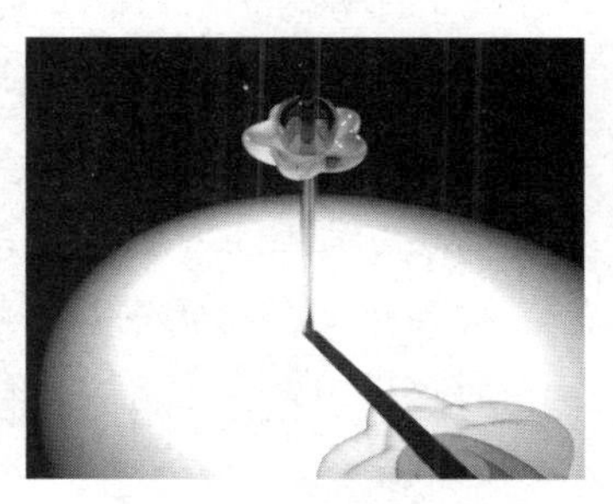

图 11-28　聚光灯的照明效果

选择【V-Ray 资源编辑器】窗口中的【光源】选项卡，编辑聚光灯的参数，如图 11-29 所示。

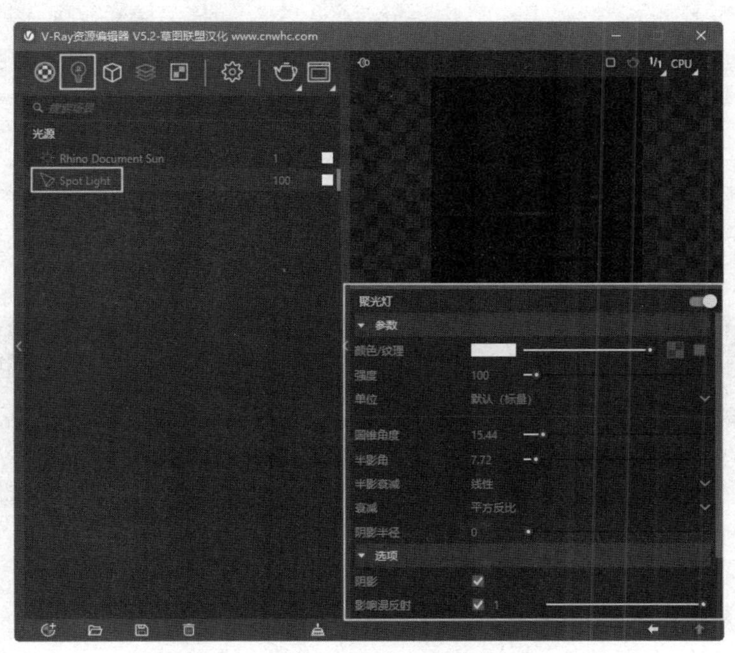

图 11-29　编辑聚光灯的参数

【聚光灯】属性面板中的开关按钮，用来控制是否显示聚光灯光源。其默认为启用状态。单击开关按钮可关闭聚光灯。

- 【参数】卷展栏
  - ➢ 颜色/纹理：用于设置光源的颜色及贴图。
  - ➢ 强度：用于设置光源的强度，默认值为 1。
  - ➢ 单位：指定测量的光照单位。使用正确的单位至关重要。灯光会自动将场景单位尺寸考虑在内，以便为所用的比例尺生成正确的结果。
  - ➢ 圆锥角度：指定由 V 射线聚光灯形成的光锥的角度。圆锥角度值以度数指定。
  - ➢ 半影角：指定光线的光强强度开始由全强转变为无照明的光锥内的角度。其设置为 0 时，不存在转换，光线会产生尖锐的边缘。半影角值以度数指定。
  - ➢ 半影衰减：确定灯光在锥形光带内由全强转换为无照明的方式。其包含两种类型，分别为线性与平滑三次方。线性表示灯光不会有任何衰减，平滑三次方表示光线会以真实的方式褪色。
  - ➢ 衰减：设置光源的衰减类型，包括线性、倒数和平方反比 3 种类型，因为后两种衰减类型的光线衰减效果是非常明显的，所以在用这两种衰减方式时，光源的倍增值需要设置得比较大。图 11-30 所示为设置成不同衰减值的光照衰减对比效果。

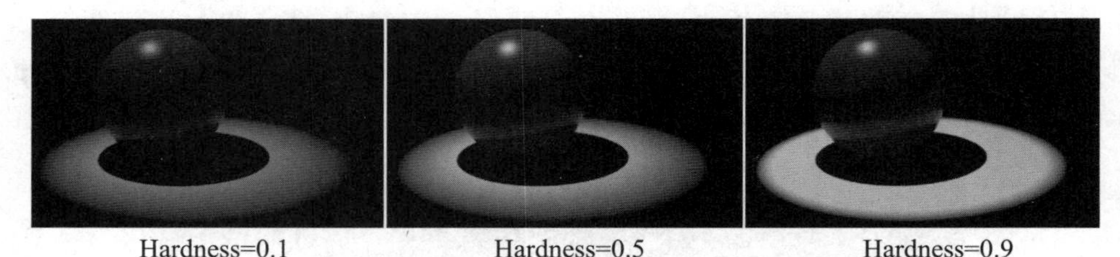

Hardness=0.1　　Hardness=0.5　　Hardness=0.9

图 11-30　不同衰减值的光照衰减对比效果

  - ➢ 阴影半径：控制阴影、高光及明暗过渡的边缘的硬度。阴影半径值越大，阴影、高光及明暗过渡的边缘越柔和；阴影半径值越小，阴影、高光及明暗过渡的边缘越生硬，如图 11-31 所示。

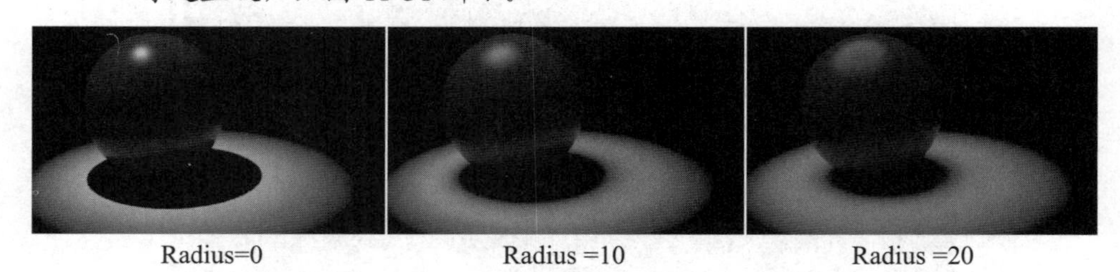

Radius=0　　Radius =10　　Radius =20

图 11-31　不同的阴影半径值的对比效果

- 【选项】卷展栏
  - ➢ 阴影：在启用时（默认），灯光投射阴影；在停用时，灯光不投射阴影。
  - ➢ 影响漫反射：在启用时，光线会影响材质的漫反射特性。

选取聚光灯后，应打开聚光灯的控制点。调整相应的控制点，可以改变聚光灯的光源位置、目标点位置、照射范围及衰减范围，如图 11-32 所示。

2. 点光源

点光源又被称为泛光灯。单击【创建点光源】按钮，可以在场景中创建一个点光源。点光源是一种可以向四面八方均匀照射的光源，在场景中可以用多个点光源协调作用，以产生较好的效果。需要注意的是，点光源不能创建过多，否则效果图就会显得平淡而呆板。图 11-33 所示为在场景中创建的点光源，图 11-34 所示为点光源的照明效果。

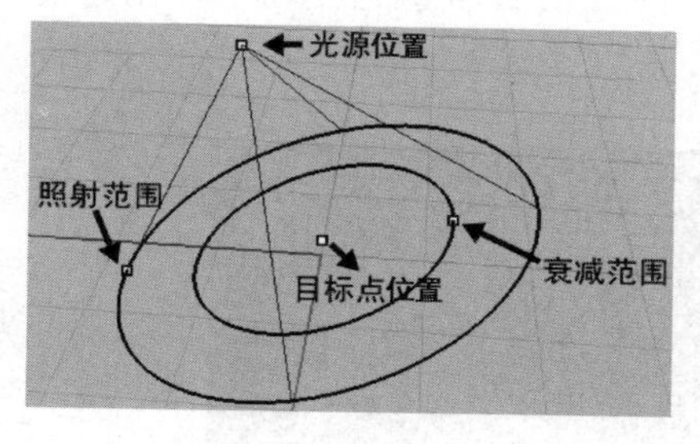

图 11-32 调整聚光灯的控制点

图 11-33 创建的点光源

图 11-34 点光源的照明效果

点光源的参数和聚光灯的参数基本相同，这里不再赘述。

3. 平行光

单击【创建平行光】按钮，可以在场景中创建平行光。平行光就是光源在一个方向上发出平行光线，就像太阳照射地面一样，主要用于模拟太阳光的效果。它的光照范围是无限大的，光线强度不产生衰减。图 11-35 所示为在场景中创建的平行光，图 11-36 所示为平行光的照明效果。

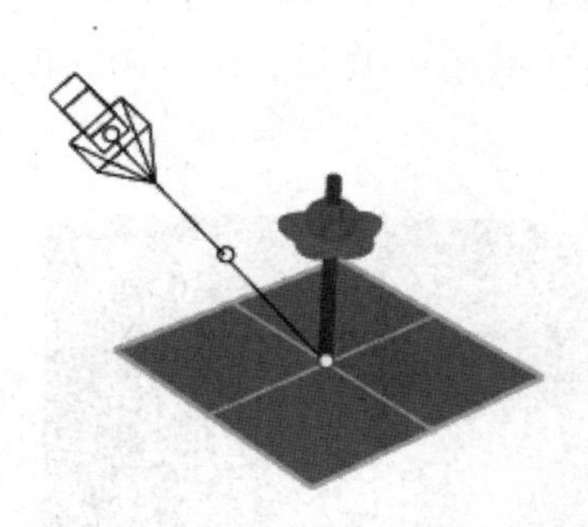
图 11-35 创建的平行光

图 11-36 平行光的照明效果

4. 面光源

单击【创建面光源】按钮，可以创建面光源。面光源在 V-Ray 中扮演着非常重要的角色。面光源除了设置方便，渲染效果也比较柔和，不像聚光灯有照射角度的问题，能够让反射性材质反射这个矩形光源从而产生高光，以更好地体现物件的质感。

面光源的特性主要有以下几个方面。

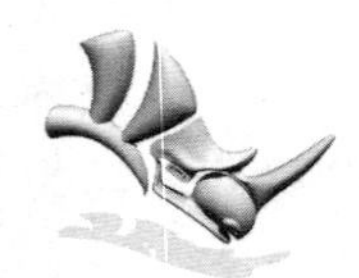

① 面光源的大小对它本身的亮度有影响。面光源的大小会影响它本身的光线强度。在相同的高度与光源强度下，面光源的尺寸越大，亮度也越大。

② 面光源的大小对投影有影响。因为较大的面光源光线扩散范围较大，所以物件产生的阴影不明显；因为较小的面光源由于光线比较集中，扩散范围较小，所以物件产生的阴影较明显。

③ 面光源的照射方向可以根据矩形光源物件上突出的那条线的方向判断。

④ 面光源可以使用【旋转】和【缩放】工具进行编辑。需要注意的是，在使用【缩放】工具调整面光源面积的大小时会对它的亮度产生影响。图 11-37 所示为在场景中创建的矩形光源，图 11-38 所示为矩形光源的照明效果。

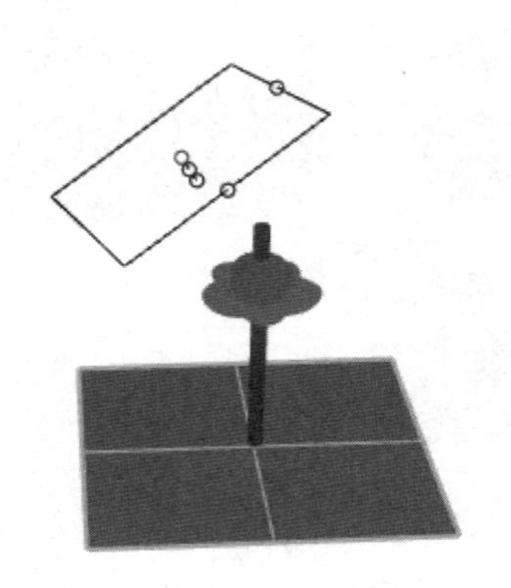

图 11-37　矩形光源

图 11-38　矩形光源的照明效果

5. 太阳光源

V-Ray 自带的光源类型与天光配合使用，可以模拟比较真实的太阳光照效果。在自然界中，因为太阳的位置不同，其光照效果也不同，所以 V-Ray 会根据设置的太阳的位置模拟真实的光照效果。太阳光源的光照效果如图 11-39 所示。

图 11-39　太阳光源的光照效果

单击【显示资源管理器】按钮，弹出【V-Ray 资源管理器】窗口。在【光源】选项卡中默认创建了 SunLight 光源，如图 11-40 所示。在【SunLight】属性面板中，可以设置太阳光源的属性，如图 11-41 所示。

图 11-40　默认创建的 SunLight 光源

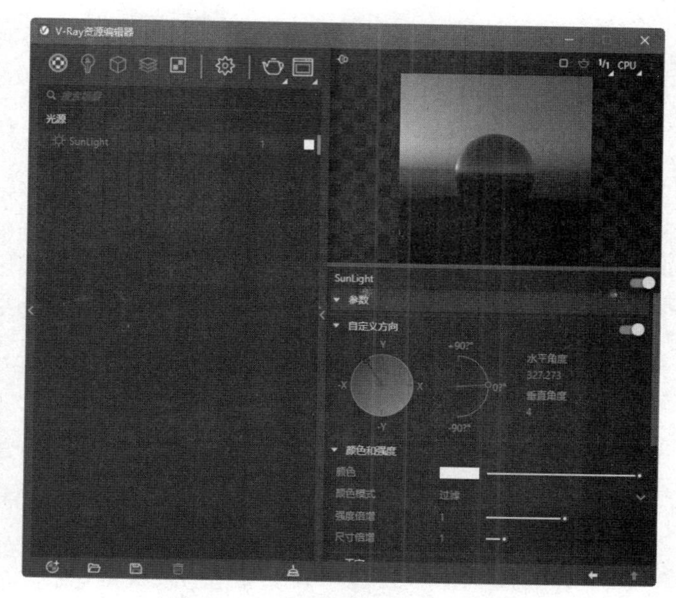

图 11-41　【SunLight】属性面板

通过设置太阳日照强度、浑浊度和臭氧等参数，可以模拟实际的太阳在一天中的活动情况。例如，当将太阳设置在东方较低的位置时，就会模拟清晨时的光照效果；当将太阳设置在南方较高的位置时，就会产生中午时的光照效果，如图 11-42 所示。

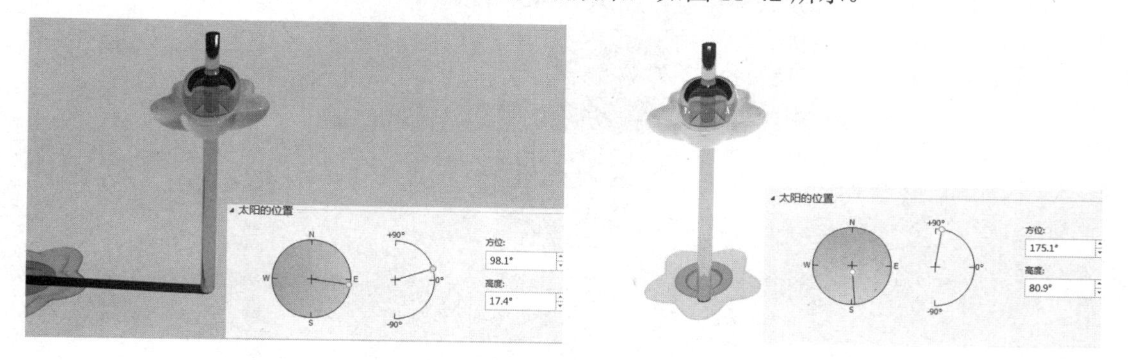

图 11-42　光照效果

11.3.4　设置摄像机

通常在渲染时要表现产品的某个特定角度的效果，就需要调整工作视窗中摄像机的角度。调整好的角度可以进行保存，以便再次调用。V-Ray for Rhino 8.0 是支持 Rhino 8.0 的摄像机的，另外它还有物理摄像机，可以用来模拟比较真实的拍摄效果（景深、运动模糊等）。

建模时用到的 4 个工作视窗（Top 视窗、Front 视窗、Right 视窗、Perspective 视窗）都有自带的摄像机。要激活其中任意一个工作视窗，可以先按 F6 键或在其工作视窗标题栏上单击，再在弹出的快捷菜单中选择【设置摄像机】|【显示摄像机】命令，如图 11-43 所示。此时，在其他 3 个视窗中会显示激活工作视窗的摄像机，可以通过调整摄像机的控制点对其

进行调整，调整效果如图 11-44 所示。

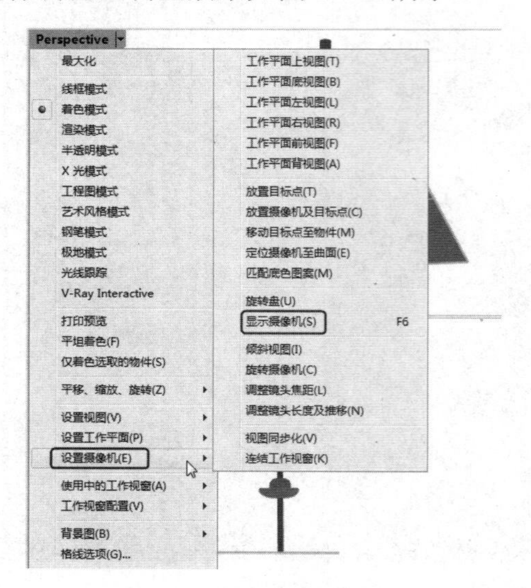

图 11-43　显示摄像机

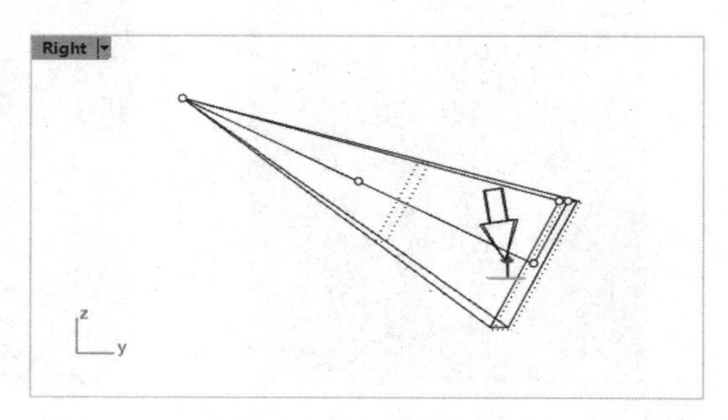

图 11-44　调整效果

一般可以通过调整 Perspective 视窗得到需要的渲染面与角度。在 Perspective 视窗处于操作视窗状态且确保工作视窗中没有其他对象被选中的状态下，在右侧的【属性】面板中可以设置摄像机的角度、目标点等参数，如图 11-45 所示。

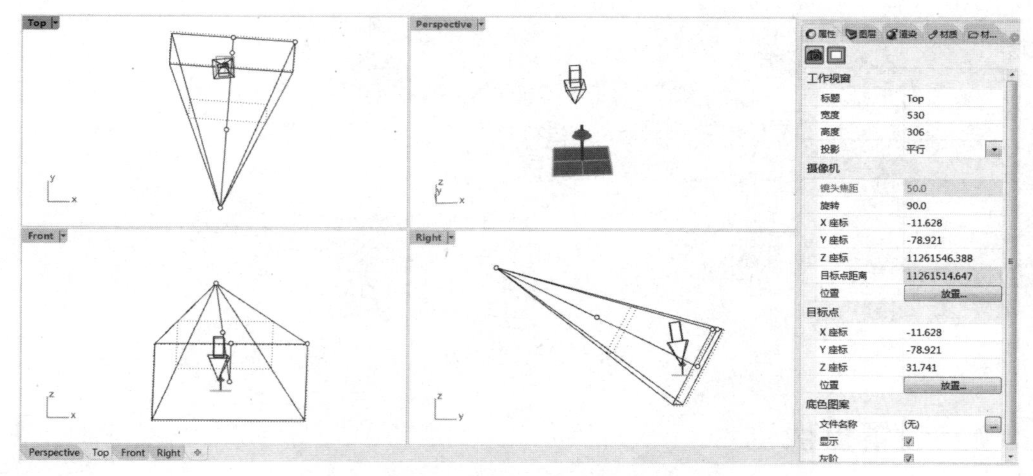

图 11-45　在【属性】面板中设置摄像机的参数

11.4　材质与贴图

在效果图的制作中，模型创建完成之后，必须通过设置材质模拟真实材料的视觉效果。因为在 Rhino 8.0 中创建的三维对象本身不具备任何质感特征，只有在给场景物件赋予合适的材质后，场景物件才能呈现出具有真实质感的视觉特征。

通过设置材质可以展现三维软件对真实物件的模拟，可以再现真实物件的色彩、纹理、光滑度、反光度、透明度、粗糙度等物理属性。这些属性都可以在 V-Ray 中通过相应的参数来进行设置。设置后在光线的作用下，可以看到一种综合的视觉效果。

那么材质与贴图有什么区别呢？材质可以模拟出物件的所有属性。贴图又叫作纹理，是材质的一个层级，可以对物件的某种单一属性进行模拟，如物件的表面纹理。在一般情况下，使用贴图通常是为了改善材质的外观和真实感。

照明环境对材质质感的呈现至关重要。相同的材质在不同的照明环境下的表现会有所不同。在图 11-46 中，左侧光源设置为彩色，此时材质会反射光源的颜色；中间为白光环境下材质的呈现；右侧光源照明较暗，材质的颜色也会产生相应的变化。

图 11-46　不同的照明环境下同一材质的效果比较

材质的颜色设置原则如下。

- 因为白色会反射更多的光线，会使材质较为明亮，所以在设置材质时不要使用纯白或纯黑的颜色。
- 对于彩色的材质来说，在设置时不要使用纯度太高的颜色。

11.4.1　材质的应用

生活中的物件虽然形态各异，但有规律可循。为了更好地认识和表现客观物件，根据物件的材质质感特征，将生活中的各种材质可以大致分为 5 种。

1．不反光且不透明的材质

应用不反光且不透明材质的物件包括未经加工的石头和木头、混凝土、各种建材砖、石灰粉刷的墙面、石膏板、橡胶、纸张、厚实的布料等。此类物件的表面一般都比较粗糙，质地不紧密，不具有反光效果，且不透明。不反光且不透明的材质应用的典型例子如图 11-47、图 11-48 所示。

图 11-47　厚实的布艺椅子

图 11-48　石灰粉刷的墙壁和石材地面

2. 反光但不透明的材质

应用反光但不透明的材质的物件包括镜面、金属、抛光砖、大理石、陶瓷、不透明塑料、油漆涂饰过的木材等。它们一般质地紧密，都有比较光洁的表面，反光较强。例如，多数金属材质在加工以后具有很强的反光特点，表面光滑度高，高光特征明显，对光源色和周围环境极为敏感，如图 11-49 所示。

当然，在反光但不透明的材质中也有反光比较弱的物件，如经过油漆涂饰的木地板。木地板虽然表面具有一定的反光，但是反光程度比镜面、金属物件弱，如图 11-50 所示。

图 11-49　反光强烈的金属材质

图 11-50　反光比较弱的木地板材质

3. 反光且透明的材质

反光且透明的材质的透射率极高。如果它们表面光滑、平整，那么人们便可以直接透过其本身看到后面的物件；而如果它们是曲面形态，那么在曲面转折的位置它们会由于折射现象而扭曲后面物件的影像。因此，如果采用反光且透明的材质的产品形态过于复杂，那么光线在其中的折射过程就会捉摸不定。反光且透明的材质既是一种富有表现力的材质，又是一种表现难度较高的材质。在表现时，仍然要从材质的本质属性入手，反射、折射和环境背景是表现反光且透明的材质的关键，将这几个要素有机地结合在一起就能表现出晶莹剔透的效果。

反光且透明的材质有一个极为重要的属性——菲涅耳原理。这个原理主要阐述了折射、反射和视线与透明体平面夹角之间的物件表现。物件表面法线与视线的夹角越大，物件表面出现反射的情况就越强烈。相信都有这样的经验，当站在一堵无色玻璃幕墙前直视墙体时，能够毫不费力地看清墙后面的事物，而当视线与墙体法线的夹角逐渐增大时，会发现要看清墙后面的事物变得越来越不容易。这使得反射现象越来越强烈，周围环境的映像更加清晰可辨，如图 11-51 所示。

图 11-51　菲涅耳原理

反光且透明的材质在产品设计领域有着十分广泛的应用。由于它们具有既能反光又能透光的作用，所以由透明物件修饰的产品往往具有很强的生命力和冷静的美。人们常常将它们与钻石、水晶等透明珍贵的宝石联系起来。使用反光且透明的材质，对于提升产品的档次能够起到一定的作用。反光且透明的材质如图 11-52 所示。无论是电话按键、冰箱把手，还是玻璃器皿等，都使用的是反光且透明的材质。

图 11-52　反光且透明的材质

4. 透明但不反光的材质

应用透明但不反光的材质的物件包括窗纱、丝巾、蚊帐等。和玻璃、水不同的是，这类物件的质地较松散，光线在穿过它们时不会发生扭曲，即没有明显的折射现象。其形象特征如图 11-53 所示。

图 11-53　窗纱的形象特征

提示：

在生活中，反光物件的分子结构是紧密的，表面都很光滑；不反光物件的分子结构是松散的，表面一般都比较粗糙，如金属和普通布料。

5. 透光但不透明的材质

应用透光但不透明的材质的物件包括蜡烛、玉石、多汁水果（如葡萄、西红柿）、黏稠浑浊的液体（如牛奶）、人的皮肤等。因为它们的质地构成不紧密，内部充斥着水分或空气，所以外界的光线能射入它们内部并散射到四周，却没办法完全穿透它们。在光的作用下，这些物件呈现给人们一种晶莹剔透的感觉。透光但不透明的物件如图 11-54、图 11-55 所示。

理解现实生活中这几大类物件的物理属性，是我们模拟物件质感的基础。只有善于把它们归类，才可以抓住物件的质感特征，把握物件在光影下的变化规律，从而轻松地实现各种质感效果。

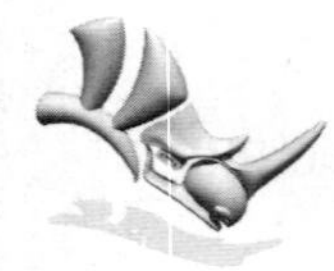

图 11-54 透光但不透明的材质 1

图 11-55 透光但不透明的材质 2

11.4.2 材质的赋予

赋予材质的操作是通过【V-Ray 资源编辑器】窗口实现的。打开【V-Ray 资源编辑器】窗口，在【材质】选项卡的左边栏位置单击，可以展开材质库，如图 11-56 所示。

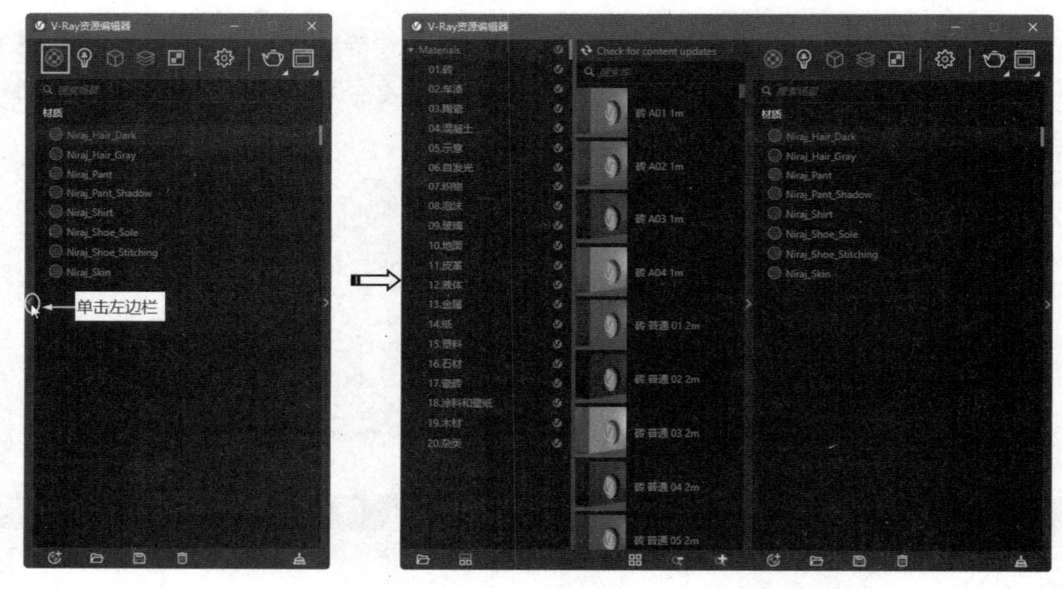

图 11-56 展开材质库

材质库中列出了所有材质。在材质库中选择某种类型的材质，会在该种类型的材质的材质库列表中列出其包含的全部材质。下面介绍两种赋予材质的操作。

1. 添加到场景

在某种类型的材质的材质库列表中选择一种材质，右击，在弹出的快捷菜单中选择【添加到场景】命令，将该材质添加到【材质】选项卡中，如图 11-57 所示。【材质】选项卡中的材质，就是场景中使用的材质，可以随时将场景中的材质赋予任意对象。

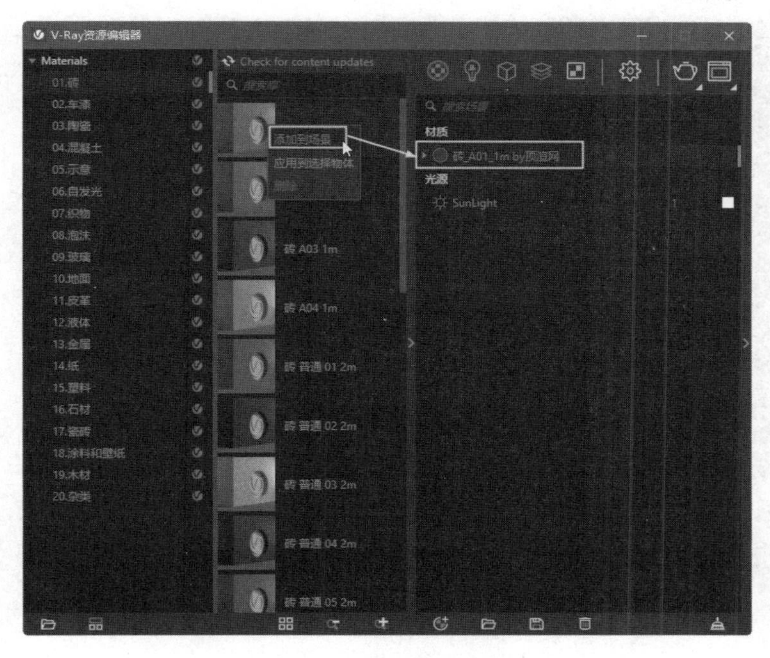

图 11-57　将材质添加到场景

既然材质已经在场景中了，那么怎样将其赋予对象呢？在【材质】选项卡中选择一种材质并右击，弹出快捷菜单，如图 11-58 所示。快捷菜单中各个命令的功能如下。

- 选择场景中的对象：选择此命令，可以将工作视窗中已经赋予该材质的所有对象选中，如图 11-59 所示。

图 11-58　弹出的快捷菜单

图 11-59　选中场景中使用此材质的所有对象

- 应用到选择物体：在工作视窗中先选取要赋予材质的对象，再选择此命令，即可完成赋予材质的操作。
- 应用到层：在知晓对象所在的图层后，选择此命令，可立即将材质赋予图层中的对象，如图 11-60 所示。

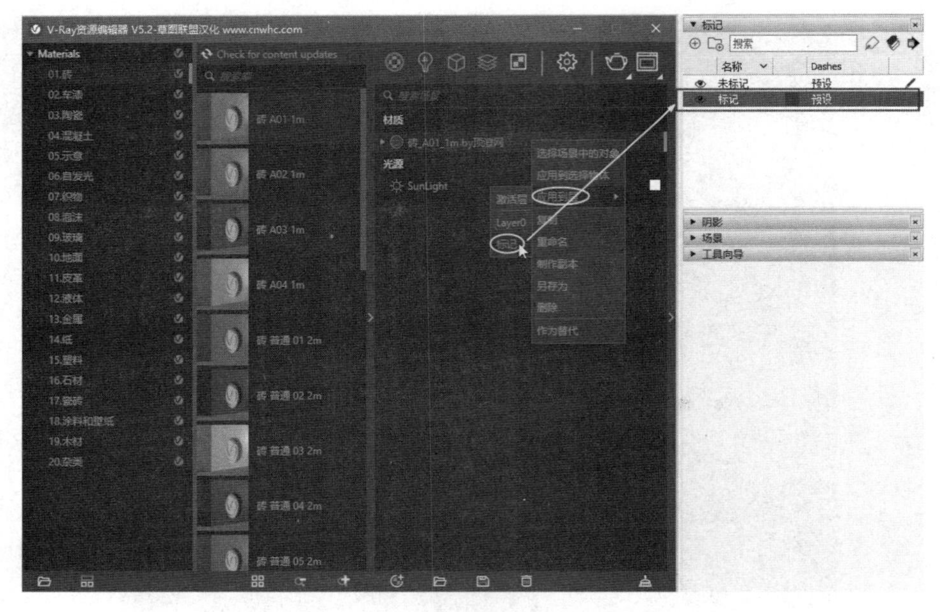

图 11-60　将材质赋予图层中的对象

- 复制：当编辑材质后可以复制材质到材质库中。
- 重命名：重新设置材质的名称。
- 制作副本：创建一个副本材质，从副本材质中进行少许修改，即可得到新材质。
- 另存为：修改材质后，可以将材质保存在材质库中。在以后调取此材质时，可以单击【导入 VRay 材质】按钮。
- 删除：从场景中删除此材质，同时从对象上也删除此材质。其功能等同于【删除材质】按钮。
- 作为替代：将所选的材质替代对象中的材质。

2. 将材质赋予所选物件

使用这种方法可以先在工作视窗中选择要赋予材质的对象，再在【内容】材质库中右击某种材质，在弹出的快捷菜单中选择【应用到选择物体】命令即可，如图 11-61 所示。

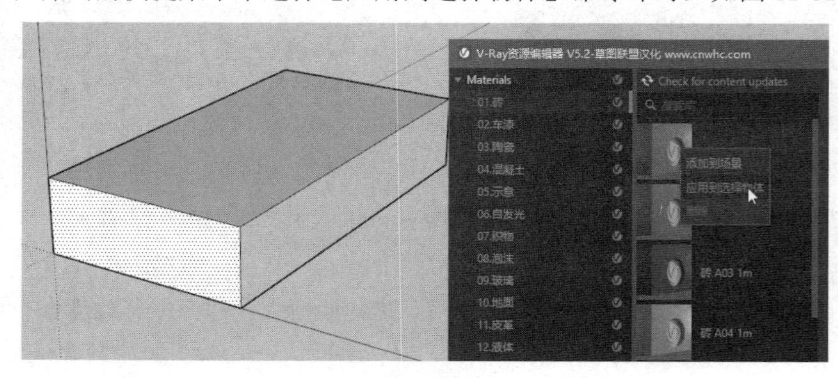

图 11-61　将材质赋予所选物件

11.4.3　材质编辑器

V-Ray for Rhino 8.0 渲染器提供了一种特殊材质——V-Ray 材质。这样在场景中可以更好地物理校正照明（能量分布），更快地渲染，更方便地设置反射和折射的参数。单击【材质】选项卡的右边栏，可以展开材质编辑器面板，如图 11-62 所示。

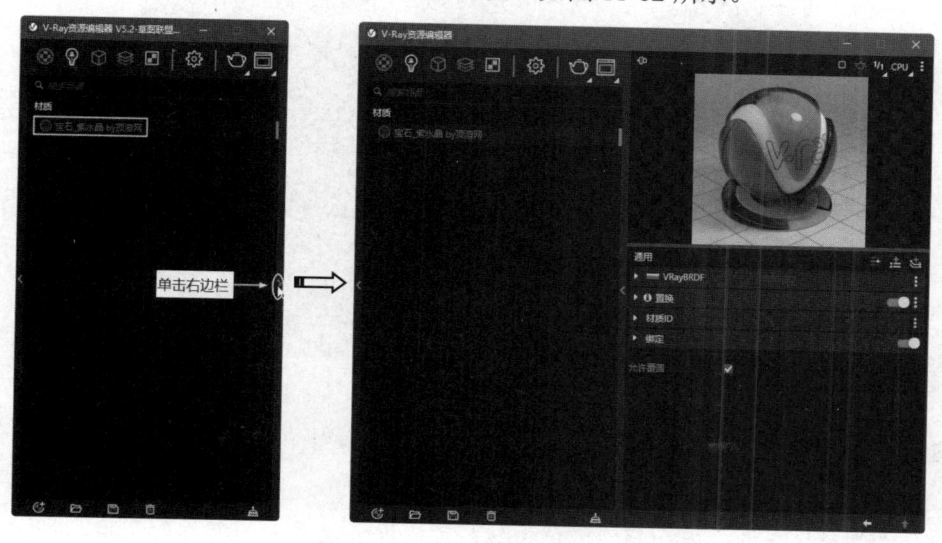

图 11-62　展开材质编辑器面板

材质编辑器面板中包含两个重要的控制选项，分别为【VRayBRDF】和【绑定】。

11.4.4　【VRayBRDF】卷展栏

在 V-Ray 材质中，可以应用不同的纹理贴图控制反射和折射，添加凹凸贴图和位移贴图，强制直接 GI（全局照明）计算，以及为材质选择 BRDF（双向反射分布）。下面简要介绍各个卷展栏中各个选项的含义。

1.【漫反射】卷展栏

新建的材质默认只有一个漫反射层，其参数调节在【漫反射】卷展栏中进行，如图 11-63 所示。漫反射层主要用于表现材质的固有颜色，单击位图编辑按钮，可以为材质增加纹理贴图，如图 11-64 所示。此外，可以为材质增加多个漫反射层，以表现更为丰富的漫反射颜色。添加位图后单击底部的【返回】按钮，可以返回“V-Ray 材质编辑器”窗口。

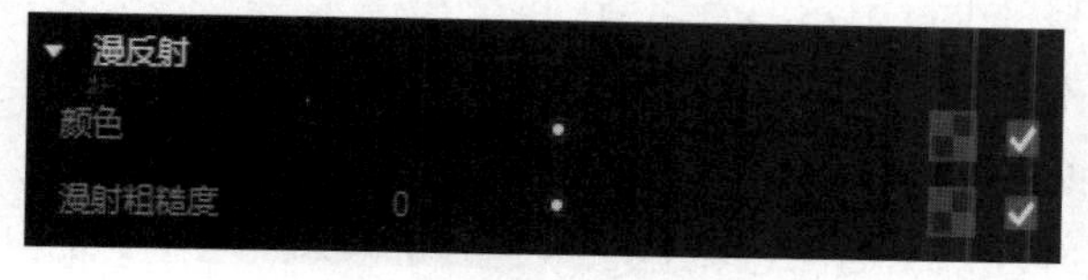

图 11-63　【漫反射】卷展栏

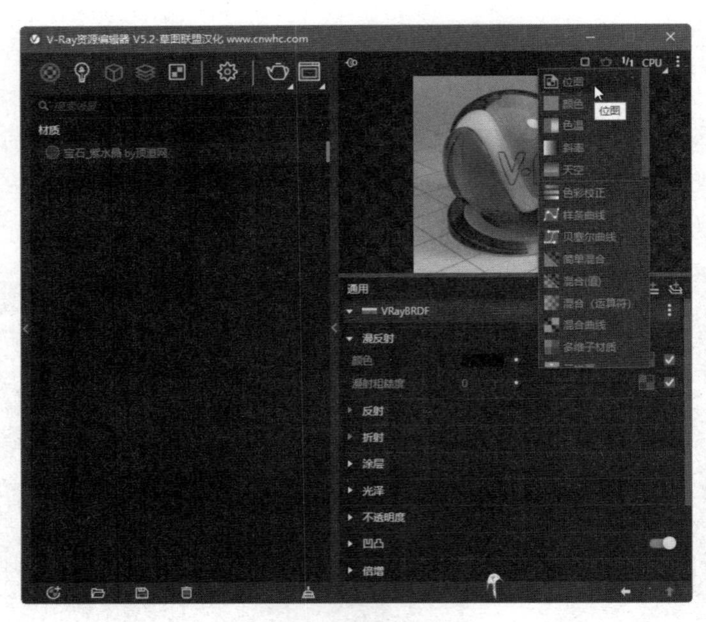

图 11-64 增加纹理贴图

【漫反射】卷展栏中各个选项的功能如下。

- 颜色图例：设置材质的漫反射的颜色。
- 颜色微调：拖动颜色微调按钮，可以设置漫反射的颜色的明暗。
- 位图编辑：单击该按钮，可以为材质增加纹理贴图并为材质进行颜色设置。
- 漫射粗糙度：用于模拟覆盖有灰尘的粗糙表面（如皮肤或月球表面）。图 11-65 中演示了设置不同粗糙度参数的渲染效果对比。随着粗糙度值的增加，材料显得越来越粗糙。

图 11-65 设置不同粗糙度参数的渲染效果对比

2.【反射】卷展栏

反射是表现材质质感的一个重要元素。自然界中的大多数物件都具有反射属性，只是有些物件的反射非常清晰，可以清楚地看出周围的环境；有些物件的反射非常模糊，使得周围环境变得非常发散，不能清晰地反映周围环境。

【反射】卷展栏如图 11-66 所示。其中各个选项的功能如下。

- 反射颜色：通过右侧的颜色微调按钮控制反射的强度，黑色为不反射，白色为完全反射，如图 11-67 所示。

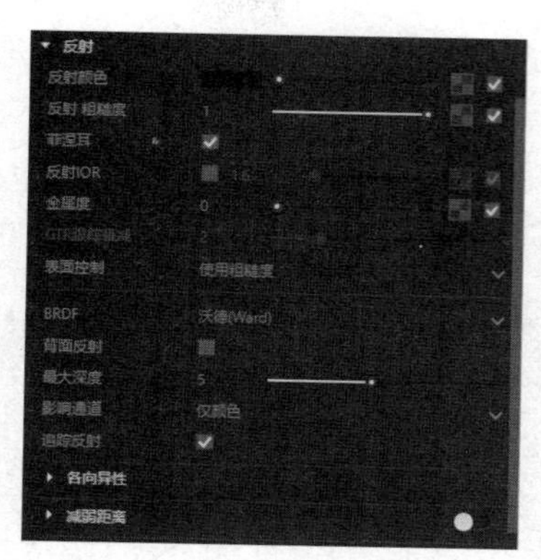

图 11-66　【反射】卷展栏

反射颜色=黑色　　反射颜色=中等灰度　　反射颜色=白色

图 11-67　反射颜色

- 反射 光泽度：指定反射的清晰度。此选项仅当设置【表面控制】为【使用光泽度】时才可使用。使用下面的细分值参数控制光泽反射的质量。当细分值为 1.0 时，意味着完美的镜像反射，较小的值会产生模糊或光泽的低反射，如图 11-68 所示。

反射/突出光泽度= 1.0　　反射/突出光泽度= 0.8　　反射/突出光泽度=0.6

图 11-68　反射光泽度

- 菲涅耳：菲涅耳效应是自然界中物件反射周围环境的一种现象，即物件法线朝向人眼或摄像机的部位反射效果越轻微，物件法线越偏离人眼或摄像机的部位反射效果越清晰。启用【菲涅耳】选项后，可以更真实地表现材质的渲染效果，如图 11-69 所示。

启用【菲涅耳】选项
折射率 IOR = 1.3　　启用【菲涅耳】选项
折射率 IOR = 2.0　　启用【菲涅耳】选项
折射率 IOR =10.0　　关闭【菲涅耳】选项

图 11-69　【菲涅耳】选项启用与关闭后的渲染效果

- 反射 IOR：一个非常重要的参数，值越大反射的强度也就越强。例如，金属、玻璃、光滑塑料等材质的反射 IOR 可以设置为 5 左右，而一般塑料或木头、皮革等反射

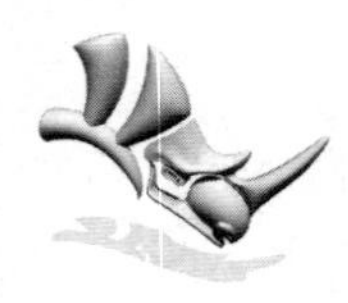

较为不明显的材质的反射 IOR 则可以设置为 1.55 以下。不同反射 IOR 值的反射效果如图 11-70 所示。

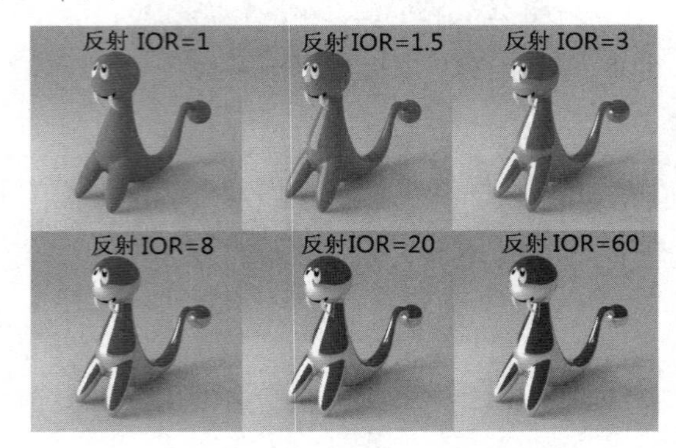

图 11-70　不同反射 IOR 值的反射效果

- 金属度：为材质的镜面突出显示启用单独的光泽度控制。选择此选项并将金属度值设置为 1.0 将停用镜面高光。
- GTR 跟踪衰减：此选项仅在【BRDF】设置为【微平面模型 GTR（GGX）】时才有效。它允许通过控制从高亮区域到非高亮区域的过渡来微调镜面反射。
- 表面控制：改变所有控制表面光滑度的材料参数的行为，包括【使用光泽度】选项和【使用粗糙度】选项。【使用粗糙度】选项用于设置反射基础和涂层反射层的粗糙度。
- BRDF：确定 BRDF 的类型，建议对金属和其他高反射材料使用 GGX 类型。图 11-71 中展示了 V-Ray 中可用的但不同的 BRDF 类型之间的差异。在此，应注意使用不同的 BRDF 类型产生的不同亮点。

BRDF 类型=平滑

BRDF 类型=布林

BRDF 类型=沃德

BRDF 类型=GGX

图 11-71　不同的 BRDF 类型之间的差异

- 背面反射：当停用时，仅针对物件的正面计算反射；当启用时，背面反射也将被计算。
- 最大深度：指定光线可以被反射的次数。具有大量反射和折射表面的场景，需要更高的值才能看起来更真实。
- 影响通道：指定哪些通道会受材料反射率的影响。
- 追踪反射：启用当前材质的反射跟踪。如果停用，则仅停用反射而不停用镜面高光。
- 各向异性：【各向异性】卷展栏中的选项用于确定高光的形状。
- 减弱距离：【减弱距离】卷展栏中的选项用于控制光线的减弱距离，即指定不跟踪反射光线的距离。

3. 【折射】卷展栏

在表现透明材质时，通常会为材质添加折射效果。【折射】卷展栏中的选项用于设置透明材质。

【折射】卷展栏如图 11-72 所示。

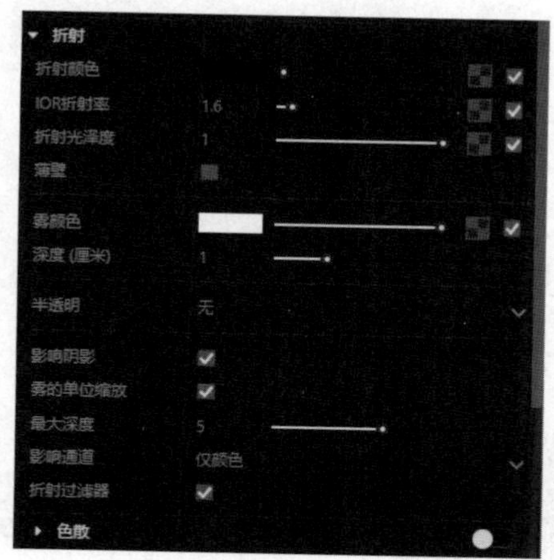

图 11-72　【折射】卷展栏

【折射】卷展栏中的部分选项的功能与【反射】卷展栏中部分选项的功能相同，下面仅介绍功能不同的选项。

- 雾颜色：用于设置透明材质的颜色，如有色玻璃。
- 深度（厘米）：旧版本中的【雾倍增】选项，用于控制透明材质颜色的浓度，深度值越大颜色越深。将【雾颜色】设置为（R:122, G:239, B:106），不同深度值的效果如图 11-73 所示。

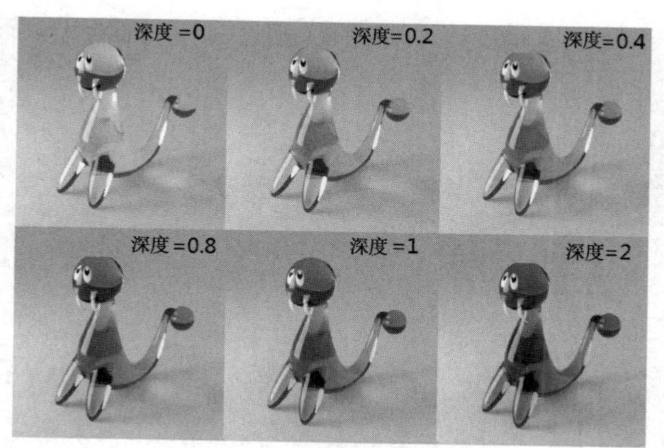

图 11-73　不同深度值的效果

- 影响阴影：勾选此复选框后，材质会投射透明阴影，具体取决于折射颜色和雾颜色。
- 雾的单位缩放：勾选此复选框后，雾颜色的衰减取决于当前系统单位。
- 折射过滤器：启用或停用当前材质的折射跟踪。此复选框仅停用折射而不停用透明阴影。

- 【色散】卷展栏：【色散】卷展栏如图 11-74 所示。
  - ➢ 色散：在启用时，将计算真实的光波长色散。
  - ➢ 阿贝值：扩大或减小色散效应。当降低阿贝值时将扩大色散，反之亦然。

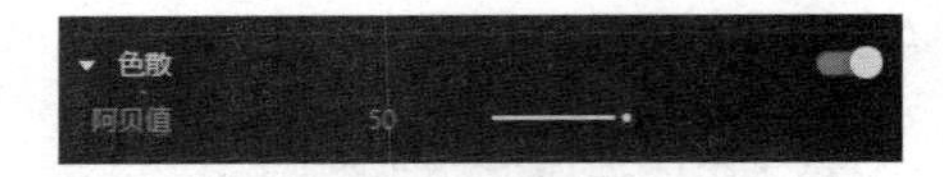

图 11-74 【色散】卷展栏

4.【涂层】卷展栏

【涂层】卷展栏如图 11-75 所示。

【涂层】卷展栏中的选项用于给对象在已有材质的基础上添加一层涂层材质。例如，在对象上增加灰色油漆涂层，如图 11-76 所示。

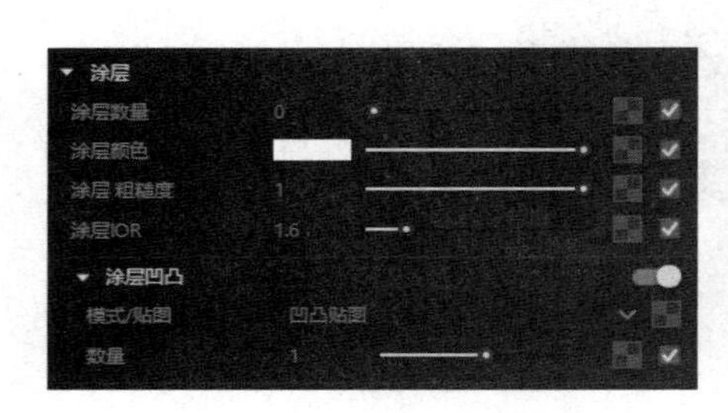

图 11-75 【涂层】卷展栏

图 11-76 增加灰色油漆涂层

【涂层】卷展栏中各个选项的功能如下。

- 涂层数量：指定涂层的混合重量。当涂层数量值为 0 时不会添加涂层，而当涂层数量值逐渐增加时则会逐渐混合涂层，如图 11-77 所示。

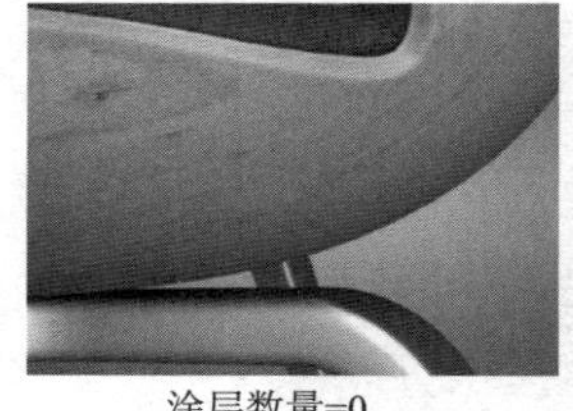
涂层数量=0

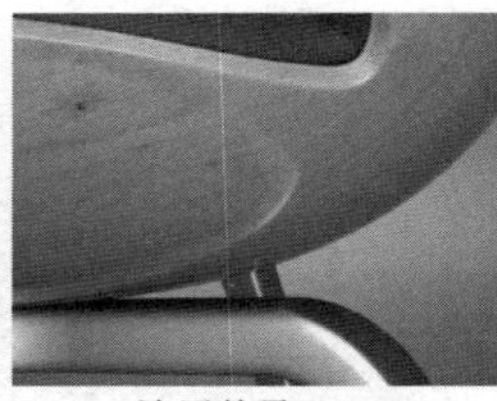
涂层数量=0.5

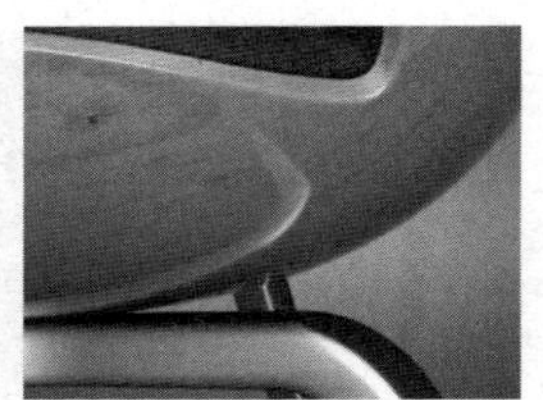
涂层数量=1

图 11-77 涂层数量

- 涂层颜色：要确定涂层的颜色，可以使用纹理贴图。
- 涂层-光泽度：控制反射的锐度。此选项仅当在【反射】卷展栏中设置【表面控制】为【使用光泽度】时才可用。当涂层光泽度值为 1.0 时表示完美的玻璃状反射；当涂层光泽度为较低的值时会产生模糊或有光泽的反射。图 11-78 所示为不同的涂层光泽度的效果。
- 涂层粗糙度：控制反射的锐度。此选项仅当在【反射】卷展栏中设置【表面控制】为【使用粗糙度】时才可用。当涂层粗糙度值为 0.0 时表示完美的玻璃状反射；当涂层粗糙度为较高的值时会产生模糊或有光泽的反射。

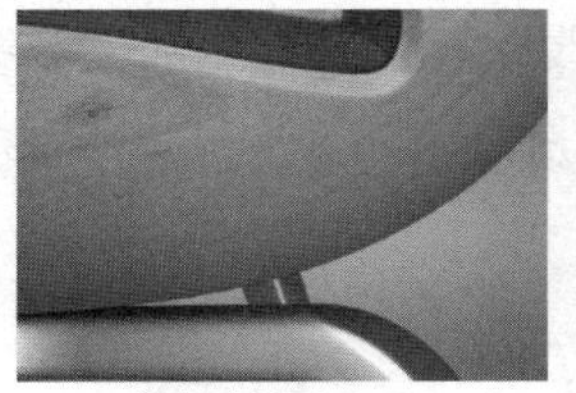
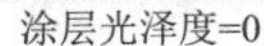
涂层光泽度=0

涂层光泽度=0.5

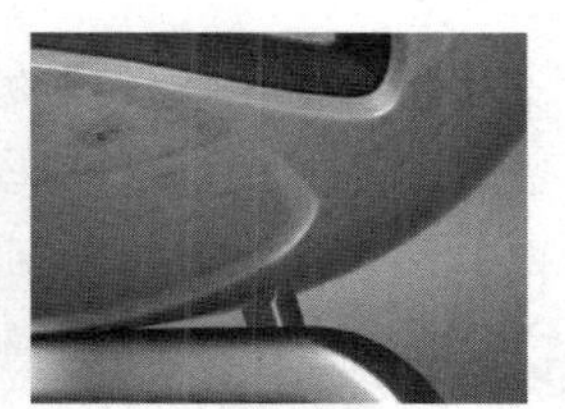
涂层光泽度=1

图 11-78　涂层光泽度

- 涂层 IOR：指定涂层的折射率。
- 【涂层凹凸】卷展栏：用于给模型添加涂层的凹凸感。
- 模式/贴图：允许用户指定是否将凹凸贴图或法线贴图效果添加到基础材质中。
- 数量：设置数量值，可以使涂层的凹凸贴图效果叠加，同时叠加涂层数量。

5.【光泽】卷展栏

【光泽】卷展栏如图 10-79 所示。此卷展栏中的选项用于设置模型表面光泽度。

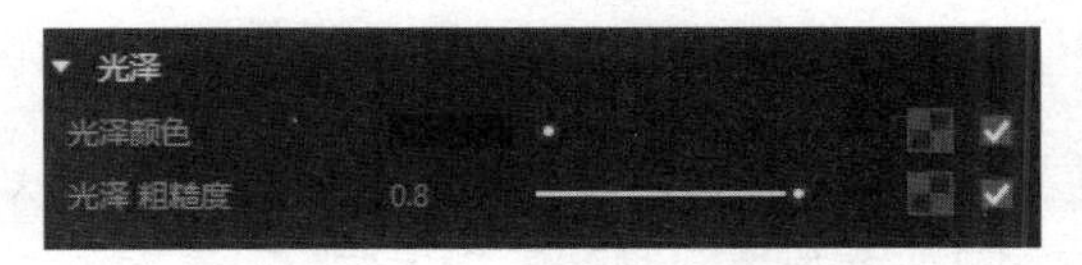

图 11-79　【光泽】卷展栏

【光泽】卷展栏中各个选项的功能如下。

- 光泽颜色：指定光泽层的颜色。若设置黑色则将取消光泽效果。
- 光泽 粗糙度：控制反射的锐度。此选项仅当在【反射】卷展栏中设置【表面控制】为【使用粗糙度】时才可用。当该值为 0.0 时表示所有光线都达到了漫反射颜色，而当该值较高时布料材质看起来会更有光泽。
- 光泽 光泽度：此选项仅当在【反射】卷展栏中设置【表面控制】选项为【使用光泽度】时才可用。当该值为 1.0 时表示所有光线都达到了漫反射颜色，而当该值较小时布料材质看起来会更有光泽，如图 11-80 所示。

光泽 光泽度=0.1

光泽 光泽度=0.6

光泽 光泽度=1

图 11-80　光泽 光泽度

6.【不透明度】卷展栏

【不透明度】卷展栏用于指定材质的不透明或透明程度，如图 11-81 所示。【不透明度】卷展栏中各个选项的功能如下。

- 不透明度：指定材质的不透明度或透明度。纹理贴图可以分配给这个通道。
- 自定义来源：当勾选此复选框时，使用 Alpha 通道控制材质的不透明度。
- 模式：控制不透明度的采样方式。

7.【凹凸】卷展栏

【凹凸】卷展栏用于模型表面是否启用后停用凹凸效果，如图 11-82 所示。

图 11-81 【不透明度】卷展栏

图 11-82 【凹凸】卷展栏

【凹凸】卷展栏中各个选项的功能如下。

- 模式/贴图：指定凹凸贴图类型。贴图包括法线贴图和凹凸贴图两种。
- 数量：凹凸贴图效果的叠加。

8.【倍增】卷展栏

【倍增】卷展栏如图 11-83 所示。材质颜色的倍增效果如图 11-84 所示。

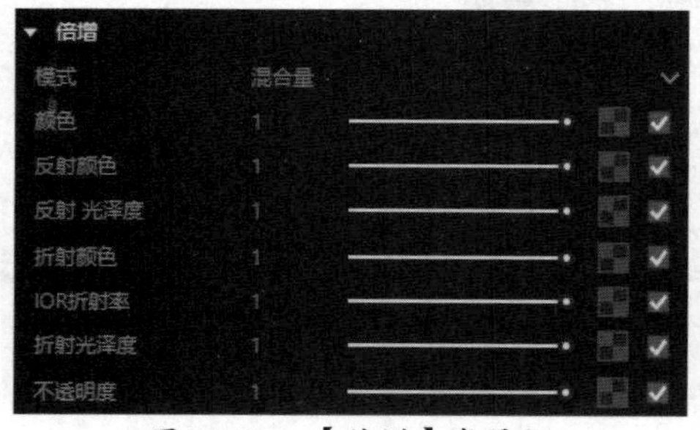

图 11-83 【倍增】卷展栏

图 11-84 材质颜色的倍增效果

【倍增】卷展栏中各个选项的功能如下。

- 模式：指定倍增器如何混合纹理和颜色。
- 颜色：主要用于表现贴图的固有颜色。
- 反射颜色：反射是表现材质质感的一个重要元素。此选项主要设置贴图的反射光的颜色。
- 反射 光泽度：设置贴图反射光的光线强度。取值范围为 0～1。当值为 1 时表示贴图不会显示光泽，当值小于 1 时贴图会表现有光泽度。
- 折射颜色：设置贴图折射光的颜色。
- IOR 折射率：设置贴图的折射率。折射率越小，反射强度越微弱。
- 折射光泽度：设置贴图折射光的光泽度。
- 不透明度：设置贴图的不透明度。

11.4.5 【绑定】卷展栏

通过对【绑定】卷展栏的设置可以启用 V-Ray 和相应的基础应用程序材料之间的连接与绑定。【绑定】卷展栏如图 11-85 所示。

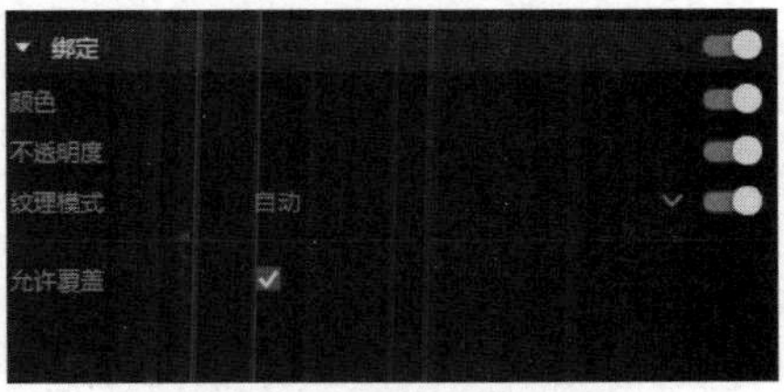

图 11-85　【绑定】卷展栏

【绑定】卷展栏中各个选项的功能如下。

- 颜色：启用颜色绑定。
- 不透明度：启用不透明度的绑定。如果更改了 SketchUp 材质的不透明度，那么将不会更改 V-Ray 材质。反之，则会停用不透明度绑定。
- 纹理模式：启用纹理绑定。
- 允许覆盖：启用后，材质可以被设置中的材质覆盖选项覆盖。

11.5 渲染器设置

V-Ray 渲染参数设置是比较复杂的，但是大部分参数只需要保持默认设置就可以达到理想的效果，真正需要动手设置的参数并不多。

在【V-Ray 资源管理器】窗口的【设置】选项卡中，单击右边栏后可以展开其他重要的渲染设置卷展栏，如图 11-86 所示。

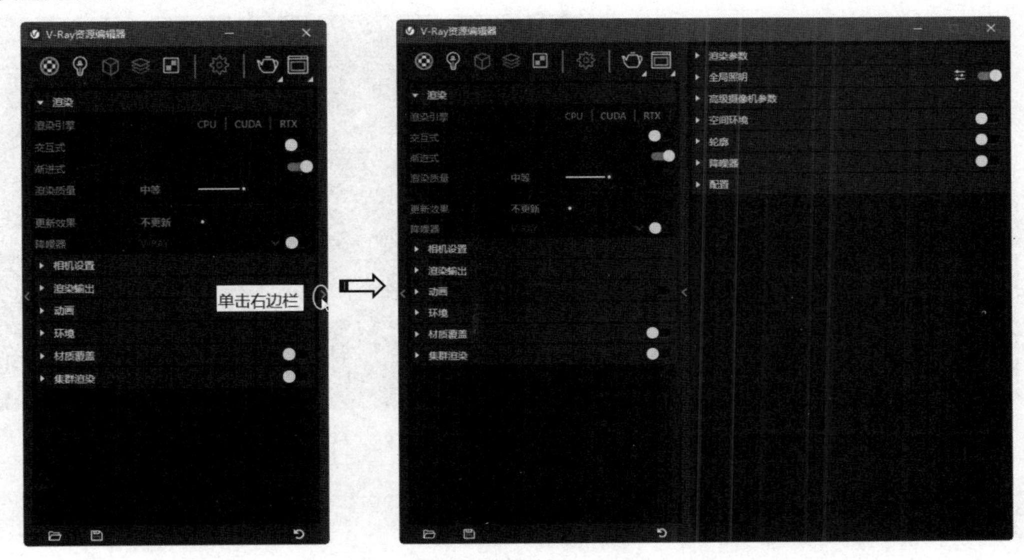

图 11-86　展开渲染设置卷展栏

下面仅介绍在渲染时需要进行设置的这部分卷展栏。其中，【环境】卷展栏已经在前面小节中进行了详细介绍。下面仅介绍几个比较重要的卷展栏的选项设置。

11.5.1 【渲染】卷展栏

【渲染】卷展栏提供了对常见渲染功能的便捷访问，如选择渲染设备或打开和关闭 V-Ray 交互式和渐进式模式，如图 11-87 所示。【渲染】卷展栏中各个选项的功能如下。

- 渲染引擎：在 CPU、GPU 和 RTX 渲染引擎之间切换。启用 GPU 渲染引擎，可以在右侧选择要执行光线追踪计算的 CUDA 设备或将它们组合为混合渲染。计算机的 CPU 在 CUDA 设备列表中也被列为“C ++ / CPU”。
- 交互式：是使交互式渲染引擎能够在场景中编辑对象、灯光和材质的同时查看渲染器图像的更新。交互式渲染仅在渐进模式下工作。
- 渐进式：启用渐进式图像采样模式。启用此模式后，VFB 中首先会出现噪声图像，并且质量也会随着时间的推移而提高。
- 渲染质量：通过更改渲染参数和全局照明设置来控制渲染质量。如果出现任何受控设置被手动修改且不再对应于当前质量的预设值的情况，则会自动选择自定义质量。
- 更新效果：控制渐进式渲染的后期效果更新的规律性，如降噪器、镜头效果、照明分析等。
- 降噪器：控制是否启用降噪功能。详细的降噪设置在【渲染元素】卷展栏中，如图 11-88 所示。

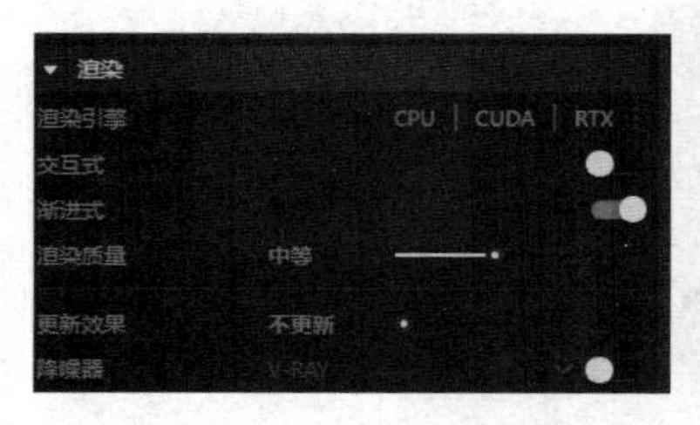

图 11-87 【渲染】卷展栏

图 11-88 【渲染元素】卷展栏

11.5.2 【相机设置】卷展栏

设置【相机设置】卷展栏可以控制场景几何体投影到图像上的方式。V-Ray 中的摄像机通常定义投射到场景中的光线，也就是将场景投射到屏幕上。

【相机设置】卷展栏如图 11-89 所示。

- 类型：包括【标准】、【VR 球形全景】和【VR 立方体】3 种类型。
  - 标准：适用于自然场景的局部区域。
  - VR 球形全景：为 720°全景图像，是虚拟现实图像的一种。
  - VR 立方体：立方体侧面排列成单行的立方体或盒子相机。

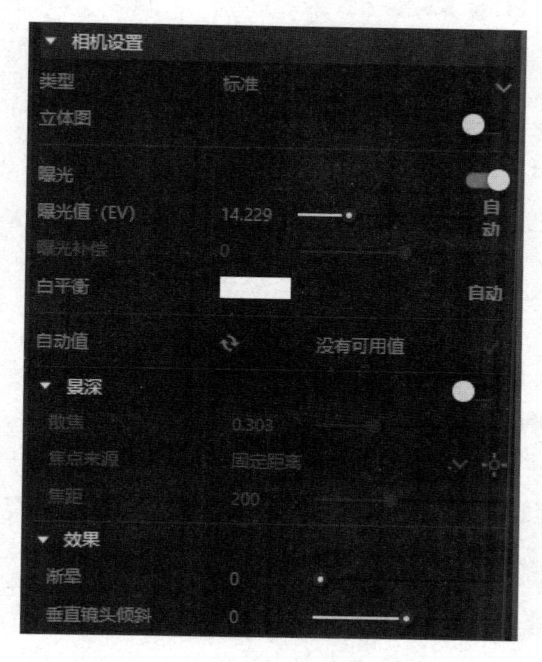

图 11-89　【相机设置】卷展栏

- 立体图：基于室内 6 个墙面（四周墙面与顶棚、地板）的全景图像。基于输出布局选项，立体图像会呈现为“并排”或“一个在另一个之上”的情况。不需要重新调整图像的分辨率，它会自动调整。
- 曝光值（EV）：控制相机对场景照明级别的灵敏度。
- 曝光补偿：此选项在曝光值（EV）设置为自动时启用。它是对自动曝光值的额外补偿，以 f 档为单位。
- 白平衡：场景中具有指定颜色的对象在图像中显示为白色。需要注意的是，在启用【白平衡】选项时，只考虑色调，不考虑颜色的亮度。其有几种可以使用的预设，值得注意的是外部场景预设的日光。图 11-90 所示为白平衡的示例。其中，光圈 f 值为 8.0，快门速度值为 200.0，胶片感光度 ISO 为 200.0，并在【效果】卷展栏中设置渐晕值为 1（启用渐晕效果）。

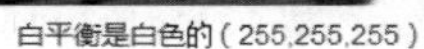
白平衡是白色的（255,255,255）　白平衡是紫色的（145,65,255）　白平衡是蓝色的（20,55,245）

图 11-90　白平衡

- 自动值：当设置自动曝光及自动白平衡时，此选项可使用。它将上次初始化渲染中自动计算的曝光和白平衡存储，以便在下一次渲染中使用。

此外，在【相机设置】卷展栏中，还包括两个卷展栏，分别是【景深】卷展栏和【效果】卷展栏。

1.【景深】卷展栏

【景深】卷展栏定义相机光圈的形状。当停用时，它会模拟一个完美的圆形光圈。当启用时，它会用指定数量的叶片模拟多边形光圈。

- 散焦：相机散焦成像，与聚焦相反。
- 焦点来源：通过在摄像机对焦的视线中拾取，确定三维空间中的位置。
- 焦距：对焦距离影响景深，并确定场景的哪一部分将对焦。

2.【效果】卷展栏

- 渐晕：控制现实中模拟相机的光学渐晕效果。当渐晕值为 0.0 时表示无渐晕，当渐晕值为 1.0 时表示正常渐晕。图 11-91 所示为渐晕效果。

渐晕=0　渐晕=1.0

图 11-91　渐晕效果

- 垂直镜头倾斜：使用此参数可以实现两点透视效果。

11.5.3　【渲染参数】卷展栏

【渲染参数】卷展栏控制图像的渲染质量，包括噪点控制、阴影比率、抗锯齿采样器及其优化设置等。

此外，在【渲染参数】卷展栏中还包括 5 个卷展栏，如图 11-92 所示。

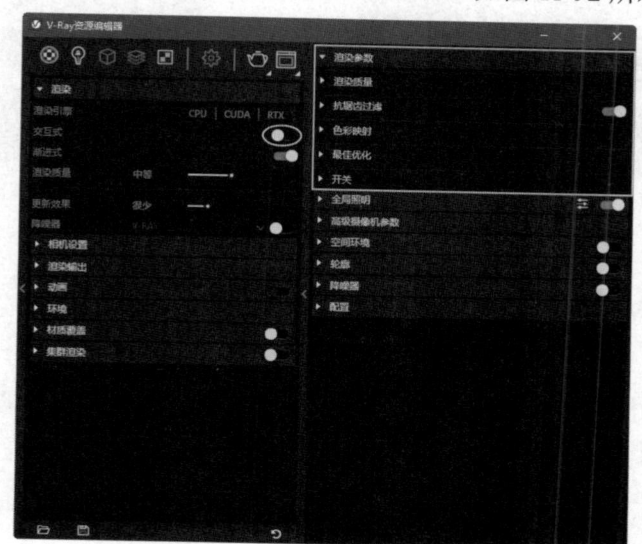

图 11-92　【渲染参数】卷展栏

1.【渲染质量】卷展栏

只有在【渲染】卷展栏中关闭【交互式】渲染选项且启用【渐进式】渲染选项时才可以使用【渲染质量】卷展栏进行参数设置。【渲染质量】卷展栏中包含的选项如图 11-93 所示。

【渲染质量】卷展栏中各个选项的功能如下。

- 噪点限制：指定渲染图像中可接受的噪点级别。数字越小，图像的质量越高（噪点越小）。
- 时间限制（分钟）：指定以分钟为单位的最大渲染时间。当达到指定数量时，渲染停止。这只是最终像素的渲染时间。
- 最小细分：确定每个像素采样的初始（最小）数量。最小细分值很少出现高于 1 的情况。除非出现细线或快速移动物件与运动模糊相结合的情况，才会出现最小细分值高于 1 的情况。实际采用的样本数量是最小细分值的平方。例如，4 个细分值会产生每个像素 16 个采样。
- 最大细分：确定一个像素的最大采样数量。实际采用的样本数量是最大细分值的平方。例如，4 个细分值会产生每个像素 16 个采样。需要注意的是，如果相邻像素的亮度差异足够小，则 V-Ray 可能会少于最大样本数。
- 阴影比率：控制使用多少光线计算阴影效果（如光泽反射、区域阴影等）而不是抗锯齿。阴影比率值越高意味着花费在消除锯齿上的时间就越少，并且在对阴影效果进行采样时会付出更多努力。

2.【抗锯齿过滤】卷展栏

【抗锯齿过滤】卷展栏中包含的选项如图 11-94 所示。

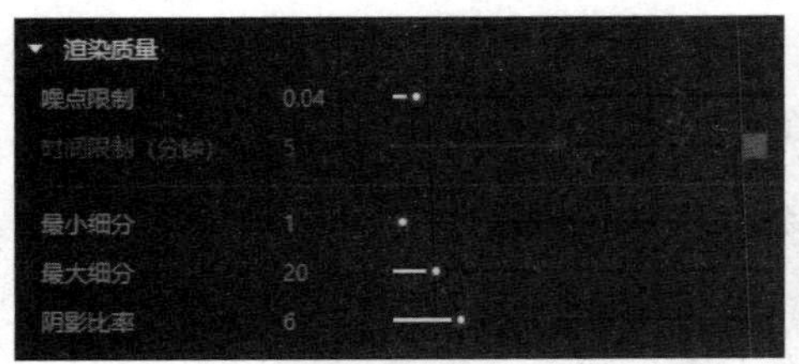

图 11-93 【渲染质量】卷展栏

图 11-94 【抗锯齿过滤】卷展栏

【抗锯齿过滤】卷展栏中选项的功能如下。

- 尺寸/类型：控制抗混叠滤波器的强度和决定要使用的抗混叠滤波器的类型。

3.【色彩映射】卷展栏

【色彩映射】卷展栏中包含的选项如图 11-95 所示。其中，各个选项的功能如下。

- 子像素钳制：指定颜色分量的钳位级别。
- 高光混合：有选择地将曝光校正应用于图像的高光中。

4.【最佳优化】卷展栏

【最佳优化】卷展栏中包含的选项如图 11-96 所示。其中，各个选项的功能如下。

图 11-95 【色彩映射】卷展栏

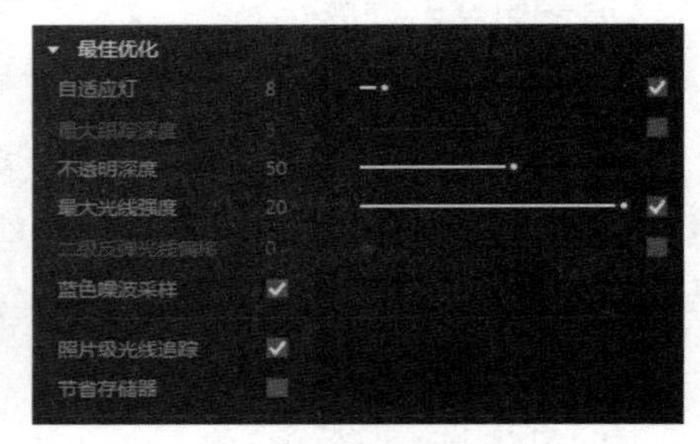

图 11-96 【最佳优化】卷展栏

- 自适应灯：当启用【自适应】选项时，由 V-Ray 评估场景中的灯光数量。为了从光源采样中获得正面效果，自适应灯值必须低于场景中的实际灯光数量。虽然自适应灯值越低，渲染速度越快，但是结果可能会更粗糙。较高的自适应灯值虽然会使得在每个节点处计算更多的灯光，产生较少的噪点，但是会增加渲染时间。
- 最大跟踪深度：指定将为反射和折射计算的最大反弹次数。
- 不透明深度：控制透明物件追踪深度的程度。
- 最大光线强度：指定所有辅助射线被夹紧的等级。
- 二次反弹光线偏移：将应用于所有次要光线的最小偏移。如果场景中有重叠的面，则可以使用此选项以避免可能出现的黑色斑点。
- 蓝色噪波采样：在启用时，一般情况下可以合用更少的样本产生更好的噪声分布。
- 照片级光线追踪：启用照片级别的光线追踪（英特尔的光线追踪内核）。
- 节省存储器：Embree（英特尔开发的高性能光线追踪内核的集合）将使用更加紧凑的方法来存储三角形。这样虽然可能会稍慢些，但是会减少内存的使用量。

5.【开关】卷展栏

【开关】卷展栏中包含的选项如图 11-97 所示。

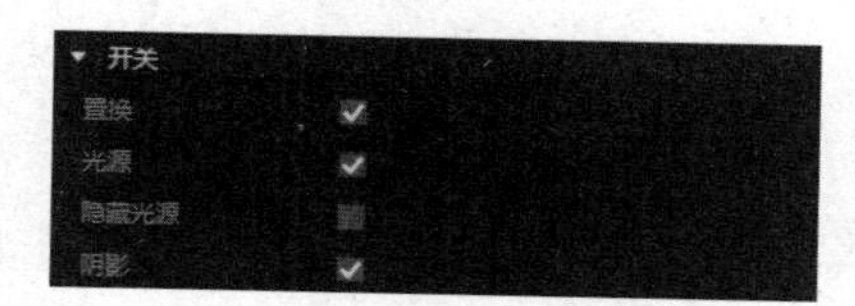

图 11-97　【开关】卷展栏

【开关】卷展栏中各个选项的功能如下。

- 置换：启用（默认）或停用置换贴图。
- 光源：全局启用灯光。需要注意的是，如果停用此选项，将仅使用全局照明来照亮场景。
- 隐藏光源：启用或停用隐藏灯光。启用此选项后，无论是否隐藏灯光都会渲染灯光。当此选项关闭时，因任何原因（显式或按类型）隐藏的灯光都不会包含在渲染中。
- 阴影：全局启用或停用阴影。

11.5.4　【全局照明】卷展栏

全局照明指在渲染场景中的真实照明，包括光的直接照射、折射及物件反射（间接照明）。如果在【渲染】卷展栏中启用【互动式】选项，则仅启用了直接照明。此时，【全局照明】卷展栏如图 11-98 所示。

如果停用【互动式】选项，同时启用【主引擎】选项和【二级引擎】选项，此时的【全局照明】卷展栏如图 11-99 所示。

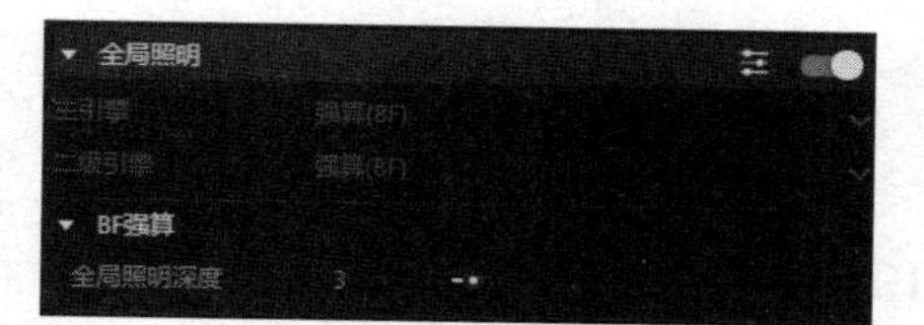

图 11-98　启用【互动式】选项的【全局照明】卷展栏

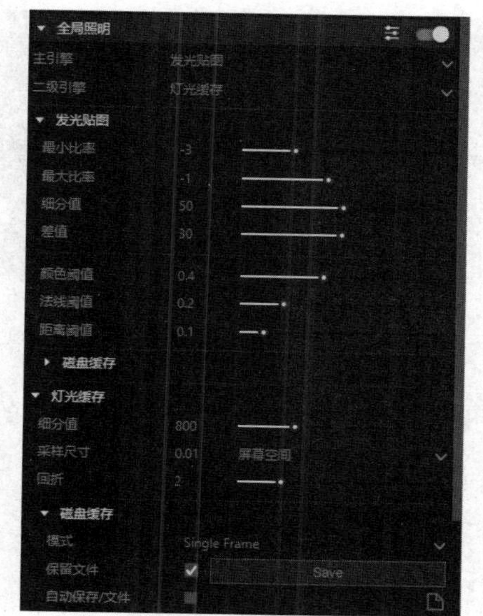

图 11-99　停用【互动式】选项的【全局照明】卷展栏

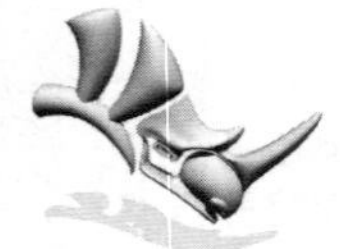

1.【主引擎】选项

【主引擎】选项可以指定用于主要光线反弹的 GI（间接照明）方法，包含以下 3 种。

（1）【发光贴图】引擎

选择【发光贴图】引擎可以使 V-Ray 对初始漫反射使用发光贴图。【发光贴图】引擎通过在三维空间中创建具有点集合的贴图，以及在这些点上的计算的间接照明来工作。【发光贴图】卷展栏中包含的各个选项如图 11-100 所示。

- 最小比率：确定第一个 GI 通道的分辨率。当最小比率值为 0 时意味着此时分辨率将与最终渲染图像的分辨率相同，这将使发光贴图与直接计算方法类似。当最小比率值为-1 时意味着此时分辨率将是最终图像的分辨率的一半。
- 最大比率：确定最后一个 GI 通道的分辨率。这与自适应细分图像采样器的最大速率参数类似。
- 细分值：控制各个 GI 样本的质量。虽然在细分值较小时可以通过设置它使渲染进度变得更快，但是此时可能会产生斑点结果。细分值越高，图像越平滑。
- 差值：定义被用于差值计算的 GI 样本的数量。虽然当差值较大时图像会变得光滑，但是可能会模糊 GI 的细节；虽然当差值较小时图像会变得锐利，但是可能会产生黑斑。

（2）【强算】引擎

强算是十分简单、十分原始的算法，又被称为直接照明计算。【强算】引擎虽然渲染速度很慢，但是效果渲染非常精确，尤其在具有大量细节的场景中。不过，如果没有较高的细分值，使用【强算】引擎渲染出来的图像会有明显的颗粒效果。仅当在【渲染】卷展栏中启用【互动式】选项后，才可以设置【强算】卷展栏中包含的选项，如图 11-101 所示。

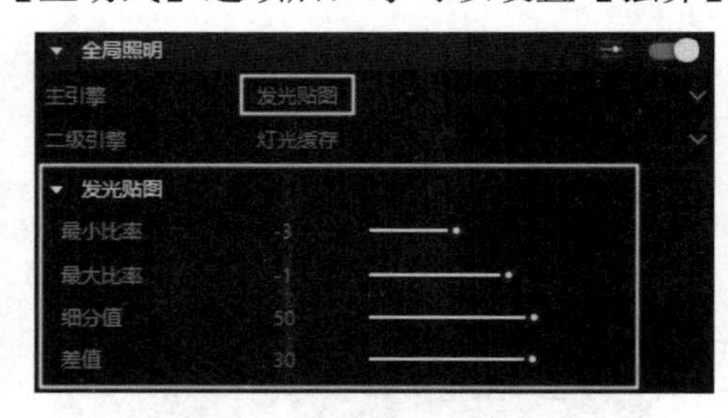

图 11-100　【发光贴图】卷展栏

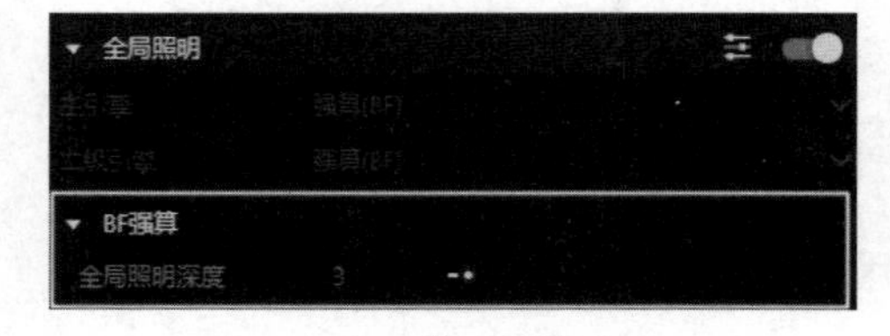

图 11-101　【强算】卷展栏

（3）【灯光缓存】引擎

选择【灯光缓存】引擎可以为主要的漫反射指定光缓存。关于【灯光缓存】引擎的选项设置会在后面的【灯光缓存】卷展栏中详细介绍。

2.【二级引擎】选项

【二级引擎】选项可以指定用于二次反射的 GI 方法，包括【无】、【强算】和【灯光缓存】3 种引擎。图 11-102 所示为主光线引擎与次光线引擎搭配使用的渲染效果对比。

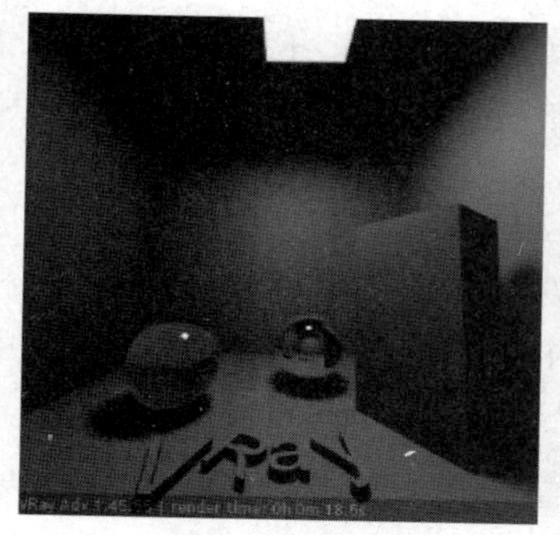

仅限直接照明：GI已关闭

一次反射：发光贴图，无二次GI引擎

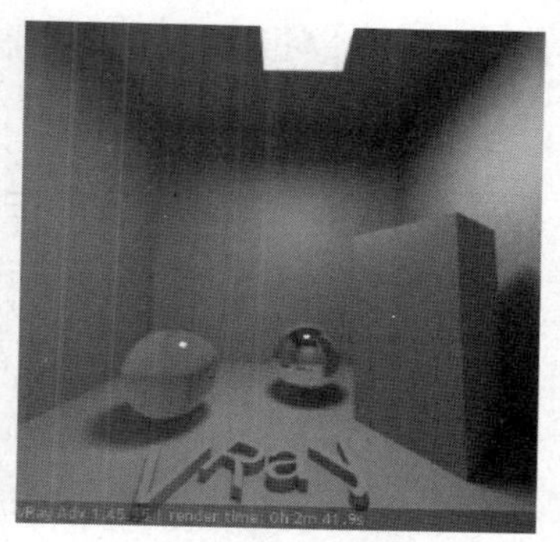

二次反射：发光贴图+强算

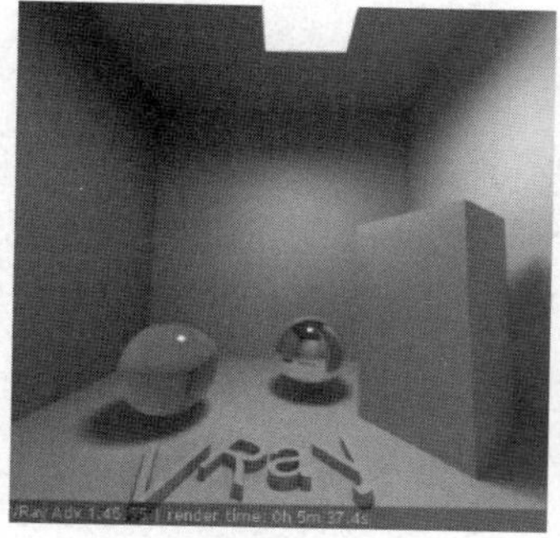

4 次反射：发光贴图+强算+3次的二次反射

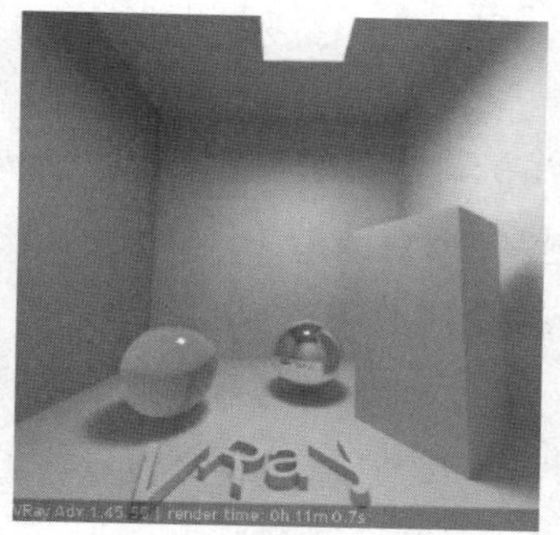

8次反射：发光贴图+强算+7次的二次反射

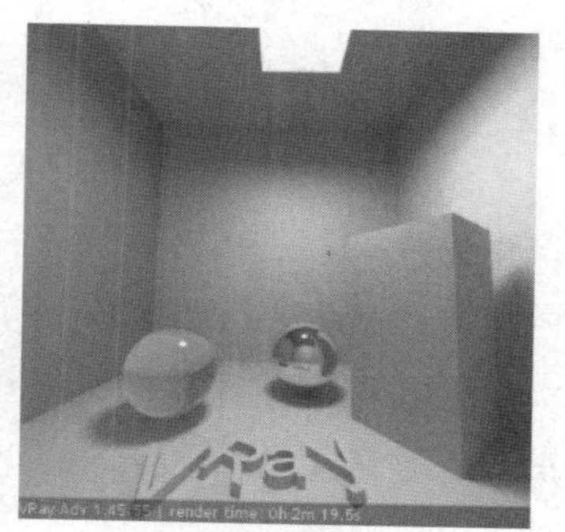

无限次反射（完全漫射照明解决方案）：
发光贴图+灯光缓存

图 11-102　主光线引擎与次光线引擎搭配使用的渲染效果对比

3.【灯光缓存】卷展栏

灯光缓存是用于近似场景中的 G1 技术。【灯光缓存】卷展栏中各个选项的功能如下。

- 细分值：确定摄像机追踪的路径数量。路径的实际数量是细分值的平方（默认 1000 个细分意味着将从摄像机追踪 1 000 000 条路径）。图 11-103 所示为【细分值】选项的应用示例。

细分值=500

细分值=1000

细分值=2000

图 11-103　【细分值】选项的应用示例

- 采样尺寸：确定灯光缓存中样本的间距。当采样尺寸值较小时意味着样本彼此更接近，灯光缓存将保留光照中的尖锐细节，但会更嘈杂，并会占用更多内存。
- 回折：在光缓存产生太大错误的情况下提高全局照明的精度。对于有光泽的反射和折射来说，V-Ray 根据表面的光泽度和距离动态决定是否使用光缓存，以使由光缓存引起的误差最小化。需要注意的是，使用此选项可能会增加渲染时间。

4. 【磁盘缓存】卷展栏

【磁盘缓存】卷展栏中各个选项的功能如下。

- 模式：控制光子图的模式，包括【single Frame】和【Form File】两种模式。
  - Single Frame（单帧）：设置此选项，将生成动画的单帧光子图。
  - Form File：启用时，V-Ray 不会计算光子贴图，但会从文件加载。单击右侧的浏览按钮指定文件名称。

5.【焦散】卷展栏

焦散是一种光学现象，是光线从其他对象反射后或通过其他对象折射后投射在对象上所产生的效果。在 V-Ray 场景中，要生成焦散效果，必须满足 3 个基本条件，包括能生成焦散的灯光、产生焦散的对象，以及接受焦散的对象。

【焦散】卷展栏如图 11-104 所示。其中，【磁盘缓存】卷展栏中各个选项的功能在【全局照明】卷展栏中已经详细介绍，此处不再赘述。下面介绍【焦散】卷展栏中的其他选项的功能。

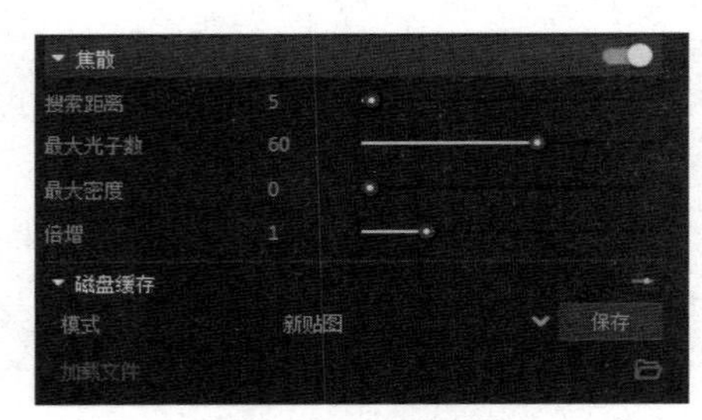

图 11-104　【焦散】卷展栏

- 搜索距离：当 V-Ray 需要渲染给定表面点的焦散效果时，它会搜索阴影点（搜索区域）周围区域中表面上的光子数。搜索区域是一个原始光子在中心的圆，这个圆的半径等于搜索距离值。当搜索距离值较小时会产生更锐利但可能更嘈杂的焦散效果；当搜索距离值较大时会产生更平滑但更模糊的焦散效果。
- 最大光子数：指定在表面上渲染焦散效果时将要考虑的最大光子数。当最大光子数值较小时会使用较少的光子并且焦散会更尖锐，但也许会更嘈杂；当最大光子数值较大时会产生更平滑但模糊的焦散效果；当最大光子数值为 0 时意味着 V-Ray 将可以在搜索区域内找到所有光子。
- 最大密度：限制焦散光子图的分辨率及内存。当 V-Ray 需要在焦散光子图中存储新光子时，V-Ray 首先会查看在此参数指定的距离内是否还有其他光子。
- 倍增：控制焦散的强度。此参数是全局性的，适用于产生焦散的所有光源。如果需要不同光源的不同倍频器，那么应使用本地光源设置。

6.【环境光遮蔽（AO）】卷展栏

【环境光遮蔽（AO）】卷展栏控制是否允许将环境遮挡项添加到全局照明解决方案中。【环境光遮蔽（AO）】卷展栏中各个选项的功能如下。

- 半径：确定产生环境遮挡效果的区域的数量（以场景单位表示）。
- 遮蔽量：指定环境遮挡量。当遮蔽量值为 0.0 时不会产生环境遮挡。

11.5.5　【空间环境】卷展栏

空间环境用于模拟大气效果和雾效果。【空间环境】卷展栏如图 11-105 所示。

- 类型：包括【大气透视】和【环境雾】两种。
  - ➢ 大气透视：模拟空中透视大气的效果，是通过地球大气层从远处观察物件的结果。其效果类似于雾或霾。
  - ➢ 环境雾：模拟雾或大气尘埃等参与介质。在默认情况下，它会散射从所有场景光源中发出的光。【环境雾】类型中包含的选项如图 11-106 所示。

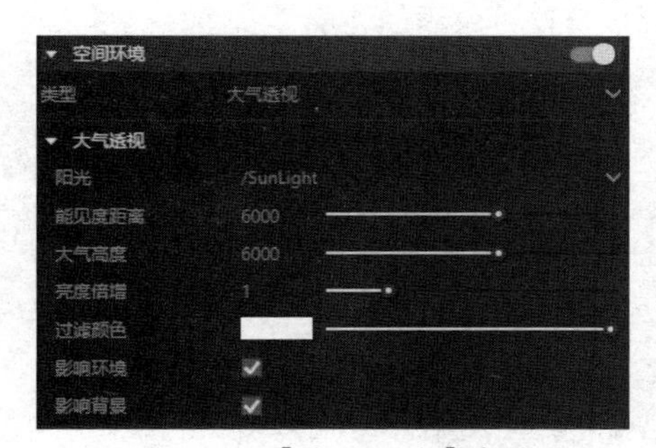

图 11-105　【空间环境】卷展栏

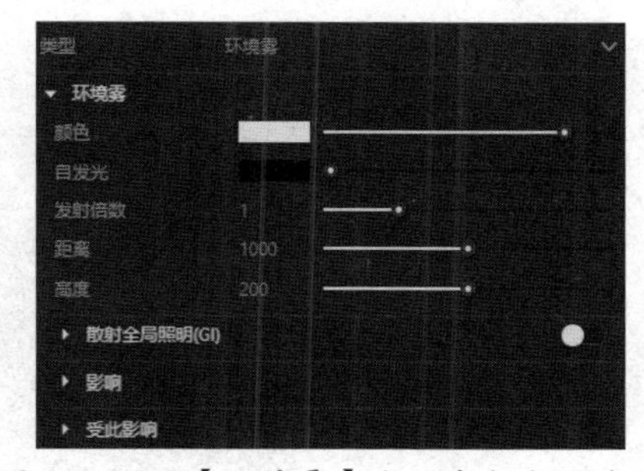

图 11-106　【环境雾】类型中包含的选项

【大气透视】类型中包含的各个选项的功能如下。

- 阳光：指定场景中空中透视效果连接到的太阳对象。
- 能见度距离：以米为单位指定雾吸收来自其后方物件的 90%的光的距离。较低的值会使雾看起来更浓，而较高的值则会降低空中透视效果。【能见度距离】选项的应用示例如图 11-107 所示。
- 大气高度：较低的值可用于艺术效果。大气高度值以米为单位，并根据当前 SketchUp 单位在内部进行转换。【大气高度】选项的应用示例如图 11-108 所示。
- 亮度倍增：控制由于大气效应散射的阳光量，默认值为 1。较低或较高的亮度倍增值可用于艺术目的。
- 过滤颜色：影响未散射光的颜色。
- 影响环境：当停用此选项时，大气效果仅应用于撞击实际物件的摄像机光线，而不应用于撞击天空的光线。这是因为 VRaySky 纹理已经考虑了散射阳光的数量。当然，也可以为了艺术效果启用此选项，尤其是在低能见度范围内。

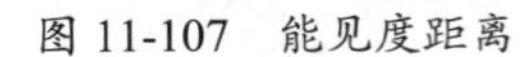
图 11-107　能见度距离

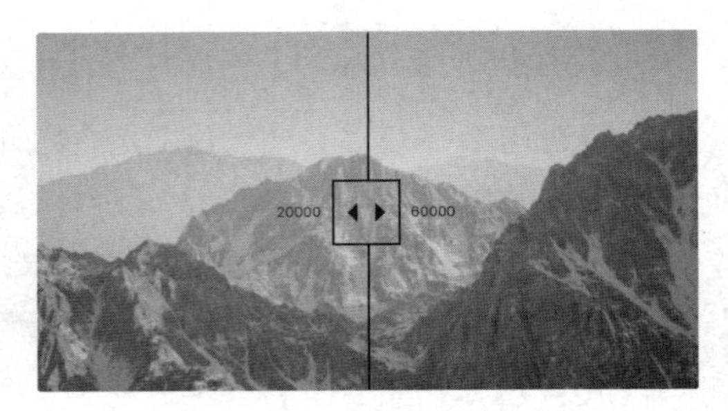

图 11-108　大气高度

- 影响背景：指定是否将效果应用于撞击背景的相机光线（如果使用 VRaySky 以外的背景）。此选项默认启用，但在停用时可能会产生一些有趣的效果。

11.5.6　【轮廓】卷展栏

使用【轮廓】卷展栏中的选项可以更好地控制线条，让渲染比以往更容易具有说明性的外观。启用【轮廓】卷展栏，可以将轮廓（卡通覆盖）应用到整个场景中，并且可以使用许多直观的控件来改变轮廓。启用它最大的好处是可以轻松地为所有场景对象添加轮廓。

【轮廓】卷展栏如图 11-109 所示。

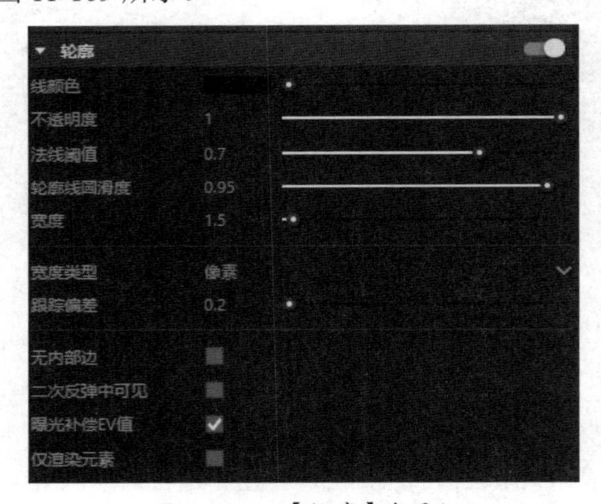

图 11-109　【轮廓】卷展栏

【轮廓】卷展栏中各个选项的功能如下。

- 线颜色：指定轮廓的颜色。
- 不透明度：指定轮廓的不透明度。
- 法线阈值：确定何时为具有不同表面法线的同一对象的部分创建线（如在盒子的内边缘）。当法线阈值为 0.0 时表示只有 90 度或更大的角度会生成内部线。法线阈值越高意味着面法线之间的过渡越平滑。当法线阈值设置为 1.0 时会完全填充弯曲的对象。
- 轮廓线圆滑度：确定何时为同一对象的重叠部分创建轮廓。轮廓线圆滑度值越低，内部重叠线的数量将越少；而轮廓线圆滑度值越高，内部重叠线的数量将越多。当将此值设置为 1.0 时会完全填充弯曲的对象。

- 宽度：指定轮廓的宽度。
- 宽度类型：在像素和沃尔兹单位之间更改宽度测量单位。
- 跟踪偏差：确定在反射或折射中跟踪轮廓时的光线偏差。此参数的大小取决于场景的比例。
- 无内部边：启用后，几何图形的内边缘不考虑用于计算卡通线。
- 二次反弹中可见：启用后，轮廓会出现在反射或折射中。
- 曝光补偿 EV 值：启用后，线颜色值会自动调整以补偿相机应用的任何曝光校正。
- 仅渲染元素：轮廓仅出现在轮廓渲染元素中，而不出现在 RGB 或 Beauty 图像中。

11.5.7　【降噪器】卷展栏

降噪器采用现有渲染并在图像通过正常方式完全渲染后对图像应用降噪操作。在应用降噪操作时，可以先检测存在噪声的区域再为其降噪。【降噪器】卷展栏如图 11-110 所示。

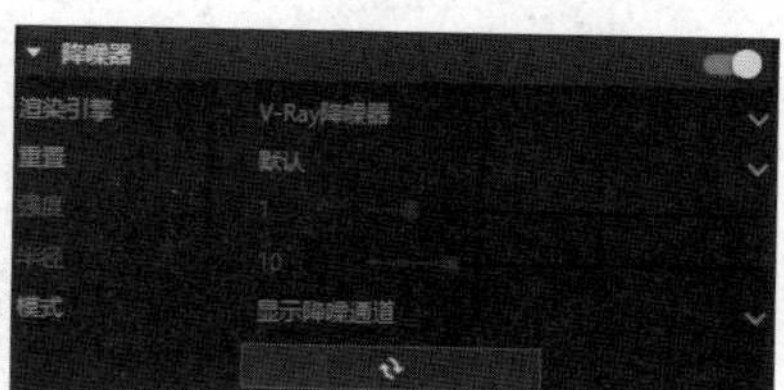

图 11-110　【降噪器】卷展栏

通过在 3 种渲染引擎之间切换可以对图像进行降噪处理。3 种渲染引擎的功能如下。

- V-Ray 降噪器：用 CPU 或 GPU（AMD 或 NVIDIA GPU）执行降噪操作。
- 英伟达 AI 降噪：使用 NVIDIA GPU 工作。不管实际渲染是在 CPU 上还是在 GPU 上执行，在 CPU 上进行渲染时都需要 NVIDIA GPU 使用 NVIDIA AI 降噪器进行降噪。与默认的 V-Ray 降噪器相比，NVIDIA AI 降噪器既具有一些优点又具有一些缺点。
- 英特尔开放式图像降噪：适用于 CPU 设备，不使用硬件加速。

【V-Ray 降噪器】中包含的各个选项的功能如下。

- 重置：提供预设，自动设置强度值和半径值。
- 强度：指定降噪操作的强度。
- 半径：指定每个像素周围要降噪的区域。较小的半径值会影响较小范围的像素，较大的半径值会影响较大范围的降噪。
- 模式：指定降噪器的结果如何在 VFB 中保存和呈现，包括 3 种模式。
  - ➢ 仅渲染元素：生成降噪所需的所有渲染元素，不计算图像的降噪版本。

➢ 隐藏降噪通道：VRayDenoiser 通道在 VFB 中不单独存在。effectsResult 通道是使用降噪图像生成的。

➢ 显示降噪通道：生成 VRayDenoiser 通道和 effectsResult 通道。

11.6 实战案例——材质质感表现

本实战案例主要练习塑料、陶瓷等普通反射类材质的设置。最终效果如图 11-111 所示。由于塑料、陶瓷等物件的反光（反射）效果比较弱，远没有金属强烈，因此要注意它们的反射强度的区别。

图 11-111　最终效果

11.6.1　布置光源

本实战案例采用的光源实际上是要表达白天在窗前的一个情景，没有阳光照射，只有天光（自然光）照射。在本实战案例中可以用面光源代替天光。

① 打开本案例源文件“学习用品.3dm”，如图 11-112 所示。

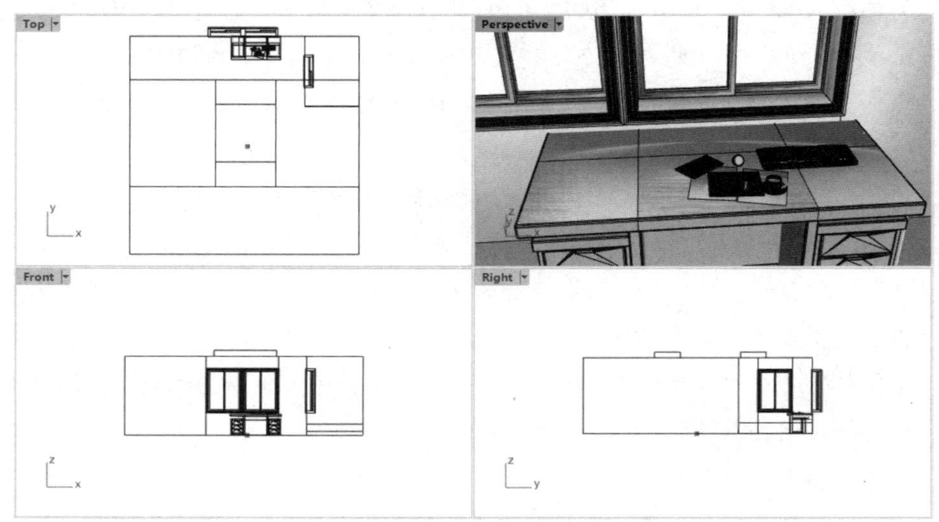

图 11-112　打开的源文件

② 在【VRay All】选项卡中单击【创建面光源】按钮，在 Front 视窗中绘制一个矩形的面光源，如图 11-113 所示。

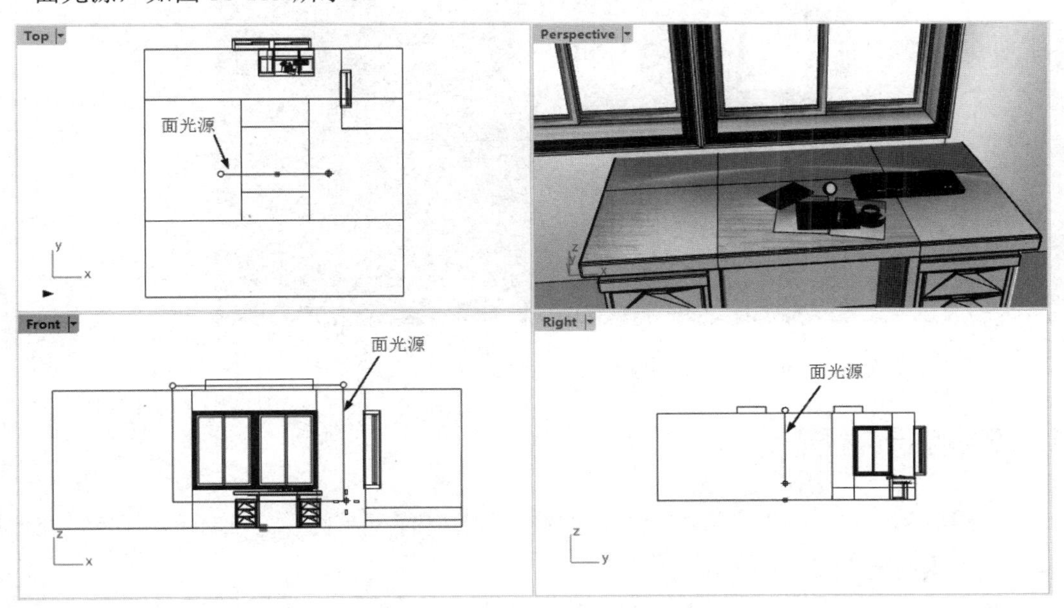

图 11-113　创建面光源

技术要点：

在绘制矩形的面光源时要从上往下绘制，不要从下往上绘制，否则光线箭头的指向是错误的。

③ 在 Top 视窗中将面光源移至窗外，靠近窗户即可，确保光线箭头指向室内。如果光线箭头没有指向室内，那么需要旋转面光源，如图 11-114 所示。

④ 同理，在右侧窗外创建面光源。在 Right 视窗中绘制矩形，在 Top 视窗中将面光源移动到右侧窗外，如图 11-115 所示。需要注意，光线箭头应指向室内。

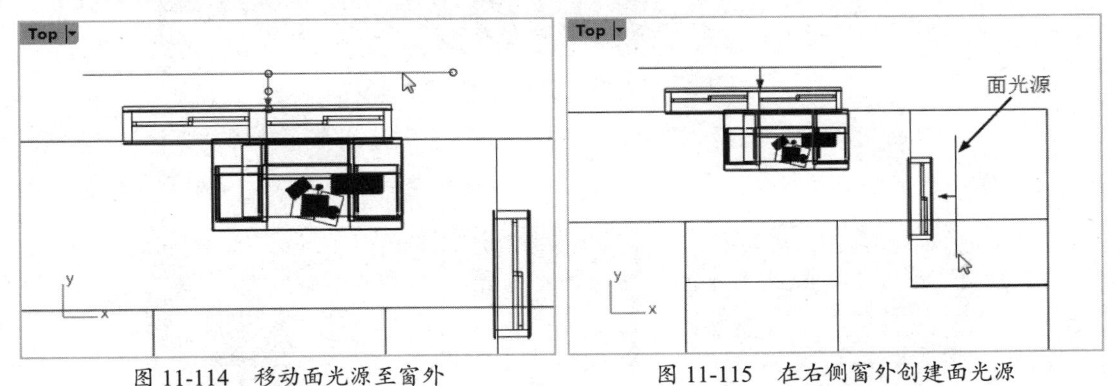

图 11-114　移动面光源至窗外　　　图 11-115　在右侧窗外创建面光源

⑤ 创建面光源后需要验证光源产生的效果。先激活 Perspective 视窗，再单击【开始渲染】按钮，完成初次渲染，初次渲染效果如图 11-116 所示。此时，仅有窗外存在光源，室内是没有任何光源的。这说明室内的物件不会产生反射或折射，也就是说物件不带任何材质效果。

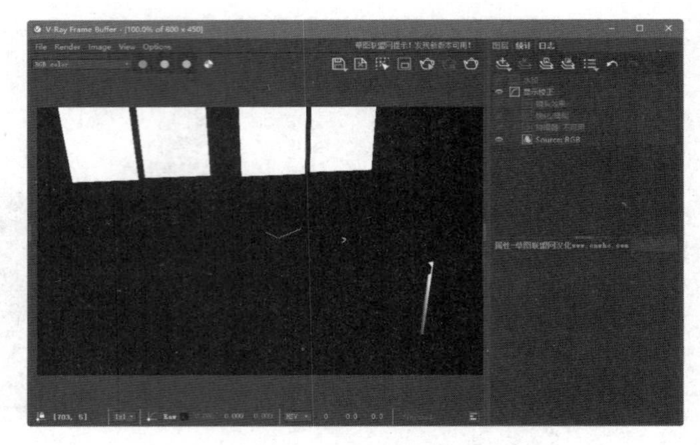

图 11-116　初次渲染效果

11.6.2　赋予材质

本实战案例中要表现的是桌面上物件的渲染效果，而不是门、窗、墙壁等，所以在此仅将材质赋予桌面及桌面上的物件。

① 在 Perspective 视窗中调整视图的方向。为了能在渲染时看清物件，需要在【V-Ray 资源编辑器】窗口的【设置】选项卡中启用【材质覆盖】选项，如图 11-117 所示。

图 11-117　调整视图后的渲染结果

② 首先在【V-Ray 资源管理器】窗口的【光源】选项卡中将两个面光源的强度值均设置为 20，然后再次渲染场景，如图 11-118 所示。渲染完成后应及时关闭【材质覆盖】选项。

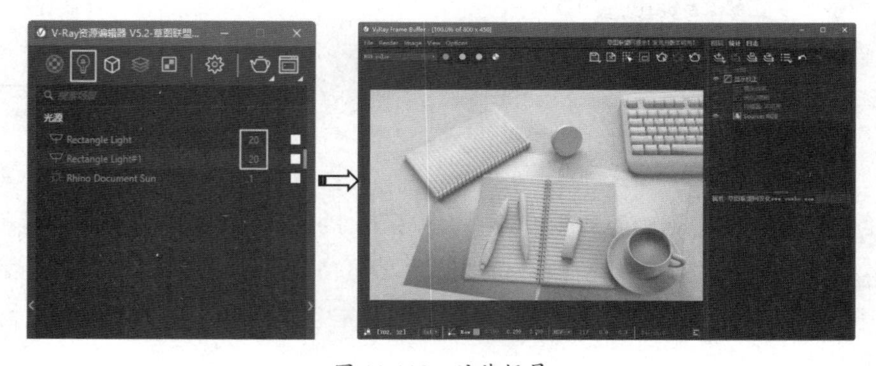

图 11-118　渲染场景

③ 设置桌面的材质，以便在渲染时能够看清桌面上的物件。首先选择桌面对象，其次在【V-Ray 资源编辑器】窗口的【材质】选项卡中单击左边栏展开材质库，最后在【19.木材】材质的材质库列表中，将【木板_A01_100cm by 顶渲网】材质赋予桌面。实施渲染，查看桌面效果，如图 11-119 所示。

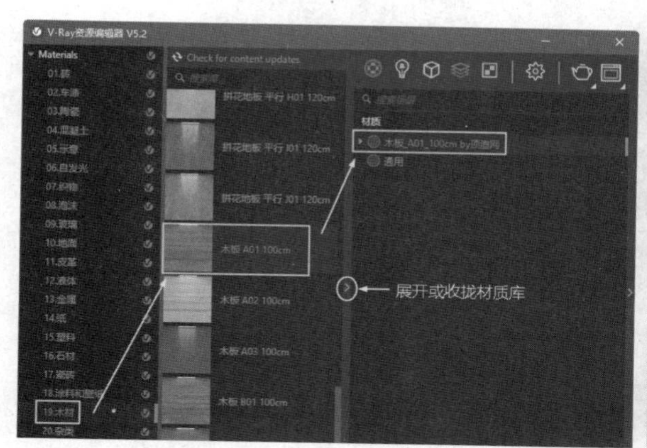

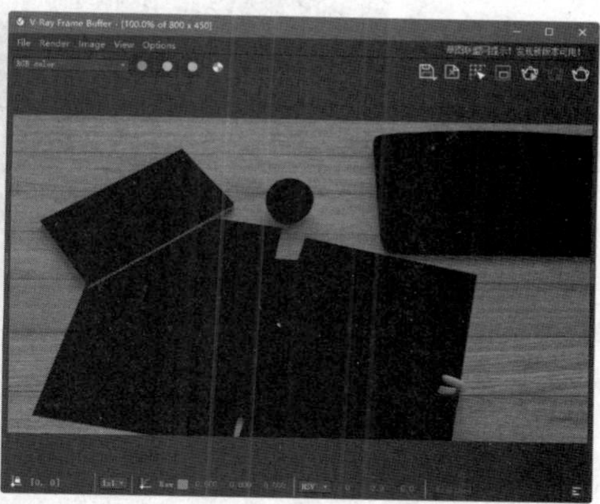

图 11-119　为桌面赋予材质

④ 木纹的方向是可以调整的。在【材质】选项卡中单击右边栏，将展开材质编辑器面板。在【VRayBRDF】卷展栏的【漫反射】卷展栏中，单击位图编辑按钮，在贴图通道的【纹理布局】卷展栏中设置【旋转】为 90 或其他任意角度，完成后单击底部的【返回】按钮即可，如图 11-120 所示。

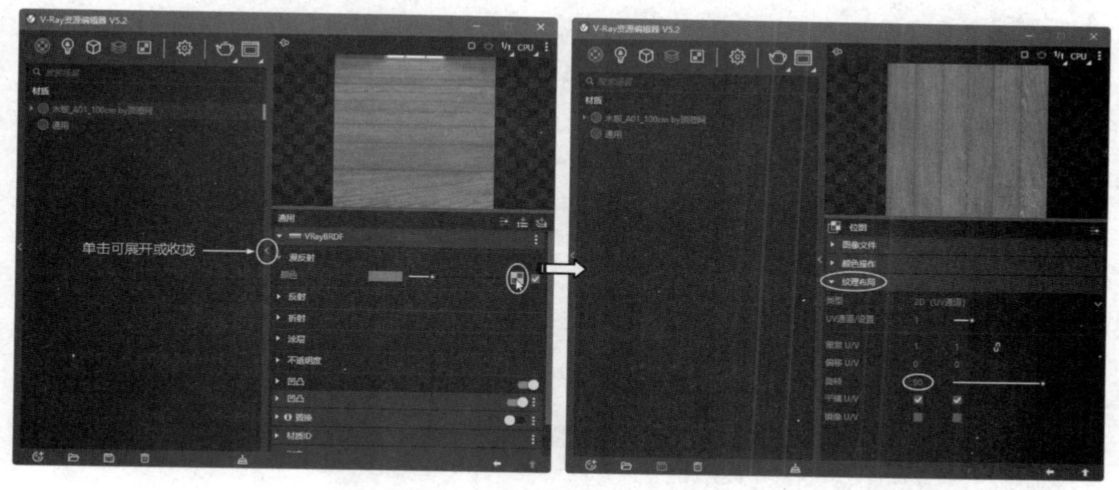

图 11-120　改变木纹的方向

⑤ 重新渲染得到如图 11-121 所示的木纹效果。

⑥ 设置笔记本下面的纸张材质。首先在材质库中选择【14.纸】材质，然后在【14.纸】材质的材质库列表中将【纸_D02_14cm by 顶渲网】材质赋予所选的纸张对象，并进行渲染，如图 11-122 所示。

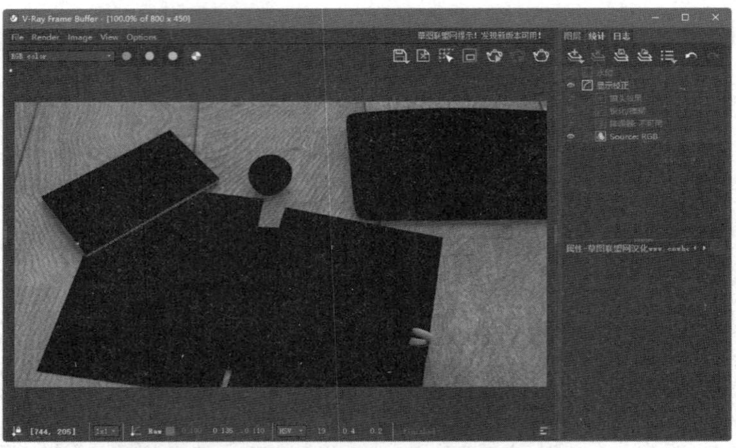

图 11-121 改变木纹方向后的渲染效果

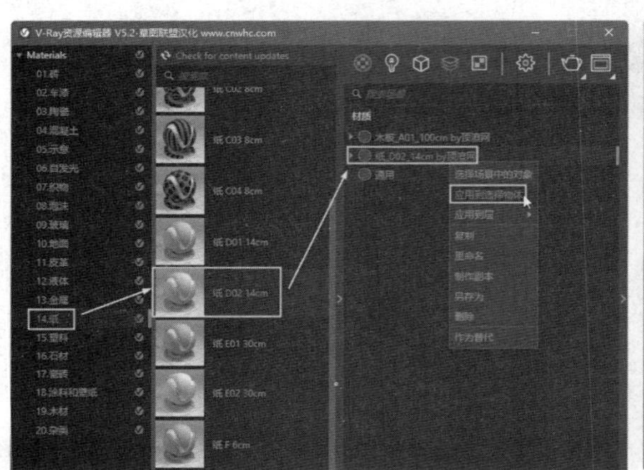

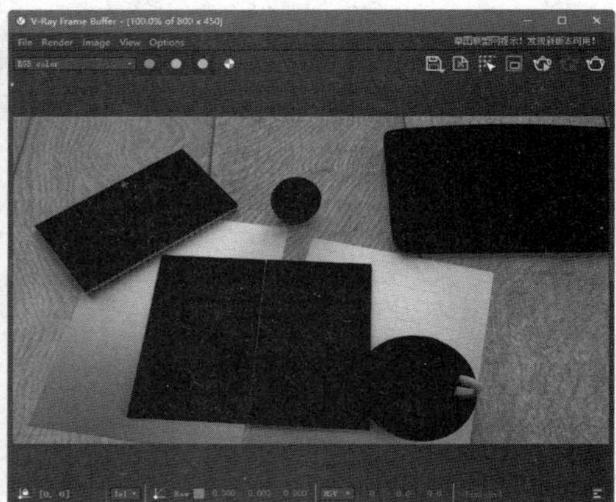

图 11-122 赋予纸张材质

⑦ 如果想模拟有文字（图案）的纸张，那么在材质编辑器面板的【漫反射】卷展栏的贴图通道添加自定义的贴图即可（本案例源文件“arch20_document_01.jpg”），如图 11-123 所示。

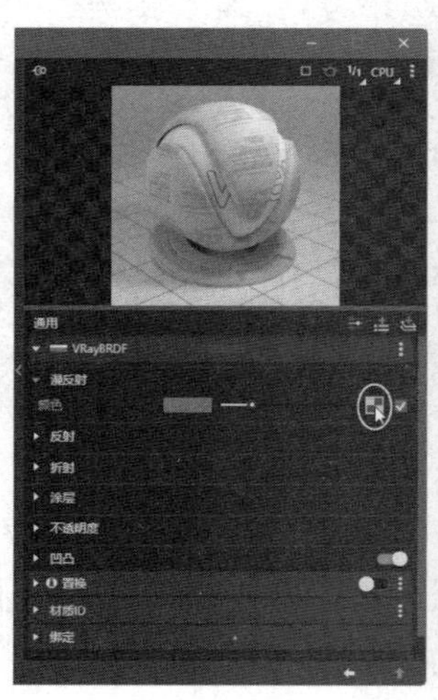

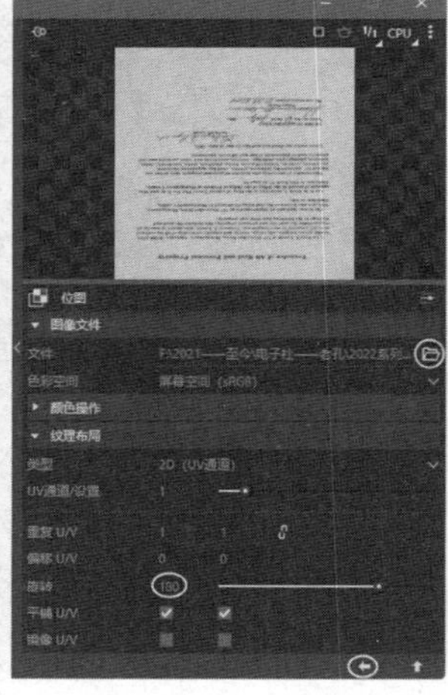

图 11-123 为纸张材质添加自定义的贴图

技术要点：

要连续选择多个对象需按 Shift 键。

⑧ 将“纸_C02_8cm by 顶渲网”材质赋予笔记本的封面（书皮），如图 11-124 所示。

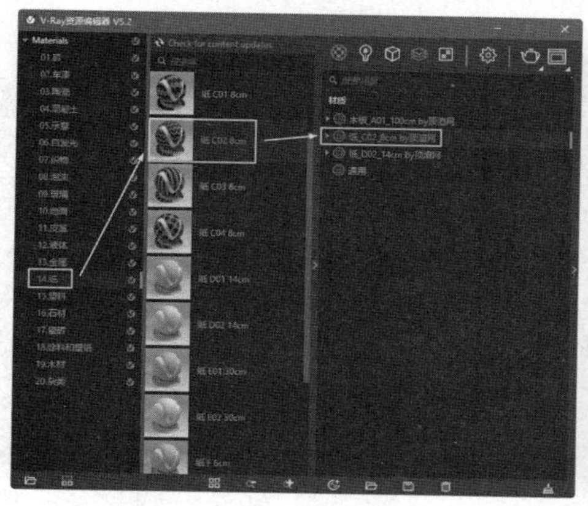
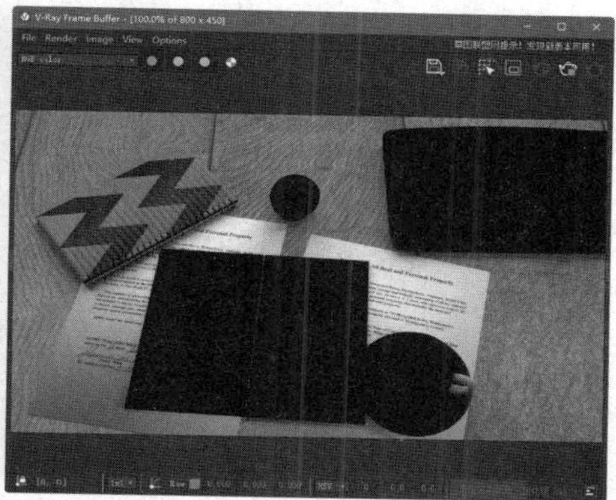

图 11-124　为笔记本的封面（书皮）赋予材质

⑨ 将“纸_B_20cm by 顶渲网”材质赋予笔记本的纸张，如图 11-125 所示。

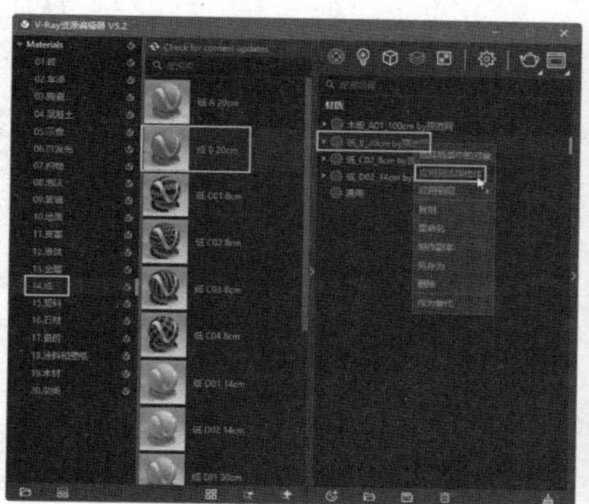
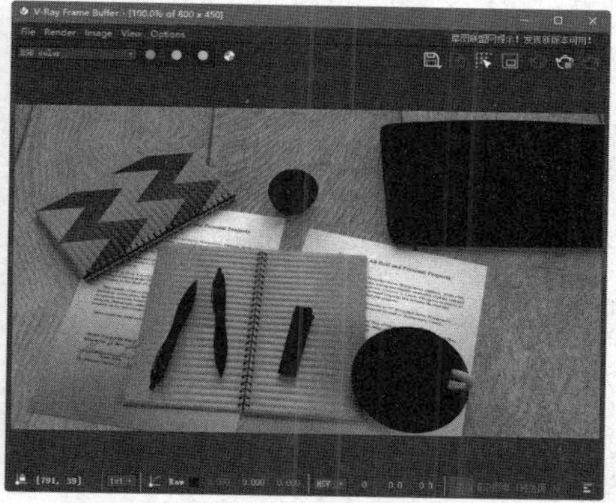

图 11-125　为笔记本的纸张赋予材质

⑩ 选择其中一支圆珠笔的笔身，并为其赋予“塑料_子面散射_03_绿色 by 顶渲网”材质，如图 11-126 所示。

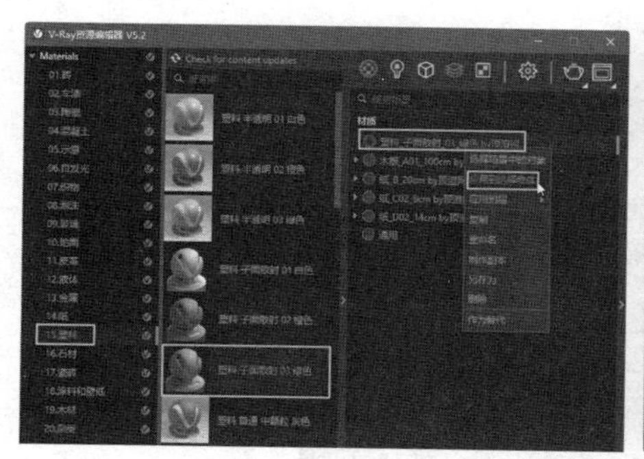

图 11-126　为圆珠笔的笔身赋予材质

⑪ 同理，选择另一支圆珠笔的笔身，并为其赋予“塑料_子面散射_02_橙色 by 顶渲网”材质。

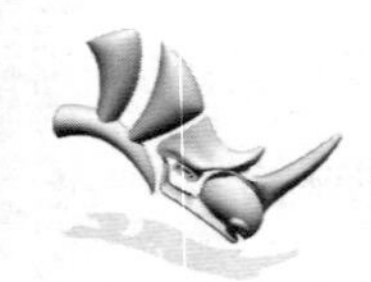

⑫ 将“钢_光滑 by 顶渲网”材质赋予圆珠笔笔身的其他部分和打火机的头罩，如图 11-127 所示。

⑬ 打火机外壳的塑料材质和圆珠笔的塑料材质是相同的，所以要设置其材质可以先对橙色塑料材质进行复制，再更改漫反射层与子面散射层的颜色为红色即可，如图 11-128 所示。

图 11-127　为圆珠笔笔身的其他部分和打火机的头罩赋予材质

图 11-128　为打火机外壳赋予材质

⑭ 为键盘赋予“塑料_普通_中颗粒_黑色 by 顶渲网”材质，如图 11-129 所示。

⑮ 将【03.陶瓷】材质的材质库列表中的【陶瓷_A02_橙色_10cm by 顶渲网】材质赋予咖啡杯及盘子，如图 11-130 所示。

图 11-129　为键盘赋予材质

图 11-130　为咖啡杯及盘子赋予材质

⑯ 将【12.液体】材质的材质库列表中的【咖啡 by 顶渲网】赋予咖啡杯中的咖啡，如图 11-131 所示。

图 11-131　为咖啡赋予材质

⑰ 设置柠檬材质。首先将“塑料_子面散射_01_白色 by 顶渲网”材质赋予柠檬，然后在材质编辑器面板中单击位图编辑按钮为柠檬材质添加一张柠檬贴图（本案例源文件“lemon-3.jpg”），如图 11-132 所示。

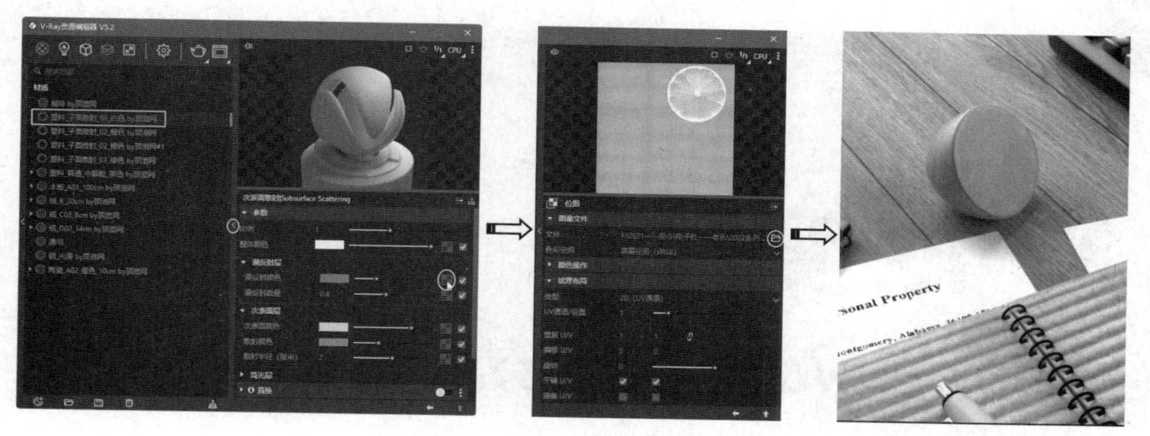

图 11-132　为柠檬材质添加柠檬贴图

⑱ 在【设置】选项卡的【渲染】卷展栏中关闭【交互式】选项并分别启用【渐进式】选项和【降噪器】选项，在【全局照明】卷展栏中设置【主引擎】为【发光贴图】、【二级引擎】为【灯光缓存】，如图 11-133 所示。整个场景的最终渲染效果如图 11-134 所示。

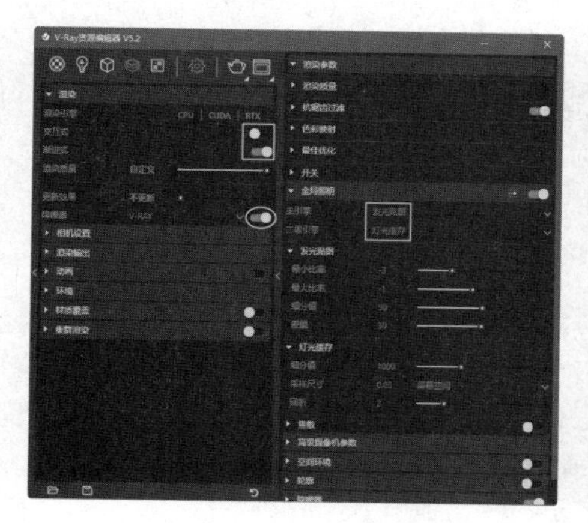

图 11-133　渲染设置

图 11-134　最终渲染效果

第 12 章
RhinoGold 珠宝设计

本章内容

本章主要介绍 Rhino 6.0 的珠宝设计插件 RhinoGold 6.6 设计界面、设计工具的基本用法，让用户更轻松地掌握 RhinoGold 的使用技巧。

知识要点

- ☑ RhinoGold 概述
- ☑ 使用变动工具设计首饰
- ☑ 宝石工具
- ☑ 使用珠宝工具设计首饰

12.1　RhinoGold 概述

RhinoGold 是一款专业的 3D 珠宝设计软件，用来设计立体的珠宝造型，输出的数据文件可适用于任何打印设备以制作尺寸精准的可铸造模型。

RhinoGold 是闻名全球的珠宝设计方案提供商 TDM Solutions 的旗下产品。TDM Solutions 是一家特别重视珠宝产业，并且提供各式产业数字辅助设计/制造（CAD/CAM）解决方案的企业。此外，TDM Solutions 可以提供数字辅助设计/制造方案给汽车、模具、模型制作、鞋业，以及一般机械设备产业。

12.1.1　RhinoGold 6.6 的下载与安装

RhinoGold 6.6 是犀牛金软件的最后一个版本，2022 年 8 月 1 日之后将不再支持该插件。RhinoGold 6.6 可以独立运行，目前仅与 Rhino 6.0（Rhino 6.0 的功能与 Rhino 8.0 的功能完全相同）完美结合，暂不能与 Rhino 8.0 交互使用。所以本章将以 RhinoGold 6.6 独立运行的软件窗口进行详细讲解。

进入 RhinoGold 的官网下载安装程序 GateApp.exe。RhinoGold 6.6 可以免费试用（期限为 15 天），以为初学者提供了学习的便利。

上机操作——RhinoGold 6.6 的安装

① 双击 RhinoGold 6.6 的安装程序 GateApp.exe，启动安装界面，如图 12-1 所示。注意，如果为第一次弹出安装界面，则需要注册一个账号。

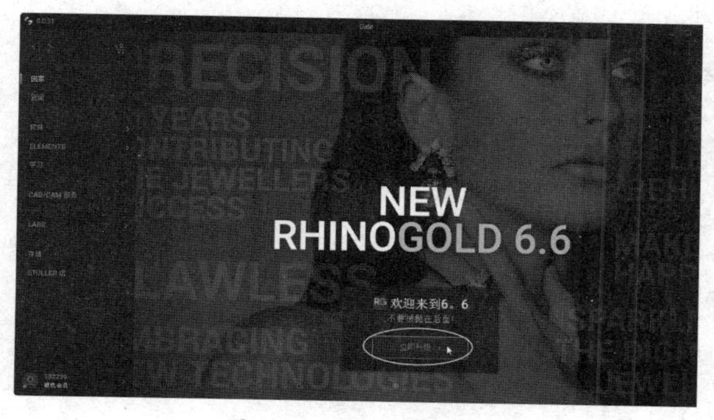

图 12-1　启动安装界面

② 在安装界面底部单击【立即升级】按钮，弹出 RhinoGold 6.6 下载界面。先选择匹配的 Rhino 6，然后单击【尝试】按钮，系统会自动从官网下载 RhinoGold 6.6 程序包，并完

成自动安装，无须人为安装，如图 12-2 所示。

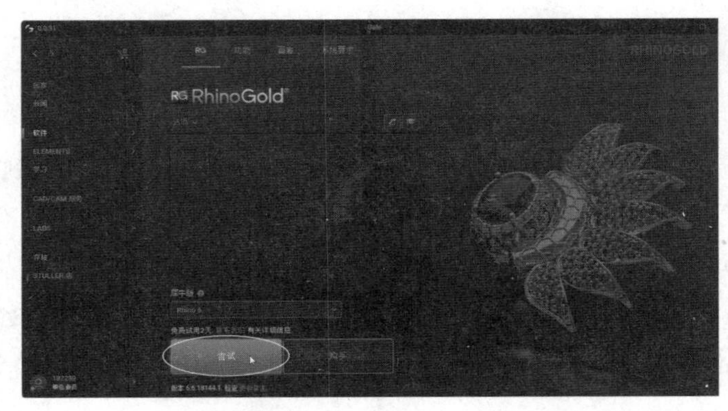

图 12-2　自动下载 RhinoGold 6.6 程序包并安装

③　安装完成后在桌面上生成 RhinoGold 6.6 的图标。双击此图标，将启动 RhinoGold 6.6，如果是首次使用软件则应单击【继续】按钮，如图 12-3 所示。

④　在弹出的界面中单击【购买】或【尝试】按钮。如果继续试用，单击【尝试】按钮（见图 12-4）将进入 RhinoGold 6.6 设计界面。

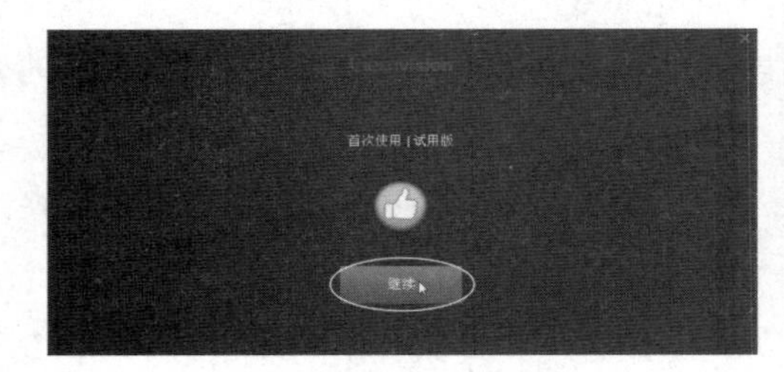

图 12-3　试用软件

图 12-4　选择继续尝试

⑤　RhinoGold 6.6 设计界面如图 12-5 所示。

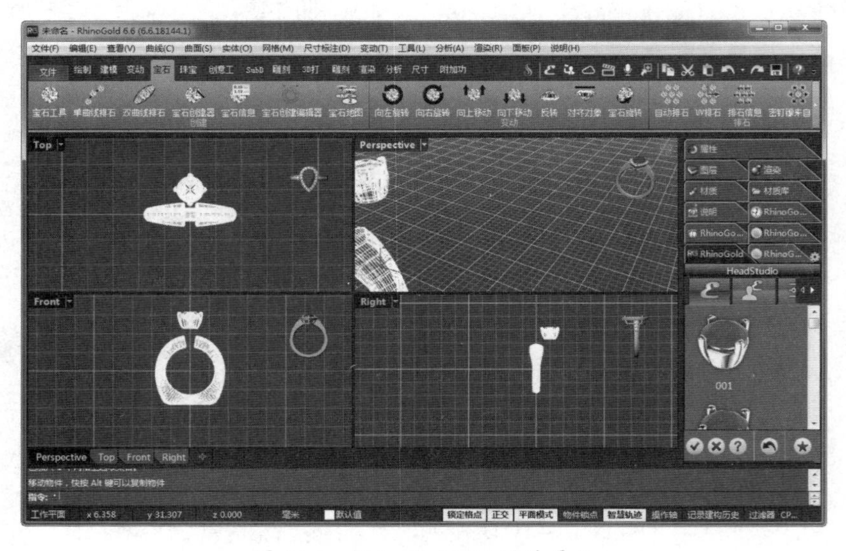

图 12-5　RhinoGold 6.6 设计界面

⑥　既然 RhinoGold 6.6 是 Rhino 6.0 的插件，那么也可以打开 Rhino 6.0，在 Rhino 6.0 界面中使用 RhinoGold 6.6 的相关设计工具，如图 12-6 所示。在 Rhino 6.0 中设计珠宝，赋予材质后不会进行实时渲染，而在 RhinoGold 6.6 中设计珠宝，可以实时观察到珠宝的渲染效果，所以本章均在 RhinoGold 6.6 中进行设计。

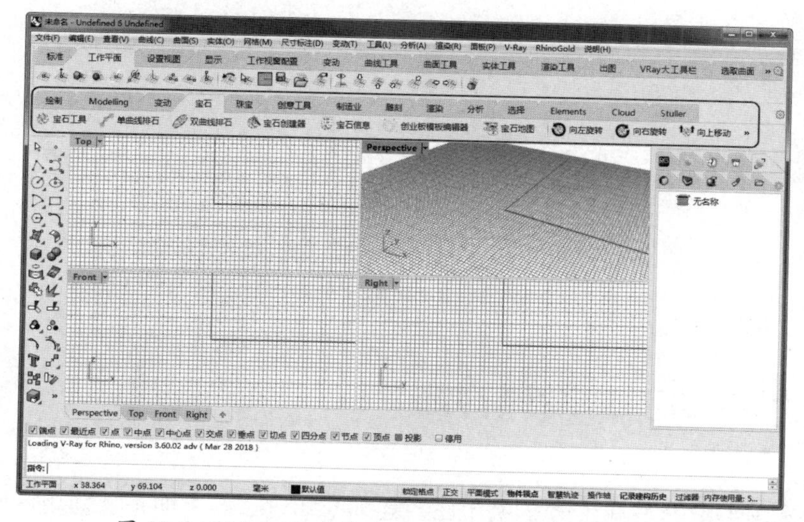

图 12-6　Rhino 6.0 中的 RhinoGold 6.6 的相关设计工具

12.1.2　RhinoGold 6.6 设计工具

在 RhinoGold 6.6 界面中，功能区包含多个用于设计珠宝首饰的工具，其中【绘制】、【建模】、【变动】、【渲染】、【分析】及【尺寸】等选项卡中的工具，均属于 Rhino 8.0 的设计工具。

RhinoGold 6.6 与 Rhino 6.0 的界面环境是基本相同的，并且 RhinoGold 6.6 与 Rhino 6.0 的视图操控方式也是完全相同的。如果已经习惯于其他三维软件的键盘与鼠标的操作方式，可以执行【文件】|【选项】命令，打开【Rhino 选项】对话框，先在左侧选择【鼠标】选项，然后在右侧设置键盘与鼠标的操控方式，如图 12-7 所示。

RhinoGold 6.6 的键盘与鼠标的操控方式如下。

- 单击鼠标左键：选择对象。
- 单击鼠标中键：弹出选择功能菜单。
- 单击鼠标右键：重复执行上一次命令。
- 滚动鼠标中键：缩放视图。
- 按鼠标右键：旋转视图。
- 按右键+Shift 键：平移视图。
- 按右键+Ctrl 键：缩放视图。

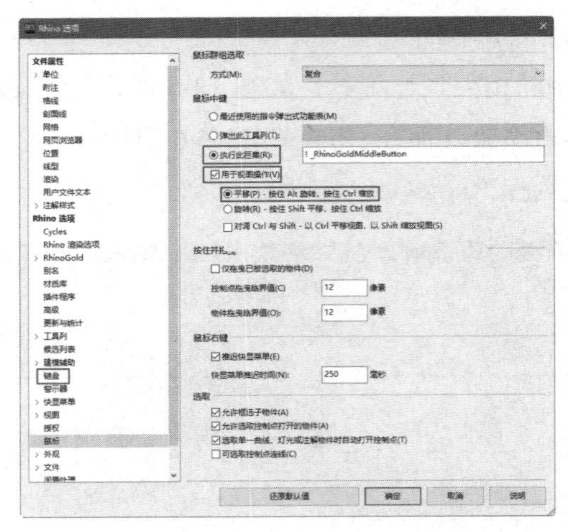

图 12-7 【Rhino 选项】对话框

12.2 使用变动工具设计首饰

【变动】选项卡中的工具在第 2 章中已经详细介绍过了。下面主要使用这些变动工具进行几个首饰设计的练习。RhinoGold 6.6 中的【变动】选项卡如图 12-8 所示。

图 12-8 【变动】选项卡

上机操作——【操作轴变形器】工具的应用练习

① 打开本案例源文件“12-1.3dm”，练习模型如图 12-9 所示。

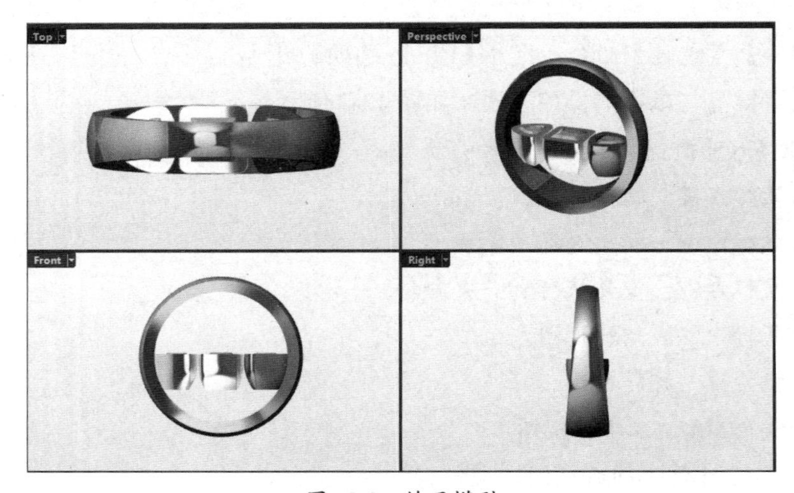

图 12-9 练习模型

② 先在【变动】选项卡的【常用】工具面板中单击【操作轴变形器】按钮，然后在 Front 视窗中选择中间的宝石及包镶，按住 Shift 键将其向上拖动以改变其位置，如图 12-10 所示。

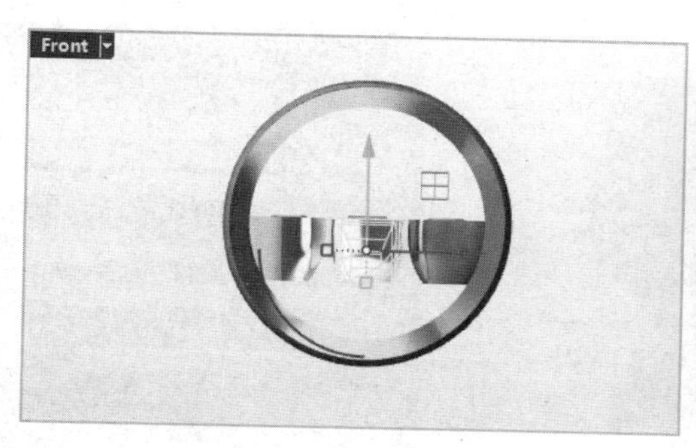

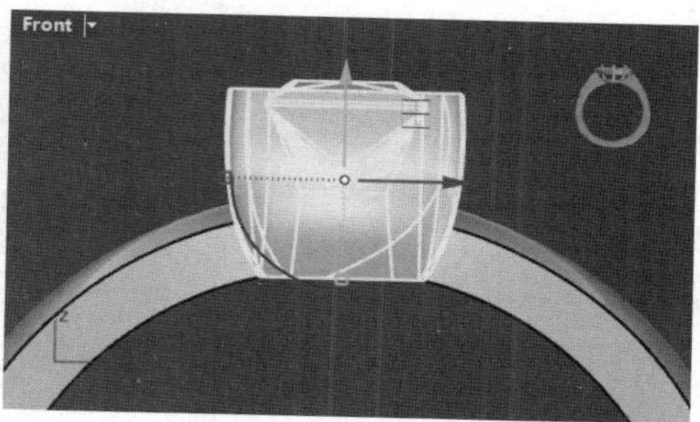

图 12-10　向上拖动中间的宝石及包镶

技术要点：

如果仅选择宝石，那么系统会自动检测到与宝石有关联的包镶，并且能够在移动宝石的同时移动包镶。

③ 同理，先将左侧的宝石及包镶拖动到如图 12-11 所示的位置，然后拖动旋转弧以改变其方向。

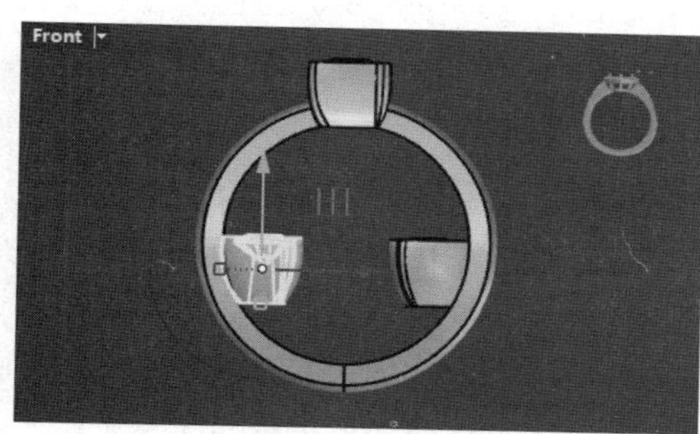

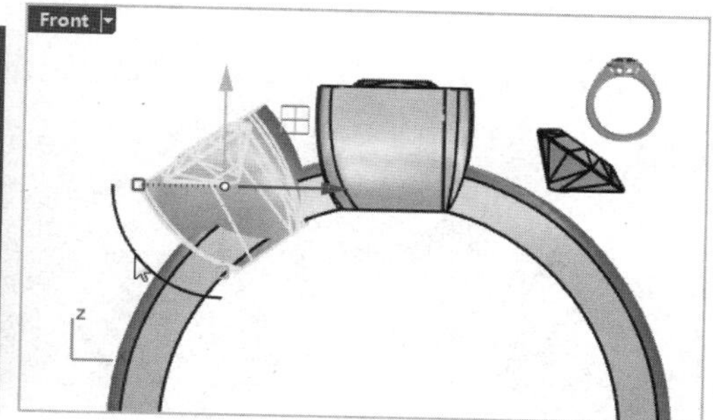

图 12-11　拖动左侧的宝石及包镶并旋转方向

④ 将右侧的宝石及包镶拖动并旋转，如图 12-12 所示。

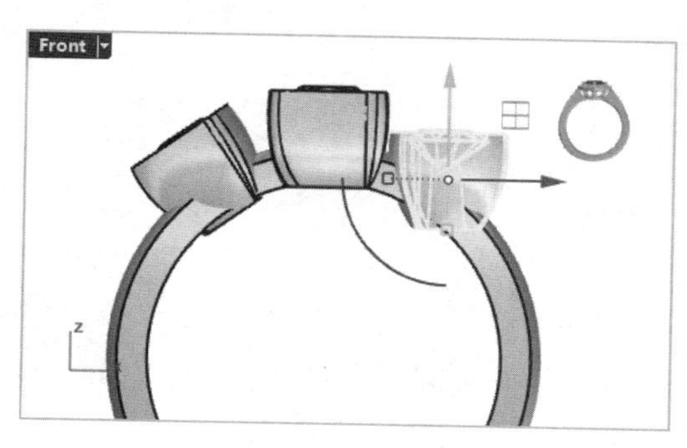

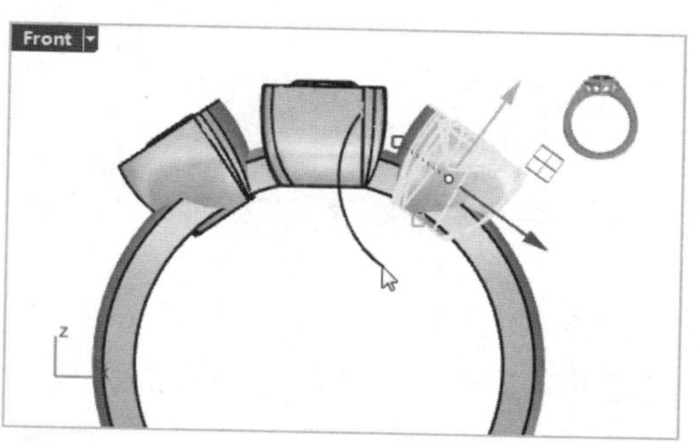

图 12-12　拖动右侧的宝石及包镶并旋转

⑤ 在【珠宝】选项卡的【戒指】工具面板中单击【尺寸测量器】按钮，在窗口右侧显示

的控制面板中选择 Hong Kong 图标，设置圆柱的底面直径为 15、高度为 10.00，并单击控制面板底部的【确定】按钮，完成圆柱实体（此实体代表了手指尺寸）的创建，如图 12-13 所示。

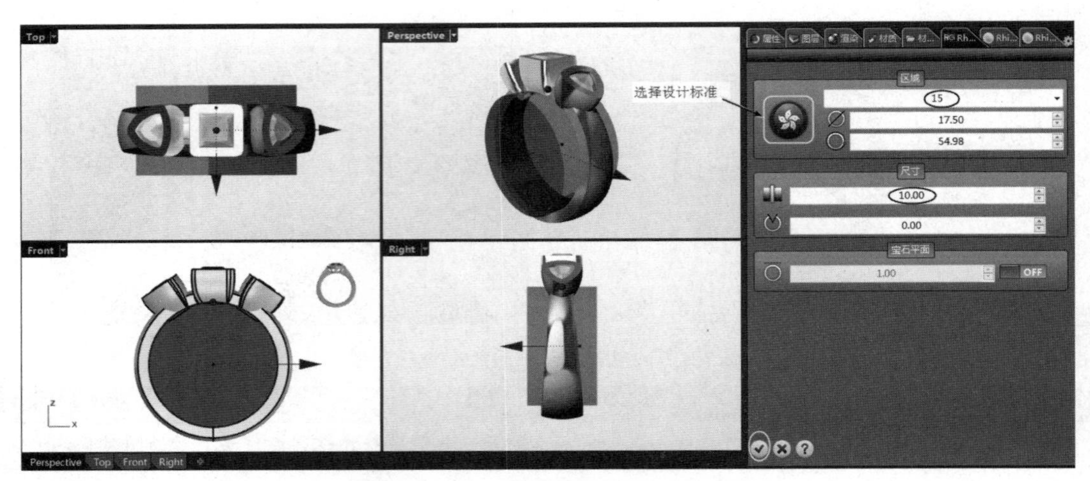

图 12-13　创建模拟手指尺寸的圆柱实体

⑥ 在【建模】选项卡的【修改实体】面板中单击【布尔运算差集】按钮，在任何一个工作视窗中先按 Shift 键并选择 3 个包镶作为分割主体，按 Enter 键，再选择圆柱实体作为切割工具，按 Enter 键后完成切割操作，如图 12-14 所示。

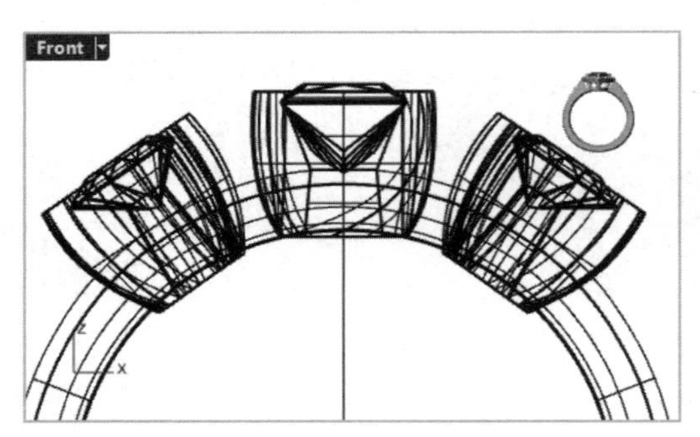

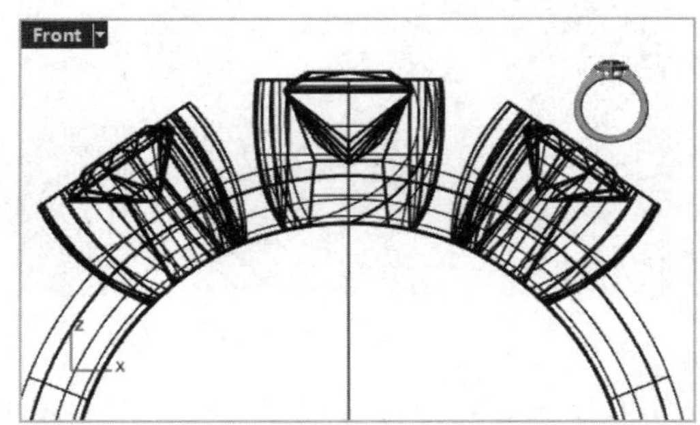

图 12-14　切割包镶中多余的部分

⑦ 完成本次练习，保存结果文件。

上机操作——【动态圆形阵列】工具的应用练习

① 打开本案例源文件“12-2.3dm”，练习模型如图 12-15 所示。

② 在【变动】选项卡的【阵列】工具面板中单击【动态圆形阵列】按钮，在【RhinoGold】控制面板中将显示圆形阵列选项，如图 12-16 所示。

③ 在工作视窗中先选择宝石与包镶，然后在【RhinoGold】控制面板中的物件选择器上单击，添加要阵列的对象，如图 12-17 所示。

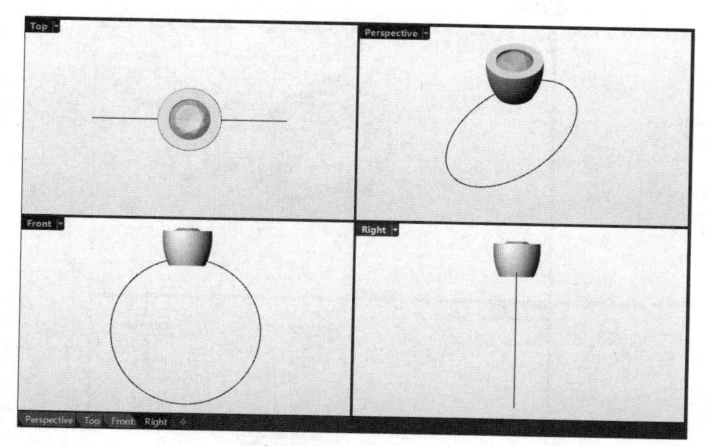

图 12-15　练习模型

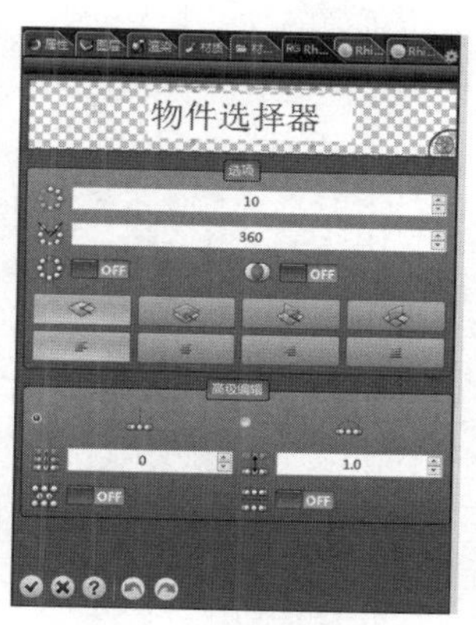

图 12-16　圆形阵列选项

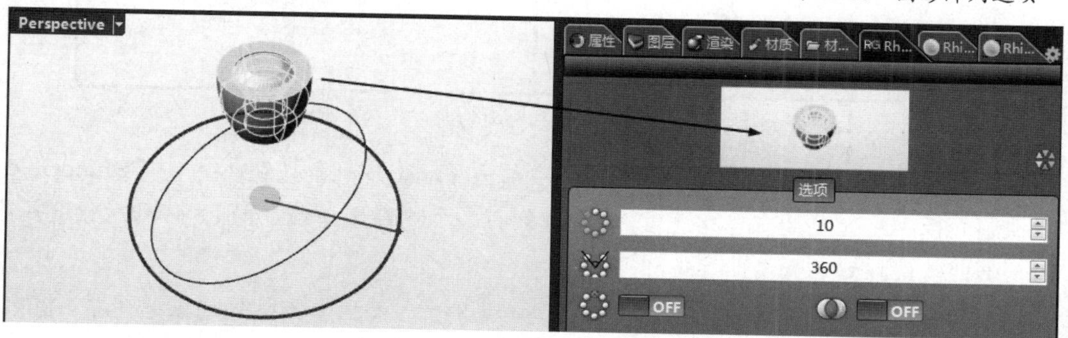

图 12-17　添加要阵列的对象

④　在控制面板中设置副本为 13，并单击【前】按钮，其他选项保持默认设置，单击【确定】按钮完成动态圆形阵列操作，如图 12-18 所示。

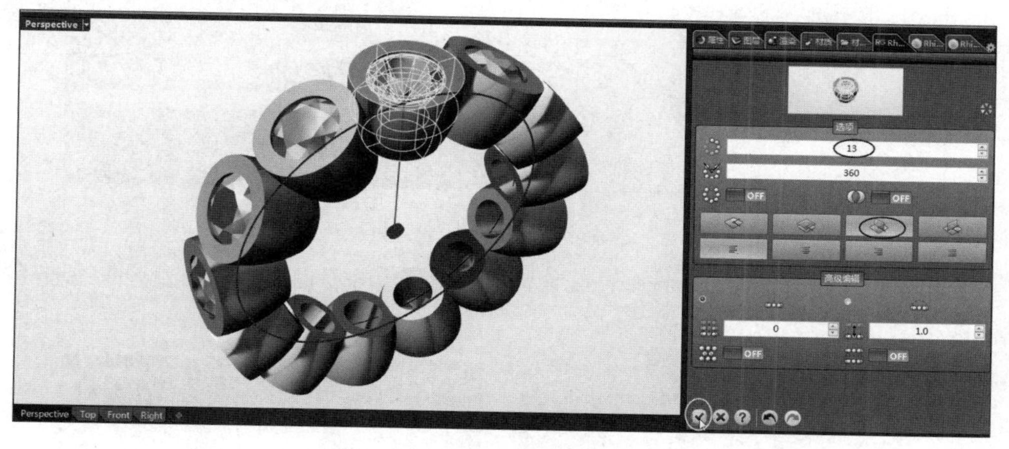

图 12-18　完成动态圆形阵列操作

上机操作——【动态阵列】工具的应用练习

①　打开本案例源文件“12-3.3dm”，练习模型如图 12-19 所示。

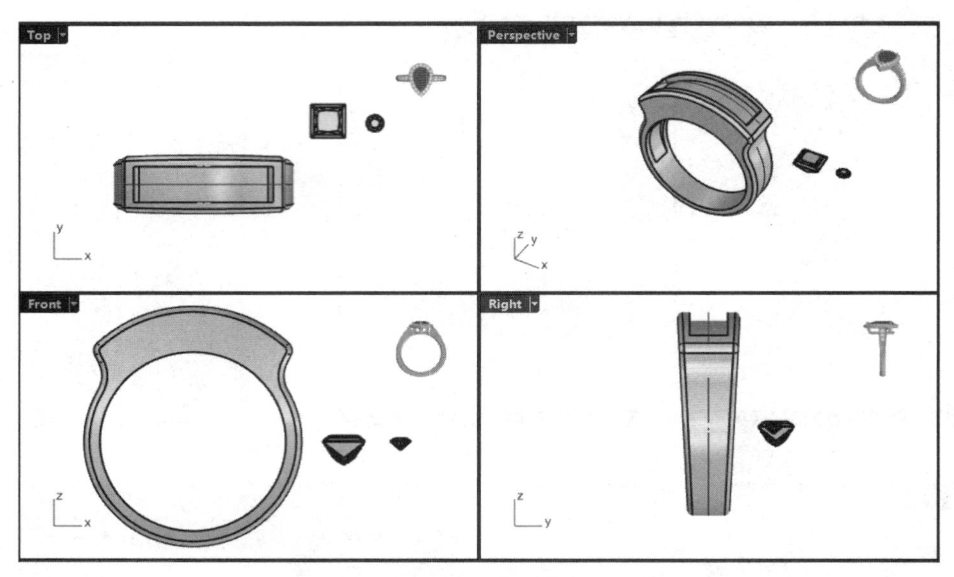

图 12-19　练习模型

② 在【变动】选项卡的【阵列】工具面板中单击【动态阵列】按钮，在【RhinoGold】控制面板中将显示动态阵列选项。动态阵列有 3 个物件选择器，分别为阵列对象选择器、参考曲线选择器和参考曲面选择器。

③ 在工作视窗中先选择较大的那颗宝石作为阵列对象，然后单击阵列对象选择器，将宝石添加到选择器中，如图 12-20 所示。

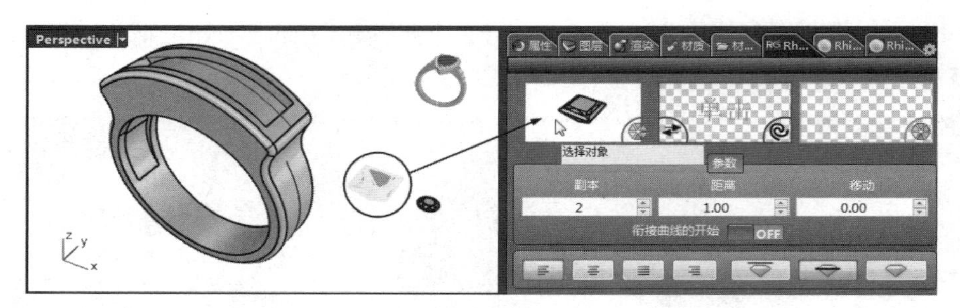

图 12-20　添加阵列对象

④ 按照此操作，在工作视窗中选择曲线作为参考曲线，并将曲线添加到参考曲线选择器中，如图 12-21 所示。

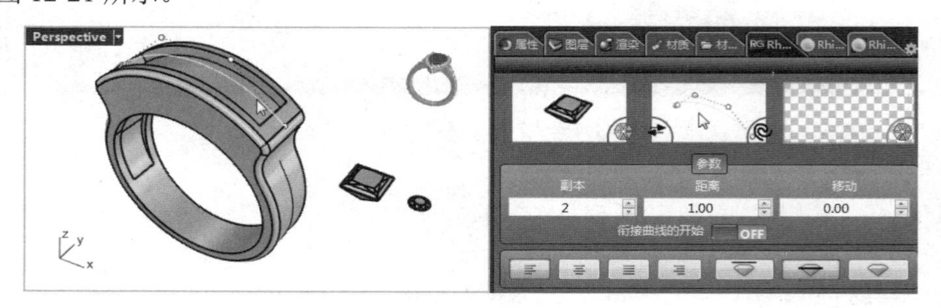

图 12-21　添加参考曲线

⑤ 在工作视窗中选择戒指作为参考曲面并将戒指添加到参考曲面选择器中，如图 12-22 所示。

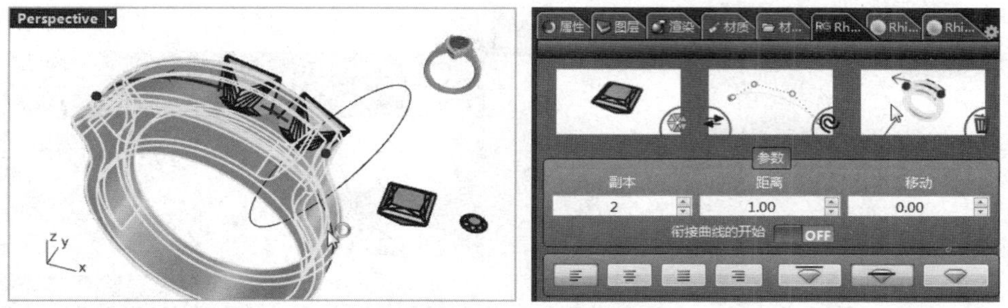

图 12-22　添加参考曲面

⑥ 先设置【副本】为 4、【距离】为 0.40，再分别单击【对齐中心】按钮和【对齐顶端】按钮，最后单击【确定】按钮完成动态阵列，如图 12-23 所示。

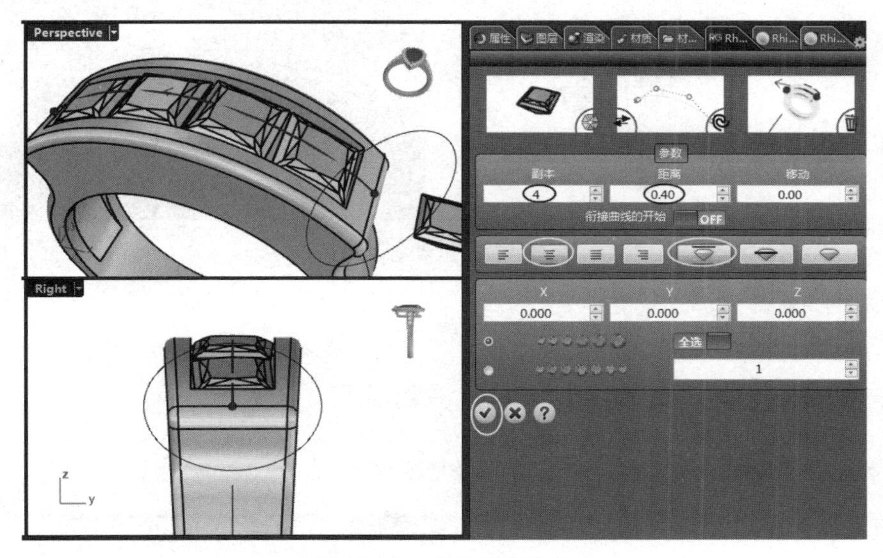

图 12-23　完成动态阵列

⑦ 单击【动态阵列】按钮，在工作视窗中依次选择圆形宝石作为阵列对象并将圆形宝石添加到阵列对象选择器中，选择戒圈中间的曲线作为参考曲线并将曲线添加到参考曲线选择器中，选择戒指实体作为参考曲面并将戒指实体添加到参考曲面选择器中，如图 12-24 所示。

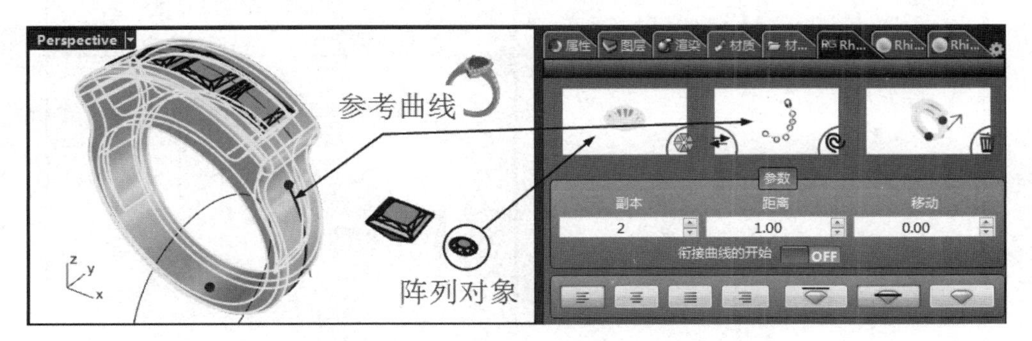

图 12-24　添加阵列对象、参考曲线和参考曲面

⑧ 先设置【副本】为 7、【距离】为 0.40，再设置其他选项，最后单击【确定】按钮✓完成动态阵列，如图 12-25 所示。

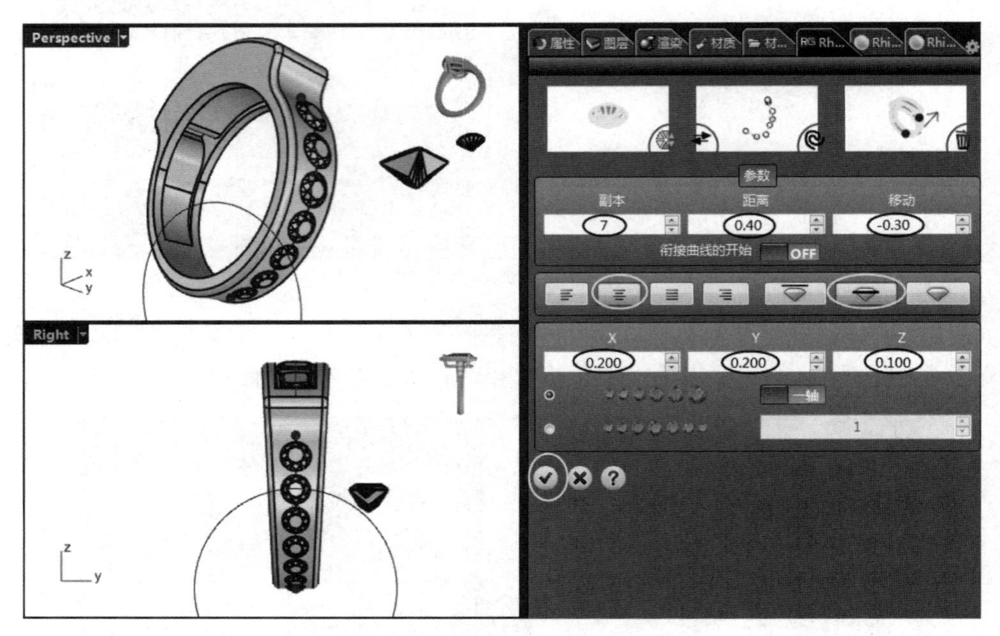

图 12-25 完成动态阵列

⑨ 完成本次练习，保存结果文件。

上机操作——【沿着曲线放样】工具的应用练习

① 打开本案例源文件“12-4.3dm”，练习模型如图 12-26 所示。

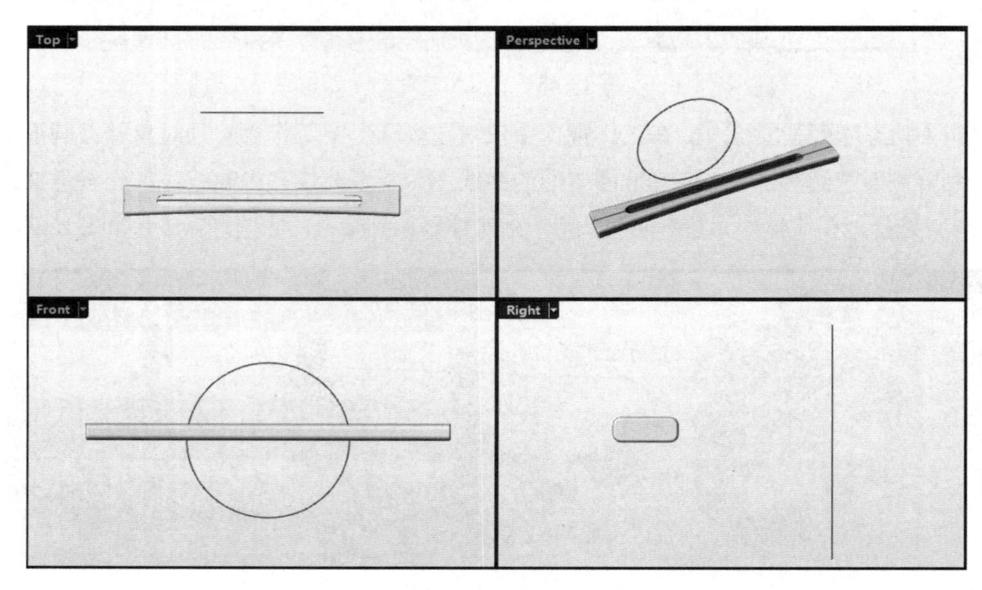

图 12-26 练习模型

② 在窗口底部的状态栏中启用【记录构建历史】选项，并启用【过滤器】中的【子物件】选项。

③ 在【变动】选项卡的【变形】属性面板中单击【沿着曲线放样】按钮，按命令行中的提示内容进行操作。首先选择实体作为放样对象，按 Enter 键后，选择实体中间的那条直线作为基准曲线，并在命令行中设置【延展】为【是】，然后选择圆形曲线作为目标曲线，最后按 Enter 键完成放样操作，如图 12-27 所示。

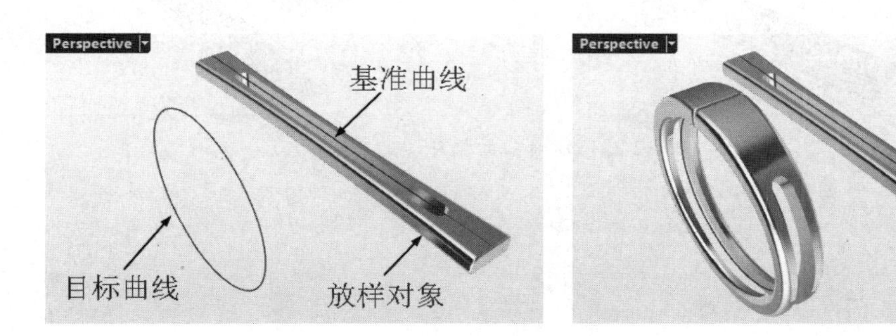

图 12-27　沿着曲线放样

④ 完成本次练习，保存结果文件。

上机操作——【沿着曲面放样】工具的应用练习

① 打开本案例源文件“12-5.3dm”，如图 12-28 所示。

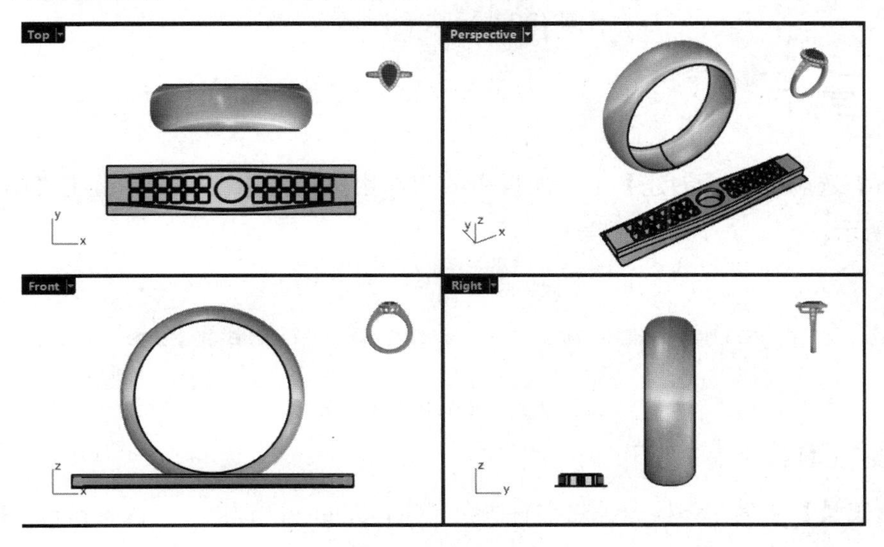

图 12-28　练习模型

② 在窗口底部的状态栏中选择【记录构建历史】选项，并选择【过滤器】中的【子物件】选项。

③ 先在【变动】选项卡的【变形】属性面板中单击【沿着曲面放样】按钮，按命令行中

的提示内容进行操作，然后依次选择放样对象、基准曲面和目标曲面，按 Enter 键完成放样操作，如图 12-29 所示。

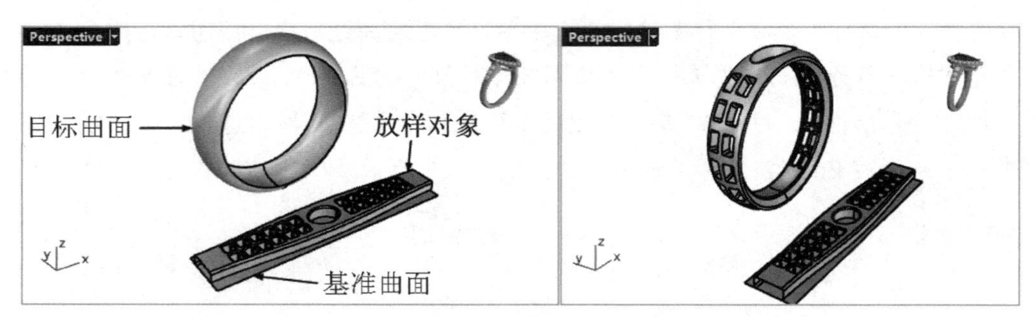

图 12-29　沿着曲面放样

④　完成本次练习，保存结果文件。

12.3　宝石工具

【宝石】选项卡中的工具既可以创建标准的宝石，又可以创建自定义的宝石。【宝石】选项卡如图 12-30 所示。

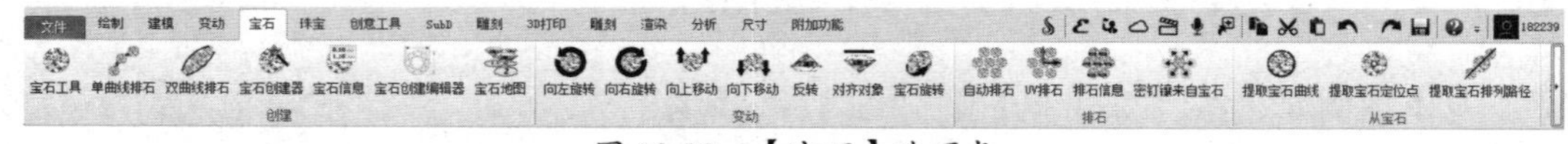

图 12-30　【宝石】选项卡

12.3.1　宝石

【宝石】选项卡的【创建】工具面板中的工具用来创建标准宝石和自定义的宝石，如图 12-31 所示。

图 12-31　【创建】工具面板

1. 宝石工具

【宝石工具】工具允许根据美国宝石协会（Gemological Institute of America，GIA）的标准与用户自定义的尺寸大小，将不同切割方式的宝石放于模型中。单击【宝石工具】按钮，在【RhinoGold】控制面板中将显示宝石工具选项，如图 12-32 所示。

创建宝石的基本过程如下。

①　在【RhinoGold】控制面板中选择宝石形状。

② 选择宝石材质。

③ 设置宝石的各项参数。

④ 在【RhinoGold】控制面板底部单击按钮，展开【插入平面原点】下拉列表，如图 12-33 所示。选择一种宝石插入方式，将宝石插入工作视窗。

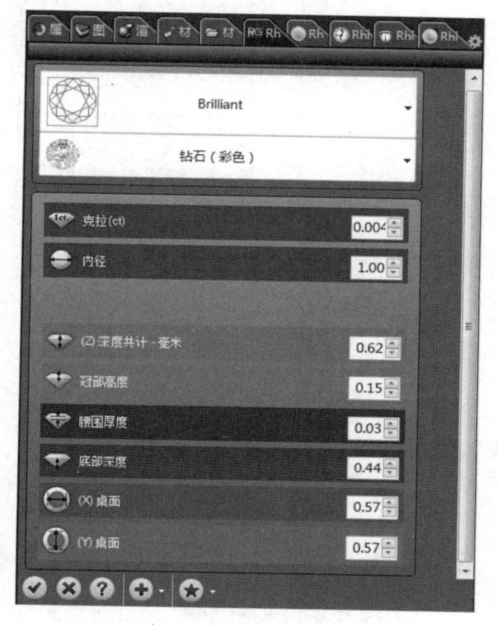

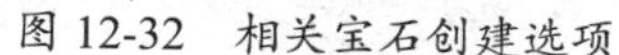
图 12-32　相关宝石创建选项

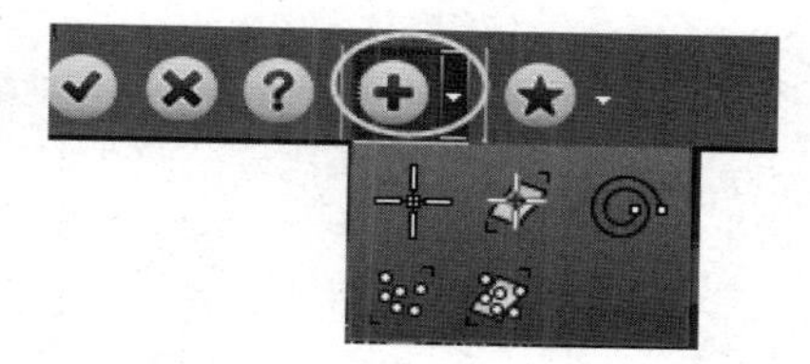
图 12-33　【插入平面原点】下拉列表

【插入平面原点】下拉列表中各个选项的功能如下。

- 插入选择点：必须选择点以插入宝石，可以使用参考对象上的点。宝石的方向是由当前工作平面决定的。
- 选择对象上的点：实际上是在曲面对象上指定一个放置点。
- 选择曲线上的点：选择一条直线或曲线定义宝石的方向（在曲线所在平面的法向），并且使得宝石底部的点在曲线起点上。
- 选择点：在工作视窗中任意选择一个点放置宝石，宝石的方向由当前工作平面决定。
- 在曲面上选择点：其实就是选择曲面上的已有点作为宝石底部的放置点，并且宝石的方向是该点的曲面法向。

上机操作——【宝石工具】工具的应用练习

① 打开本案例源文件“12-6.3dm”，练习模型如图 12-34 所示。

② 先在【宝石】选项卡的【创建】工具面板中单击【宝石工具】按钮，然后在【RhinoGold】控制面板中选择宝石的形状及材质，并设置宝石的参数，最后选择宝石插入方式为【插入选择点】，如图 12-35 所示。

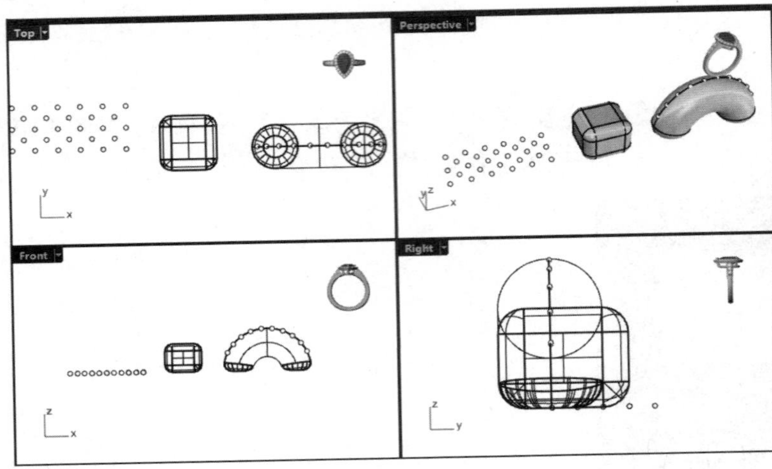

图 12-34　练习模型

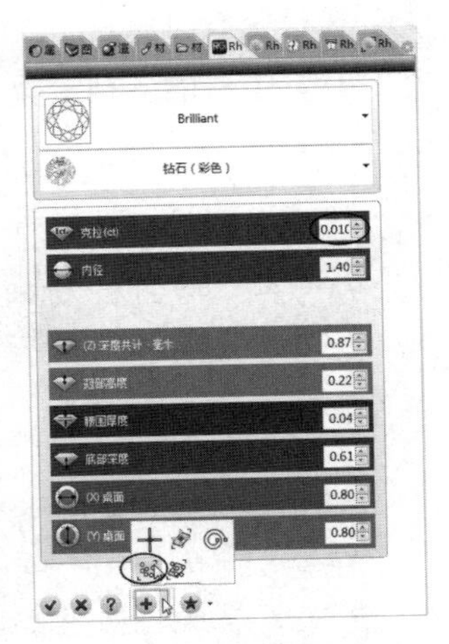

图 12-35　设置宝石选项

③ 在工作视窗中框选要插入宝石的点，如图 12-36 所示。按 Enter 键完成宝石的创建，如图 12-37 所示。

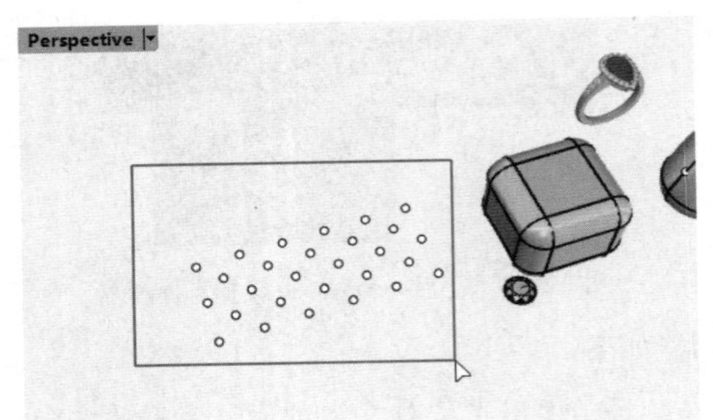

图 12-36　框选要插入宝石的点

图 12-37　完成宝石的创建

④ 同理，使用【宝石工具】工具设置相同的宝石的形状及参数，选择【在曲面上选择点】的宝石插入方式，通过在环状体上选取点和曲面插入宝石，如图 12-38 所示。单击【RhinoGold】控制面板中的【确定】按钮 结束操作，保存结果文件。

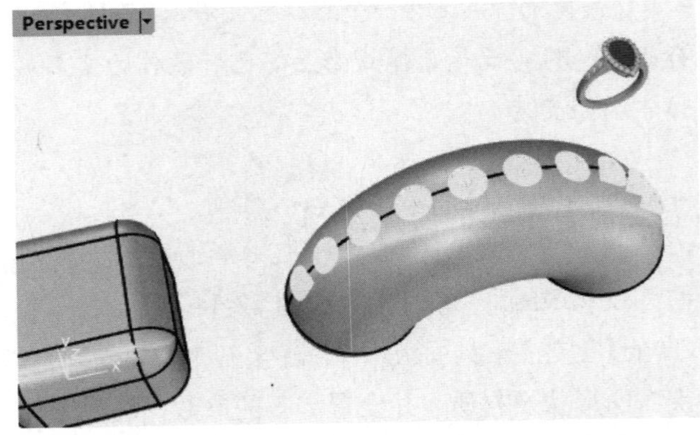

图 12-38　选择【在曲面上选择点】的方式插入宝石

技术要点：

如果要编辑宝石的参数，选择宝石后按 F2 键，可以再次打开【RhinoGold】控制面板，编辑参数后，单击【确定】按钮 即可。

2. 宝石创建器

使用【宝石创建器】工具可以根据封闭的曲线来创建任意形状的宝石。

上机操作——【宝石创建器】工具的应用练习

① 打开本案例源文件“12-7.3dm”，练习模型如图 12-39 所示。

② 在【宝石】选项卡的【创建】工具面板中单击【宝石创建器】按钮，在【RhinoGold】控制面板中将显示宝石创建器选项。

③ 先在工作视窗中选取一个正六边形的封闭曲线，然后在【RhinoGold】控制面板中的参考曲线选择器中单击，此时在工作视窗中可以预览一颗宝石的形状，如图 12-40 所示。

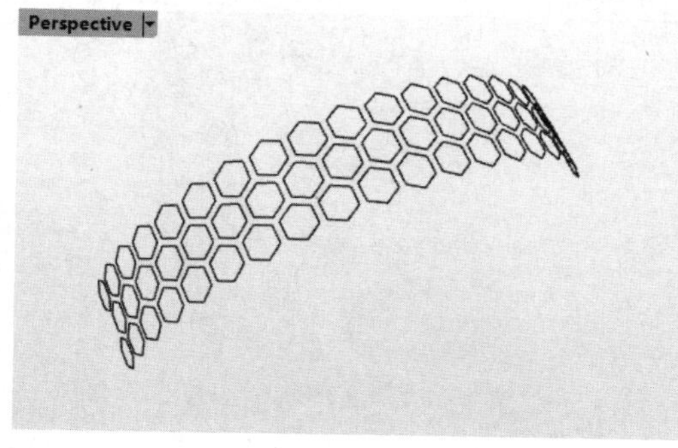

图 12-39　练习模型

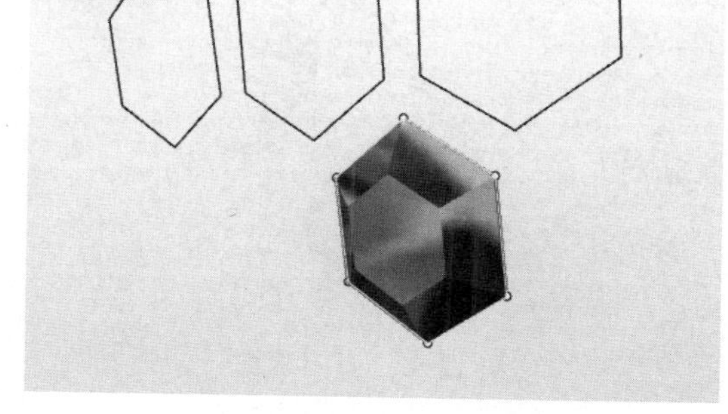

图 12-40　预览宝石的形状

④ 在【RhinoGold】控制面板中单击【选择宝石材质】按钮，从弹出的【宝石材质选择器】对话框中选择一种宝石材质（需要双击宝石材质才能将宝石材质应用到宝石中），如图 12-41 所示。

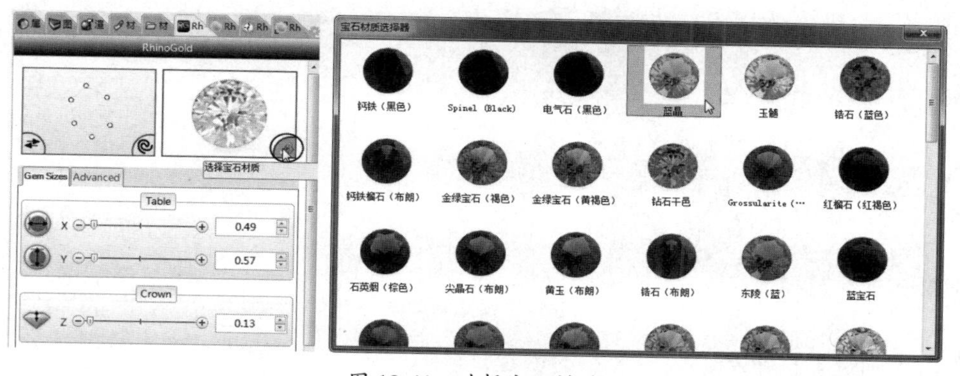

图 12-41　选择宝石材质

⑤ 单击【RhinoGold】控制面板底部的【确定】按钮，完成一颗宝石的创建。同理，可以继续选择其他封闭曲线创建宝石。

12.3.2 排石

排石就是在戒指曲面上排布钻石和钉镶。下面介绍排石工具的用法。

1. 双曲线排石

使用【双曲线排石】工具可以在两条曲线中放置多个宝石。

上机操作——【双曲线排石】工具的应用练习

① 打开本案例源文件“12-8.3dm”，练习模型如图 12-42 所示。

② 在【宝石】选项卡的【创建】工具面板中单击【双曲线排石】按钮，在【RhinoGold】控制面板中将显示双曲线排石选项。

③ 在工作视窗中按 Shift 键选择两条曲线，如图 12-43 所示。

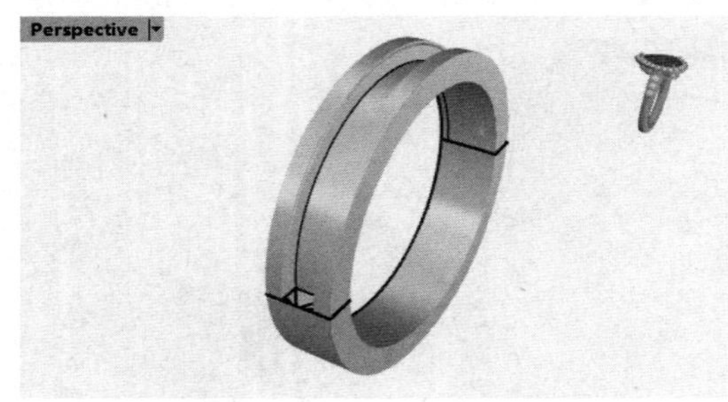

图 12-42 练习模型

图 12-43 选择两条曲线

④ 在【RhinoGold】控制面板中单击参考曲线选择器，将所选曲线添加到选择器中。为宝石选择材质后，单击【RhinoGold】控制面板底部的【预览】按钮，系统会自动计算两条曲线之间的距离，并自动插入符合计算结果的宝石。预览双曲线排石如图 12-44 所示。

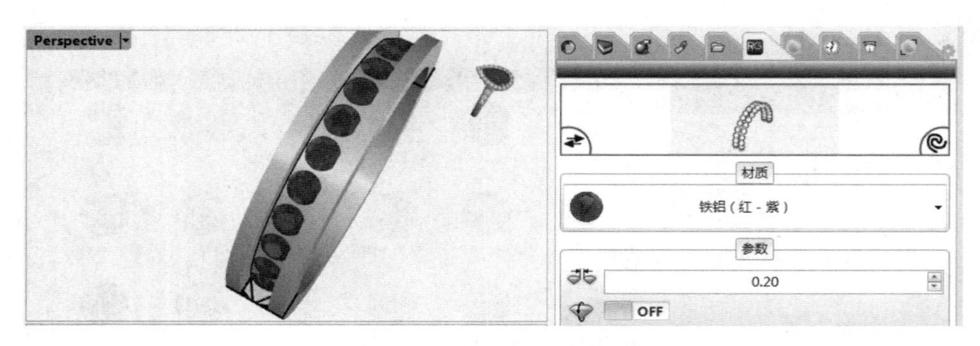

图 12-44 预览双曲线排石

⑤ 单击【确定】按钮，完成宝石的创建。

2. 自动排石

使用【自动排石】工具可以在任何物件上自动分布与动态摆放宝石。

上机操作——【自动排石】工具的应用练习

① 打开本案例源文件“12-9.3dm”，练习模型如图 12-45 所示。

② 在【宝石】选项卡的【创建】工具面板中单击【自动排石】按钮，在【RhinoGold】控制面板中将显示自动排石选项。

③ 在【RhinoGold】控制面板中单击选择器，并在工作视窗中选择戒指头部的曲面，将其添加到选择器中，如图 12-46 所示。

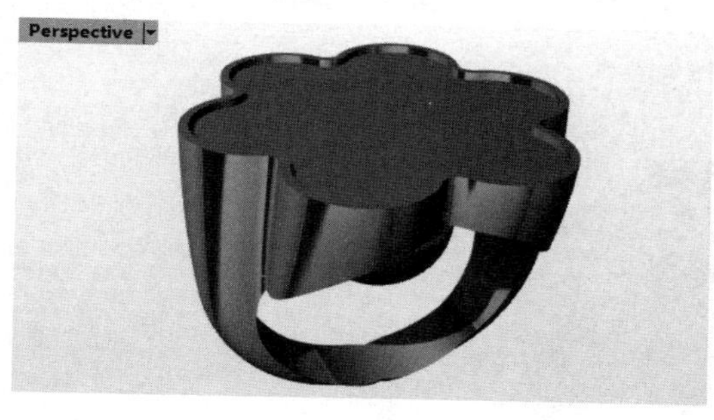

图 12-45　练习模型

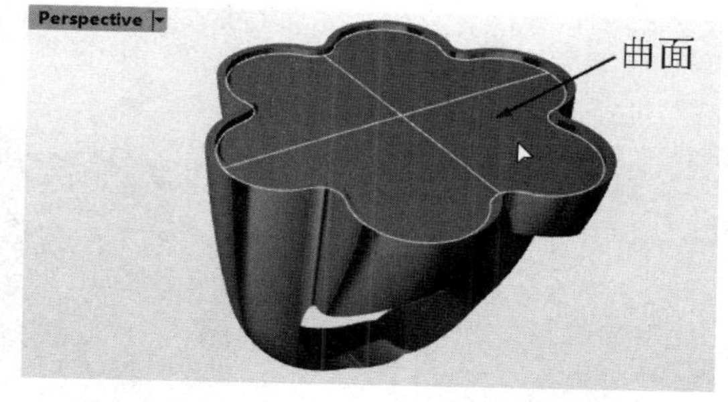

图 12-46　选择曲面并将其添加到选择器中

④ 在【RhinoGold】控制面板的【参数】选项组中设置宝石排布的参数，并在【宝石尺寸】选项卡中设置宝石尺寸，如图 12-47 所示。

⑤ 在【RhinoGold】控制面板的【钉镶】选项卡中设置钉镶的参数，如图 12-48 所示。

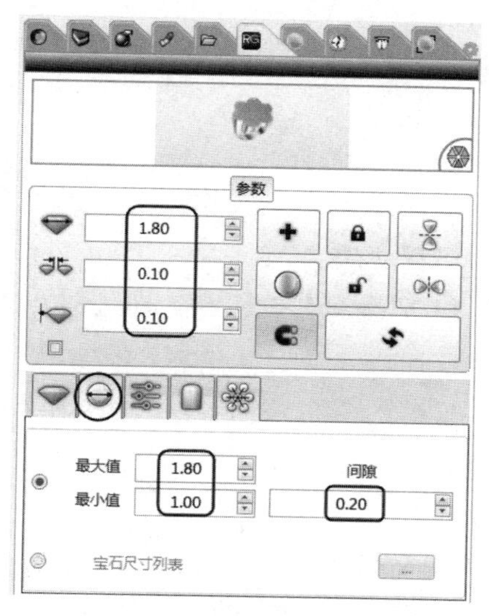

图 12-47　设置宝石排布的参数及尺寸

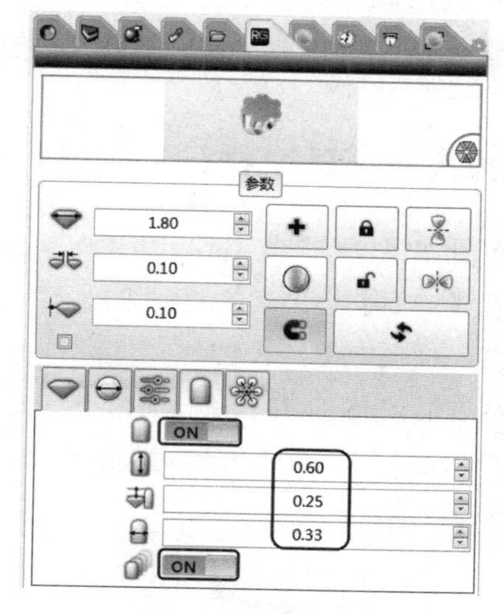

图 12-48　设置钉镶的参数

⑥ 先单击【RhinoGold】控制面板底部的【预览】按钮，再在连接头部的曲面上指定中点并按 Enter 键，最后预览排石，如图 12-49 所示。

⑦ 单击【确定】按钮，完成自动排石操作，如图 12-50 所示。

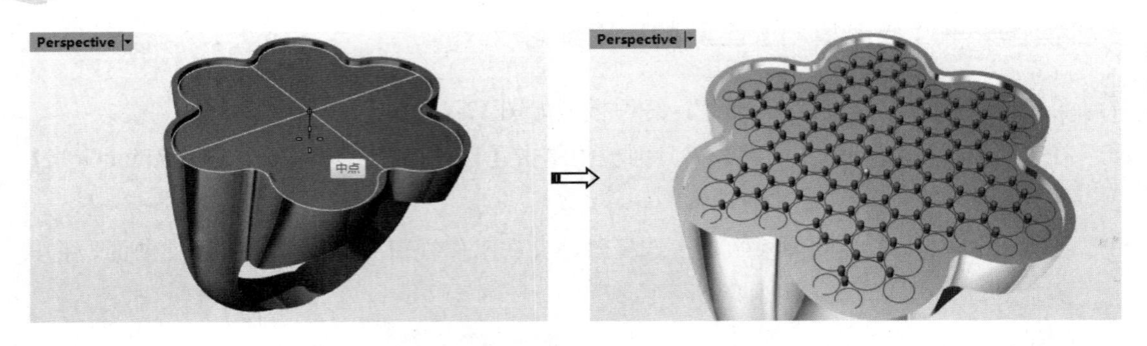

图 12-49　预览排石

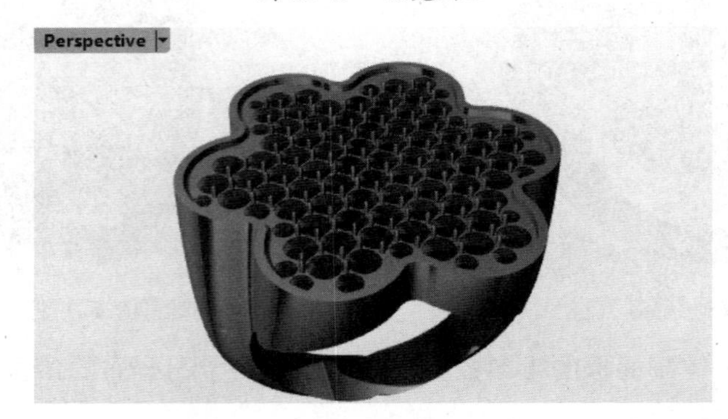

图 12-50　完成自动排石操作

3. UV 排石

使用【UV 排石】工具可以在任意形状的曲面上沿着 U、V 方向完成排石工作。

上机操作——【UV 排石】工具的应用练习

① 打开本案例源文件“12-10.3dm”，练习模型如图 12-51 所示。

② 在【宝石】选项卡的【创建】工具面板中单击【UV 排石】按钮，在【RhinoGold】控制面板中将显示 UV 排石选项。

③ 先在【RhinoGold】控制面板中单击【选择一个曲面】按钮，然后在工作视窗中选择一个曲面，并将曲面添加到选择器中，如图 12-52 所示。

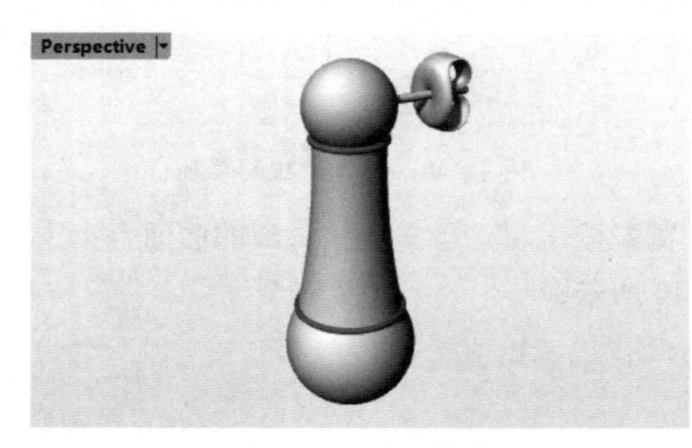

图 12-51　练习模型

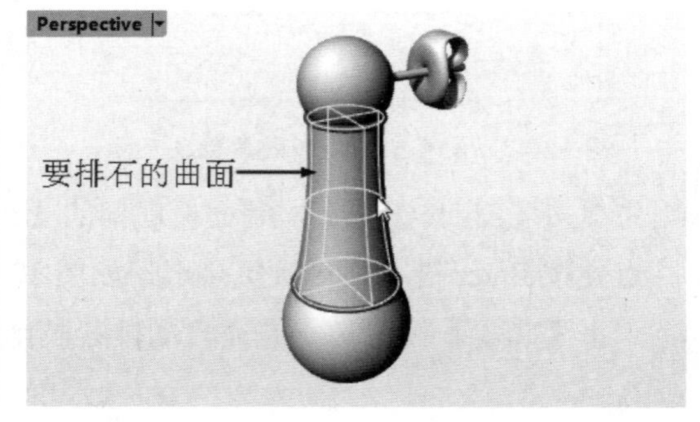

图 12-52　将选择的曲面添加到选择器中

④ 宝石材质保持默认设置。在【Automatic】选项组中设置宝石的尺寸及间距，并单击【添加】按钮，如图 12-53 所示。

⑤ 在工作视窗中所选的曲面上放置宝石。在放置时应注意宝石的位置，因为此位置的宝石也是 UV 排石的第一行，此行十分关键，如图 12-54 所示。

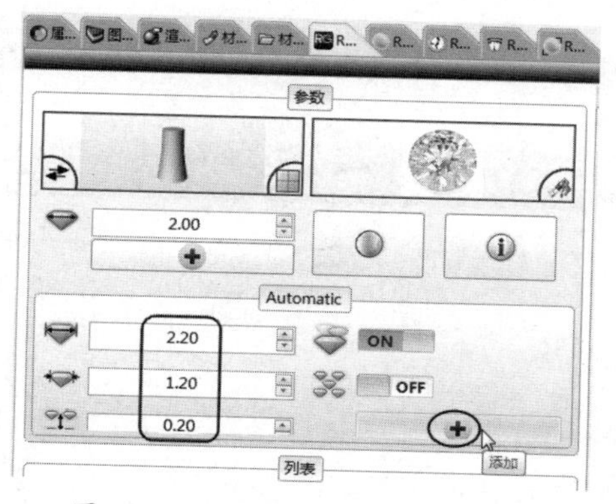

图 12-53　设置宝石的尺寸及间距

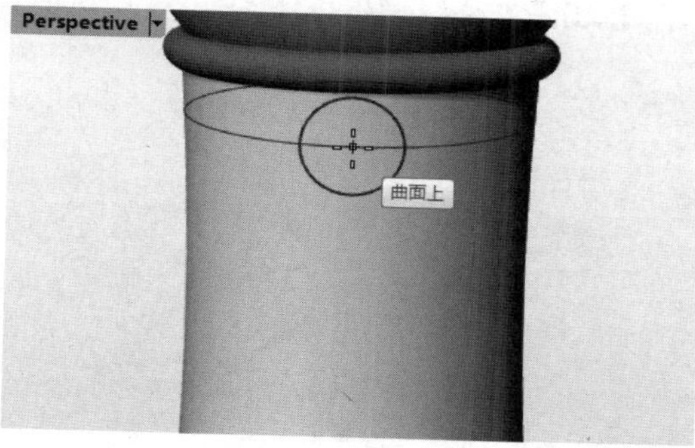

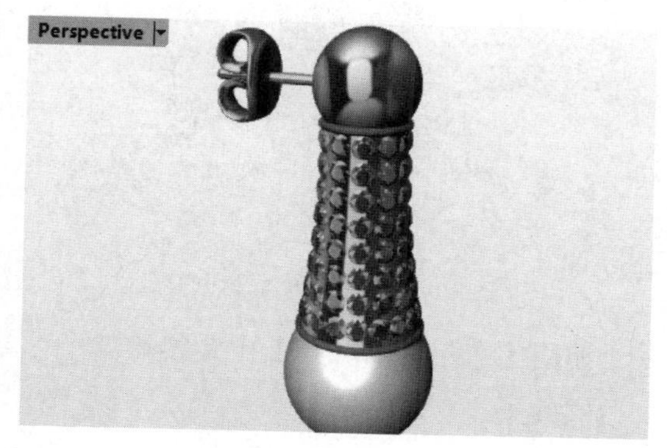

图 12-54　确定宝石的位置

⑥ 确定宝石的位置后，系统会自动计算整个曲面，并自动排布宝石，直至排布均匀，预览 UV 排石如图 12-55 所示。

技术要点：

如果自动排布的效果不好，那么可以在工作视窗的排石预览图中单击 + 或 - 按钮，添加行或减少行。

⑦ 单击【确定】按钮，完成 UV 排石操作，如图 12-56 所示。

图 12-55　预览 UV 排石

图 12-56　完成 UV 排石操作

12.3.3　珍珠与蛋面宝石

1. 珍珠

珍珠是一种古老的有机宝石，主要产于珍珠贝类和珠母贝类的软体动物体内。使用【珍珠】工具可以创建圆形珍珠、珍珠线及半球罩。

上机操作——【珍珠】工具的应用练习

① 打开本案例源文件“12-11.3dm”，练习模型如图 12-57 所示。

② 在【宝石】选项卡的【工具】工具面板中单击【珍珠】按钮，在【RhinoGold】控制面板中将显示珍珠创建选项。

③ 在【RhinoGold】控制面板中设置珍珠内径、珍珠线和半球罩的尺寸，如图 12-58 所示。

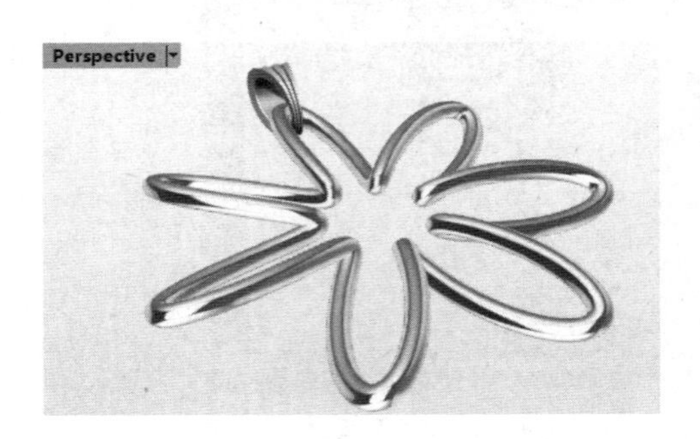

图 12-57　练习模型

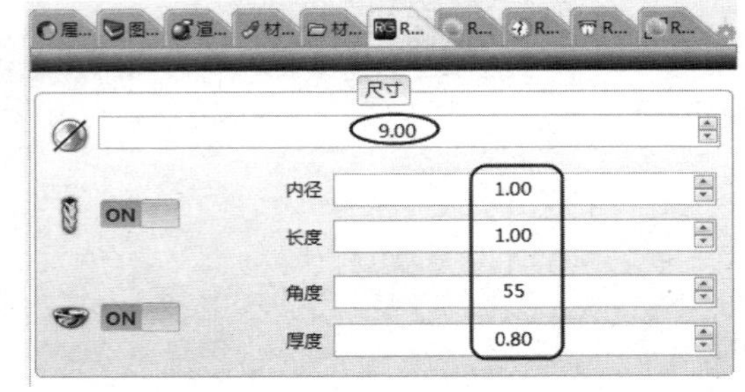

图 12-58　设置珍珠内径、珍珠线和半球罩的尺寸

④ 单击【确定】按钮，完成珍珠的创建，如图 12-59 所示。

⑤ 因为创建的珍珠并没有在预定的位置上，所以在 Front 视窗中可以通过操作轴使珍珠向下平移到首饰的中心位置，如图 12-60 所示。

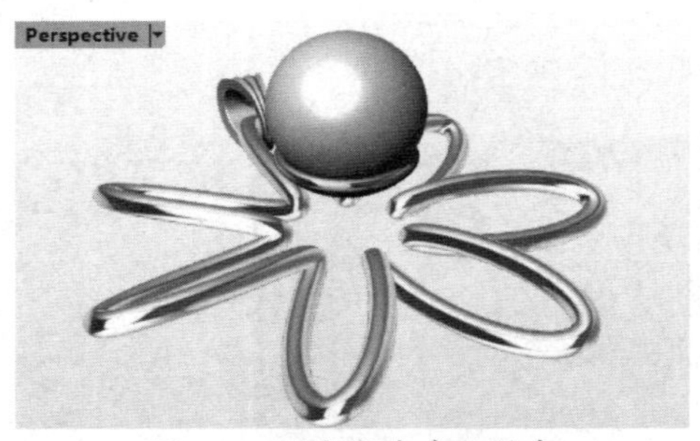

图 12-59　完成珍珠的创建

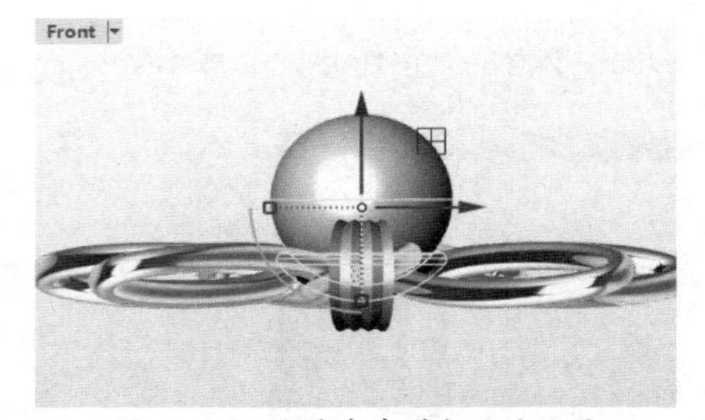

图 12-60　平移珍珠到合适的位置

⑥ 使用【布尔运算联集】工具将珍珠半球罩与首饰的其他金属合并，得到如图 12-61 所示的效果。

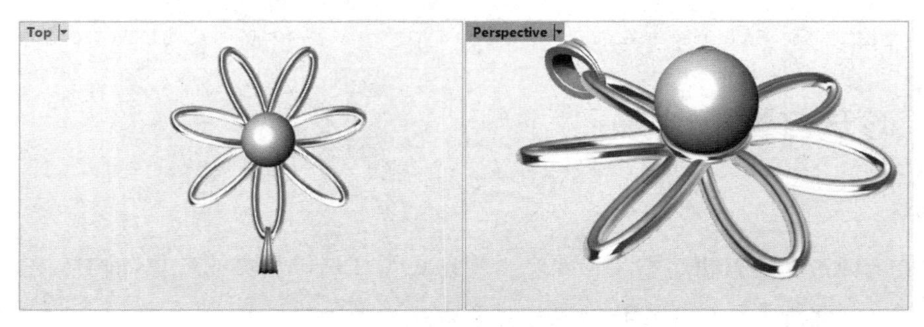

图 12-61　珍珠完成效果

2. 蛋面宝石工作室

使用【蛋面宝石工作室】工具能够轻松地创建出 4 种蛋面形状的蛋面宝石。

上机操作——【蛋面宝石工作室】工具的应用练习

① 打开本案例源文件“12-12.3dm”，练习模型如图 12-62 所示。

图 12-62　练习模型

② 在【宝石】选项卡的【工具】工具面板中单击【蛋面宝石工作室】按钮，在【RhinoGold】控制面板中将显示蛋面宝石创建选项。

③ 在【RhinoGold】控制面板中选择【类型】为【椭圆蛋面宝石】、【侧面】为【共同侧】，并设置所选蛋面类型的相关尺寸，如图 12-63 所示。

④ 单击【确定】按钮，完成蛋面宝石的创建，如图 12-64 所示。

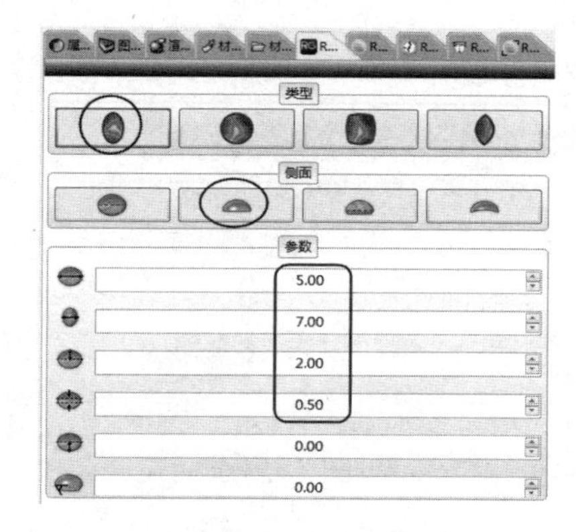

图 12-63　设置蛋面宝石的类型、侧面及参数

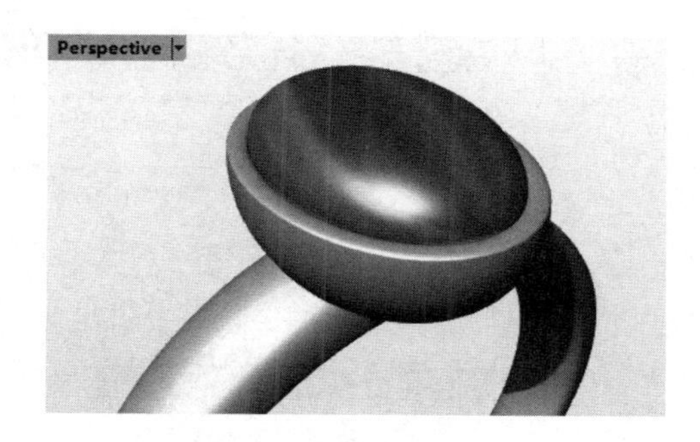

图 12-64　完成蛋面宝石的创建

12.4　使用珠宝工具设计首饰

珠宝工具主要用来设计首饰中的金属部分，如戒指的戒圈、宝石的钉镶/爪镶、首饰链条、吊坠及挂钩等。

设计珠宝的工具在【珠宝】选项卡中，如图 12-65 所示。

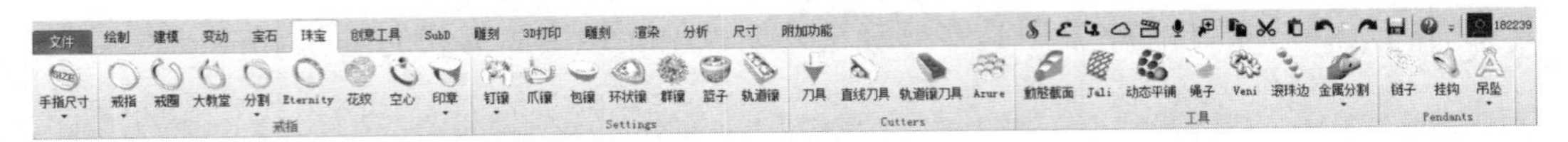

图 12-65 【珠宝】选项卡

12.4.1 戒指的设计

1. 设计素戒指

在【戒指】工具面板中的【戒指】命令菜单中，有 4 种创建不带珠宝的戒指（又被称为“素戒指”）的工具，如图 12-66 所示。

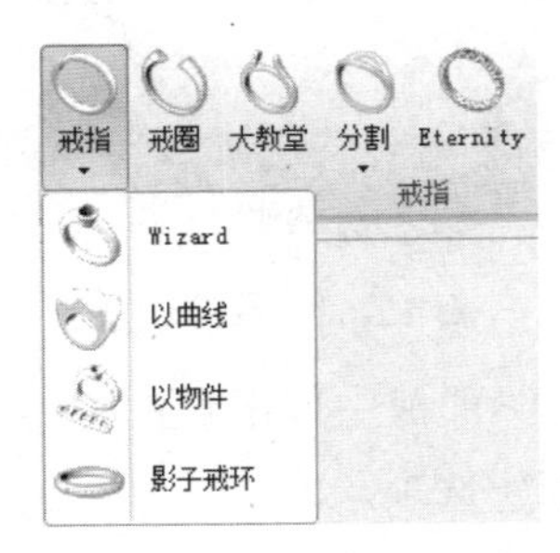

图 12-66 【戒指】命令菜单

上机操作——使用【Wizard】工具设计戒指

① 执行【文件】|【新建】命令，新建 Rhino 8.0 文件，如图 12-67 所示。

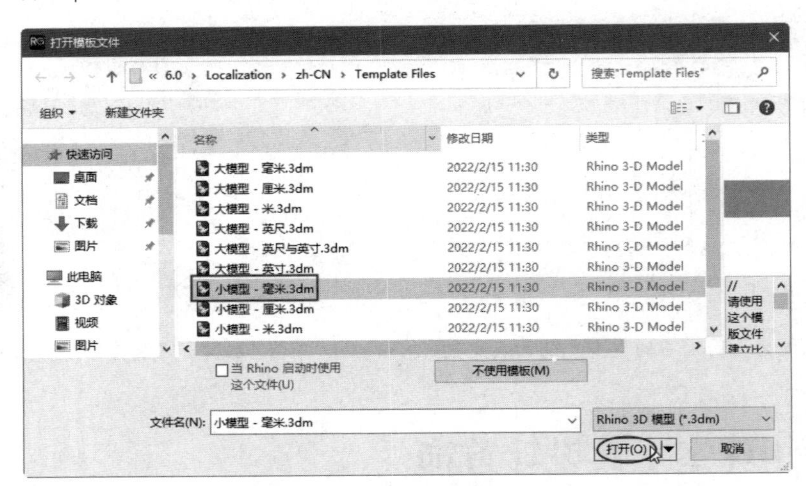

图 12-67 新建 Rhino 8.0 文件

② 单击【Wizard】按钮，在【RhinoGold】控制面板中将显示戒指向导选项，如图 12-68 所示。

③　首先在【截面】选项卡中选择戒指的截面形状，然后双击编号为 008 的截面，在工作视窗中将显示预览，如图 12-69 所示。

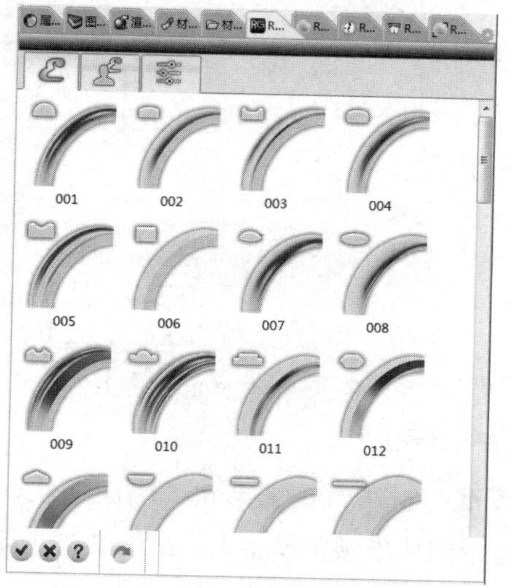

图 12-68　戒指向导选项

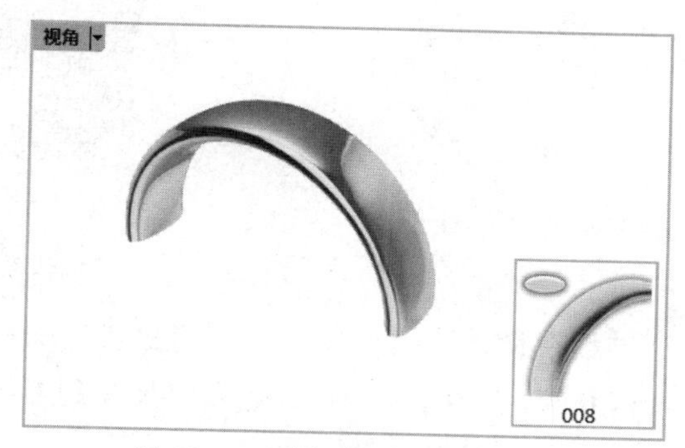

图 12-69　选择戒指的截面形状

④　在【参数设置】选项卡中，选择戒指的设计标准（Hong Kong）、材质并设置戒指的参数，如图 12-70 所示。单击【确定】按钮，完成戒指的设计，完成效果如图 12-71 所示。

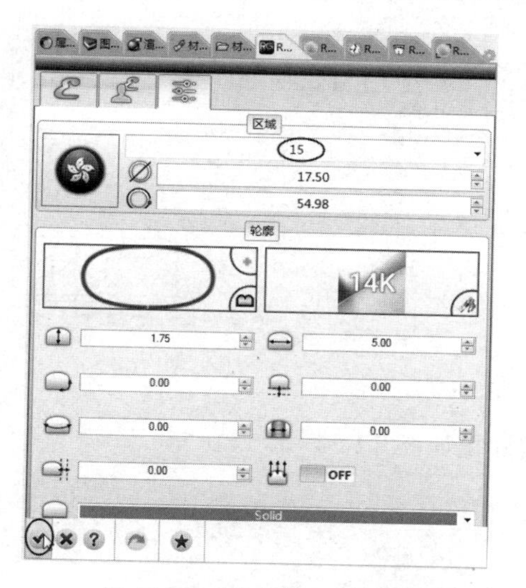

图 12-70　设置戒指的参数

图 12-71　戒指设计的完成效果

上机操作——使用【以曲线】工具设计戒指

①　执行【文件】|【新建】命令，新建 Rhino 8.0 文件。

②　单击【以曲线】按钮，在【RhinoGold】控制面板中将显示设计戒指选项，系统会根据默认参数设置创建一个戒指，如图 12-72 所示。

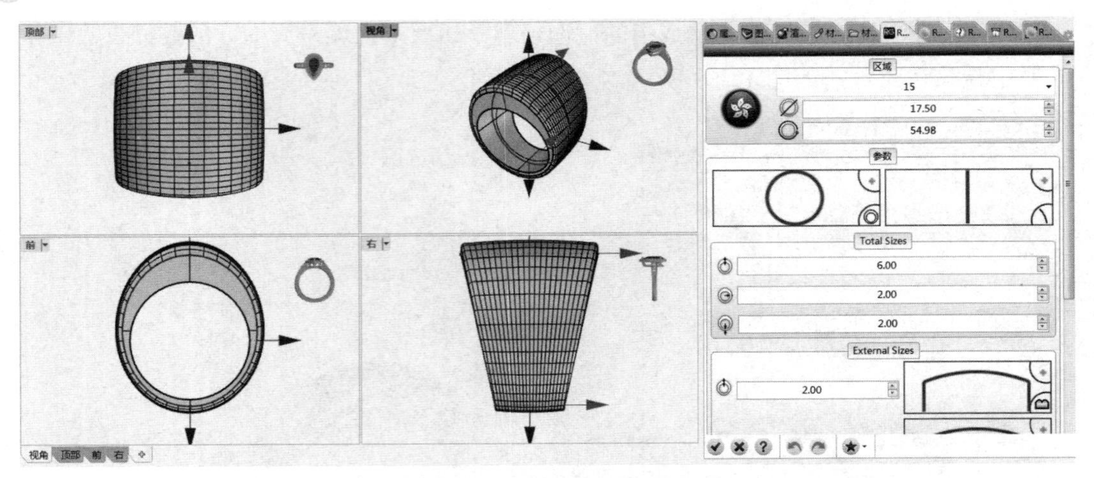

图 12-72　根据默认参数设置创建戒指

③　通过设置设计戒指选项，可以调整戒指的设计标准、材质、头部形状、侧面形状、截面形状等，选项设置完成后会及时反馈到工作视窗中的戒指预览模型上，如图 12-73 所示。

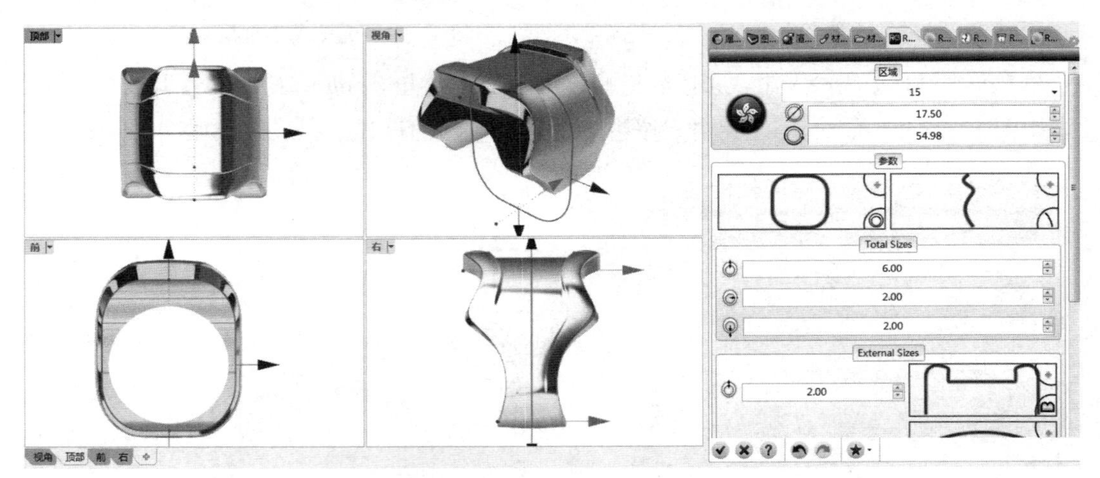

图 12-73　设置设计戒指的选项

④　单击【确定】按钮✔，完成戒指的设计，完成效果如图 12-74 所示。

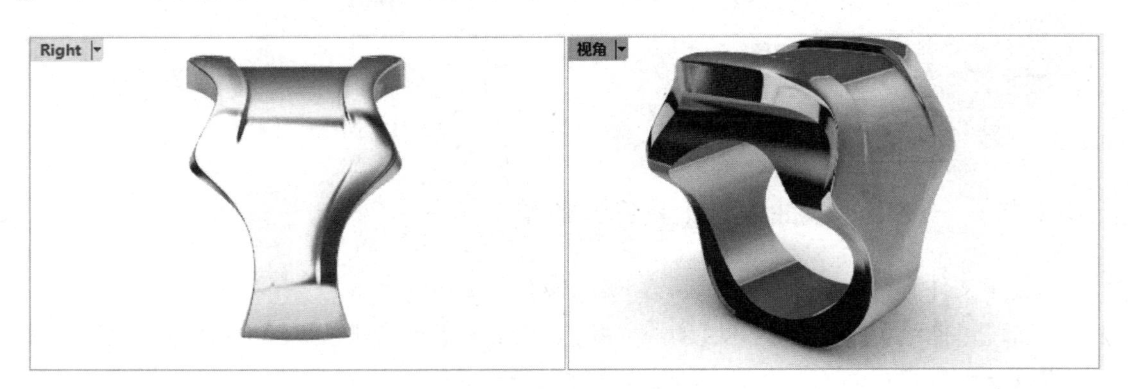

图 12-74　戒指设计的完成效果

上机操作——使用【以物件】工具设计戒指

① 打开本案例源文件“12-13.3dm”，练习模型如图 12-75 所示。。

② 单击【以物件】按钮，在【RhinoGold】控制面板中将显示设计戒指选项。在工作视窗中选择实体并将其添加到【RhinoGold】控制面板的选择器中，如图 12-76 所示。

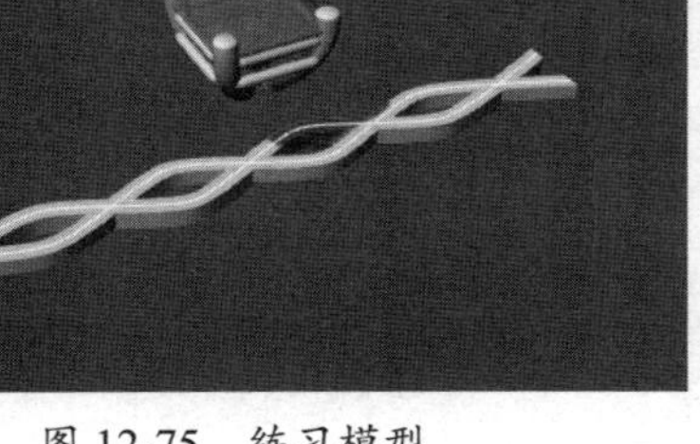

图 12-75　练习模型　　图 12-76　选择实体并添加

③ 选择戒指的设计标准为 Hong Kong 12，设置戒指直径为 16，系统会根据默认参数设置创建一个戒指，如图 12-77 所示。

④ 单击【确定】按钮，完成戒指的设计，完成效果如图 12-78 所示。

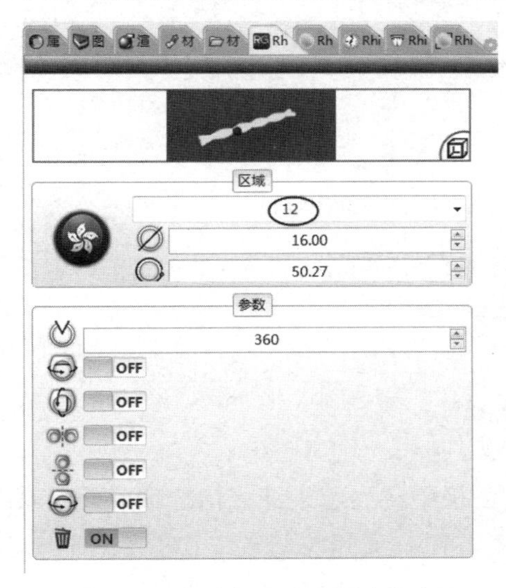

图 12-77　选择戒指的设计标准

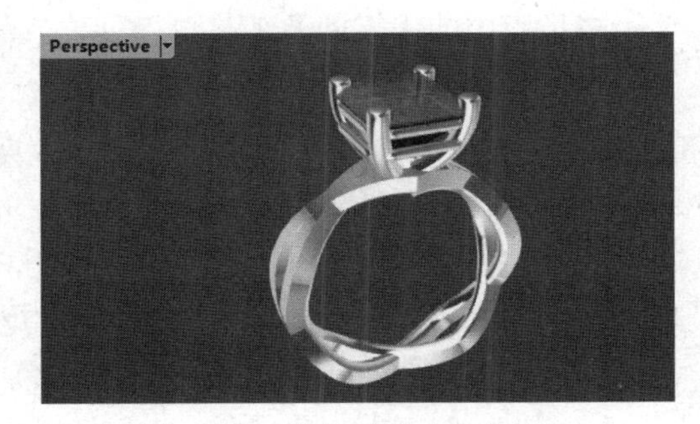

图 12-78　戒指设计的完成效果

上机操作——使用【影子戒环】工具设计戒指

① 执行【文件】|【新建】命令，新建 Rhino 8.0 文件。

② 单击【影子戒环】按钮，在【RhinoGold】控制面板中将显示设计戒指选项。首先在【RhinoGold】控制面板中选择戒指的设计标准为 Hong Kong 12（见图 12-79），然后在【参数】选项卡中设置戒指的截面形状与参数。

③ 在【宝石和刀具】选项卡中设置宝石的参数，如图 12-80 所示。

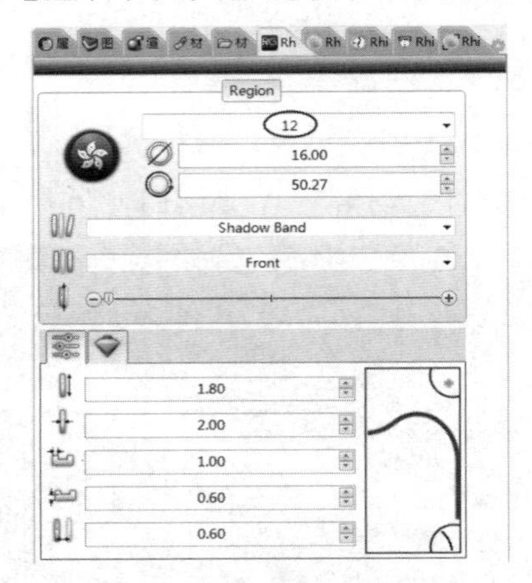

图 12-79 选择戒指的设计标准

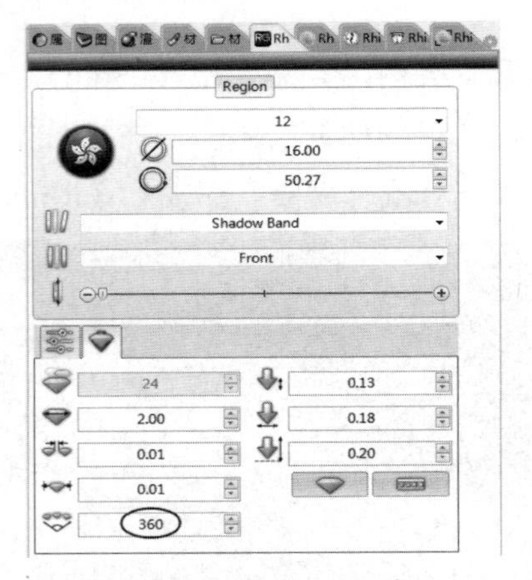

图 12-80 设置宝石的参数

④ 单击【确定】按钮，完成戒指的设计，完成效果如图 12-81 所示。

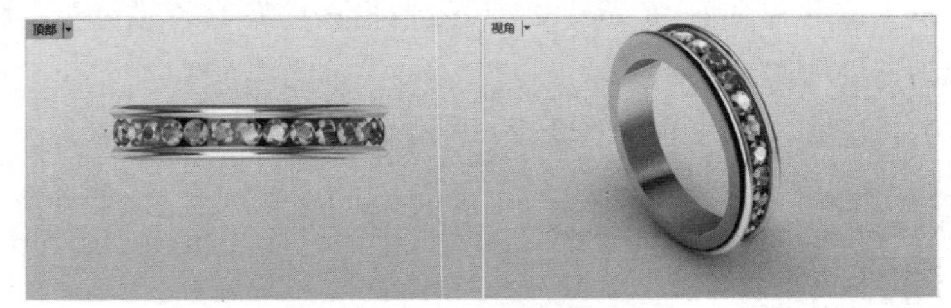

图 12-81 戒指设计的完成效果

2. 设计戒圈

使用戒指库中的【戒圈】工具可以创建戒圈与宝石设计戒指。

上机操作——使用【戒圈】工具设计戒指

① 执行【文件】|【新建】命令，新建 Rhino 8.0 文件。

② 单击【戒圈】按钮，在【RhinoGold】控制面板中将显示设计戒指选项。此时系统会自动创建一个戒圈，预览效果如图 12-82 所示。

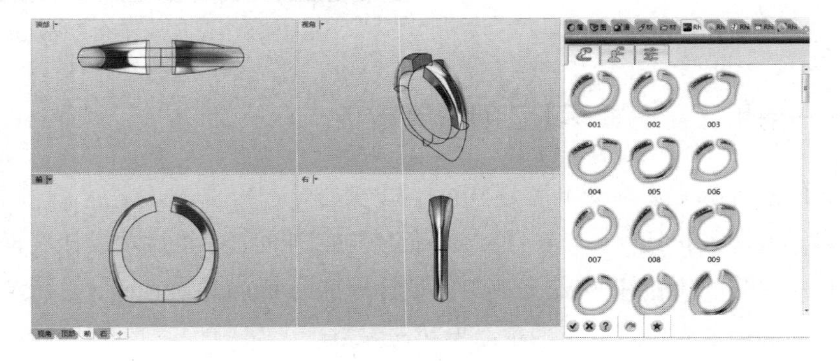

图 12-82 默认的戒圈预览效果

③ 在【截面】选项卡中选择一个戒圈外环截面，工作视窗中的预览会随之更新。先选择编号为 083 的包镶样式，然后在【参数设置】选项卡中选择戒指的设计标准及戒圈的参数，如图 12-83 所示。

④ 单击【确定】按钮，完成戒指的设计，完成效果如图 12-84 所示。

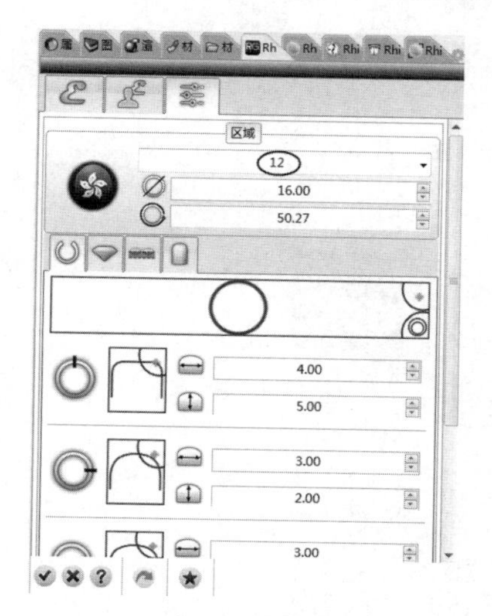

图 12-83　选择戒指的设计标准及戒圈的参数

图 12-84　戒指设计的完成效果

3. 设计空心戒指

使用【空心】工具可以将戒指内侧掏空，自定义想要的厚度。

上机操作——使用【空心】工具设计戒指

① 打开本案例源文件“12-14.3dm”，练习模型如图 12-85 所示。

② 单击【空心】按钮，在【RhinoGold】控制面板中将显示设计戒指选项。在工作视窗中选取实体并将其添加到【RhinoGold】控制面板的选择器中。

③ 选取要删除的曲面（见图 12-86），按 Enter 键。

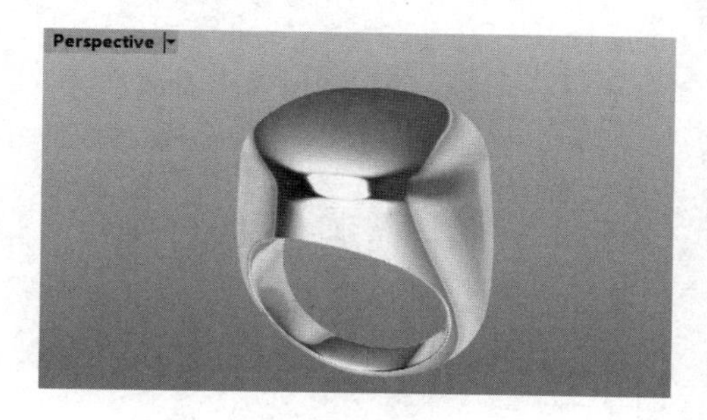

图 12-85　练习模型

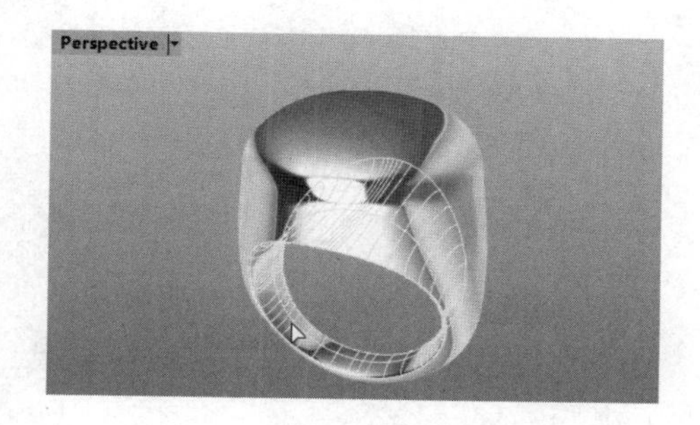

图 12-86　选择要删除的曲面

④ 保留默认选项设置，单击【确定】按钮，完成空心戒指的设计，如图 12-87 所示。

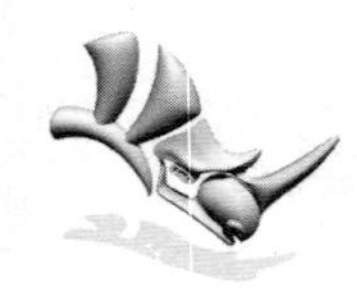

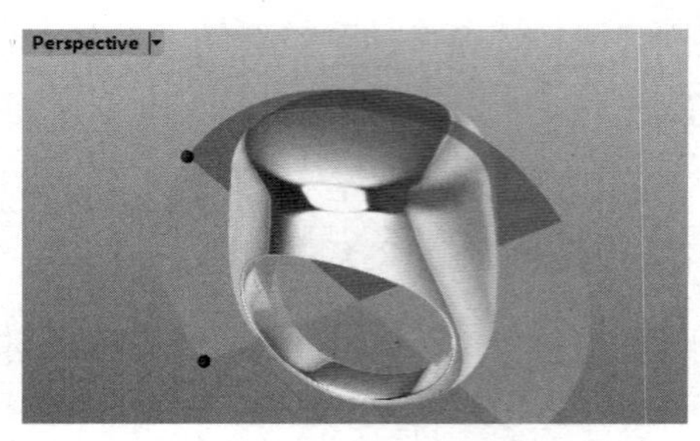

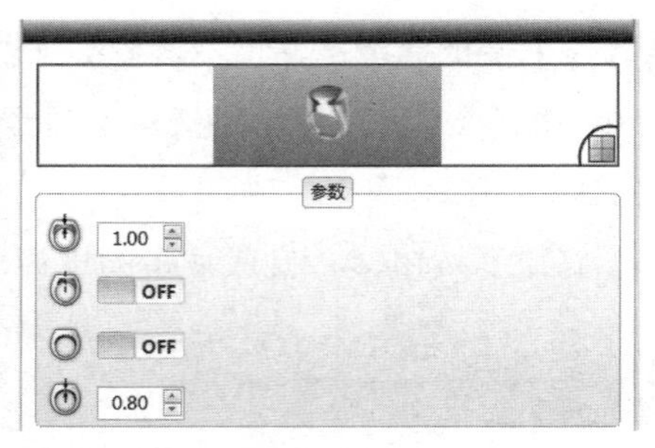

图 12-87　保留默认选项设置

⑤　戒指的空心效果如图 12-88 所示。

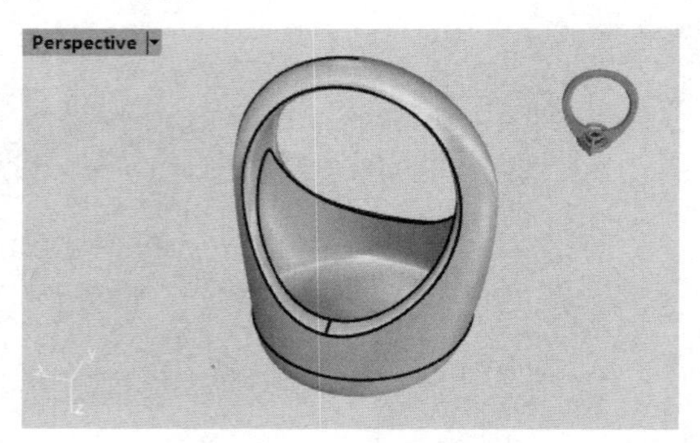

图 12-88　戒指的空心效果

4. 其他类型的戒指设计工具

【戒指】工具面板中的其他类型的戒指设计工具，与【戒圈】工具的使用方法相同。图 12-89～图 12-94 所示为其他类型戒指设计的完成效果。

图 12-89　大教堂戒

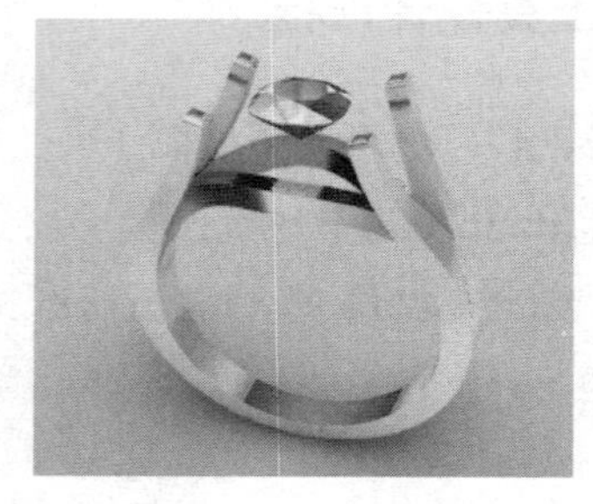
图 12-90　分叉柄戒

图 12-91　高级分叉柄戒

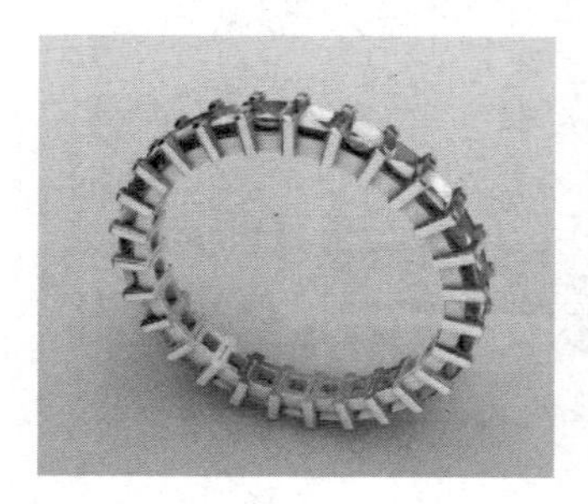
图 12-92　Eternity 环圈戒

图 12-93　花纹戒

图 12-94　印章戒

12.4.2　宝石镶脚的设计

首饰中的宝石在创建后，需要添加镶脚将其固定。镶脚设计工具如图 12-95 所示。

1. 爪镶

下面使用 RhinoGold 中常用的建模工具，如宝石、爪镶、智能曲线、挤出、圆管、动态弯曲，以及动态圆形数组等进行上机操作，说明【爪镶】工具在首饰设计中的应用。花瓣形戒指如图 12-96 所示。

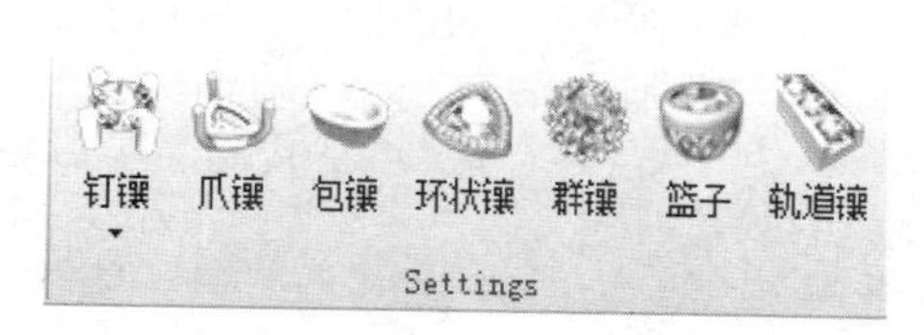

图 12-95　镶脚设计工具

图 12-96　花瓣形戒指

上机操作——爪镶的设计

① 执行【文件】|【新建】命令，新建 Rhino 8.0 文件。

② 在【珠宝】选项卡中单击【Wizard】按钮，选择戒圈的设计标准为 Hong Kong16、截面曲线为 RG004、上方截面为 2 × 6、下方截面为 2 × 3，如图 12-97 所示。

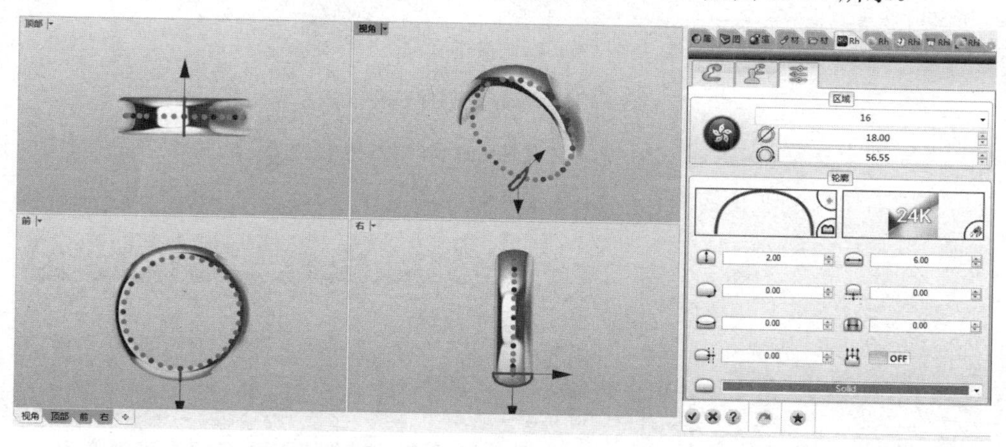

图 12-97　创建戒圈

技术要点：

在默认状态下，只有一个操作轴，在戒圈下方的象限点（又叫作方位球），可以先设置下方的截面值（3×2），然后在工作视窗中单击戒圈上方的象限点，显示操作轴，此时有两个操作轴。如果不想同时改变整个戒圈的形状，则可以单击上方或下方的截面曲线，这样就会隐藏相应的操作轴。这时设置的截面参数仅对显示操作轴的那一方产生效果。图 12-98 所示为添加操作轴的过程。

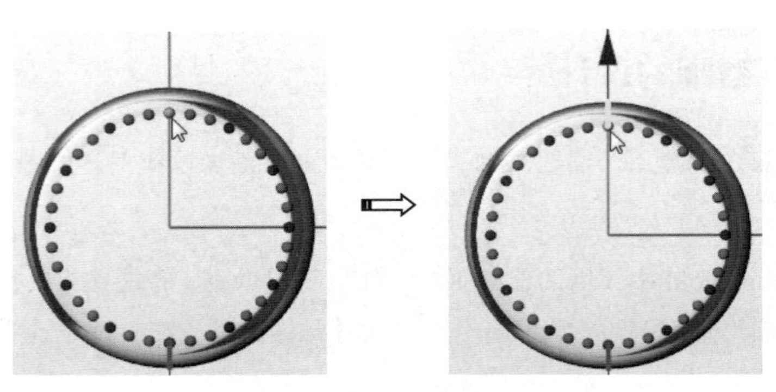

图 12-98　添加操作轴的过程

③ 在【珠宝】选项卡中单击【爪镶】按钮，在【RhinoGold】控制面板中的爪镶外形库中双击编号为 004 的爪镶外形，在工作视窗中可以预览爪镶，如图 12-99 所示。

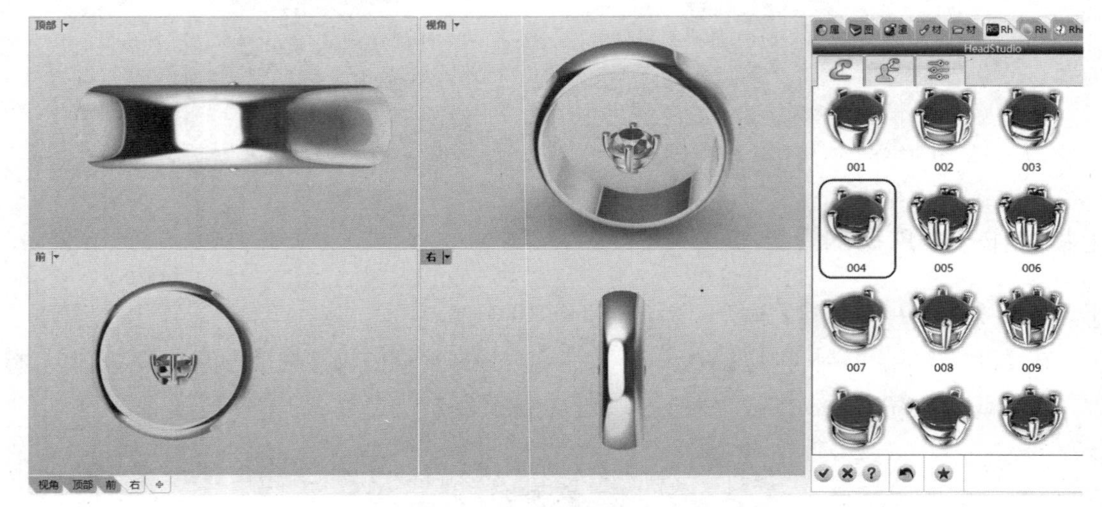

图 12-99　选择爪镶外形并预览爪镶

④ 在工作视窗中选择宝石并按 F2 键，在【RhinoGold】控制面板中编辑宝石的参数，爪镶会随着宝石尺寸的变化而变化，如图 12-100 所示。

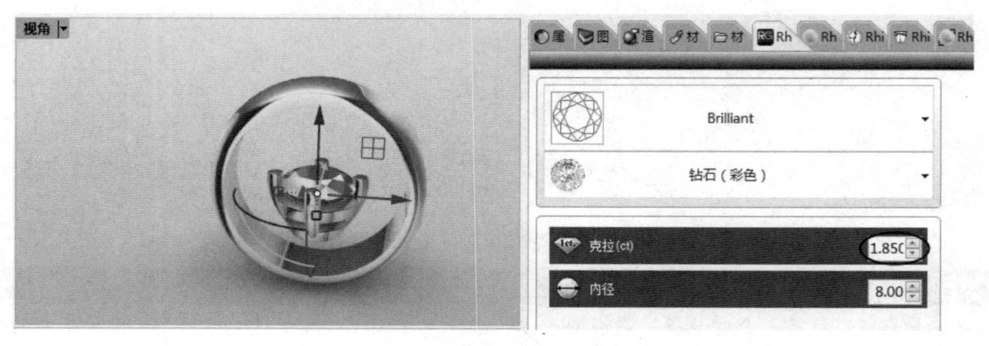

图 12-100　编辑宝石的参数

⑤ 通过使用操作轴将爪镶及宝石平移到戒圈上，完成爪镶的设计，完成效果如图 12-101 所示。

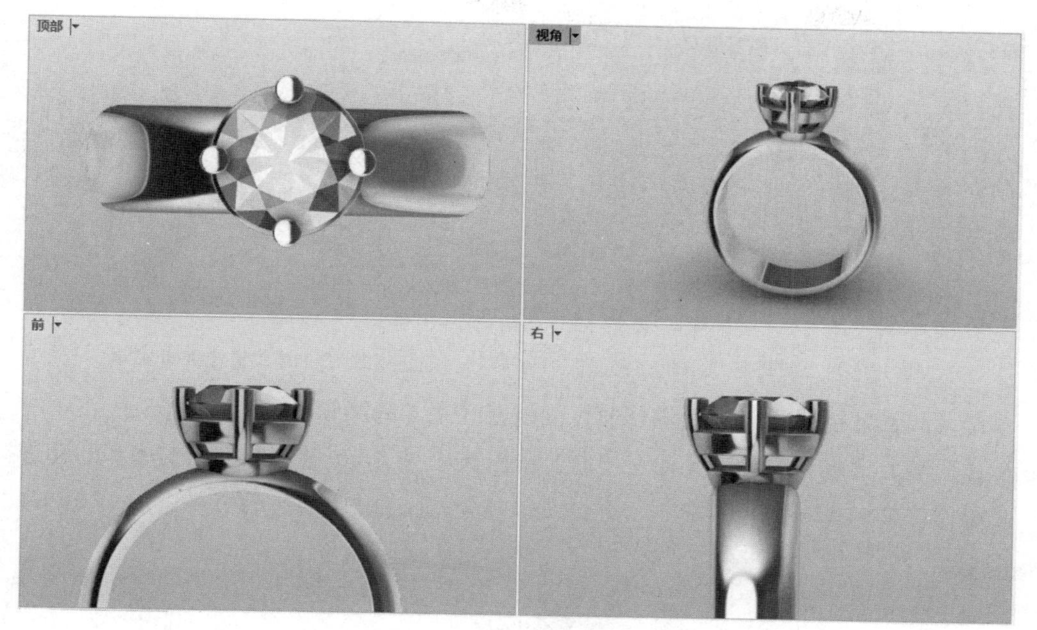

图 12-101　爪镶设计的完成效果

2. 钉镶

下面以案例说明【钉镶】工具在首饰设计中的应用。本案例是延续上一案例的。

上机操作——钉镶的设计

① 在【绘制】选项卡中单击【智能曲线】按钮，在命令行中设置对称、垂直选项，绘制如图 12-102 所示的智能曲线。分别单击【插入控制点】按钮和【控制点】按钮，编辑曲线的控制点，如图 12-103 所示。

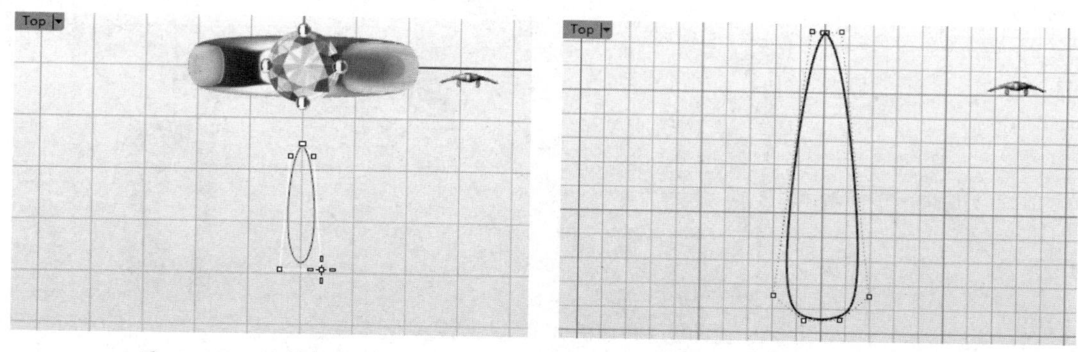

图 12-102　绘制智能曲线

图 12-103　编辑曲线的控制点

② 单击【偏移曲线】按钮，创建偏移距离为 0.5 的偏移曲线，如图 12-104 所示。

③ 在【建模】选项卡中单击【挤出】按钮，选择曲线创建挤出实体，挤出实体厚度为 1，如图 12-105 所示。

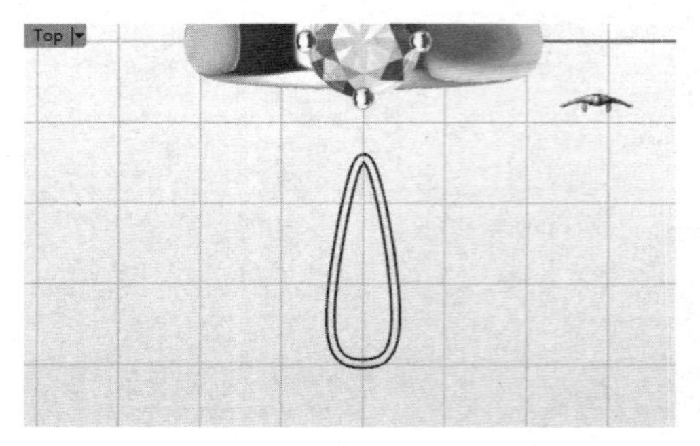

图 12-104　创建偏移曲线

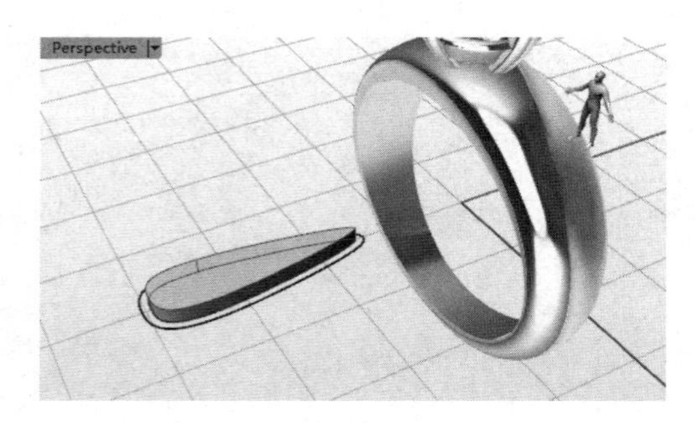

图 12-105　创建挤出实体

④ 单击【圆管】按钮，沿着偏移曲线创建直径为 1 的圆管，如图 12-106 所示。

⑤ 在【变动】选项卡中单击【动态弯曲】按钮，按 Shift 键选取挤出实体和圆管进行动态弯曲，如图 12-107 所示。

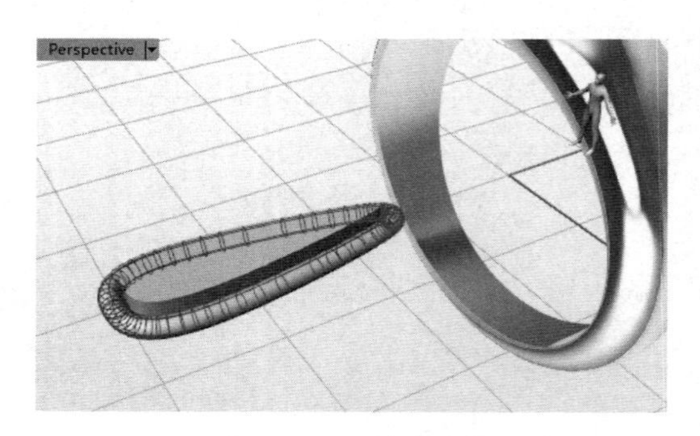

图 12-106　创建圆管

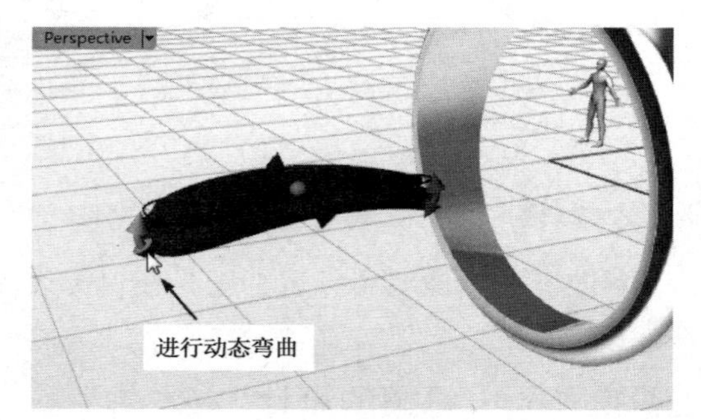

图 12-107　进行动态弯曲

⑥ 选择动态弯曲的两个实体，使用窗口底部状态栏中的【操作轴】工具，将两个实体移动至爪钉相交处。同理，移动挤出实体和圆管使其重合，如图 12-108 所示。

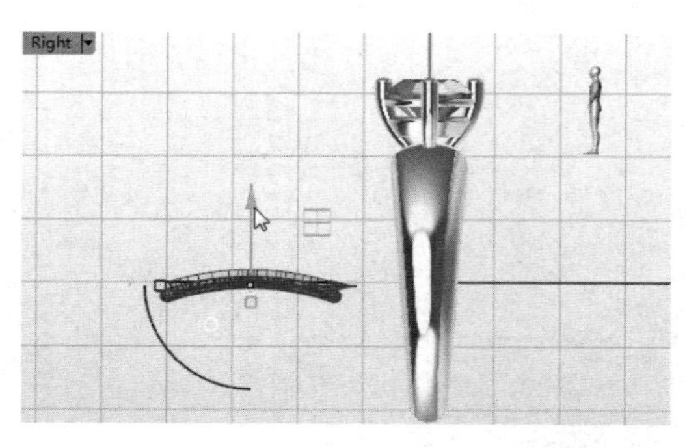

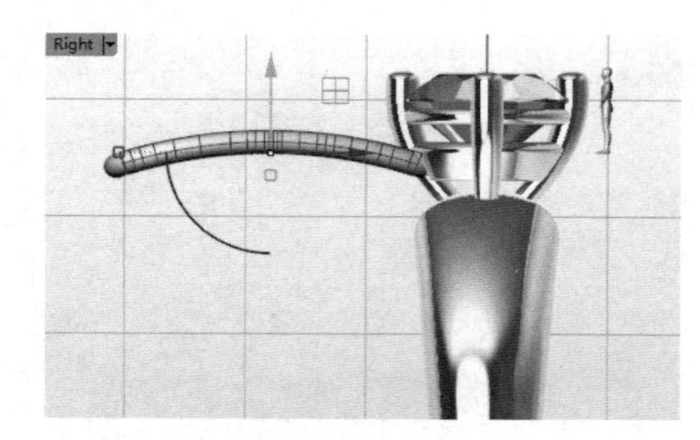

图 12-108　移动挤出实体与圆管并使其重合

⑦ 在【宝石】选项卡中使用【宝石工具】工具，先单击【RhinoGold】控制面板底部的【插入平面原点】按钮，再单击【选取对象上的点】按钮，依次放置 4 个虽内径均匀但内径相差 0.5 的钻石，内径范围为 1.5～3，如图 12-109 所示。

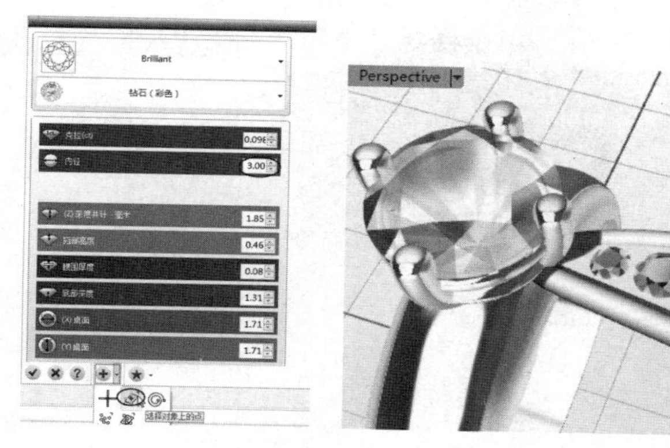

图 12-109 放置钻石

⑧ 先在【珠宝】选项卡中单击【钉镶】按钮展开命令菜单，再单击命令菜单中的【于线上】按钮，在【RhinoGold】控制面板中将显示线性钉镶选项。按 Shift 键选取 4 颗钻石后将其添加到选择器中，设置钉镶的参数，并依次为 4 颗钻石插入钉镶，如图 12-110 所示。注意，需要手动移动钉镶的位置。

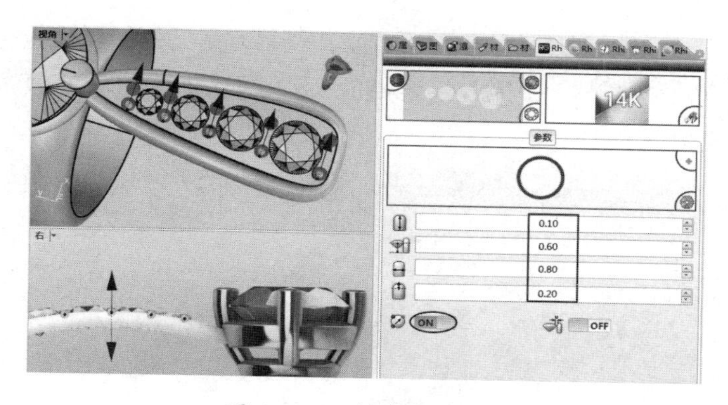

图 12-110 创建线性钉镶

⑨ 使用【珠宝】选项卡中的【刀具】工具，创建 4 颗钻石的开孔器，如图 12-111 所示。

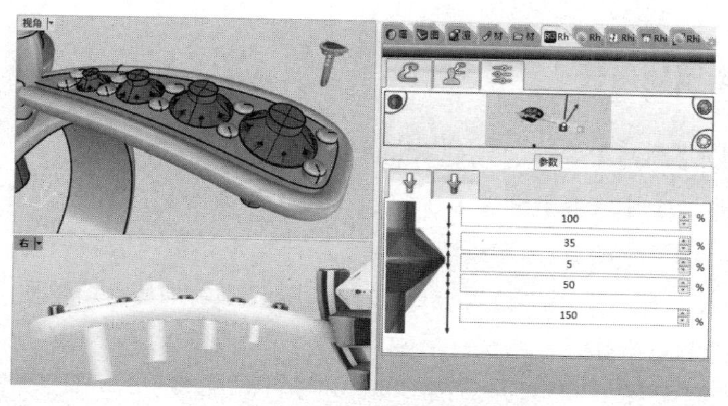

图 12-111 创建开孔器

⑩ 使用【布尔运算差集】工具，从挤出实体中修剪出开孔器。

⑪ 使用【变动】选项卡中的【动态圆形阵列】工具，创建动态圆形阵列，如图 12-112 所示。

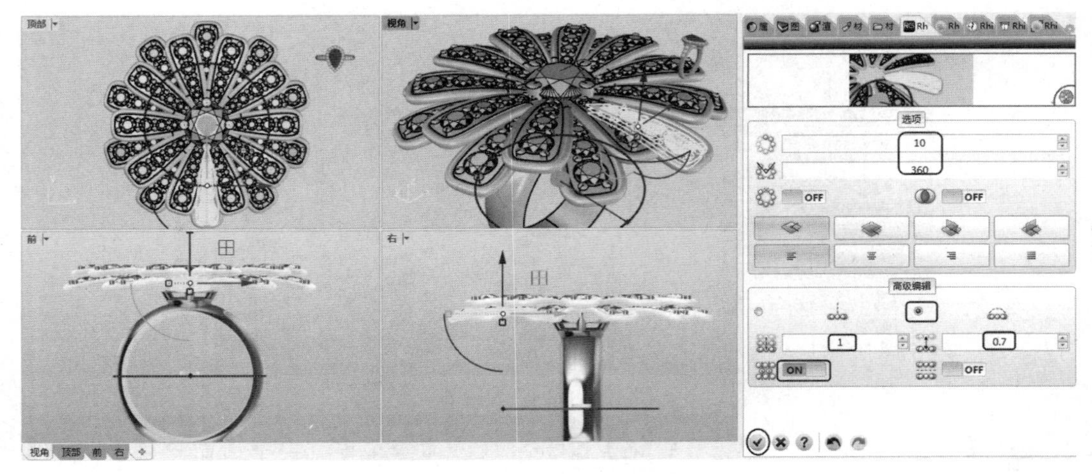

图 12-112　创建动态圆形阵列

⑫ 至此，花瓣形宝石戒指的造型设计完成。

3. 包镶

使用【包镶】工具可以创建参数化和可编辑的镶脚。本案例使用 RhinoGold 中常用的建模工具，如宝石、尺寸测量器、戒圈、包镶和布尔运算等。独粒宝石戒指的造型如图 12-113 所示。

图 12-113　独粒宝石戒指

上机操作——包镶的设计

① 执行【文件】|【新建】命令，新建 Rhino 8.0 文件。

② 设置戒指尺寸。在【珠宝】选项卡中单击【尺寸测量器】按钮，在【RhinoGold】控制面板中将显示尺寸测量器选项。

③ 在【RhinoGold】控制面板中设置如图 12-114 所示的戒指尺寸，单击【确定】按钮完成手指尺寸的测量操作。

技术要点：

这里选择设计标准为 Hong Kong 16。当然，也可以使用宝石平面选项定义中心宝石的位置，这里距离为 5。

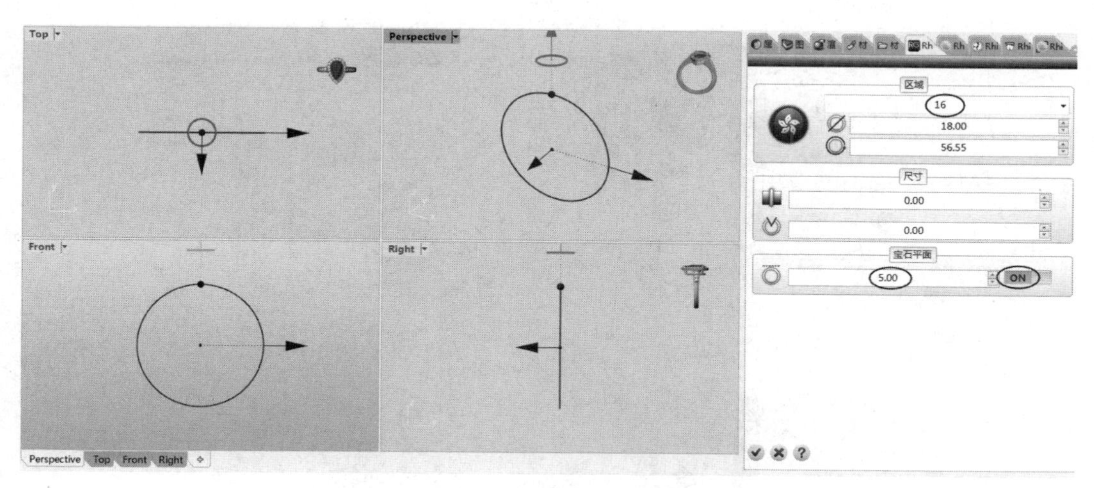

图 12-114　设置戒指尺寸

④ 在【珠宝】选项卡中单击【包镶】按钮，在【RhinoGold】控制面板中将显示包镶选项。在【截面】选项卡中双击编号为 010 的包镶样式，并将其添加到模型中，如图 12-115 所示。

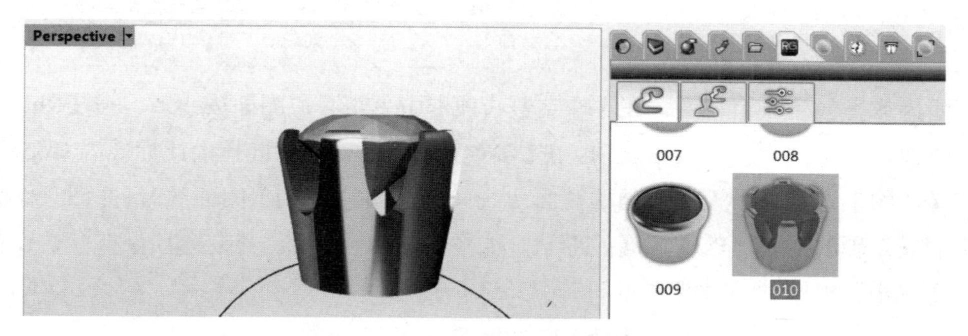

图 12-115　选择包镶样式

⑤ 在工作视窗中选择宝石并按 F2 键，设置宝石的内径为 6.00，如图 12-116 所示。

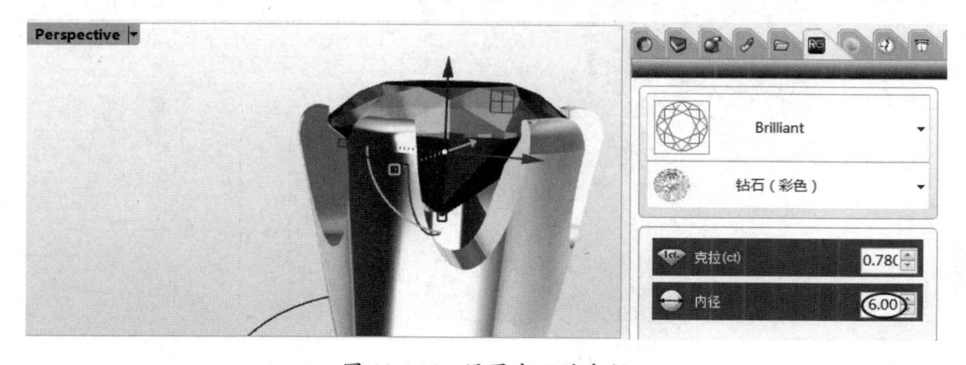

图 12-116　设置宝石的内径

⑥ 先在工作视窗中选择包镶并按 F2 键，设置包镶截面形状的参数，然后设置包镶缺口形状的曲线（见图 12-117），最后单击【确定】按钮完成包镶的设计。

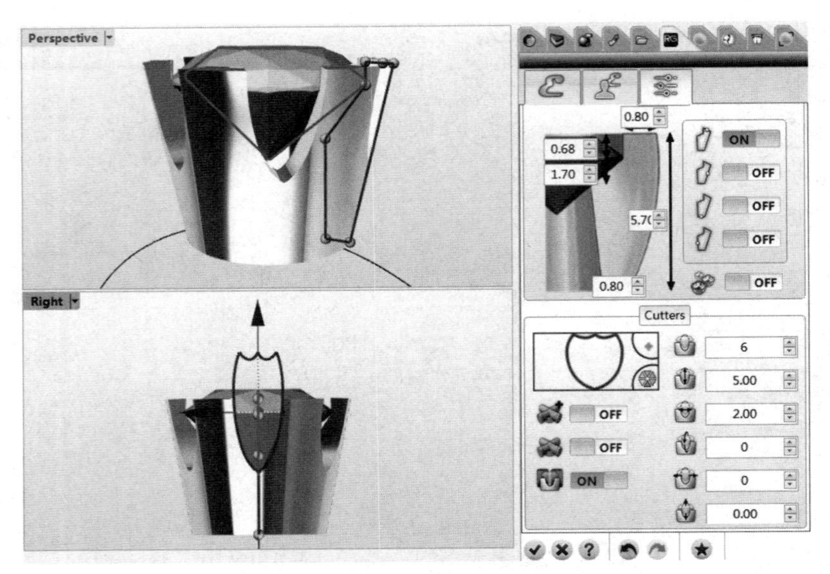

图 12-117　设置包镶缺口形状的曲线

技术要点：

除了可以在【RhinoGold】控制面板中设置尺寸，还可以在工作视窗中通过拖动控制点手动改变包镶的形状。

⑦ 下面为戒指创建一个戒圈。在【珠宝】选项卡中单击【戒圈】按钮，在【RhinoGold】控制面板中将显示设计戒指选项。在【参数设置】选项卡中选择设计标准为 Hong Kong，在【戒圈】选项卡中设置戒圈的截面曲线（选择编号为 013 的曲线），并在工作视窗中拖动操作轴的箭头，改变戒圈的形状，如图 12-118 所示。其余选项保持默认设置，单击【确定】按钮完成戒圈的设计。

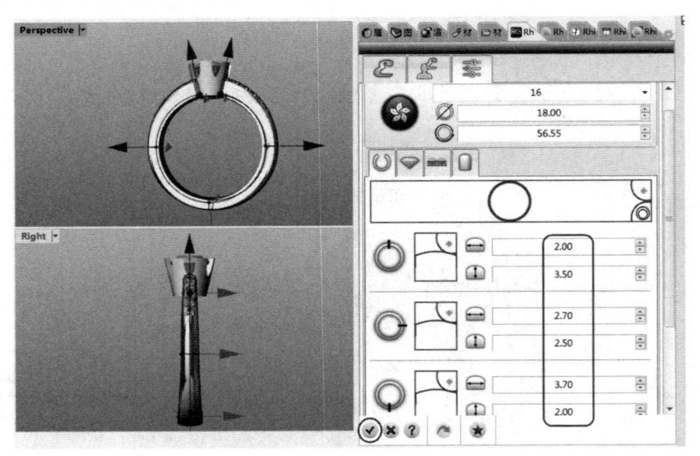

图 12-118　设置戒圈的截面曲线并改变戒圈的形状

⑧ 在【珠宝】选项卡中单击【刀具】按钮。先在控制面板中选择编号为 007 的开孔器样式，然后在【RhinoGold】控制面板的【参数设置】选项卡中将宝石添加到选择器中，并设置开孔器的参数，最后单击【确定】按钮完成开孔器的创建，如图 12-119 所示。

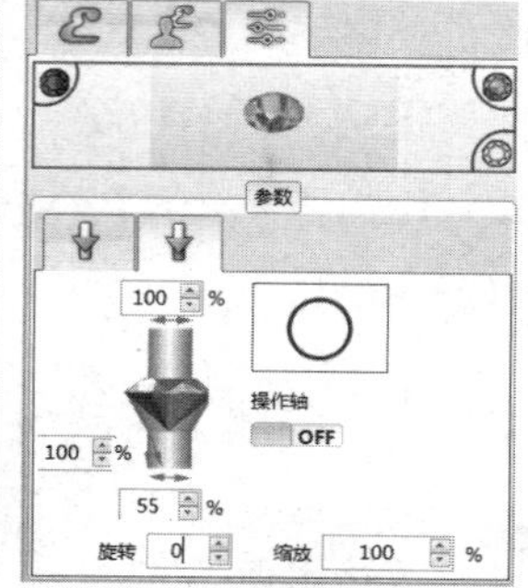

图 12-119　创建开孔器

⑨ 在【建模】选项卡的【修改实体】工具面板中单击【布尔运算差集】按钮，先选择包镶，按 Enter 键后再选择开孔器，按 Enter 键完成差集运算。

⑩ 单击【布尔运算联集】按钮，将包镶和戒圈合并。至此，完成了戒指的设计。执行【文件】|【另存为】命令，将戒指文件保存。

4. 轨道镶与动态截面

本案例使用 RhinoGold 中常用的建模工具，如动态截面、布尔运算、轨道镶及开孔器。双轨镶钻戒指的造型如图 12-120 所示。

图 12-120　双轨镶钻戒指

上机操作——轨道镶与动态截面设计

① 执行【文件】|【新建】命令，新建 Rhino 8.0 文件。

② 使用【珠宝】选项卡中的【尺寸测量器】工具测量手指尺寸，如图 12-121 所示。

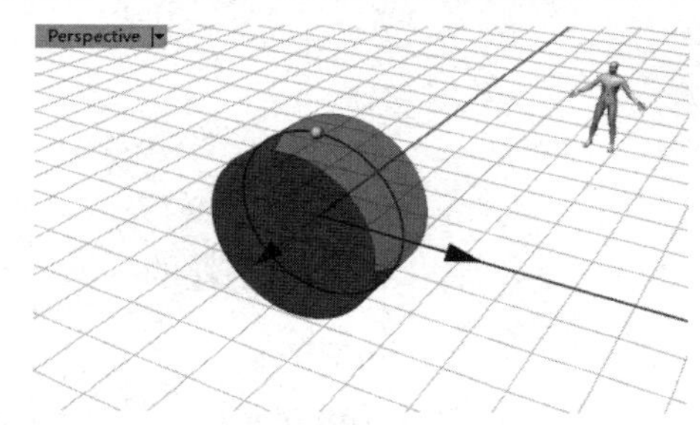

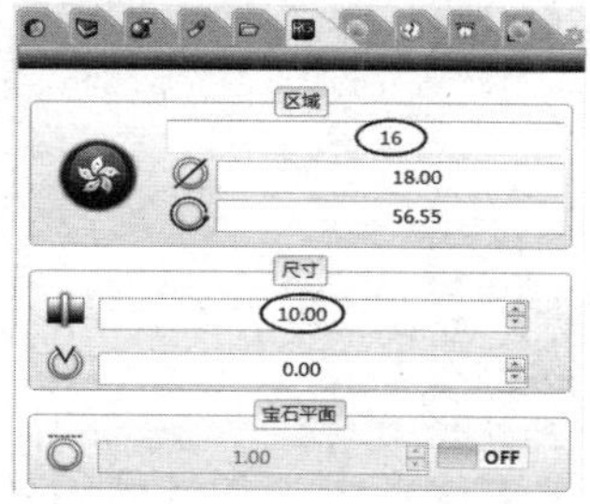

图 12-121　测量手指尺寸

③ 使用【绘制】选项卡中的【曲面上的内插点曲线】工具，在 Top 视窗中的戒圈表面

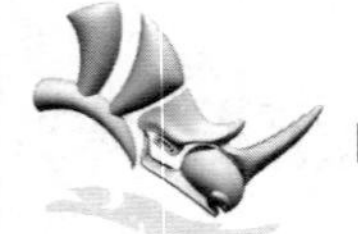

绘制曲线，如图 12-122 所示。在绘制时应启用【物件锁点】选项组中的【最近点】功能，以便捕捉到曲面的边缘。

④ 单击【珠宝】选项卡中的【动态截面】按钮，选择曲面上的曲线创建动态截面的实体，如图 12-123 所示。

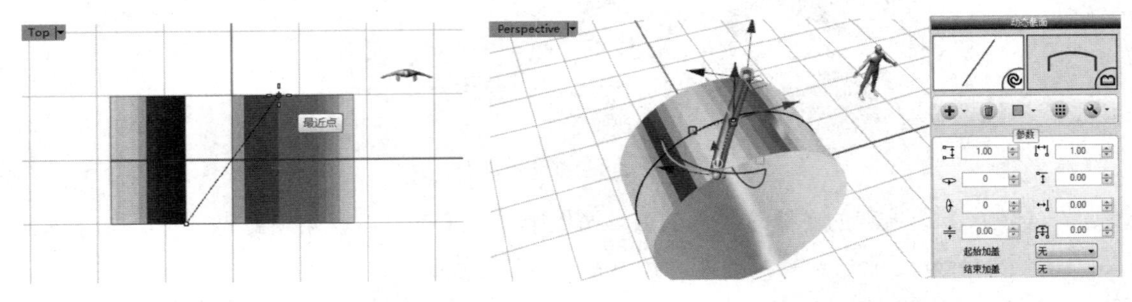

图 12-122　绘制曲面上的内插点曲线　　　　图 12-123　创建动态截面的实体

技术要点：

注意，两端需要往相反方向各旋转 15°，以便使底部曲面与戒圈表面相切，为后续布尔差集运算减去不必要的麻烦，如图 12-124 所示。

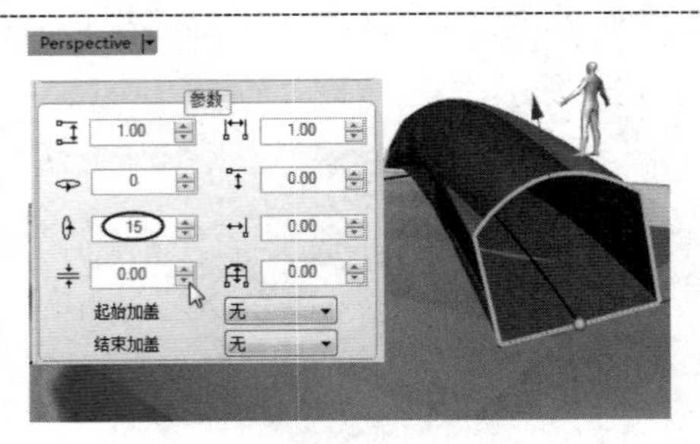

图 12-124　调整两端的面的角度

⑤ 使用【变动】选项卡中的【动态圆形阵列】工具，创建动态圆形阵列，如图 12-125 所示。

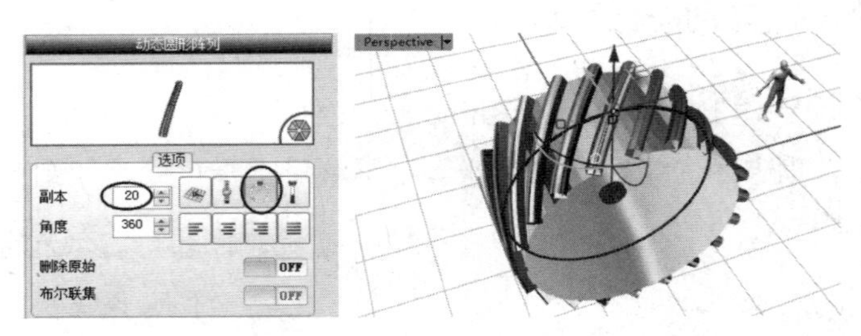

图 12-125　创建动态圆形阵列

⑥ 使用【变动】选项卡中的【水平对称】工具，将上一步骤创建的动态圆形阵列进行水平镜像，如图 12-126 所示。注意，应在 Top 视窗中选择镜像平面。

⑦ 单击【珠宝】选项卡中的【轨道镶】按钮，在【RhinoGold】控制面板中将显示轨道镶选项。选择戒圈的边缘，在一侧创建轨道镶，如图 12-127 所示。同理，在另一侧也创建相同的轨道镶。

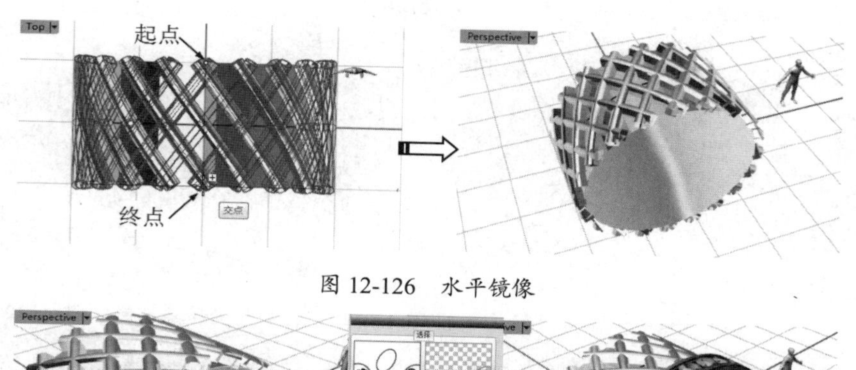

图 12-126　水平镜像

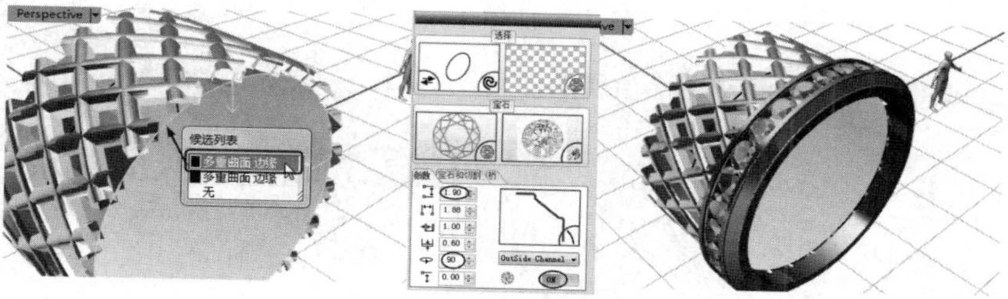

图 12-127　创建轨道镶

技术要点：

如果第一次不能选取边缘，那么可以选取戒圈曲面，取消选取戒圈曲面后就可以拾取其边缘了。

⑧ 删除中间的戒圈实体和曲线，完成双轨镶钻戒指的设计，完成效果如图 12-128 所示。

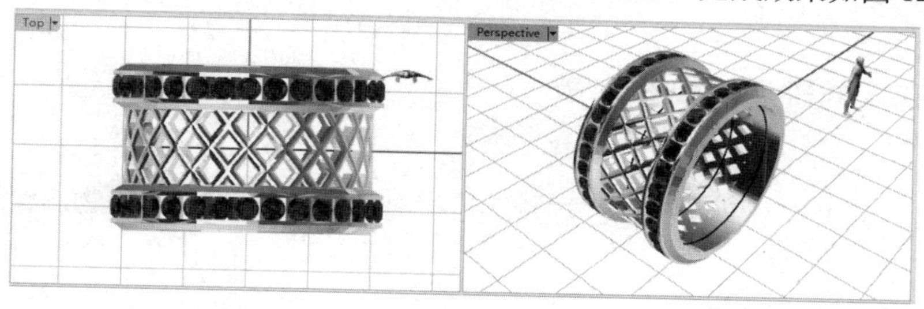

图 12-128　双轨镶钻戒指设计的完成效果

12.4.3　链子、吊坠和挂钩的设计

1. 链子

【链子】工具用于设计贵金属项链、手链、脚链等。

上机操作——金项链的设计

① 打开本案例源文件“12-15.3dm”，练习模型如图 12-129 所示。

② 在【珠宝】选项卡的【Pendants】工具面板中单击【链子】按钮，在【RhinoGold】控制面板中将显示链子设计选项。

③ 在工作视窗中先选择要复制的金属圈并将金属圈添加到第一个选择器中，再将链子曲线添加到第二个选择器中，如图 12-130 所示。

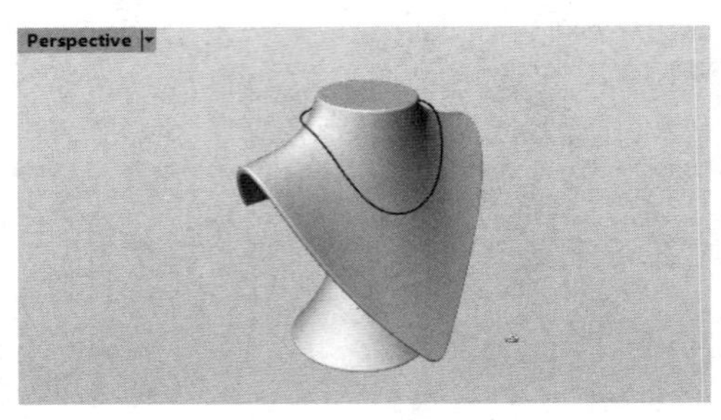

图 12-129　练习模型

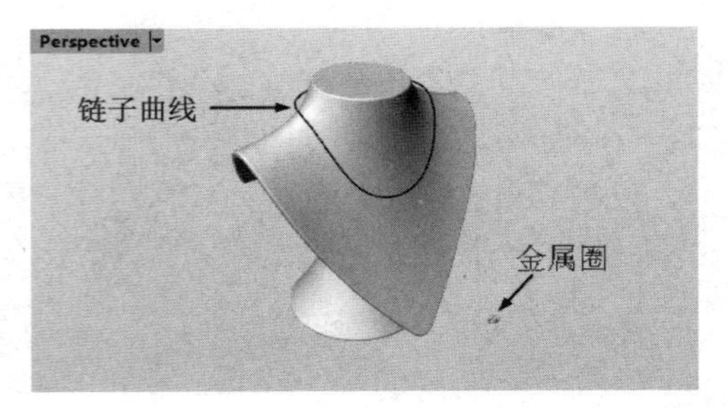

图 12-130　将金属圈和链子曲线分别添加到选择器中

④ 在【RhinoGold】控制面板中设置金属圈的复制数目，并设置 X 轴旋转，如图 12-131 所示。

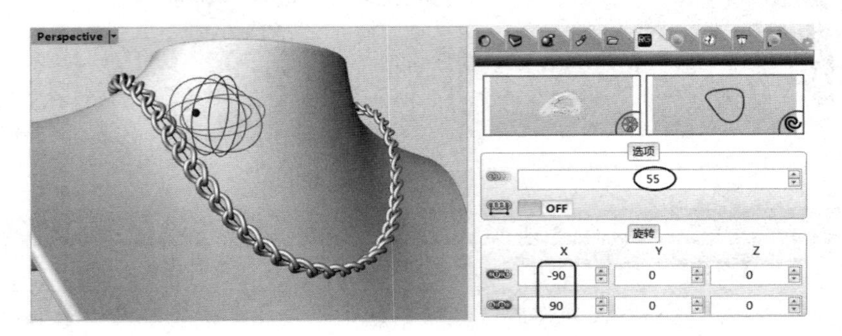

图 12-131　设置金项链的参数

⑤ 单击【确定】按钮，完成金项链的设计。

2. 吊坠

使用【吊坠】工具不仅可以创建文字形状的吊坠，而且可以创建动物形状的吊坠。

上机操作——文本吊坠的设计

① 执行【文件】|【新建】命令，新建 Rhino 8.0 文件。

② 在【Pendants】工具面板中单击【吊坠】按钮，并在弹出的命令菜单中单击【文本吊坠】按钮，在【RhinoGold】控制面板中将显示吊坠设计选项。

③ 在【截面】选项卡中双击一个文本样式，并将文本样式添加到模型中，如图 12-132 所示。

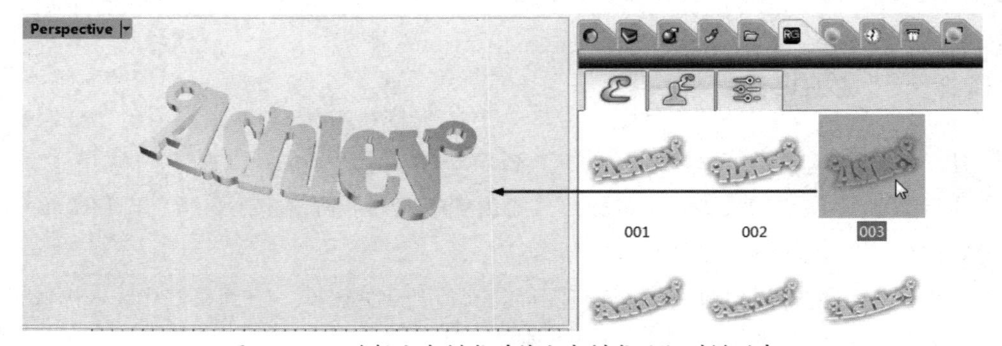

图 12-132　选择文本样式并将文本样式添加到模型中

④ 在【参数设置】选项卡中，可以重新输入自定义的文本并设置相关参数，按 Enter 键确认，如图 12-133 所示。

图 12-133　输入新文本并设置相关参数

⑤ 在工作视窗中调整挂钩的位置，本案例中挂钩放在字母 O 上。单击【确定】按钮，完成文本吊坠的设计，完成效果如图 12-134 所示。

图 12-134　文本吊坠设计的完成效果

上机操作——动物吊坠的设计

① 执行【文件】|【新建】命令，新建 Rhino 8.0 文件。

② 在【Pendants】工具面板中单击【吊坠】按钮，并在弹出的命令菜单中单击【吊坠曲线】按钮，在【RhinoGold】控制面板中将显示吊坠曲线设计选项。

③ 在【截面】选项卡中双击一个文本样式（编号为 002 的文本样式），并将文本样式添加到模型中，如图 12-135 所示。

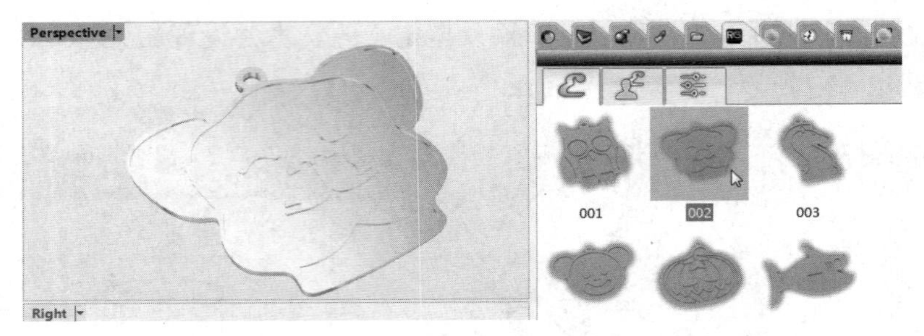

图 12-135 选择文本样式并将文本样式添加到模型中

④ 在【参数设置】选项卡中，重新设置吊坠的参数。单击【确定】按钮，完成动物吊坠的设计，完成效果如图 12-136 所示。

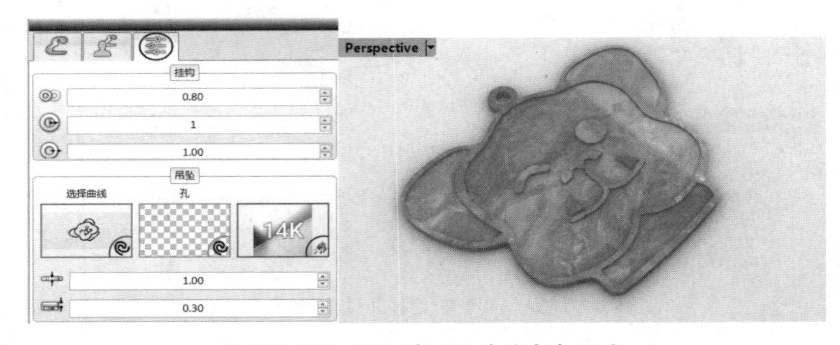

图 12-136 动物吊坠设计的完成效果

⑤ 当然，也可以自定义封闭曲线。在【参数设置】选项卡中，将自定义的曲线添加到选择曲线选择器中，即可创建出自定义图案的吊坠。如果自定义图案内部有圆孔曲线，则需要将圆孔曲线添加到孔选择器中。

3. 挂钩

【挂钩】工具用来创建吊坠的挂钩。

本案例使用 RhinoGold 中常用的工具，如智能曲线、挤出、双曲线排石、宝石、包镶与圆管等，设计如图 12-137 所示的心形吊坠。

图 12-137 心形吊坠

上机操作——心形吊坠的设计

① 执行【文件】|【新建】命令，新建珠宝文件。

② 使用【宝石】选项卡中的【包镶】工具，在控制面板中选择编号为 028 的包镶样式。选择宝石并按 F2 键，重新选择宝石形状为心形，内径（X 宽度）为 6.00，创建心形宝石如图 12-138 所示。

③ 选择包镶并按 F2 键，编辑包镶的尺寸，可以在工作视窗中手动调整包镶截面的形状，创建钻石包镶如图 12-139 所示。

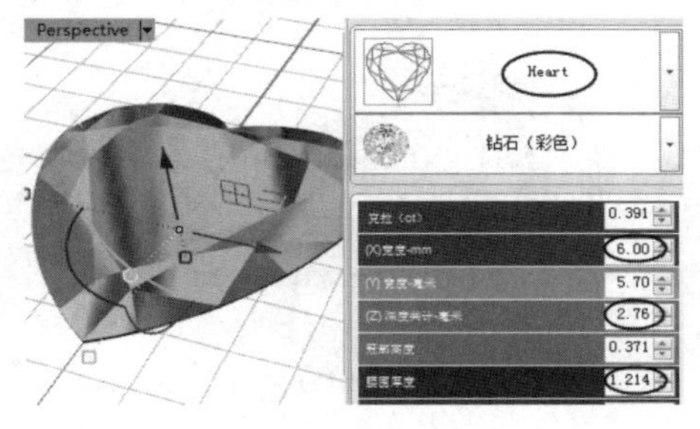

图 12-138　创建心形宝石

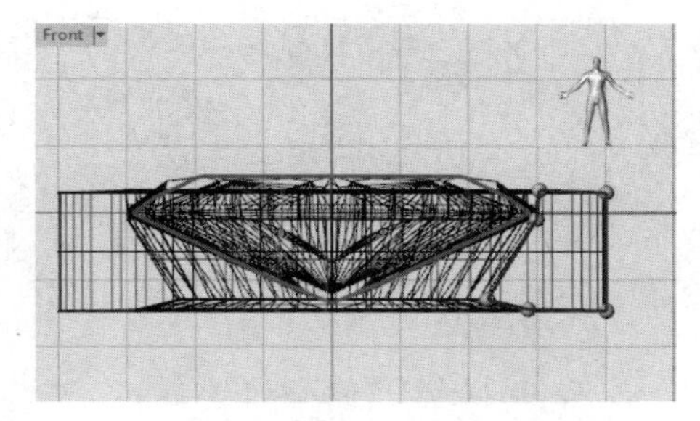

图 12-139　创建钻石包镶

④ 使用【绘制】选项卡中的【智能曲线】工具，以垂直对称的绘制方式绘制心形曲线，注意心形曲线控制点的位置，如图 12-140 所示。使用操作轴移动钻石和包镶。

⑤ 绘制心形曲线的偏移曲线，并修改偏移曲线。绘制偏移曲线后将两个心形曲线一分为二（绘制一条竖直线将其左右分开），如图 12-141 所示。

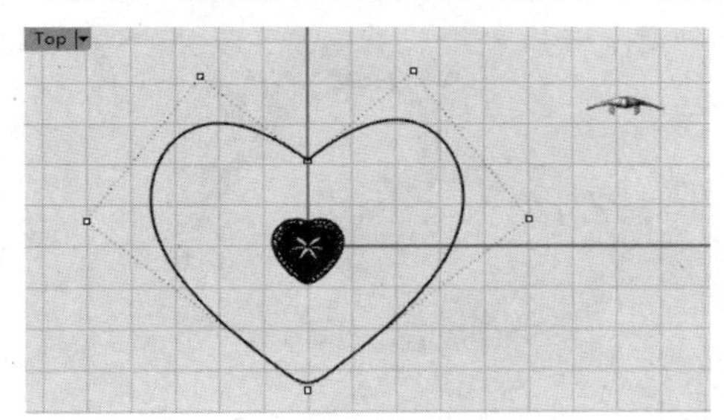

图 12-140　绘制心形曲线

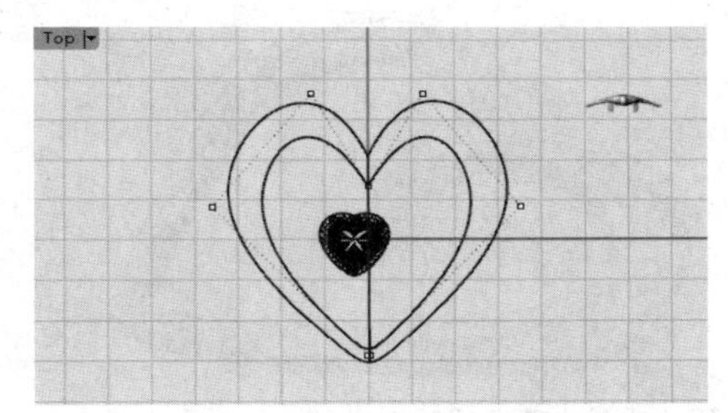

图 12-141　绘制并修改偏移曲线

⑥ 使用【绘制】选项卡中的【延伸】工具，延伸右侧两条半边心形曲线使其相交于一点，如图 12-142 所示。

⑦ 先使用【剪切】工具剪切要延伸的曲线，然后使用【组合】工具将所有心形曲线组合成整体，如图 12-143 所示。

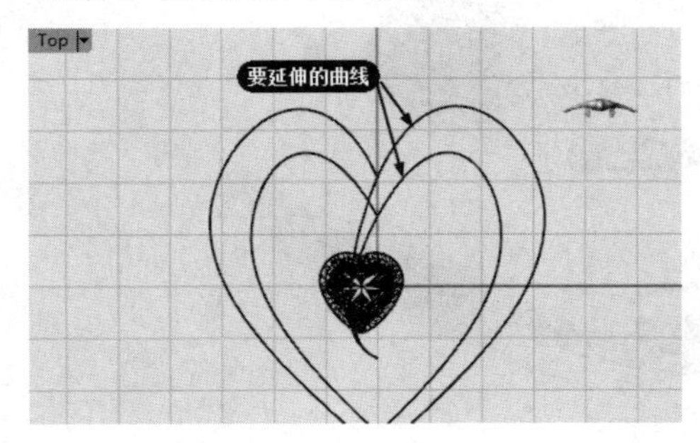

图 12-142　延伸曲线

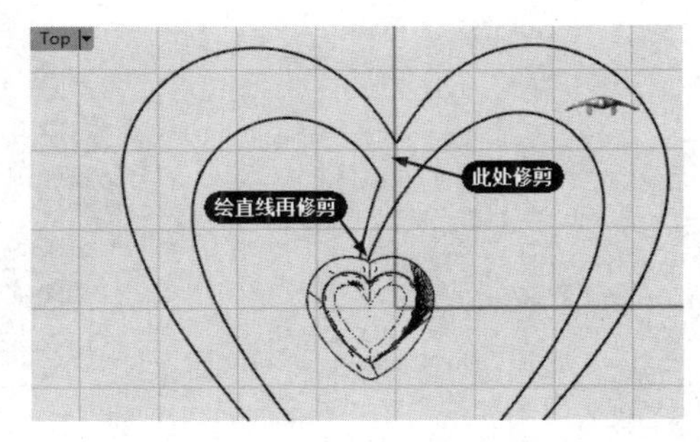

图 12-143　剪切并组合心形曲线

⑧ 使用【偏移曲线】工具创建偏移曲线，偏移距离为 1，如图 12-144 所示。

⑨ 使用【建模】选项卡中的【挤出】工具，将挤出实体向下挤出 2（在命令行中输入值-2），如图 12-145 所示。

图 12-144　创建偏移曲线

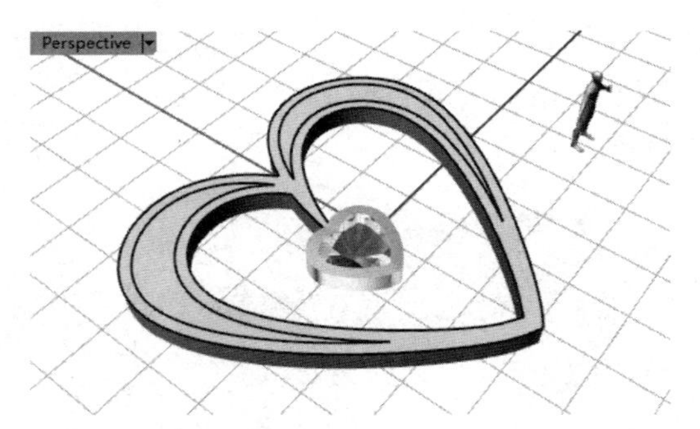

图 12-145　向下挤出挤出实体

⑩ 同理，先创建内侧偏移曲线的挤出实体，并将挤出实体向下挤出 1，然后进行布尔差集运算，如图 12-146 所示。

⑪ 使用【不等距圆角】工具，对挤出实体进行倒圆角处理，设置圆角半径为 0.3，如图 12-147 所示。

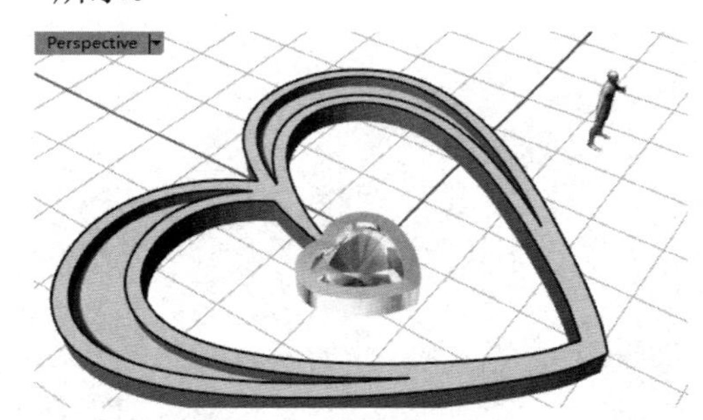

图 12-146　创建内部挤出实体并进行布尔差集运算

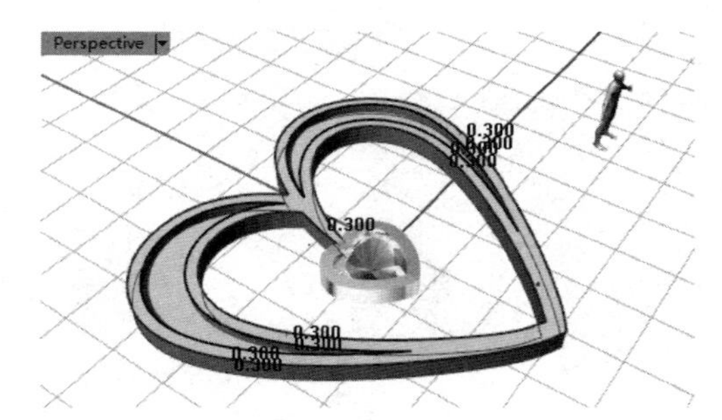

图 12-147　进行倒圆角处理

⑫ 使用【宝石】选项卡中的【双曲线排石】工具，选取偏移曲线（因为偏移曲线是组合曲线，所以可以使用【炸开】工具将偏移曲线拆分成单条曲线）放置宝石，宝石之间的距离为 0.10，如图 12-148 所示。同理，在另一侧也进行同样的操作。

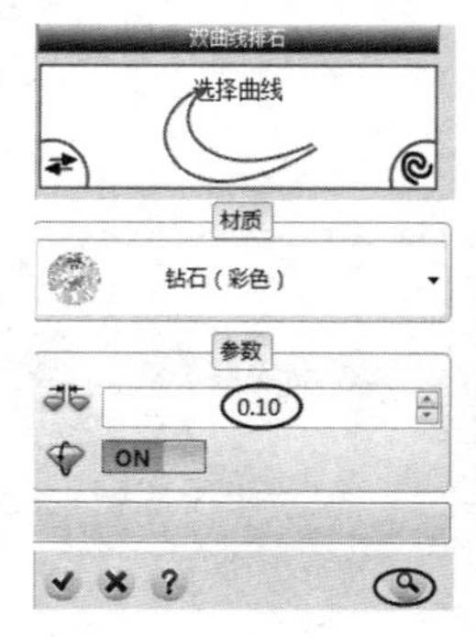

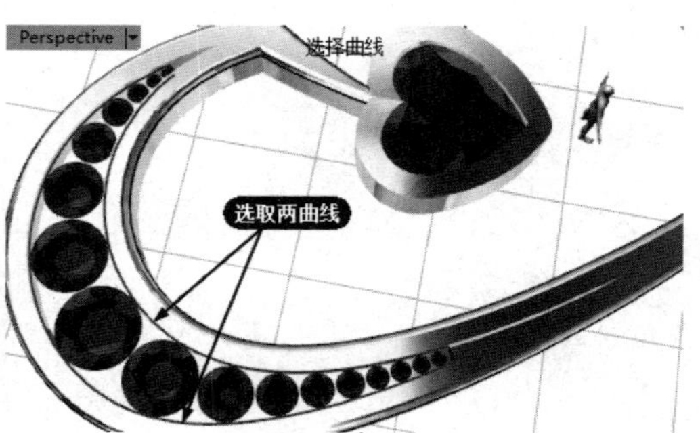

图 12-148　双曲线排石

技术要点：

在【双曲线排石】对话框中要先单击【预览】按钮，预览成功后再单击【确定】按钮完成创建，否则不能创建成功。

⑬ 使用【智能曲线】工具在 Top 视窗中绘制一条圆弧曲线，如图 12-149 所示。

⑭ 使用【绘制】选项卡中的【螺旋线】工具，以环绕曲线的方式绘制螺旋线，如图 12-150 所示。

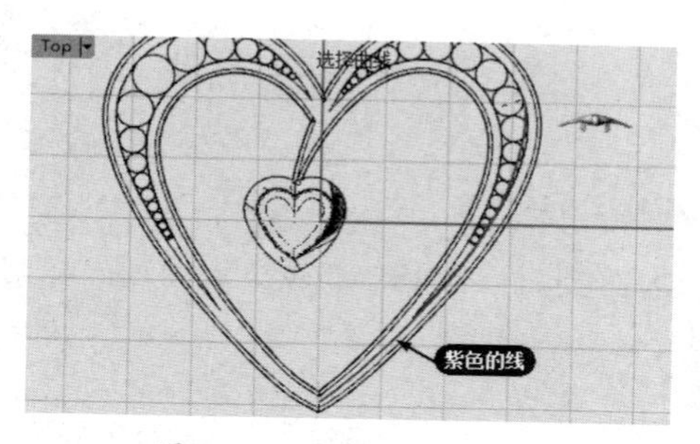

图 12-149　绘制圆弧曲线

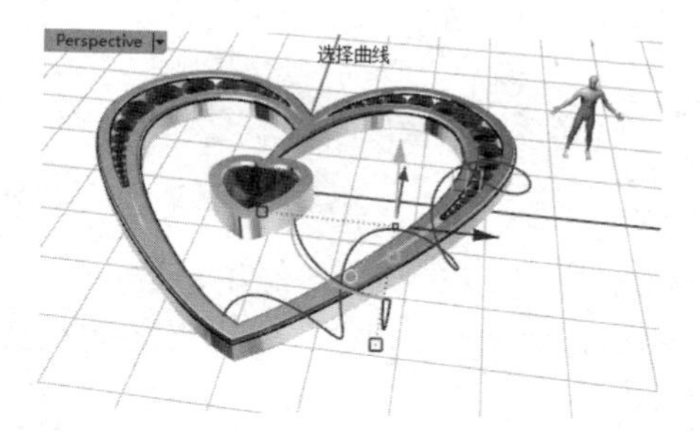

图 12-150　绘制螺旋线

⑮ 使用【建模】选项卡中的【圆管，圆头盖】工具，选取螺旋线，创建直径为 1 的圆管，如图 12-151 所示。

⑯ 使用【包镶】工具，在控制面板中选择编号为 040 的包镶样式（含有眼形宝石）。选择宝石并按 F2 键，设置眼形宝石的宽度为 3.50，如图 12-152 所示。

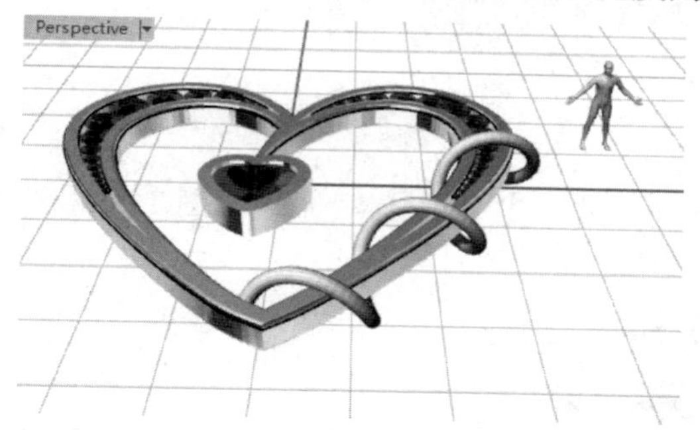

图 12-151　创建圆管

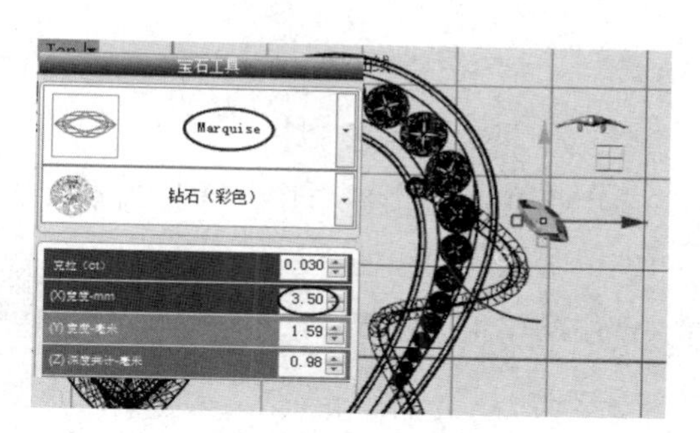

图 12-152　创建宝石

⑰ 在工作视窗中选取包镶并按 F2 键，在控制面板中设置包镶的参数，并在工作视窗中手动调整截面形状，如图 12-153 所示。

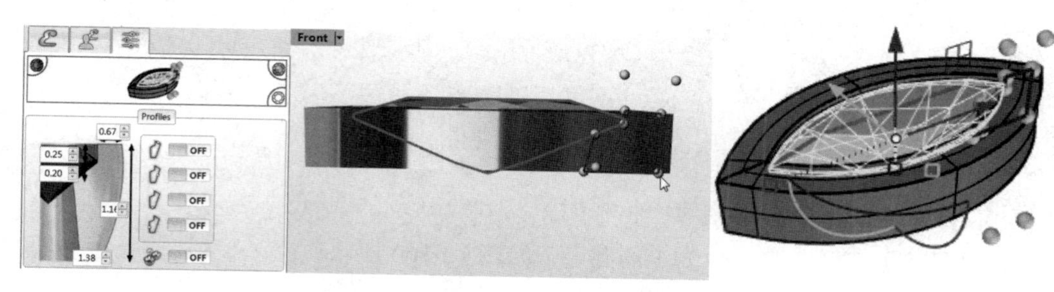

图 12-153　设置包镶的参数并调整截面形状

⑱ 在工作视窗中调整包镶和眼形钻石的位置，如图 12-154 所示。

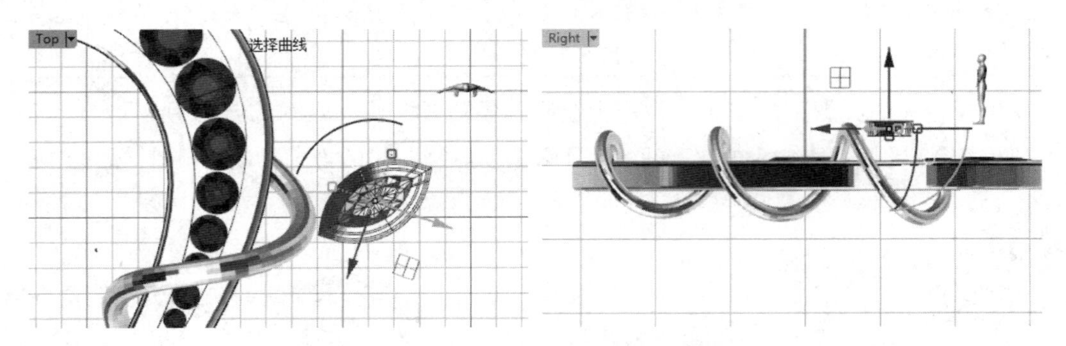

图 12-154　调整包镶和眼形钻石的位置

⑲ 绘制智能曲线，连接包镶底座与圆管，如图 12-155 所示。使用【圆管】工具创建圆管，设置起点直径为 0.5，终点直径为 0.25，如图 12-156 所示。

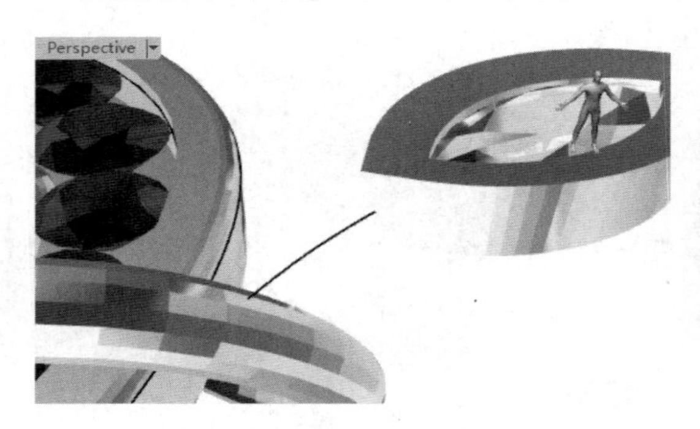

图 12-155　绘制智能曲线　　图 12-156　创建圆管

⑳ 使用【变动】选项卡中的【沿着曲面上的曲线阵列】工具，创建如图 12-157 所示的沿着螺旋曲线的阵列。

㉑ 使用操作轴调整阵列的包镶和钻石的位置，如图 12-158 所示。

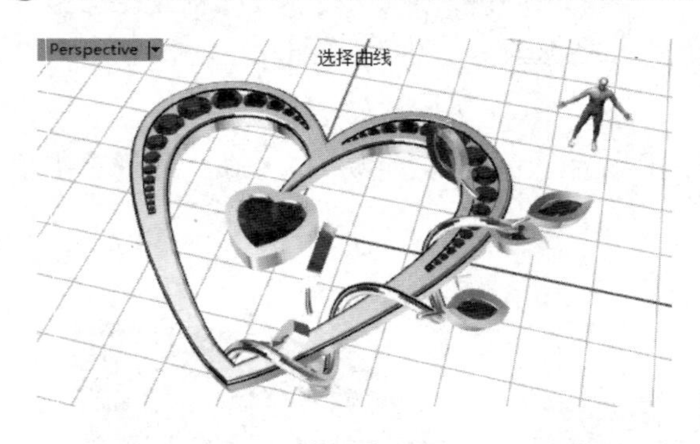

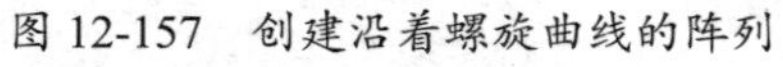

图 12-157　创建沿着螺旋曲线的阵列　　图 12-158　调整包镶和钻石的位置

㉒ 使用【圆弧】工具在 Top 视窗中绘制如图 12-159 所示的圆弧。

㉓ 使用【圆管】工具创建直径为 1 的圆管，如图 12-160 所示。

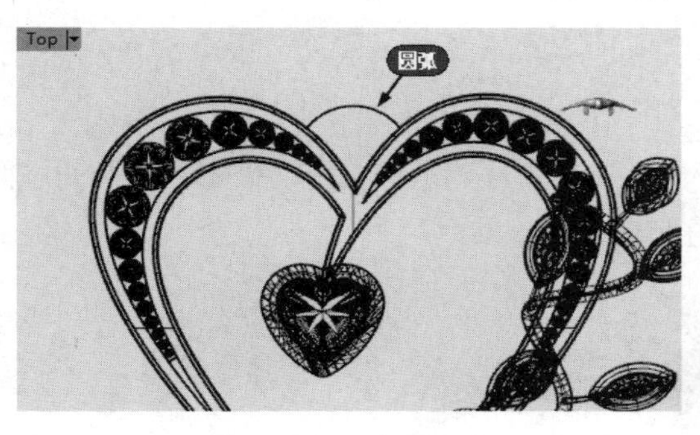

图 12-159 绘制圆弧

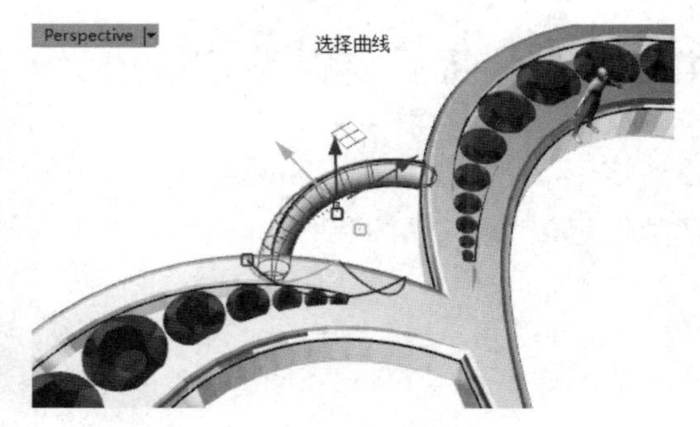

图 12-160 创建圆管

㉔ 使用【珠宝】选项卡中的【挂钩】工具，在控制面板的【挂钩样式】选项卡中双击编号为 004 的挂钩样式，并将其添加到模型中。在【参数设置】选项卡中设置挂钩的参数，手动调整其位置，如图 12-161 所示。

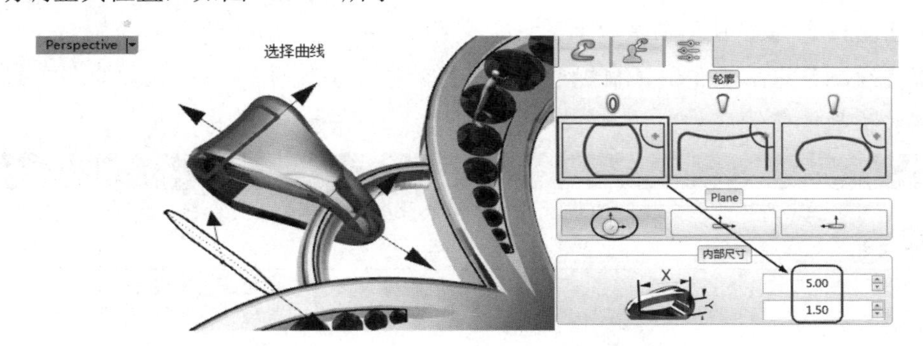

图 12-161 设置挂钩的参数

㉕ 按照前面坠饰中创建线性钉镶的方法，创建心形坠饰的钉镶。至此，完成了心形坠饰的造型设计，完成效果如图 12-162 所示。

图 12-162 心形坠饰造型设计的完成效果

12.5 实战案例

本节使用 Rhino 8.0 及 RhinoGold 6.6 的相关设计工具，进行首饰造型设计。

12.5.1 绿宝石群镶钻戒的设计

这个实战案例使用 RhinoGold 中常用的工具，如对象环、爪镶、自动排石，以及动态圆形数组等。绿宝石群镶钻戒的造型如图 12-163 所示。

图 12-163 绿宝石群镶钻戒

① 执行【文件】|【新建】命令，新建珠宝文件。

② 使用【绘制】选项卡中的【智能曲线】工具，以水平对称的方式，绘制如图 12-164 所示的对称封闭曲线。

技术要点：

为了保证对称性，可以先绘制一半曲线，另一半曲线使用【镜像】工具绘制，如图 12-165 所示。镜像后使用【组合】工具组合曲线。

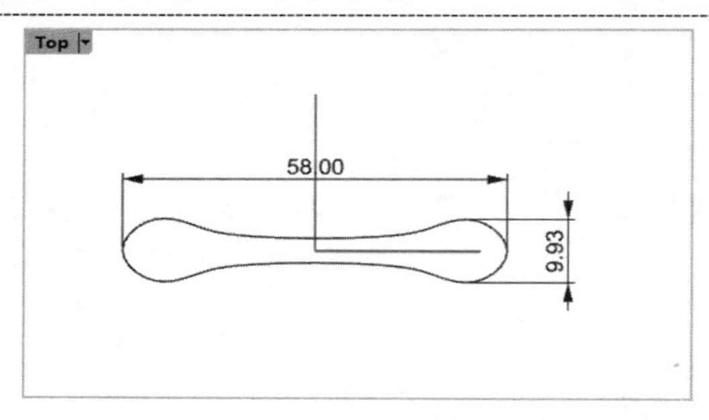

图 12-164 绘制对称封闭曲线

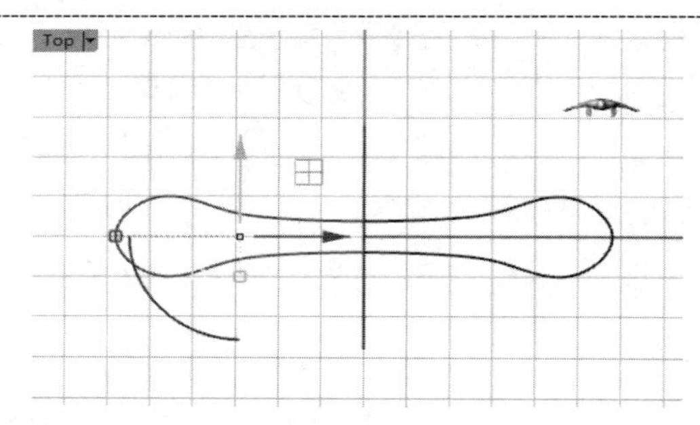

图 12-165 使用【镜像】工具镜像另一半曲线

③ 使用【建模】选项卡中的【挤出】工具，创建挤出厚度为 2 的实体，如图 12-166 所示。

④ 使用【不等距圆角】工具，为挤出实体创建半径为 1 的圆角，如图 12-167 所示。

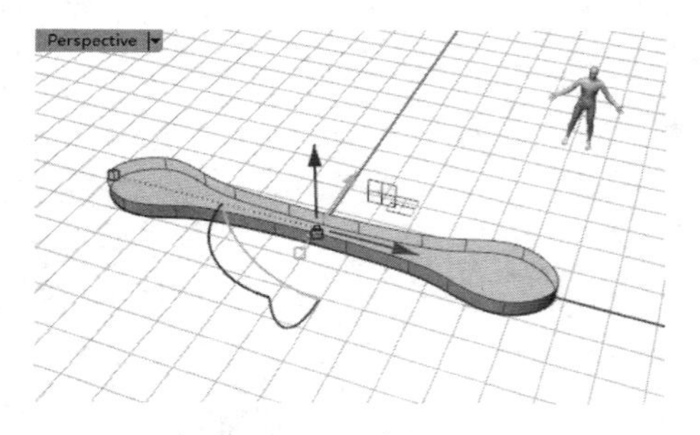

图 12-166 创建挤出实体

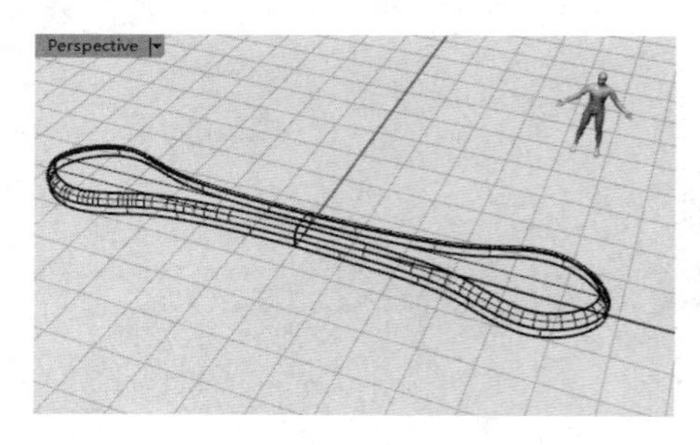

图 12-167 创建圆角

⑤　使用【智能曲线】工具，以水平对称的方式，绘制如图 12-168 所示的对称封闭曲线。启用【锁定格点】选项并使用操作轴将曲线向上平移，如图 12-169 所示。

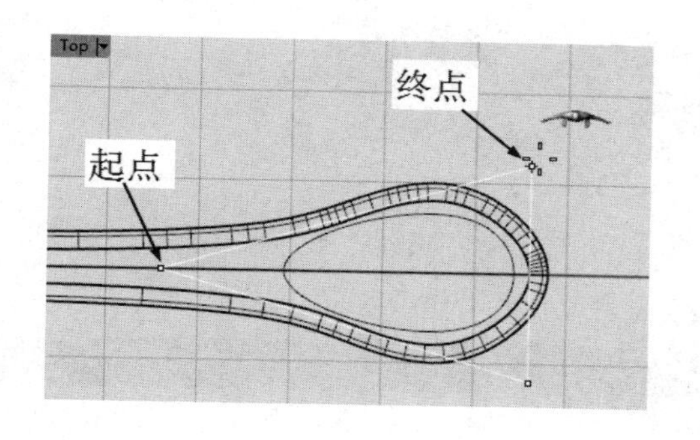

图 12-168　绘制对称封闭曲线

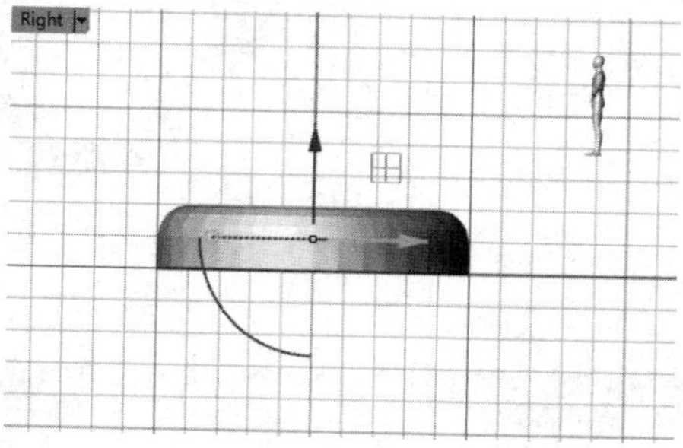

图 12-169　向上平移曲线

⑥　使用【建模】选项卡中的【挤出】工具，创建挤出厚度为 2 的挤出实体，如图 12-170 所示。使用【变动】选项卡中的【镜像】工具，将挤出实体镜像至对称侧，如图 12-171 所示。

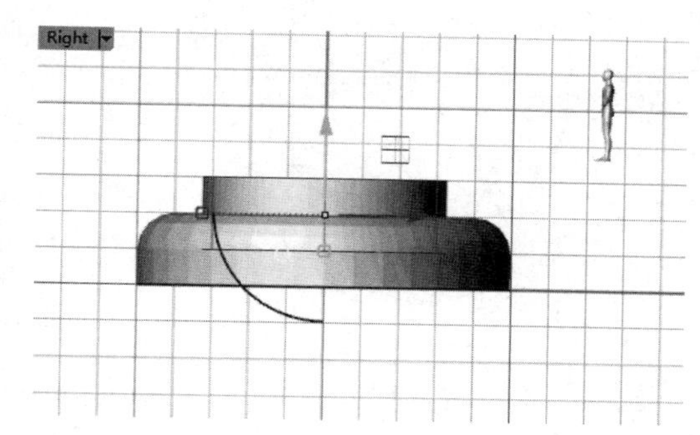

图 12-170　创建挤出实体

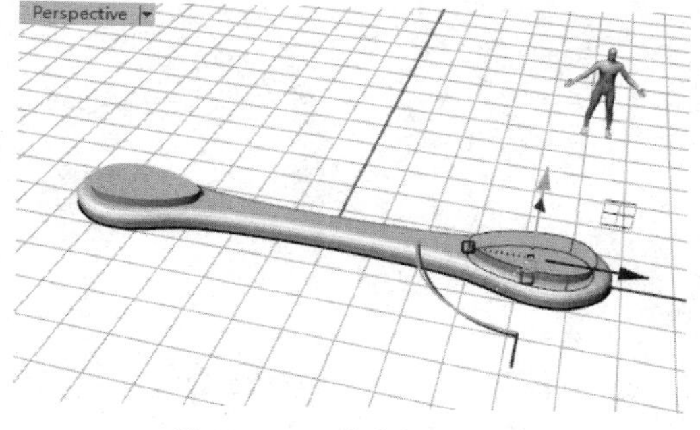

图 12-171　镜像挤出实体

⑦　使用【布尔运算差集】工具减去小的挤出实体，如图 12-172 所示。使用操作轴将整个挤出实体旋转 180°，让减去的槽在 *Z* 轴负方向上，如图 12-173 所示。

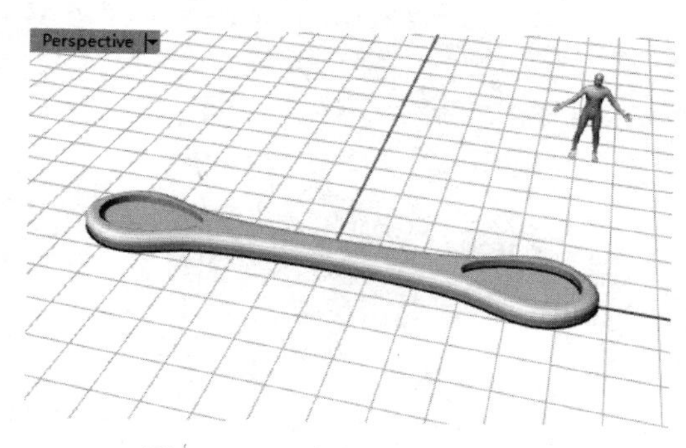

图 12-172　减去小的挤出实体

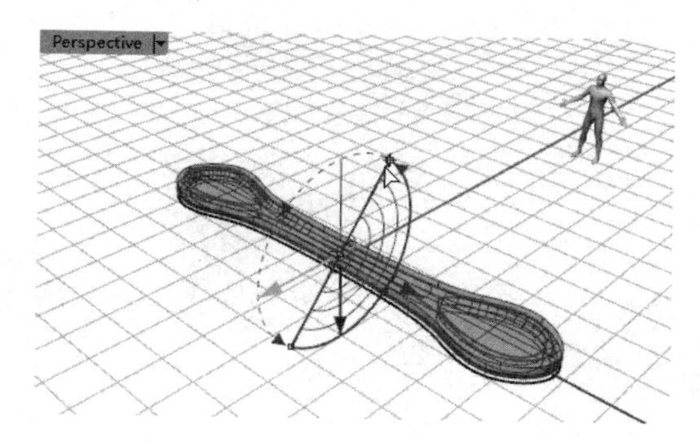

图 12-173　将挤出实体旋转 180°

⑧　使用【珠宝】选项卡中的【以物件】工具，选取旋转后的挤出实体创建环形折弯实体，如图 12-174 所示。

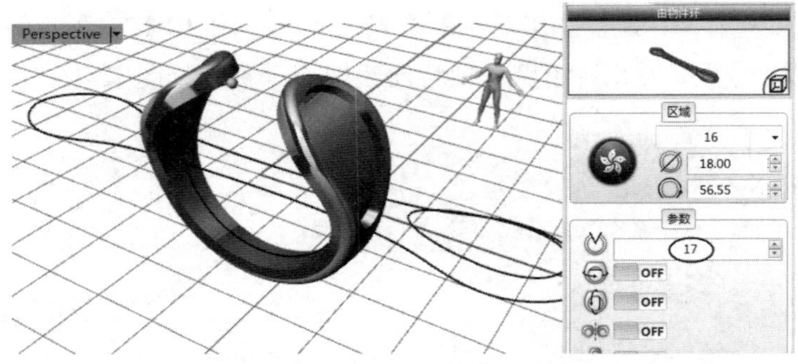

图 12-174 创建环形折弯实体

技术要点：

因为折弯实体不能按照意图创建角度，所以需要先将折弯实体手动旋转一定角度后，创建一个能分割实体的曲面，然后使用曲线分割折弯实体，这样就得到了想要的一半折弯实体，最后进行镜像，得到最终的折弯实体，如图 12-175 所示。

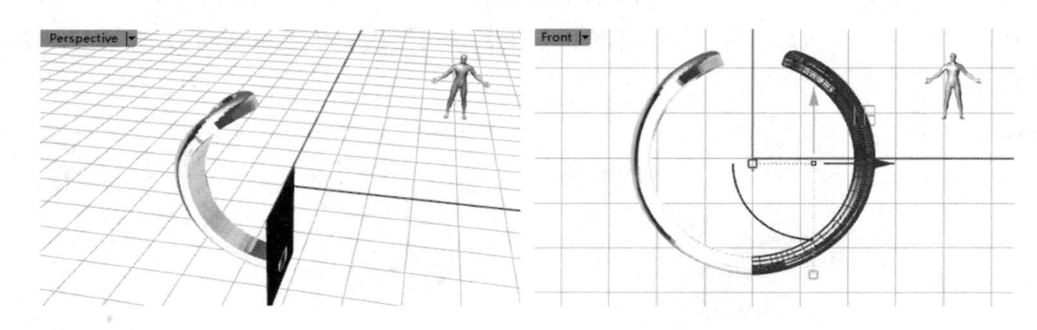

图 12-175 修改折弯实体

⑨ 使用【珠宝】选项卡中的【爪镶】工具，在【RhinoGold】控制面板中选择编号为 008 的爪镶样式，如图 12-176 所示。在工作视窗中选取宝石并按 F2 键，设置宝石的内径为 6。

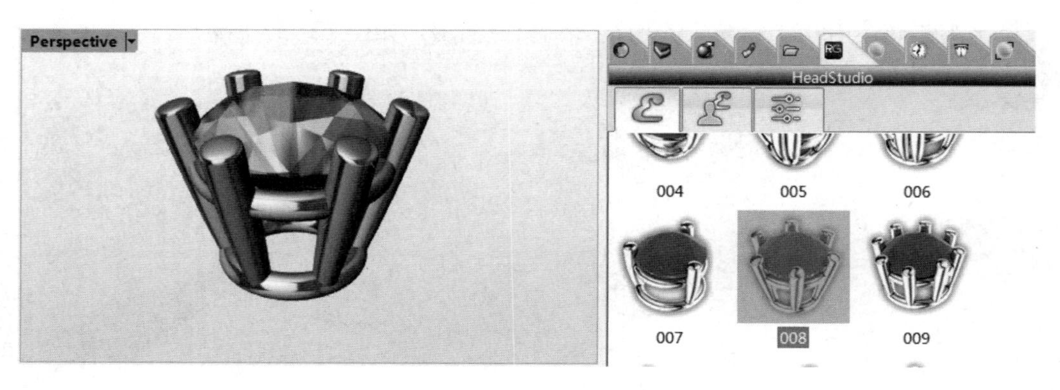

图 12-176 选择爪镶样式

⑩ 先在工作视窗中选取爪镶并按 F2 键，然后在【参数设置】选项卡中设置爪镶的参数，如图 12-177 所示。注意，钉镶和滑轨需要在工作视窗中手动调节，以达到最佳效果。

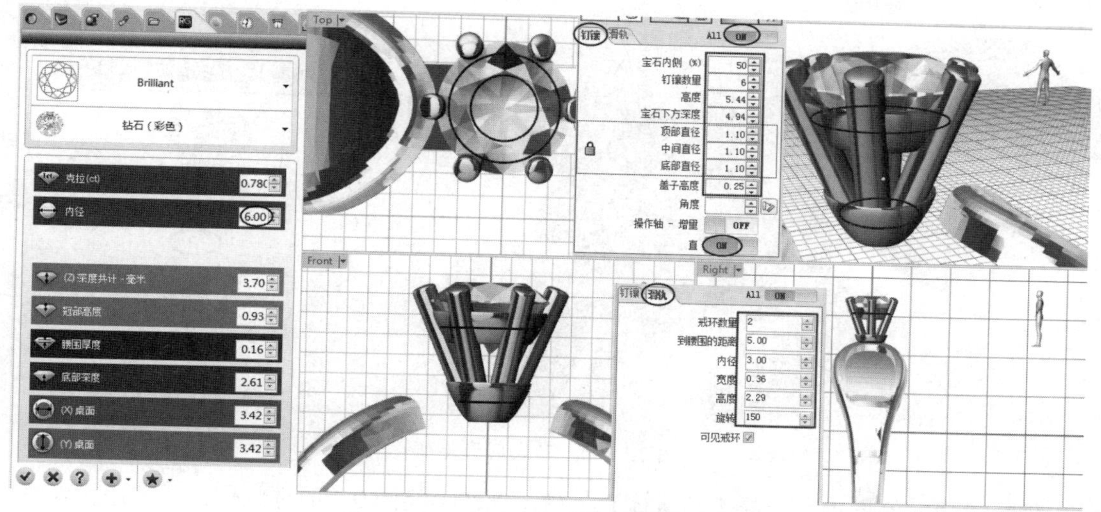

图 12-177　设置宝石内径和爪镶的参数

⑪　使用【爪镶】工具，选择编号为 007 的爪镶样式，如图 12-178 所示。选择宝石并按 F2 键，设置宝石内径为 2.5。

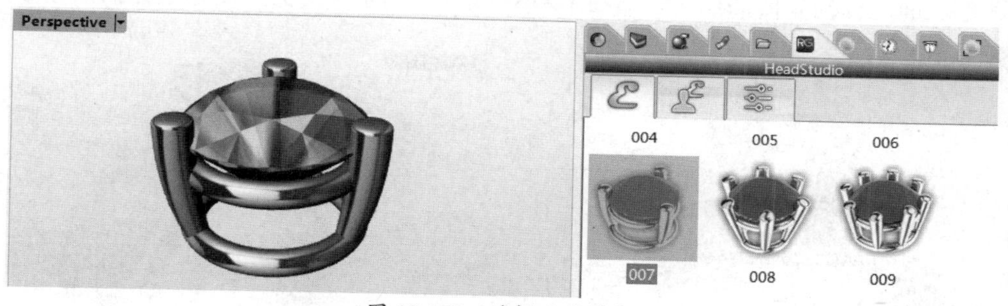

图 12-178　选择爪镶样式

⑫　先使用操作轴将爪镶及宝石旋转一定角度，再选择爪镶并按 F2 键，设置爪镶的参数。注意，应在工作视窗中调整爪镶的结构，如图 12-179 所示。

图 12-179　设置爪镶的参数

⑬　使用【动态圆形阵列】工具，将小宝石及爪镶进行动态圆形阵列，阵列副本为 10，如图 12-180 所示。

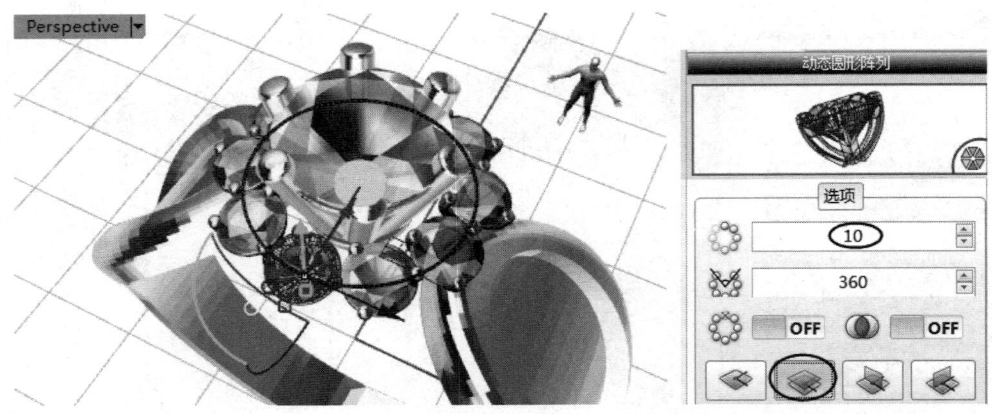

图 12-180　动态圆形阵列

⑭ 使用【建模】选项卡中的【环状体】工具，创建半径为 0.5 的环状体，并使用操作轴将环状体移动到动态圆形阵列的爪镶下方，如图 12-181 所示。

⑮ 使用【建模】选项卡的【修改实体】工具面板中的【抽离曲面】工具，选择折弯体中的凹槽表面进行抽离曲面操作，如图 12-182 所示。同理，对另一侧也进行抽离曲面操作。

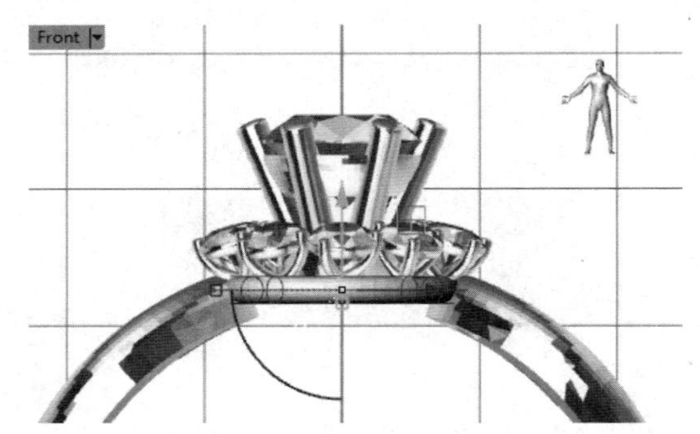

图 12-181　创建环状体并将其移动至合适的位置

图 12-182　抽离曲面

⑯ 使用【宝石】选项卡中的【自动排石】工具，选择上一步骤抽离的曲面作为放置对象，并在控制面板中设置参数，如图 12-183 所示。

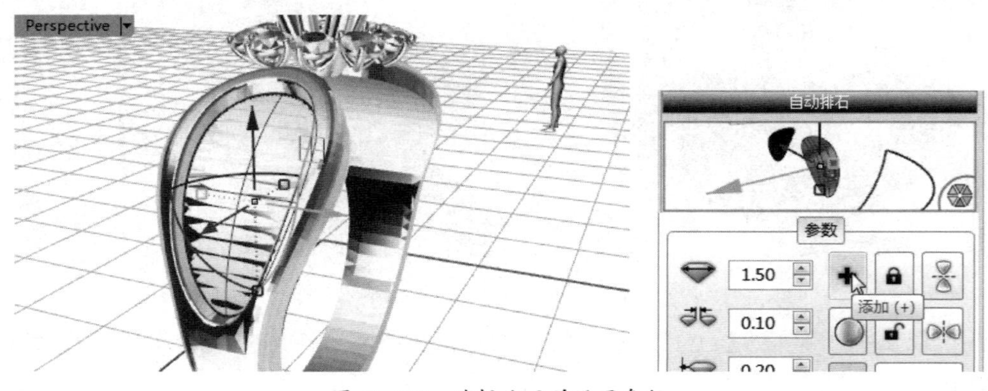

图 12-183　选择曲面并设置参数

⑰ 先单击【添加】按钮后将宝石任意放置在所选曲面上，再在控制面板的第二个选项卡中

设置最小值为 1，在第四个选项卡中启用钉镶的创建开关，并设置钉镶的参数，最后单击【预览】按钮，预览自动排布钻石的情况，如图 12-184 所示。

图 12-184　放置钻石并设置参数

⑱　创建预览后单击【确定】按钮✔完成自动排石操作，如图 12-185 所示。

图 12-185　完成自动排石操作

⑲　同理，在另一侧也进行自动排石操作，或将钻石镜像至对称侧。至此，完成了绿宝石群镶钻戒的造型设计，完成效果如图 12-186 所示。

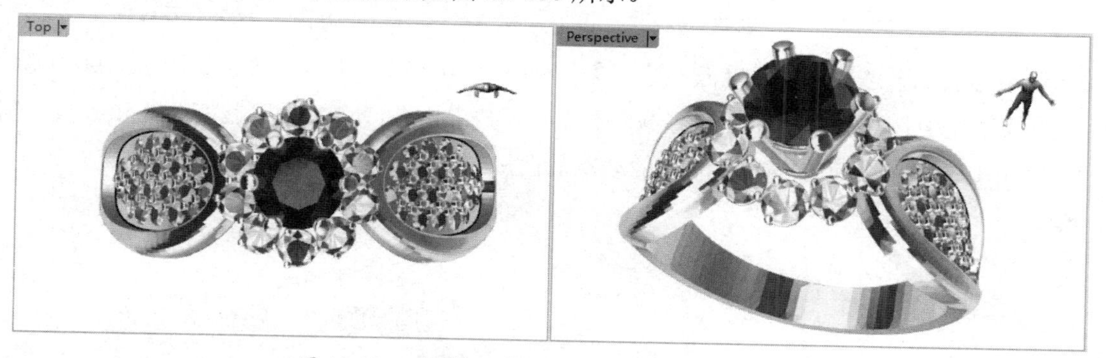

图 12-186　绿宝石群镶钻戒造型设计的完成效果

12.5.2　三叶草坠饰的设计

本实战案例使用 RhinoGold 中常用的工具，如包镶、宝石工作室、动态截面及单曲线排石等。三叶草坠饰的造型如图 12-187 所示。

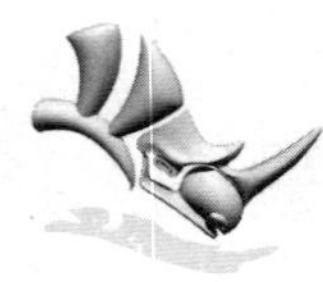

图 12-187　三叶草坠饰

① 执行【文件】|【新建】命令，新建珠宝文件。

② 使用【珠宝】选项卡中的【包镶】工具，为宝石创建包镶台座，在【RhinoGold】控制面板中选择编号为 028 的包镶样式，并在工作视窗中手动调整外形曲线以达到想要的效果，如图 12-188 所示。

③ 选择宝石并按 F2 键，设置宝石内径为 5.00，如图 12-189 所示。

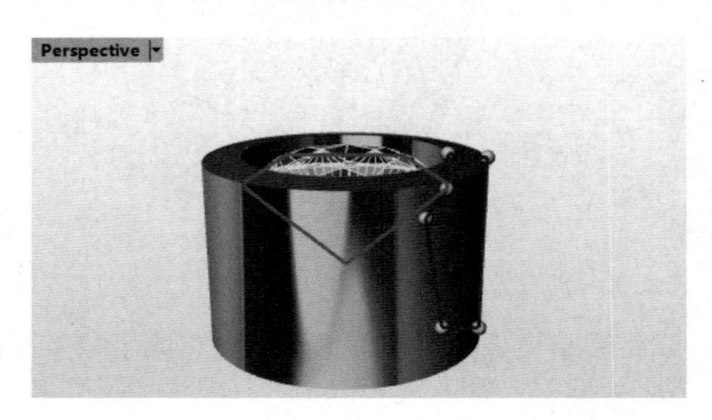

图 12-188　创建包镶台座

图 12-189　设置宝石内径

④ 使用【绘制】选项卡中的【圆：直径】工具，在 Top 视窗中绘制圆，如图 12-190 所示。

⑤ 在【珠宝】选项卡中使用【动态截面】工具，选择圆曲线，并设置截面曲线和参数，创建如图 12-191 所示的宽度为 2.6 的动态截面。

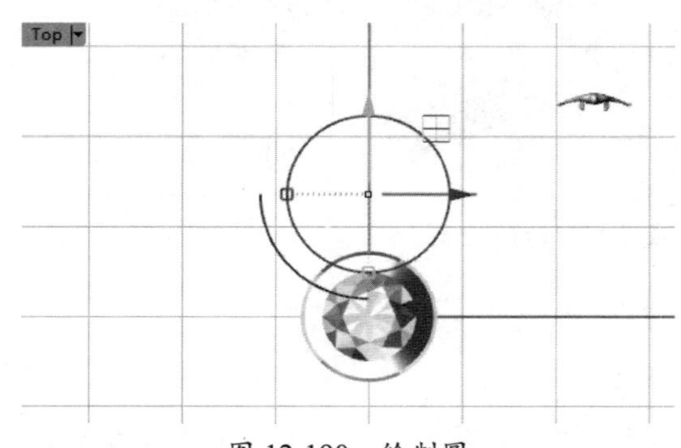

图 12-190　绘制圆

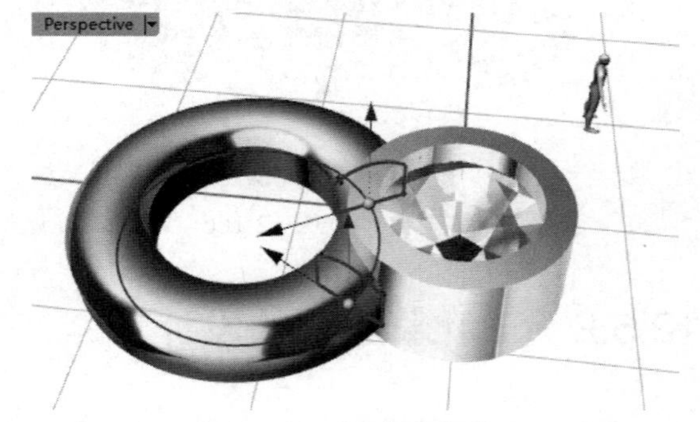

图 12-191　创建动态截面

⑥ 通过操作轴，将动态截面实体向下平移，使动态截面实体底端与包镶底端对齐，如图 12-192 所示。

⑦　使用【布尔运算分割】工具，分割出动态截面实体和包镶实体的相交部分，并将分割出的这一小块实体删除。

⑧　使用【建模】选项卡的【对象曲线】工具面板中的【抽离结构线】工具，启用【物件锁点】选项的【中点】功能，从上一步骤创建的实体中抽离结构线（可以分多次抽离），如图 12-193 所示。

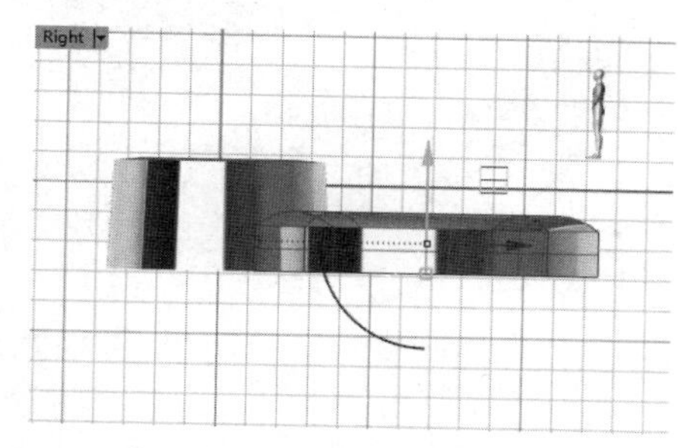

图 12-192　平移动态截面实体

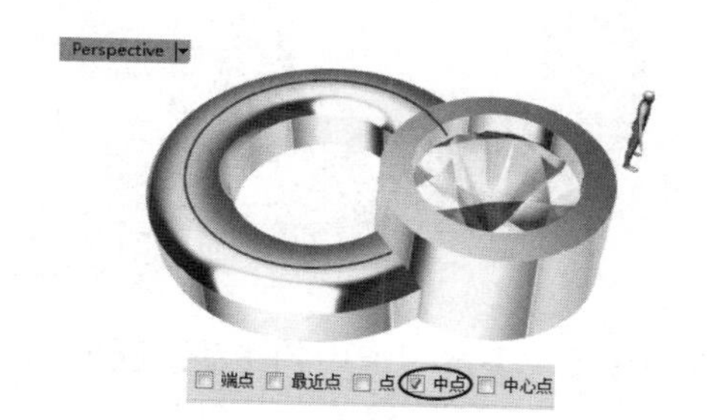

图 12-193　抽离结构线

技术要点：

如果抽离的结构曲线为两条，那么需要使用【绘制】选项卡的【修改】工具面板中的【组合】工具对两条曲线进行组合，否则不利于后续的自动排石操作。

⑨　使用【宝石】选项卡中的【单曲线排石】工具，沿着上一步骤抽离的曲线，在实体上放置直径为 2、数量为 7 的宝石，如图 12-194 所示。

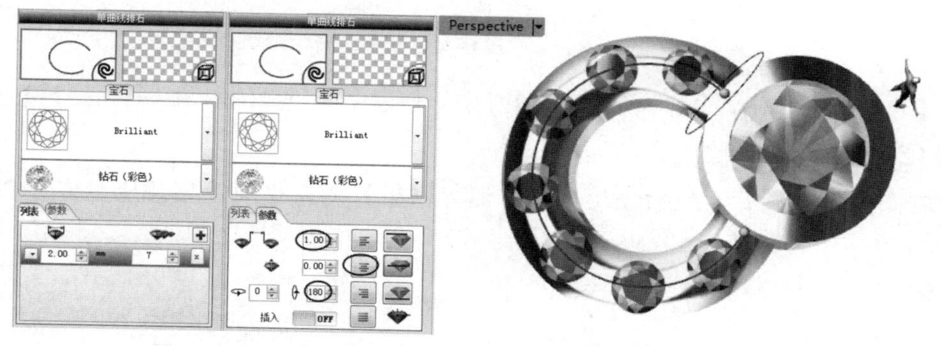

图 12-194　在实体上放置宝石

⑩　使用【刀具】工具创建宝石的开孔器，并使用【布尔运算差集】工具，在动态截面实体上创建单曲线排石的宝石洞，如图 12-195 所示。

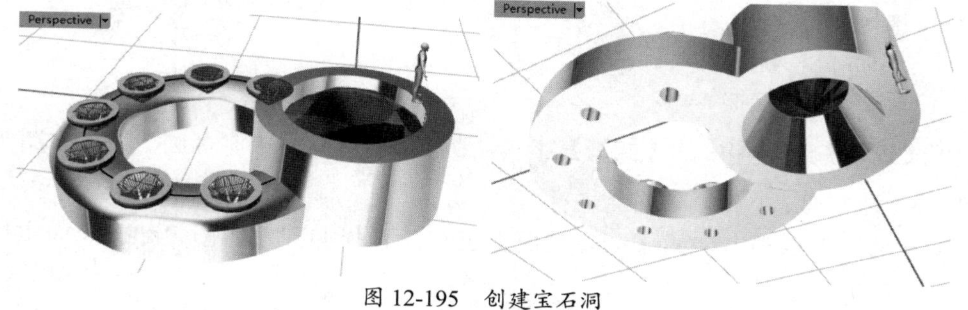

图 12-195　创建宝石洞

⑪ 使用【珠宝】选项卡中的【于线上】工具，选择单曲线排石的宝石以便插入钉镶，如图 12-196 所示。

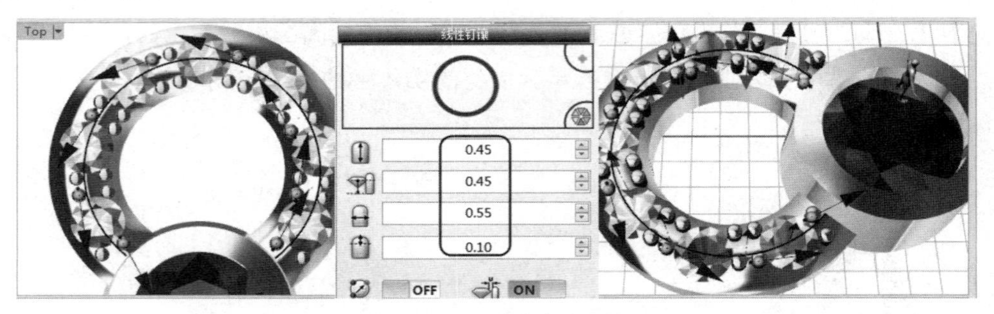

图 12-196　创建线性钉镶

⑫ 使用【变动】选项卡中的【动态圆形阵列】工具，创建动态圆形阵列，如图 12-197 所示。

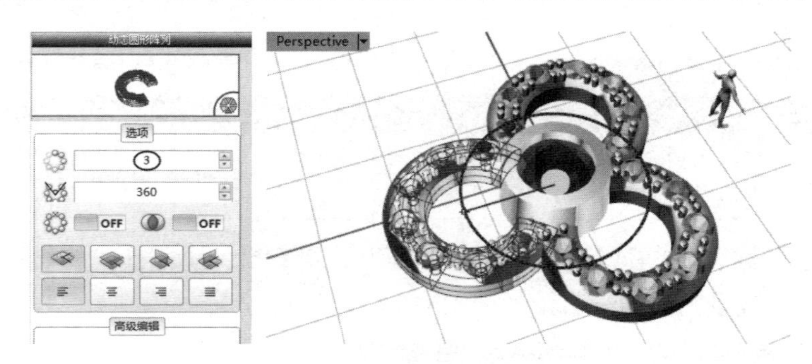

图 12-197　创建动态圆形阵列

⑬ 使用【建模】选项卡中的【不等距斜角】工具，创建中间包镶的斜角（斜角距离为 0.8），如图 12-198 所示。

⑭ 先绘制圆并创建圆管，然后使用【布尔运算联集】工具将圆管与其他实体合并，如图 12-199 所示。

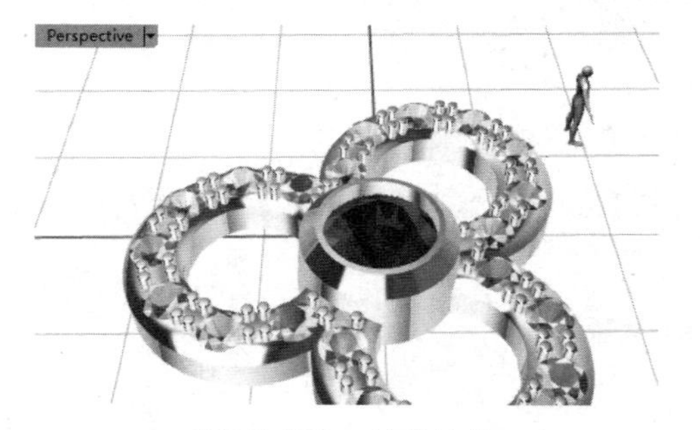

图 12-198　创建斜角

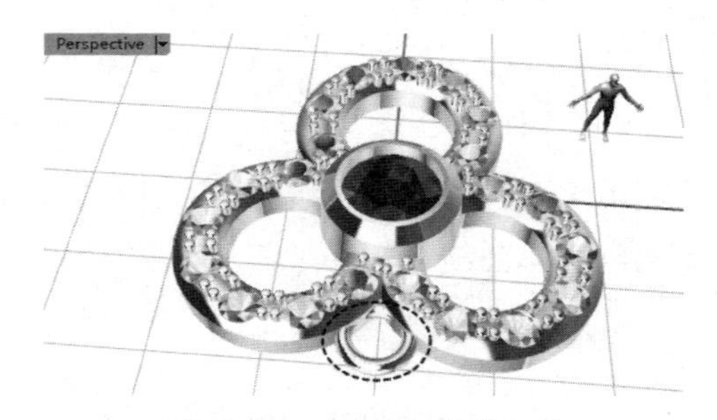

图 12-199　创建圆管并合并

⑮ 使用【绘制】选项卡中的【椭圆】工具，在 Right 视窗中绘制椭圆曲线，如图 12-200 所示。

⑯ 使用【珠宝】选项卡中的【动态截面】工具，选择椭圆曲线创建动态截面实体，如图 12-201 所示。

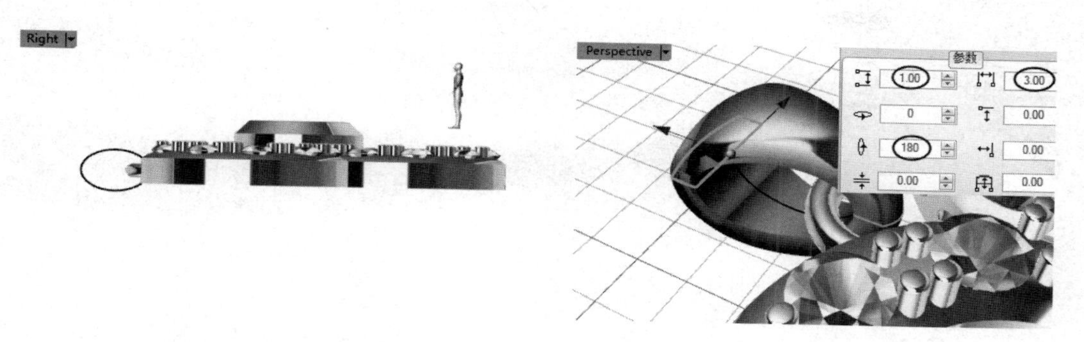

图 12-200　绘制椭圆曲线

图 12-201　创建动态截面实体

⑰ 至此，完成了三叶草坠饰的造型设计，保存结果文件。

第 13 章
工业产品设计综合案例

本章内容

本章将进行 3 个产品造型设计的练习，帮助读者熟悉 Rhino 8.0 的功能指令，并掌握 Rhino 8.0 在实战案例中的应用技巧。

知识要点

- ☑ 兔兔儿童早教机建模
- ☑ 制作电吉他模型
- ☑ 制作恐龙模型

13.1 兔兔儿童早教机建模

兔兔儿童早教机模型如图 13-1 所示。早教机的整体造型以兔兔为主，应重点关注一些细节的制作。在对儿童早教机建模时，首先需要导入背景图片作为参考，创建出整体曲面，然后依次设计细节，最后将它们整合到一起。

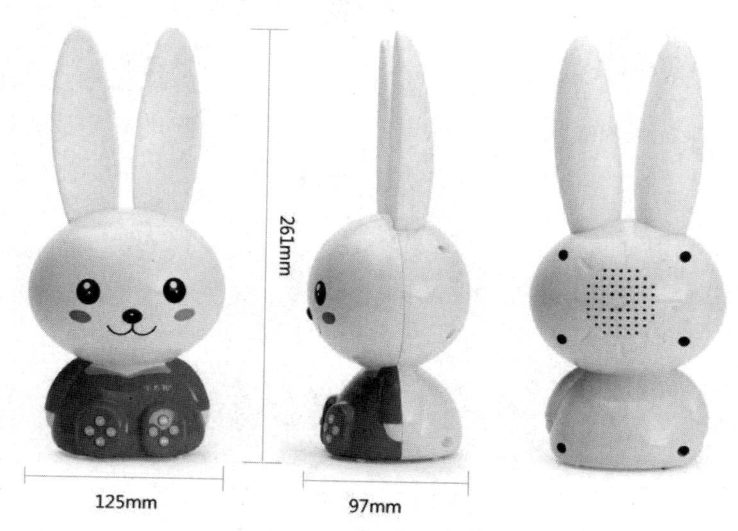

图 13-1 兔兔儿童早教机模型

13.1.1 添加背景图片

在创建模型之初，需要将背景图片导入对应的工作视窗。因为儿童早教机的各个面都不相同，所以需要在不同的工作视窗中导入图片。

① 新建 Rhino 8.0 文件。

② 切换到 Front 视窗，执行【查看】|【背景图】|【放置】命令，在任意位置放入模型图片，如图 13-2 所示。

技术要点：

图片的第一角点是任意点，第二角点无须确定，只需在命令行中输入 T，按 Enter 键即可。也就是以 1:1 的比例放置图片。

③ 执行【查看】|【背景图】|【移动】命令，将兔兔头顶的中间位置移动到坐标（0,0）的位置，如图 13-3 所示。

④ 切换到 Right 视窗。执行【查看】|【背景图】|【放置】命令，在任意位置放入名为【Right】的模型图片，并将其移动，如图 13-4 所示。

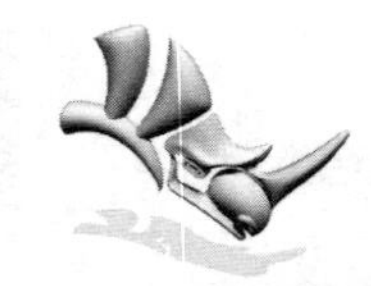

技术要点：

Right 视窗中的模型图片与 Front 视窗中的模型图片的缩放比例是相同的。

图 13-2　放入图片

图 13-3　移动图片

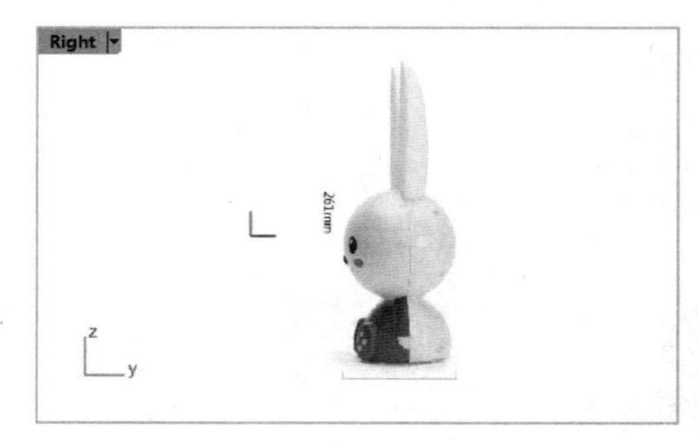

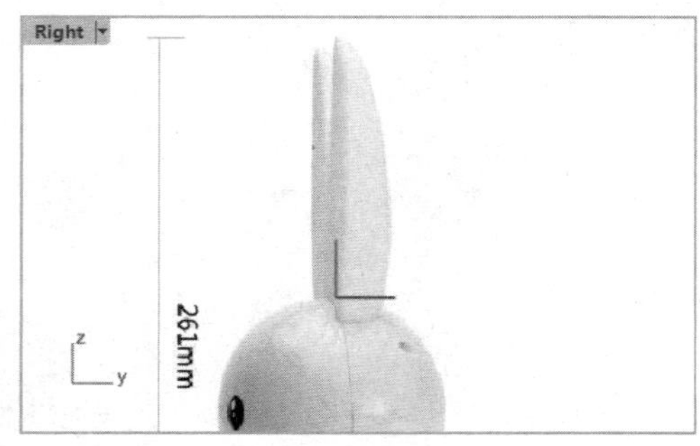

图 13-4　放入并移动图片

⑤ 因为放入的两张图片都不是很正的视图，稍微有些斜，所以在创建造型时绘制大概轮廓即可。

13.1.2　创建兔头模型

1. 创建头部主体

① 在【曲线工具】选项卡的边栏中单击【单一直线】按钮绘制单一直线，如图 13-5 所示。

② 单击【椭圆：从中心点】按钮，捕捉单一直线的中心点，绘制椭圆，如图 13-6 所示。

图 13-5　绘制单一直线

图 13-6　绘制椭圆

③ 在 Right 视窗中绘制圆，如图 13-7 所示。

④ 执行【实体】|【椭圆体】|【从中心点】命令，在 Front 视窗中确定中心点、第一轴终点及第二轴终点，如图 13-8 所示。

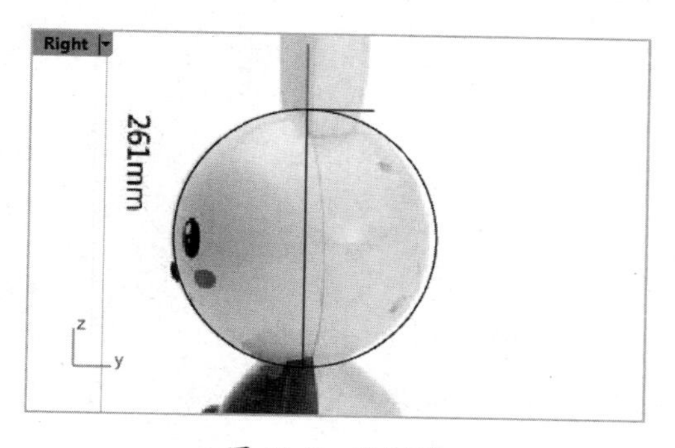

图 13-7　绘制圆

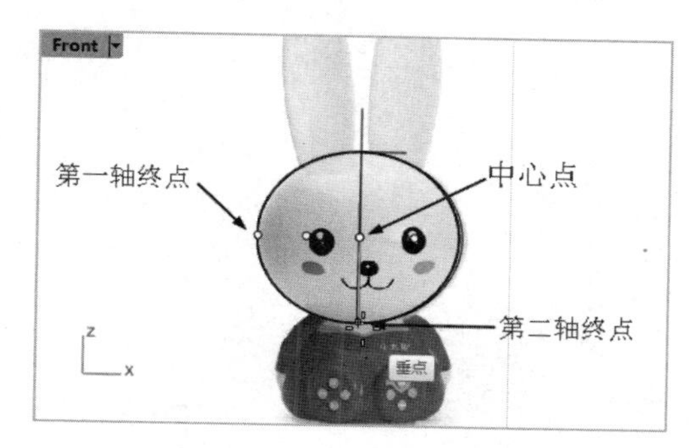

图 13-8　确定椭圆体的中心点及轴终点

⑤ 在 Right 视窗中捕捉第三轴终点，右击或按 Enter 键，完成椭圆体的创建，如图 13-9 所示。

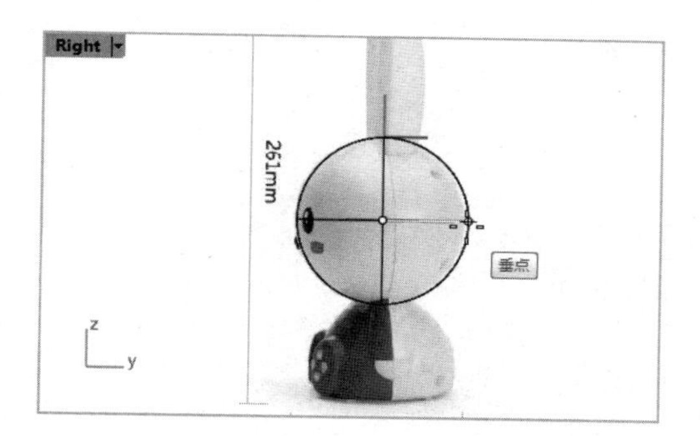

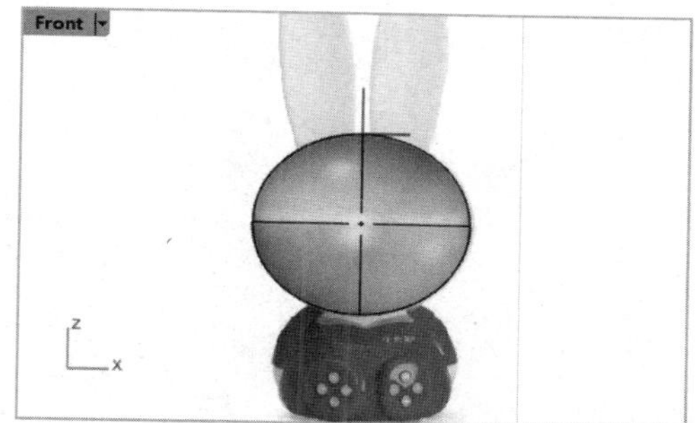

图 13-9　指定第三轴终点并创建椭圆体

2. 创建耳朵

① 在 Front 视窗中使用【内插点曲线】工具，参考图片绘制耳朵的正面轮廓，如图 13-10 所示。

② 使用【控制点曲线】工具，在耳朵轮廓的中间位置继续绘制控制点曲线，如图 13-11 所示。

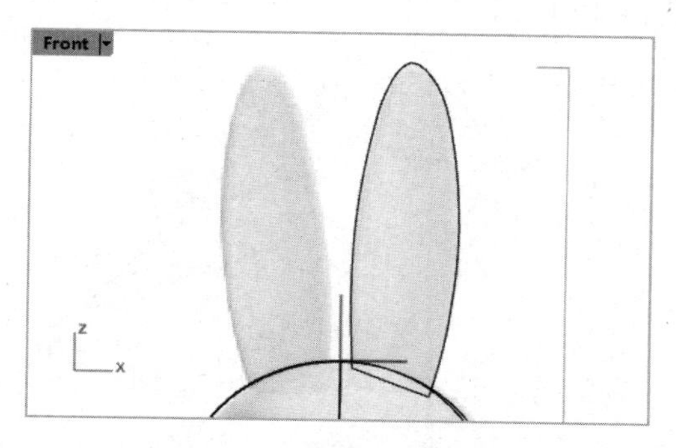

图 13-10　绘制耳朵的正面轮廓

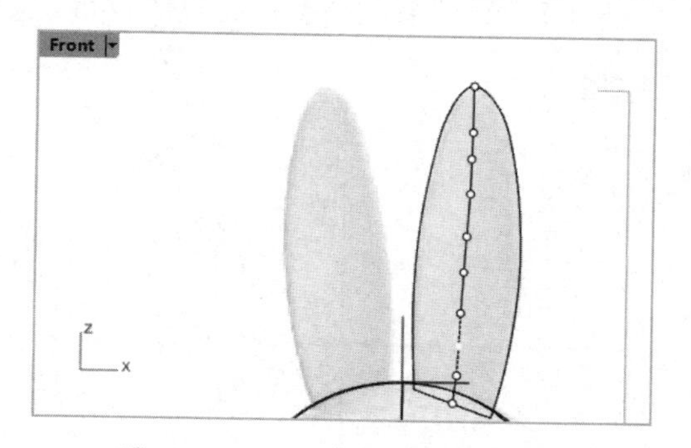

图 13-11　绘制中间的控制点曲线

③ 在 Right 视窗中，参考图片拖动中间这条曲线的控制点，使其与耳朵后面的轮廓重合，如图 13-12 所示。

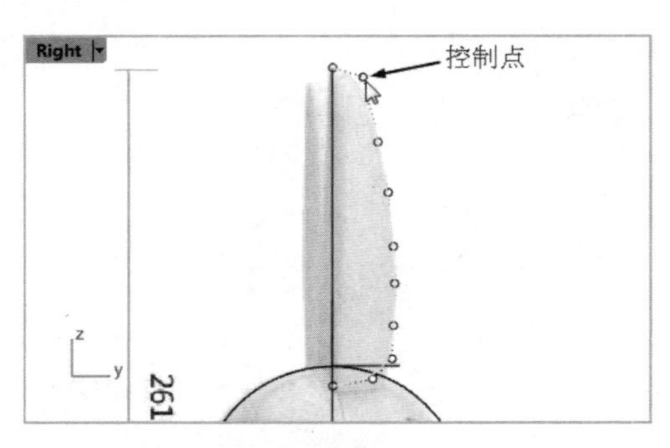

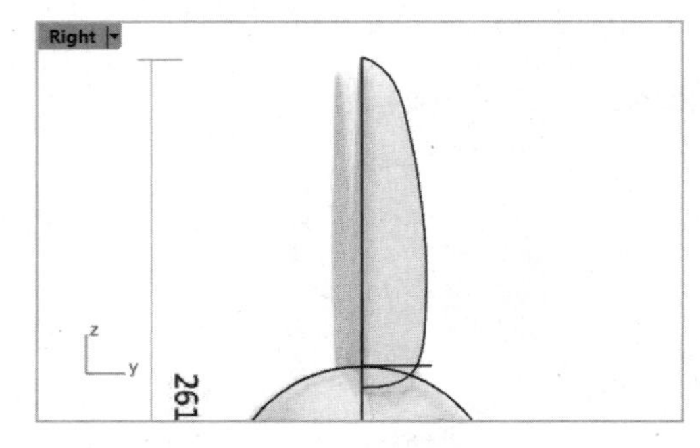

图 13-12　拖动曲线的控制点并使其与耳朵后面的轮廓重合

④ 在边栏中先单击【分割】按钮，选取内插点曲线作为要分割的对象，再按 Enter 键，选取中间的控制点曲线作为分割用物件，最后按 Enter 键完成内插点曲线的分割，如图 13-13 所示。

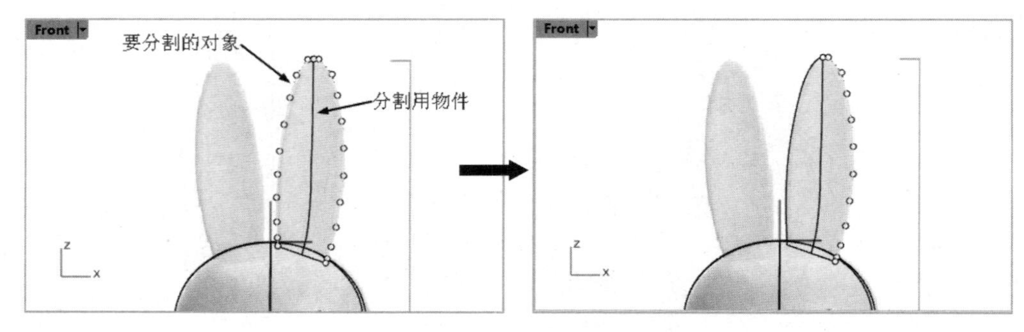

图 13-13　分割内插点曲线

技术要点：

分割内插点曲线后，最好使用【衔接曲线】工具，重新衔接两条曲线，以免因产生尖角导致后面无法创建圆角。

⑤ 先使用【控制点曲线】工具，在 Top 视窗中绘制如图 13-14 所示的控制点曲线，然后切换到 Front 视窗，调整控制点的位置，如图 13-15 所示。

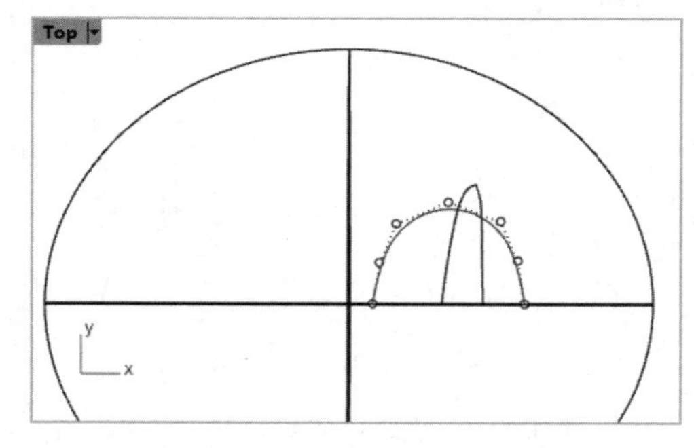

图 13-14　绘制控制点曲线

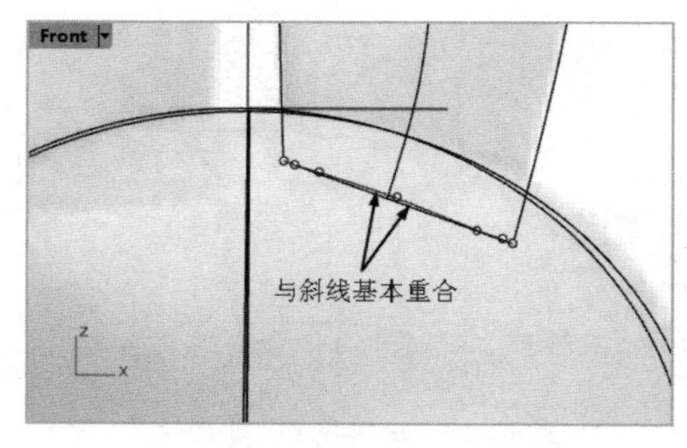

图 13-15　调整控制点的位置

⑥　在 Right 视窗中调整耳朵后面的曲线端点，如图 13-16 所示。

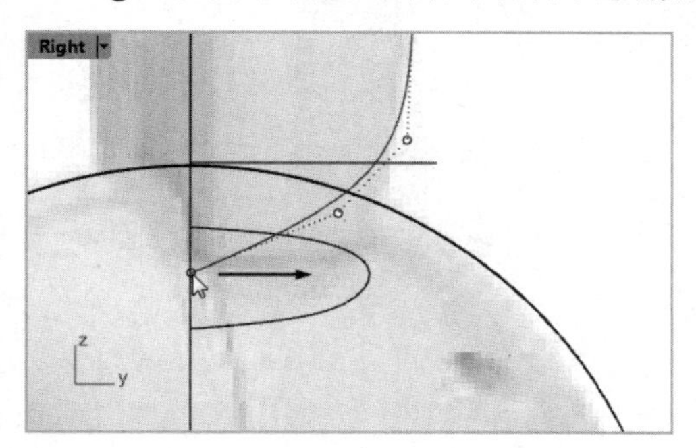

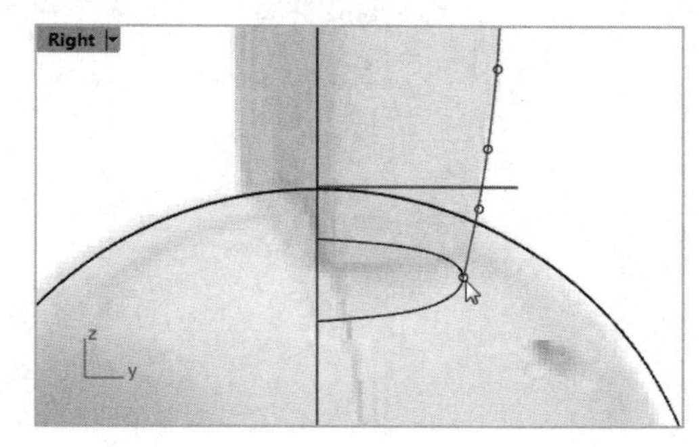

图 13-16　调整耳朵后面的曲线端点

技术要点：

在连接曲线端点时，要在状态栏中启用【物件锁点】选项，但不要勾选【投影】复选框。

⑦　选择【曲面工具】选项卡，单击边栏中的【从网线建立曲面】按钮，框选耳朵的内插点曲线和控制点曲线，如图 13-17 所示。依次选取第一方向的 3 条曲线，如图 13-18 所示。

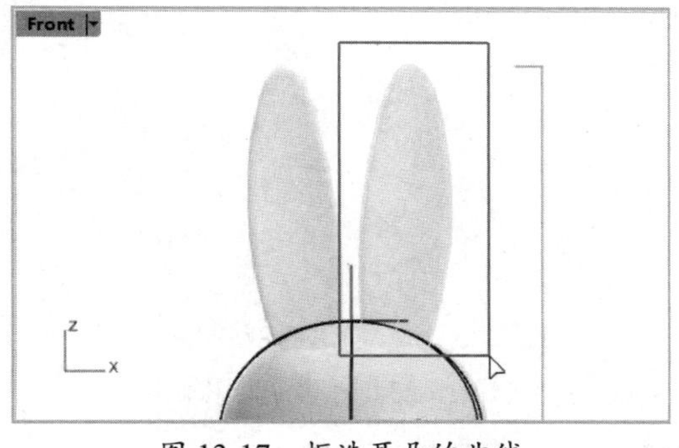

图 13-17　框选耳朵的曲线

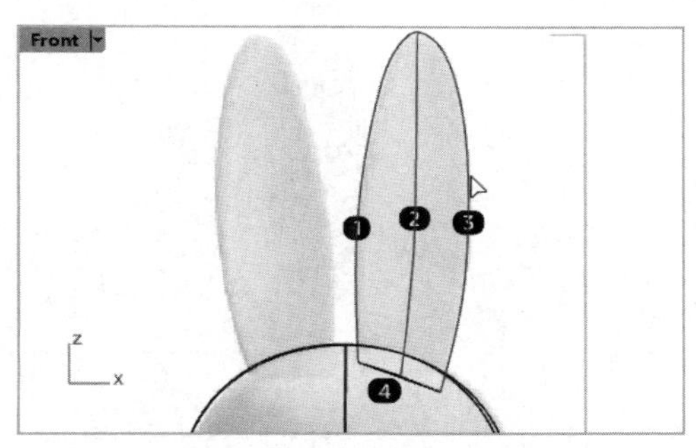

图 13-18　选取第一方向的 3 条曲线

⑧　按 Enter 键后选取第二方向的一条曲线（曲线 4），如图 13-19 所示。按 Enter 键完成网格曲面的创建，如图 13-20 所示。

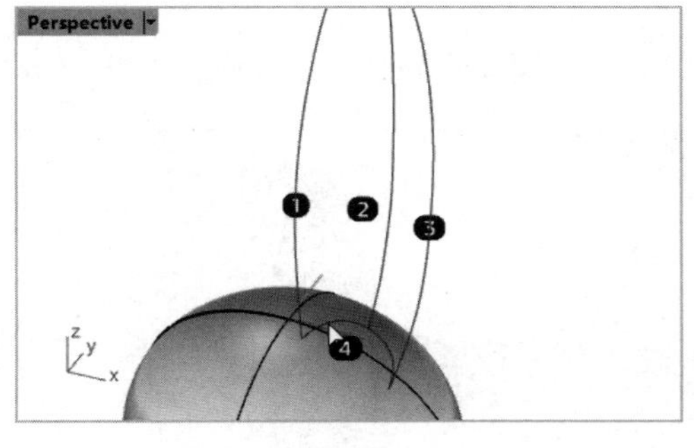

图 13-19　选取第二方向的曲线

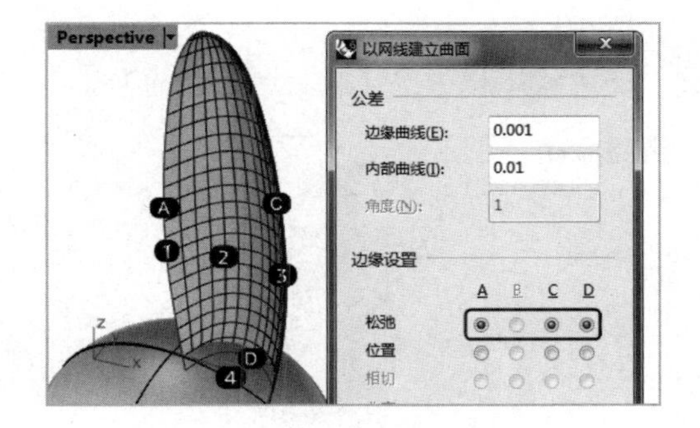

图 13-20　创建网格曲面

⑨　使用【以两条、三条或四条边缘曲线建立曲面】工具，分别创建出如图 13-21 所示的两个曲面。

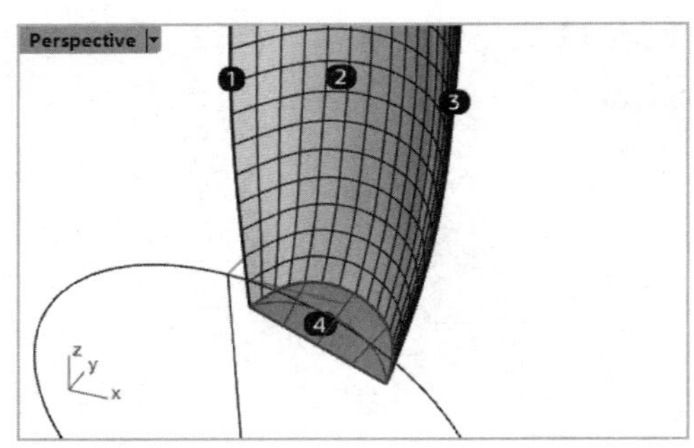
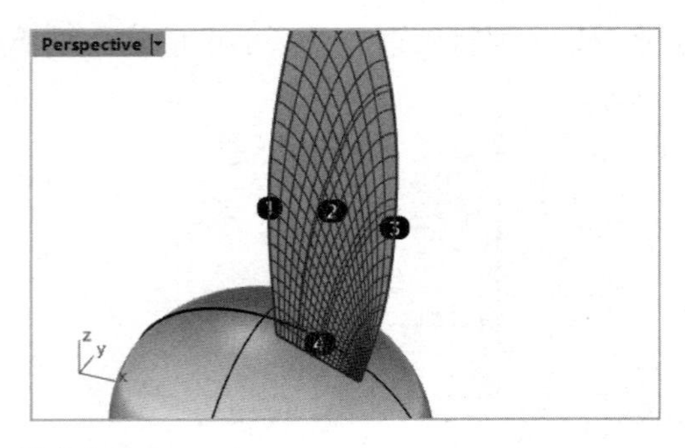

图 13-21　创建曲面

⑩ 使用边栏中的【组合】工具，将一个网格曲面和两个边缘曲面组合。

⑪ 使用【边缘圆角】工具，创建半径为 1 的圆角，如图 13-22 所示。

⑫ 在【变动】选项卡中单击【变形控制器编辑】按钮，选取前面进行组合的曲面作为受控物件，如图 13-23 所示。

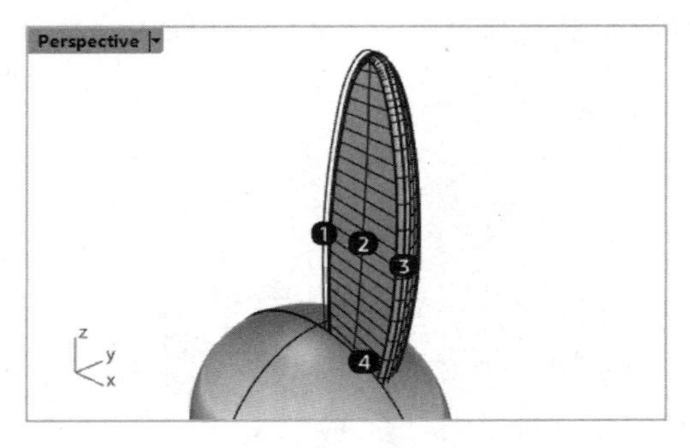

图 13-22　创建圆角

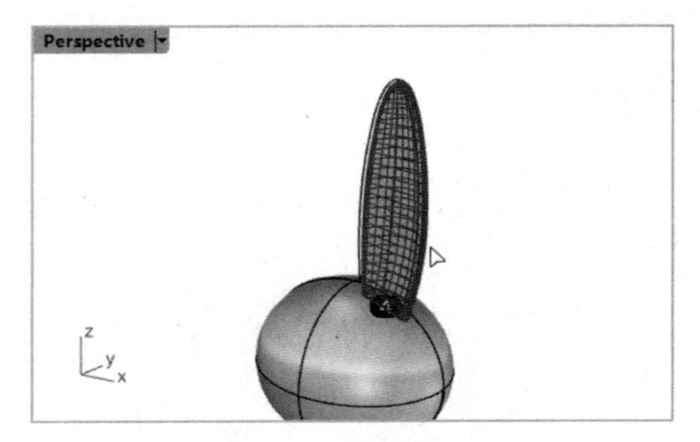

图 13-23　选取受控物件

⑬ 先按 Enter 键并在命令行中选择【边框方块】选项，再按 Enter 键确认世界坐标系，然后按 Enter 键确认变形控制器的参数。在命令行中将【要编辑的范围】设置为【局部】，按 Enter 键确认衰减距离(默认值)，在工作视窗中将显示可编辑的方块控制框，如图 13-24 所示。

⑭ 停用状态栏中的【物件锁点】选项。按 Shift 键并选取 4 个控制点，如图 13-25 所示。

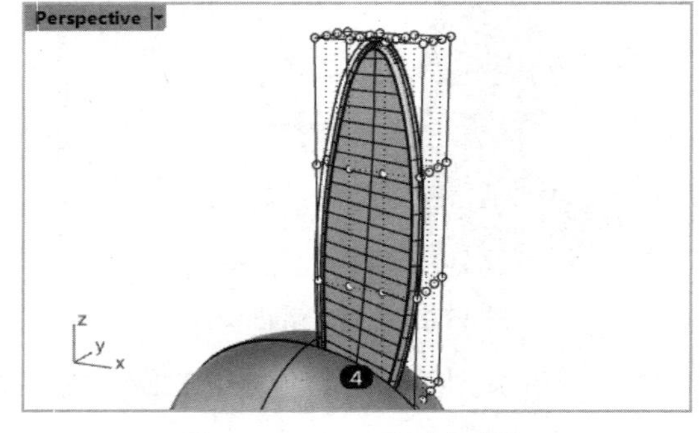

图 13-24　显示方块控制框

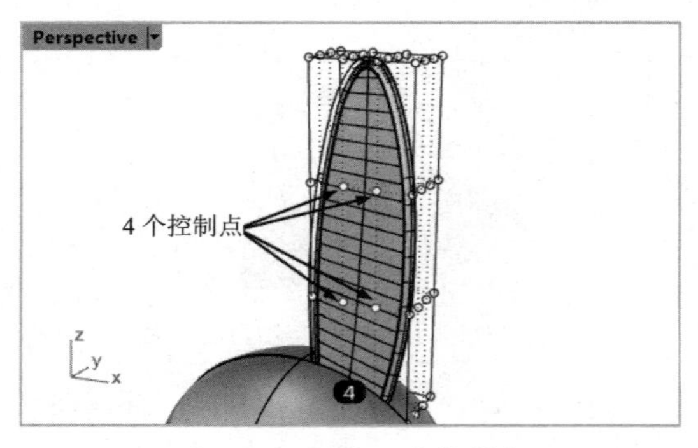

图 13-25　选取 4 个控制点

⑮ 在 Top 视窗中拖动控制点，以改变曲面形状，如图 13-26 所示。

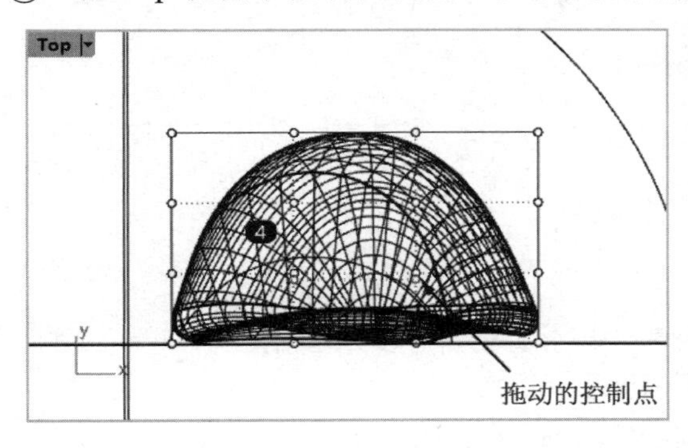

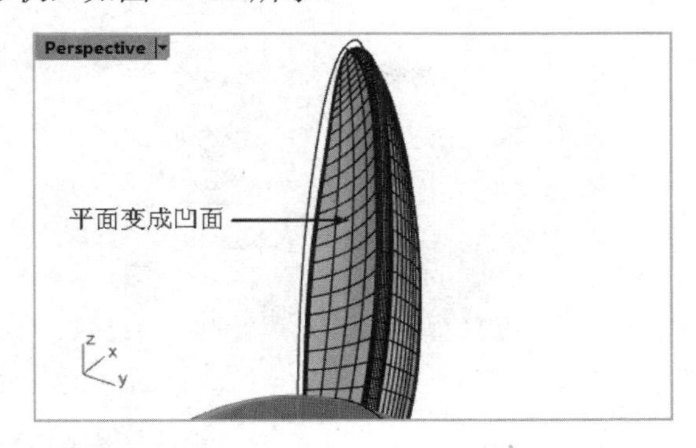

图 13-26　拖动控制点以改变曲面形状

⑯ 使用【镜像】工具，将耳朵镜像复制至 Y 轴的对称侧，如图 13-27 所示。

⑰ 先使用【组合】工具，将耳朵与头部组合，然后创建半径为 1 的圆角，如图 13-28 所示。

图 13-27　镜像复制耳朵

图 13-28　组合耳朵与头部并创建圆角

3. 创建眼睛与鼻子

① 执行【查看】|【背景图】|【移动】命令，将 Front 视窗中的图片向左平移，如图 13-29 所示。

图 13-29　向左平移图片

② 在 Front 视窗中创建椭圆体作为眼睛，如图 13-30 所示。

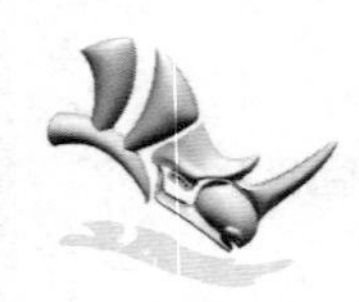

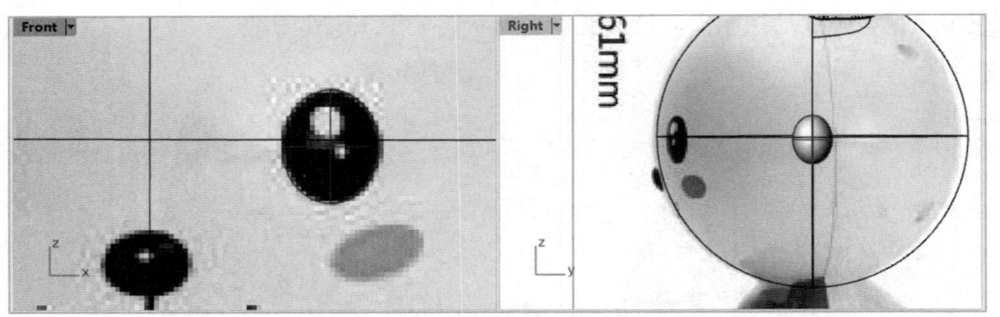

图 13-30　创建椭圆体

③　在 Right 视窗中使用【变动】选项卡中的【移动】工具，将椭圆体向左平移（为了保持水平平移，需按 Shift 键辅助平移），如图 13-31 所示。注意，在平移时还需要观察 Perspective 视窗中的椭圆体的位置情况。

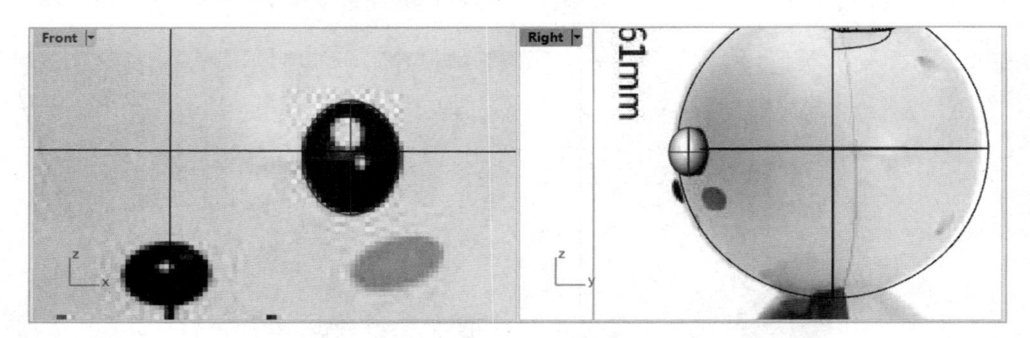

图 13-31　向左平移椭圆体

④　使用【镜像】工具，将椭圆体镜像至 Y 轴的另一侧，如图 13-32 所示。

⑤　同理，继续创建椭圆体作为鼻子，如图 13-33 所示。

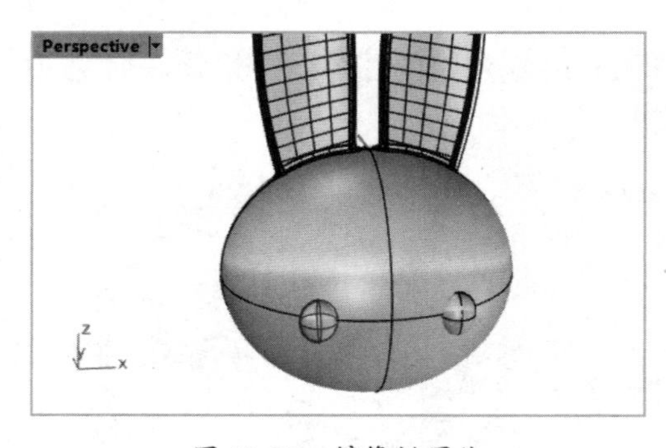

图 13-32　镜像椭圆体

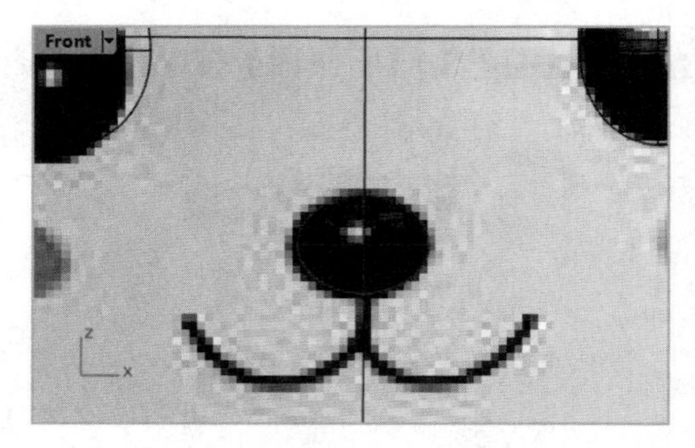

图 13-33　创建椭圆体作为鼻子

⑥　在 Right 视窗中将作为鼻子的椭圆体进行旋转，如图 13-34 所示。将作为鼻子的椭圆体向左平移，如图 13-35 所示。

⑦　使用【实体工具】选项卡中的【布尔运算联集】工具，将眼睛、鼻子及头部主体进行布尔求和运算，使其成为一个整体。

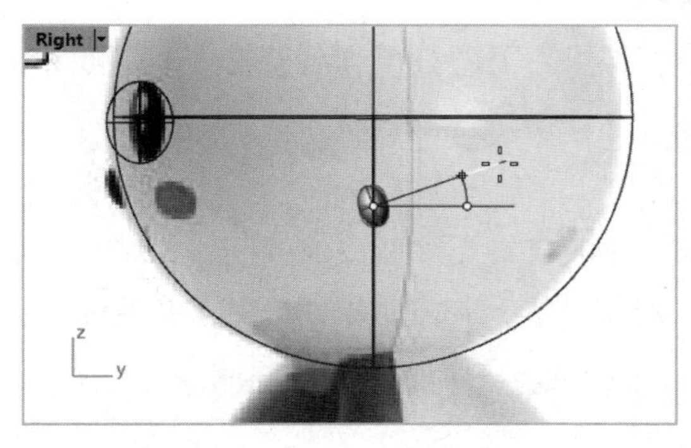

图 13-34　旋转椭圆体

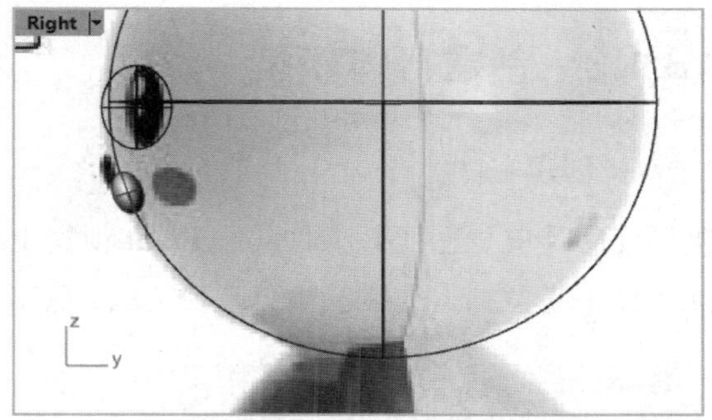

图 13-35　向左平移椭圆体

⑧ 使用【控制点曲线】工具在 Front 视窗中绘制如图 13-36 所示的 3 条曲线。使用【投影曲线】工具将 3 条曲线投影到头部主体的曲面上。

⑨ 选择【曲面工具】选项卡，在边栏中单击【往曲面法线方向挤出曲面】按钮，选取其中的一条曲线向头部主体外挤出曲面，如图 13-37 所示。

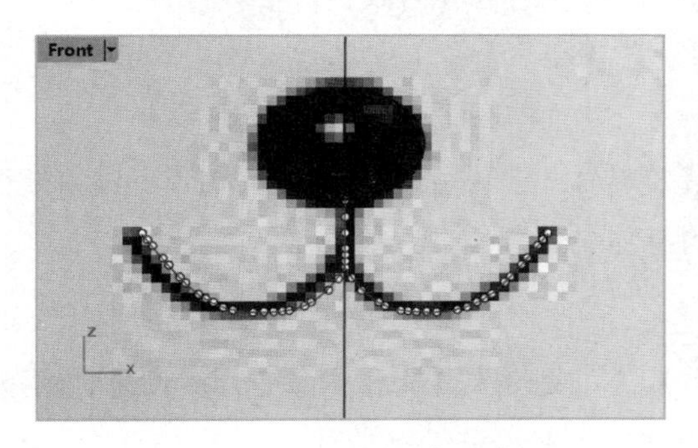

图 13-36　绘制 3 条曲线

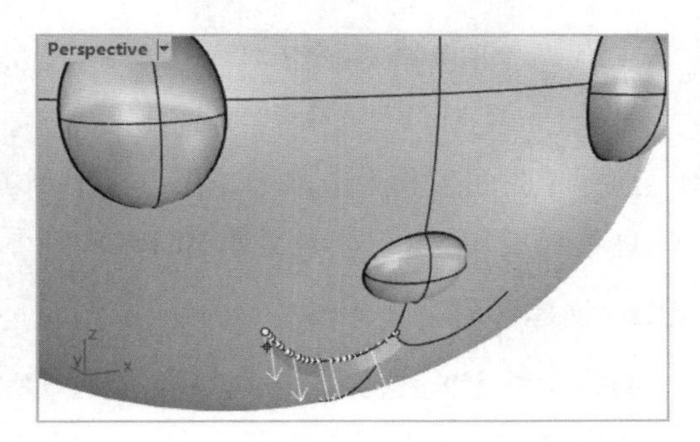

图 13-37　往曲面法线方向挤出曲面

⑩ 同理，挤出另外两条曲线的基于曲面法线的曲面。

⑪ 使用【曲面工具】选项卡中的【偏移曲面】工具，选取 3 个法线曲面进行偏移（在命令行中设置【两侧】为【是】），创建如图 13-38 所示的偏移距离为 0.15 的偏移曲面。

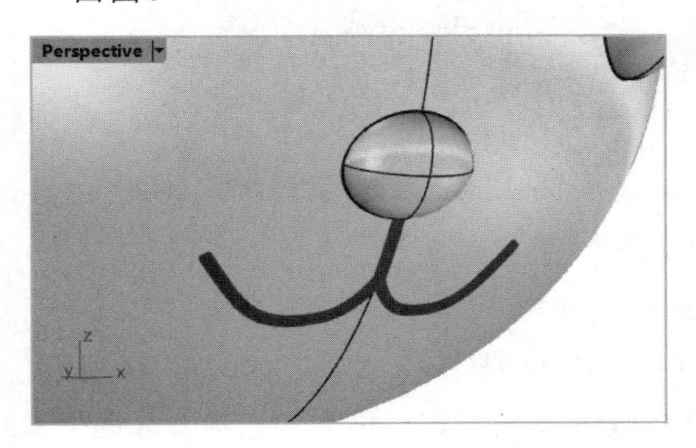

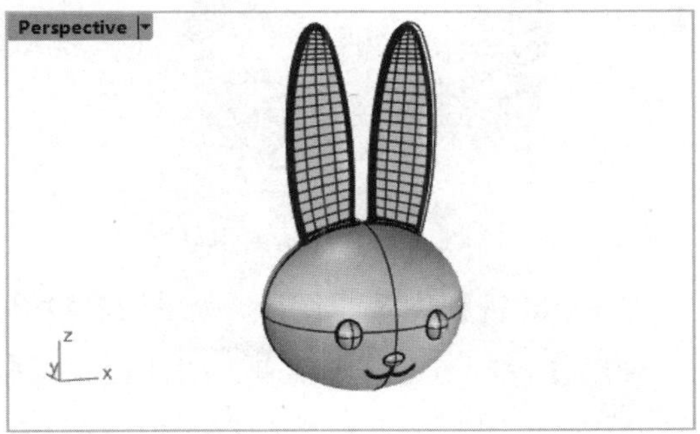

图 13-38　创建偏移曲面

13.1.3 创建身体模型

1. 创建主体

① 使用【单一直线】工具，在 Front 视窗中绘制竖直直线，如图 13-39 所示。

② 使用【控制点曲线】工具，在 Front 视窗中绘制身体一半的曲线，如图 13-40 所示。

图 13-39 绘制竖直直线

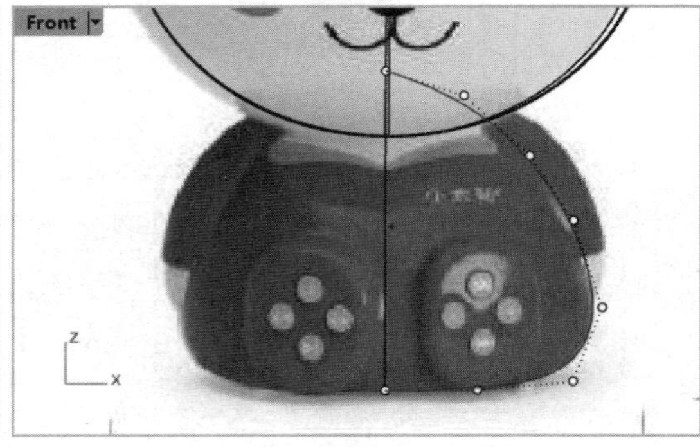

图 13-40 绘制身体一半的曲线

③ 选择【曲面工具】选项卡，在边栏中单击【旋转成型】按钮，选取控制点曲线围绕竖直直线旋转 360°，创建如图 13-41 所示的身体主体部分。

2. 创建手臂

① 选择身体主体部分及其轮廓线，执行【编辑】|【可见性】|【隐藏】命令，将其暂时隐藏。

② 使用【控制点曲线】工具，在 Front 视窗中绘制手臂的外轮廓曲线，如图 13-42 所示。

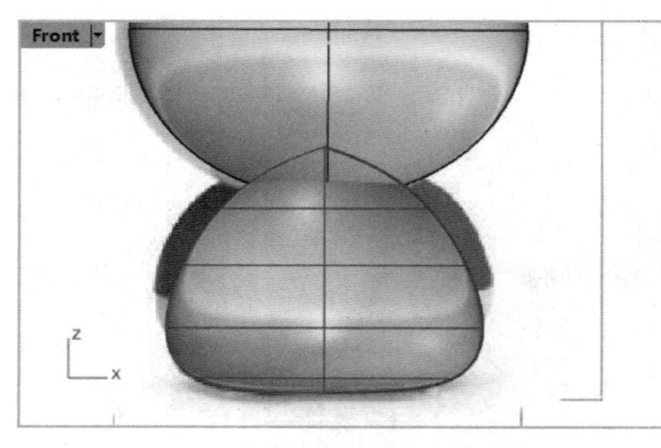

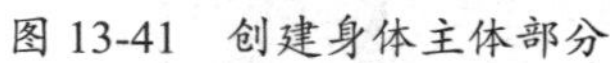

图 13-41 创建身体主体部分

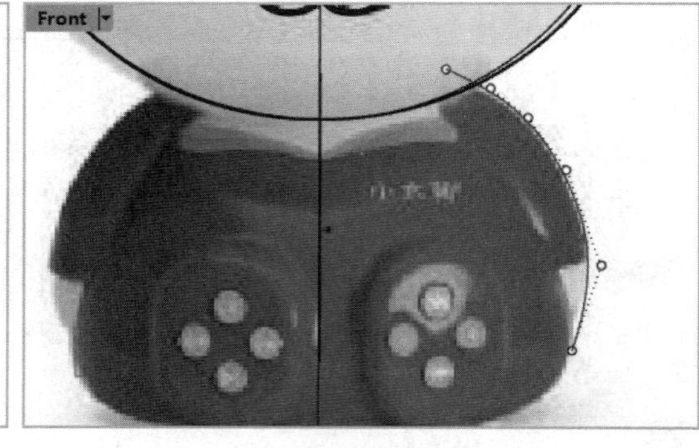

图 13-42 绘制手臂的外轮廓曲线

③ 在 Right 视窗中平移图片，如图 13-43 所示。

④ 使用【控制点曲线】工具，在 Right 视窗中绘制手臂的外轮廓曲线，如图 13-44 所示。

⑤ 在 Front 视窗中调整控制点的位置（移动控制点时请停用【物件锁点】选项），如图 13-45 所示。

图 13-43　平移图片

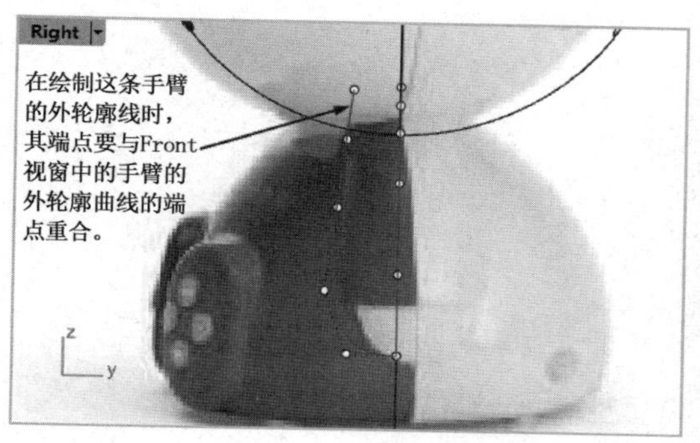

图 13-44　绘制手臂的外轮廓曲线

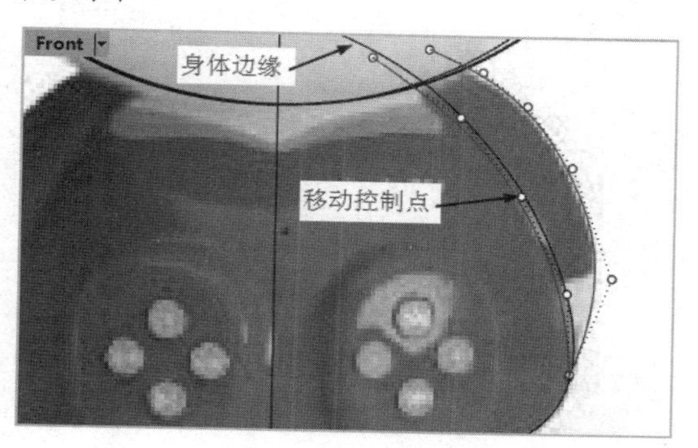

图 13-45　调整控制点的位置

⑥ 将调整控制点的位置后的曲线进行镜像（在镜像时应启用【物件锁点】选项），如图 13-46 所示。

⑦ 使用【内插点曲线】工具，勾选状态栏的【物件锁点】选项中的【端点】与【最近点】复选框，在 Right 视窗中绘制 3 条内插点曲线，如图 13-47 所示。

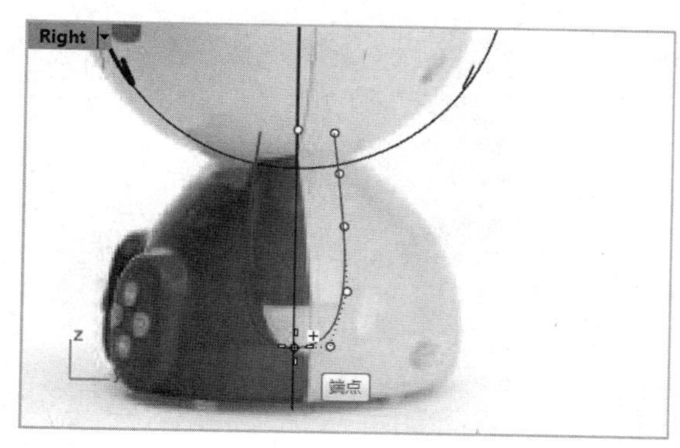

图 13-46　镜像曲线

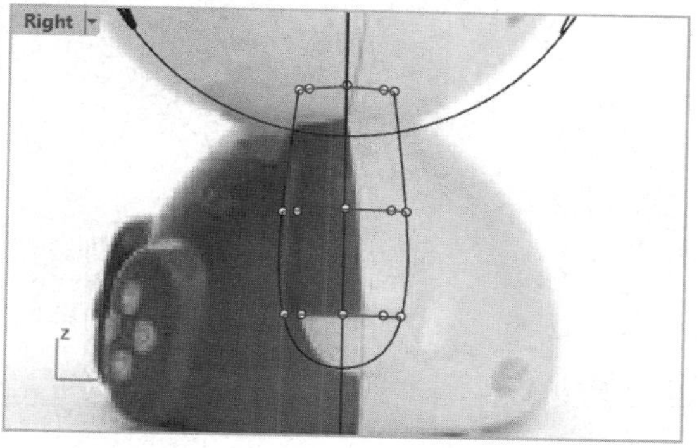

图 13-47　绘制内插点曲线

⑧ 选择【曲面工具】选项卡，使用边栏中的【从网线建立曲面】工具依次选择 6 条曲线创建网格曲面，如图 13-48 所示。

⑨ 先使用【单一直线】工具，补画一条单一直线，如图 13-49 所示。再使用【以两条、三条或四条边缘曲线建立曲面】工具创建两个曲面，如图 13-50 所示。

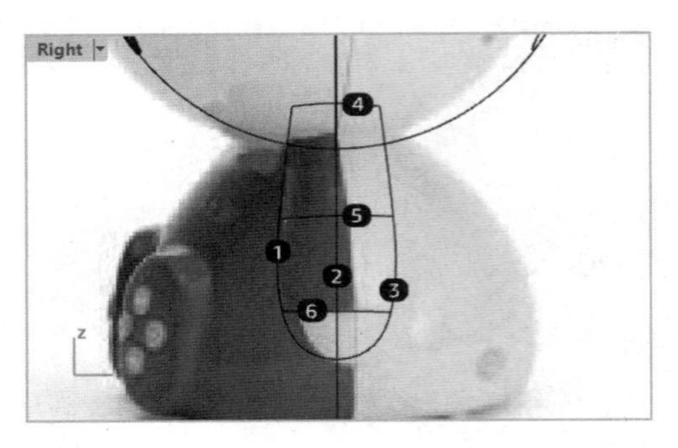

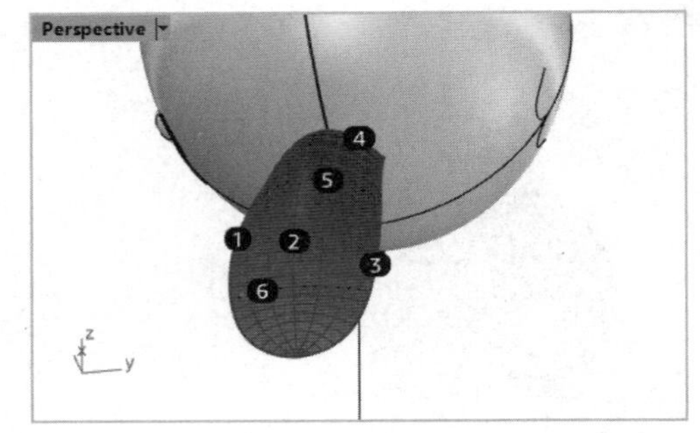

图 13-48　创建网格曲面

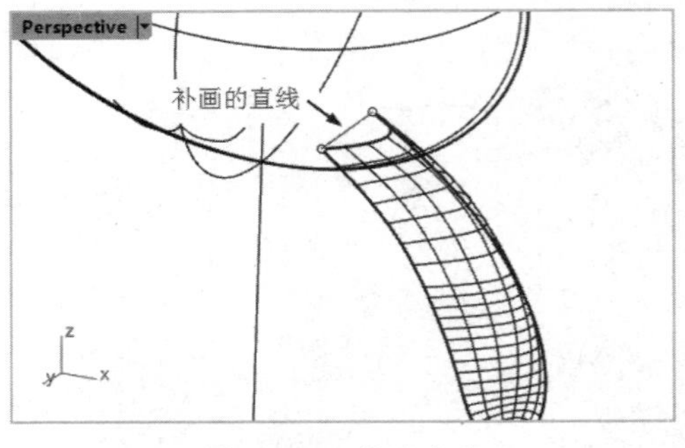

图 13-49　补画直线

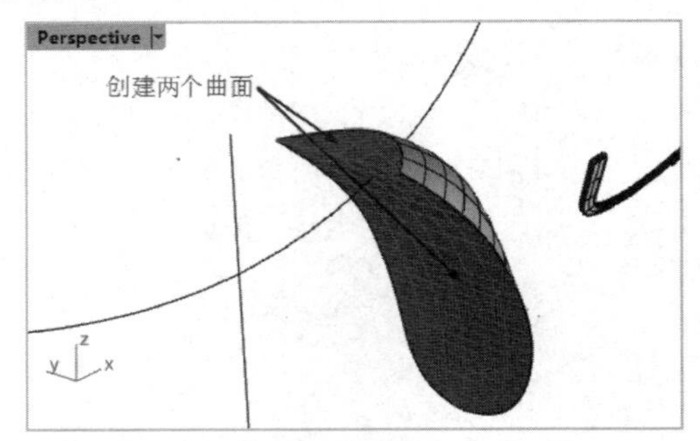

图 13-50　创建两个曲面

⑩　使用【组合】工具将组成手臂的 3 个曲面组合成封闭曲面。

⑪　执行【查看】|【可见性】|【显示】命令，显示隐藏的身体主体部分。使用【镜像】工具，在 Top 视窗将手臂镜像至 *Y* 轴的另一侧，如图 13-51 所示。

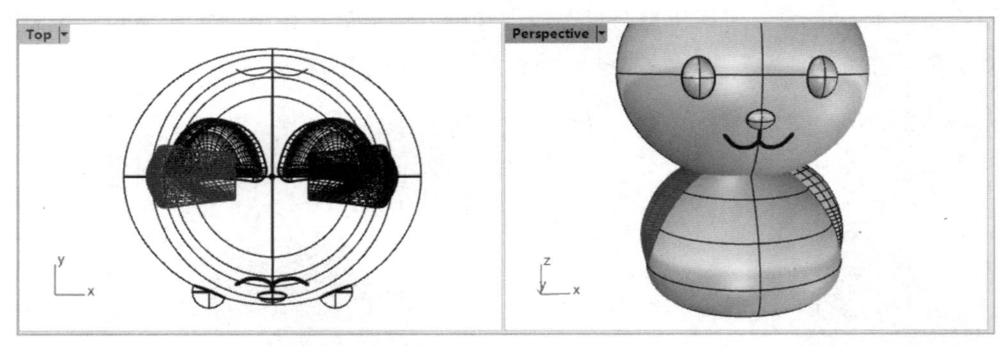

图 13-51　镜像手臂

⑫　使用【布尔运算联集】工具，将手臂、身体及头部合并。

13.1.4　创建兔脚模型

①　在 Front 视窗中移动背景图片，使两只兔脚位于中线的两侧，形成对称，如图 13-52 所示。

> **技术要点：**
>
> 可以绘制连接两边按钮的直线作为对称参考。在移动时，捕捉到该直线的中点，将其水平移动到中线上即可。

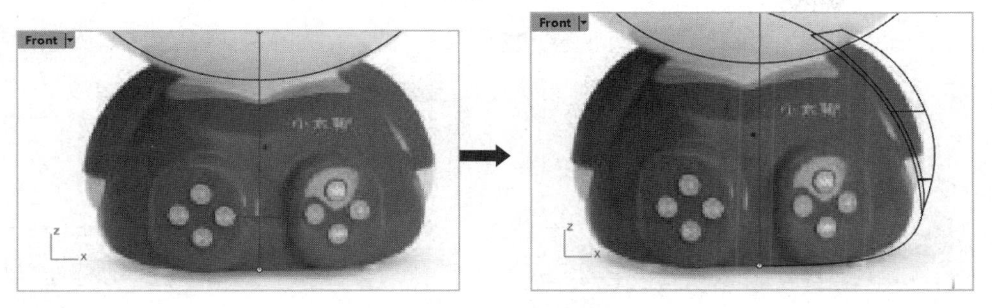

图 13-52　调整背景图片的位置

② 绘制兔脚的外形轮廓曲线，如图 13-53 所示。

技术要点：

可以适当调整下面这段圆弧曲线的控制点的位置。

③ 使用【投影曲线】工具将绘制的曲线投影到身体曲面上，如图 13-54 所示。

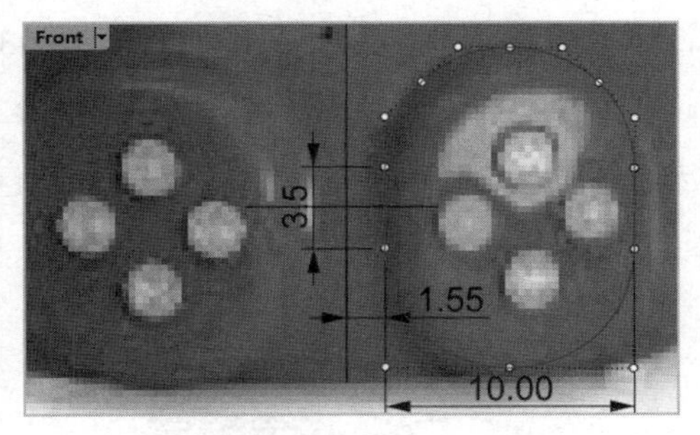

图 13-53　绘制兔脚的外形轮廓线

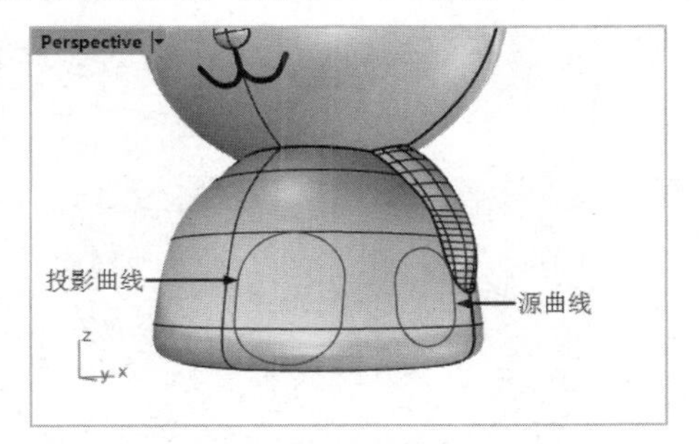

图 13-54　将轮廓曲线投影到身体曲面上

④ 使用边栏中的【分割】工具，用投影曲线分割身体曲面，得到脚曲面，如图 13-55 所示。

⑤ 选择【实体工具】选项卡，使用边栏的【挤出建立实体】工具面板中的【挤出曲面成锥状】工具，选取分割出来的脚曲面，创建挤出实体。挤出实体的挤出方向在 Top 视窗中进行指定，如图 13-56 所示。

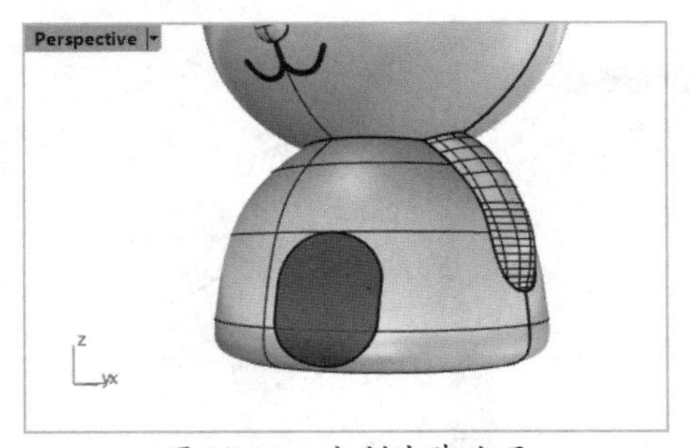

图 13-55　分割出脚曲面

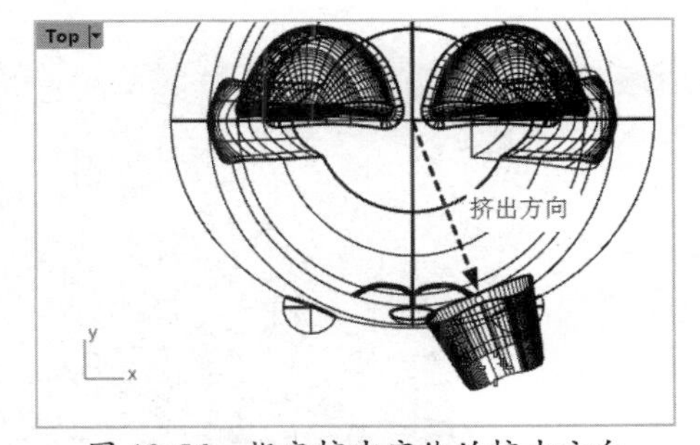

图 13-56　指定挤出实体的挤出方向

技术要点：

指定挤出方向，先启用【物件锁点】选项，勾选【投影】、【端点】和【中点】复选框，再在 Right 视窗中捕捉一个点作为方向的起点，如图 13-57 所示。捕捉到方向的起点后临时取消勾选【投影】复选框，捕捉如图 13-58 所示的方向的终点。

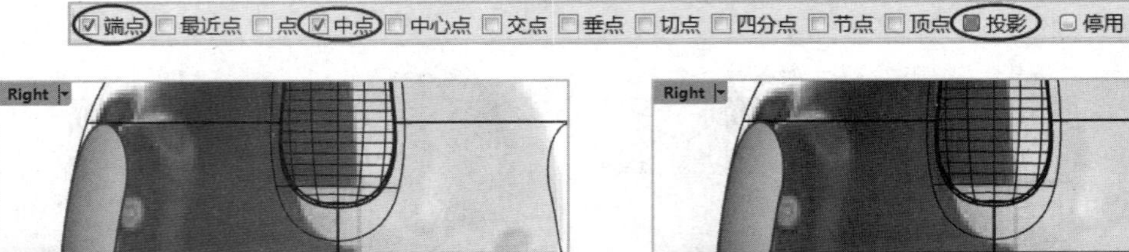

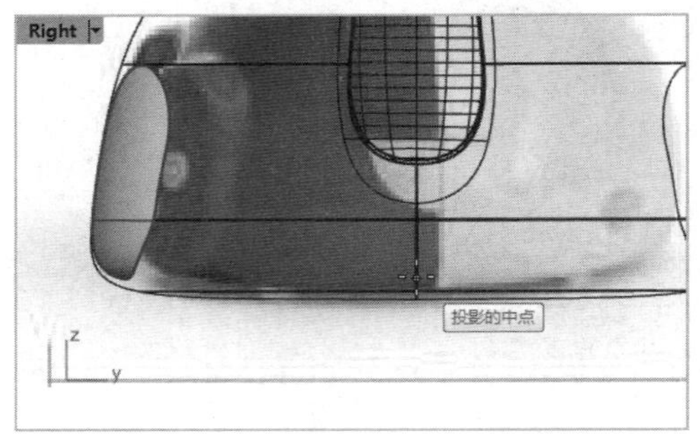

图 13-57　捕捉方向的起点

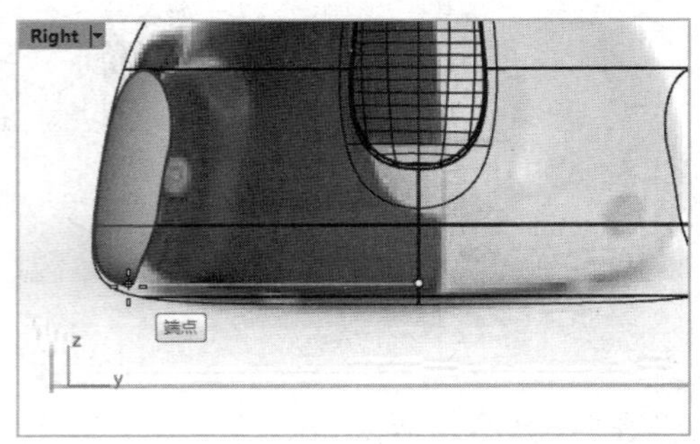

图 13-58　捕捉方向的终点

⑥ 在命令行中选择【反转角度】选项，并输入挤出深度值 5，按 Enter 键后完成挤出实体的创建，如图 13-59 所示。

⑦ 在 Top 视窗中绘制两条平行直线（外面这条直线使用【偏移曲线】工具绘制），如图 13-60 所示。

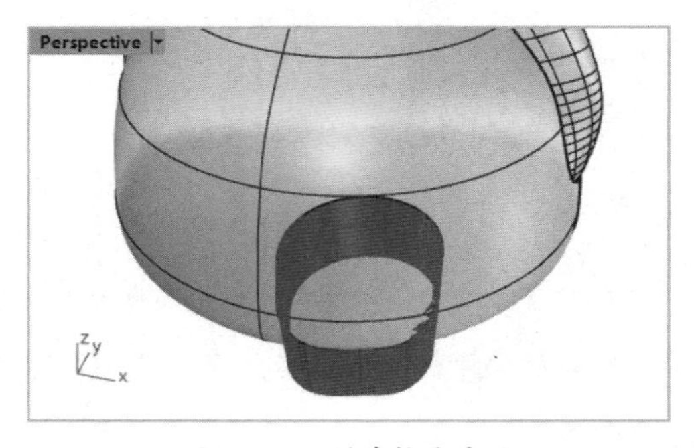

图 13-59　创建挤出实体

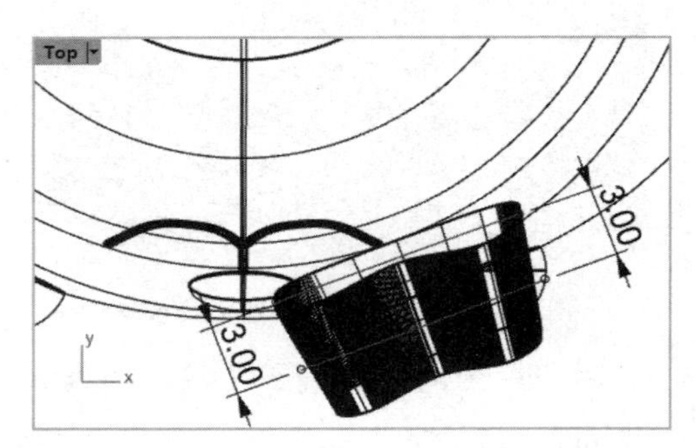

图 13-60　绘制两条平行直线

⑧ 在【工作平面】选项卡中单击【设置工作平面与曲面垂直】按钮，在 Perspective 视窗中选取上一步骤绘制的两条平行直线并捕捉曲线的中点，将坐标系原点放置于此，如图 13-61 所示。

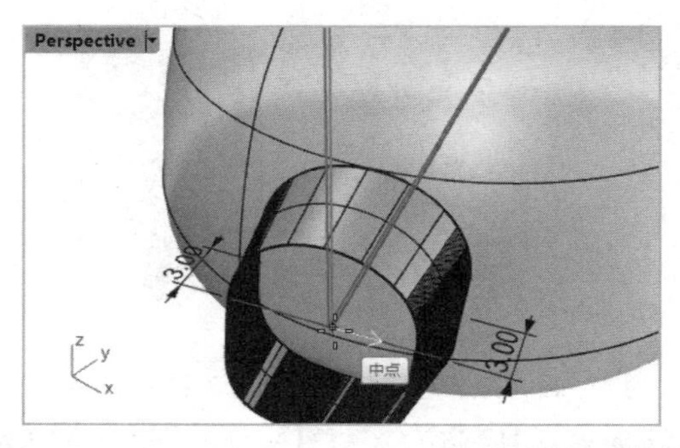

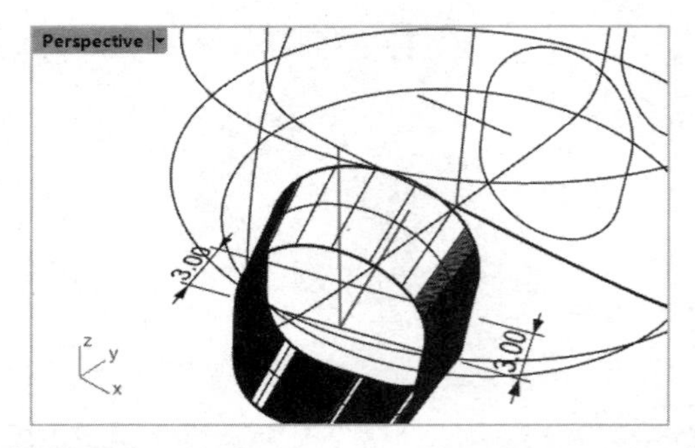

图 13-61　设置工作平面与曲面垂直

⑨ 激活 Perspective 视窗，在【设置视图】选项卡中单击【正对工作平面】按钮，切换为工作平面视图。绘制一段内插点曲线，使此曲线的第二点在工作平面原点上，如

图 13-62 所示。

⑩ 选择【曲面工具】选项卡，使用边栏中的【单轨扫掠】工具，选取前面步骤绘制的内插点曲线作为路径、直线作为断面曲线，创建单轨扫掠曲面，如图 13-63 所示。

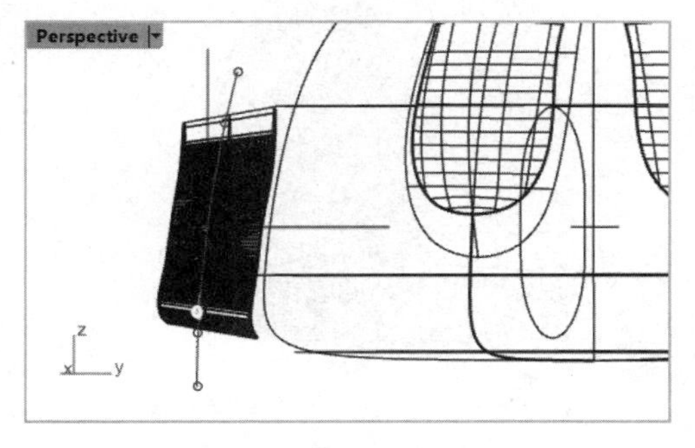

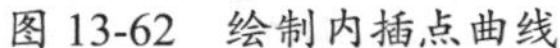
图 13-62　绘制内插点曲线

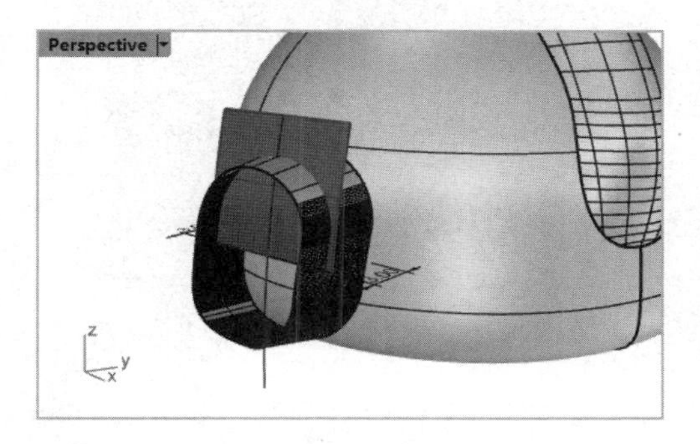

图 13-63　创建单轨扫掠曲面

⑪ 同理，创建另一半扫掠曲面，如图 13-64 所示。

⑫ 使用【修剪】工具，先选取扫掠曲面作为切割用物件，再选取锥状挤出曲面作为要修剪的物件，如图 13-65 所示。

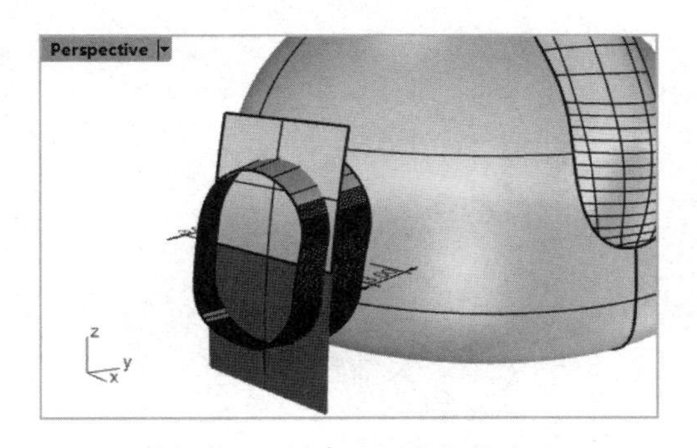

图 13-64　创建另一半扫掠曲面

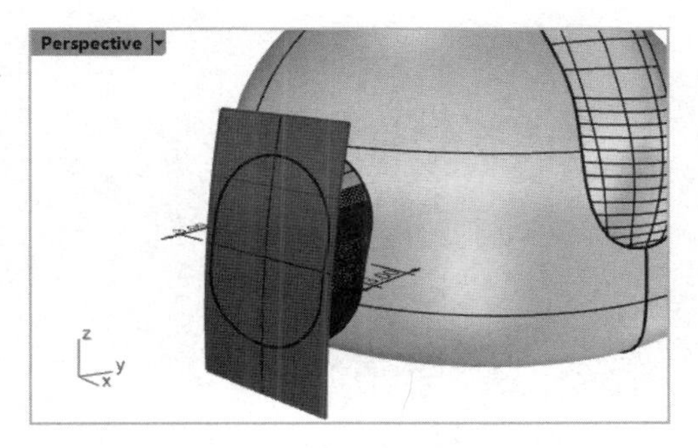

图 13-65　修剪锥状挤出曲面

⑬ 同理，再次进行修剪操作，要修剪的物件与切割用物件的修剪操作相反，如图 13-66 所示。使用【组合】工具，将锥状挤出曲面和扫掠曲面进行组合。

⑭ 使用【边缘圆角】工具，选取组合后的封闭曲面的边缘，创建圆角半径为 0.75 的边缘圆角，如图 13-67 所示。

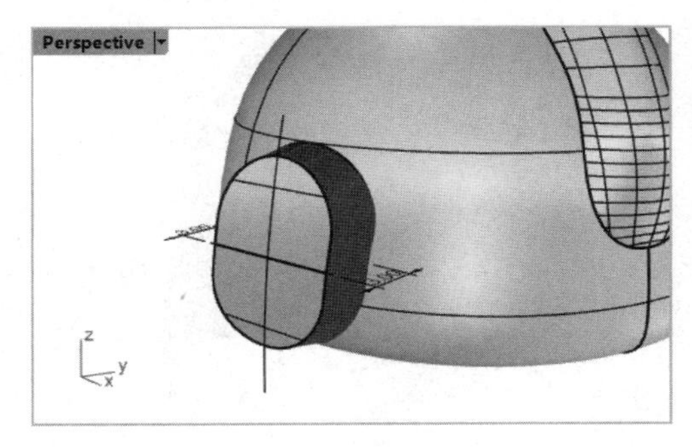

图 13-66　修剪扫掠曲面

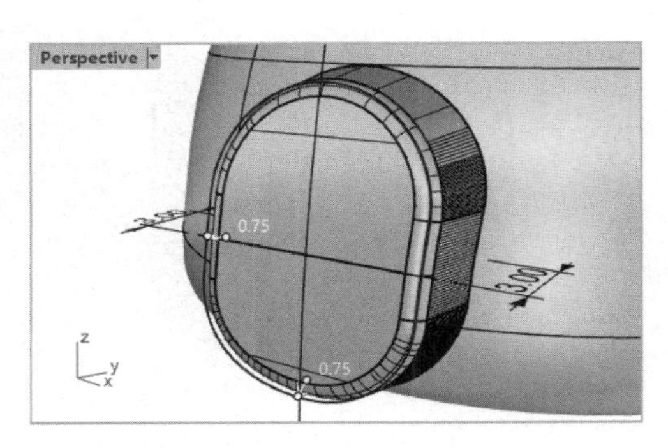

图 13-67　创建边缘圆角

⑮ 在 Front 视窗中绘制 4 个小圆，如图 13-68 所示。使用【投影曲线】工具，将小圆投影到脚曲面上，如图 13-69 所示。

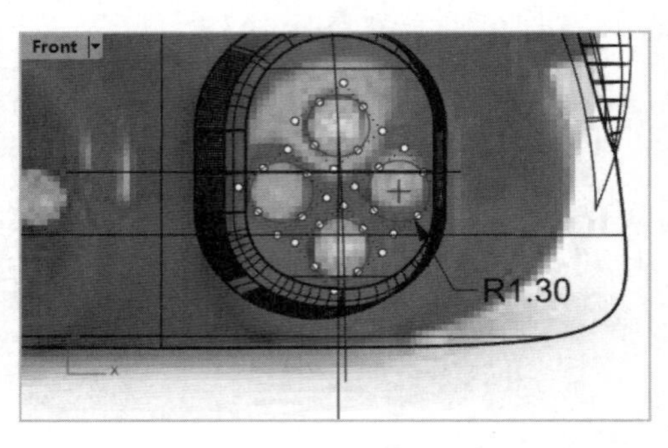

图 13-68 绘制小圆

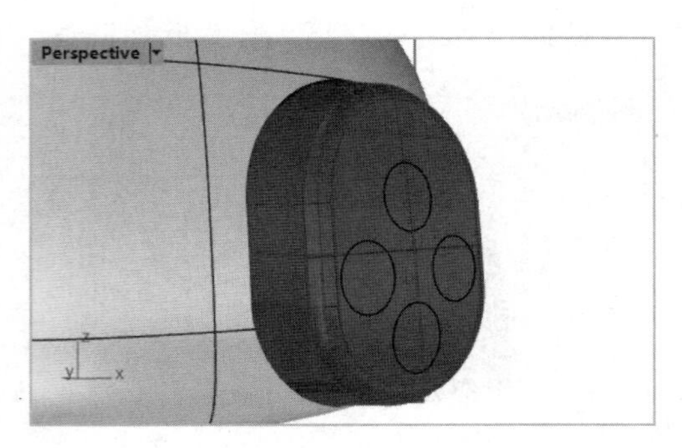

图 13-69 将小圆投影到脚曲面上

⑯ 使用【分割】工具，用投影的小圆分割脚曲面，如图 13-70 所示。

⑰ 暂时将分割出来的小圆隐藏，此时脚曲面上有 4 个圆孔。使用【直线挤出】工具，将脚曲面上的圆孔曲线向内挤出-1（向内挤出 1），挤出方向与图 13-56 中的方向相同，创建的挤出曲面如图 13-71 所示。

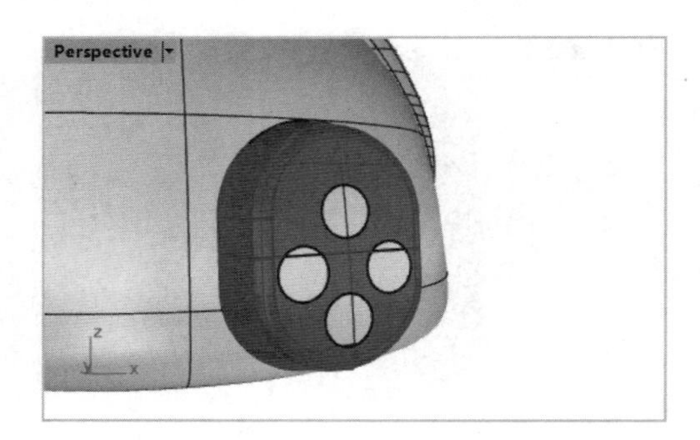

图 13-70 分割脚曲面

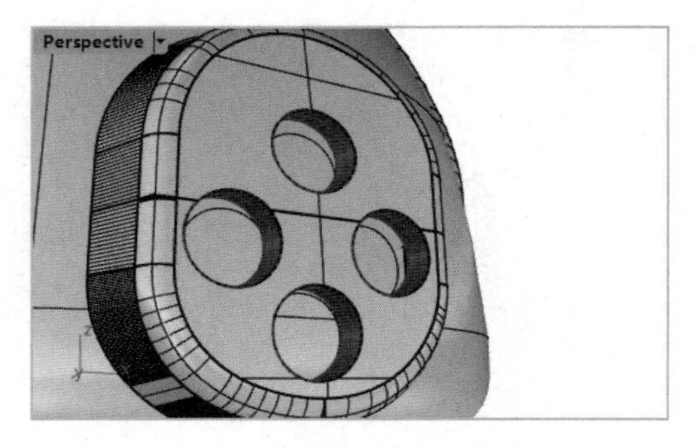

图 13-71 创建的挤出曲面

⑱ 先使用【组合】工具将上一步骤创建的挤出曲面与脚曲面组合，再使用【边缘圆角】工具创建半径为 0.1 的边缘圆角，如图 13-72 所示。

⑲ 选择【曲面工具】选项卡，使用边栏中的【嵌面】工具，依次创建 4 个嵌曲面，如图 13-73 所示。

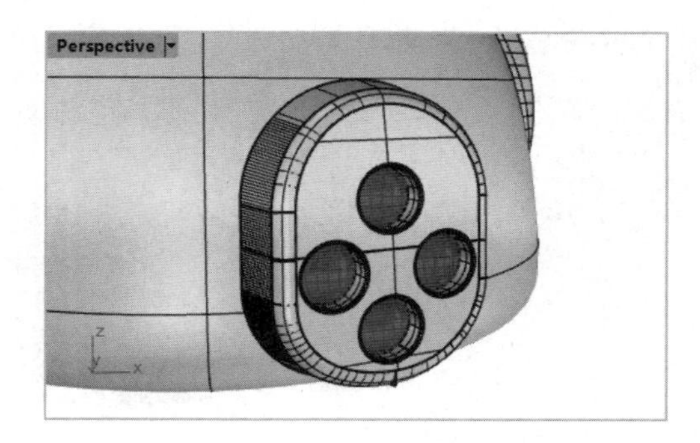

图 13-72 创建边缘圆角

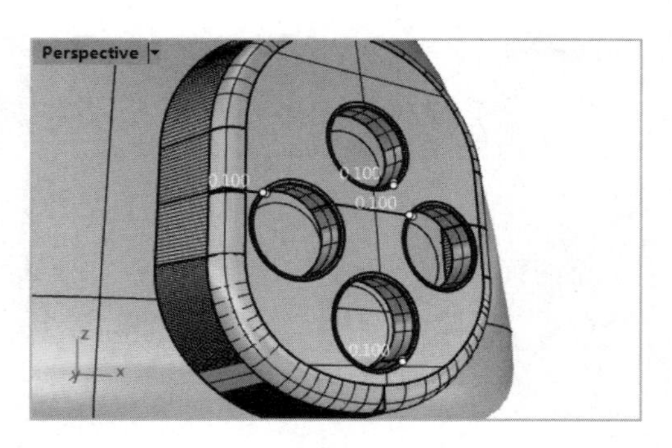

图 13-73 创建 4 个嵌曲面

⑳ 显示暂时隐藏的 4 个小圆。同理，使用【挤出曲面】工具创建相同挤出方向的挤出曲面，向外挤出-1（向内挤出 1），如图 13-74 所示。同样，在挤出曲面上创建半径为 0.1 的边缘圆角，如图 13-75 所示。

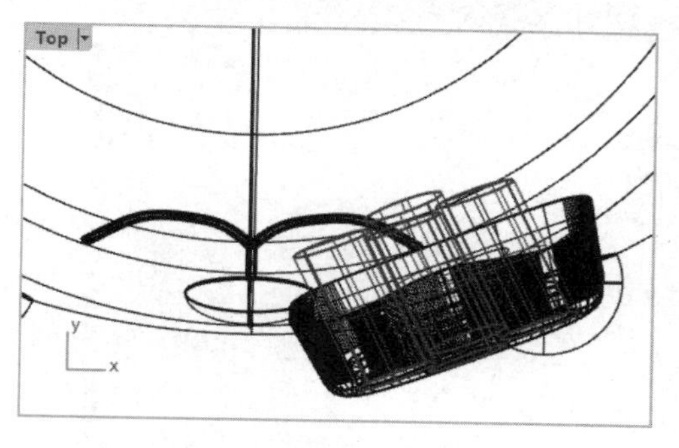

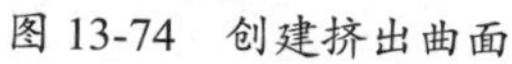
图 13-74　创建挤出曲面

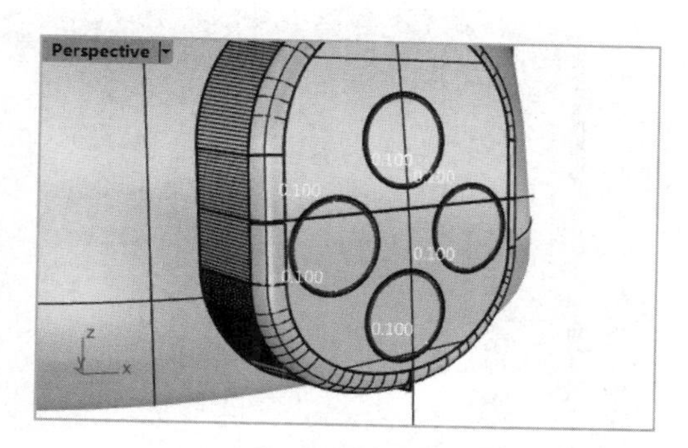

图 13-75　创建边缘圆角

㉑ 使用【镜像】工具，将整只脚曲面镜像至 *Y* 轴的另一侧，如图 13-76 所示。

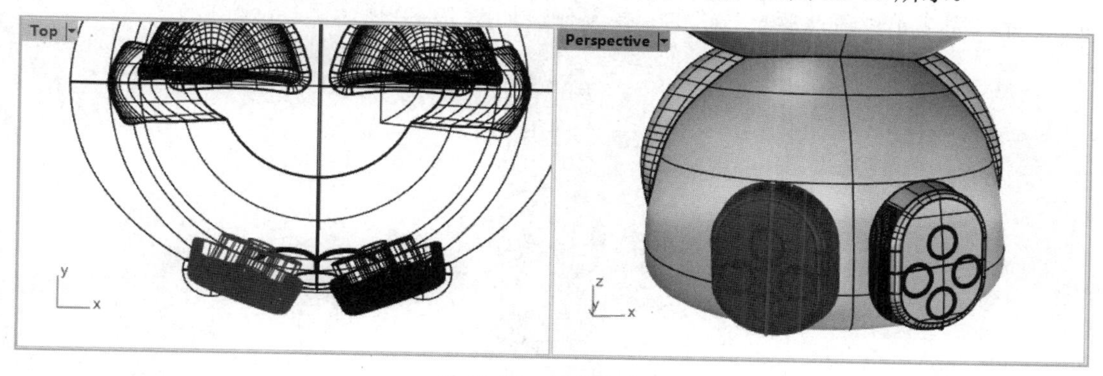

图 13-76　镜像脚曲面

㉒ 使用【分割】工具，选取脚曲面分割身体曲面。

㉓ 使用【组合】工具，将脚曲面与身体曲面进行组合，得到整体曲面，如图 13-77 所示。

㉔ 使用【边缘圆角】工具，创建脚曲面与身体曲面之间的边缘圆角，圆角半径为 1，如图 13-78 所示。

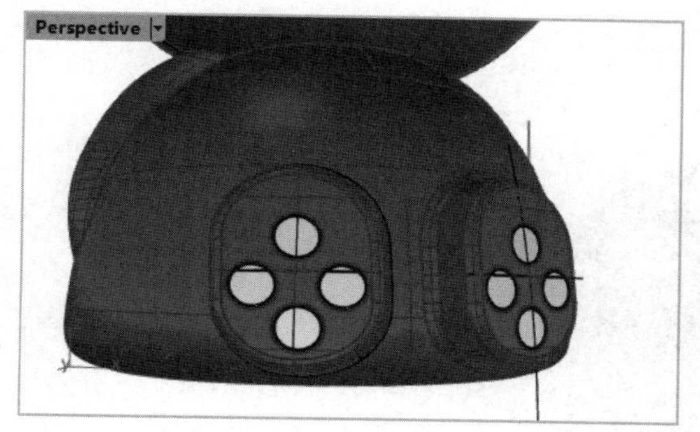

图 13-77　组合脚曲面与身体曲面

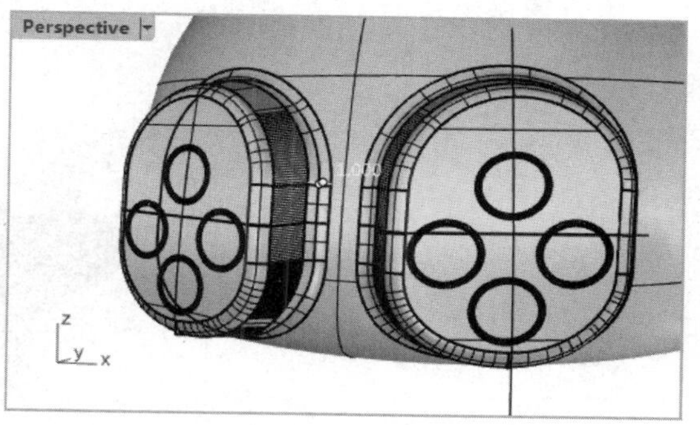

图 13-78　创建边缘圆角

技术要点：

如果曲面与曲面之间不能组合，则多半由于曲面之间存在缝隙、重叠或交叉。如果仅仅是间隙问题，则可以执行【工具】|【选项】命令，打开【Rhino 选项】对话框，设置绝对公差值即可，如图 13-79 所示。

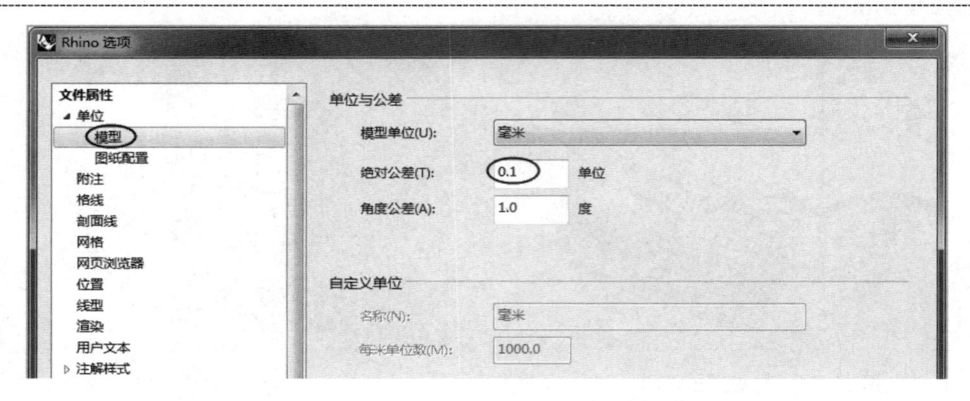

图 13-79　设置绝对公差值

㉕　至此，完成了兔兔儿童早教机的建模工作，如图 13-80 所示。

图 13-80　兔兔儿童早教机模型创建完成

13.2　制作电吉他模型

电吉他模型如图 13-81 所示。

图 13-81　电吉他模型

13.2.1　创建主体曲面

电吉他模型的主体曲面将使用曲线、曲面及编辑工具共同完成。

① 新建 Rhino 8.0 文件。

② 执行【曲面】|【平面】|【角对角】命令，在 Top 视窗中创建一个平面，如图 13-82 所示。

③ 在 Top 视窗中，执行【曲线】|【自由造型】|【控制点】命令，创建一条电吉他模型主体曲面的轮廓曲线，如图 13-83 所示。

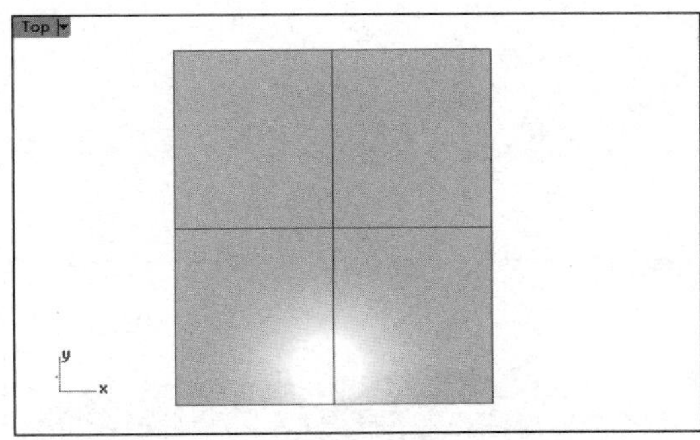

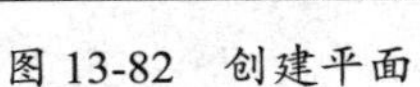
图 13-82　创建平面

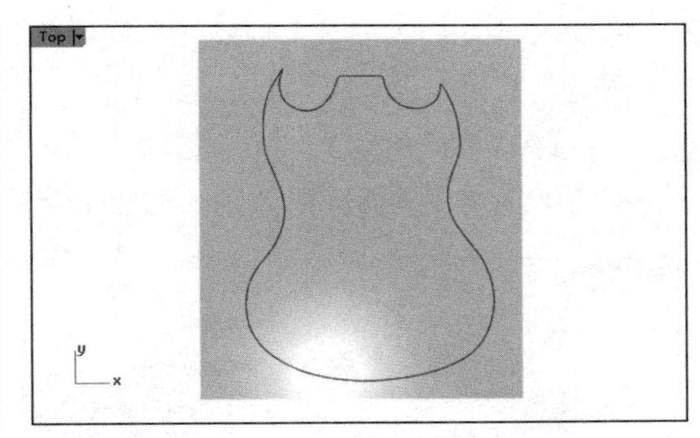

图 13-83　创建轮廓曲线

④ 执行【编辑】|【修剪】命令，使用轮廓曲线对创建的平面进行剪切，剪去曲线的外围部分，如图 13-84 所示。

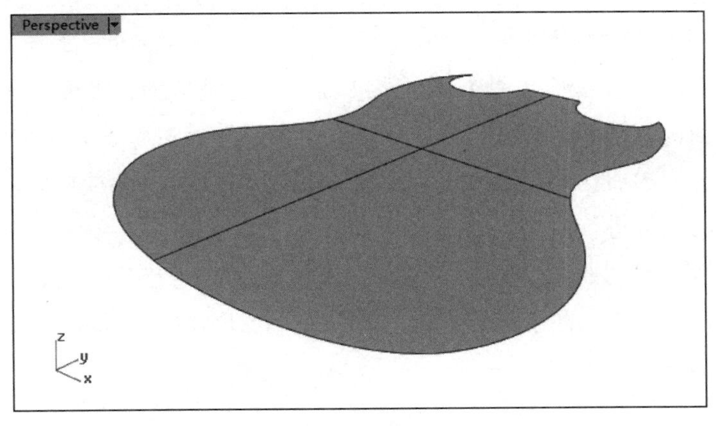

图 13-84　修剪平面

⑤ 执行【曲线】|【自由造型】|【控制点】命令，沿着修剪后的平面外围创建一条控制点曲线，如图 13-85 所示。

⑥ 启用【正交】选项，先将曲线 1 向上移动，并复制一条曲线 2，然后复制前面创建的曲面并将其移动到同样的高度，如图 13-86 所示。

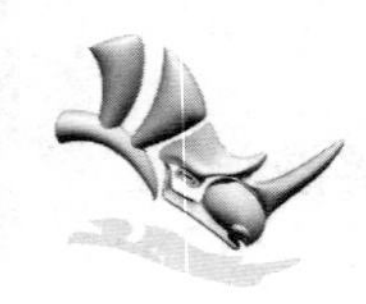

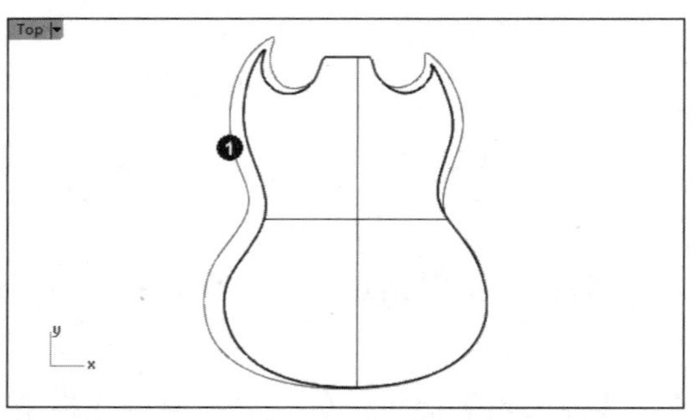

图 13-85　创建控制点曲线

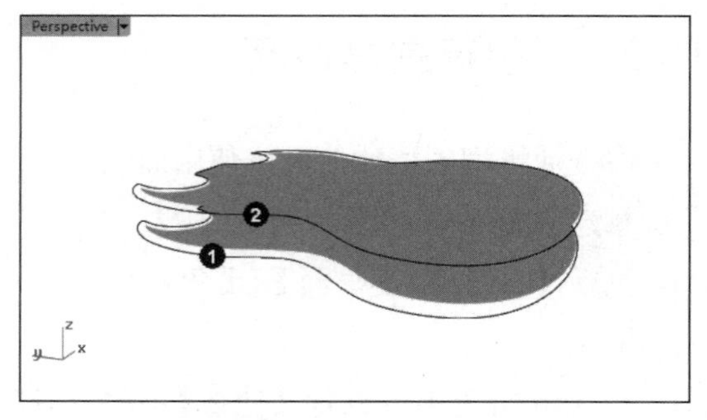

图 13-86　移动并复制曲线和曲面

⑦ 执行【曲面】|【放样】命令，选取曲线 1、曲线 2，右击，创建放样曲面，如图 13-87 所示。

⑧ 执行【编辑】|【重建】命令，调整放样曲面的 U、V 参数，单击【预览】按钮，在 Perspective 视窗中观察放样曲面的效果，如图 13-88 所示。

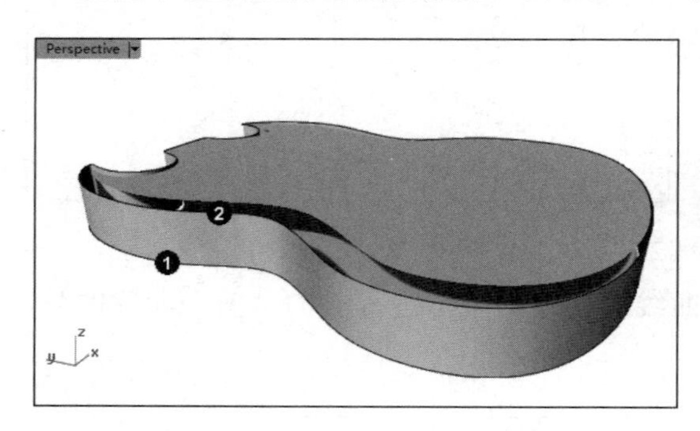

图 13-87　创建放样曲面

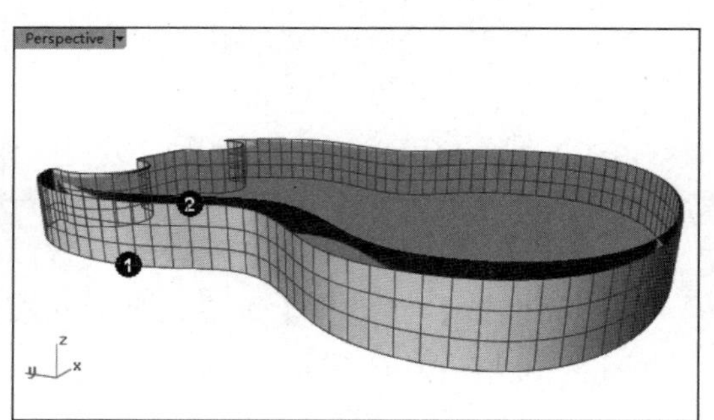

图 13-88　重建曲面

⑨ 执行【曲面】|【曲面编辑工具】|【衔接】命令，先选取放样曲面的上边缘，然后选取上面的剪切曲面的边缘，在弹出的对话框中调整【连续类型】为【位置】，将放样曲面的上边缘与上面的剪切曲面边缘进行衔接。以同样的方法，将放样曲面的下边缘与下面的剪切曲面的边缘进行衔接，如图 13-89 所示。

⑩ 删除上、下两个剪切曲面，执行【编辑】|【控制点】|【移除节点】命令，调整衔接后的放样曲面，并移除曲面上过于复杂的 ISO 线，如图 13-90 所示。

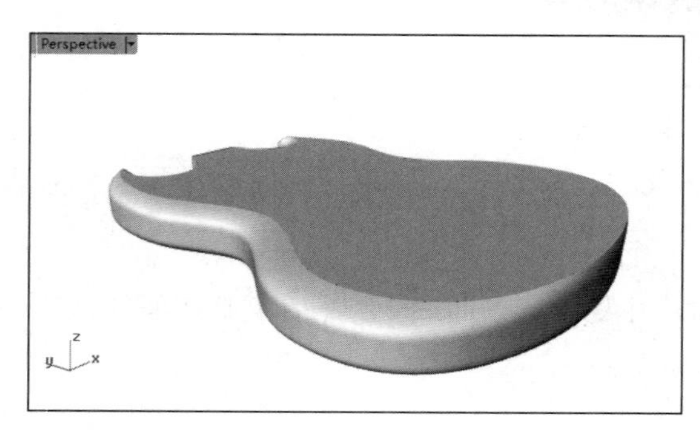

图 13-89　衔接曲面

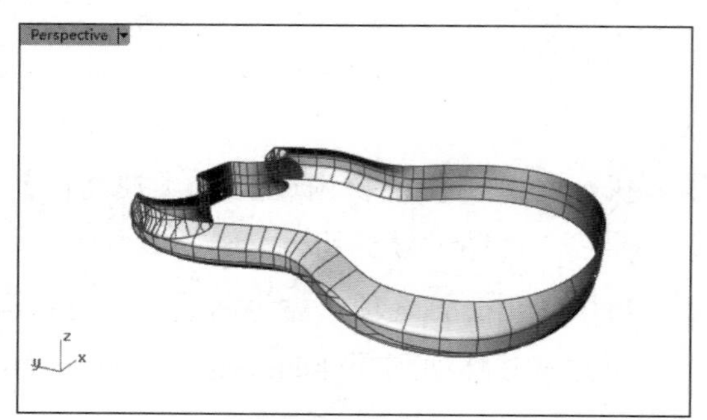

图 13-90　调整放样曲面并移除 ISO 线

⑪ 执行【曲面】|【平面曲线】命令，选取放样曲面的上、下两条边缘曲线，右击，创建两个曲面，如图 13-91 所示。

⑫ 执行【编辑】|【组合】命令，将这几个曲面组合到一起。至此，电吉他模型的主体轮廓曲面创建完成。执行【变动】|【旋转】命令，在 Right 视窗中，将组合后的曲面向上倾斜一定的角度，如图 13-92 所示。

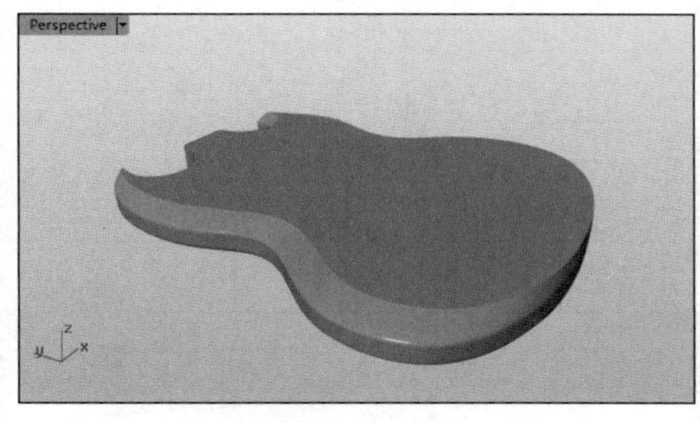

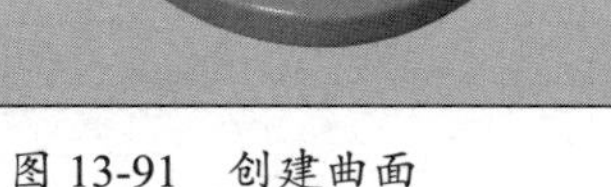

图 13-91　创建曲面

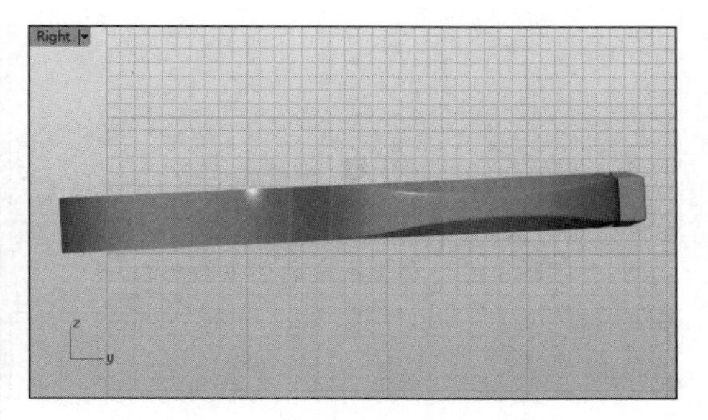

图 13-92　向上倾斜组合后的曲面

⑬ 执行【曲线】|【控制点】|【自由造型】命令，在 Right 视窗中创建 3 条轮廓曲线，如图 13-93 所示。

⑭ 在曲线 1、曲线 2、曲线 3 的两端，执行【曲线】|【直线】|【单一直线】命令，创建一条水平直线和一条垂直直线，如图 13-94 所示。

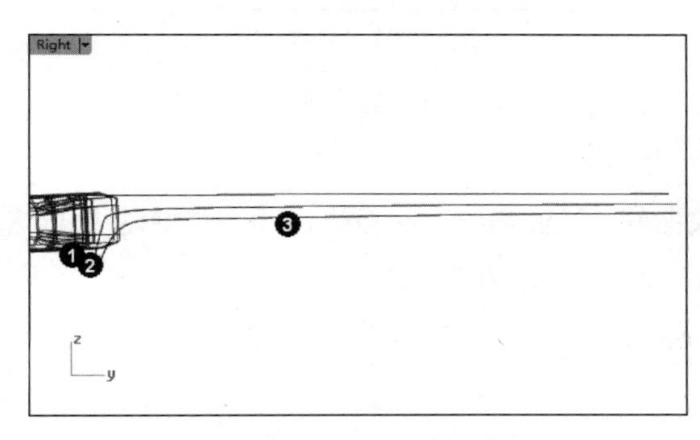

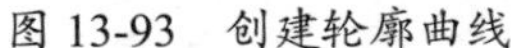

图 13-93　创建轮廓曲线

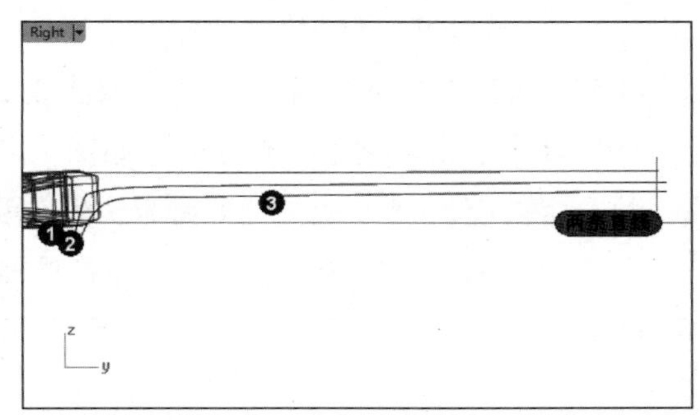

图 13-94　创建直线

⑮ 先在 Right 视窗中使用新创建的两条直线对曲线 1、曲线 2、曲线 3 进行修剪，然后在 Top 视窗中调整曲线的位置和形状，如图 13-95 所示。

⑯ 执行【变动】|【镜像】命令，以曲线 3 上的点的连线为镜像轴，在 Top 视窗中创建曲线 1、曲线 2 的镜像副本，得到曲线 4、曲线 5，如图 13-96 所示。

⑰ 执行【曲线】|【断面轮廓线】命令，在 Perspective 视窗中依次选取曲线 1、曲线 2、曲线 3、曲线 5 和曲线 4，右击。在命令行中设置【封闭】为【否】，按 Enter 键后创建几条轮廓曲线，如图 13-97 所示。

⑱ 先执行【编辑】|【分割】命令，使用曲线 2 和曲线 4 对上一步骤创建的轮廓曲线进行

分割，再执行【曲线】|【直线】|【单一直线】命令，在曲线 1 与曲线 2 之间创建 4 条直线，如图 13-98 所示。

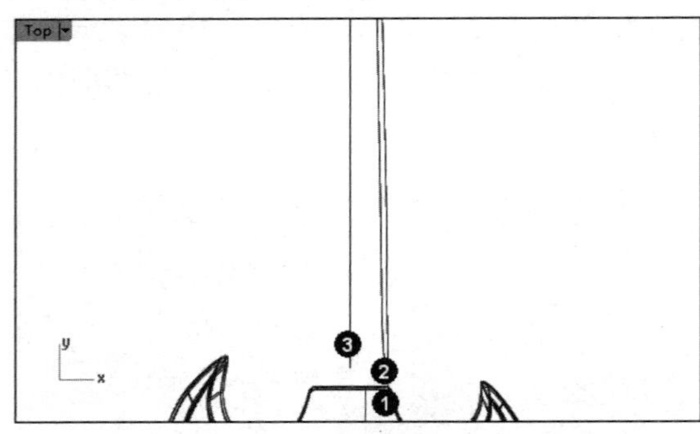

图 13-95　调整曲线的位置和形状

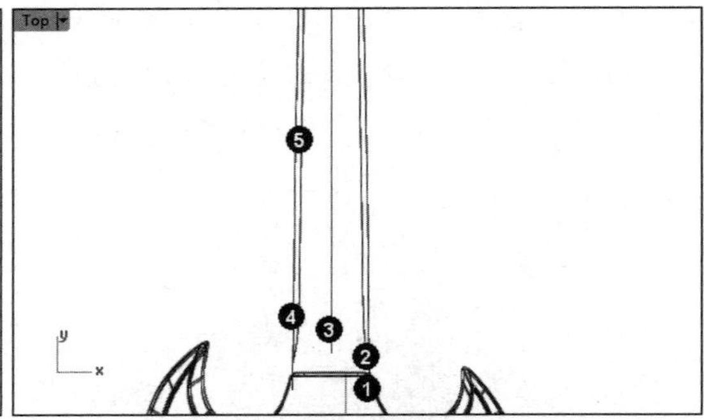

图 13-96　创建镜像副本

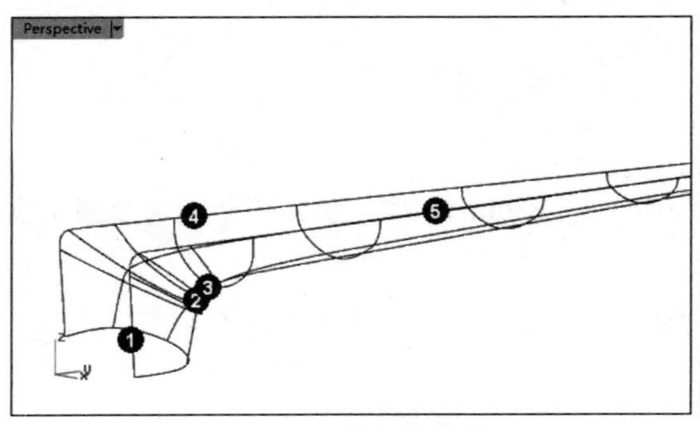

图 13-97　创建轮廓曲线

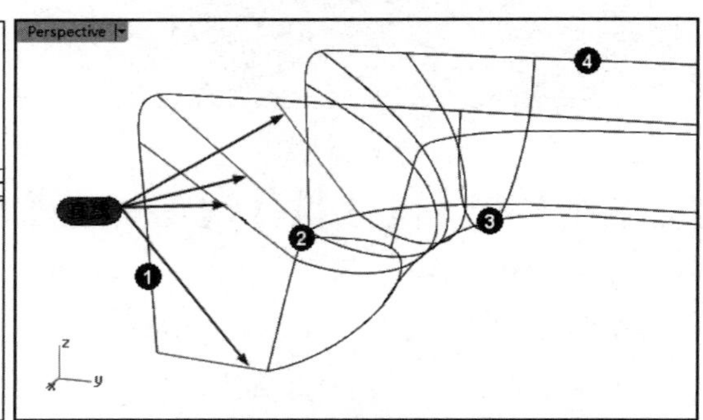

图 13-98　创建直线

⑲ 执行【曲面】|【网线】命令，选取曲线 2、曲线 3、曲线 5，以及位于它们之间的断面轮廓线，右击，创建一个曲面，如图 13-99 所示。

⑳ 执行【曲面】|【双轨扫掠】命令，先选取曲线 1、曲线 2，然后选取位于它们之间的几条直线、曲线，右击，创建一个扫掠曲面，如图 13-100 所示。

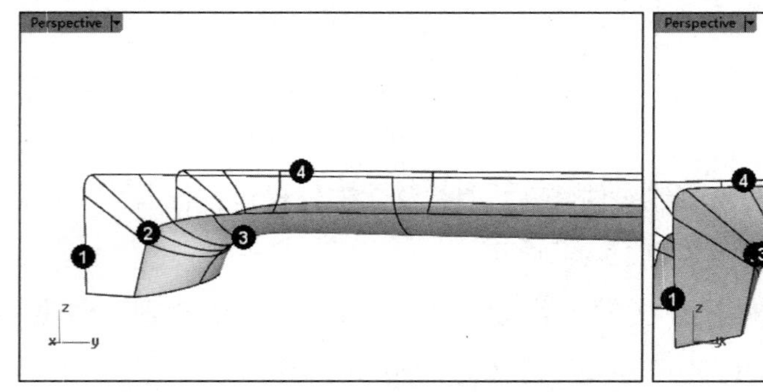

图 13-99　创建曲面

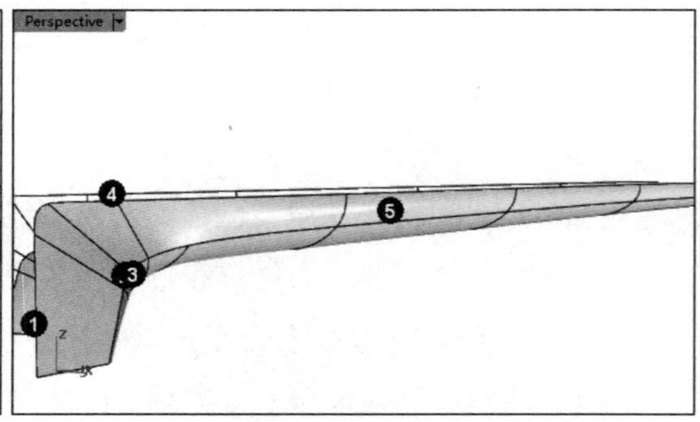

图 13-100　创建扫掠曲面

㉑ 对于另一侧同样执行【曲面】|【双轨扫掠】命令，进行相同的处理，创建另一个扫掠曲面并隐藏曲线，如图 13-101 所示。

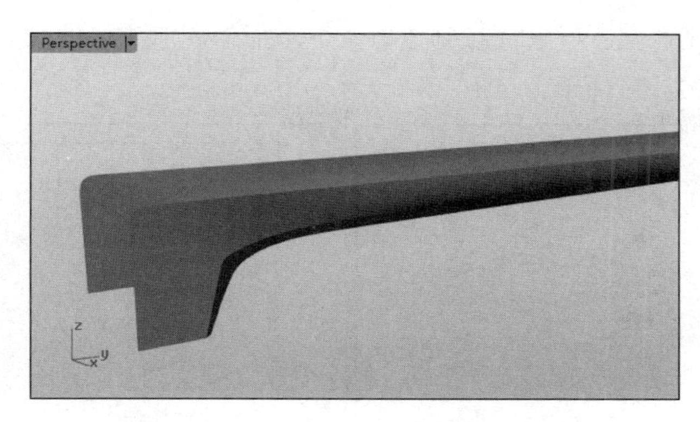

图 13-101　创建扫掠曲面并隐藏曲线

㉒ 执行【曲面】|【放样】命令，选取边缘 A、边缘 B，创建一个放样曲面，如图 13-102 所示。

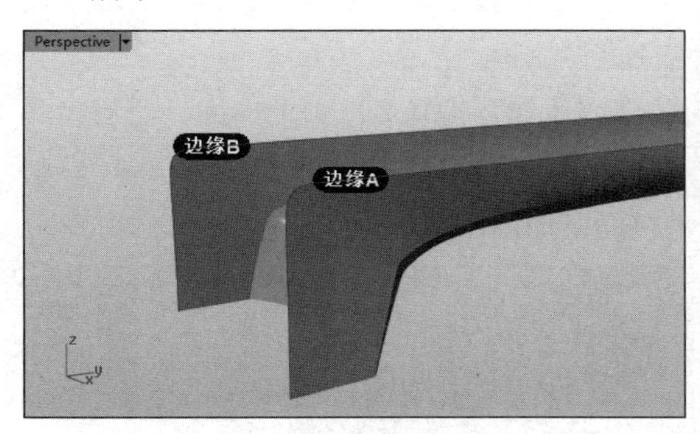

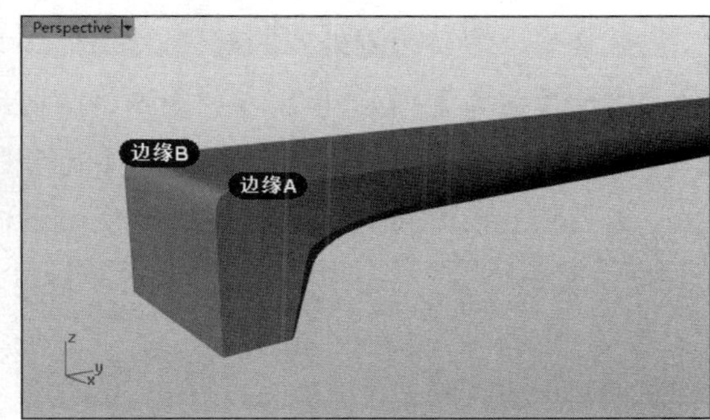

图 13-102　创建放样曲面

㉓ 执行【曲面】|【平面曲线】命令，选取几个曲面的底部边缘，右击，创建一个平面，如图 13-103 所示。

㉔ 先执行【编辑】|【组合】命令，将曲面组合到一起，再执行【实体】|【边缘圆角】|【不等距边缘圆角】命令，为底部的棱边曲面创建边缘圆角，如图 13-104 所示。

图 13-103　创建平面

图 13-104　创建边缘圆角

㉕ 执行【实体】|【立方体】|【角对角、高度】命令，在整个电吉他模型曲面的右侧创建一个立方体，如图 13-105 所示。

㉖ 执行【曲线】|【自由造型】|【控制点】命令，在 Top 视窗中的立方体上创建一组控制点曲线，如图 13-106 所示。

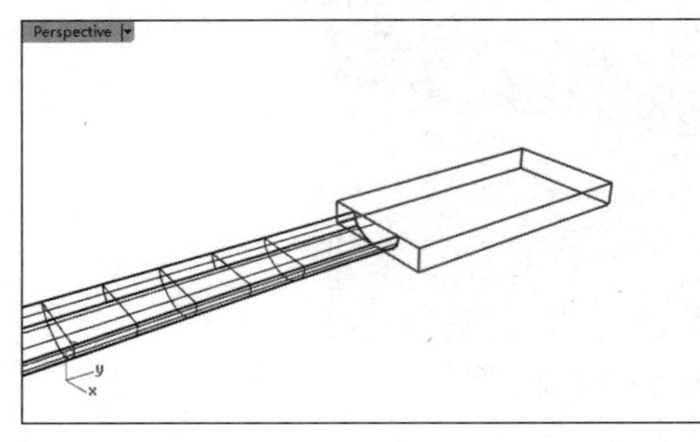

图 13-105 创建立方体

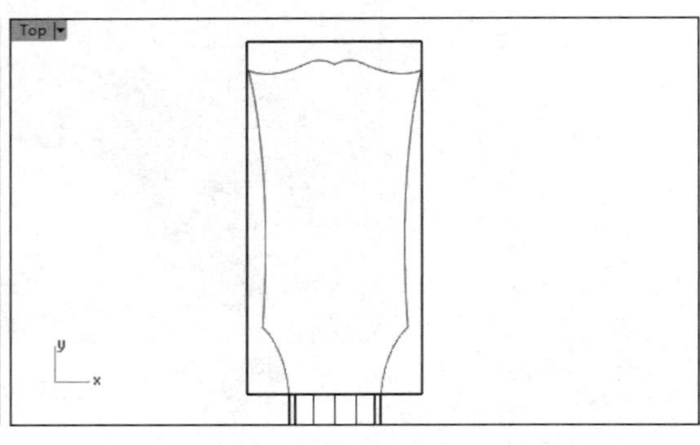

图 13-106 创建控制点曲线

㉗ 执行【编辑】|【修剪】命令，在 Top 视窗中使用新创建的那组控制点曲线对立方体进行修剪，剪切无限外围的部分，如图 13-107 所示。

㉘ 执行【编辑】|【炸开】命令，先将剪切后的立方体炸开为几个单独的曲面，然后删除右侧的那个曲面。执行【曲面】|【混接曲面】命令，调整【连续性】为【位置】，并创建几个混接曲面，以封闭上、下两个底面的侧面，如图 13-108 所示。

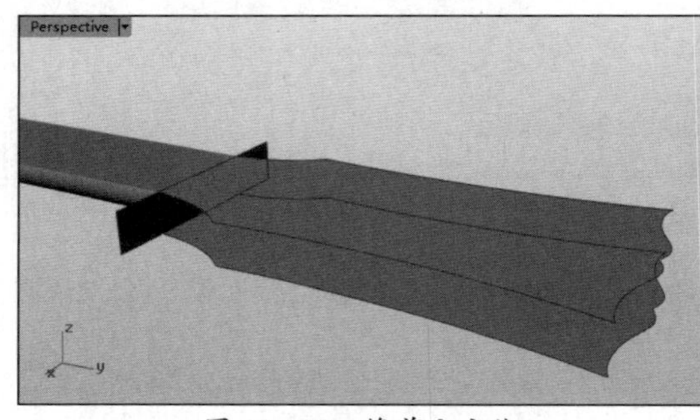

图 13-107 修剪立方体

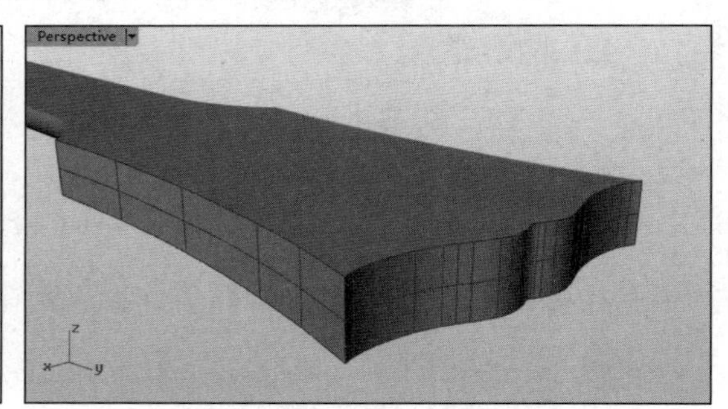

图 13-108 创建混接曲面封闭侧面

㉙ 首先执行【曲线】|【直线】|【单一直线】命令，启用状态栏中的【物件锁点】选项，在炸开后的立方体下底面上创建一条直线，然后执行【编辑】|【修剪】命令，使用这条曲线剪切立方体下底面，并将直线删除，如图 13-109 所示。

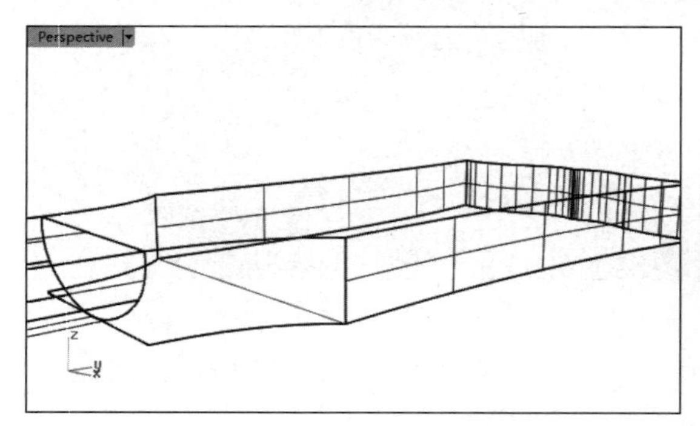

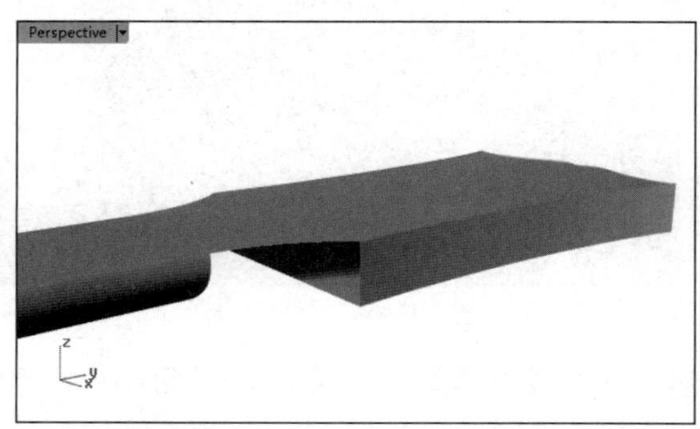

图 13-109 剪切立方体下底面

㉚ 在 Right 视窗中选取右侧的几个曲面，执行【变动】|【旋转】命令，并以图 13-110 所示的中心点为旋转中心点，旋转这几个曲面。

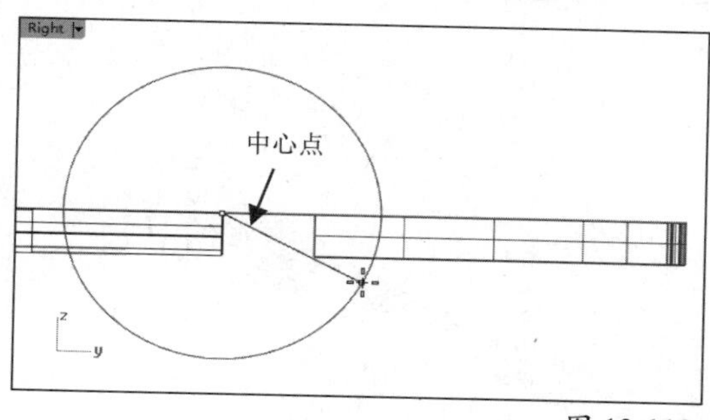

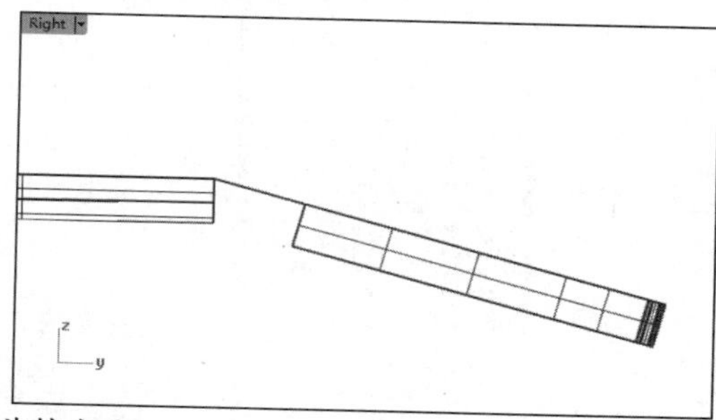

图 13-110　旋转曲面

㉛ 执行【曲线】|【直线】|【单一直线】命令，在 Right 视窗中创建一条直线，如图 13-111 所示。

㉜ 执行【编辑】|【修剪】命令，使用新创建的直线对电吉他模型杆曲面进行修剪，剪切右侧的一小部分曲面，如图 13-112 所示。

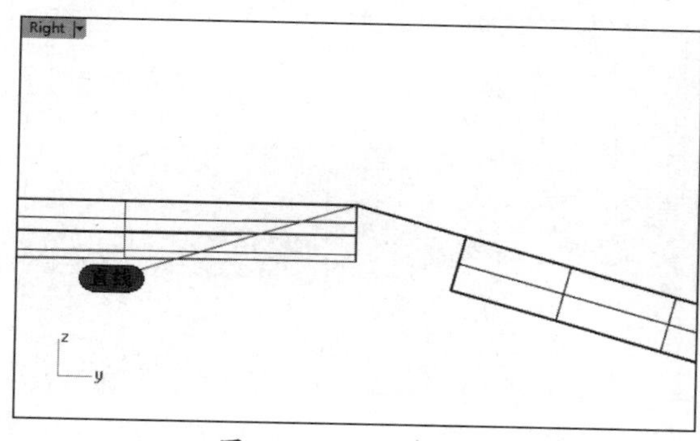

图 13-111　创建直线

图 13-112　剪切曲面

㉝ 执行【曲面】|【混接曲面】命令，选取边缘 1、边缘 2，右击，在弹出的对话框中先调整两处的连续性类型，再单击【确定】按钮完成混接曲面的创建，如图 13-113 所示。

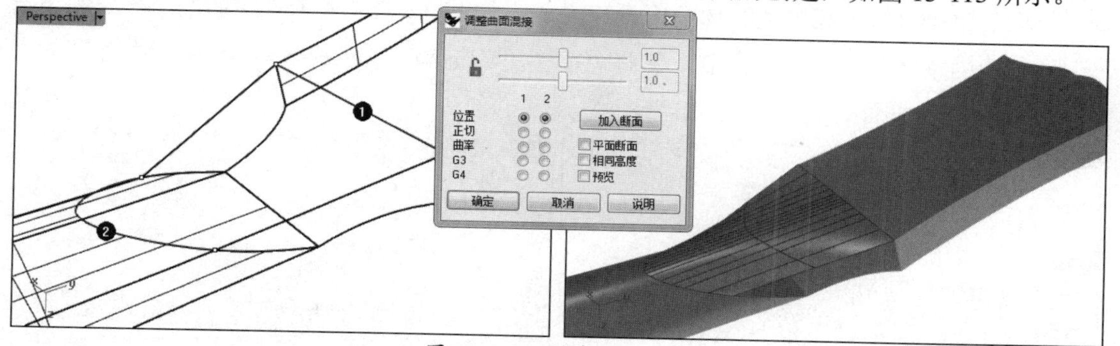

图 13-113　创建混接曲面

㉞ 执行【曲面】|【曲面编辑工具】|【衔接】命令，先选取创建的混接曲面的左侧边缘，然后选取与其相接的电吉他模型杆曲面的边缘，在弹出的对话框中调整相关参数，并单

击【确定】按钮，完成曲面之间的衔接，如图 13-114 所示。

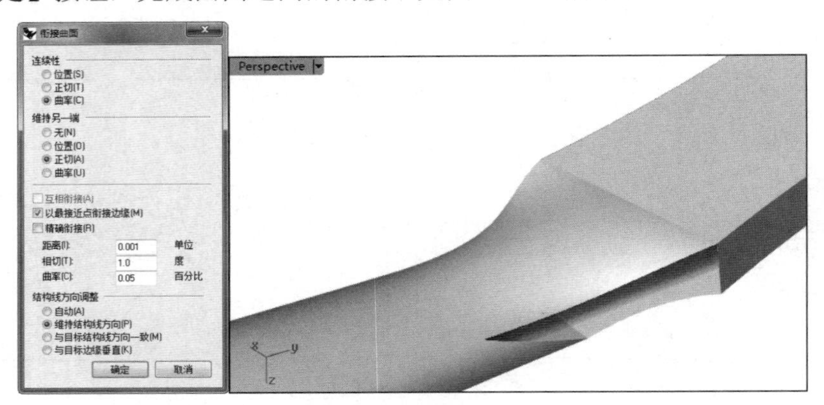

图 13-114 衔接曲面

㉟ 先执行【曲面】|【边缘曲线】命令，选取 4 条边缘曲线，创建一个曲面，并封闭曲面之间的空隙，对电吉他模型杆曲面的另一侧进行相同的操作，再执行【编辑】|【组合】命令，将电吉他模型杆曲面的尾部组合为一个多重曲面，如图 13-115 所示。

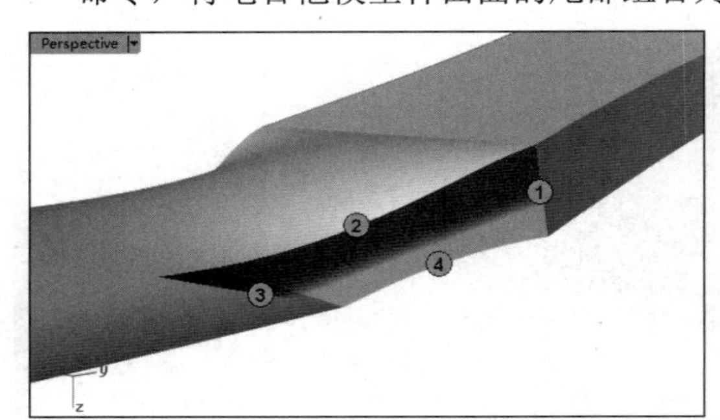

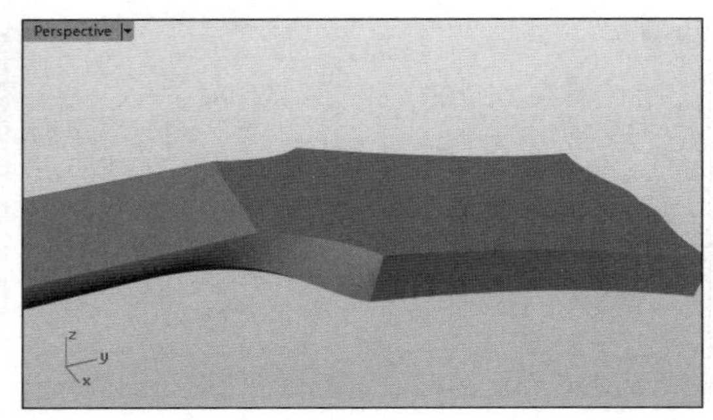

图 13-115 封闭并组合曲面

㊱ 执行【实体】|【边缘圆角】|【不等距边缘圆角】命令，为组合后的电吉他模型杆曲面的下方创建圆角曲面，如图 13-116 所示。

㊲ 至此，整个电吉他模型的主体曲面创建完成，如图 13-117 所示。下面的工作是在电吉他模型的主体曲面上添加细节，使整个模型更为饱满。在 Perspective 视窗中旋转并观察整个主体曲面。

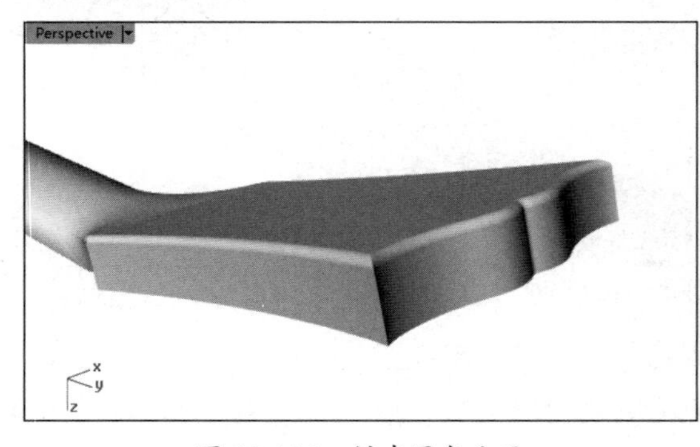

图 13-116 创建圆角曲面

图 13-117 主体曲面创建完成

13.2.2　创建琴身的细节

① 执行【曲线】|【自由造型】|【控制点】命令，在 Top 视窗中创建几条控制点曲线，如图 13-118 所示。

② 执行【曲线】|【从物件建立曲线】|【投影】命令，先将在 Top 视窗中创建的几条曲线投影到电吉他模型的正面，再删除这几条曲线，保留投影曲线，如图 13-119 所示。

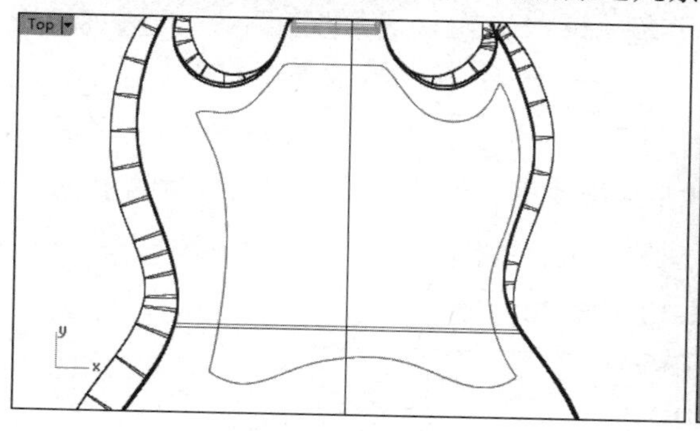

图 13-118　创建控制点曲线

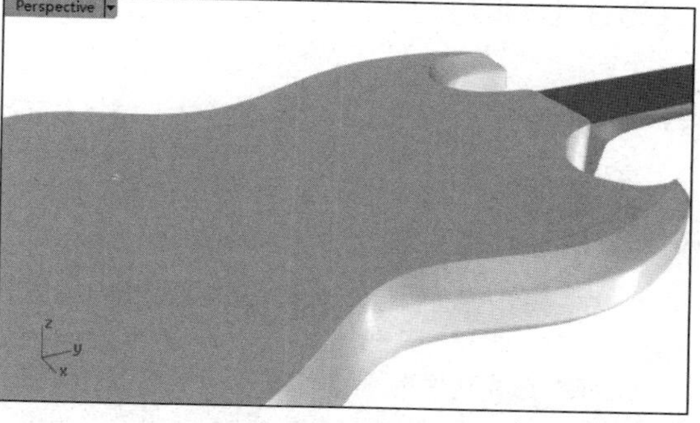

图 13-119　创建投影曲线

③ 先执行【曲面】|【挤出曲线】|【往曲面法线】命令，选取投影曲线，然后选择电吉他模型的正面，创建一个挤出曲面（挤出曲面的长度不宜过长），如图 13-120 所示。

④ 执行【曲面】|【挤出曲面】|【锥状】命令，选择刚才创建的挤出曲面的上边缘，右击，在命令行中调整拔模角度与方向，创建一个锥状挤出曲面，如图 13-121 所示。

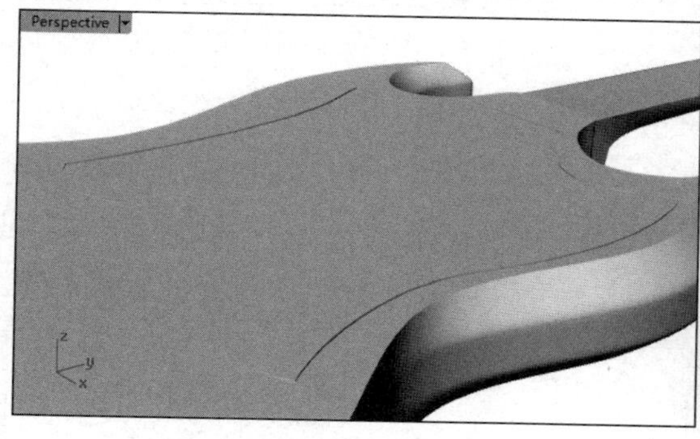

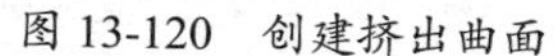

图 13-120　创建挤出曲面

图 13-121　创建锥状挤出曲面

⑤ 执行【编辑】|【组合】命令，将锥状挤出曲面与往曲面法线方向的挤出曲面组合到一起，创建一个多重曲面，如图 13-122 所示。

⑥ 执行【实体】|【立方体】|【角对角、高度】命令，先在 Top 视窗中创建一个立方体，再在 Front 视窗中调整立方体的高度，最后在 Right 视窗中将立方体向上移动到如图 13-123 所示的位置。

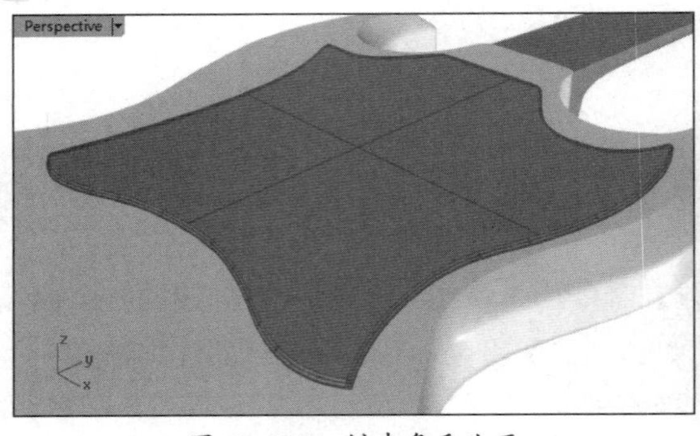
图 13-122　创建多重曲面

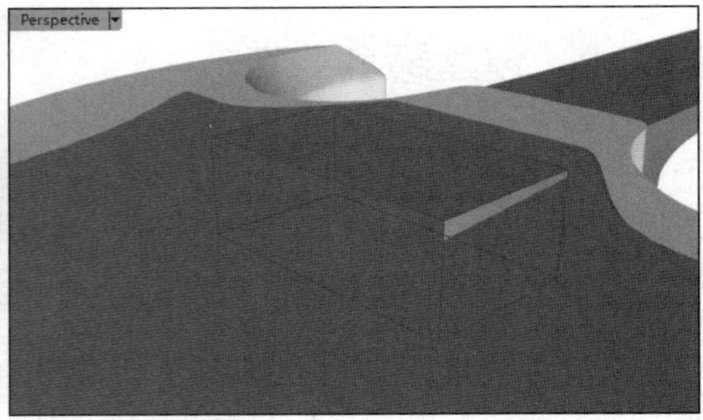
图 13-123　移动立方体

⑦ 单独显示立方体，并执行【实体】|【球体】|【中心点、半径】命令。先在 Top 视窗中，创建一个球体，如图 13-124 所示。再在 Right 视窗中，将球体移动到立方体的上方。

⑧ 显示球体的控制点，在 Right 视窗中调整球体的上排控制点，并将其向下垂直移动一小段距离，从而调整球体上方的形状，如图 13-125 所示。

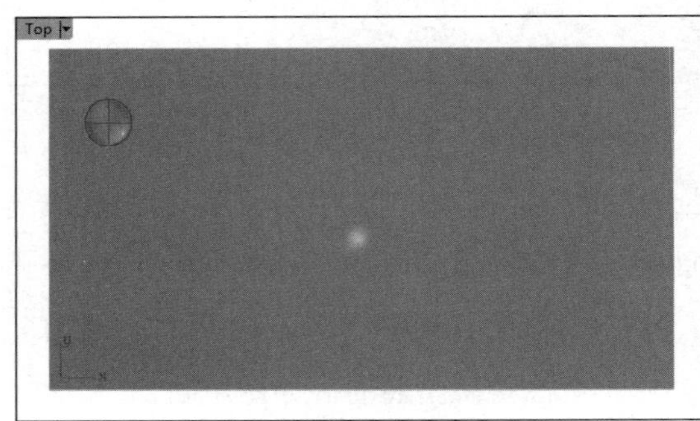
图 13-124　创建球体

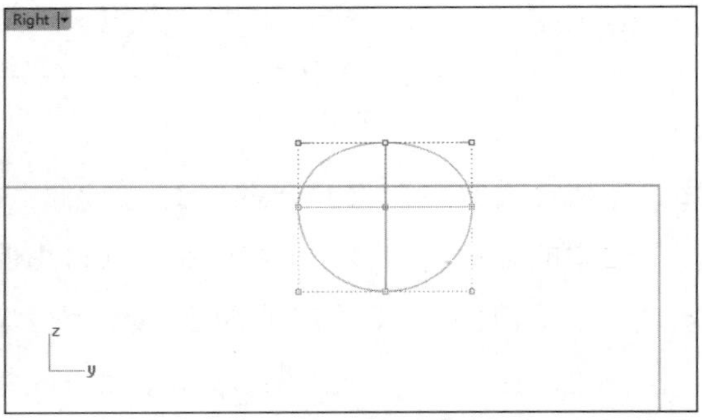

图 13-125　调整球体上方的形状

⑨ 执行【实体】|【立方体】|【角对角、高度】命令，在球体的上方创建一个立方体，如图 13-126 所示。

⑩ 先执行【实体】|【差集】命令，选取球体并右击，然后选取上方的立方体并右击，布尔差集运算完成，如图 13-127 所示。

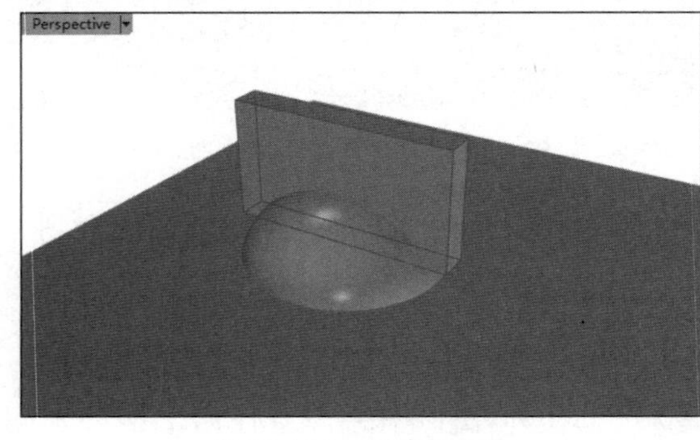
图 13-126　创建立方体

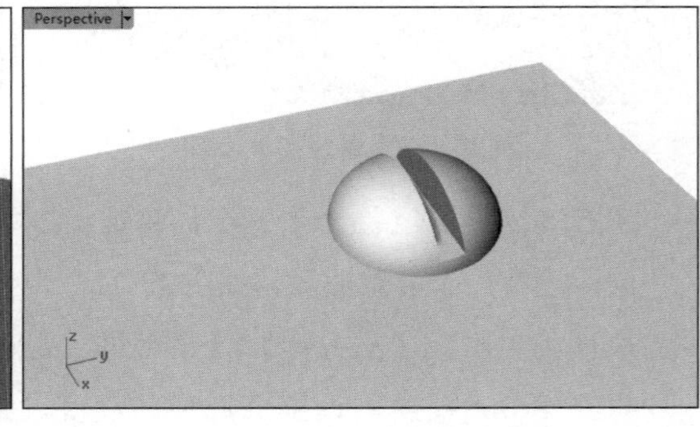
图 13-127　完成布尔差集运算

⑪ 在 Top 视窗中，复制几个完成布尔差集运算的球体，并将球体平均分布在立方体的上方，如图 13-128 所示。

⑫ 先执行【实体】|【并集】命令，选取立方体，然后选取 6 个球体，右击，执行【布尔并集运算】命令，布尔并集运算完成，如图 13-129 所示。

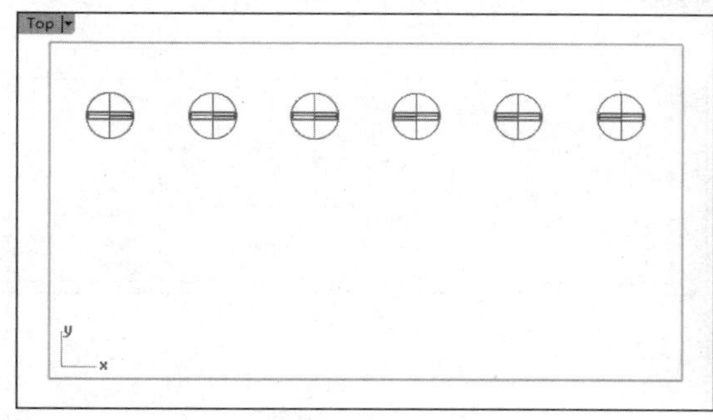

图 13-128　复制球体

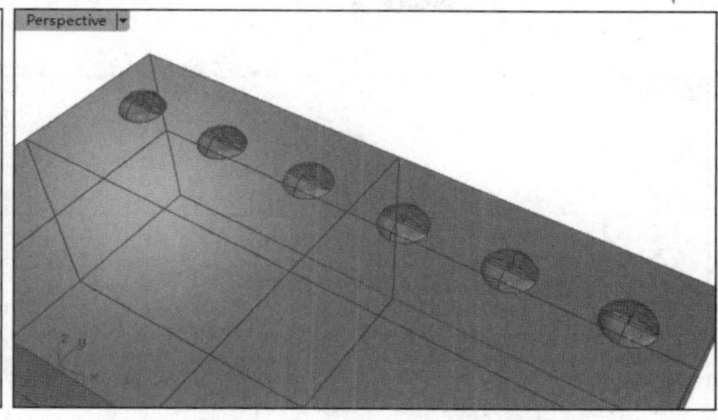

图 13-129　完成布尔并集运算

⑬ 执行【实体】|【边缘圆角】|【不等距边缘圆角】命令，为组合后的多重曲面的棱边创建圆角曲面，如图 13-130 所示。

⑭ 显示其他曲面，并执行【曲线】|【直线】|【单一直线】命令，在 Top 视窗中创建一条水平直线，如图 13-131 所示。

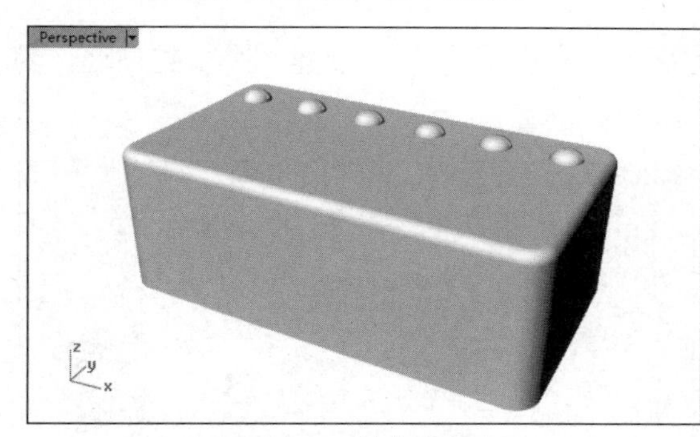

图 13-130　创建圆角曲面

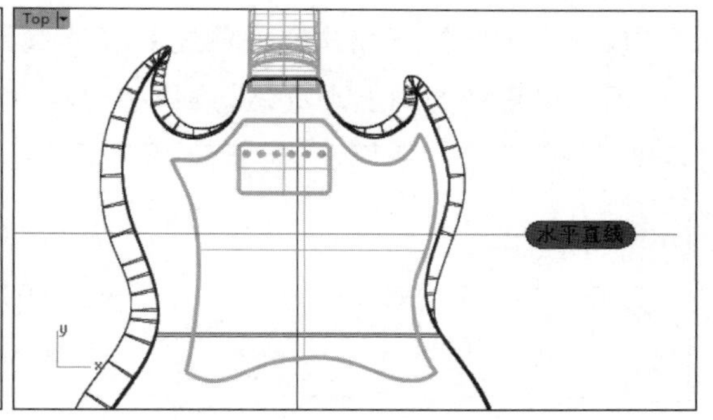

图 13-131　创建水平直线

⑮ 先执行【变动】|【镜像】命令，选取前面创建的立方体并右击，然后以水平直线为镜像轴，创建立方体的镜像副本，如图 13-132 所示。

⑯ 先执行【实体】|【圆柱体】命令，在 Top 视窗中控制圆柱体的底面大小，并创建一个圆柱体，然后将圆柱体移动到电吉他模型曲面的上方，如图 13-133 所示。

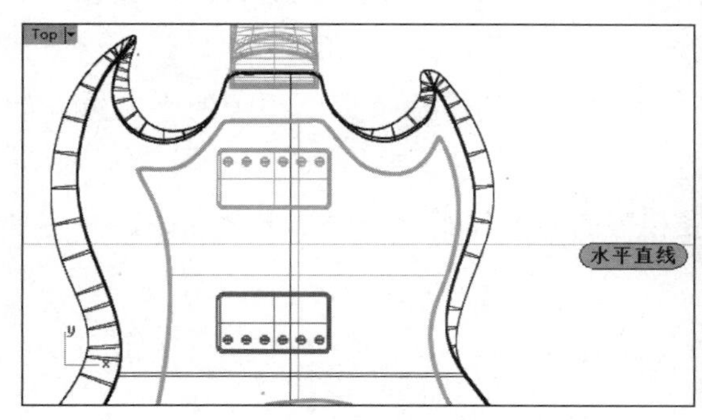

图 13-132　创建镜像副本

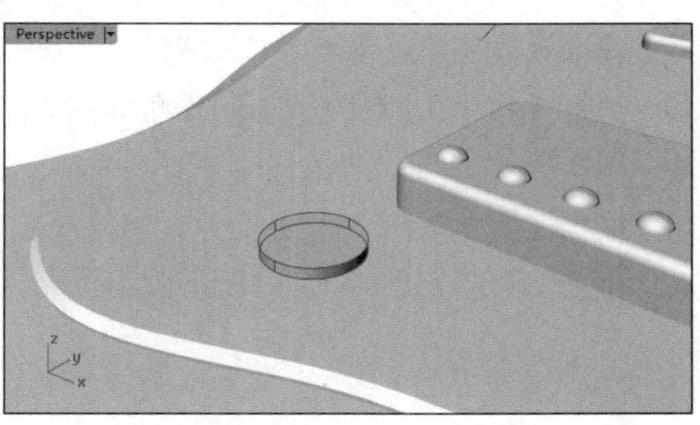

图 13-133　创建并移动圆柱体

⑰ 复制圆柱体，并在 Right 视窗中将圆柱体垂直向下移动一段距离，如图 13-134 所示。

⑱ 在 Top 视窗中复制前面创建的两个圆柱体，并将两个圆柱体水平移动到如图 13-135 所示的位置。

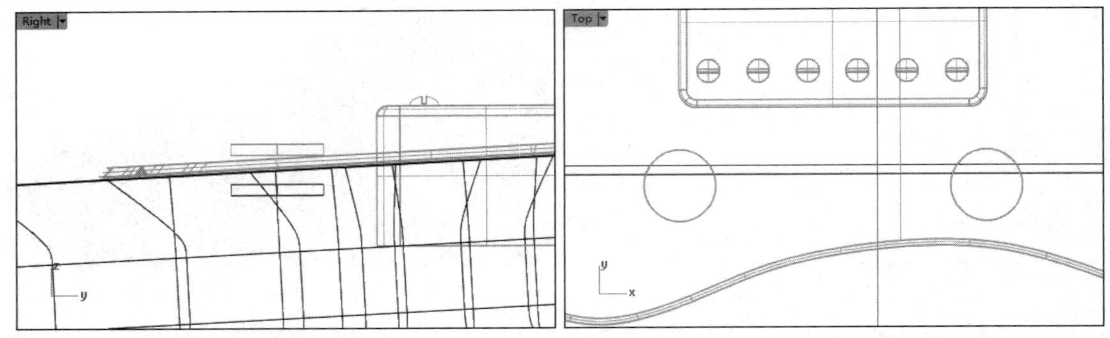

图 13-134　复制并移动圆柱体　　　图 13-135　复制并水平移动圆柱体

⑲ 在 Perspective 视窗中，单独显示 4 个圆柱体。先执行【曲线】|【矩形】|【角对角】命令，然后在命令行中选择【圆角】选项，在 Top 视窗中创建一条圆角矩形曲线，如图 13-136 所示。

⑳ 执行【实体】|【挤出平面曲线】|【直线】命令，先使用曲线 1 创建一个多重曲面，然后将多重曲面向上垂直移动到如图 13-137 所示的位置。

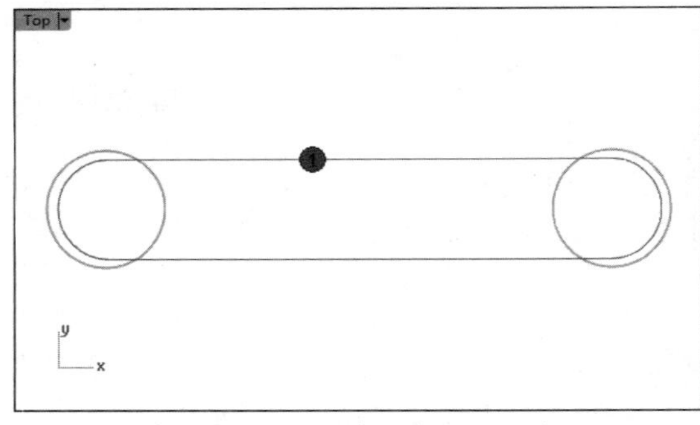

图 13-136　创建圆角矩形曲线

图 13-137　创建并移动多重曲面

㉑ 执行【实体】|【圆柱体】命令，创建两个圆柱体，贯穿几个曲面，如图 13-138 所示。

㉒ 复制上面创建的圆柱体，并执行【实体】|【差集】命令，为两个圆柱体和与其相交的曲面进行布尔差集运算，如图 13-139 所示。

㉓ 执行【实体】|【立方体】|【角对角、高度】命令，创建两个宽度相等的立方体，如图 13-140 所示。

㉔ 执行【实体】|【并集】命令，将两个宽度相等的立方体组合成一个多重曲面，并将多重曲面移动到如图 13-141 所示的位置。

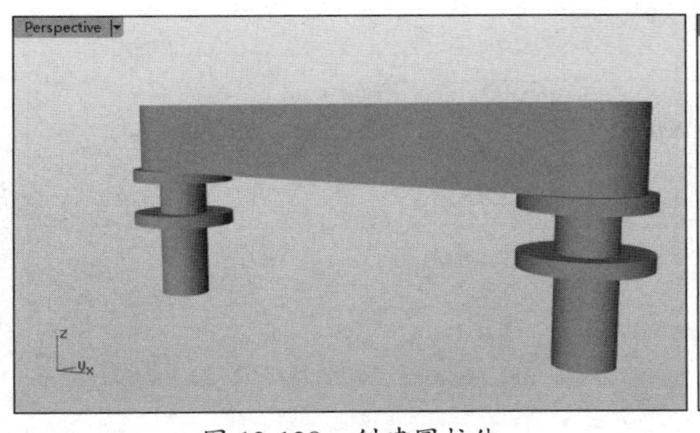

图 13-138　创建圆柱体

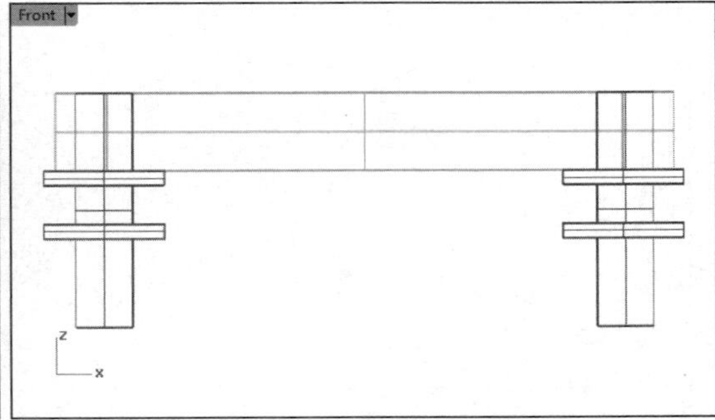

图 13-139　布尔差集运算

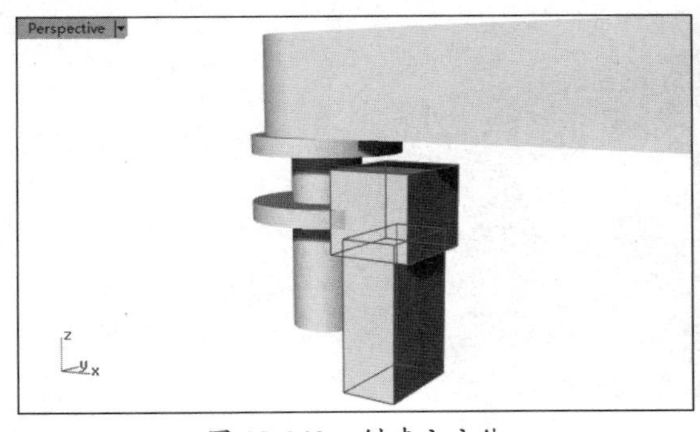

图 13-140　创建立方体

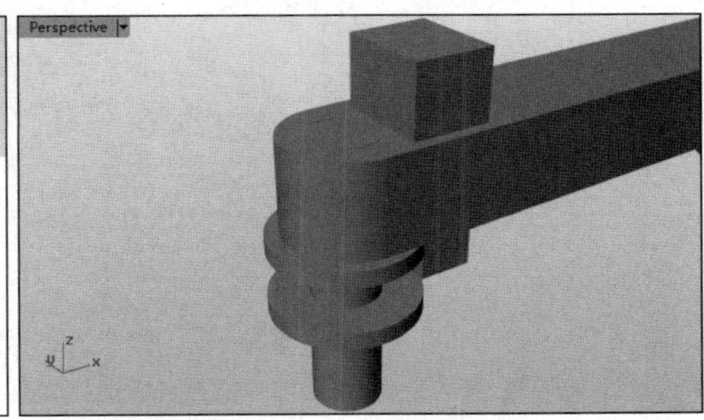

图 13-141　移动多重曲面

㉕ 执行【实体】|【差集】命令，先选取使用圆角矩形创建的挤出曲面并右击，然后选取刚刚组合的多重曲面并右击，布尔差集运算完成，如图 13-142 所示。

㉖ 执行【实体】|【立方体】|【角对角、高度】命令，创建一个立方体，如图 13-143 所示。

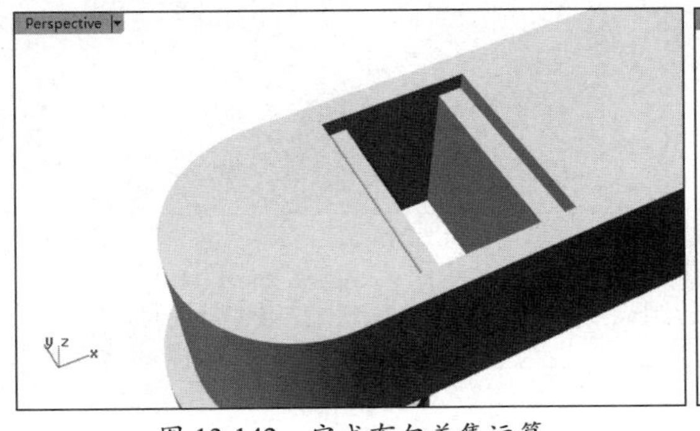

图 13-142　完成布尔差集运算

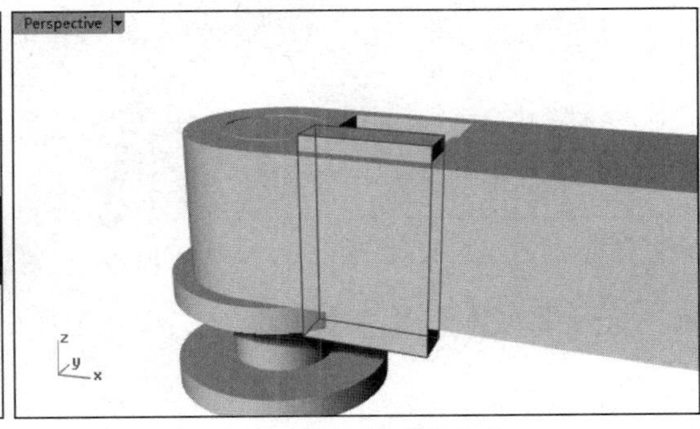

图 13-143　创建立方体

㉗ 在 Right 视窗中先创建一条直线，再执行【曲面】|【挤出曲线】|【直线】命令，创建一个挤出曲面，如图 13-144 所示。

㉘ 先执行【实体】|【差集】命令，选取立方体并右击，然后选取挤出曲面并右击，完成布尔差集运算，如图 13-145 所示。

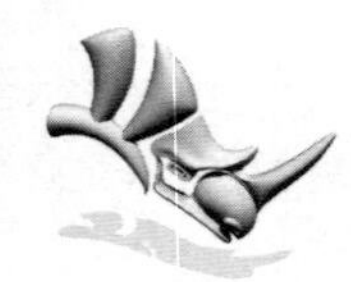

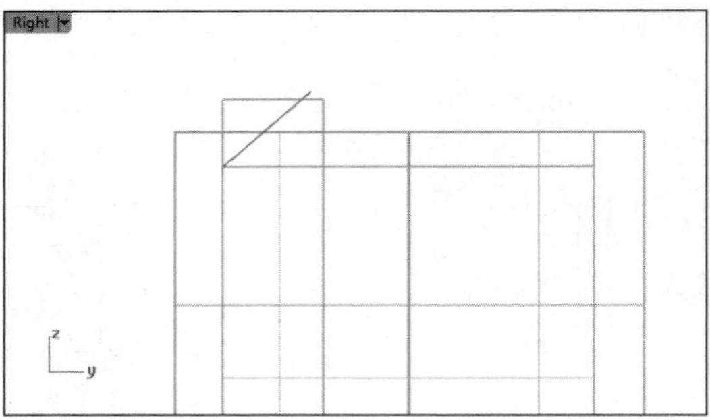

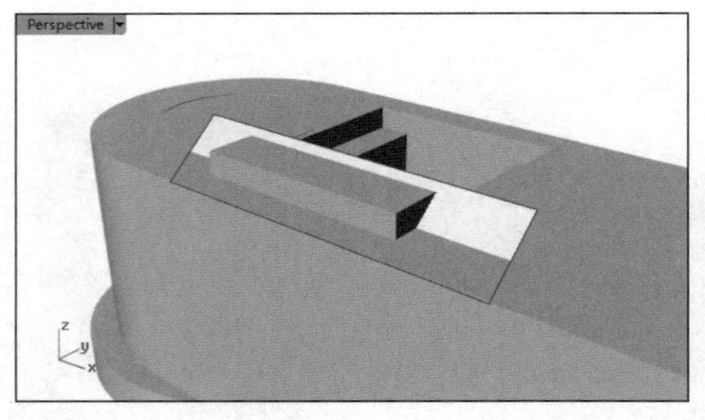

图 13-144　创建挤出曲面

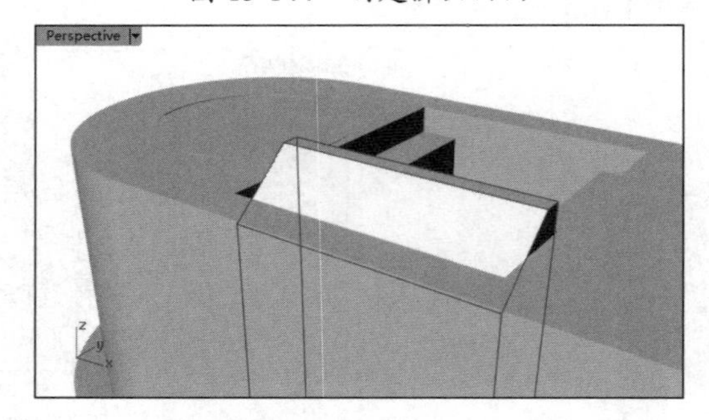

图 13-145　完成布尔差集运算

㉙ 以类似的方法，先创建一个曲面，然后执行布尔差集运算，在立方体的上方的边缘创建一个豁口的形状，如图 13-146 所示。

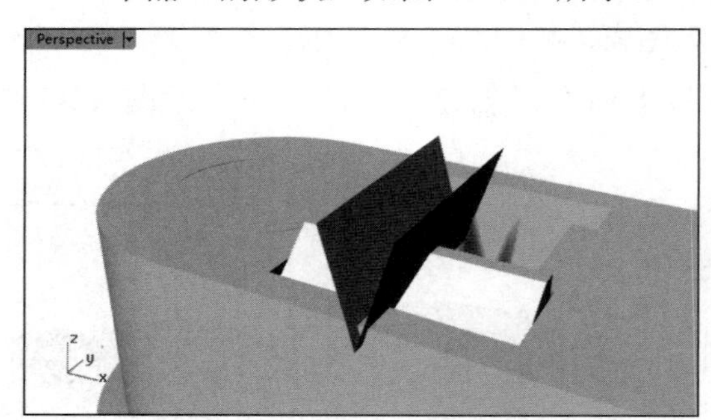

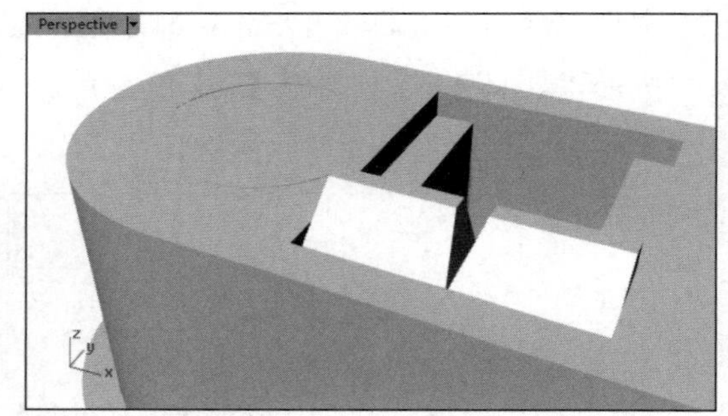

图 13-146　执行布尔差集运算

㉚ 执行【实体】|【并集】命令，将几个曲面组合为一个实体，如图 13-147 所示。

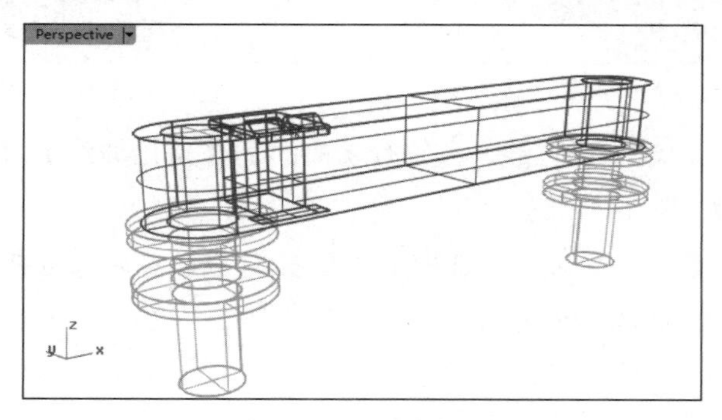

图 13-147　组合曲面

㉛ 创建一个螺丝连接曲面的前后两端，这里将不再讲解具体的步骤。其步骤大致为分别创建圆柱体、螺丝盖、螺母曲面，并执行布尔并集运算将它们组合到一起，如图 13-148 所示。

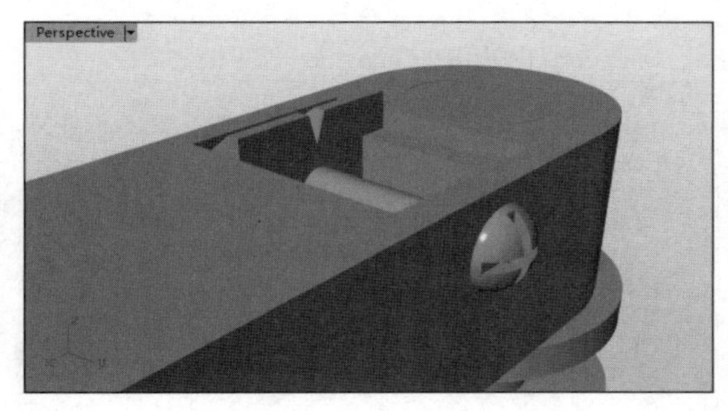

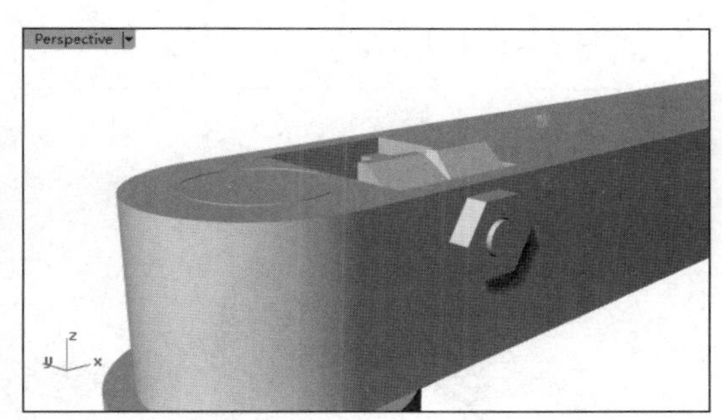

图 13-148　创建螺丝

㉜ 使用相同的方法，在多重曲面上继续创建 5 个凹槽，并添加螺丝等细节，如图 13-149 所示。

㉝ 执行【曲线】|【自由造型】|【控制点】命令，在 Front 视窗中创建几条曲线，如图 13-150 所示。

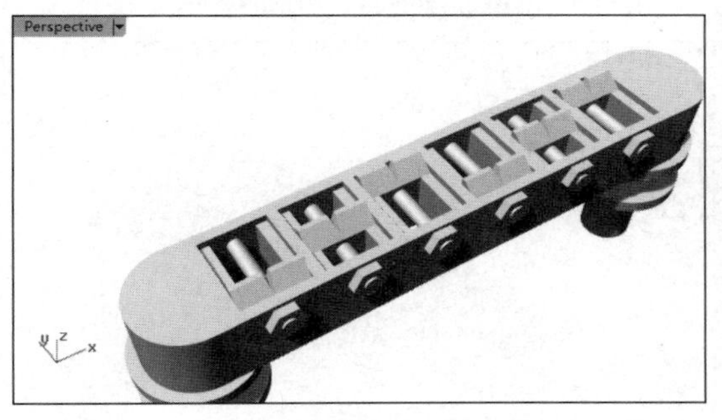

图 13-149　创建凹槽

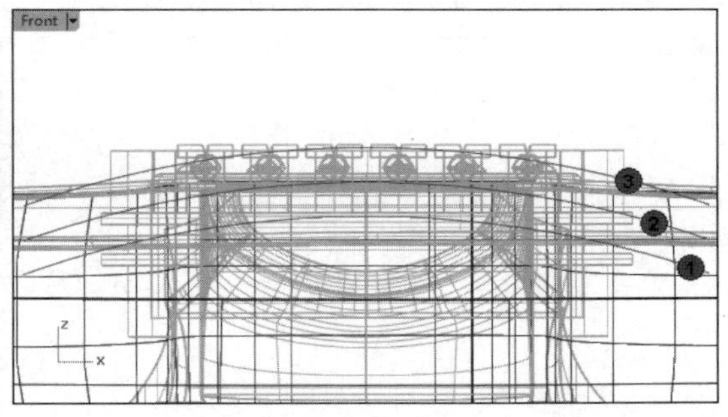

图 13-150　创建曲线

㉞ 隐藏多余的曲面，在 Top 视窗中垂直移动 3 条曲线，调整曲线的位置，如图 13-151 所示。

㉟ 执行【曲面】|【放样】命令，依次选取曲线 1、曲线 3、曲线 2，右击。在弹出的对话框中调整相关参数，单击【确定】按钮，完成放样曲面的创建，如图 13-152 所示。

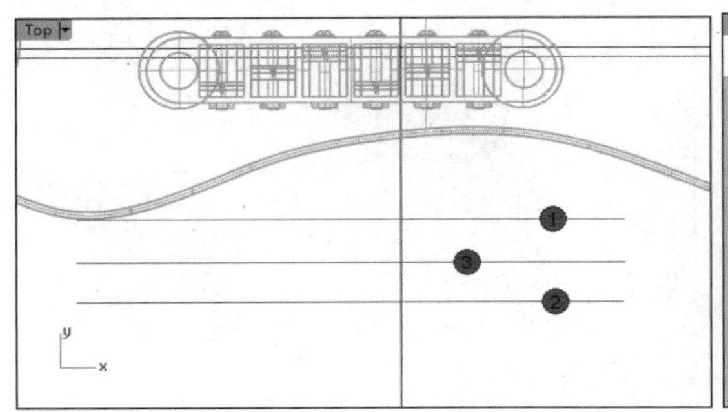

图 13-151　调整曲线的位置

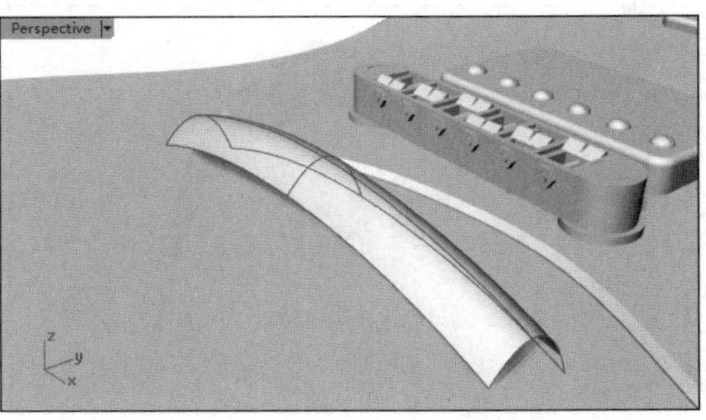

图 13-152　创建放样曲面

㊱ 显示放样曲面的控制点，并在 Right 视窗中调整放样曲面的控制点，使整个放样曲面拱起的弧度更加明显，如图 13-153 所示。

㊲ 先单独显示这个曲面，然后执行【曲线】|【直线】|【单一直线】命令，创建两条直线，如图 13-154 所示。

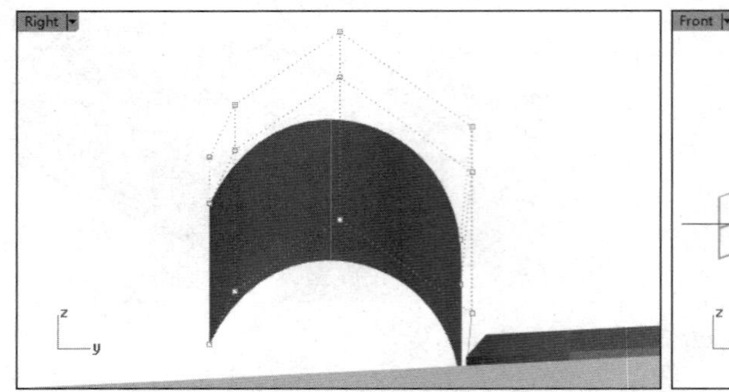

图 13-153　调整放样曲面的控制点

图 13-154　创建直线

㊳ 执行【变动】|【镜像】命令，将新创建的两条直线以曲面的中线为对称轴创建镜像副本，如图 13-155 所示。

㊴ 执行【编辑】|【修剪】命令，使用这 4 条直线对曲面进行剪切，如图 13-156 所示。

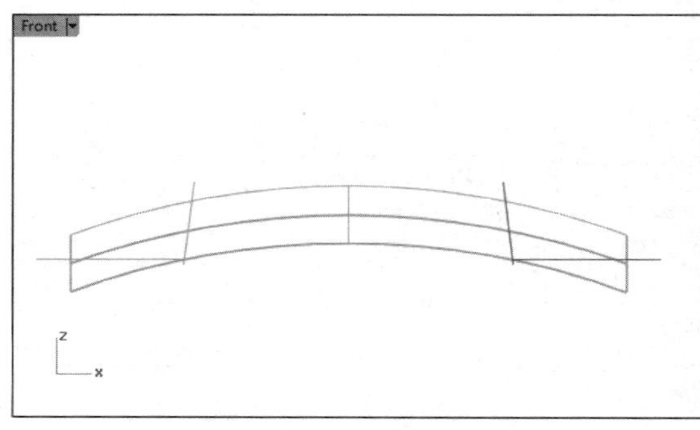

图 13-155　创建镜像副本

图 13-156　剪切曲面

㊵ 执行【曲线】|【直线】|【单一直线】命令，启用状态栏中的【正交】和【物件锁点】选项，以曲面的一个端点作为直线的起点，创建一条水平直线，如图 13-157 所示。

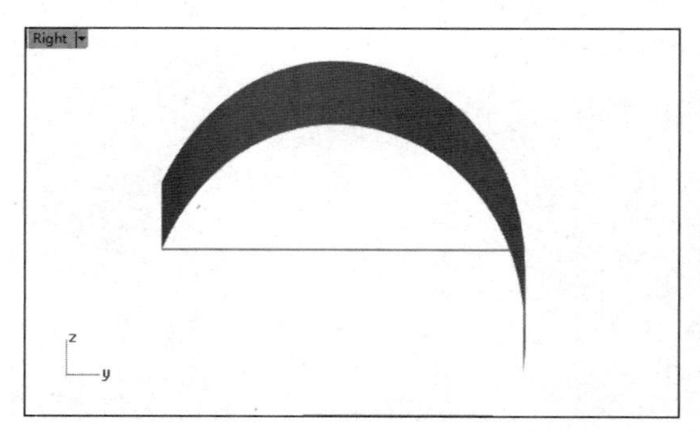

图 13-157　创建水平直线

㊶ 执行【曲面】|【挤出曲线】|【直线】命令，使用刚刚创建的水平直线，挤出一个曲面，

如图 13-158 所示。

㊷ 执行【曲面】|【边缘工具】|【分割边缘】命令，将曲面边缘 A 在与挤出曲面的交点处分割为两段，如图 13-159 所示。

图 13-158　创建挤出曲面

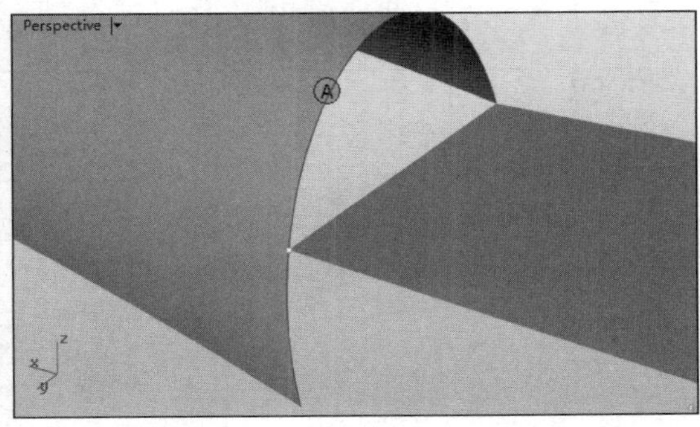

图 13-159　分割曲面边缘 A

㊸ 执行【曲面】|【平面曲线】命令，先选取曲面边缘 A 的上部分，然后选取相邻的挤出曲面的边缘并右击，创建一个平面，如图 13-160 所示。

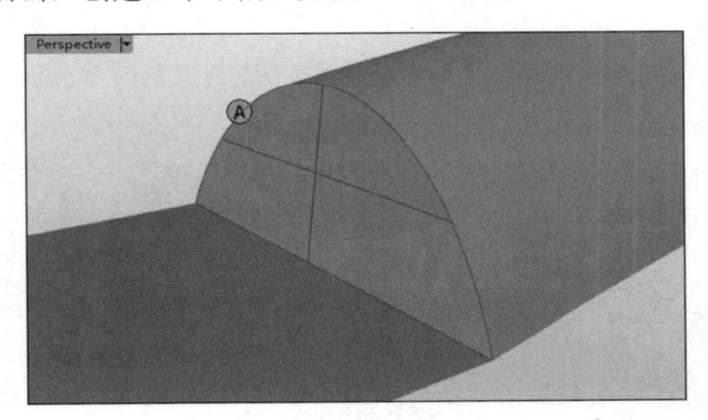

图 13-160　创建平面

㊹ 先执行【曲面】|【单轨扫掠】命令，然后依次选取边缘 1、曲面边缘 A 的下部分并右击。在弹出的对话框中调整相关曲面参数，并单击【确定】按钮，完成单轨扫掠曲面的创建，如图 13-161 所示。

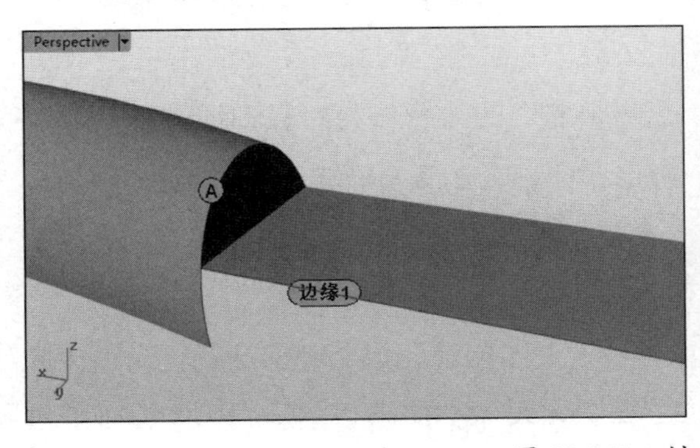

图 13-161　创建单轨扫掠曲面

㊺ 对曲面的另一侧进行类似的处理，也可以将左侧的几个曲面以放样曲面的中轴线为镜像轴，创建镜像副本，如图 13-162 所示。

㊻ 执行【曲面】|【挤出曲线】|【直线】命令，并选取 3 条边缘曲线，右击，将边缘曲线向下垂直挤出一段距离，如图 13-163 所示。

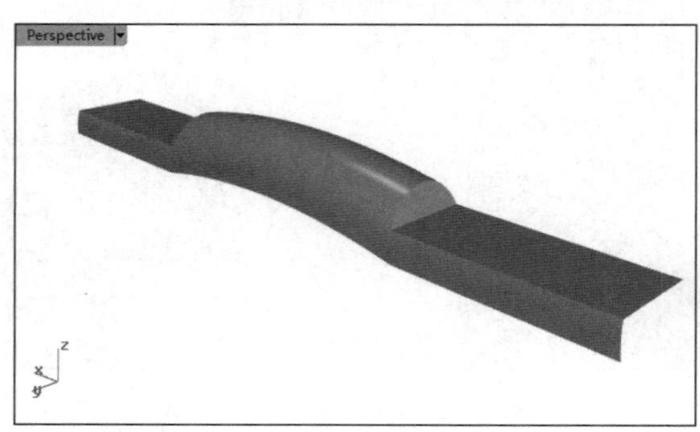

图 13-162 镜像曲面

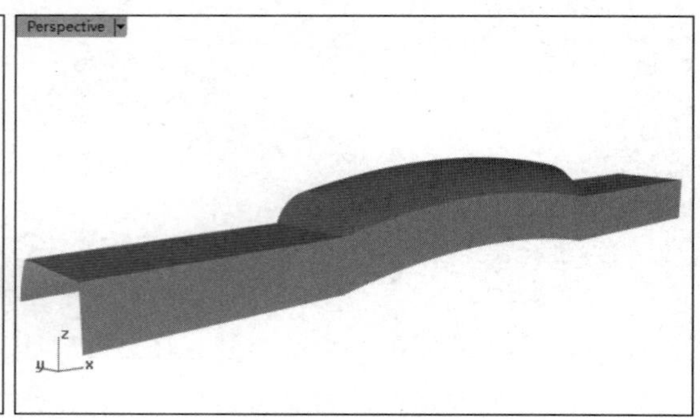

图 13-163 创建挤出曲线

㊼ 执行【曲面】|【挤出曲线】|【直线】命令，使用后面的几条边缘曲线，创建一个挤出曲面，如图 13-164 所示。

㊽ 在 Top 视窗中，执行【曲线】|【自由造型】|【控制点】命令，创建两条圆弧状曲线，如图 13-165 所示。

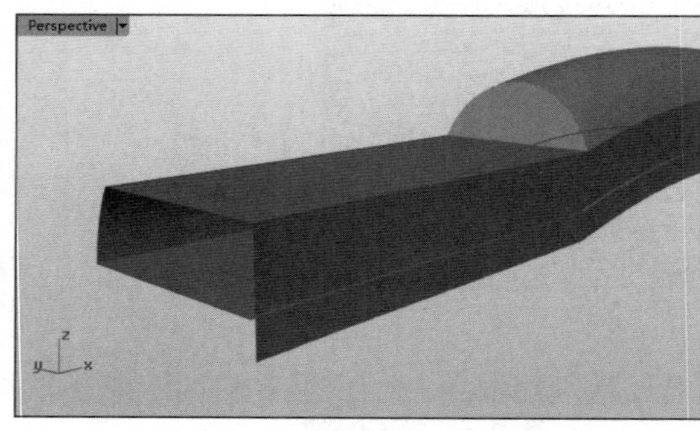

图 13-164 创建挤出曲面

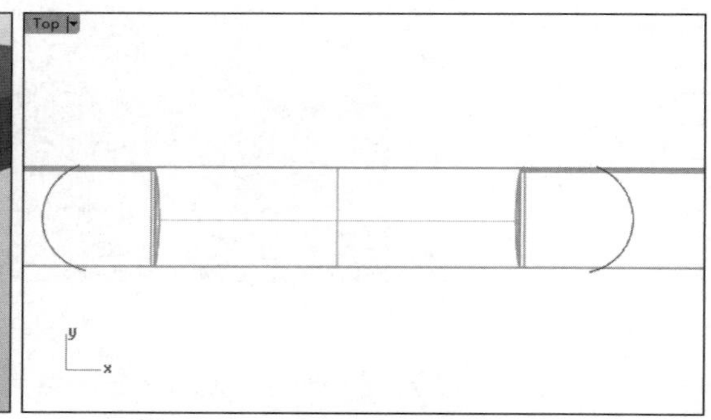

图 13-165 创建圆弧状曲线

㊾ 执行【编辑】|【修剪】命令，在 Top 视窗中，使用新创建的曲线对图 13-166 中的曲面进行剪切，剪切左右两侧多余的部分。

㊿ 执行【曲面】|【双轨扫掠】命令，以上、下两个曲面的边缘作为路径曲线，以前、后两个曲面的边缘作为断面曲线，创建两个挤出曲面，并封闭曲面，如图 13-167 所示。

51 将这几个曲面组合为一个多重曲面，并多次执行布尔差集运算，为曲面添加洞、孔等细节，如图 13-168 所示。

52 显示其他曲面。至此，电吉他模型正面的重要结构曲面创建完成。对于一些较为琐碎的结构，如螺丝钉等小部件的建模都较为简单，可以参考本书附赠资源中附带的模型完善电吉他模型的正面细节，如图 13-169 所示。

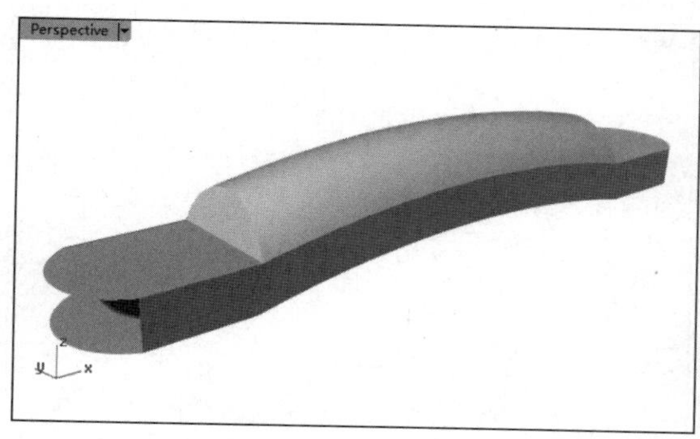

图 13-166　剪切曲面

图 13-167　封闭曲面

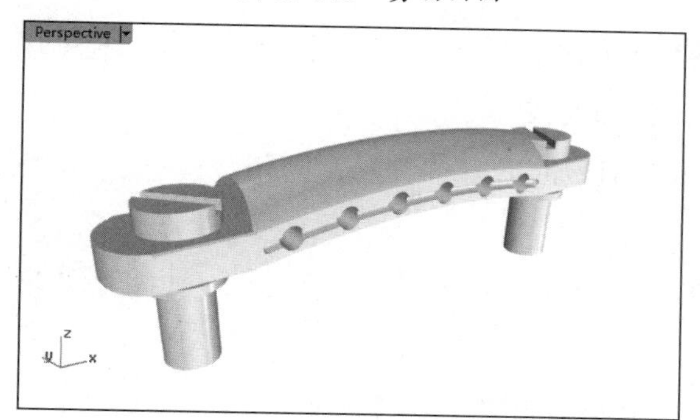

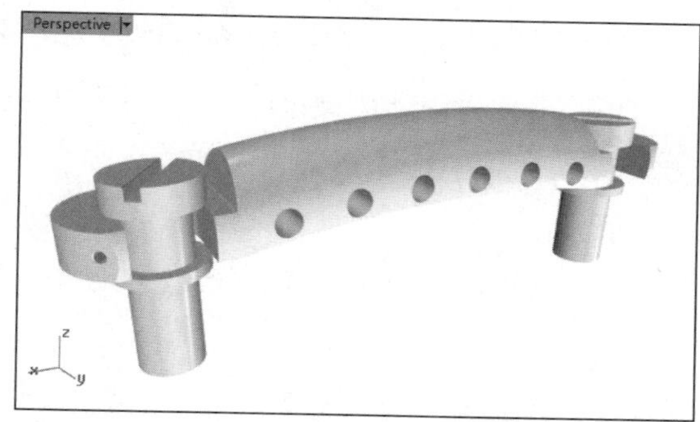

图 13-168　为曲面添加细节

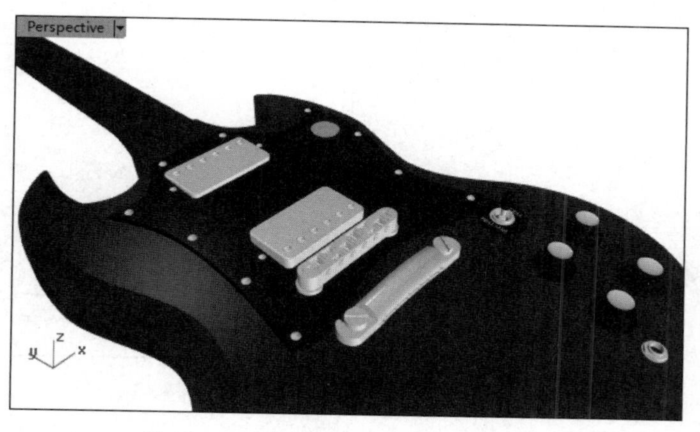

图 13-169　完善电吉他模型的正面细节

13.2.3　创建琴弦的细节

① 执行【实体】|【立方体】|【角对角、高度】命令，在电吉他模型杆曲面的上方创建一个立方体，如图 13-170 所示。

② 在 Top 视窗中，执行【曲线】|【直线】|【单一直线】命令，依据电吉他模型杆曲面的轮廓，创建两条直线，如图 13-171 所示。

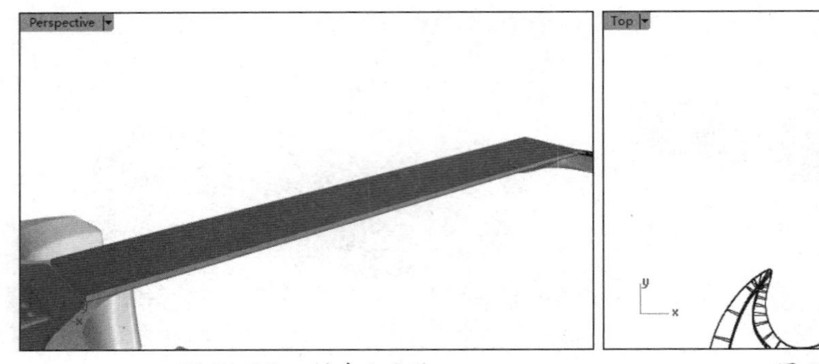

图 13-170　创建立方体　　　　图 13-171　创建直线

③ 执行【编辑】|【修剪】命令，剪切立方体两侧多余的部分，如图 13-172 所示（因为剪切的部分较少，所以可能不太容易看出立方体的变化）。

④ 执行【实体】|【将平面洞加盖】命令，将剪切后的立方体的两侧封闭，如图 13-173 所示。

⑤ 执行【曲线】|【直线】|【线段】命令，在 Top 视窗中创建一组多重直线，如图 13-174 所示。

⑥ 执行【编辑】|【分割】命令，对立方体进行分割，如图 13-175 所示。

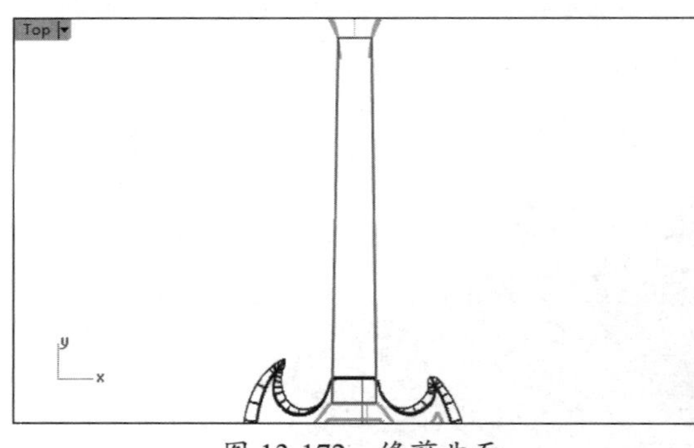

图 13-172　修剪曲面

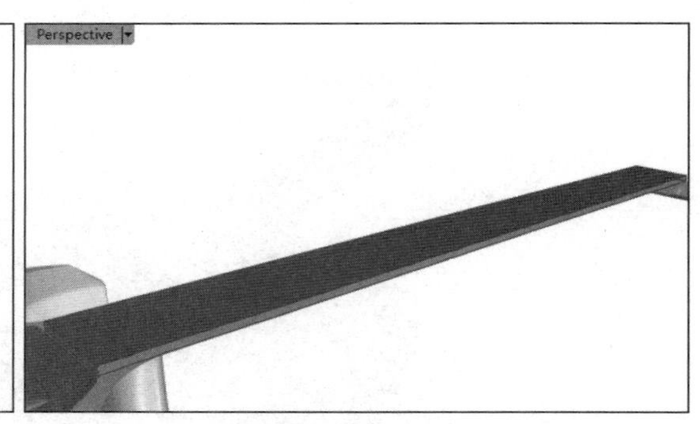

图 13-173　将平面洞加盖

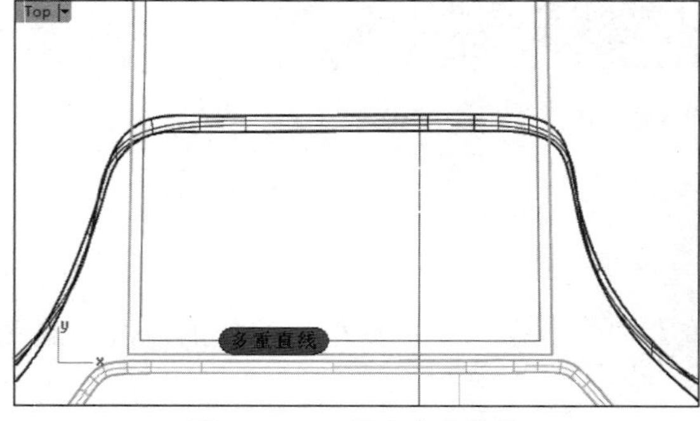

图 13-174　创建多重直线

图 13-175　分割立方体

⑦ 执行【曲面】|【混接曲面】命令，以及【编辑】|【组合】命令等，将分割后的曲面组合为实体，如图 13-176 所示。

⑧ 执行【曲线】|【自由造型】|【控制点】命令，在 Top 视窗中创建一条曲线，如图 13-177 所示。

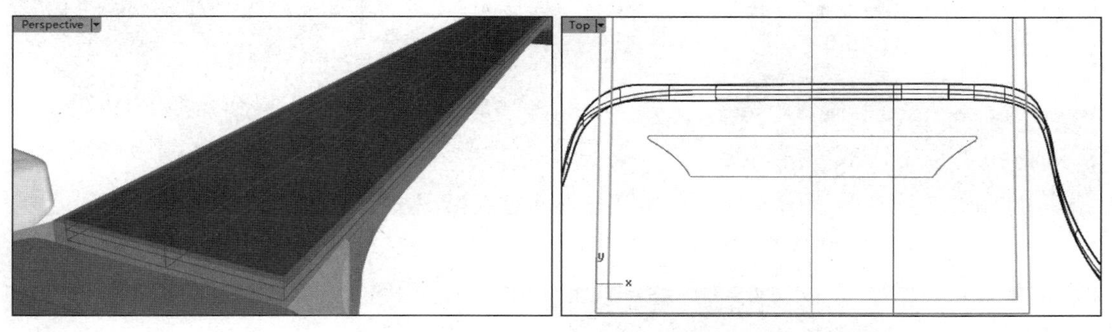

图 13-176　组合曲面为实体　　　图 13-177　创建曲线

⑨ 执行【实体】|【挤出平面曲线】命令，使用新创建的曲线挤出一个实体曲面，并将实体曲面向上移动，如图 13-178 所示。

⑩ 执行【曲线】|【自由造型】|【控制点】命令，在 Right 视窗中创建一条控制点曲线，如图 13-179 所示。

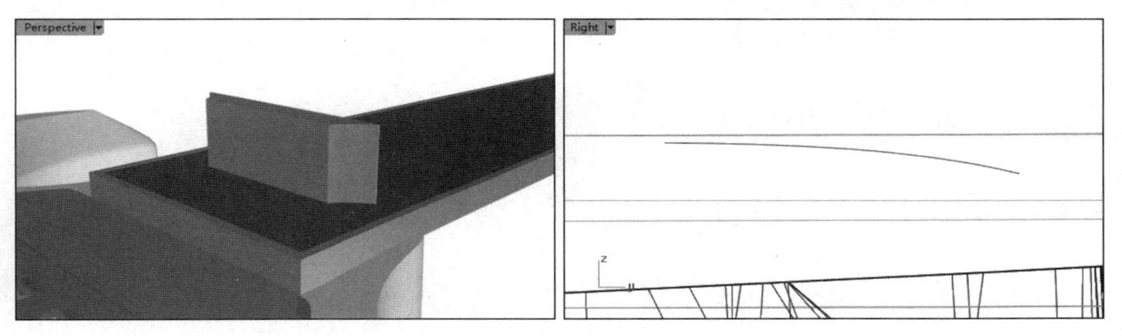

图 13-178　创建并移动实体曲面　　　图 13-179　创建控制点曲线

⑪ 执行【曲面】|【挤出曲线】|【直线】命令，使用新创建的曲线挤出一个曲面，并将这个曲面移动到与前面创建的实体曲面相交的位置。执行【实体】|【差集】命令，使用这个曲面修剪实体曲面的下方，进行布尔差集运算，如图 13-180 所示。

⑫ 复制曲面 A、曲面 B，并执行【实体】|【交集】命令，依次选取如图 13-181 所示的实体曲面 B、实体曲面 A，进行布尔交集运算。

⑬ 执行【实体】|【差集】命令，先选取实体曲面 A 的副本并右击，然后选取实体曲面 B 的副本并右击，完成布尔差集运算，如图 13-182 所示。

⑭ 以类似的方法，在实体曲面 A 上创建多个相同的曲面，如图 13-183 所示。

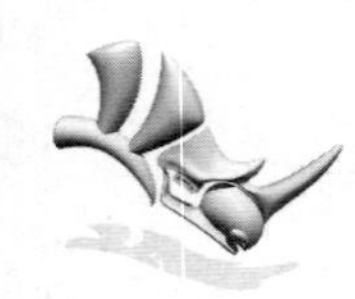

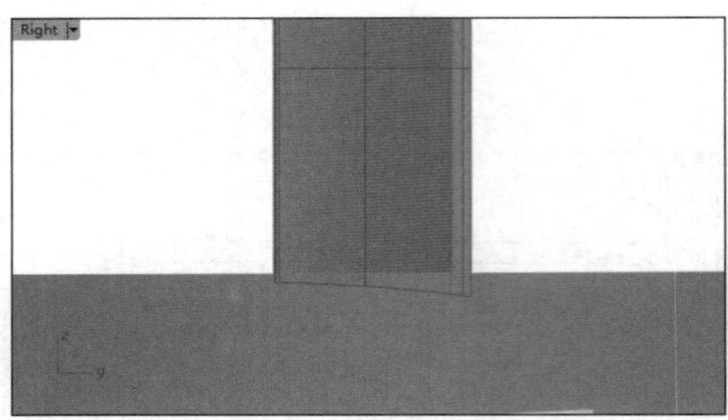

图 13-180　布尔差集运算

图 13-181　布尔交集运算

图 13-182　布尔差集运算

图 13-183　创建多个曲面

13.2.4　创建琴头的细节

① 执行【实体】|【立方体】|【角对角、高度】命令，在位于电吉他模型头部的位置创建一个立方体，如图 13-184 所示。

② 在 Right 视窗中，执行【曲线】|【自由造型】|【控制点】命令，创建一条控制点曲线，如图 13-185 所示。

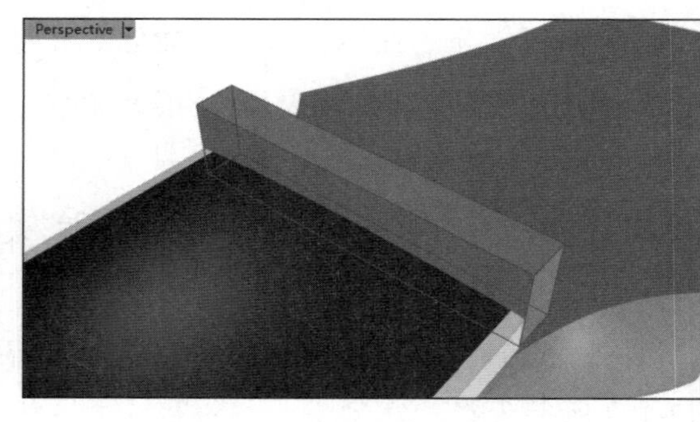

图 13-184　创建立方体

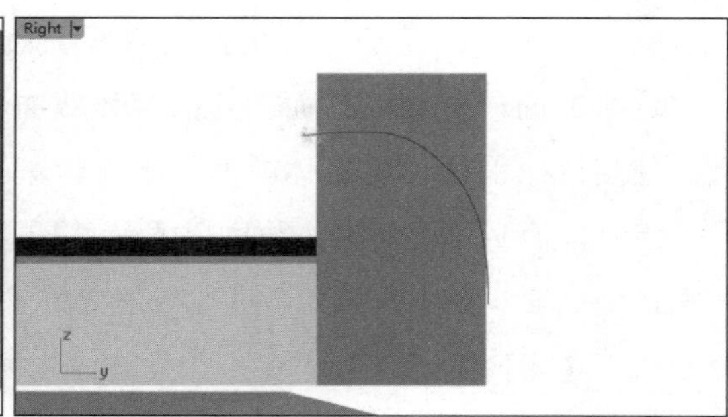

图 13-185　创建控制点曲线

③ 执行【曲面】|【挤出曲线】|【直线】命令，使用新创建的控制点曲线挤出一个曲面，并将这个曲面移动到如图 13-186 所示的位置。

④ 执行【实体】|【差集】命令，先选择立方体并右击，然后选择挤出曲面并右击，完成

布尔差集运算，如图 13-187 所示。

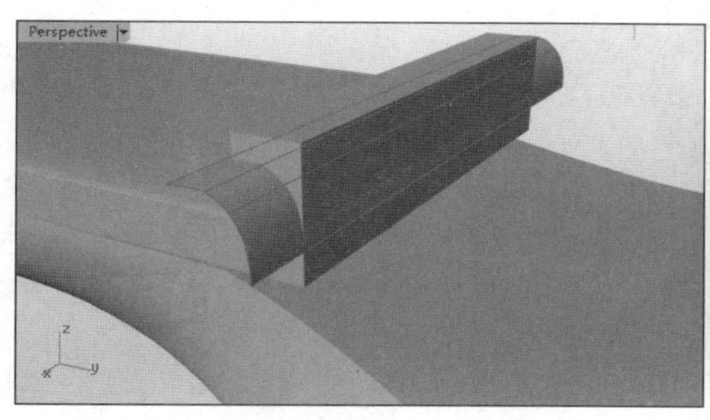

图 13-186 创建挤出曲面

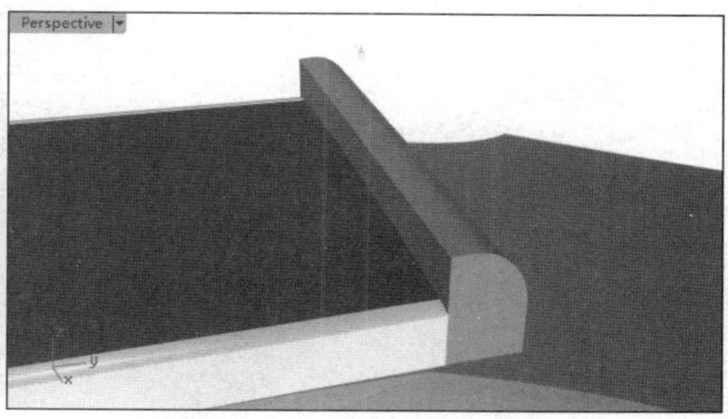

图 13-187 布尔差集运算

⑤ 执行【实体】|【边缘圆角】|【不等距边缘圆角】命令，为棱边创建边缘圆角，如图 13-188 所示。

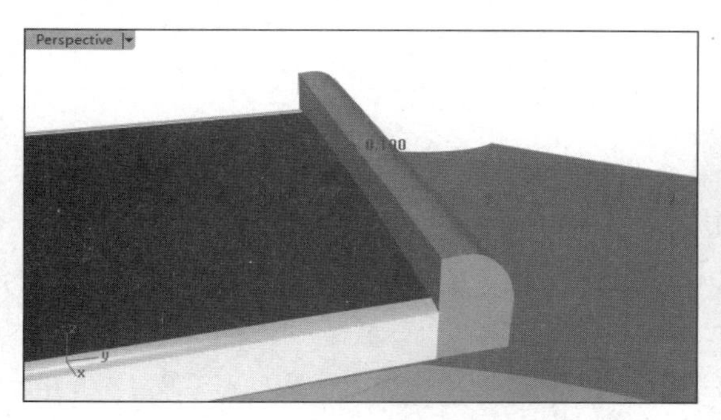

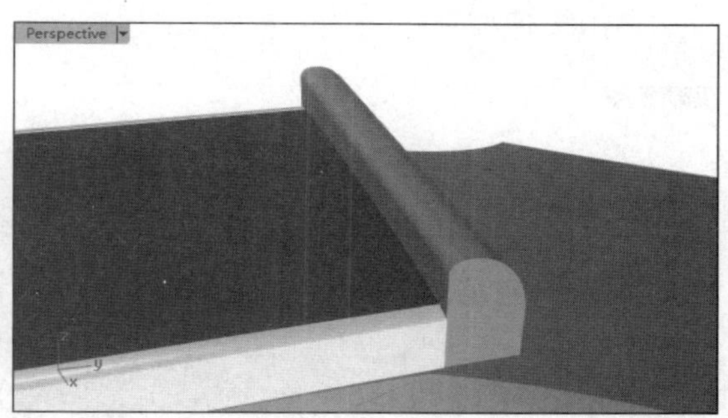

图 13-188 创建边缘圆角

⑥ 执行【实体】|【立方体】|【角对角、高度】命令，创建 6 个大小不等的立方体，如图 13-189 所示。

⑦ 执行【实体】|【差集】命令，先选择实体曲面 A 并右击，然后选择 6 个立方体并右击，完成布尔差集运算，如图 13-190 所示。

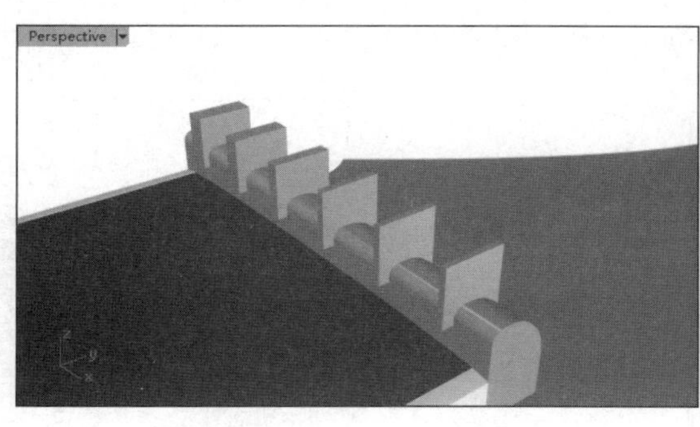

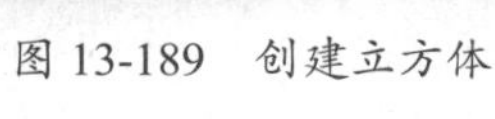

图 13-189 创建立方体

图 13-190 布尔差集运算

⑧ 先在电吉他模型头部添加一个表达厚度的曲面，然后在这个曲面上添加细节，如图 13-191 所示。

⑨ 添加固定电吉他模型弦用的旋钮曲面，并将它多次复制，使它分布在不同的位置，如图 13-192 所示。

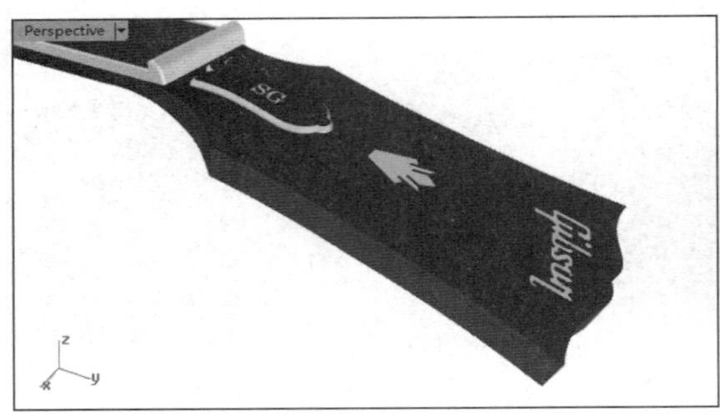

图 13-191 在电吉他模型头部添加细节

图 13-192 添加固定电吉他模型弦用的旋钮曲面

⑩ 参照 Right 视窗，在 Top 视窗中执行【曲线】|【自由造型】|【控制点】命令，创建 6 条电吉他模型弦曲线，如图 13-193 所示。

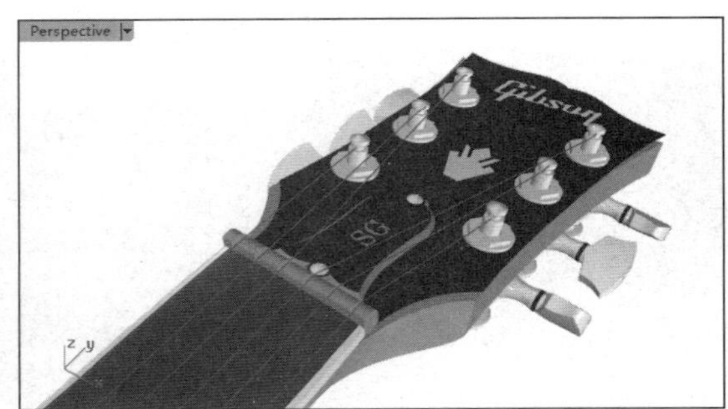

图 13-193 创建电吉他模型弦曲线

⑪ 执行【实体】|【圆管】命令，使用这 6 条电吉他模型弦曲线，创建圆管曲面，如图 13-194 所示。调整圆管半径的大小从而控制电吉他模型弦曲线的粗细。

⑫ 至此，整个电吉他模型创建完成，如图 13-195 所示。在 Perspective 视窗中可以旋转查看电吉他模型，也可以在创建的电吉他模型上添加更多的细节。

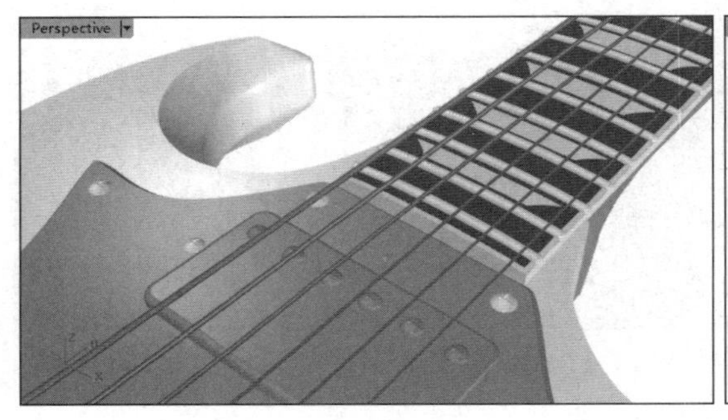

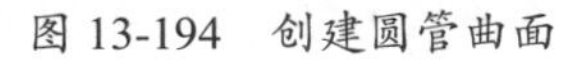
图 13-194 创建圆管曲面

图 13-195 电吉他模型创建完成

13.3　制作恐龙模型

恐龙模型乍看起来较为复杂。由于曲面的变化较为多样，很多时候需要通过调整控制点的位置改变曲面的形状。

整个恐龙模型在建模过程中大致分为下面这几个步骤。

- 创建恐龙主体曲面轮廓线，并依据轮廓线创建断面轮廓线。
- 依据断面轮廓线通过使用放样工具创建恐龙身体曲面，并通过移动控制点调整恐龙身体曲面。
- 创建恐龙头部曲面及头部的细节。
- 创建恐龙四肢曲面及四肢的细节。
- 为整个模型曲面分配图层，模型创建完成。

13.3.1　创建恐龙主体曲面

① 新建 Rhino 8.0 文件。

② 在创建模型之初，需要将模型的俯视图与侧视图分别导入 Top 视窗、Front 视窗，并进行对齐操作，如图 13-196 所示。

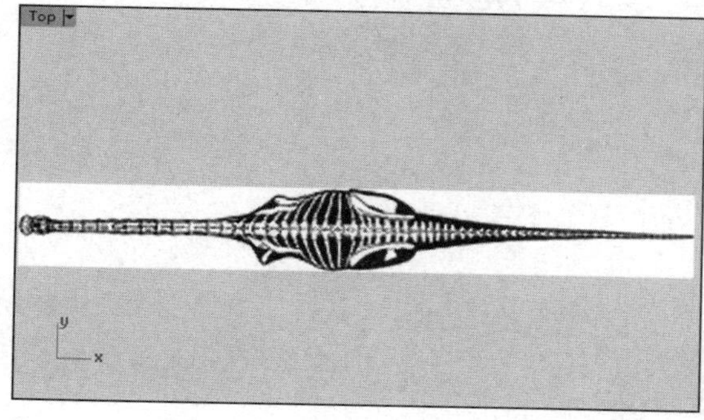

图 13-196　导入背景图片

③ 执行【曲线】|【自由造型】|【控制点】命令，在 Front 视窗中依据背景参考图片创建两条轮廓曲线，如图 13-197 所示。

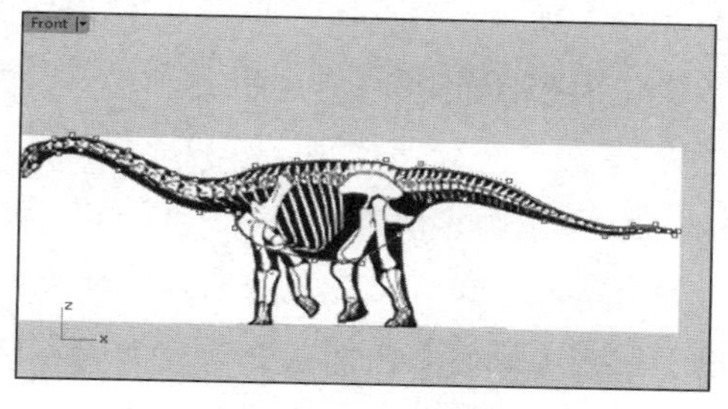

图 13-197　创建轮廓曲线

技术要点：

在创建控制点曲线时，复杂的轮廓曲线很难直接创建完成，一般都是先创建出轮廓曲线的大致轮廓，在曲线变化复杂处多放置几个控制点，平滑处少放置几个，并启用控制点显示，再对它们进行调整，最后创建出符合要求的曲线。

④ 执行【曲线】|【自由造型】|【控制点】命令，在 Top 视窗中创建一条轮廓曲线，如图 13-198 所示。

⑤ 显示新创建曲线的控制点，在 Front 视窗中调整这条轮廓曲线，如图 13-199 所示。

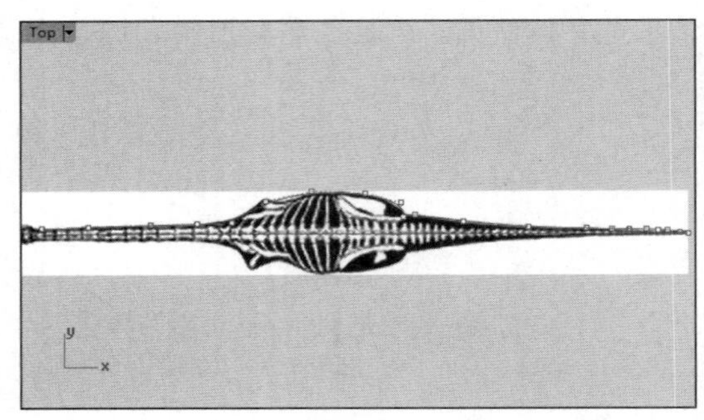

图 13-198 创建轮廓曲线

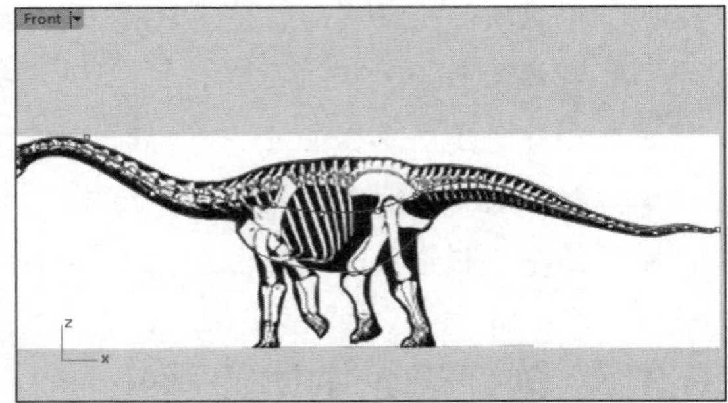

图 13-199 调整轮廓曲线

⑥ 执行【变动】|【镜像】命令，在 Top 视窗中，为轮廓曲线创建一个镜像副本，如图 13-200 所示。

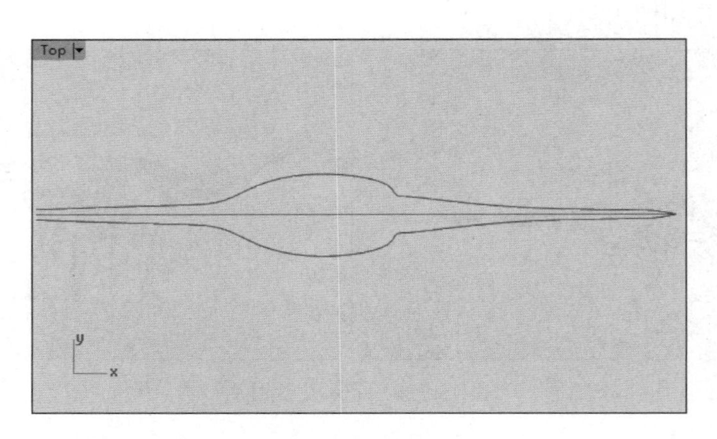

图 13-200 创建镜像副本

⑦ 执行【曲线】|【断面轮廓线】命令，先在 Perspective 视窗中依次选取 4 条曲线并右击，然后在 Front 视窗中创建一组断面轮廓曲线，最后右击完成曲线的创建，如图 13-201 所示。

⑧ 执行【曲面】|【放样】命令，在 Front 视窗中从左至右依次选取新创建的断面轮廓曲线。先选择命令行中的【点】选项，选取右侧的几条曲线的端点并右击，然后在弹出的对话框中调整相关参数，最后单击【确定】按钮，完成曲面的创建（完成后对曲面执行【编辑】|【重建】命令可以调整曲面的 U、V 参数），如图 13-202 所示。

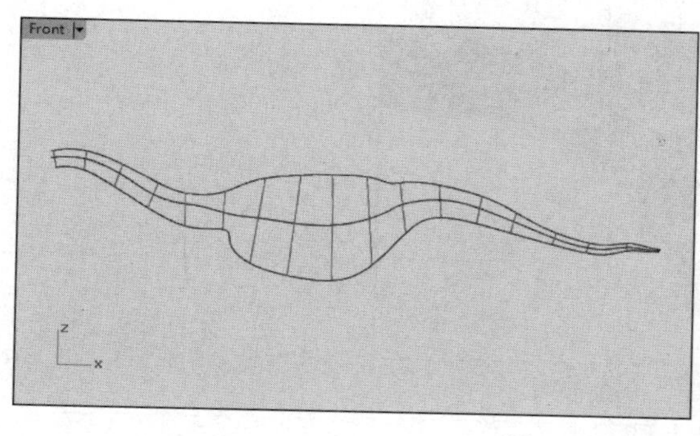

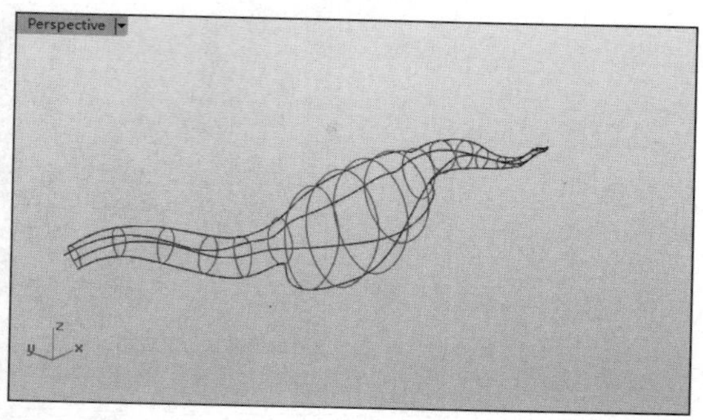

图 13-201　创建断面轮廓曲线

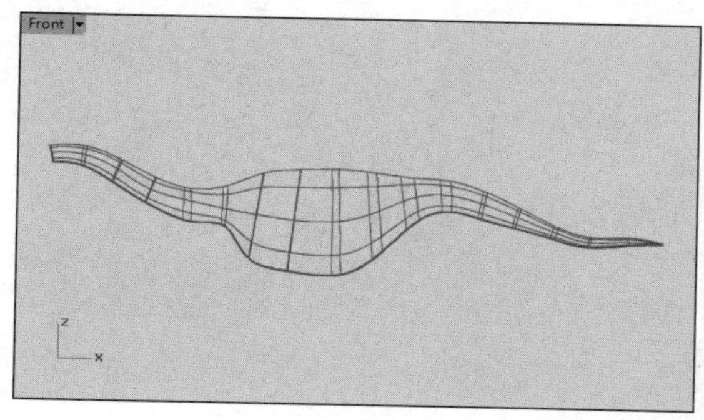

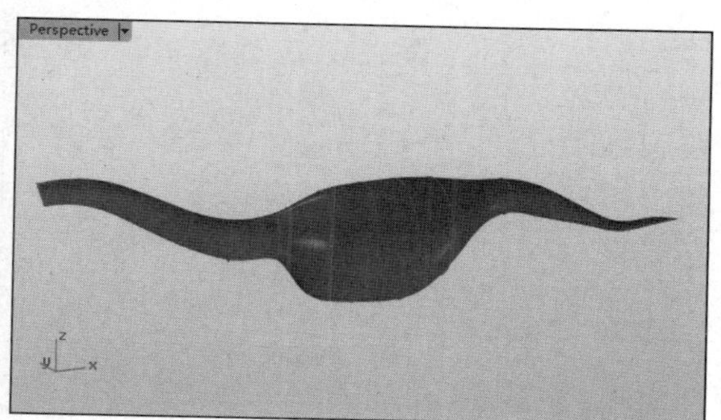

图 13-202　重建曲面

⑨ 显示曲面的控制点，并在 Front 视窗中调整曲面，在调整过程中要注意主体曲面的对称协调性，在 Perspective 视窗中适时地观察曲面发生的变化，如图 13-203 所示。

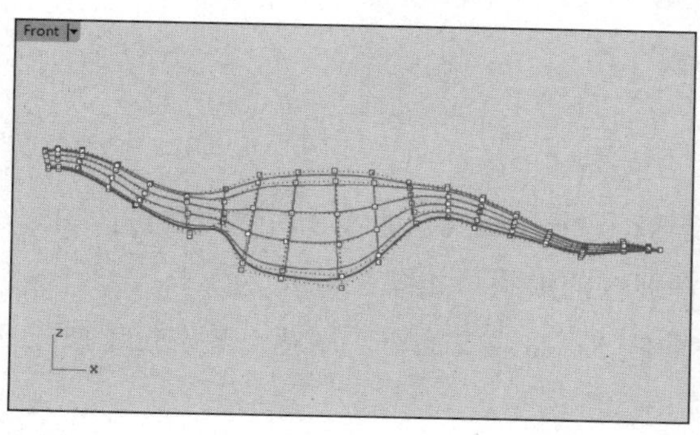

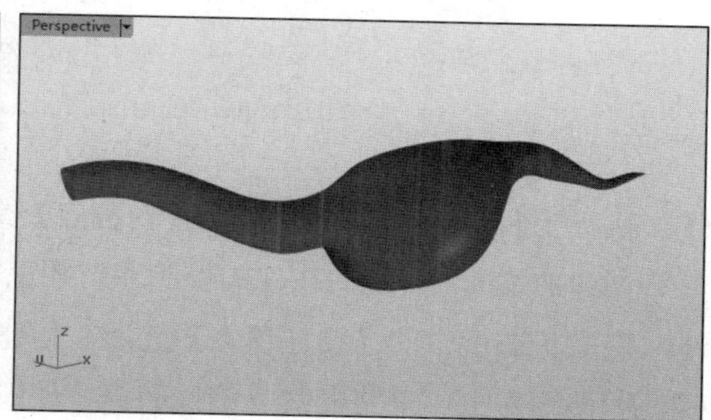

图 13-203　调整曲面

13.3.2　创建恐龙头部曲面

① 执行【曲线】|【自由造型】|【控制点】命令，在 Front 视窗中创建两条恐龙头部的轮廓曲线，如图 13-204 所示。

② 执行【曲线】|【自由造型】|【控制点】命令，以曲线 1 的左侧端点作为起点创建一条曲线，并以曲线 2 的左侧端点作为终点。在各个工作视窗中调整曲线的控制点，如图 13-205 所示。

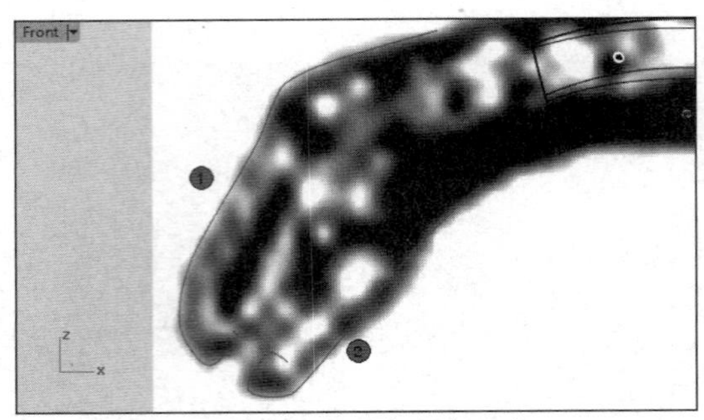

图 13-204　创建轮廓曲线

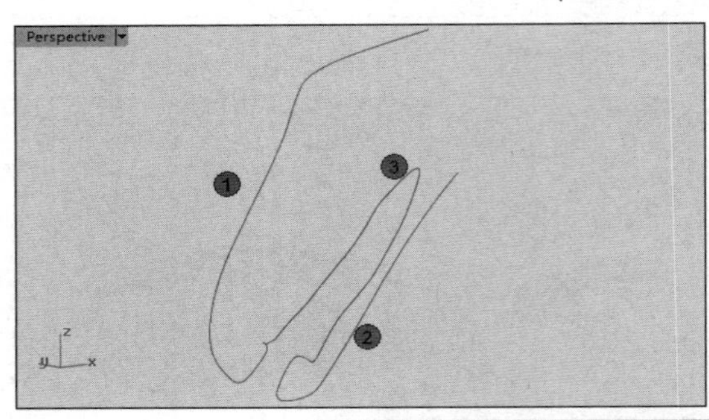

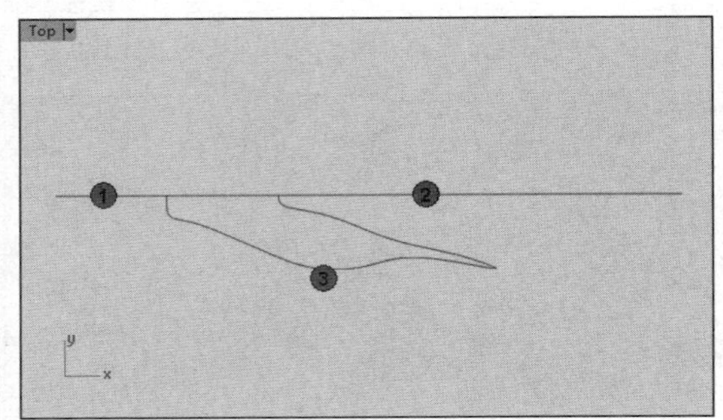

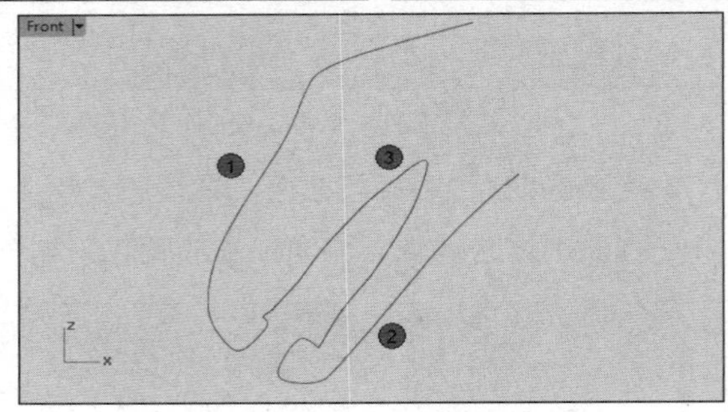

图 13-205　调整曲线的控制点

③ 执行【曲线】|【自由造型】|【内插点】命令，连接曲线 1、曲线 2 右侧的端点，右击，创建曲线 4。启用曲线 4 的控制点，调整曲线 4 的形状，如图 13-206 所示。

④ 启用状态栏中的【物件锁点】选项，创建曲线 5。曲线 5 的首、尾两点分别位于曲线 3 和曲线 4 上，调整曲线 5 的控制点，如图 13-207 所示。

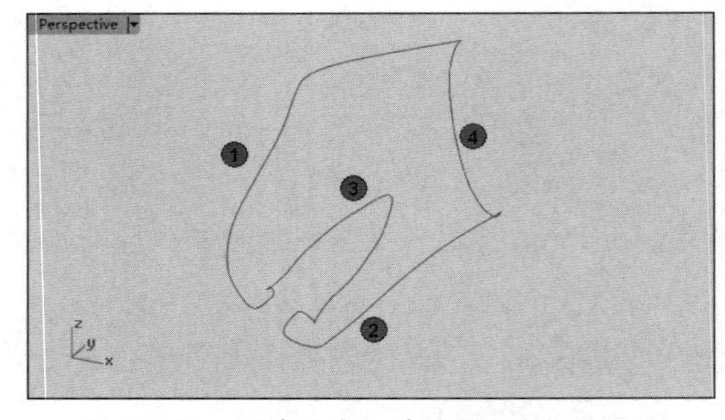

图 13-206　创建曲线 4 并调整曲线 4 的形状

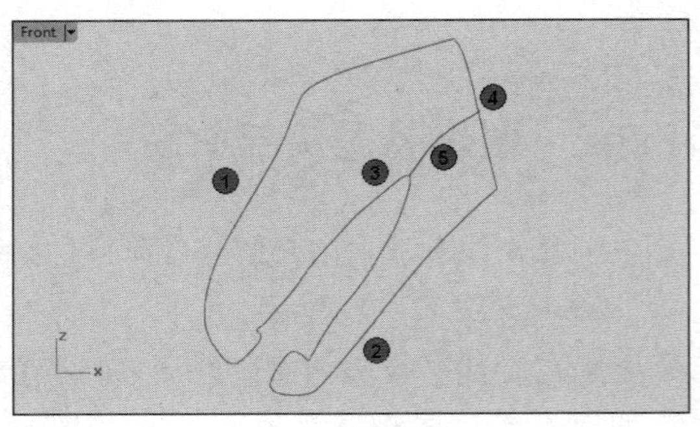

图 13-207　调整曲线 5 的控制点

⑤ 执行【编辑】|【分割】命令，使用曲线 5 对曲线 3、曲线 4 进行分割，将曲线 3、曲线 4 分割为几条曲线，如图 13-208 所示。

⑥ 执行【曲面】|【边缘曲线】命令，依次选取曲线 2、曲线 7、曲线 5、曲线 9，右击，创建恐龙头部下部分的曲面，如图 13-209 所示。

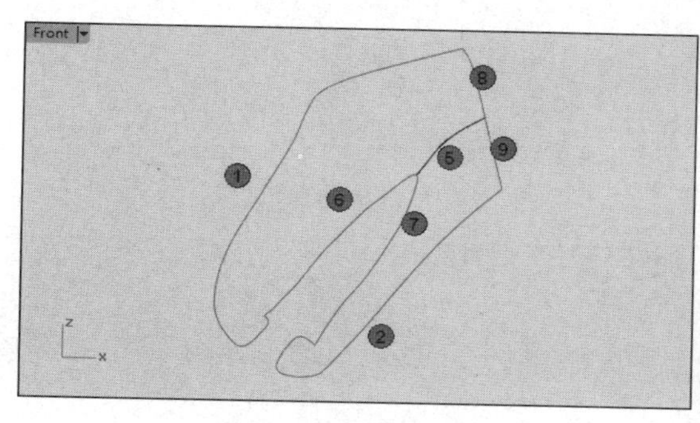

图 13-208　分割曲线

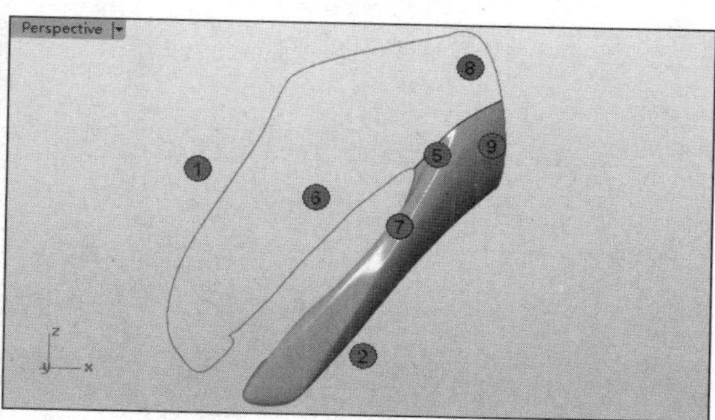

图 13-209　创建恐龙头部下部分的曲面

⑦ 右击，重复执行上一步骤的命令，依次选取曲线 1、曲线 6、曲线 5、曲线 8，右击，创建恐龙头部上部分的曲面，如图 13-210 所示。

⑧ 启用上部分的曲面的控制点，并通过调整控制点的位置为曲面添加凹陷、凸出等特征。这部分操作较为烦琐，自主性较强。在调整控制点的位置的过程中，应通过观察 Perspective 视窗中的曲面发生的变化对控制点的位置进行调整，如图 13-211 所示。

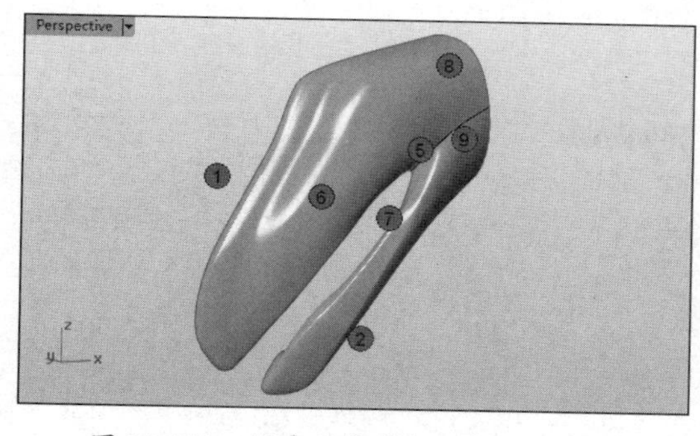

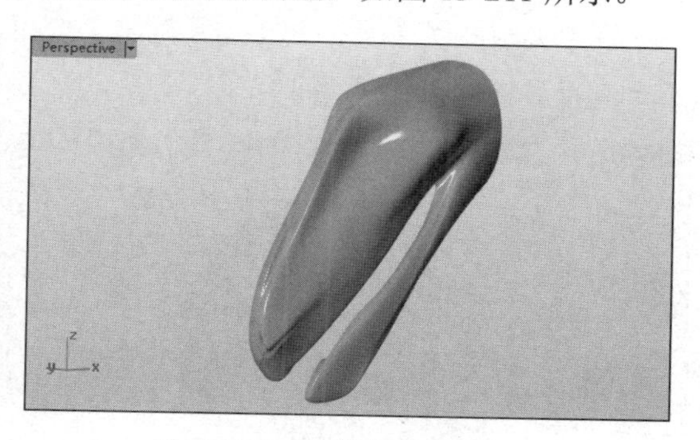

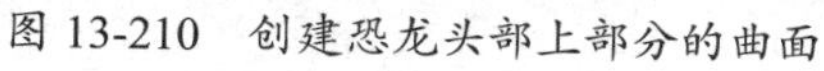

图 13-210　创建恐龙头部上部分的曲面

图 13-211　调整控制点的位置

⑨ 执行【变动】|【镜像】命令，选取恐龙头部的两个曲面，创建曲面的镜像副本，完成整个恐龙头部的创建，如图 13-212 所示。

⑩ 执行【实体】|【球体】|【中心点、半径】命令，创建一个球体，并移动球体的位置，将球体作为恐龙的眼球曲面，如图 13-213 所示。

⑪ 选取球体，隐藏其余的曲面。首先执行【曲线】|【自由造型】|【控制点】命令，在 Front 视窗中创建几条曲线，作为眼睑曲面的轮廓曲线，然后显示这些曲线的控制点，在 Right 视窗中调整曲线的形状，如图 13-214 所示。

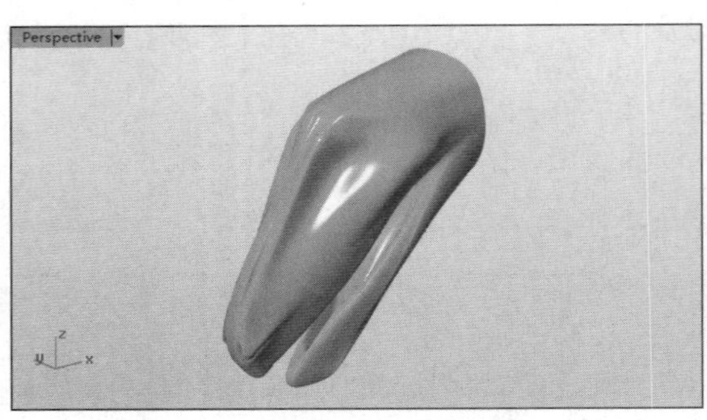

图 13-212　创建镜像副本

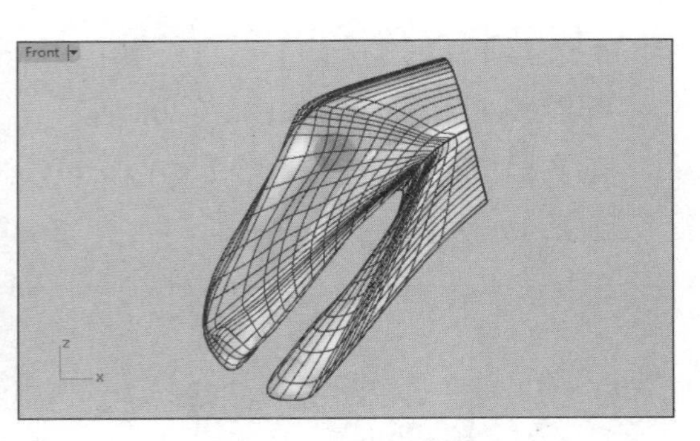

图 13-213　创建球体

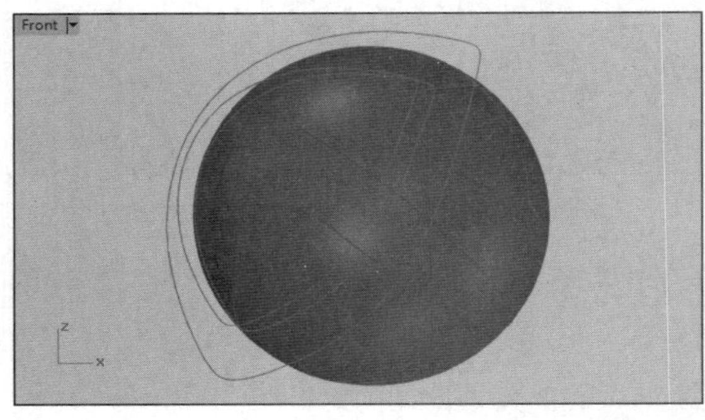

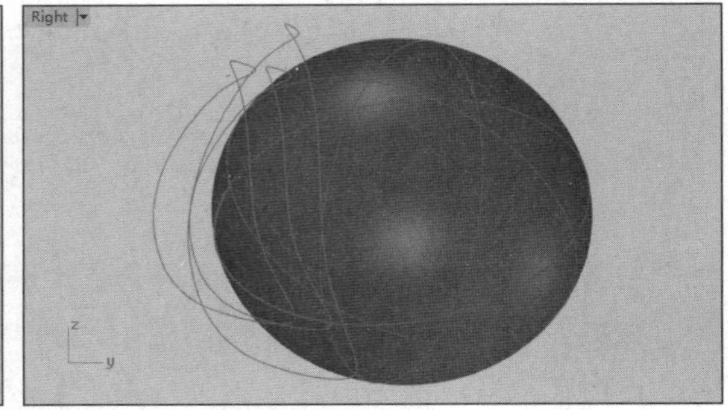

图 13-214　创建曲线并调整曲线的形状

⑫ 执行【曲面】|【放样】命令，依次选取曲线 1、曲线 2、曲线 3，右击。在弹出的对话框中调整相关参数，并单击【确定】按钮，完成放样曲面的创建。在 Perspective 视窗中查看放样曲面，如图 13-215 所示。

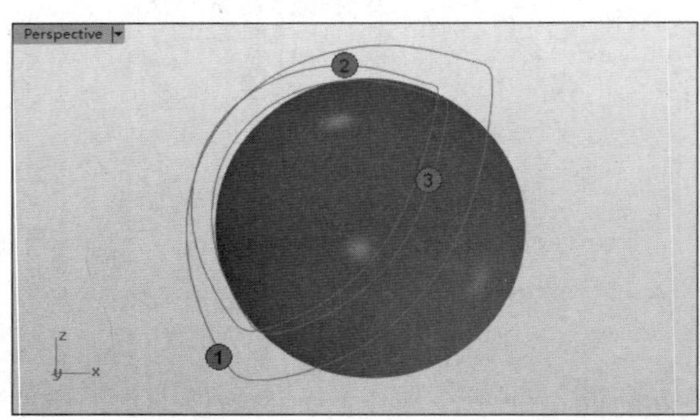

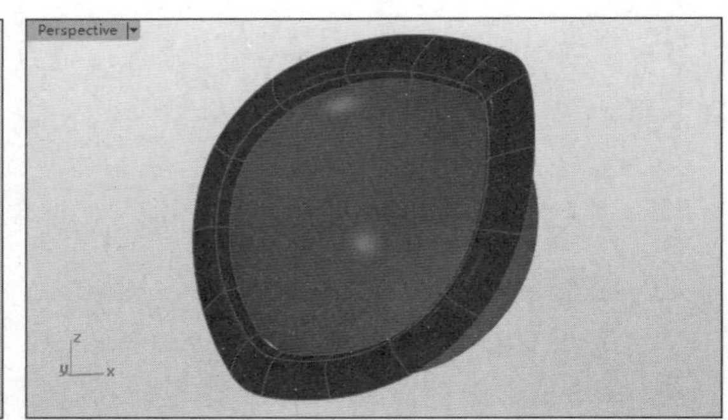

图 13-215　创建并查看放样曲面

⑬ 显示头部曲面，执行【曲线】|【自由造型】|【控制点】命令，在 Front 视窗中创建一条曲线，如图 13-216 所示。

⑭ 执行【编辑】|【修剪】命令，使用新创建的曲线 1 剪切曲线内的恐龙头部曲面，如图 13-217 所示。

⑮ 执行【曲面】|【混接曲面】命令，在 Perspective 视窗中选取剪切曲面的边缘，以及眼睑曲面的边缘，右击。在弹出的对话框中设置相关参数，单击【确定】按钮，完成混接曲面的创建，如图 13-218 所示。

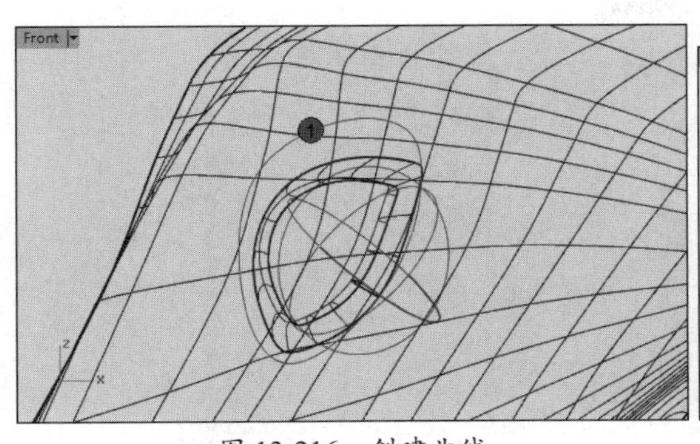

图 13-216　创建曲线

图 13-217　修剪曲面

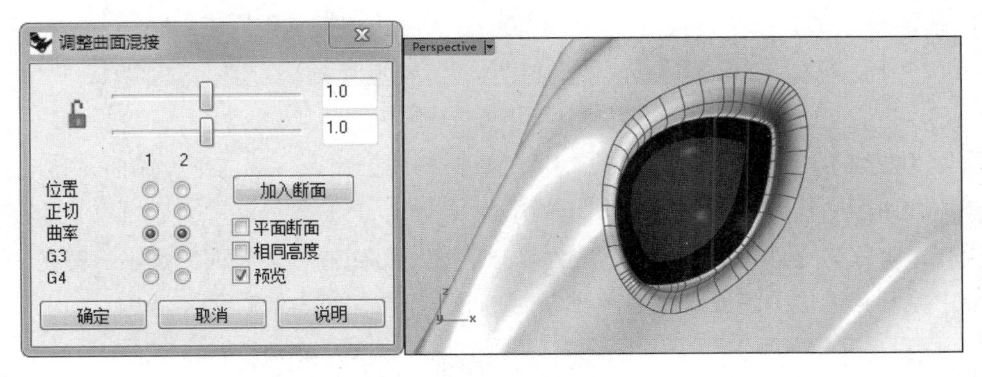

图 13-218　创建混接曲面

⑯ 对另一侧的恐龙头部曲面进行相同的处理（也可以删除原有的那一侧曲面，将添加完眼部细节的曲面镜像复制以创建另一侧曲面），整个恐龙头部曲面的最终效果如图 13-219 所示。

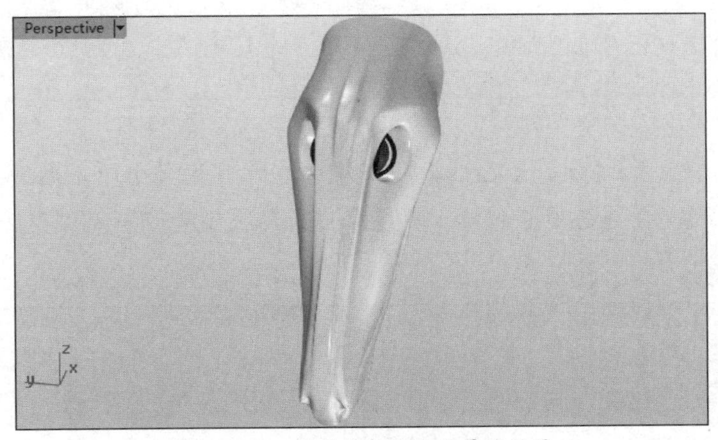

图 13-219　恐龙头部曲面的最终效果

⑰ 执行【曲面】|【曲面编辑工具】|【衔接】命令，依次选取两个曲面的相接边缘，右击。在弹出的对话框中调整曲面之间的【连续性】为【曲率】，单击【确定】按钮，完成曲面之间的衔接，如图 13-220 所示。

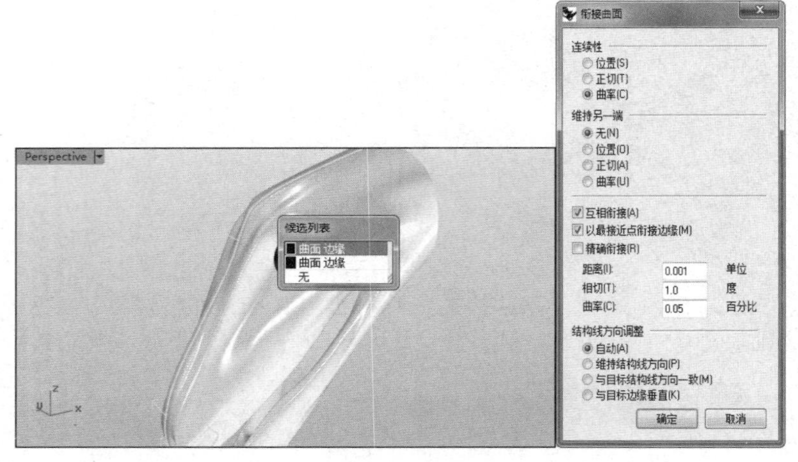

图 13-220 衔接曲面

⑱ 执行【曲线】|【从物件建立曲线】|【抽离结构线】命令，选取下颚曲面，移动光标，在下颚曲面上选取如图 13-221 所示的结构线。

⑲ 执行【实体】|【圆锥体】命令，先在 Top 视窗中确定圆锥体底面的大小，再在 Front 视窗中控制圆锥体的高度，最后单独显示圆锥体，如图 13-222 所示。

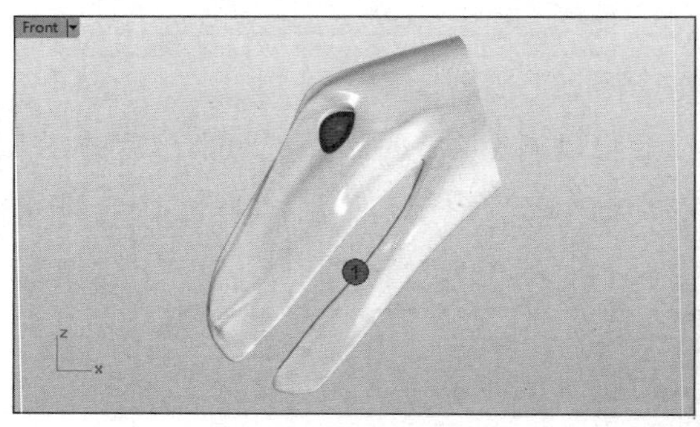

图 13-221 抽离结构线

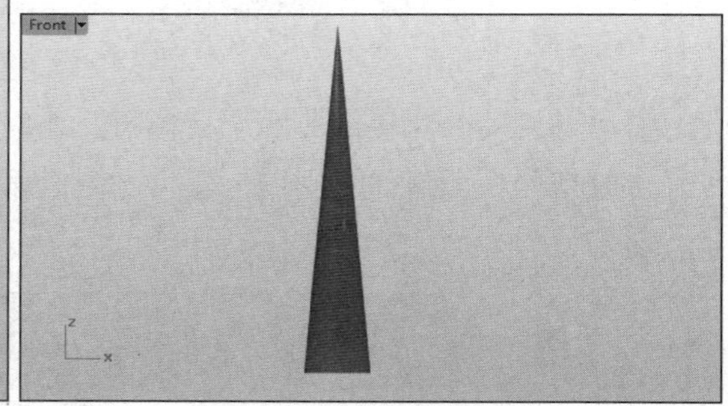

图 13-222 创建圆锥体

⑳ 首先执行【编辑】|【炸开】命令，将圆锥曲面炸开为几个单一曲面，然后执行【编辑】|【重建】命令，重建圆锥曲面，使圆锥曲面有更多的控制点可供编辑，如图 13-223 所示。

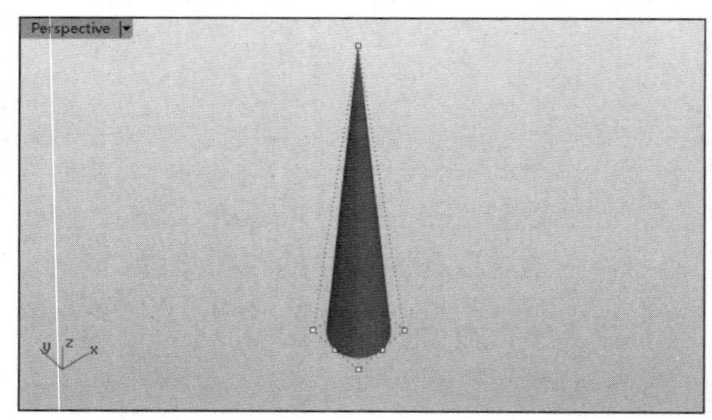

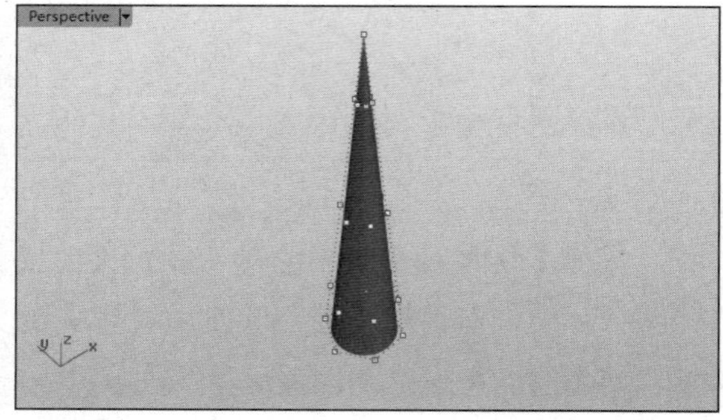

图 13-223 重建圆锥曲面

㉑ 调整圆锥曲面的控制点，将其修改为恐龙牙齿的形状，并将整个圆锥曲面重新组合为一个实体，如图 13-224 所示。

㉒ 显示头部曲面。执行【变动】|【移动】命令，将整个圆锥曲面移动到抽离的结构线上（如果大小不合适则可以对其进行三轴缩放），如图 13-225 所示。

图 13-224　调整圆锥曲面的控制点

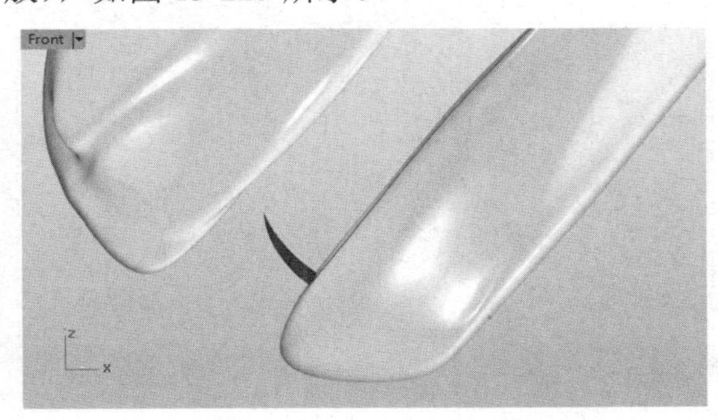

图 13-225　移动圆锥曲面

㉓ 执行【变动】|【阵列】|【沿着曲线】命令，将圆锥曲面沿着抽离的结构线创建阵列，如图 13-226 所示。

㉔ 执行【变动】|【镜像】命令，选取全部牙齿曲面，在 Top 视窗中将牙齿曲面以头部中轴线为镜像轴创建镜像副本，如图 13-227 所示。

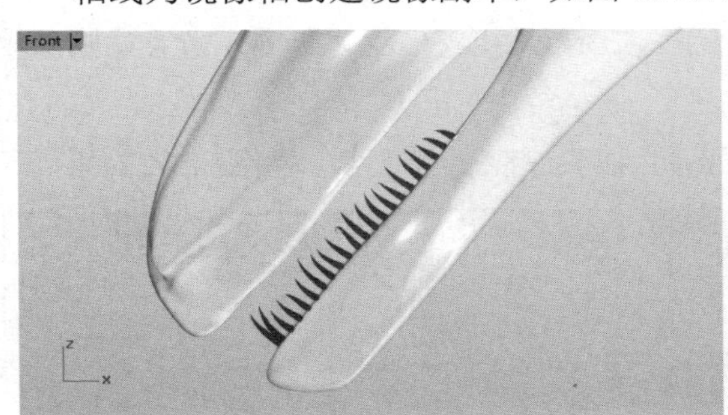

图 13-226　创建阵列

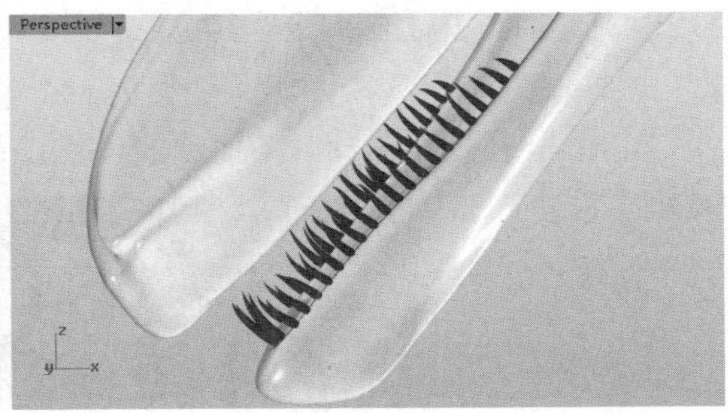

图 13-227　创建镜像副本

㉕ 以同样的方法，为恐龙头部添加上部分的牙齿曲面。为了构造出牙齿的多样性，可以对一些牙齿的控制点进行移动，完成恐龙牙齿曲面的创建，如图 13-228 所示。

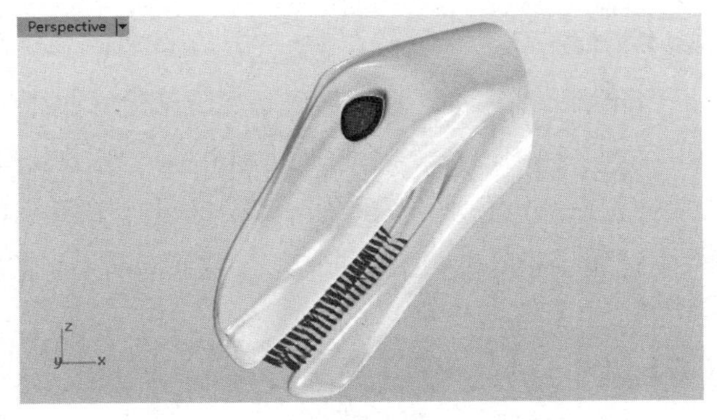

图 13-228　恐龙牙齿曲面创建完成

㉖ 显示恐龙主体曲面，执行【曲面】|【混接曲面】命令，选取两条边缘曲线，右击。在弹出的对话框中调整混接的参数，单击【确定】按钮，完成头部曲面与主体曲面的混接。至此，恐龙头部曲面创建完成，如图 13-229 所示。

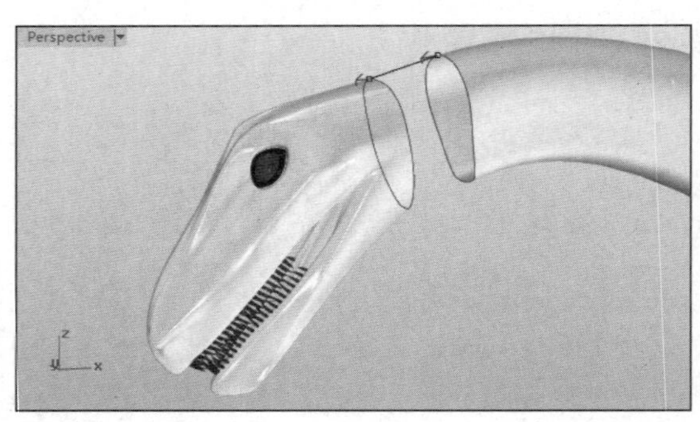

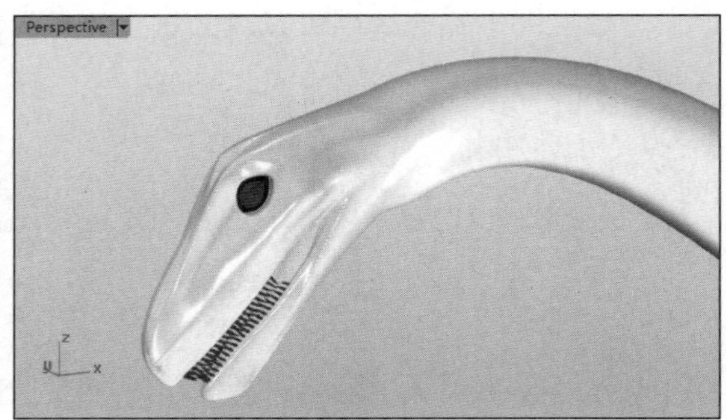

图 13-229　恐龙头部曲面创建完成

13.3.3　创建恐龙腿部曲面

由于恐龙腿部曲面有着相同的建模思路及建模方法，因此这里以一条腿部曲面建模为主要讲解对象，其他腿部曲面可参照完成。

① 执行【曲线】|【自由造型】|【控制点】命令，在 Front 视窗中创建其中一条恐龙腿部轮廓曲线，如图 13-230 所示。

② 在 Right 视窗中移动几条曲线的位置，显示并调整它们的控制点，如图 13-231 所示。

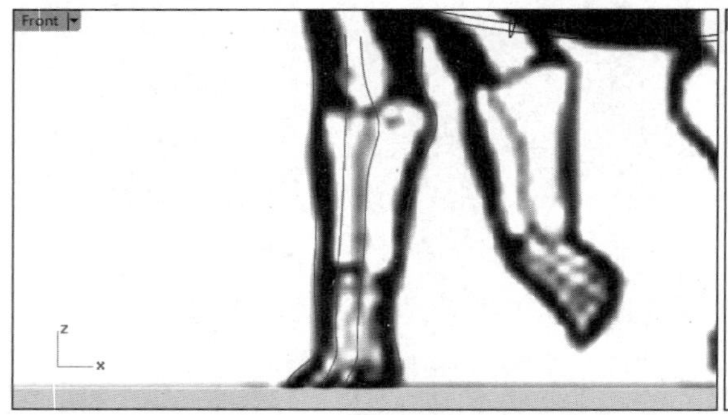

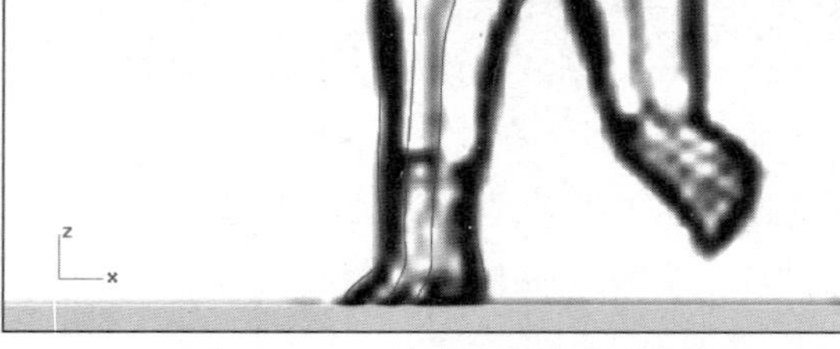

图 13-230　创建腿部轮廓曲线　　图 13-231　显示并调整控制点

③ 执行【曲线】|【断面轮廓线】命令，依次选取恐龙腿部轮廓曲线 1、曲线 2、曲线 3、曲线 4，右击，在 Front 视窗中创建几条断面轮廓曲线，如图 13-232 所示。

④ 执行【曲面】|【放样】命令，依次选取断面曲线，右击。在弹出的对话框中设置相关参数，单击【确定】按钮，完成恐龙腿部曲面的创建。之后，启用曲面的控制点，对恐龙腿部曲面进行微调，如图 13-233 所示。

⑤ 执行【曲线】|【圆】|【中心点、半径】命令，选择命令行中的【可塑形的】选项，先在 Front 视窗中创建一条圆形曲线，然后显示它的控制点并移动，如图 13-234 所示。

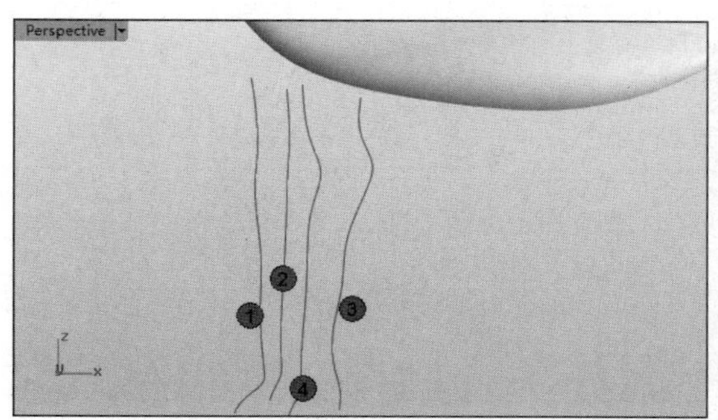

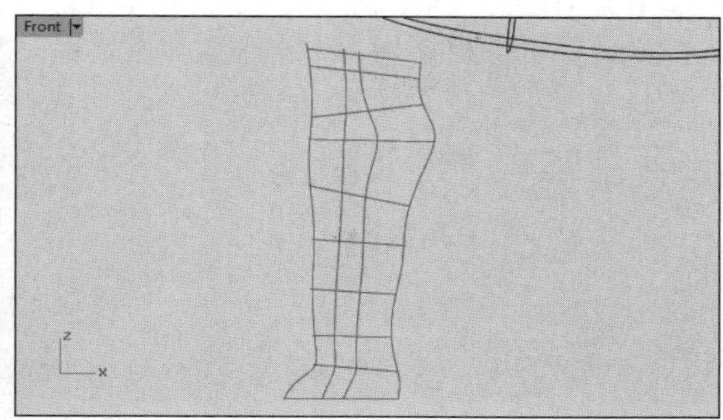

图 13-232　创建断面轮廓曲线

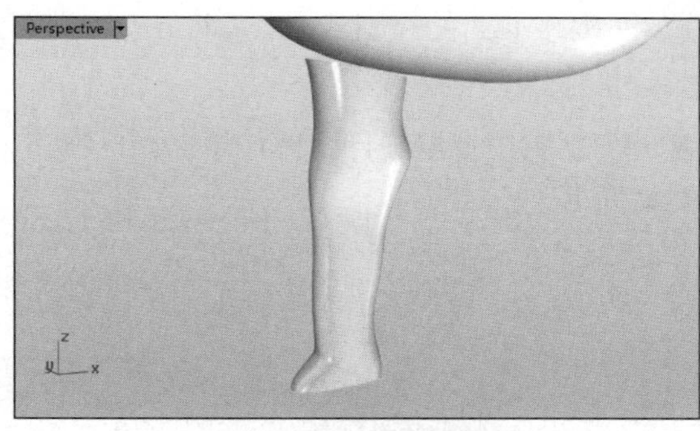

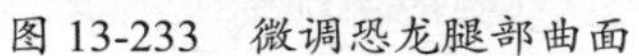

图 13-233　微调恐龙腿部曲面

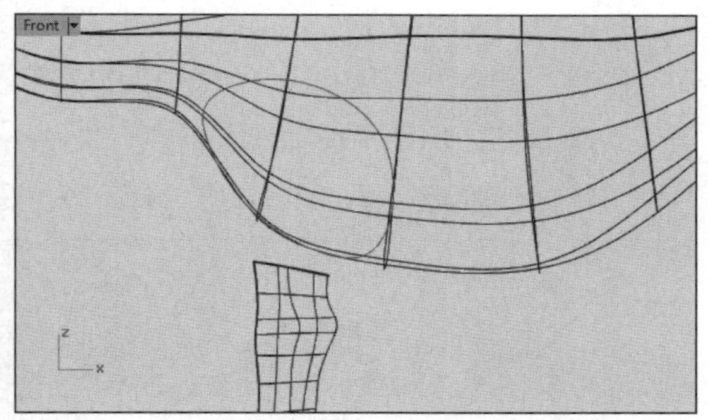

图 13-234　创建可塑形的圆形曲线

⑥ 执行【编辑】|【修剪】命令，在 Front 视窗中，使用新创建的曲线对恐龙主体曲面进行剪切，剪切曲线包围的那部分曲面，如图 13-235 所示。

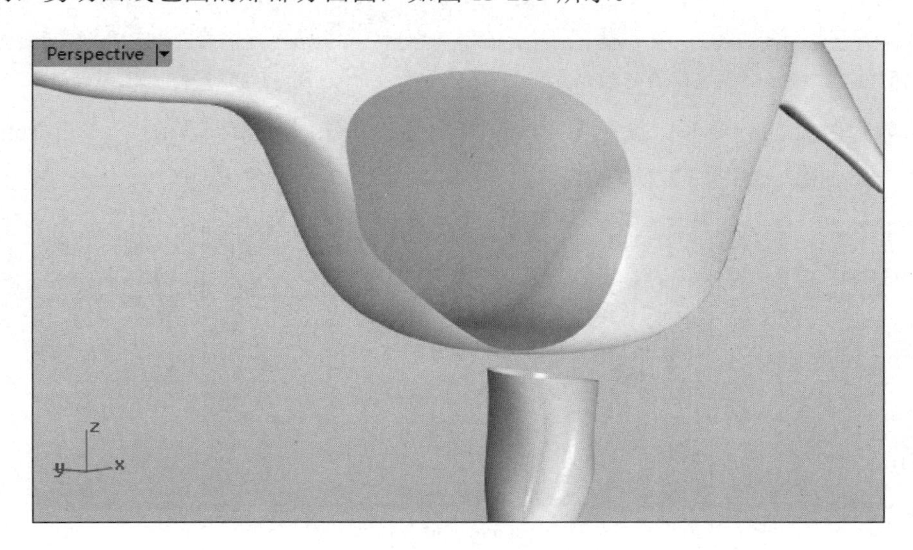

图 13-235　修剪曲面

⑦ 执行【曲面】|【混接曲面】命令，选取两条边缘曲线，右击。在弹出的对话框中调整两条边缘曲线的混接参数并右击，混接曲面创建完成，如图 13-236 所示。

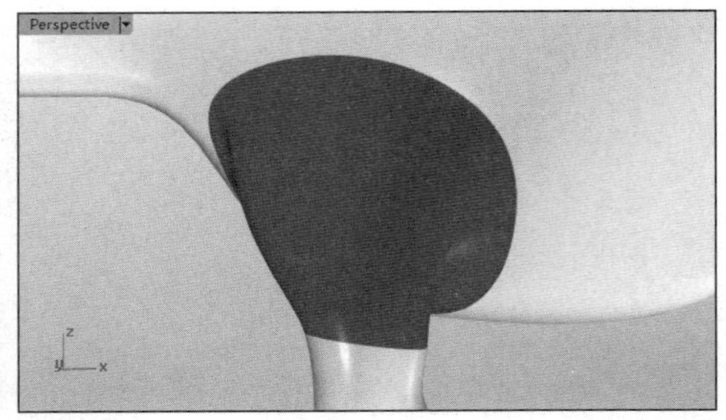

图 13-236 创建混接曲面

⑧ 为了使腿部连接曲面显得更为丰富，应首先显示混接曲面的控制点，然后将控制点进行移动，使模型更为生动，如图 13-237 所示。

⑨ 执行【曲面】|【平面曲线】命令，在 Perspective 视窗中选取腿部下方边缘曲线，右击，创建一个曲面对腿部曲面进行封闭，如图 13-238 所示。

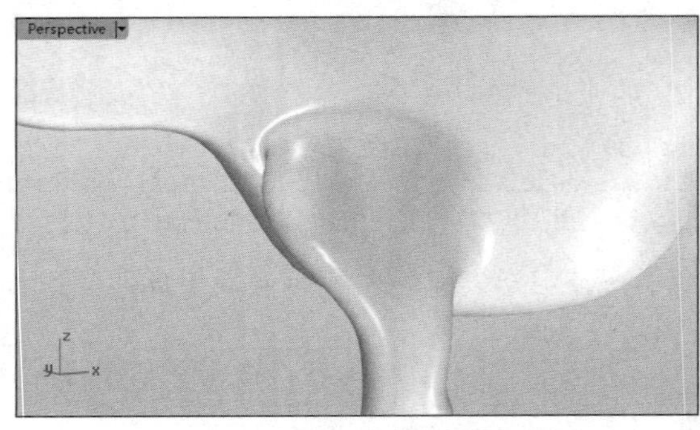

图 13-237 移动混接曲面的控制点

图 13-238 封闭腿部曲面

⑩ 下面创建脚趾部分曲面。执行【曲线】|【自由造型】|【控制点】命令，在 Front 视窗中创建一条曲线，如图 13-239 所示。

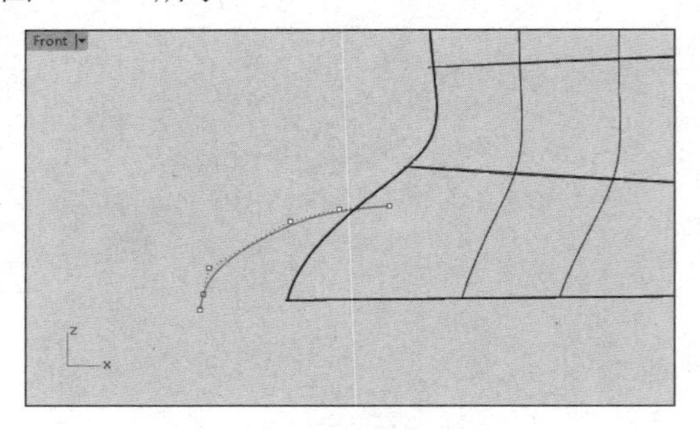

图 13-239 创建曲线

⑪ 在 Top 视窗中移动刚刚创建的曲线，并执行【曲线】|【自由造型】|【控制点】命令，以曲线 1 的端点为起点创建曲线 2，如图 13-240 所示。

⑫ 执行【变动】|【镜像】命令，在 Top 视窗中以曲线 1 为镜像轴为曲线 2 创建镜像副本曲线 3，如图 13-241 所示。

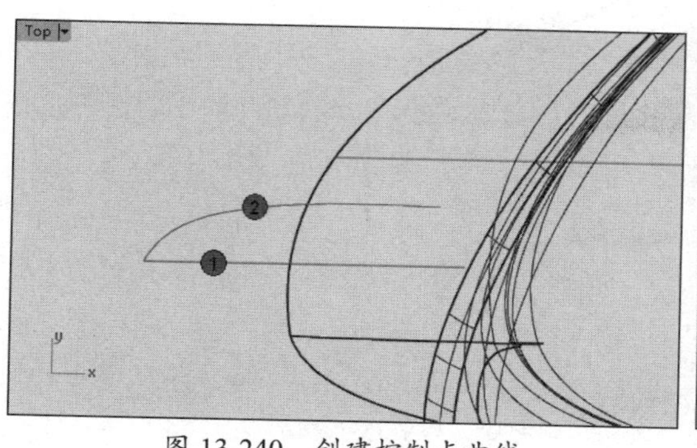

图 13-240　创建控制点曲线

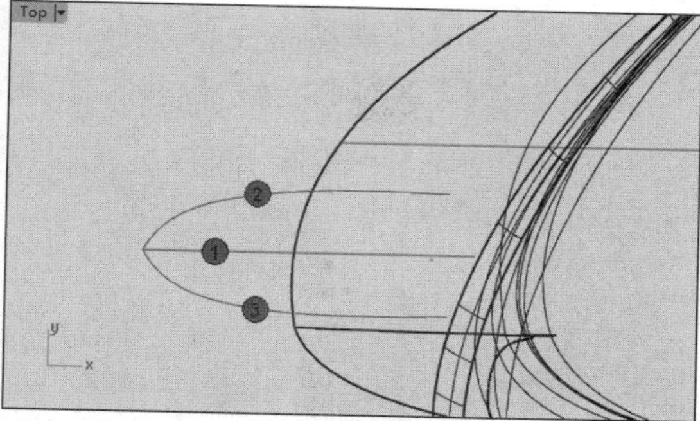

图 13-241　创建镜像副本

⑬　执行【曲线】|【放样】命令，依次选取曲线 2、曲线 1、曲线 3，右击。在弹出的对话框中调整相关参数并右击，如图 13-242 所示。

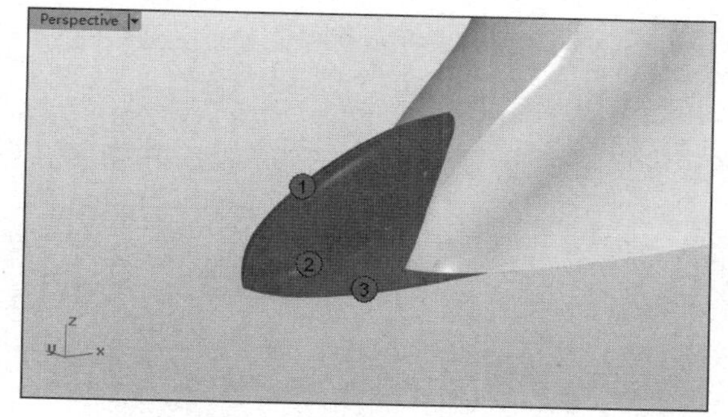

图 13-242　创建放样曲面

⑭　执行【编辑】|【重建】命令，选取新创建的放样曲面，右击。在弹出的对话框中设置重建的 U、V 参数，单击【确定】按钮，完成曲面的重建，如图 13-243 所示。

⑮　显示曲面的控制点，并在 Front 视窗中调整控制点的位置，在 Perspective 视窗中观察曲面的变化，如图 13-244 所示。

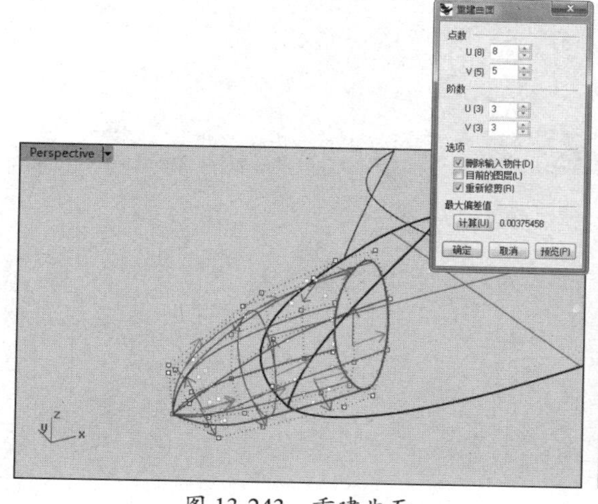

图 13-243　重建曲面

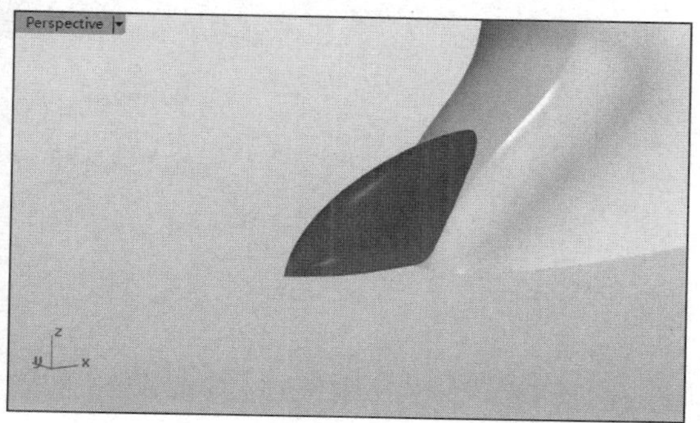

图 13-244　观察曲面的变化

⑯　将创建好的脚趾曲面进行旋转复制，并缩放它们的大小，将它们分配到脚部的不同位

置，如图 13-245 所示。

⑰ 使用类似的方法创建其余的腿部曲面，并将其余的腿部曲面在 Perspective 视窗中进行旋转查看，如图 13-246 所示。

图 13-245 旋转复制脚趾曲面

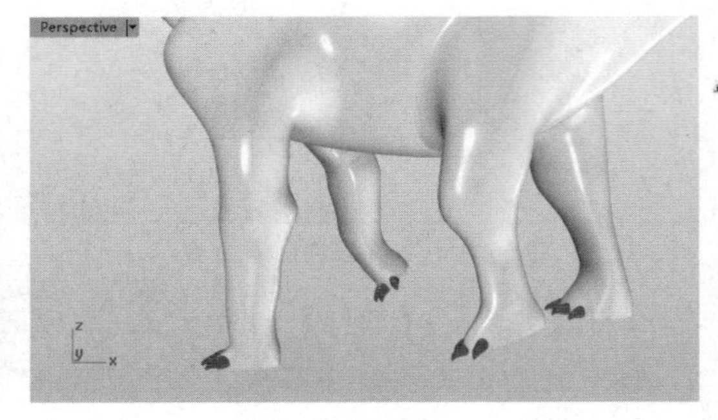

图 13-246 创建其余的腿部曲面

⑱ 至此，整个恐龙模型创建完成，如图 13-247 所示。显示所有曲面，在 Perspective 视窗中将其进行着色显示，隐藏构建曲线，并旋转查看。

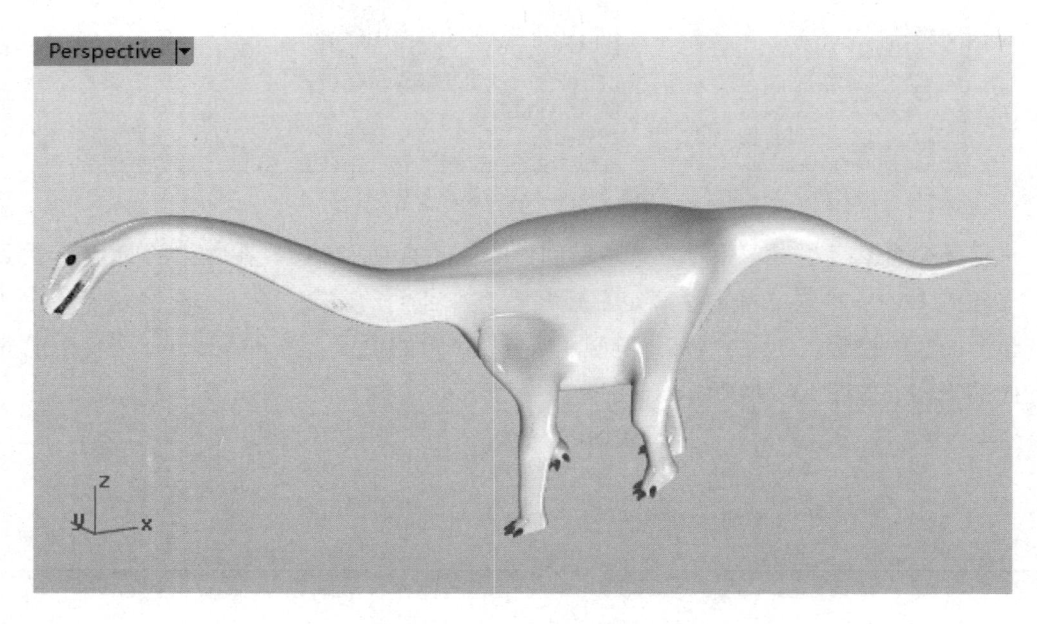

图 13-247 恐龙模型创建完成